직물조직실무

WEAVING STRUCTURE PRACTICAL

류 문 호 지음

NOVA 노바출판사
novapublisher.net

지은이 소개

류 문 호 （ 春山 / 柳文浩 ）
경북 의성군 춘산면 빙계동 출생
대구공고 방직과 졸업
제일모직 설계과 근무
현　　정호기술연구소 기술고문

Hand phone : 010-7313-0216
E-mail: app53@hanmail.net
Home page: http//moonho.net

저자의 머리말

직물 구성의 주축을 이루고 있는 직물조직은 그 역사가 산업혁명 시작과 같이 출발하여 오늘에 이어져 왔다. 그러나 그 긴 시간에 비해 직물조직학은 관심을 받지 못하여 제대로 발전하지 못했다. 또한 기법과 논리의 부족으로 생산 현장에서는 발전 없는 모방이 남아있었고 잘못된 이론이 적용되어 제품에 결함이 잔존하고 있는 것이 섬유생산의 현실이었다. 섬유산업 발전에 마음 아프고 안타까운 일이다

이에 저자는 작고 부족하지만 용기를 내어, 50여년 경험하고 연구한 직물조직과 기초이론을 정리하여 섬유산업 발전에 미력이라도 도움이 되고자 [직물조직이론] [직물조직실무]를 지면으로 발표하게 되었다.

직물조직을 면밀하게 분석 관찰해 보면, 직물조직은 인류가 만든 어떤 구조물이나 예술의 분야보다 더 아름다운 구도를 가진 조형물이다. 직물조직의 구성 원리를 기하학이나 수리학적 측면으로 보면, 상하 좌우로 안정과 균형을 이루면서 변화와 조화를 가지며 또 불균형의 요소를 가지면서 균형을 이루는 구도로 구성되어 있음을 알 수 있다

이에 연구하고 노력한 결과 직물조직 개발의 새로운 기법을 발견하게 되었다. 이를 직물 생산에 적용하면 창조적이면서 다양한 개념의 조직이 구현된다. 따라서 보다 고급스럽고 차별화된 다른 차원의 직물 생산이 가능해진다. 뿐만 아니라 직물조직에서 생성된 디자인과 조직은 직물의 범위를 넘어 건축, 조경, 가구, 공예 등 산업전반의 모든 분야에서 활용이 가능하다.

본 책은 직물조직에 중점을 두고 수리학적 논리에 부합되는 영역을 수집하고 분석하여 생산 실무에 유용하게 적용될 수 있는 분야의 이론을 수록하였다
이제까지 발표되지 않은 새로운 분야의 직물조직 유도 방법과 복합조직 작도의 이론을 실었으며, 제4장에는 실무자가 생산에 직접 적용할 수 있는 1,500여 점의 기본적인 창작조직을 수록하였다.

본서의 논리를 실무에 응용하면 입체적이고 생동감이 있는 창작 조직을 쉽게 작도하여 사용할 수 있으며, 이를 생산에 적용하면 이제까지의 상상을 초월한 창조적인 새로운 직물의 세계가 전개될 것으로 기대한다.

끝으로 본 책에 제시된 직물조직 이론이 널리 이용되어 섬유산업 발전에 기여가 있기를 바라며, 여러 독자들이 더욱 발전시켜서 섬유산업이 날로 번창하기를 바라는 마음으로 투고를 마친다.

2017 년 여 름
저 자 류 문 호

직물조직실무　CONTENTS

제1장 복합조직 작도법

01. 복합조직 작도법 서론

　이번 제1장의 복합조직 작도법 서론은 독자의 이해를 돕기 위해 본론과 결론에 대하여 포괄적으로 설명한 개론이다.

　직물조직의 구성은 상하 좌우로 변화를 가지면서 안정되고, 불균형의 요소를 내재하면서 균형과 조화를 가진 구조물이다. 이로써 인류가 만든 어떤 구조물이나 예술 분야보다 더 아름다운 구도를 가진 조형물이라는 것을 알 수 있다.

　제2장의 복합조직 유도에서는 조직의 특성과 아름다움을 극대화하였으며, 조직의 수나 크기 또한 이제까지의 상식을 초월하는 수리적 무한대의 범위까지 확장이 가능하다.

　이에 저자는 직물조직 구도의 아름다움을 Design으로 활용하기 위해, 직물조직에 조직을 더하는 방법 즉 조직의 직점을 확장하여 조직으로 대입하는 새로운 개념의 복합조직을 정리하여 그에 따른 이론과 작도법을 소개한다.

　다음은 가장 간단한 조직인 평직을 복합조직으로 확장하는 예를 들어본다.

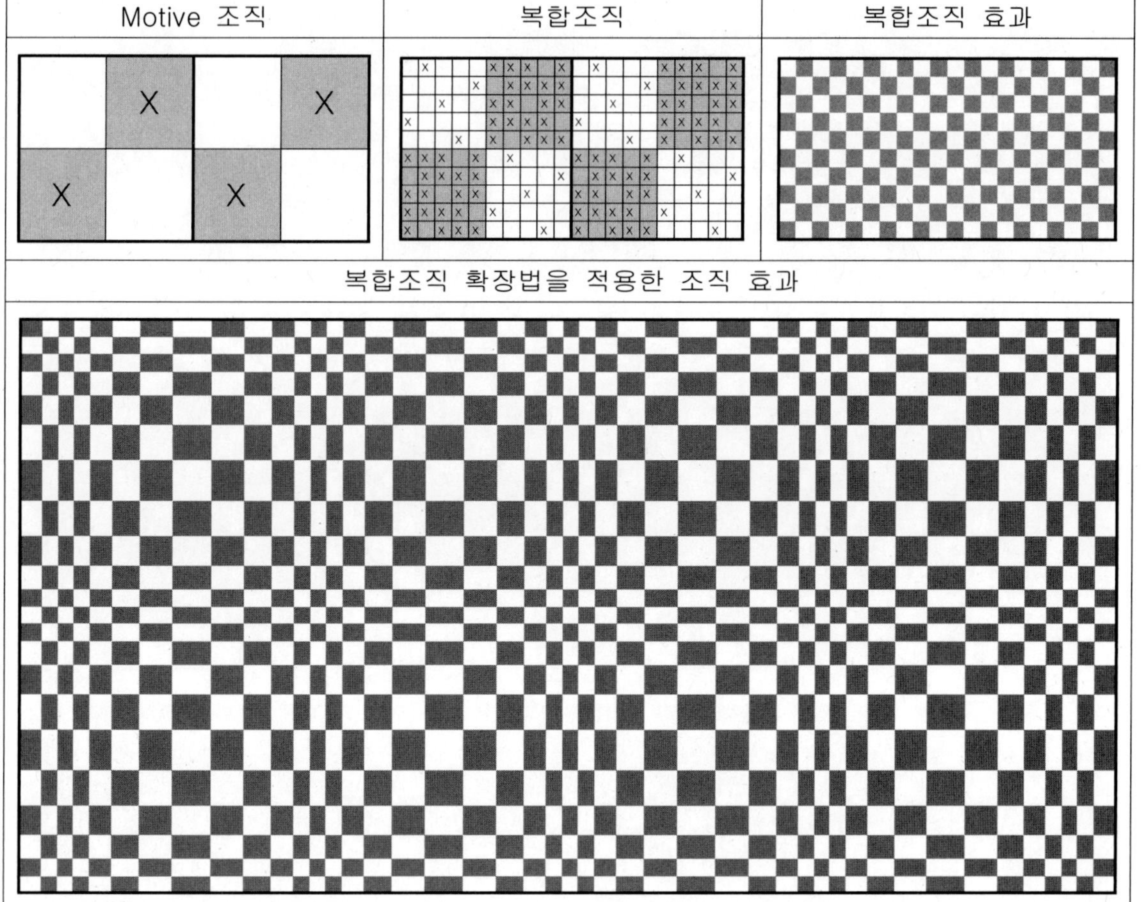

Motive 조직이 크면, 표현과 이해의 정확도가 높아진다. 하지만 지면 사정상 작도가 불가능하여, 비교적 간단한 5매 조직(Motive)을 복합조직으로 유도한 예를 들어본다.

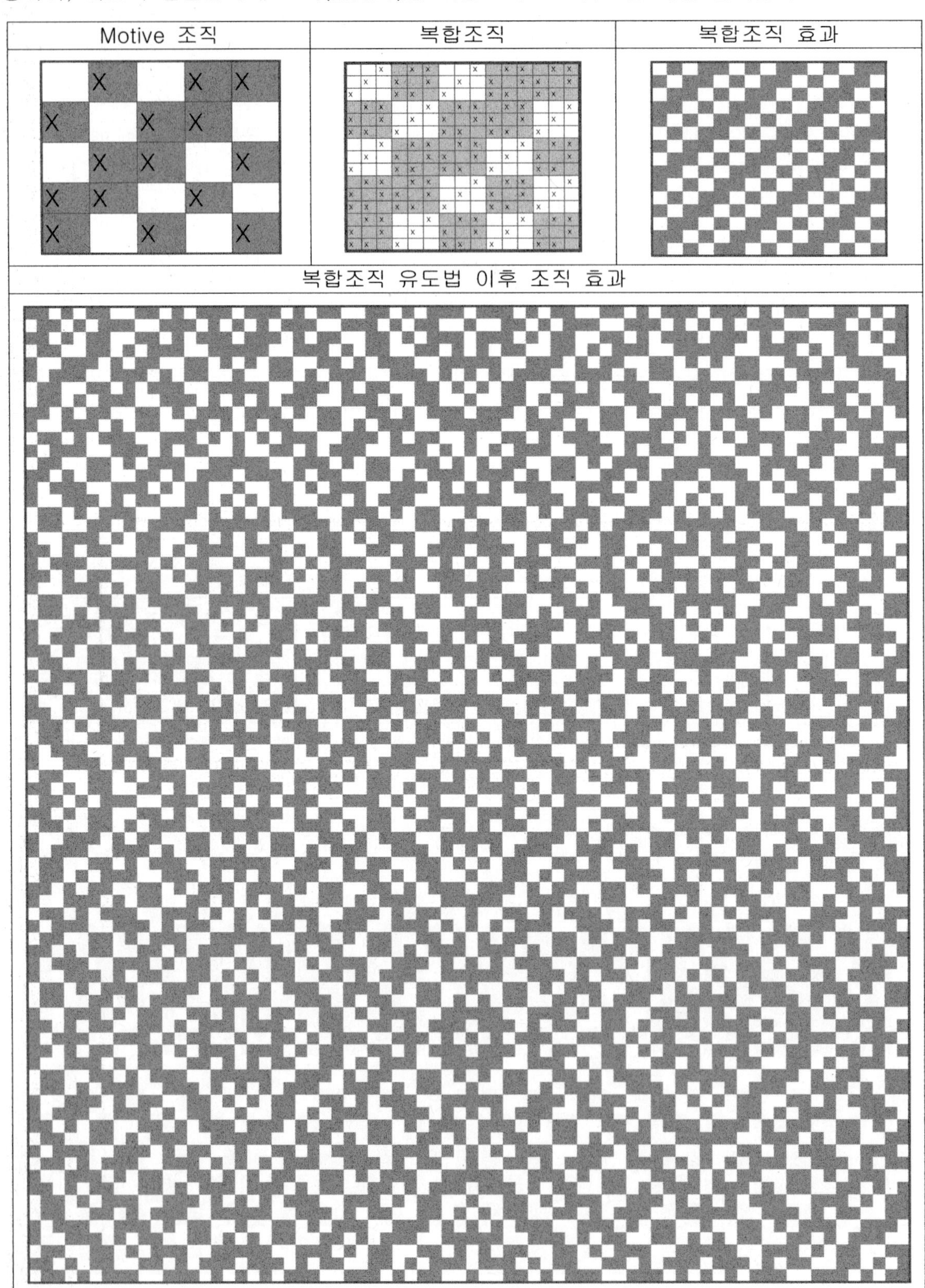

02. 복합조직 작도법

직물조직 구성을 세심하게 분석하고 관찰해 보면, 인류가 만든 어떤 구조물이나 예술 분야보다 더 아름다운 구도를 가진 조형물임을 알 수 있다.
기하학이나 수리학적 측면으로 직물조직의 구성 원리를 보면, 직물의 조직은 상하 좌우로 변화를 가지면서 안정되고, 불균형의 요소를 내재하면서 조화로운 균형을 가진 구도로 구성되어 있다.

다음은 직물 조직도 견본이다.

직물조직에 조직을 더하는 방법 즉 직물조직을 조직으로 확대하면 창조적이면서 다양한 새로운 개념의 조직이 구현된다. 이를 직물 생산에 적용하면 보다 고급스럽고 다른 차원의 차별화된 직물의 구현이 가능하다.

이에 저자는, 조직의 직점을 확장하여 조직으로 대입하는 새로운 개념의 조직인 복합조직을 정리하여 그에 따른 이론과 작도법을 다음과 같이 소개한다.

다음은 직물조직의 조직 직점에 2개의 다른 조직을 대입하여 취합한 복합조직 작도 방법에 대한 설명이다.

4매 Motive 직물조직의 조직 직점을 2개의 다른 조직으로 대입하여 취합한 복합조직

| X | 부분 조직 직점을 아래 조직으로 대입 |

| | 부분 조직 직점을 아래 조직으로 대입 |

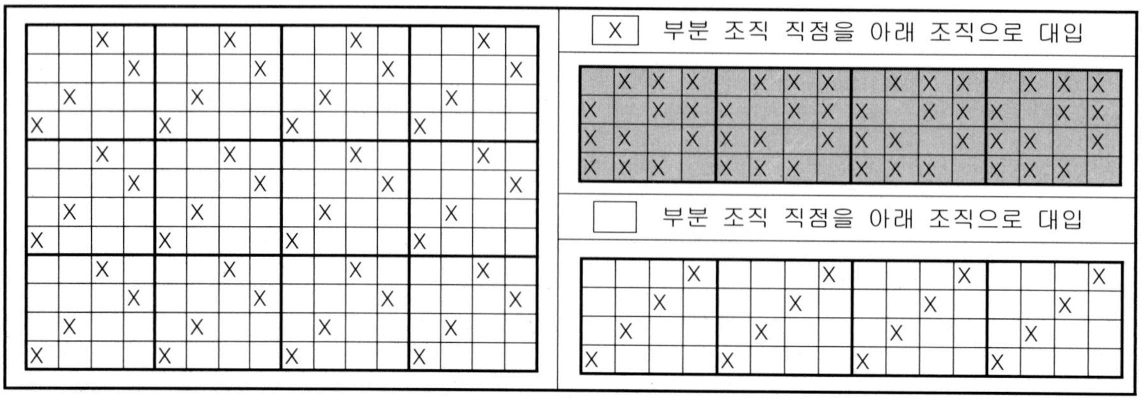

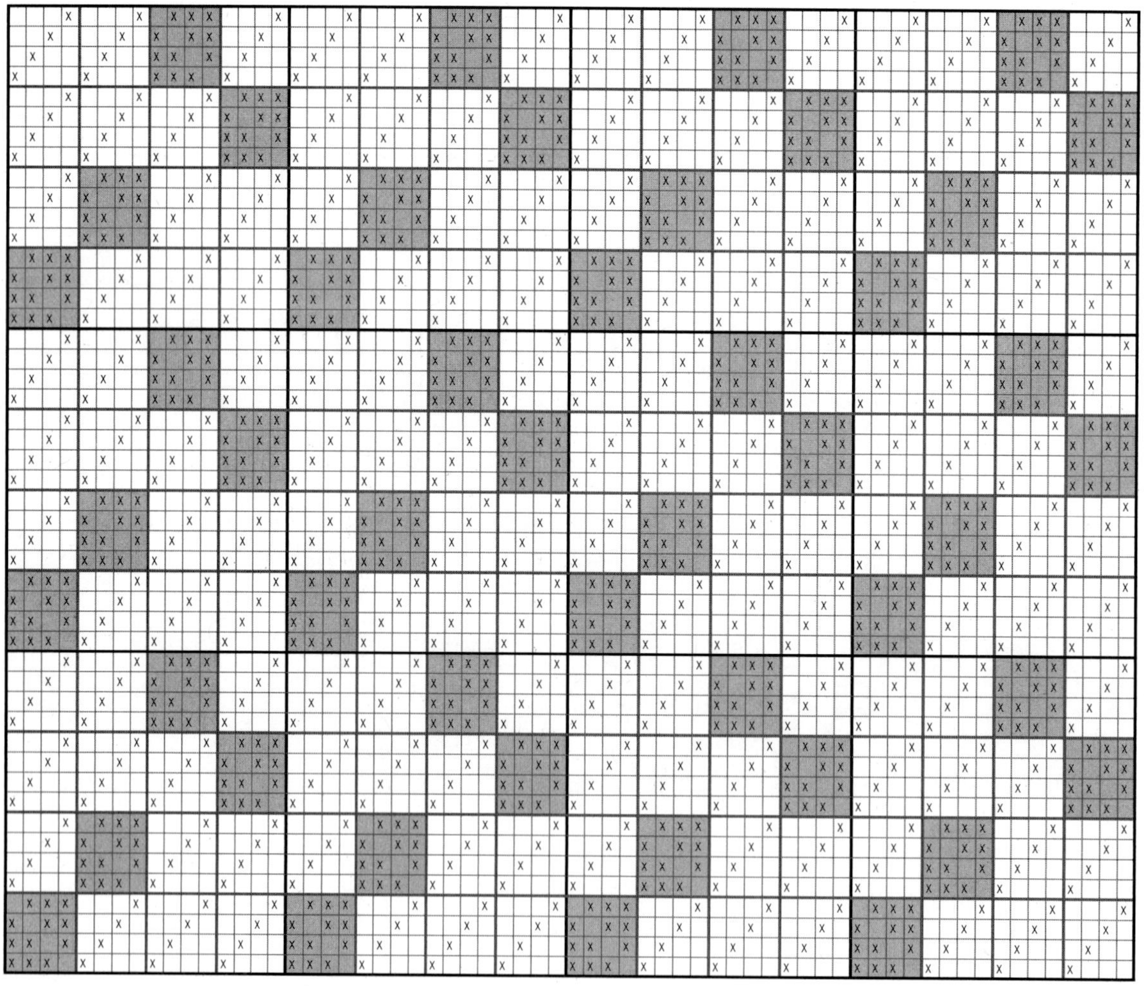

위 조직은 4매 조직의 직점을 2개(1/3 Twill 우상방향조직, 3/1 Twill 좌상방향조직)의 조직으로 대입하여 취합 작도한 복합조직의 예이다. 종광 매수 16매.

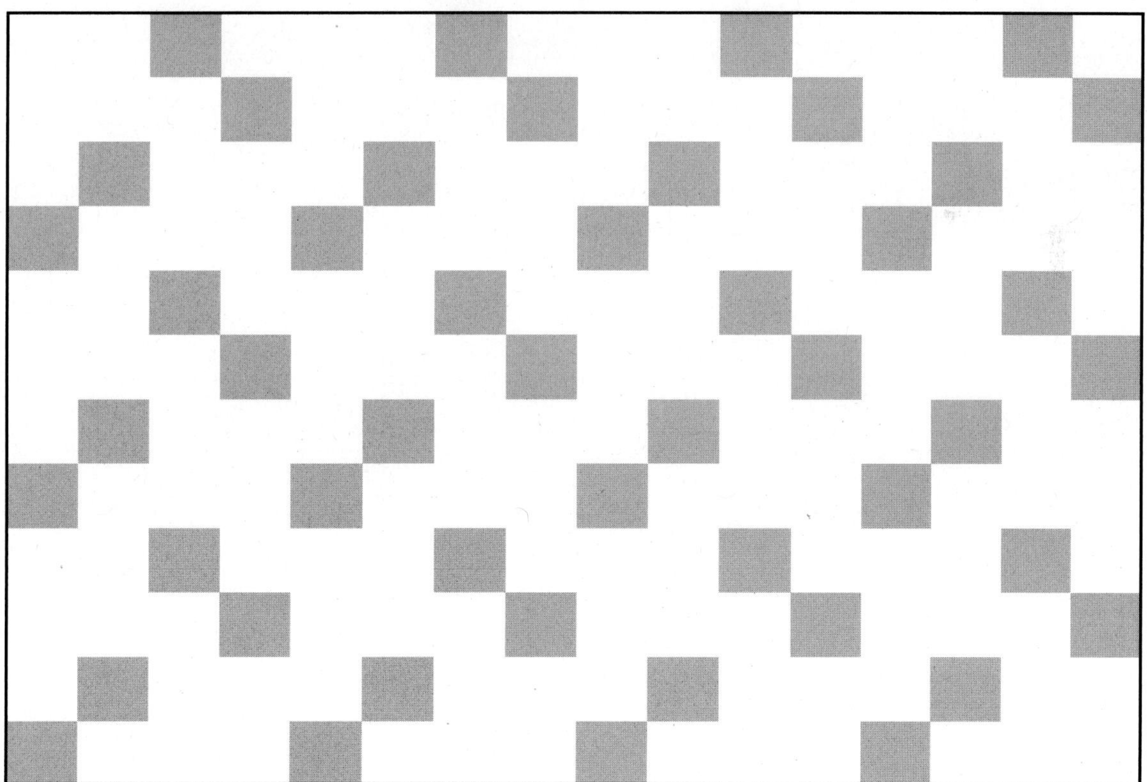

위 2개의 그림은 앞 페이지(p006)의 복합조직에서 조직을 제외하고 Design만 발췌하여 축소·확대한 그림이다. 디자인의 크기는 조직을 반복하는 횟수에 따라 의도한 크기로 가감 작도가 가능하다.

8매 Motive 직물조직 직점에 2개의 우측 조직을 대입하여 취합한 복합조직

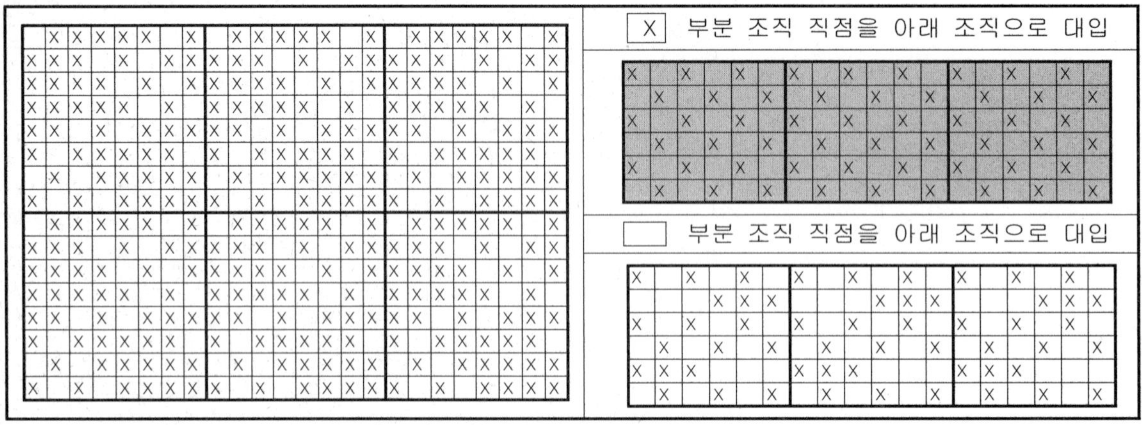

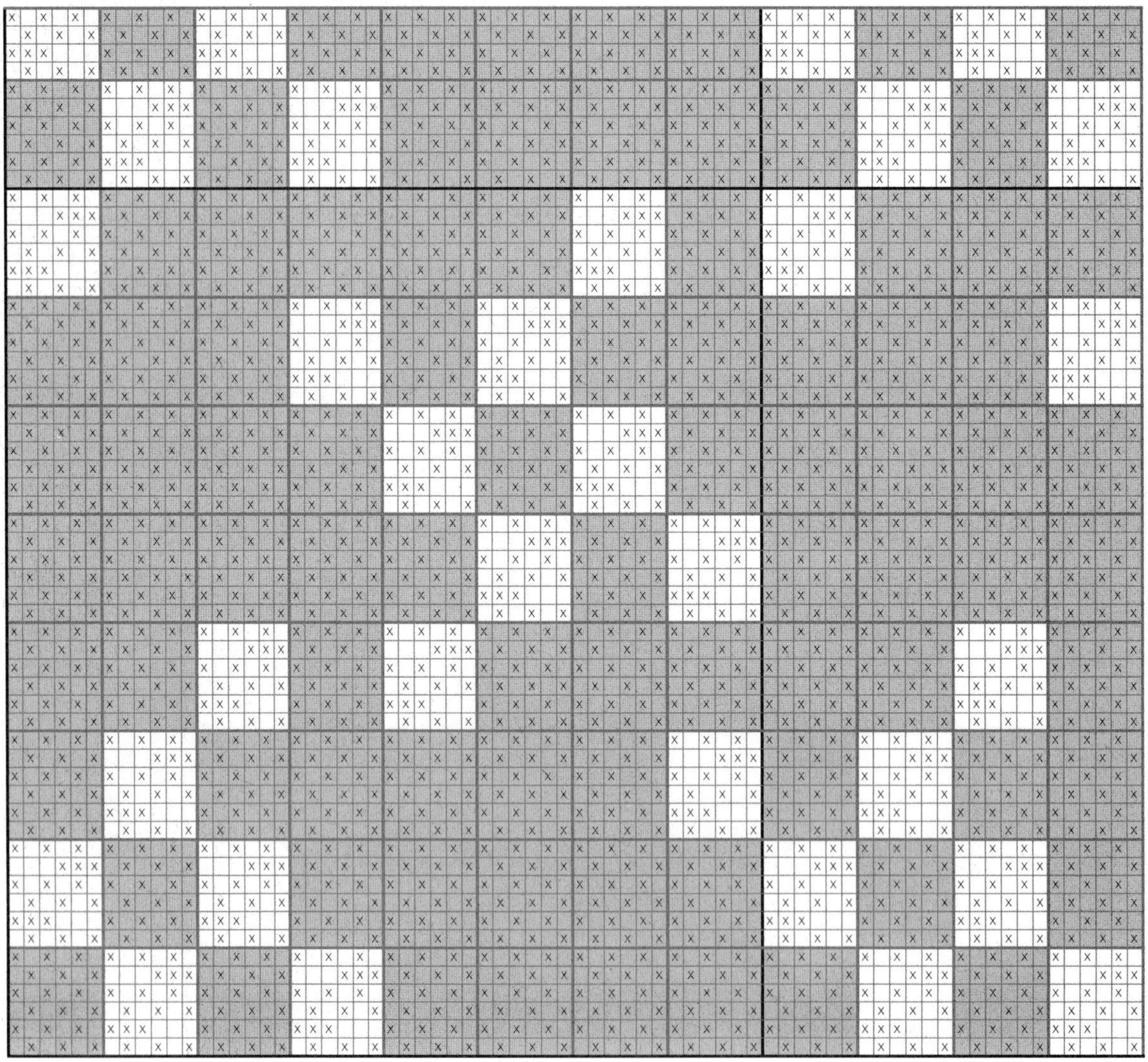

위 그림은 8매 Motive 조직의 직점에 2개의 조직을 대입하여 취합 작도한 복합조직의 예이다. 종광 매수 18매.

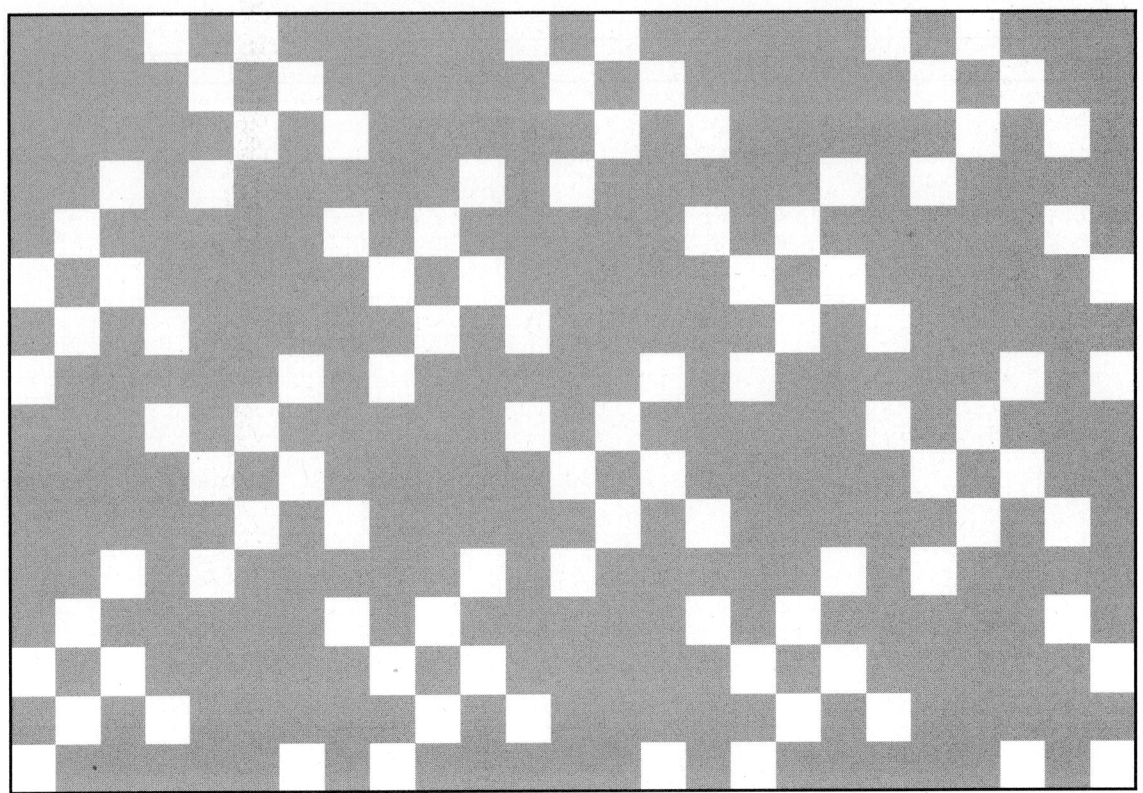

위 그림은 앞 페이지의 복합조직에서 조직을 제외하고 Design만 발췌하여 축소·확대한 그림이다.
디자인의 크기는 조직을 반복하는 횟수에 따라 의도한 크기로 가감 작도가 가능하다.

6매 Georgette조직(경사48 x 위사40본)의 직점에 2개의 조직(1/2, 2/1)으로 대입하여 취합한 조직.

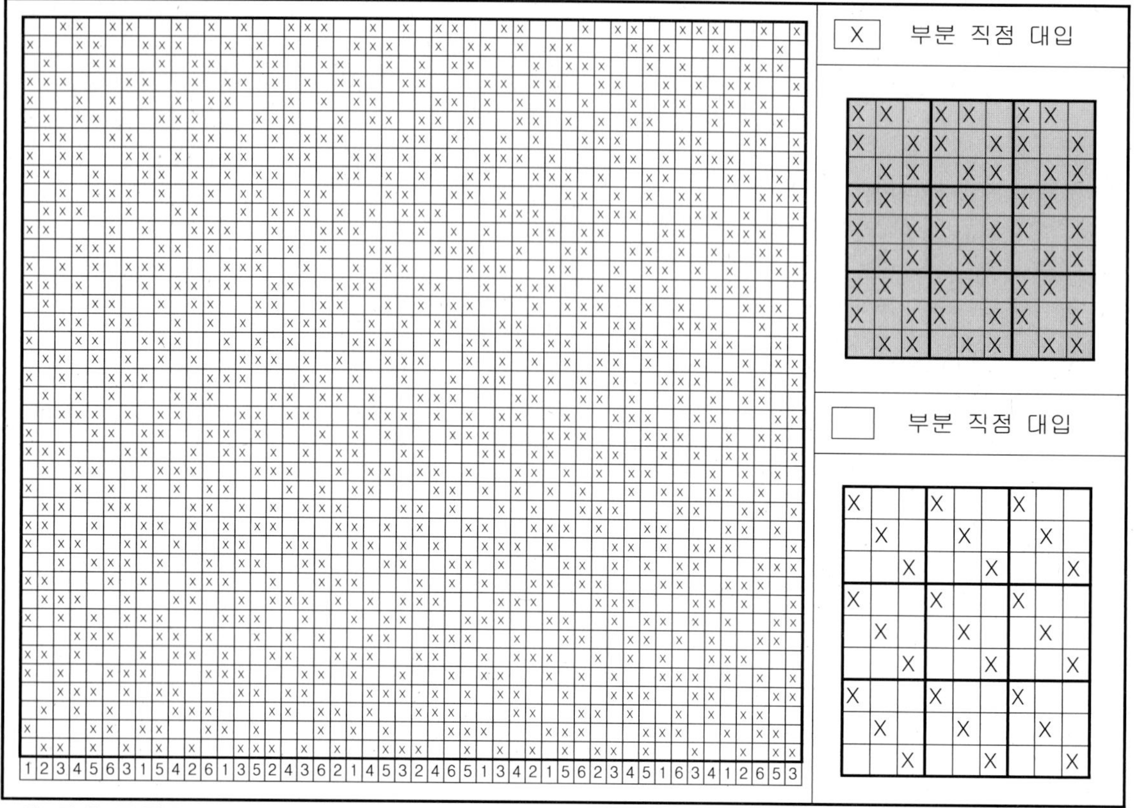

위 좌측 조직은 조직 원 리피트 경사 48본 x 위사 40본, 종광 매수 6매인 Georgette조직.

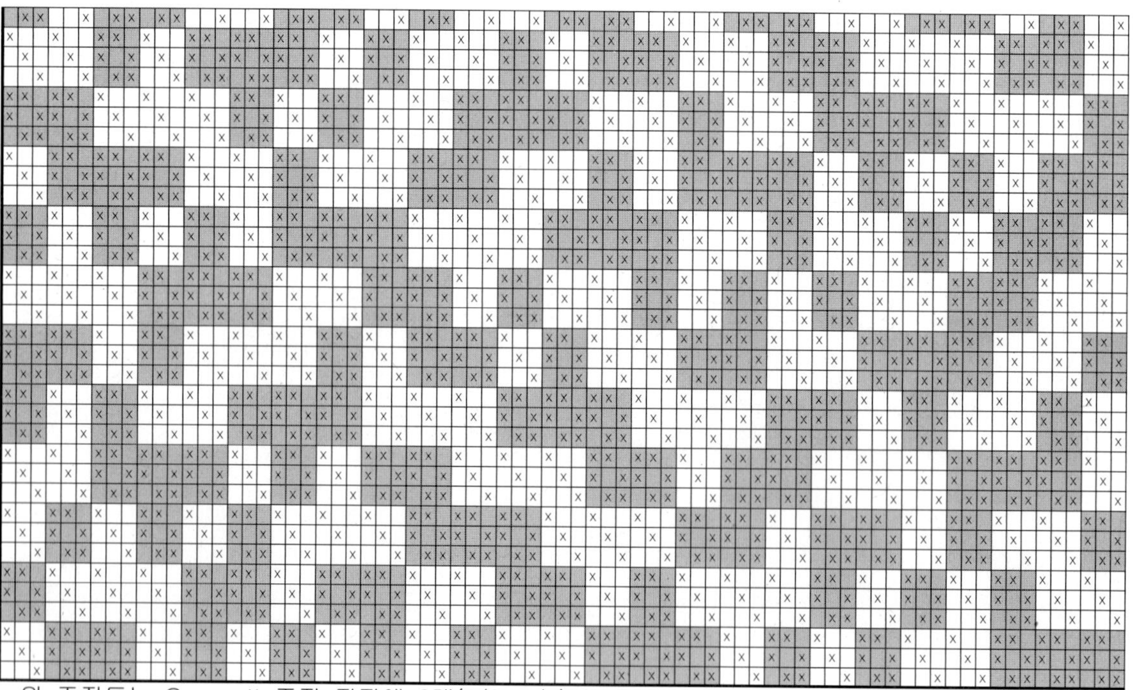

위 조직도는 Georgette조직 직점에 2개(1/2, 2/1)의 조직으로 대입하여 취합 작도한 복합조직. 종광 매수 18매.

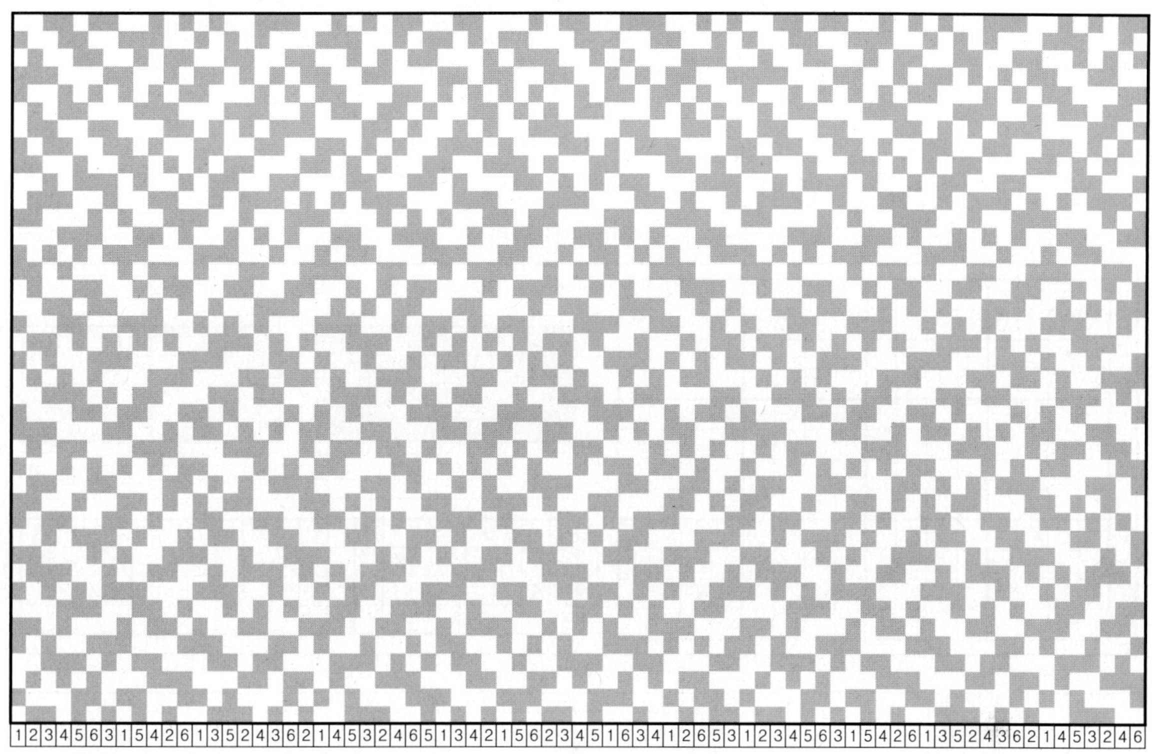

1 2 3 4 5 6 3 1 5 4 2 6 1 3 5 2 4 3 6 2 1 4 5 3 2 4 6 5 1 3 4 2 1 5 6 2 3 4 5 1 6 3 4 1 2 6 5 3 1 2 3 4 5 6 3 1 5 4 2 6 1 3 5 2 4 3 6 2 1 4 5 3 2 4 6

위 그림은 앞 페이지의 복합조직에서 조직을 제외하고 Design만 발췌하여 축소·확대한 그림이다. 디자인의 크기는 조직을 반복하는 횟수에 따라 의도한 크기로 가감 작도가 가능하다.

앞 페이지까지의 설명은, 조직을 2개(Up down)의 영역으로 구분하여 2개의 조직으로 대입한 복합조직 작도 방법에 대한 설명이었다.

다음은 3개 이상의 조직을 대입한 복합조직 작도 방법에 대한 설명이다.

4매 주자 직물조직 직점에 3개의 조직으로 대입 확대

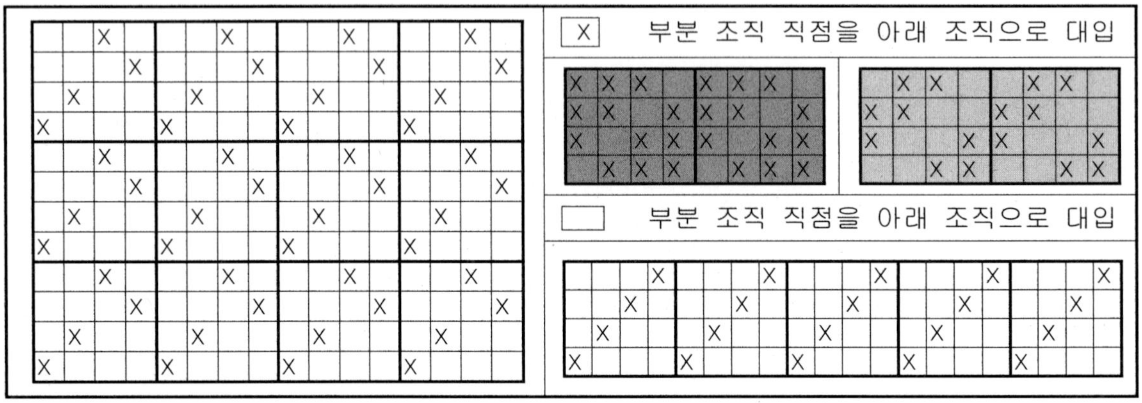

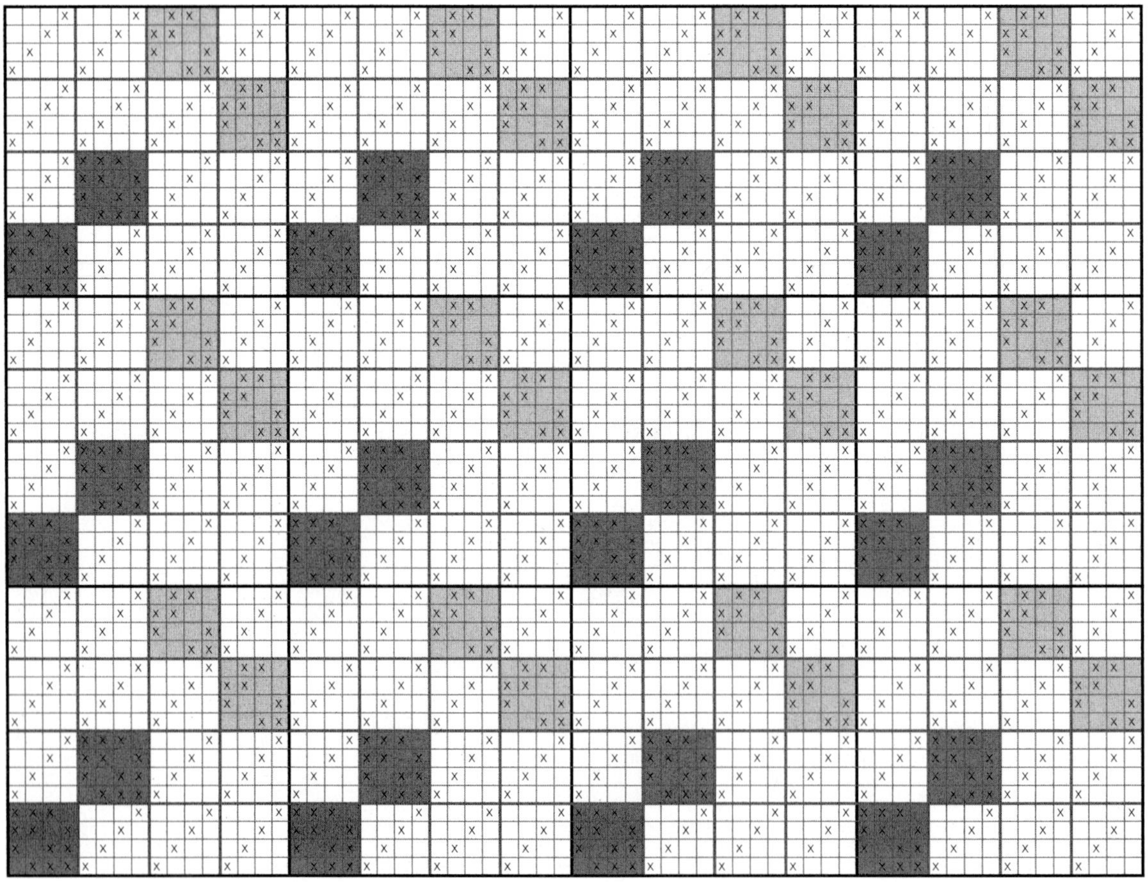

위 그림은 4매 주자 직물조직의 직점에 3개의 조직으로 대입하여 취합 작도한 복합조직의 예이다. 종광 매수 16매.

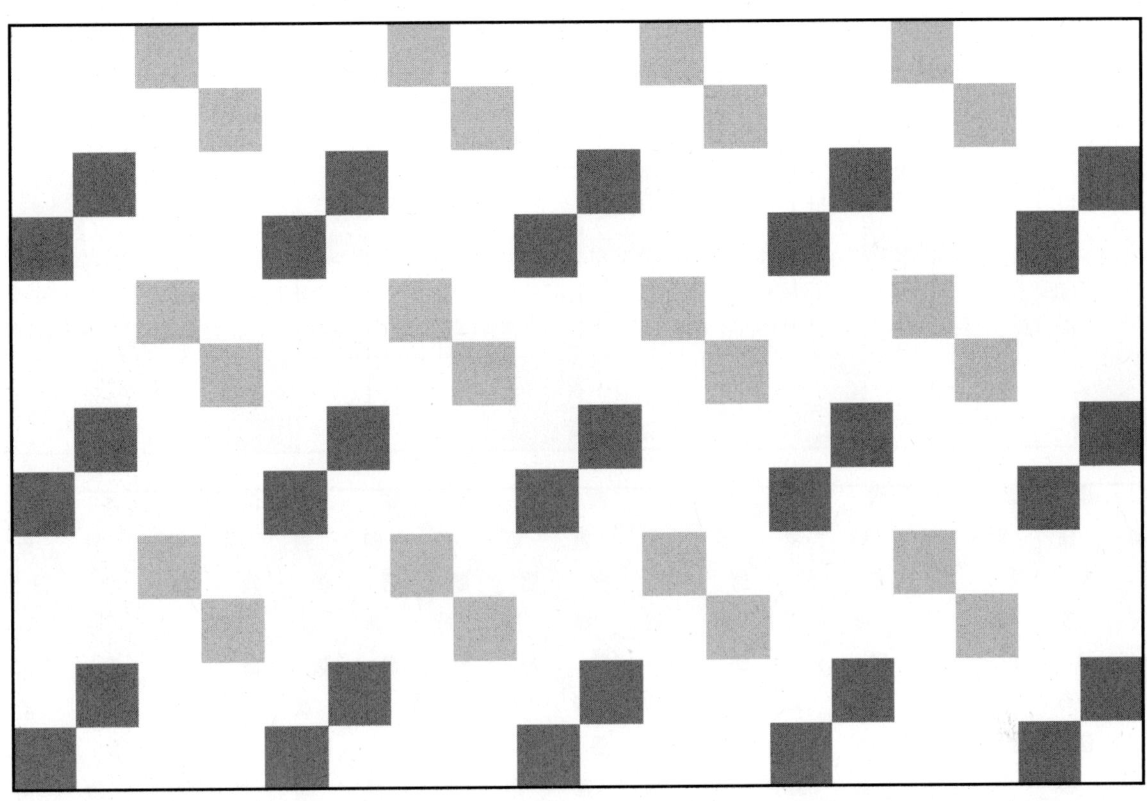

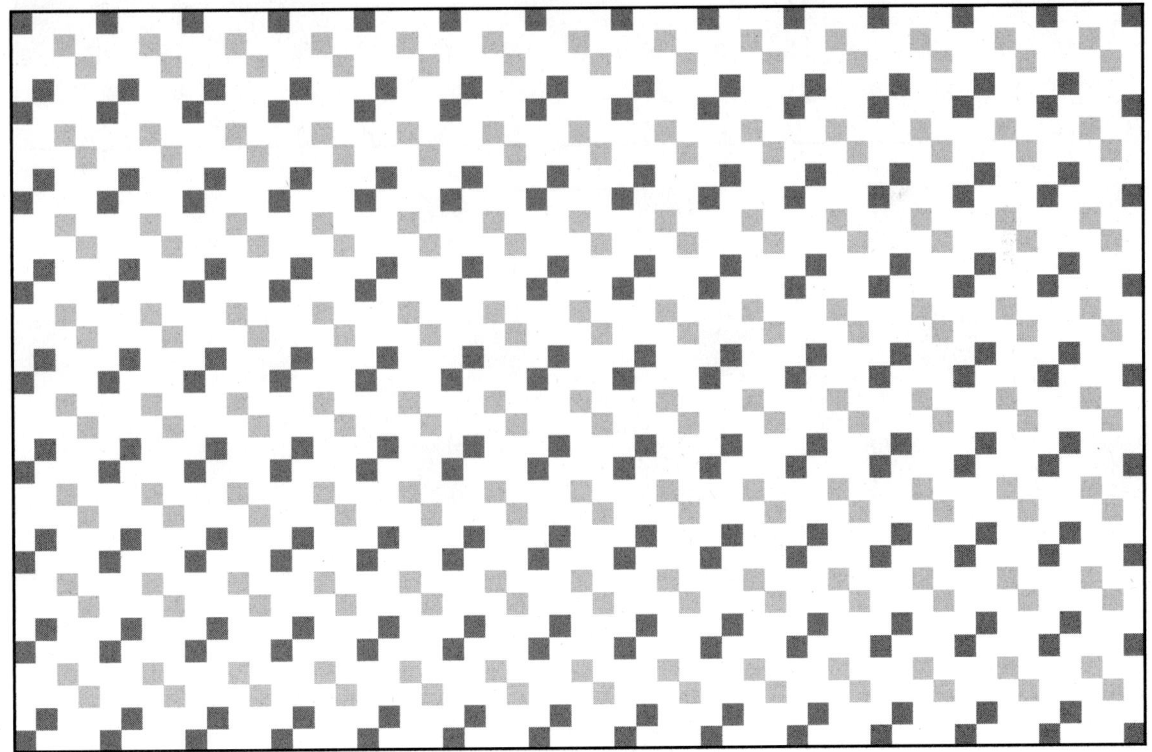

위 그림은 앞 페이지의 복합조직에서 조직을 제외하고 Design만 발췌하여 축소·확대한 그림이다.
디자인의 크기는 조직을 반복하는 횟수에 따라 의도한 크기로 가감 작도가 가능하다.

다음은 3개의 조직을 대입한 복합조직에 배열을 다르게 작도한 방법에 대한 설명이다.

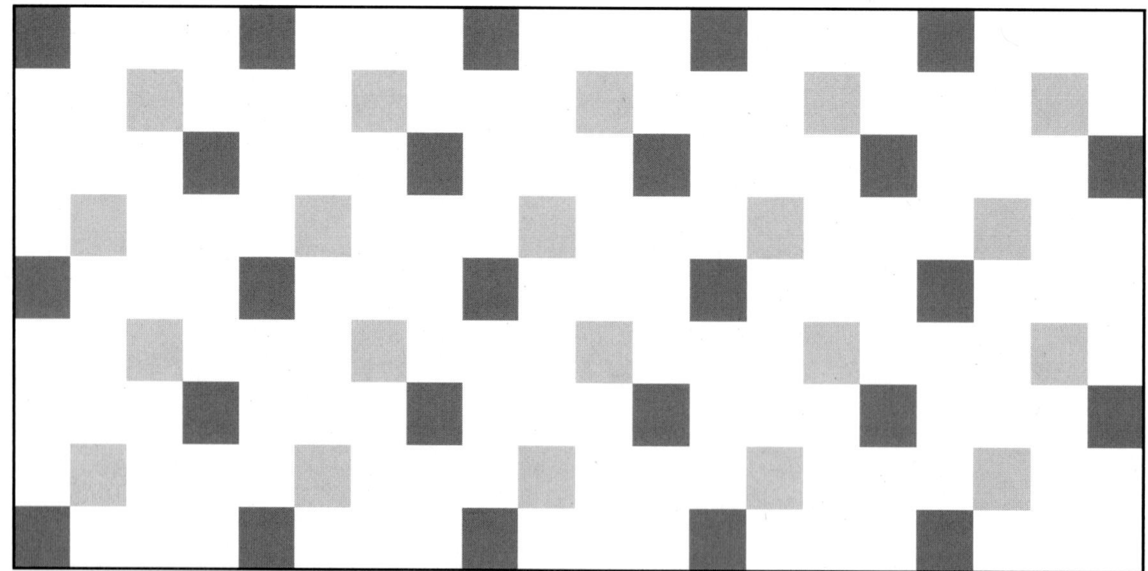

이상과 같이 기본 Motive 조직이나 확대한 직점에 적용하는 2차 조직의 선정은, 설계자의 의도에 따라 변화 있게 적용하면 다양한 디자인을 얻을 수 있다.

복합조직을 작도할 때 종광 매수가 많아져 작도에 제약을 받을 수 있다. 하지만 다음과 같이 적용시킬 2차 조직을 응용해서 결정하면, 복합조직 작도에서 자유로울 수 있다.

종광 16매 복합조직	종광 10매 복합조직	종광 7매 복합조직

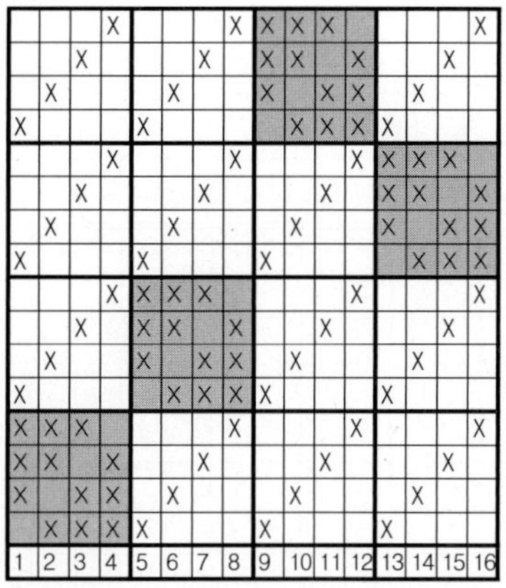

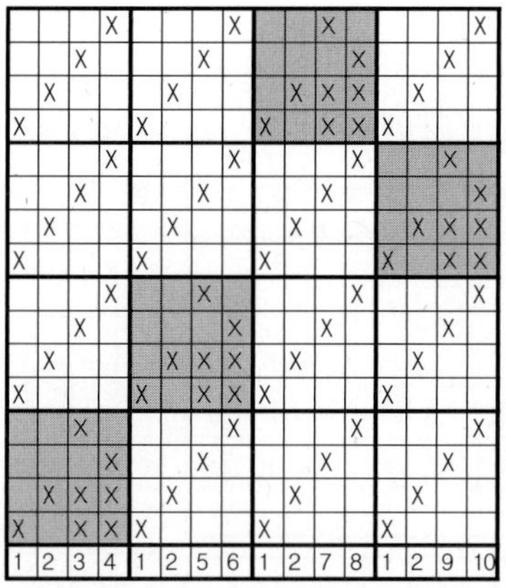

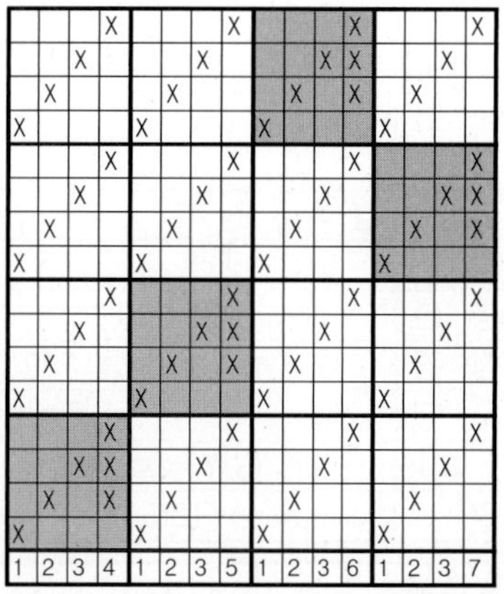

종광 16매 복합조직	종광 10매 복합조직	종광 7매 복합조직

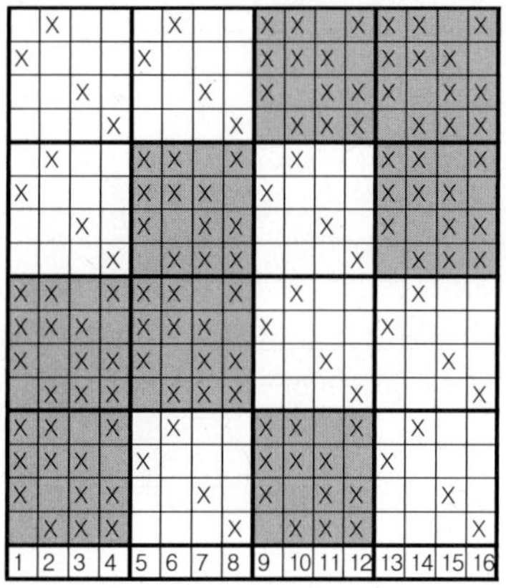

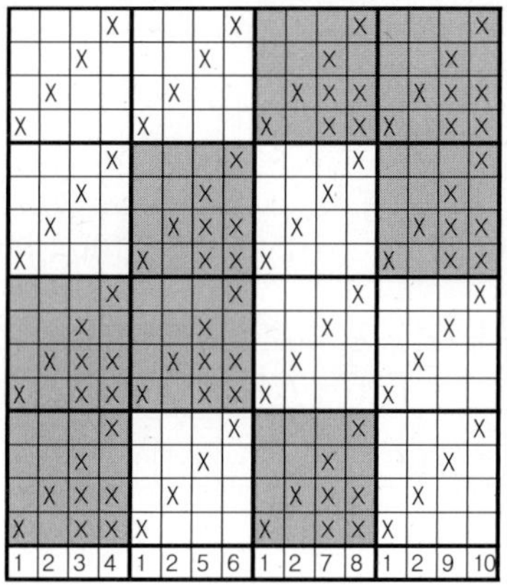

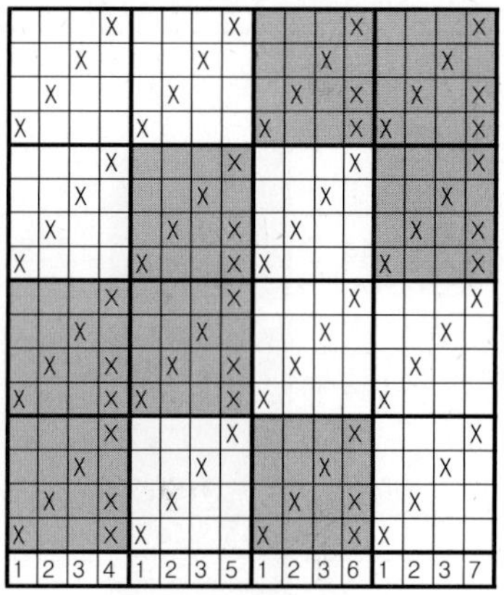

종광 15매 복합조직	종광 11매 복합조직	종광 7매 복합조직

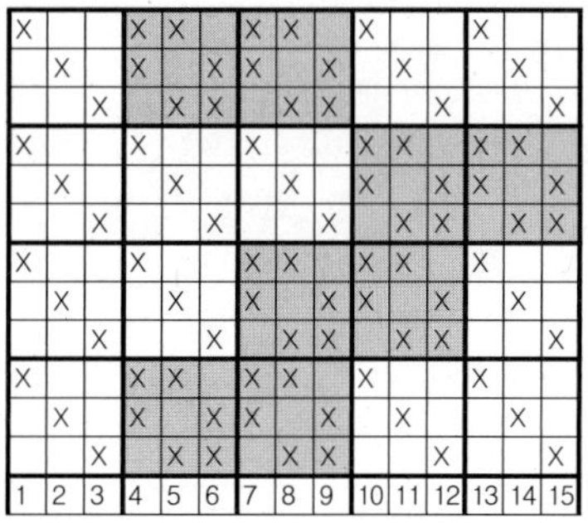

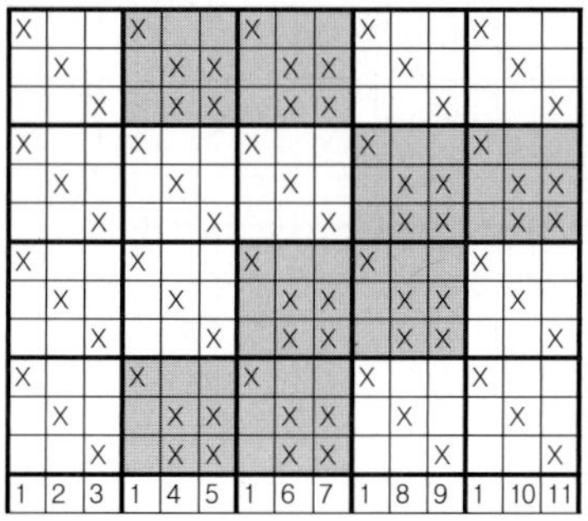

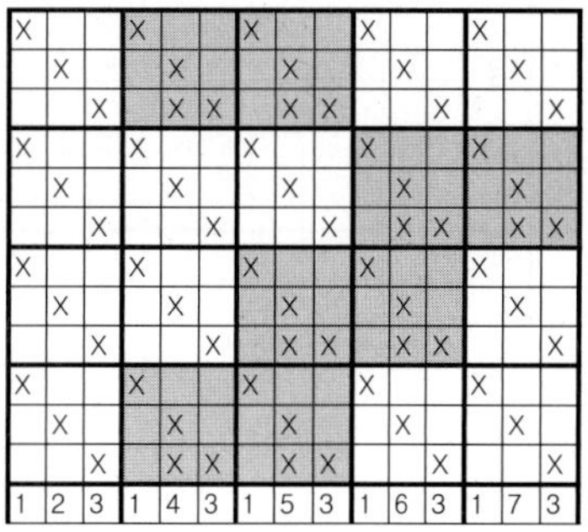

다음 장은 [복합조직 작도법]에 의한 생산 설계서의 작성 방법이다.

설 계 서

<table>
<tr><td>관리 No</td><td colspan="3">161201-01</td><td rowspan="2">결
재</td><td></td><td></td><td></td></tr>
<tr><td>설계일자</td><td colspan="3">2016 년 12 월 01 일</td><td></td><td></td><td></td></tr>
</table>

O/N		가 공:	1200 Y
품 번		제 직:	1344 Y
품 명		정 경:	1470 Y
밀 도	경 사 34 D x 3 = 102	위 사	68
성 폭	67 ″ 생 지 65 ″	가 공	58 ″
총 본	6834 本	G C	T/
정 경	112 m 생 지 112 Y	가 공	100 Y
F P	Finishing	SHR	12 %
F.WT	188 G/Y 6.62 OZ/Y	LOS	5 %
원 료	Polyester 100 %		

	원 사	염 색	제 직	가 공
생산DELI				
생 산 처				

통 순

별 첨

사 종	번 수	색 상	총사량 (Kg)	W P	W F	합 계	연 수	원 료	비 고
A	144 D	R/White	158	12.25		12.25	Z 1100	Polyester 135D/108F ITY SD	
						0			
B	144 D	R/White	101		7.47	7.47	Z 1100	Polyester 135D/108F ITY SD	
						0			
						0			
						0			
계			259	12.25	7.47	19.72			

| 배
열 | 경
사 | A | all |
| | 위
사 | B | all |

* 변사 : 5본통입 좌우 30穴
* 가공밀도 : 118 x 75

Asia pacific 기술연구소   대구광역시 서구 국채보상로42 신원빌딩 402호   http://moonho.net
T : 010-7313-0216 F : 053-552-5009 e-mail : app53@hanmail.net

161201-01 식전도 (360본)		161201-01 통순 (720본)

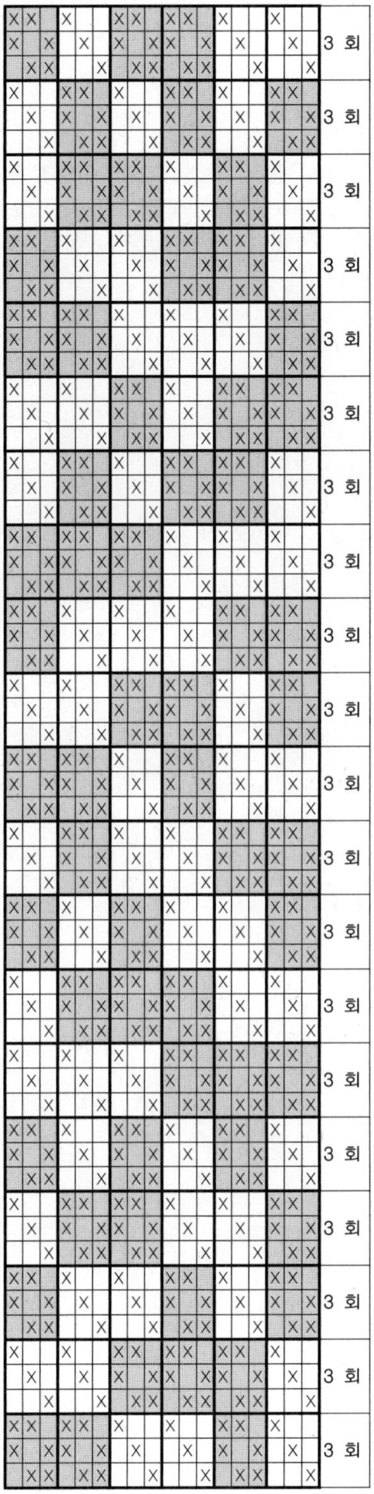

우측 상단 식전도와 연결

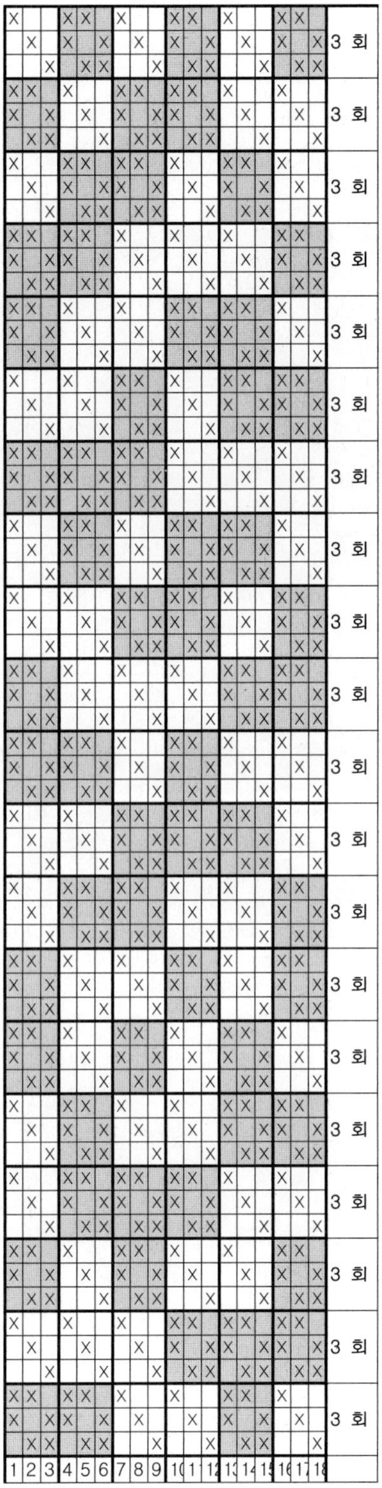

조직 Start

4회	(1	2	3)	4회	(4	5	6)
4회	(7	8	9)	4회	(10	11	12)
4회	(13	14	15)	4회	(1	2	3)
4회	(16	17	18)	4회	(4	5	6)
4회	(7	8	9)	4회	(1	2	3)
4회	(13	14	15)	4회	(1	2	3)
4회	(16	17	18)	4회	(10	11	12)
4회	(1	2	3)	4회	(7	8	9)
4회	(16	17	18)	4회	(10	11	12)
4회	(13	14	15)	4회	(4	5	6)
4회	(1	2	3)	4회	(10	11	12)
4회	(7	8	9)	4회	(4	5	6)
4회	(13	14	15)	4회	(16	17	18)
4회	(1	2	3)	4회	(7	8	9)
4회	(10	11	12)	4회	(4	5	6)
4회	(16	17	18)	4회	(13	14	15)
4회	(10	11	12)	4회	(1	2	3)
4회	(16	17	18)	4회	(7	8	9)
4회	(13	14	15)	4회	(4	5	6)
4회	(10	11	12)	4회	(16	17	18)
4회	(13	14	15)	4회	(1	2	3)
4회	(4	5	6)	4회	(7	8	9)
4회	(10	11	12)	4회	(13	14	15)
4회	(16	17	18)	4회	(7	8	9)
4회	(4	5	6)	4회	(1	2	3)
4회	(16	17	18)	4회	(10	11	12)
4회	(4	5	6)	4회	(13	14	15)
4회	(7	8	9)	4회	(1	2	3)
4회	(10	11	12)	4회	(13	14	15)
4회	(7	8	9)	4회	(16	17	18)

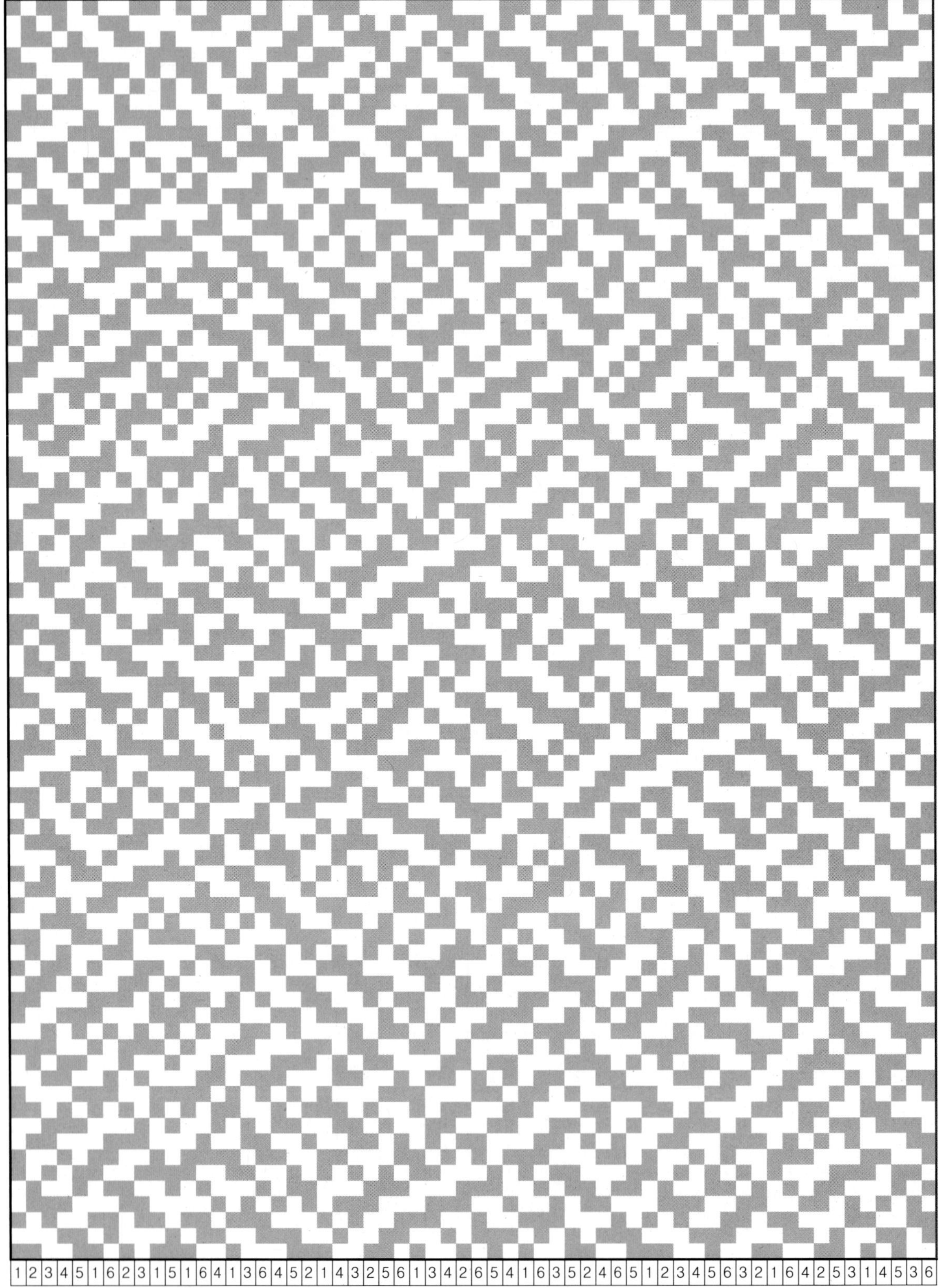
1 2 3 4 5 1 6 2 3 1 5 1 6 4 1 3 6 4 5 2 1 4 3 2 5 6 1 3 4 2 6 5 4 1 6 3 5 2 4 6 5 1 2 3 4 5 6 3 2 1 6 4 2 5 3 1 4 5 3 6

03. 복합조직 삽입법

 복합조직에 여백이나 다른 조직을 삽입하면 또 다른 영역의 조직이 창작되며, 다양한 조직의 변화가 일어난다.

 여백이나 조직을 삽입할 때, 조직의 배수나 약수를 선정하여 반복 삽입하는 방법이 일반적이고, 대칭 조직에는 대칭선을 기준으로 선택하는 것이 합리적이다.

 다음은 12본(3본x4) 복합조직에서 2본의 간격으로 여백 1본을 반복하여 삽입한 복합조직의 예이다.

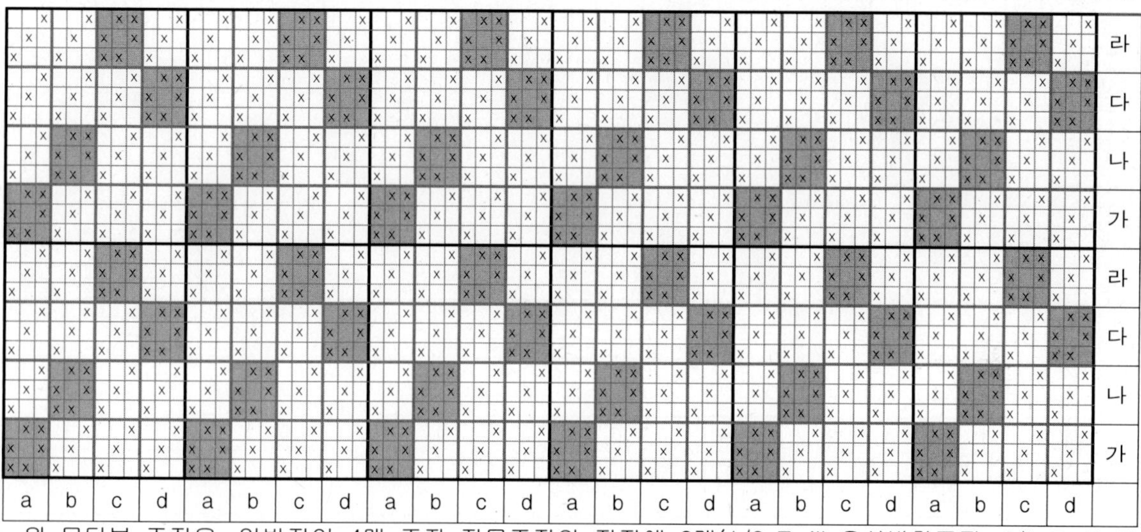

 위 모티브 조직은, 일반적인 4매 주자 직물조직의 직점에 2개(1/2 Twill 우상방향조직, 2/1 Twill 좌상방향조직)의 조직으로 대입하여 취합 작도한 복합조직의 예이다. 종광 매수 12매.

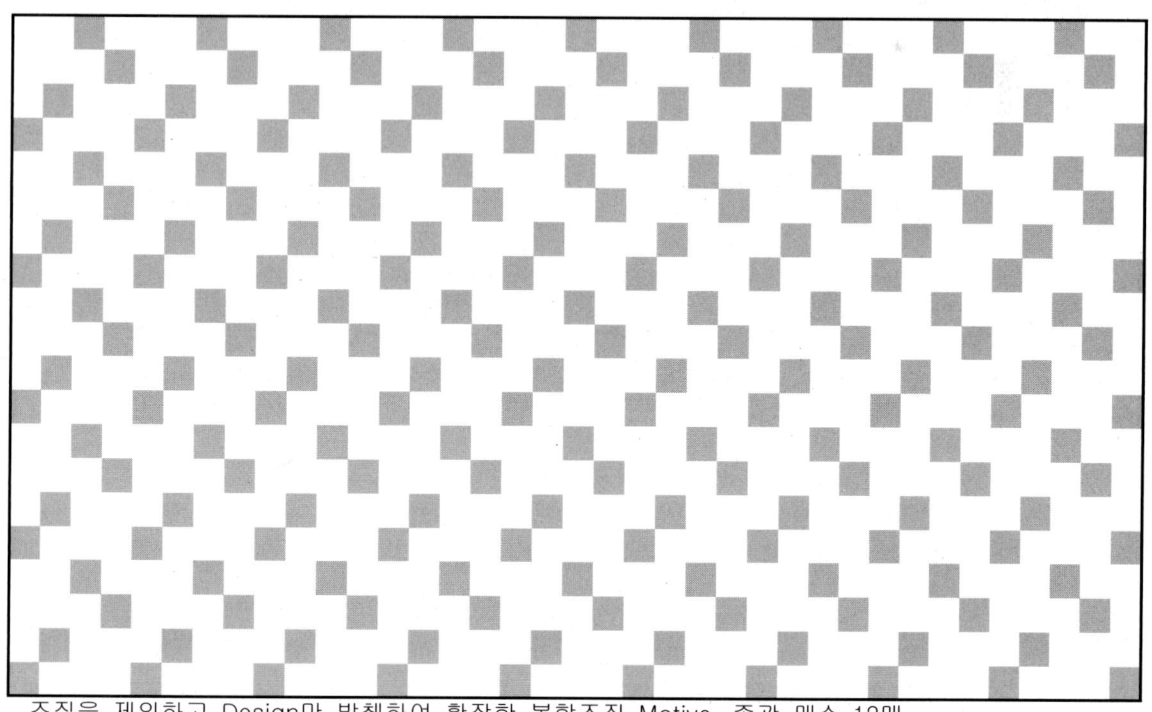

 조직을 제외하고 Design만 발췌하여 확장한 복합조직 Motive. 종광 매수 12매.

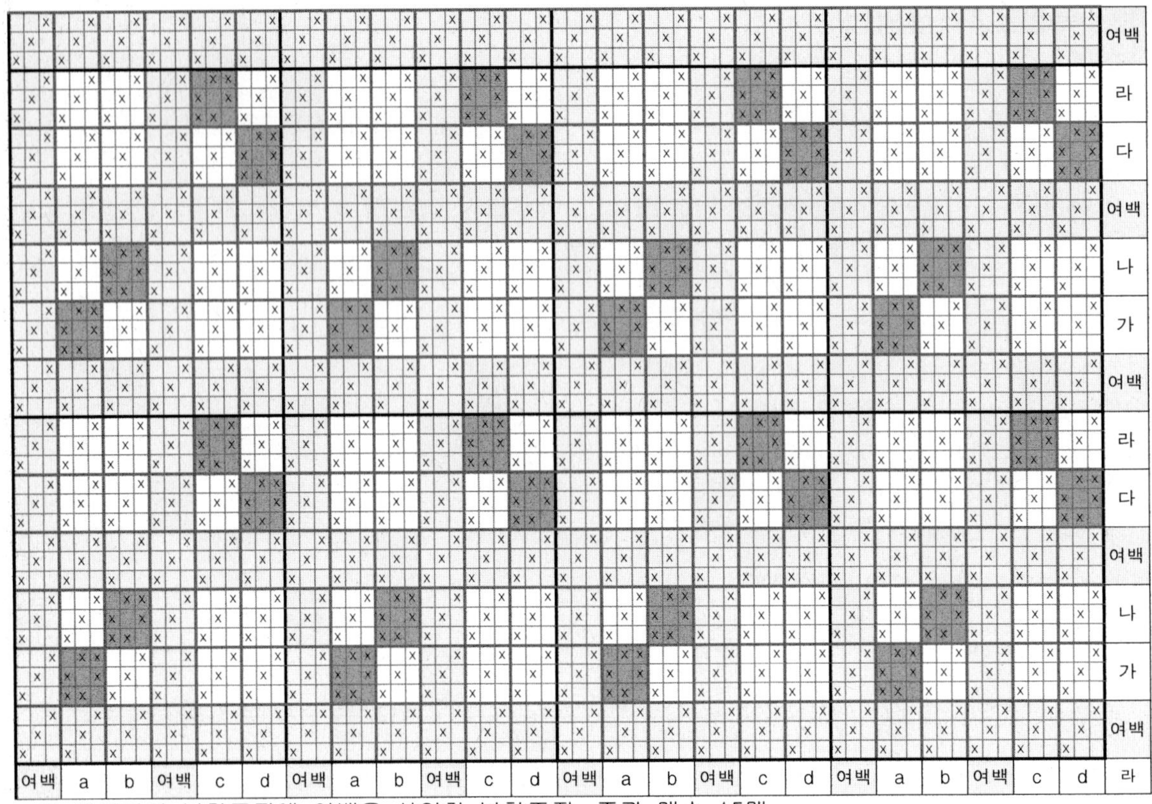

앞 페이지의 복합조직에 여백을 삽입한 복합조직. 종광 매수 15매.

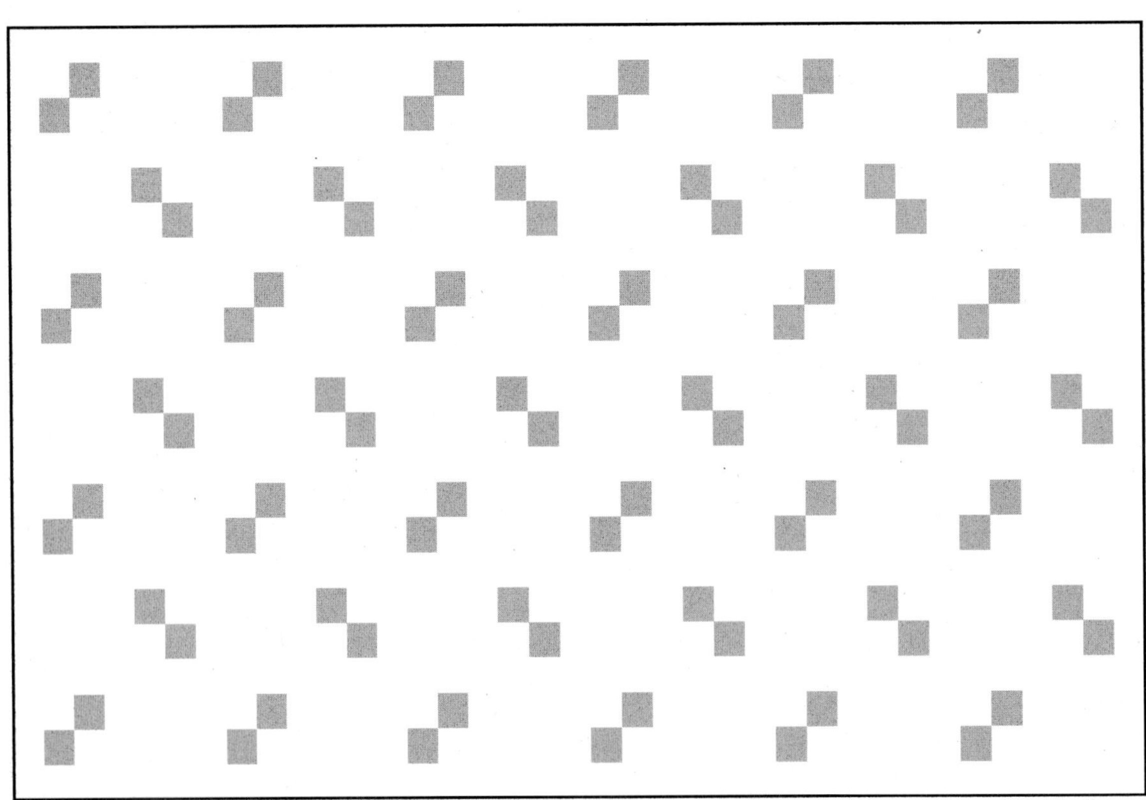

위 복합조직 조직도에서 조직을 제외하고 Design만 발췌하여 확장한 복합조직. 종광 매수 15매.

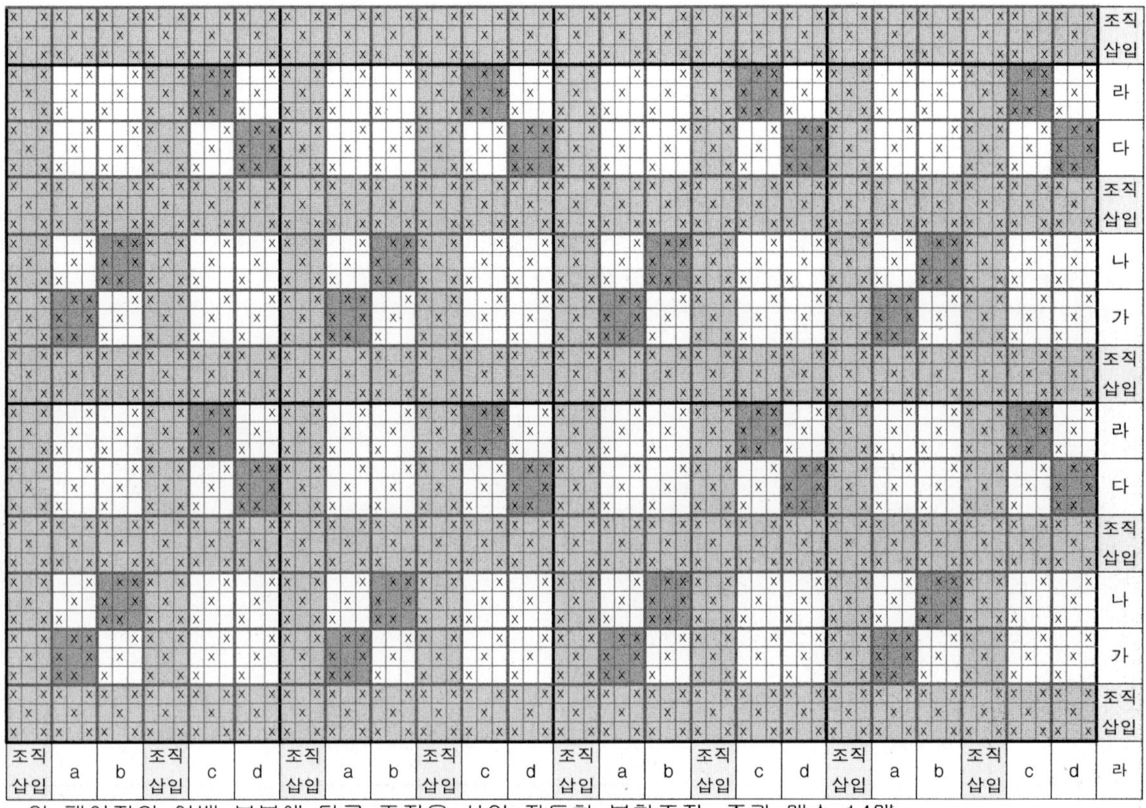

앞 페이지의 여백 부분에 다른 조직을 삽입 작도한 복합조직. 종광 매수 14매.

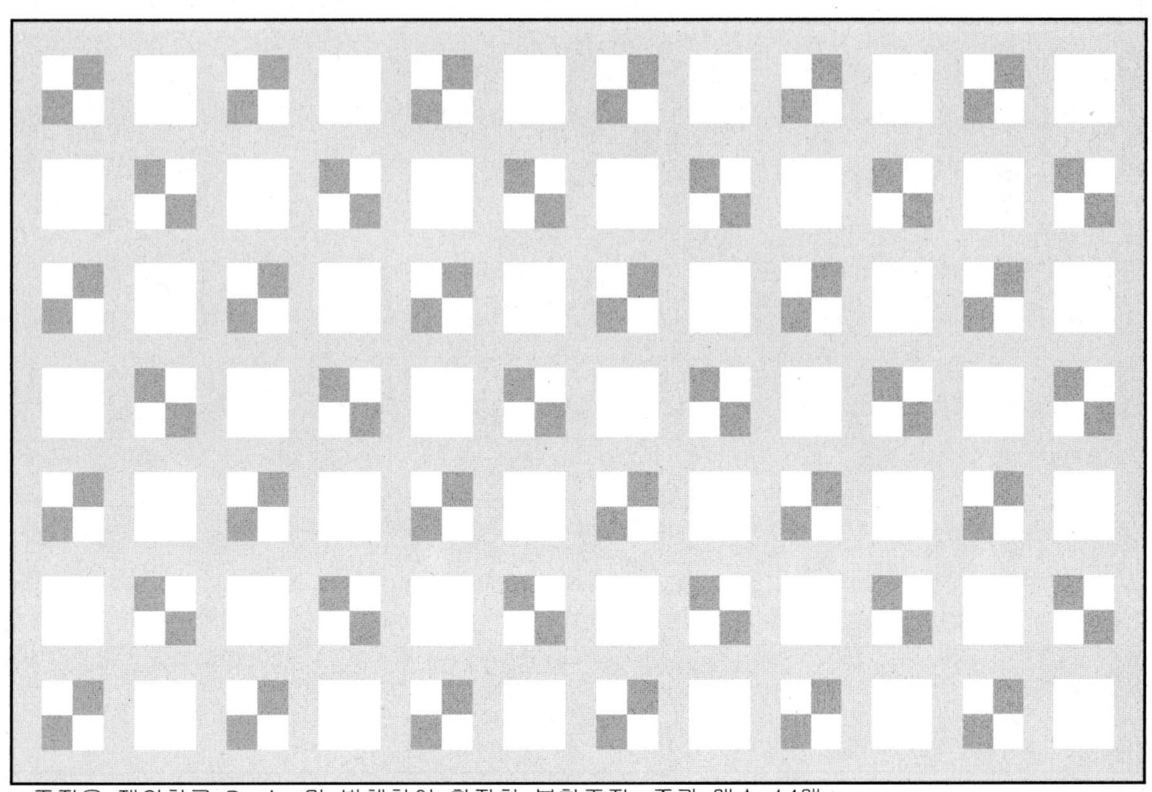

조직을 제외하고 Design만 발췌하여 확장한 복합조직. 종광 매수 14매.

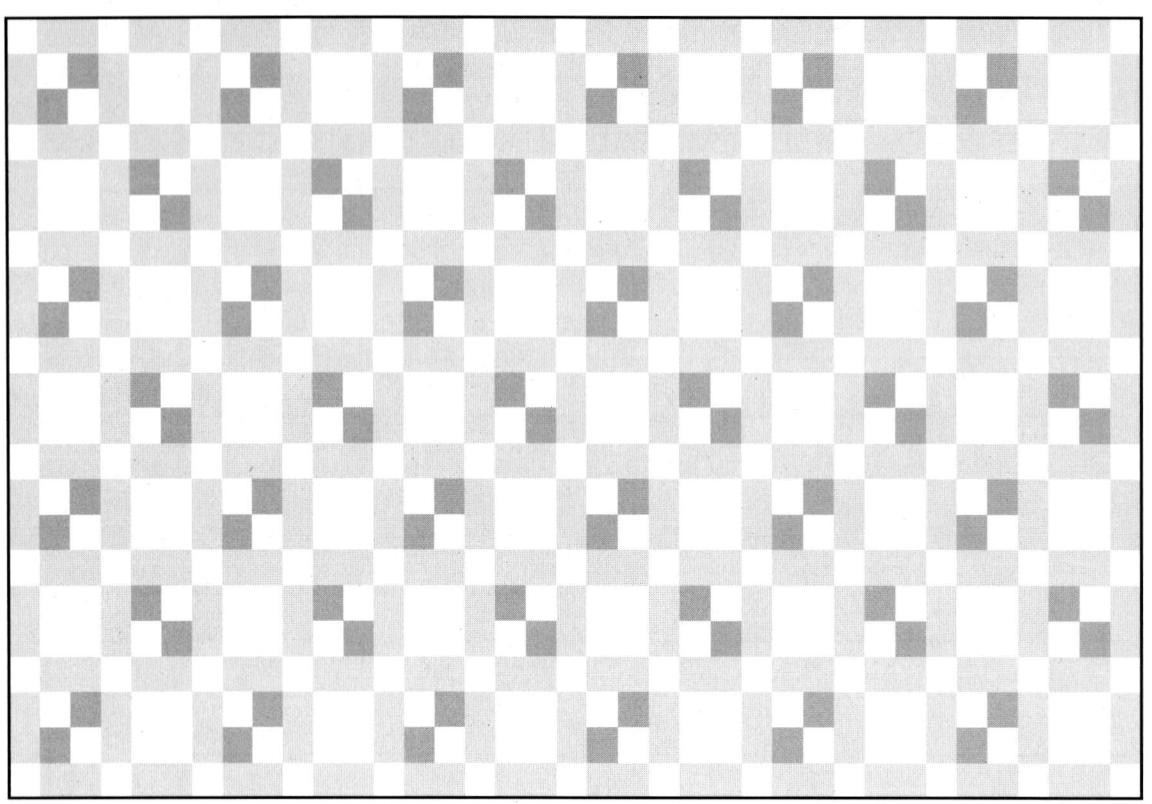

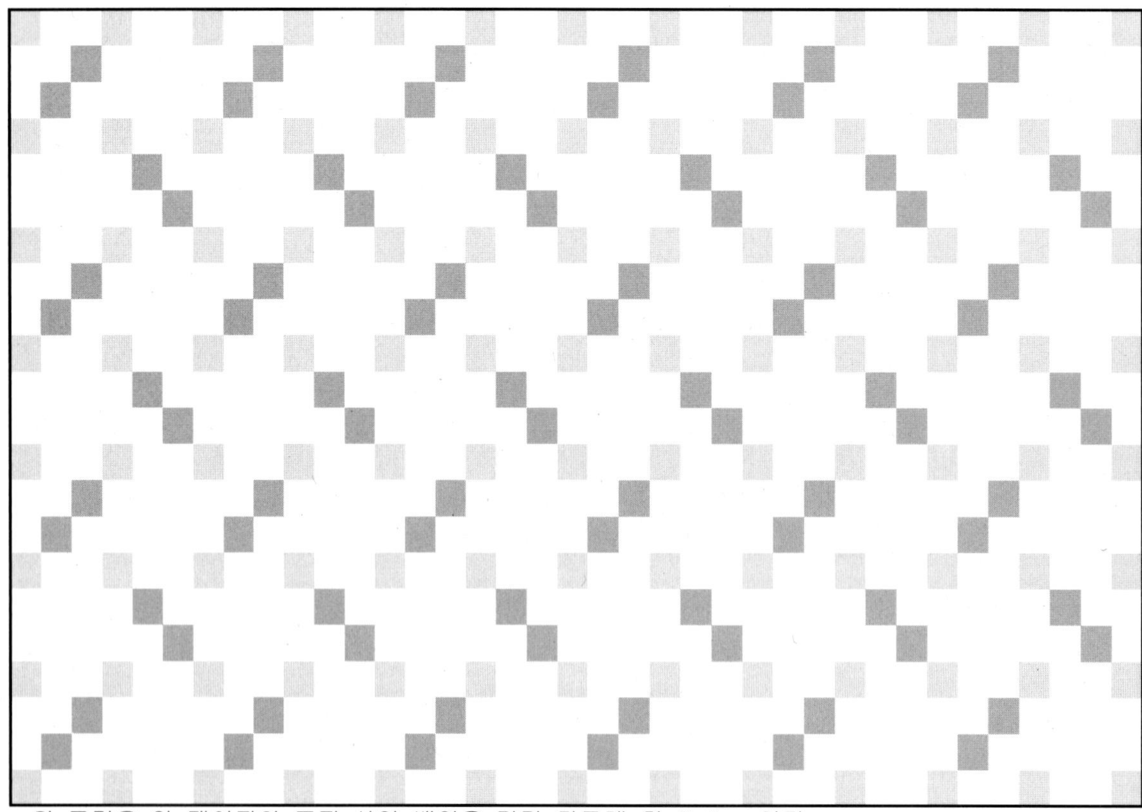

위 그림은 앞 페이지의 조직 삽입 배열을 각각 다르게 한 Pattern이다.

　아래 Pattern 중, 위는 복합조직의 Motive조직이고, 가운데와 아래는 Motive 조직에 여백을 삽입한 조직(Design)의 예이다.

다음 Pattern 중, 위는 복합조직의 Motive조직이고, 가운데와 아래는 Motive조직에 여백을 삽입한 조직(Design)의 예이다.

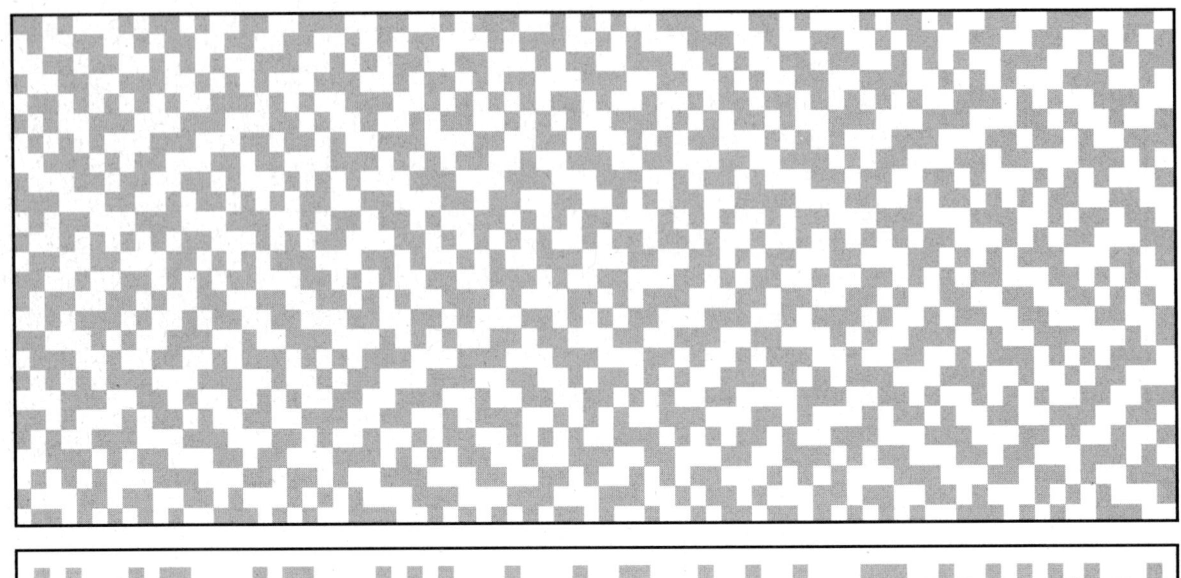

다음 Pattern 중, 위는 복합조직의 Motive조직이고, 가운데와 아래는 Motive조직에 여백을 삽입한 조직(Design)의 예이다.

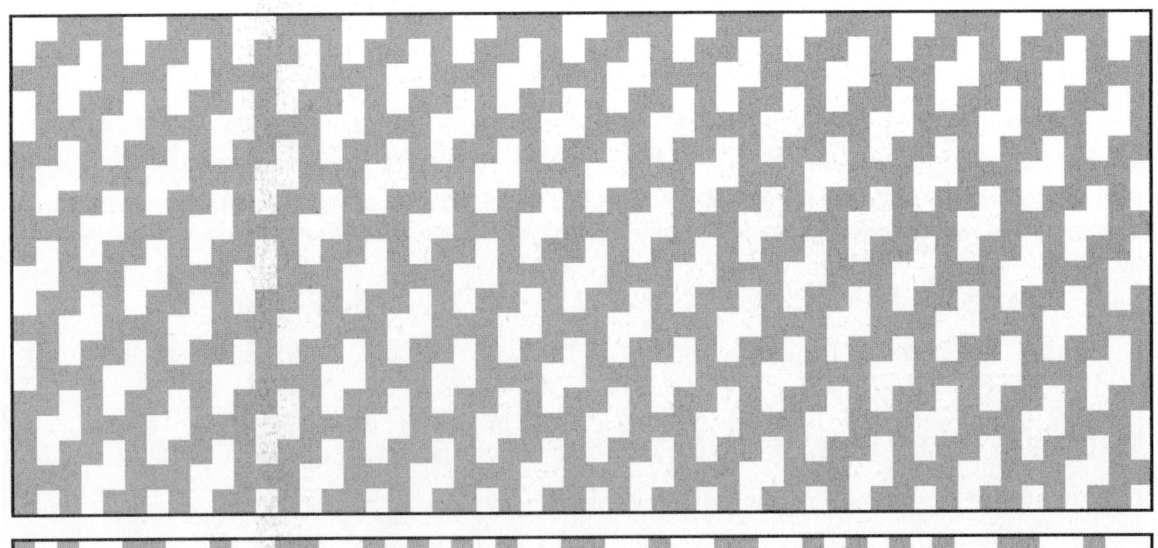

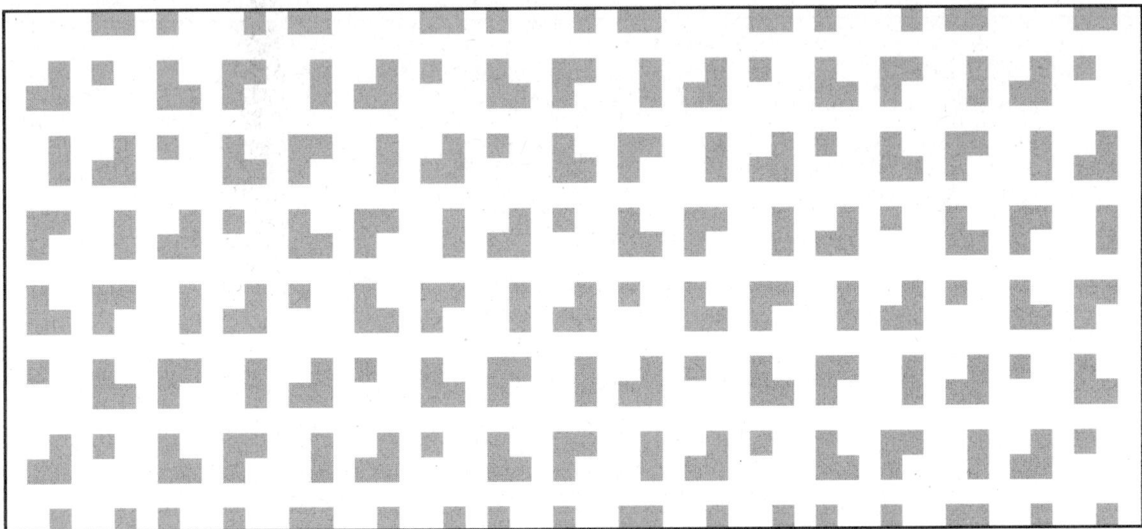

다음 Pattern 중, 위는 복합조직의 Motive조직이고, 가운데와 아래는 Motive조직에 여백을 삽입한 조직(Design)의 예이다.

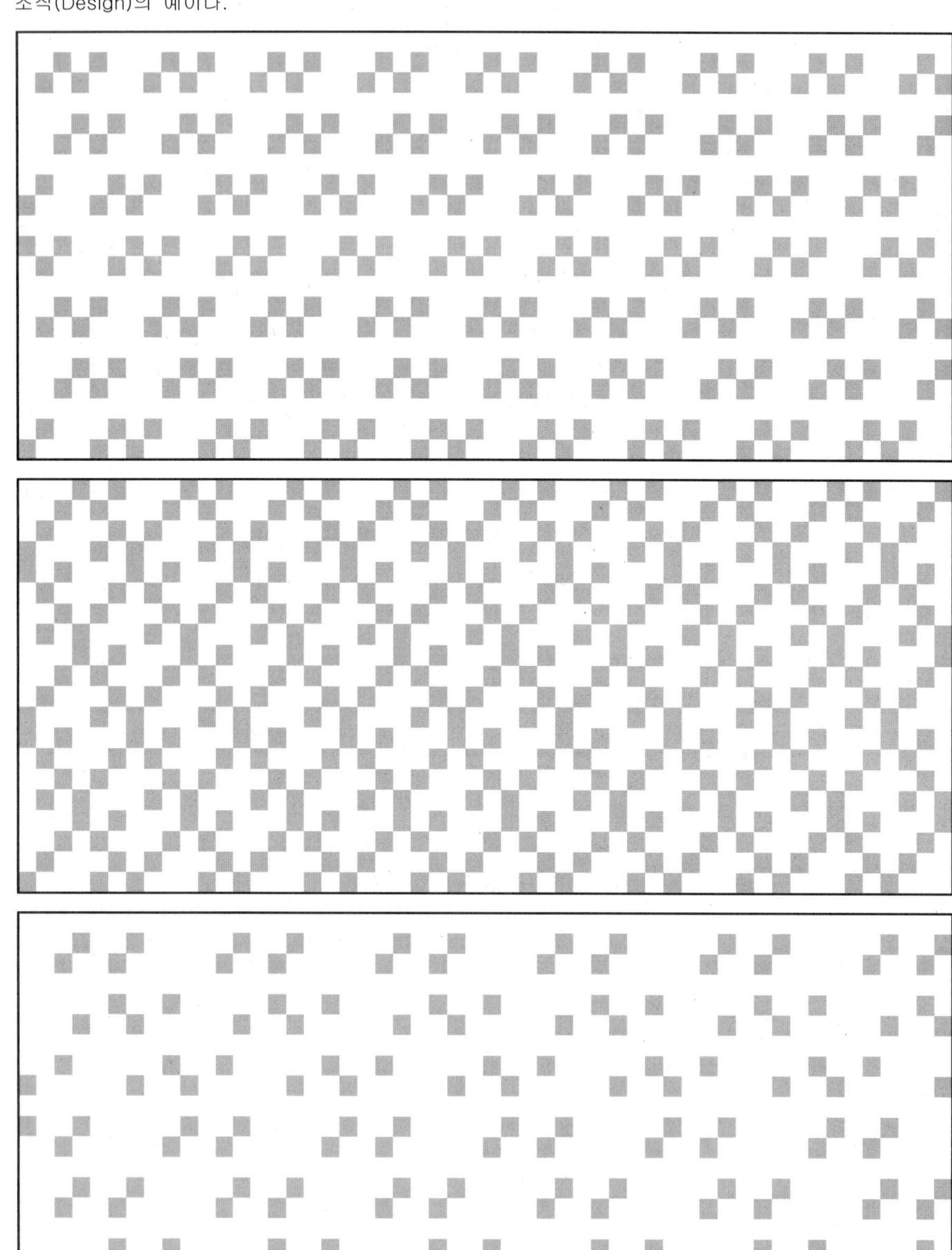

다음 Pattern 중, 위는 복합조직의 Motive조직이고, 가운데와 아래는 Motive조직에 여백을 삽입한 조직(Design)의 예이다.

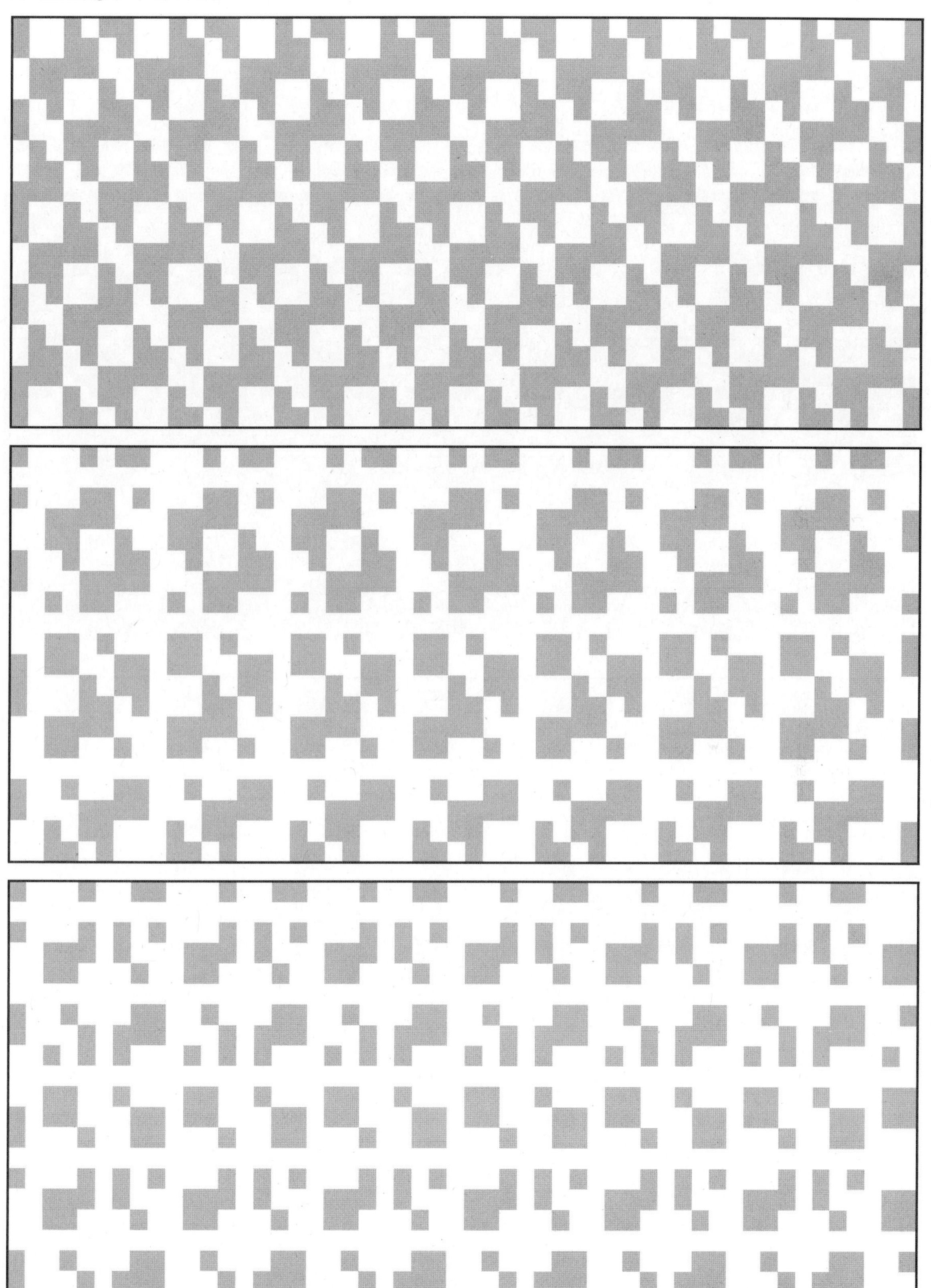

　다음 Pattern 중, 위는 복합조직의 Motive조직이고, 아래는 Motive조직 대칭선에 여백을 삽입한 조직(Design)의 예이다.

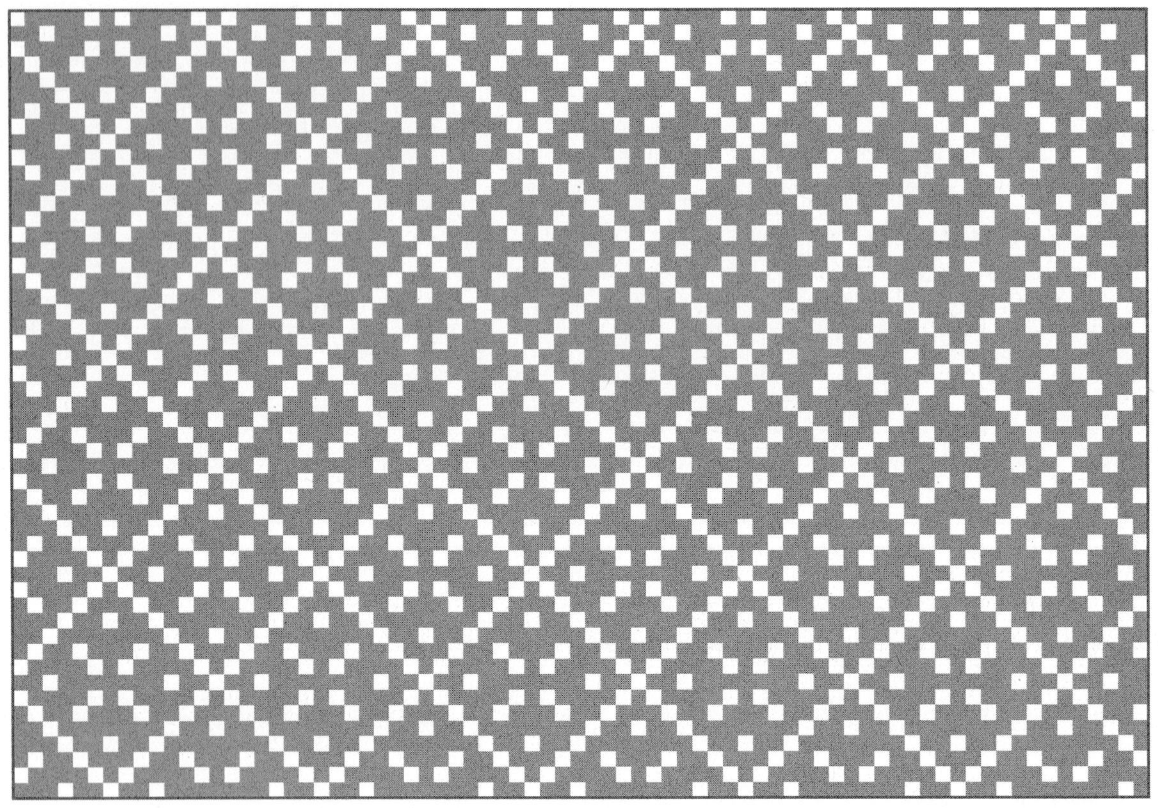

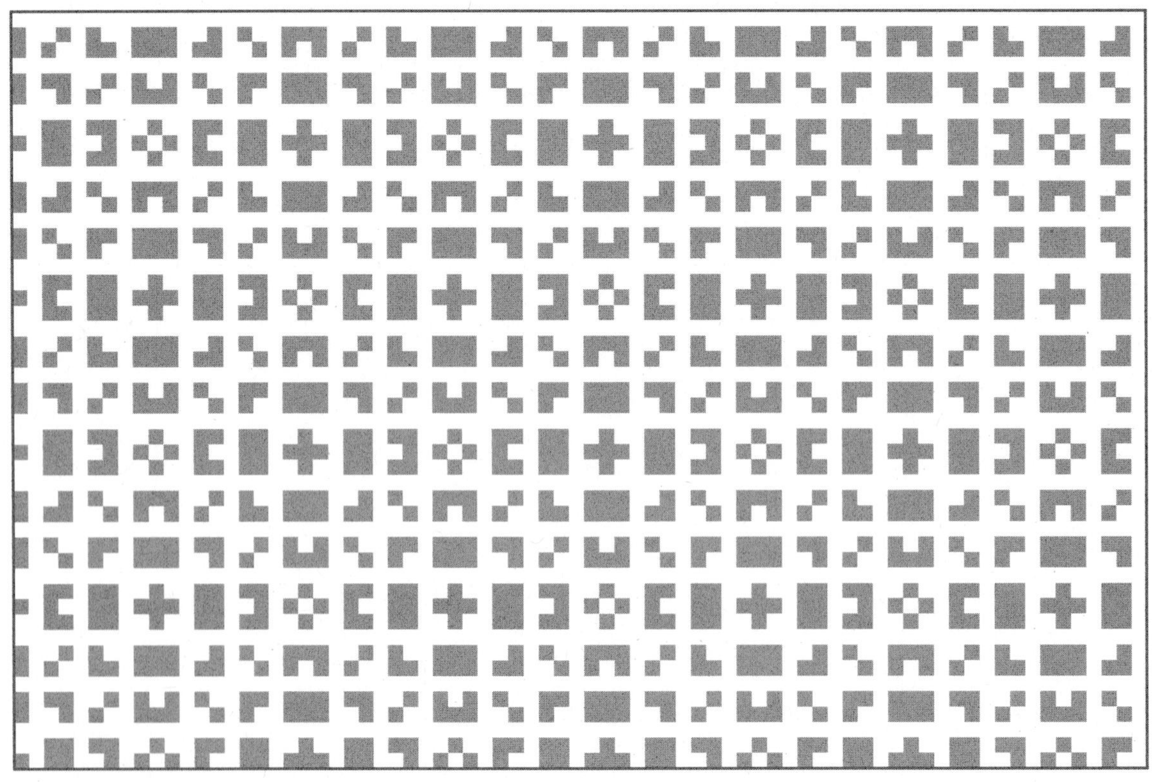

다음 Pattern 중, 위는 복합조직의 Motive조직이고, 아래는 Motive조직 대칭선에 여백을 삽입한 조직(Design)의 예이다.

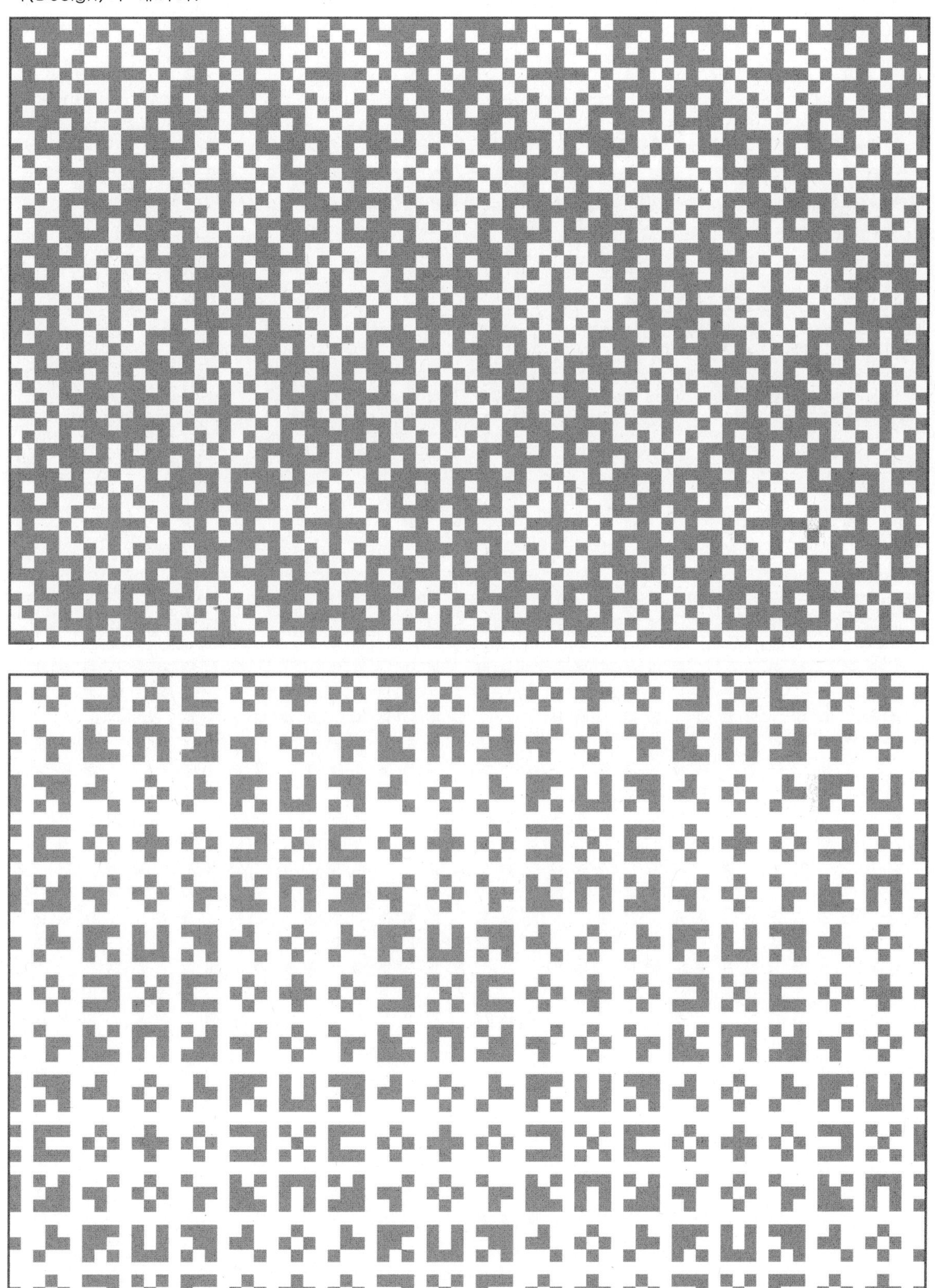

4) 다음 Pattern 중, 위는 복합조직의 Motive조직이고, 아래는 Motive조직 약수에 여백을 삽입한 조직(Design)의 예이다.

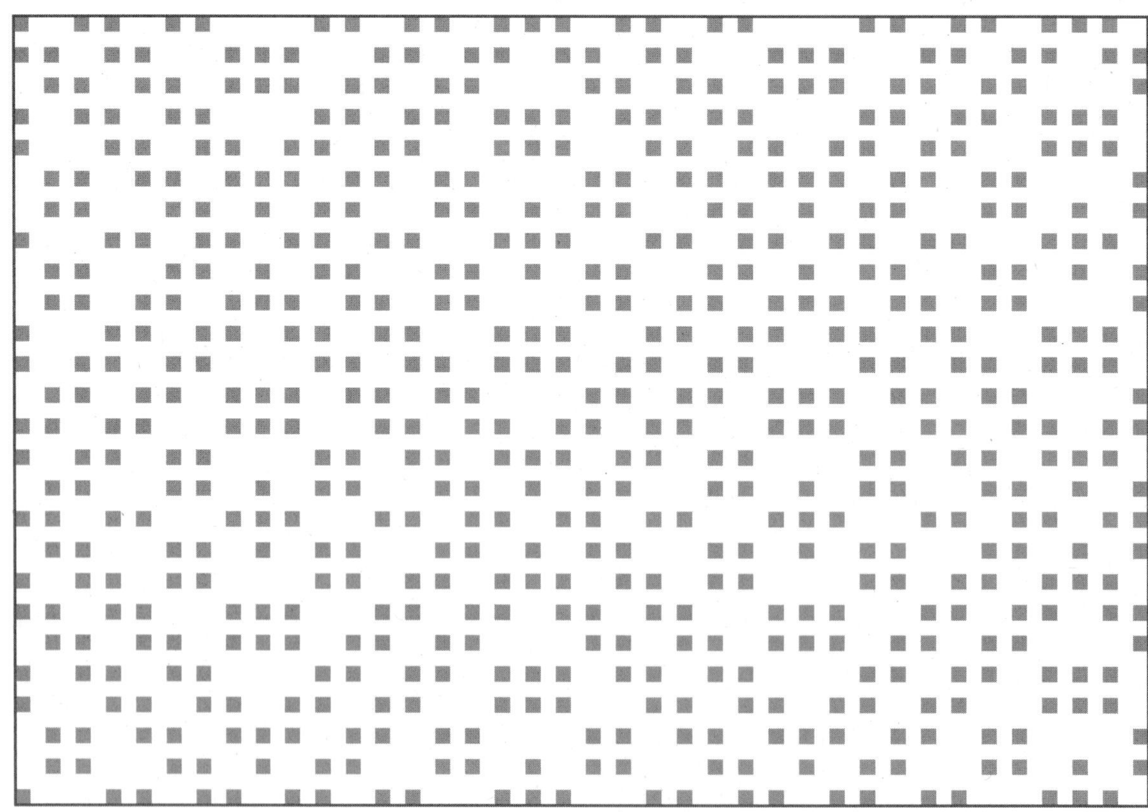

04. 복합조직 삭제법

　복합조직을 부분적으로 삭제하고 삭제한 부분을 여백으로 대입하면 새로운 영역의 복합조직이 만들어진다.

　도형은 삭제하면 작아지지만, 조직은 도형의 집합체로 이루어져 있어 삭제 후 순환 지점을 기준으로 연결하면, 조직이 커지면서 다양성을 가지게 된다.

　즉 삭제 후 조직의 변화는, 잔류 본수와 삭제본수의 합한 수와 Motive 조직의 조직 원 리피트 본수의 최소공배수가 생성조직의 본수가 되므로 수리적 무한하게 확장이 가능하다.

　작도 방법은 기본조직에서 작도한 복합조직 및 유도법으로 생성된 복합조직의 일부를 삭제하여 삭제된 부분을 여백으로 대입한다. 삭제의 순환 규칙은 Motive 조직의 약수 또는 배수로 설정하는 것이다. Motive 조직이 대칭을 이루는 조직은 기준이 되는 조직선에서 좌우가 대칭이 되도록 삭제한 후 여백으로 대입한다.

　다음은 복합조직 삭제법의 작도 방법과 그 과정에 대한 설명이다.

　1)　배수(1배수)의 반복 방법으로 작도한 복합조직 모티브

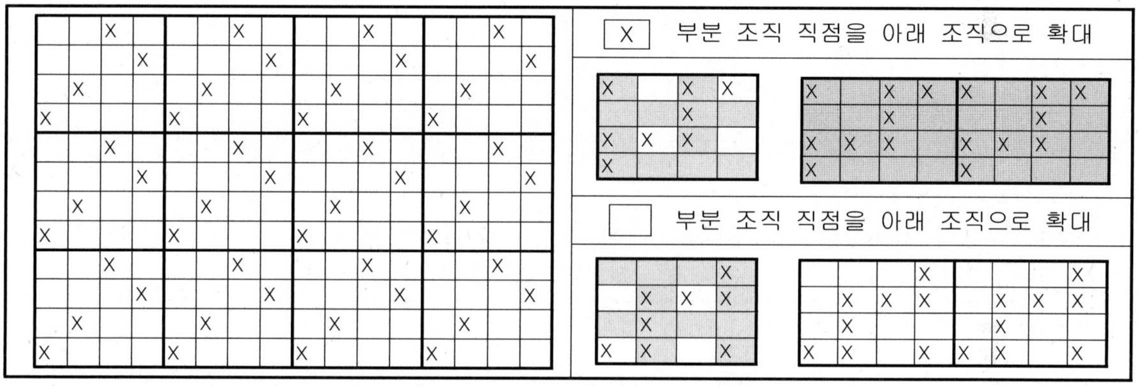

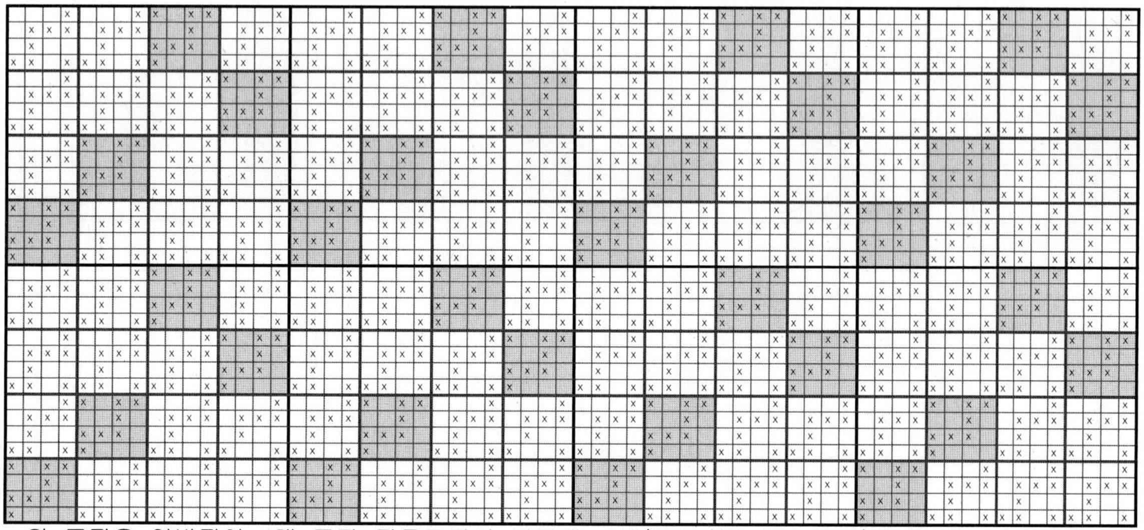

X	부분 조직 직점을 아래 조직으로 확대

	부분 조직 직점을 아래 조직으로 확대

　위 조직은 일반적인 4매 주자 직물조직의 직점에, 2개(표리교차 2중 평직)의 조직을 대입하여 취합 작도한 복합조직의 예이다. 종광매수 16매, 복합조직 응용법 적용 후 종광매수 20매.

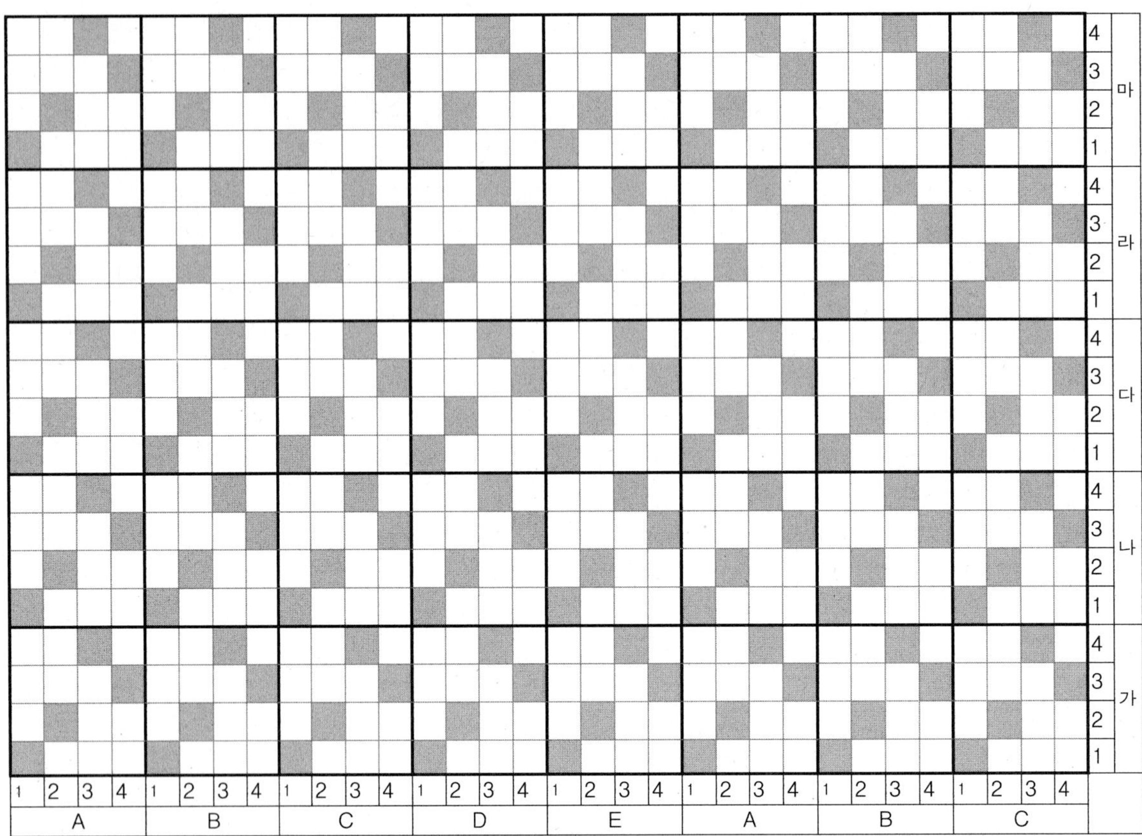

위 그림은 앞 페이지의 복합조직에서 조직을 제외하고 Design만 발췌하여 확장한 그림. 종광 16매.

위 복합조직을 경사 기준으로 A Repeat의 1번조직, B Repeat의 2번조직, C Repeat의 3번조직, D Repeat의 4번조직, E Repeat의 0번조직을 삭제한다.

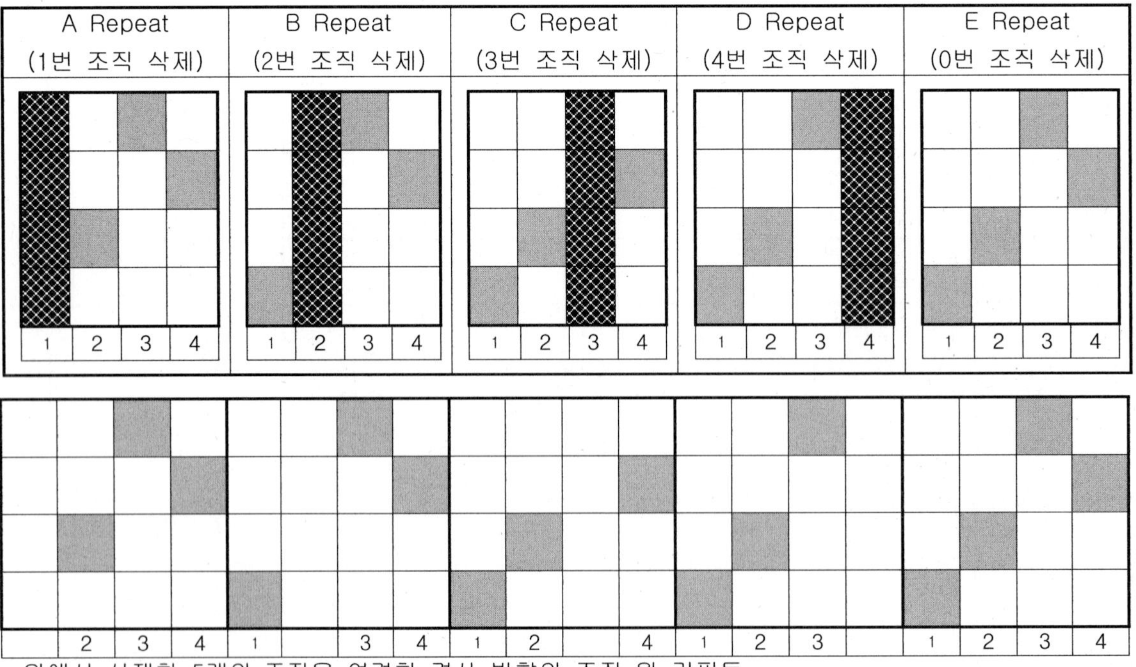

위에서 삭제한 5개의 조직을 연결한 경사 방향의 조직 원 리피트

앞 장의 복합조직을 위사 기준으로 가 Repeat의 1번조직, 나 Repeat의 2번조직, 다 Repeat의 3번조직, 라 Repeat의 4번조직, 마 Repeat의 0번조직을 삭제한다.

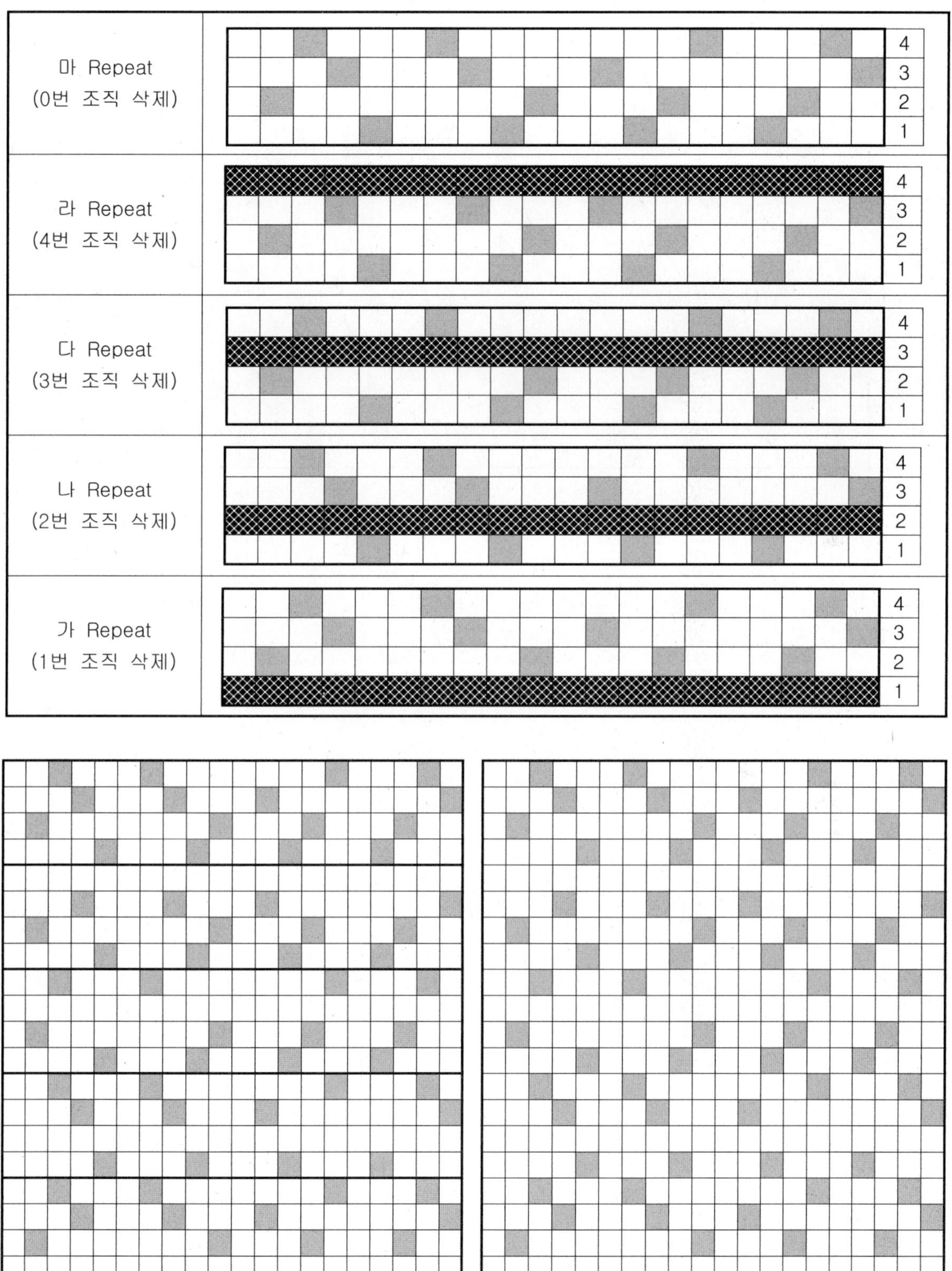

위에서 삭제한 5개의 조직을 연결한 경·위 방향의 조직 원 리피트

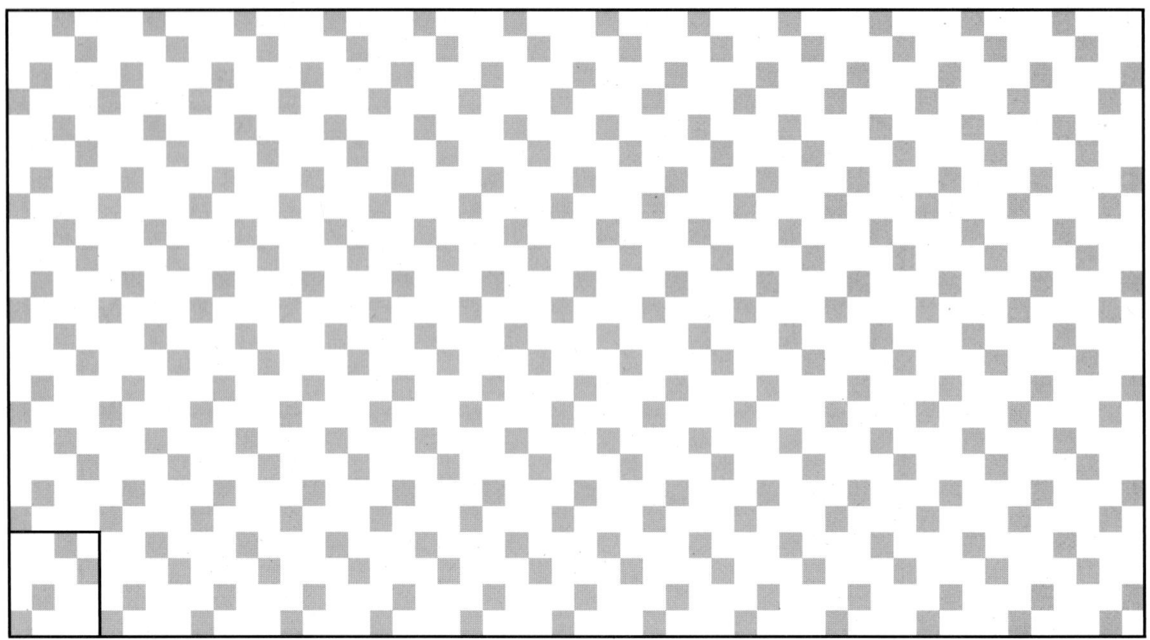

Motive 복합조직.

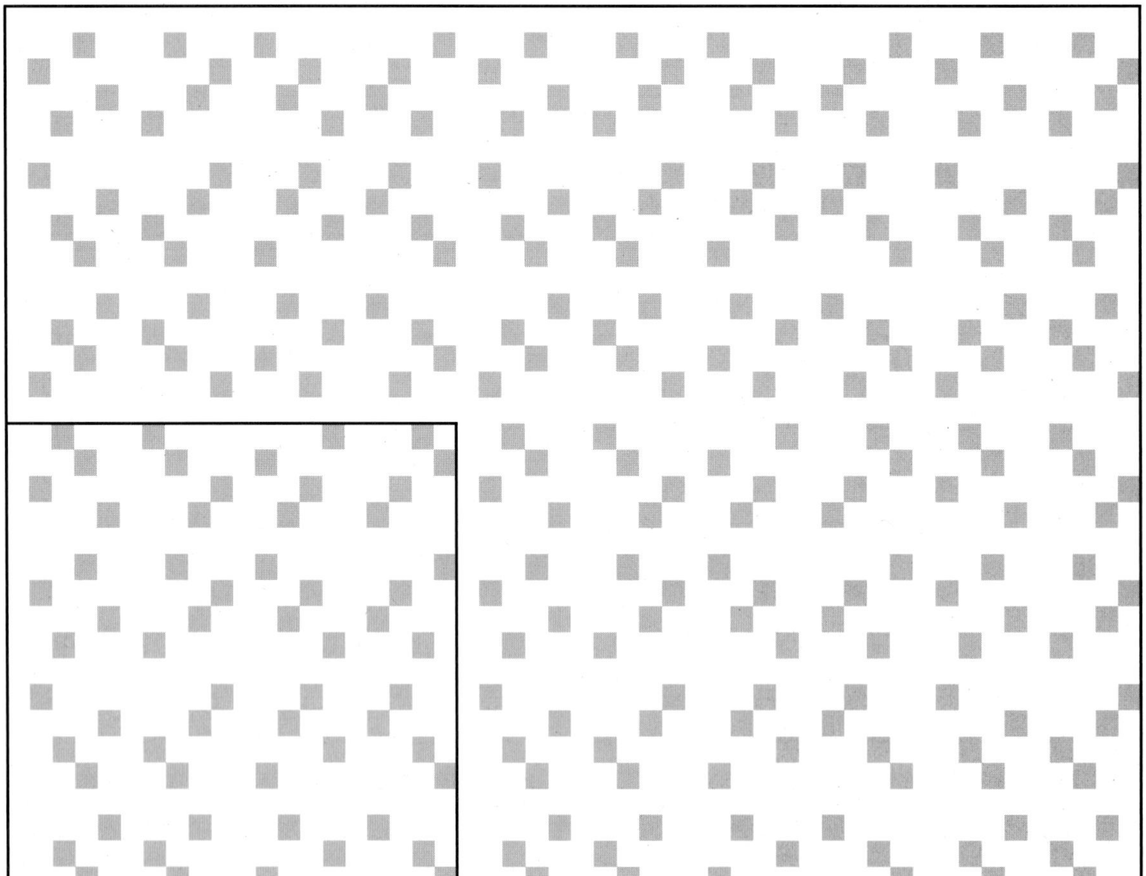

1배수로 삭제하여 삭제한 자리에 여백으로 대입하여 완성된 복합조직 효과도

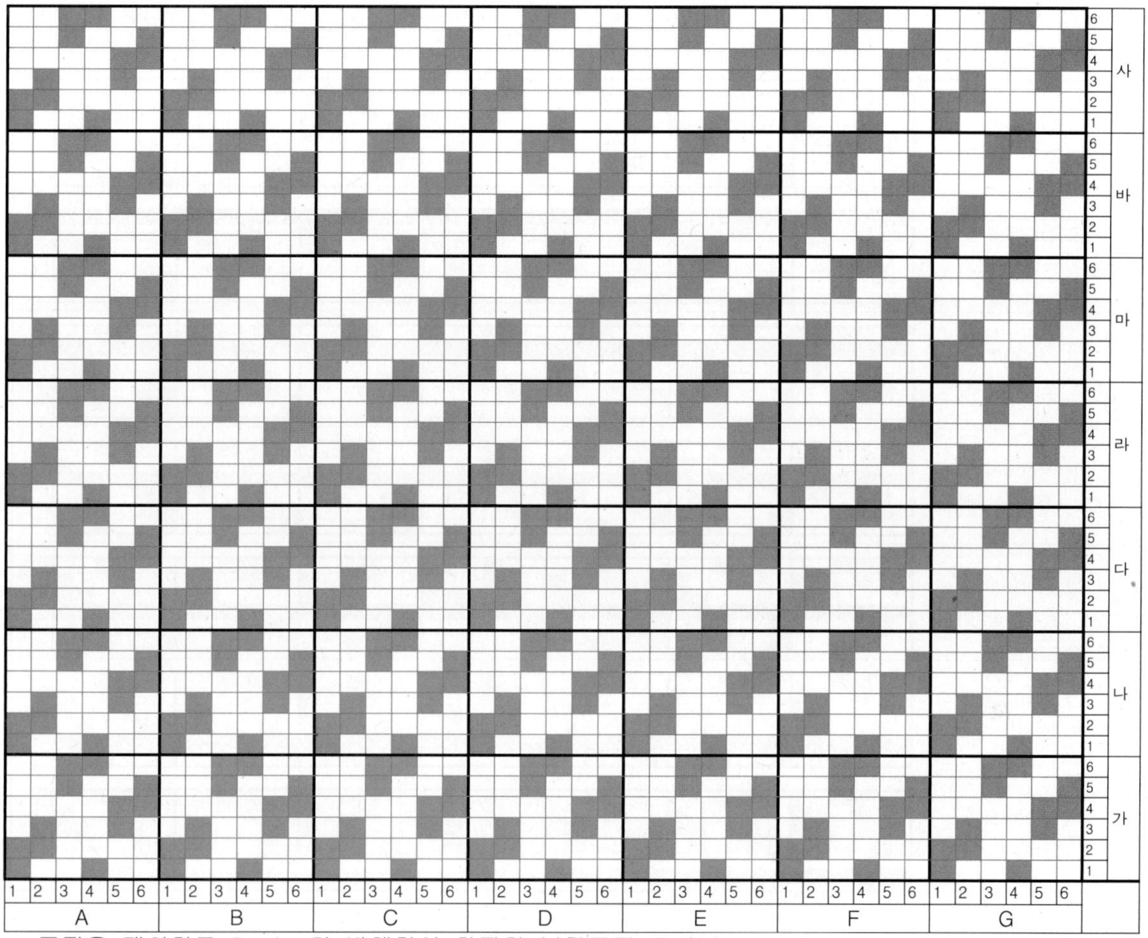

, 조직을 제외하고 Design만 발췌하여 확장한 복합조직 모티브

위 복합조직을 경사 기준, A Repeat의 1번조직, B Repeat의 2번조직, C Repeat의 3번조직, D Repeat의 4번조직, E Repeat의 5번조직, F Repeat의 6번조직, G Repeat의 0번조직을 삭제한다.

A Repeat (1번 삭제)	B Repeat (2번 삭제)	C Repeat (3번 삭제)	D Repeat (4번 삭제)	E Repeat (5번 삭제)	F Repeat (6번 삭제)	G Repeat (0번 삭제)

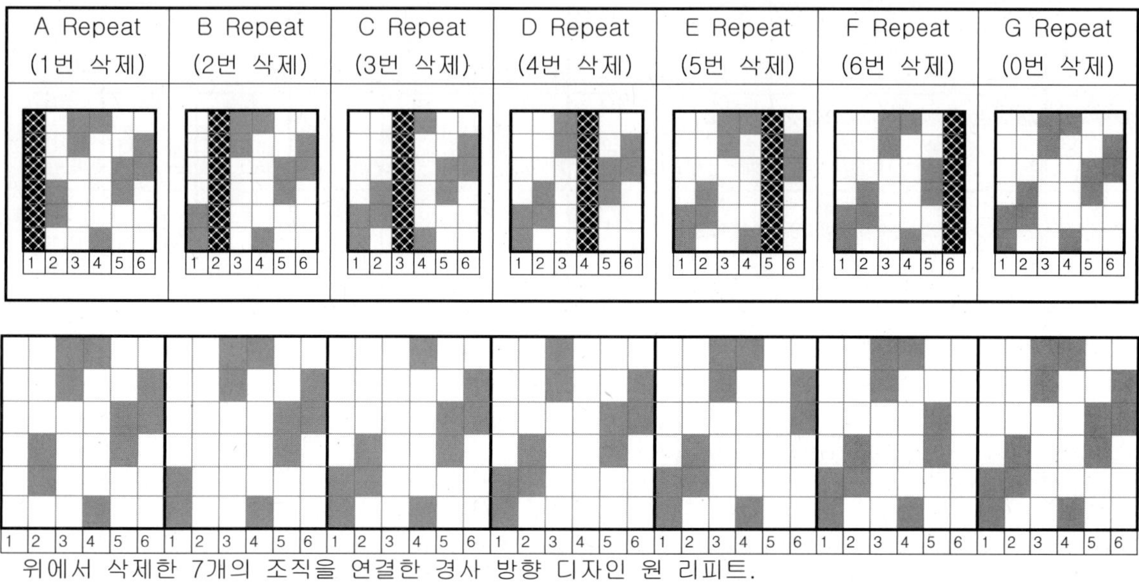

위에서 삭제한 7개의 조직을 연결한 경사 방향 디자인 원 리피트.

　앞 장의 복합조직을 위사 기준으로 가 Repeat의 1번조직, 나 Repeat의 2번조직, 다 Repeat의 3번조직, 라 Repeat의 4번조직, 마 Repeat의 5번조직, 바 Repeat의 6번조직, 사 Repeat의 0번조직을 삭제한다.

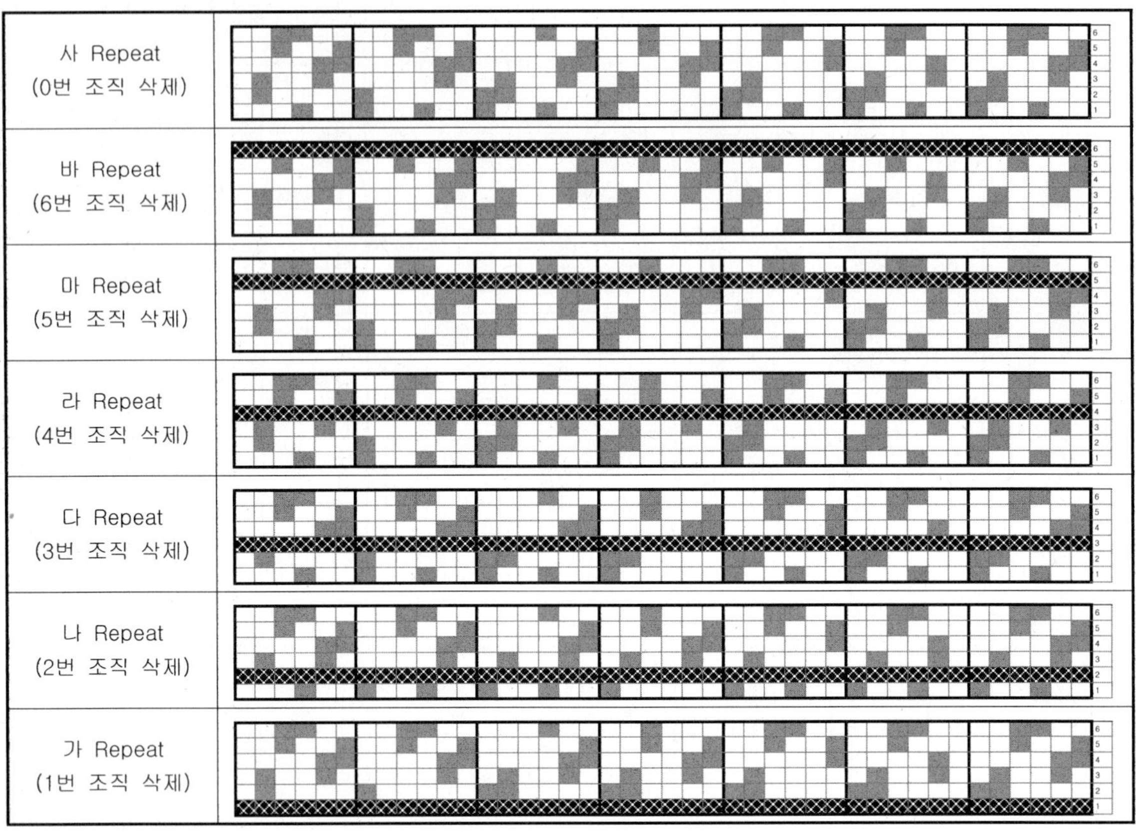

위에서 삭제한 7개의 조직을 연결한 경·위 방향 디자인 원 리피트.

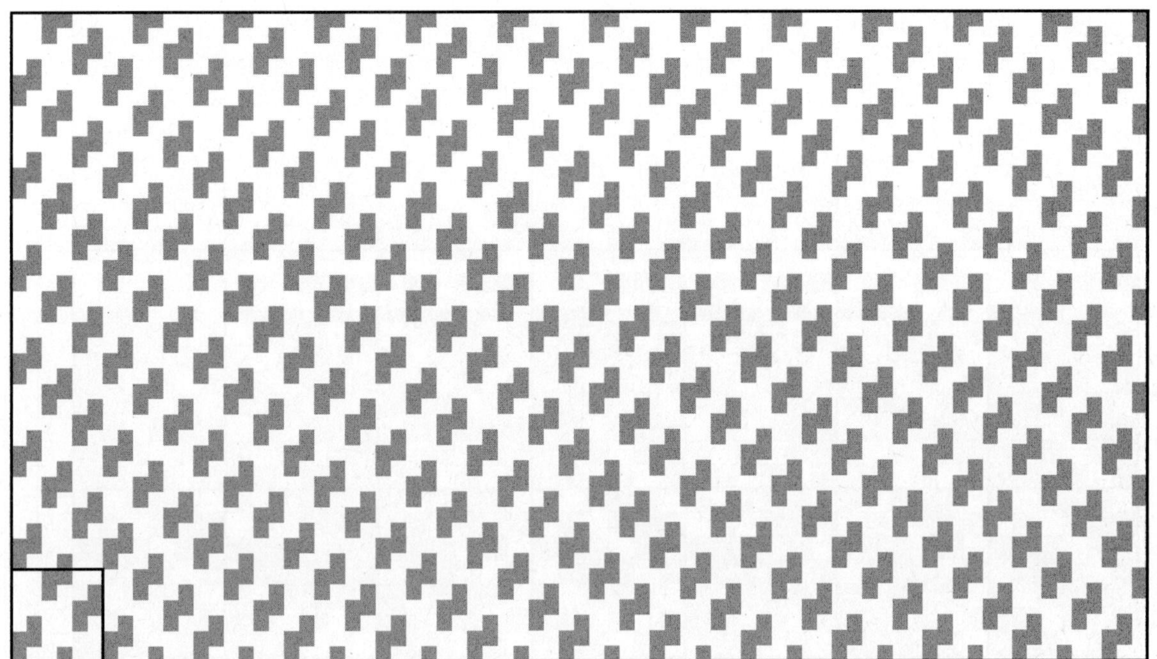

Motive 복합조직.

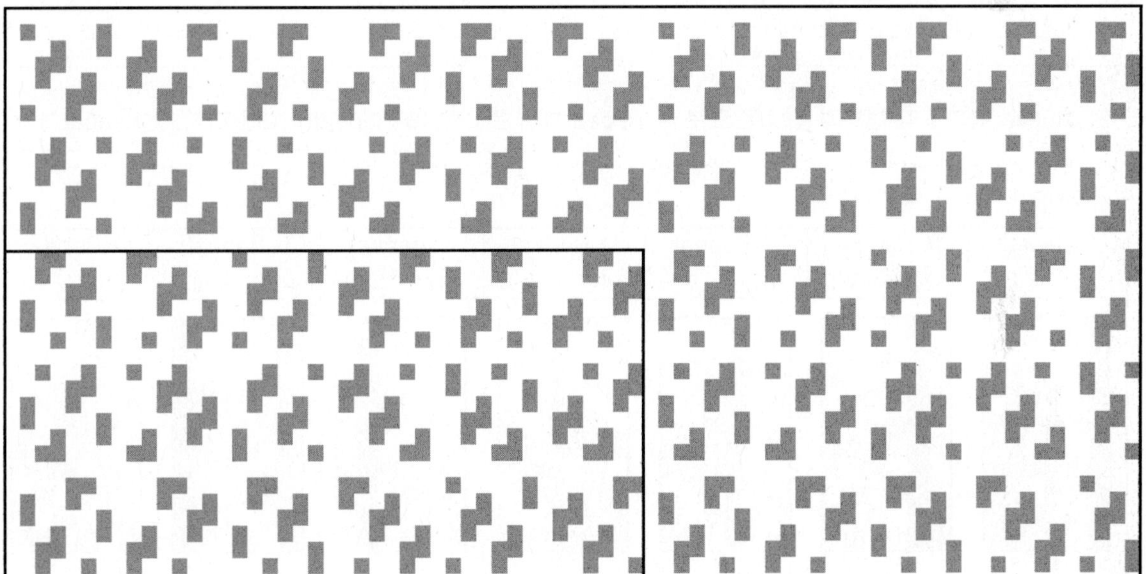

1배수로 삭제하여 삭제한 부분에 여백으로 대입한, 복합조직 삭제법에 의해 변환된 조직 효과도.

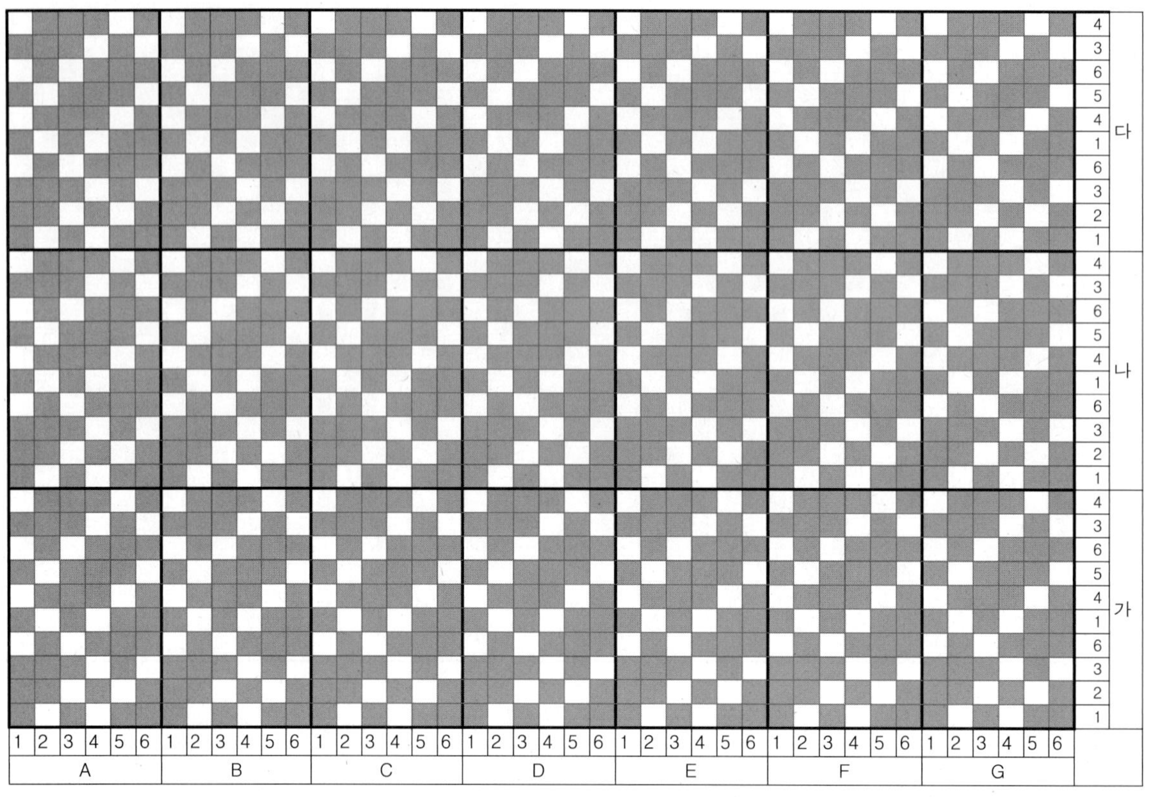

위 Motive 복합조직 중, 경사 기준으로 A Repeat의 1번조직, B Repeat의 2번조직, C Repeat의 3번 조직, D Repeat의 4번조직, E Repeat의 5번조직, F Repeat의 6번조직, G Repeat의 0번조직을 삭제하여 여백으로 대입한다.

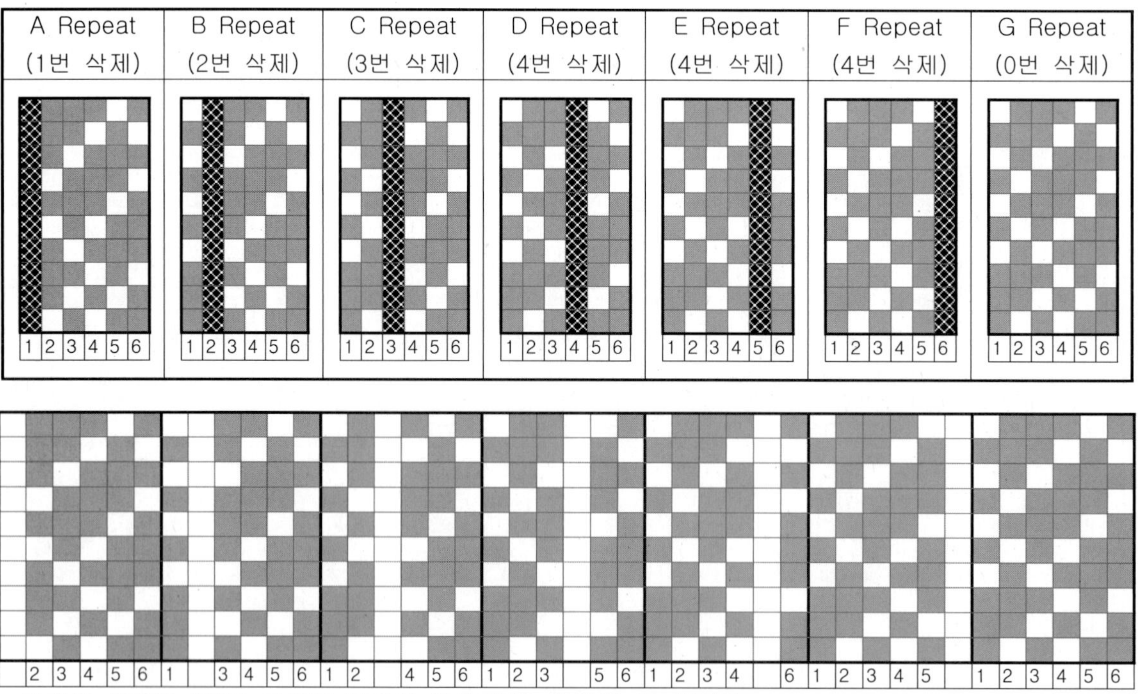

위에서 삭제한 7개의 조직을 연결한 경사 방향 디자인 원 리피트.

앞 장 복합조직 중, 위사 기준으로 가 Repeat의 1번조직, 나 Repeat의 2번조직, 다 Repeat의 3번조직, 라 Repeat의 4번조직, 마 Repeat의 5번조직, 바 Repeat의 6번조직, 사 Repeat의 0번조직을 삭제한다.

카 Repeat (0번 조직 삭제)	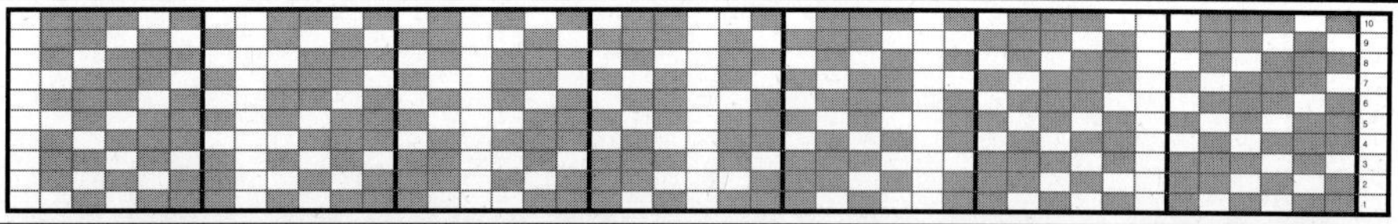
차 Repeat (10번조직 삭제)	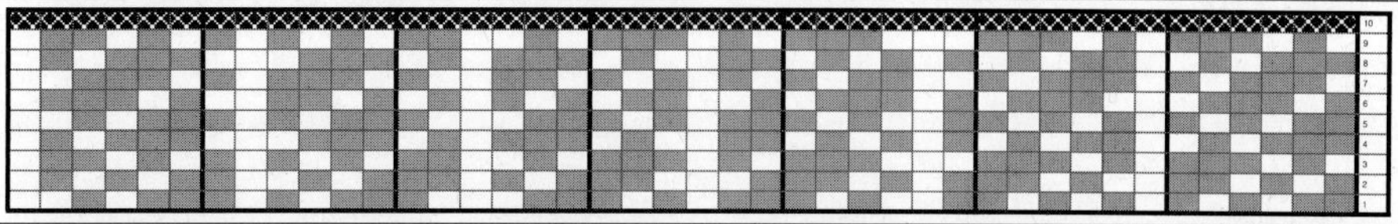
자 Repeat (9번 조직 삭제)	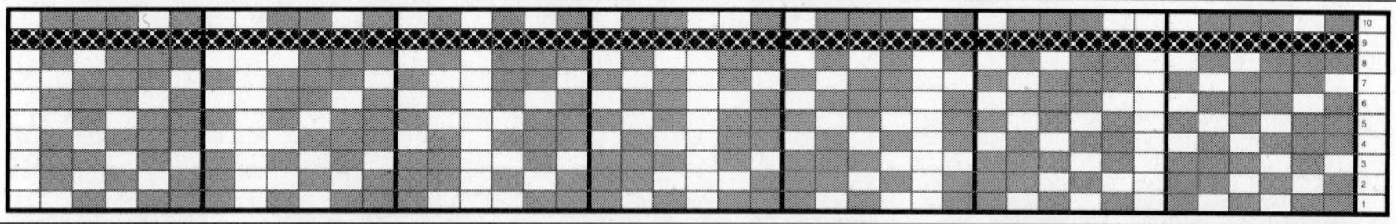
아 Repeat (8번 조직 삭제)	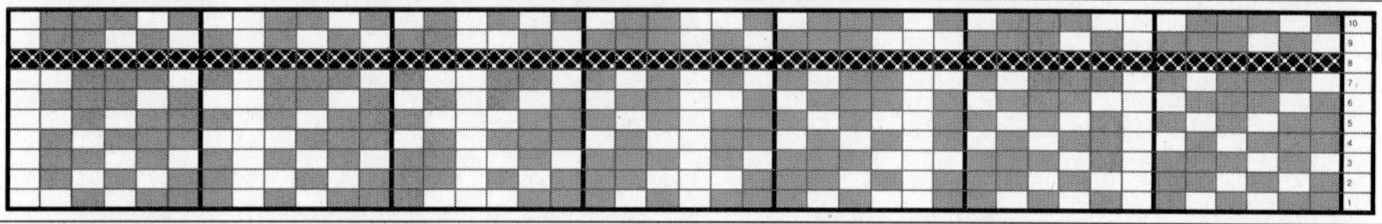
사 Repeat (7번 조직 삭제)	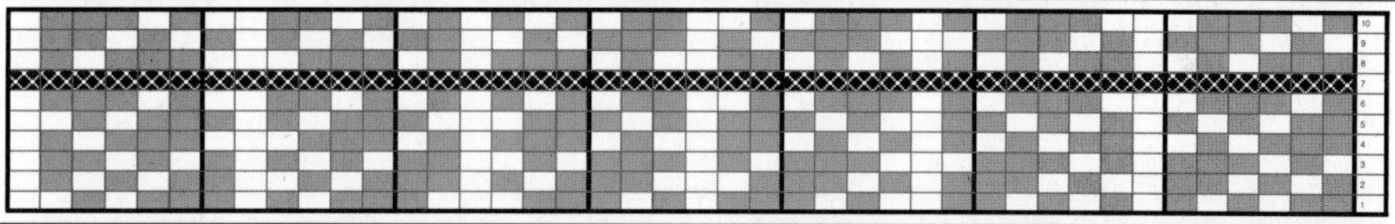
바 Repeat (6번 조직 삭제)	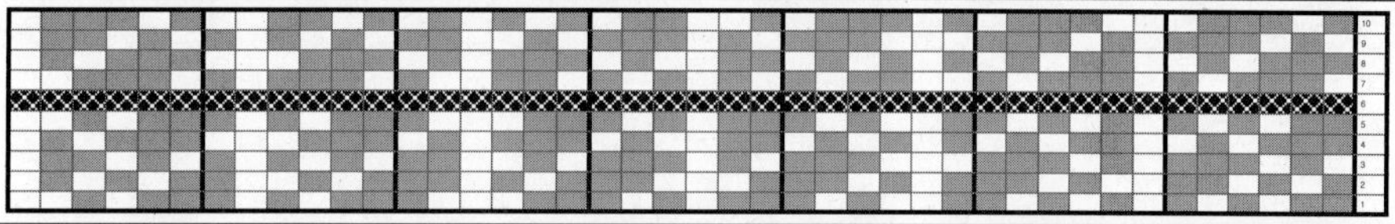
마 Repeat (5번 조직 삭제)	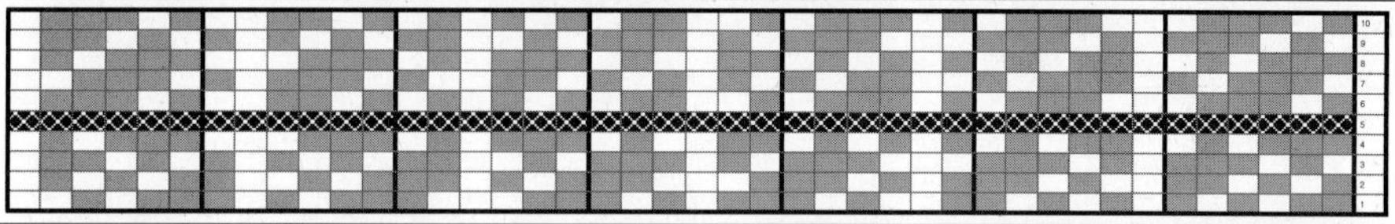
라 Repeat (4번 조직 삭제)	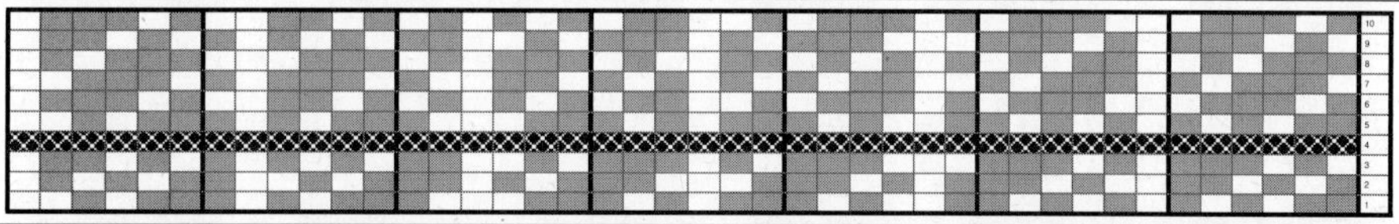
다 Repeat (3번 조직 삭제)	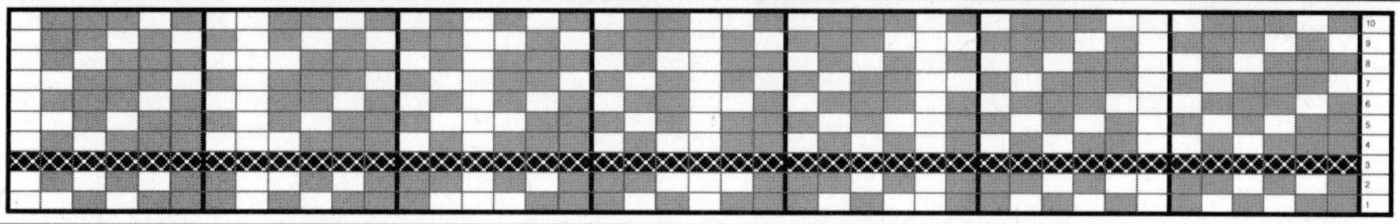
나 Repeat (2번 조직 삭제)	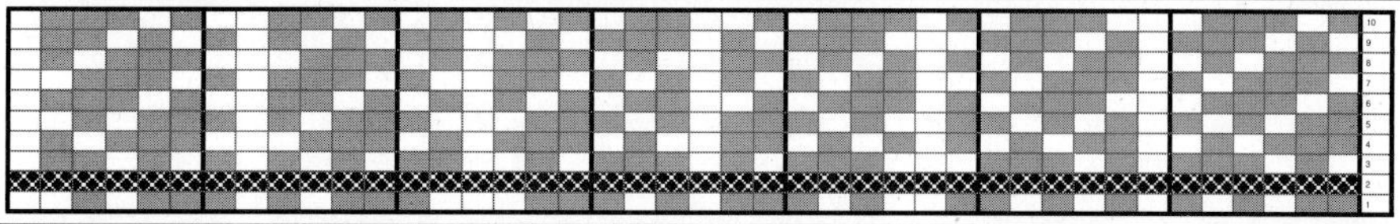
가 Repeat (1번 조직 삭제)	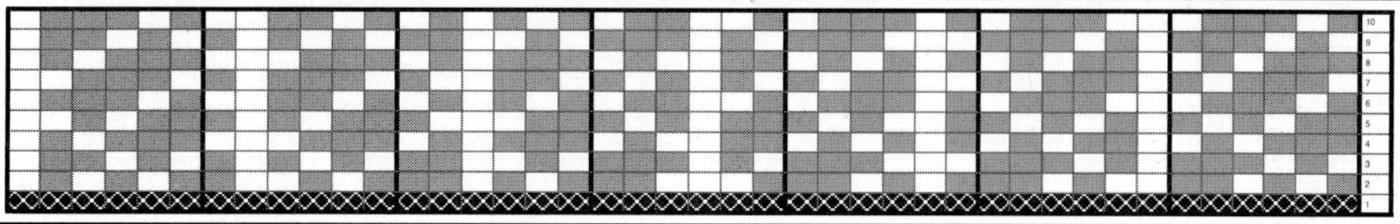

Motive 복합조직.

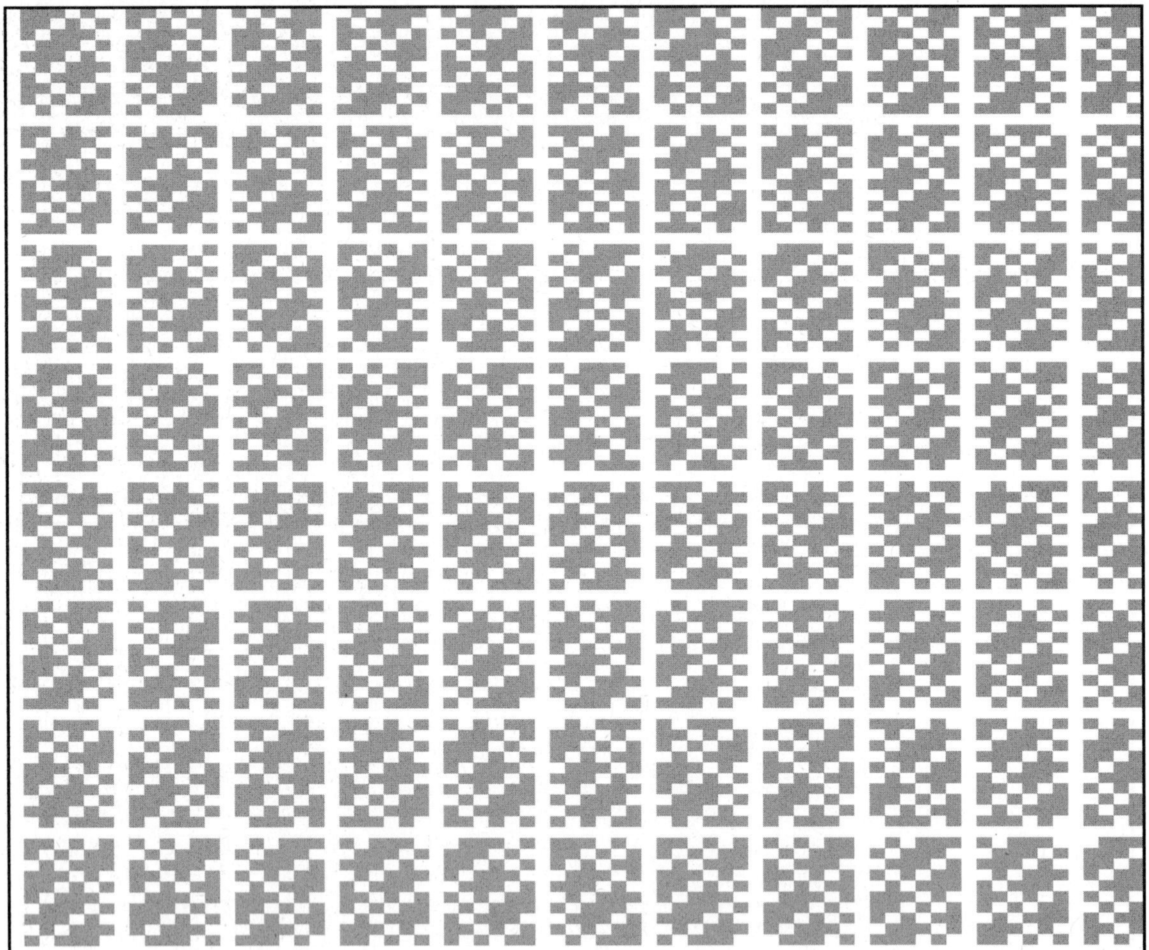

1배수로 삭제하여 삭제한 부분을 여백으로 대입한, 복합조직 삭제법에 의해 변환된 조직 효과도.

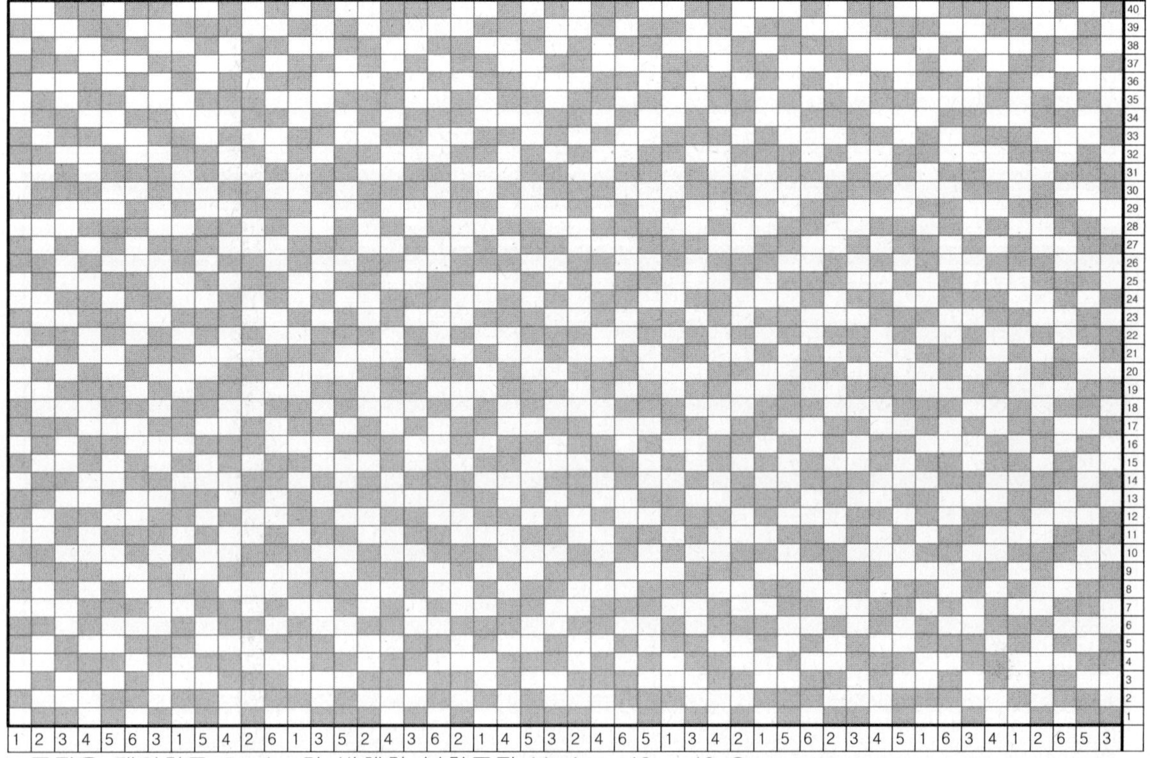

조직을 제외하고 Design만 발췌한 복합조직 Motive. 48 x 40 Georgette.

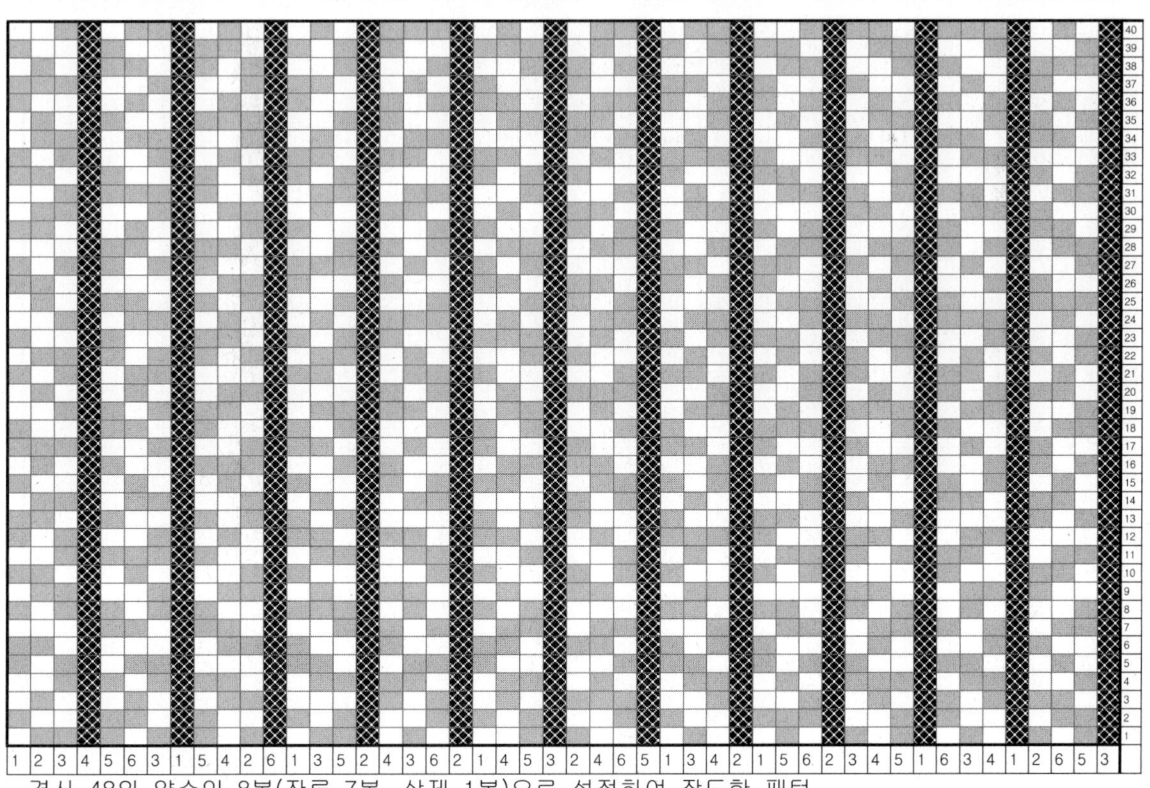

경사 48의 약수인 8본(잔류 7본, 삭제 1본)으로 설정하여 작도한 패턴

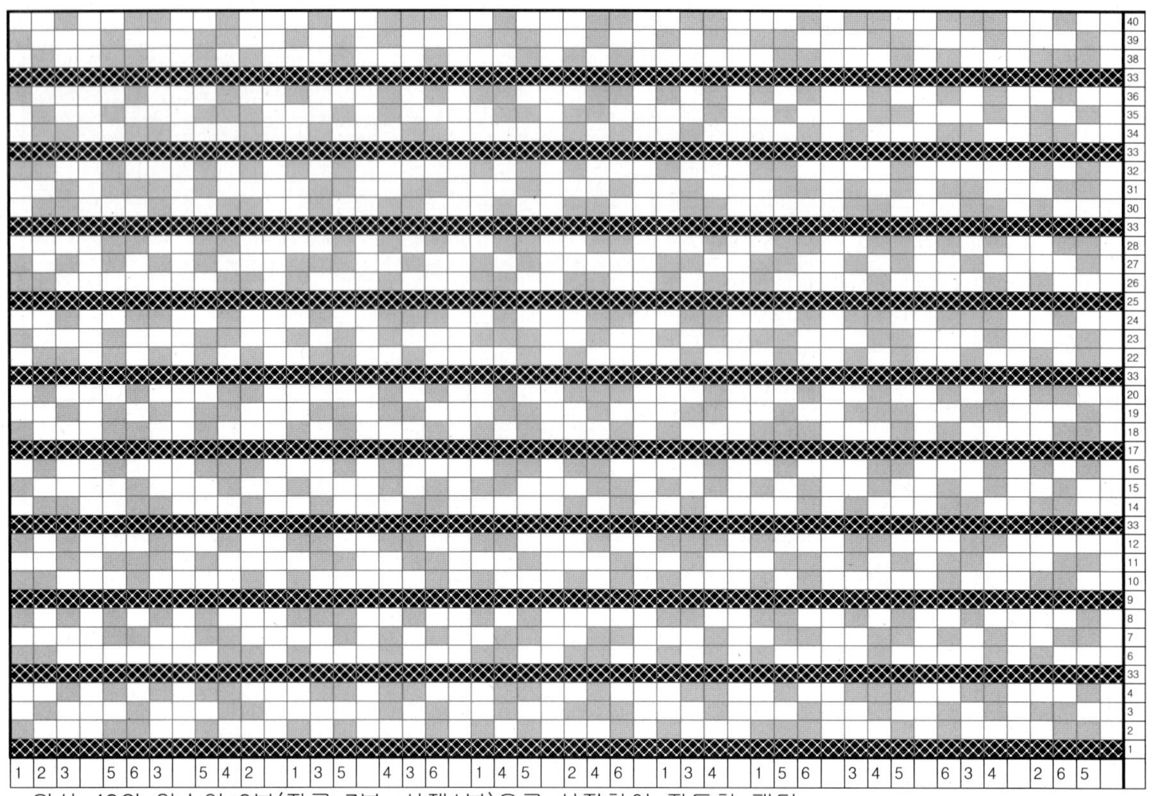

위사 48의 약수인 8본(잔류 7본, 삭제1본)으로 설정하여 작도한 패턴.

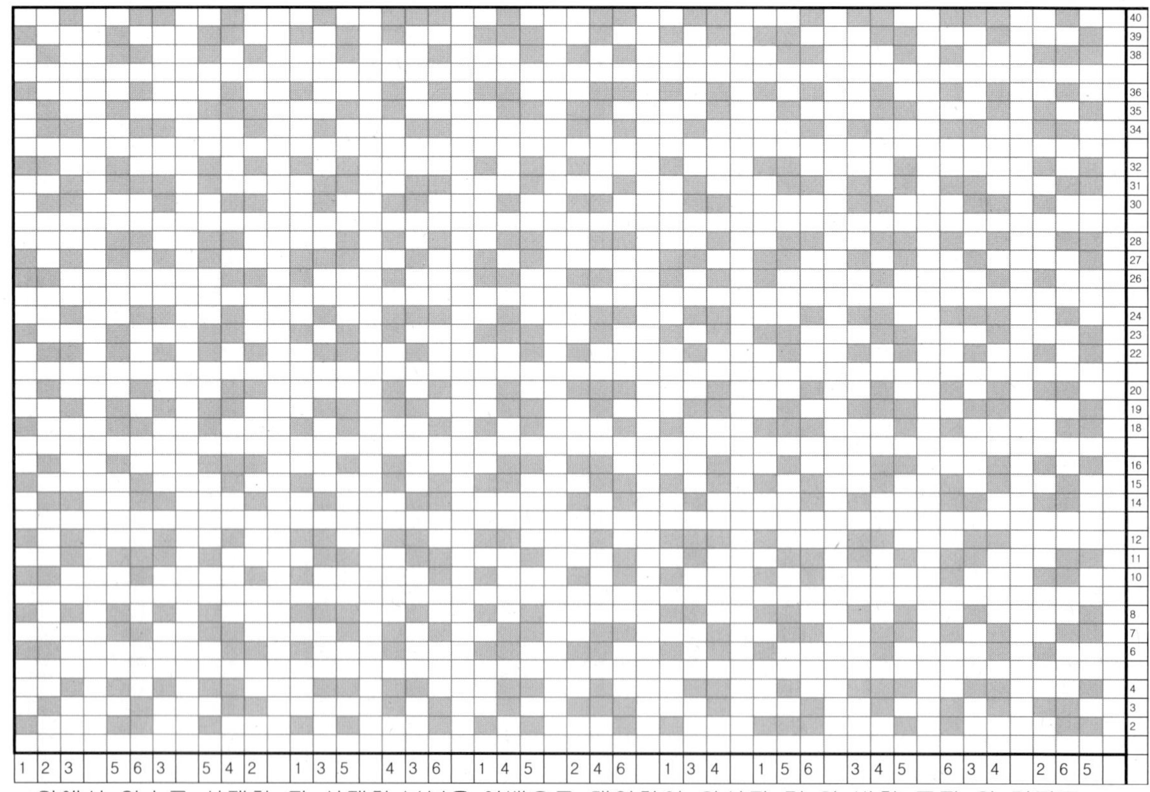

위에서 약수로 삭제한 뒤 삭제한 부분을 여백으로 대입하여 완성된 경·위 방향 조직 원 리피트.

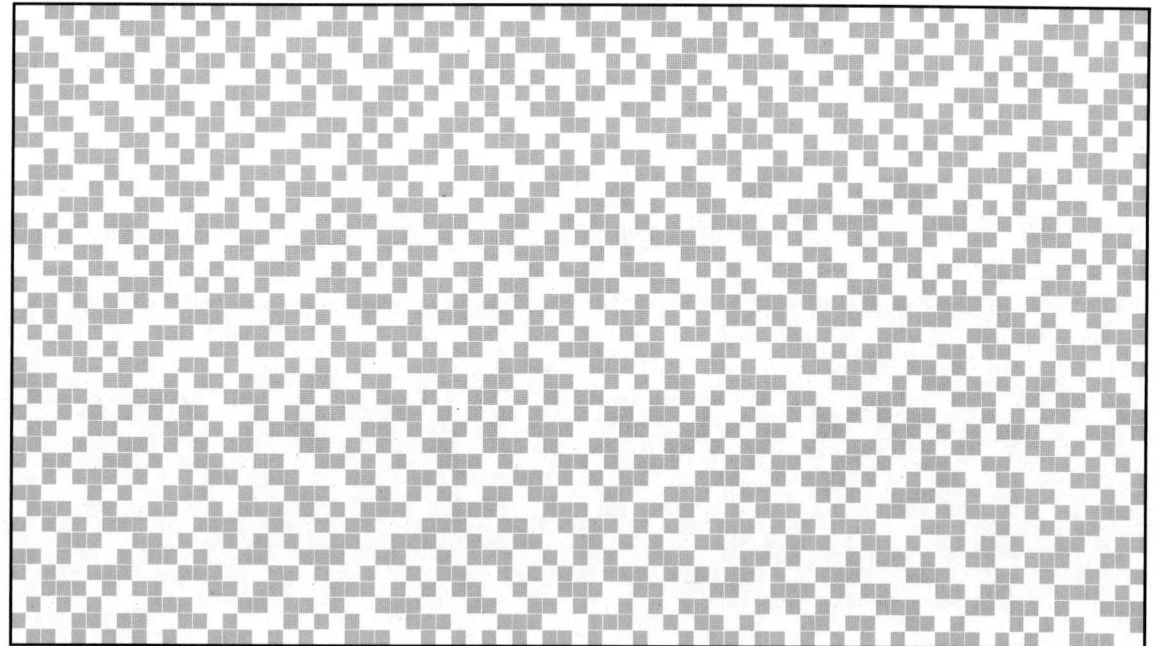

Motive 복합조직.

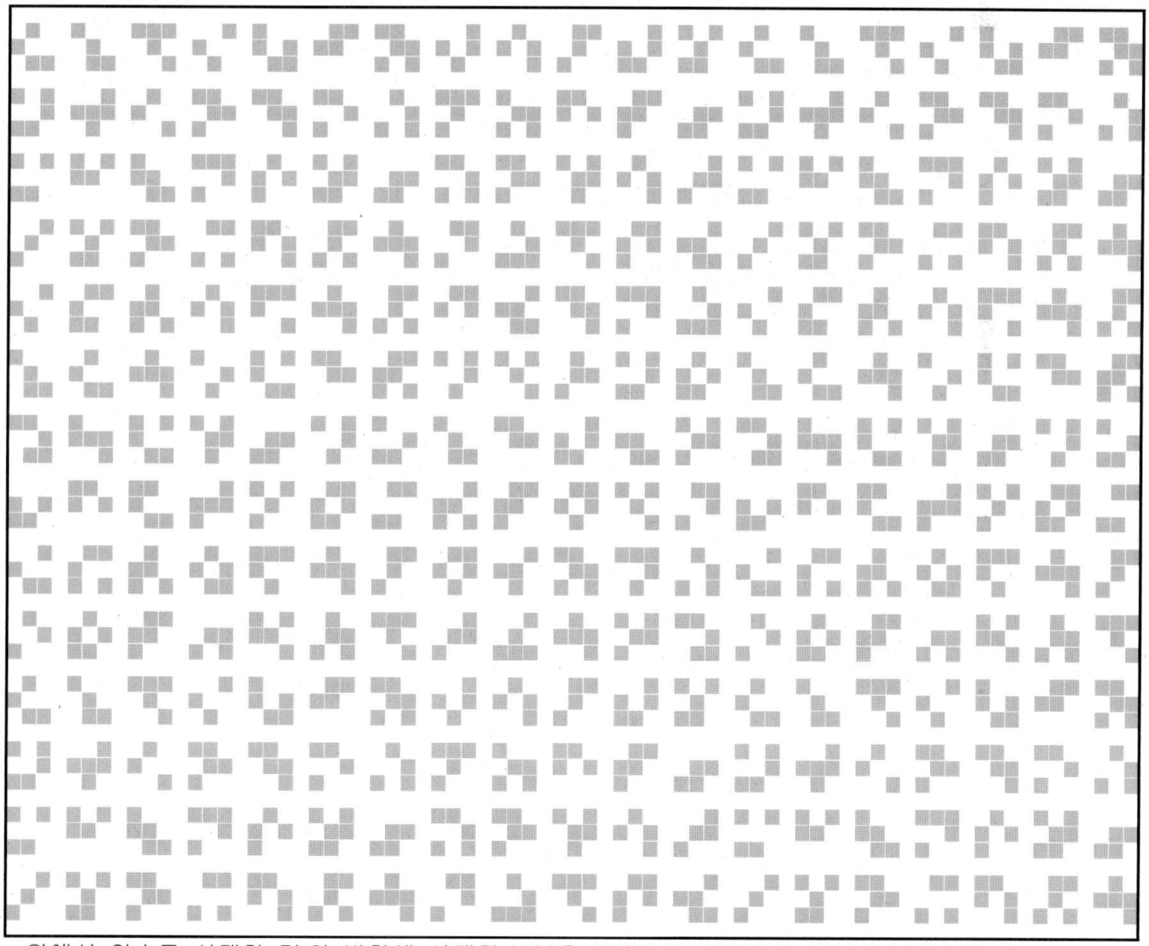

위에서 약수로 삭제한 경·위 방향에 삭제한 부분을 여백으로 대입하여 완성된 복합조직 효과도.

3) 대칭선을 기준으로 해서 적용한 작도기법

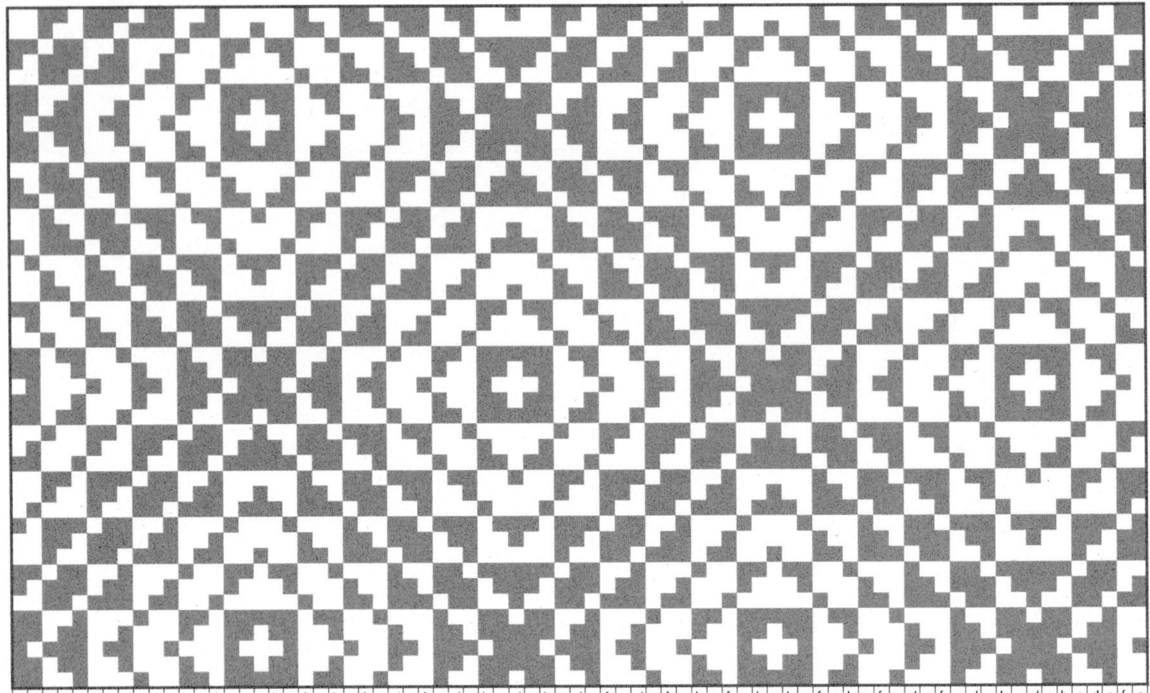

Motive 복합조직

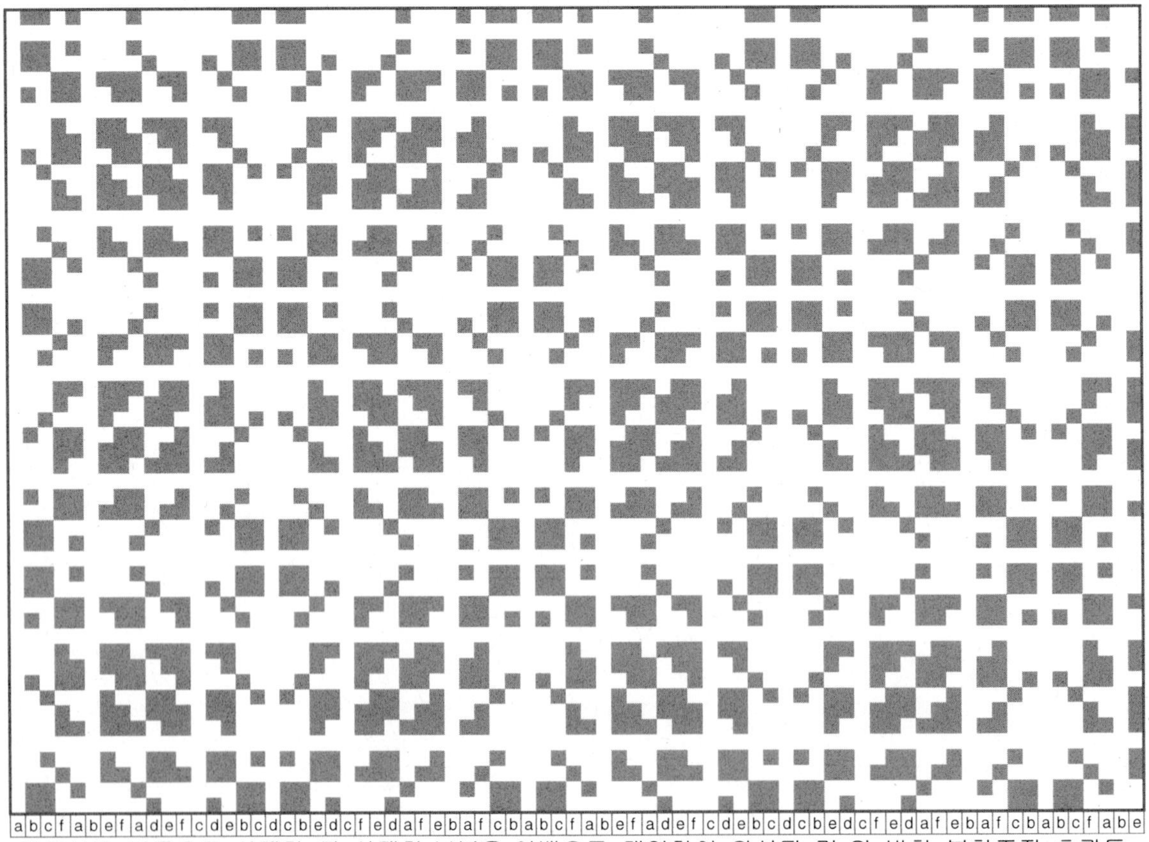

대칭선을 기준으로 삭제한 뒤 삭제한 부분을 여백으로 대입하여 완성된 경·위 방향 복합조직 효과도.

05. 복합조직 확장법

　복합조직에 부분적으로 확장과 축소의 변화를 주면 또 다른 영역의 복합조직이 창출된다. 복합조직 확장법에 의해 생성된 Design은 형태의 변화 영역이 넓어지고 다양성이 증대되어 직물 생산의 활용 영역이 더욱 넓어진다.

　다음은 복합조직 확장법의 작도 기법과 조직 유도 방법에 대한 예이다.

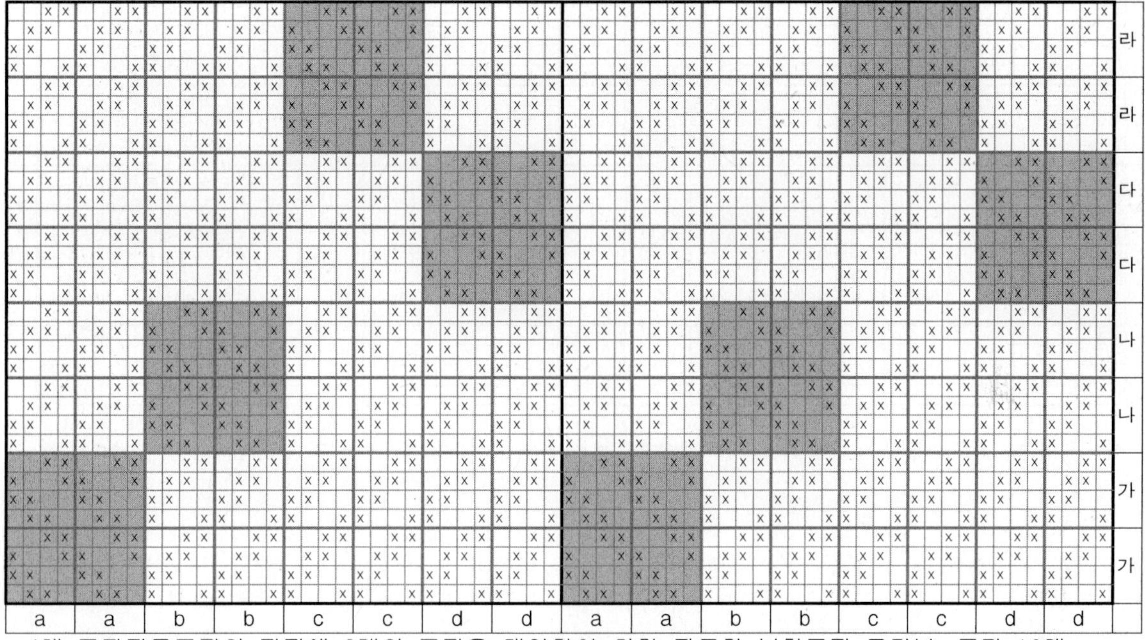

4매 주자직물조직의 직점에 2개의 조직을 대입하여 취합 작도한 복합조직 모티브. 종광 16매.

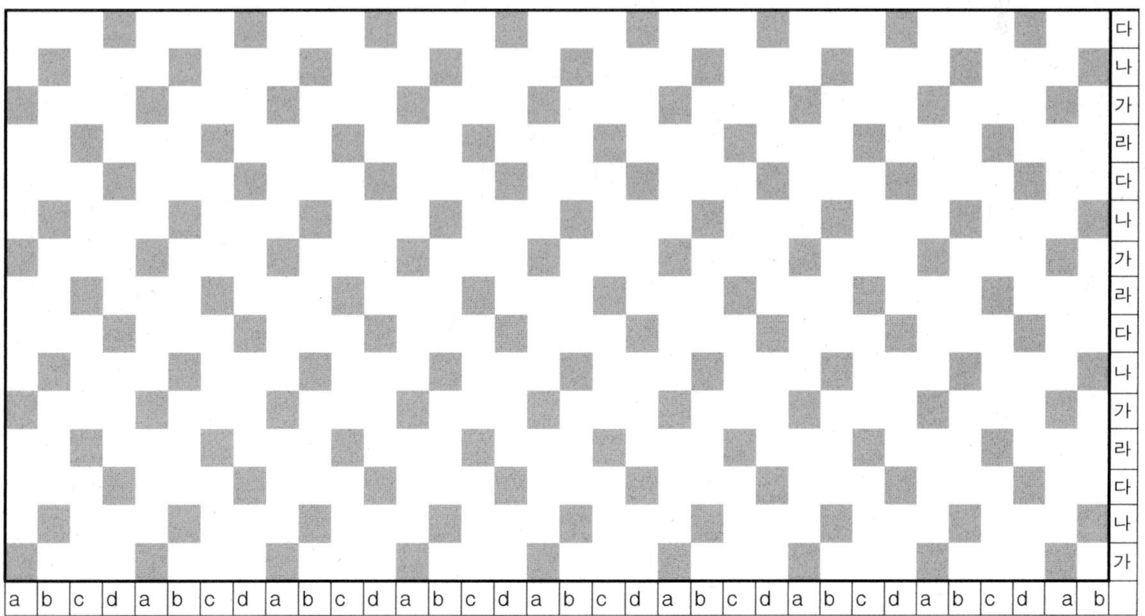

위 복합조직의 조직을 제외하고 Design만 발췌하여 확장한 복합조직.

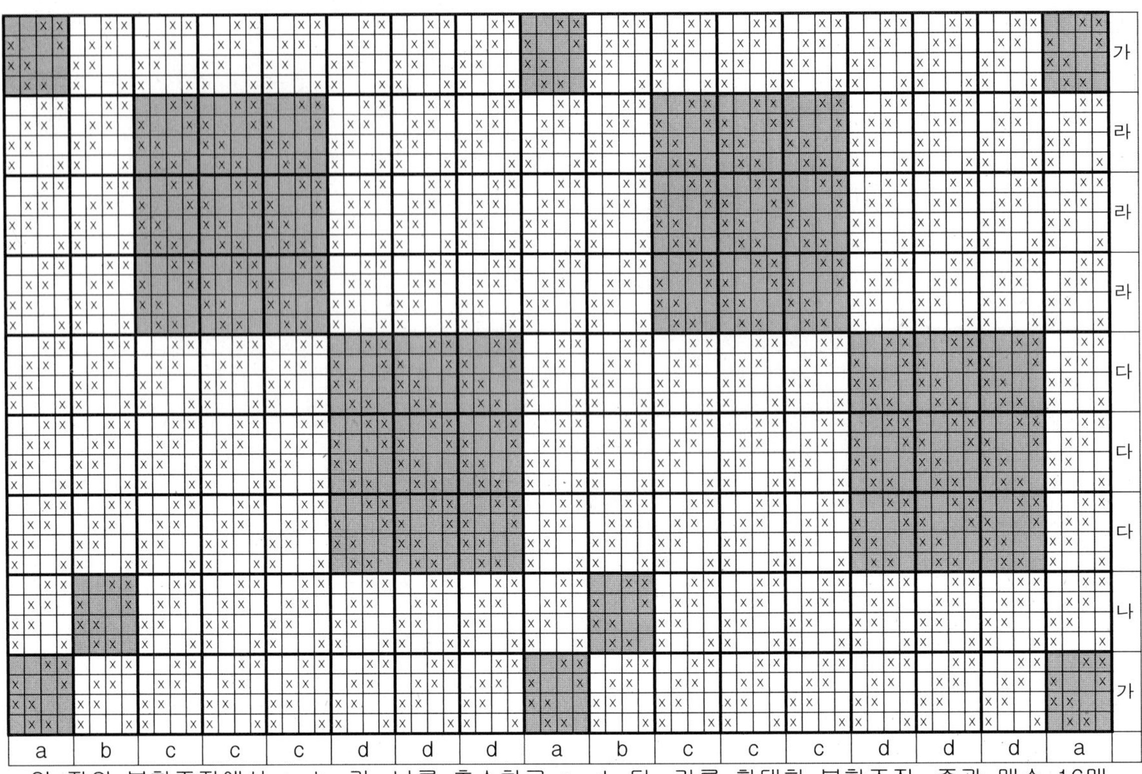

앞 장의 복합조직에서 a, b, 가, 나를 축소하고 c, d, 다, 라를 확대한 복합조직. 종광 매수 16매.

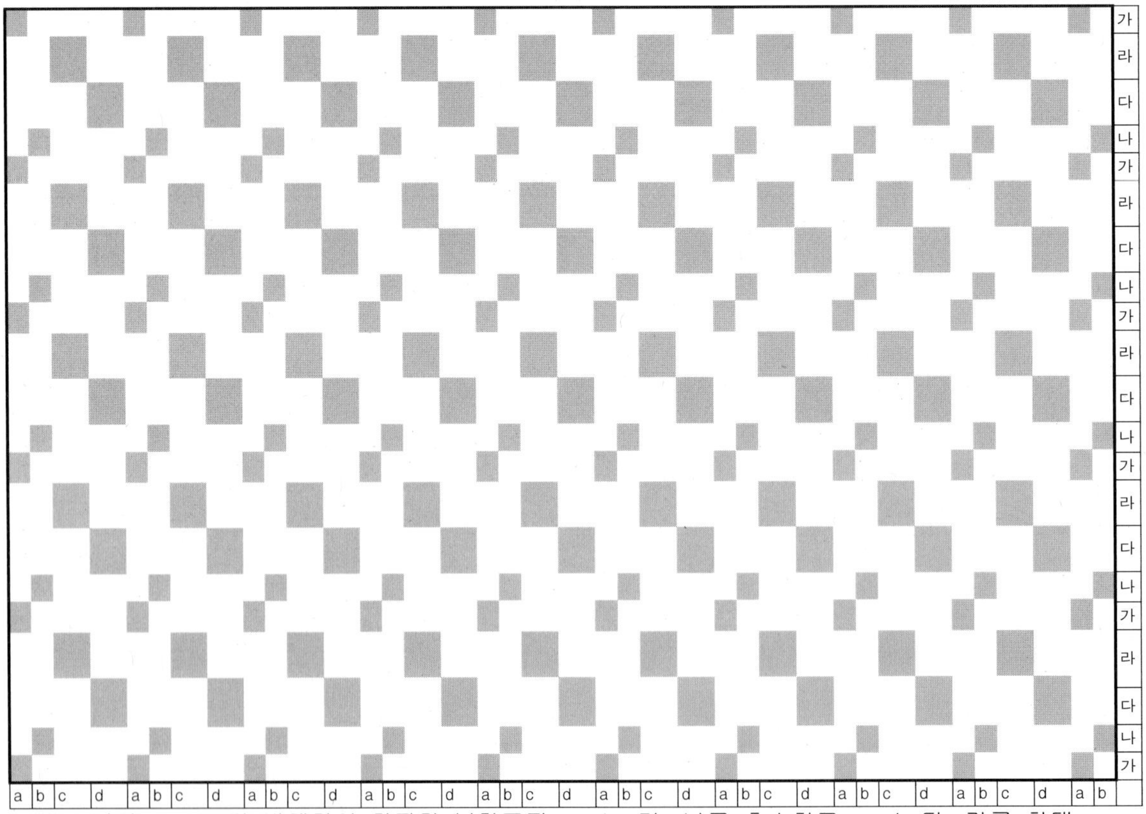

위 조직의 Design만 발췌하여 확장한 복합조직. a, b, 가, 나를 축소하고 c, d, 다, 라를 확대.

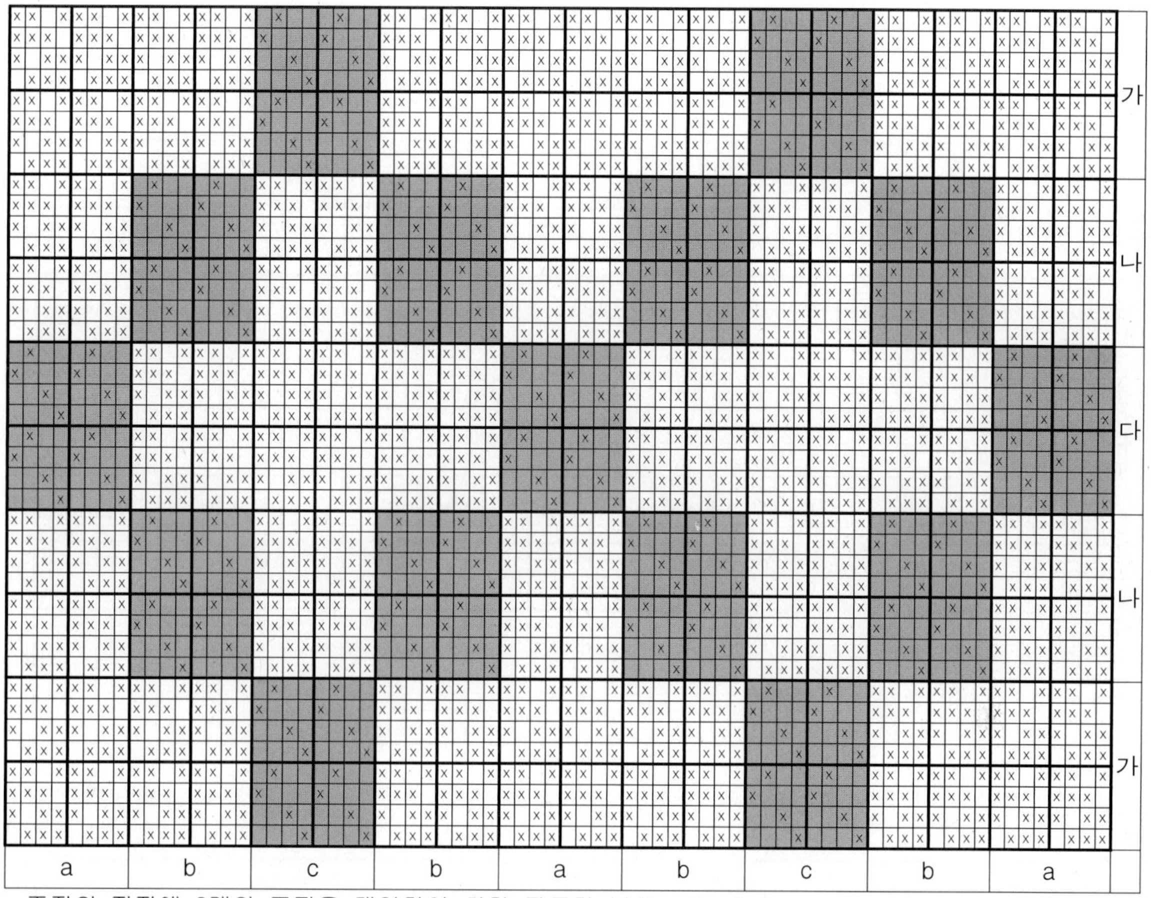

조직의 직점에 2개의 조직을 대입하여 취합 작도한 복합조직. 종광 매수 12매.

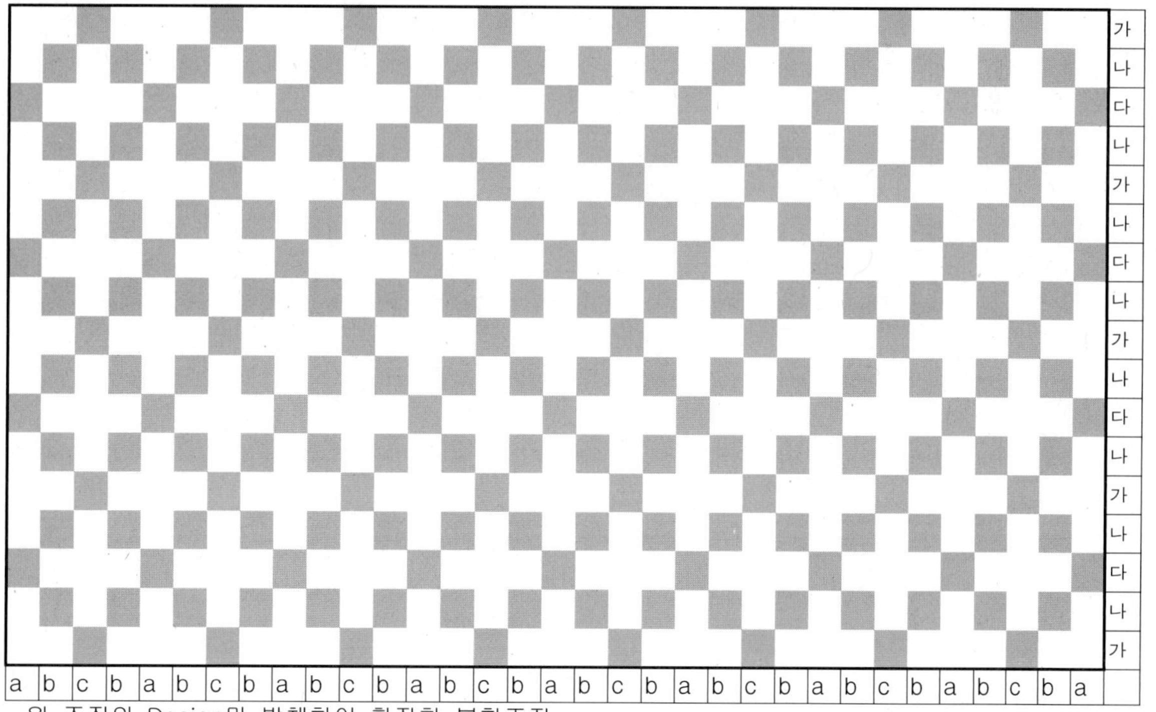

위 조직의 Design만 발췌하여 확장한 복합조직

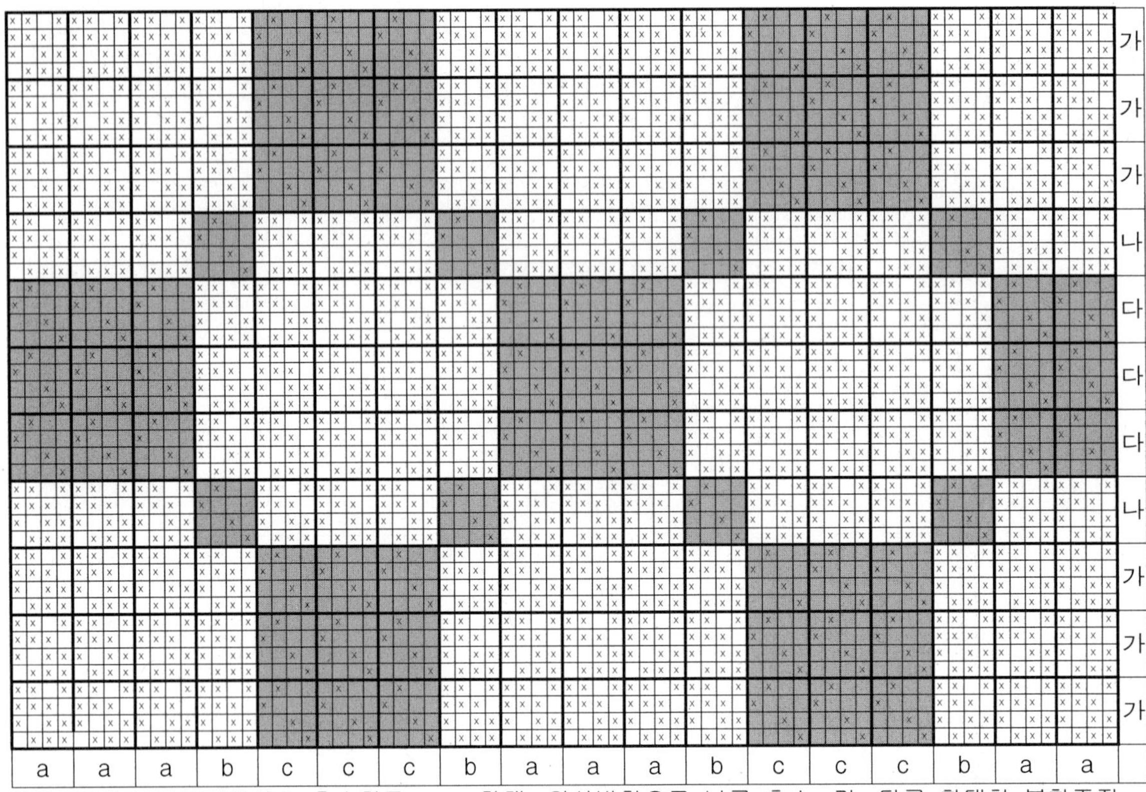

앞 장의 복합조직에서 b 축소하고 a, c 확대. 위사방향으로 나를 축소. 가, 다를 확대한 복합조직

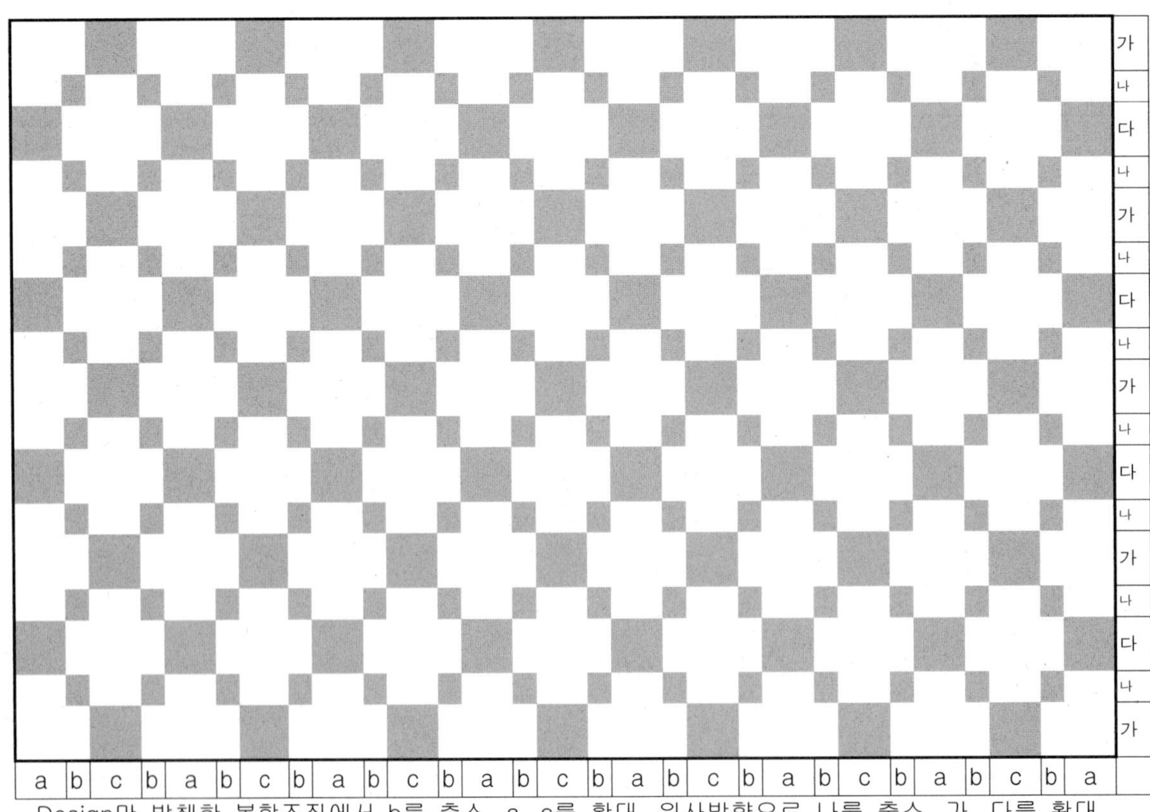

Design만 발췌한 복합조직에서 b를 축소. a, c를 확대, 위사방향으로 나를 축소. 가, 다를 확대.

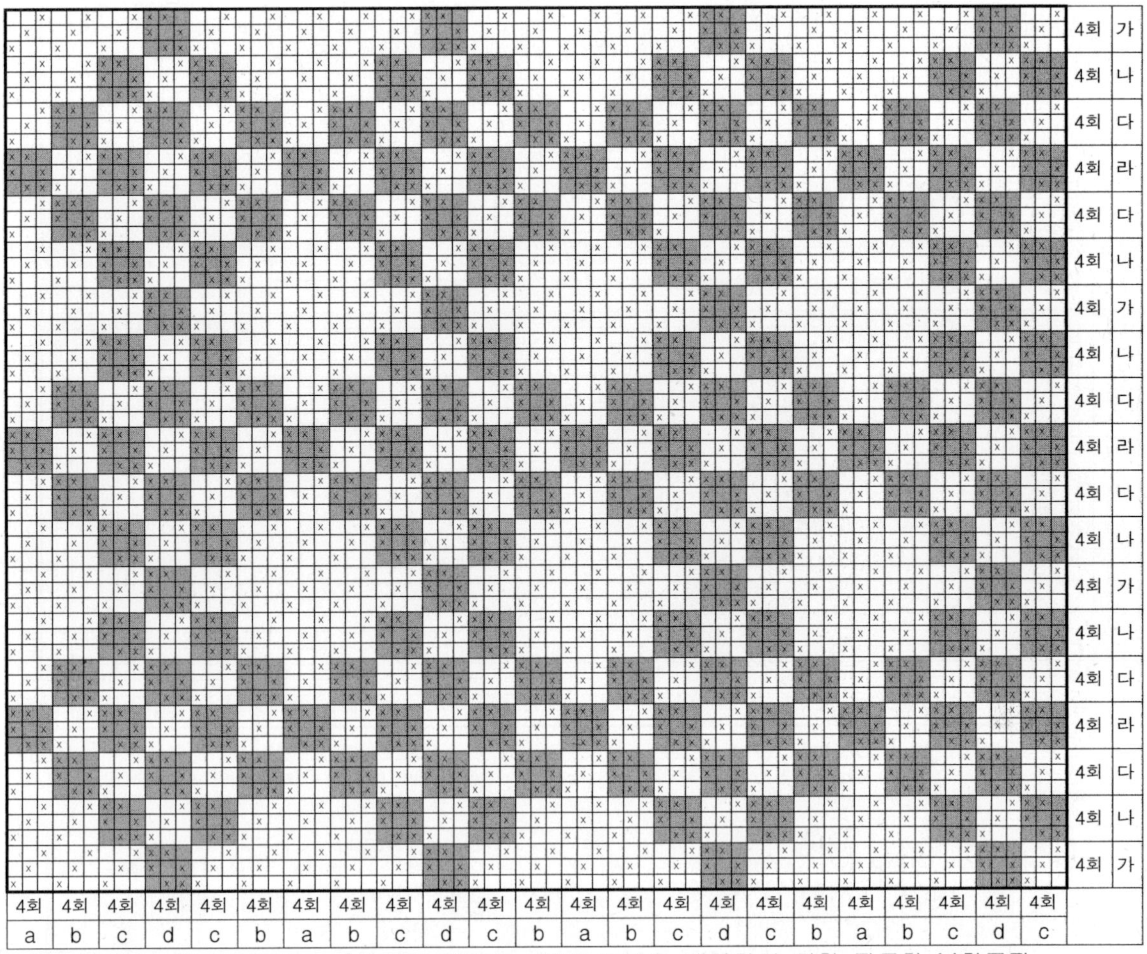

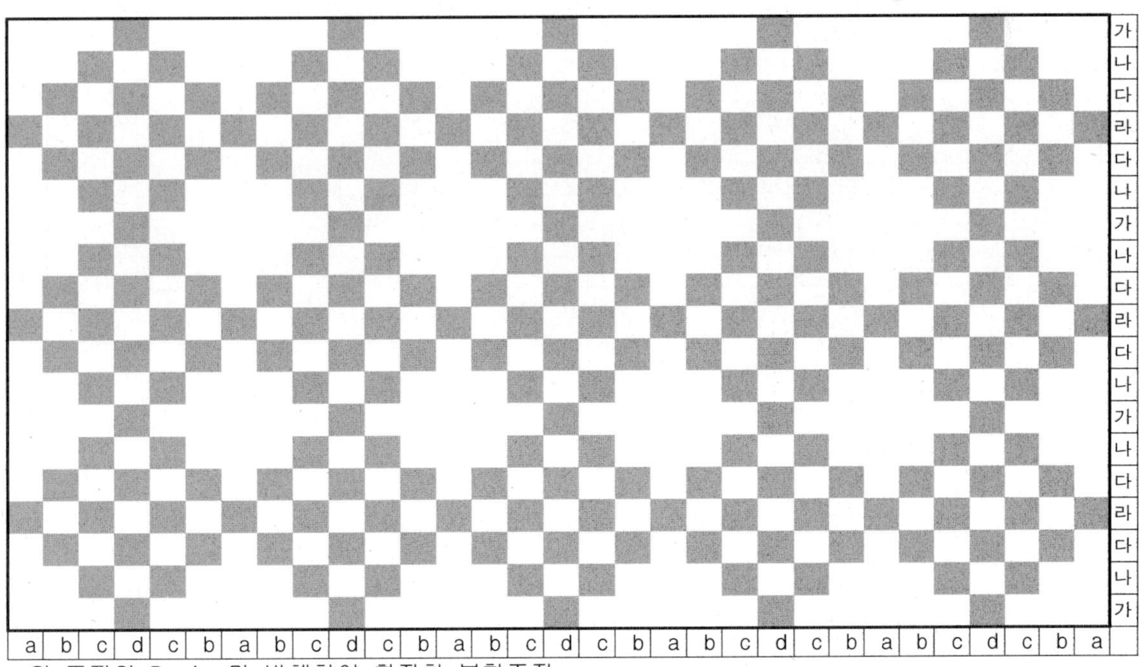

위는 종광 12매(3매조직 x 4)조직의 직점에 2개의 조직을 대입하여 취합 작도한 복합조직.

위 조직의 Design만 발췌하여 확장한 복합조직.

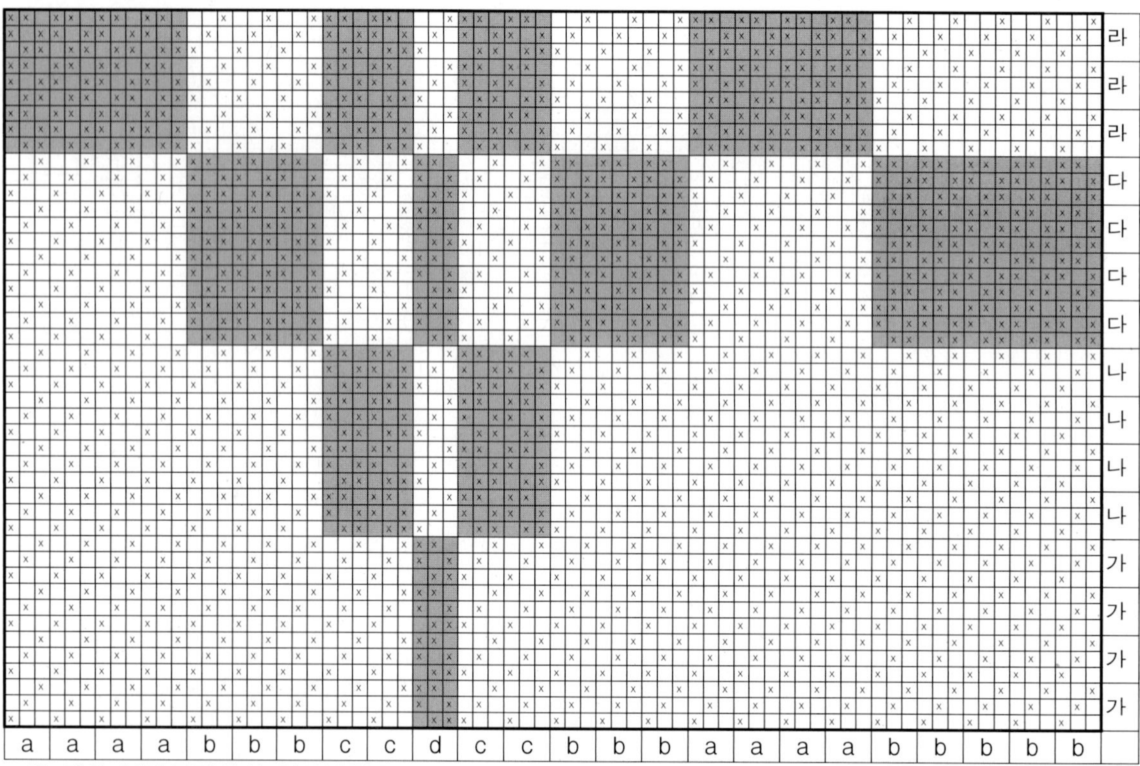

앞 장의 복합조직에서 경사방향으로 a를 4배, b를 3배, c를 2배, d를 1배로… 확대한 복합조직.

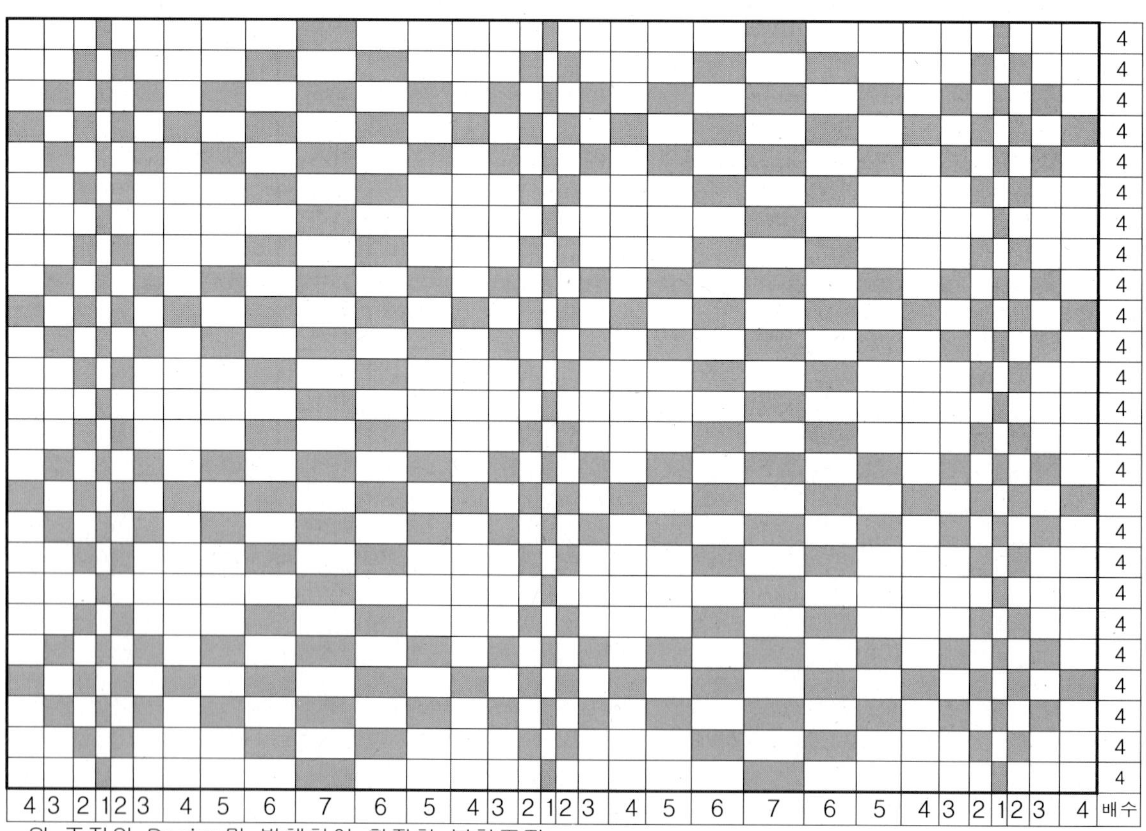

위 조직의 Design만 발췌하여 확장한 복합조직.

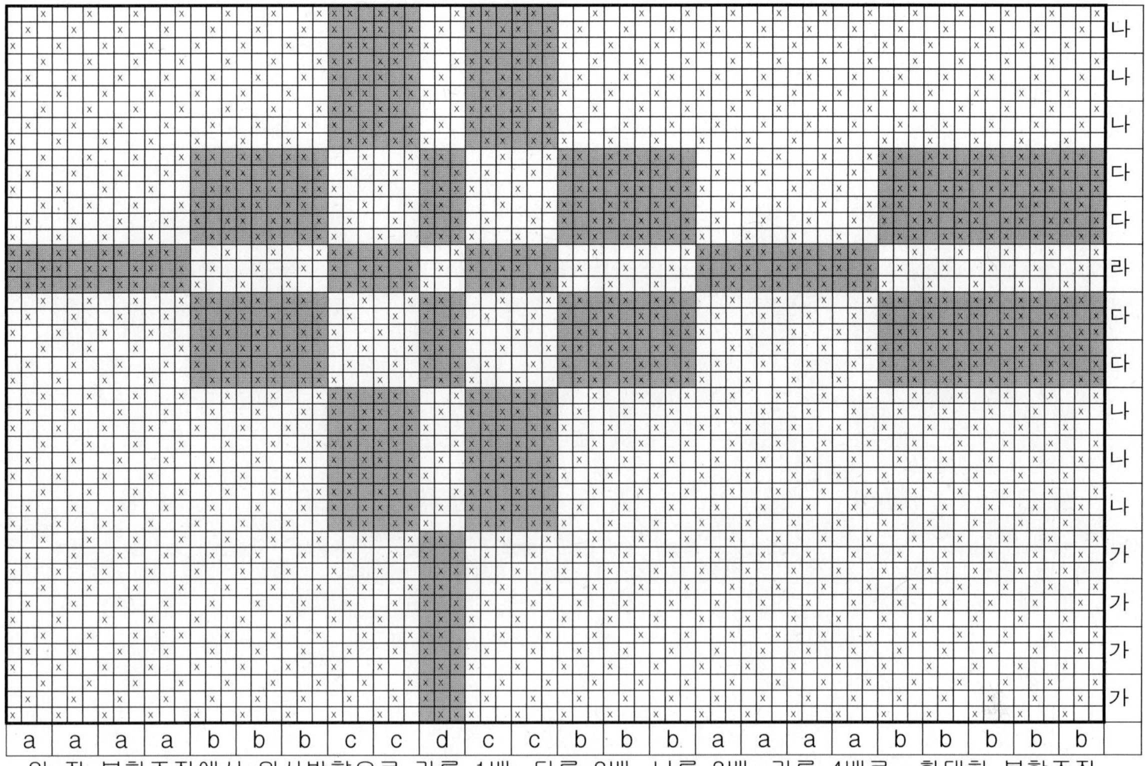

앞 장 복합조직에서 위사방향으로 라를 1배, 다를 2배, 나를 3배, 가를 4배로…확대한 복합조직.

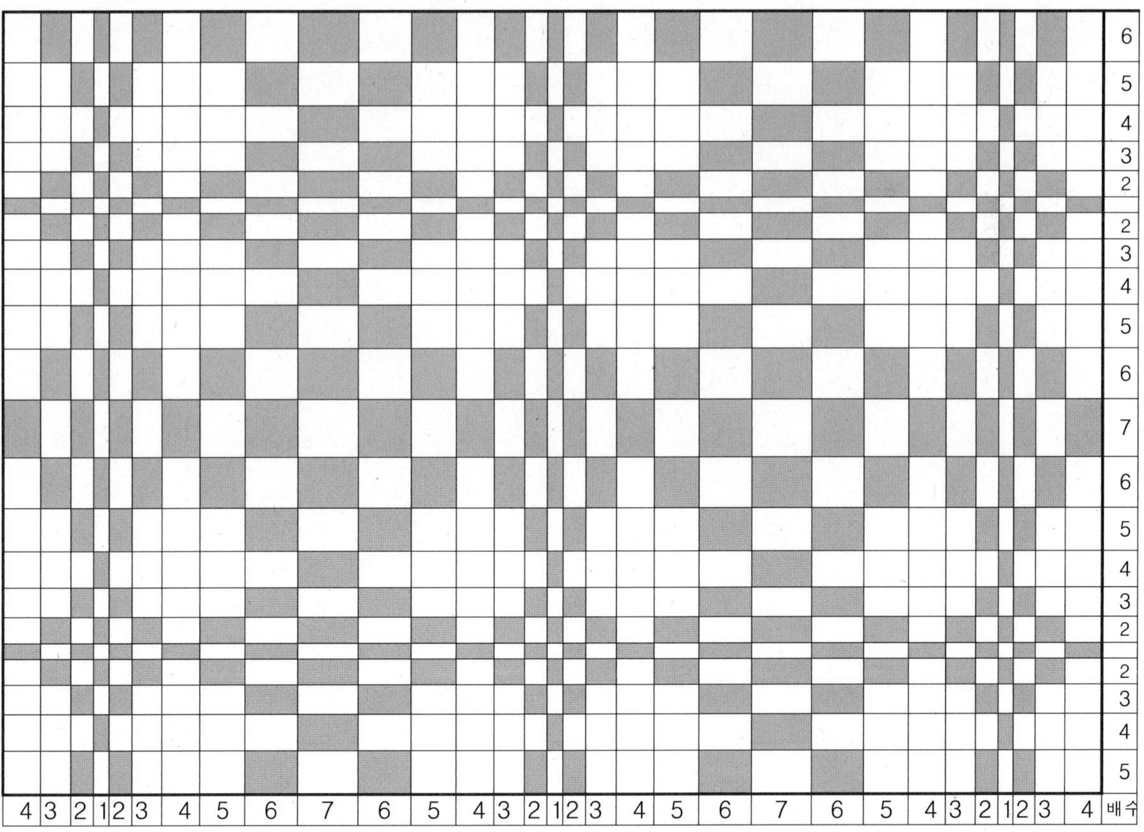

위 조직의 Design만 발췌하여 확장한 복합조직.

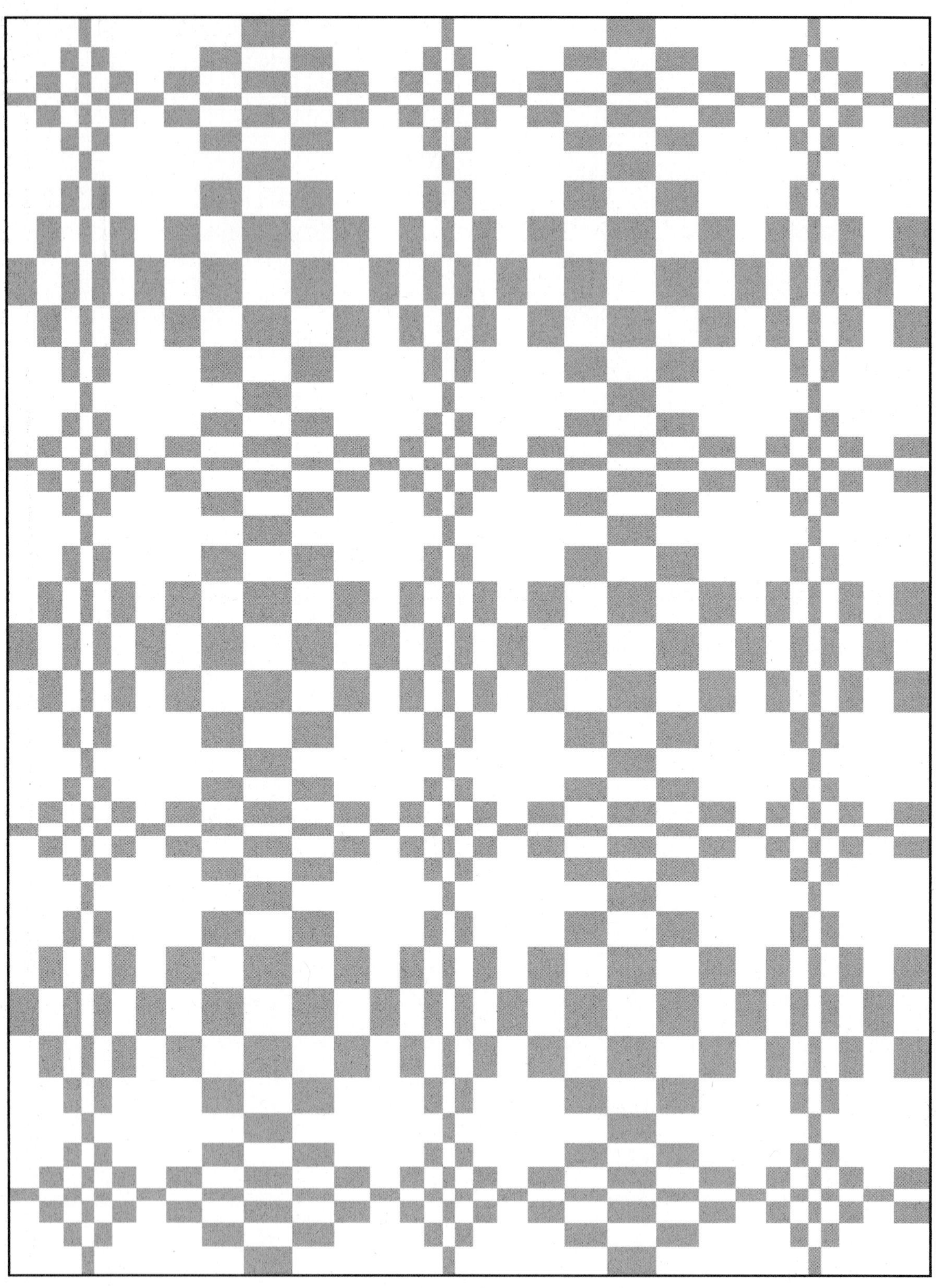

경사방향으로 a를 4배로, b를 3배, c를 2배, d를 1배로…… 확대하고. 위사방향으로 라를 1배로, 다를 2배, 나를 3배, 가를 4배로…… 확대한 복합조직.

다음은 종광 12매(3매조직 x 4)로 2개의 조직이 Design을 이룬 복합조직에 일부분만 확장한 예를 추가한 것이다.

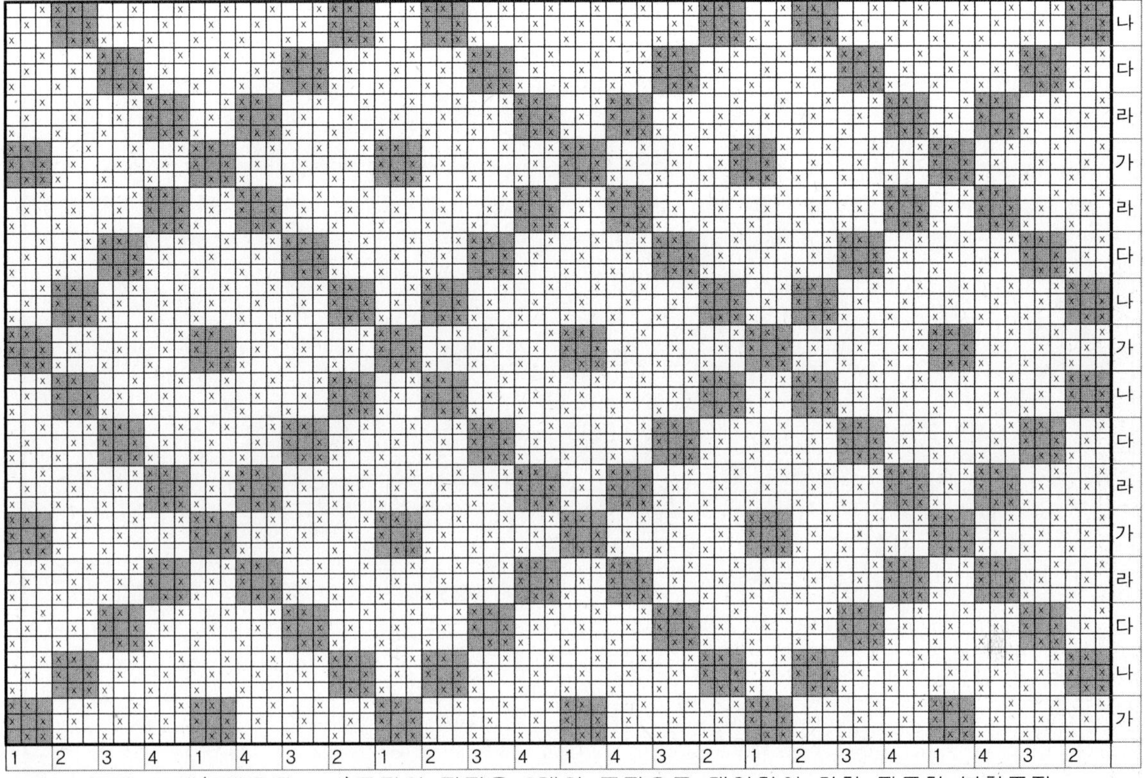

위는 종광 12매(3매조직 x 4)조직의 직점을 2개의 조직으로 대입하여 취합 작도한 복합조직.

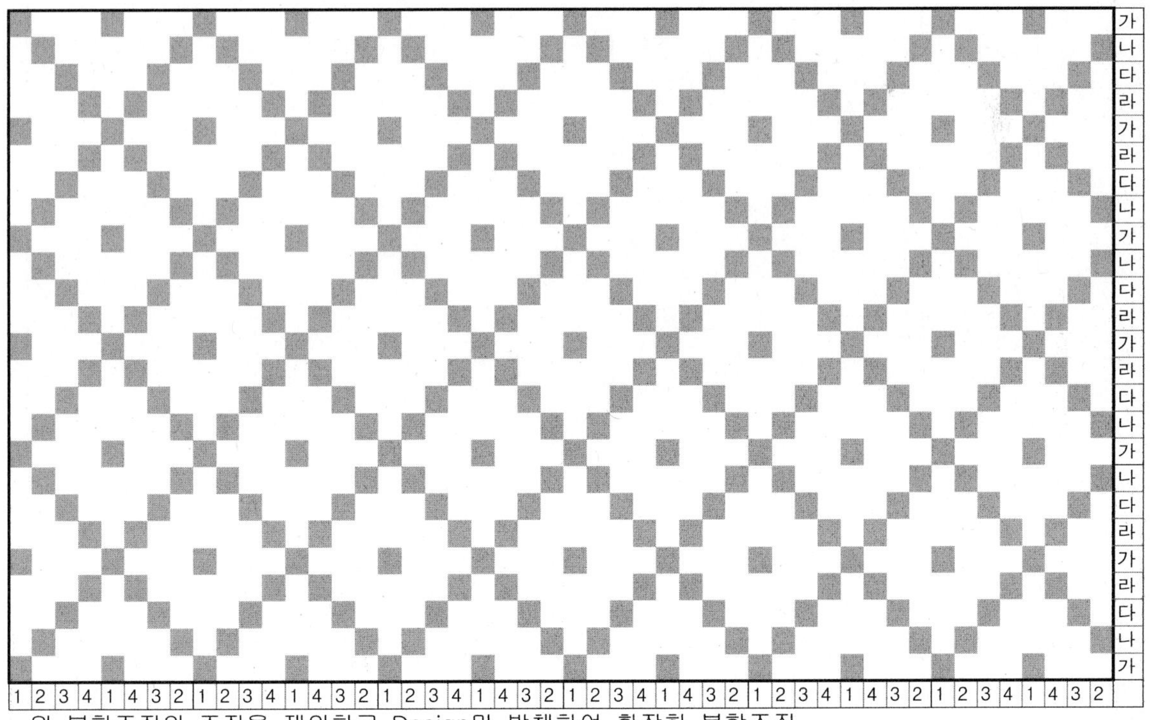

위 복합조직의 조직을 제외하고 Design만 발췌하여 확장한 복합조직.

이 도면은 부분적으로 확장을 반복하는 기법으로 디자인을 창작한 예이며, 복합조직 삽입법을 추가하였다. 경사기준 1,2,3,4,1,4,3,2를 1,1,2,1,2,3,4,4,1,4,4,3,2,1,2로 확장하고. 위사기준 가,나,다,라, 가,라,다,나를 가,가,나,가,나,다,라,라,가,라,라,다,나,가,나,가로 확장하여 변환한 복합조직이다.

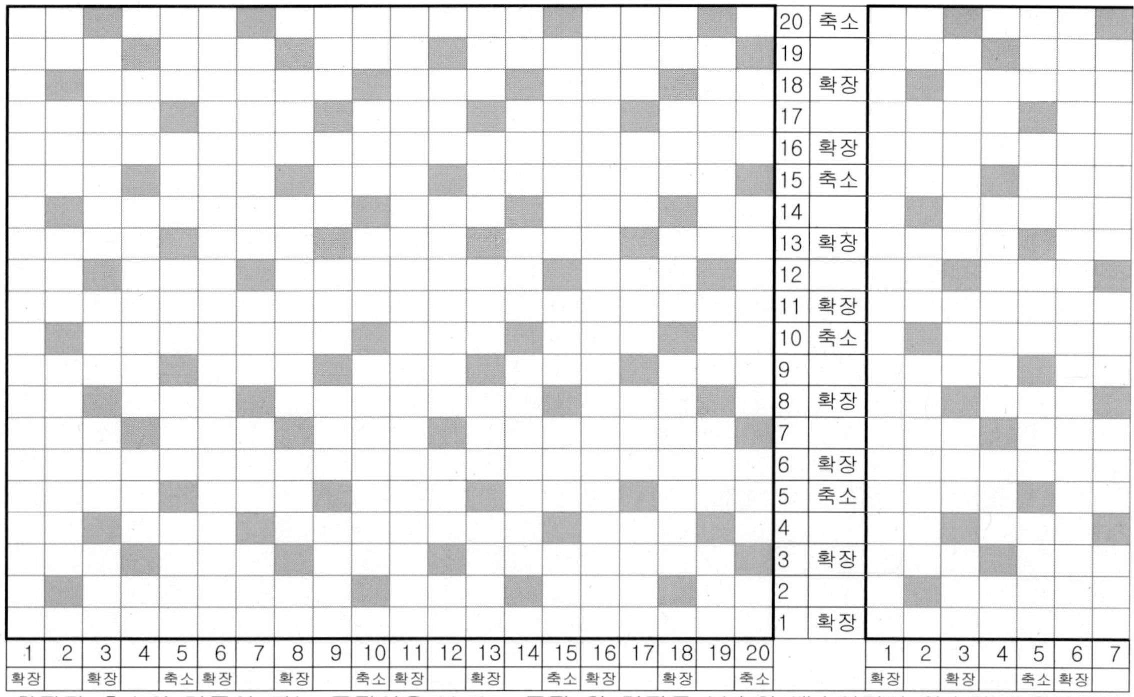

확장과 축소의 기준이 되는 조직선은 Motive 조직 원 리피트 본수의 배수이거나 약수가 효율적이다.

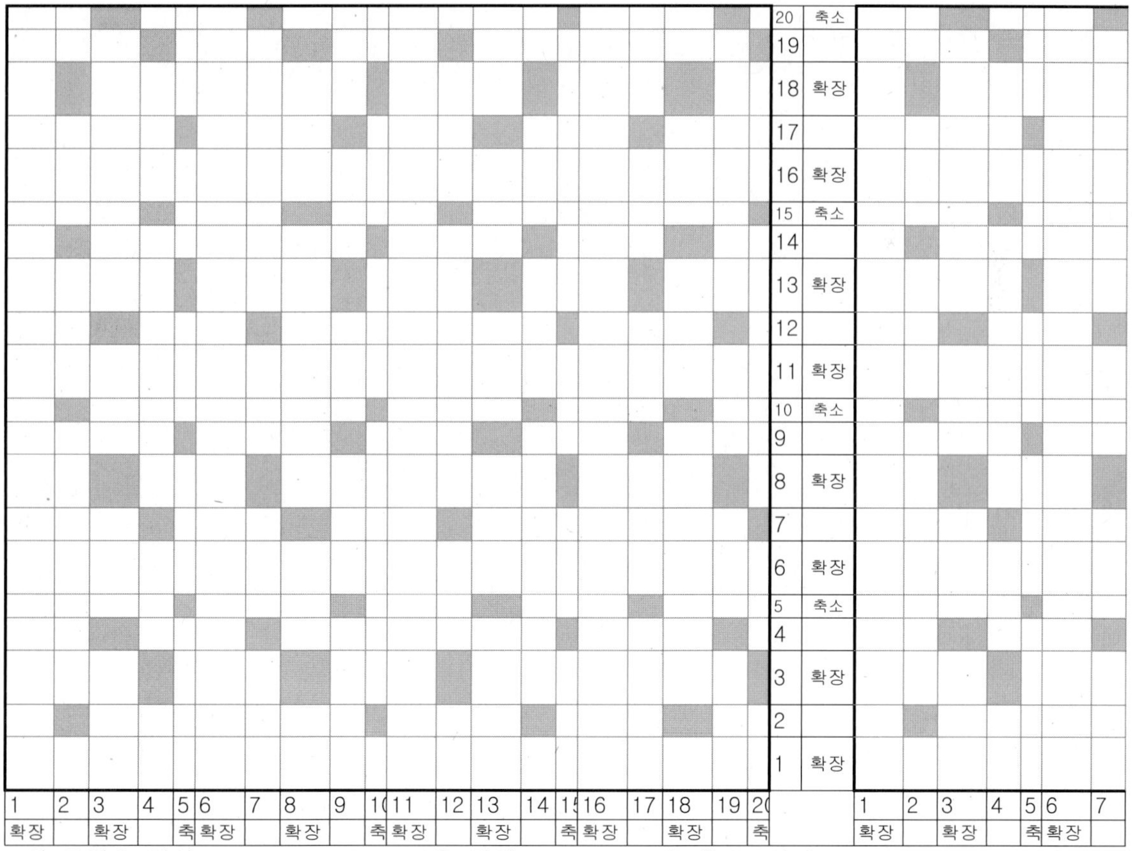

위 그림은 경사 1,3,6,8,11,13,16,18을 확장. 5,10,15,20을 축소. 위사 1,3,6,8,11,13,16,18을 확장. 5,10,15,20을 축소한 복합조직이다.

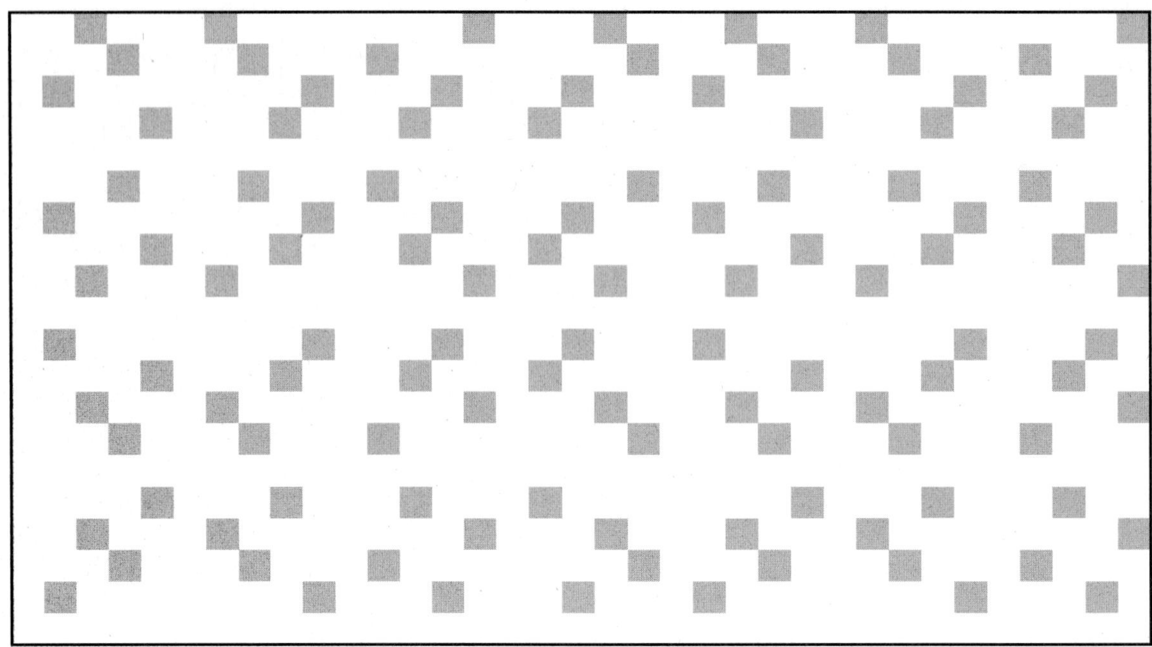

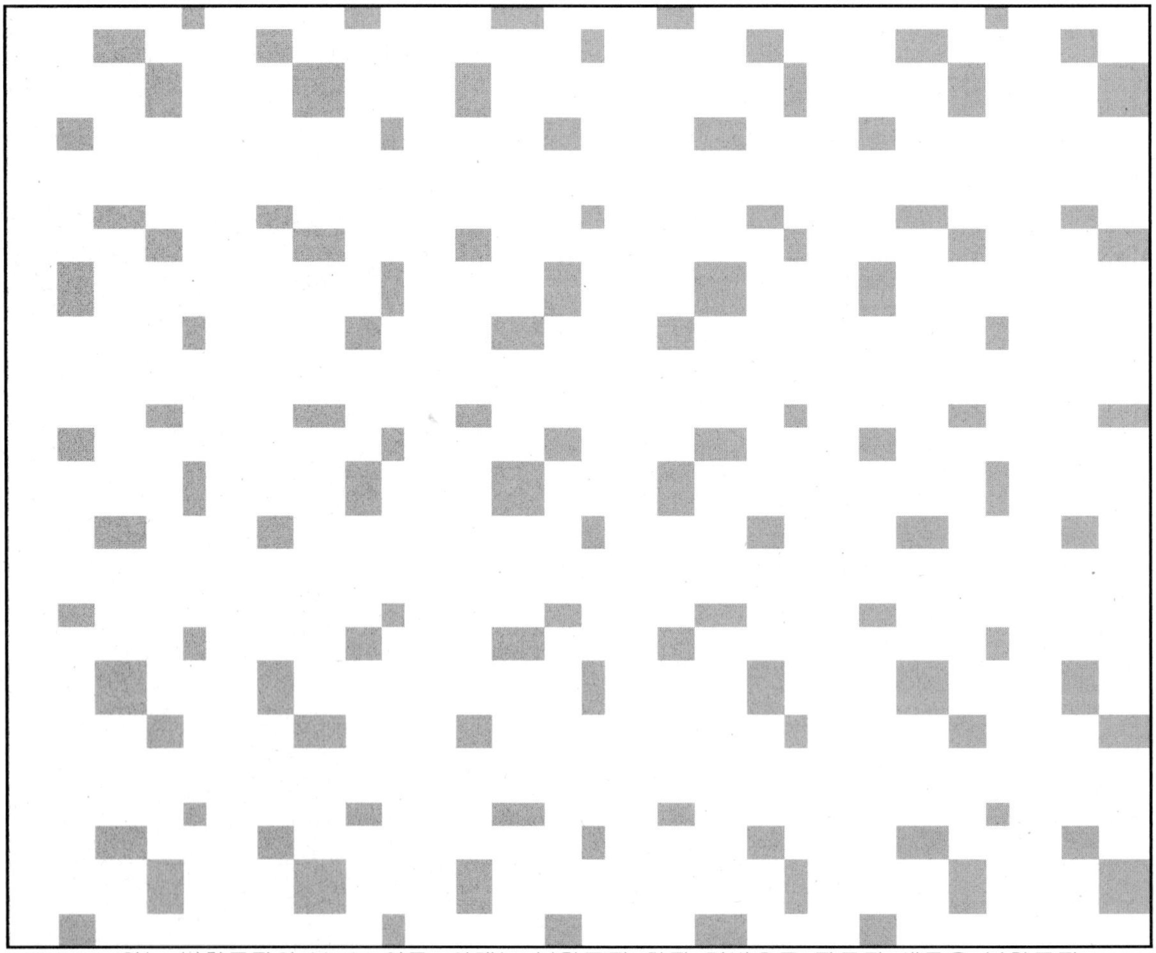

Pattern 위는 복합조직의 Motive이고, 아래는 복합조직 확장 기법으로 작도된 새로운 복합조직.

	5 x n
	4 x n
	3 x n
	2 x n
	1 x n
	2 x n
	3 x n
	4 x n
	5 x n
	6 x n
	5 x n
	4 x n
	3 x n
	2 x n
	1 x n
	2 x n
	3 x n
	4 x n
	5 x n
	6 x n

6n	5n	4n	3n	2n	1n	2n	3n	4n	5n	6n	5n	4n	3n	2n	1n	2n	3n	4n	5n	6n	5n	4n	3n	2n	1n	2n	3n	4n	5n

　　제일 간단한 조직인 평직을 Motive로 한 복합조직, 경사기준으로 6 x n, 5 x n, 4 x n, 3 x n, 2 x n, 1 x n, 2 x n, 3 x n, 4 x n, 5 x n로 확장하고.

위사기준으로 6 x n, 5 x n, 4 x n, 3 x n, 2 x n, 1 x n, 2 x n, 3 x n, 4 x n, 5 x n로 확장한 조직이다.

(n=복합조직을 이루는 단위조직)

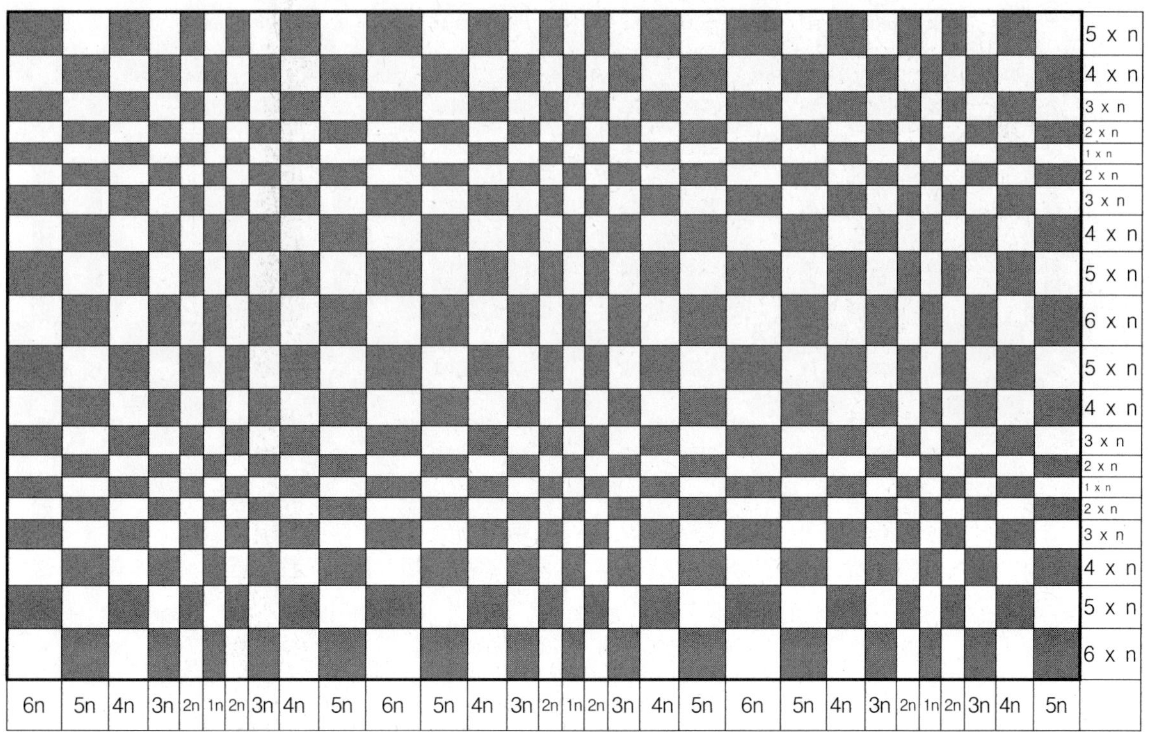

	5 x n
	4 x n
	3 x n
	2 x n
	1 x n
	2 x n
	3 x n
	4 x n
	5 x n
	6 x n
	5 x n
	4 x n
	3 x n
	2 x n
	1 x n
	2 x n
	3 x n
	4 x n
	5 x n
	6 x n

6n	5n	4n	3n	2n	1n	2n	3n	4n	5n	6n	5n	4n	3n	2n	1n	2n	3n	4n	5n	6n	5n	4n	3n	2n	1n	2n	3n	4n	5n

　이 패턴은 위의 평직을 응용한 복합조직에서 확장이 적용된 그림이다.

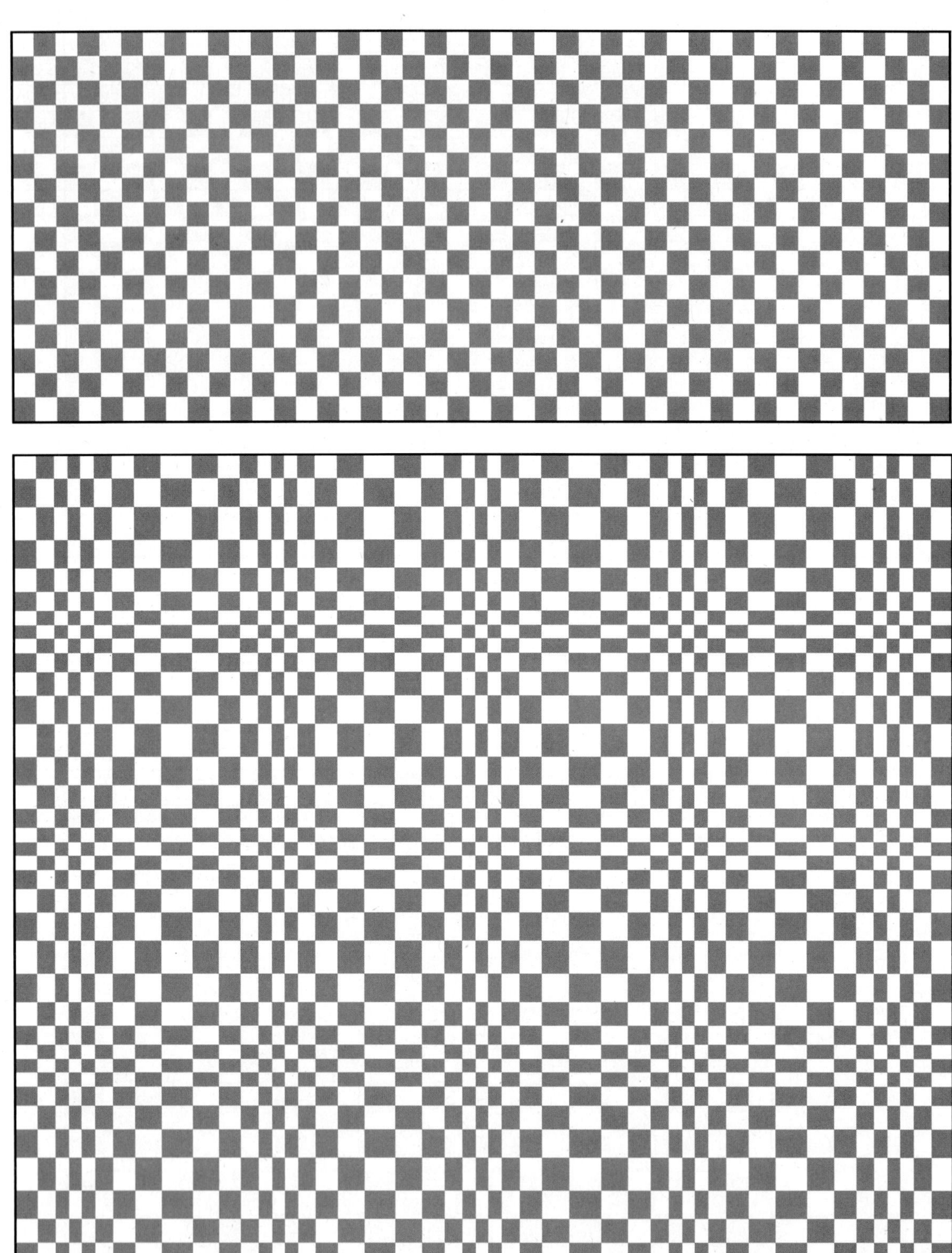

위 Pattern 중, 상단의 그림은 복합조직의 Motive이고, 하단의 그림은 복합조직 확장기법으로 작도 된 새로운 복합조직이다.

위 Motive 조직을 경사기준으로 3 x n, 2 x n, 1 x n, 2 x n, 3 x n, 4 x n, 3 x n, 2 x n, 1 x n, 2 x n, 3 x n, 4 x n, 5 x n, 6 x n, 5 x n, 4 x n로 확장한다.

위의 Motive 복합조직에서 경사기준으로 확장이 적용된 Pattern.

위 Pattern 상단은 복합조직 Motive이고, 하단은 복합조직 확장기법으로 작도된 복합조직 효과도.

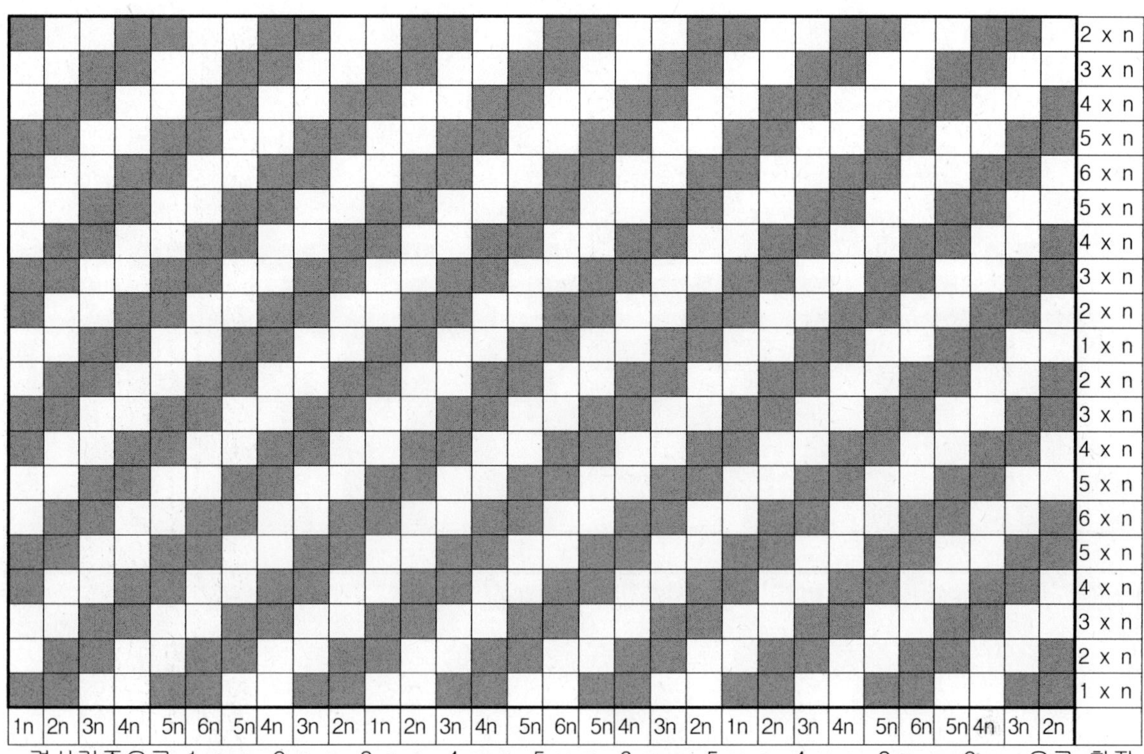

경사기준으로 1 x n, 2 x n, 3 x n, 4 x n, 5 x n, 6 x n, 5 x n, 4 x n, 3 x n, 2 x n으로 확장,
위사기준 1 x n, 2 x n, 3 x n, 4 x n, 5 x n, 6 x n, 5 x n, 4 x n, 3 x n, 2 x n으로 확장 시킨다.

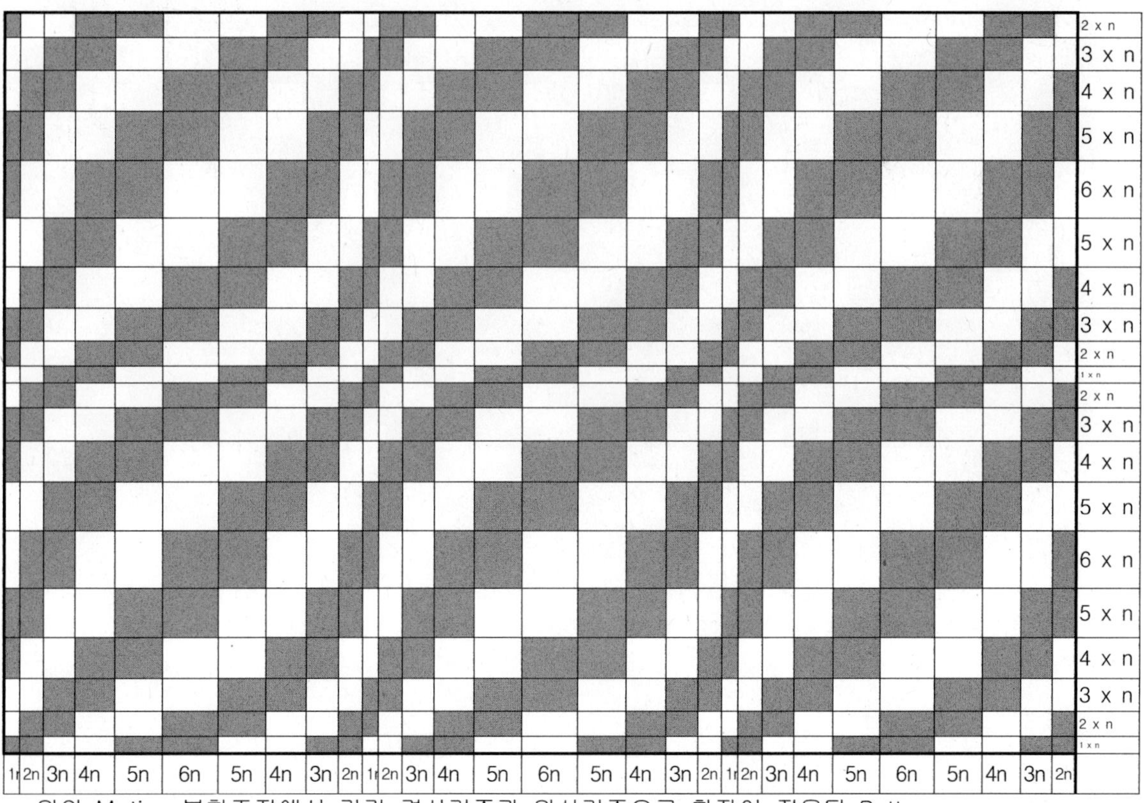

위의 Motive 복합조직에서 각각 경사기준과 위사기준으로 확장이 적용된 Pattern.

위 Pattern 상단은 복합조직 Motive이고, 하단은 복합조직 확장기법으로 작도된 새로운 복합조직.

위 Pattern 상단은 복합조직 Motive이고, 하단은 복합조직 확장기법으로 작도된 새로운 복합조직.

다음 장은 복합조직 확장법으로 생산한 설계서의 예이다.

설　계　서

관리　No	160101-01
설계일자	2016 년 01 월 01 일

결재: 柳浩

O/N		가 공:	500　Y
품 번		제 직:	510　Y
품 명		정 경:	558　Y
밀 도	경 사　60　D x 4 = 240	위 사	170
성 폭	62 ″　생 지　60 ″	가 공	59 ″
총 본	14880　　本	G C	T/
정 경	102　m　생 지　102　Y	가 공	100　Y
F P		Finishing　SHR	2　%
F.WT	230 G/Y　　8.16 OZ/Y	LOS	2　%
원 료	Polyester 100 %		

	원 사	염 색	제 직	가 공
생산DELI				
생 산 처				

별 첨

사 종	번 수	색　　상	사량 (Kg)	필 당 사 량 W P	W F	합 계	연 수	원 료	비 고
A	85 D	Green	33	3.58	2.32	5.9	Z 800	Polyester 75/72 DTY SD	
B	85 D	D/Gree	33	3.58	2.32	5.9	Z 800	Polyester 75/72 DTY SD	
C	85 D	Beige	24	2.66	1.72	4.38	Z 800	Polyester 75/72 DTY SD	
D	85 D	Brown	36	3.99	2.59	6.58	Z 800	Polyester 75/72 DTY SD	
E	85 D	Gray	5	0.51	0.33	0.84	Z 800	Polyester 75/72 DTY SD	
						0			
계			131	14.32	9.28	23.6			R=320　총본560

경사배열 / 위사배열 (패턴도)

경사	A	B	C	D	E
계	140	140	104	156	20

* 위사배열 경사와 동일
* 변사 : 4, 12 반복

Asia pacific 기술연구소　　대구광역시 서구 국채보상로42 신원빌딩 402호　http://moonho.net
T : 010-7313-0216　F : 053-552-5009　e-mail : app53@hanmail.net

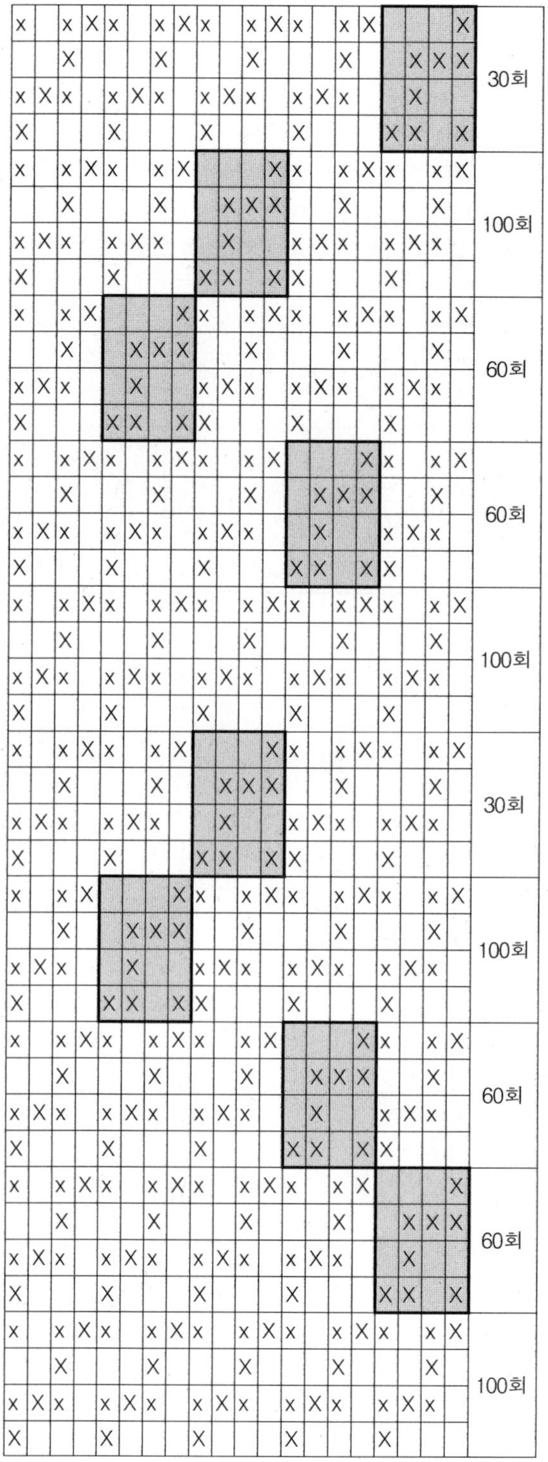

30회

100회

60회

60회

100회

30회

100회

60회

60회

100회

우측 상단 식전도 연결

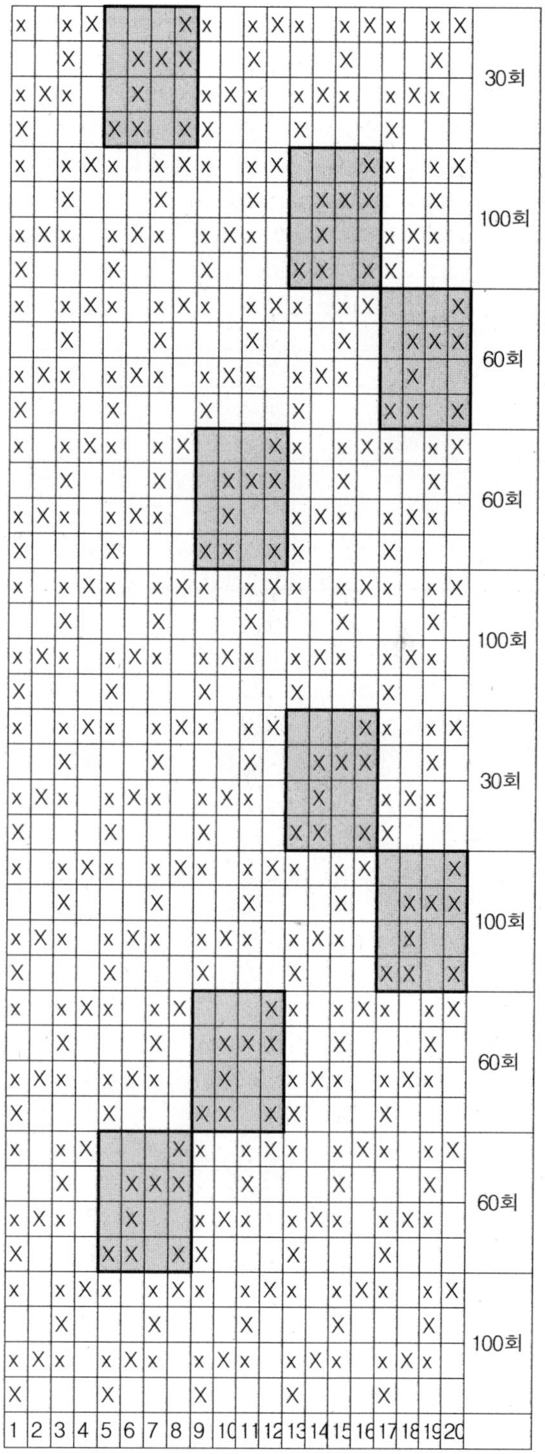

30회

100회

60회

60회

100회

30회

100회

60회

60회

100회

| 1 | 2 | 3 | 4 | 5 | 6 | 7 | 8 | 9 | 10 | 11 | 12 | 13 | 14 | 15 | 16 | 17 | 18 | 19 | 20 |

조직 Start

160101-01 경통 순서 (계 5,600본)

	100회	(1	2	3	4)		60회	(5	6	7	8)	
							60회	(9 | 10 | 11 | 12)	
							100회	(13 | 14 | 15 | 16)	
							30회	(17 | 18 | 19 | 20)	
	100회	(1	2	3	4)		60회	(9	10	11	12)	
							60회	(13 | 14 | 15 | 16)	
							100회	(17 | 18 | 19 | 20)	
							30회	(5 | 6 | 7 | 8)	
	100회	(1	2	3	4)		60회	(9	10	11	12)	
							60회	(13 | 14 | 15 | 16)	
							100회	(17 | 18 | 19 | 20)	
							30회	(9 | 10 | 11 | 12)	
	100회	(1	2	3	4)		60회	(13	14	15	16)	
							60회	(17 | 18 | 19 | 20)	
							100회	(9 | 10 | 11 | 12)	
							30회	(9 | 10 | 11 | 12)	

160101-01 Design 효과도

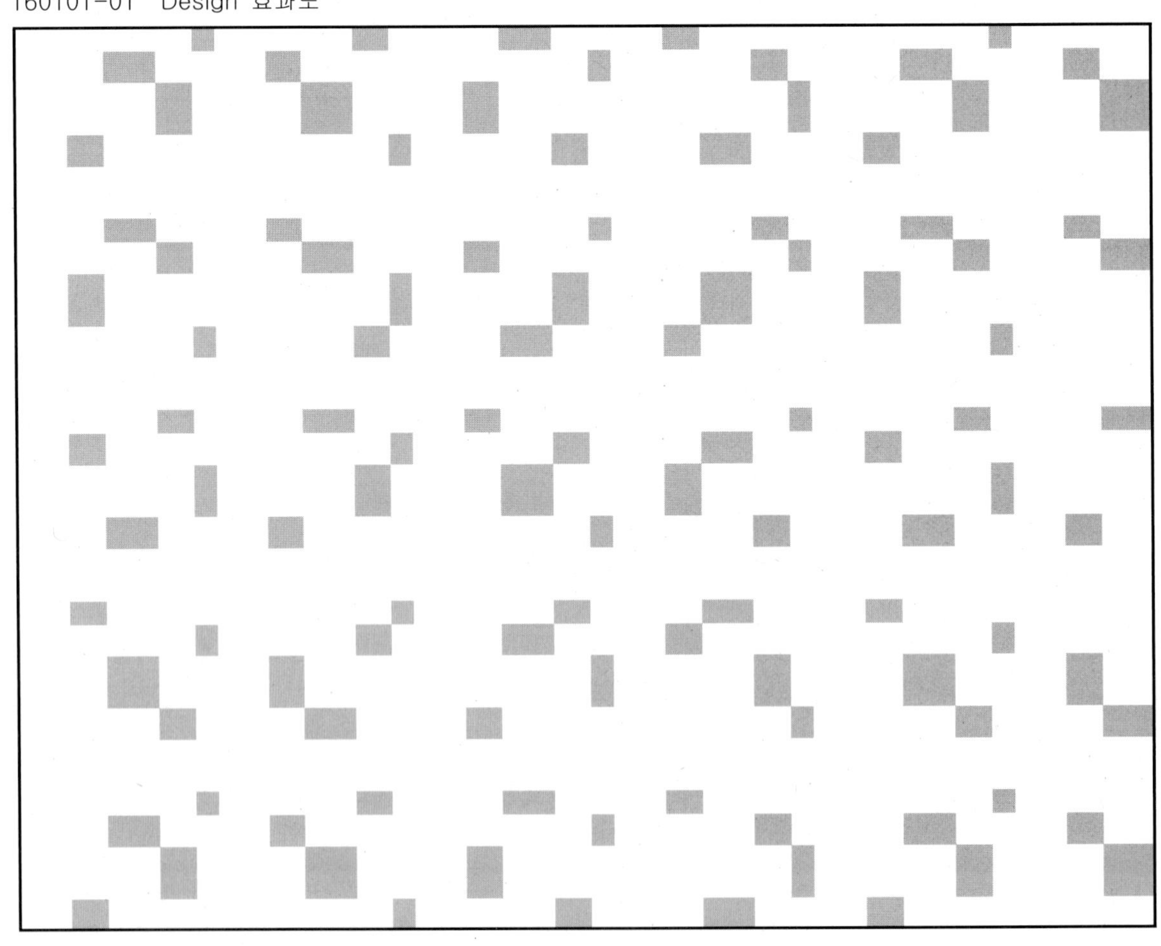

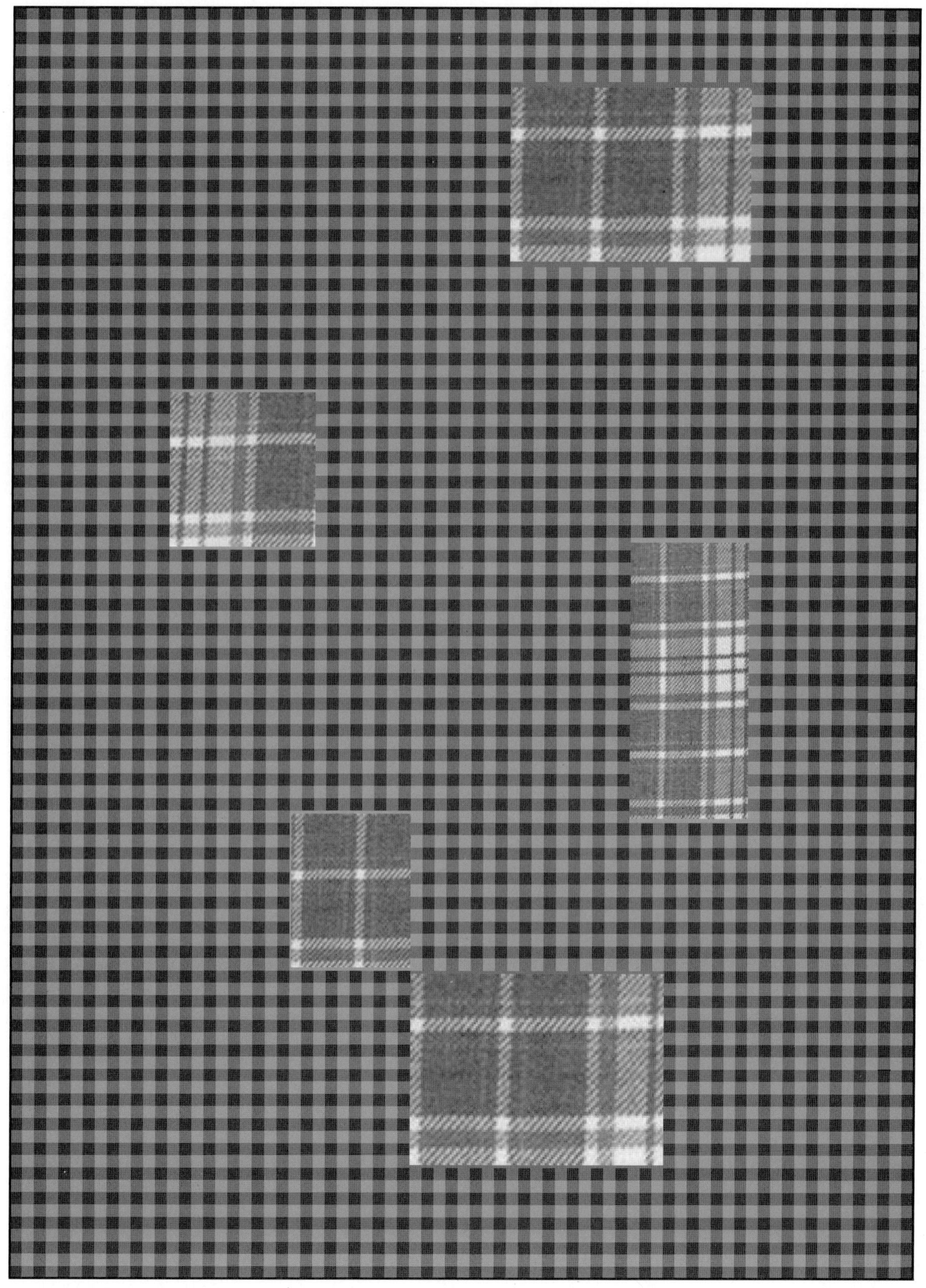

제2장 복합조직 유도법

01. 위사삭제 유도법

　복합조직의 일부를 잔류시키고 다른 일부는 삭제시켜, 조직의 영역을 더 확장하는 기법이다. 조직의 수와 증대의 범위는 수리적 무한에 이른다.
　본 기법으로 생성된 조직은 다양하고 새로운 개념의 조직이다. 이를 직물에 적용하면 고급스럽고 차별화된 직물의 생산이 가능해진다.

　다음은 복합조직 위사삭제 유도법에 의한 조직 생성 이론과 조직 유도 방법에 대한 설명이다.

　★ 작도의 Repeat 본수는, 잔류본수와 삭제본수를 합한 수와 Motive조직 원 리피트 본수의 최소공배수가 삭제를 포함한 작도조직의 원 리피트 본수가 된다.
따라서 생성조직의 크기는 무한하게 증대가 가능하며, 창작되는 조직의 개수 또한 무한대를 이루게 된다.
　★ 잔류1일 때의 삭제본수가 Motive조직 원 리피트 본수를 2로 나누어 1을 뺀 수이면 2차 생성조직은 그 수를 기준으로 좌우 대칭을 이룬다.
　결과의 수가 자연수(Motive조직 원 리피트 본수가 짝수)이면 그 수를 기준으로 2차 생성조직은 좌우 대칭을 이룬다.
　결과의 수가 소수(Motive조직 원 리피트 본수가 홀수)이면 기준 없이 소수의 좌우 자연수가 2차 생성조직의 대칭을 이룬다.
(8매 조직의 경우에는 8/2-1=3으로 3본 삭제를 기준으로 2본과 4본, 1본과 5본이 대칭을 이룬다. 9매 조직의 경우에는 9/2-1=3.5로 기준 조직이 없으며 3본과 4본, 2본과 5본이 대칭을 이룬다.)
　★ 잔류조직에 상관없이, 삭제본수가 Motive조직 원 리피트 본수와 동일하면 2차 생성조직은 Motive조직으로 환원되고, 삭제본수가 Motive조직의 본수를 초과하면 Motive조직의 본수를 나눈 나머지 본수의 적용과 동일하여진다.
　★ 제거본수가 Motive조직 부분조직의 직점 수와 동일하거나 배수이면 2차 생성 조직이 Up down으로 연속성을 가진다.
　★ 잔류본수와 삭제본수의 합이 Motive조직의 본수와 일치하면 2차 생성조직이 연속성을 가진다.
　★ 삭제후의 조직은 순차의 서열이 깨어져 요철감과 입체감이 증대한다. 삭제 본수나 잔류본수는 조직 원 리피트 본수를 2로 나눈 수에 1을 줄인 숫자나 그에 근접한 수를 적용하면 깨어진 순차의 서열변화가 가장 커지게 된다.
　★ 2차 조직을 유도할 때 조직의 중복을 피하려면,삭제본수와 잔류본수의 합한 수가 Motive 조직 원 리피트 본수에서 2를 뺀 수 이하의 본수로 설정하면 된다.
　★ 위 복합조직 유도법의 조직 생성 이론과 조직 유도 방법에 대한 설명은 경사와 위사에 동일하게 적용되며, 유도된 2차 조직을 3차, 4차로 유도하여도 같은 논리를 가진다.

다음은 위사삭제 유도법으로, 위사 삭제에 의한 복합조직 작도 방법에 대한 설명이다.

1) 4매 Twill(2/2) 조직을 복합조직으로 작도한 후, 위사삭제 유도법에 의한 복합조직 작도 방법이다.(6개의 조직으로 유도)

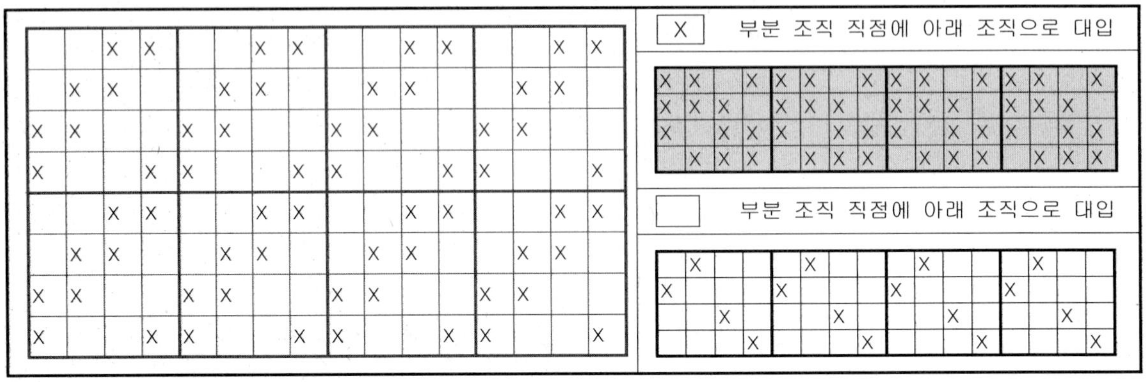

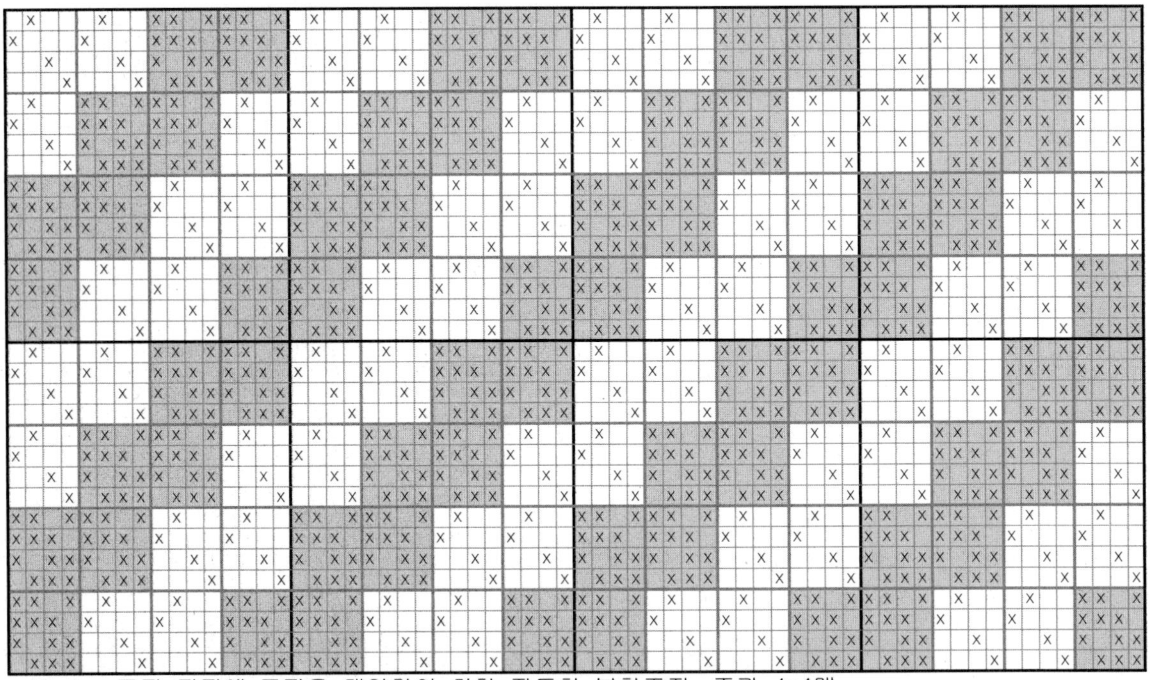

Motive 조직 직점에 조직을 대입하여 취합 작도한 복합조직, 종광 4x4매.

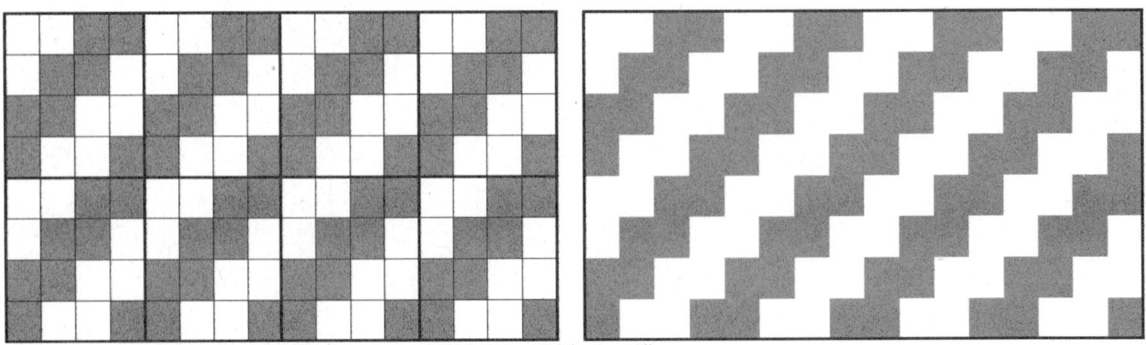

Design만 발췌하여 확장한 합성된 복합조직, 종광 4x4매.

① 앞 페이지에서 작도한 복합조직에서 잔류 2본과 삭제 1본을, 잔류 1본과 삭제 1본을 반복하여 우측의 조직으로 유도한 Design이다. 완성된 조직은 종광 매수가 Motive와 동일하게 4x4매(=16매)이고, 조직 원 리피트가 경사 4x4본, 위사 12x4본인 복합조직이다.

Motive 조직	생성조직 효과도
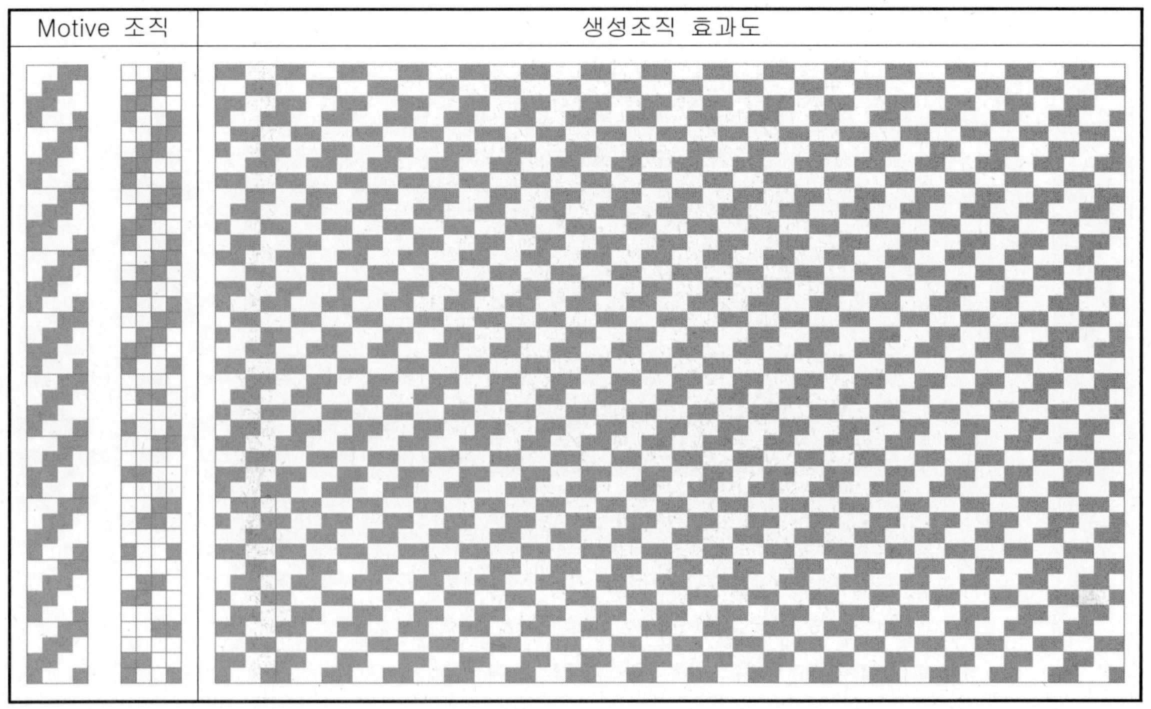	

② 좌측조직에서 잔류 3본과 삭제 1본을 반복하여 우측의 조직으로 유도한 그림이다. 완성된 조직은 종광 매수가 Motive와 동일하게 4x4매(=16매)이고, 조직 원 리피트가 경사 4x4본, 위사 3x4본인 복합조직이다.

Motive 조직	생성조직 효과도
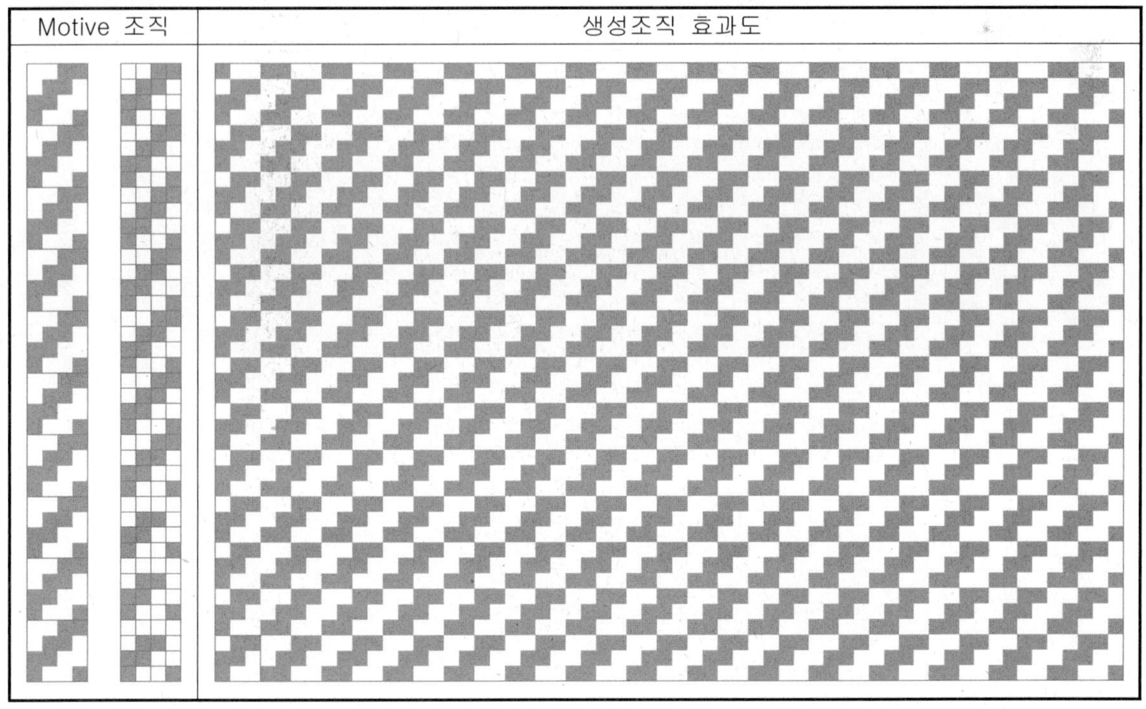	

③ 좌측 Motive조직에서 잔류 2본과 삭제 1본을, 잔류 1본과 삭제 2본을 반복하여 우측의 조직으로 유도한 그림이다. 완성된 조직은 종광 매수가 Motive와 동일하게 4x4매(=16매)이고, 조직 원 리피트가 경사 4x4본, 위사 8x4본인 복합조직이다.

Motive 조직	생성조직 효과도
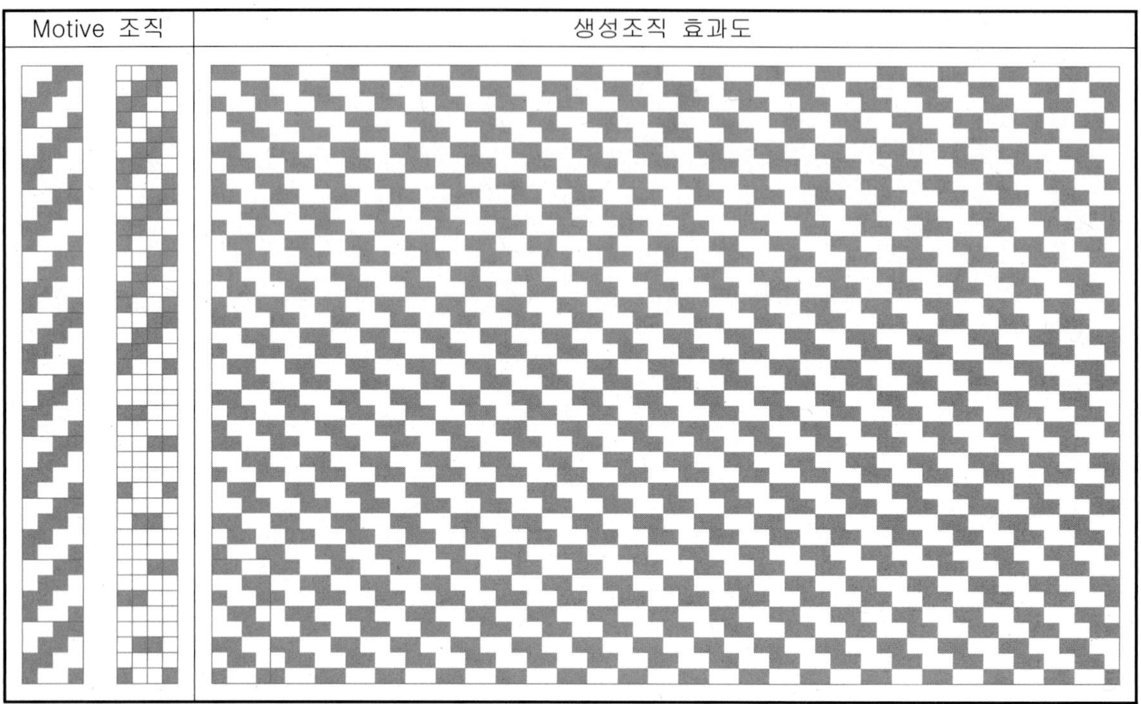	

④ 좌측조직에서 잔류 2본과 삭제 2본을 반복하여 우측의 조직으로 유도한 그림이다. 완성된 조직은 종광 매수가 Motive와 동일하게 4x4매(=16매)이고, 조직 원 리피트가 경사 4x4본, 위사 4x4본인 복합조직이다.

Motive 조직	생성조직 효과도
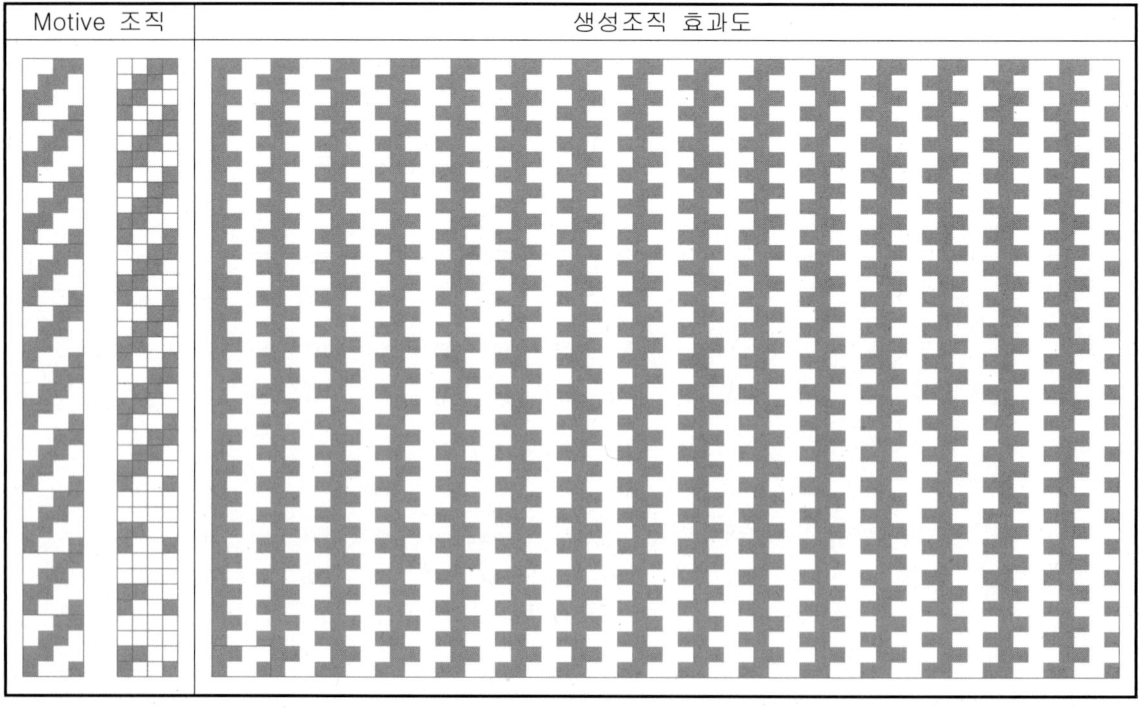	

⑤ 좌측 복합조직 Motive design에서 잔류 2본과 삭제 1본, 잔류 2본과 삭제 2본을 반복하여 우측의 조직으로 유도한 복합조직이다. 완성된 조직은 종광 매수가 Motive와 동일하게 4x4매(=16매)이고, 조직 원 리피트가 경사 4x4본, 위사 16x4본인 복합조직이다.

Motive 조직	생성조직 효과도
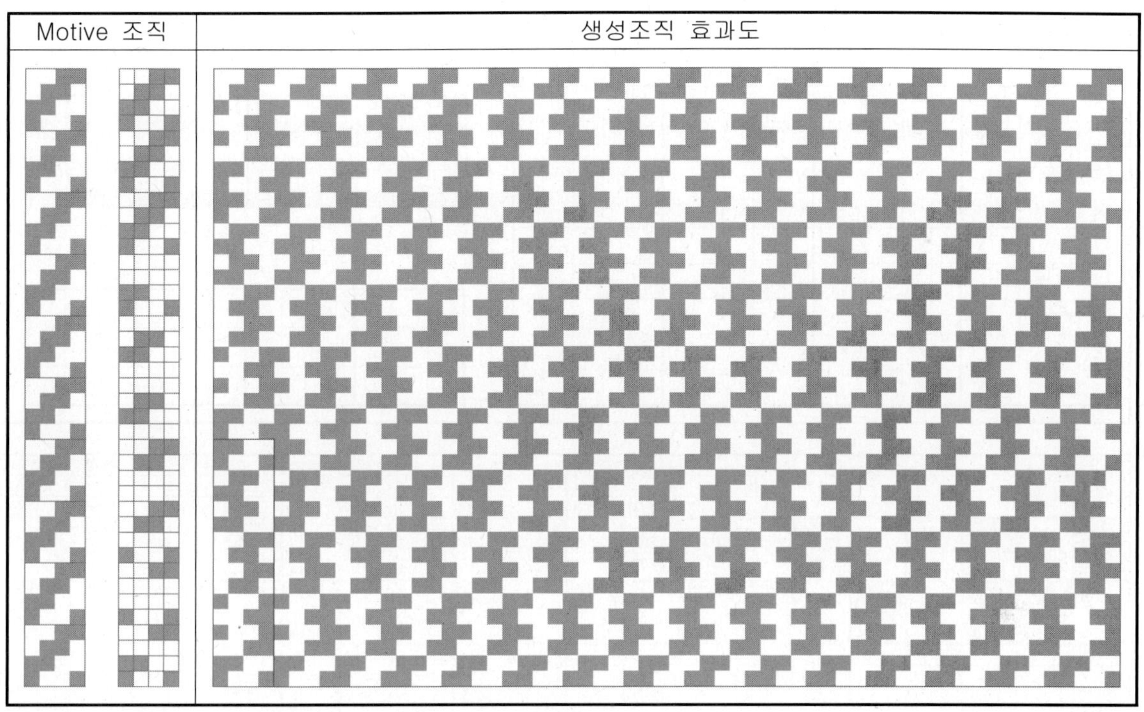	

⑥ 좌측 복합조직 Motive design에서 잔류 2본과 삭제 1본을 반복하여 우측의 조직으로 유도한 그림이다. 완성된 조직은 종광 매수가 Motive와 동일하게 4x4매(=16매)이고, 조직 원 리피트가 경사 4x4본, 위사 8x4본인 복합조직이다.

Motive 조직	생성조직 효과도
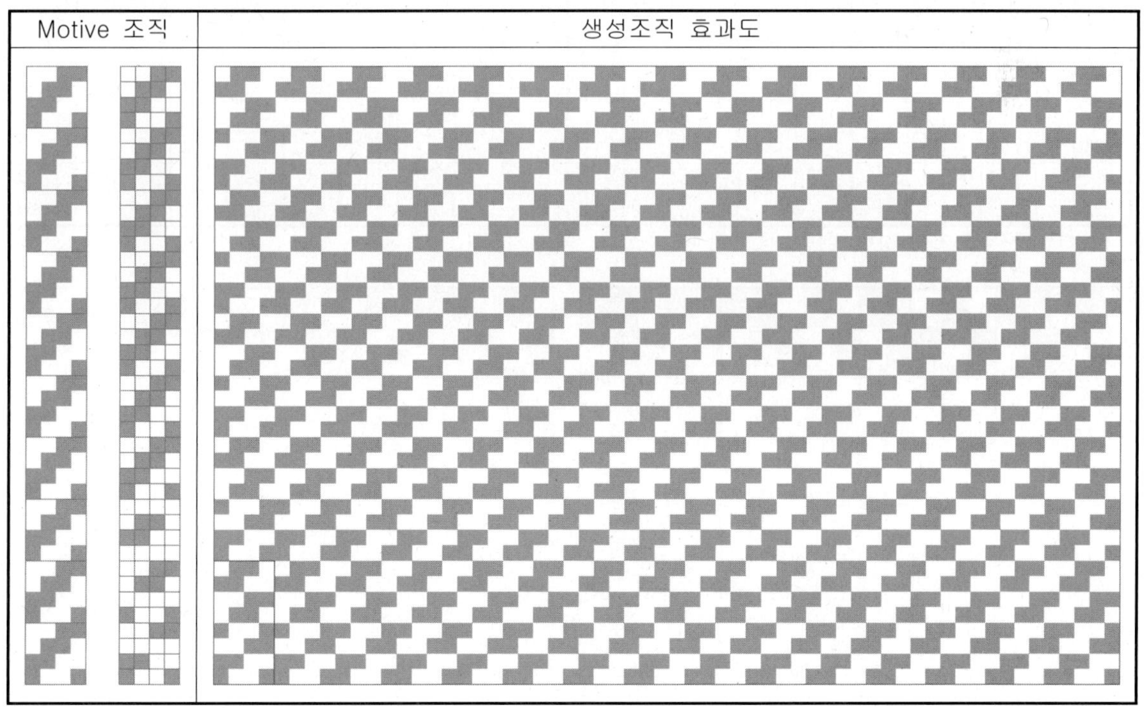	

2) 다음은 5매 Twill(2/1, 1/1) 조직을 복합조직으로 작도한 후, 위사삭제 유도법에 따른 조직 작도 방법이다.(8개의 조직으로 유도)

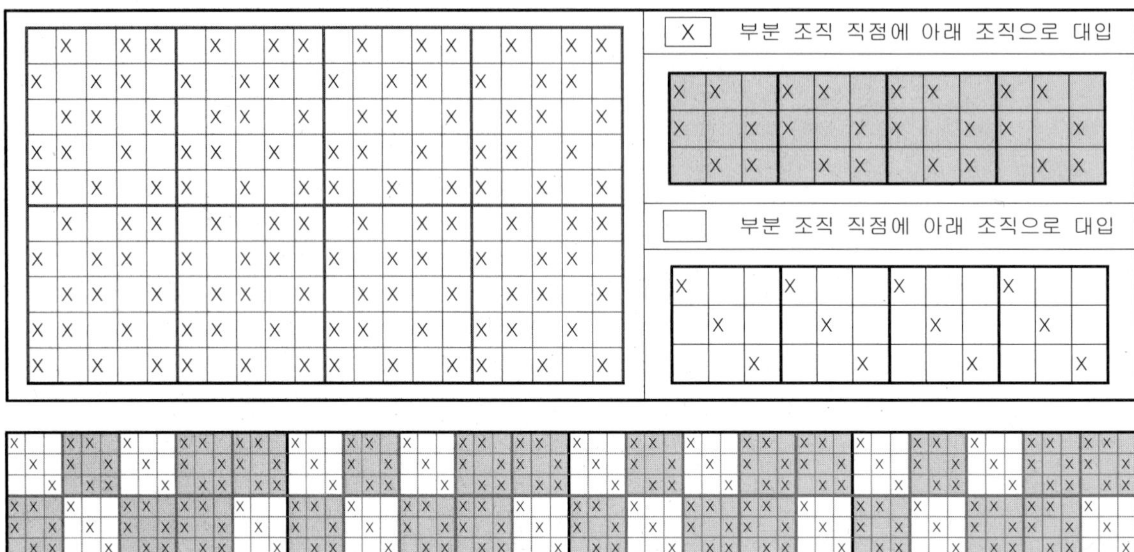

직점에 조직을 대입하여 취합 작도한 복합조직, 종광 15매.

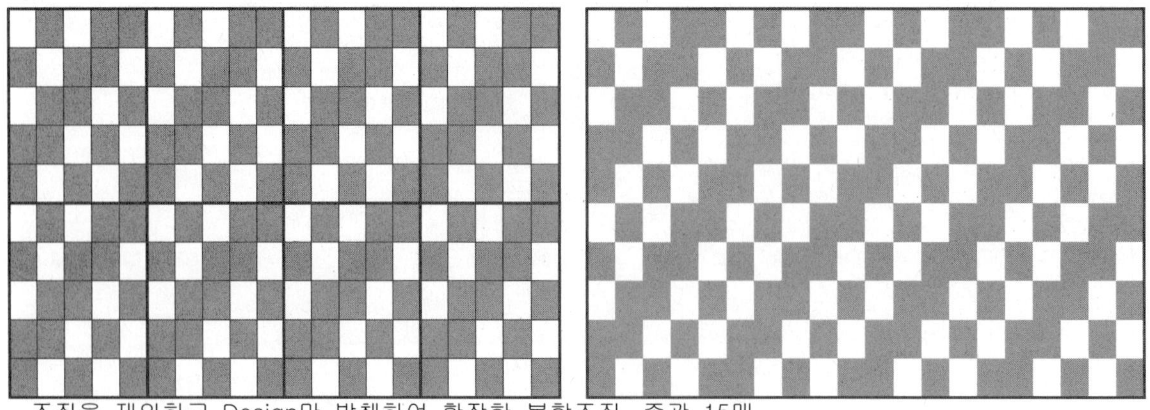

조직을 제외하고 Design만 발췌하여 확장한 복합조직, 종광 15매.

① 앞 페이지에서 작도한 복합조직에서 잔류 1본과 삭제 1본, 잔류 1본과 삭제 3본을 반복하여 우측의 조직으로 유도한 Design이다. 완성된 조직은 종광 매수가 Motive와 동일하게 5x3(=15)매이고, 조직 원 리피트가 경사 5x3본, 위사 10x3본인 복합조직이다.

Motive 조직	생성조직 효과도
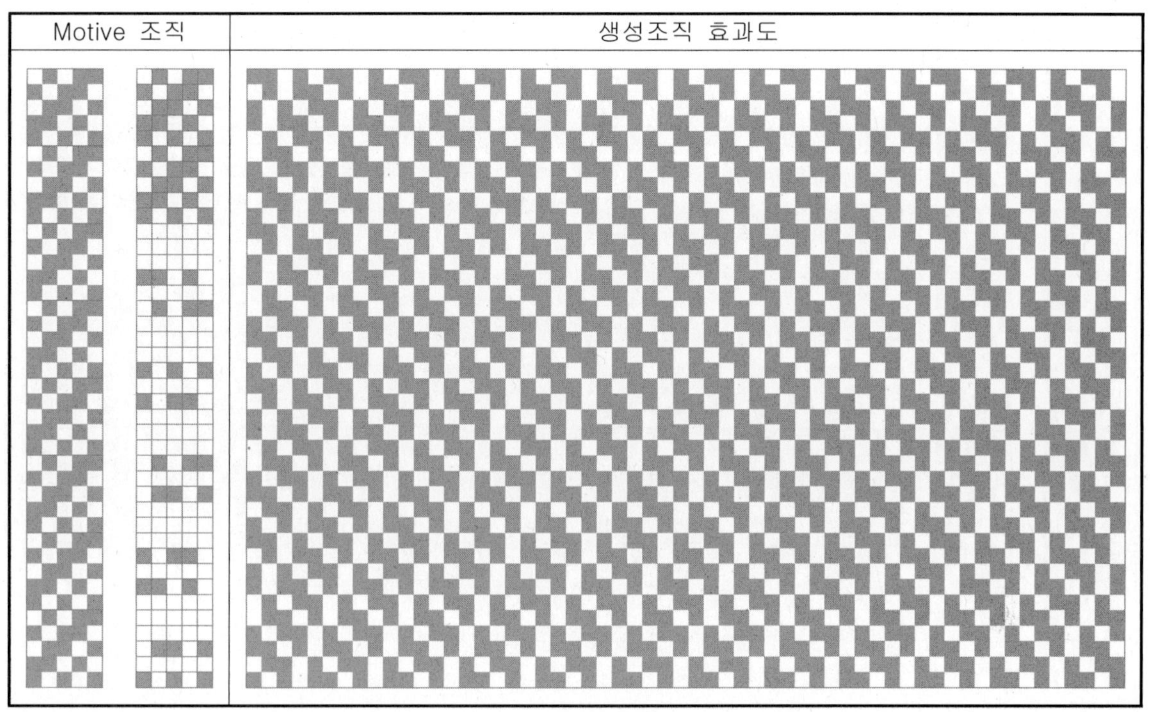	

② 좌측 복합조직 Motive design에서 잔류 1본과 삭제 1본을 반복하여 우측의 조직으로 유도한 Design이다. 완성된 조직은 종광 매수가 Motive와 동일하게 5x3매(=15매)이고, 조직 원 리피트가 경사 5x3본, 위사 5x3본인 복합조직이다.

Motive 조직	생성조직 효과도
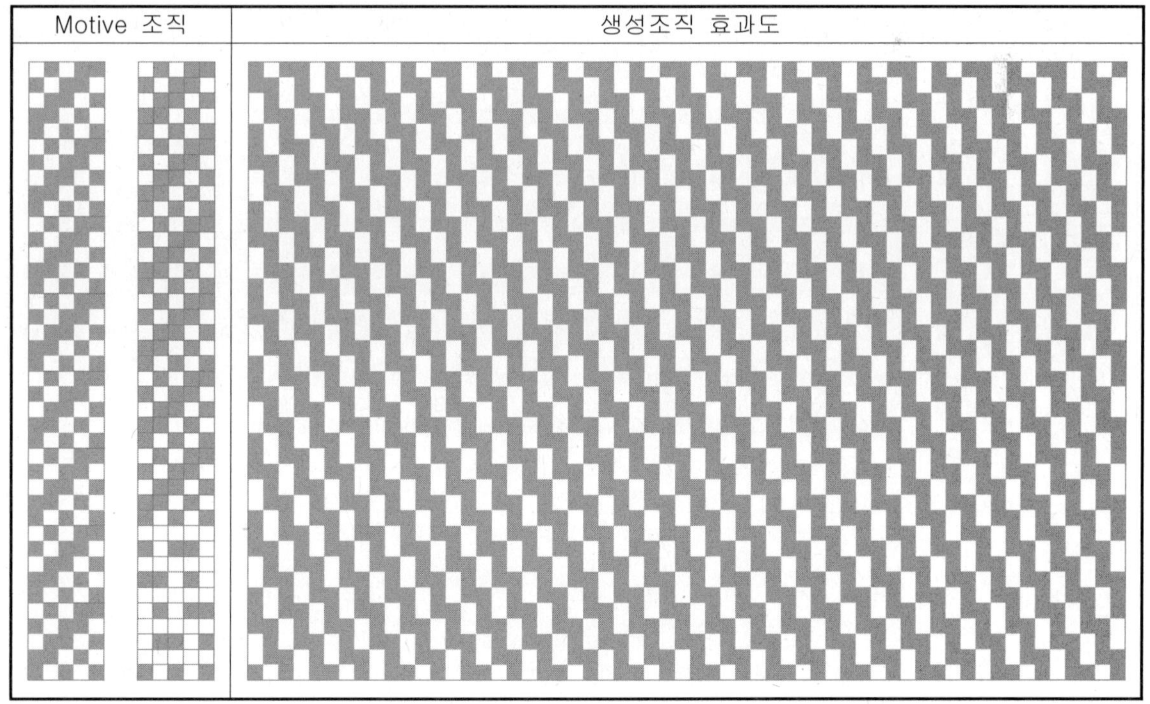	

③ 좌측 복합조직 Motive design에서 잔류 2본과 삭제 1본을 반복하여 우측의 조직으로 유도한 Design이다. 완성된 조직은 종광 매수가 Motive와 동일하게 5x3매(=15매)이고, 조직 원 리피트가 경사 5x3본, 위사 10x3본인 복합조직이다.

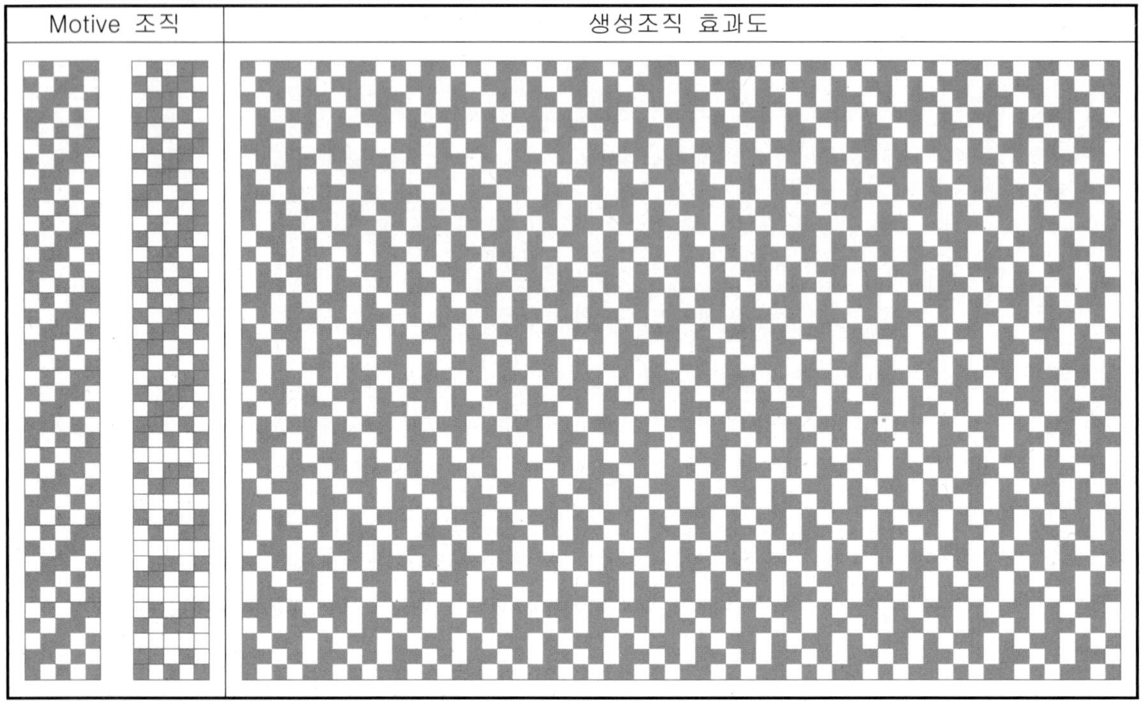

Motive 조직	생성조직 효과도

④ 좌측 복합조직 Motive design에서 잔류 2본과 삭제 3본을 반복하여 우측의 조직으로 유도한 Design이다. 완성된 조직은 종광 매수가 Motive와 동일하게 5x3매(=15매)이고, 조직 원 리피트가 경사 5x3본, 위사 2x3본인 복합조직이다.

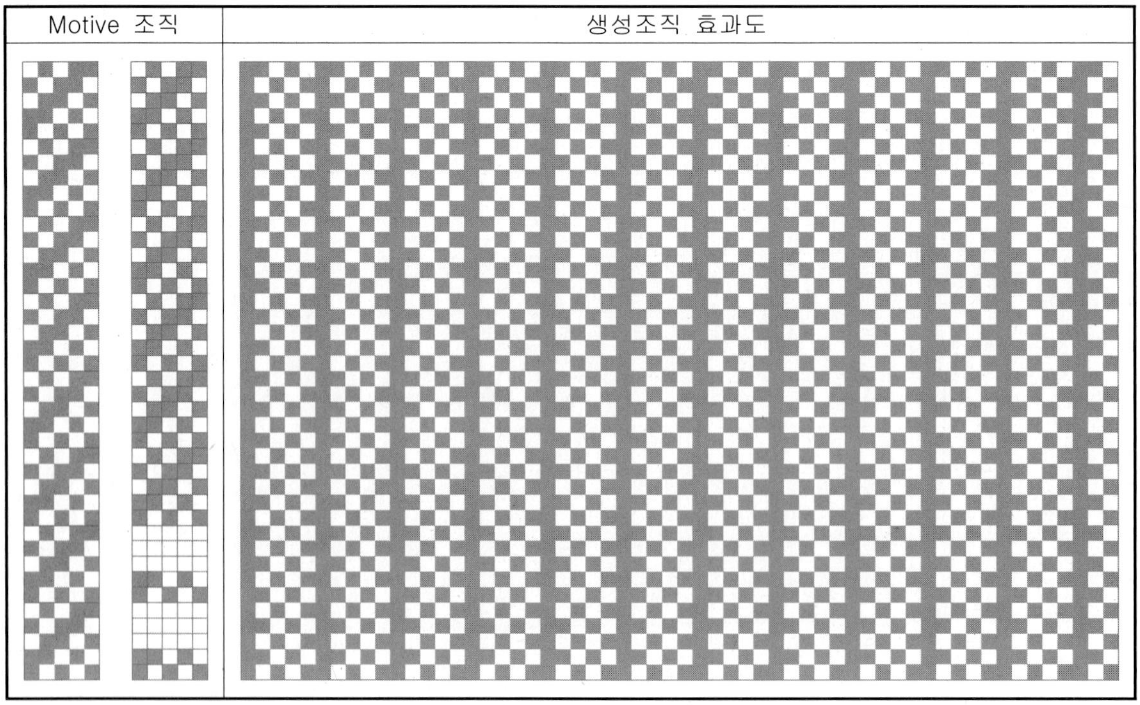

Motive 조직	생성조직 효과도

⑤ 좌측 복합조직 Motive design에서 잔류 3본과 삭제 1본을 반복하여 우측의 조직으로 유도한 Design이다. 완성된 조직은 종광 매수가 Motive와 동일하게 5x3매(=15매)이고, 조직 원 리피트가 경사 5x3본, 위사 15x3본인 복합조직이다.

Motive 조직	생성조직 효과도

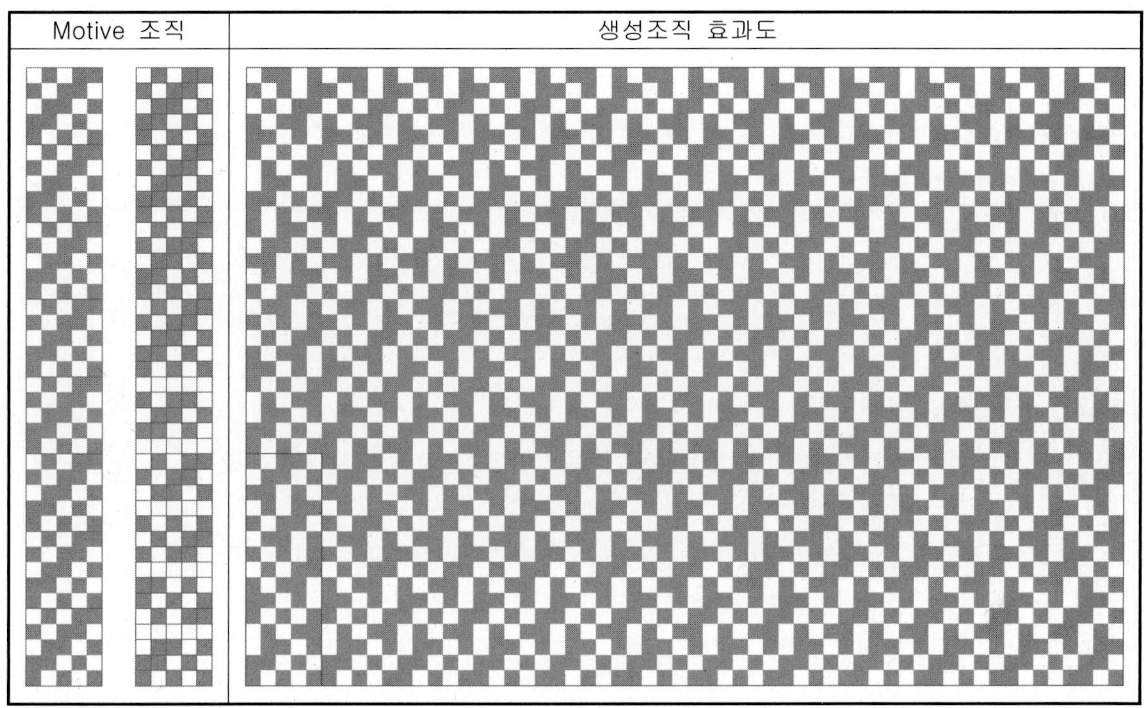

⑥ 좌측 복합조직 Motive design에서 잔류 5본과 삭제 1본을 반복하여 우측의 조직으로 유도한 Design이다. 완성된 조직은 종광 매수가 Motive와 동일하게 5x3매(=15매)이고, 조직 원 리피트가 경사 5x3본, 위사 25x3본인 복합조직이다.

Motive 조직	생성조직 효과도

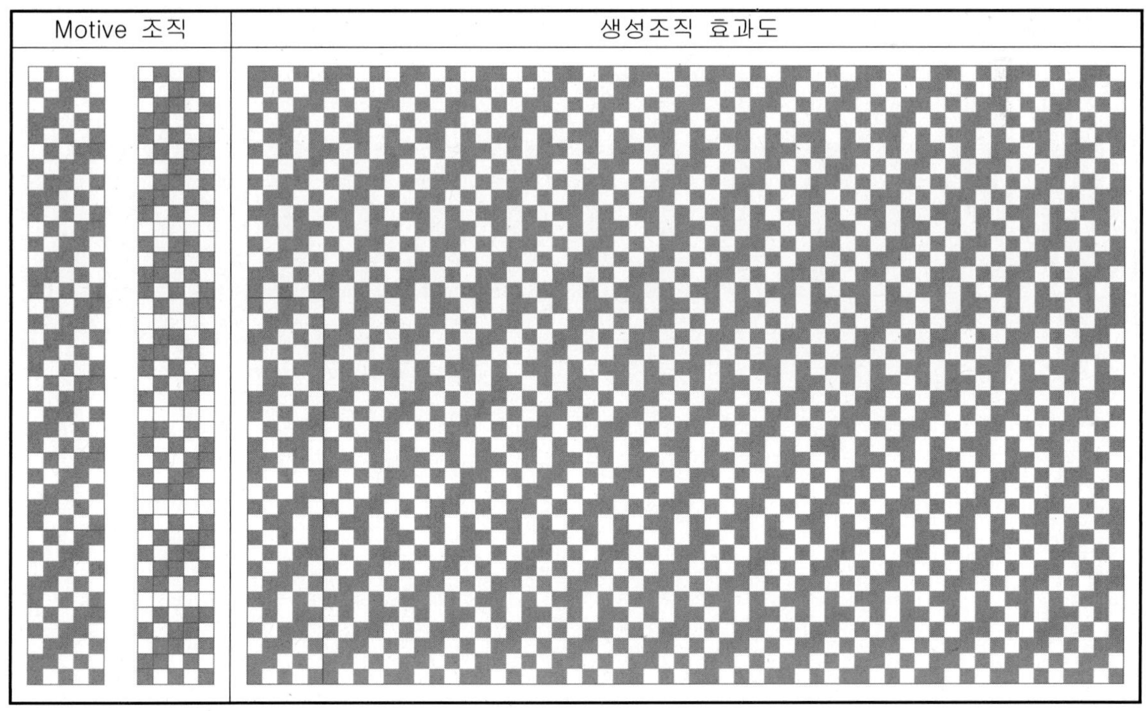

⑦ 좌측 복합조직 Motive design에서 잔류 2본과 삭제 1본, 잔류 2본과 삭제 2본을 반복하여 우측의 조직으로 유도한 Design이다. 완성된 조직은 종광 매수가 Motive와 동일하게 5x3매(=15매)이고, 조직 원 리피트가 경사 5x3본, 위사 20x3본인 복합조직이다.

Motive 조직	생성조직 효과도
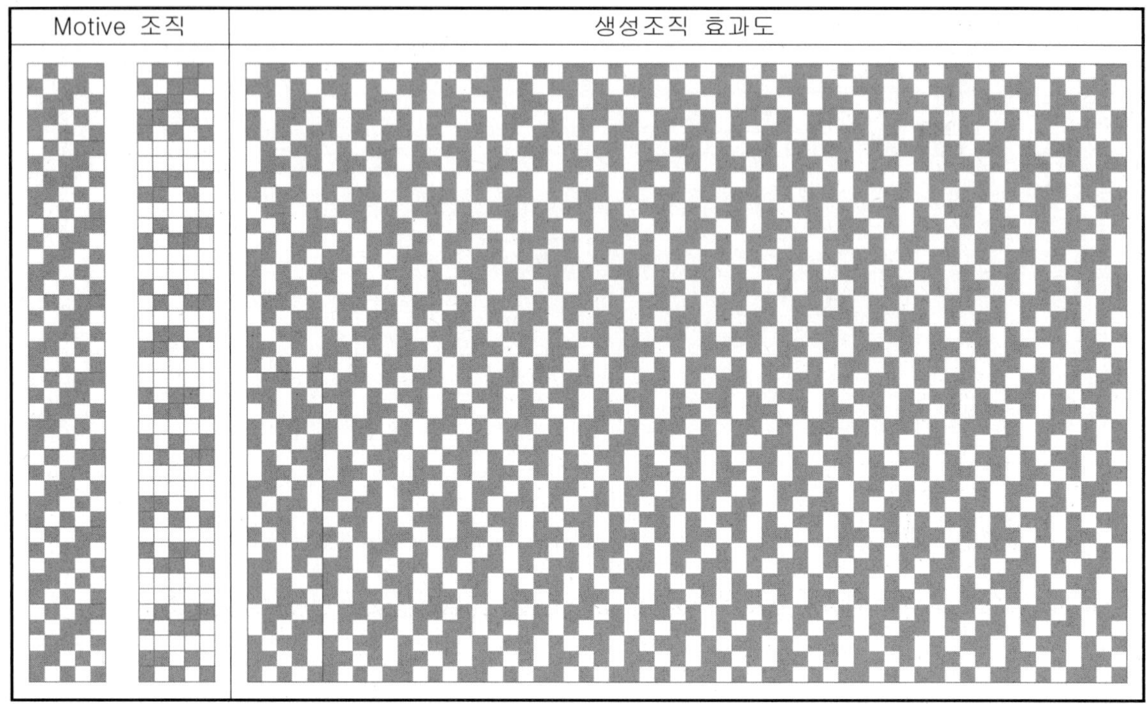	

⑧ 좌측 복합조직 Motive design에서 잔류 3본과 삭제 3본을 반복하여 우측의 조직으로 유도한 Design이다. 완성된 조직은 종광 매수가 Motive와 동일하게 5x3매(=15매)이고, 조직 원 리피트가 경사 5x3본, 위사 15x3본인 복합조직이다.

Motive 조직	생성조직 효과도
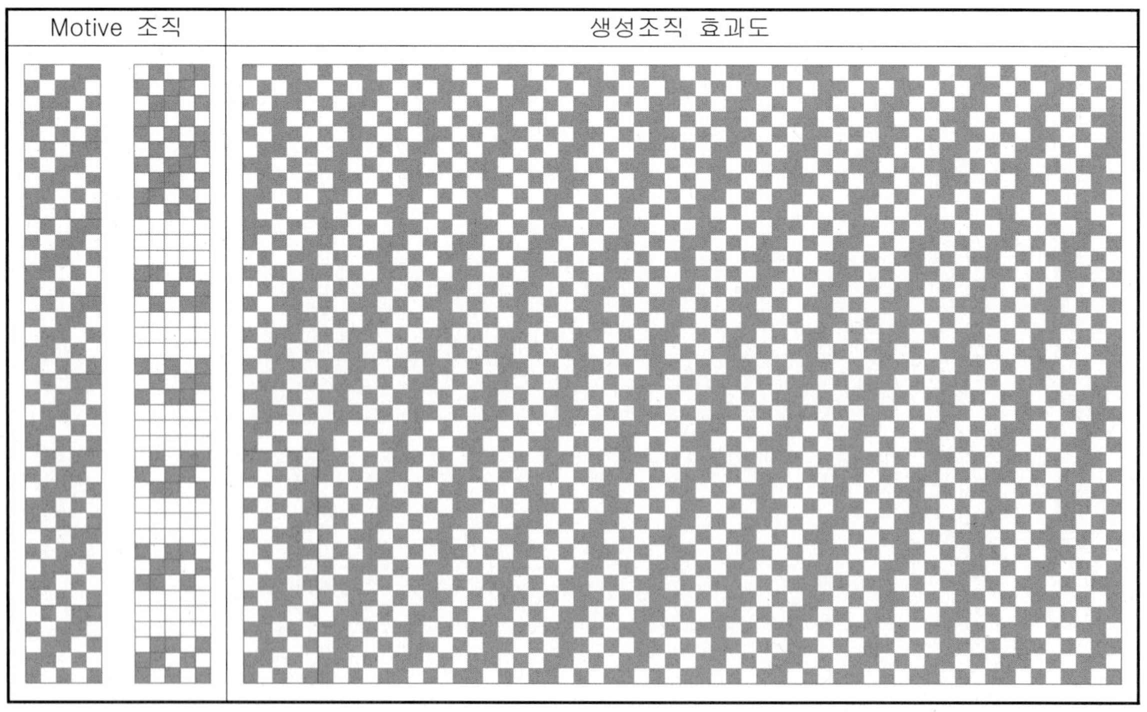	

3) 다음은 6매 Twill(3/3) 조직을 복합조직으로 작도한 후, 복합조직 유도법에 따른 조직 작도 방법이다. (6개의 조직으로 유도)

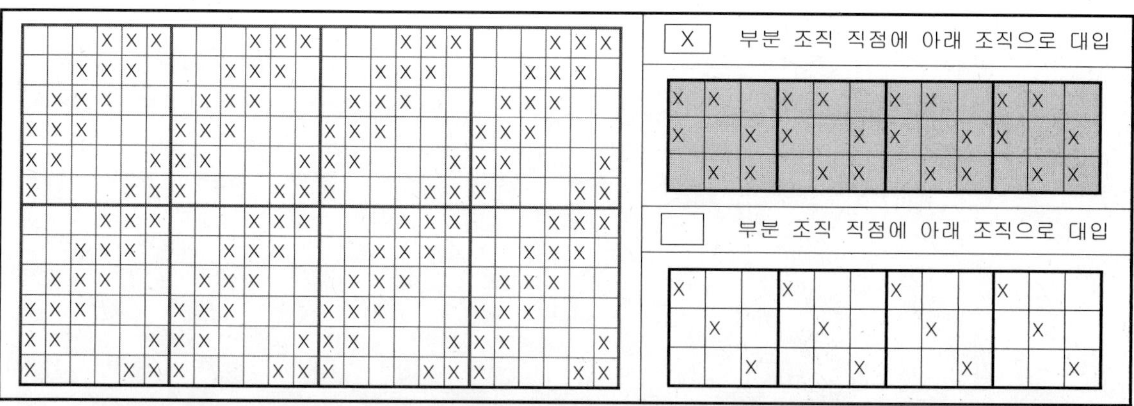

직점에 조직을 대입하여 취합 작도한 복합조직, 종광 18매.

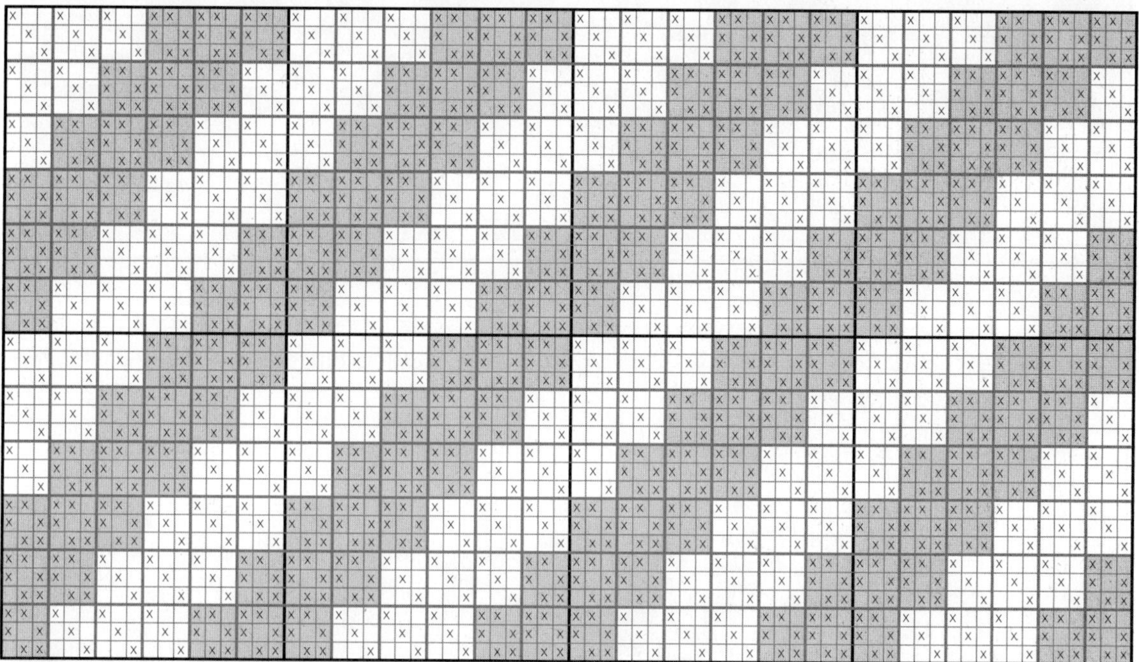

조직을 제외하고 Design만 발췌하여 확장한 복합조직, 종광 18매.

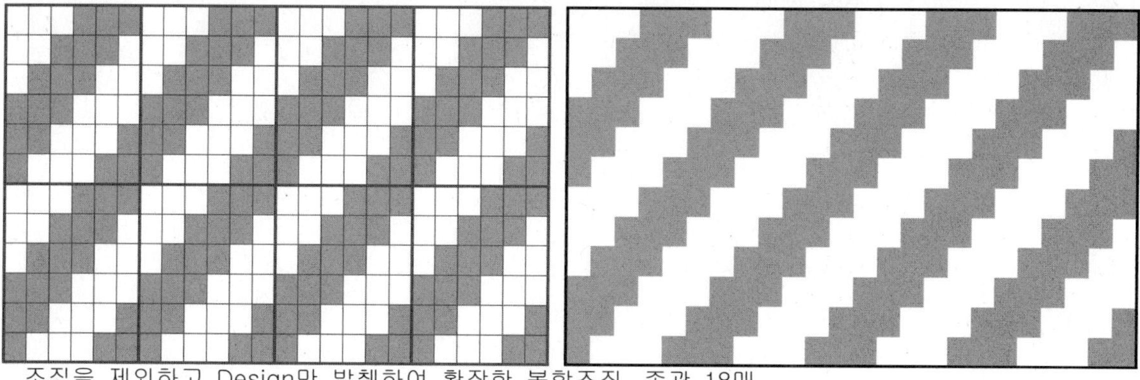

① 앞 페이지에서 작도한 복합조직 Motive design에서 잔류 2본과 삭제 2본을 반복하여 우측의 조직으로 유도한 Design이다. 완성된 조직은 종광 매수가 Motive와 동일하게 6x3매(=18매)이고, 조직 원 리피트가 경사 6x3본, 위사 6x3본인 복합조직이다.

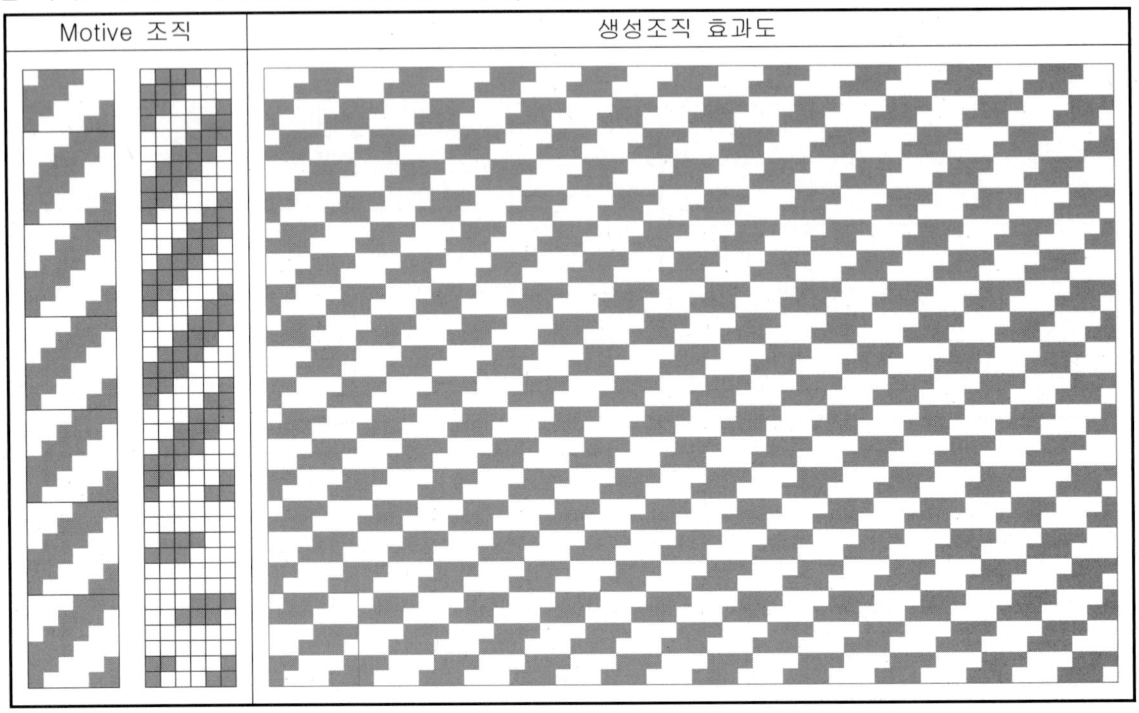

② 좌측 복합조직 Motive design에서 잔류 2본과 삭제 3본을 반복하여 우측의 조직으로 유도한 Design이다. 완성된 조직은 종광 매수가 Motive와 동일하게 6x3매(=18매)이고, 조직 원 리피트가 경사 6x3본, 위사 12x3본인 복합조직이다.

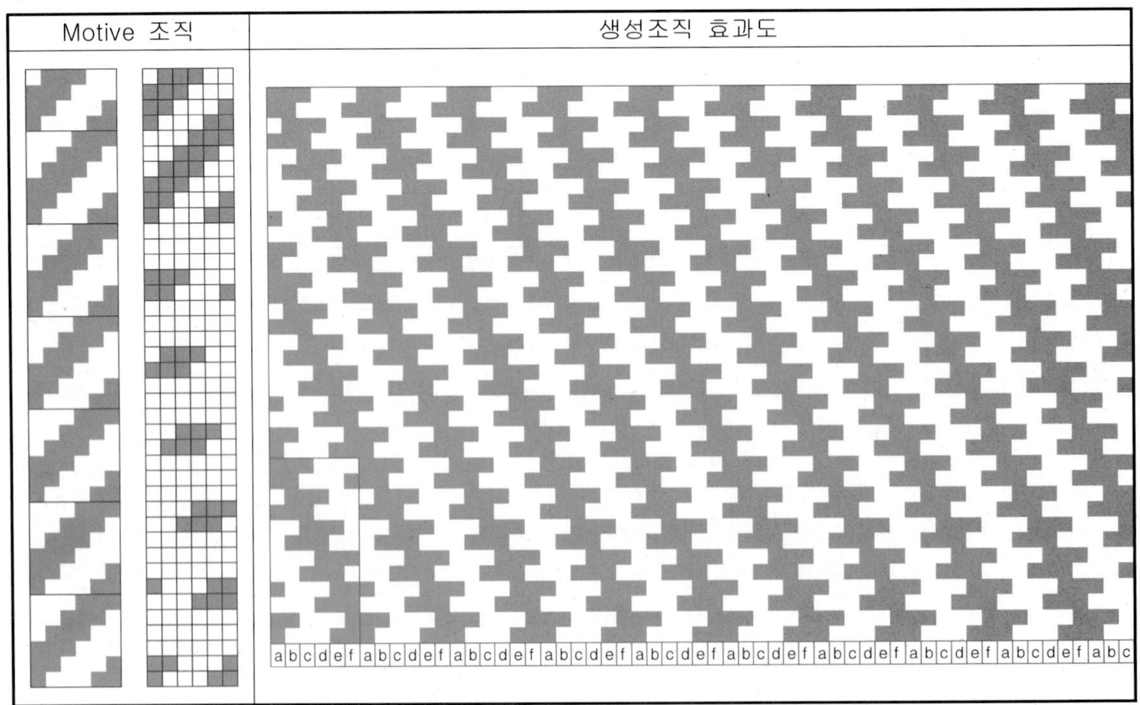

③ 좌측 복합조직 Motive design에서 잔류 3본과 삭제 3본을 반복하여 우측의 조직으로 유도한 Design이다. 완성된 조직은 종광 매수가 Motive와 동일하게 5x3매(=15매)이고, 조직 원 리피트가 경사 5x3본, 위사 15x3본인 복합조직이다.

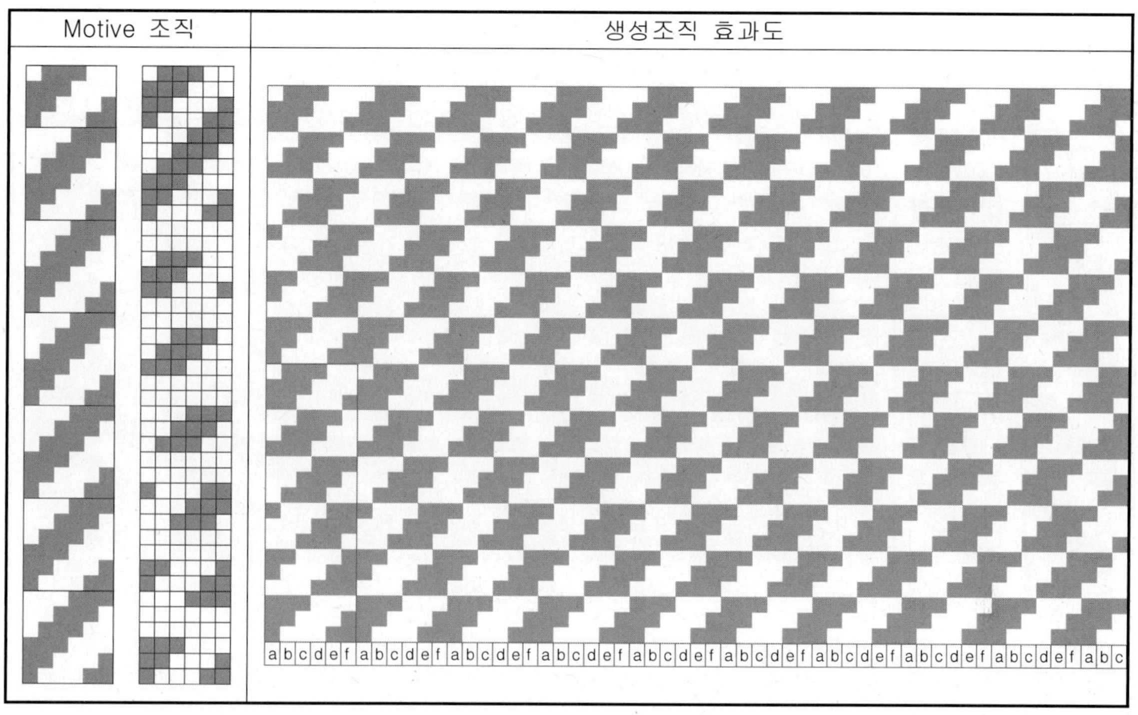

④ 좌측 복합조직 Motive design에서 잔류 4본과 삭제 3본을 반복하여 우측의 조직으로 유도한 Design이다. 완성된 조직은 종광 매수가 Motive와 동일하게 6x3매(=18매)이고, 조직 원 리피트가 경사 6x3본, 위사 18x3본인 복합조직이다.

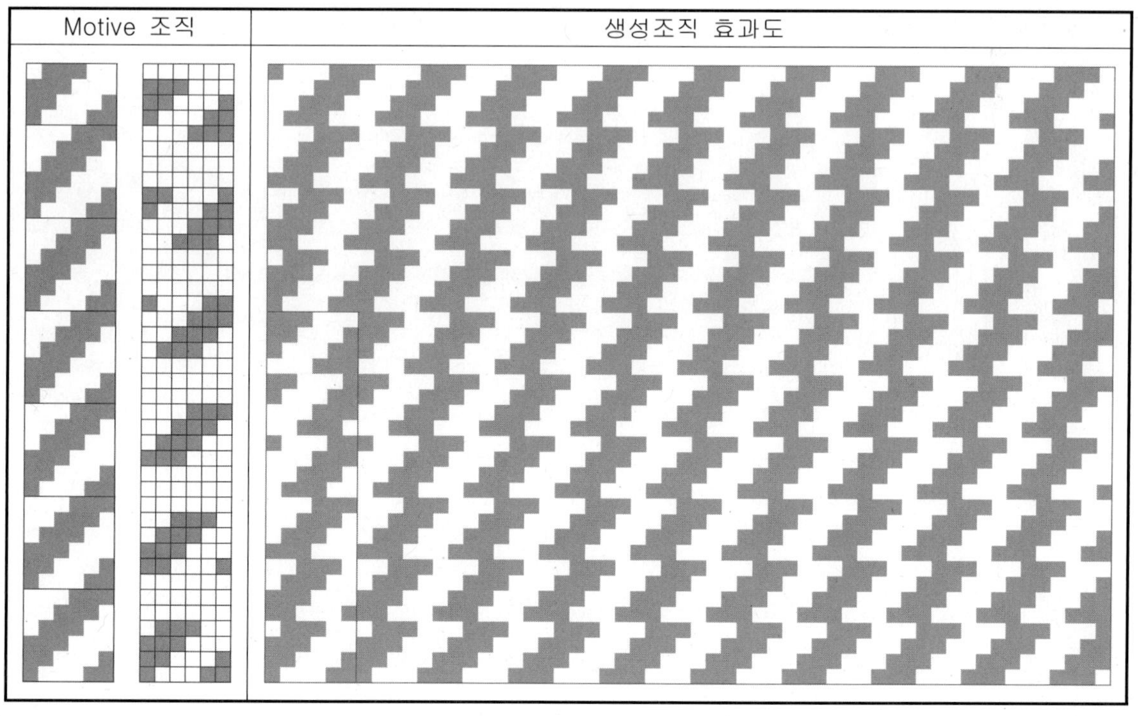

⑤ 좌측 복합조직 Motive design에서 잔류 2본과 삭제 1본, 잔류 1본과 삭제 1본을 반복하여 우측의 조직으로 유도한 Design이다. 완성된 조직은 종광 매수가 Motive와 동일하게 6x3매(=18매)이고, 조직 원 리피트가 경사 6x3본, 위사 18x3본인 복합조직이다.

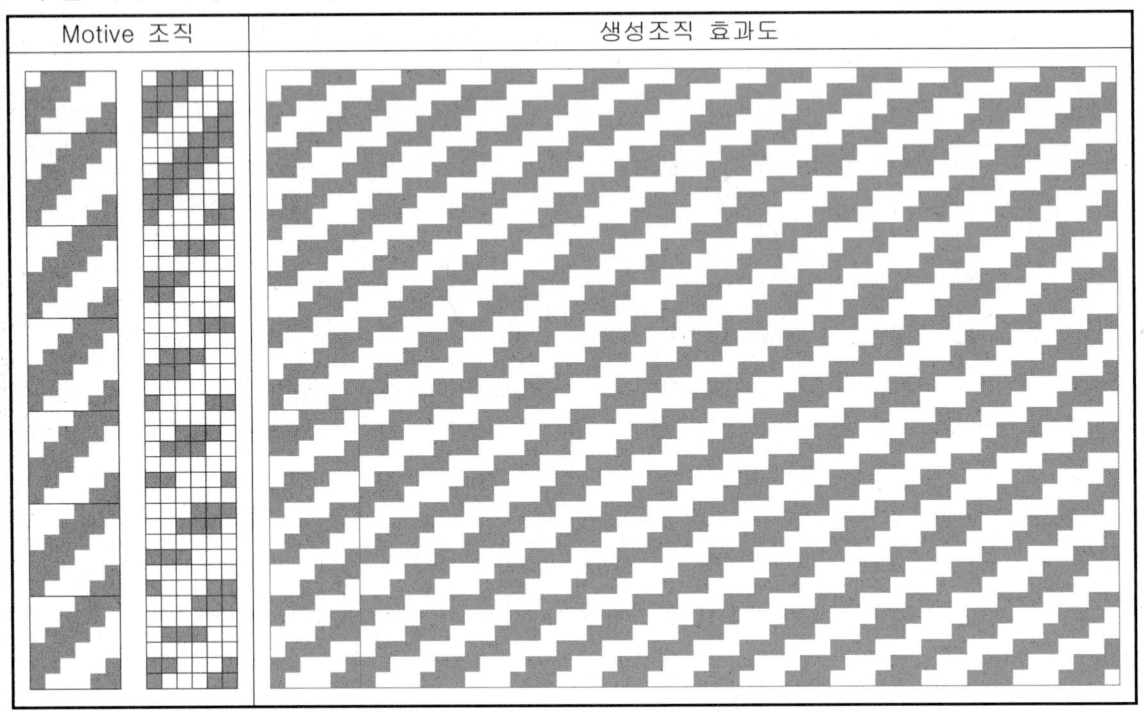

⑥ 좌측 복합조직 Motive design에서 잔류 2본과 삭제 2본, 잔류 1본과 삭제 2본을 반복하여 우측의 조직으로 유도한 Design이다. 완성된 조직은 종광 매수가 Motive와 동일하게 6x3매(=18매)이고, 조직 원 리피트가 경사 6x3본, 위사 18x3본인 복합조직이다.

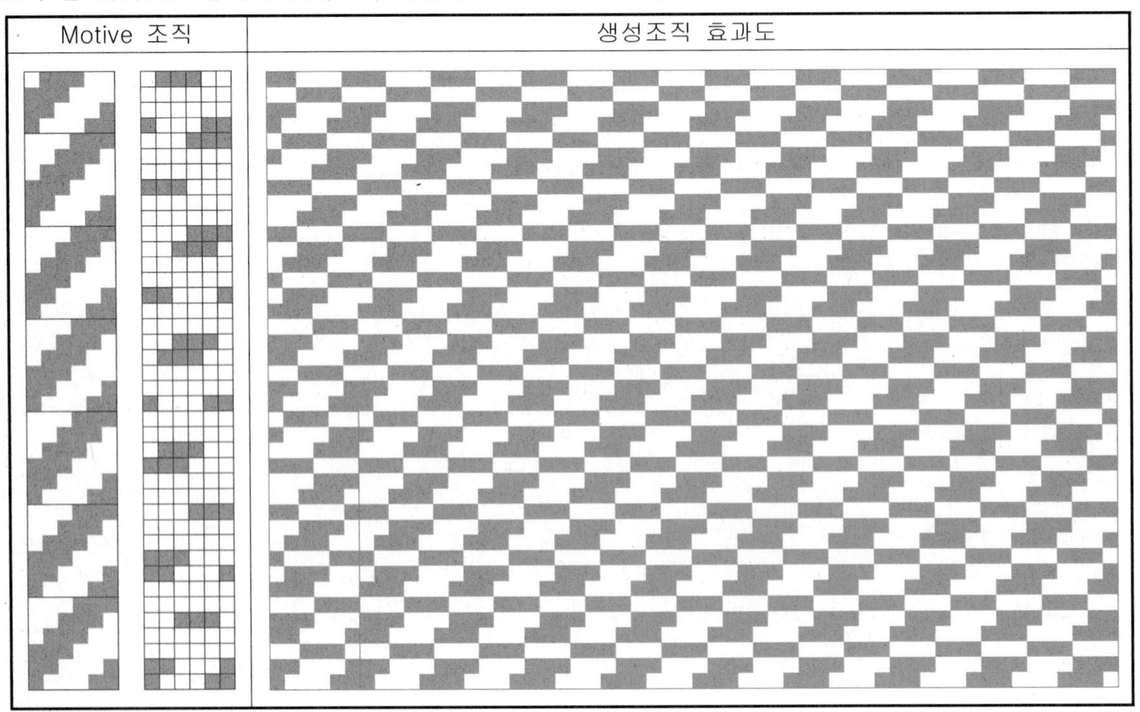

4) 다음은 6매 Twill(3/1, 1/1) 조직을 복합조직으로 작도한 후, 복합조직 유도법에 따른 조직 작도 방법이다. (8개의 조직으로 유도)

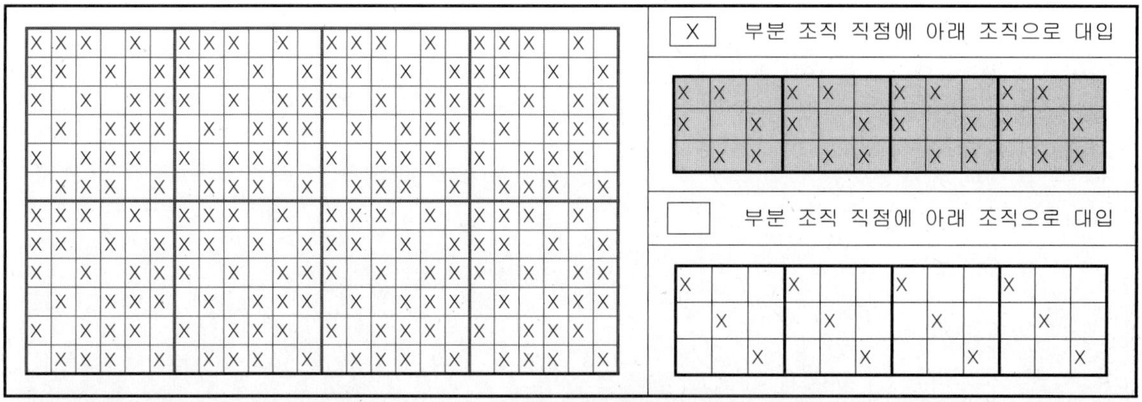

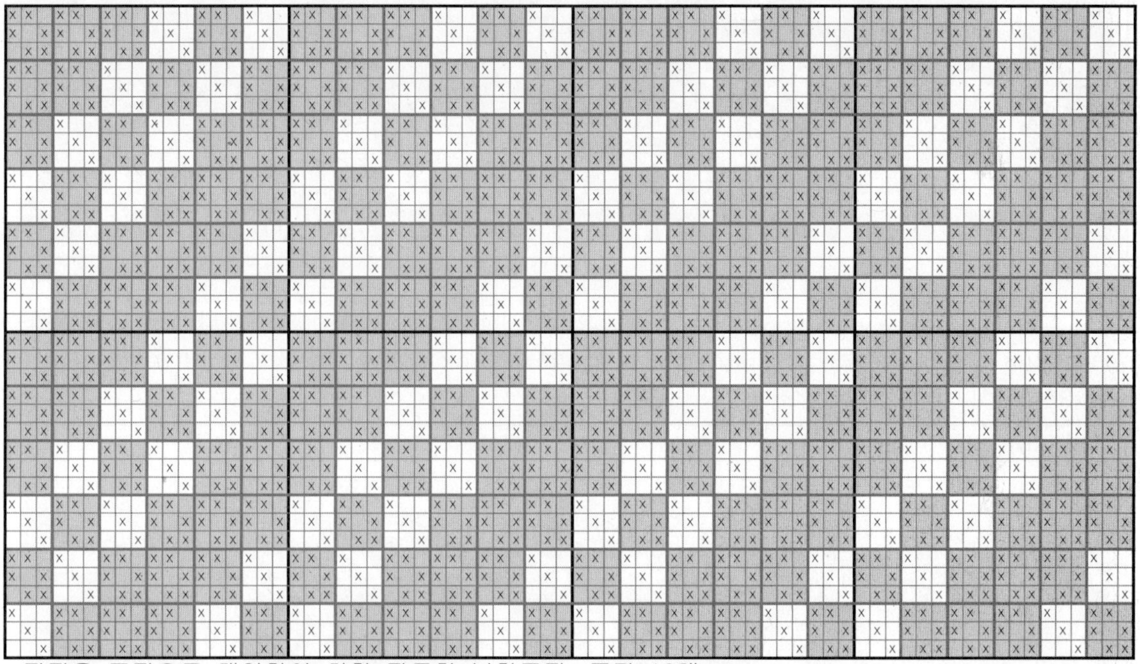

직점을 조직으로 대입하여 취합 작도한 복합조직, 종광 18매.

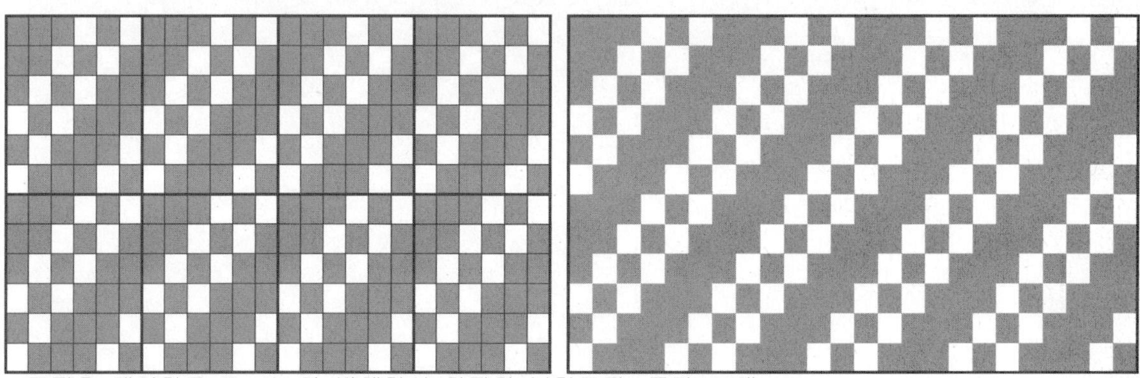

조직을 제외하고 Design만 발췌하여 확장한 복합조직, 종광 18매.

① 좌측 복합조직 Motive design에서 잔류 2본과 삭제 3본을 반복하여 우측의 조직으로 유도한 Design이다. 완성된 조직은 종광 매수가 Motive와 동일하게 6x3매(=18매)이고, 조직 원 리피트가 경사 6x3본, 위사 12x3본인 복합조직이다.

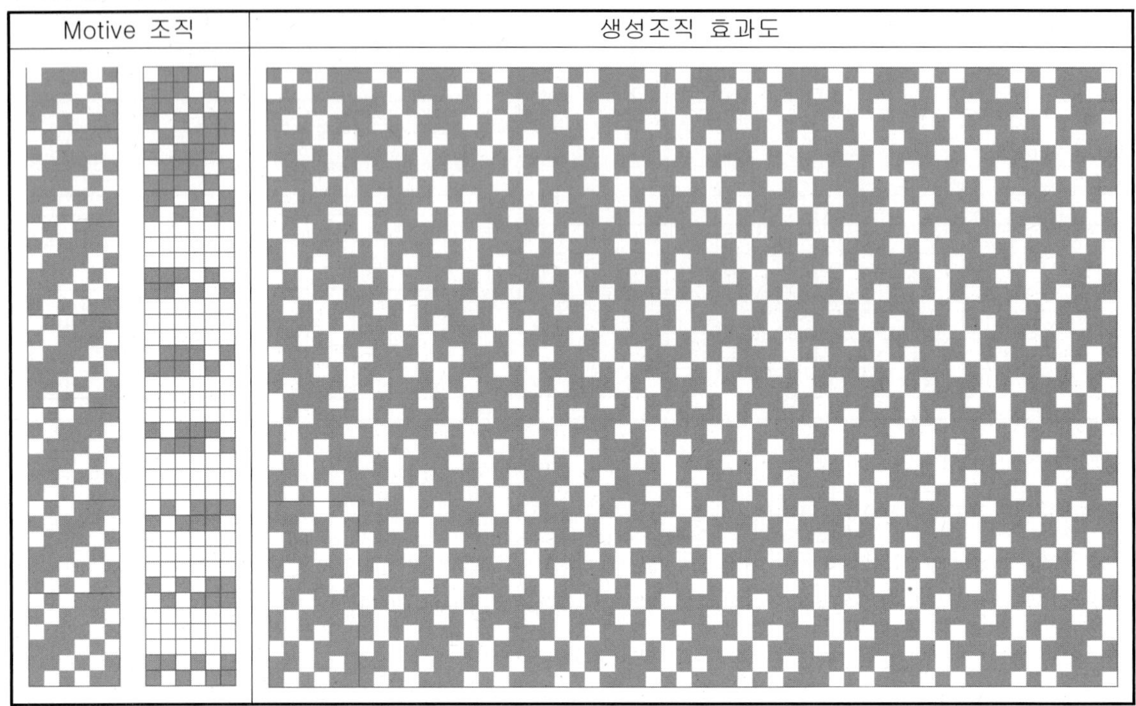

② 좌측 복합조직 Motive design에서 잔류 3본과 삭제 2본을 반복하여 우측의 조직으로 유도한 Design이다. 완성된 조직은 종광 매수가 Motive와 동일하게 6x3매(=18매)이고, 조직 원 리피트가 경사 6x3본, 위사 18x3본인 복합조직이다.

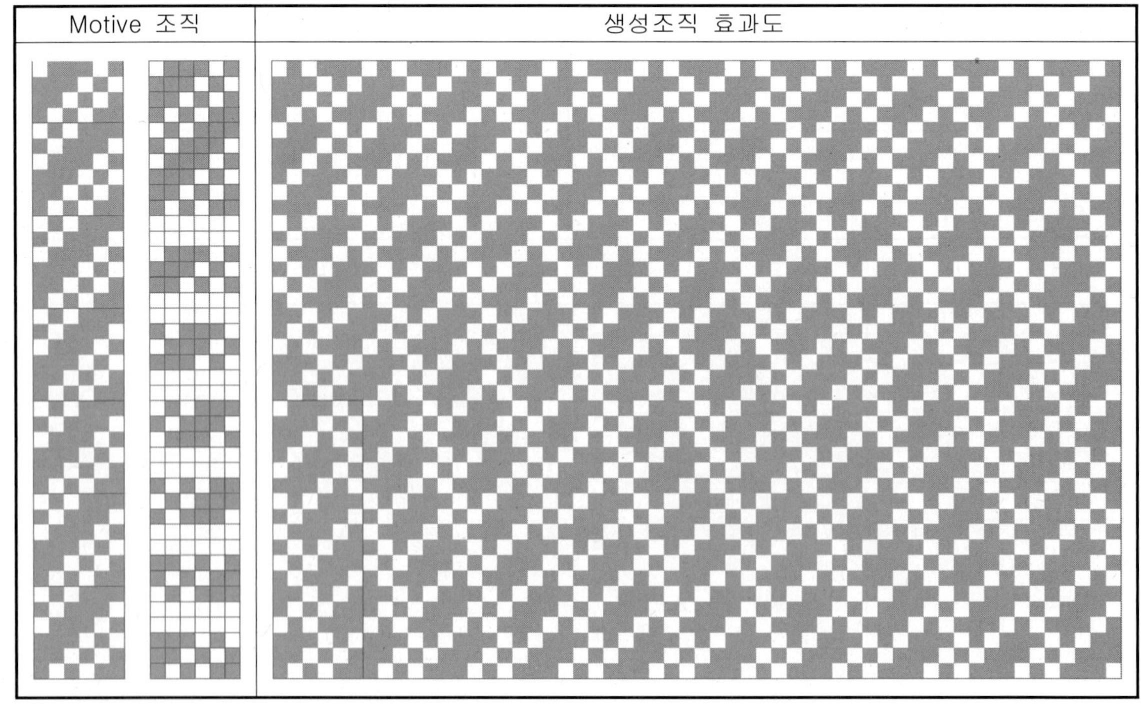

③ 좌측 복합조직 Motive design에서 잔류 3본과 삭제 4본을 반복하여 우측의 조직으로 유도한 Design이다. 완성된 조직은 종광 매수가 Motive와 동일하게 6x3매(=18매)이고, 조직 원 리피트가 경사 6x3본, 위사 18x3본인 복합조직이다.

Motive 조직	생성조직 효과도
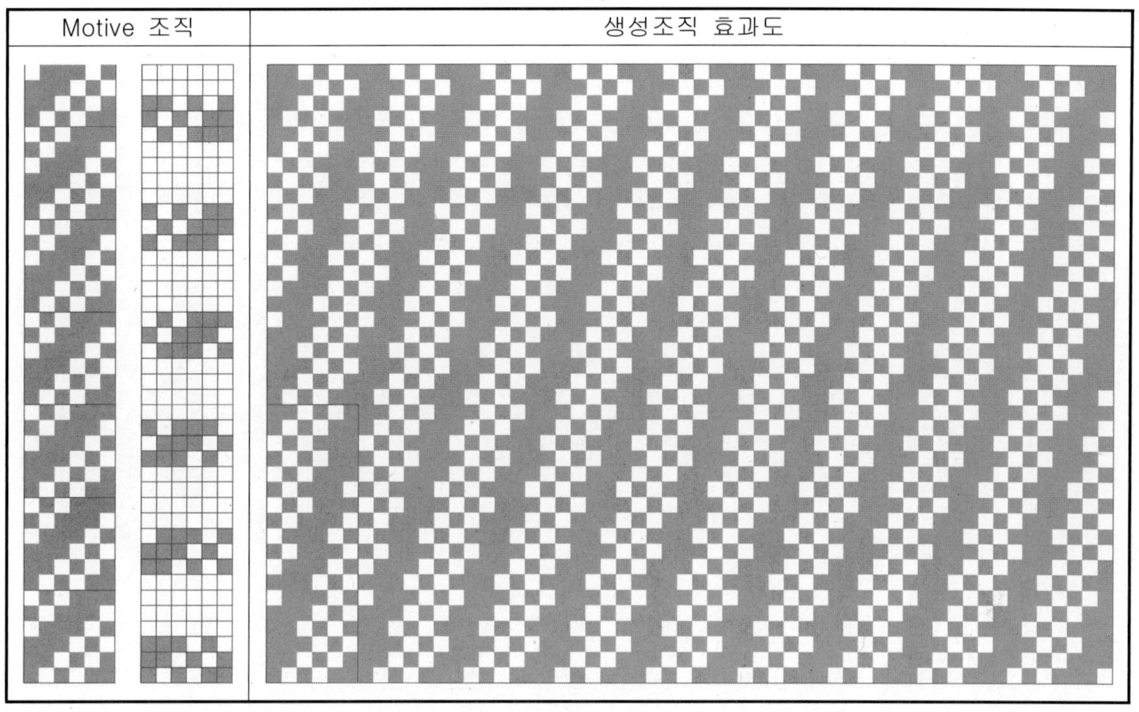	

④ 좌측 복합조직 Motive design에서 잔류 4본과 삭제 3본을 반복하여 우측의 조직으로 유도한 Design이다. 완성된 조직은 종광 매수가 Motive와 동일하게 6x3매(=18매)이고, 조직 원 리피트가 경사 6x3본, 위사 24x3본인 복합조직이다.

Motive 조직	생성조직 효과도
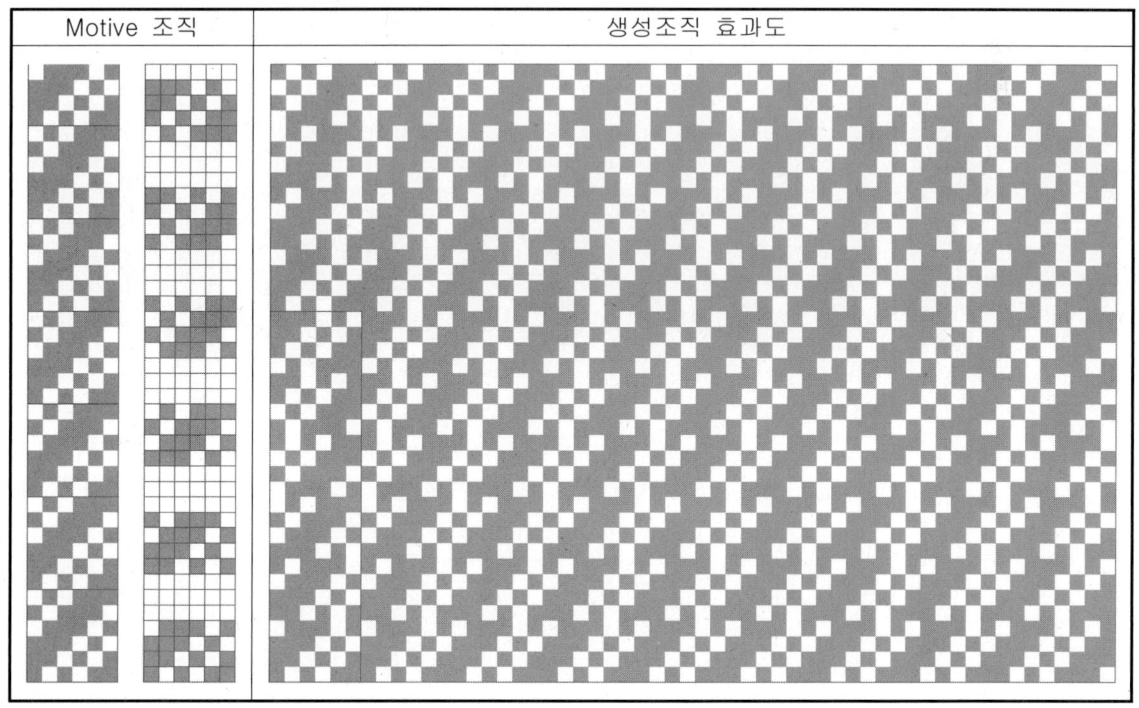	

⑤ 좌측 복합조직 Motive design에서 잔류 2본과 삭제 2본을 반복하여 우측의 조직으로 유도한 Design이다. 완성된 조직은 종광 매수가 Motive와 동일하게 6x3매(=18매)이고, 조직 원 리피트가 경사 6x3본, 위사 6x3본인 복합조직이다.

Motive 조직	생성조직 효과도
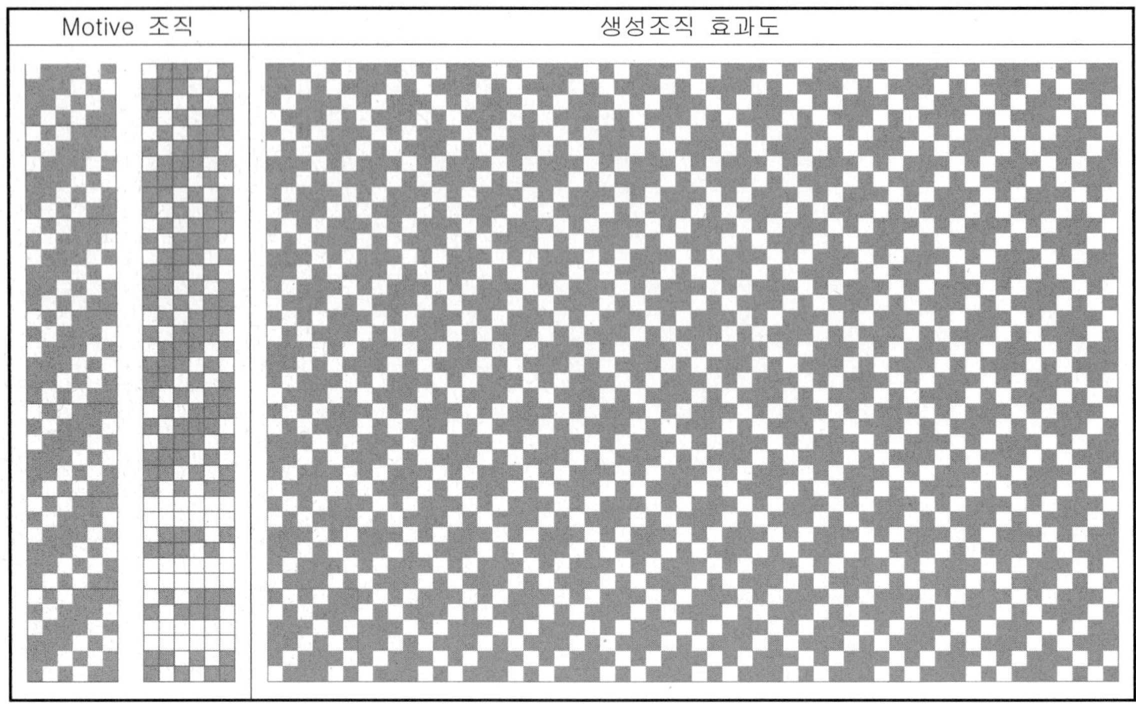	

⑥ 좌측 복합조직 Motive design에서 잔류 1본과 삭제 1본을 반복하여 우측의 조직으로 유도한 Design이다. 완성된 조직은 종광 매수가 Motive와 동일하게 6x3매(=18매)이고, 조직 원 리피트가 경사 6x3본, 위사 3x3본인 복합조직이다.

Motive 조직	생성조직 효과도
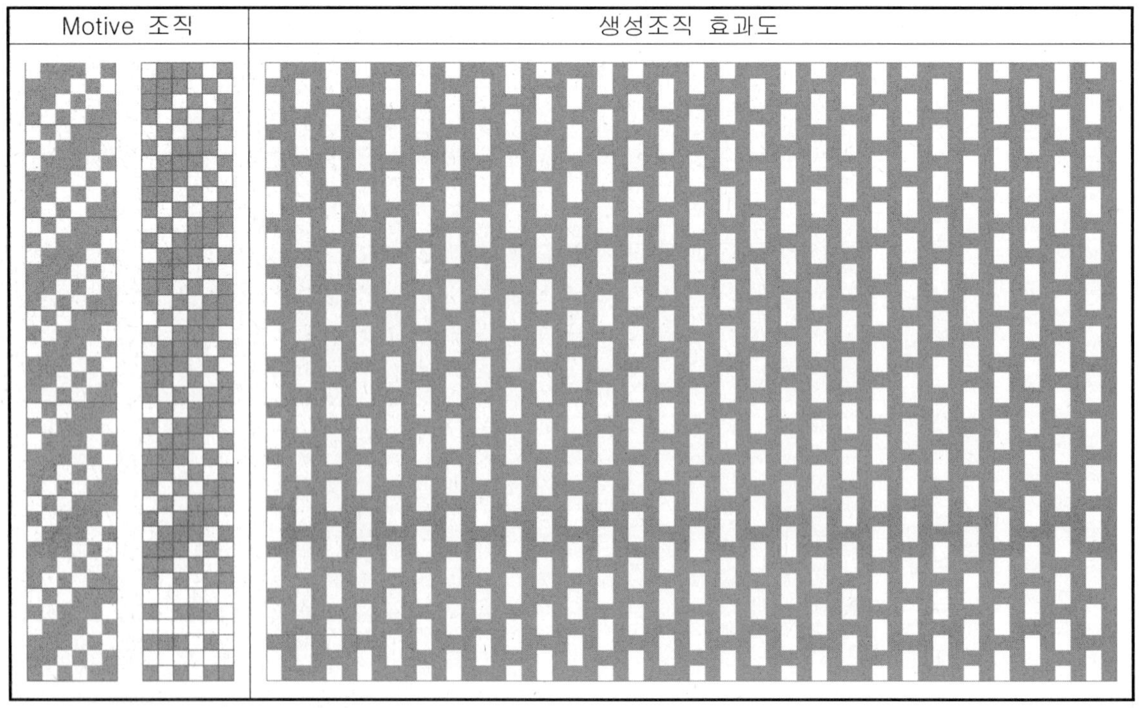	

⑦ 좌측 복합조직 Motive design에서 잔류 2본과 삭제 1본을 반복하여 우측의 조직으로 유도한 Design이다. 완성된 조직은 종광 매수가 Motive와 동일하게 6x3매(=18매)이고, 조직 원 리피트가 경사 6x3본, 위사 4x3본인 복합조직이다.

Motive 조직	생성조직 효과도
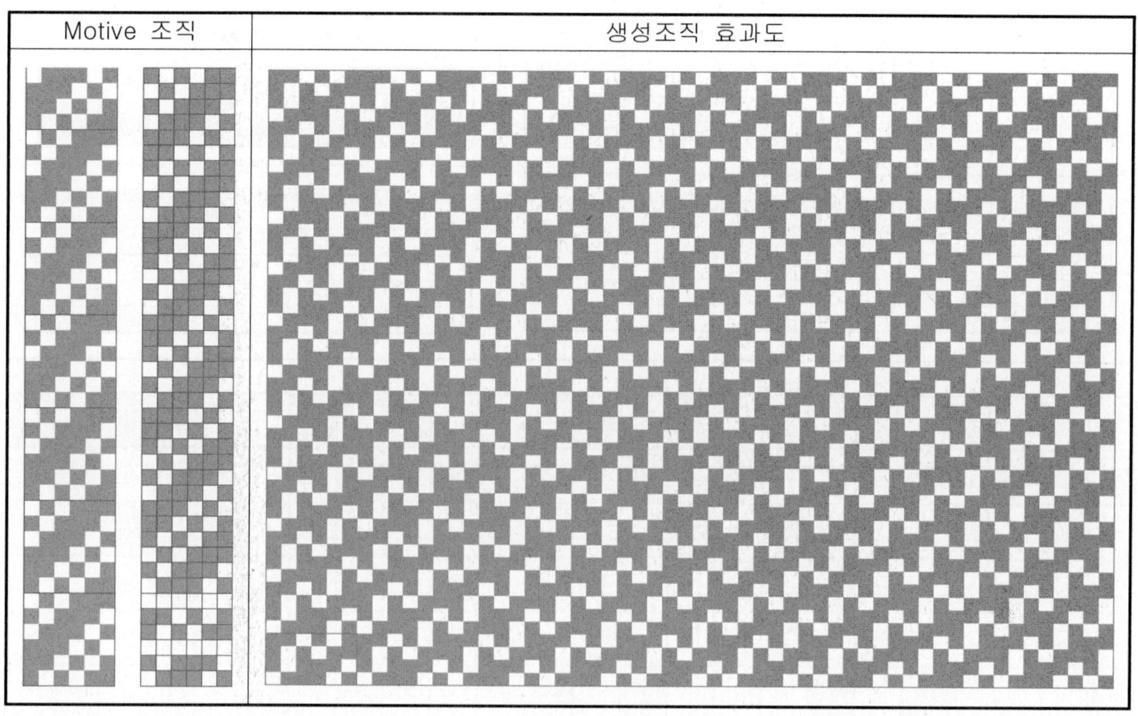	

⑧ 좌측 복합조직 Motive design에서 잔류 3본과 삭제 1본을 반복하여 우측의 조직으로 유도한 Design이다. 완성된 조직은 종광 매수가 Motive와 동일하게 6x3매(=18매)이고, 조직 원 리피트가 경사 6x3본, 위사 9x3본인 복합조직이다.

Motive 조직	생성조직 효과도
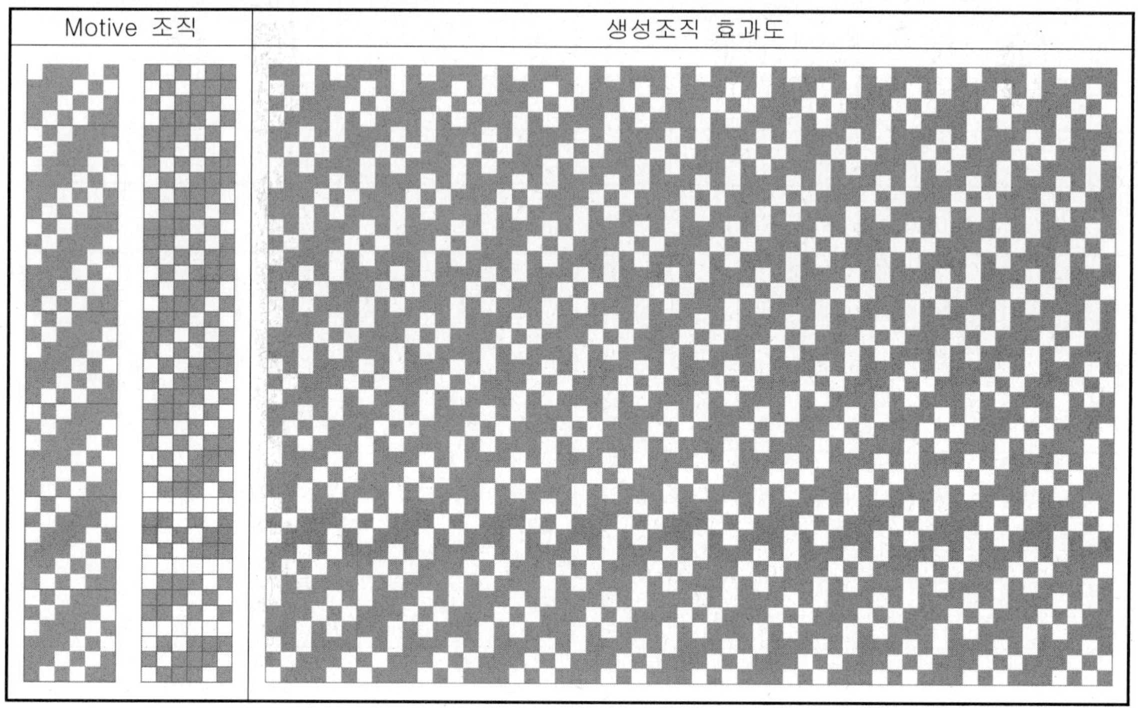	

5) 다음은 6매 Twill(1/1, 1/3) 조직을 복합조직으로 작도한 후, 복합조직 유도법에 따른 조직 작도 방법이다. (12개의 조직으로 유도)

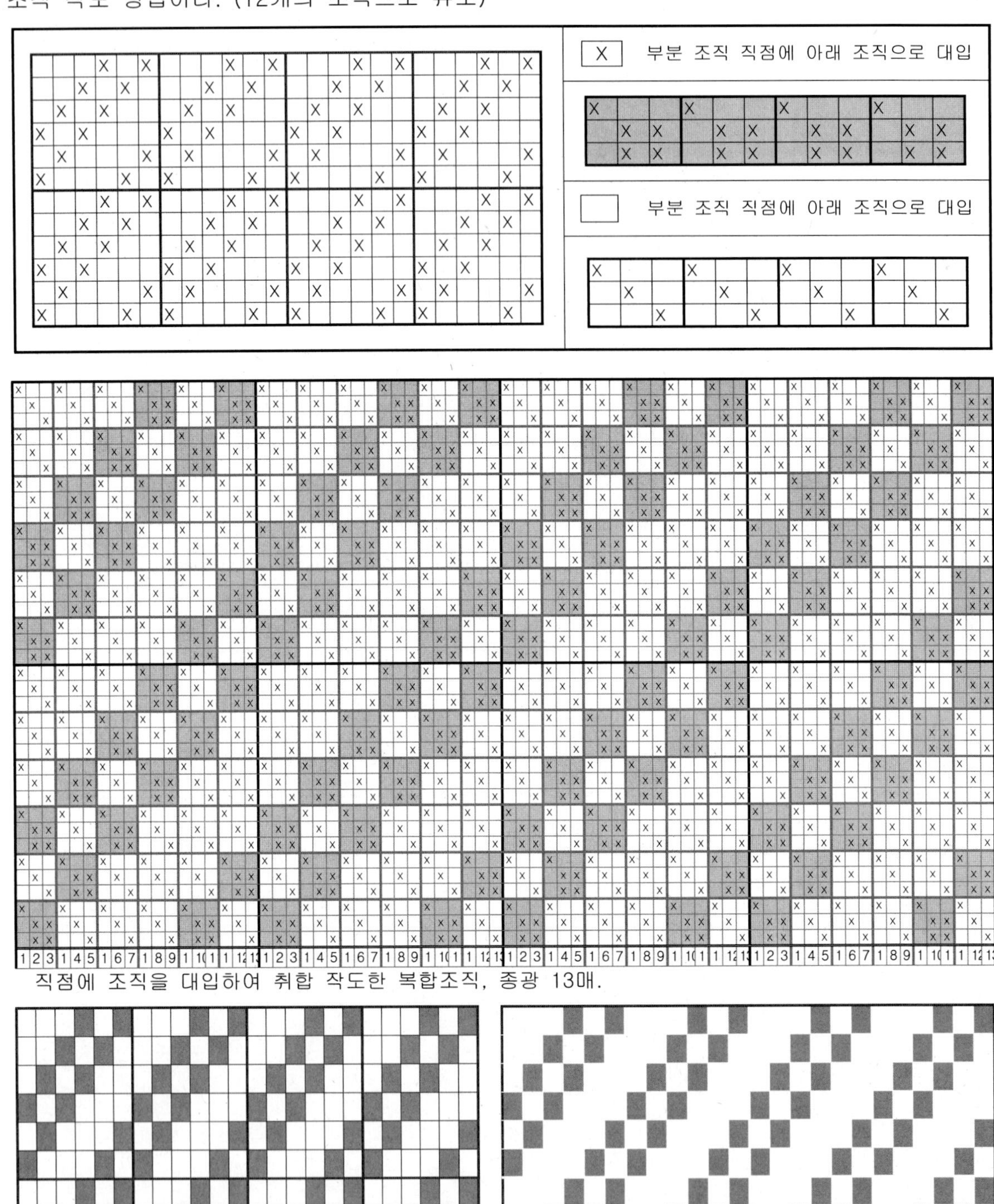

직점에 조직을 대입하여 취합 작도한 복합조직, 종광 13매.

조직을 제외하고 Design만 발췌하여 확장한 복합조직, 종광 13매.

① 좌측 복합조직 Motive design에서 잔류 2본과 삭제 3본을 반복하여 우측의 조직으로 유도한 Design이다. 완성된 조직은 종광 매수가 Motive와 동일하게 13매이고, 조직 원 리피트가 경사 6x3본 위사, 12x3본인 복합조직이다.

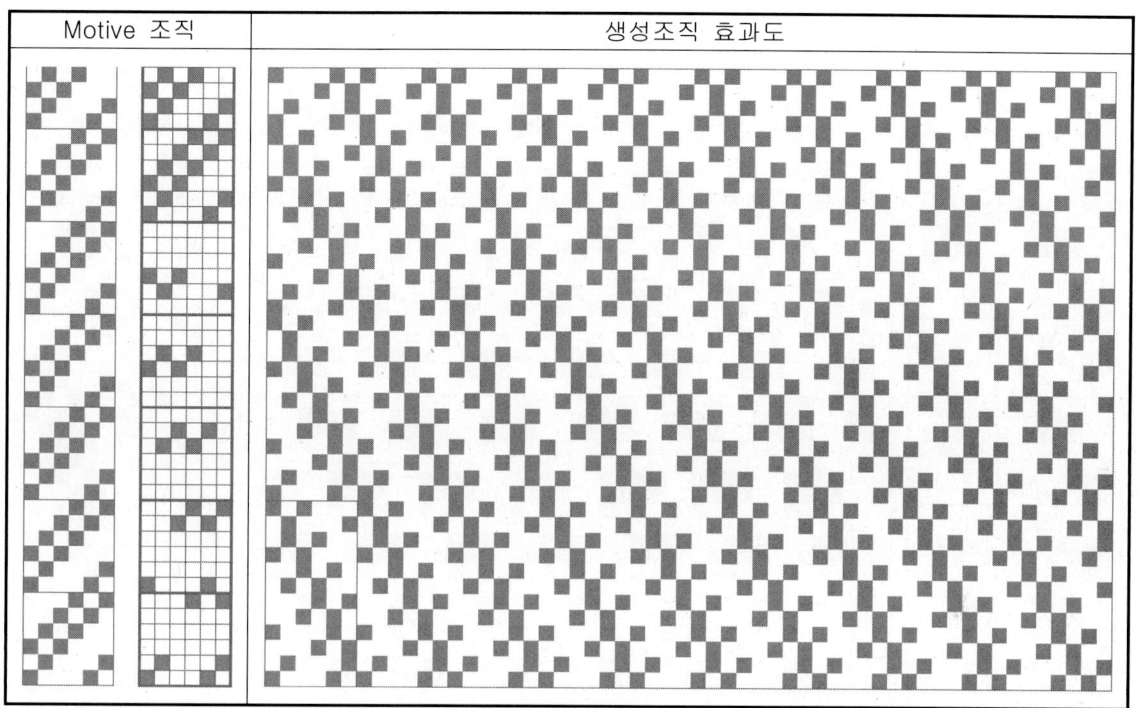

② 좌측 복합조직 Motive design에서 잔류 3본과 삭제 2본을 반복하여 우측의 조직으로 유도한 Design이다. 완성된 조직은 종광 매수가 Motive와 동일하게 13매이고, 조직 원 리피트가 경사 6x3본, 위사 18x3본인 복합조직이다.

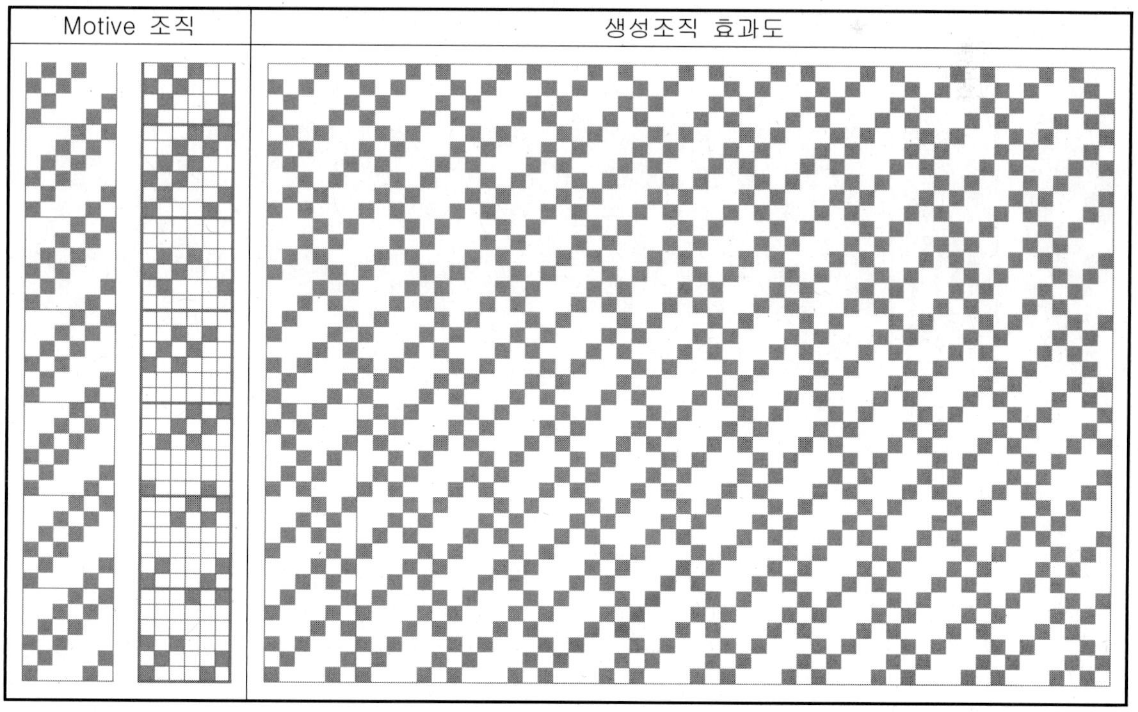

③ 좌측 복합조직 Motive design에서 잔류 3본과 삭제 4본을 반복하여 우측의 조직으로 유도한 Design이다. 완성된 조직은 종광 매수가 Motive와 동일하게 13매이고, 조직 원 리피트가 경사 6x3본, 위사 18x3본인 복합조직이다.

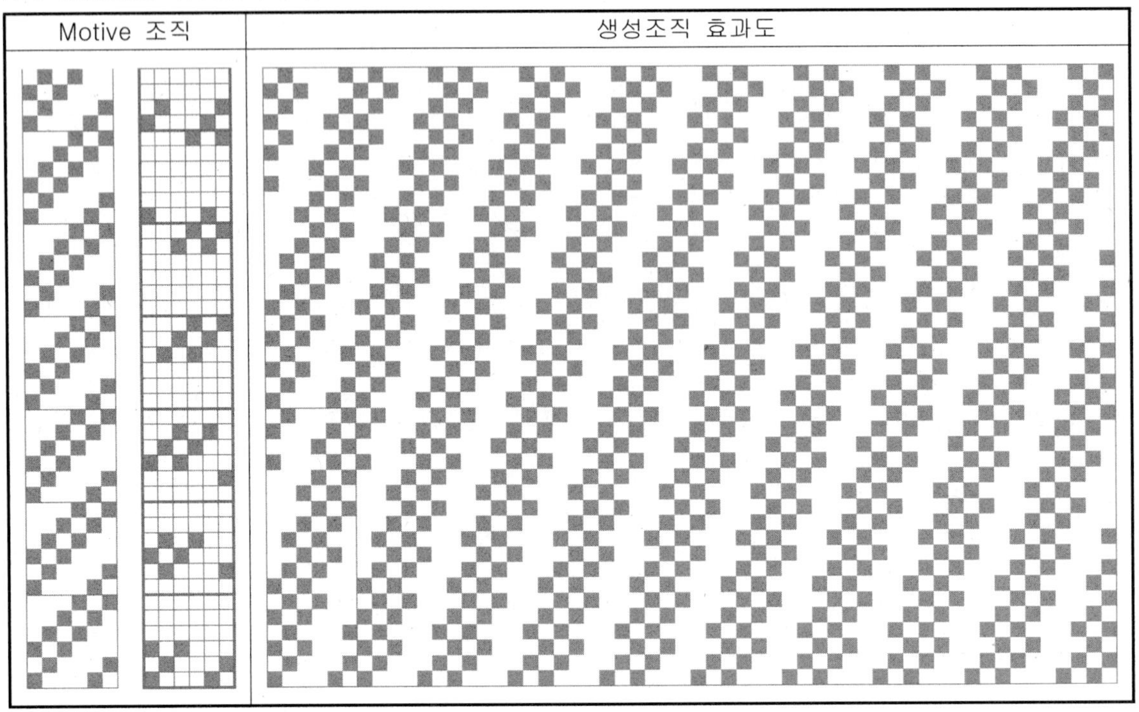

Motive 조직	생성조직 효과도

④ 좌측 복합조직 Motive design에서 잔류 4본과 삭제 1본을 반복하여 우측의 조직으로 유도한 Design이다. 완성된 조직은 종광 매수가 Motive와 동일하게 13매이고, 조직 원 리피트가 경사 6x3본, 위사 24x3본인 복합조직이다.

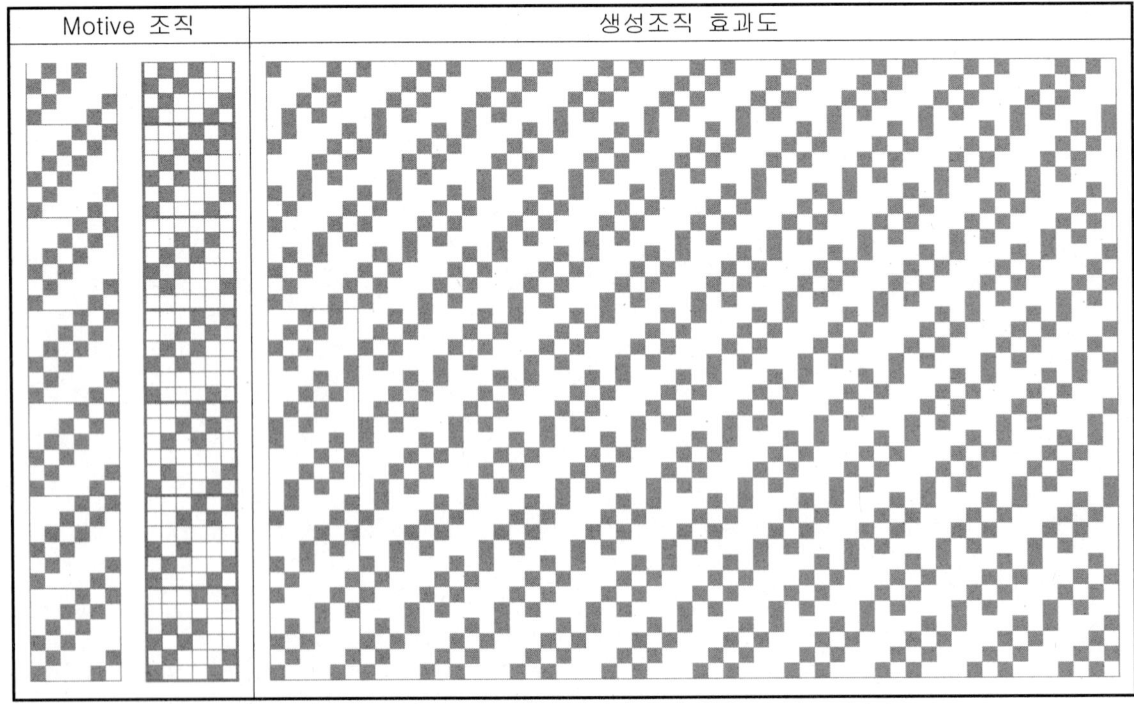

Motive 조직	생성조직 효과도

⑤ 좌측 복합조직 Motive design에서 잔류 4본과 삭제 3본을 반복하여 우측의 조직으로 유도한 Design이다. 완성된 조직은 종광 매수가 Motive와 동일하게 13매이고, 조직 원 리피트가 경사 6x3본, 위사 24x3본인 복합조직이다.

Motive 조직	생성조직 효과도
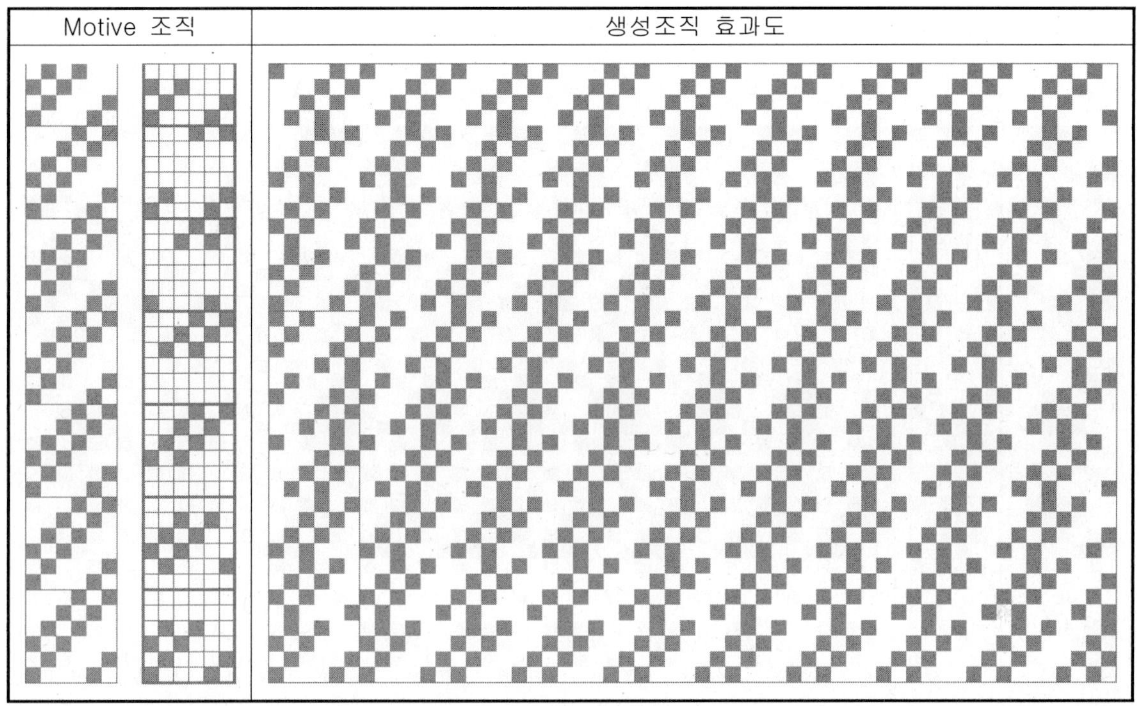	

⑥ 좌측 복합조직 Motive design에서 잔류 4본과 삭제 4본을 반복하여 우측의 조직으로 유도한 Design이다. 완성된 조직은 종광 매수가 Motive와 동일하게 13매이고, 조직 원 리피트가 경사 6x3본, 위사 12x3본인 복합조직이다.

Motive 조직	생성조직 효과도
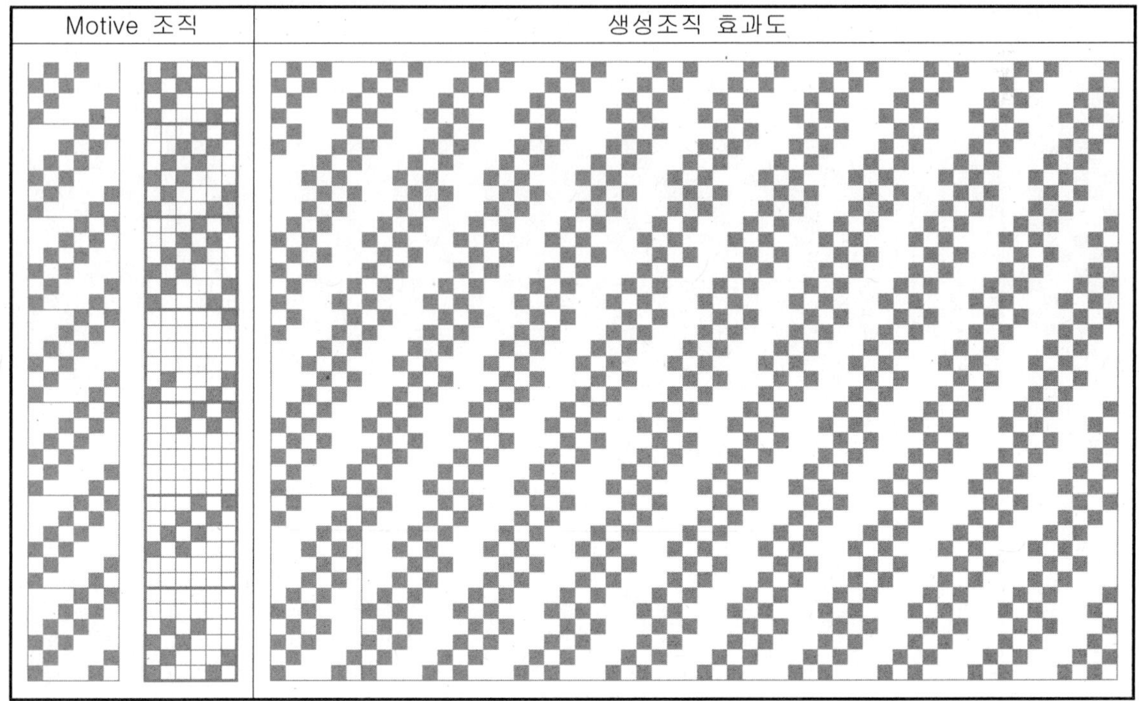	

⑦ 좌측 복합조직 Motive design에서 잔류 5본과 삭제 2본을 반복하여 우측의 조직으로 유도한 Design이다. 완성된 조직은 종광 매수가 Motive와 동일하게 13매이고, 조직 원 리피트가 경사 6x3본, 위사 30x3본인 복합조직이다.

Motive 조직	생성조직 효과도
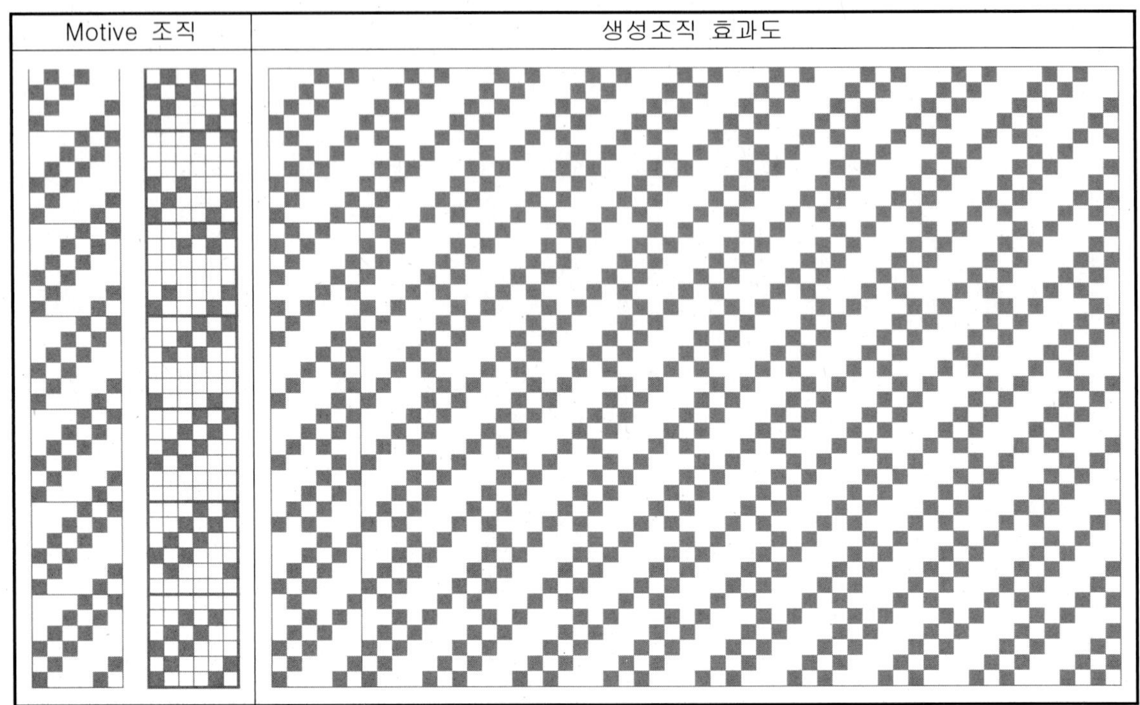	

⑧ 좌측 복합조직 Motive design에서 잔류 5본과 삭제 5본을 반복하여 우측의 조직으로 유도한 Design이다. 완성된 조직은 종광 매수가 Motive와 동일하게 13매이고, 조직 원 리피트가 경사 6x3본, 위사 30x3본인 복합조직이다.

Motive 조직	생성조직 효과도
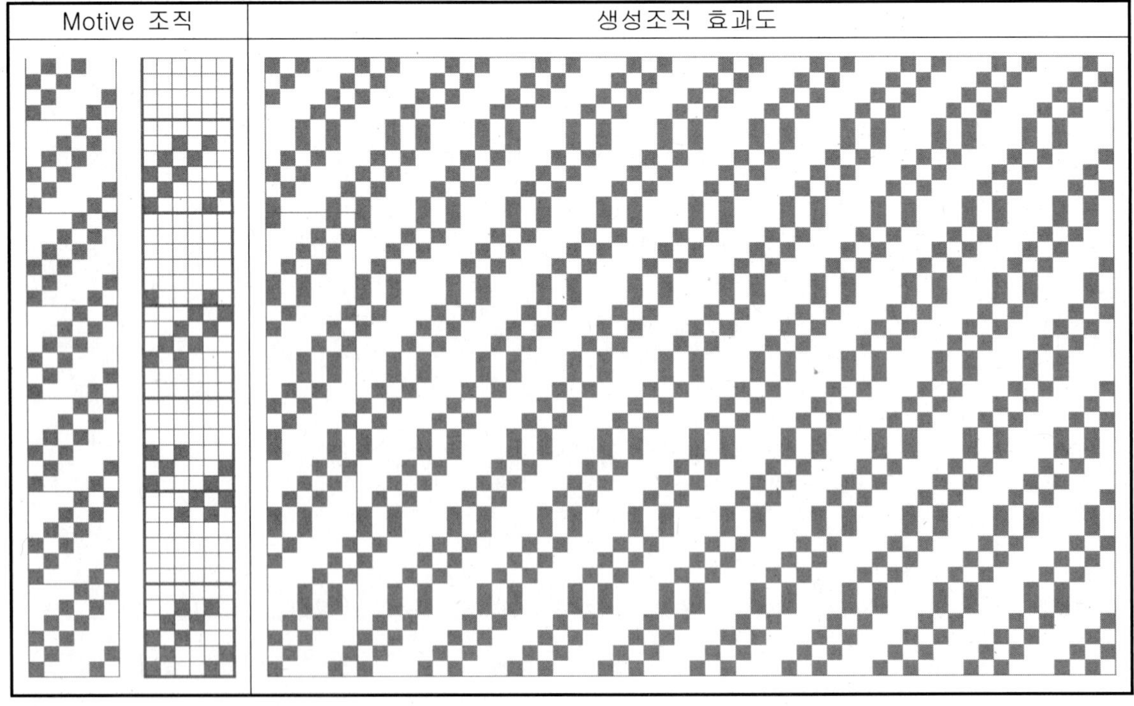	

⑨ 좌측 복합조직 Motive design에서 잔류 2본과 삭제 1본, 잔류 2본과 삭제 4본을 반복하여 우측의 조직으로 유도한 Design이다. 완성된 조직은 종광 매수가 Motive와 동일하게 13매이고, 조직 원 리피트가 경사 6x3본, 위사 8x3본인 복합조직이다.

Motive 조직	생성조직 효과도
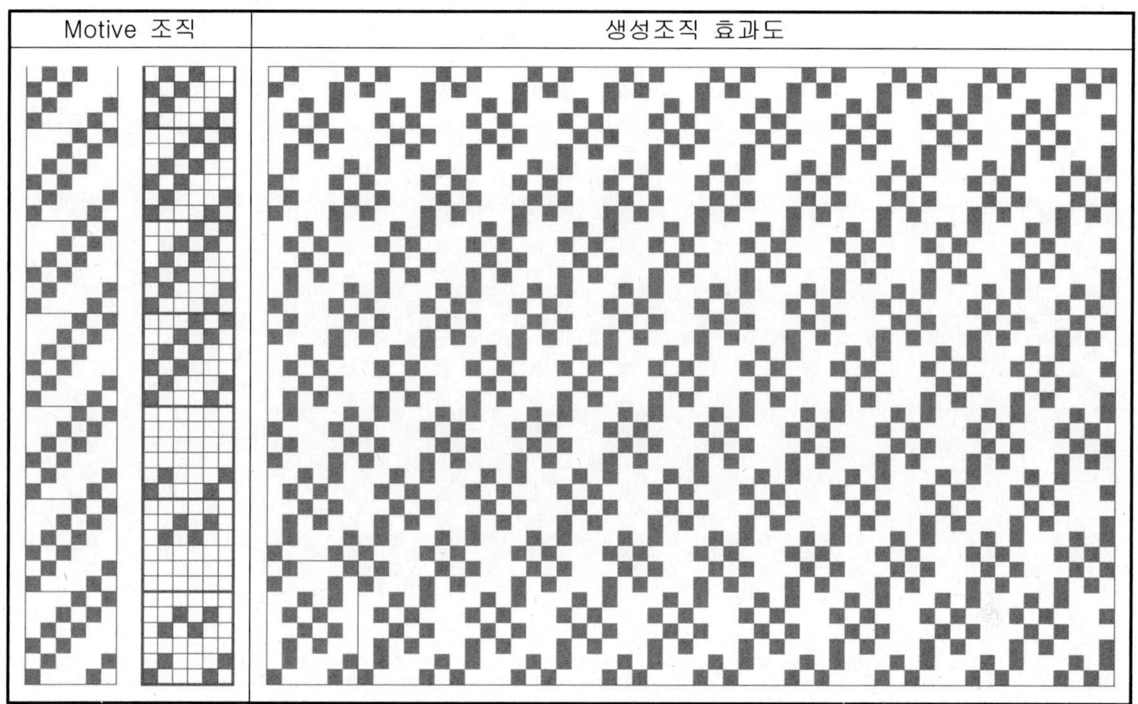	

⑩ 좌측 복합조직 Motive design에서 잔류 2본과 삭제 2본을 반복하여 우측의 조직으로 유도한 Design이다. 완성된 조직은 종광 매수가 Motive와 동일하게 13매이고, 조직 원 리피트가 경사 6x3본, 위사 6x3본인 복합조직이다.

Motive 조직	생성조직 효과도
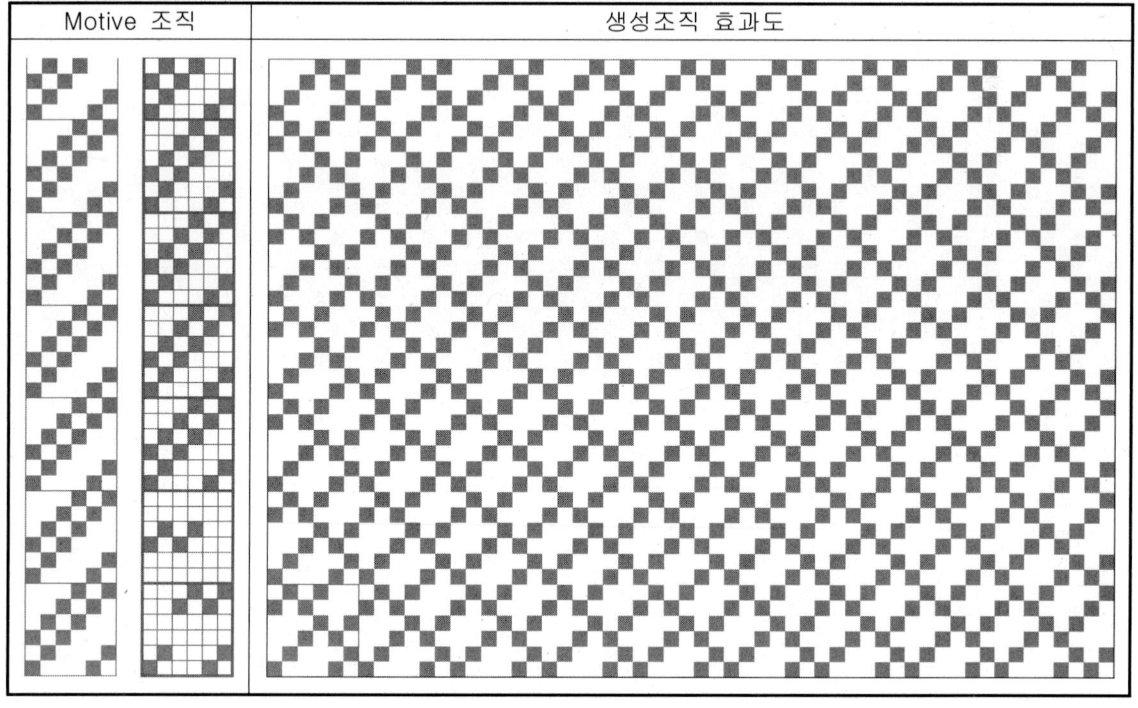	

⑪ 좌측 복합조직 Motive design에서 잔류 2본과 삭제 2본, 잔류 1본과 삭제 2본을 반복하여 우측의 조직으로 유도한 Design이다. 완성된 조직은 종광 매수가 Motive와 동일하게 13매이고, 조직 원리피트가 경사 6x3본, 위사 18x3본인 복합조직이다.

Motive 조직	생성조직 효과도
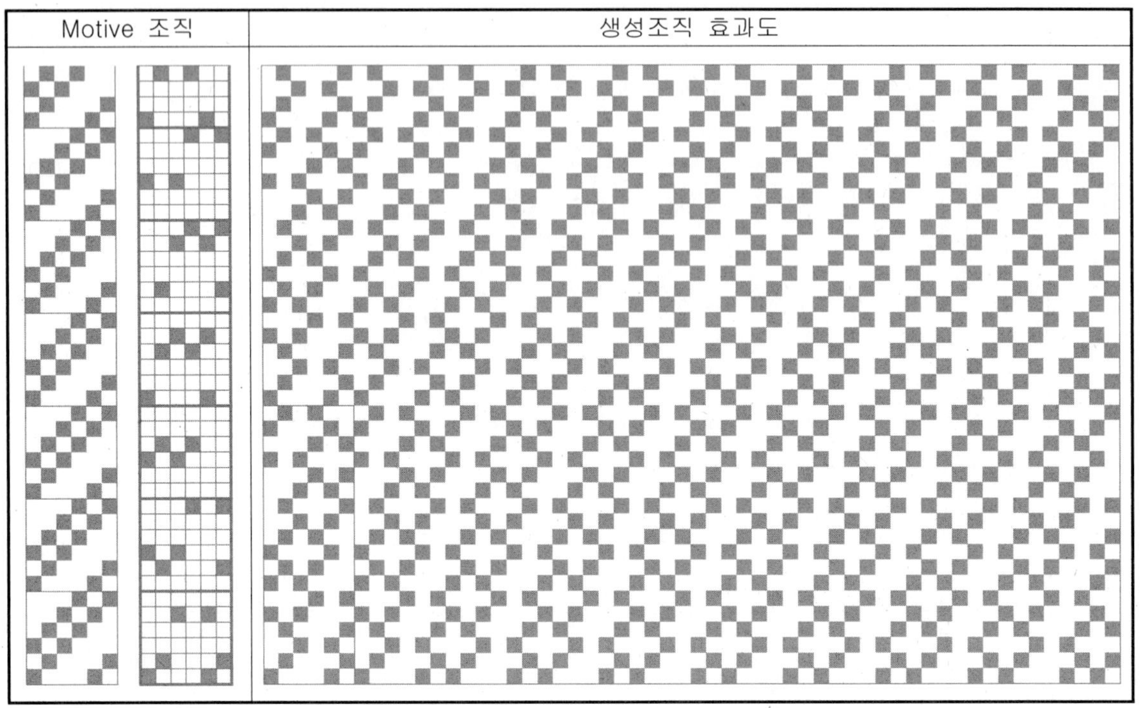	

⑫ 좌측 복합조직 Motive design에서 잔류 3본과 삭제 1본을 반복하여 우측의 조직으로 유도한 Design이다. 완성된 조직은 종광 매수가 Motive와 동일하게 13매이고, 조직 원 리피트가 경사 6x3본, 위사 9x3본인 복합조직이다.

Motive 조직	생성조직 효과도
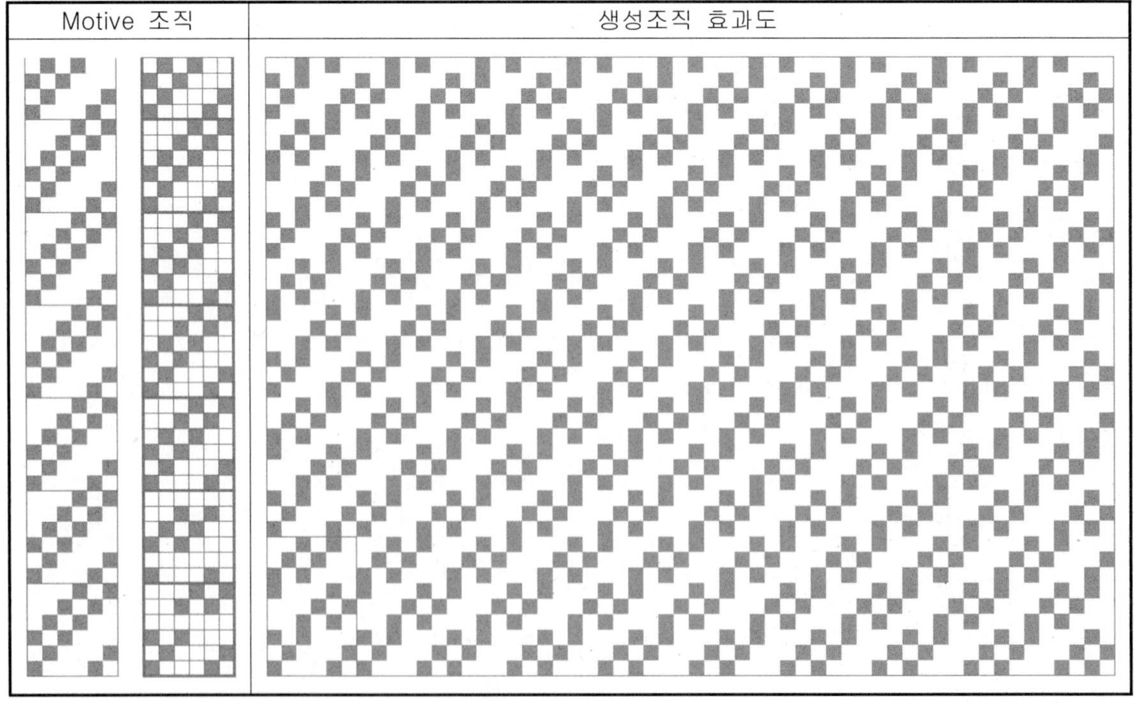	

02. 경사삭제 유도법

　경사삭제 유도법은 위사삭제 유도법과 같은 논리이다. 복합조직 경사의 일부를 잔류시키고 다른 일부는 삭제시키면 조직의 영역이 확장된다. 즉 잔류본수를 합한 수와 조직 원 리피트 본수의 최소공배수로 디자인의 범위를 확장하는 기법이다. 디자인의 수와 증대의 범위는 수리적 무한대까지 가능하다.

　경사삭제 유도 방법은 위사삭제 유도 방법과 동일한 원리를 가지므로 생성 이론은 앞 장의 위사삭제 유도법을 참고하기 바란다. 이번 장에서는 유도의 실제 예만 들기로 한다.

　Motive design 본수가 동일하고 잔류와 삭제의 변화가 동일하면 생성된 Design은 같은 직기에 통합 제직이 가능하다.

　1) 다음은 7매 Twill(2/1, 2/2) 조직을 복합조직으로 작도한 후, 경사삭제 유도법에 따른 복합조직의 작도 방법이다. (8개의 조직으로 유도)

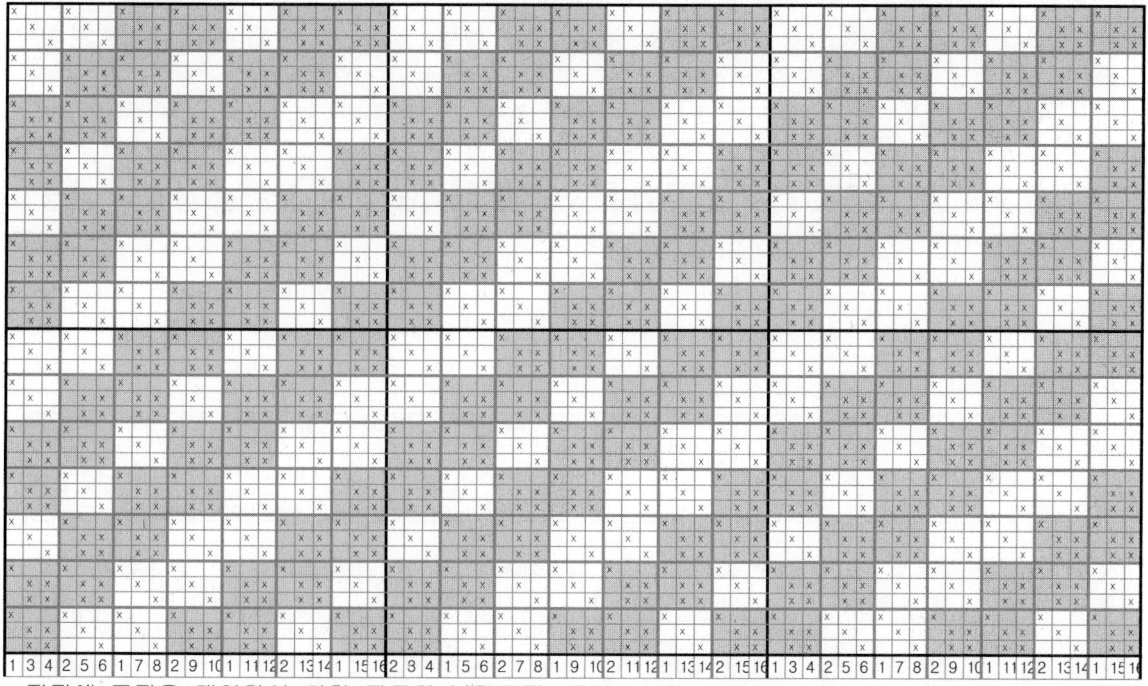

직점에 조직을 대입하여 취합 작도한 복합조직, 종광 16매.

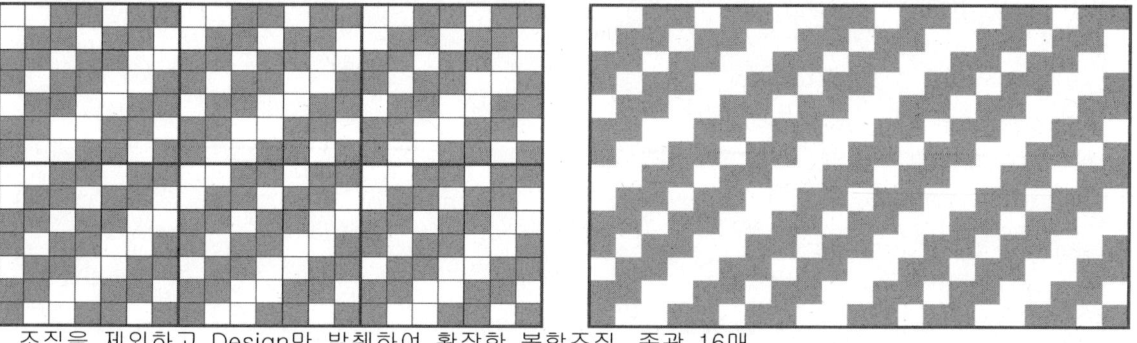

조직을 제외하고 Design만 발췌하여 확장한 복합조직, 종광 16매.

① 다음은 앞 페이지에서 작도한 복합조직 Motive design에서 잔류 2본과 삭제 1본을 반복하여 아래의 조직으로 유도한 Design이다. 완성된 조직은 종광 매수가 Motive와 동일하게 16매이고, 조직 원 리피트가 경사 14x3본, 위사 7x3본인 복합조직이다.

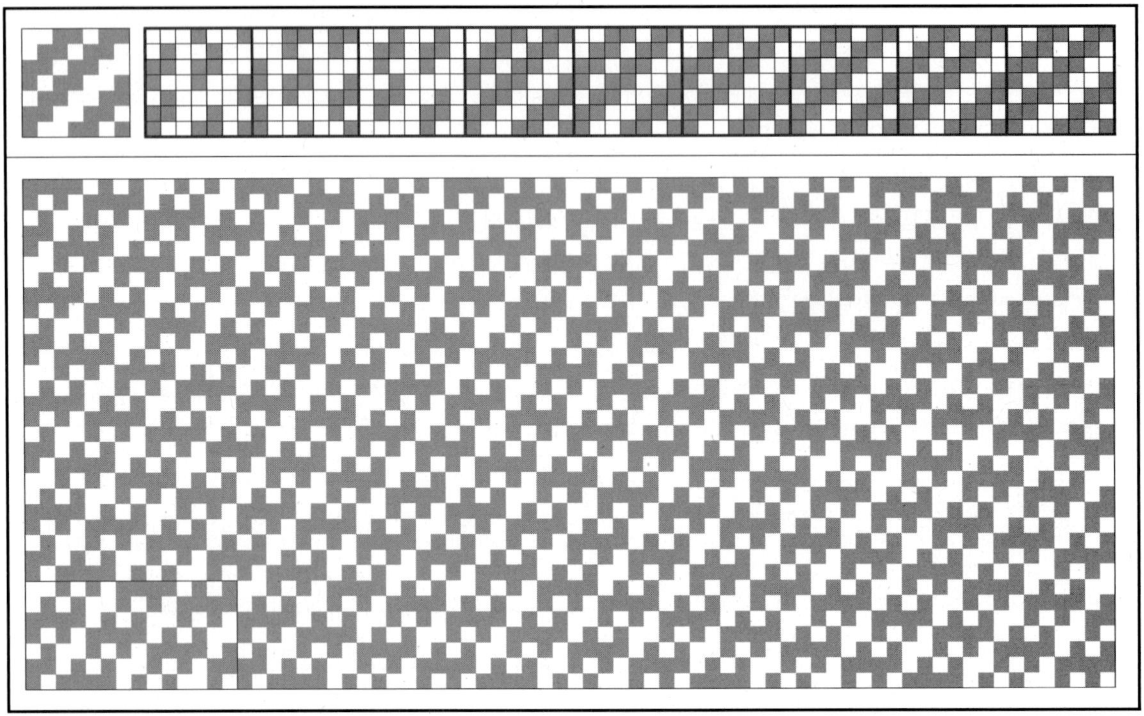

② 다음은 복합조직 Motive design에서 잔류 2본과 삭제 2본을 반복하여 아래의 조직으로 유도한 Design이다. 완성된 조직은 종광 매수가 Motive와 동일하게 16매이고, 조직 원 리피트가 경사 14x3본, 위사 7x3본인 복합조직이다.

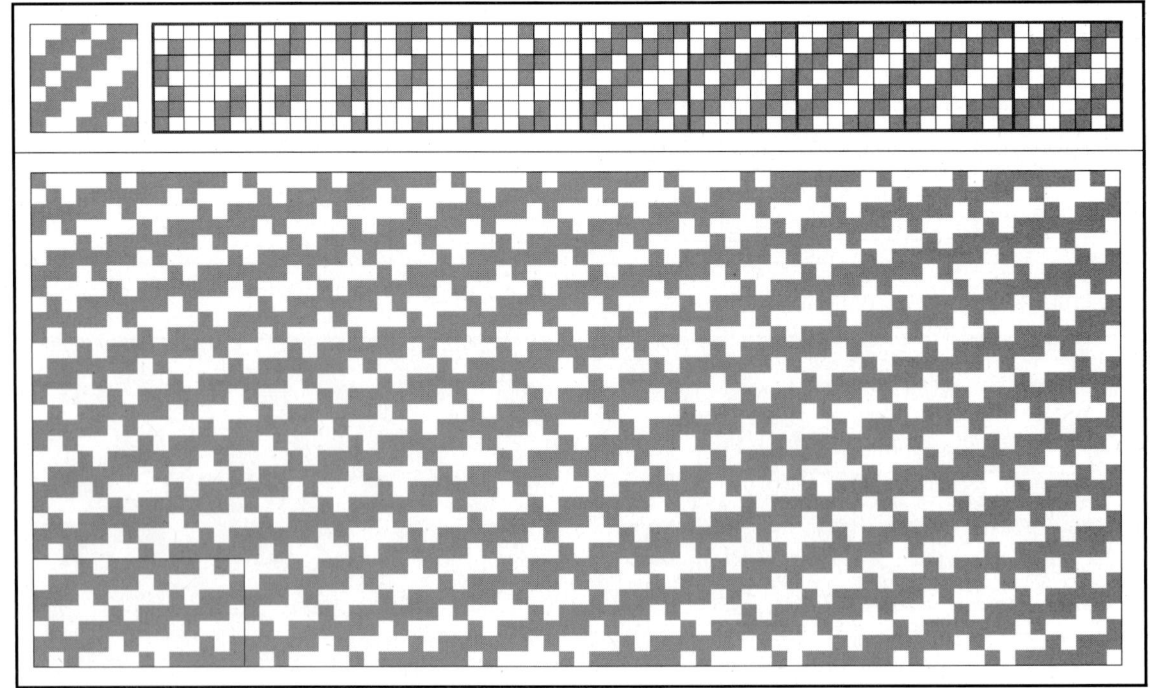

③ 다음은 복합조직 Motive design에서 잔류 2본과 삭제 3본을 반복하여 아래의 조직으로 유도한 Design이다. 완성된 조직은 종광 매수가 Motive와 동일하게 16매이고, 조직 원 리피트가 경사 14 x3본, 위사 7x3본인 복합조직이다.

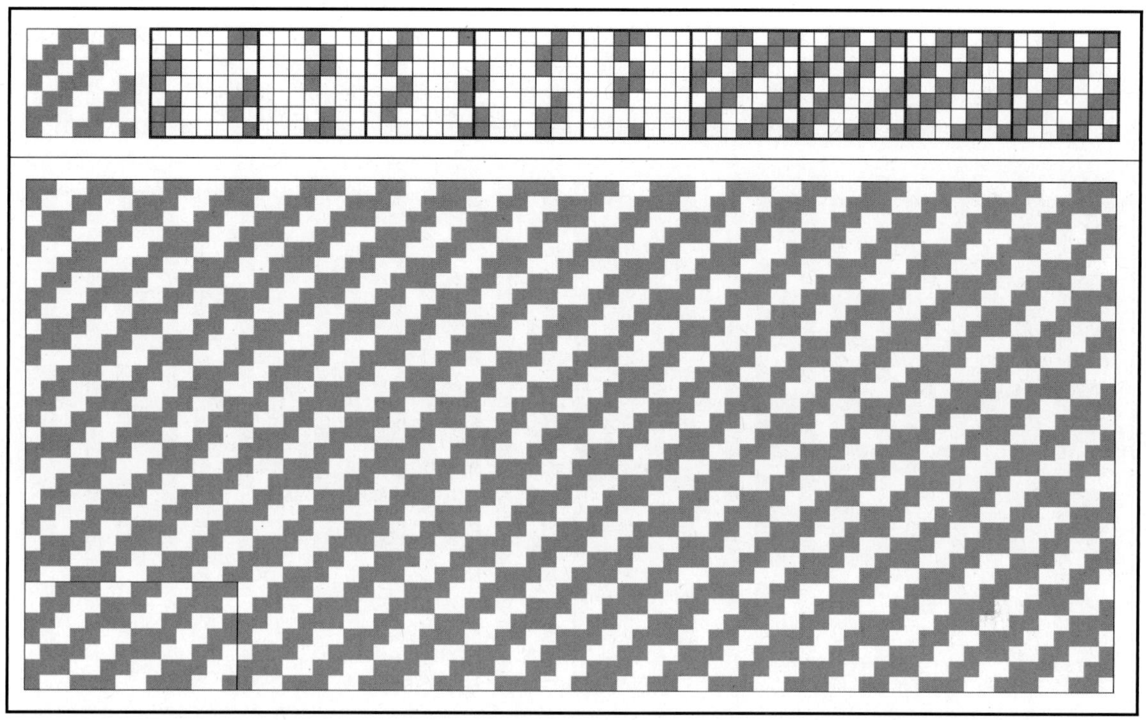

④ 다음은 복합조직 Motive design에서 잔류 1본과 삭제 4본을 반복하여 아래의 조직으로 유도한 Design이다. 완성된 조직은 종광 매수가 Motive와 동일하게 16매이고, 조직 원 리피트가 경사 7x3본, 위사 7x3본인 복합조직이다.

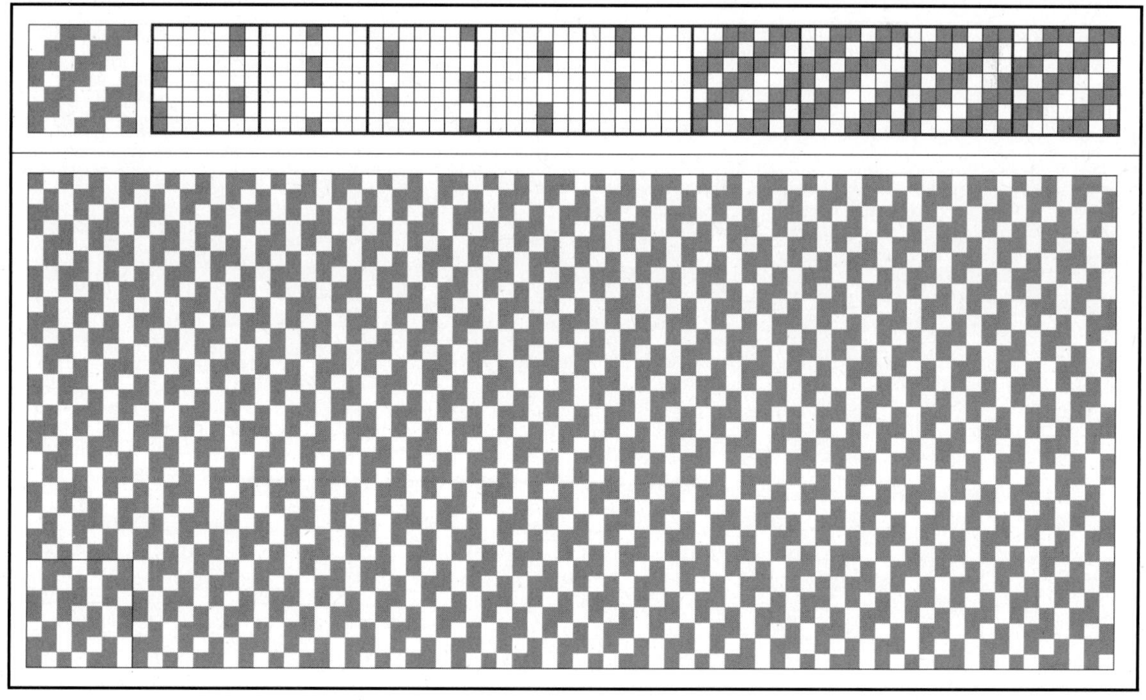

⑤ 다음은 복합조직 Motive design에서 잔류 3본과 삭제 1본을 반복하여 아래의 조직으로 유도한 Design이다. 완성된 조직은 종광 매수가 Motive와 동일하게 16매이고, 조직 원 리피트가 경사 21x3본, 위사 7x3본인 복합조직이다.

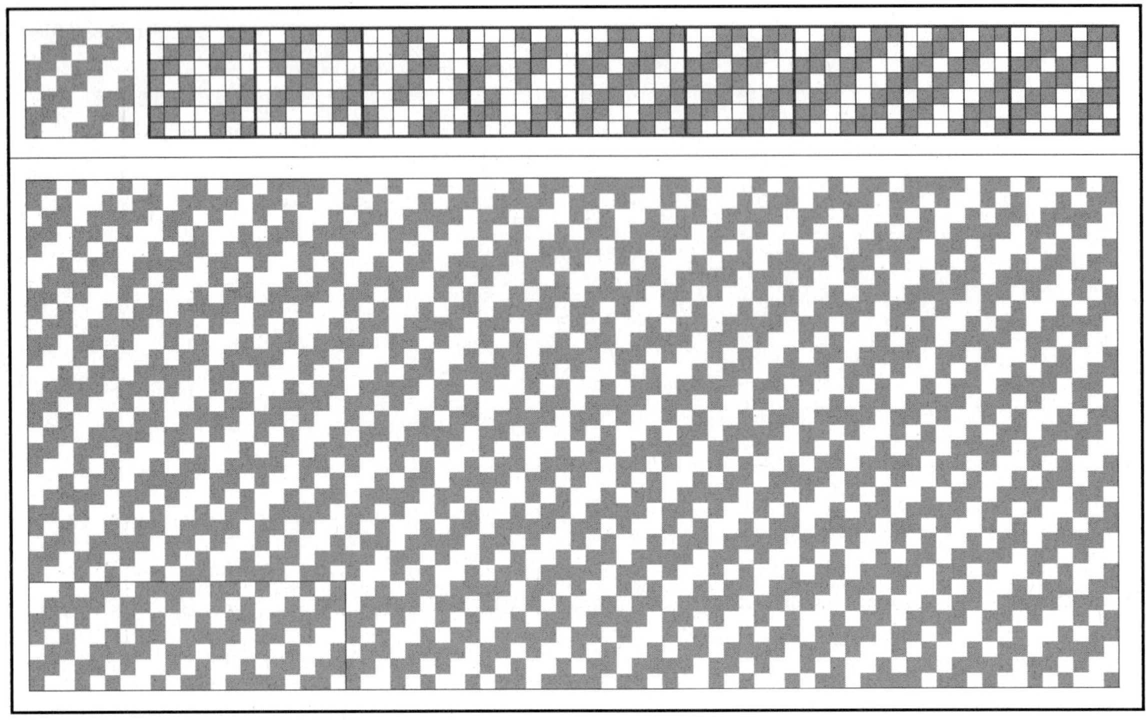

⑥ 다음은 복합조직 Motive design에서 잔류 3본과 삭제 2본을 반복하여 아래의 조직으로 유도한 Design이다. 완성된 조직은 종광 매수가 Motive와 동일하게 16매이고, 조직 원 리피트가 경사 21x3본, 위사 7x3본인 복합조직이다.

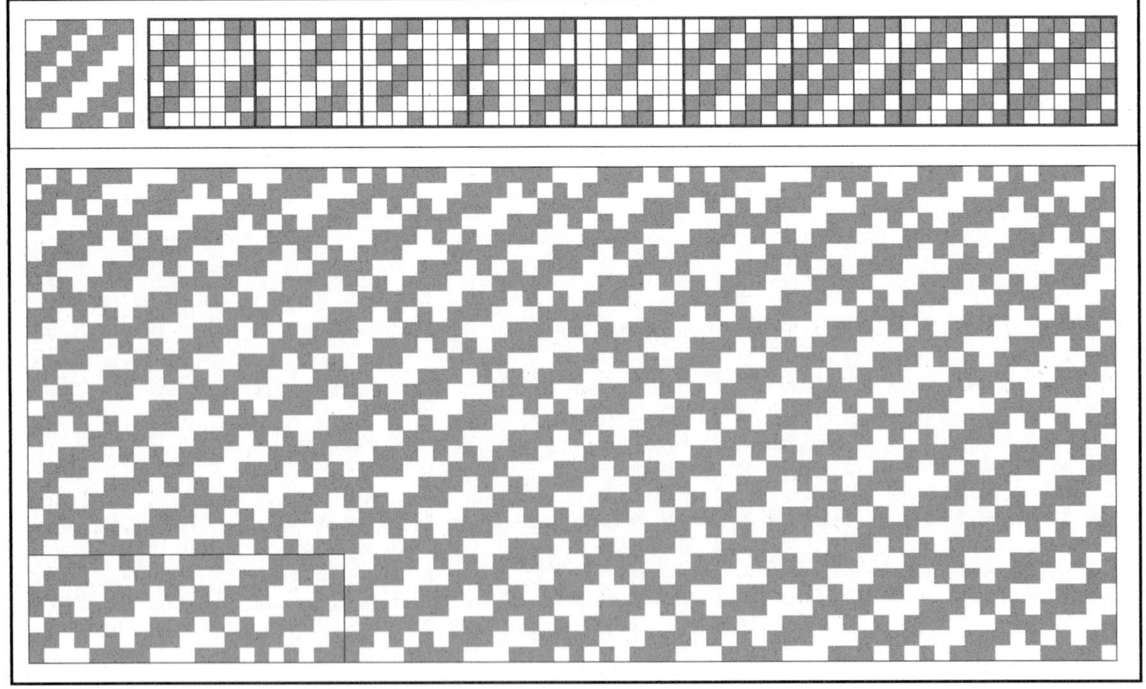

⑦ 다음은 복합조직 Motive design에서 잔류 2본과 삭제 1본, 잔류 2본과 삭제 3본을 반복하여 아래의 조직으로 유도한 Design이다. 완성된 조직은 종광 매수가 Motive와 동일하게 16매이고, 조직 원리피트가 경사 28x3본, 위사 7x3본인 복합조직이다.

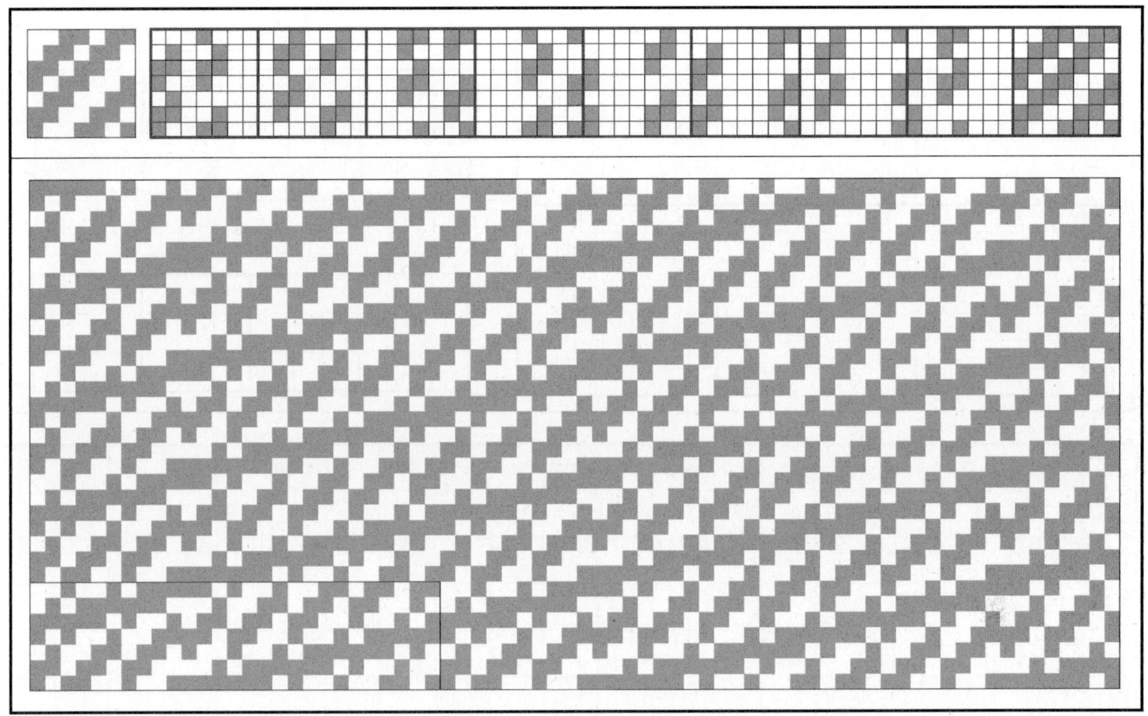

⑧ 다음은 복합조직 Motive design에서 잔류 2본과 삭제 1본, 잔류 2본과 삭제 4본을 반복하여 아래의 조직으로 유도한 Design이다. 완성된 조직은 종광 매수가 Motive와 동일하게 16매이고, 조직 원리피트가 경사 28x3본, 위사 7x3본인 복합조직이다.

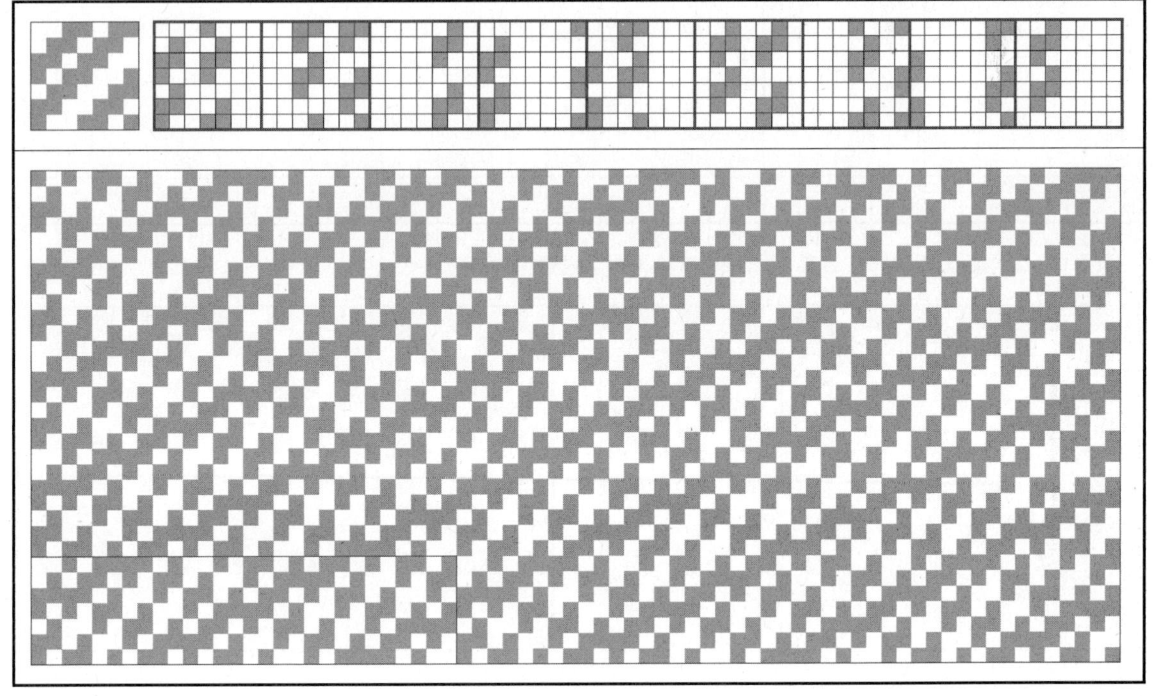

2) 다음은 7매 Twill(2/1, 2/2) 조직을 복합조직으로 작도한 후, 위사삭제 유도법에 따른 복합조직 작도 방법이다. (8개의 조직으로 유도)

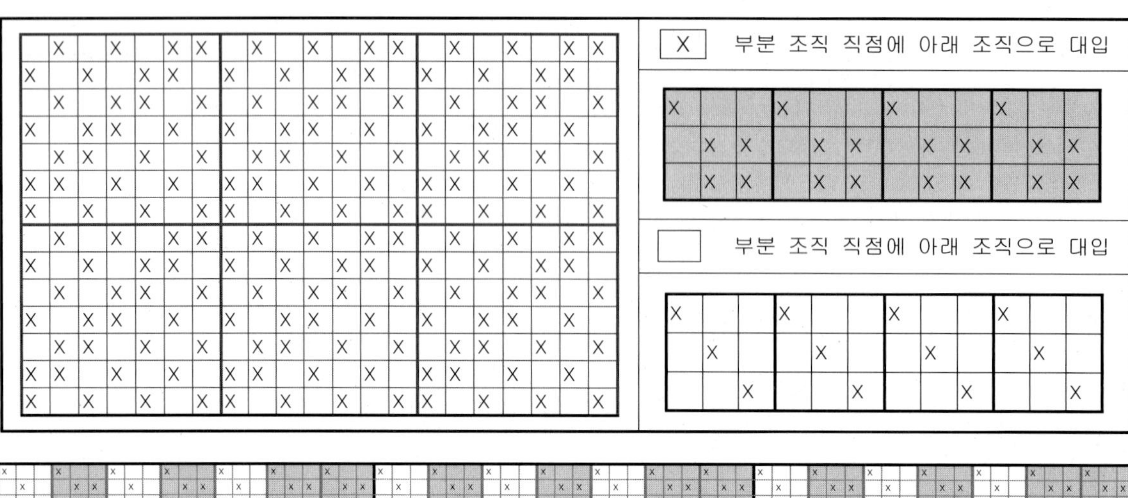

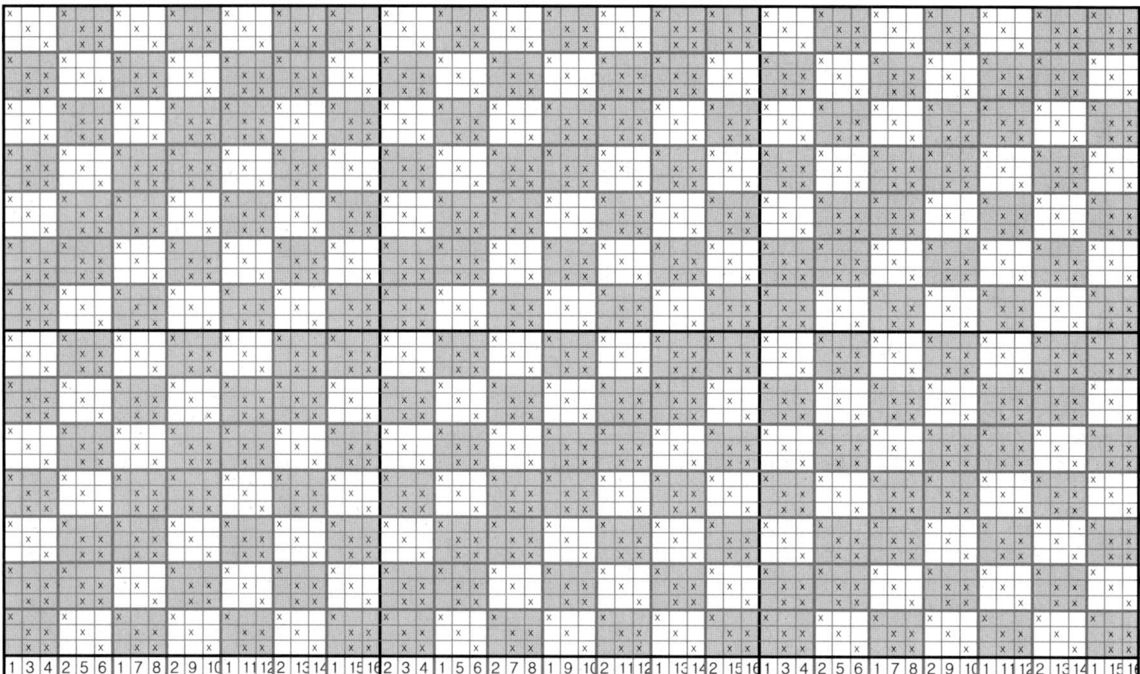

직점에 조직을 대입하여 취합 작도한 복합조직, 종광 16매.

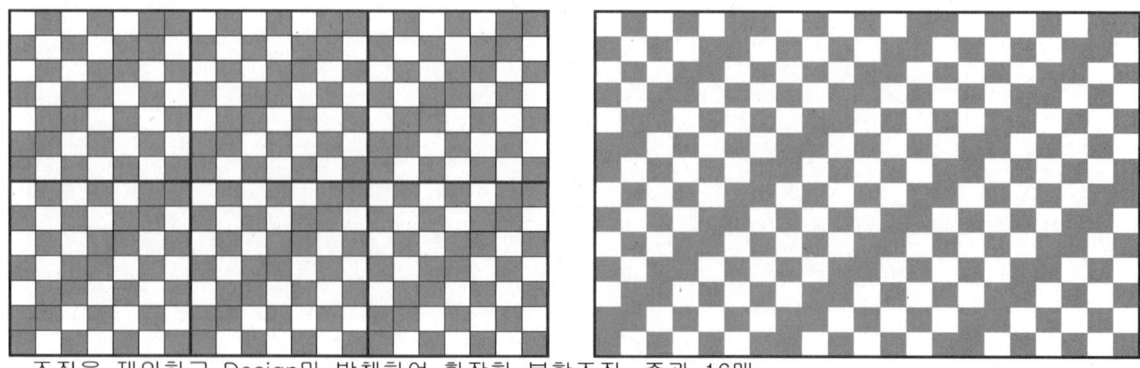

조직을 제외하고 Design만 발췌하여 확장한 복합조직, 종광 16매.

① 다음은 앞 페이지에서 작도한 복합조직 Motive design에서 잔류 1본과 삭제 2본을 반복하여 아래의 조직으로 유도한 Design이다. 완성된 조직은 종광 매수가 Motive와 동일하게 16매이고, 조직 원 리피트가 경사 7x3본, 위사 7x3본인 복합조직이다.

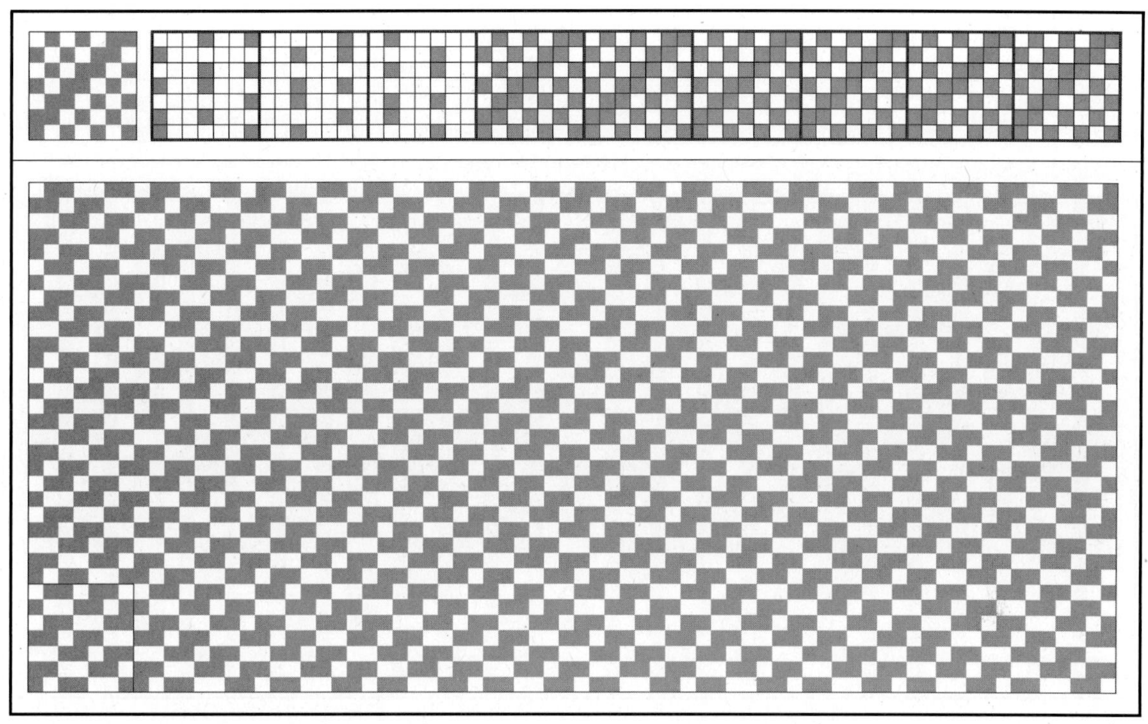

② 다음은 복합조직 Motive design에서 잔류 2본과 삭제 1본을 반복하여 아래의 조직으로 유도한 Design이다. 완성된 조직은 종광 매수가 Motive와 동일하게 16매이고, 조직 원 리피트가 경사 14x3본, 위사 7x3본인 복합조직이다.

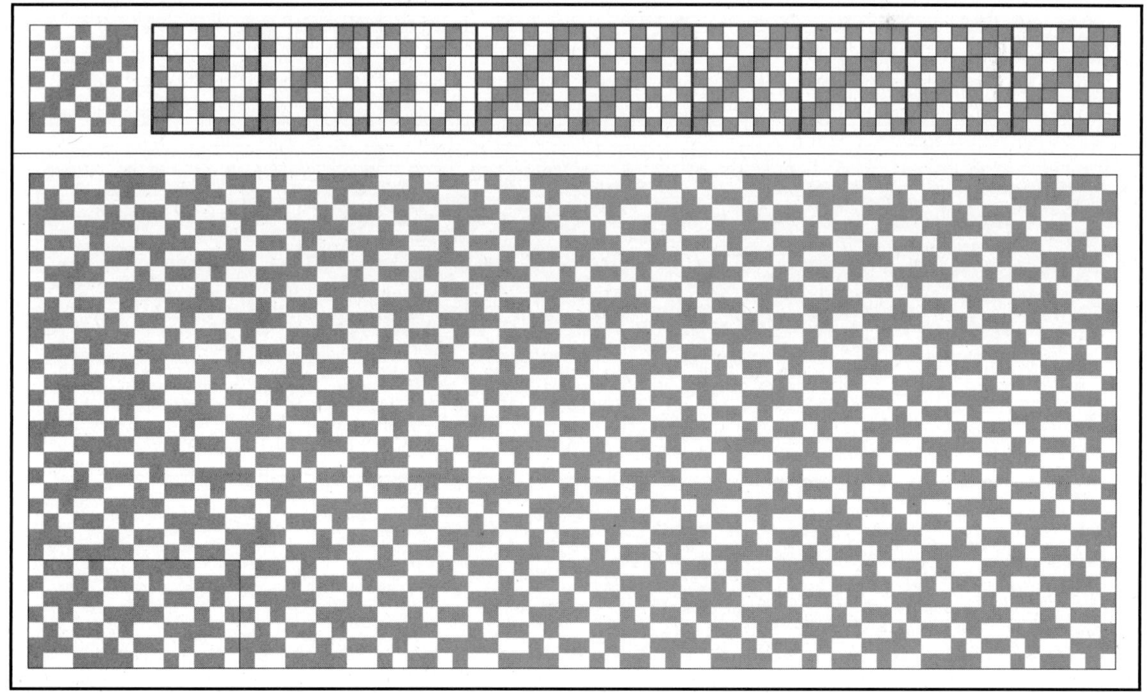

③ 다음은 복합조직 Motive design에서 잔류 2본과 삭제 2본을 반복하여 아래의 조직으로 유도한 Design이다. 완성된 조직은 종광 매수가 Motive와 동일하게 16매이고, 조직 원 리피트가 경사 14x3본, 위사 7x3본인 복합조직이다.

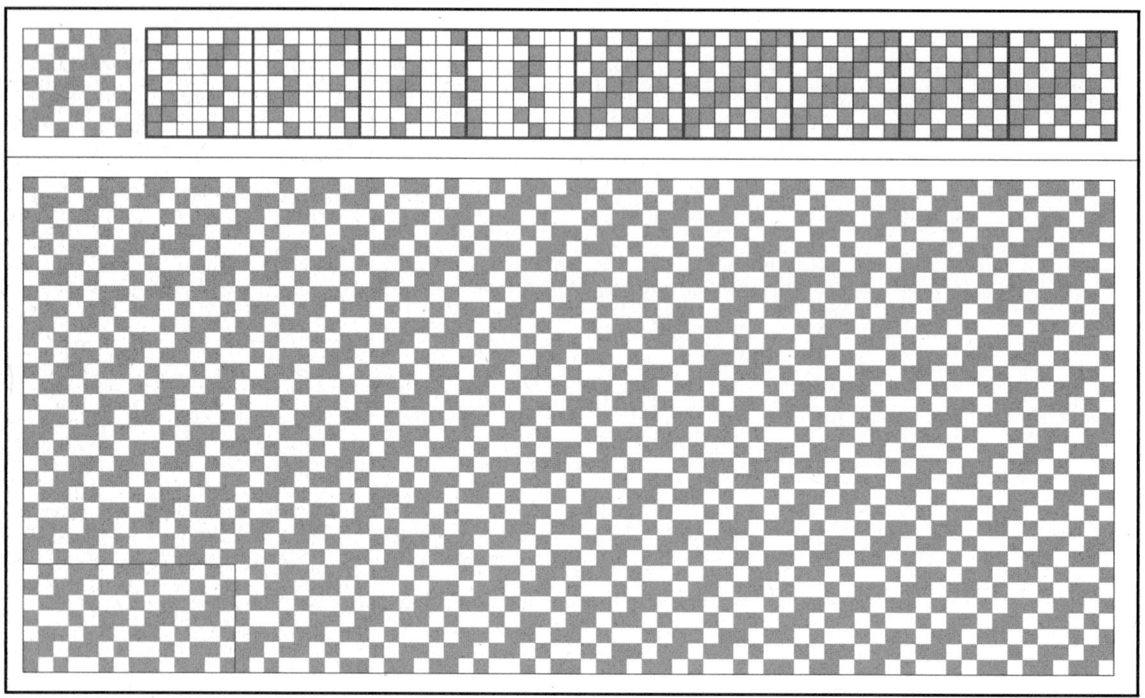

④ 다음은 복합조직 Motive design에서 잔류 2본과 삭제 3본을 반복하여 아래의 조직으로 유도한 Design이다. 완성된 조직은 종광 매수가 Motive와 동일하게 16매이고, 조직 원 리피트가 경사 14x3본, 위사 7x3본인 복합조직이다.

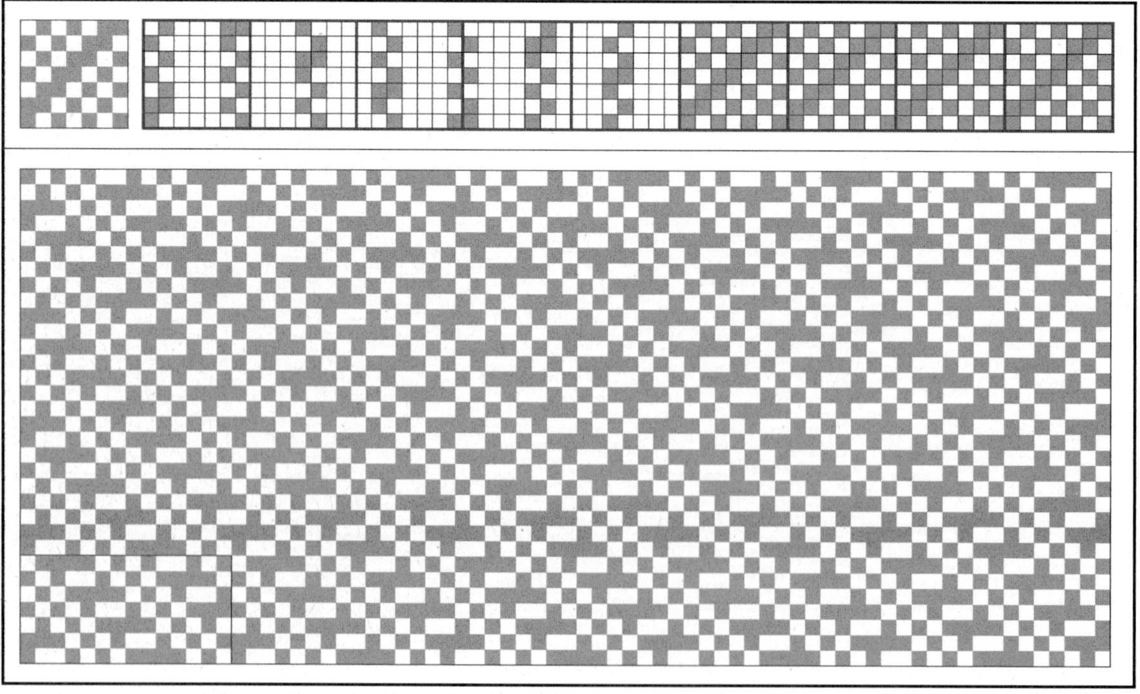

⑤ 다음은 복합조직 Motive design에서 잔류 3본과 삭제 1본을 반복하여 아래의 조직으로 유도한 Design이다. 완성된 조직은 종광 매수가 Motive와 동일하게 16매이고, 조직 원 리피트가 경사 21x3본, 위사 7x3본인 복합조직이다.

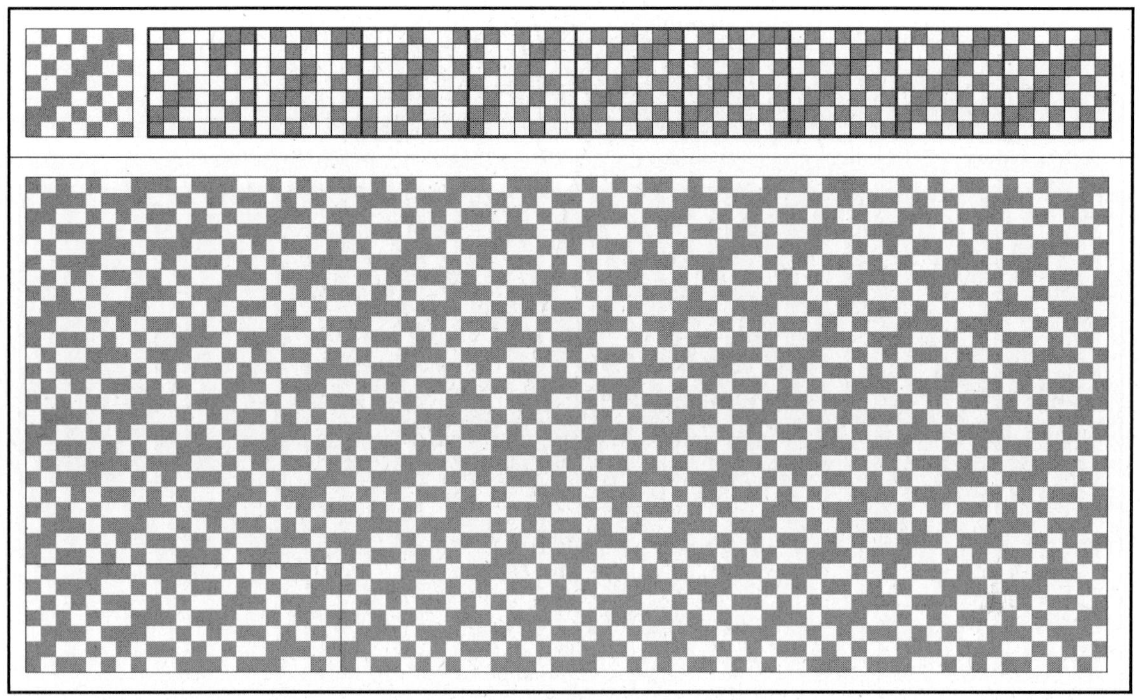

⑥ 다음은 복합조직 Motive design에서 잔류 3본과 삭제 3본을 반복하여 아래의 조직으로 유도한 Design이다. 완성된 조직은 종광 매수가 Motive와 동일하게 16매이고, 조직 원 리피트가 경사 21x3본, 위사 7x3본인 복합조직이다.

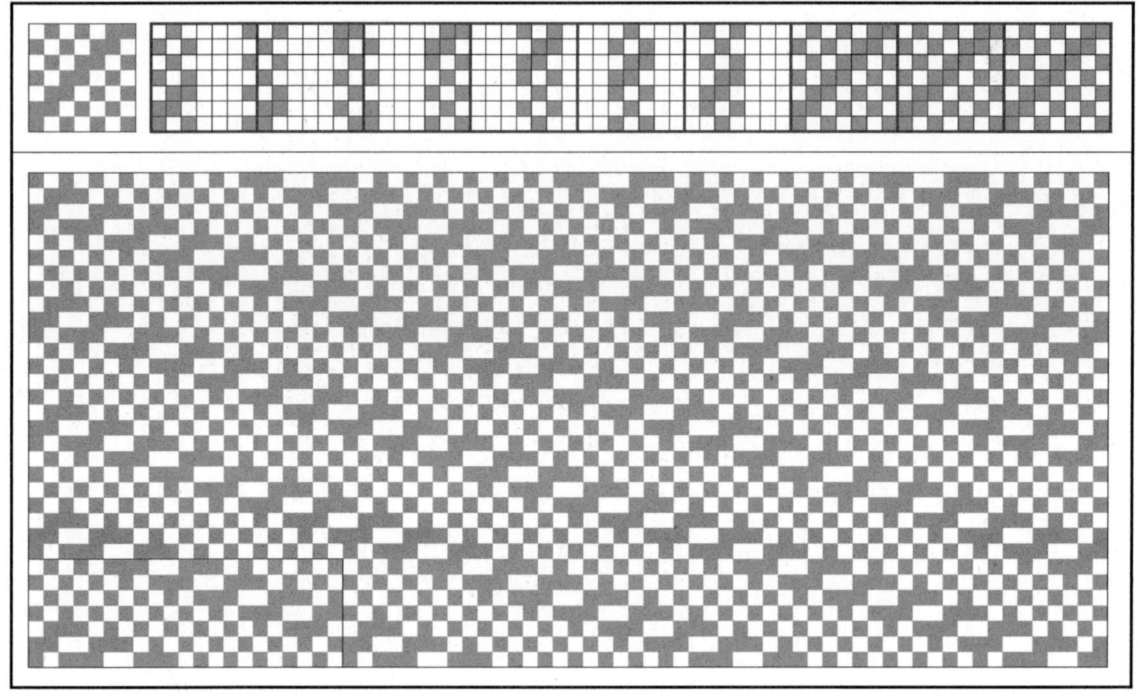

⑦ 다음은 복합조직 Motive design에서 잔류 4본과 삭제 1본을 반복하여 아래의 조직으로 유도한 Design이다. 완성된 조직은 종광 매수가 Motive와 동일하게 16매이고, 조직 원 리피트가 경사 28x3본, 위사 7x3본인 복합조직이다.

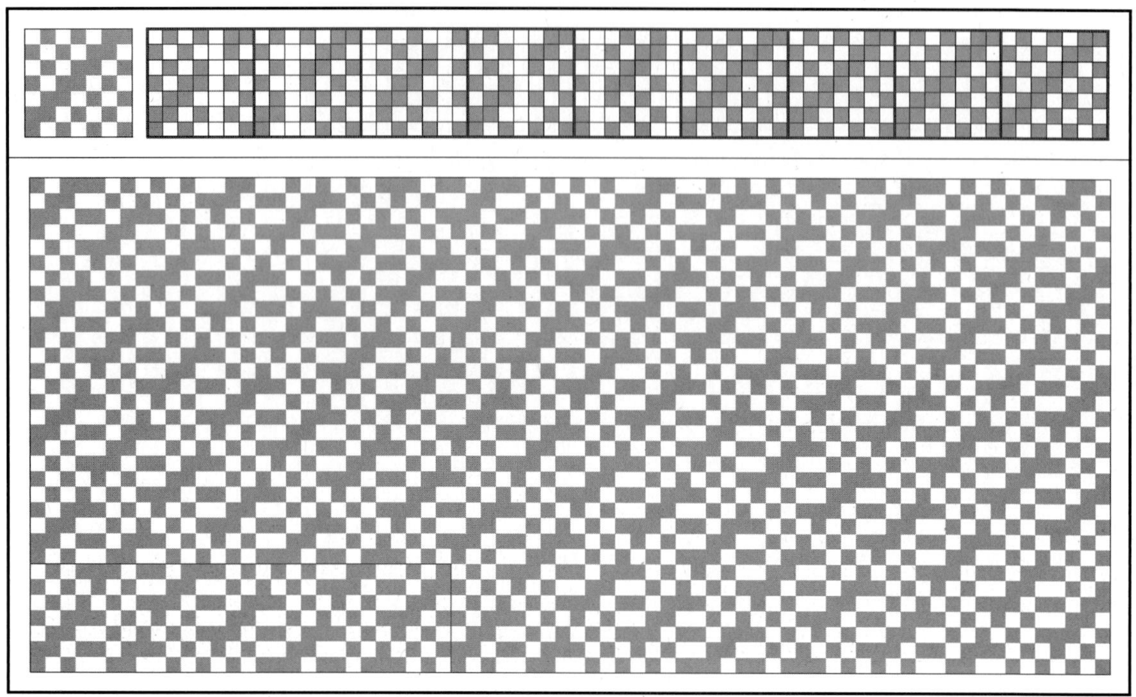

⑧ 다음은 복합조직 Motive design에서 잔류 2본과 삭제 1본, 잔류 2본과 삭제 3본을 반복하여 아래의 조직으로 유도한 Design이다. 완성된 조직은 종광 매수가 Motive와 동일하게 16매이고, 조직 원 리피트가 경사 28x3본, 위사 7x3본인 복합조직이다.

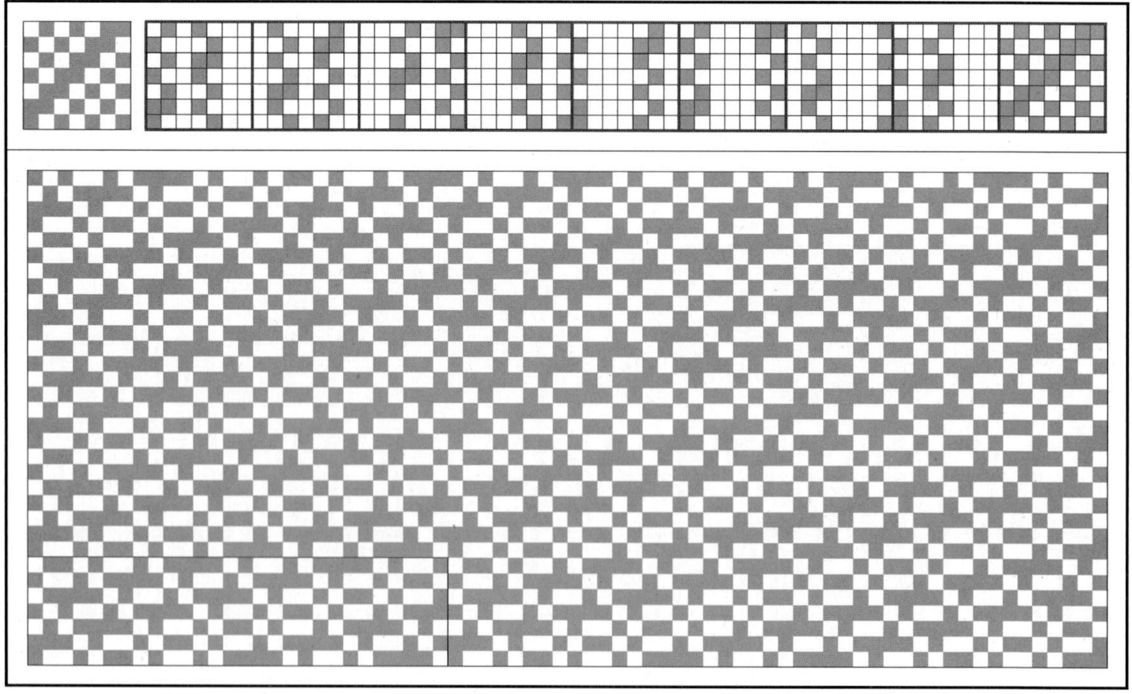

03. 경·위 삭제 유도법

경사삭제와 위사삭제는 동일한 이론이 적용되며 순서가 바뀌어도 결과는 동일하여진다. 복합조직의 일부를 잔류시키고 다른 일부는 삭제시켜 조직의 영역을 더 확장하는 기법으로, 경·위 양 방향으로 확장시키면 한 방향 확장보다 변화의 범위가 더욱 넓어지게 된다. 잔류본수를 합한 수와 조직 원 리피트 본수의 최소공배수로 조직의 범위를 확장하는 기법이다. 조직의 수와 증대의 범위는 수학적 무한대까지 이르게 된다.

다음은 복합조직 위사삭제 유도법에 따른 조직 생성 이론과 조직 유도 방법에 대한 설명이다.

* 작도의 Repeat 본수는 잔류본수와 삭제본수를 합한 수와 Motive조직 원 리피트 본수의 최소공배수가 삭제를 포함한 작도조직의 원 리피트 본수가 된다.

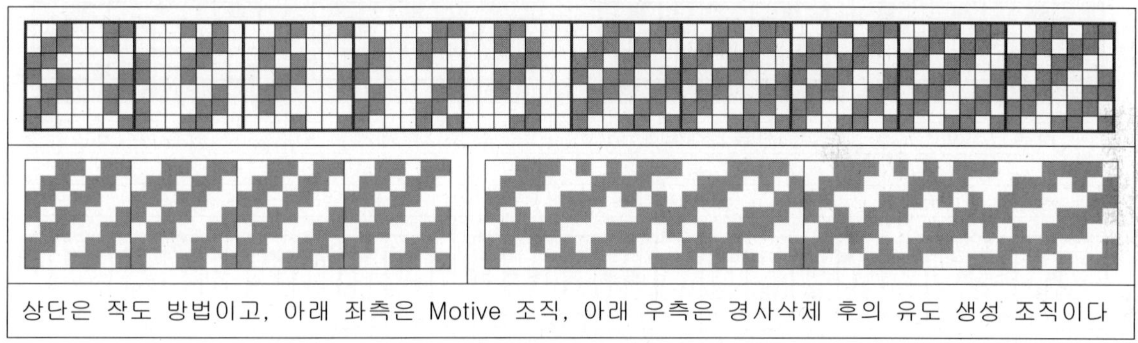

상단은 작도 방법이고, 아래 좌측은 Motive 조직, 아래 우측은 경사삭제 후의 유도 생성 조직이다

* 제거본수가 Motive조직 부분조직의 직점 수와 동일하거나 배수이면 2차 생성 조직이 Up down으로 연속성을 가진다.

4매 조직	5매 조직	6매 조직	6매 조직	6매 조직
2잔류/2삭제	2잔류/3삭제	1잔류/1삭제	1잔류/5삭제	3잔류/3삭제

* 잔류본수에 상관없이, 삭제본수가 Motive조직 원 리피트 본수와 동일하면 2차 생성조직은 Motive조직으로 환원되고, 삭제본수가 Motive조직의 본수를 초과하면 Motive조직의 본수를 나눈 나머지 본수의 적용과 동일하여진다.

* 잔류본수와 삭제본수의 합이 Motive조직의 본수와 일치하면 2차 생성조직이 연속성을 가진다.

* 잔류 1일 때의 삭제본수가 Motive조직 원 리피트 본수를 2로 나누어 1을 뺀 수이면, 2차 생성조직은 그 수를 기준으로 좌우 대칭을 이룬다.

결과의 수가 자연수(Motive조직 원 리피트 본수가 짝수)이면, 그 수를 기준으로 2차 생성조직은 좌우 대칭을 이룬다.
결과의 수가 소수(Motive조직 원 리피트 본수가 홀수)이면 기준 없이 소수의 좌우 자연수가 2차 생성조직의 대칭을 이룬다.

예를 들면, 8매 조직의 경우에는 8/2-1=3으로 3본 삭제를 기준으로 2본과 4본, 1본과 5본이 대칭을 이룬다. 9매 조직의 경우에는 9/2-1=3.5로 기준 조직이 없으며 3본과 4본, 2본과 5본이 대칭을 이룬다.

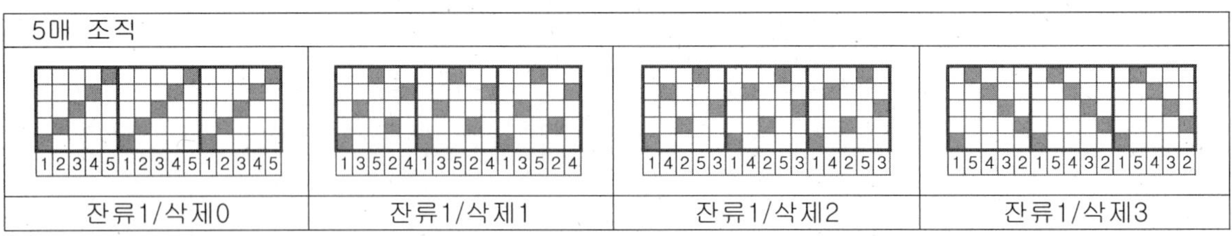

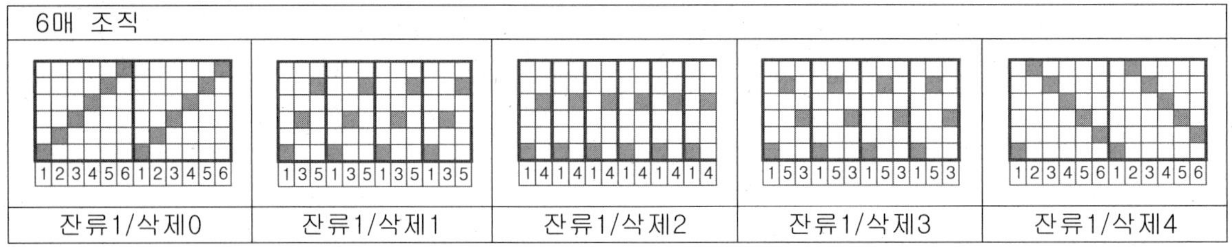

* 삭제 후의 조직은 순차의 서열이 깨어져 요철감과 입체감이 증대한다. 삭제 본수나 잔류 본수는 조직 원 리피트 본수를 2로 나눈 수에 1을 줄인 숫자나 그에 근접한 수를 적용하면 깨어진 순차의 서열변화가 가장 커지게 된다.

* 2차 조직을 유도할 때 조직의 중복을 피하려면, 삭제본수와 잔류본수의 합한 수가 Motive 조직 원 리피트 본수에서 2를 뺀 수 이하의 본수로 설정하면 된다.

* 위 복합조직 유도법의 조직 생성 이론과 조직 유도 방법에 대한 설명은 경사와 위사에 동일하게 적용되며, 유도된 2차 조직을 3차, 4차로 유도하여도 같은 논리를 가진다.

다음은 복합조직 위사삭제 유도법에 의한 유도 과정과 생성 조직의 결과이다.
다음 설명에서 표기된 n은 상수로, 취합조직 조직 원 리피트 본수이다. 단 취합조직 조직 원 리피트 내에 공통된 조직선이 존재하면 이를 제거한 본수가 된다.

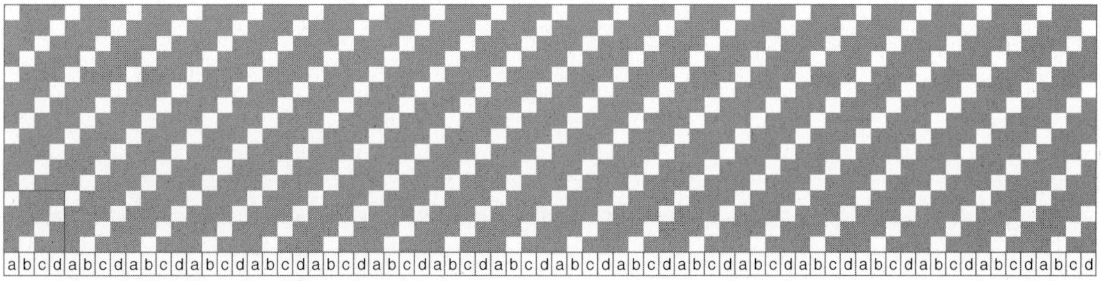
a b c d a b c d a b c d a b c d a b c d a b c d a b c d a b c d a b c d a b c d a b c d a b c d a b c d a b c d a b c d a b c d a b c d a b c d

복합조직 Motive design, 종광 4매 x n, 조직 원 리피트 4n x 4n.

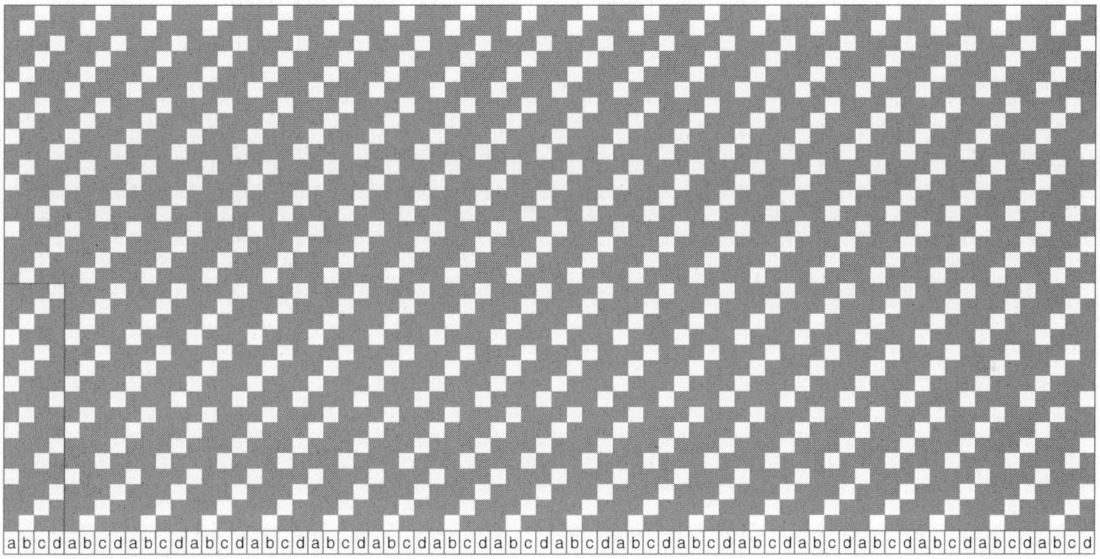
a b c d a b c d a b c d a b c d a b c d a b c d a b c d a b c d a b c d a b c d a b c d a b c d a b c d a b c d a b c d a b c d a b c d a b c d

위 복합조직 Motive design에서 위사 4잔류 1삭제를 반복하여 유도한 복합조직. 종광 4매 x n, 조직 원 리피트 4n x 16n.

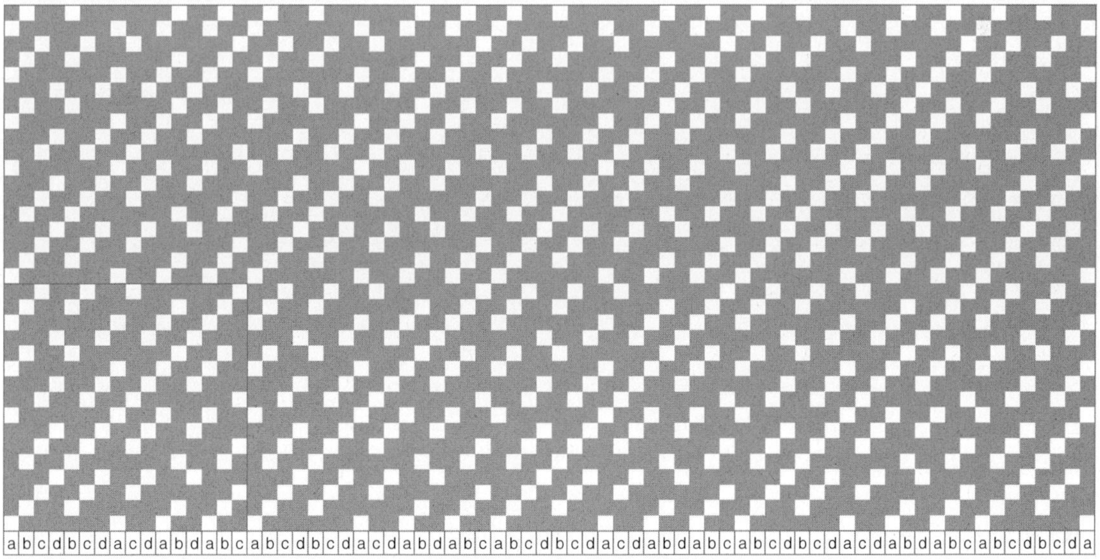
a b c d b c d a c d a b d a b c a b c d b c d a c d a b d a b c a b c d b c d a c d a b d a b c a b c d b c d a c d a b d a b c a b c d b c d a

위 복합조직 Motive design에서 위사 4잔류 1삭제, 경사 4잔류 1삭제를 반복하여 유도한 복합조직. 종광 4매 x n, 조직 원 리피트 16n x 16n.

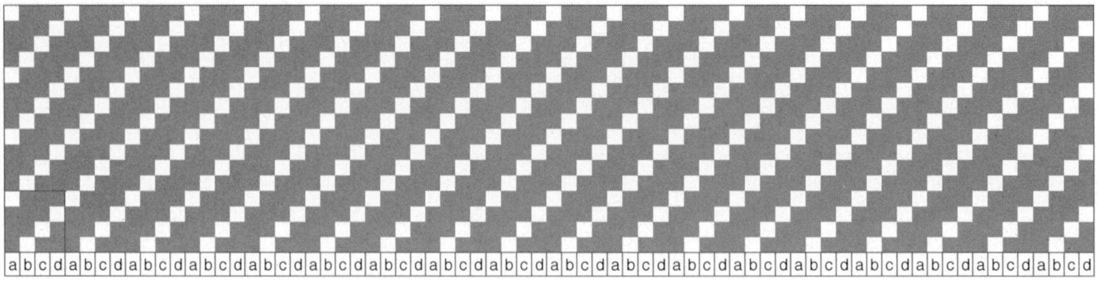

복합조직 Motive design. 종광 4매 x n, 조직 원 리피트 4n x 4n.

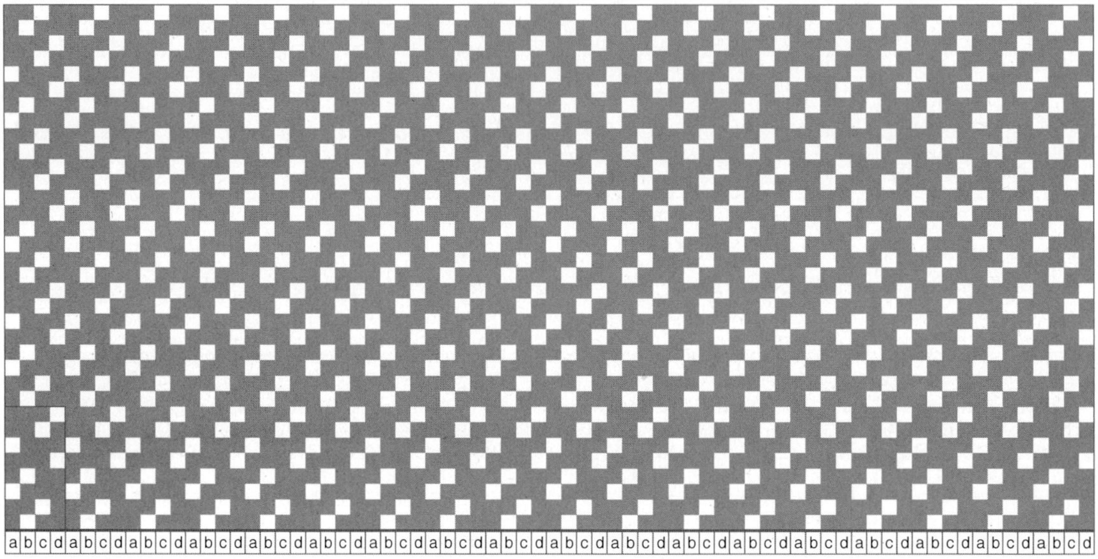

위 복합조직 Motive design에서 위사 2잔류 1삭제를 반복하여 유도한 복합조직. 종광 4매 x n, 조직 원 리피트 4n x 8n.

위 복합조직 Motive design에서 위사 2잔류 1삭제, 경사 2잔류 1삭제를 반복하여 유도한 복합조직. (종광 4매 x n, 조직 원 리피트 8n x 8n.

복합조직 Motive design. 종광 4매 x n, 조직 원 리피트 4n x 4n.

위 복합조직 Motive design에서 위사 3잔류 2삭제를 반복하여 유도한 복합조직. 종광 4매 x n, 조직 원 리피트 4n x 12n.

위 복합조직 Motive design에서 위사 3잔류 2삭제, 경사 3잔류 2삭제를 반복하여 유도한 복합조직. 종광 4매 x n, 조직 원 리피트 12n x 12n.

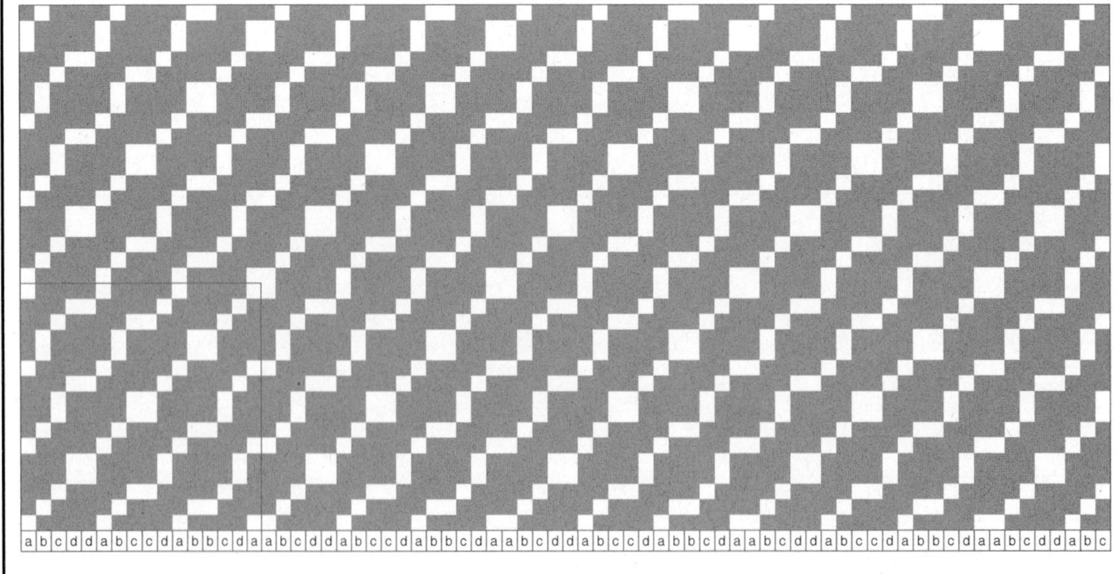

복합조직 Motive design. 종광 4매 x n, 조직 원 리피트 4n x 4n.

위 복합조직 Motive design에서 위사 4잔류 3삭제를 반복하여 유도한 복합조직. 종광 4매 x n, 조직 원 리피트 4n x 16n.

위 복합조직 Motive design에서 위사 4잔류 3삭제, 경사 4잔류 3삭제를 반복하여 유도한 복합조직. 종광 4매 x n, 조직 원 리피트 16n x 16n.

abcdabcdabcdabcdabcdabcdabcdabcdabcdabcdabcdabcdabcdabcdabcdabcdabcdabcdabcdabcd

복합조직 Motive design. 종광 4매 x n, 조직 원 리피트 4n x 4n.

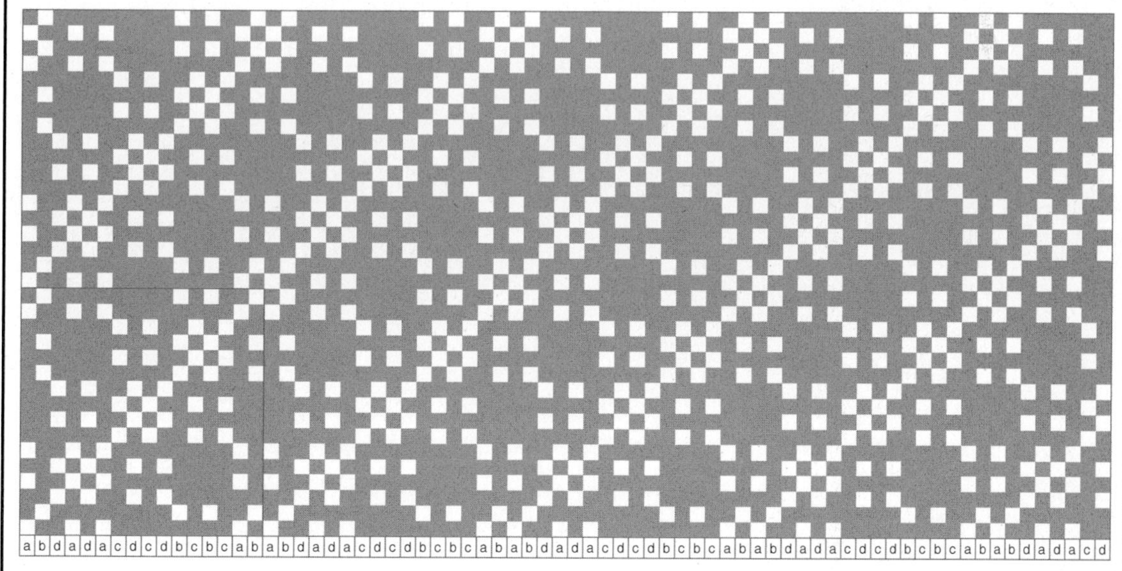

abcdabcdabcdabcdabcdabcdabcdabcdabcdabcdabcdabcdabcdabcdabcdabcdabcdabcdabcdabcd

위 복합조직 Motive design에서 위사 2잔류 1삭제, 2잔류 2삭제를 반복하여 유도한 복합조직.
종광 4매 x n, 조직 원 리피트 4n x 16n.

abdadacdcdbcbcababdadacdcdbcbcababdadacdcdbcbcababdadacdcdbcbcababdadacdcdbcbcababdadacd

위 복합조직 Motive design에서 위사에 2잔류 1삭제, 2잔류 2삭제. 경사에 2잔류 1삭제, 2잔류
2삭제를 반복하여 유도한 복합조직. 종광 4매 x n, 조직 원 리피트 16n x 16n.

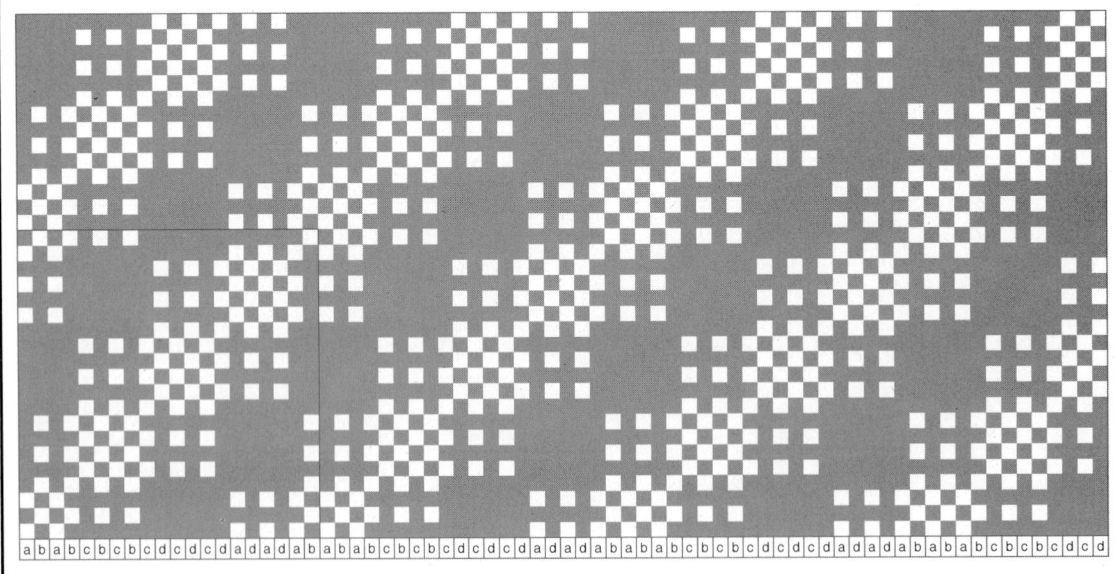

복합조직 Motive design. 종광 4매 x n, 조직 원 리피트 4n x 4n.

위 복합조직 Motive design에서 위사 2잔류 2삭제, 3잔류 2삭제를 반복하여 유도한 복합조직.
종광 4매 x n, 조직 원 리피트 4n x 20n.

위 복합조직 Motive design에서 위사에 2잔류 2삭제, 3잔류 2삭제, 경사에 2잔류 2삭제, 3잔류
2삭제를 반복하여 유도한 복합조직. 종광 4매 x n, 조직 원 리피트 20n x 20n.

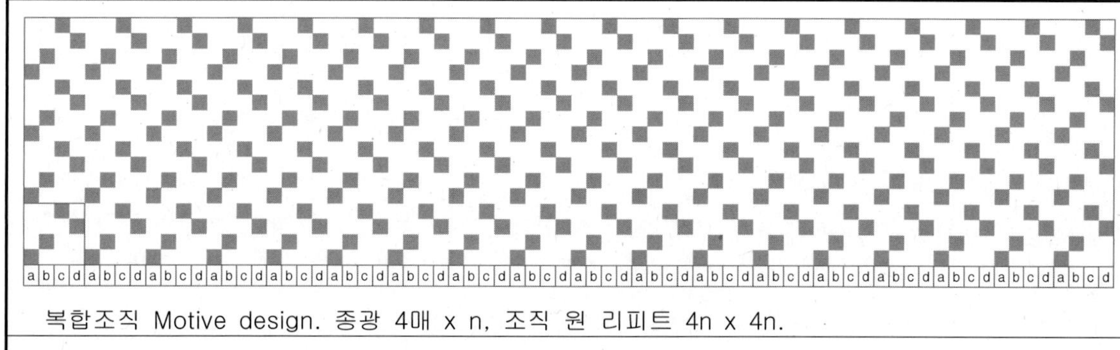

복합조직 Motive design. 종광 4매 x n, 조직 원 리피트 4n x 4n.

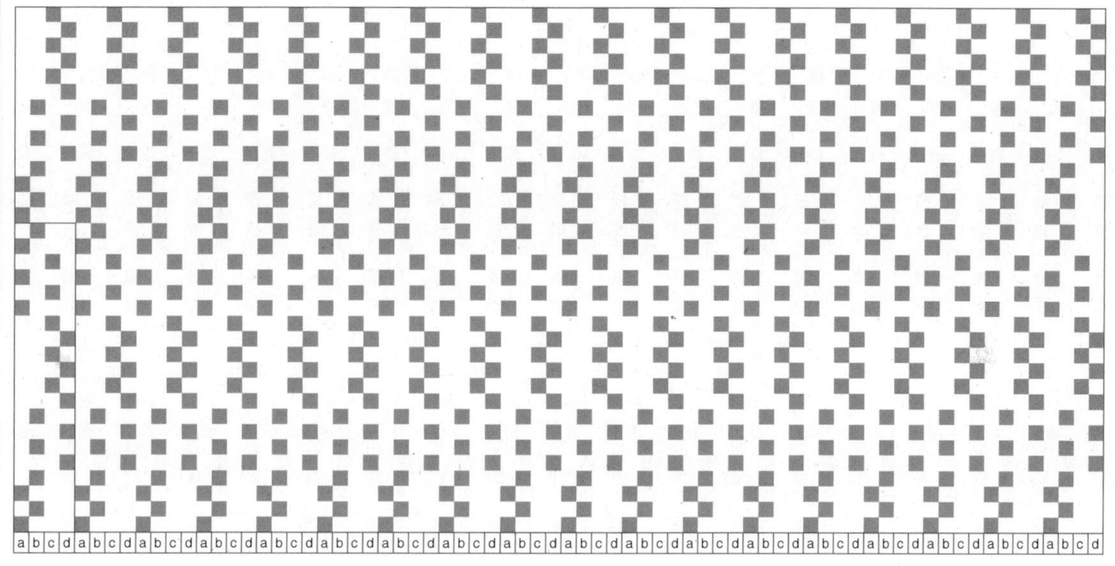

위 복합조직 Motive design에서 위사 2잔류 2삭제, 3잔류 2삭제를 반복하여 유도한 복합조직.
종광 4매 x n, 조직 원 리피트 4n x 20n.

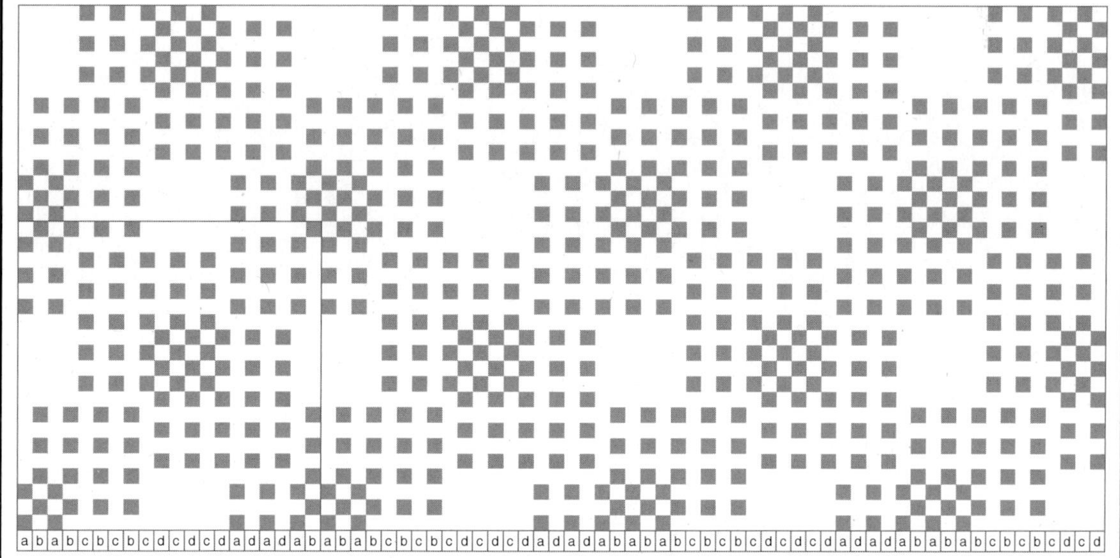

위 복합조직 Motive design에서 위사에 2잔류 2삭제, 3잔류 2삭제, 경사에 2잔류 2삭제, 3잔류
2삭제를 반복하여 유도한 복합조직. 종광 4매 x n, 조직 원 리피트 20n x 20n.

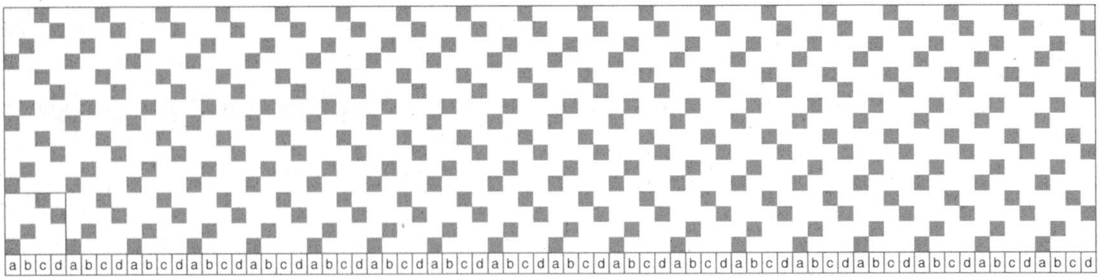

복합조직 Motive design. 종광 4매 x n, 조직 원 리피트 4n x 4n.

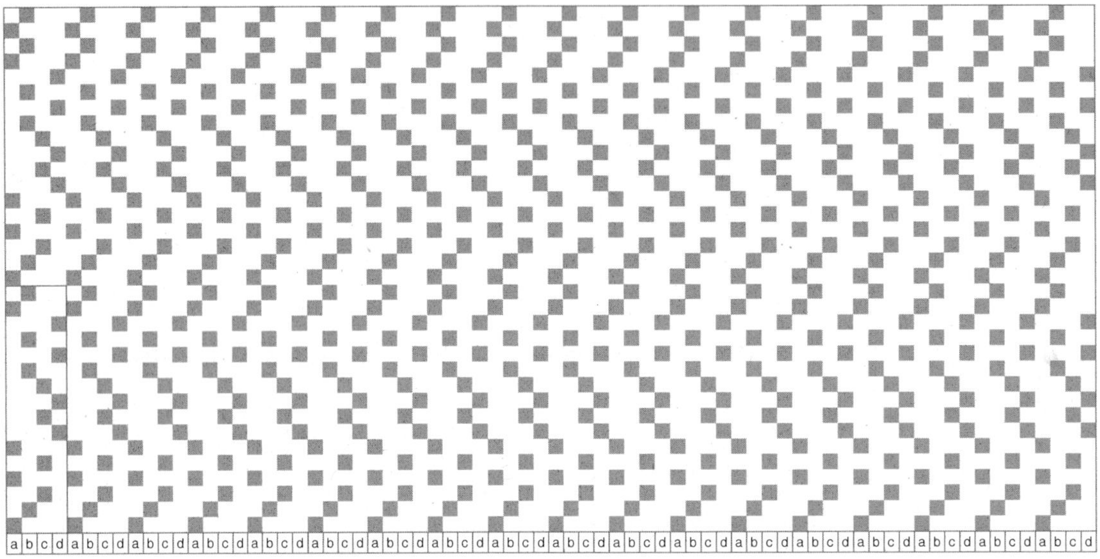

위 복합조직 Motive design에서 위사 2잔류 1삭제, 2잔류 2삭제를 반복하여 유도한 복합조직. 종광 4매 x n, 조직 원 리피트 4n x 16n.

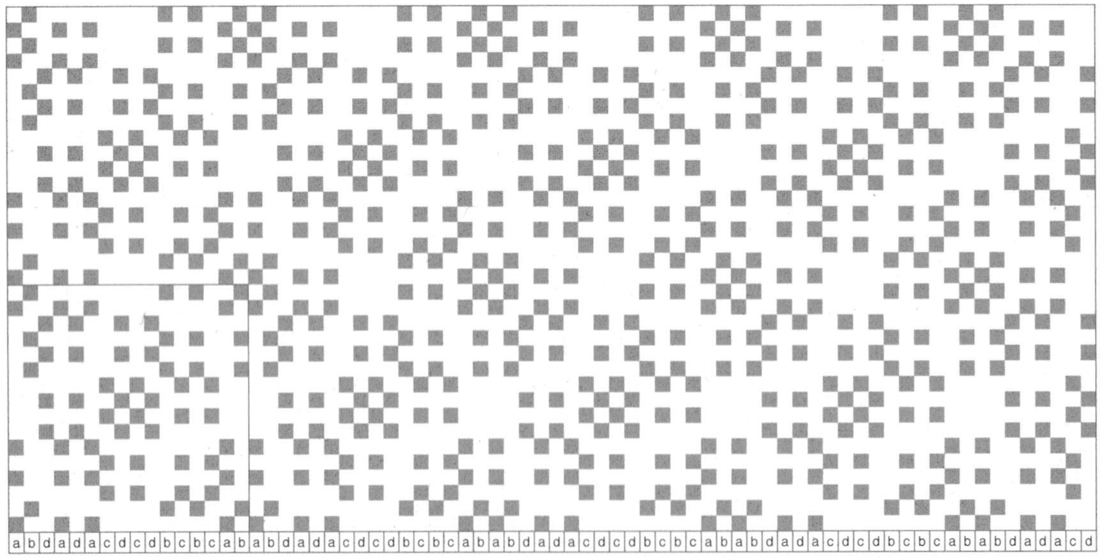

위 복합조직 Motive design에서 위사에 2잔류 1삭제, 2잔류 2삭제, 경사에 2잔류 1삭제, 2잔류 2삭제를 반복하여 유도한 복합조직. 종광 4매 x n, 조직 원 리피트 16n x 16n.

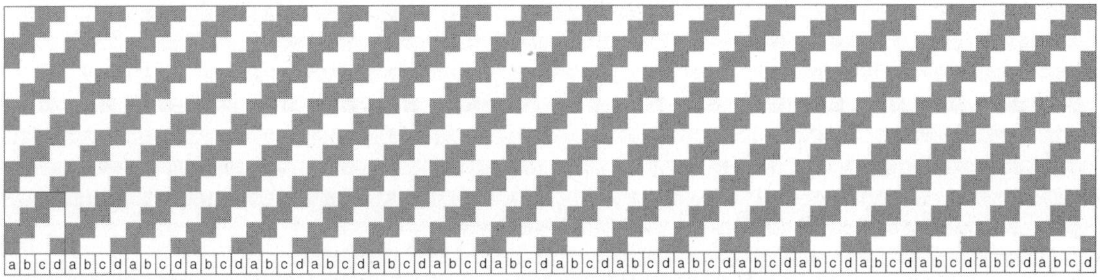

복합조직 Motive design. 종광 4매 x n, 조직 원 리피트 4n x 4n.

위 복합조직 Motive design에서 위사 2잔류 1삭제를 반복하여 유도한 복합조직. 종광 4매 x n, 조직 원 리피트 4n x 8n.

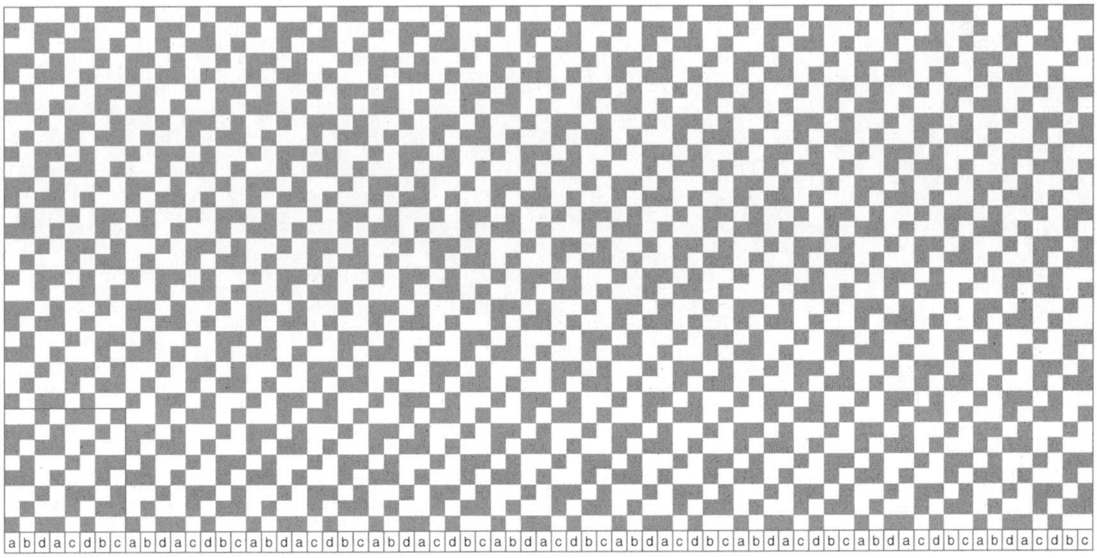

위 복합조직 Motive design에서 위사 2잔류 1삭제, 경사 2잔류 1삭제를 반복하여 유도한 복합조직. 종광 4매 x n, 조직 원 리피트 8n x 8n.

복합조직 Motive design. 종광 4매 x n, 조직 원 리피트 4n x 4n.

위 복합조직 Motive design에서 위사 3잔류 2삭제를 반복하여 유도한 복합조직. 종광 4매 x n, 조직 원 리피트 4n x 12n.

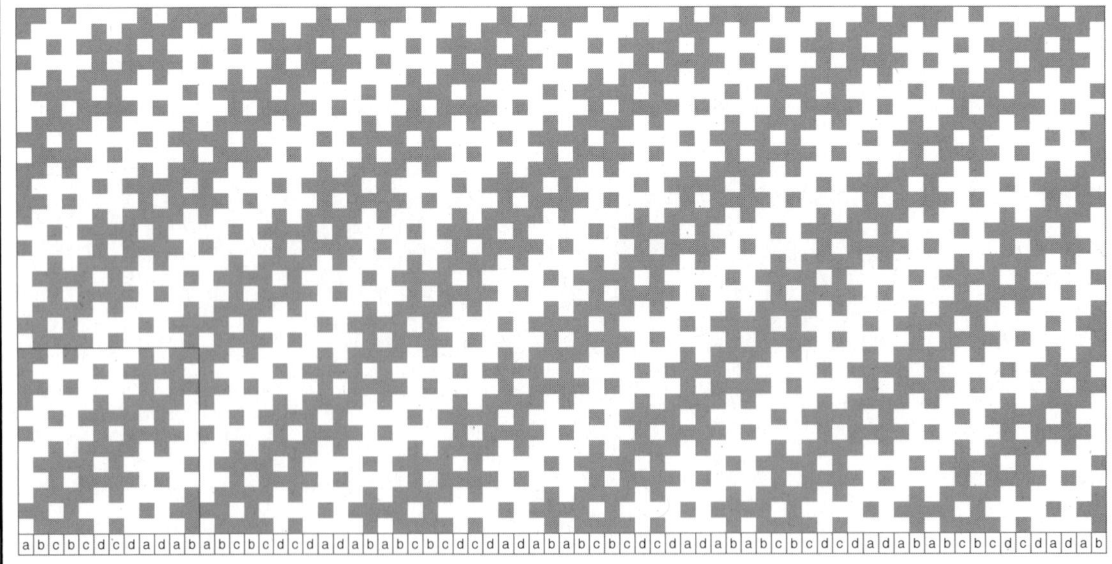

위 복합조직 Motive design에서 위사 3잔류 2삭제, 경사 3잔류 2삭제를 반복하여 유도한 복합조직. 종광 4매 x n, 조직 원 리피트 12n x 12n.

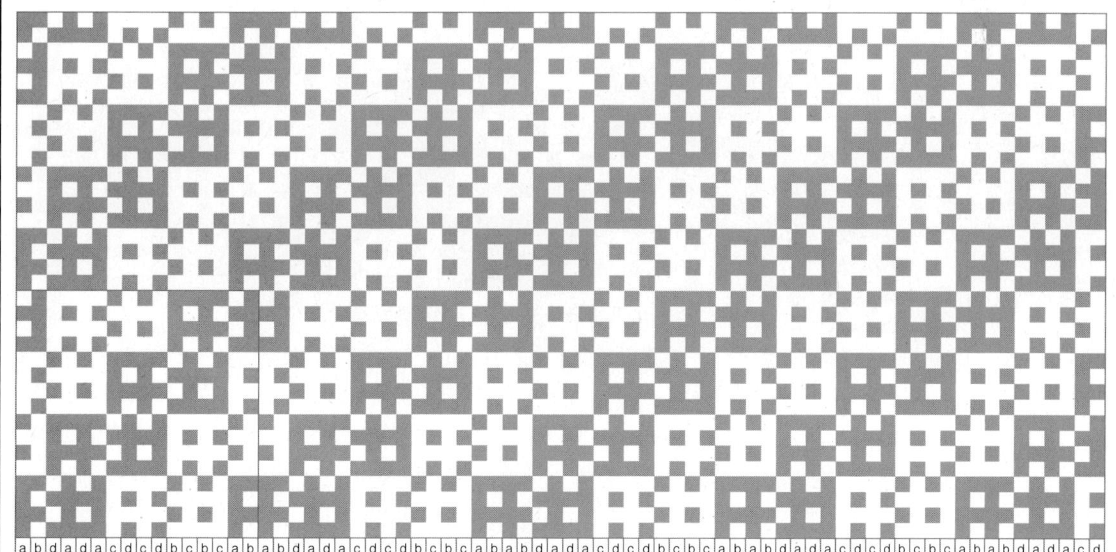

복합조직 Motive design. 종광 4매 x n, 조직 원 리피트 4n x 4n.

위 복합조직 Motive design에서 위사 2잔류 1삭제, 2잔류 2삭제를 반복하여 유도한 복합조직. 종광 4매 x n, 조직 원 리피트 4n x 16n.

위 복합조직 Motive design에서 위사에 2잔류 1삭제, 2잔류 2삭제, 경사에 2잔류 1삭제, 2잔류 2삭제를 반복하여 유도한 복합조직. 종광 4매 x n, 조직 원 리피트 16n x 16n

복합조직 Motive design. 종광 4매 x n, 조직 원 리피트 4n x 4n.

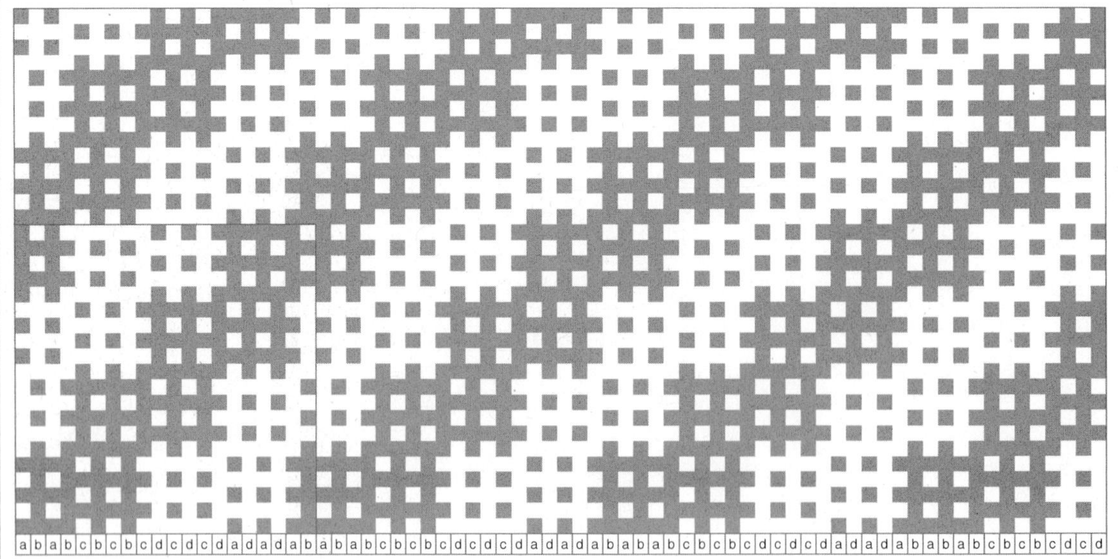

위 복합조직 Motive design에서 위사 2잔류 2삭제, 3잔류 2삭제를 반복하여 유도한 복합조직.
종광 4매 x n, 조직 원 리피트 4n x 20n.

위 복합조직 Motive design에서 위사에 2잔류 2삭제, 3잔류 2삭제. 경사에 2잔류 2삭제, 3잔류
2삭제를 반복하여 유도한 복합조직. 종광 4매 x n, 조직 원 리피트 20n x 20n.

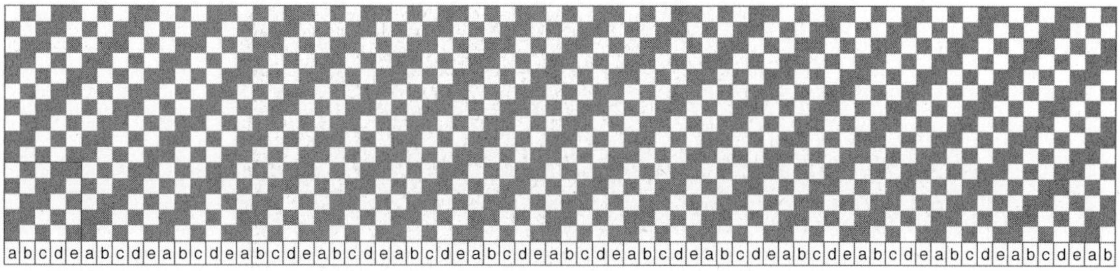

복합조직 Motive design. 종광 5매 x n, 조직 원 리피트 5n x 5n.

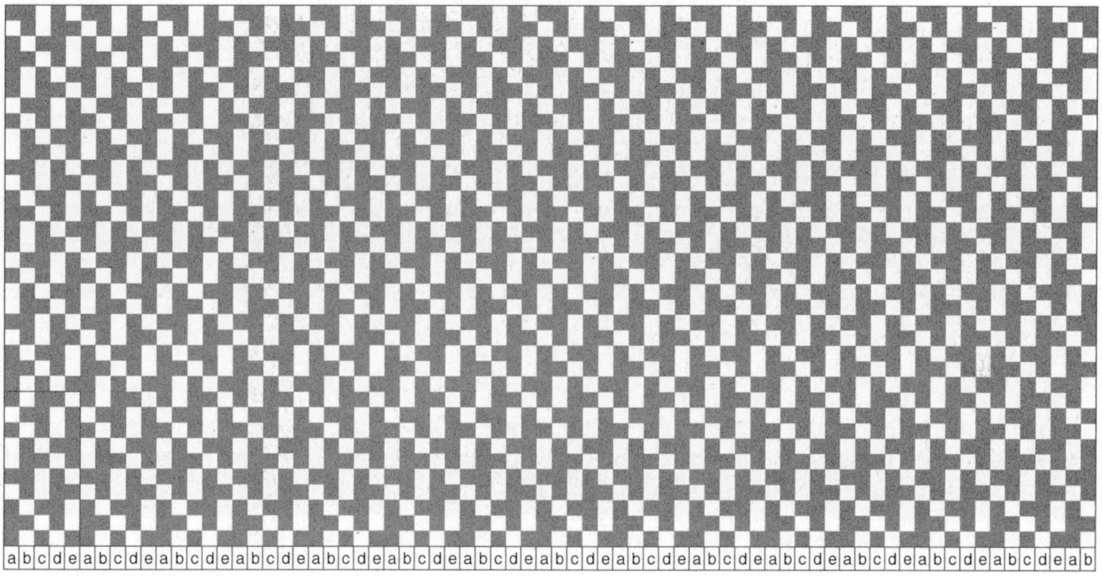

위 복합조직 Motive design에서 위사 2잔류 1삭제를 반복하여 유도한 복합조직. 종광 5매 x n, 조직 원 리피트 5n x 10n.

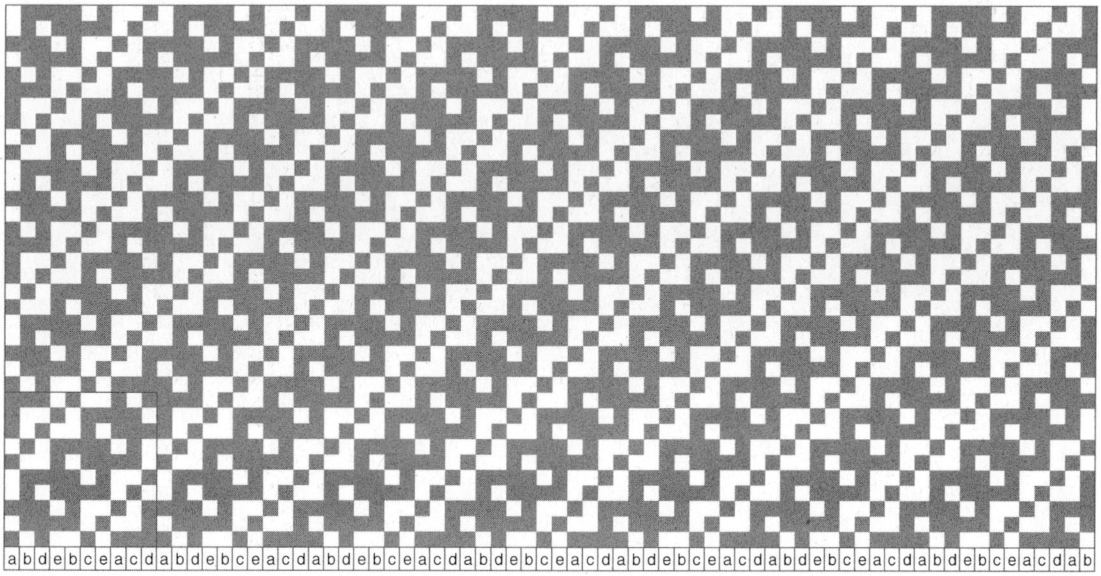

위 복합조직 Motive design에서 위사 2잔류 1삭제, 경사 2잔류 1삭제를 반복하여 유도한 복합조직. 종광 5매 x n, 조직 원 리피트 10n x 10n.

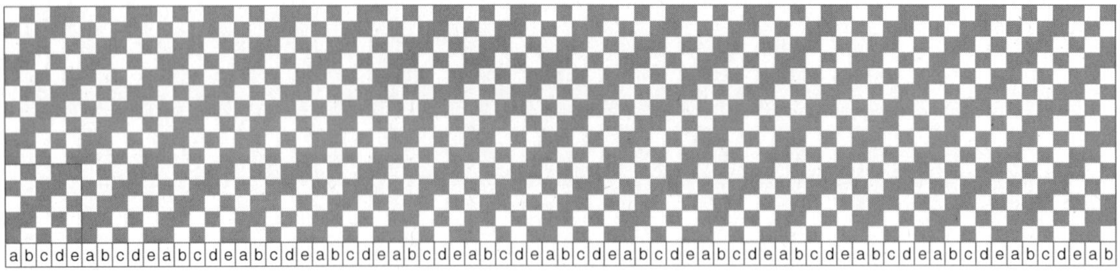

abcdeabcdeabcdeabcdeabcdeabcdeabcdeabcdeabcdeabcdeabcdeabcdeabcdeabcdeabcdeabcdeabcdeabcdeabcdeab

복합조직 Motive design. 종광 5매 x n, 조직 원 리피트 5n x 5n.

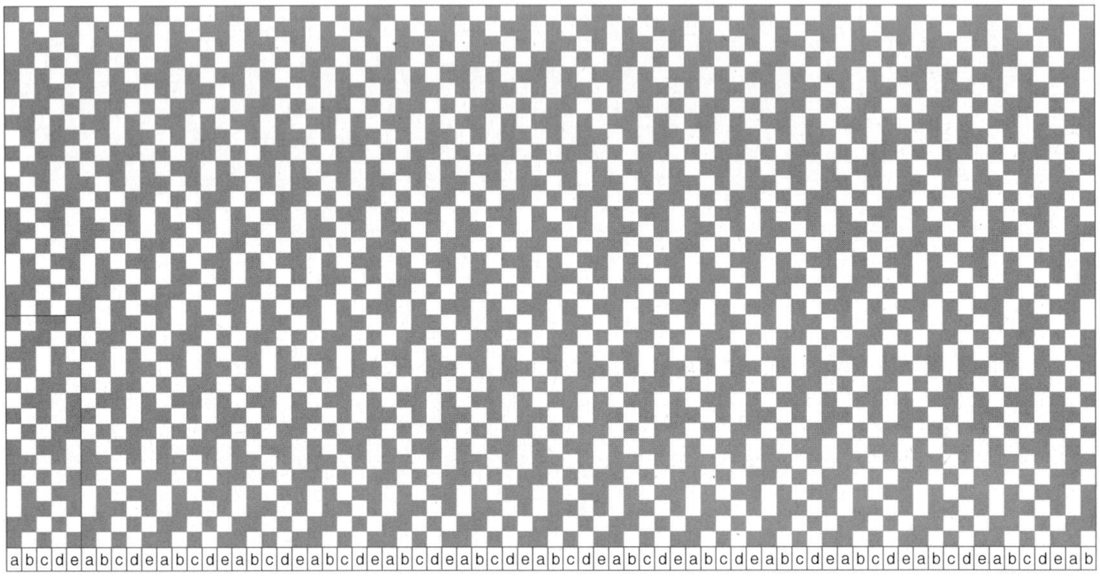

abcdeabcdeabcdeabcdeabcdeabcdeabcdeabcdeabcdeabcdeabcdeabcdeabcdeabcdeabcdeabcdeabcdeabcdeabcdeab

위 복합조직 Motive design에서 위사 3잔류 1삭제를 반복하여 유도한 복합조직. 종광 5매 x n, 조직 원 리피트 5n x 15n.

abceabdeacdebcdabceabdeacdebcdabceabdeacdebcdabceabdeacdebcdabceabdeacde

위 복합조직 Motive design에서 위사 3잔류 1삭제, 경사 3잔류 1삭제를 반복하여 유도한 복합조직. 종광 5매 x n, 조직 원 리피트 15n x 15n.

abcdeabcdeabcdeabcdeabcdeabcdeabcdeabcdeabcdeabcdeabcdeabcdeabcdeabcdeabcdeabcdeabcdeabcdeab

복합조직 Motive design. 종광 5매 x n, 조직 원 리피트 5n x 5n.

abcdeabcdeabcdeabcdeabcdeabcdeabcdeabcdeabcdeabcdeabcdeabcdeabcdeabcdeabcdeabcdeabcdeabcdeab

위 복합조직 Motive design에서 위사 3잔류 3삭제를 반복하여 유도한 복합조직. 종광 5매 x n, 조직 원 리피트 5n x 15n.

abcbcdcdedeaeababcbcdcdedeaeababcbcdcdedeaeababcbcdcdedea

위 복합조직 Motive design에서 위사 3잔류 3삭제, 경사 3잔류 3삭제를 반복하여 유도한 복합조직. 종광 5매 x n, 조직 원 리피트 15n x 15n.

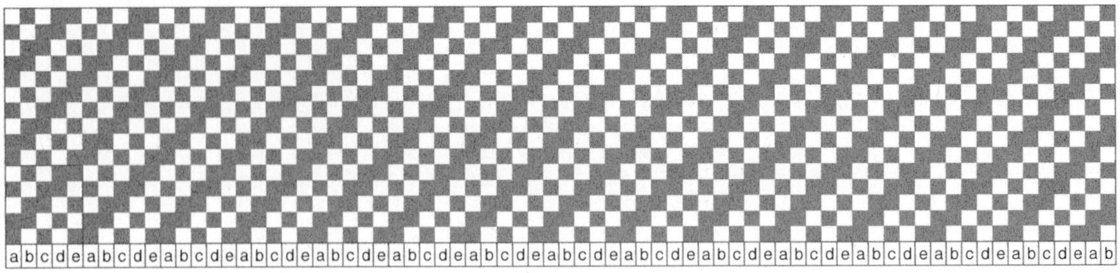

abcdeabcdeabcdeabcdeabcdeabcdeabcdeabcdeabcdeabcdeabcdeabcdeabcdeabcdeabcdeabcdeabcdeab

복합조직 Motive design. 종광 5매 x n, 조직 원 리피트 5n x 5n.

abcdeabcdeabcdeabcdeabcdeabcdeabcdeabcdeabcdeabcdeabcdeabcdeabcdeabcdeabcdeabcdeabcdeab

위 복합조직 Motive design에서 위사 5잔류 1삭제를 반복하여 유도한 복합조직. 종광 5매 x n, 조직 원 리피트 5n x 25n.

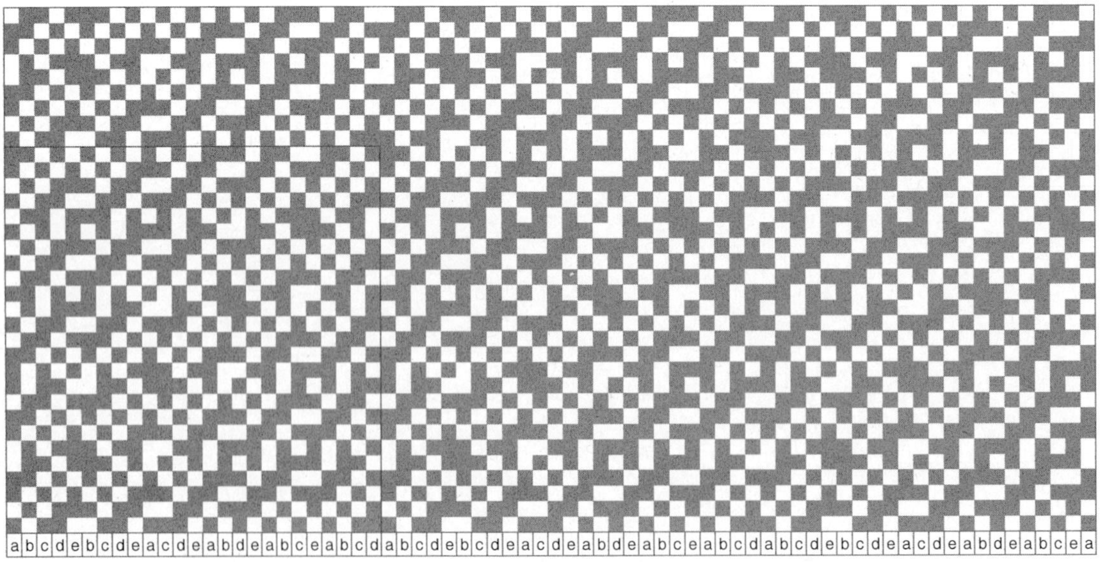

abcdebcdeacdeabdeabceabcdabcdebcdeacdeabdeabceabcdabcdebcdeacdeabdeabcea

위 복합조직 Motive design에서 위사 5잔류 1삭제, 경사 5잔류 1삭제를 반복하여 유도한 복합조직. 종광 5매 x n, 조직 원 리피트 25n x 25n.

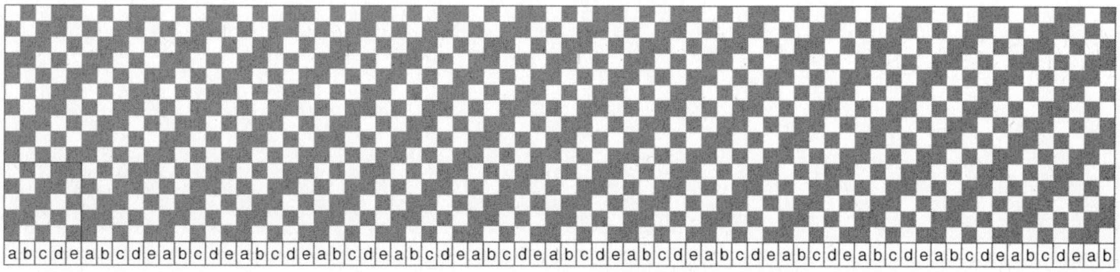

abcdeabcdeabcdeabcdeabcdeabcdeabcdeabcdeabcdeabcdeabcdeabcdeabcdeabcdeabcdeab

복합조직 Motive design. 종광 5매 x n, 조직 원 리피트 5n x 5n.

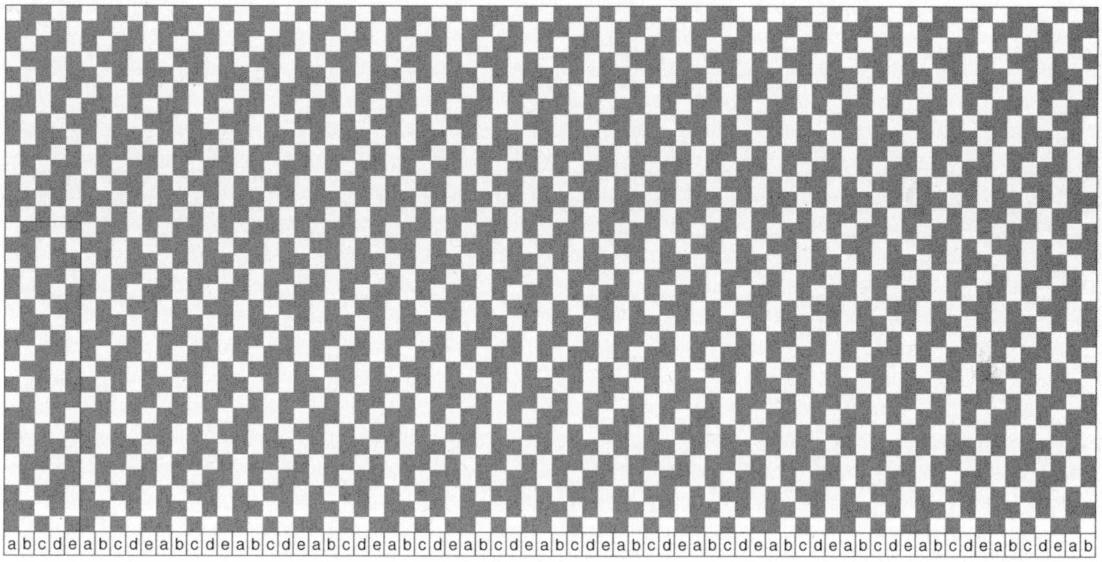

abcdeabcdeabcdeabcdeabcdeabcdeabcdeabcdeabcdeabcdeabcdeabcdeabcdeabcdeabcdeab

위 복합조직 Motive design에서 위사 2잔류 1삭제, 2잔류 2삭제를 반복하여 유도한 복합조직. 종광 5매 x n, 조직 원 리피트 5n x 20n.

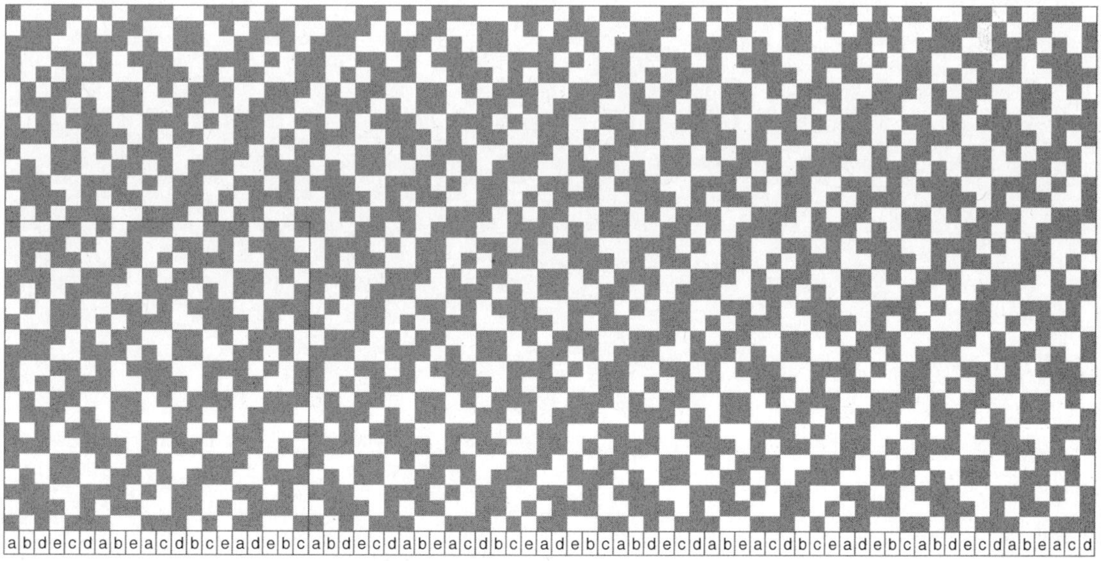

abdecdabeacdbceadebcabdecdabeacdbceadebcabdecdabeacdbceadebcabdecdabeacd

위 복합조직 Motive design에서 위사에 2잔류 1삭제, 2잔류 2삭제, 경사에 2잔류 1삭제, 2잔류 2삭제를 반복하여 유도한 복합조직. 종광 5매 x n, 조직 원 리피트 20n x 20n.

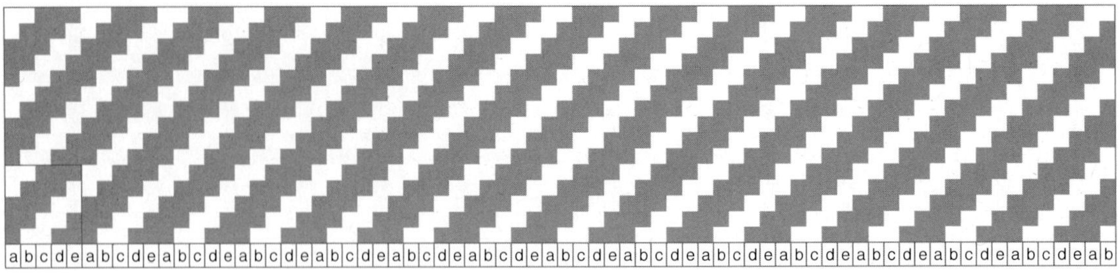

abcdeabcdeabcdeabcdeabcdeabcdeabcdeabcdeabcdeabcdeabcdeabcdeabcdeabcdeabcdeabcdeab

복합조직 Motive design. 종광 5매 x n, 조직 원 리피트 5n x 5n.

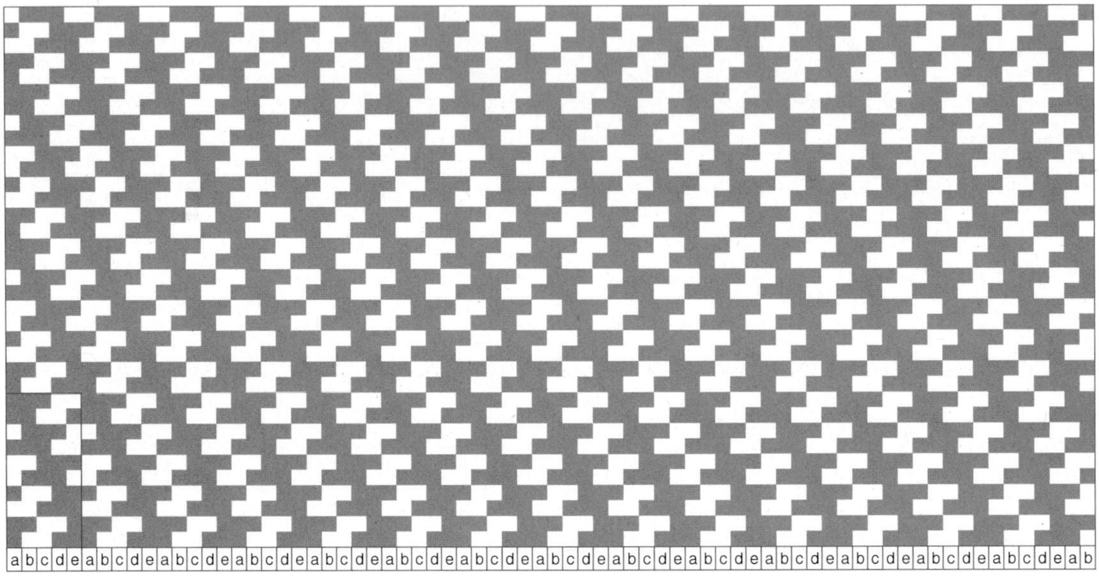

abcdeabcdeabcdeabcdeabcdeabcdeabcdeabcdeabcdeabcdeabcdeabcdeabcdeabcdeabcdeabcdeab

위 복합조직 Motive design에서 위사 2잔류 2삭제를 반복하여 유도한 복합조직. 종광 5매 x n, 조직 원 리피트 5n x 10n.

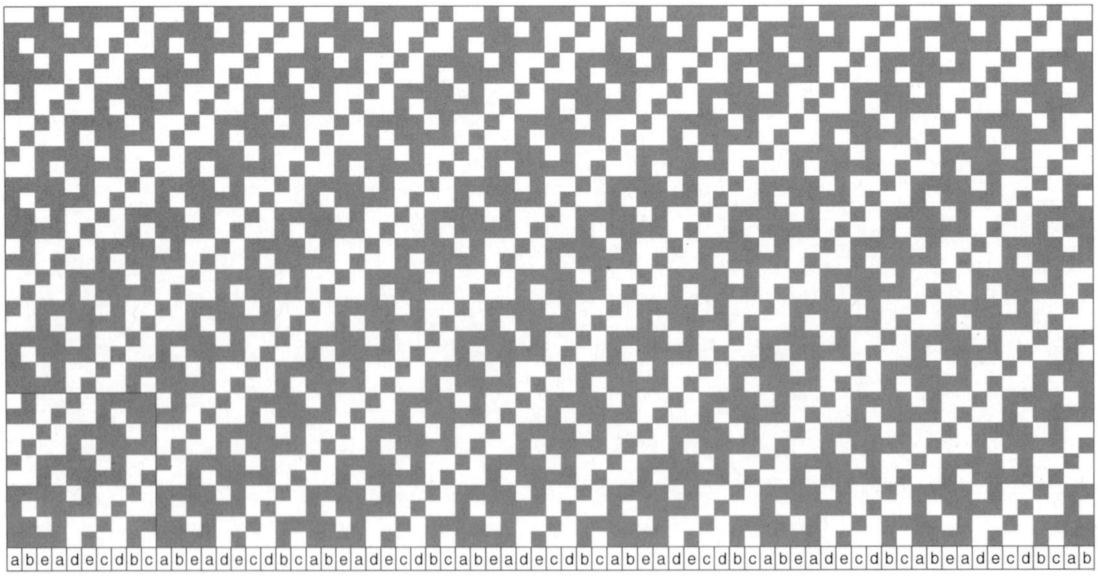

abeadecdbcabeadecdbcabeadecdbcabeadecdbcabeadecdbcabeadecdbcabeadecdbcabeadecdbcab

위 복합조직 Motive design에서 위사 2잔류 2삭제, 경사 2잔류 2삭제를 반복하여 유도한 복합조직. 종광 5매 x n, 조직 원 리피트 10n x 10n.

복합조직 Motive design. 종광 5매 x n, 조직 원 리피트 5n x 5n.

위 복합조직 Motive design에서 위사 3잔류 3삭제를 반복하여 유도한 복합조직. 종광 5매 x n, 조직 원 리피트 5n x 15n.

위 복합조직 Motive design에서 위사 3잔류 3삭제, 경사 3잔류 3삭제를 반복하여 유도한 복합조직. 종광 5매 x n, 조직 원 리피트 15n x 15n.

복합조직 Motive design. 종광 5매 x n, 조직 원 리피트 5n x 5n.

위 복합조직 Motive design에서 위사 4잔류 2삭제를 반복하여 유도한 복합조직. 종광 5매 x n, 조직 원 리피트 5n x 20n.

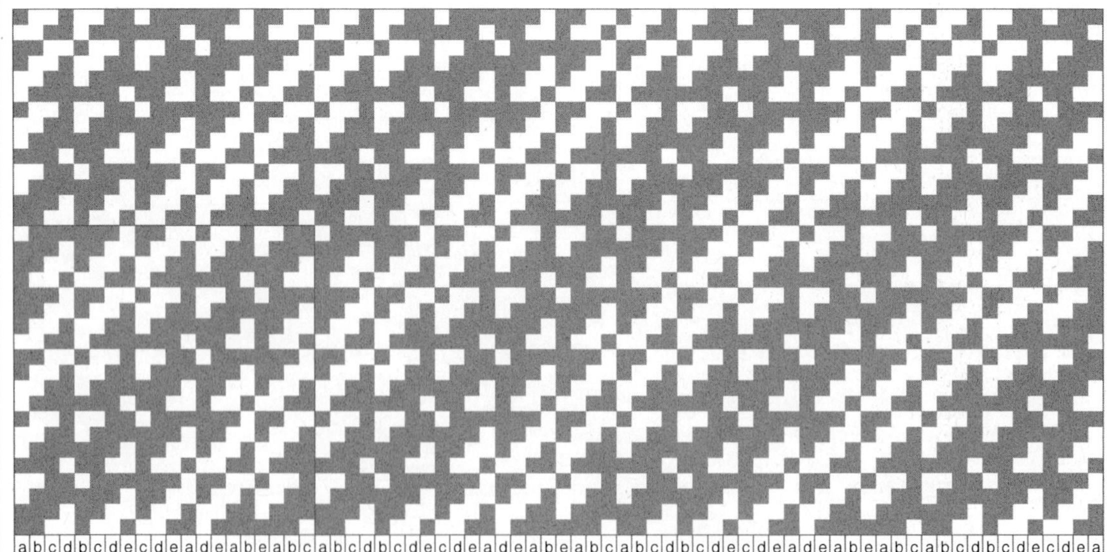

위 복합조직 Motive design에서 위사 4잔류 2삭제, 경사 4잔류 2삭제를 반복하여 유도한 복합조직. 종광 5매 x n, 조직 원 리피트 20n x 20n.

복합조직 Motive design. 종광 5매 x n, 조직 원 리피트 5n x 5n.

위 복합조직 Motive design에서 위사 5잔류 2삭제를 반복하여 유도한 복합조직. 종광 5매 x n, 조직 원 리피트 5n x 25n.

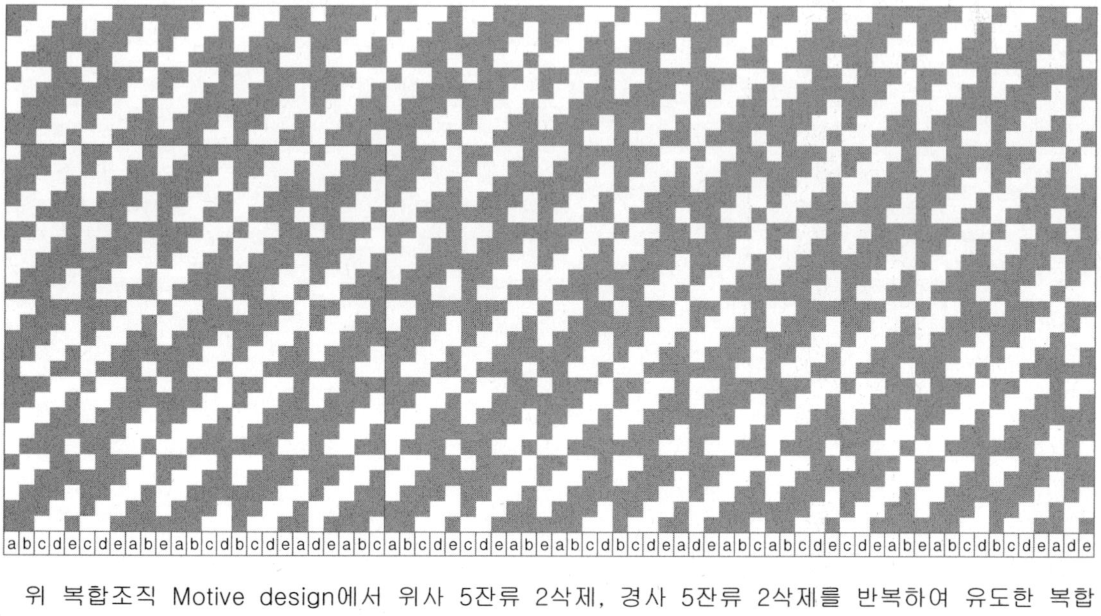

위 복합조직 Motive design에서 위사 5잔류 2삭제, 경사 5잔류 2삭제를 반복하여 유도한 복합조직. 종광 5매 x n, 조직 원 리피트 25n x 25n.

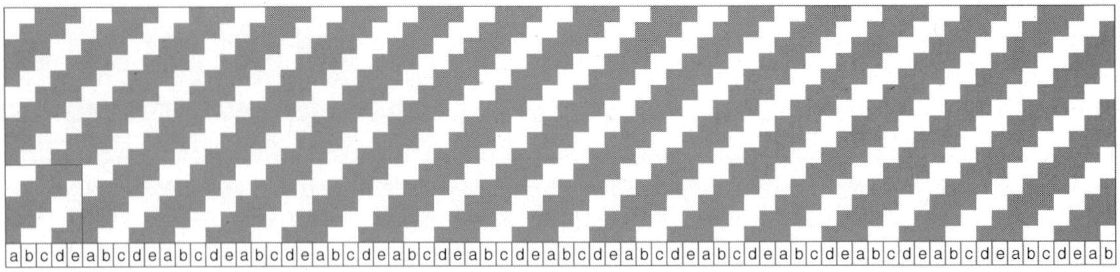

abcdeabcdeabcdeabcdeabcdeabcdeabcdeabcdeabcdeabcdeabcdeabcdeabcdeabcdeab

복합조직 Motive design. 종광 5매 x n, 조직 원 리피트 5n x 5n.

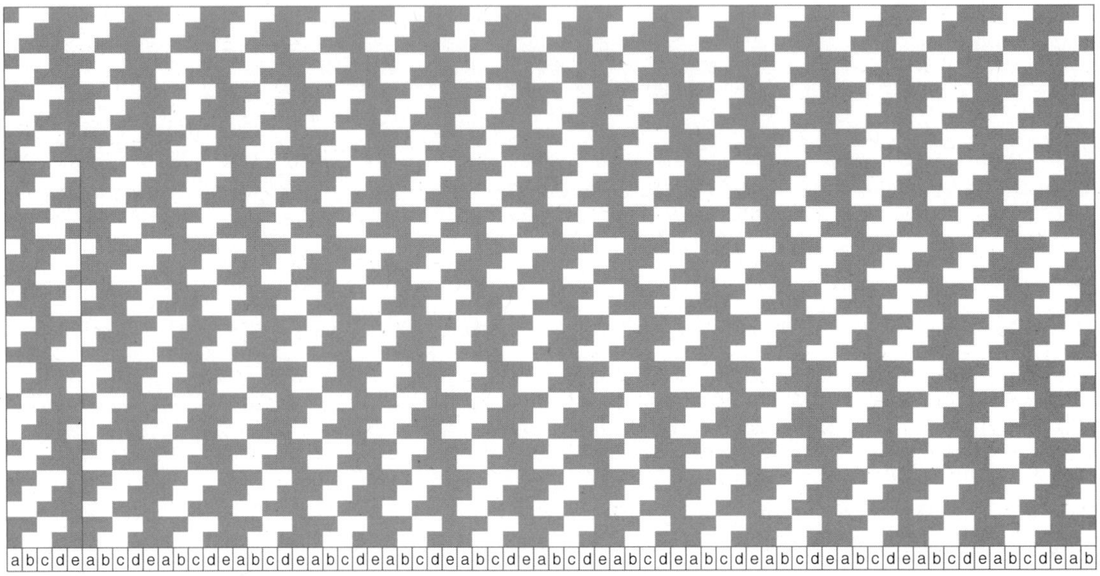

abcdeabcdeabcdeabcdeabcdeabcdeabcdeabcdeabcdeabcdeabcdeabcdeabcdeab

　위 복합조직 Motive design에서 위사 2잔류 2삭제, 3잔류 2삭제를 반복하여 유도한 복합조직.
종광 5매 x n, 조직 원 리피트 5n x 25n.

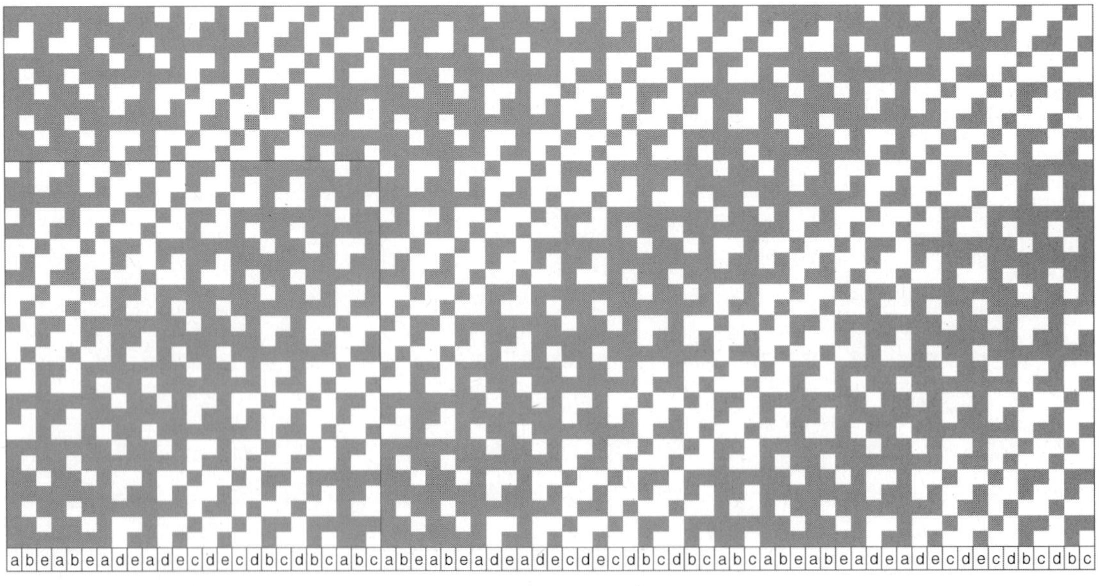

abeabeadeadecdecdbcdbcabcabeabeadeadecdecdbcdbcabcabeabeadeadecdecdbcdbc

　위 복합조직 Motive design에서 위사 2잔류 2삭제, 3잔류 2삭제, 경사 2잔류 2삭제, 3잔류 2삭
제를 반복하여 유도한 복합조직.　종광 5매 x n,　조직 원 리피트 25n x 25n.

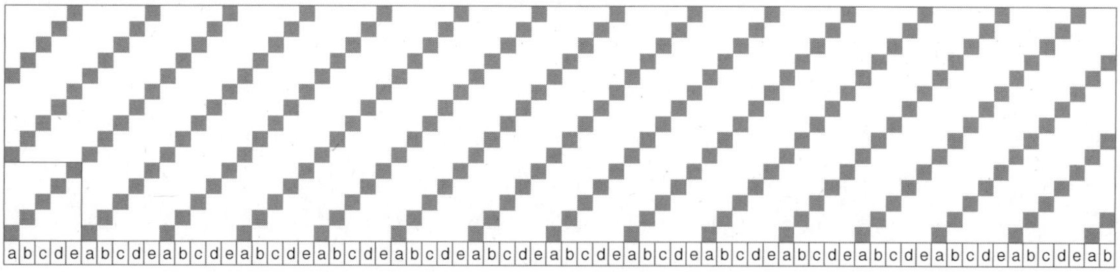

abcdeabcdeabcdeabcdeabcdeabcdeabcdeabcdeabcdeabcdeabcdeabcdeabcdeabcdeabcdeab

복합조직 Motive design. 종광 5매 x n, 조직 원 리피트 5n x 5n.

abcdeabcdeabcdeabcdeabcdeabcdeabcdeabcdeabcdeabcdeabcdeabcdeabcdeabcdeabcdeab

위 복합조직 Motive design에서 위사 3잔류 3삭제를 반복하여 유도한 복합조직. 종광 5매 x n, 조직 원 리피트 5n x 15n.

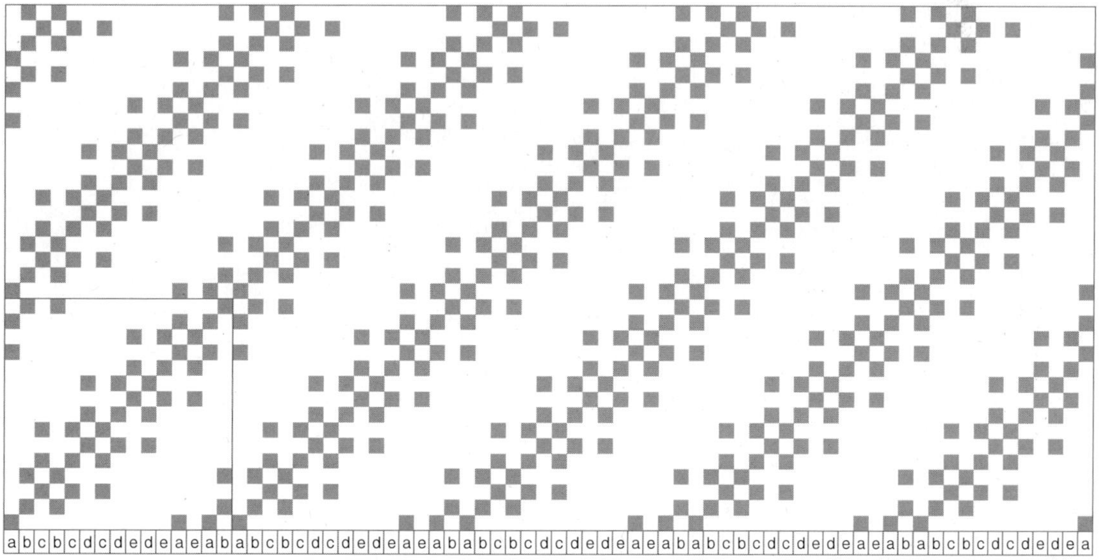

abcbcdcdedeaeabab cbcdcdedeaeab abcbcdcdedeaeab abcbcdcdedeaeab abcbcdcdedea

위 복합조직 Motive design에서 위사 3잔류 3삭제, 경사 3잔류 3삭제를 반복하여 유도한 복합조직. 종광 5매 x n, 조직 원 리피트 15n x 15n.

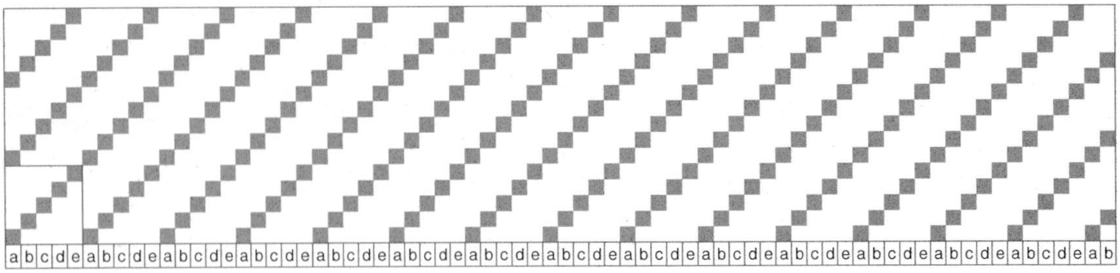

복합조직 Motive design. 종광 5매 x n, 조직 원 리피트 5n x 5n.

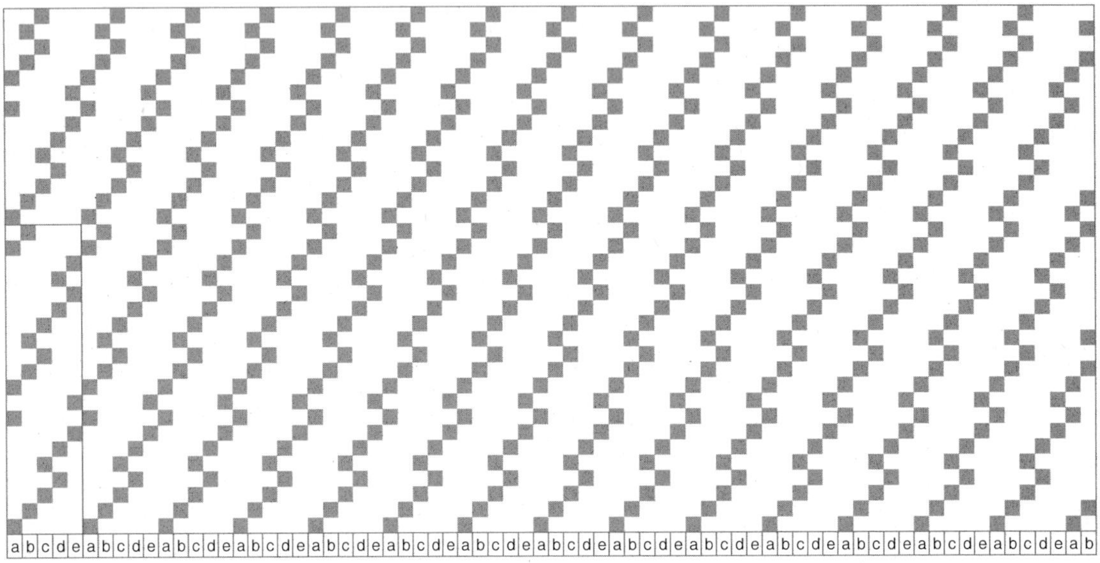

위 복합조직 Motive design에서 위사 4잔류 3삭제를 반복하여 유도한 복합조직. 종광 5매 x n,
조직 원 리피트 5n x 20n.

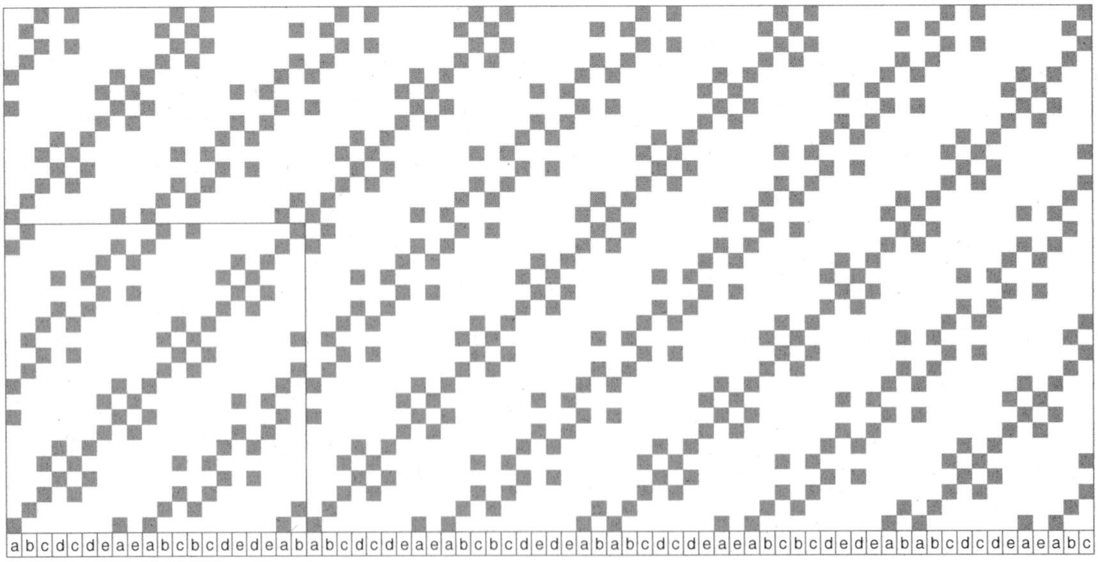

위 복합조직 Motive design에서 위사 4잔류 3삭제, 경사 4잔류 3삭제를 반복하여 유도한 복합
조직. 종광 5매 x n, 조직 원 리피트 20n x 20n.

복합조직 Motive design. 종광 5매 x n, 조직 원 리피트 5n x 5n.

위 복합조직 Motive design에서 위사 3잔류 1삭제를 반복하여 유도한 복합조직. 종광 5매 x n, 조직 원 리피트 5n x 15n.

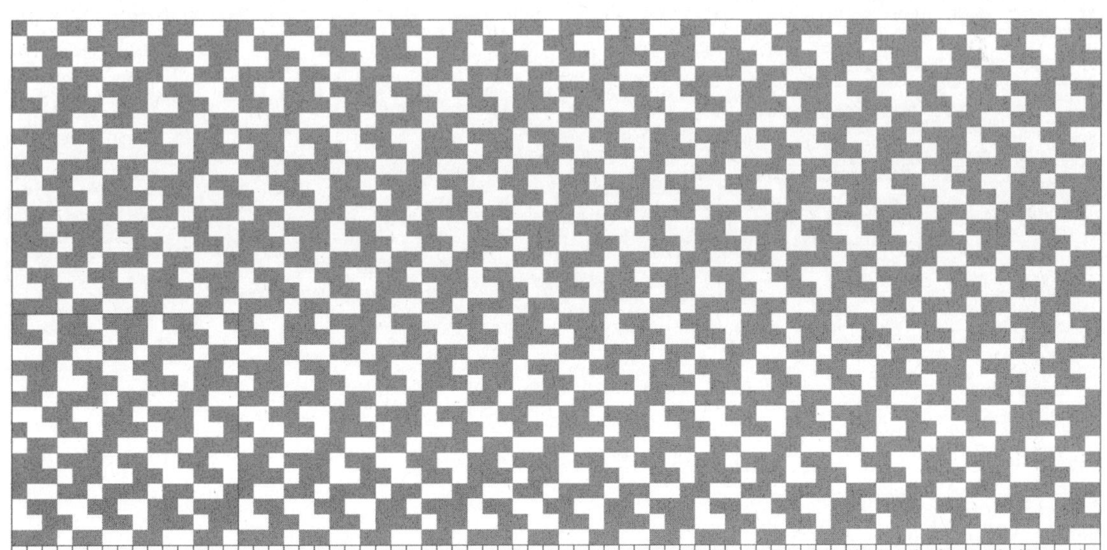

위 복합조직 Motive design에서 위사 3잔류 1삭제, 경사 3잔류 1삭제를 반복하여 유도한 복합조직. 종광 5매 x n, 조직 원 리피트 15n x 15n.

abcdeabcdeabcdeabcdeabcdeabcdeabcdeabcdeabcdeabcdeabcdeabcdeabcdeabcdeabcdeab

복합조직 Motive design. 종광 5매 x n, 조직 원 리피트 5n x 5n.

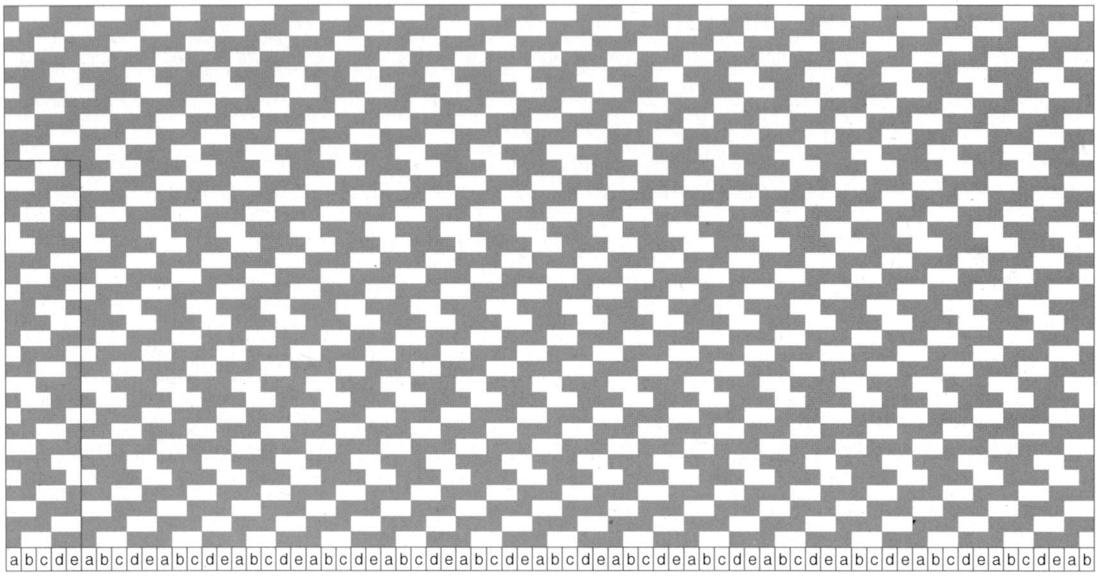

abcdeabcdeabcdeabcdeabcdeabcdeabcdeabcdeabcdeabcdeabcdeabcdeabcdeabcdeabcdeab

위 복합조직 Motive design에서 위사 5잔류 1삭제를 반복하여 유도한 복합조직. 종광 5매 x n, 조직 원 리피트 5n x 25n.

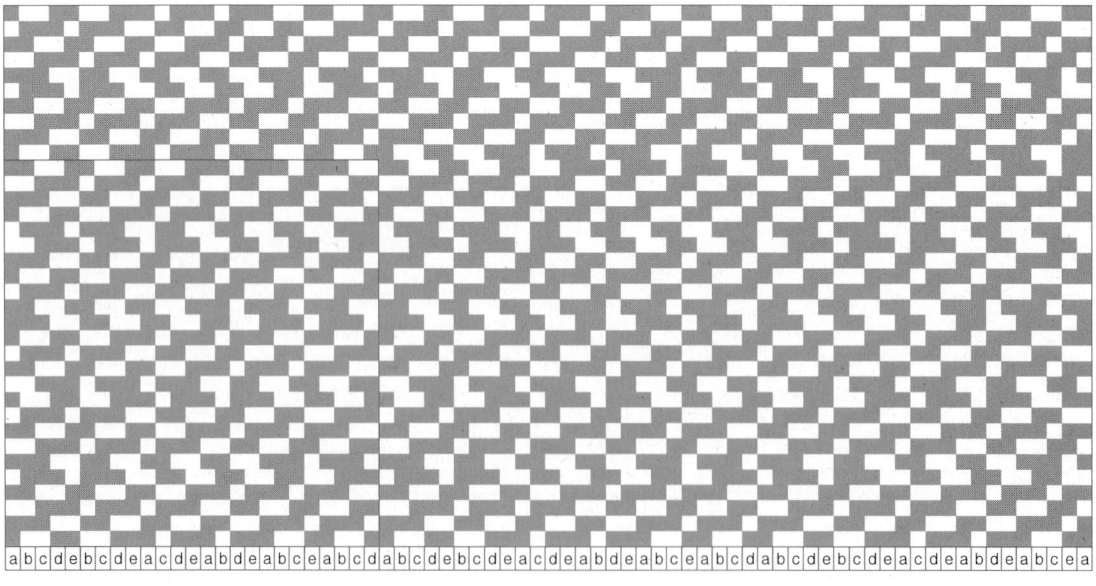

abcdebcdeacdeabdeabceabcdabcdebcdeacdeabdeabceabcdabcdebcdeacdeabdeabcea

위 복합조직 Motive design에서 위사 5잔류 1삭제, 경사 5잔류 1삭제를 반복하여 유도한 복합조직. 종광 5매 x n, 조직 원 리피트 25n x 25n.

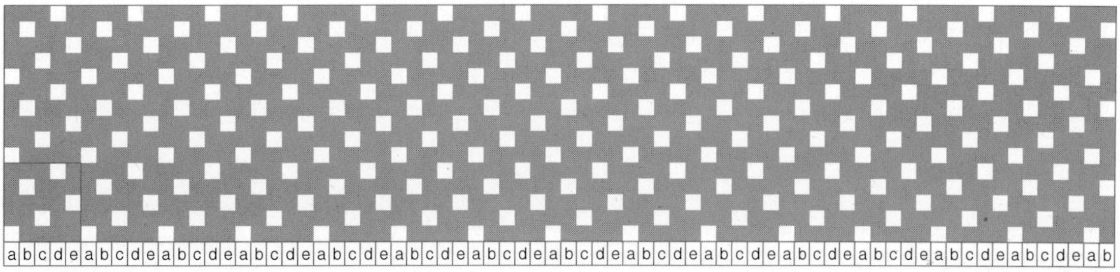

abcdeabcdeabcdeabcdeabcdeabcdeabcdeabcdeabcdeabcdeabcdeabcdeabcdeabcdeabcdeab

복합조직 Motive design. 종광 5매 x n, 조직 원 리피트 5n x 5n.

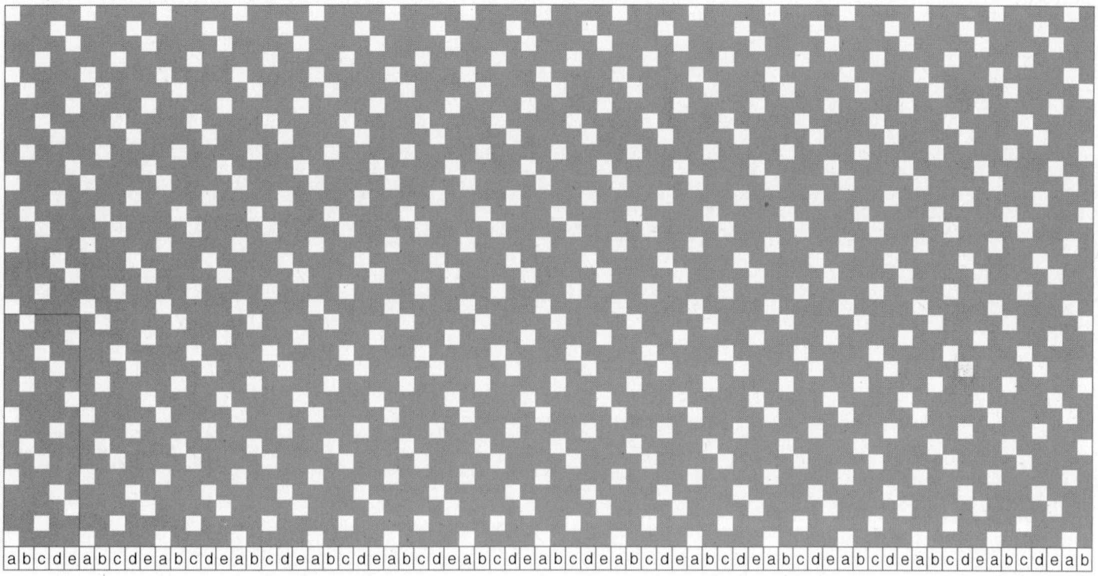

abcdeabcdeabcdeabcdeabcdeabcdeabcdeabcdeabcdeabcdeabcdeabcdeabcdeabcdeabcdeab

위 복합조직 Motive design에서 위사 3잔류 1삭제를 반복하여 유도한 복합조직. 종광 5매 x n, 조직 원 리피트 5n x 15n.

abceabdeacdebcdabceabdeacdebcdabceabdeacdebcdabceabdeacdebcdabceabdeacde

위 복합조직 Motive design에서 위사 3잔류 1삭제, 경사 3잔류 1삭제를 반복하여 유도한 복합조직. 종광 5매 x n, 조직 원 리피트 15n x 15n.

복합조직 Motive design. 종광 5매 x n, 조직 원 리피트 5n x 5n.

위 복합조직 Motive design에서 위사 3잔류 3삭제를 반복하여 유도한 복합조직. 종광 5매 x n, 조직 원 리피트 5n x 15n.

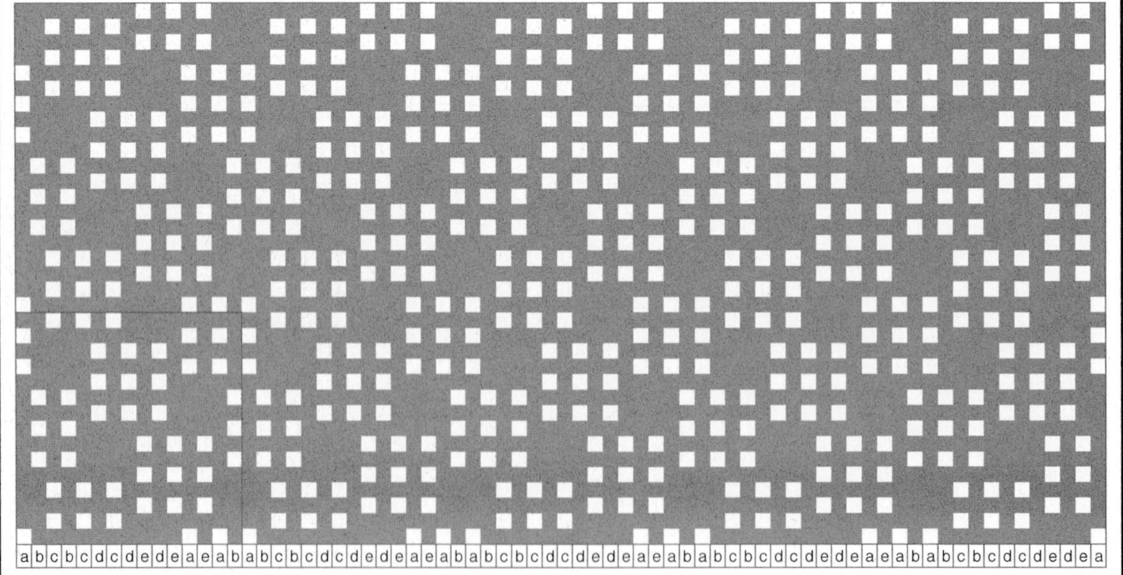

위 복합조직 Motive design에서 위사 3잔류 3삭제, 경사 3잔류 3삭제를 반복하여 유도한 복합조직. 종광 5매 x n, 조직 원 리피트 15n x 15n.

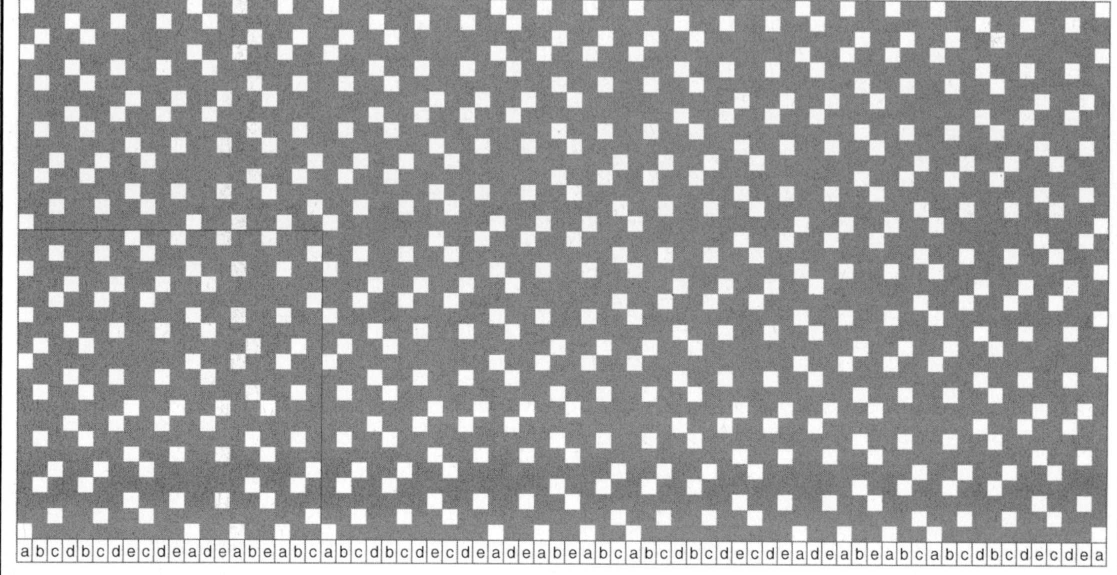

복합조직 Motive design. 종광 5매 x n, 조직 원 리피트 5n x 5n.

위 복합조직 Motive design에서 위사 4잔류 2삭제를 반복하여 유도한 복합조직. 종광 5매 x n, 조직 원 리피트 5n x 20n.

위 복합조직 Motive design에서 위사 4잔류 2삭제, 경사 4잔류 2삭제를 반복하여 유도한 복합조직. 종광 5매 x n, 조직 원 리피트 20n x 20n.

복합조직 Motive design. 종광 5매 x n, 조직 원 리피트 5n x 5n.

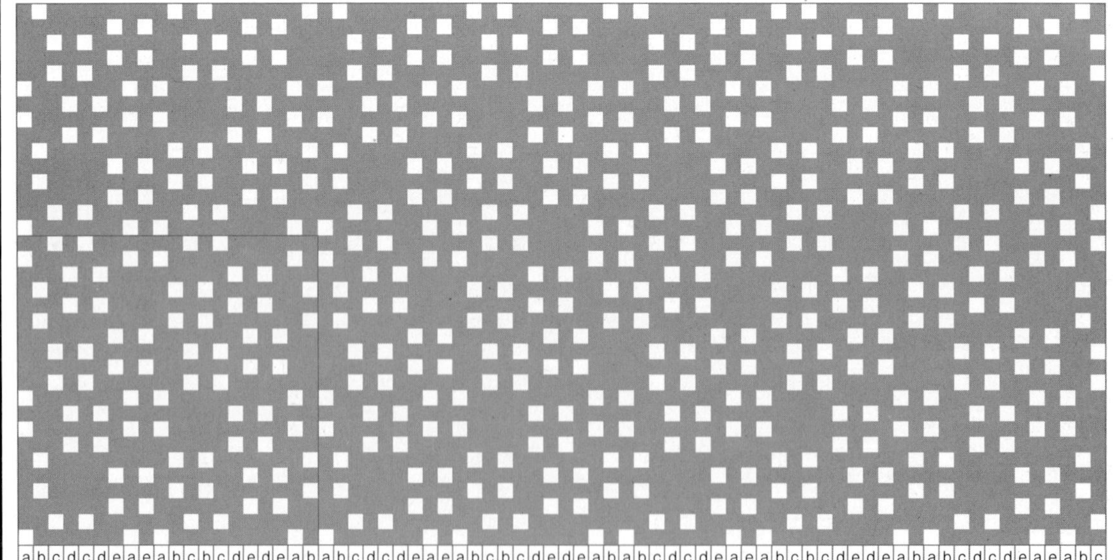

위 복합조직 Motive design에서 위사 4잔류 3삭제를 반복하여 유도한 복합조직. 종광 5매 x n, 조직 원 리피트 5n x 20n.

위 복합조직 Motive design에서 위사 4잔류 3삭제, 경사 4잔류 3삭제를 반복하여 유도한 복합조직. 종광 5매 x n, 조직 원 리피트 20n x 20n.

abcdeabcdeabcdeabcdeabcdeabcdeabcdeabcdeabcdeabcdeabcdeabcdeabcdeabcdeabcdeab

복합조직 Motive design. 종광 5매 x n, 조직 원 리피트 5n x 5n.

abcdeabcdeabcdeabcdeabcdeabcdeabcdeabcdeabcdeabcdeabcdeabcdeabcdeabcdeabcdeab

위 복합조직 Motive design에서 위사 4잔류 3삭제를 반복하여 유도한 복합조직. 종광 5매 x n, 조직 원 리피트 5n x 20n.

abcdebcdeacdeabdeabceabcdabcdebcdeacdeabdeabceabcdabcdebcdeacdeabdeabcea

위 복합조직 Motive design에서 위사 4잔류 3삭제, 경사 4잔류 3삭제를 반복하여 유도한 복합조직. 종광 5매 x n, 조직 원 리피트 20n x 20n.

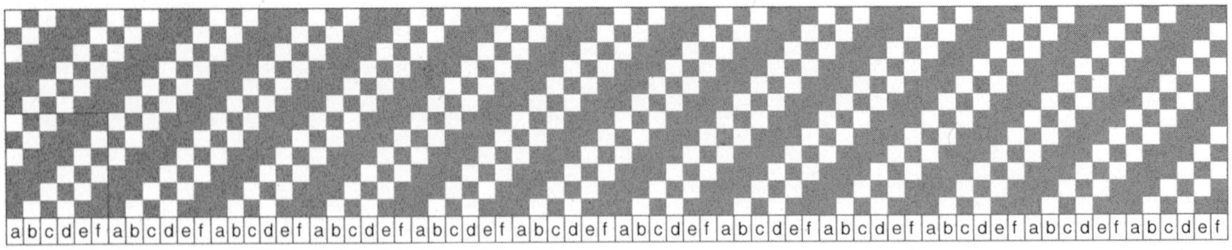

복합조직 Motive design. 종광 6매 x n, 조직 원 리피트 6n x 6n.

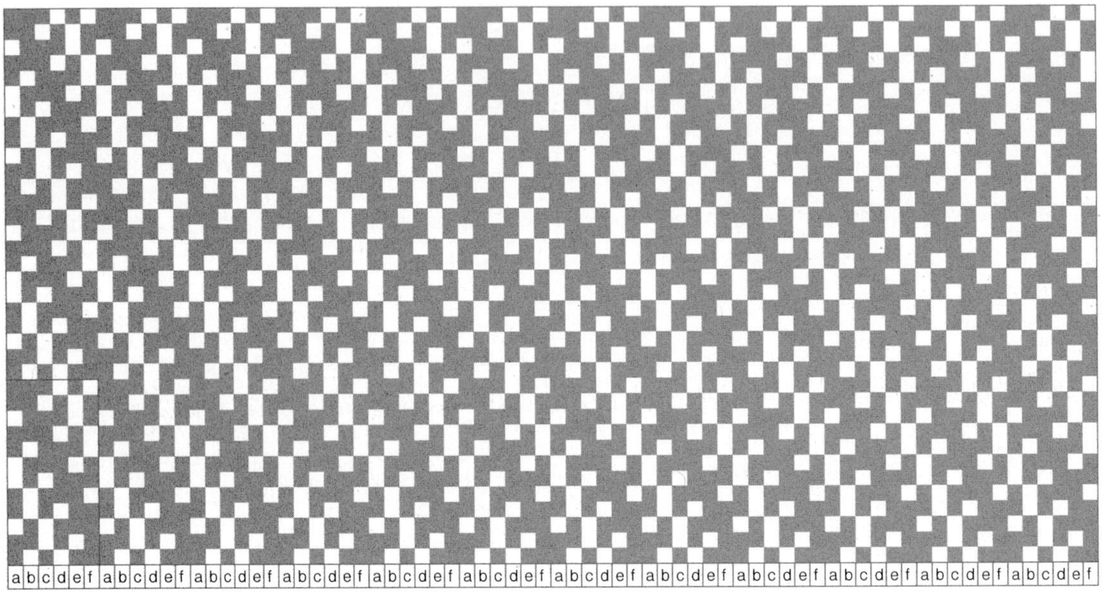

위 복합조직 Motive design에서 위사 2잔류 3삭제를 반복하여 유도한 복합조직. 종광 6매 x n, 조직 원 리피트 6n x 12n.

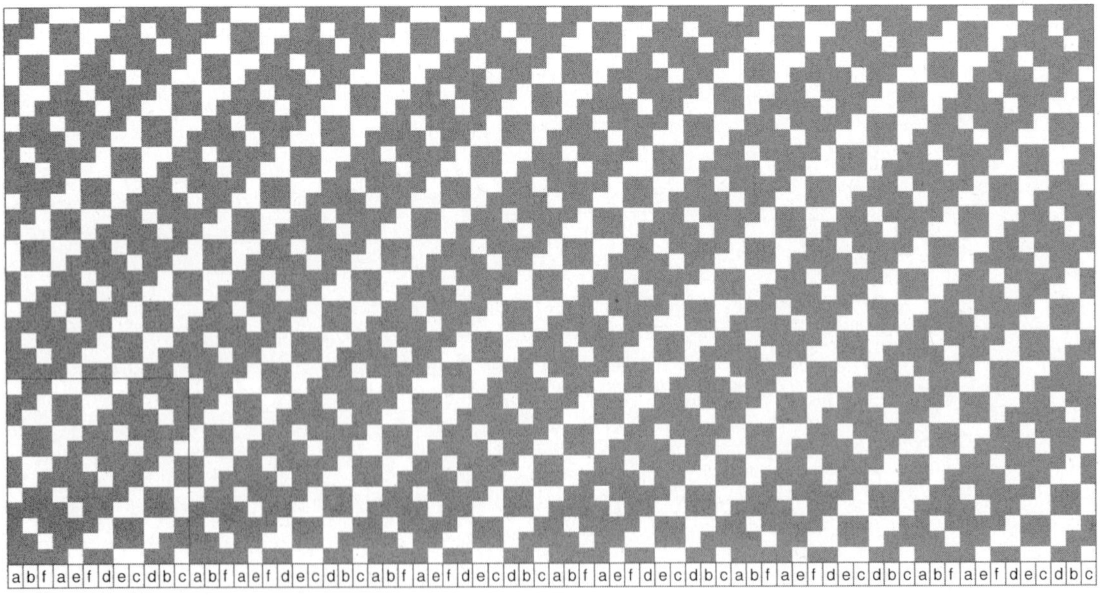

위 복합조직 Motive design에서 위사 2잔류 3삭제, 경사 2잔류 3삭제를 반복하여 유도한 복합조직. 종광 6매 x n, 조직 원 리피트 12n x 12n.

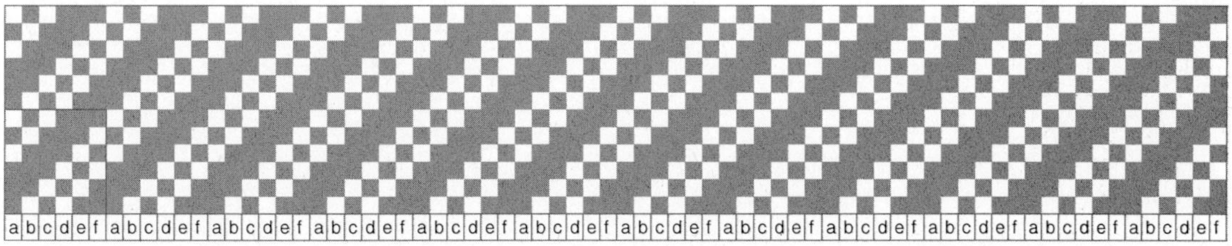

abcdef abcdef abcdef abcdef abcdef abcdef abcdef abcdef abcdef abcdef abcdef abcdef abcdef abcdef abcdef abcdef

복합조직 Motive design. 종광 6매 x n, 조직 원 리피트 6n x 6n.

abcdef abcdef abcdef abcdef abcdef abcdef abcdef abcdef abcdef abcdef abcdef abcdef abcdef abcdef abcdef abcdef

위 복합조직 Motive design에서 위사 3잔류 2삭제를 반복하여 유도한 복합조직. 종광 6매 x n, 조직 원 리피트 6n x 18n.

abcf abef adef cdeb cda bcf abef adef cdeb cda bcf abef adef cdeb cda bcf abef adef cdeb cd

위 복합조직 Motive design에서 위사 3잔류 2삭제, 경사 3잔류 2삭제를 반복하여 유도한 복합조직. 종광 6매 x n, 조직 원 리피트 18n x 18n.

복합조직 Motive design. 종광 6매 x n, 조직 원 리피트 6n x 6n.

위 복합조직 Motive design에서 위사 3잔류 4삭제를 반복하여 유도한 복합조직. 종광 6매 x n, 조직 원 리피트 6n x 18n.

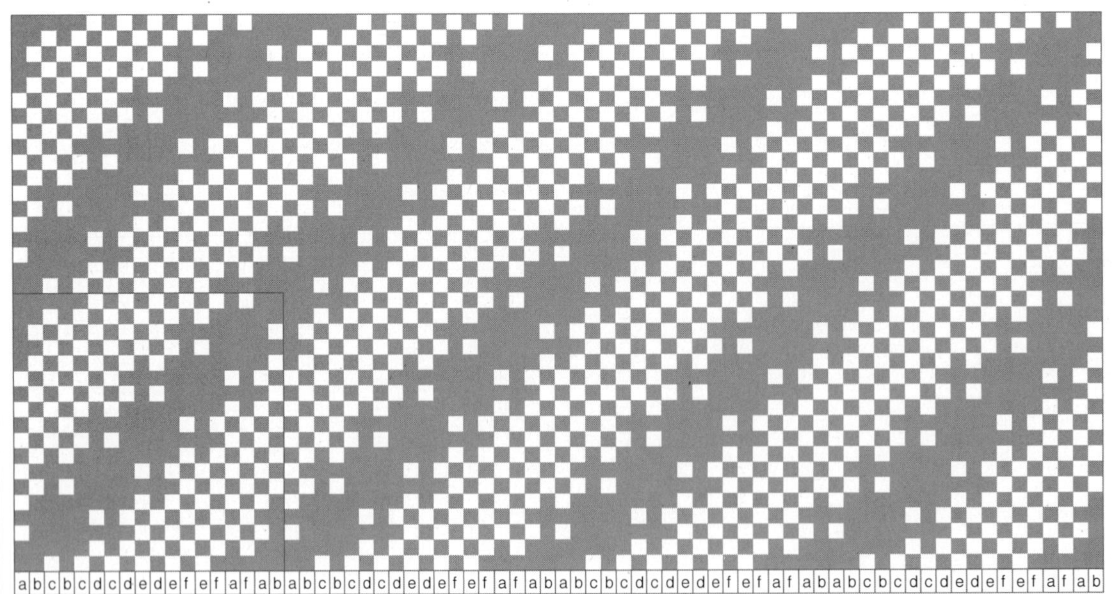

위 복합조직 Motive design에서 위사 3잔류 4삭제, 경사 3잔류 4삭제를 반복하여 유도한 복합조직. 종광 6매 x n, 조직 원 리피트 18n x 18n.

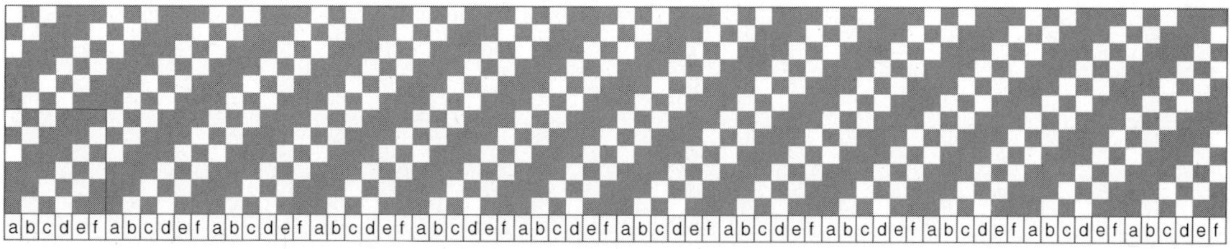

abcdef abcdef abcdef abcdef abcdef abcdef abcdef abcdef abcdef abcdef abcdef abcdef abcdef abcdef abcdef abcdef

복합조직 Motive design. 종광 6매 x n, 조직 원 리피트 6n x 6n.

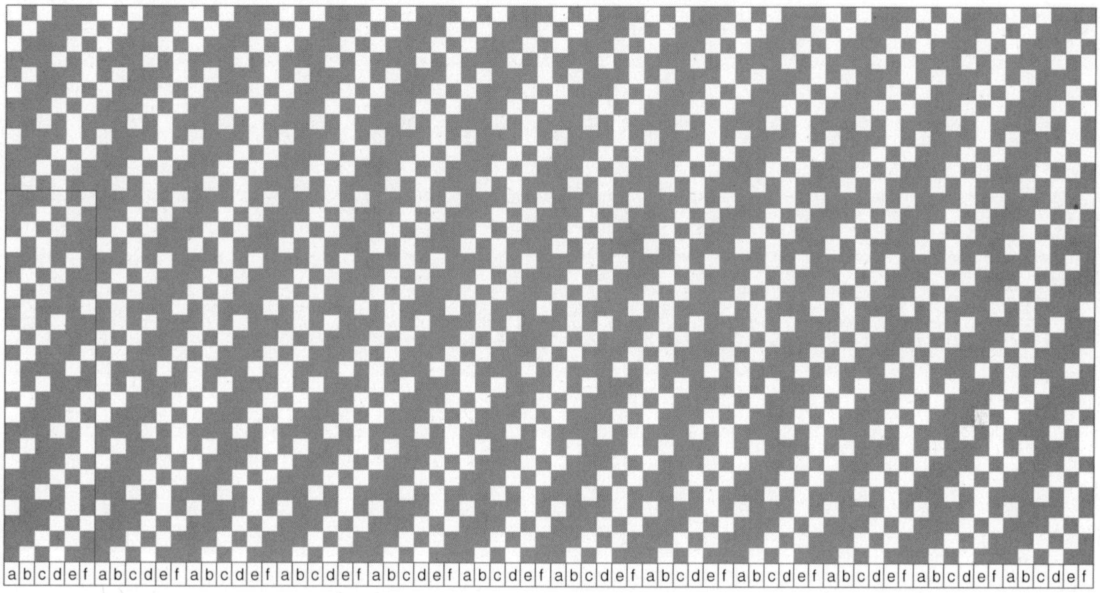

abcdef abcdef abcdef abcdef abcdef abcdef abcdef abcdef abcdef abcdef abcdef abcdef abcdef abcdef abcdef abcdef

위 복합조직 Motive design에서 위사 4잔류 3삭제를 반복하여 유도한 복합조직. 종광 6매 x n, 조직 원 리피트 6n x 24n.

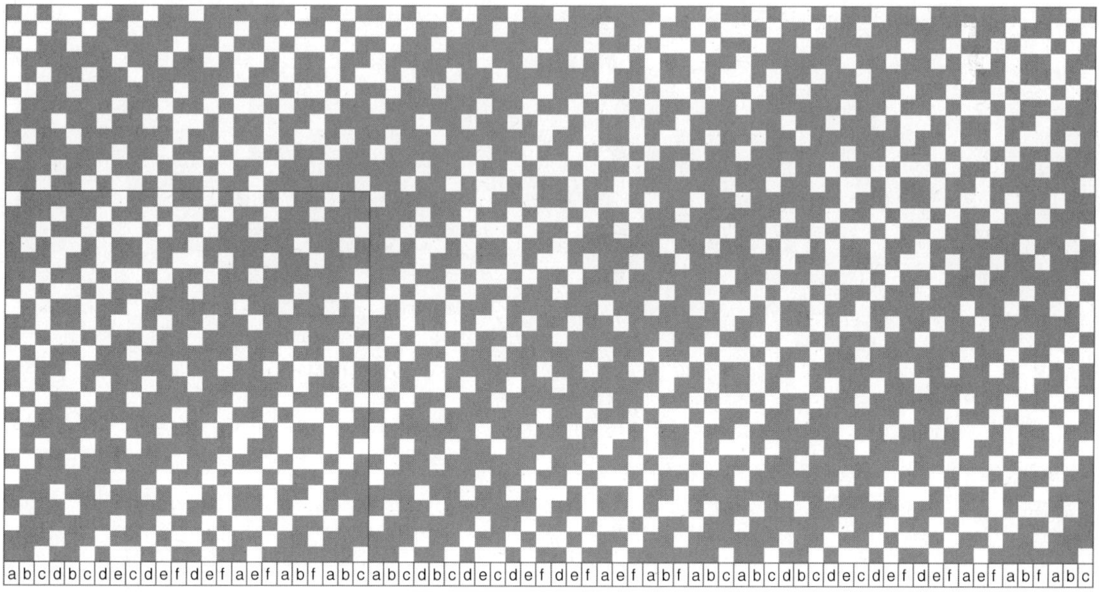

abcdbcdecdefdefaefabfabcabcdbcdecdefdefaefabfabcabcdbcdecdefdefaefabfabc

위 복합조직 Motive design에서 위사 4잔류 3삭제, 경사 4잔류 3삭제를 반복하여 유도한 복합조직. 종광 6매 x n, 조직 원 리피트 24n x 24n.

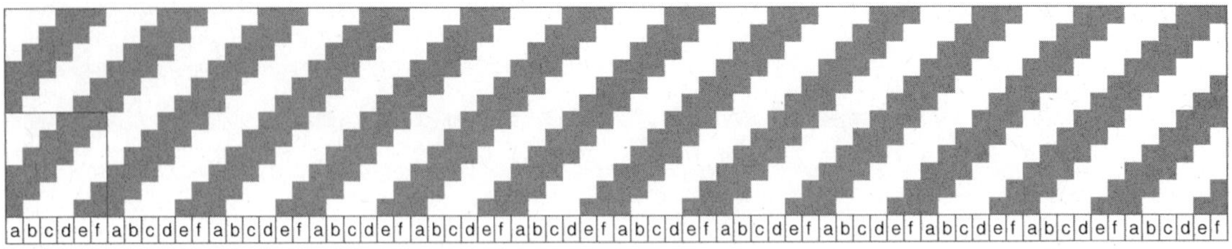

복합조직 Motive design. 종광 6매 x n, 조직 원 리피트 6n x 6n.

위 복합조직 Motive design에서 위사 2잔류 3삭제를 반복하여 유도한 복합조직. 종광 6매 x n, 조직 원 리피트 6n x 12n.

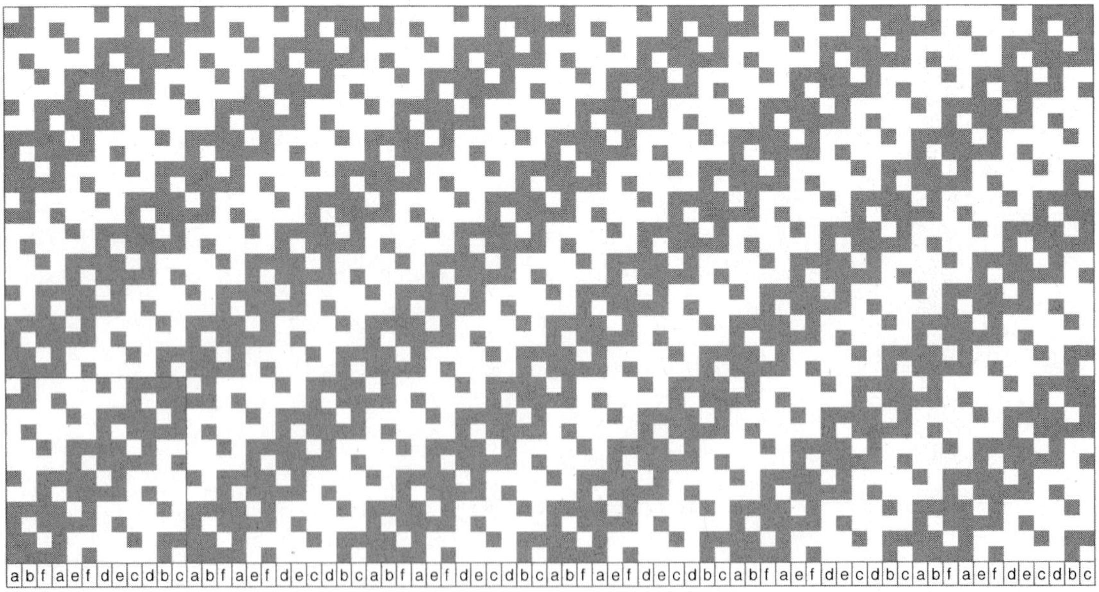

위 복합조직 Motive design에서 위사 2잔류 3삭제, 경사 2잔류 3삭제를 반복하여 유도한 복합조직. 종광 6매 x n, 조직 원 리피트 12n x 12n.

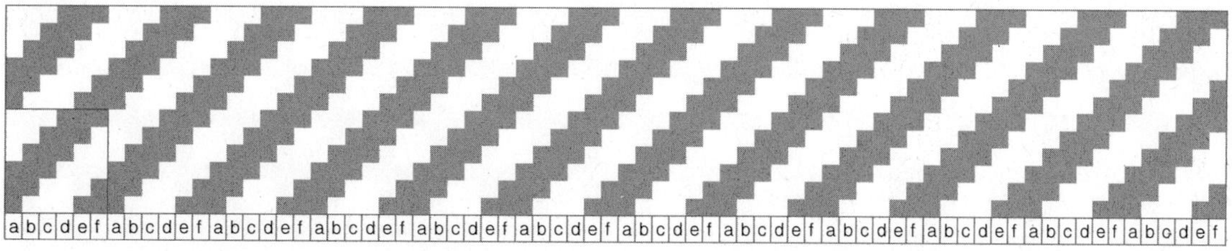

복합조직 Motive design. 종광 6매 x n, 조직 원 리피트 6n x 6n.

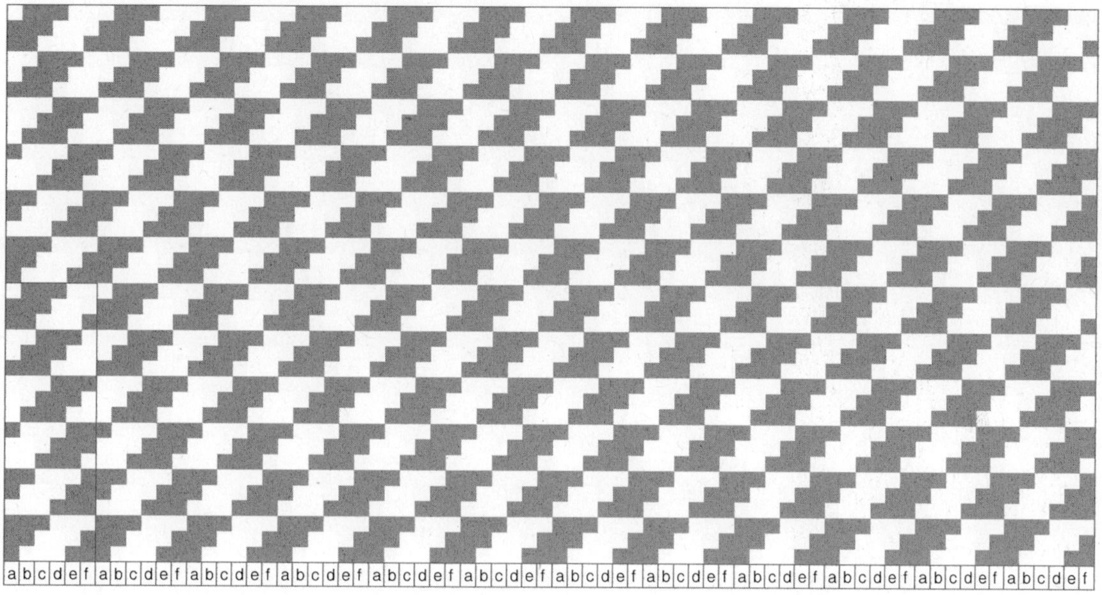

위 복합조직 Motive design에서 위사 3잔류 2삭제를 반복하여 유도한 복합조직. 종광 6매 x n, 조직 원 리피트 6n x 18n.

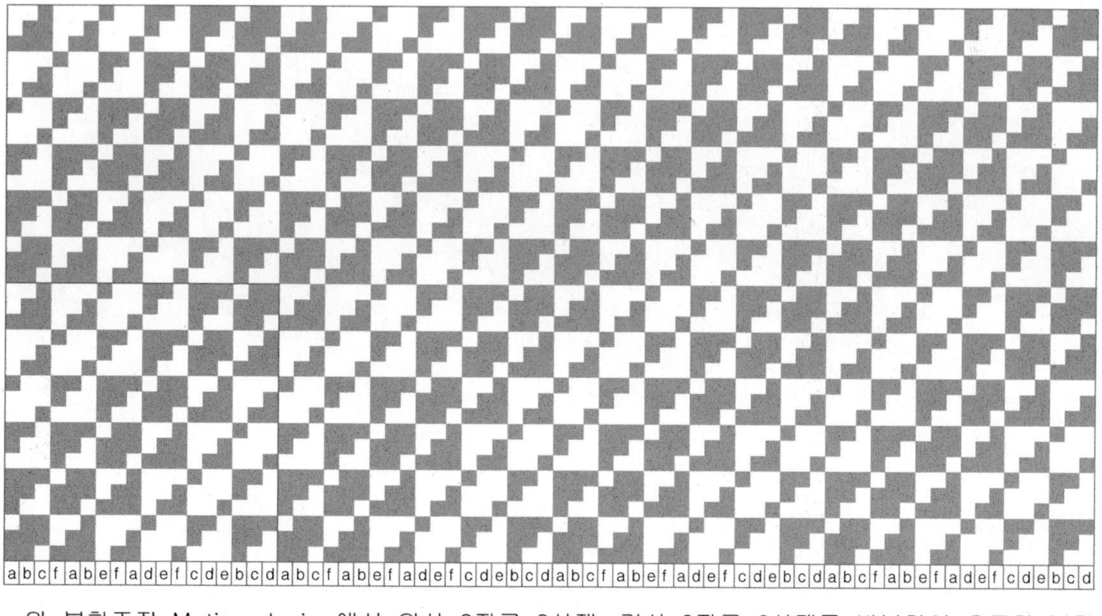

위 복합조직 Motive design에서 위사 3잔류 2삭제, 경사 3잔류 2삭제를 반복하여 유도한 복합조직. 종광 6매 x n, 조직 원 리피트 18n x 18n.

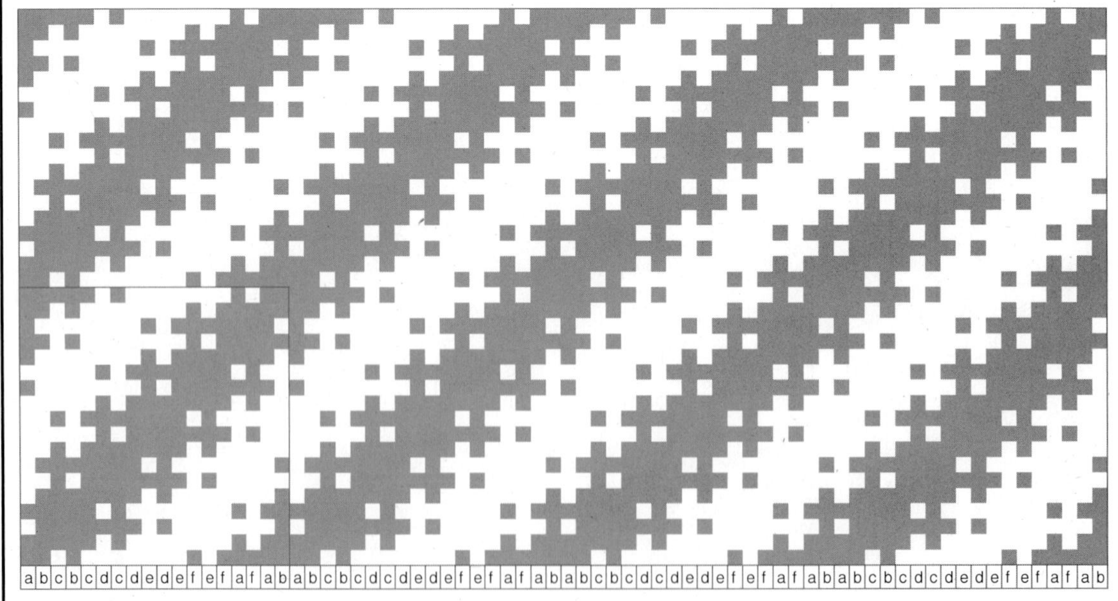

복합조직 Motive design. 종광 6매 x n, 조직 원 리피트 6n x 6n.

위 복합조직 Motive design에서 위사 3잔류 4삭제를 반복하여 유도한 복합조직. 종광 6매 x n, 조직 원 리피트 6n x 18n.

위 복합조직 Motive design에서 위사 3잔류 4삭제, 경사 3잔류 4삭제를 반복하여 유도한 복합조직. 종광 6매 x n, 조직 원 리피트 18n x 18n.

복합조직 Motive design. 종광 6매 x n, 조직 원 리피트 6n x 6n.

위 복합조직 Motive design에서 위사 4잔류 3삭제를 반복하여 유도한 복합조직. 종광 6매 x n, 조직 원 리피트 6n x 24n.

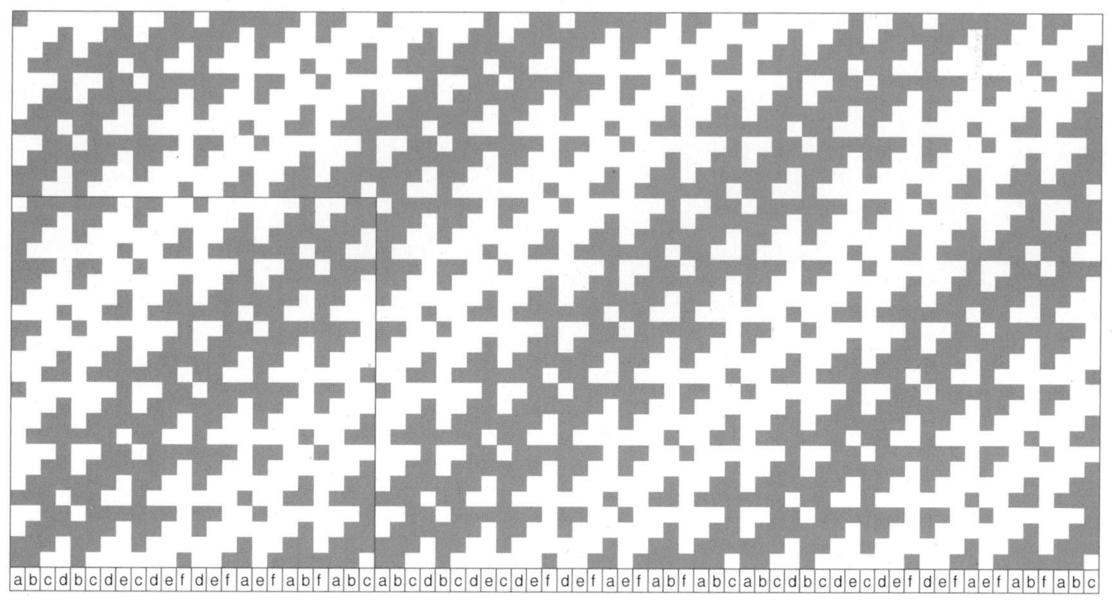

위 복합조직 Motive design에서 위사 4잔류 3삭제, 경사 4잔류 3삭제를 반복하여 유도한 복합조직. 종광 6매 x n, 조직 원 리피트 24n x 24n.

04. 복합조직 합성법

  선정한 기본 Motive 조직에서 유도 생성된 복합조직을 Herring bone형 또는 마름모형으로 합성하면 조직의 다양성이 더 넓어진다.

  Herring bone형 합성은 Motive 조직 경사를 역순으로 배열하여 좌측 또는 우측에 연결하면 된다. 처음 시작과 마지막 조직선 즉 기준이 되는 조직 선은 중복이 발생되므로 이를 피하기 위하여 삭제 시킨다.

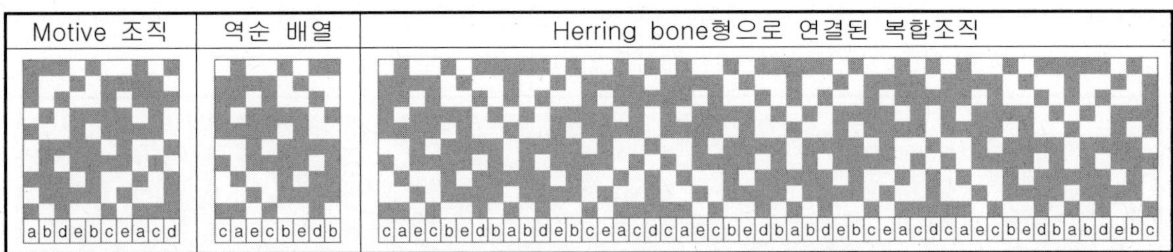

  마름모형 합성은 Herring bone형과 같은 방법으로, 경사 방향은 역순으로 배열한 조직을 좌측 또는 우측으로 연결하고, 위사 방향 역시 역순으로 배열한 조직을 상단이나 하단에 연결한다. 이때 경·위사의 작업 순서가 달라도 생성되는 조직은 동일하다.

이때도 경·위 모두 처음 시작과 마지막 조직선 즉 기준이 되는 조직 선은 중복이 발생하므로 이를 피하기 위하여 조직 선을 삭제 시킨다.

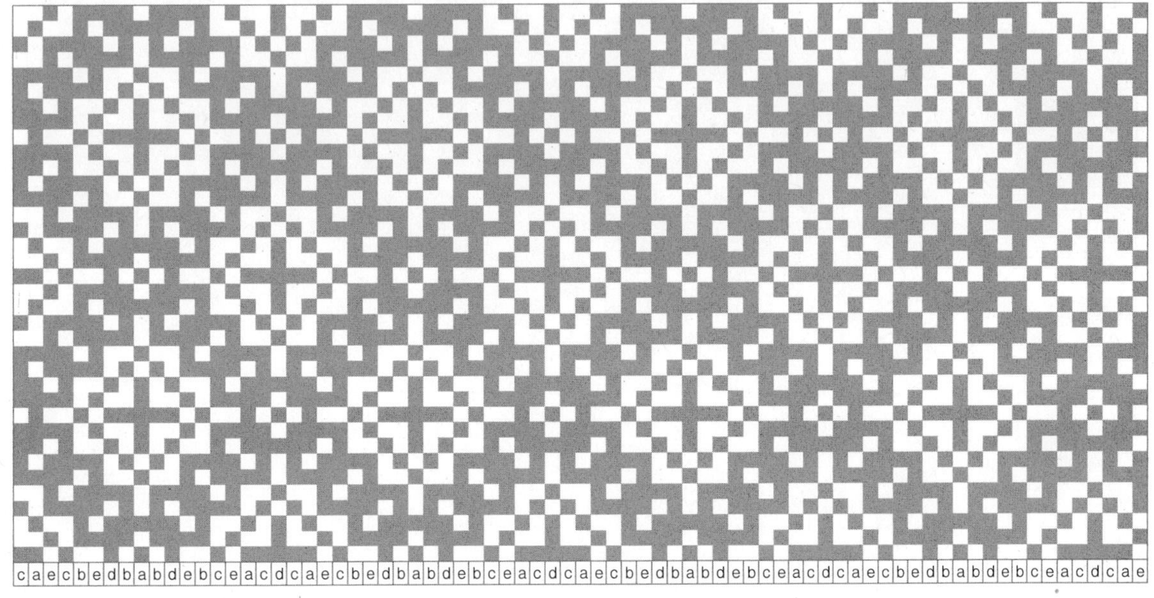

마름모형으로 합성할 때, 대칭의 기준이 되는 조직 선을 Motive 조직 대각선 중심에 배치시켜야 연결이 안정되고 교차되는 무늬의 형태나 크기가 동일하다.
디자인 크기의 변화는 Motive 조직 본수의 1/4 이동시 가장 커지고, 디자인 형태의 변화는 Motive 조직 본수의 1/2 이동시 가장 변화가 많아지게 된다.
대칭의 기준이 되는 조직 선은 조직 원 리피트 당 일반적으로 1개가 존재하나, 대칭에 준하는 조직선 또는 대칭 기준선이 없는 조직도 있을 수가 있다.

다음 아래의 3개 그림은, 대칭선을 대각선 중심에 배치한 조직도와, 중심에서 Motive 조직 본수의 1/4본 이동, 1/2본 이동한 조직도와의 비교 그림이다.

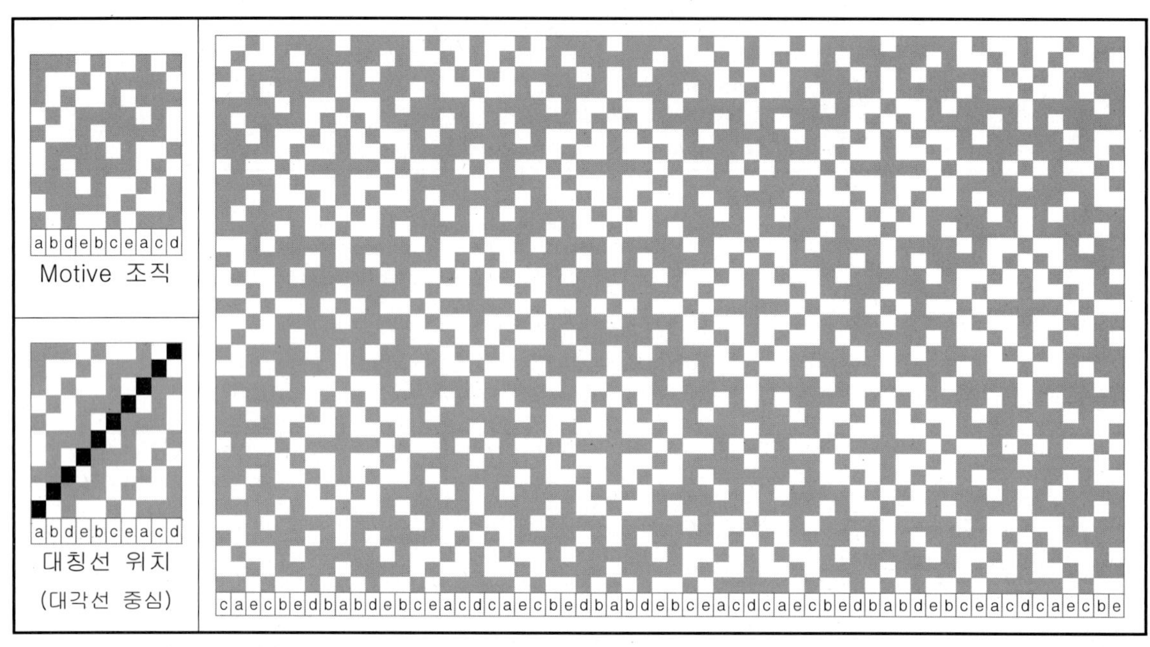

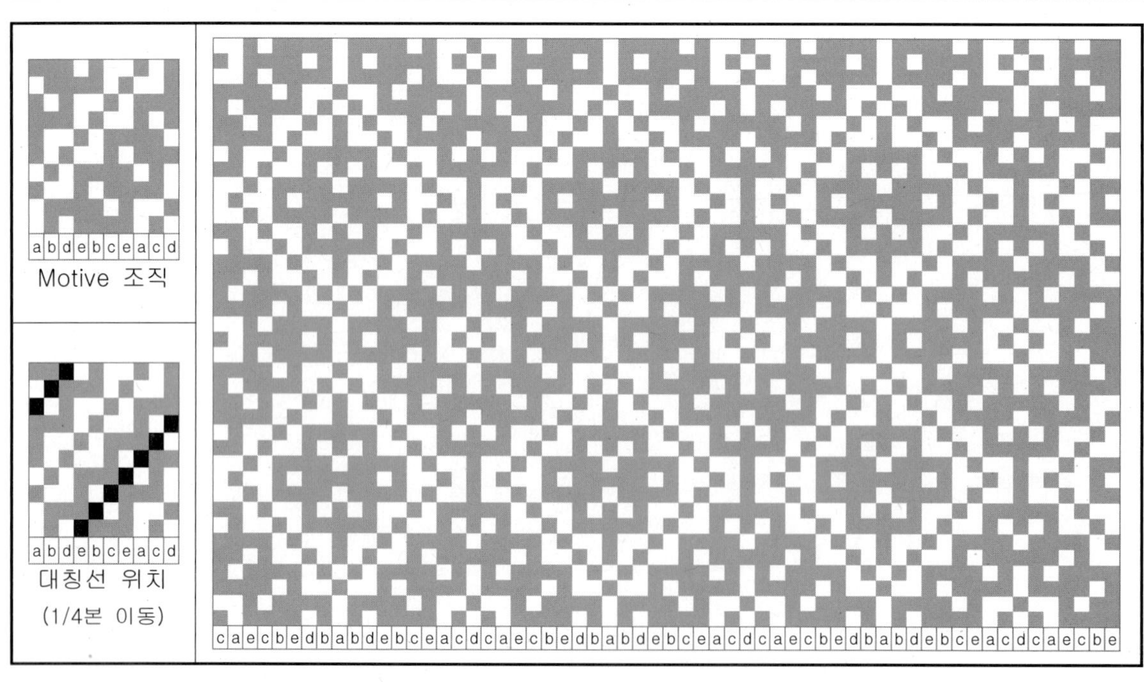

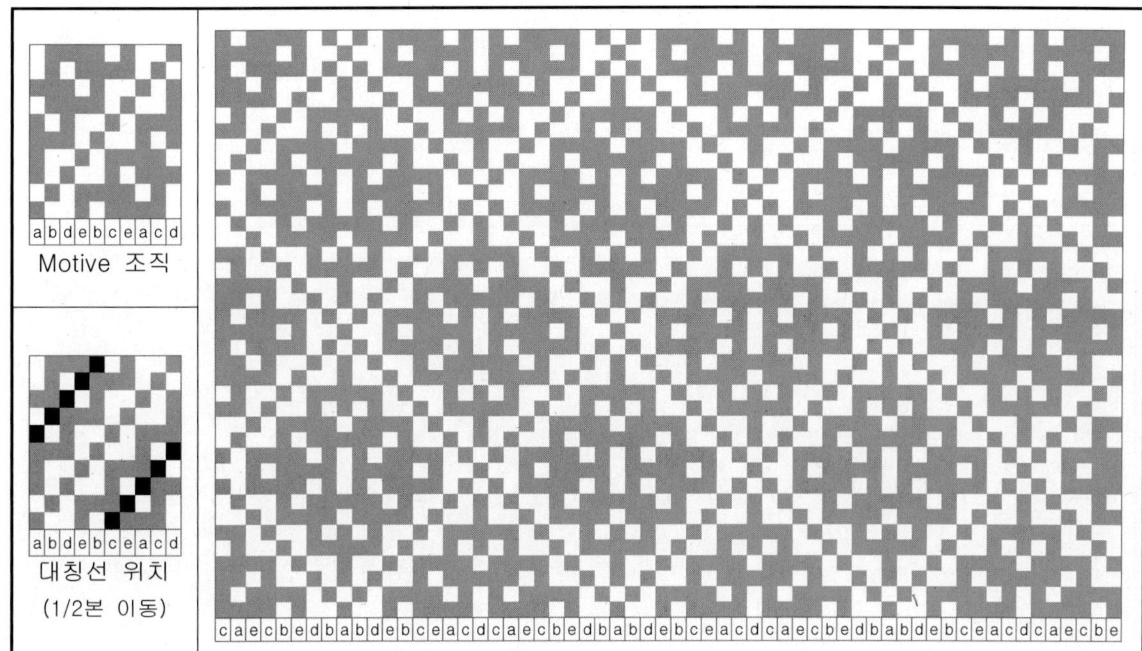

위의 그림은 대칭선의 위치 변화에 따른 효과도이다.

직물을 생산하는 제직기의 대부분은 Dobby 개구 방식이다. 이제까지 Dobby 개구 방식의 한정된 종광 본수로 큰 조직의 제직이 불가능했으며, 이는 생산의 한계이고 현실적으로 넘을 수 없는 벽이었다. 이제 복합조직 유도기법을 적용하면 종광 매수 한계를 상당부분 극복할 수 있게 된다.

제2장 복합조직 유도법은 주어진 종광 매수 내에서 크고 많은 조직을 쉽게 작도하여 생산에 적용할 수 있도록 설명하였다. 조직의 수나 조직의 크기는 논리적으로 무한대의 영역까지 확장이 가능하다.

엄청나고 감동적인 조직의 표현과 설명이, 여기서는 좁은 지면의 사정으로 작도의 표현이 불가능하다. 독자 여러분이 직접 작도하여 활용하시기를 바라며, 이번 장에서는 작도가 가능한 작은 매수의 적은 조직을 예로 들어 설명하기로 한다.

다음은 복합조직 합성 방법과 결과에 대한 설명이다.

다음 설명에서 표기된 n은 상수로, 취합조직 조직 원 리피트 본수이다. 단 취합조직 조직 원 리피트 내에 공통된 조직선이 존재하면 이를 제거한 본수가 된다.

abcdabcdabcdabcdabcdabcdabcdabcdabcdabcdabcdabcdabcdabcdabcdabcdabcdabcdabcdabcd

복합조직 Motive design. 종광 4매 x n, 조직 원 리피트 4n x 4n.

abdacdbcabdacdbcabdacdbcabdacdbcabdacdbcabdacdbcabdacdbcabdacdbcabdacdbcabdacdbc

　　위 복합조직 Motive design에서 위사 2잔류 1삭제, 경사 2잔류 1삭제를 반복하여 생성된 복합조직.　종광 4매 x n, 조직 원 리피트 8n x 8n.

bdcadbabdacdbcbdcadbabdacdbcbdcadbabdacdbcbdcadbabdacdbcbdcadbabdacdbcbdcadbabdacdbcbd

　　위 복합조직 Motive design에서 Herring bone형으로 합성, 종광은 Motive 조직과 동일하게 4매 x n매이고, 조직 원 리피트 14n매 x 8n매.

　좌측 복합조직 Motive design에서 위사 2잔류 1삭제, 경사 2잔류 1삭제를 반복하여 생성된 복합조직을 마름모형으로 합성한 복합조직, 종광은 Motive 조직과 동일하게 4매 x n매이고, 조직 원 리피트 14n매 x 14n매.

복합조직 Motive design. 종광 4매 x n, 조직 원 리피트 4n x 4n.

위 복합조직 Motive design에서 위사 4잔류 1삭제, 경사 4잔류 1삭제를 반복하여한 복합조직. 종광 4매 x n, 조직 원 리피트 16n x 16n.

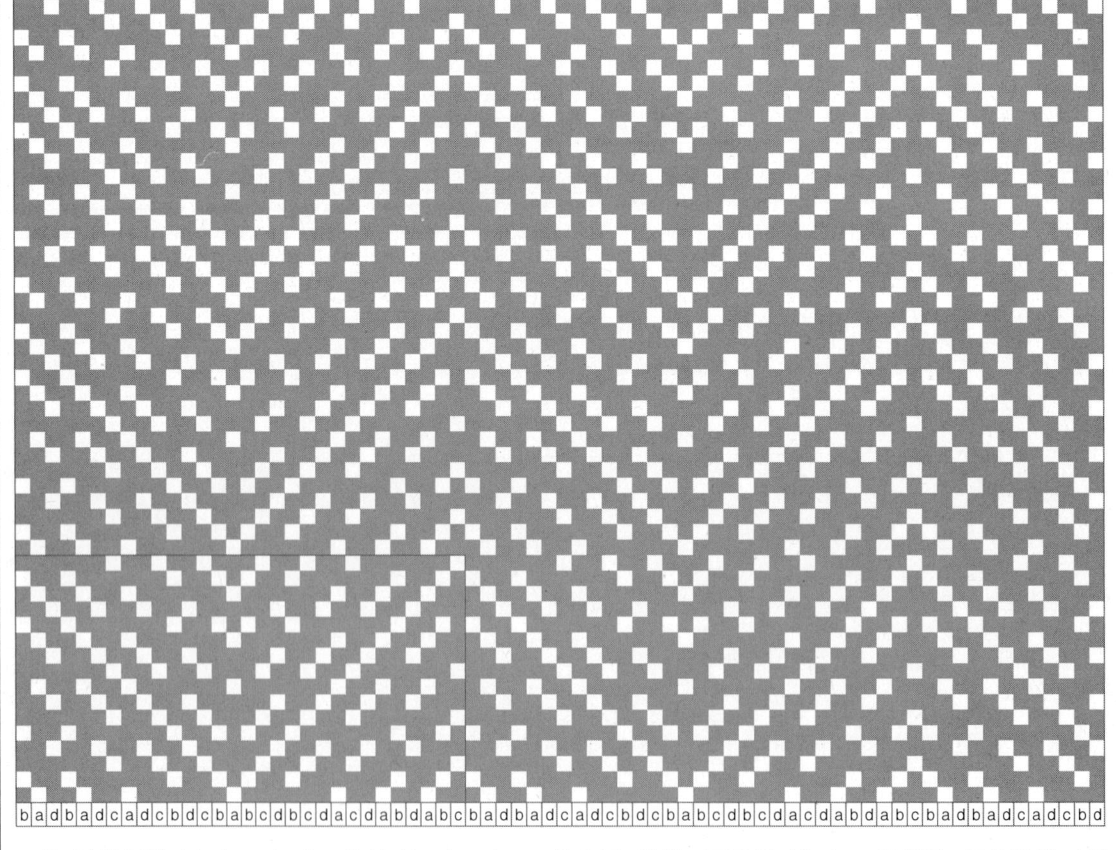

위 복합조직 Motive design에서 Herring bone형으로 합성, 종광은 Motive 조직과 동일하게 4매 x n매이고, 조직 원 리피트 30n매 x 16n매.

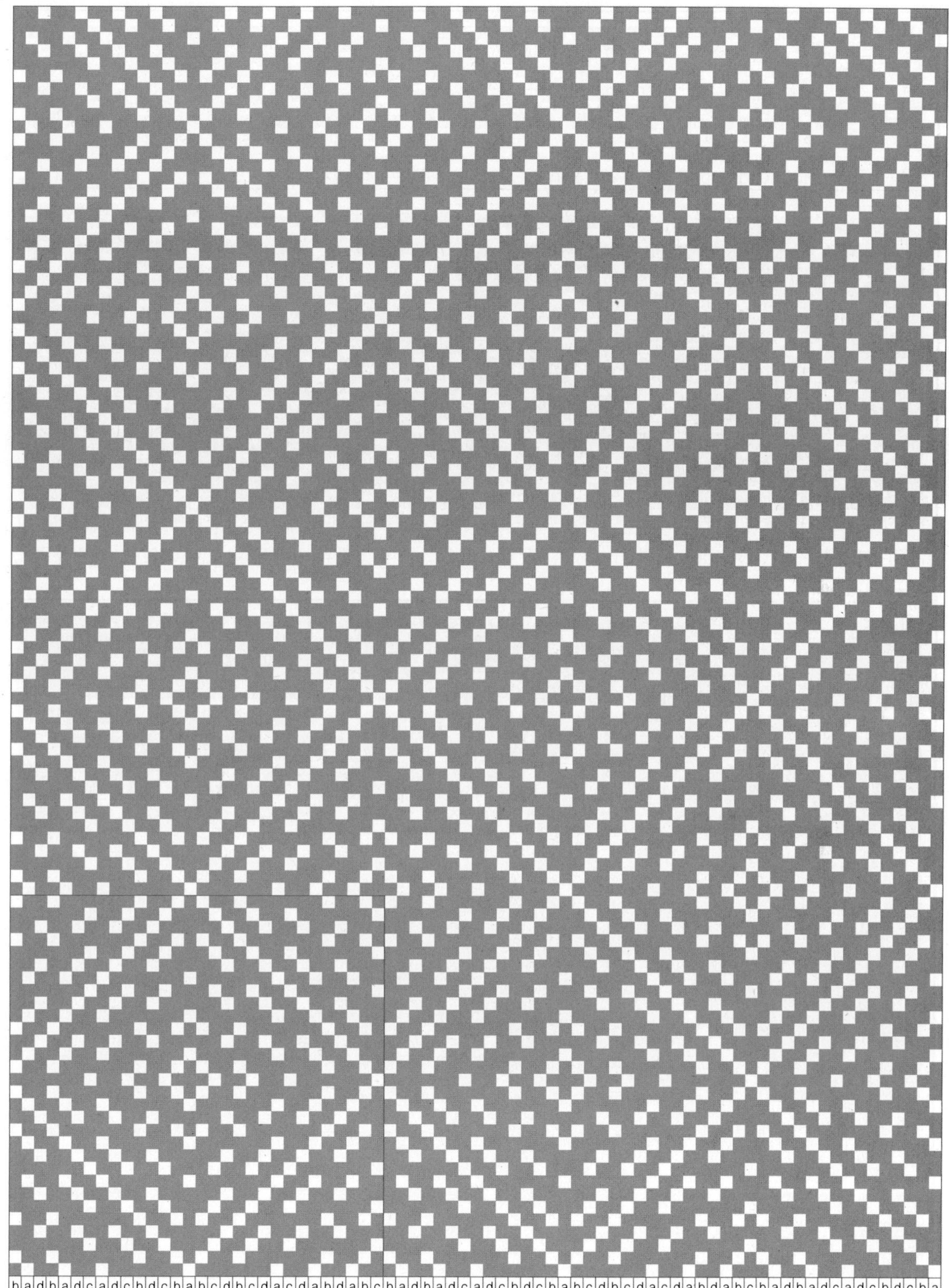

　　좌측 복합조직 Motive design에서 위사 4잔류 1삭제, 경사 4잔류 1삭제를 반복하여 생성된 복합조직을 마름모형으로 합성한 복합조직, 종광은 Motive 조직과 동일하게 4매 x n매이고, 조직 원 리피트 30n매 x 30n매. (n=취합조직 원 리피트 본수).

복합조직 Motive design. 종광 4매 x n, 조직 원 리피트 4n x 4n.

위 복합조직 Motive design에서 위사 3잔류 2삭제, 경사 3잔류 2삭제를 반복하여한 복합조직.
종광 4매 x n, 조직 원 리피트 12n x 12n.

위 복합조직 Motive design에서 Herring bone형으로 합성, 종광은 Motive 조직과 동일하게 4매
x n매이고, 조직 원 리피트 22n매 x 12n매.

　좌측 복합조직 Motive design에서 위사 3잔류 2삭제, 경사 3잔류 2삭제를 반복하여 생성된 복합조직을 마름모형으로 합성한 복합조직, 종광은 Motive 조직과 동일하게 4매 x n매이고, 조직 원 리피트 22n매 x 22n매. (n=취합조직 원 리피트 본수).

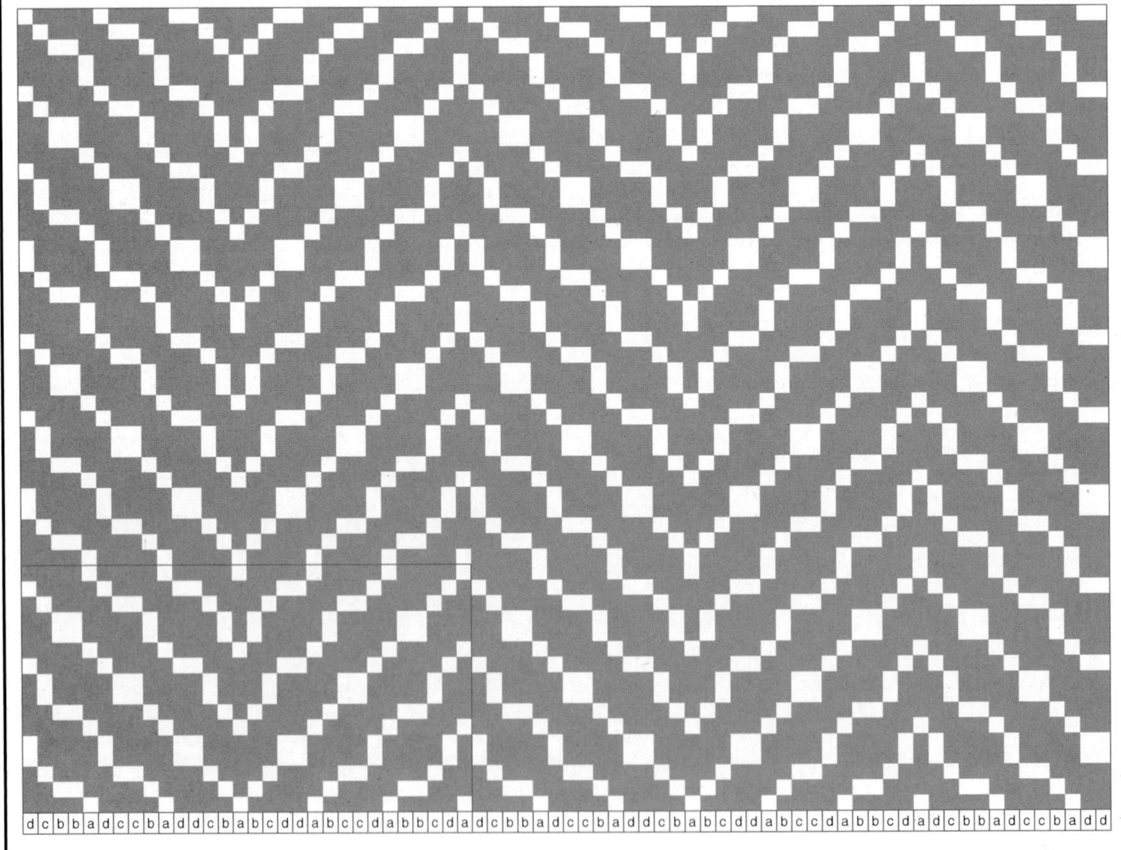

복합조직 Motive design. 종광 4매 x n, 조직 원 리피트 4n x 4n.

위 복합조직 Motive design에서 위사 4잔류 3삭제, 경사 4잔류 3삭제를 반복하여한 복합조직. 종광 4매 x n, 조직 원 리피트 16n x 16n.

위 복합조직 Motive design에서 Herring bone형으로 합성, 종광은 Motive 조직과 동일하게 4매 x n매이고, 조직 원 리피트 30n매 x 16n매.

　　좌측 복합조직 Motive design에서 위사 3잔류 2삭제, 경사 3잔류 2삭제를 반복하여 생성된 복합조직을 마름모형으로 합성한 복합조직, 종광은 Motive 조직과 동일하게 4매 x n매이고, 조직 원 리피트 30n매 x 30n매. (n=취합조직 원 리피트 본수).

복합조직 Motive design. 종광 4매 x n, 조직 원 리피트 4n x 4n.

위 복합조직 Motive design에서 위사 2잔류 1삭제, 2잔류 2삭제. 경사 2잔류 1삭제, 2잔류 2삭제를 반복하여 유도한 복합조직. 종광 4매 x n, 조직 원 리피트 16n x 16n.

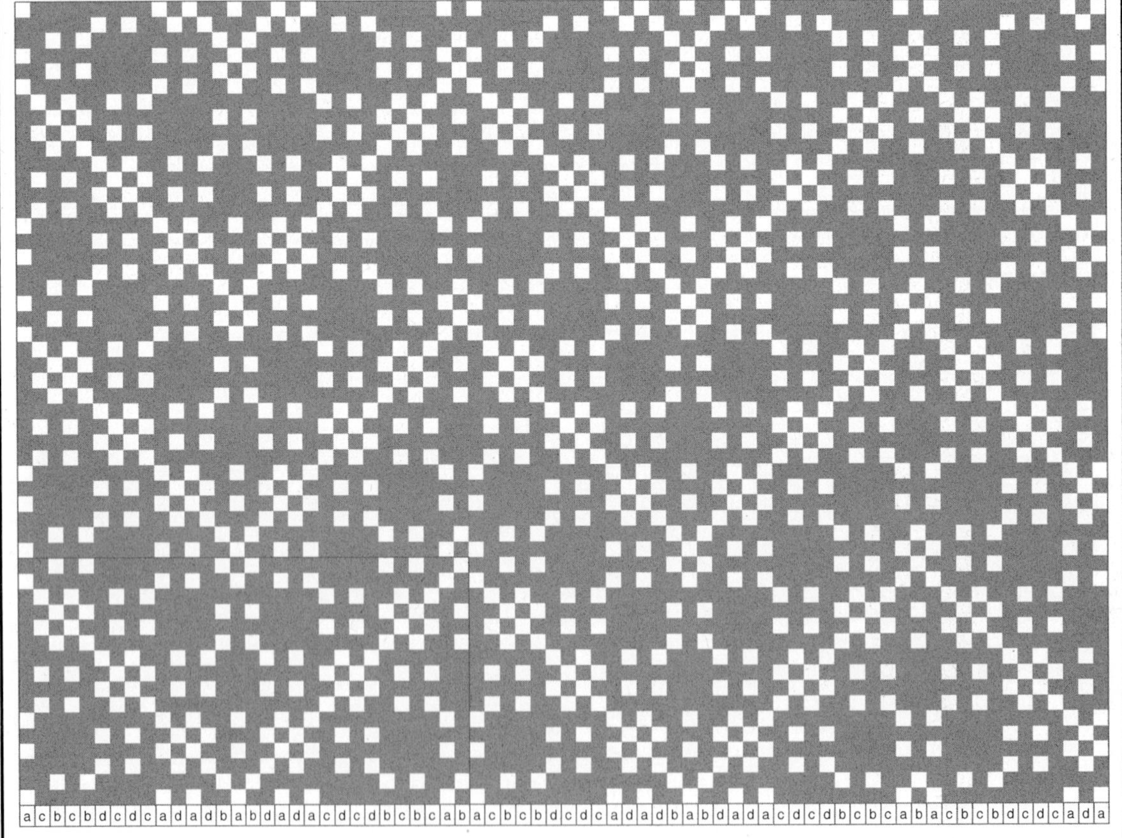

위 복합조직 Motive design에서 Herring bone형으로 합성, 종광은 Motive 조직과 동일하게 4매 x n매이고, 조직 원 리피트 30n매 x 16n매.

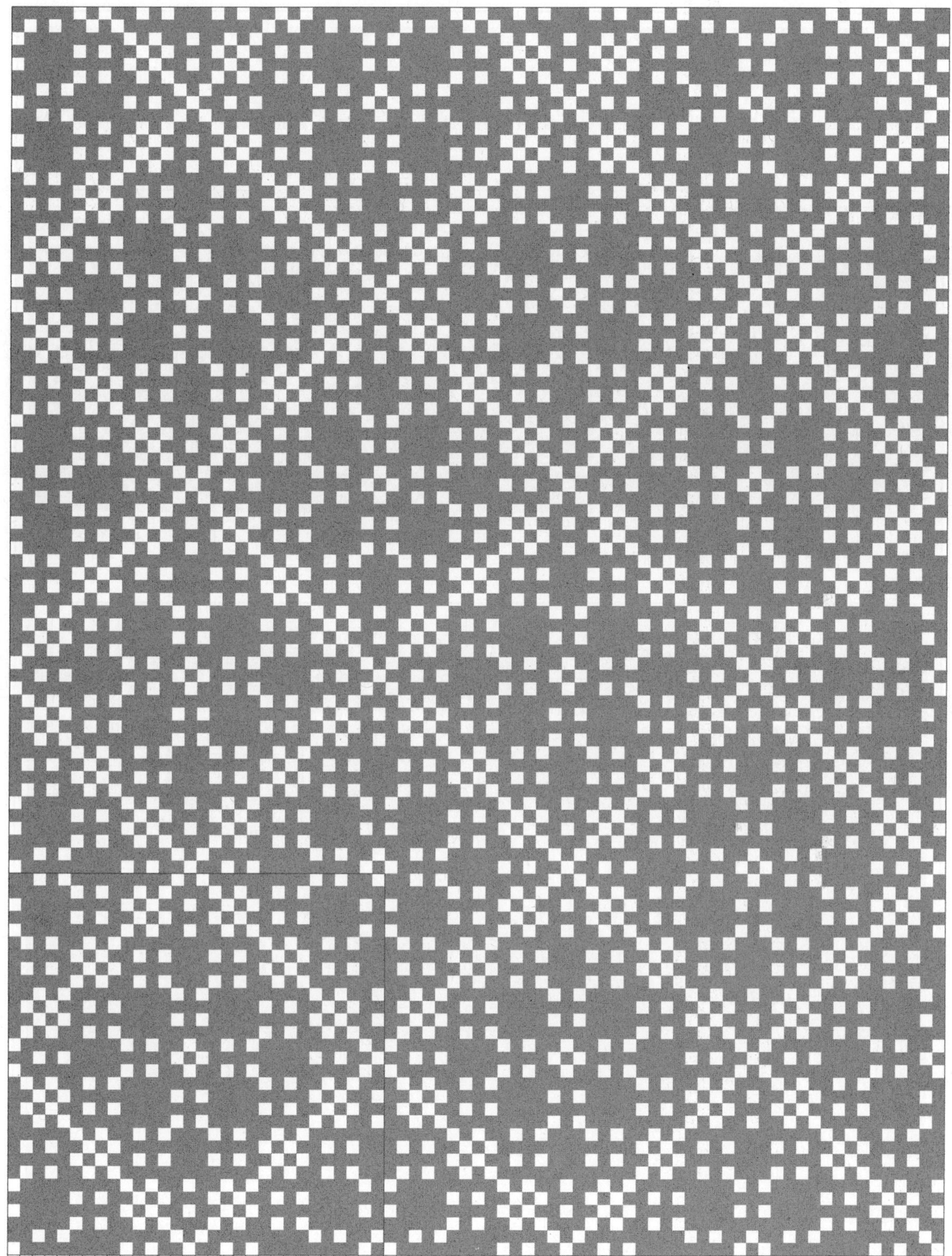

　좌측 복합조직 Motive design에서 위사 2잔류 1삭제, 2잔류 2삭제. 경사 2잔류 1삭제, 2잔류 2삭제를 반복하여 생성된 복합조직을 마름모형으로 합성한 복합조직. 종광은 Motive 조직과 동일하게 4매 x n매이고, 조직 원 리피트 30n매 x 30n매. (n=취합조직 원 리피트 본수).

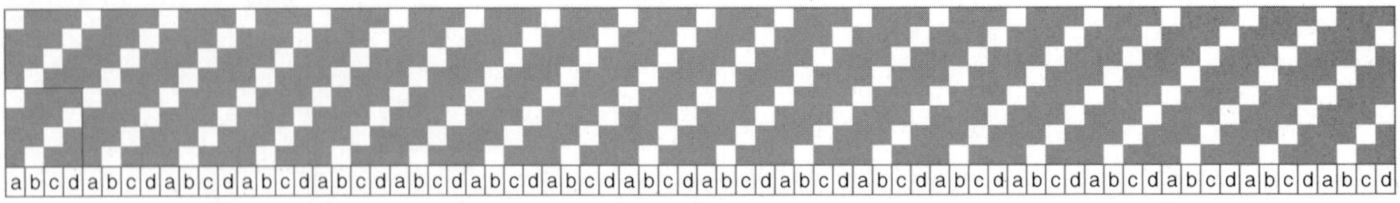

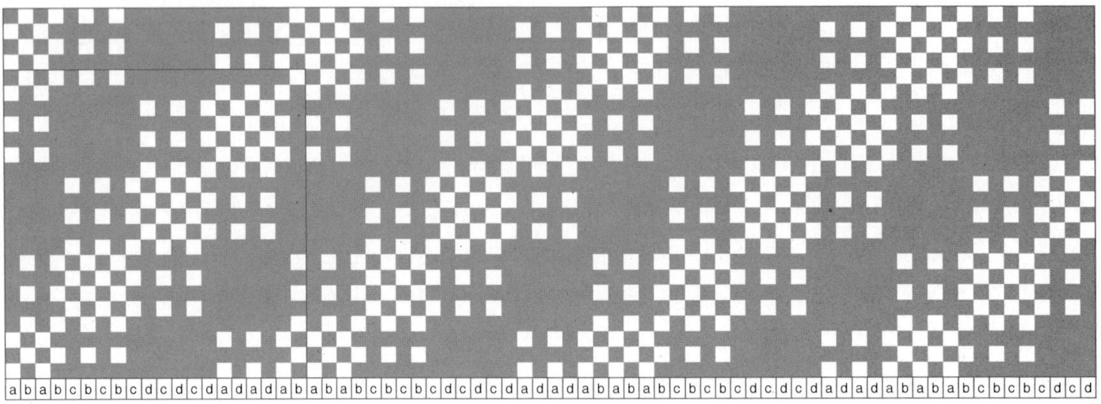

복합조직 Motive design. 종광 4매 x n, 조직 원 리피트 4n x 4n.

위 복합조직 Motive design에서 위사 2잔류 2삭제, 3잔류 2삭제. 경사 2잔류 2삭제, 3잔류 2삭제를 반복하여 유도한 복합조직. 종광 4매 x n,

위 복합조직 Motive design에서 Herring bone형으로 합성. 종광은 Motive 조직과 동일하게 4매 x n매이고, 조직 원 리피트 38n매 x 20n매.

　좌측 복합조직 Motive design에서 위사 2잔류 2삭제, 3잔류 2삭제. 경사 2잔류 2삭제, 3잔류 2삭
제를 반복하여 생성된 복합조직을 마름모형으로 합성한 복합조직. 종광은 Motive 조직과 동일하게
4매 x n매이고, 조직 원 리피트 38n매 x 38n매. (n=취합조직 원 리피트 본수).

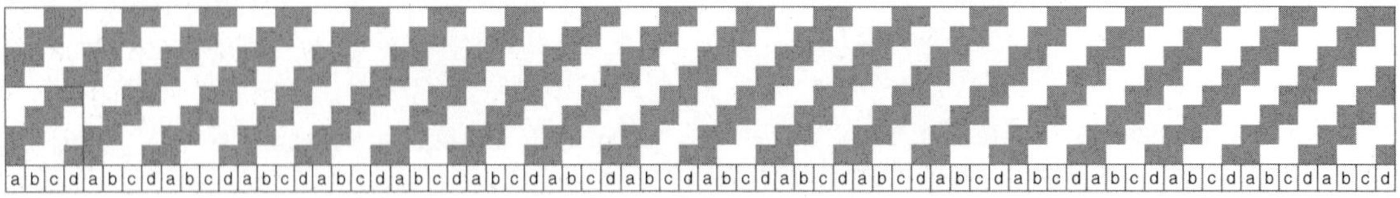

복합조직 Motive design. 종광 4매 x n, 조직 원 리피트 4n x 4n.

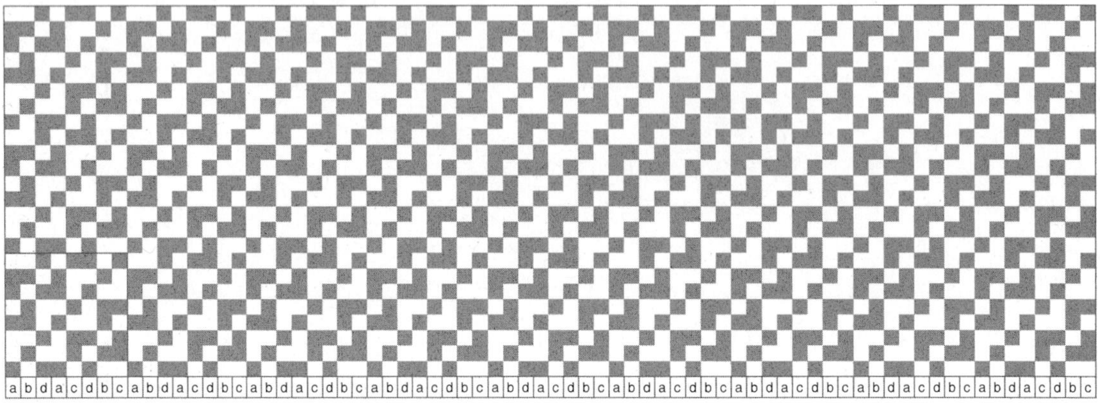

위 복합조직 Motive design에서 위사 2잔류 1삭제, 경사 2잔류 1삭제를 반복하여 유도한 복합
조직. 종광 4매 x n, 조직 원 리피트 8n x 8n.

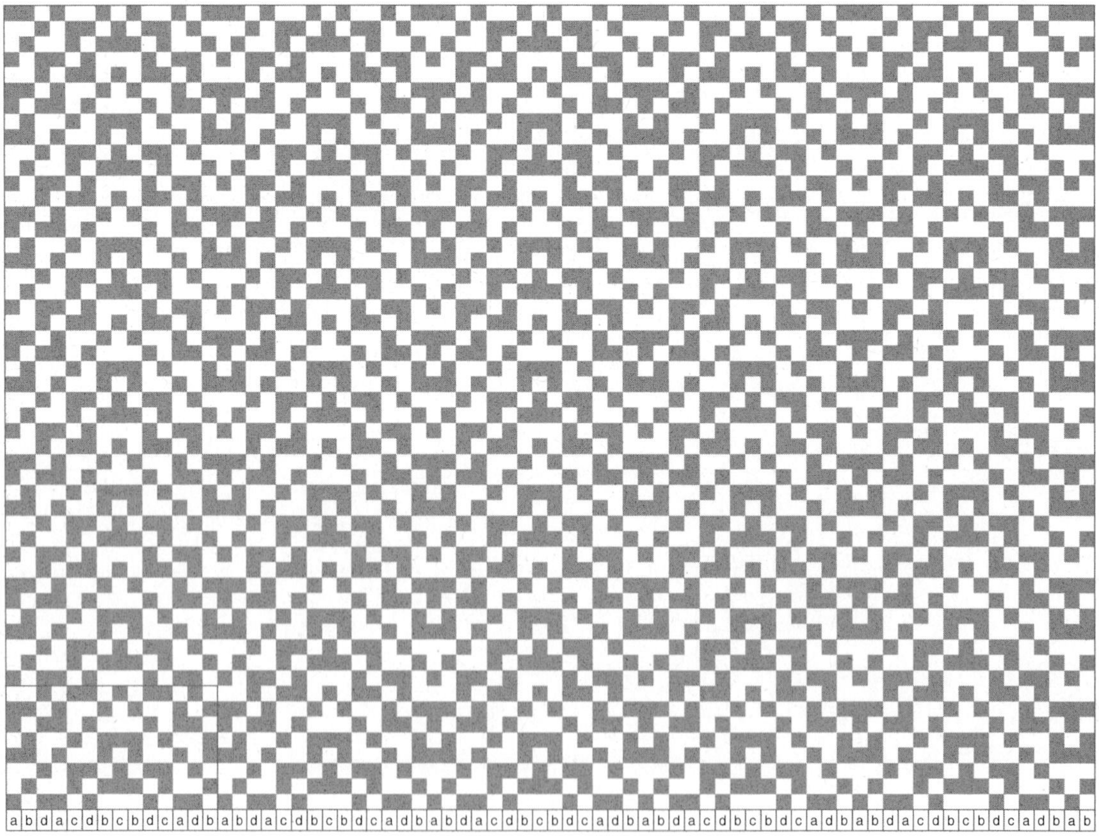

위 복합조직 Motive design에서 Herring bone형으로 합성, 종광은 Motive 조직과 동일하게 4매
x n매이고, 조직 원 리피트 14n매 x 8n매.

　좌측 복합조직 Motive design에서 위사 2잔류 1삭제, 경사 2잔류 1삭제를 반복하여 생성된 복합조직을 마름모형으로 합성한 복합조직, 종광은 Motive 조직과 동일하게 4매 x n매이고, 조직 원 리피트 14n매 x 14n매. (n=취합조직 원 리피트 본수).

복합조직 Motive design. 종광 4매 x n, 조직 원 리피트 4n x 4n.

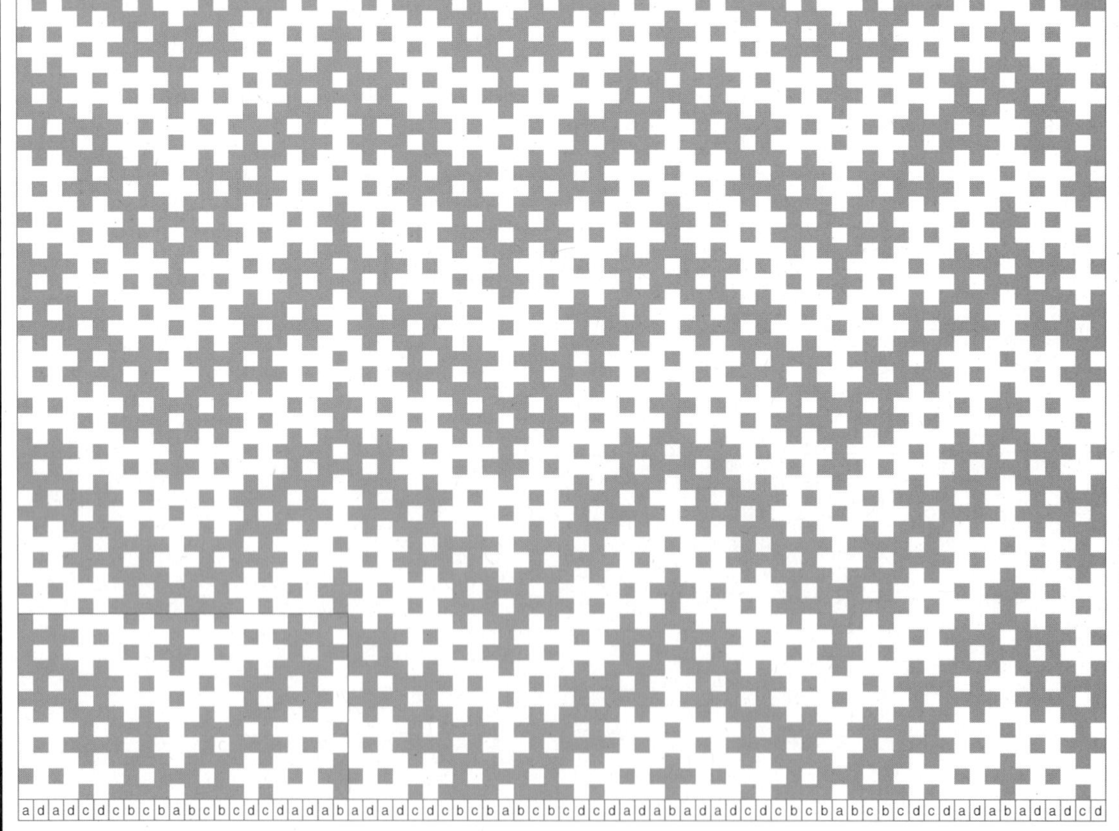

위 복합조직 Motive design에서 위사 3잔류 2삭제, 경사 3잔류 2삭제를 반복하여 유도한 복합
조직. 종광 4매 x n, 조직 원 리피트 12n x 12n.

위 복합조직 Motive design에서 Herring bone형으로 합성, 종광은 Motive 조직과 동일하게 4매
x n매이고, 조직 원 리피트 22n매 x 12n매.

좌측 복합조직 Motive design에서 위사 3잔류 2삭제, 경사 3잔류 2삭제를 반복하여 생성된 복합조직을 마름모형으로 합성한 복합조직. 종광은 Motive 조직과 동일하게 4매 x n매이고, 조직 원 리피트 22n매 x 22n매. (n=취합조직 원 리피트 본수).

복합조직 Motive design. 종광 4매 x n, 조직 원 리피트 4n x 4n.

위 복합조직 Motive design에서 위사 2잔류 1삭제, 2잔류 2삭제. 경사 2잔류 1삭제, 2잔류 2삭제를 반복하여 유도한 복합조직. 종광 4매 x n, 조직 원 리피트 16n x 16n.

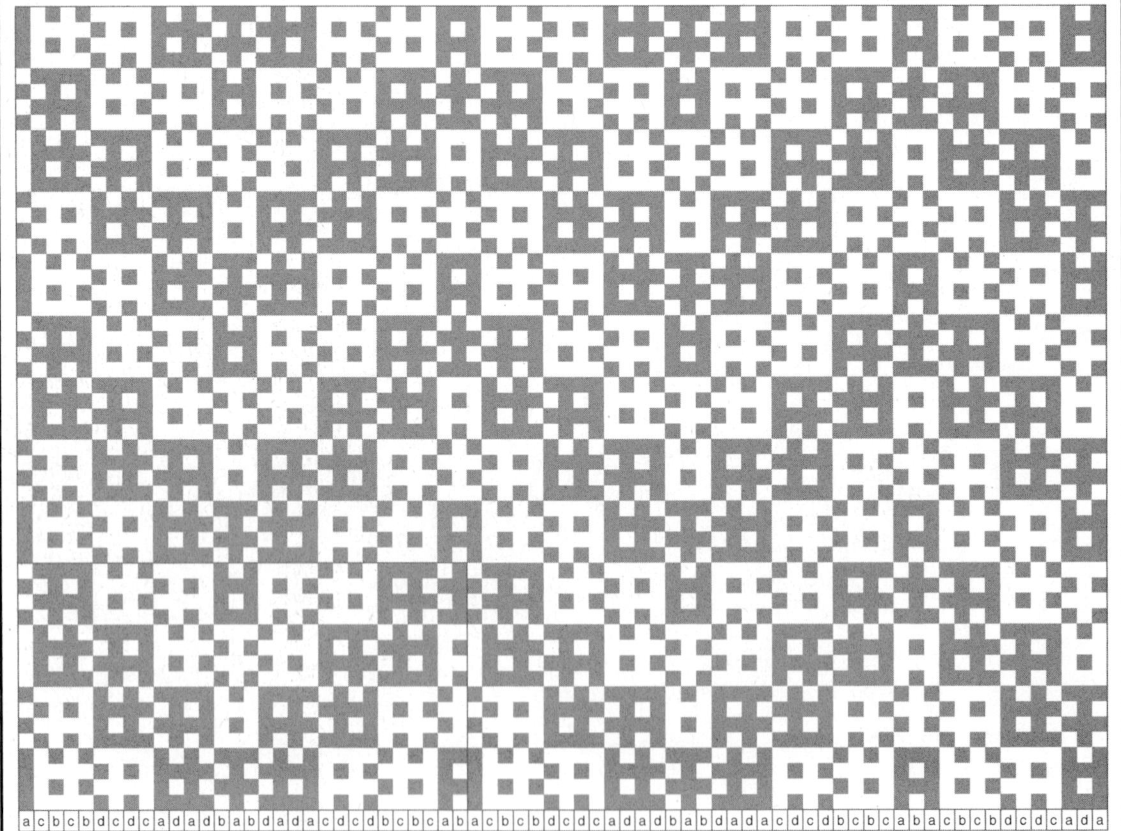

위 복합조직 Motive design에서 Herring bone형으로 합성. 종광은 Motive 조직과 동일하게 4매 x n매이고, 조직 원 리피트 30n매 x 16n매.

좌측 복합조직 Motive design에서 위사 2잔류 1삭제, 2잔류 2삭제. 경사 2잔류 1삭제, 2잔류 2삭제를 반복하여 생성된 복합조직을 마름모형으로 합성한 복합조직. 종광은 Motive 조직과 동일하게 4매 x n매이고, 조직 원 리피트 30n매 x 30n매. (n=취합조직 원 리피트 본수).

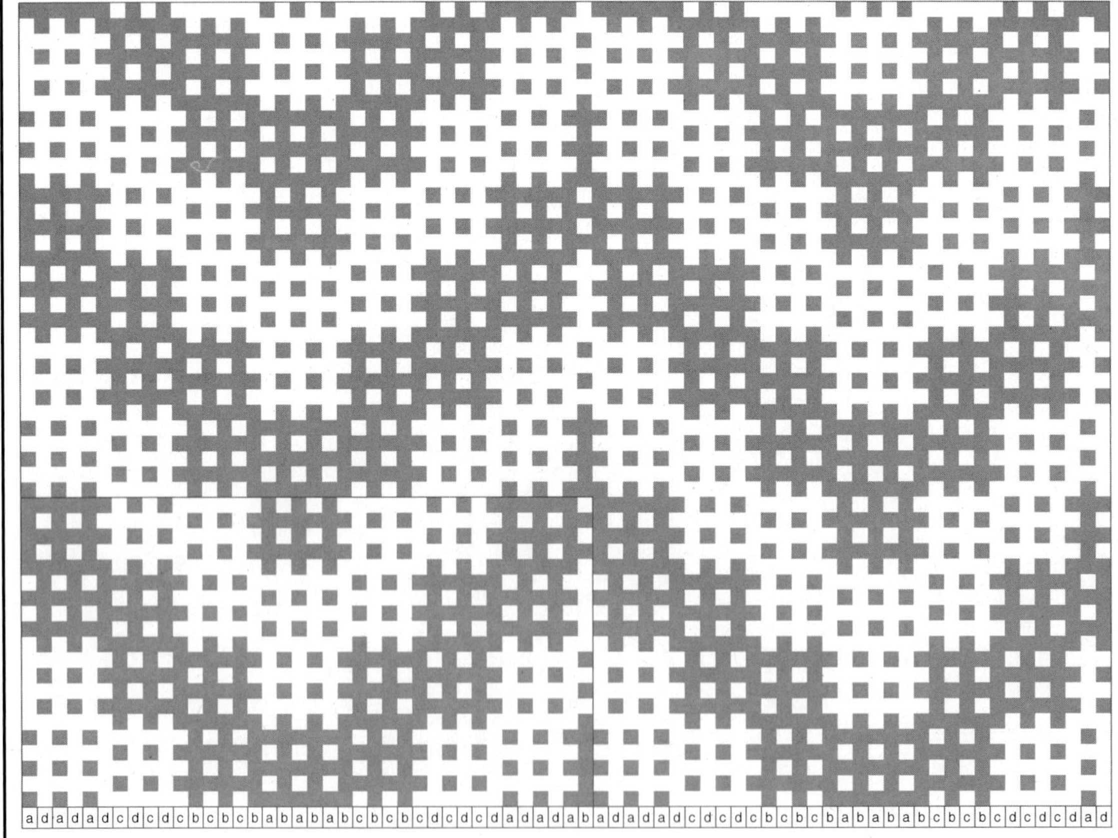

복합조직 Motive design. 종광 4매 x n, 조직 원 리피트 4n x 4n.

위 복합조직 Motive design에서 위사 2잔류 2삭제, 3잔류 2삭제. 경사 2잔류 2삭제, 3잔류 2삭제를 반복하여 유도한 복합조직. 종광 4매 x n, 조직 원 리피트 20n x 20n.

위 복합조직 Motive design에서 Herring bone형으로 합성. 종광은 Motive 조직과 동일하게 4매 x n매이고, 조직 원 리피트 38n매 x 20n매.

좌측 복합조직 Motive design에서 위사 2잔류 2삭제, 3잔류 2삭제. 경사 2잔류 2삭제, 3잔류 2삭제를 반복하여 생성된 복합조직을 마름모형으로 합성한 복합조직. 종광은 Motive 조직과 동일하게 4매 x n이고, 조직 원 리피트 38n매 x 38n매. (n=취합조직 원 리피트 본수).

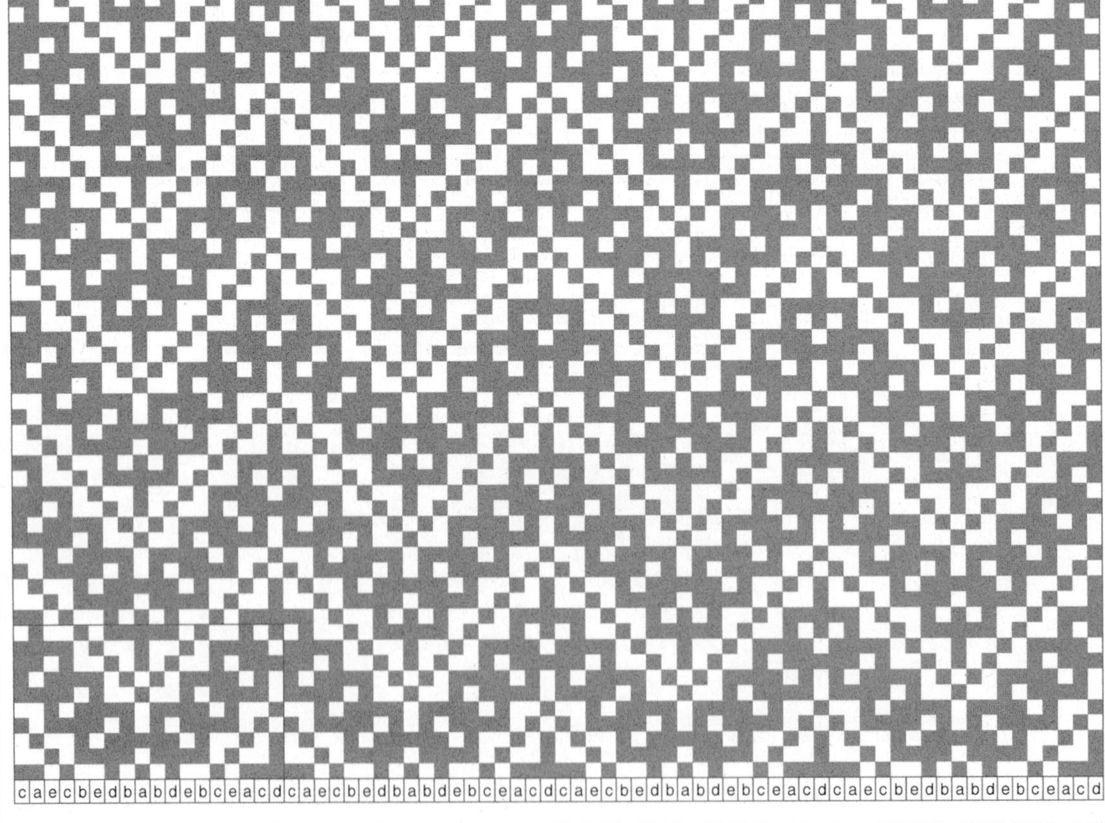

복합조직 Motive design. 종광 5매 x n, 조직 원 리피트 5n x 5n.

위 복합조직 Motive design에서 위사 2잔류 1삭제, 경사 2잔류 1삭제를 반복하여 유도한 복합 조직. 종광 5매 x n, 조직 원 리피트 10n x 10n.

위 복합조직 Motive design에서 Herring bone형으로 합성, 종광은 Motive 조직과 동일하게 5매 x n매이고 조직 원 리피트 18n매 x 10n매.

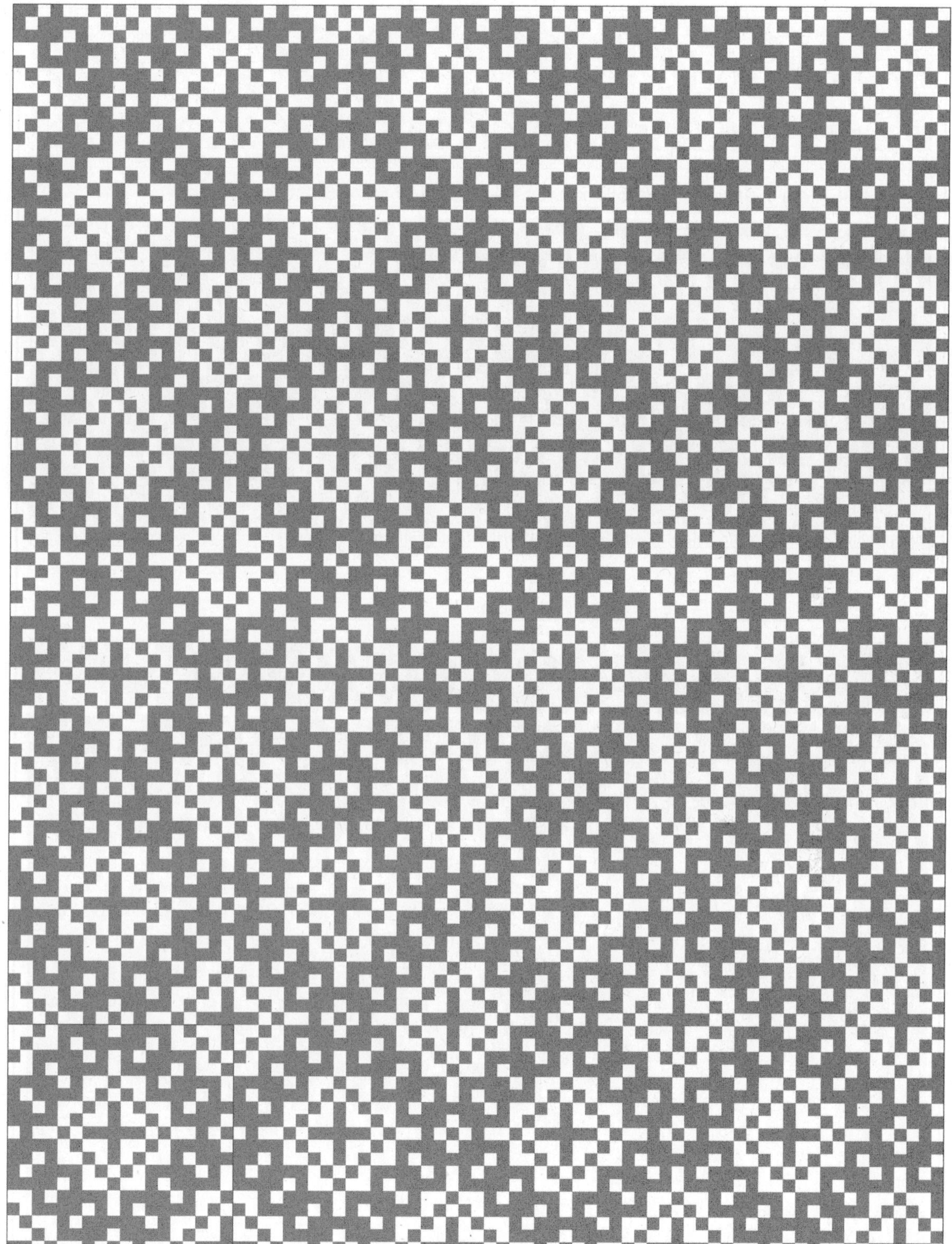

　좌측 복합조직 Motive design에서 위사 2잔류 1삭제, 경사 2잔류 1삭제를 반복하여 생성된 복합조직을 마름모형으로 합성한 복합조직. 종광은 Motive 조직과 동일하게 5매 x n매이고, 조직 원 리피트 18n매 x 18n매. (n=취합조직 원 리피트 본수).

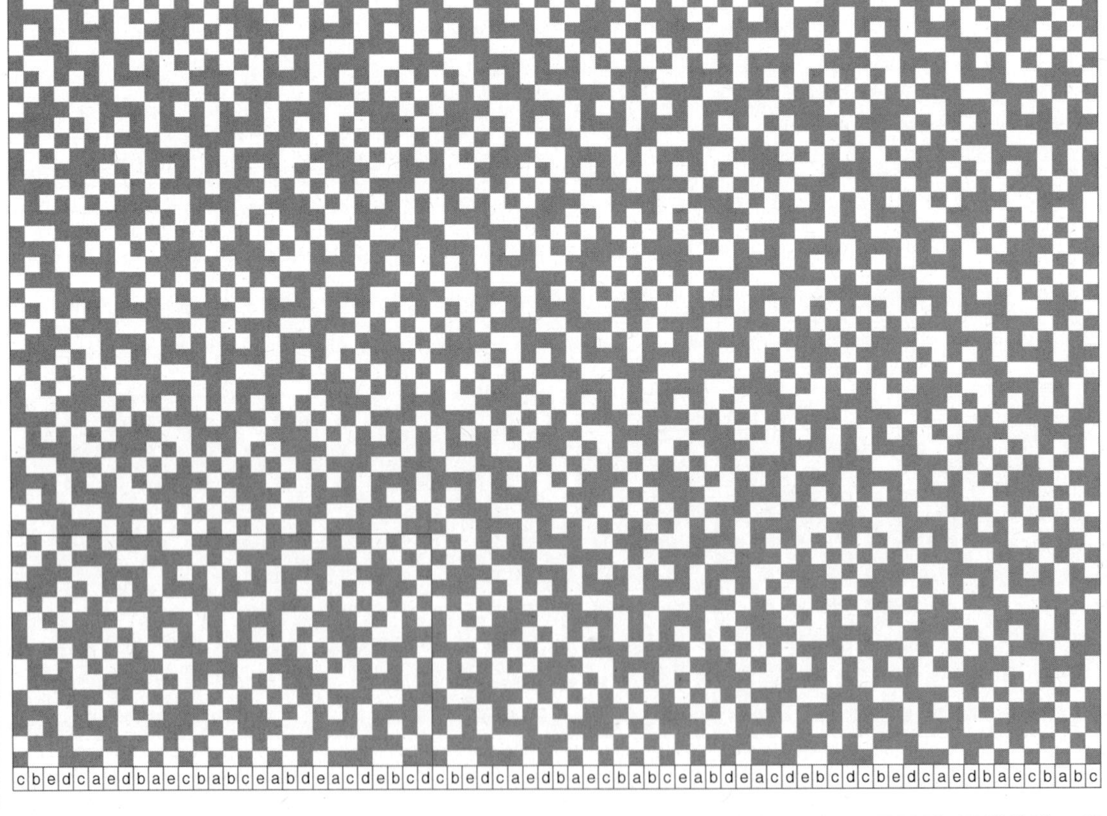

복합조직 Motive design. 종광 5매 x n, 조직 원 리피트 5n x 5n.

위 복합조직 Motive design에서 위사 3잔류 1삭제, 경사 3잔류 1삭제를 반복하여 유도한 복합조직. 종광 5매 x n, 조직 원 리피트 15n x 15n.

위 복합조직 Motive design에서 Herring bone형으로 합성. 종광은 Motive 조직과 동일하게 5매 x n매이고, 조직 원 리피트 28n매 x 15n매.

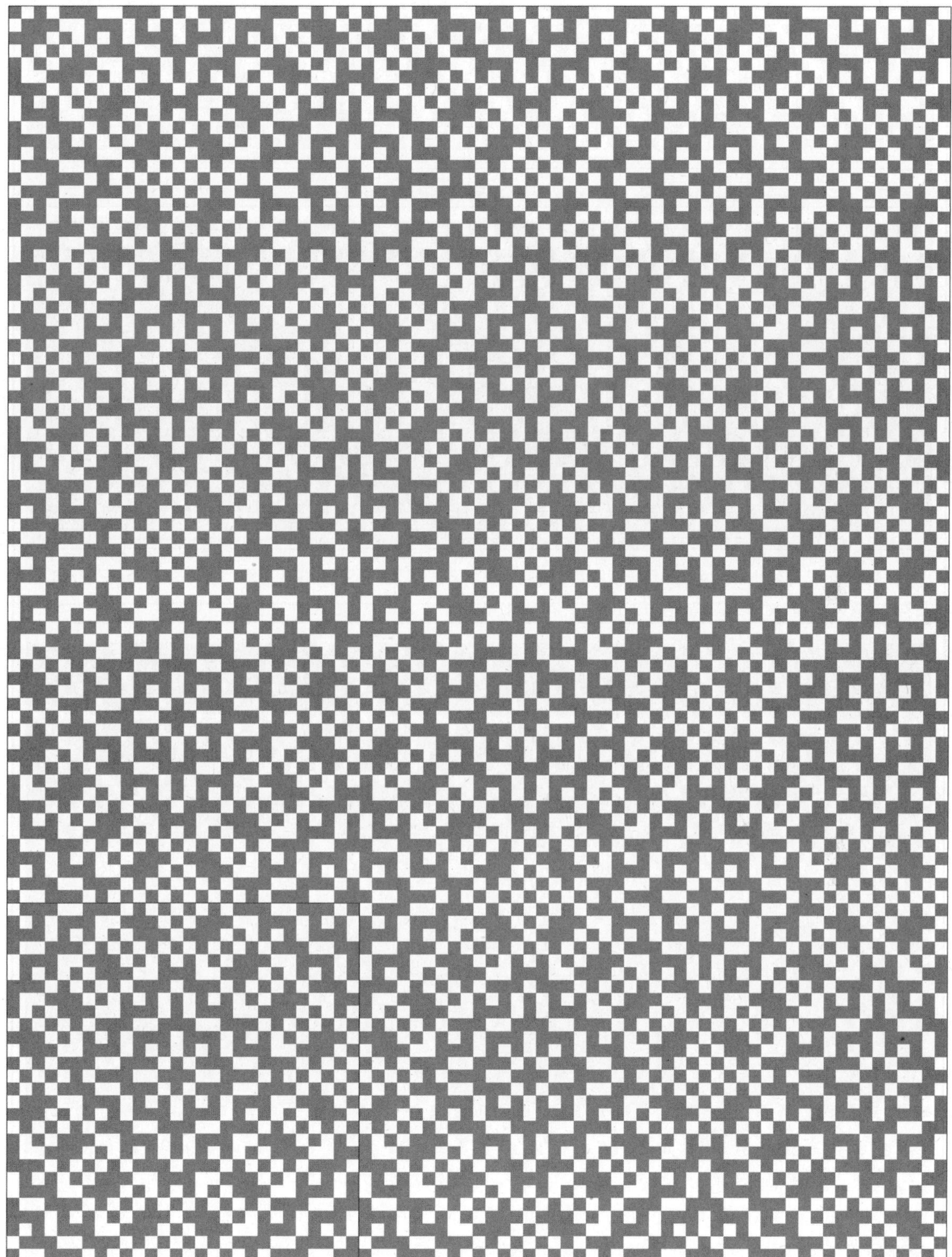

좌측 복합조직 Motive design에서 위사 3잔류 1삭제, 경사 3잔류 1삭제를 반복하여 생성된 복합조직을 마름모형으로 합성한 복합조직. 종광은 Motive 조직과 동일하게 5매 x n매이고, 조직 원 리피트 28n매 x 28n매. (n=취합조직 원 리피트 본수).

복합조직 Motive design. 종광 5매 x n, 조직 원 리피트 5n x 5n.

위 복합조직 Motive design에서 위사 3잔류 3삭제, 경사 3잔류 3삭제를 반복하여 유도한 복합
조직. 종광 5매 x n, 조직 원 리피트 15n x 15n.

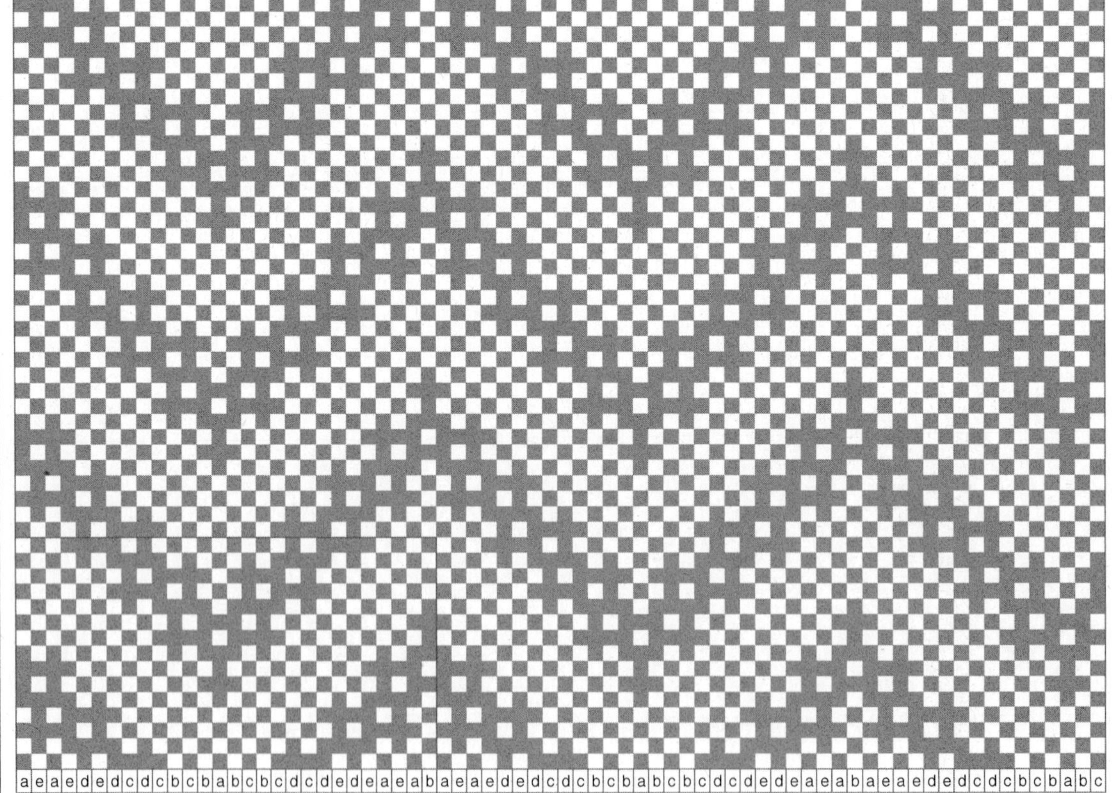

　　위 복합조직 Motive design에서 Herring bone형으로 합서. 종광은 Motive 조직과 동일하게 5매
x n매이고, 조직 원 리피트 28n매 x 15n매.

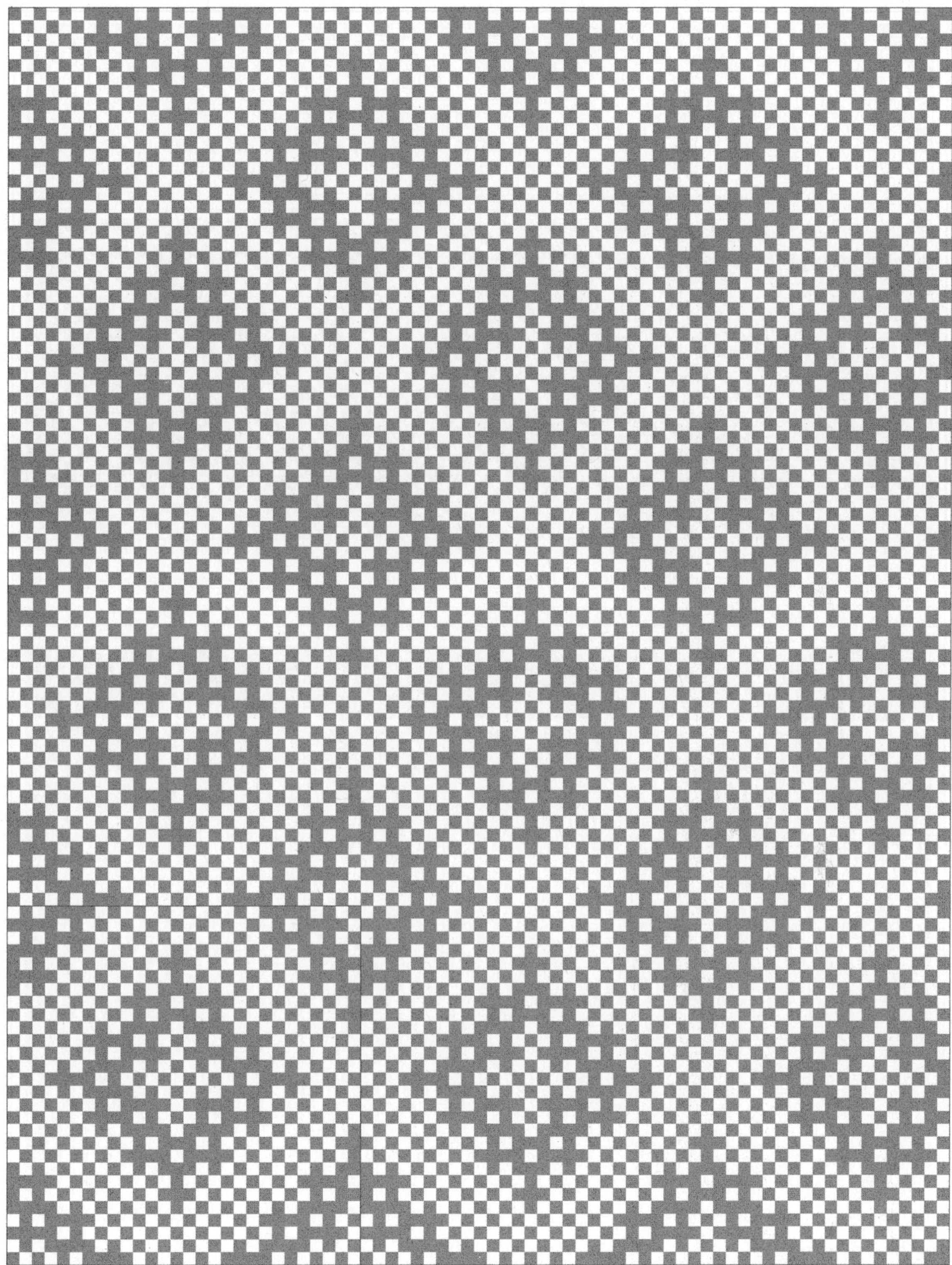

  좌측 복합조직 Motive design에서 위사 3잔류 3삭제, 경사 3잔류 3삭제를 반복하여 생성된 복합조직을 마름모형으로 합성한 복합조직. 종광은 Motive 조직과 동일하게 5매 x n매이, 조직 원 리피트 28n매 x 28n매. (n=취합조직 원 리피트 본수).

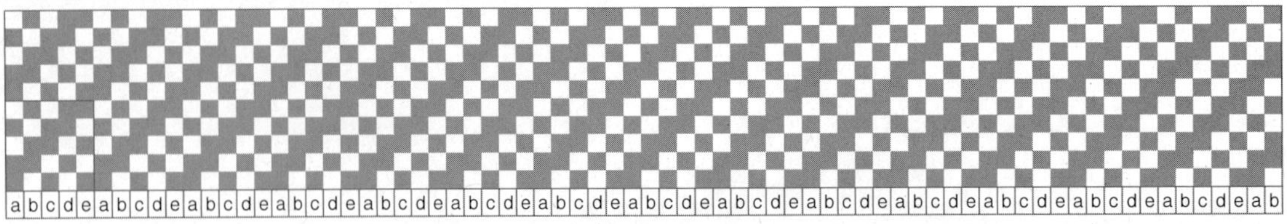
abcdeabcdeabcdeabcdeabcdeabcdeabcdeabcdeabcdeabcdeabcdeabcdeabcdeabcdeabcdeab

복합조직 Motive design. 종광 5매 x n, 조직 원 리피트 5n x 5n.

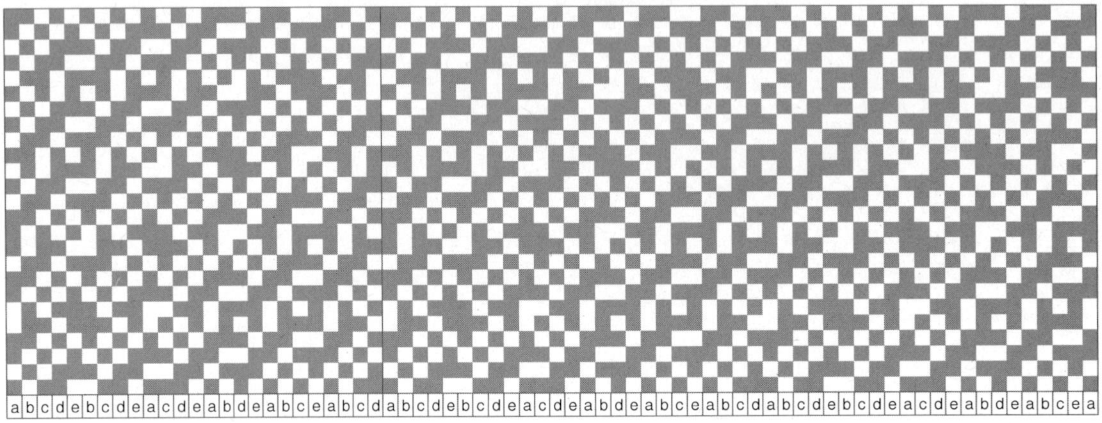
abcdebcdeacdeabdeabceabcdabcdebcdeacdeabdeabceabcdabcdebcdeacdeabdeabcea

위 복합조직 Motive design에서 위사 5잔류 1삭제, 경사 5잔류 1삭제를 반복하여 유도한 복합조직. 종광 5매 x n, 조직 원 리피트 25n x 25n.

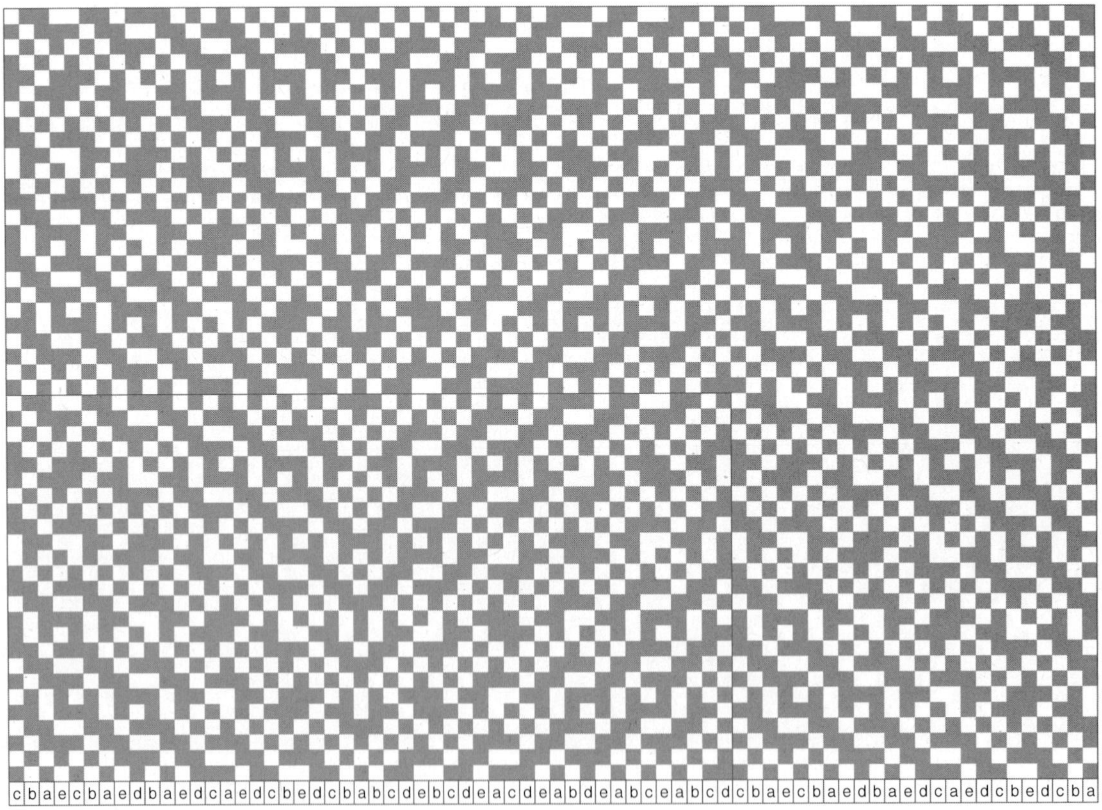
cbaecbaedbaedcaedcbedcbabcdebcdeacdeabdeabceabcdcbaecbaedbaedcaedcbedcba

위 복합조직 Motive design에서 Herring bone형으로 합성. 종광은 Motive 조직과 동일하게 5매 x n매이고, 조직 원 리피트 48n매 x 25n매.

  좌측 복합조직 Motive design에서 위사 5잔류 1삭제, 경사 5잔류 1삭제를 반복하여 생성된 복합조직을 마름모형으로 합성한 복합조직, 종광은 Motive 조직과 동일하게 5매 x n매이고, 조직 원 리피트 48n매 x 48n매. (n=취합조직 원 리피트 본수).

복합조직 Motive design. 종광 5매 x n, 조직 원 리피트 5n x 5n.

위 복합조직 Motive design에서 위사 2잔류 1삭제, 2잔류 2삭제. 경사 2잔류 1삭제, 2잔류 2삭제를 반복하여 유도한 복합조직. 종광 5매 x n, 조직 원 리피트 20n x 20n.

위 복합조직 Motive design에서 Herring bone형으로 합성. 종광은 Motive 조직과 동일하게 5매 x n매이고, 조직 원 리피트 38n매 x 20n매.

bedaecbdcaebadcedbabdecdabeacdbceadebcbedaecbdcaebadcedbabdecdabeacdbceadeb

　　좌측 복합조직 Motive design에서 위사 2잔류 1삭제, 2잔류 2삭제. 경사 2잔류 1삭제, 2잔류 2삭제를 반복하여 생성된 복합조직을 마름모형으로 합성한 복합조직. 종광은 Motive 조직과 동일하게 5매 x n매이고, 조직 원 리피트 38n매 x 38n매. (n=취합조직 원 리피트 본수).

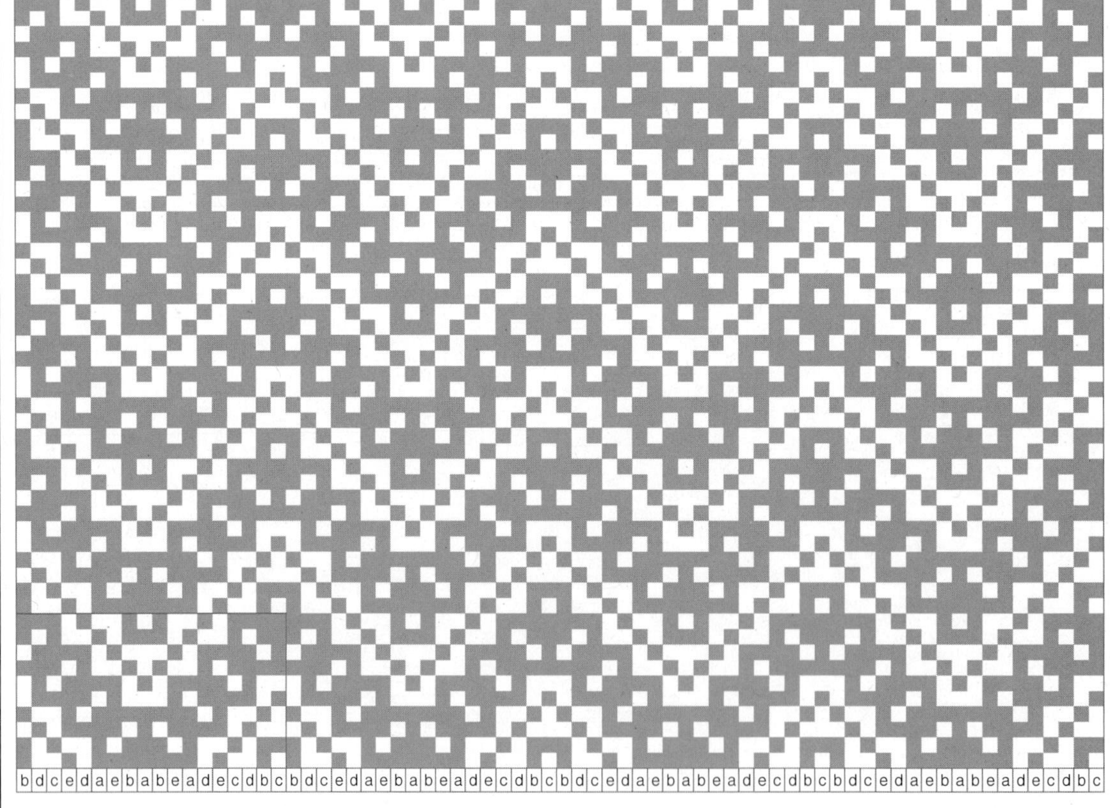

복합조직 Motive design. 종광 5매 x n, 조직 원 리피트 5n x 5n.

위 복합조직 Motive design에서 위사 2잔류 2삭제, 경사 2잔류 2삭제를 반복하여 유도한 복합조직. 종광 5매 x n, 조직 원 리피트 10n x 10n.

위 복합조직 Motive design에서 Herring bone형으로 합성. 종광은 Motive 조직과 동일하게 5매 x n매이고, 조직 원 리피트 18n매 x 10n매.

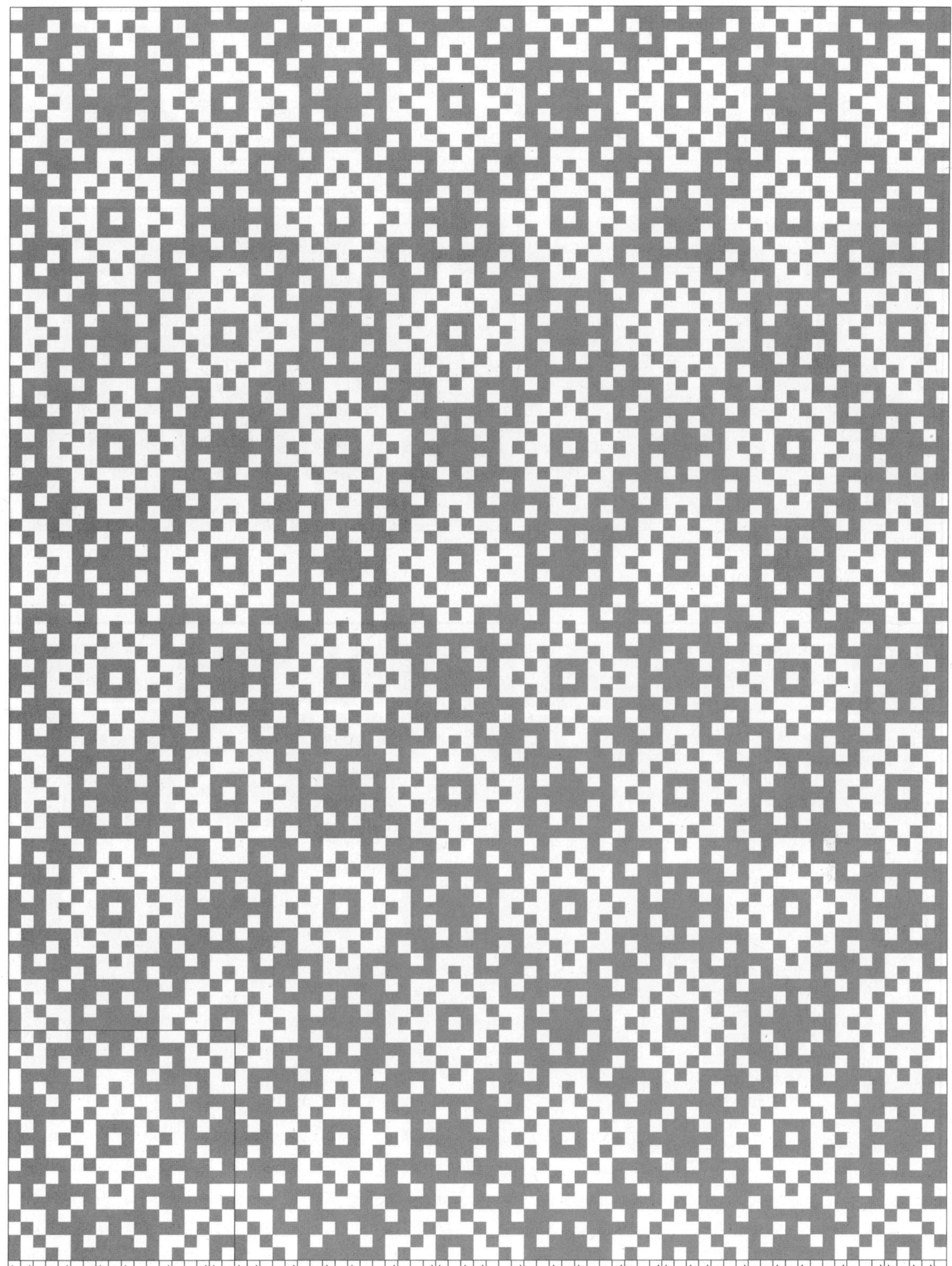

b d c e d a e b a b e a d e c d b c b d c e d a e b a b e a d e c d b c b d c e d a e b a b e a d e c d b c b d c e d a e b a b e a d e c d b c b d c

좌측 복합조직 Motive design에서 위사 2잔류 2삭제, 경사 2잔류 2삭제를 반복하여 생성된 복합조직을 마름모형으로 합성한 복합조직. 종광은 Motive 조직과 동일하게 5매 x n매이고, 조직 원 리피트 18n매 x 18n매. (n=취합조직 원 리피트 본수).

복합조직 Motive design. 종광 5매 x n, 조직 원 리피트 5n x 5n.

위 복합조직 Motive design에서 위사 3잔류 3삭제, 경사 3잔류 3삭제를 반복하여 유도한 복합조직. 종광 5매 x n, 조직 원 리피트 15n x 15n.

위 복합조직 Motive design에서 Herring bone형으로 합성. 종광은 Motive 조직과 동일하게 5매 x n매이고, 조직 원 리피트 28n매 x 15n매.

좌측 복합조직 Motive design에서 위사 2잔류 2삭제, 경사 2잔류 2삭제를 반복하여 생성된 복합조직을 마름모형으로 합성한 복합조직. 종광은 Motive 조직과 동일하게 5매 x n매이고, 조직 원 리피트 18n매 x 18n매. 대칭 위치를 변경작도. (n=취합조직 원 리피트 본수).

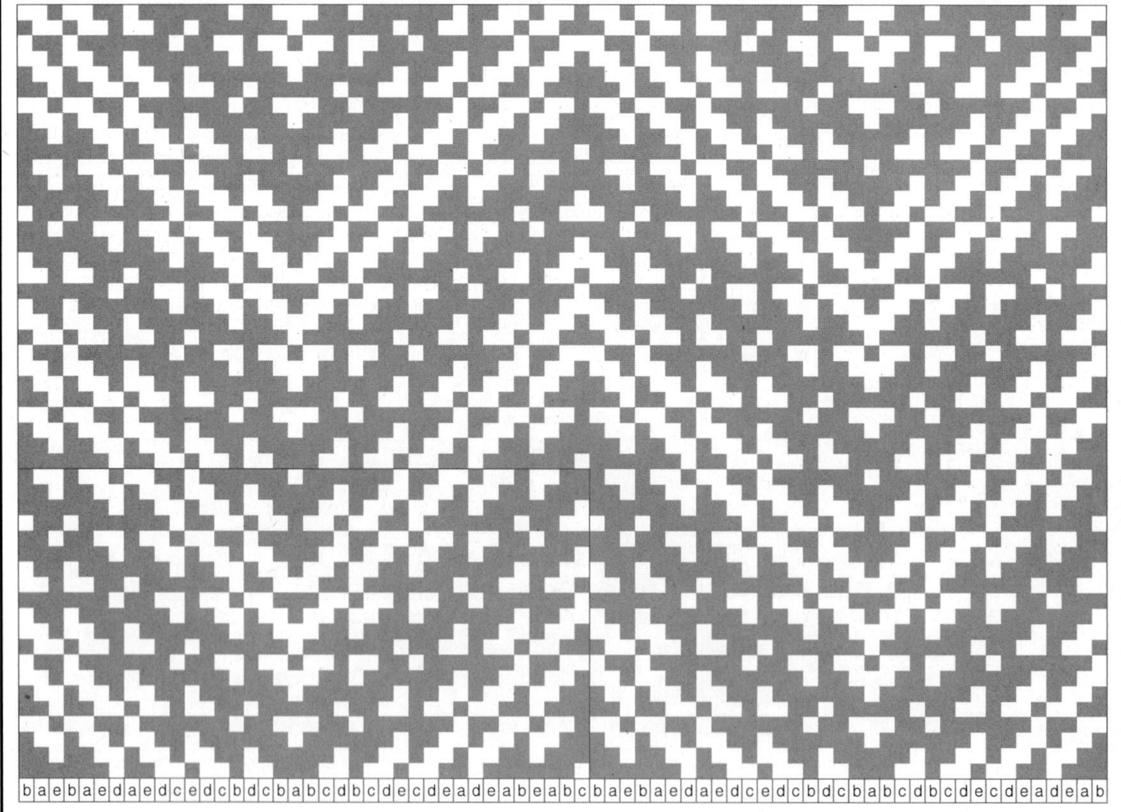

abcdeabcdeabcdeabcdeabcdeabcdeabcdeabcdeabcdeabcdeabcdeabcdeabcdeab

복합조직 Motive design. 종광 5매 x n, 조직 원 리피트 5n x 5n.

abcdbcdecdeadeabeabcabcdbcdecdeadeabeabcabcdbcdecdeadeabeabcabcdbcdecdea

  위 복합조직 Motive design에서 위사 4잔류 2삭제, 경사 4잔류 2삭제를 반복하여 유도한 복합
조직. 종광 5매 x n, 조직 원 리피트 20n x 20n.

baebaedaedcedcbdcbabcdbcdecdeadeabeabcbaebaedaedcedcbdcbabcdbcdecdeadeab

  위 복합조직 Motive design에서 Herring bone형으로 합성. 종광은 Motive 조직과 동일하게 5매
x n매이고, 조직 원 리피트 38n매 x 20n매.

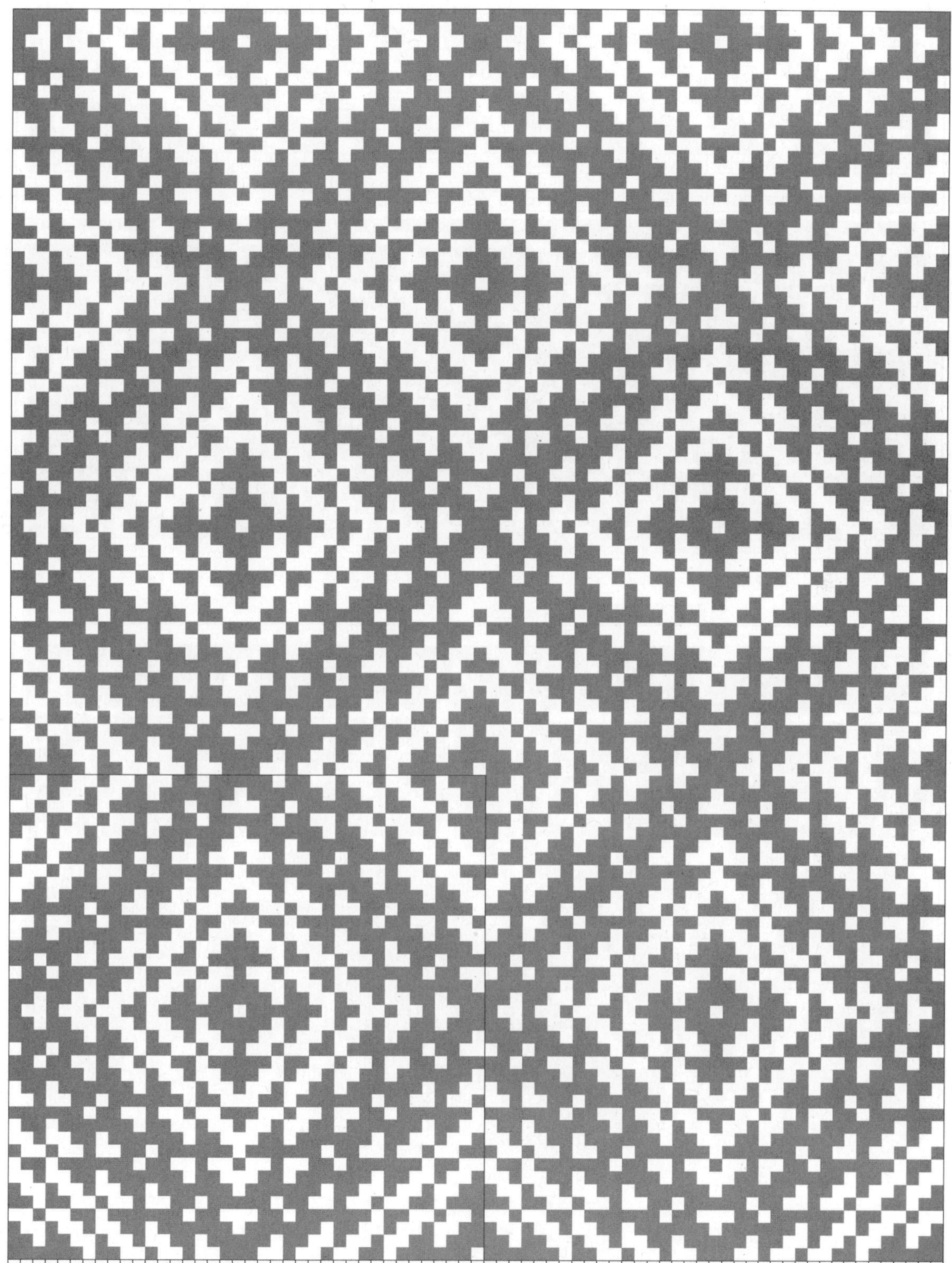

좌측 복합조직 Motive design에서 위사 4잔류 2삭제, 경사 4잔류 2삭제를 반복하여 생성된 복합조직을 마름모형으로 합성한 복합조직. 종광은 Motive 조직과 동일하게 5매 x n매이고, 조직 원 리피트 38n매 x 38n매. (n=취합조직 원 리피트 본수).

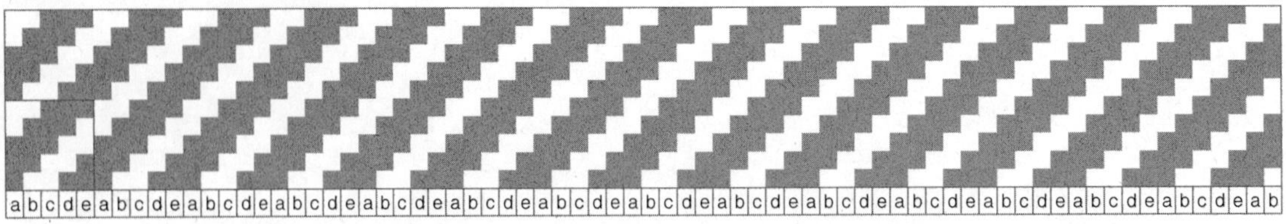

복합조직 Motive design. 종광 5매 x n, 조직 원 리피트 5n x 5n.

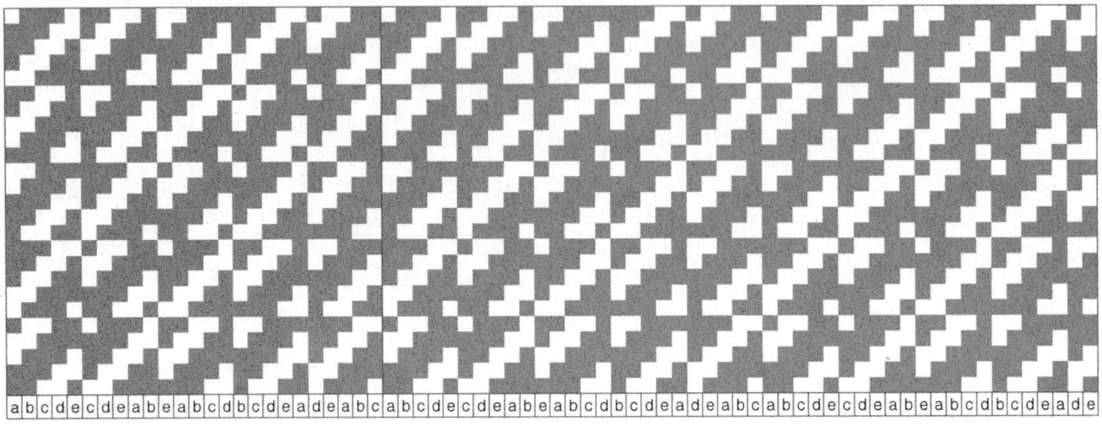

위 복합조직 Motive design에서 위사 5잔류 2삭제, 경사 5잔류 2삭제를 반복하여 유도한 복합
조직. 종광 5매 x n, 조직 원 리피트 25n x 25n.

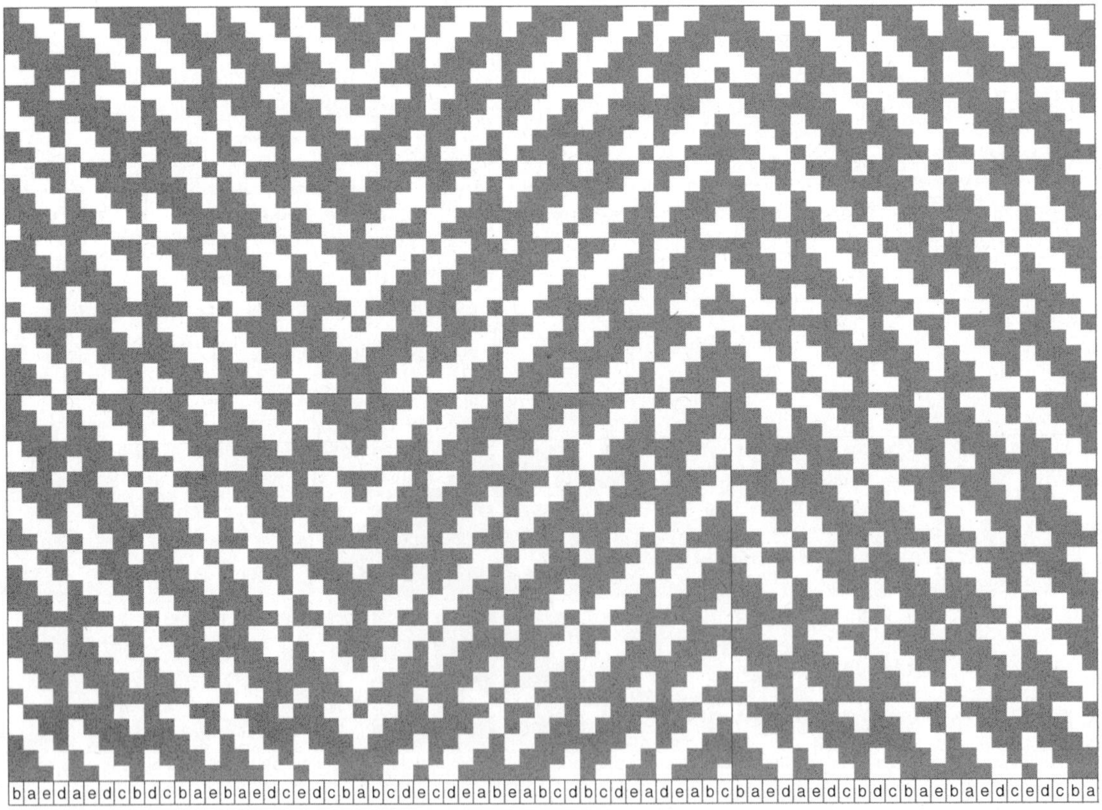

위 복합조직 Motive design에서 Herring bone형으로 합성. 종광은 Motive 조직과 동일하게 5매
x n매이고, 조직 원 리피트 48n매 x 25n매.

좌측 복합조직 Motive design에서 위사 5잔류 2삭제, 경사 5잔류 2삭제를 반복하여 생성된 복합조직을 마름모형으로 합성한 복합조직. 종광은 Motive 조직과 동일하게 5매 x n매이고, 조직 원 리피트 48n매 x 48n매. (n=취합조직 원 리피트 본수).

abcdeabcdeabcdeabcdeabcdeabcdeabcdeabcdeabcdeabcdeabcdeabcdeabcdeab

복합조직 Motive design. 종광 5매 x n, 조직 원 리피트 5n x 5n.

abeabeadeadecdecdbcdbcabcabeabeadeadecdecdbcdbcabcabeabeadeadecdecdbcdbc

위 복합조직 Motive design에서 위사 2잔류 2삭제, 3잔류 2삭제. 경사 2잔류 2삭제 3잔류 2삭제를 반복하여 유도한 복합조직. 종광 5매 x n, 조직 원 리피트 25n x 25n.

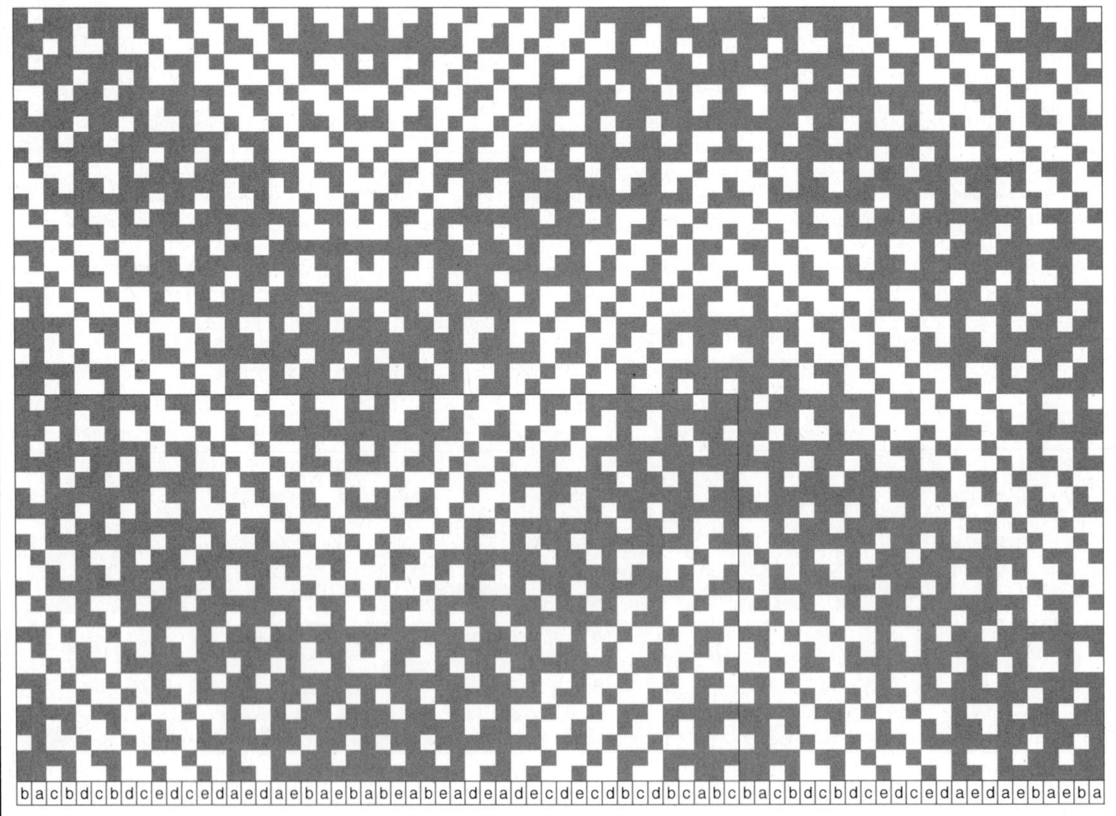

bacbdcbdcedcedaedaebaebabeabeadeadecdecdbcdbcabcbacbdcbdcedcedaedaebaeba

위 복합조직 Motive design에서 Herring bone형으로 합성. 종광은 Motive 조직과 동일하게 5매 x n매이고, 조직 원 리피트 48n매 x 25n매.

　좌측 복합조직 Motive design에서 위사 2잔류 2삭제, 3잔류 2삭제. 경사 2잔류 2삭제, 3잔류 2삭제를 반복하여 생성된 복합조직을 마름모형으로 합성한 복합조직. 종광은 Motive 조직과 동일하게 5매 x n매이고, 조직 원 리피트 48n매 x 48n매. (n=취합조직 원 리피트 본수).

복합조직 Motive design. 종광 5매 x n, 조직 원 리피트 5n x 5n.

위 복합조직 Motive design에서 위사 3잔류 3삭제, 경사 3잔류 3삭제를 반복하여 유도한 복합
조직. 종광 5매 x n, 조직 원 리피트 15n x 15n.

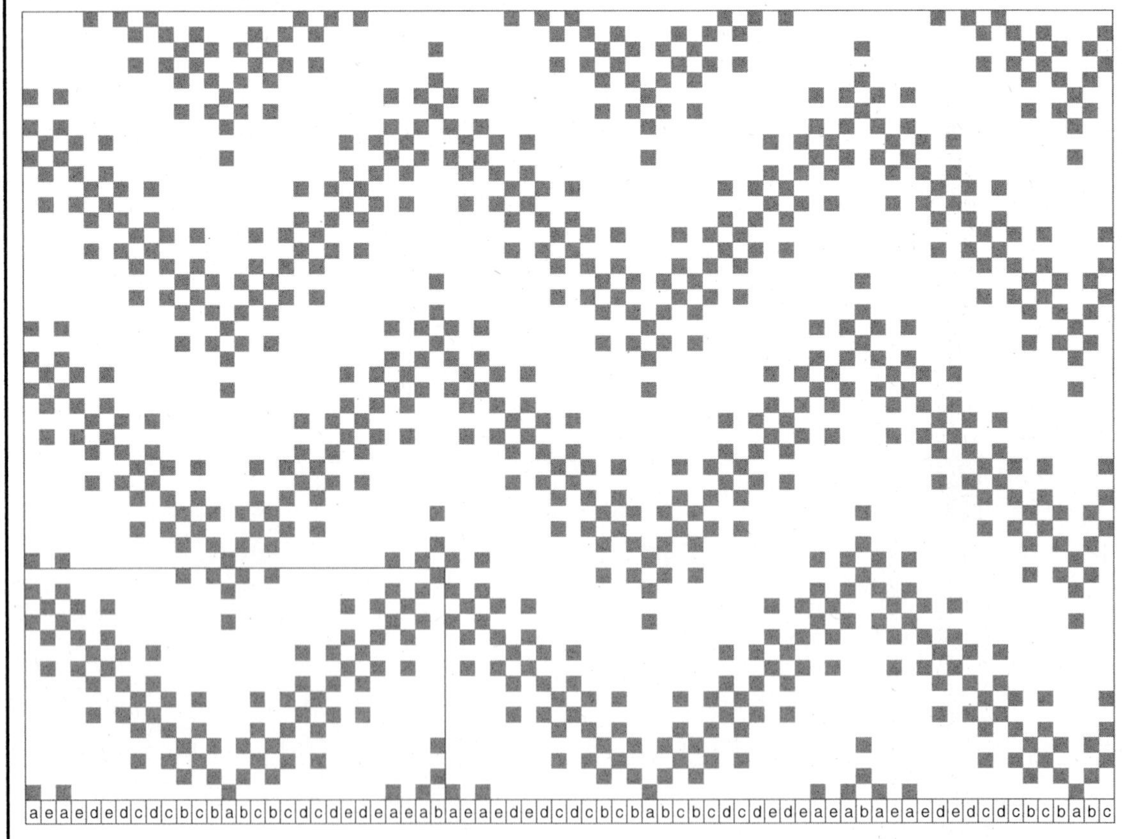

위 복합조직 Motive design에서 Herring bone형으로 합성. 종광은 Motive 조직과 동일하게 5매
x n매이고, 조직 원 리피트 28n매 x 15n매.

a|e|a|e|d|e|d|c|d|c|b|c|b|a|b|c|b|c|d|c|d|e|d|e|a|e|a|b|a|e|a|e|d|e|d|c|d|c|b|c|b|a|b|c|b|c|d|c|d|e|d|e|a|e|a|b|a|e|a|e|d|e|d|c|d|c|b|c|b|a|b|c|b|c|d

　좌측 복합조직 Motive design에서 위사 3잔류 3삭제, 경사 3잔류 3삭제를 반복하여 생성된 복합조직을 마름모형으로 합성한 복합조직. 종광은 Motive 조직과 동일하게 5매 x n매이고, 조직 원 리피트 28n매 x 28n매. (n=취합조직 원 리피트 본수).

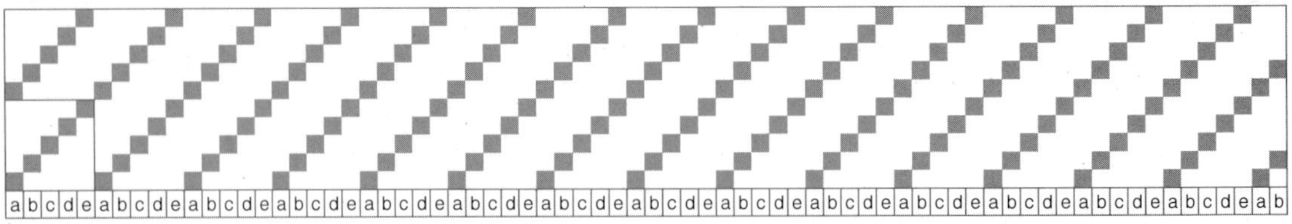

복합조직 Motive design. 종광 5매 x n, 조직 원 리피트 5n x 5n.

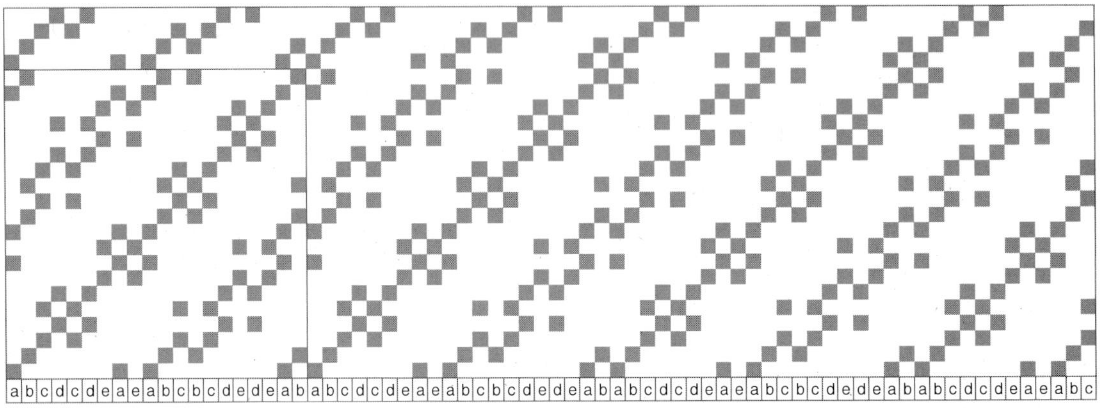

위 복합조직 Motive design에서 위사 4잔류 3삭제, 경사 4잔류 3삭제를 반복하여 유도한 복합
조직. 종광 5매 x n, 조직 원 리피트 20n x 20n.

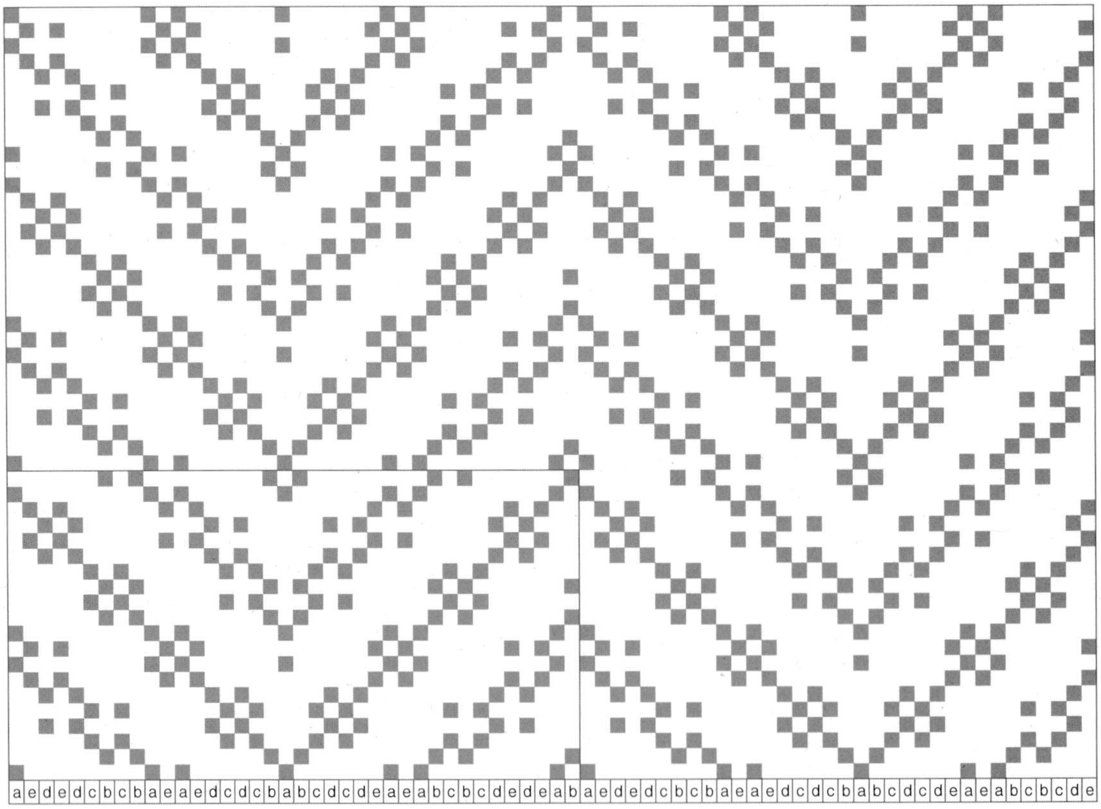

위 복합조직 Motive design에서 Herring bone형으로 합성. 종광은 Motive 조직과 동일하게 5매
x n매이고, 조직 원 리피트 38n매 x 20n매.

좌측 복합조직 Motive design에서 위사 4잔류 3삭제, 경사 4잔류 3삭제를 반복하여 생성된 복합조직을 마름모형으로 합성한 복합조직. 종광은 Motive 조직과 동일하게 5매 x n매이고, 조직 원 리피트 38n매 x 38n매. (n=취합조직 원 리피트 본수).

abcdeabcdeabcdeabcdeabcdeabcdeabcdeabcdeabcdeabcdeabcdeabcdeabcdeabcdeab

복합조직 Motive design. 종광 5매 x n, 조직 원 리피트 5n x 5n.

abceabdeacdebcdabceabdeacdebcdabceabdeacdebcdabceabdeacdebcdabceabdeacde

위 복합조직 Motive design에서 위사 3잔류 1삭제, 경사 3잔류 1삭제를 반복하여 유도한 복합
조직. 종광 5매 x n, 조직 원 리피트 15n x 15n.

cbedcaedbaecbabceabdeacdebcdcbedcaedbaecbabceabdeacdebcdcbedcaedbaecbabc

　　위 복합조직 Motive design에서 Herring bone형으로 합성. 종광은 Motive 조직과 동일하게 5매
x n매이고, 조직 원 리피트 28n매 x 15n매.

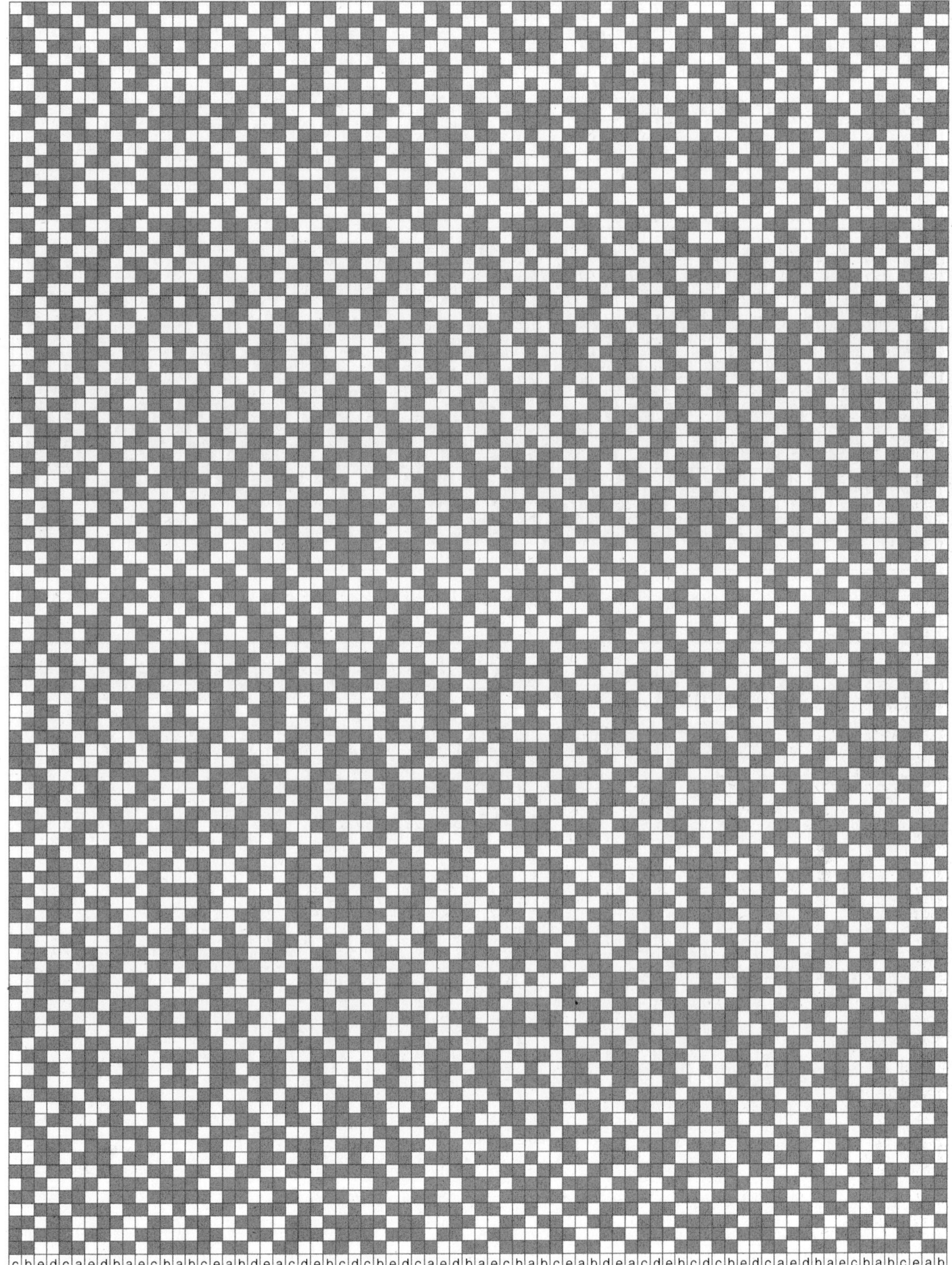

　좌측 복합조직 Motive design에서 위사 3잔류 1삭제, 경사 3잔류 1삭제를 반복하여 생성된 복합조직을 마름모형으로 합성한 복합조직. 종광은 Motive 조직과 동일하게 5매 x n매이고, 조직 원 리피트 28n매 x 28n매. (n=취합조직 원 리피트 본수).

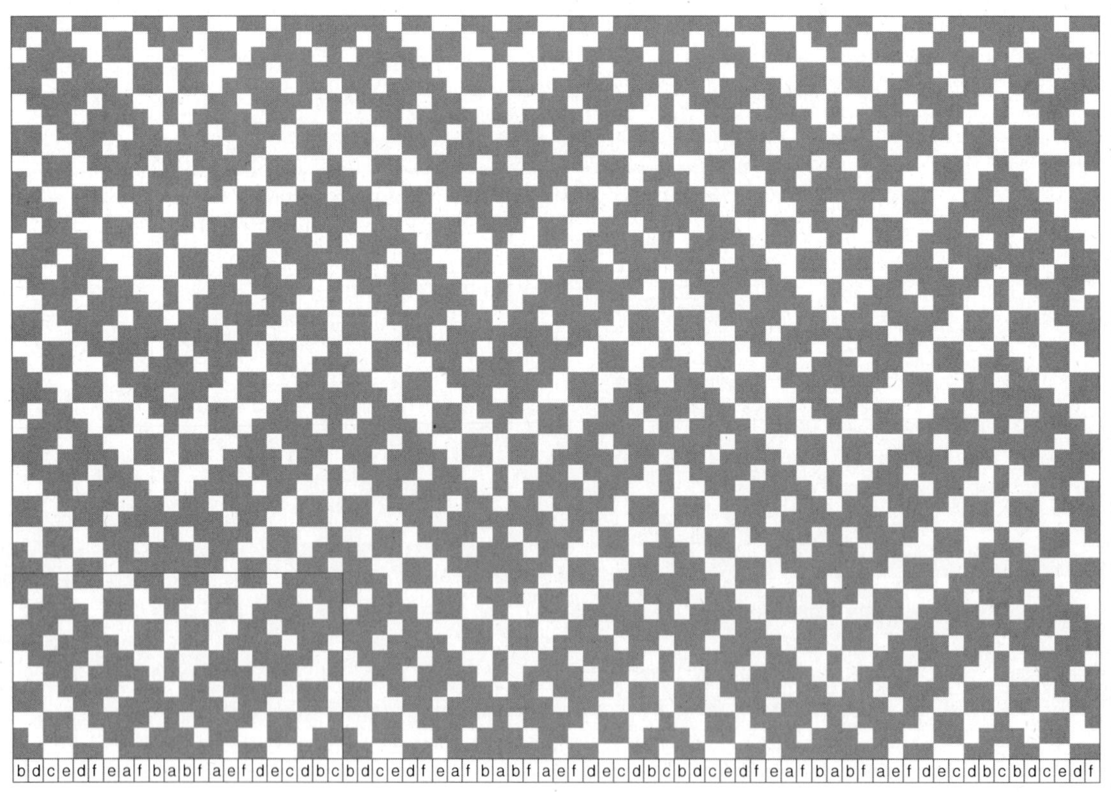

복합조직 Motive design. 종광 6매 x n, 조직 원 리피트 6n x 6n.

위 복합조직 Motive design에서 위사 2잔류 3삭제, 경사 2잔류 3삭제를 반복하여 유도한 복합조직. 종광 6매 x n, 조직 원 리피트 12n x 12n.

위 복합조직 Motive design에서 Herring bone형으로 합성. 종광은 Motive 조직과 동일하게 6매 x n매이고, 조직 원 리피트 22n매 x 12n매.

　좌측 복합조직 Motive design에서 위사 2잔류 3삭제, 경사 2잔류 3삭제를 반복하여 생성된 복합조직을 마름모형으로 합성한 복합조직. 종광은 Motive 조직과 동일하게 6매 x n매이고, 조직 원 리피트 22n매 x 22n매. (n=취합조직 원 리피트 본수).

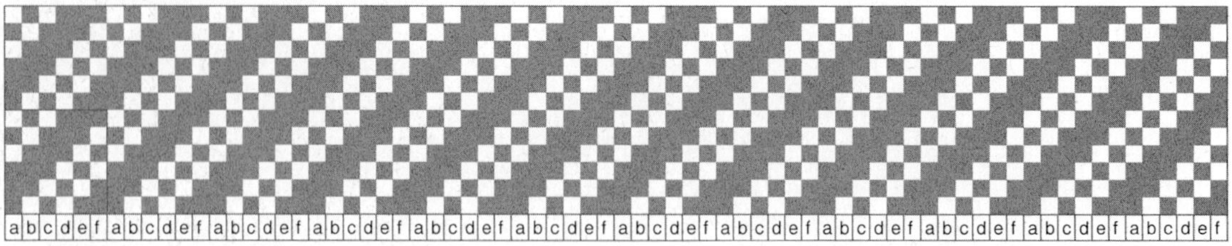

a b c d e f a b c d e f a b c d e f a b c d e f a b c d e f a b c d e f a b c d e f a b c d e f a b c d e f a b c d e f a b c d e f a b c d e f a b c d e f a b c d e f

복합조직 Motive design. 종광 6매 x n, 조직 원 리피트 6n x 6n.

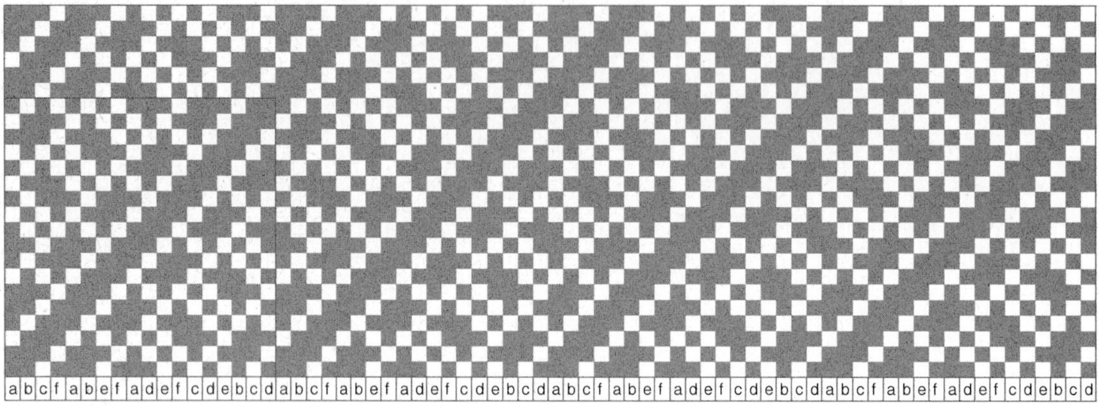

a b c f a b e f a d e f c d e b c d a b c f a b e f a d e f c d e b c d a b c f a b e f a d e f c d e b c d a b c f a b e f a d e f c d e b c d

위 복합조직 Motive design에서 위사 3잔류 2삭제, 경사 3잔류 2삭제를 반복하여 유도한 복합 조직. 종광 6매 x n, 조직 원 리피트 18n x 18n.

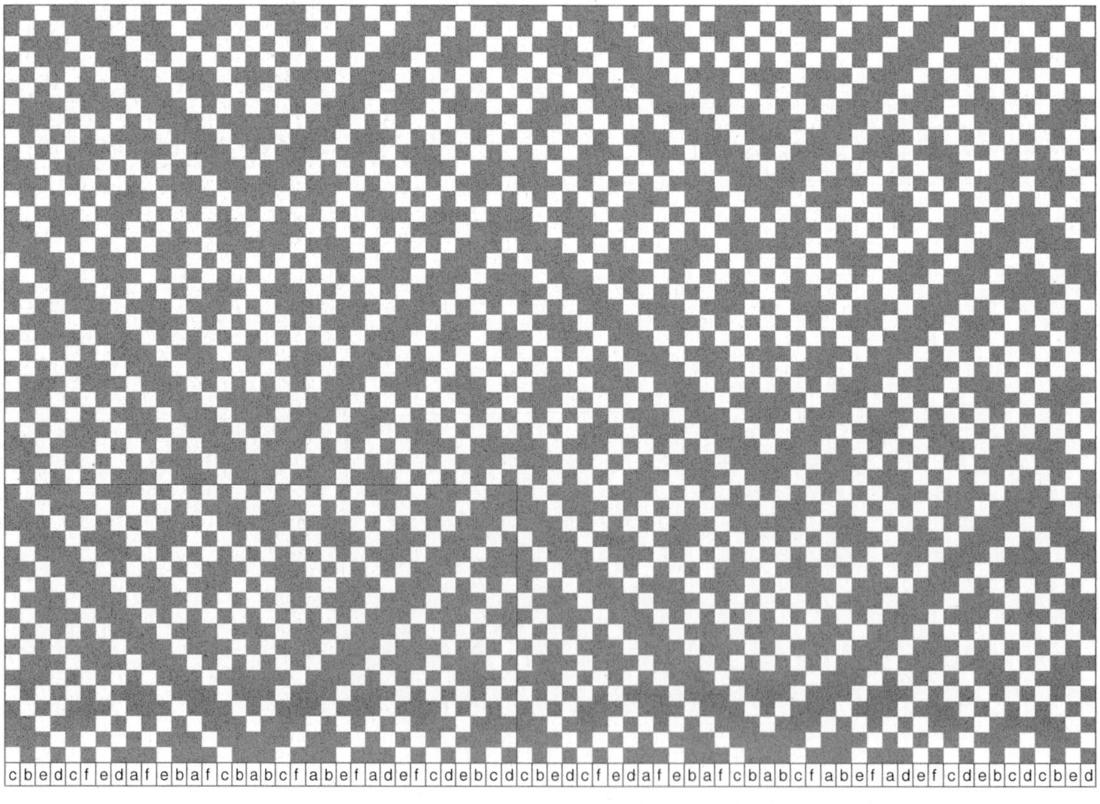

c b e d c f e d a f e b a f c b a b c f a b e f a d e f c d e b c d c b e d c f e d a f e b a f c b a b c f a b e f a d e f c d e b c d c b e d

위 복합조직 Motive design에서 Herring bone형으로 합성. 종광은 Motive 조직과 동일하게 6매 x n매이고, 조직 원 리피트 34n매 x 18n매.

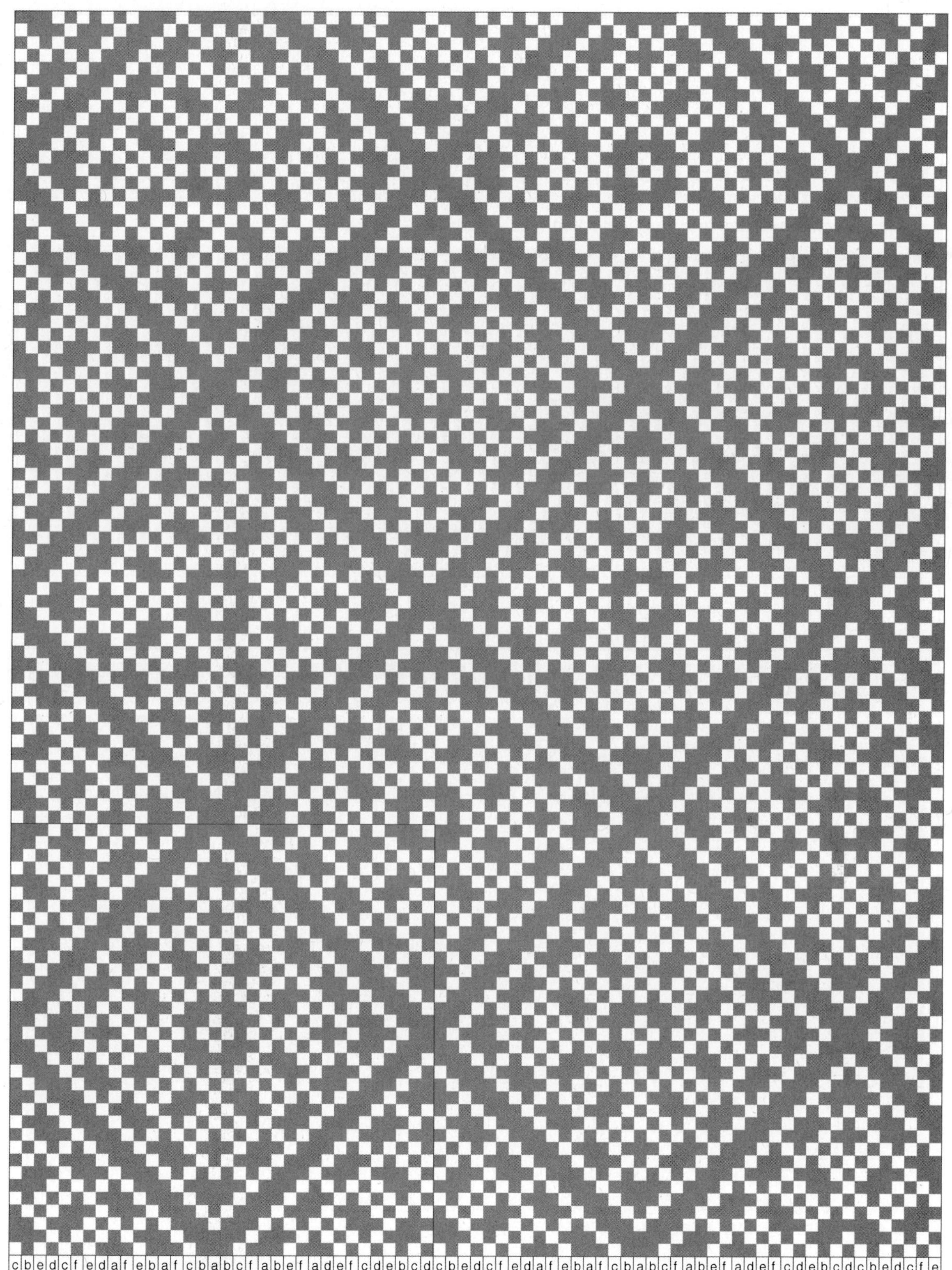

좌측 복합조직 Motive design에서 위사 3잔류 2삭제, 경사 3잔류 2삭제를 반복하여 생성된 복합조직을 마름모형으로 합성한 복합조직. 종광은 Motive 조직과 동일하게 6매 x n매이고, 조직 원 리피트 34n매 x 34n매. (n=취합조직 원 리피트 본수).

복합조직 Motive design. 종광 6매 x n, 조직 원 리피트 6n x 6n.

위 복합조직 Motive design에서 위사 3잔류 2삭제, 경사 3잔류 2삭제를 반복하여 유도한 복합
조직. 종광 6매 x n, 조직 원 리피트 18n x 18n.

위 복합조직 Motive design에서 Herring bone형으로 합성. 종광은 Motive 조직과 동일하게 6매
x n매이고, 조직 원 리피트 34n매 x 18n매.

좌측 복합조직 Motive design에서 위사 3잔류 2삭제, 경사 3잔류 2삭제를 반복하여 생성된 복합조직을 마름모형으로 합성한 복합조직. 종광은 Motive 조직과 동일하게 6매 x n매이고, 조직 원 리피트 34n매 x 34n매. (n=취합조직 원 리피트 본수).

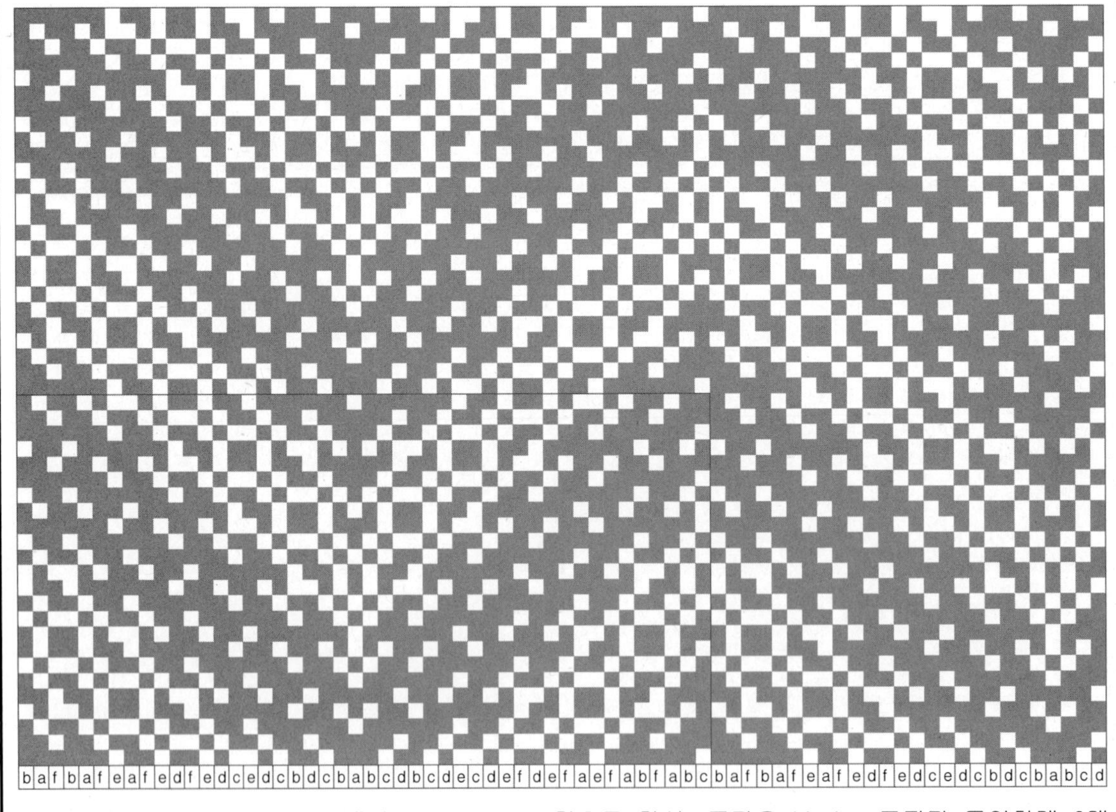

복합조직 Motive design. 종광 6매 x n, 조직 원 리피트 6n x 6n.

a b c d e f a b c d e f a b c d e f a b c d e f a b c d e f a b c d e f a b c d e f a b c d e f a b c d e f a b c d e f a b c d e f a b c d e f a b c d e f a b c d e f a b c d e f

위 복합조직 Motive design에서 위사 4잔류 3삭제, 경사 4잔류 3삭제를 반복하여 유도한 복합조직. 종광 6매 x n매, 조직 원 리피트 24n x 24n.

a b c d b c d e c d e f d e f a e f a b f a b c a b c d b c d e c d e f d e f a e f a b f a b c a b c d b c d e c d e f d e f a e f a b f a b c

위 복합조직 Motive design에서 Herring bone형으로 합성. 종광은 Motive 조직과 동일하게 6매 x n매이고, 조직 원 리피트 46n매 x 24n매.

b a f b a f e a f e d f e d c e d c b d c b a b c d b c d e c d e f d e f a e f a b f a b c b a f b a f e a f e d f e d c e d c b d c b a b c d

좌측 복합조직 Motive design에서 위사 4잔류 3삭제, 경사 4잔류 3삭제를 반복하여 생성된 복합조직을 마름모형으로 합성한 복합조직. 종광은 Motive 조직과 동일하게 6매 x n매이고, 조직 원 리피트 46n매 x 46n매. (n=취합조직 원 리피트 본수).

복합조직 Motive design. 종광 6매 x n, 조직 원 리피트 6n x 6n.

위 복합조직 Motive design에서 위사 2잔류 3삭제, 경사 2잔류 3삭제를 반복하여 유도한 복합조직. 종광 6매 x n, 조직 원 리피트 12n x 12n.

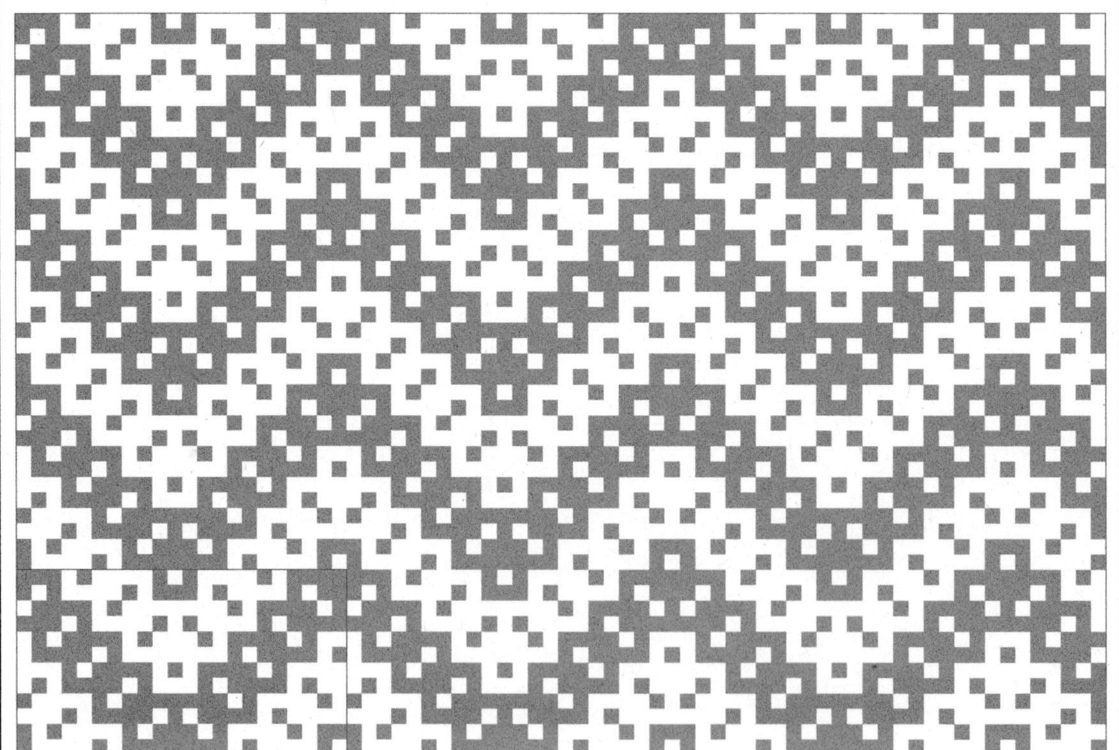

위 복합조직 Motive design에서 Herring bone형으로 합성. 종광은 Motive 조직과 동일하게 6매 x n매이고, 조직 원 리피트 22n매 x 12n매.

좌측 복합조직 Motive design에서 위사 2잔류 3삭제, 경사 2잔류 3삭제를 반복하여 생성된 복합조직을 마름모형으로 합성한 복합조직. 종광은 Motive 조직과 동일하게 6매 x n매이고, 조직 원 리피트 22n매 x 22n매. (n=취합조직 원 리피트 본수).

복합조직 Motive design. 종광 6매 x n, 조직 원 리피트 6n x 6n.

위 복합조직 Motive design에서 위사 3잔류 2삭제, 경사 3잔류 2삭제를 반복하여 유도한 복합조직. 종광 6매 x n, 조직 원 리피트 18n x 18n.

위 복합조직 Motive design에서 Herring bone형으로 합성. 종광은 Motive 조직과 동일하게 6매 x n매이고, 조직 원 리피트 34n매 x 18n매.

좌측 복합조직 Motive design에서 위사 3잔류 2삭제, 경사 3잔류 2삭제를 반복하여 생성된 복합조직을 마름모형으로 합성한 복합조직. 종광은 Motive 조직과 동일하게 6매 x n매이고, 조직 원 리피트 34n매 x 34n매. (n=취합조직 원 리피트 본수).

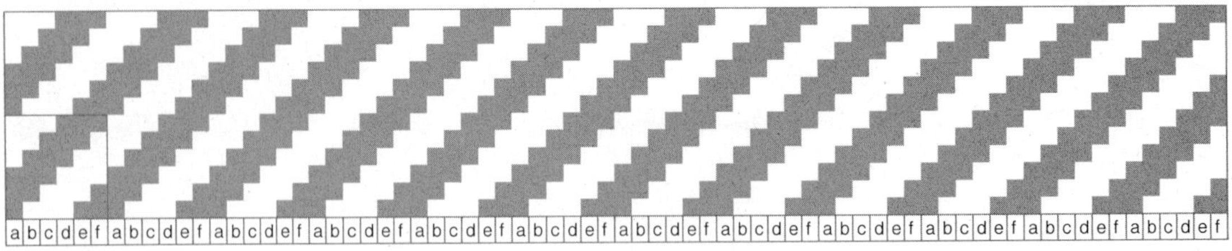

복합조직 Motive design. 종광 6매 x n, 조직 원 리피트 6n x 6n.

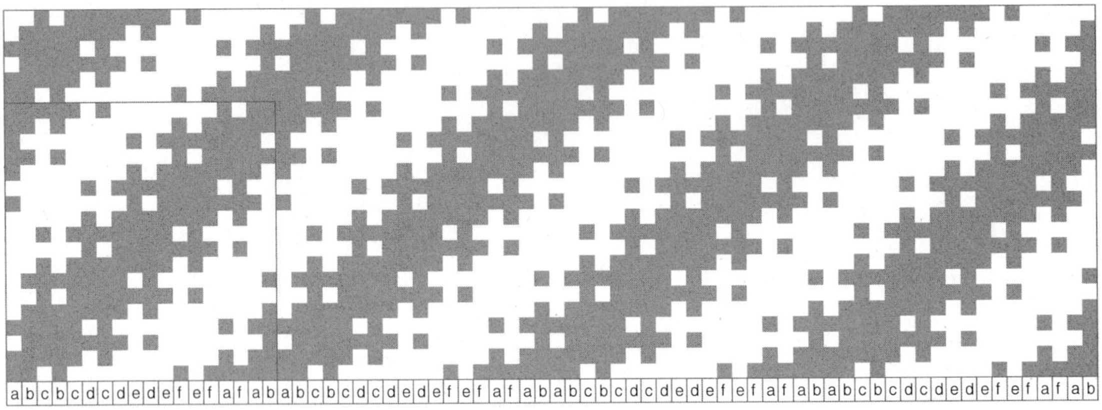

위 복합조직 Motive design에서 위사 3잔류 4삭제, 경사 3잔류 4삭제를 반복하여 유도한 복합조직. 종광 6매 x n, 조직 원 리피트 18n x 18n.

위 복합조직 Motive design에서 Herring bone형으로 합성. 종광은 Motive 조직과 동일하게 6매 x n매이고, 조직 원 리피트 34n매 x 18n매.

a f a f e f e d e d c d c b c b a b c b c d c d e d e f e f a f a b a f a f e f e d e d c d c b c b a b c b c d c d e d e f e f a f a b a f a f e f e

좌측 복합조직 Motive design에서 위사 3잔류 4삭제, 경사 3잔류 4삭제를 반복하여 생성된 복합조직을 마름모형으로 합성한 복합조직. 종광은 Motive 조직과 동일하게 6매 x n매이고, 조직 원 리피트 34n매 x 34n매. (n=취합조직 원 리피트 본수).

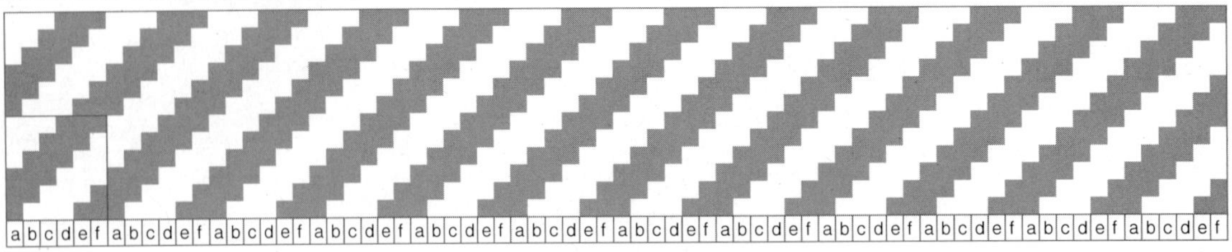

abcdefabcdefabcdefabcdefabcdefabcdefabcdefabcdefabcdefabcdefabcdefabcdef

복합조직 Motive design. 종광 6매 x n, 조직 원 리피트 6n x 6n.

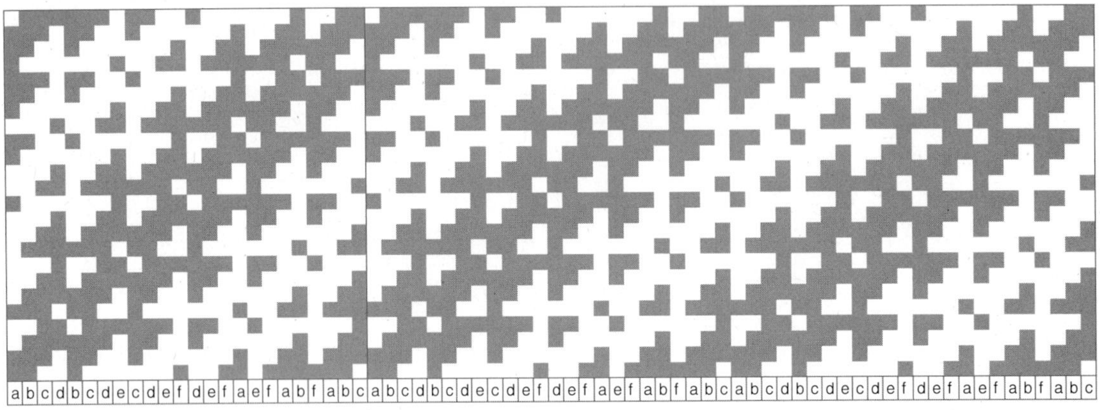

abcdbcdecdefdefaefabfabcabcdbcdecdefdefaefabfabcabcdbcdecdefdefaefabfabc

위 복합조직 Motive design에서 위사 4잔류 3삭제, 경사 4잔류 3삭제를 반복하여 유도한 복합
조직. 종광 6매 x n, 조직 원 리피트 24n x 24n.

bafbafeafedfedcedcbdcbabcdbcdecdefdefaefabfabcbafbafeafedfedcedcbdcbabcd

위 복합조직 Motive design에서 위사 4잔류 3삭제, 경사 4잔류 3삭제를 반복하여 생성된 복합
조직을 마름모형으로 합성한 복합조직. 종광은 Motive 조직과 동일하게 6매 x n매이고, 조직 원
리피트 46n매 x 46n매.

다음은 복합조직 작도 후 생산 설계서 작성의 예이다.

* Motive design 결정

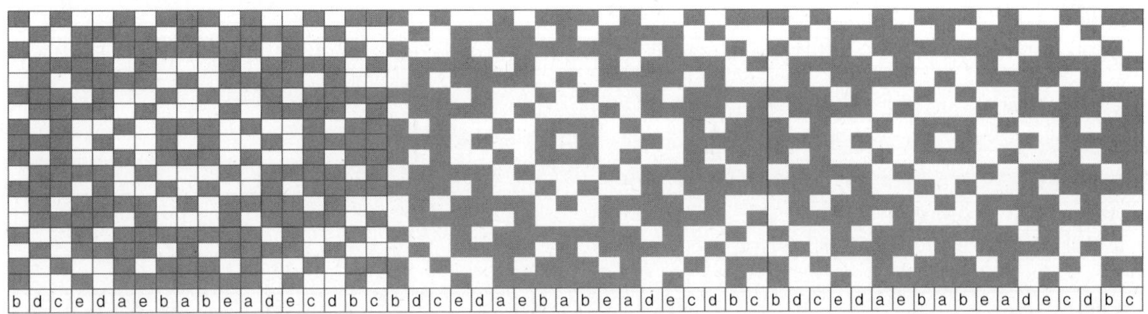

* 취합조직 결정

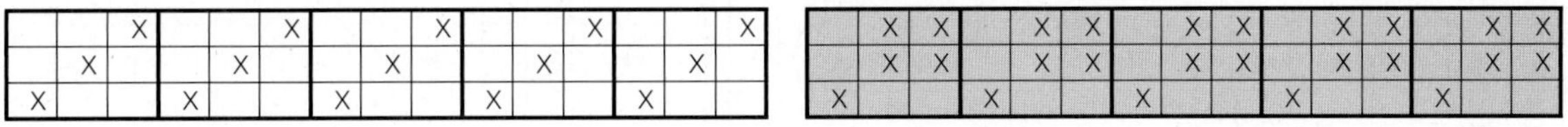

* 식전도 발췌 및 취합조직 식점

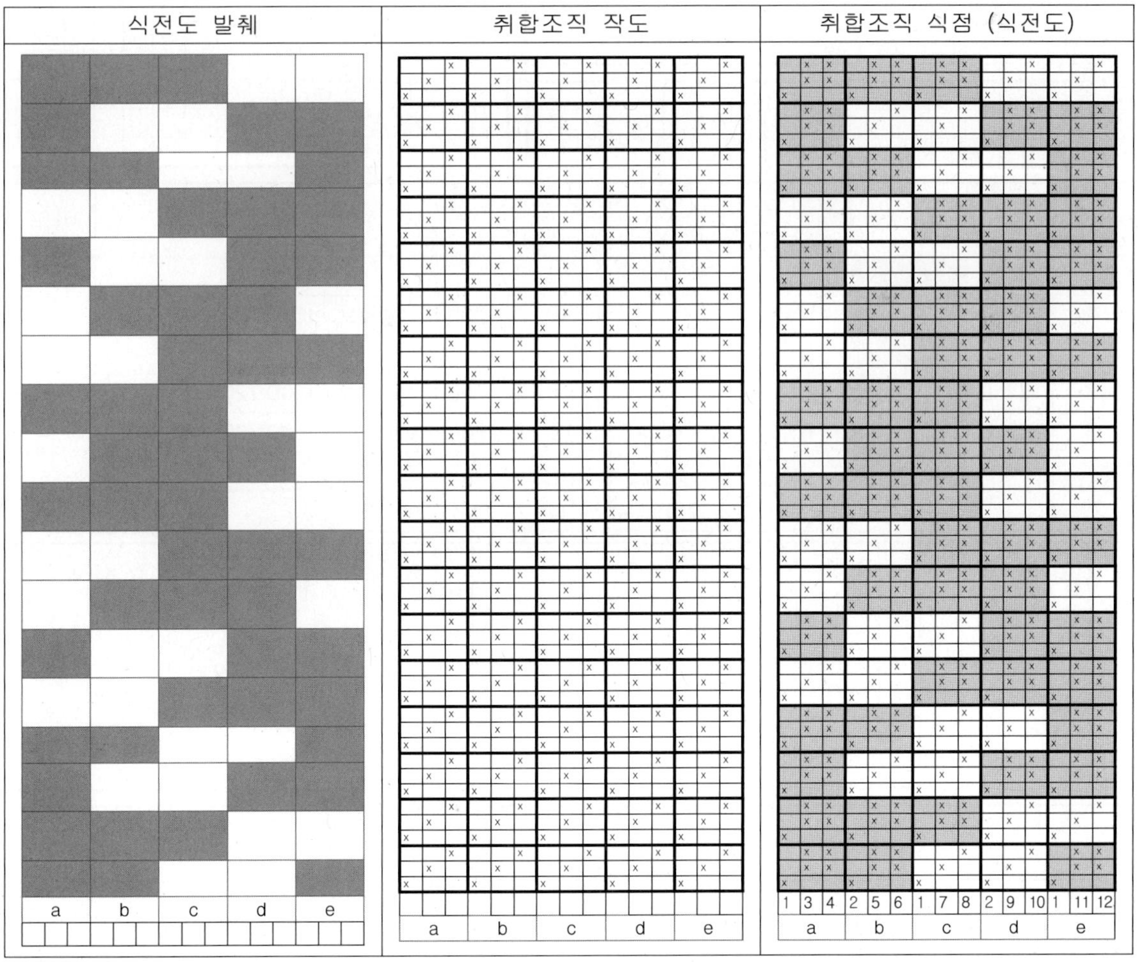

식전도 발췌	취합조직 작도	취합조직 식점 (식전도)

식전도 발췌: a b c d e

취합조직 작도: a b c d e

취합조직 식점: 1 3 4 2 5 6 1 7 8 2 9 10 1 11 12 — a b c d e

* 경통 순서 발췌

b	d	c	e	d	a	e	b	a	b	e	a	d	e	c	d	b	c

b	d	c	e	d	a	e	b	a	b	e	a	d	e	c	d	b	c

| 2 | 5 | 6 | 2 | 9 | 10 | 1 | 7 | 8 | 1 | 11 | 12 | 2 | 9 | 10 | 1 | 3 | 4 | 1 | 11 | 12 | 2 | 5 | 6 | 1 | 3 | 4 | 2 | 5 | 6 | 1 | 11 | 12 | 1 | 3 | 4 | 2 | 9 | 10 | 1 | 11 | 12 | 1 | 7 | 8 | 2 | 9 | 10 | 2 | 5 | 6 | 1 | 7 | 8 |

| 2 | 5 | 6 | 2 | 9 | 10 | 1 | 7 | 8 | 1 | 11 | 12 | 2 | 9 | 10 | 1 | 3 | 4 | 1 | 11 | 12 | 2 | 5 | 6 | 1 | 3 | 4 | 2 | 5 | 6 | 1 | 11 | 12 | 1 | 3 | 4 | 2 | 9 | 10 | 1 | 11 | 12 | 1 | 7 | 8 | 2 | 9 | 10 | 2 | 5 | 6 | 1 | 7 | 8 |

설 계 서

관리 No	161003-05
설계일자	2016 년 10 월 03 일

결 재

O/N		가 공:	1000 Y
품 번		제 직:	1120 Y
품 명		정 경:	1230 Y
밀 도 경 사	33 D x 3 = 99	위 사	90
성 폭	66 ″ 생 지 64 ″	가 공	58 ″
총 본	6534 本	G C	T/
정 경	112 m 생 지 112 Y	가 공	100 Y
F P	Piece dyeing Finishing	SHR	12 %
F.WT	222 G/Y 7.86 OZ/Y	LOS	8 %
원 료	Polyester 100 %		

	원 사	염 색	제 직	가 공
생산DELI				
생 산 처				

변 사

통 순

별 첨

사종	번 수	색 상	총사량 (Kg)	필 당 사 량 W P	W F	합 계	연 수	원 료	비고
A	162 D	R/White	141	13.17		13.17	S 1200	Polyester 150D/72F DTY SD	
						0			
B	162 D	R/White	61		5.47	5.47	S 1200	Polyester 150D/72F DTY SD	
C	162 D	R/White	61		5.47	5.47	Z 1200	Polyester 150D/72F DTY SD	
						0			
계				13.17	10.94	24.11			

배	경 사	A	all					
열	위 사	B	1					1
		C		1				1
								2

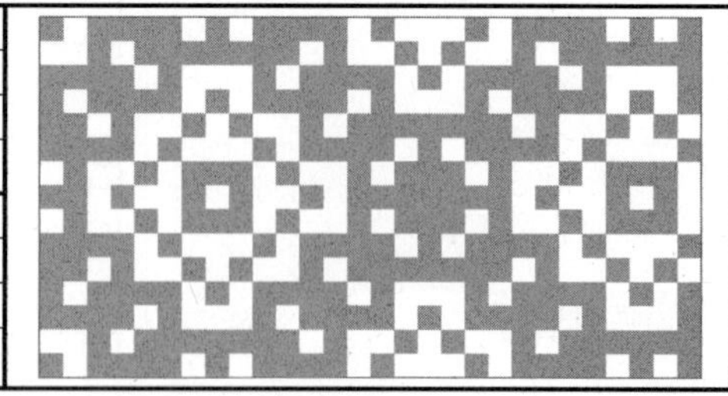

* 변사 : 3본통입 좌우 20穴

Asia pacific 기술연구소   대구광역시 서구 국채보상로42 신원빌딩 402호   http://moonho.net
T : 010-7313-0216   F : 053-552-5009 e-mail : app53@hanmail.net

제3장   직물조직 활용법

01. 특정원사 이동 작도법

　특정원사(아래 조직 Black 부분)를 조직에 의해 상하로 이동시키면 직물의 특수한 효과를 얻을 수 있다. 효과증대를 위해 Ground사는 세사로 축이 많은 원사, 이동원사(Fancy사)는 태사로 축이 적은 원사가 효율적이다. Fancy사의 사용 본수는 2±1본이 적정 본수가 된다.
　경사 좌우 이동 또한 위사와 동일한 이론이 적용되며 경사에 적용할 때는, 이중 Beam 사용이 필요하다.

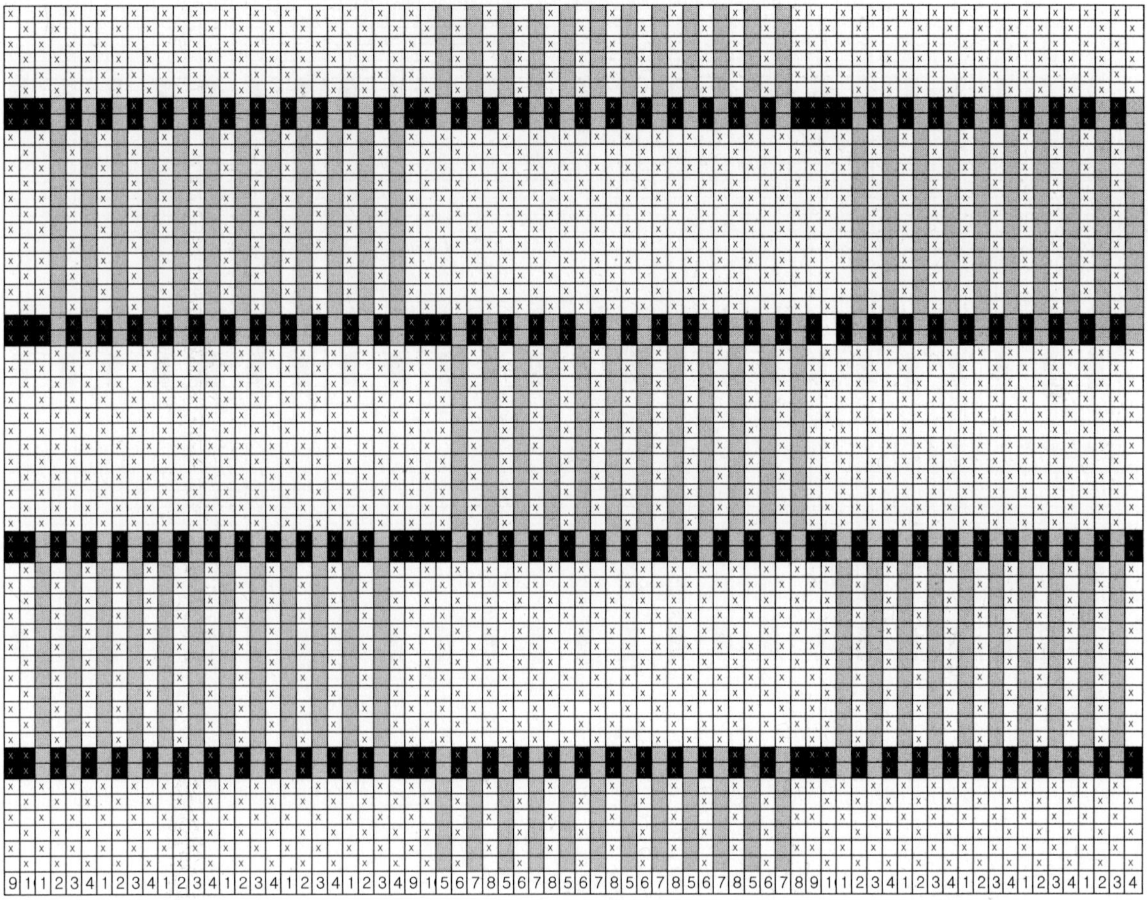

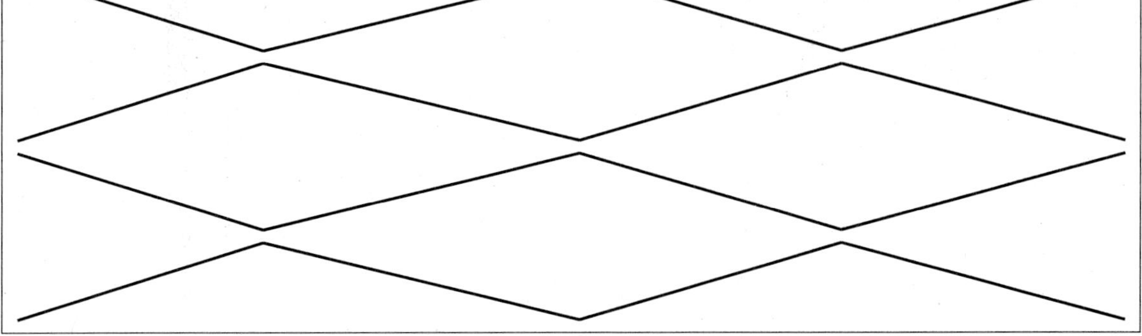

　위 조직도의 Black으로 채색된 부분에 조직에 의해 아래 그림과 같이 상하 이동효과가 일어난다.

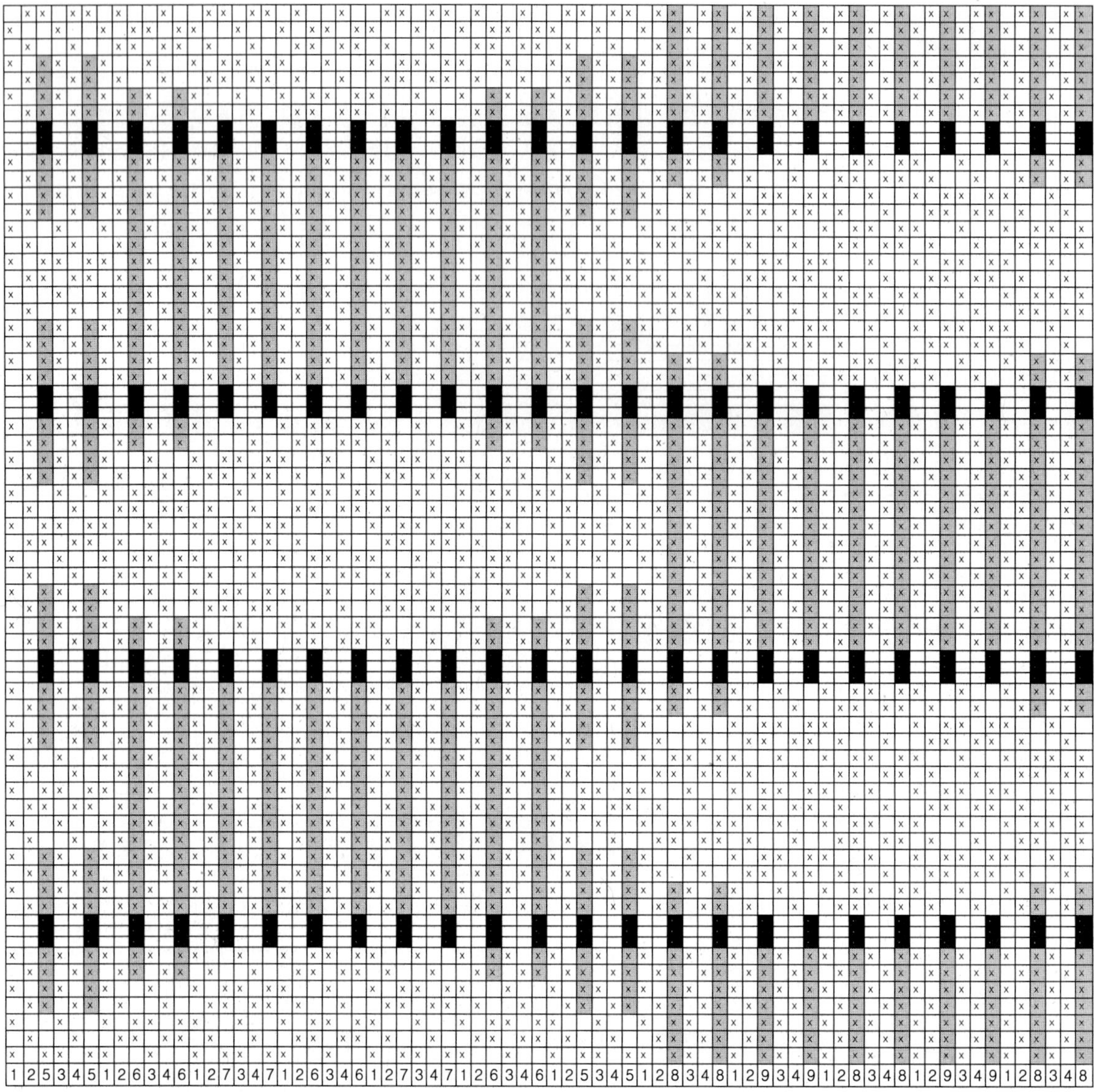

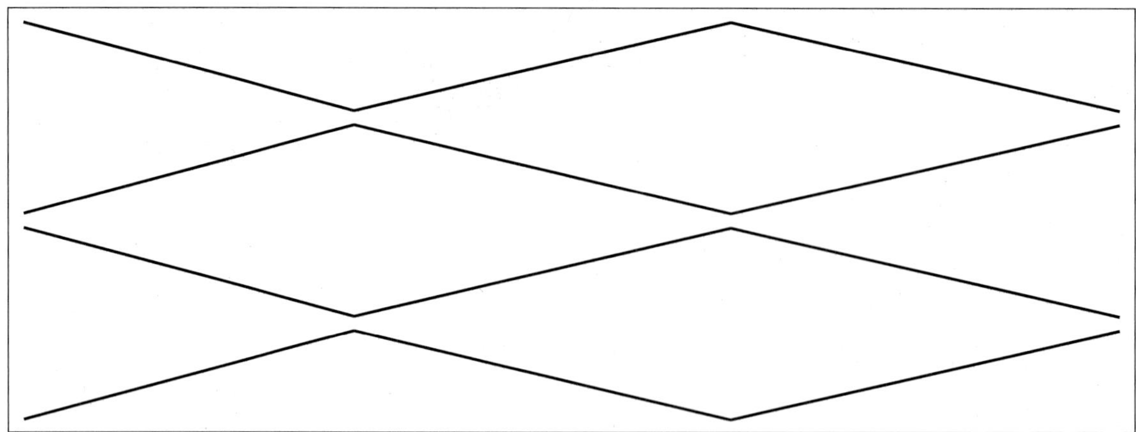

위 조직도의 Black으로 채색된 부분에 아래 그림과 같이 상하 이동효과가 일어난다(이중 Beam 필요)

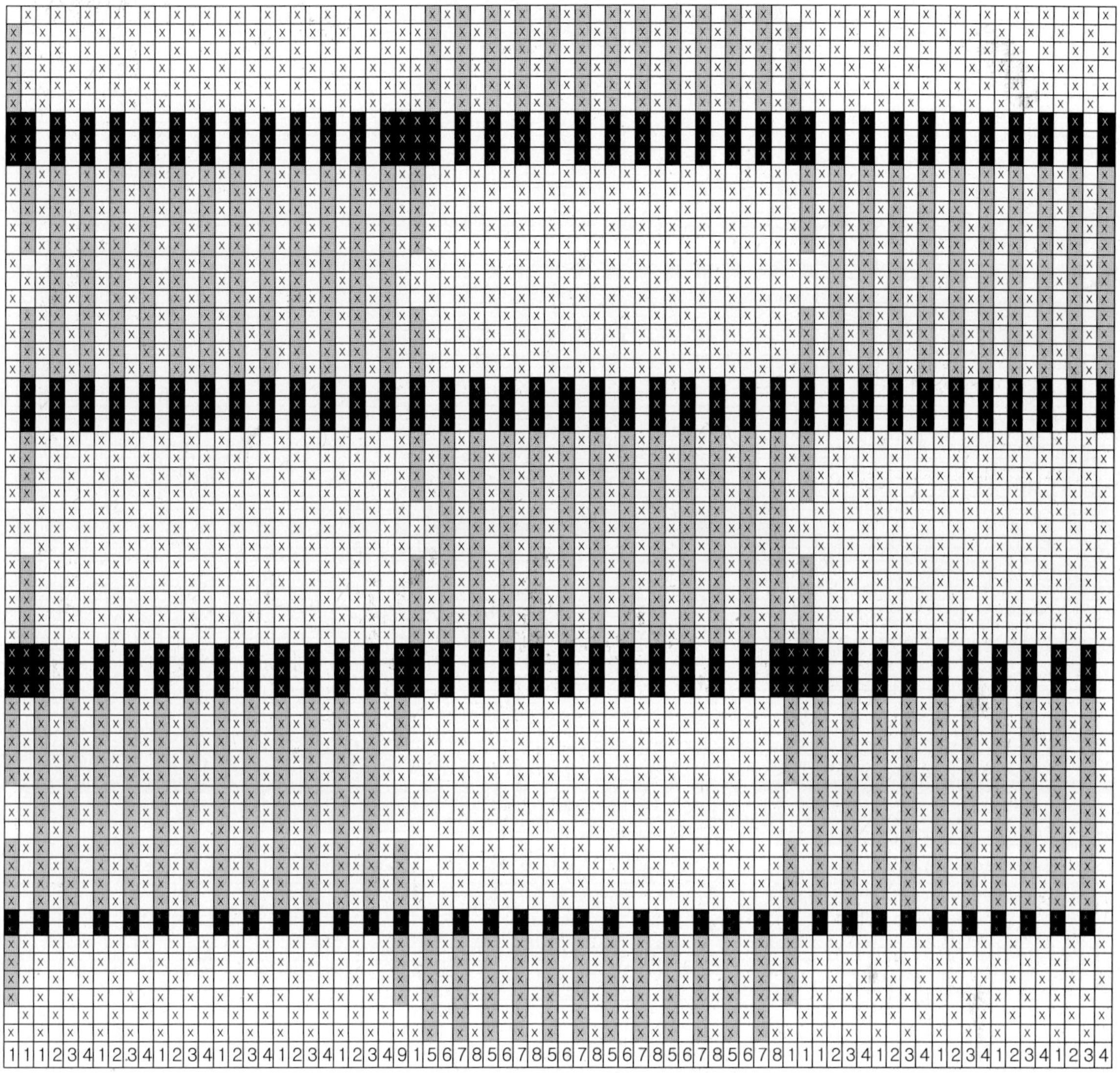

1 1 1 2 3 4 1 2 3 4 1 2 3 4 1 2 3 4 1 2 3 4 1 2 3 4 9 1 5 6 7 8 5 6 7 8 5 6 7 8 5 6 7 8 5 6 7 8 5 6 7 8 1 1 1 2 3 4 1 2 3 4 1 2 3 4 1 2 3 4

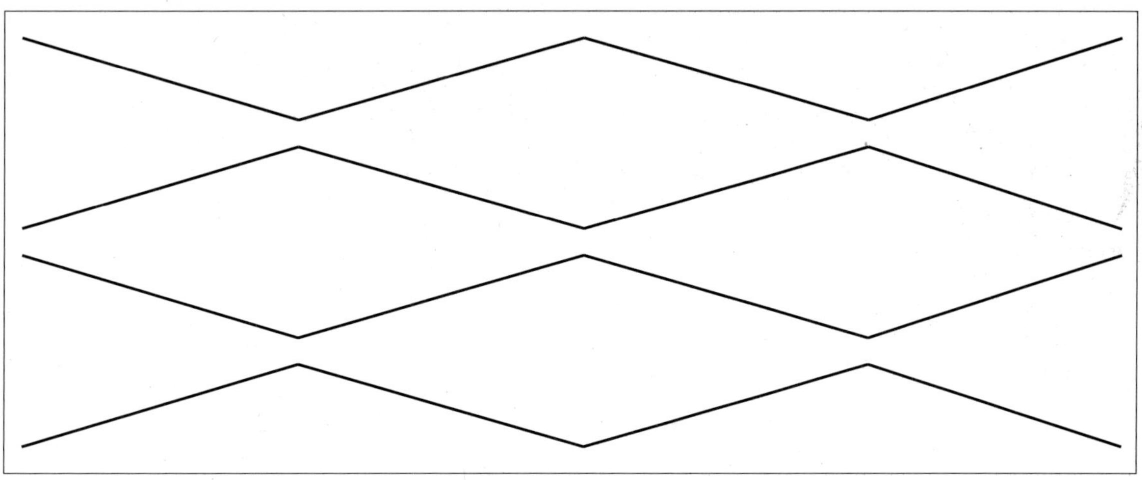

위 조직도의 Black으로 채색된 부분에 조직에 의해 아래 그림과 같이 상하 이동효과가 일어난다

6 5 6 5 4 1 2 3 2 1 2 3 2 1 4 5 6 5 6 7 8 7 8 9 10 9 10 11 12 11 12 13 14 15 16 15 14 15 16 15 14 13 12 11 12 11 12 9 10 9 8 7 8 7 6 5 6 5 4 1 2 3 2 1 2 3 2 1 4 5 6 5 6 7

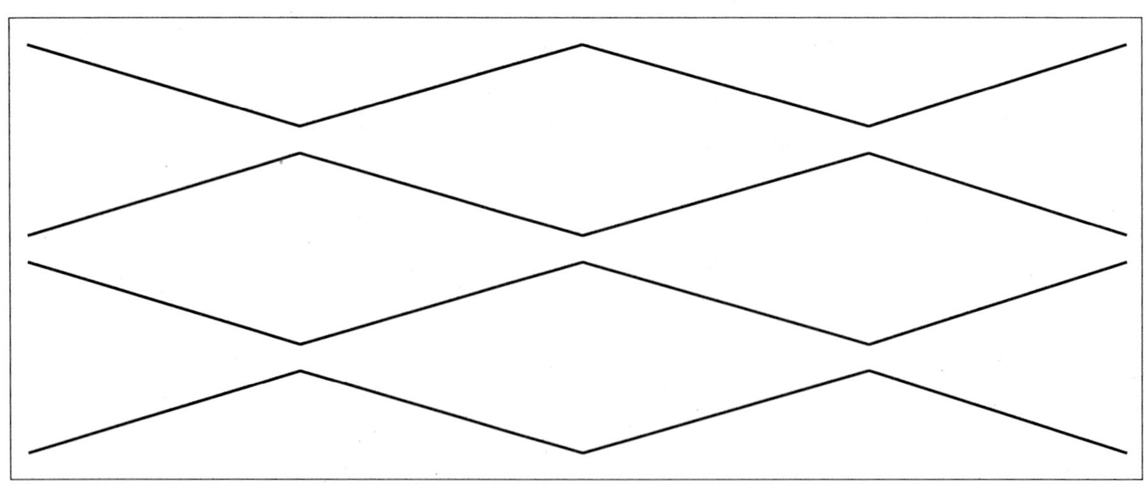

위 조직도의 Black으로 채색된 부분에 조직에 의해 아래 그림과 같이 상하 이동효과가 일어난다.

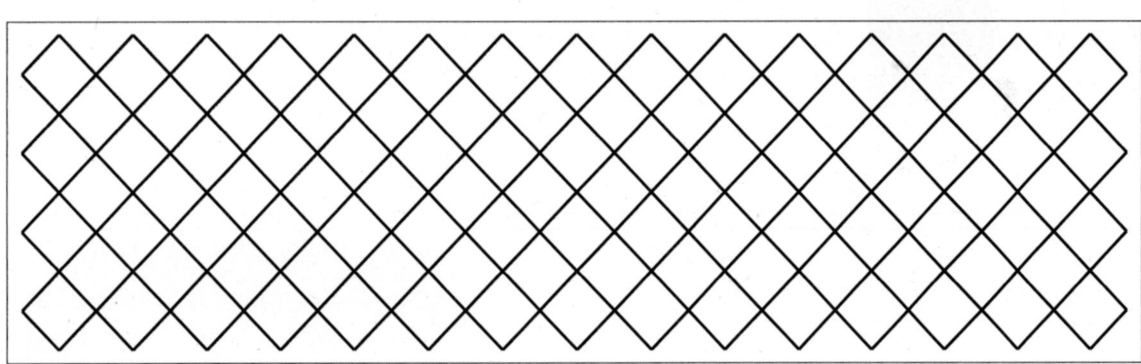

다음은 [특정 원사 상하 이동 작도법]에 의한 생산 설계서의 예이다.

설 계 서

<table>
<tr><td>관리 No</td><td colspan="3">150580-01</td><td>결</td></tr>
<tr><td>설계일자</td><td colspan="3">2016 년 05 월 08 일</td><td>재</td></tr>
</table>

O/N		가 공:	1670 Y
품 번		제 직:	1870 Y
품 명		정 경:	2046 Y
밀 도	경 사	46 D x 4 = 184	위 사 186
성 폭	78 ″ 생 지 69 ″	가 공	56 ″
총 본	14352 本	G C	T/
정 경	112 m 생 지 112 Y	가 공	100 Y
F P	Finishing	SHR	12 %
F.WT	166 G/Y	OZ/Y LOS	3 %
원 료	Nylon67 Cotton24 PU 9 %		

	원 사	염 색	제 직	가 공
생산DELI				
생 산 처				

별 첨

통순

별 첨

사종	번수	색 상	총사량 (Kg)	W P	W F	합 계	연수	원 료	비고
A	30 D		94	5.36		5.36	Sizing	Nylon 30D/34F FD DTY 무연	
						0			
B	51 D		114 29 137		7.62	7.62	Covering	Nylon 40D/34F FD DTY PU 20 (2배 연신)	PU20%
C	40/2		175		4.18	4.18	일반연	Cotton 40/2	
						0			
계				5.36	11.8	17.16			

배	경 사	A	all					
열	위 사	B	19					19
		C	2					2
								21

가공밀도 : 256 x 208

Asia pacific 기술연구소 대구광역시 서구 국채보상로42 신원빌딩 402호   http://moonho.net
T : 010-7313-0216 F : 053-552-5009 e-mail : app53@hanmail.net

160508-01 식전도 (42본)

	X		X		X			X	X		X		X		X	
	X		X		X			X	X		X		X		X	
	X		X		X			X	X			X		X		X
	X		X		X			X	X		X		X		X	
	X		X		X			X		X		X		X		X
	X		X		X		X		X		X		X		X	
	X		X		X			X		X		X		X		X
	X		X	X		X	X		X		X		X		X	
	X		X		X			X		X		X		X		X
X	X			X		X	X		X		X		X		X	
	X	X	X		X			X		X		X		X		X
X	X			X		X	X		X		X		X		X	
	X	X	X		X			X		X		X		X		X
X	X			X		X	X		X		X		X		X	
	X		X		X			X		X		X		X		X
	X		X	X		X	X		X		X		X		X	
	X		X		X			X		X		X		X		X
	X		X		X		X		X		X		X		X	
	X		X		X			X		X		X		X		X
	X		X		X			X	X		X		X		X	
	X		X		X			X	X			X		X		X
	X		X		X			X	X		X		X		X	
	X		X		X			X	X		X		X		X	
X		X		X		X		X	X		X		X		X	
	X		X		X			X	X		X		X		X	
X		X		X		X	X		X		X		X		X	
	X		X		X			X		X	X		X		X	
X		X		X		X	X		X		X		X		X	
	X		X		X			X		X		X	X		X	
X		X		X		X	X		X		X		X		X	
	X		X		X			X		X		X		X	X	
X		X		X		X	X		X		X		X		X	X
	X		X		X			X		X		X		X	X	
X		X		X		X	X		X		X		X		X	X
	X		X		X			X		X		X		X	X	
X		X		X		X	X		X		X		X		X	
	X		X		X			X		X		X	X		X	
X		X		X		X	X		X		X		X		X	
	X		X		X			X		X	X		X		X	
X		X		X		X	X		X		X		X		X	
	X		X		X			X	X		X		X		X	
X		X		X		X		X	X		X		X		X	
1	2	3	4	5	6	5	7	8	9	10	11	12	13	14	15	16

160508-01 통 순 (54본)

	1	2	3	2	
	1	2	3	2	
	1	4	5	6	
	5	6	7	8	
	7	8	9	10	
	9	10	11	12	
	11	12	13	14	
	15	16	15	14	
	15	16	15	14	
	13	12	11	12	
	11	12	9	10	
	9	8	7	8	
	7	6	5	6	
	5	4			

160508-01 Design 참조 (축적 1 : 1)

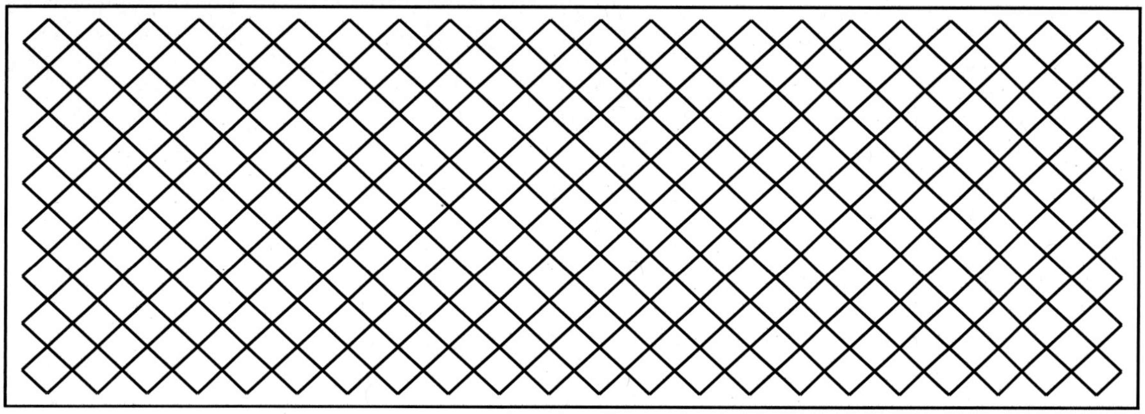

02. 복합조직 원근 적용법

일반직물이나 Jacquard pattern 설계 시, 원근법을 적용시키면 보다 입체적이고 생동감이 있는 직물의 구현이 가능하다. 또한 선염직물은 물론 후염직물일 경우에도 표면에 나타나는 패턴이 입체적이고 생동감이 살아있다. 다음은 몇 가지 원근의 예와 직물 생산에 적용한 실제 예를 들어본다.

먼저, 설계자의 의도에 의한 필요한 Pattern을 구상한다. 아래 그림은 원근을 배제한 의장이다.

① 실선의 강약에 따른 원근을 적용하여 입체감을 구현한다.(근거리는 강한 선, 원거리는 약한 선)

② 면적 대비에 따른 원근을 적용하여 입체감을 적용한다.(근거리 면적은 넓게, 원거리 면적은 좁게)

③ 색상 명암 대비에 따른 원근을 적용하여 입체감을 구현한다. (근거리는 Light, 원거리는 Dark)

　실선의 강약에 따른 원근(근거리는 강한 선, 원거리는 약한 선), 면적 대비에 따른 원근
(근거리 면적 넓게, 원거리 면적 좁게), 색상 명암 대비에 따른 원근(근거리 Light, 원거리
Dark)을 취합 적용하면, 아래와 같은 입체적이고 생동감 있는 직물 Pattern이 구현된다.

면적대비 원근 적용의 다른 일례. 위는 Motive, 아래는 면적대비 원근 적용 Pattern.

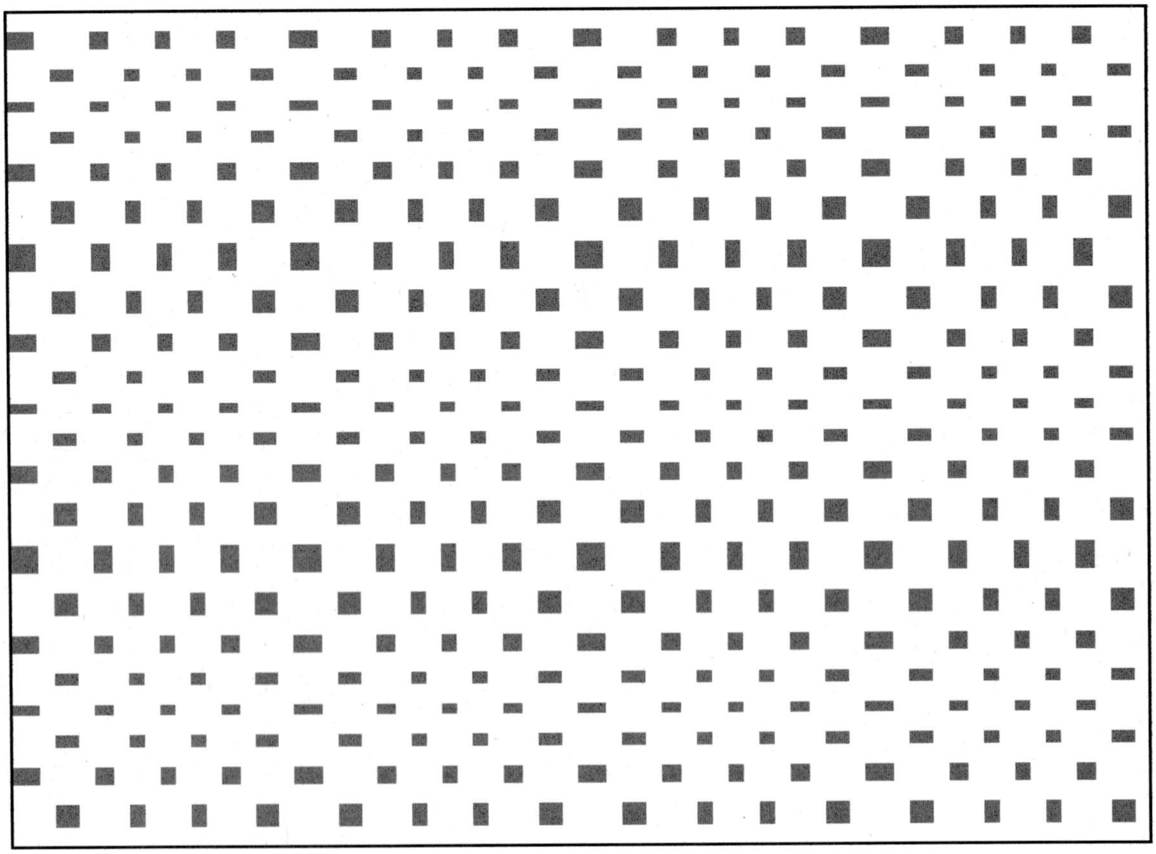

명암대비 원근 적용의 다른 일례. 위는 경사 방향으로 명암 대비 적용, 아래는 경위방향으로 명암 대비 원근을 적용한 Pattern.

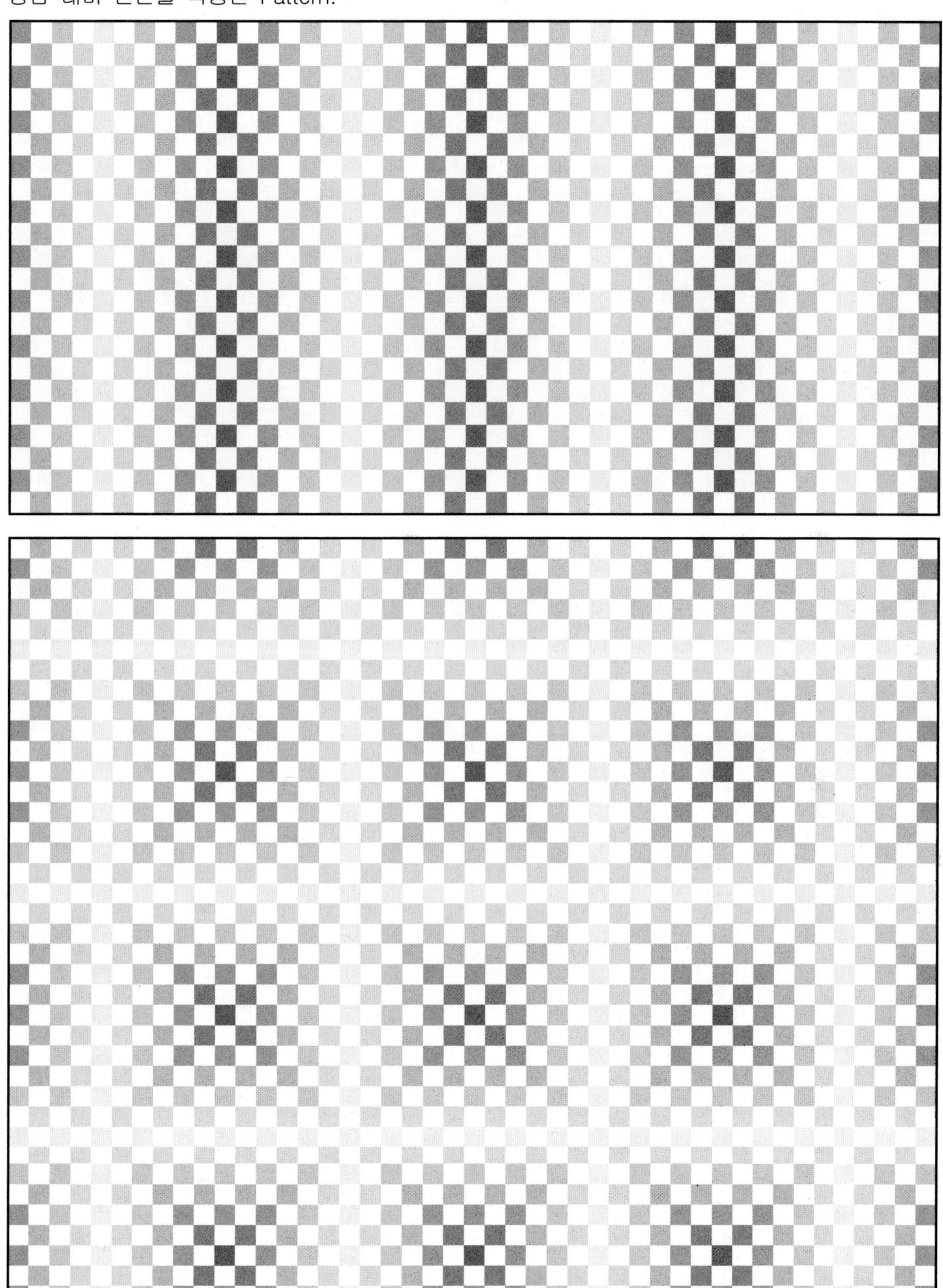

면적대비 원근 적용의 다른 일례. 위는 Motive pattern, 아래는 면적대비 원근 적용 Pattern.

03. 조직과 연 방향 적용법

  생산 현장에서 조직 대비 연 방향이 잘못 적용되어 제품에 결함이 상존하고 있는 것이 현실이다. 이에 적절한 연 방향을 적용하여 직물의 품질을 향상하기 위해, 연의 방향이 조직에 미치는 영향을 설명하기로 한다.

  연의 방향은 S 방향과 Z 방향으로 구분된다. 연 방향을 조직에 적용하면, 연의 방향에 따라 조직의 선명성과 입체감에 영향을 주게 된다. 특히 조직의 변부와 Twill line에 미치는 영향이 크다.
  우측 보기와 같이 Twill line의 방향은 좌상방향보다 우상방향이 생체학 적인 측면에서 편안한 느낌을 준다.

1) 표면을 기준으로 한 경사의 적용법

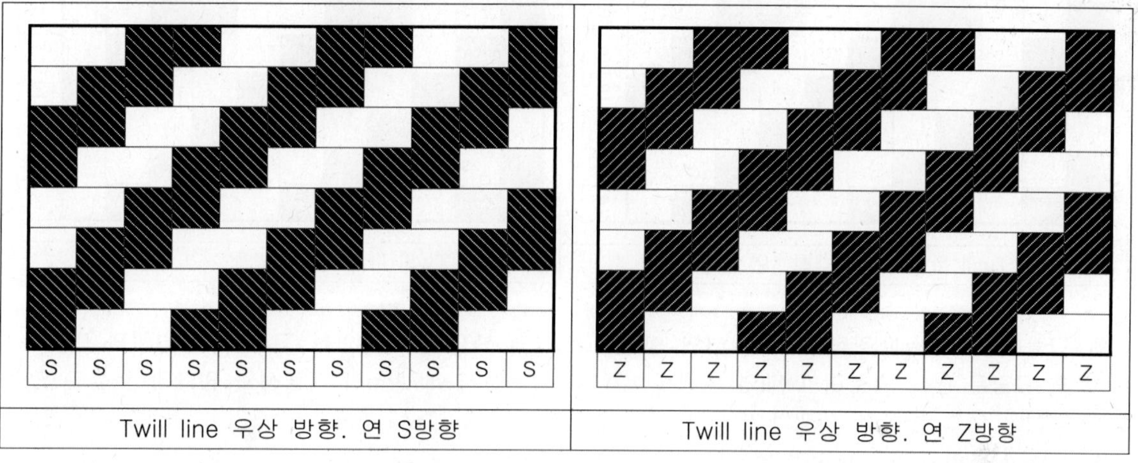

Twill line 우상 방향. 연 S방향

Twill line 우상 방향. 연 Z방향

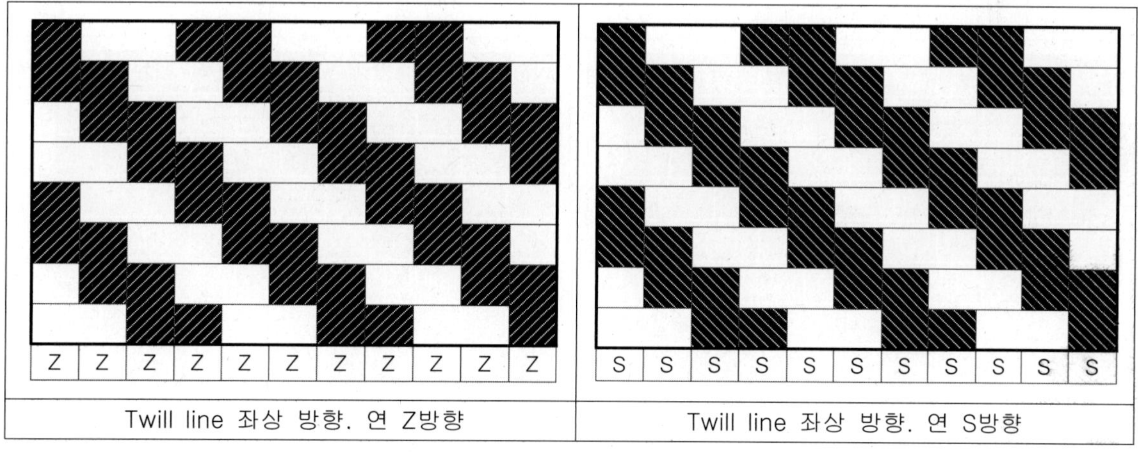

Twill line 좌상 방향. 연 Z방향

Twill line 좌상 방향. 연 S방향

  위 그림은 2/2 Twill 조직에 따른 연의 방향을 대입한 그림이다. 좌측 그림은 연의 방향이 Twill의 방향과 수직을 이루어 Twill line의 선명성과 입체감이 살아 있다. 우측 그림은 연의 방향이 Twill의 방향과 동일 방향을 이루었으며, 이로써 Twill line의 모서리가 뭉개져 Line이 선명하지 않아 흐리고 입체감이 없음을 알 수 있다.

2) 표면을 기준으로 한 위사의 적용법

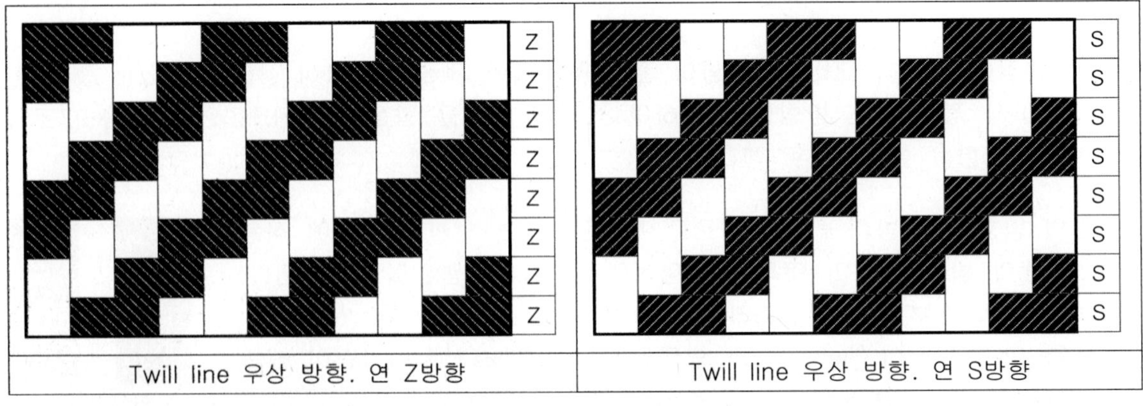

Twill line 우상 방향. 연 Z방향	Twill line 우상 방향. 연 S방향
Twill line 좌상 방향. 연 S방향	**Twill line 좌상 방향. 연 Z방향**

　　위 그림은 2/2 Twill 조직에 따른 연의 방향을 위사의 측면에서 대입한 그림이다. 경사와 마찬가지로 좌측 그림은 연의 방향이 Twill의 방향과 수직을 이루어 Twill line의 선명성과 입체감이 살아 있다. 우측 그림은 연의 방향이 Twill의 방향과 동일 방향을 이루어 Twill line의 모서리가 뭉개져 Line이 선명하지 않고 흐려지며 입체감이 없음을 알 수 있다.

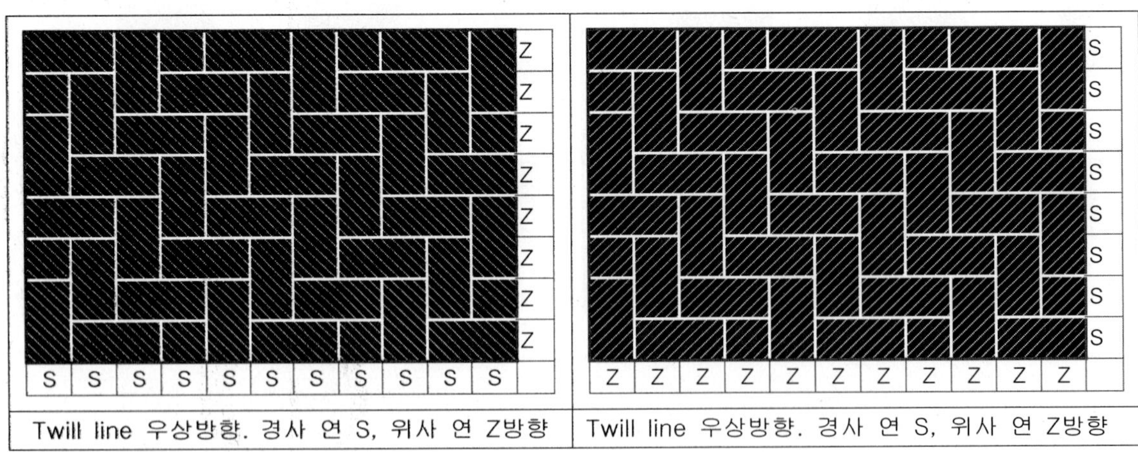

Twill line 우상방향. 경사 연 S, 위사 연 Z방향	Twill line 우상방향. 경사 연 S, 위사 연 Z방향

　　위 좌측 그림은 경·위사 모두 연의 방향이 Twill의 방향과 수직을 이루어 Twill line의 선명성과 입체감이 살아 있다. 우측 그림은 연의 방향이 Twill의 방향과 같은 방향을 이루어, Twill line의 모서리가 뭉개져 Line이 선명하지 않고 흐리며, 입체감이 없음을 알 수 있다.

3) 표리 구분 연 방향 적용법

표리의 노출비가 70%이상이면, 노출이 많은 원사를 기준으로 하여 연의 방향을 설정하면 조직의 선명성과 입체감 증대에 효율이 높다.

주자조직은 표리의 노출 비(5매주자 표리 노출 비 80%이상, 8매주자 표리 노출 비 88%이상)가 크므로 표리를 별도로 구분한다. 노출이 많은 원사를 기준으로하여 연의 방향을 설정하여야 한다. 중첩 비가 많은 쪽을 연결하면 주자선(Line)이 형성되며, 주자선에 따라 연의 방향을 설정한다.

다음은 8매 Satin weave 조직삭제 작도의 1잔류2삭제(3Count step) 연 방향 설정 적용의 예이다.

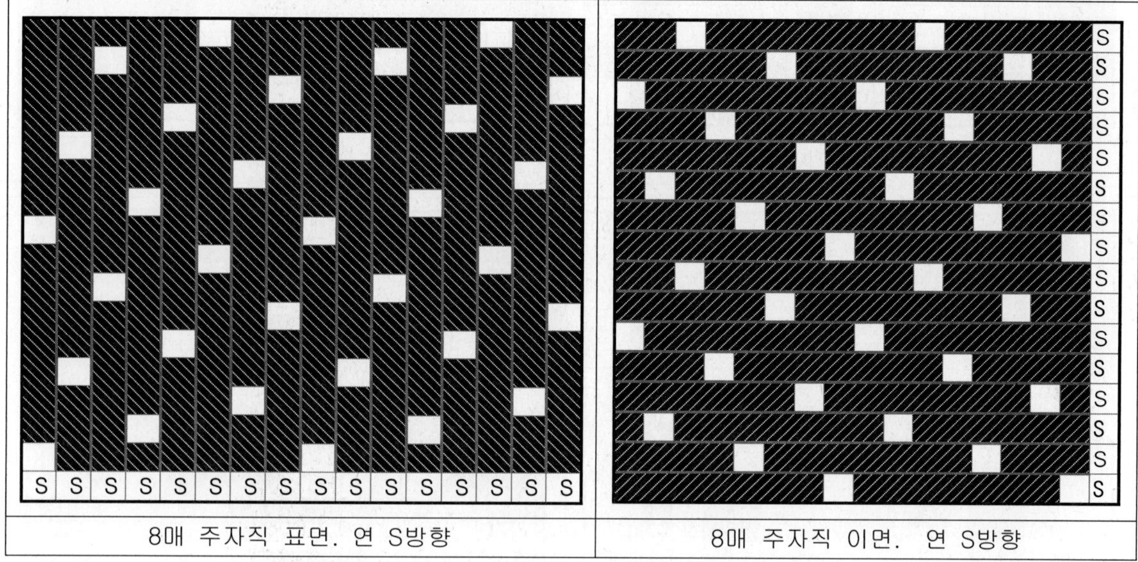

| 8매 주자직 표면. 연 S방향 | 8매 주자직 이면. 연 S방향 |

표리를 같이 사용하는 이중직, 경이중직, 위이중직 등은 이면조직에도 표면과 동일하게 연의 방향을 조직에 부합되게 적용하여 조직의 선명성과 입체감이 살아 있는 직물의 설계가 필요하다.

다음은 표면 3/3 우상방향 Twill, 이면 2/1 좌상방향 Twill, 표리 밀도 비 경·위 같이 2:1의 이중직에 대하여 적용한 연의 방향이다.

| 표면 조직 | 이면 조직 |

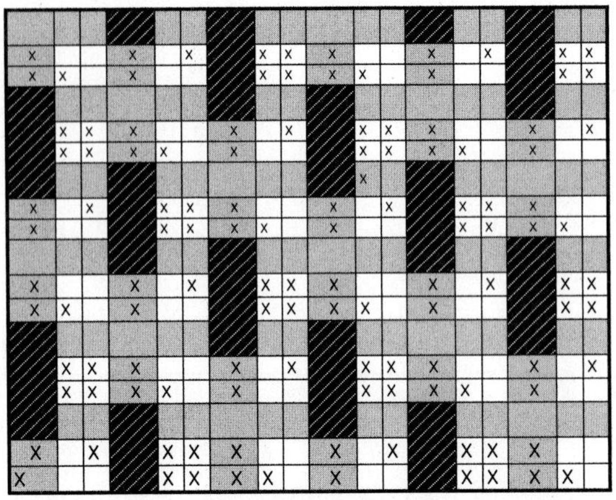

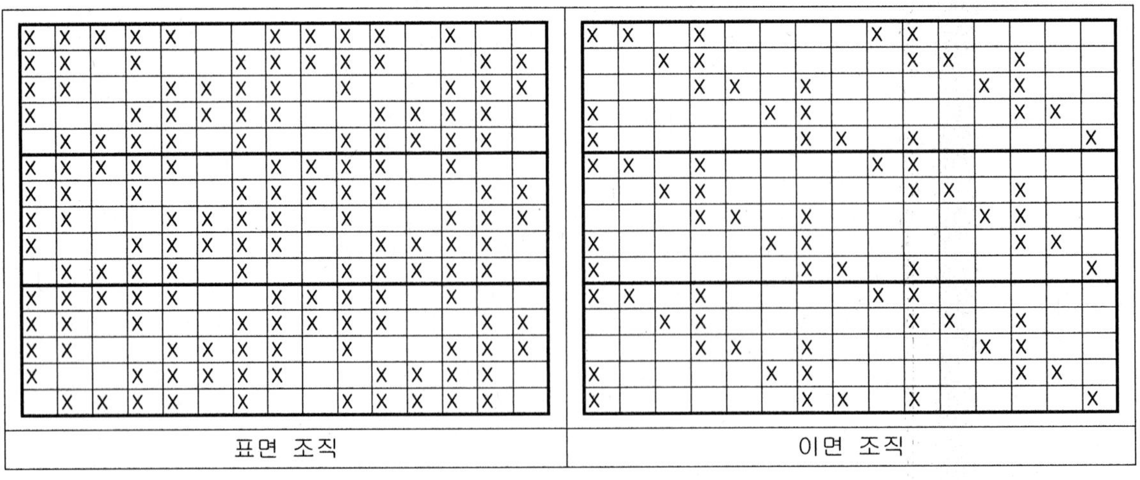

다음은 표면 4/1 우상방향 Twill, 이면 3/2 좌상방향 Twill, 경사 밀도 비 2:1의 경이중직에 대하여 적용한 연의 방향이다.

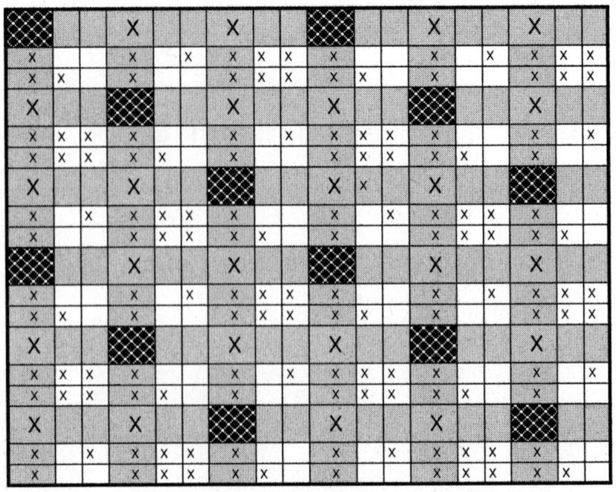

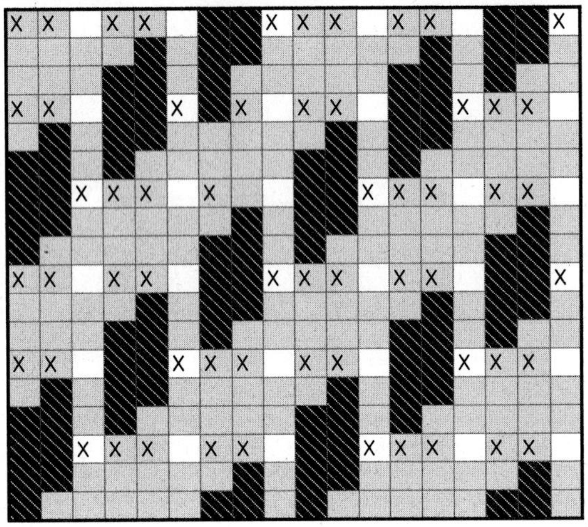

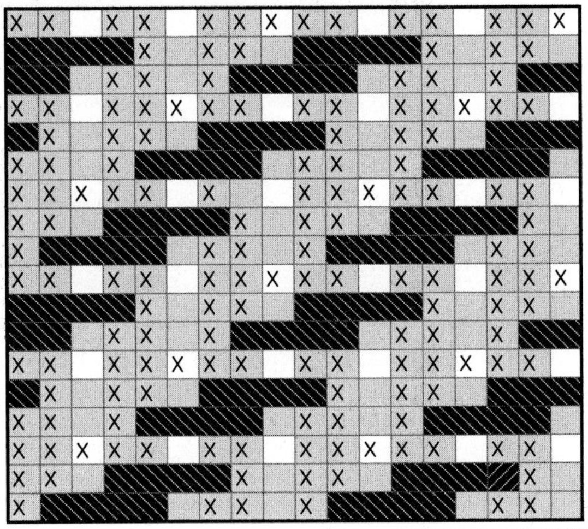

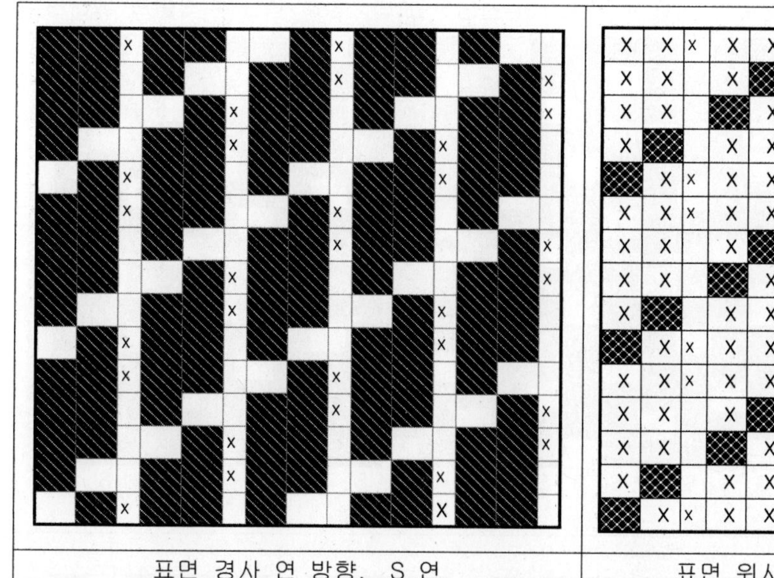

<table>
<tr><td>표면 경사 연 방향. S 연</td><td>표면 위사 연 방향. 연 방향 무관</td></tr>
<tr><td>이면 경사 연 방향. Z 연</td><td>이면 위사 연 방향. 연 방향 무관</td></tr>
</table>

* 이 장에서는 조직에 따른 연의 방향을 바르게 적용시켜 보다 선명하고 입체감이 있는 직물 구현에 대한 이론이다.

* 특수한 경우 특정한 효과를 위해 의도적으로 조직을 흐리게 하여 입체감을 없앨 수도 있다,

다음은 연의 방향과 조직이 부합되게 적용되어 조직이 선명하고 입체감이 증대된 직물의 예이다.

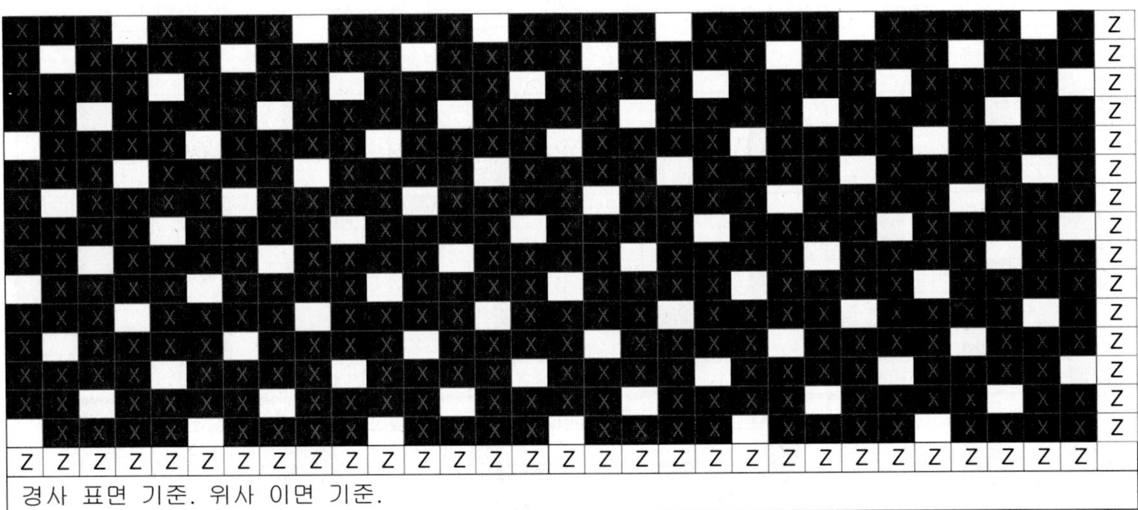

경사 표면 기준. 위사 이면 기준.

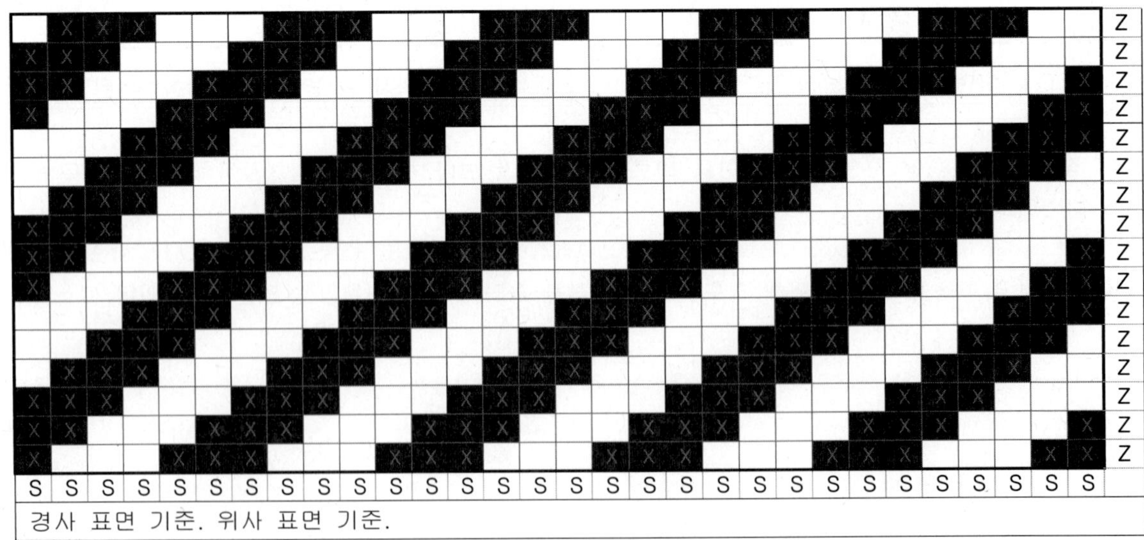

경사 표면 기준. 위사 이면 기준.

경사 표면 기준. 위사 표면 기준.

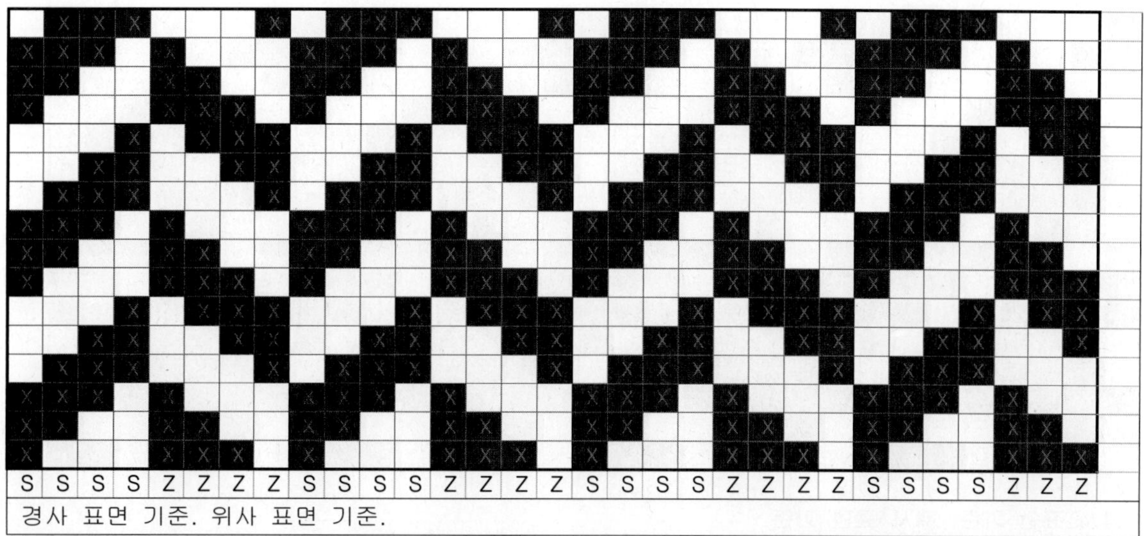

경사 표면 기준. 위사 표면 기준.

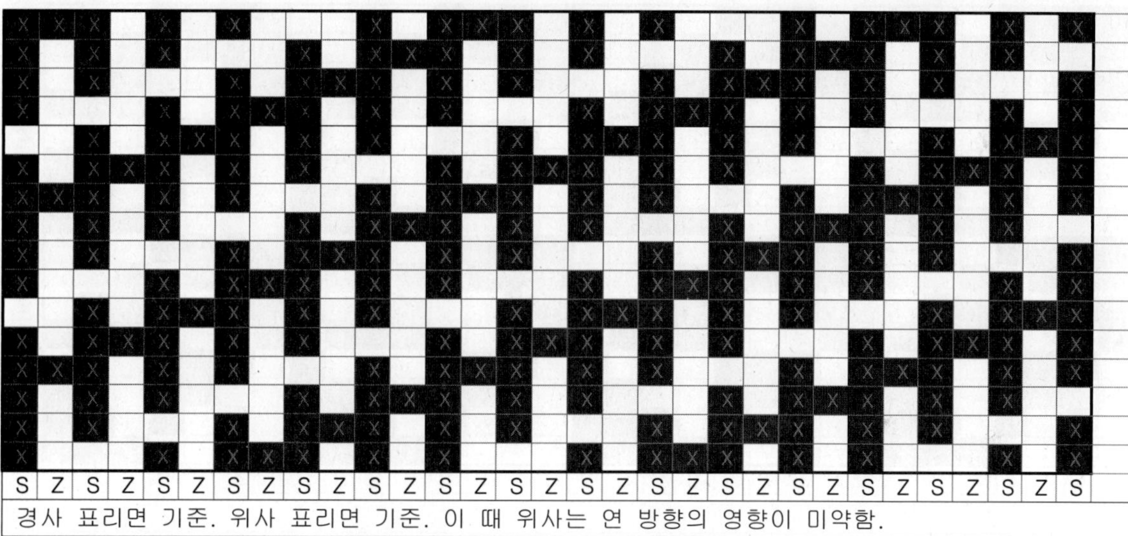

경사 표리면 기준. 위사 표리면 기준. 이 때 위사는 연 방향의 영향이 미약함.

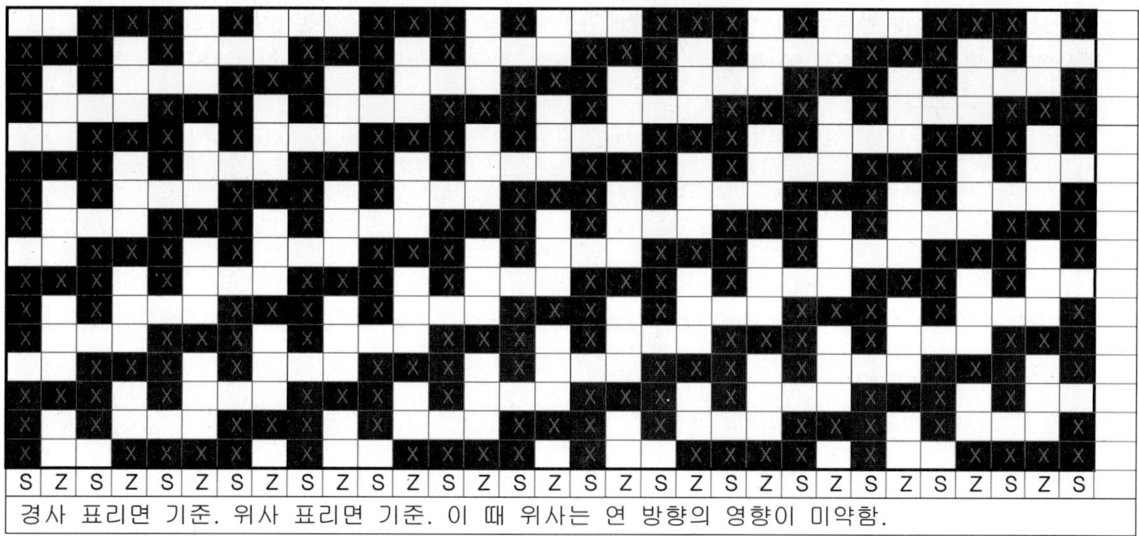

경사 표리면 기준. 위사 표리면 기준. 이 때 위사는 연 방향의 영향이 미약함.

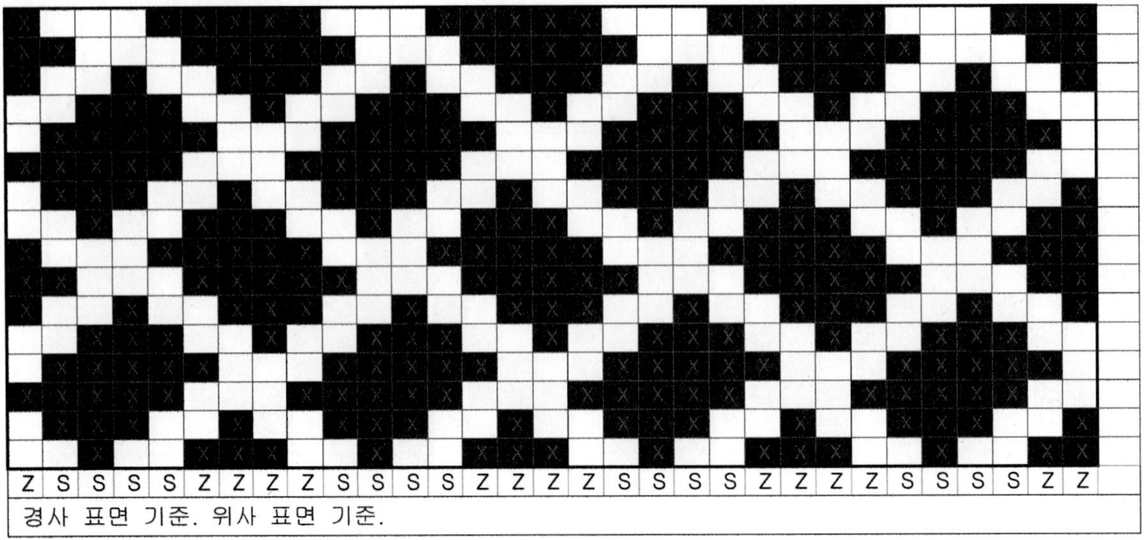

Z S S S Z Z Z S S S S Z Z Z Z S S S S S Z Z Z Z S S S S S Z Z

경사 표면 기준. 위사 표면 기준.

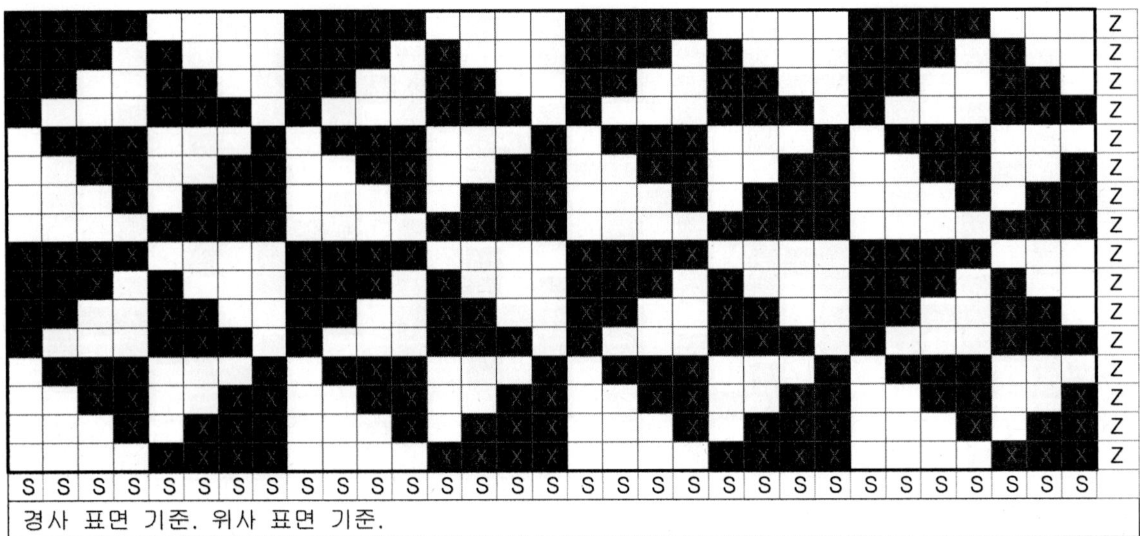

S S S S S S S S S S S S S S S S S S S S S S S S S S S S S S S S

경사 표면 기준. 위사 표면 기준.

S, Z 표기가 없는 부분은 연의 방향이 조직에 큰 영향을 주지 않는 부분의 조직이다. 여기서 경사와 위사의 연 방향을 눈 여겨 볼 필요가 있다. 연 방향 적용에 따라 직물 조직의 효과가 크게 달라진다는 것을 알 수 있다.

04. 다중 조직 작도법

   다중조직은 생산 현장에서 다수 적용하여 생산하고 있으나, 다중조직의 원리 및 표리 접결의 위치가 일부 잘못 적용되어 제품에 결함이 상존하고 있는 현실이다. 이에 설계자들이 쉽게 이해하도록 하기 위하여 다중직의 작도방법을 순서대로 열거하며 설명하기로 한다.

다중직의 기초가 되는 2중직의 작도

① 표리 조직 결정

표면조직 (2/2 Twill))	이면조직 (평직)

   표리조직의 최소 공배수가 이중직의 원 리피트가 되며, 제직성을 고려해 종광 매수를 더 늘릴 수도 있다.

   본 이중직의 조직 원 리피트는 최소 사용 종광 6매로 제직이 가능하나, 제직성을 고려해 종광 매수를 8매로 설정한다.

② 표리 배율 결정(표리 조직의 배율 표면:이면=1:1로 가정)

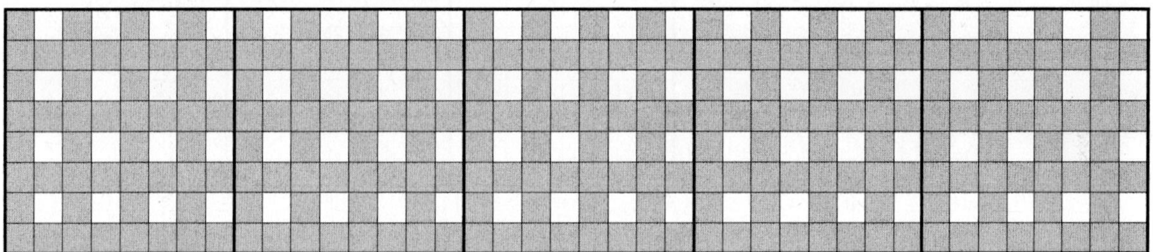

   위와 같이 표리 조직 중 어느 한쪽을 채색하여 표리를 구분 지으면 작도가 용이하다. 여기서는 표면조직을 회색으로 채색하여 구분하였다.

③ 이중직의 작도

경사기준: 표면조직 제직시 이면 조직 all down

                이면조직 제직시 표면 조직 all up

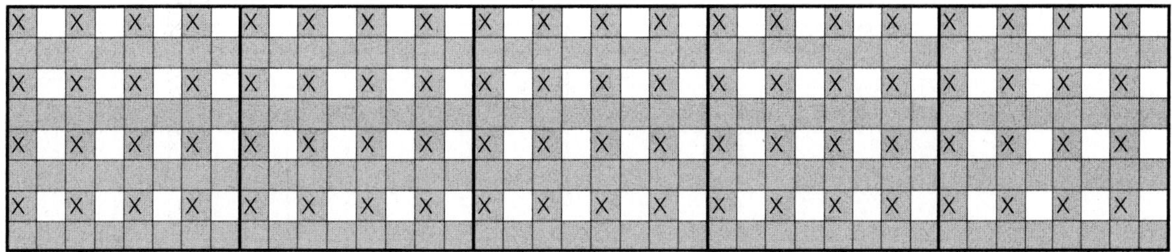

   위 직점은 표리를 구분하는 조직점으로, 제직이 되지 않는 직점이다.

④ 표면조직 표기

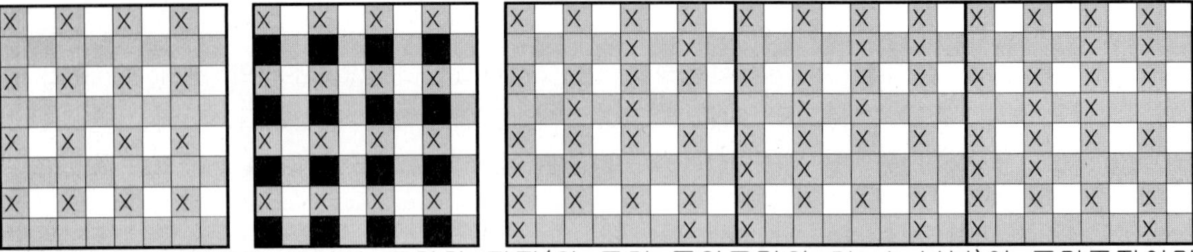

　　표면조직은 표면과 표면이 교차한 직점(위 도면 중앙그림의 Black 부분)이 표면조직이며 우측과 같이 표면조직에 2/2 Twill을 식점한다(짙은 색의 x자 부분).

⑤ 이면조직 표기

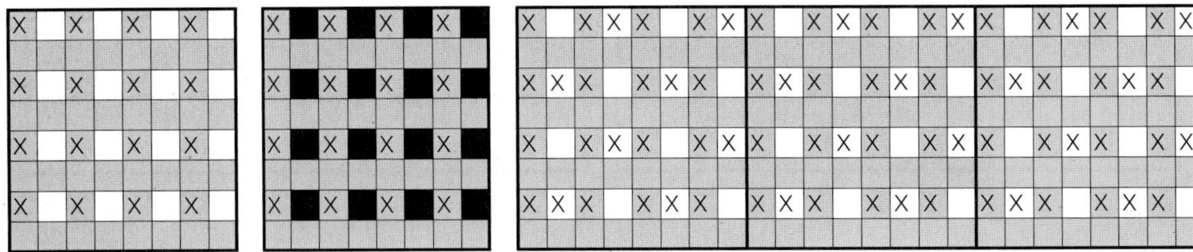

　　이면조직은 이면과 이면이 교차한 직점(위 도면 중앙 그림의 Black 부분)이 이면조직이며 우측과 같이 이면조직에 평직을 식점한다(짙은 색의 x자 부분).

⑥ 완성된 조직도

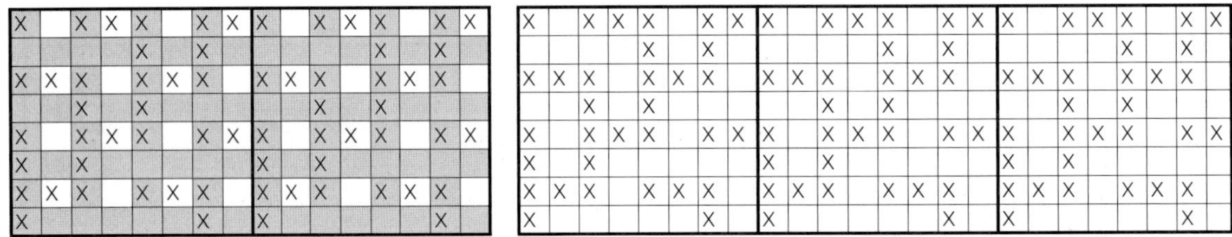

　　좌는 표면조직(2/2 Twill)과 이면조직(평직). 우측은 표리 조직의 배열 1:1로 완성된 이중직. (위 조직은 표리가 분리되어 두 겹으로 제직되며, 결합 시키는 표리의 접결이 필요하다.)

다중직의 접결법

　　접결의 원리는 이중직의 기본 원칙인, 표면조직 제직 시 이면조직 all down, 이면조직 제직 시 표면조직 all up과 반대이다.

① 본 바닥 접결(별도의 접결사가 필요 없다)

　　왼쪽 그림은 표면경사가 이면위사 아래로 접결(이면위사가 표면경사 위로 접결) 되었고, 오른쪽 그림은 이면경사가 표면위사 위로 접결 되었다.

② 접결사 접결(별도의 접결 사가 필요하다)

Ground 사	접결사	Ground 사	접결사	Ground 사	접결사	Ground 사	접결사

접결사의 원리는, 표면조직 제직시 down, 이면조직 제직시 up이다. 현 상태에서는 접결이 일어나지 않으며 표리조직의 중간에 3중직의 형태로 접결사가 위치한다.

Ground 사	접결사	Ground 사	접결사	Ground 사	접결사	Ground 사	접결사

위에서 접결사에 접결을 표기하려면, 접결사의 원리(표면조직 제직시 down, 이면조직 제직시 up)와 반대로 표면조직 제직시 up, 이면조직 제직시 down으로 식점하면 접결이 일어난다.

③ 접결점 배치(본 바닥 접결도 동일하다)

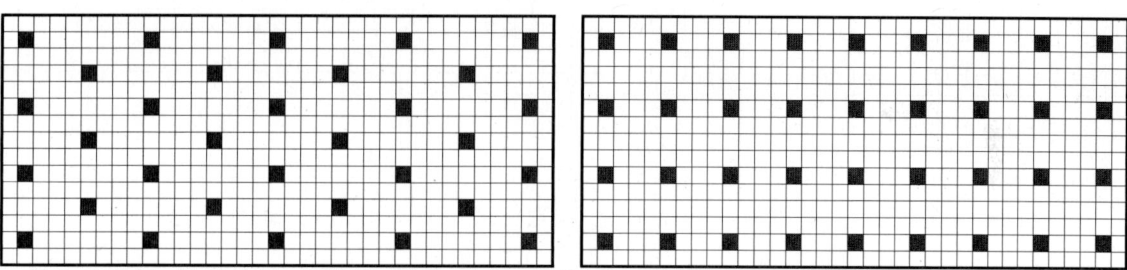

특수효과를 목적으로 원칙을 바꿀 수는 있으나, 일반적으로 접결사는 두 개 이상을 사용하여 표리에 접결의 노출을 최대한 줄일 수 있게 마름모 구도로 배치되게 작도해야 한다. (좌측 그림이 우측 그림에 비하여 접결의 노출을 줄이며 역학적인 힘의 분산이 양호하다.)

④ 접결점 위치(본바닥 접결도 동일하다)

그림 A	그림 B	그림 C

접결점의 위치는 일반적으로 접결점의 노출을 최대한 줄일 수 있게 선정되어야 한다. 위 그림에서 접결점의 노출은 그림A<그림B<그림C의 순서이다.

이상에서 설명된 이중직의 원리는 3중직, 4중직, 5중직 등의 다중직과 같은 논리이다. 그러므로 아래에는 4중직의 일례만 추가하기로 한다.

4중직의 작도

① 조직 결정

1 조직 (표면1) 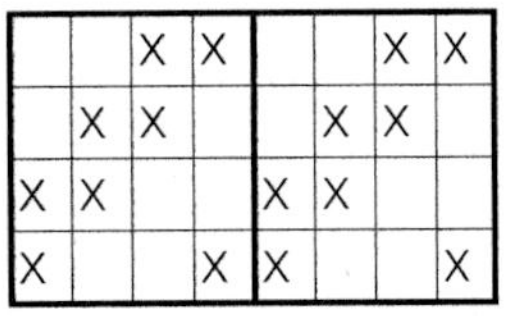	2 조직 (표면2) 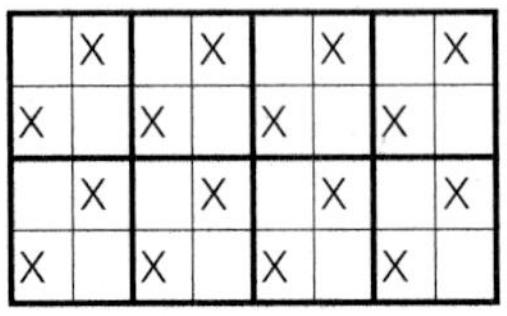	3 조직 (이면2) 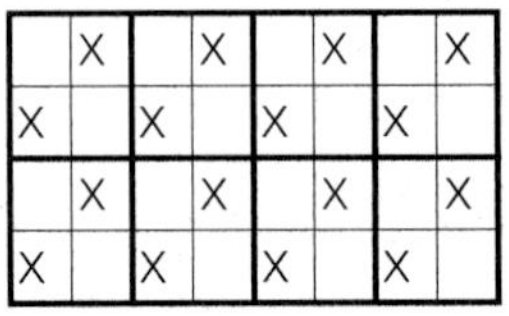	4 조직 (이면1) 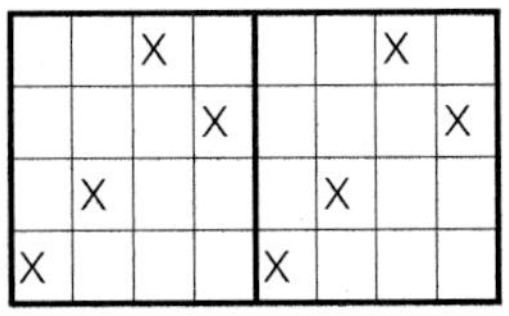

② 비율 결정(1조직:2조직:3조직:4조직:=2:1:1:1)

③ 구분 직점 작도

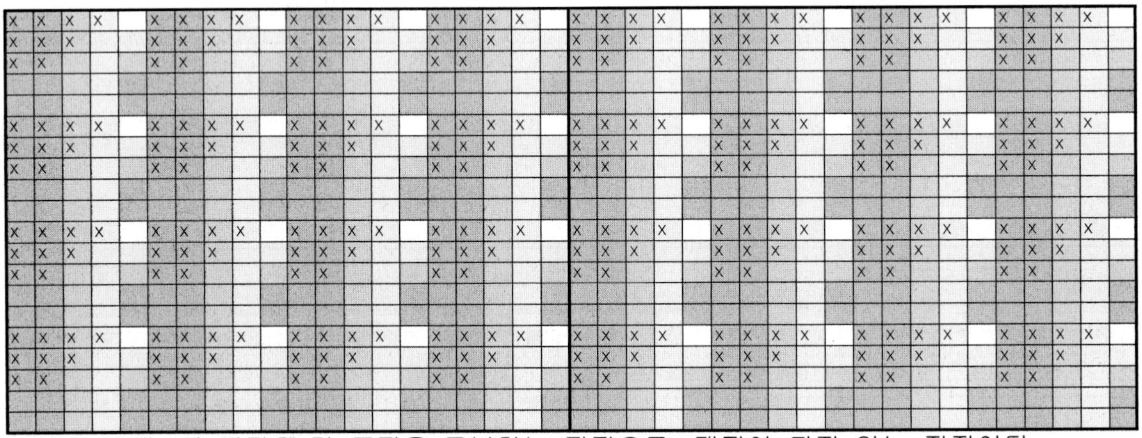

종광 12매. 위 직점은 각 조직을 구분하는 직점으로, 제직이 되지 않는 직점이다.

④ 1조직(표면1) 표기

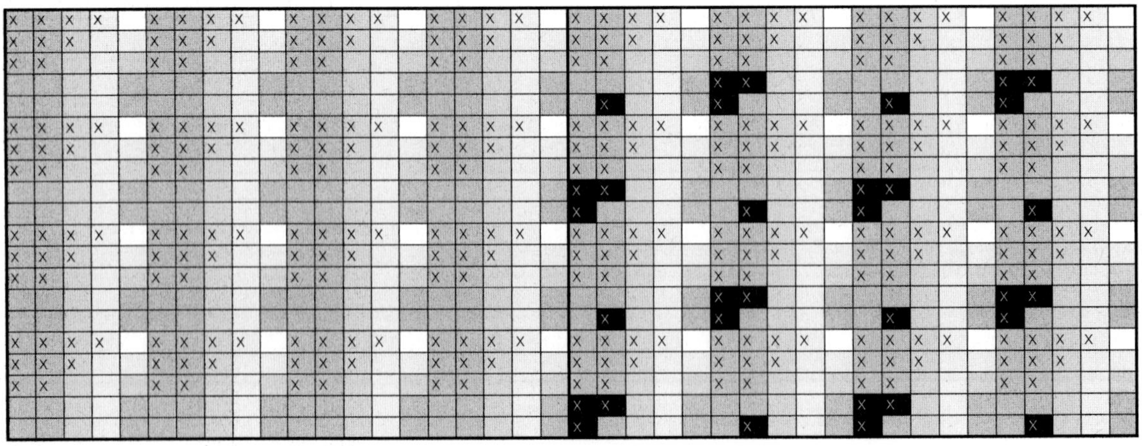

⑤ 2조직(표면2) 표기

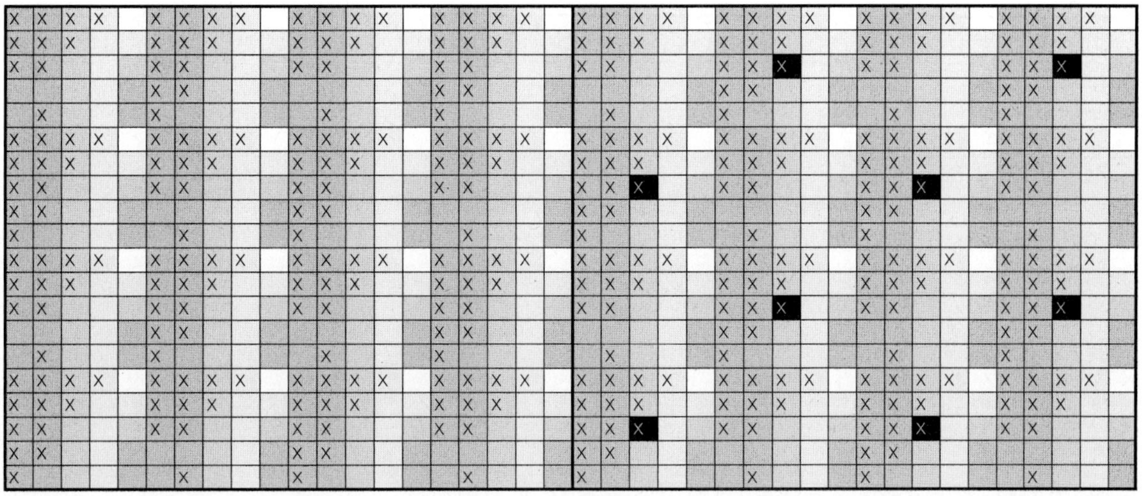

⑥ 3조직(이면2) 표기

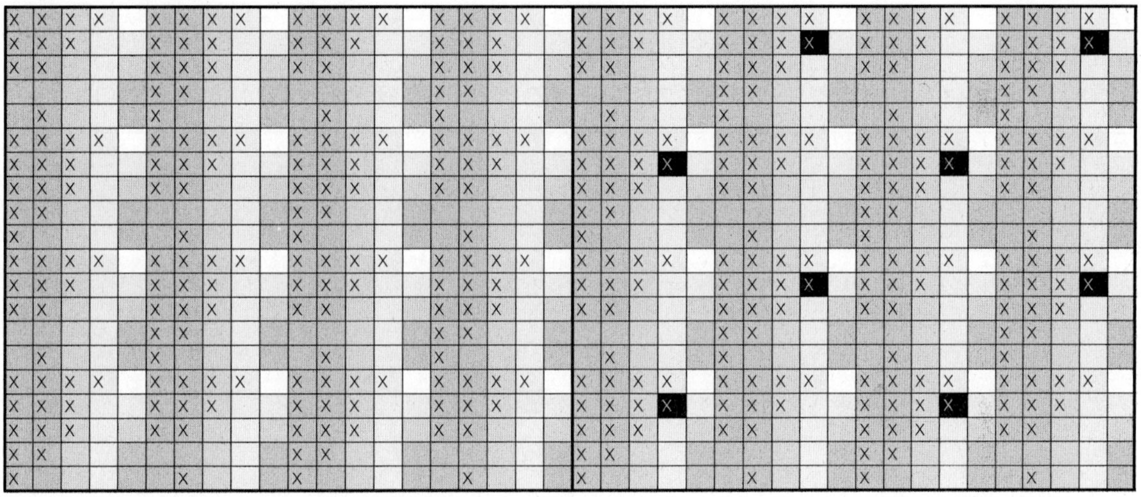

⑦ 4조직(이면1) 표기

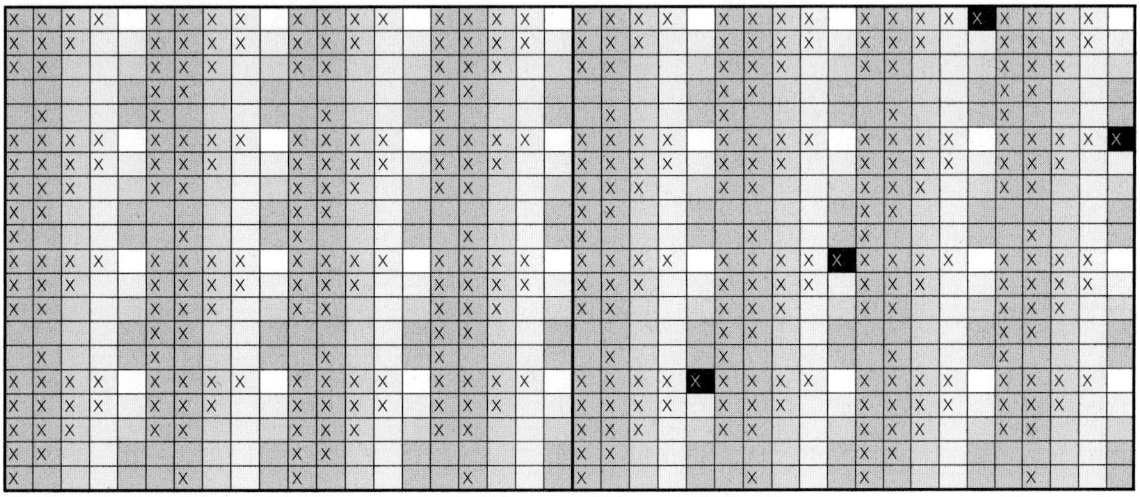

아래 조직은 4중직(표면부터 2/2 twill, 평직, 평직, 1/3주자). 비율(2:1:1:1)인 완성된 조직.

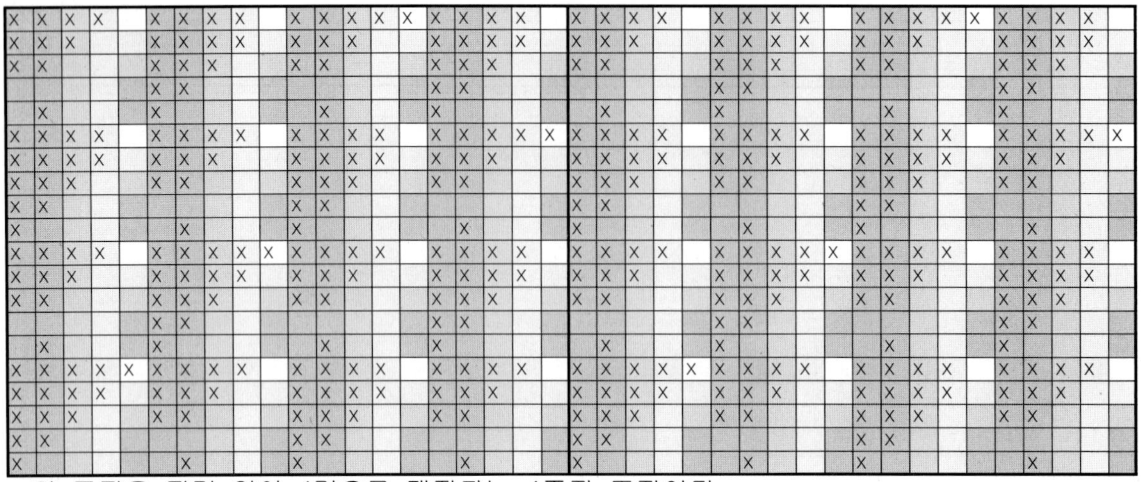

위 조직은 접결 없이 4겹으로 제직되는 4중직 조직이다.

본바닥 접결이나 접결사에 의한 접결이나 똑 같이 표면1조직과 이면1조직 접결이 가능하나, 3중직 이상은 일반적으로 후직이기 때문에 접결 지점에 무리가 가지 않도록 세심한 주의가 필요하다.

여기서는 표면기준 1조직과 3조직, 2조직과 4조직의 접결을 예로 들어 접결하였다.

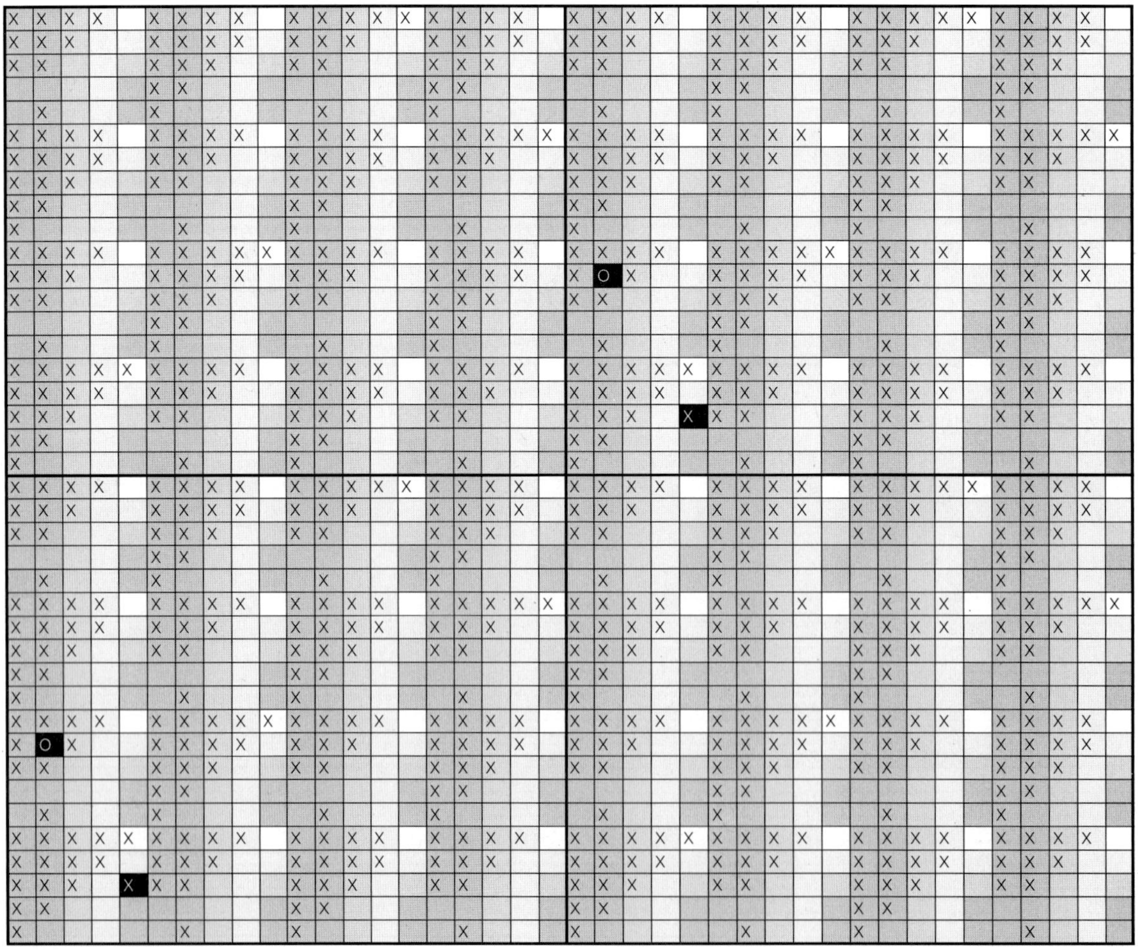

2중직의 분별 방법 (01)

아래 그림과 같이, 경사 위사 똑 같이 노출(Flotting)의 차이가 크면 이중직(다중직)이다.

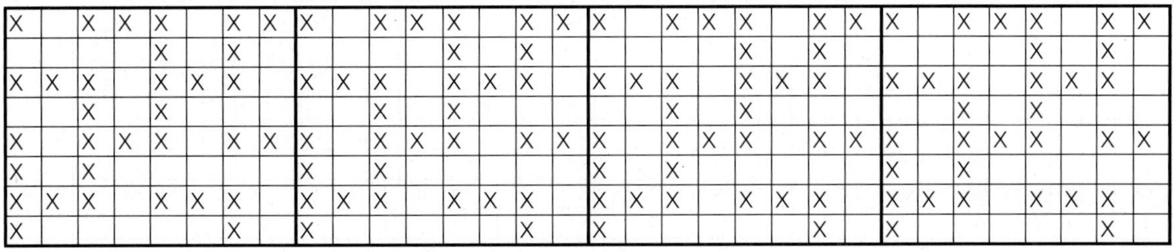

아래 그림과 같이 경사를 기준으로 표면에 경사가 많이 Up된 조직(Gray부분)이 표면조직, 이면으로 많이 Down된 조직(White부분)이 이면조직이다.

위사 기준으로는 표면에 위사가 많이 Up된 조직(Gray부분)이 표면조직, 이면에 위사가 많이 Down된 조직(White부분)이 이면조직이다.

경사 표리 구분

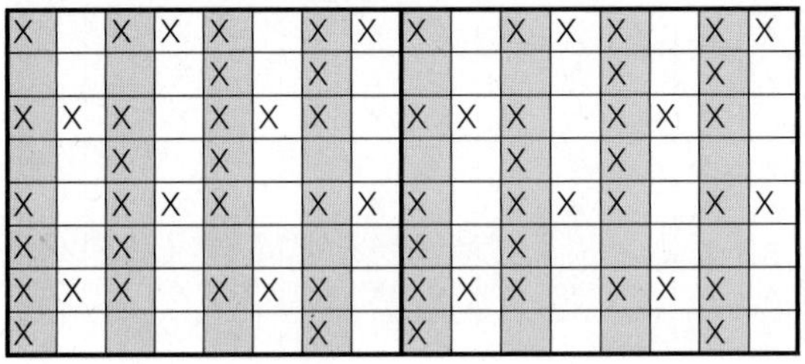

위사 표리 구분

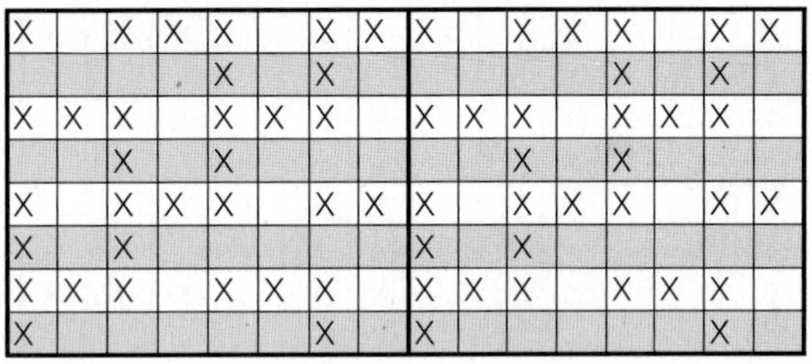

표면조직의 구분은 표면경사와 표면위사가 교차하는 조직이 표면조직이다.

X 좌측 표시 부분이 표면조직

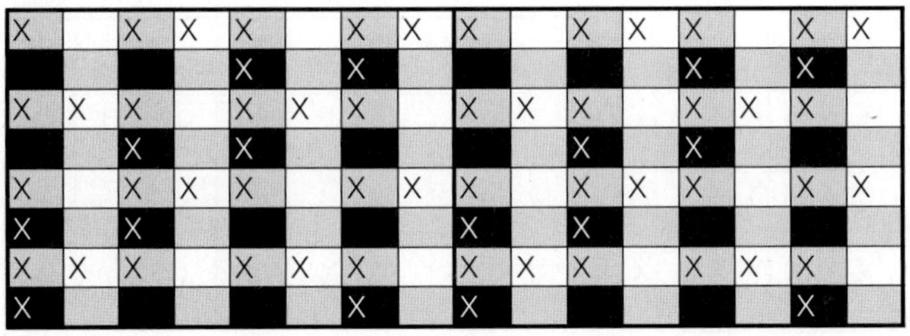

표면조직

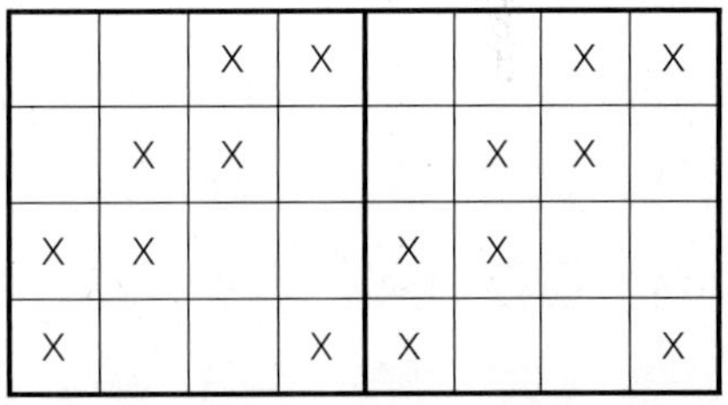

이면조직의 구분은 이면경사와 이면위사가 교차하는 조직이 이면조직이다.

X 좌측 표시 부분이 이면조직

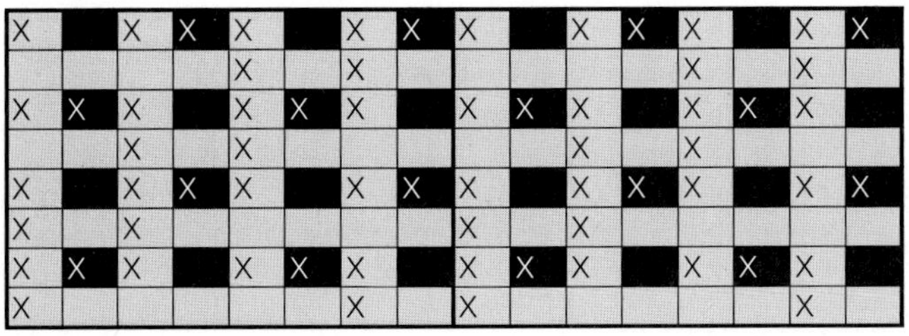

이면조직

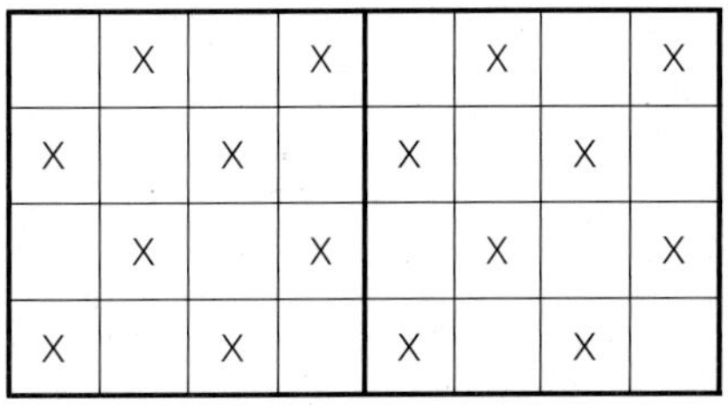

2중직의 분별 방법 (02)

아래 그림과 같이, 경사 위사의 노출(Flouting)의 차이가 크면 이중직(다중직)이다.

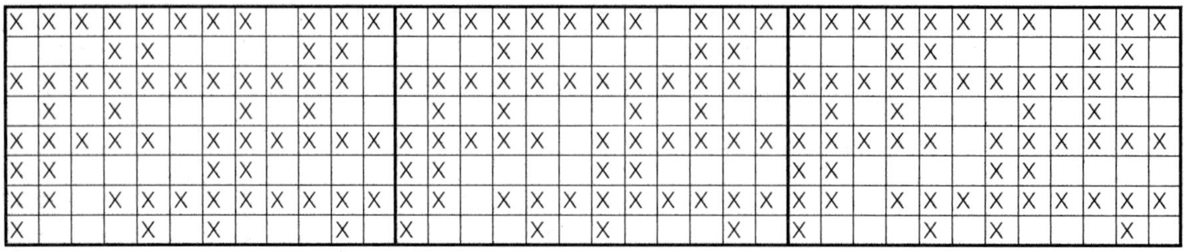

아래 그림과 같이, 표면으로 경사가 많이 Up된 조직(Gray부분)이 표면조직, 이면으로 경사가 많이 Down된 조직(White부분)이 이면조직이다.

위사기준 표면으로 위사가 많이 Up된 조직(Gray부분)이 표면조직, 이면으로 위사가 많이 Down된 조직(White부분)이 이면조직이다.

경사 표리 구분

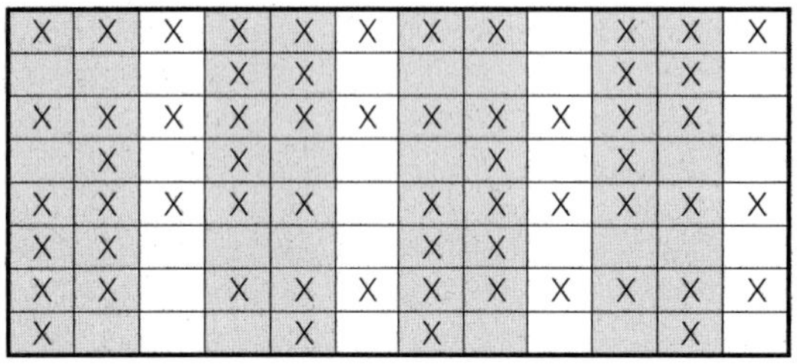

위사 표리 구분

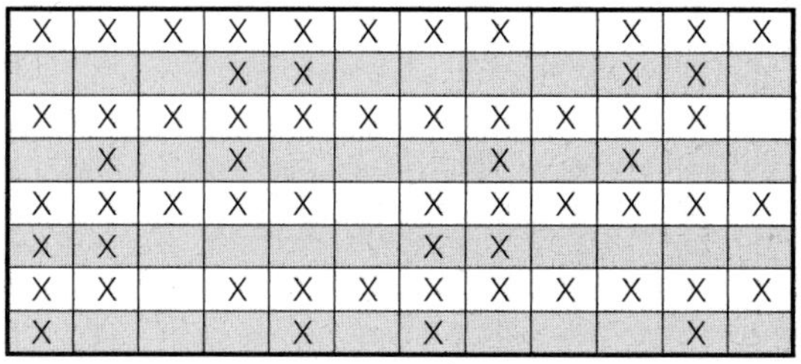

표면조직의 구분은 표면경사와 표면위사가 교차하는 조직이 표면조직이다.

좌측 표시 부분이 표면조직

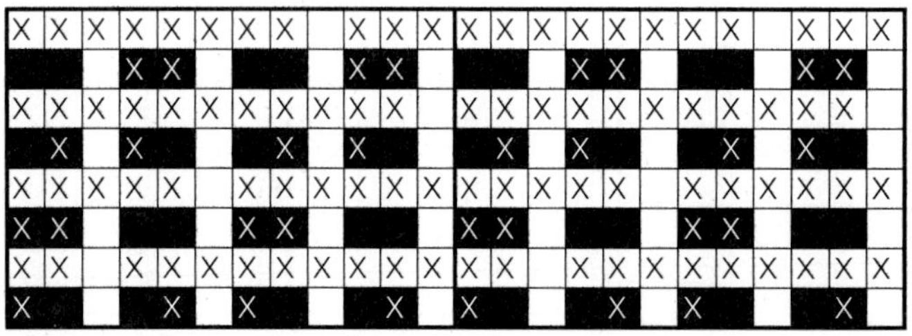

표면조직

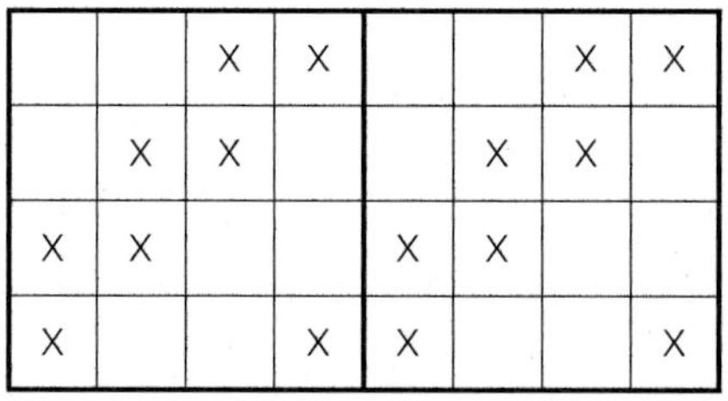

이면조직의 구분은 이면경사와 이면위사가 교차하는 조직이 이면조직이다.

좌측 표시 부분이 이면조직

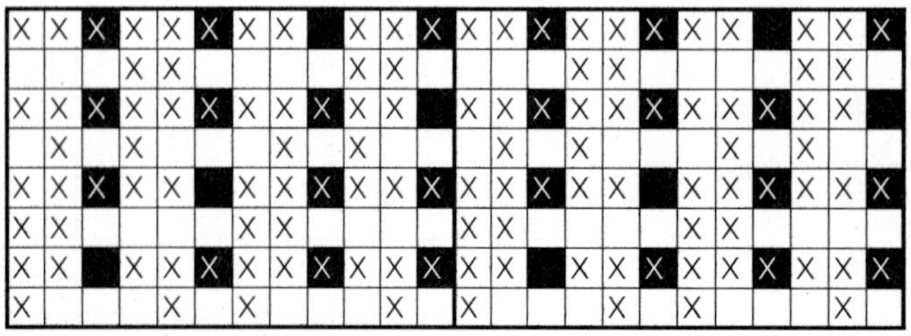

이면조직

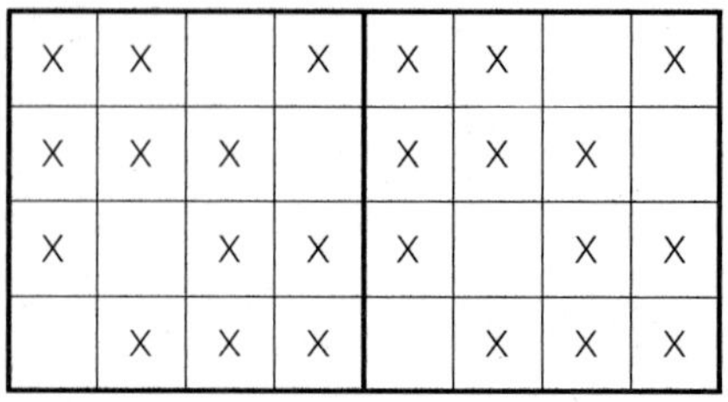

****

설 계 서

관리 No	161108-11
설계일자	2016 년 11 월 08 일

O/N		가 공:	500 Y
품 번		제 직:	Y
품 명		정 경:	800 Y
밀 도	경 사 46 D x 4 = 184	위 사	178(기상)
성 폭	82 ″ 생 지 54 ″	가 공	56 ″
총 본	15088 本	G C	T/
정 경	140 m 생 지 (118) Y	가 공	100 Y
F P	Finishing SHR		40 %
F.WT	428 G/Y 15.14 OZ/Y	LOS	3 %
원 료	Polyester 66 Cotton 28 PU 6 %		

통 순 : 별 첨

	원 사	염 색	제 직	가 공
생산DELI				
생 산 처				

별 첨

사종	번수	색 상	총사량 (Kg)	W P	W F	합 계	연수	원 료	비고
A	90 D	R/White	112	21.12		21.12	Covering	Polyester 75/144 + PU40	
						0			
B	90 D	R/White	51		9.34	9.34	Covering	Polyester 75/144 + PU40	PU15%
C	40/1	R/White	75		13.79	13.79	일반연	Cotton core (+PU 40) 40/1	PU10%
						0			
계			238	21.12	23.13	44.25			

배 열	경 사	A	all			
	위 사	B	1			
		C		1		

Asia pacific 기술연구소   대구광역시 서구 국채보상로42 신원빌딩 402호   http://moonho.net
T : 010-7313-0216 F : 053-552-5009 e-mail : app53@hanmail.net

161108-11 조직 참조

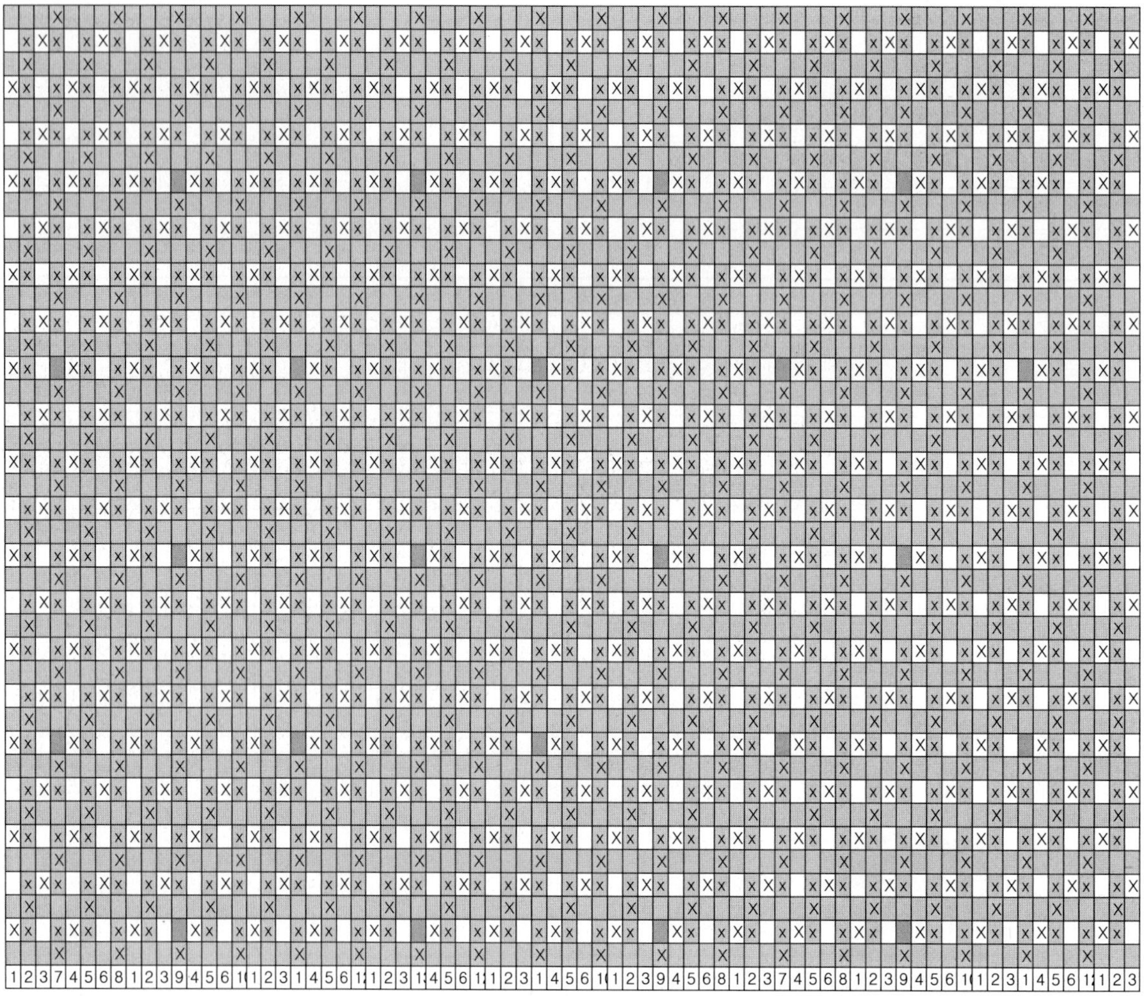

161108-11 식전도 (16본)

1	2	3	4	5	6	7	8	9	10	11	12	13

161108-11 통순 (48본)

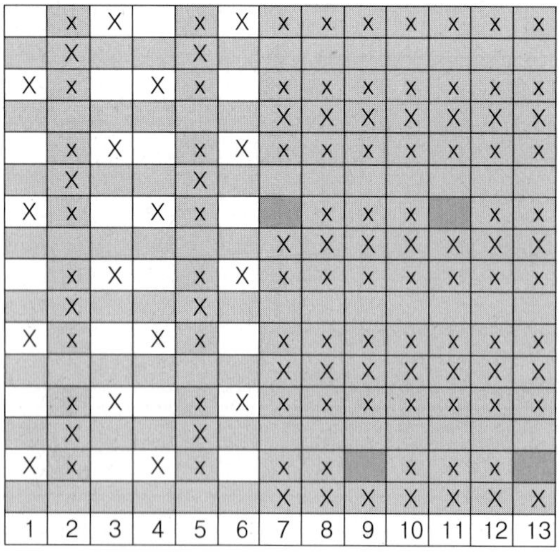

1	2	3	7	4	5	6	8
1	2	3	9	4	5	6	10
1	2	3	11	4	5	6	12
1	2	3	13	4	5	6	12
1	2	3	11	4	5	6	10
1	2	3	9	4	5	6	8

| 1 | 2 | 3 | 7 | 4 | 5 | 6 | 8 | 1 | 2 | 3 | 9 | 4 | 5 | 6 | 10 | 1 | 2 | 3 | 1 | 4 | 5 | 6 | 1 | 1 | 2 | 3 | 1 | 4 | 5 | 6 | 1 | 1 | 2 | 3 | 1 | 4 | 5 | 6 | 10 | 1 | 2 | 3 | 9 | 4 | 5 | 6 | 8 | 1 | 2 | 3 | 7 | 4 | 5 | 6 | 8 | 1 | 2 | 3 | 9 | 4 | 5 | 6 | 10 | 1 | 2 | 3 | 1 | 4 | 5 | 6 | 1 | 1 | 2 | 3 |

1	2	3	7	4	5	6	8
1	2	3	9	4	5	6	10
1	2	3	11	4	5	6	12
1	2	3	13	4	5	6	12
1	2	3	11	4	5	6	10
1	2	3	9	4	5	6	8

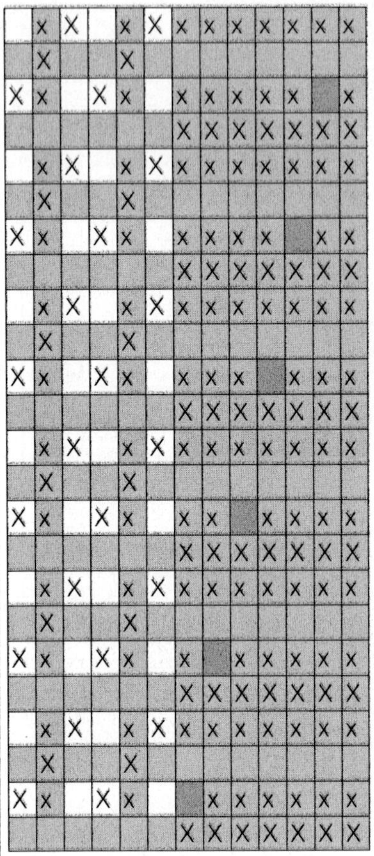

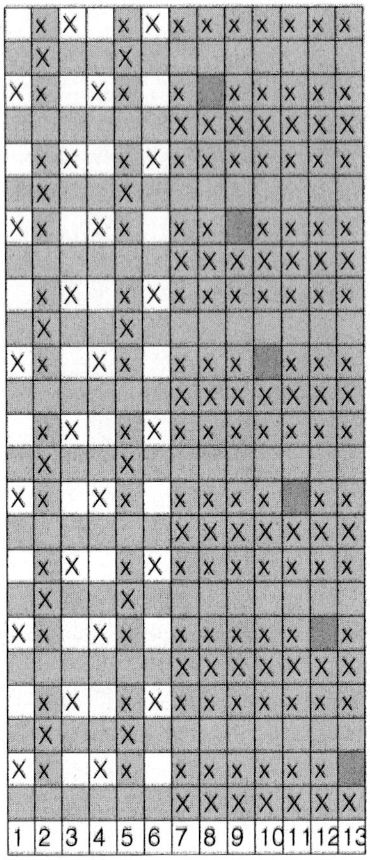

1 2 3 4 5 6 7 8 9 10 11 12 13

우측 상단 연결　　　조직 Start

다음은 일반적으로 많이 사용되는 실무에 참고할 이중직물 충, 표리 배열비율 경사 표:리=1:1 위사 표:리=1:1인 기본조직의 예(접결이 제외된 조직으로 접결은 설계자 의도 따라 필요 지점에 배치)이다.

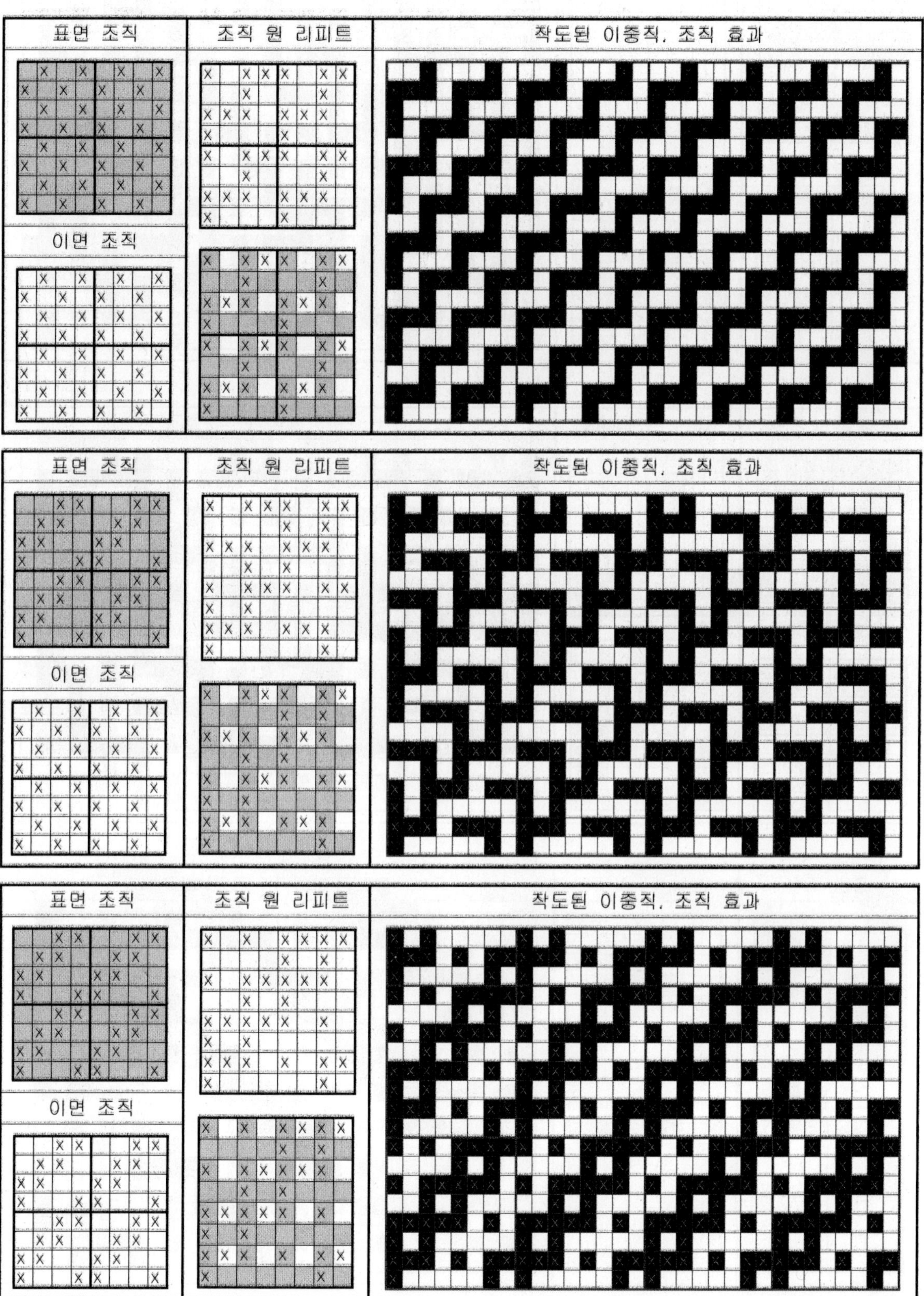

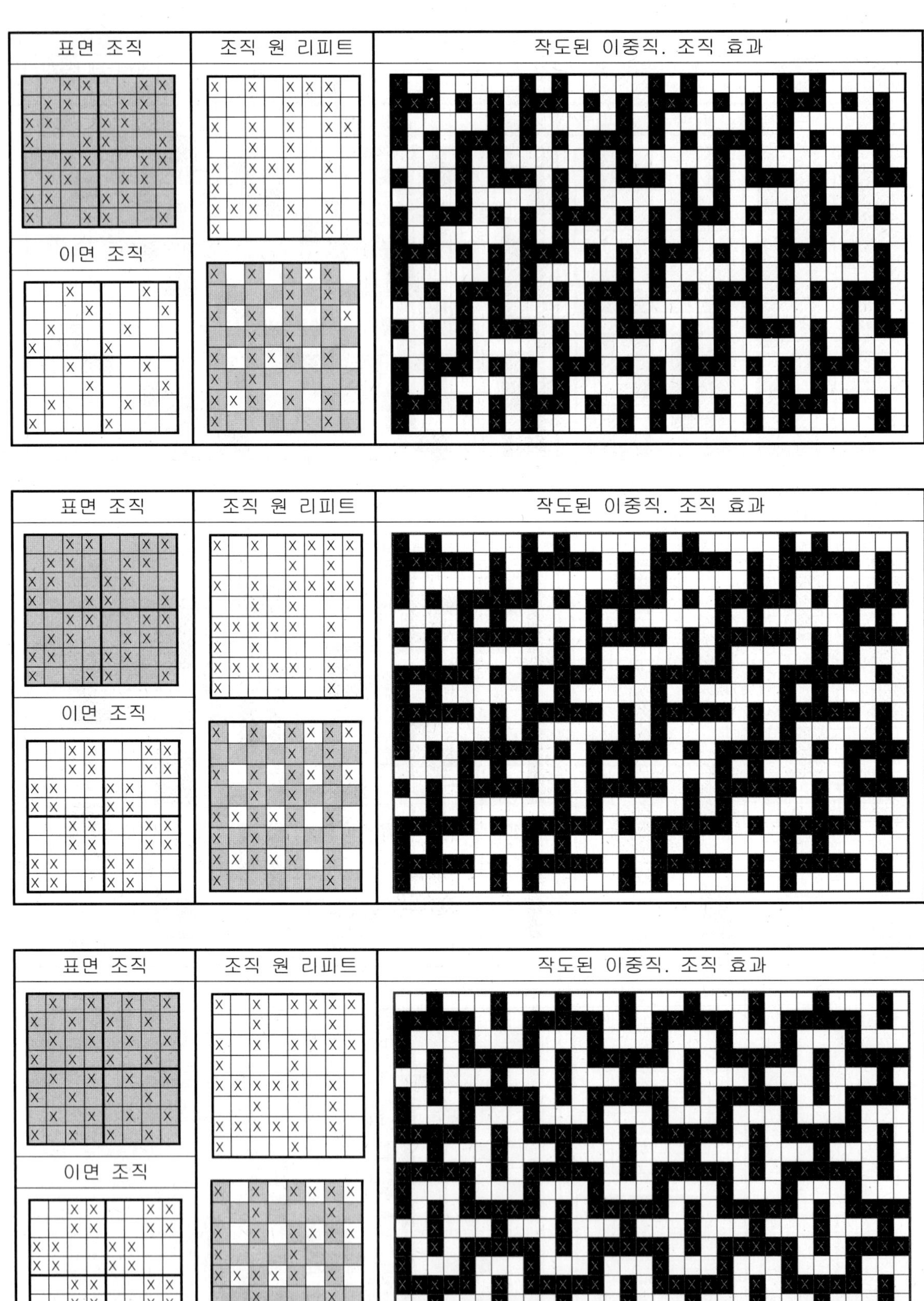
표면 조직
조직 원 리피트
작도된 이중직. 조직 효과
이면 조직
표면 조직
조직 원 리피트
작도된 이중직. 조직 효과
이면 조직
표면 조직
조직 원 리피트
작도된 이중직. 조직 효과
이면 조직

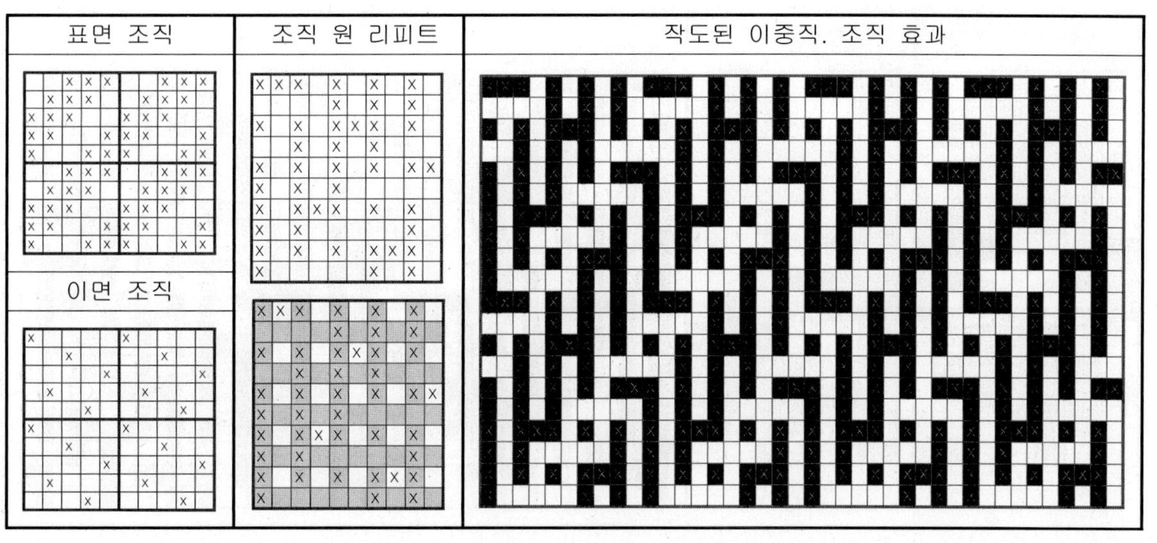

표면 조직
조직 원 리피트
작도된 이중직. 조직 효과
이면 조직

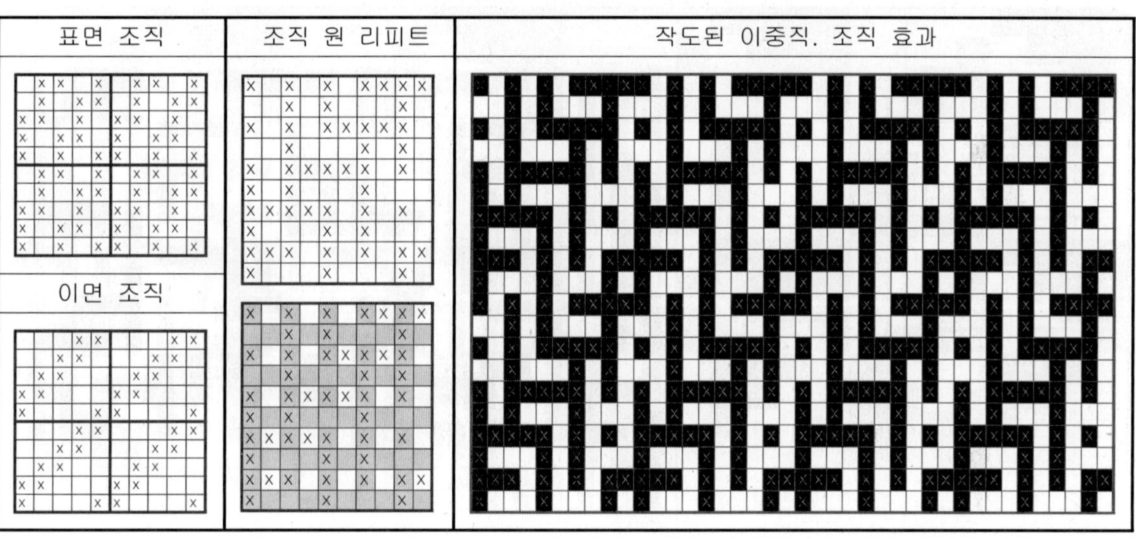

표면 조직
조직 원 리피트
작도된 이중직. 조직 효과
이면 조직

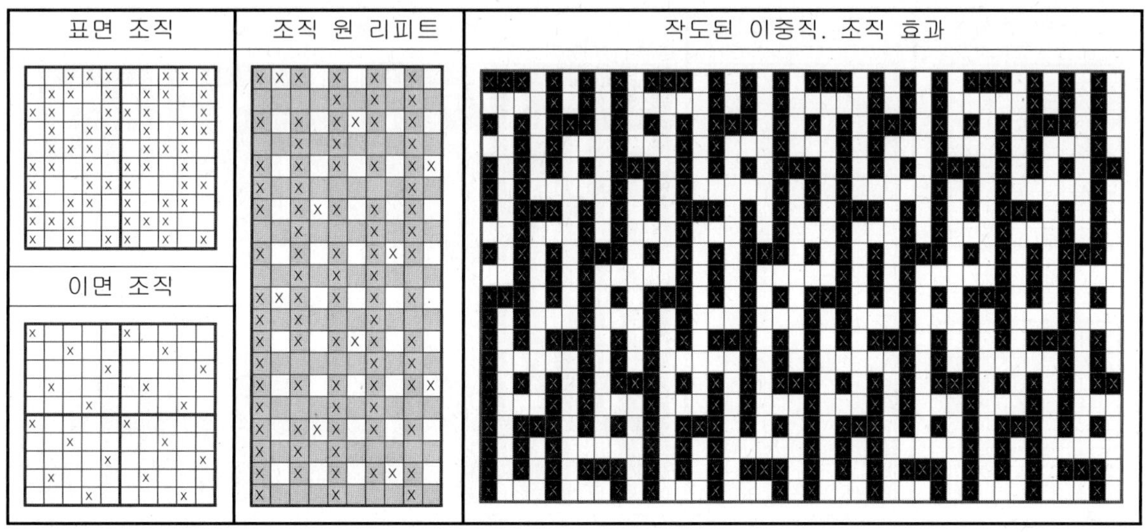

표면 조직
조직 원 리피트
작도된 이중직. 조직 효과
이면 조직

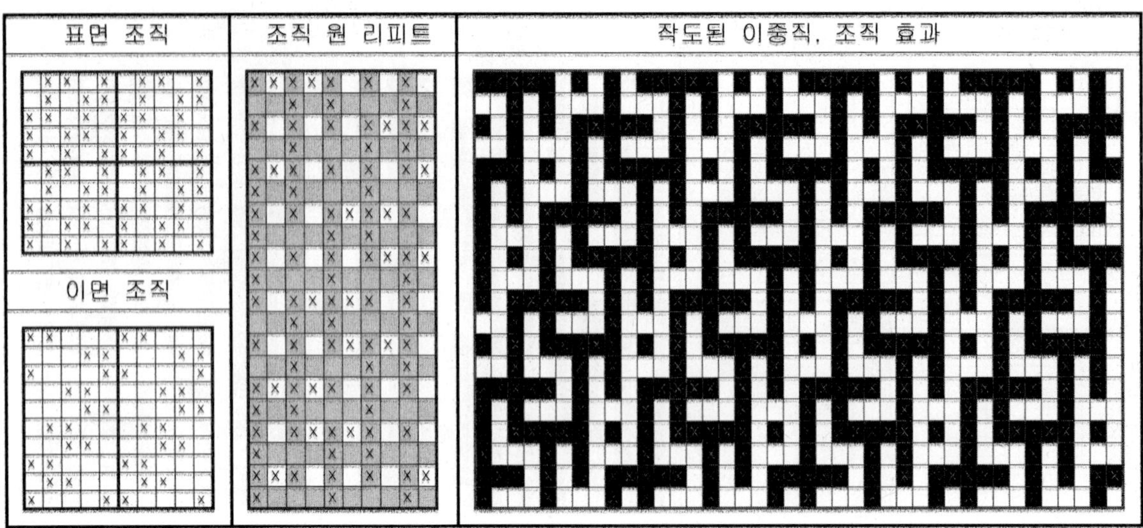

표면 조직
조직 원 리피트
작도된 이중직, 조직 효과
이면 조직

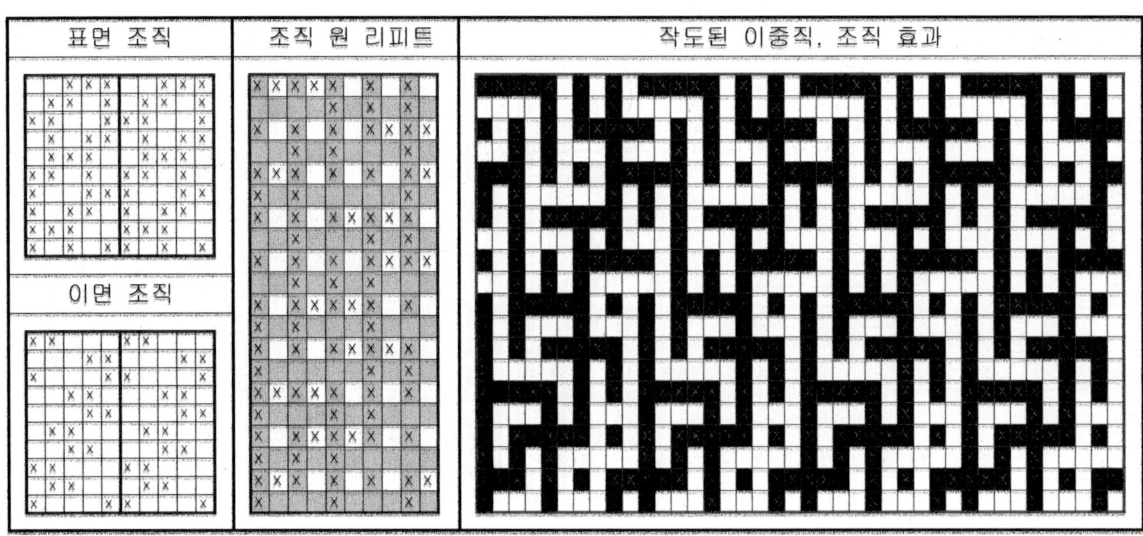

표면 조직
조직 원 리피트
작도된 이중직, 조직 효과
이면 조직

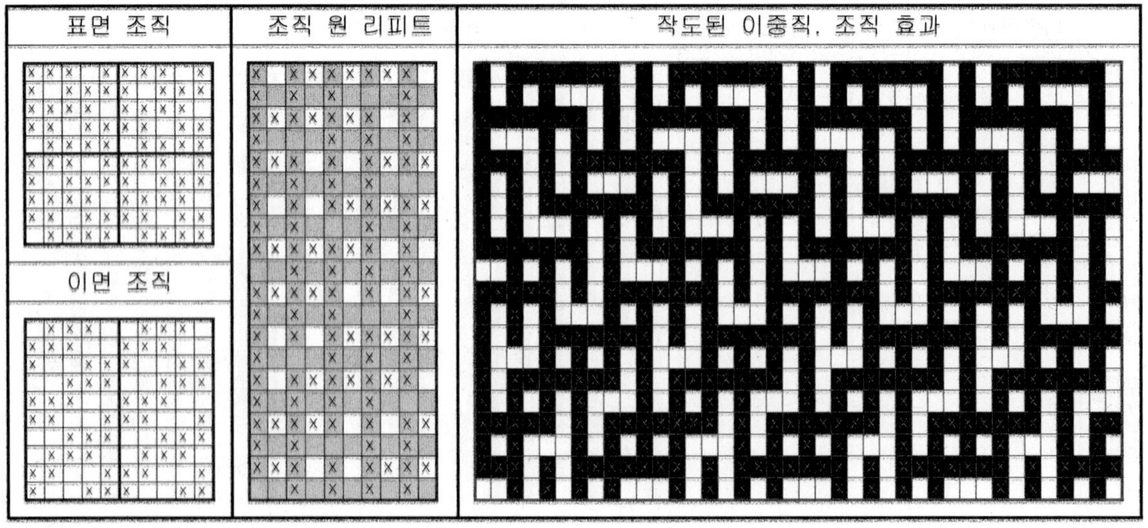

표면 조직
조직 원 리피트
작도된 이중직, 조직 효과
이면 조직

다음은 일반적으로 많이 사용되는 실무에 참고할 이중직물 중, 표리 배열비율 경사 표:리=2:1 위사
표:리=1:1인 기본조직의 예(접결이 제외된 조직으로 접결은 설계자 의도 따라 필요 지점에 배치)이다.

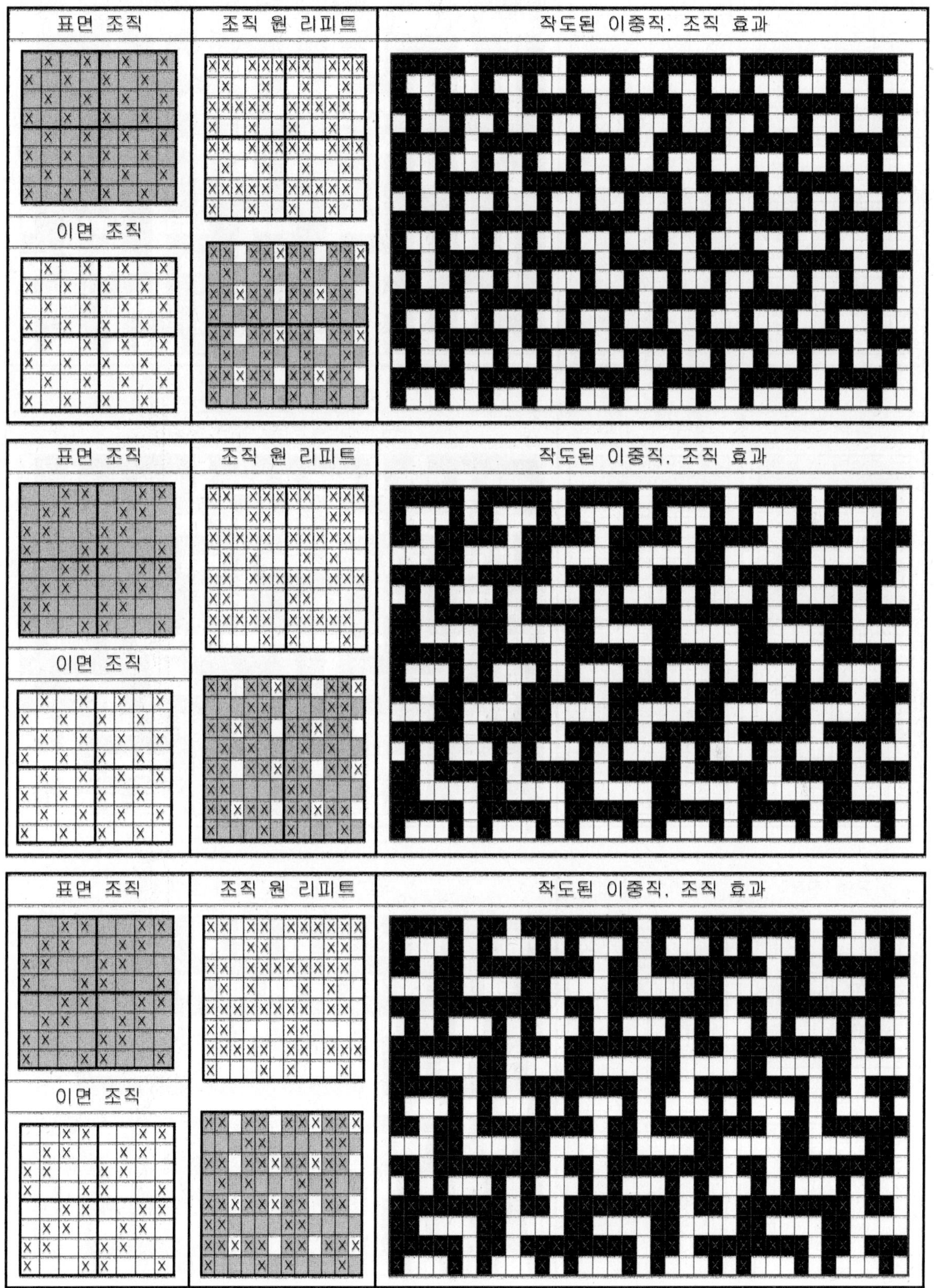

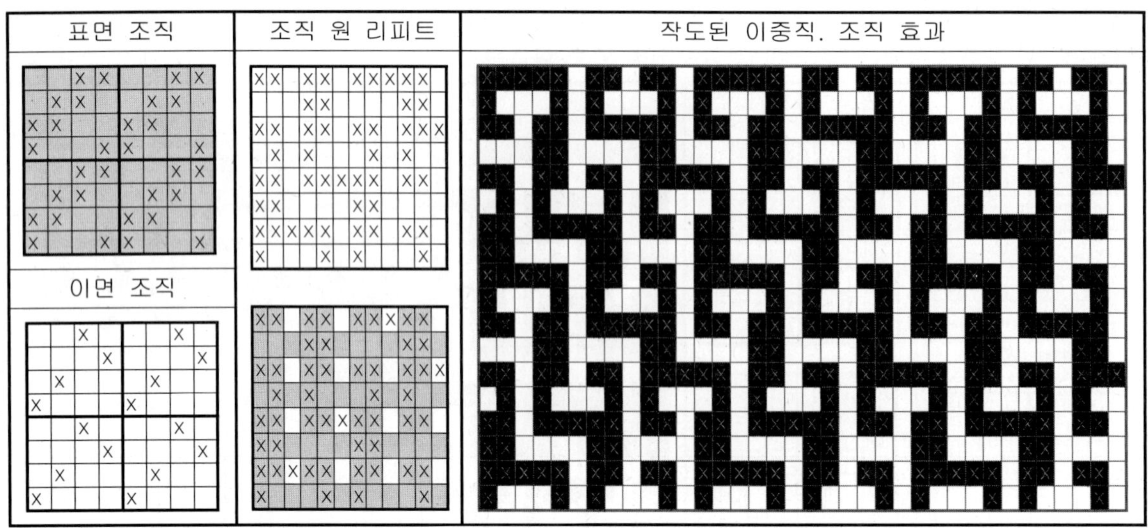

표면 조직
이면 조직
조직 원 리피트
작도된 이중직. 조직 효과

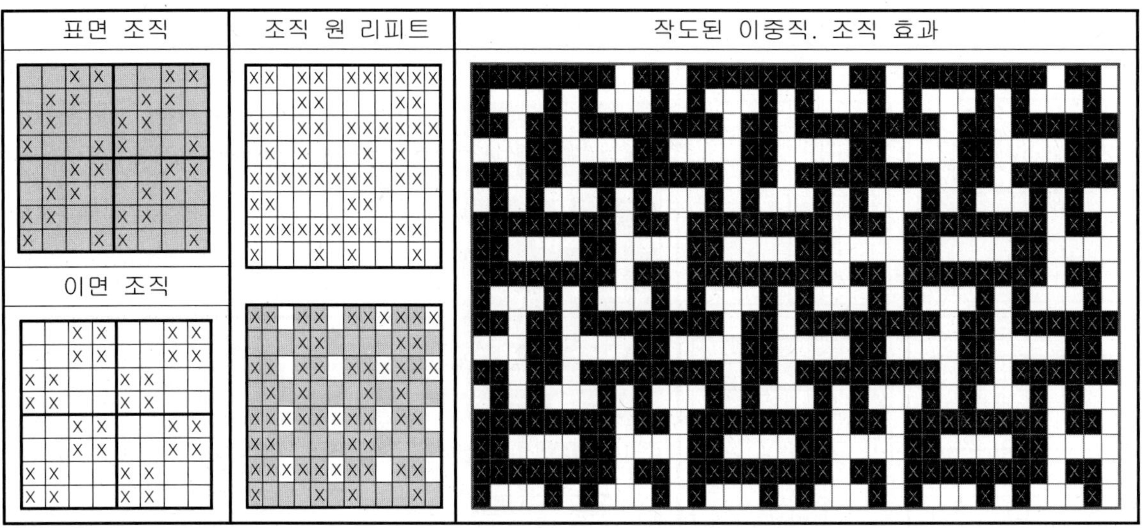

표면 조직
이면 조직
조직 원 리피트
작도된 이중직. 조직 효과

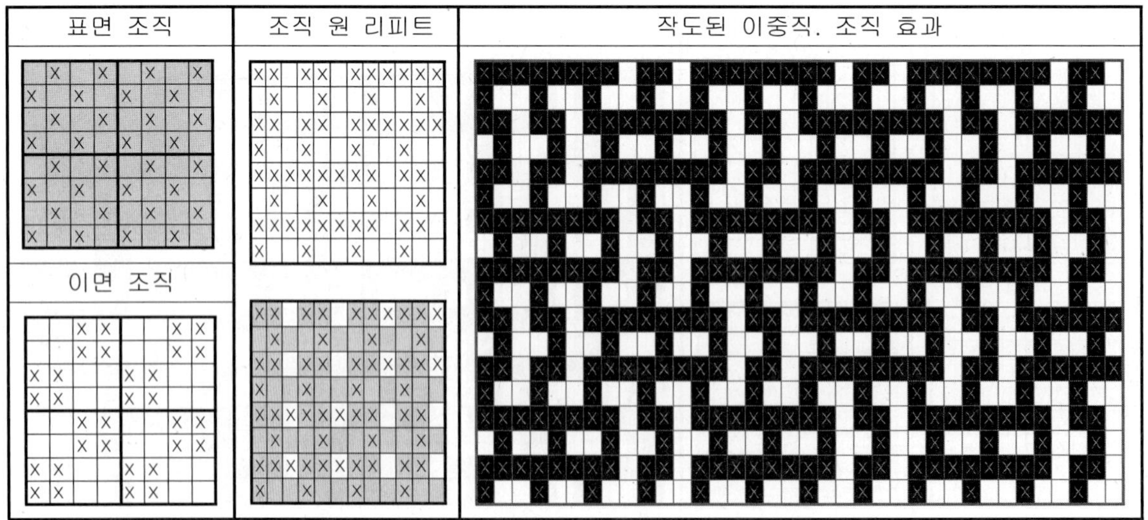

표면 조직
이면 조직
조직 원 리피트
작도된 이중직. 조직 효과

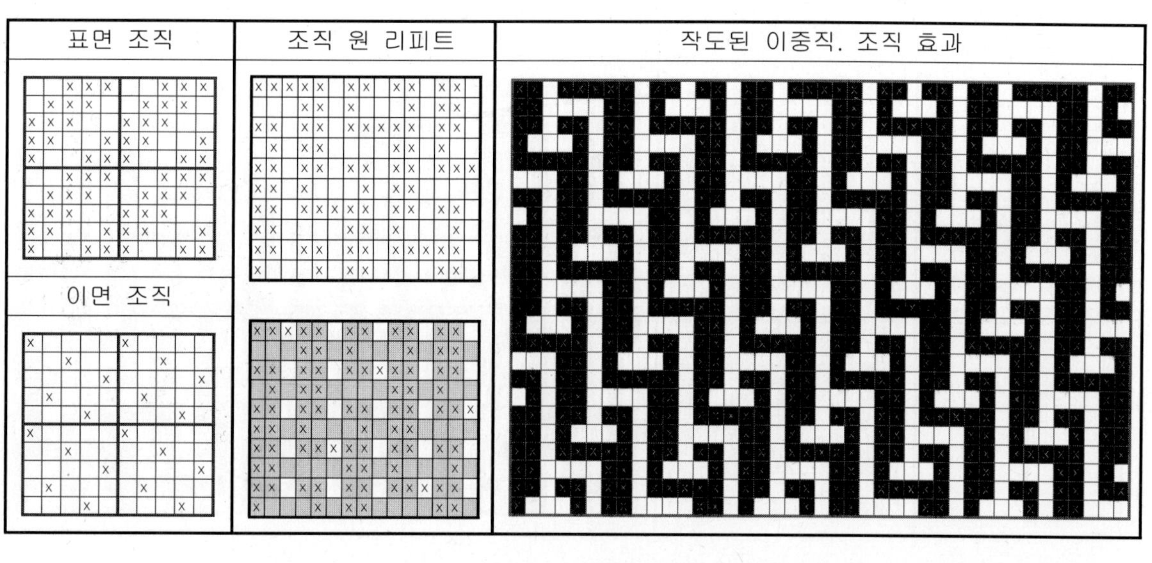

표면 조직
조직 원 리피트
작도된 이중직. 조직 효과
이면 조직

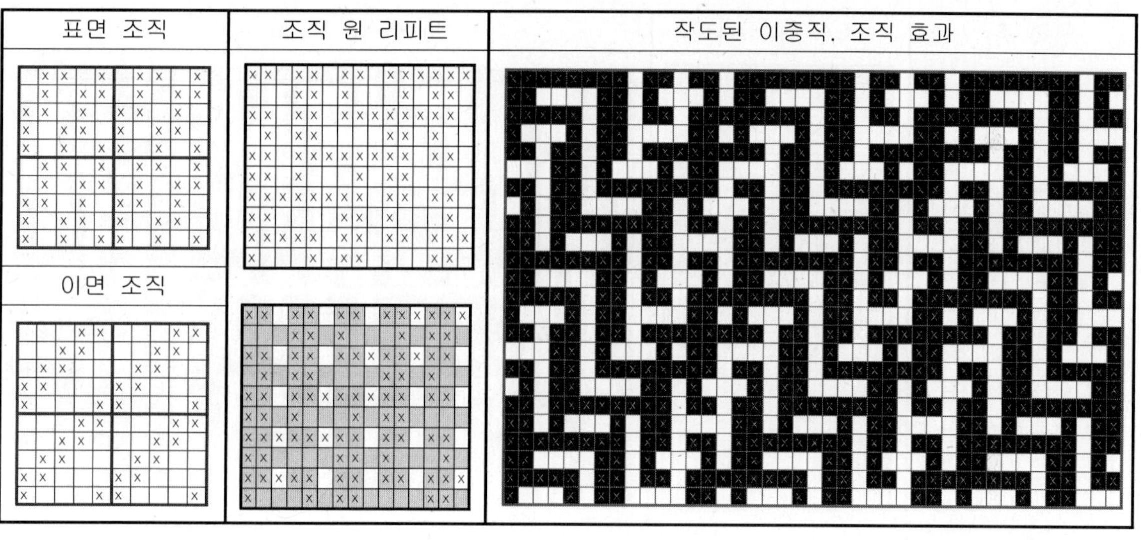

표면 조직
조직 원 리피트
작도된 이중직. 조직 효과
이면 조직

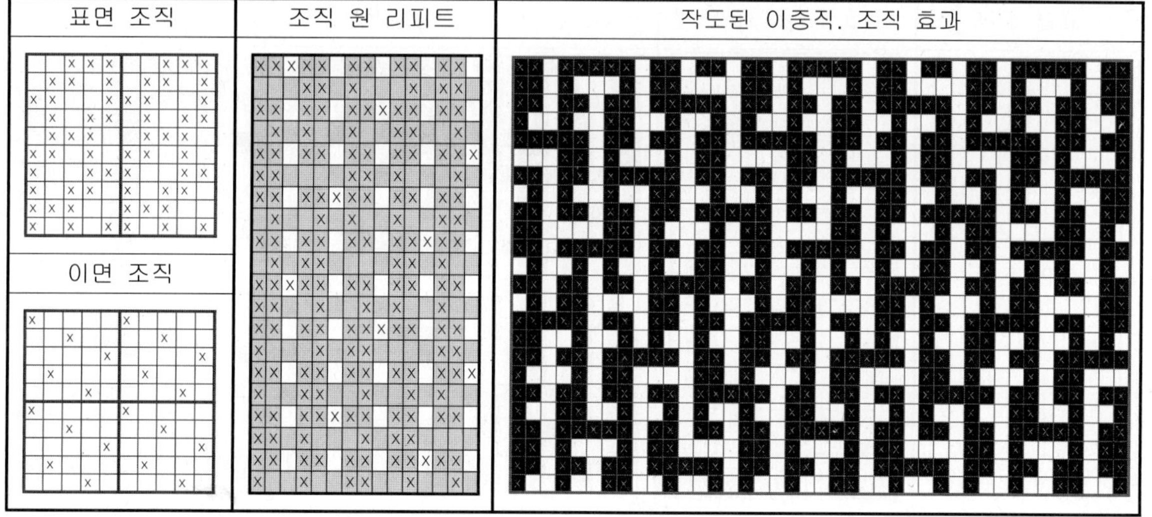

표면 조직
조직 원 리피트
작도된 이중직. 조직 효과
이면 조직

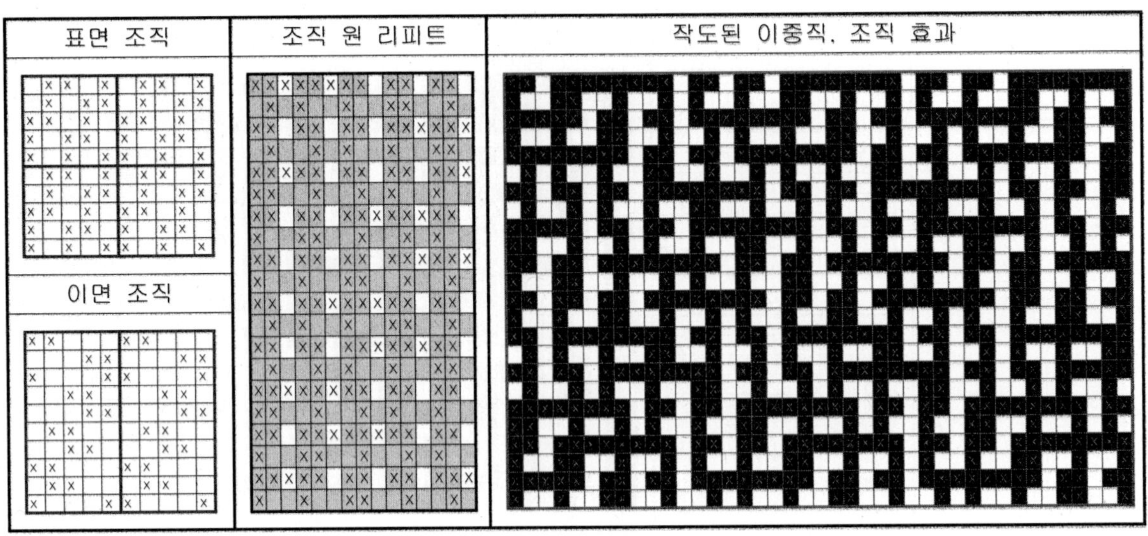

표면 조직
이면 조직
조직 원 리피트
작도된 이중직. 조직 효과

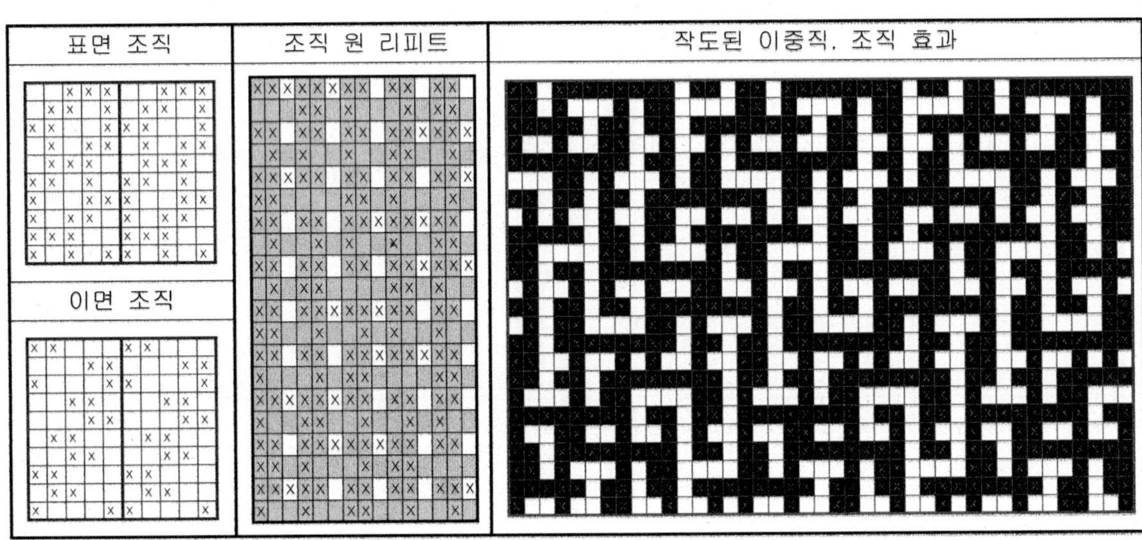

표면 조직
이면 조직
조직 원 리피트
작도된 이중직. 조직 효과

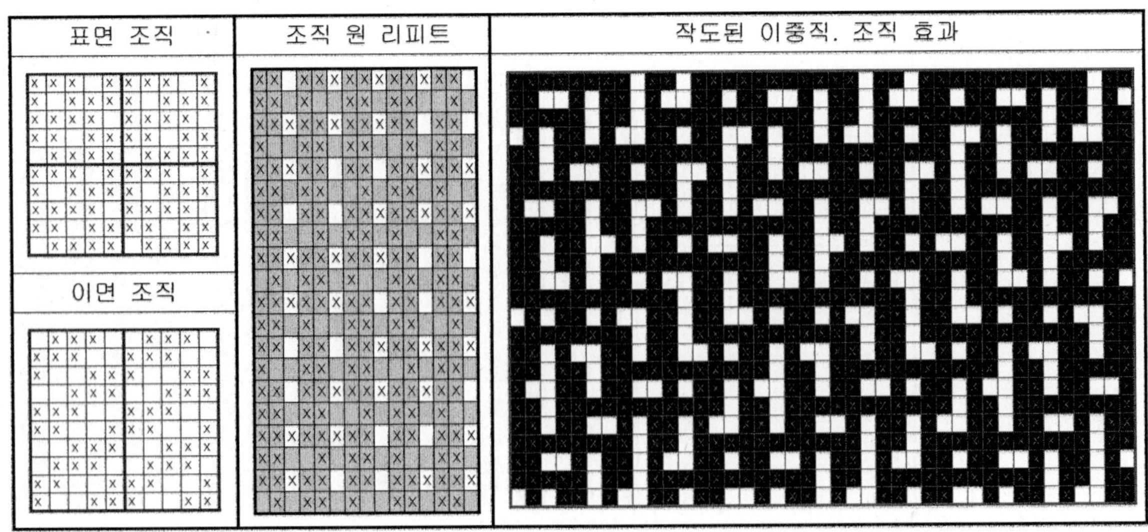

표면 조직
이면 조직
조직 원 리피트
작도된 이중직. 조직 효과

다음은 일반적으로 많이 사용하며 실무에 참고할 이중직물 중, 표리 배열비율 경사 표:리=2:1 위사 표:리=2:1인 기본조직의 예(접결이 제외된 조직으로 접결은 설계자 의도 따라 필요 지점에 배치)이다.

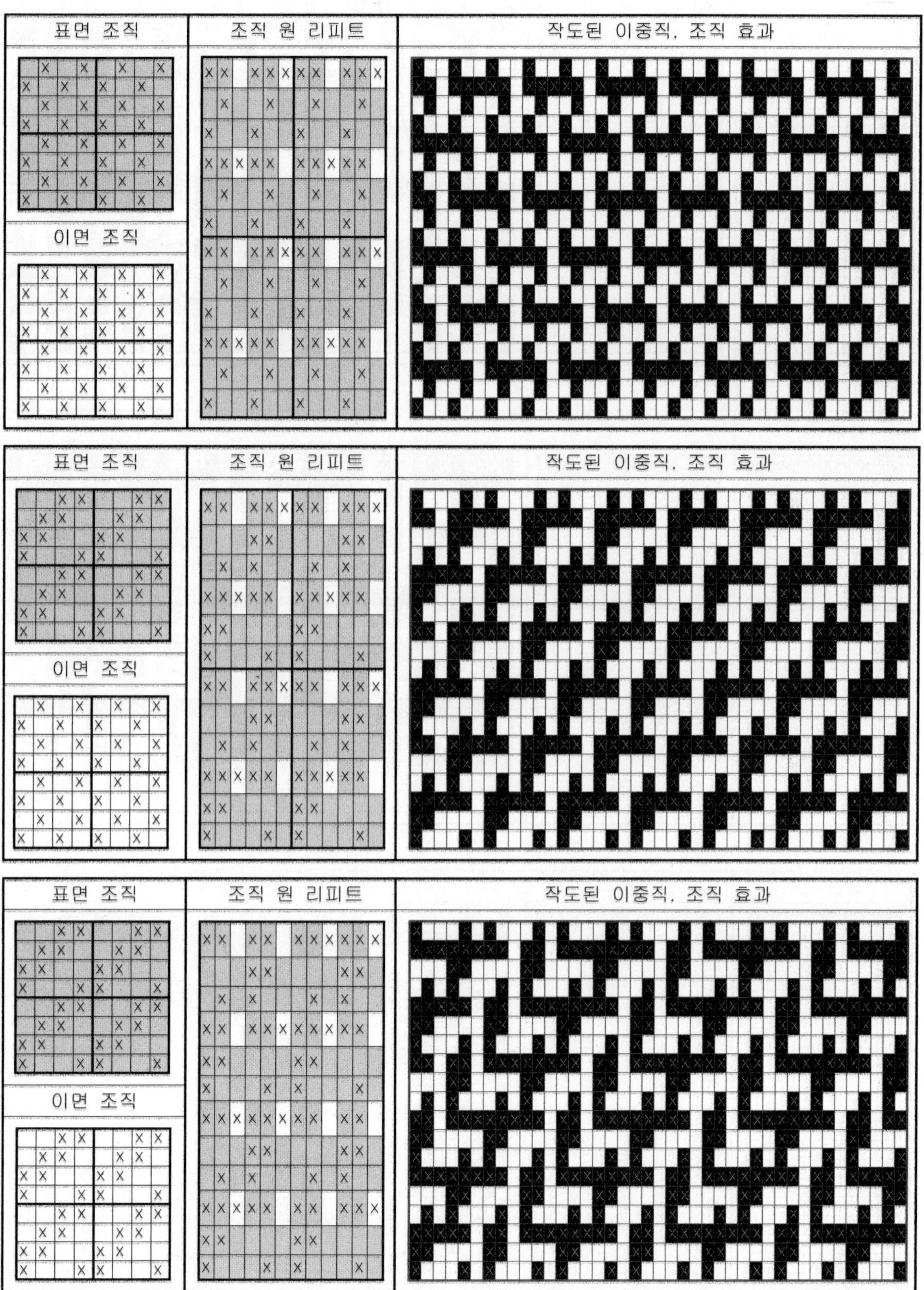

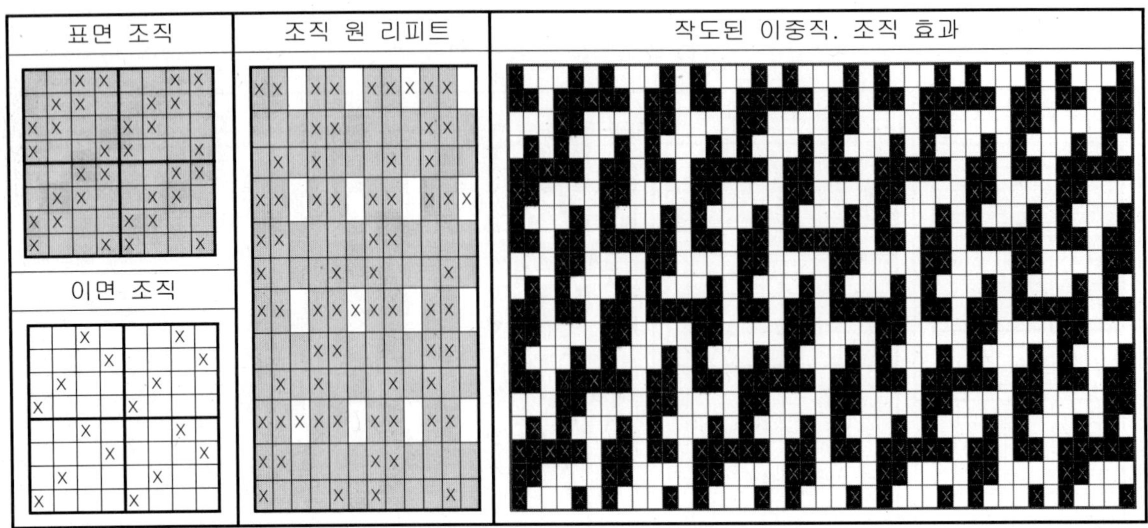

표면 조직
이면 조직
조직 원 리피트
작도된 이중직. 조직 효과

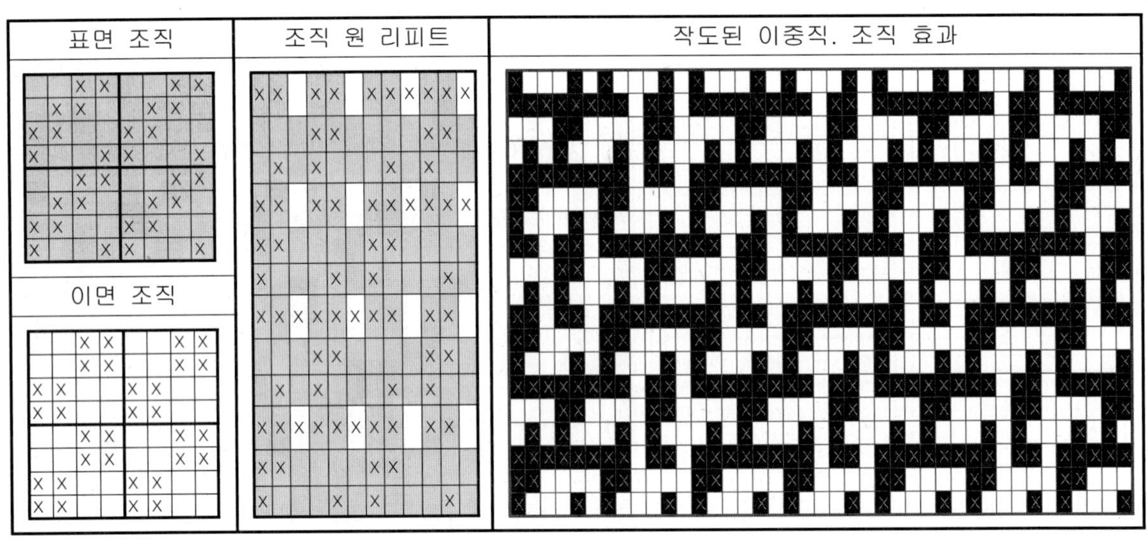

표면 조직
이면 조직
조직 원 리피트
작도된 이중직. 조직 효과

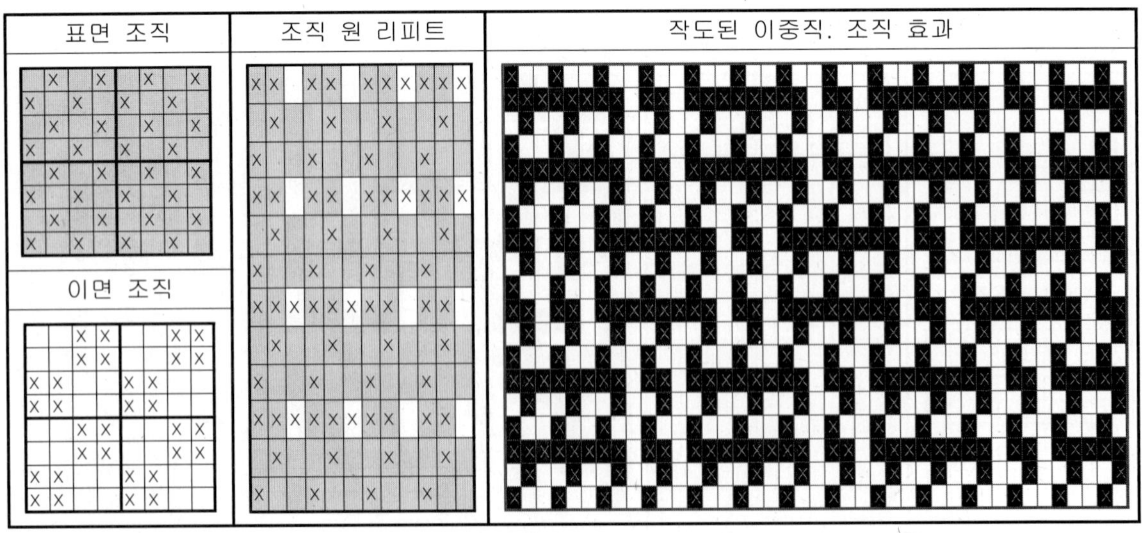

표면 조직
이면 조직
조직 원 리피트
작도된 이중직. 조직 효과

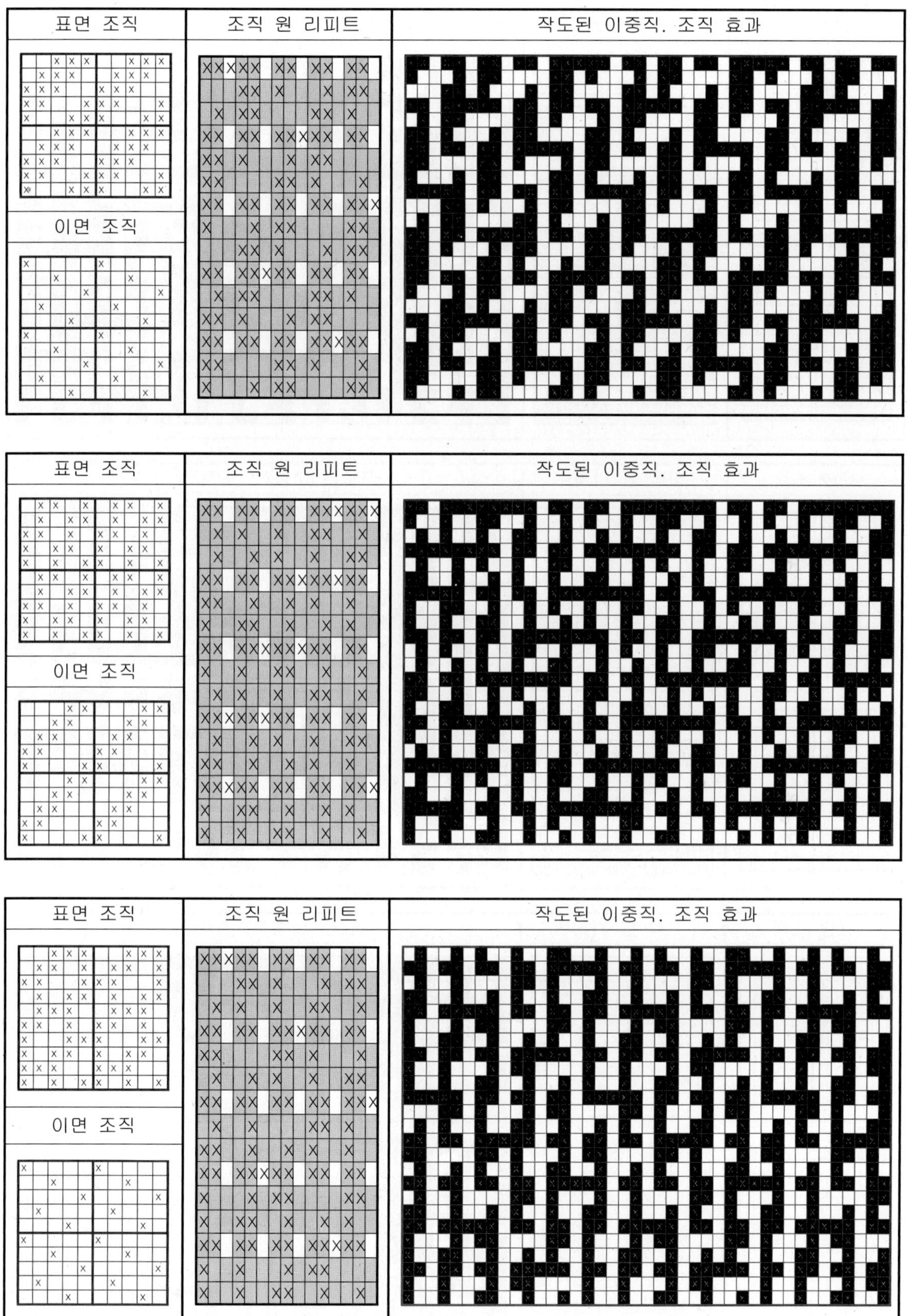

표면 조직
조직 원 리피트
작도된 이중직. 조직 효과
이면 조직
표면 조직
조직 원 리피트
작도된 이중직. 조직 효과
이면 조직
표면 조직
조직 원 리피트
작도된 이중직. 조직 효과
이면 조직

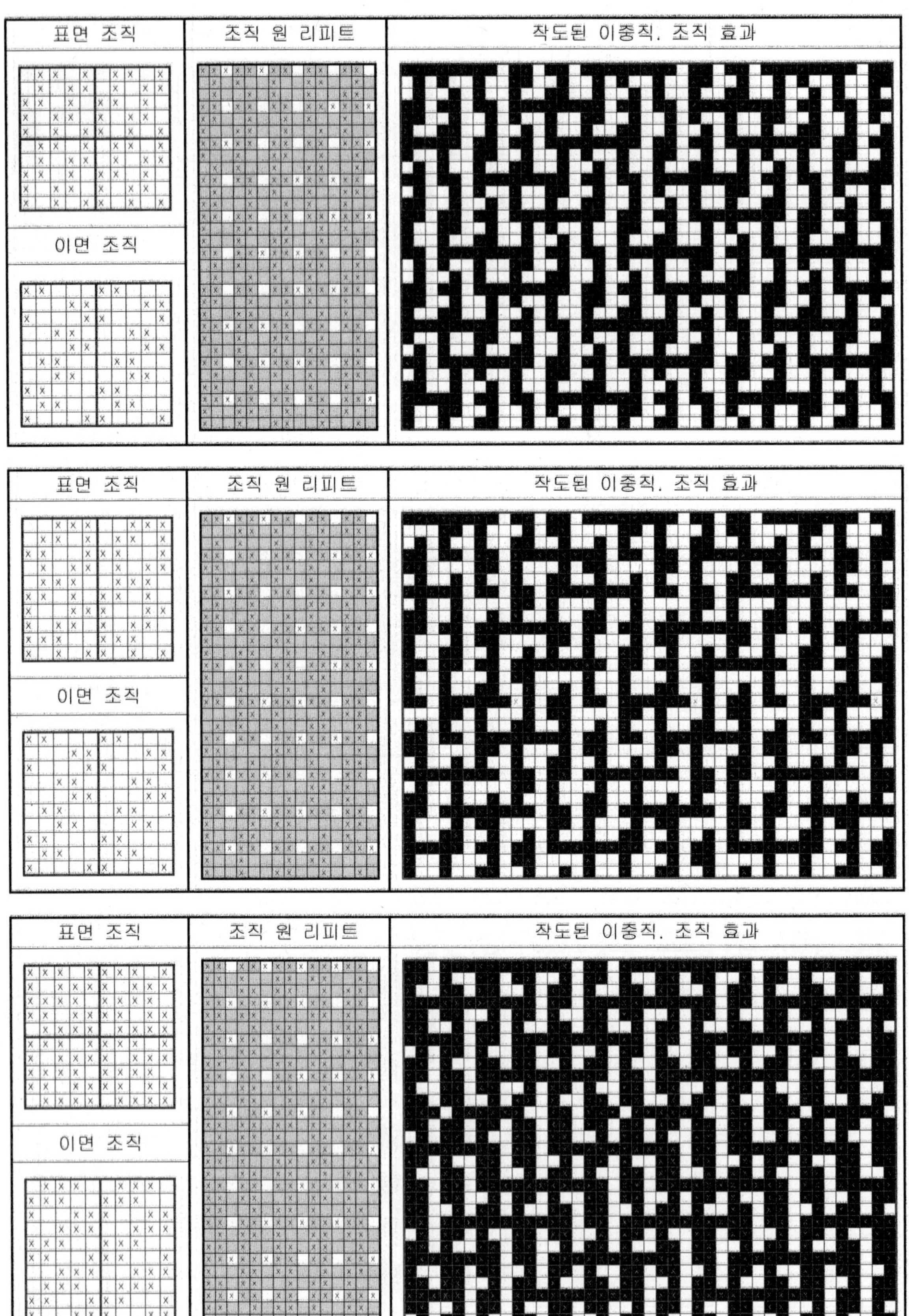
표면 조직
조직 원 리피트
작도된 이중직. 조직 효과
이면 조직
표면 조직
조직 원 리피트
작도된 이중직. 조직 효과
이면 조직
표면 조직
조직 원 리피트
작도된 이중직. 조직 효과
이면 조직

제4장 직물 조직도

제4장 직물조직도 중 일부는 창작조직이 아닌 일반적으로 많이 사용되는 조직을 인용 함

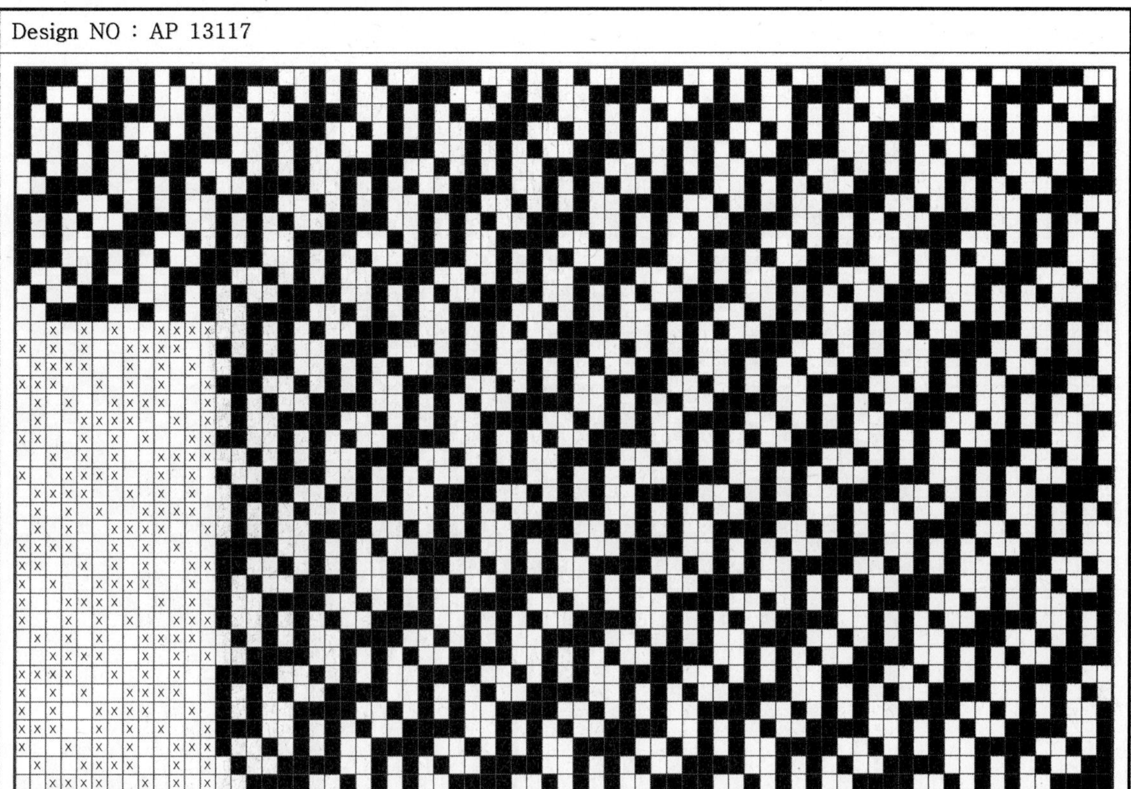

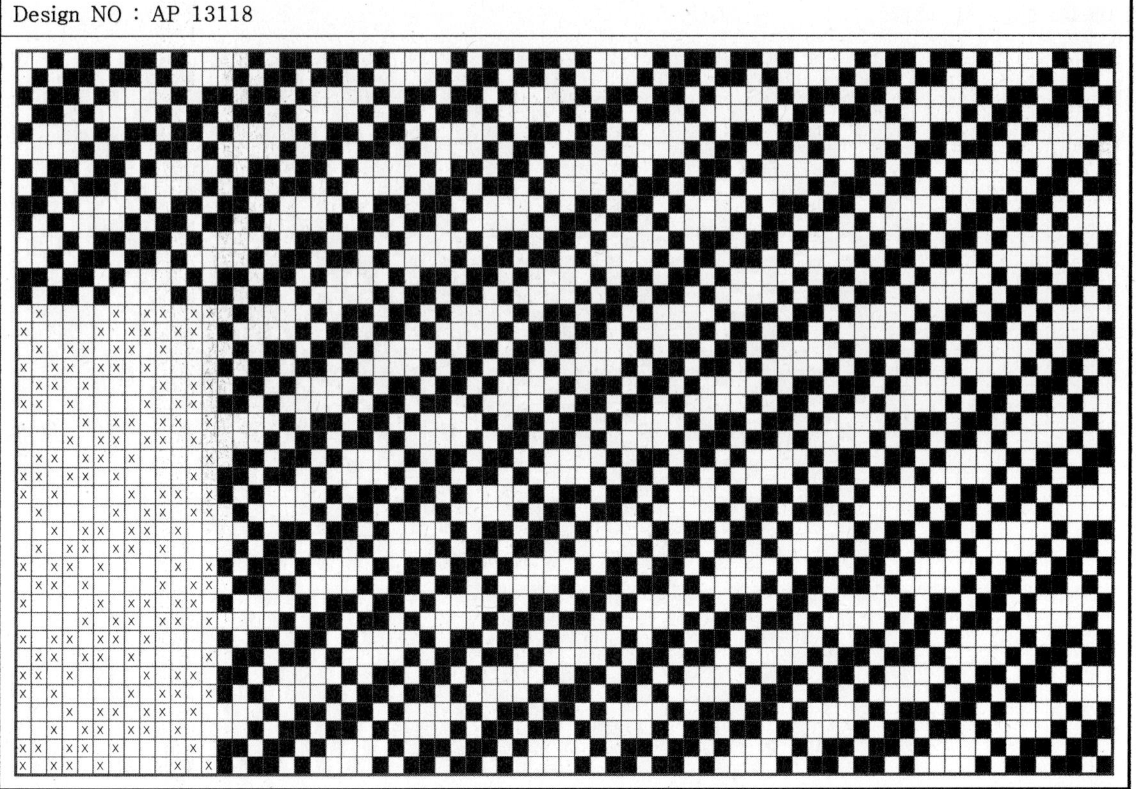

Design NO : AP 13119

Design NO : AP 13120

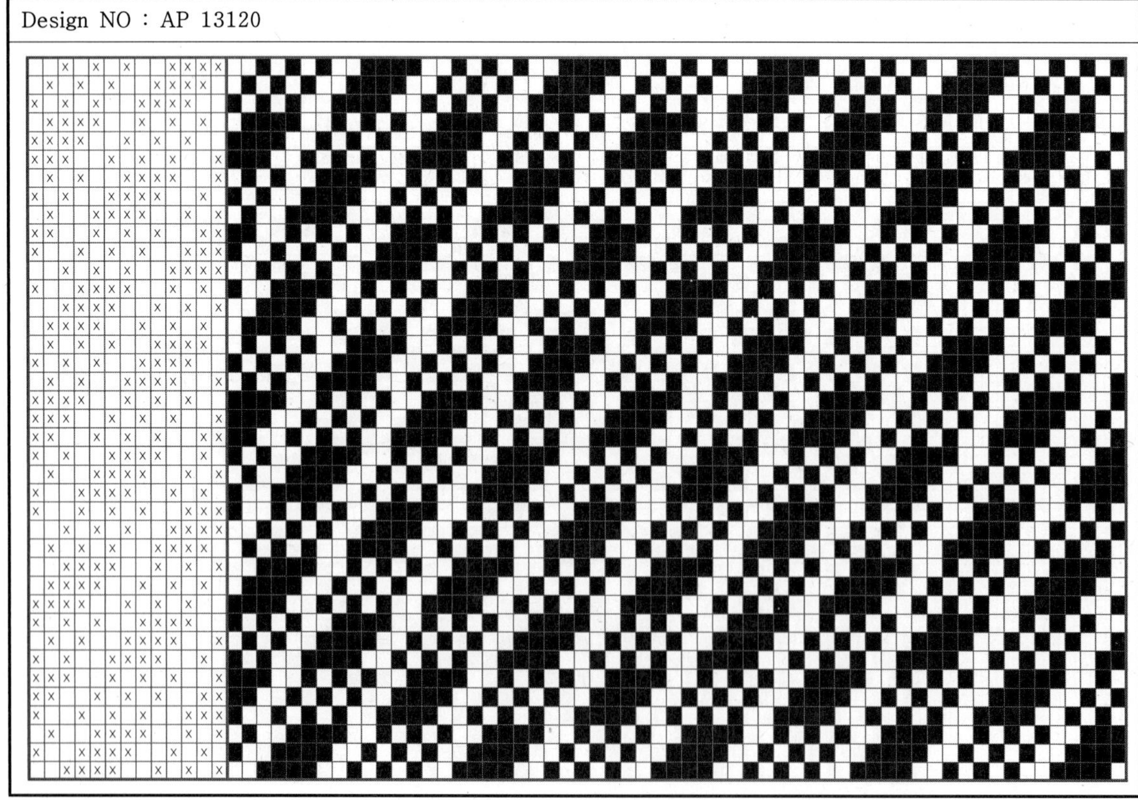

Design NO : AP 13121

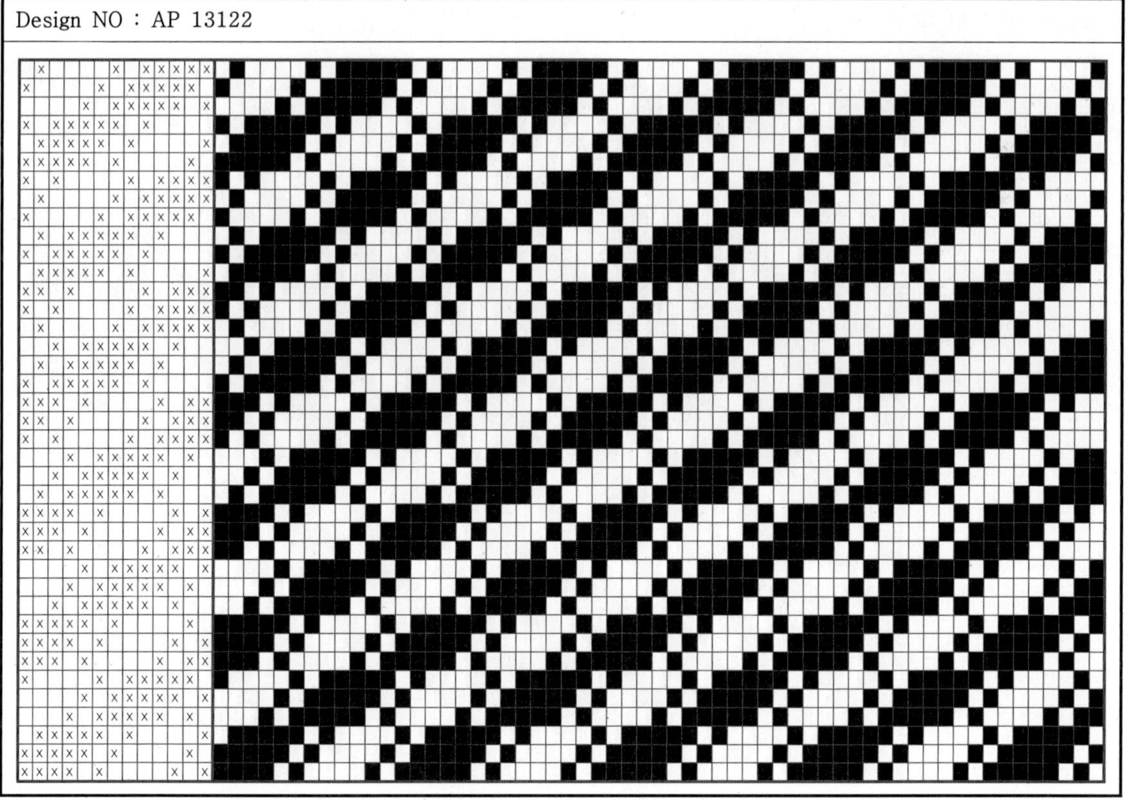

Design NO : AP 13122

Design NO : AP 13123

Design NO : AP 13124

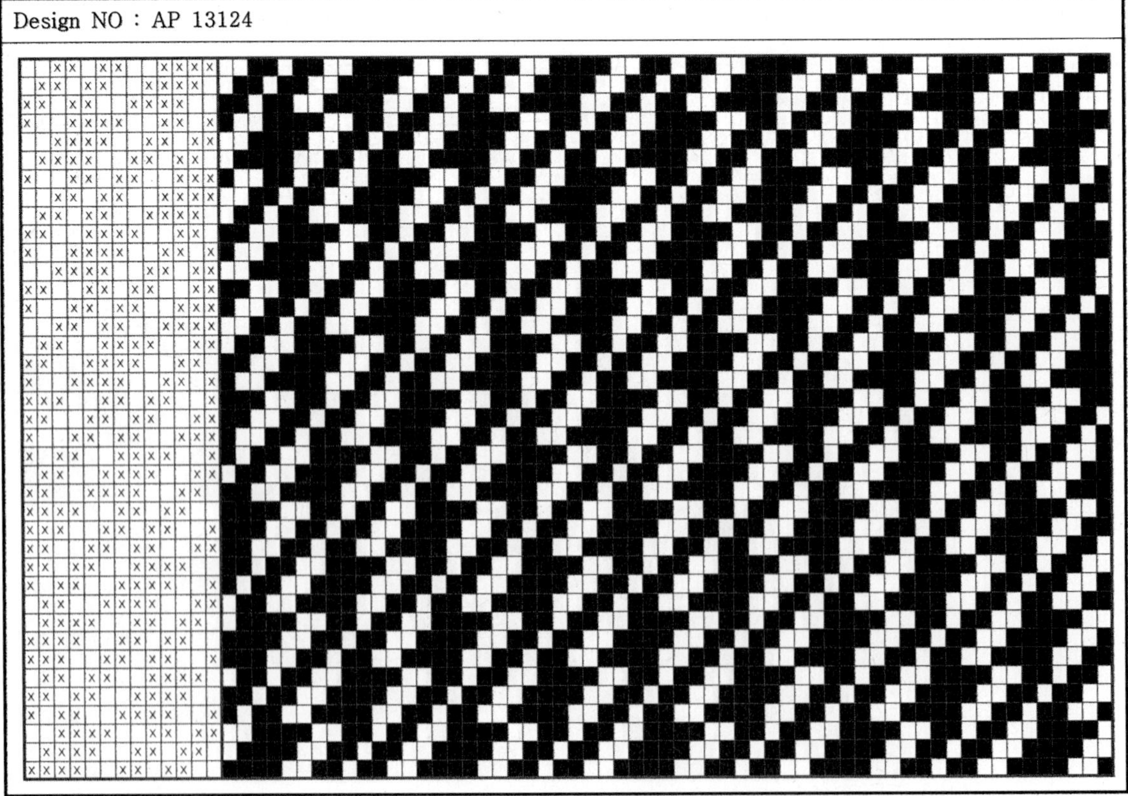

Design NO : AP 13125

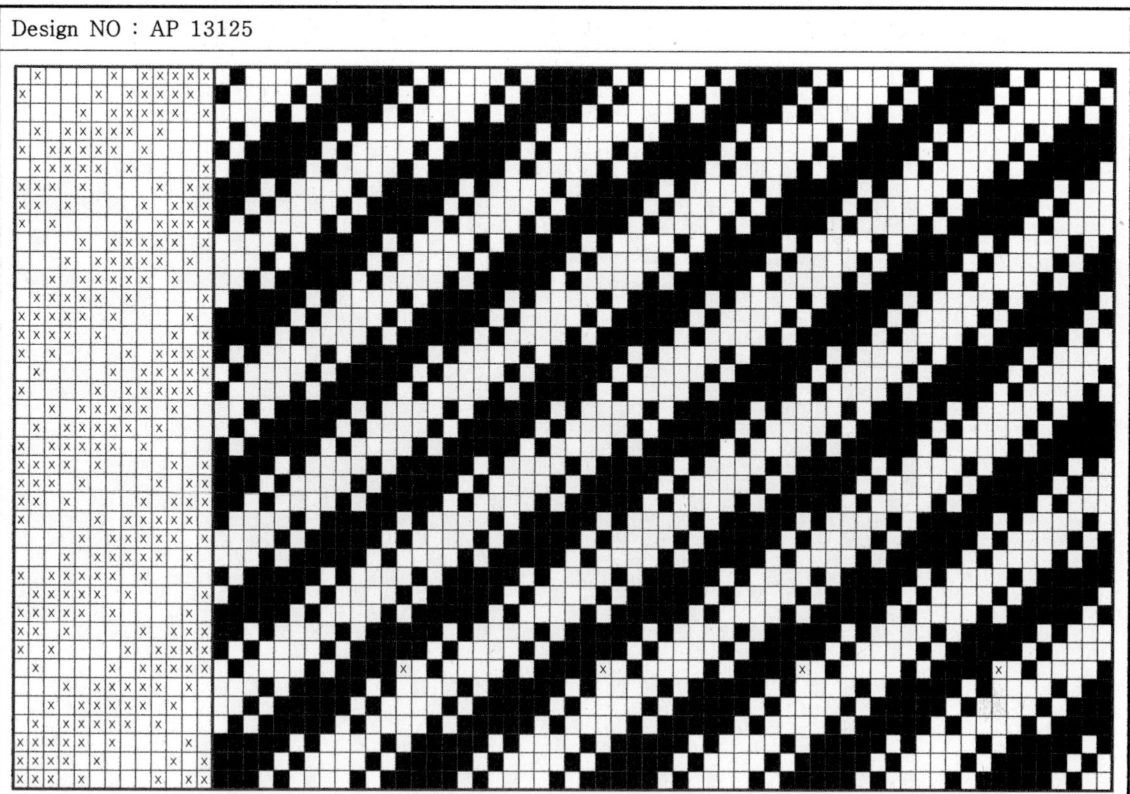

Design NO : AP 13126

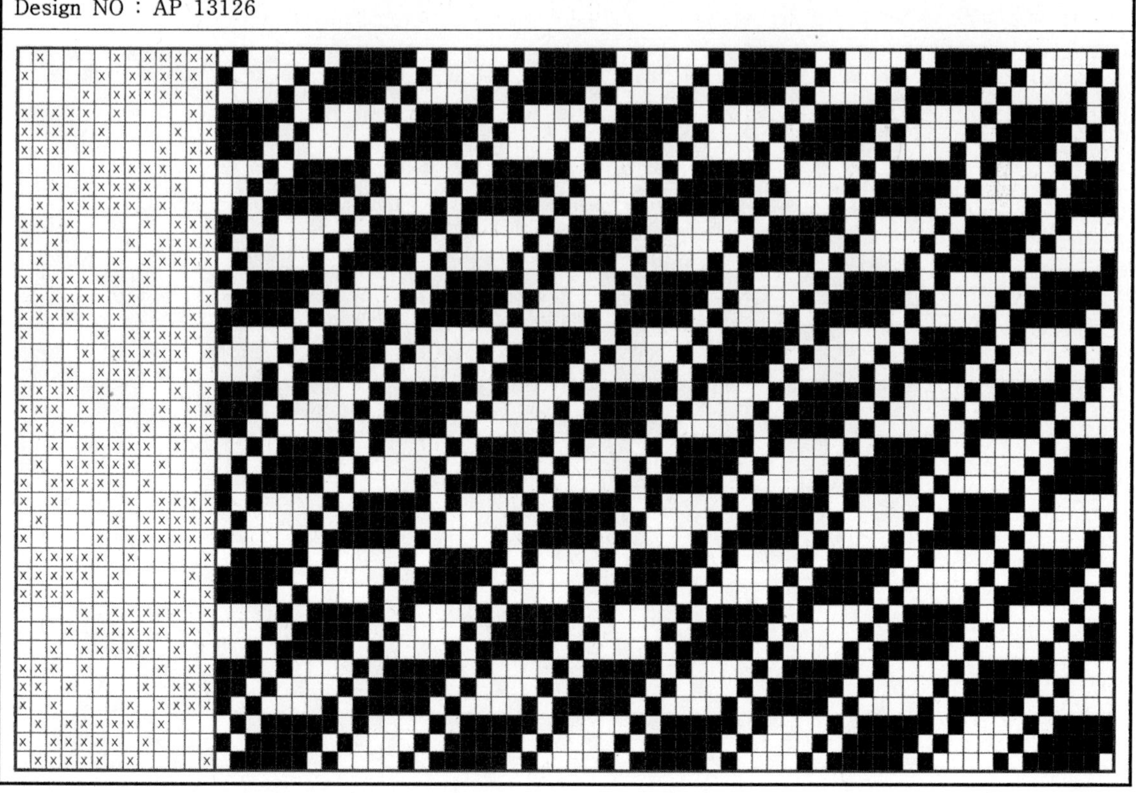

Design NO : AP 13127

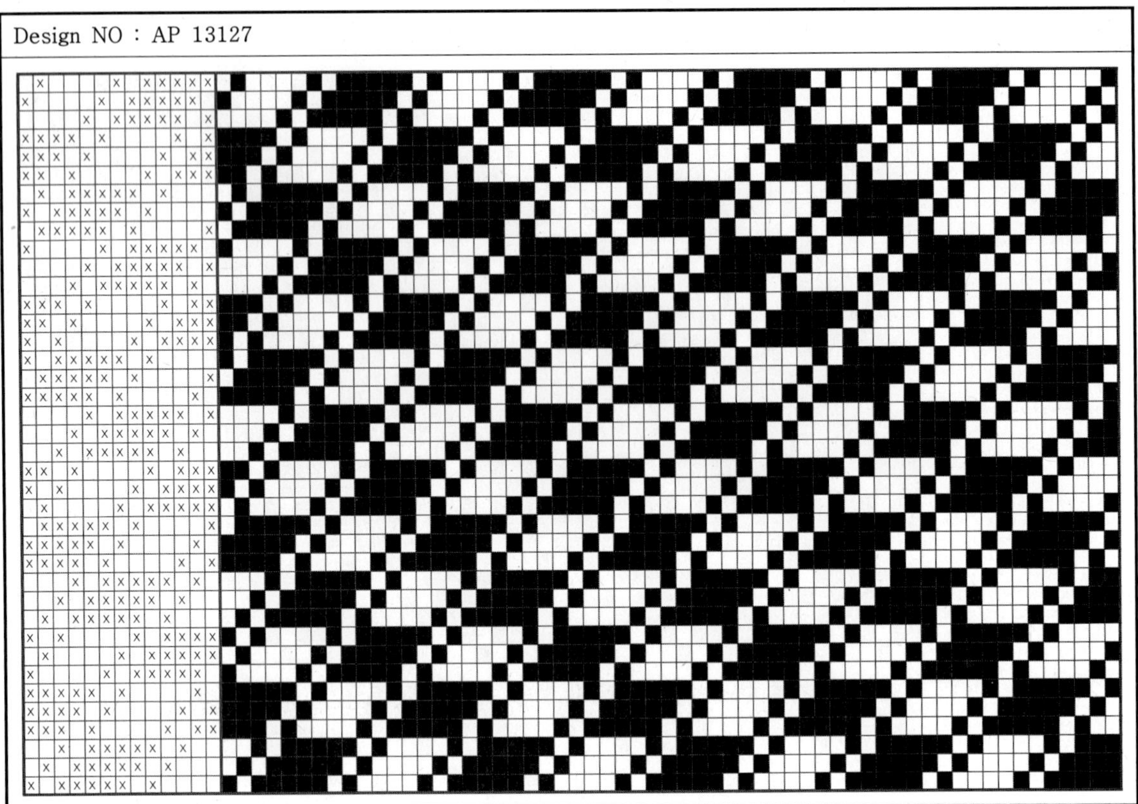

Design NO : AP 13128

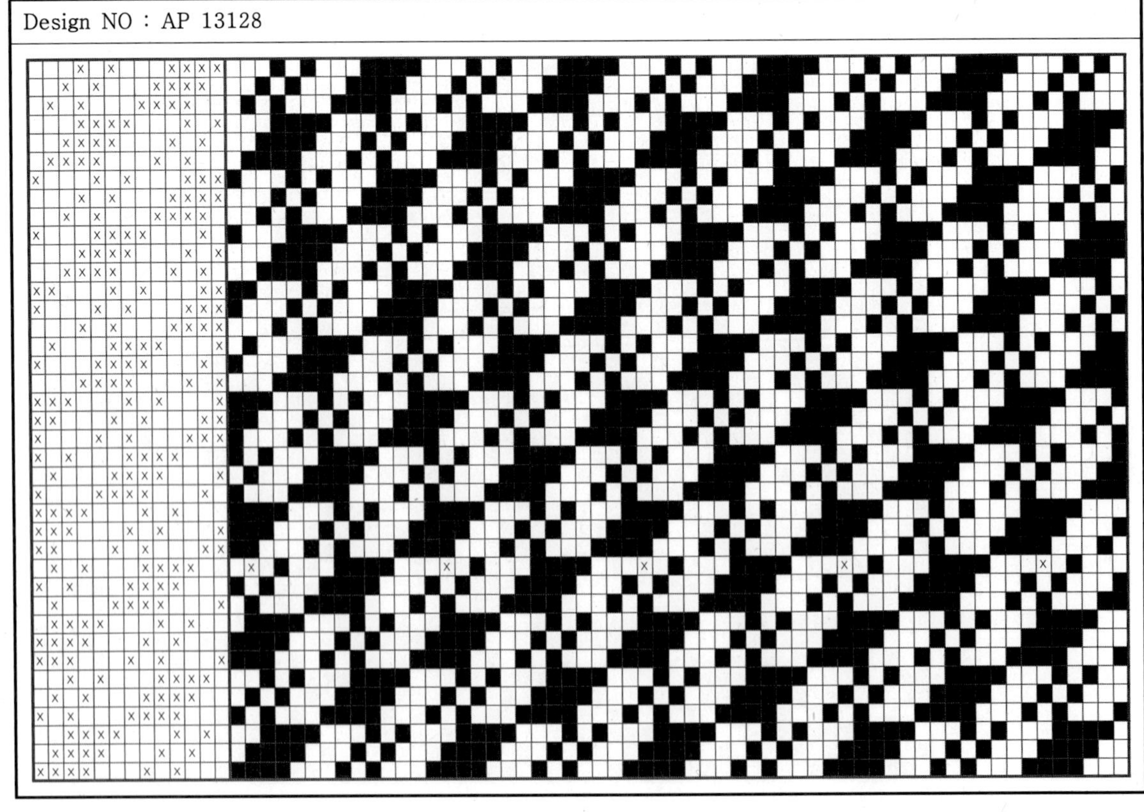

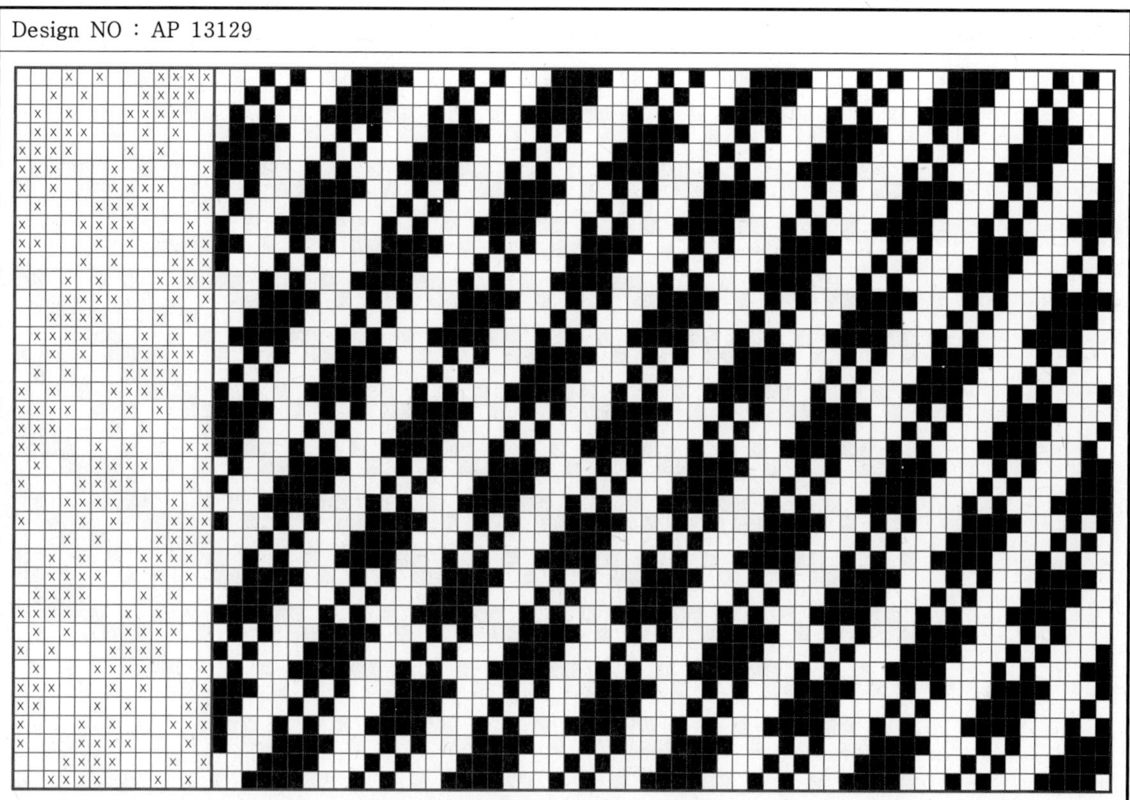

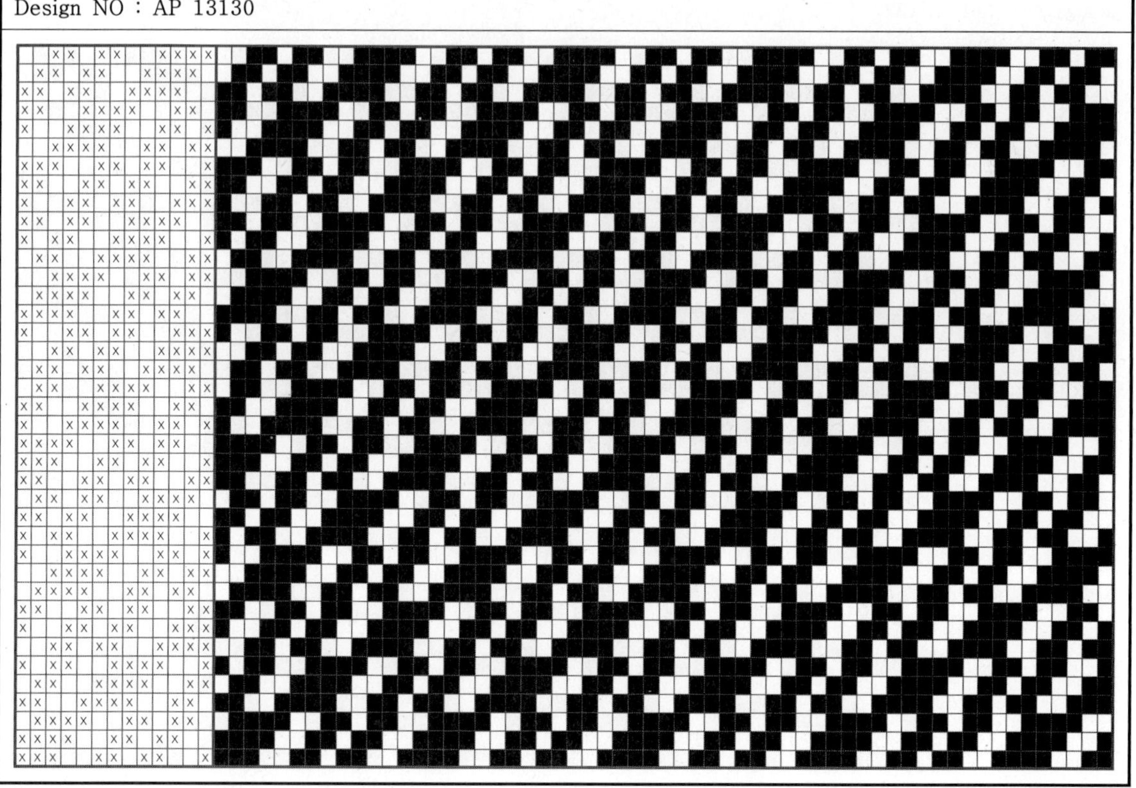

Design NO : AP 13131

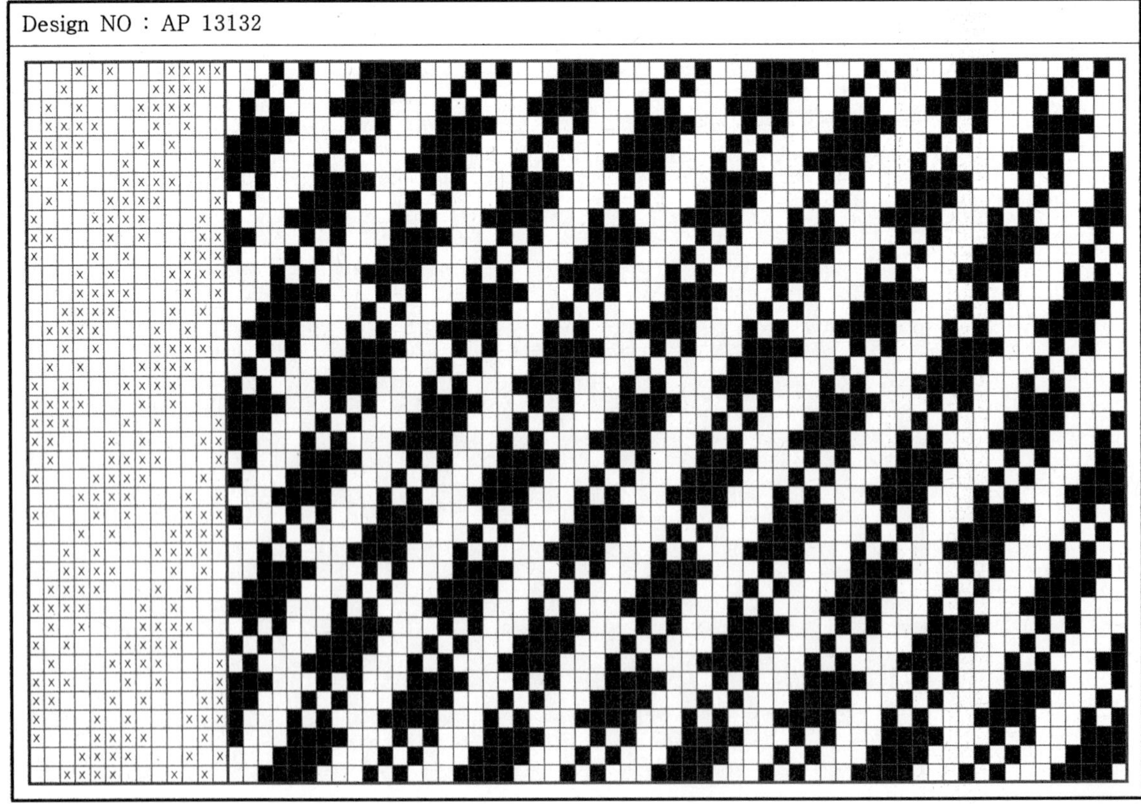

Design NO : AP 13132

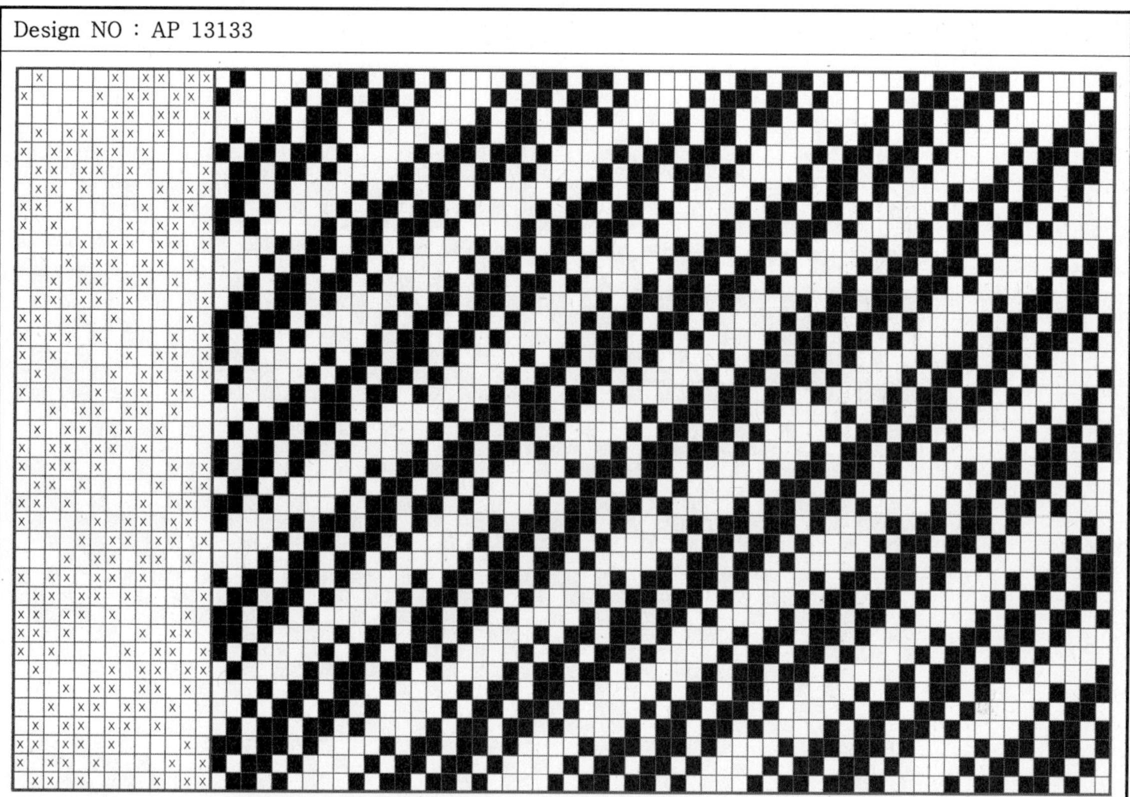

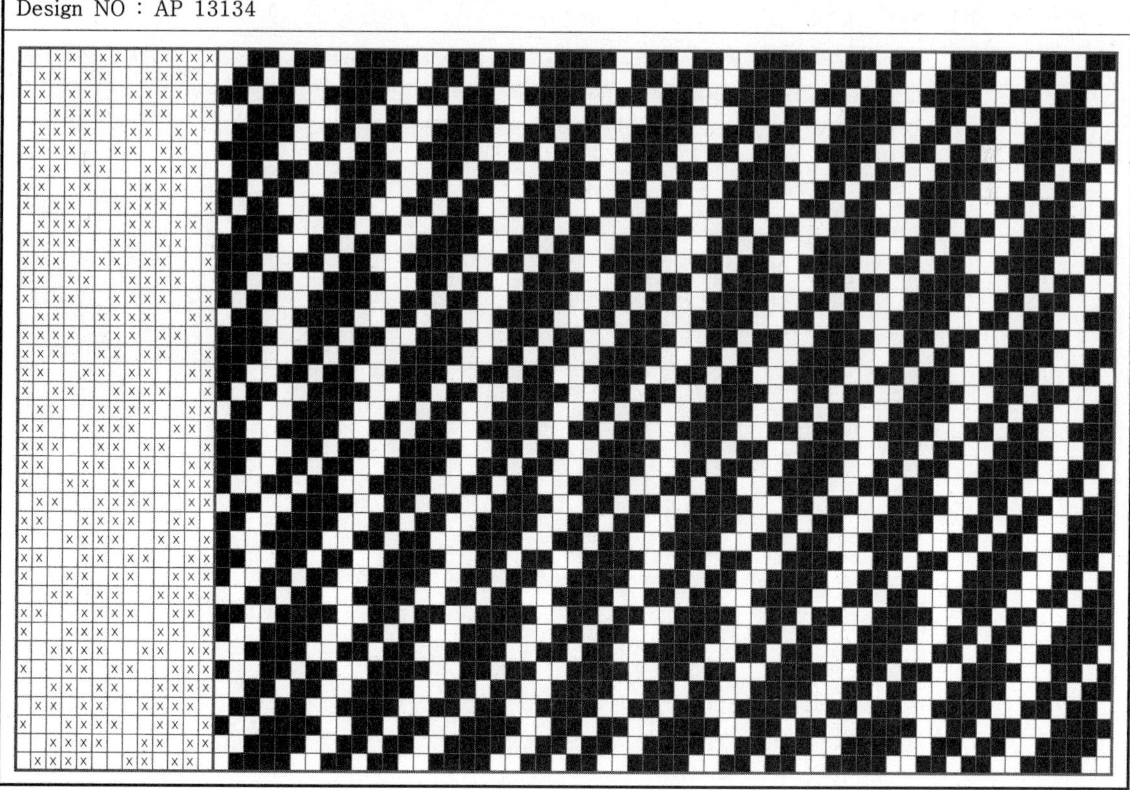

Design NO ： AP 13135

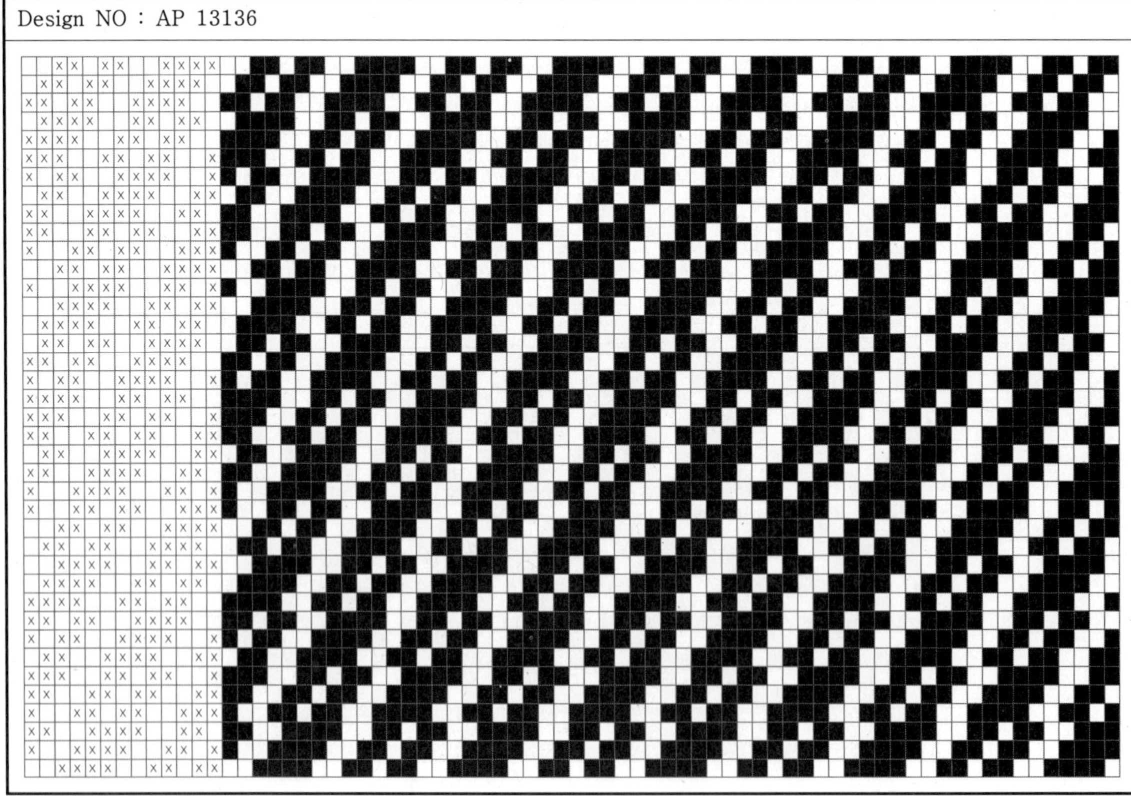

Design NO ： AP 13136

Design NO : AP 14001

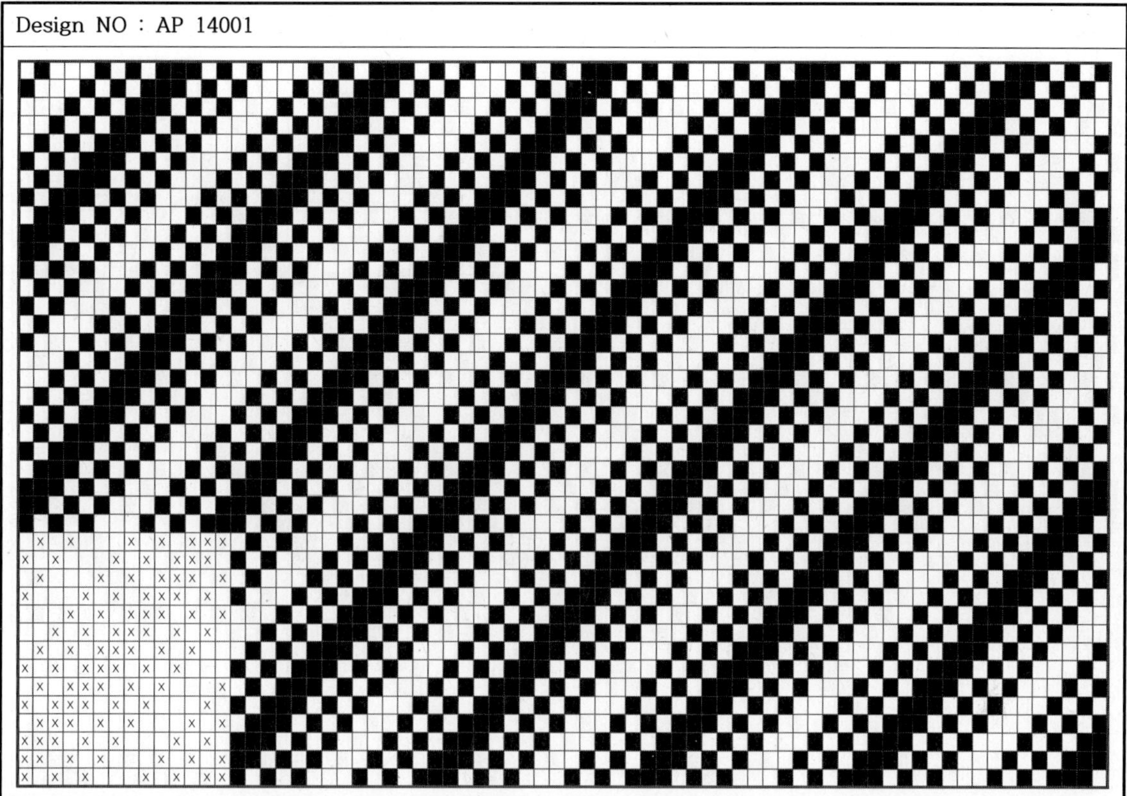

Design NO : AP 14002

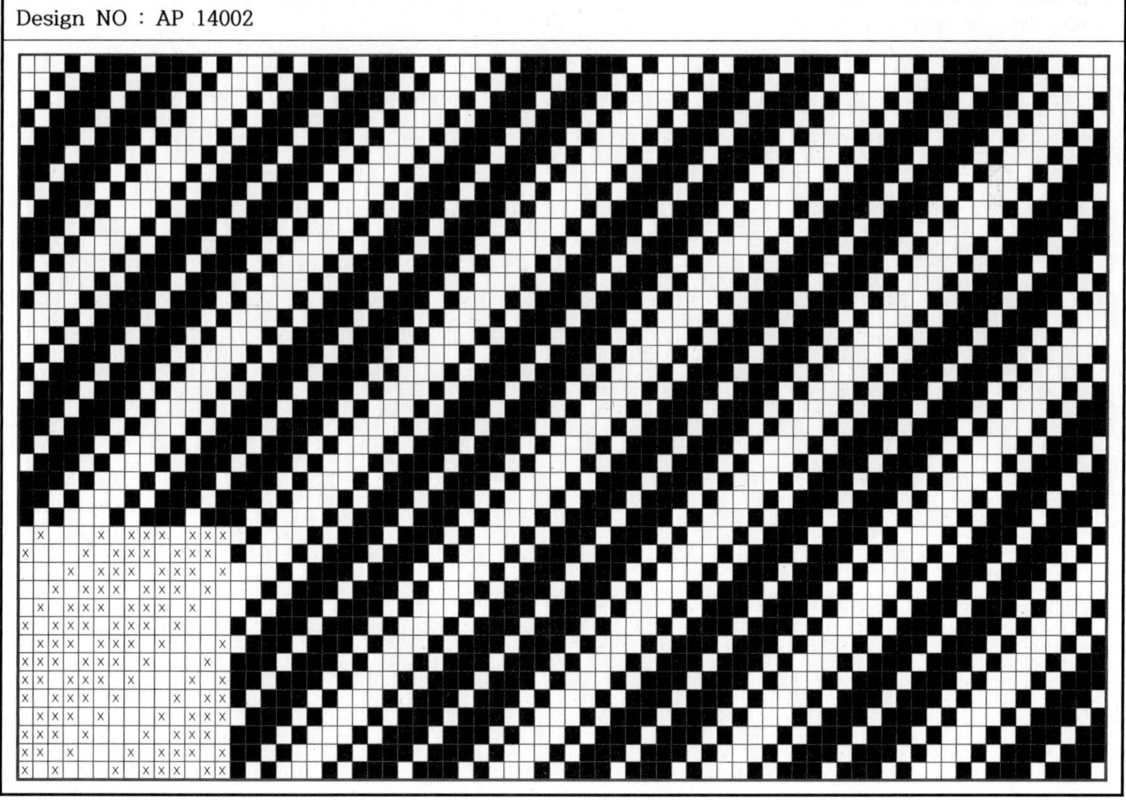

Design NO : AP 14003

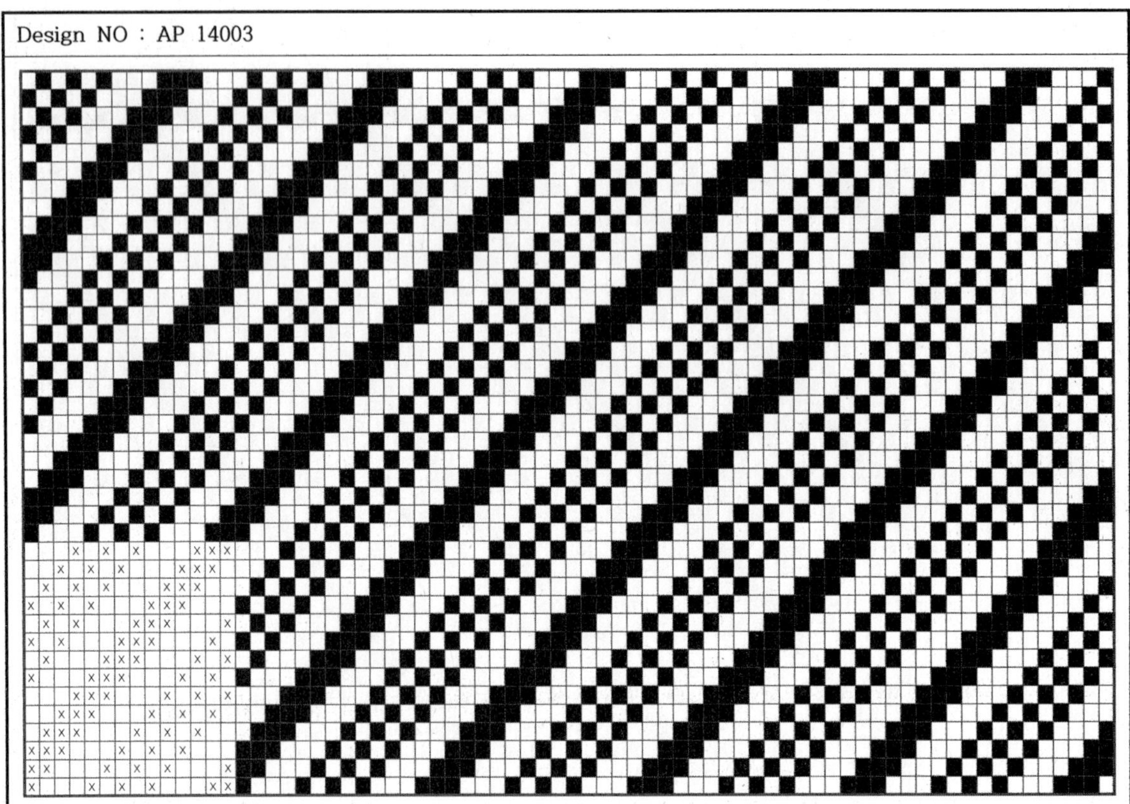

Design NO : AP 14004

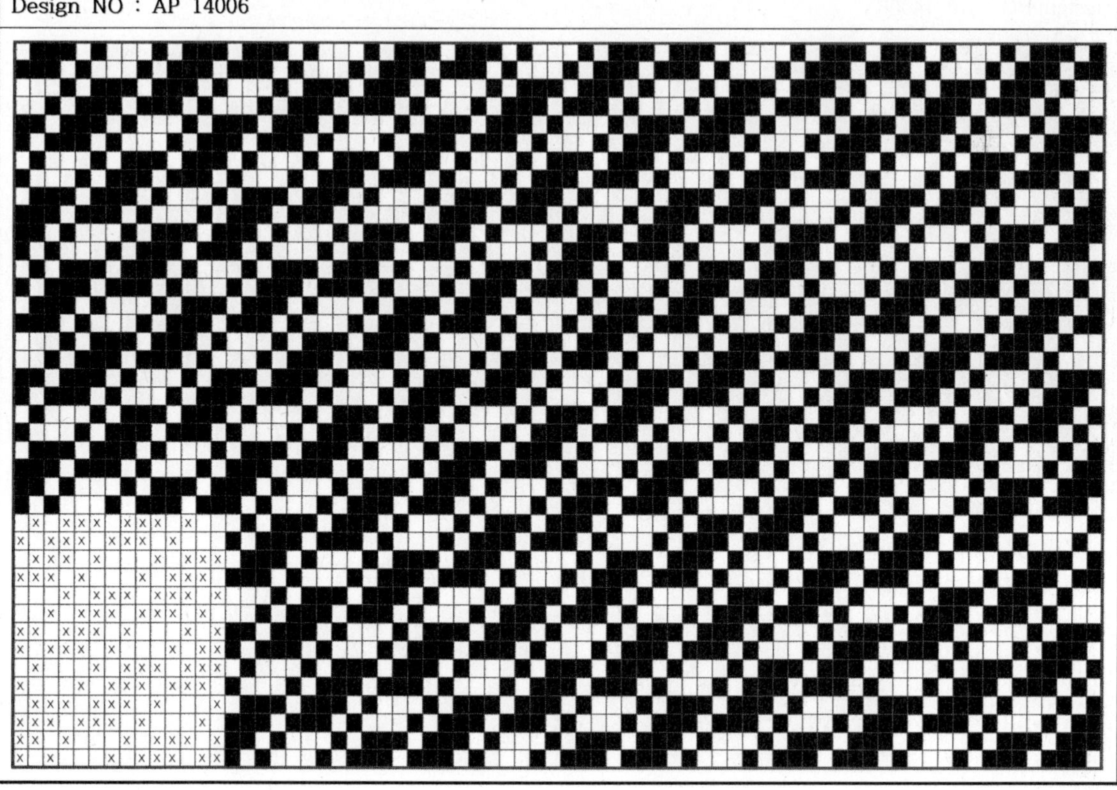

Design NO : AP 14007

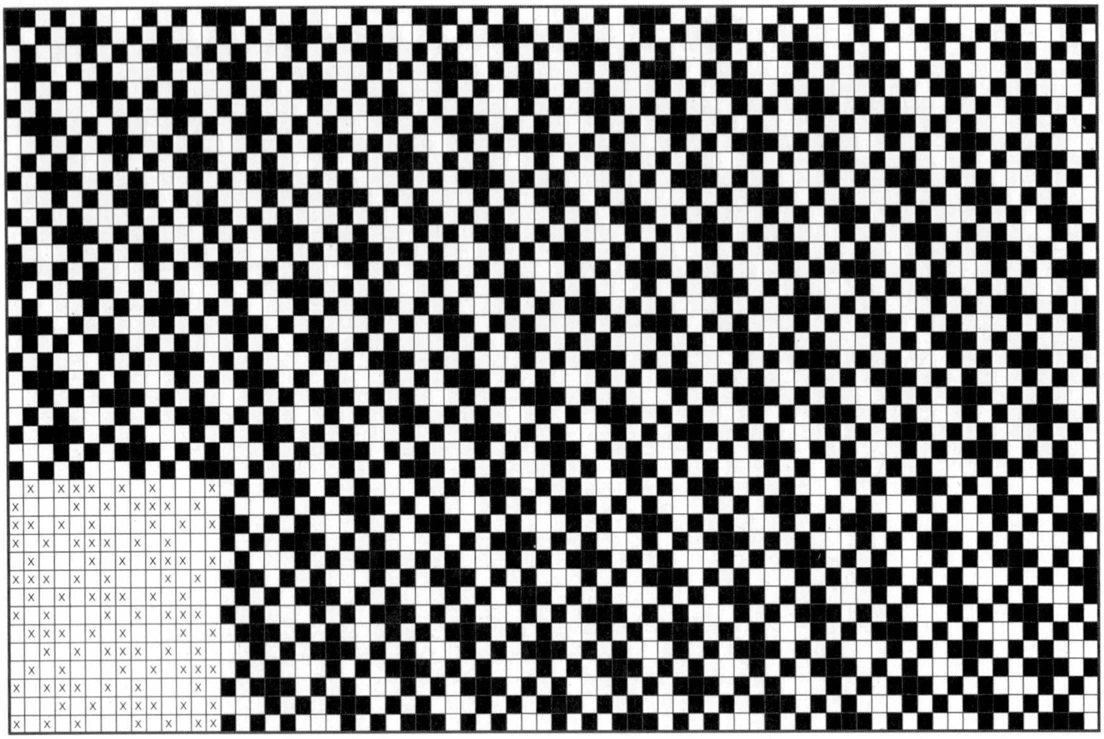

Design NO : AP 14008

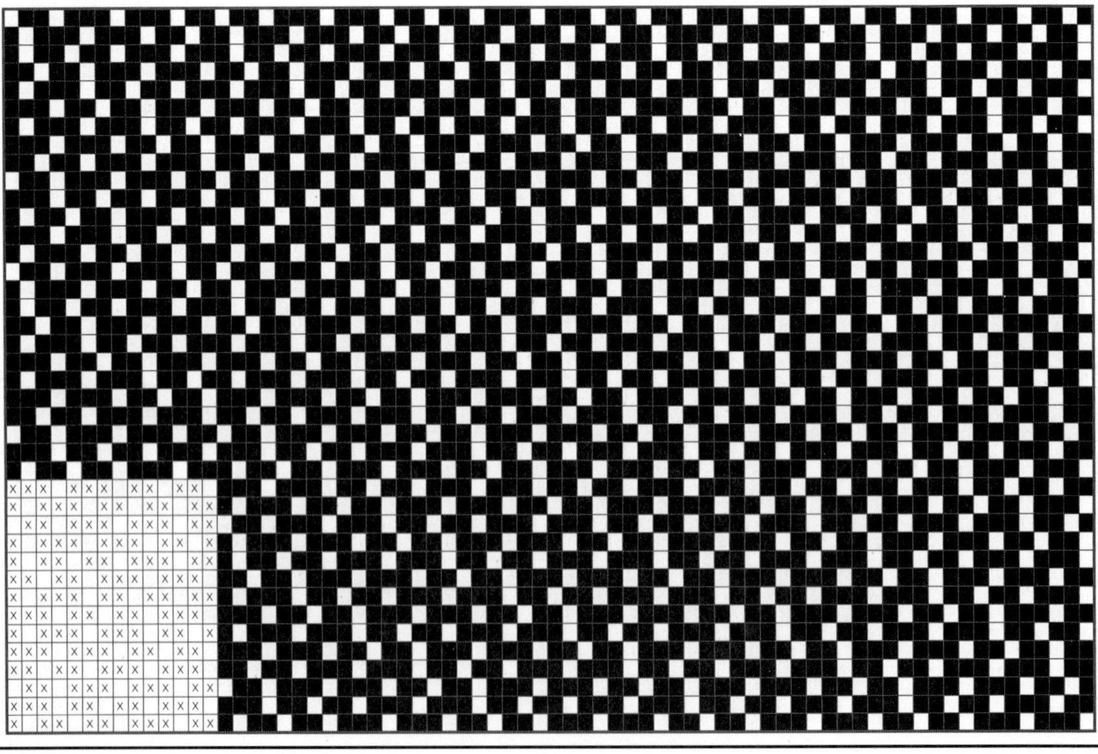

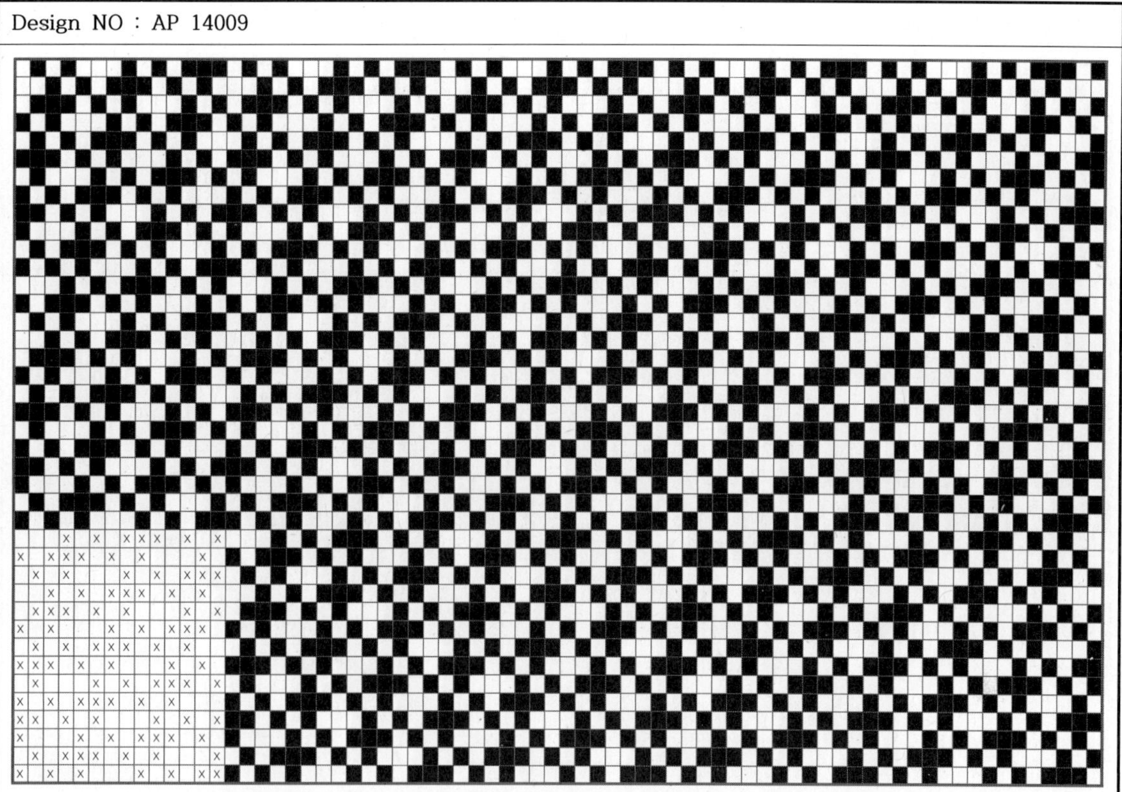

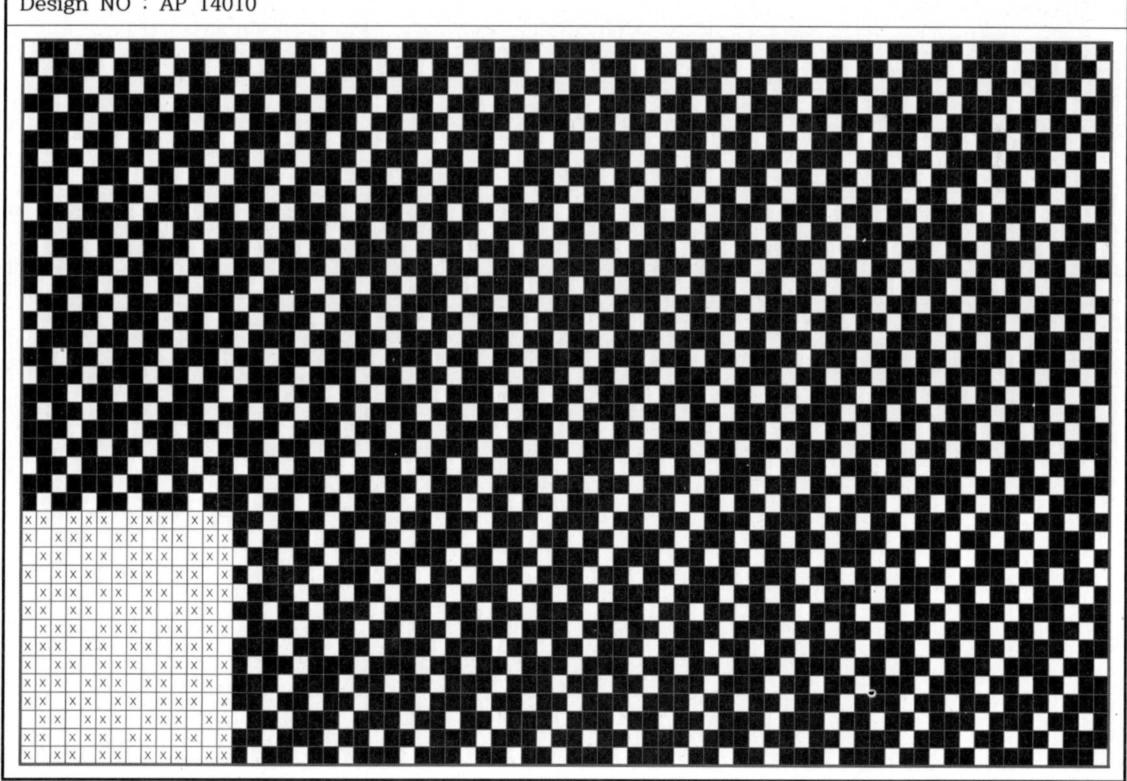

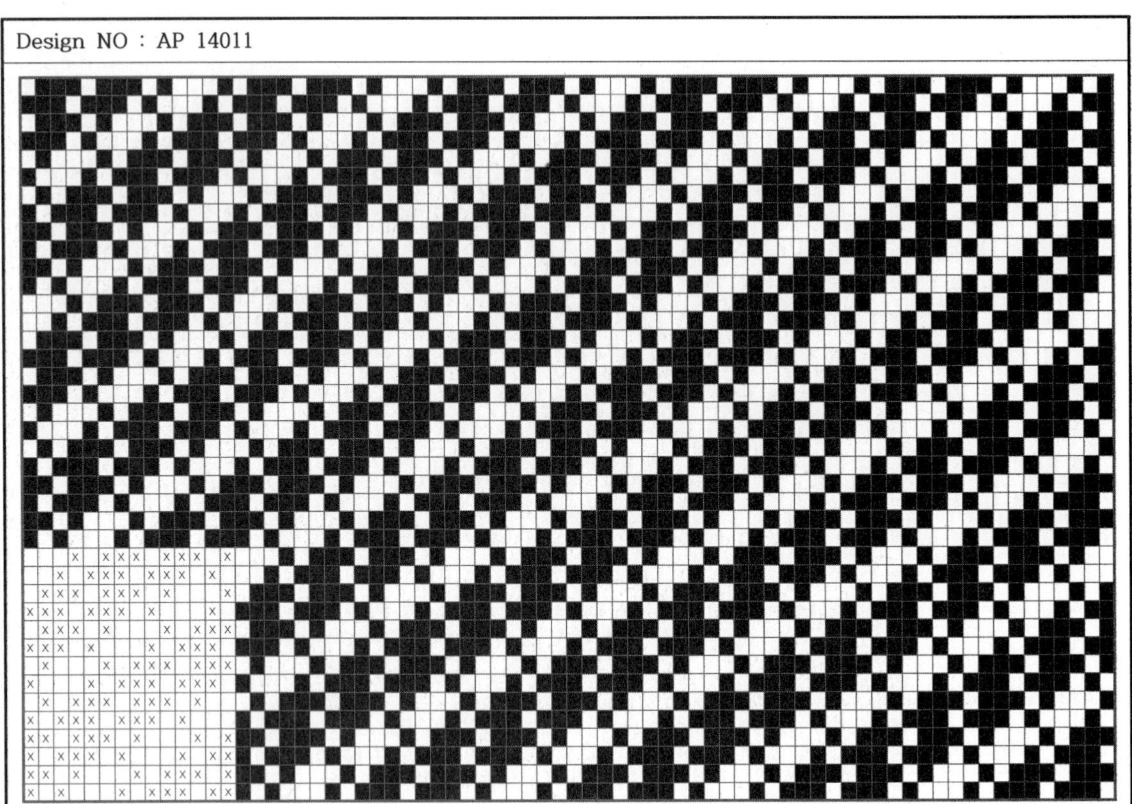

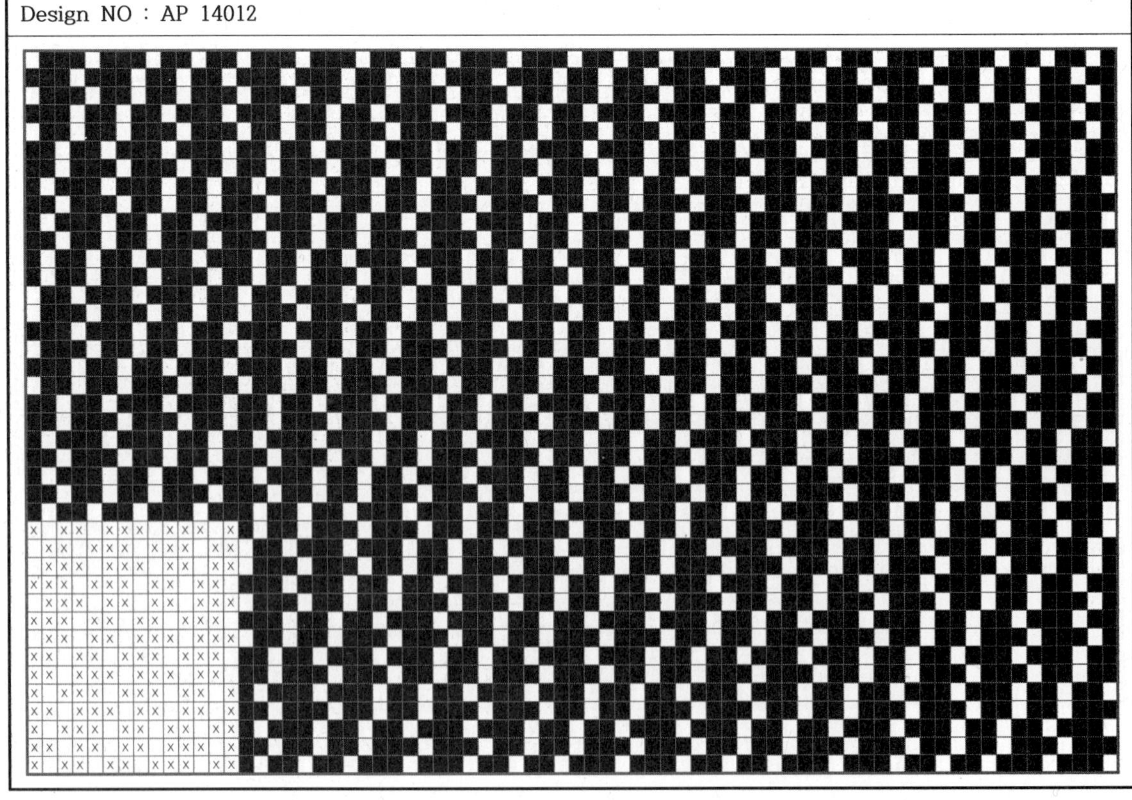

Design NO : AP 14013

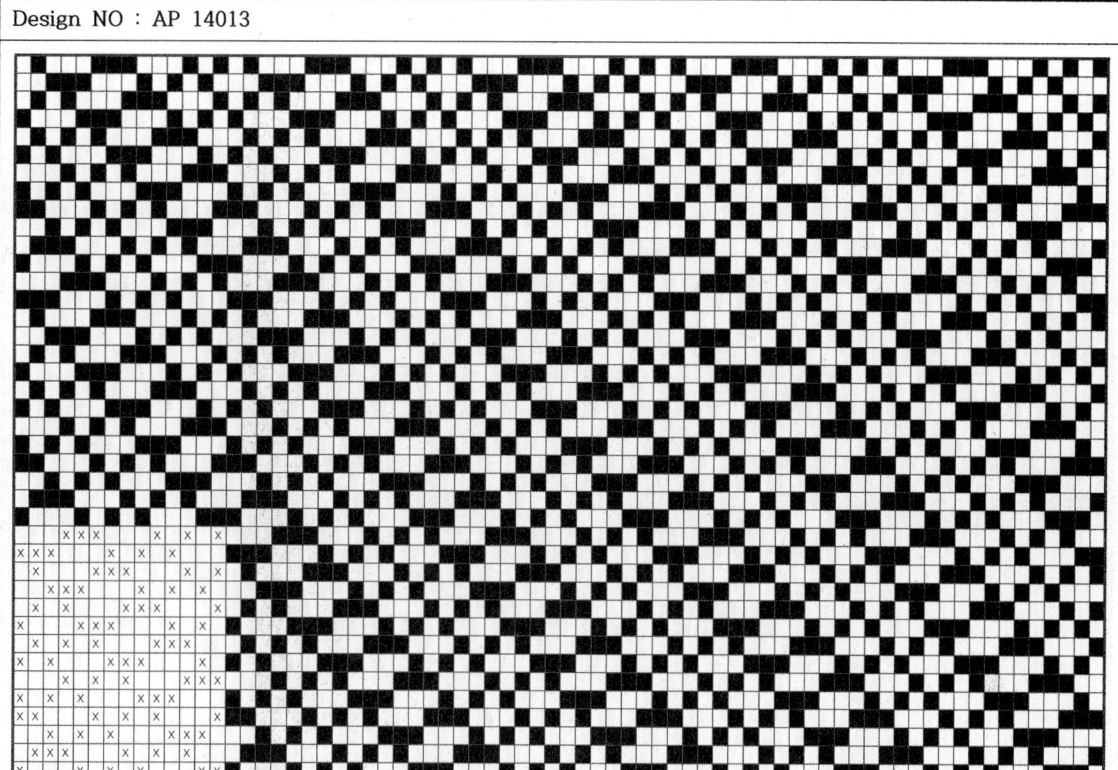

Design NO : AP 14014

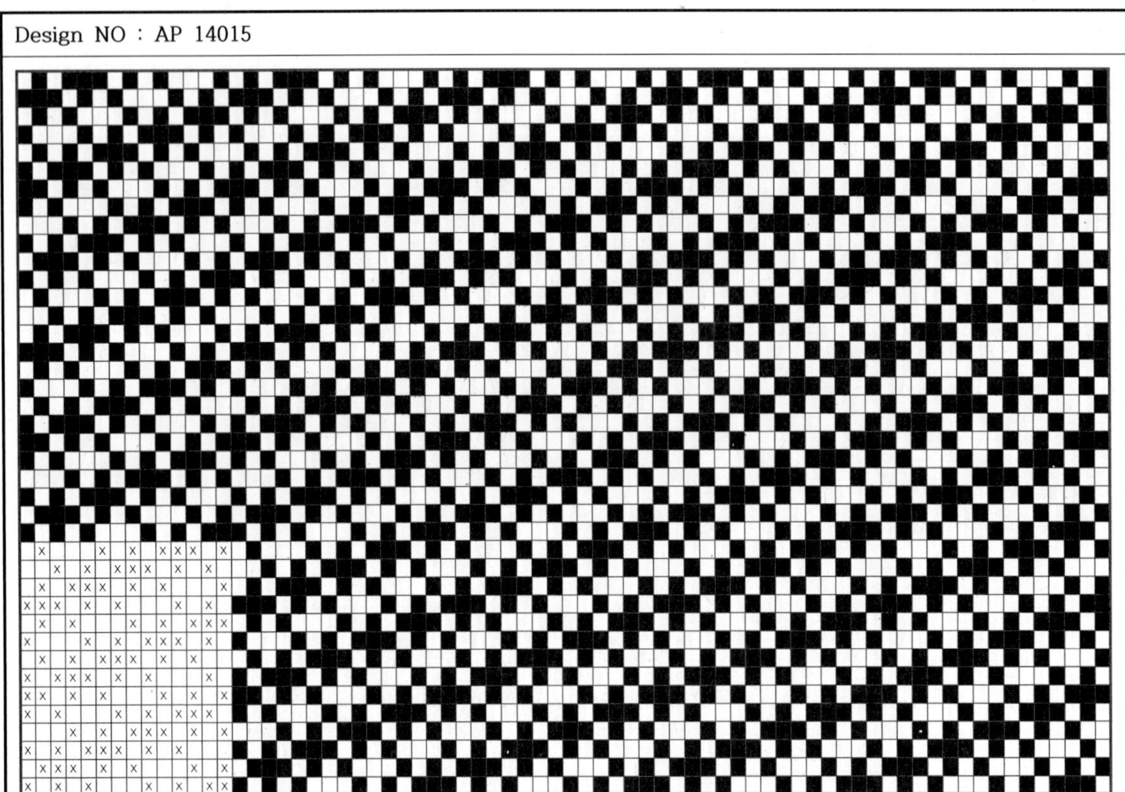

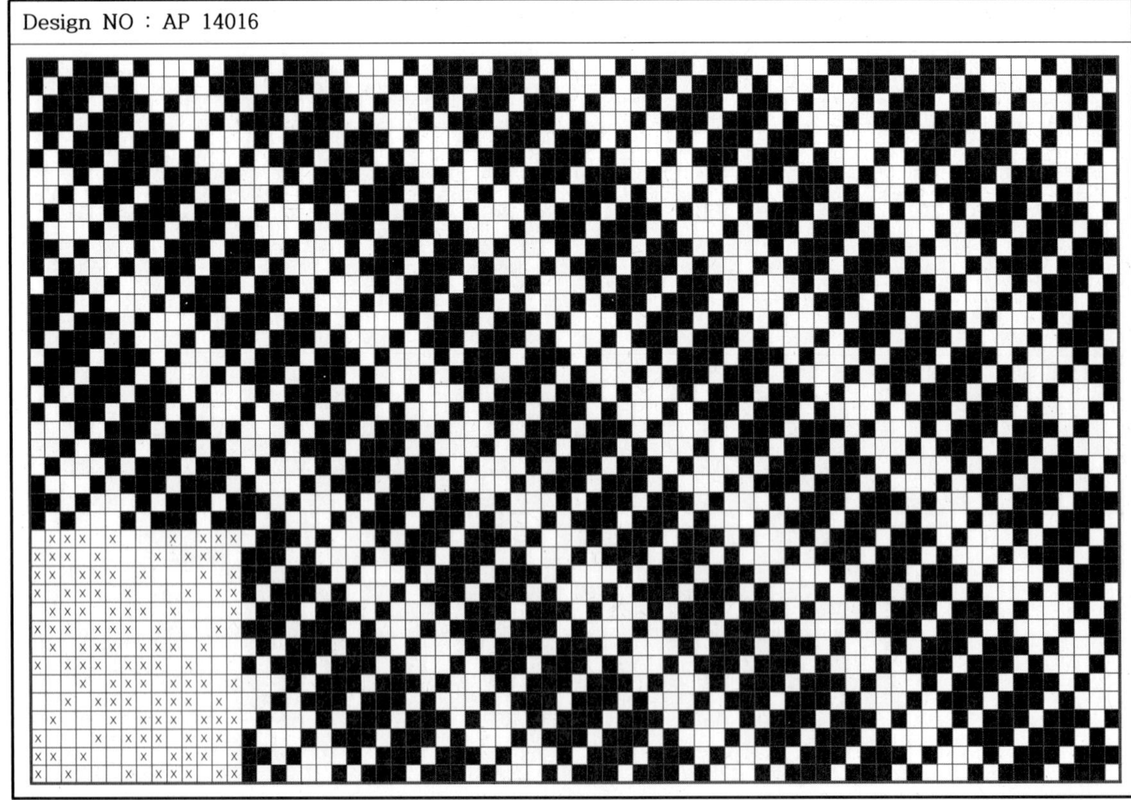

Design NO : AP 14017

Design NO : AP 14018

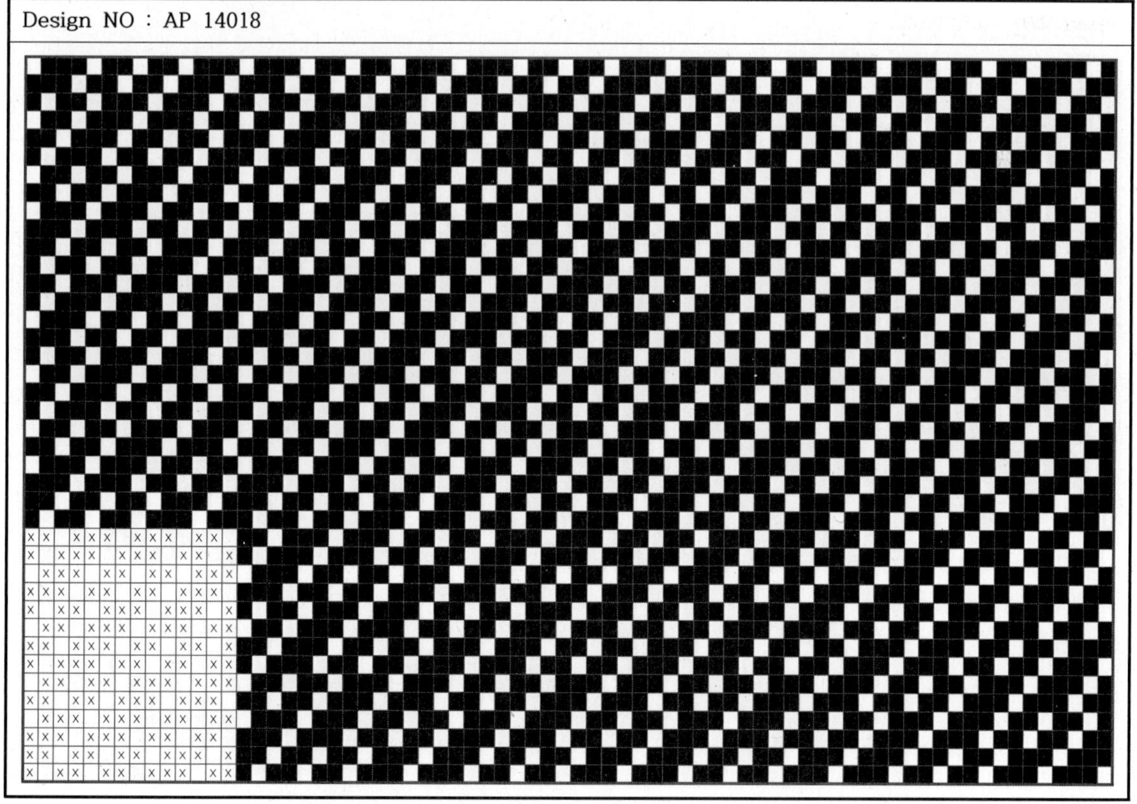

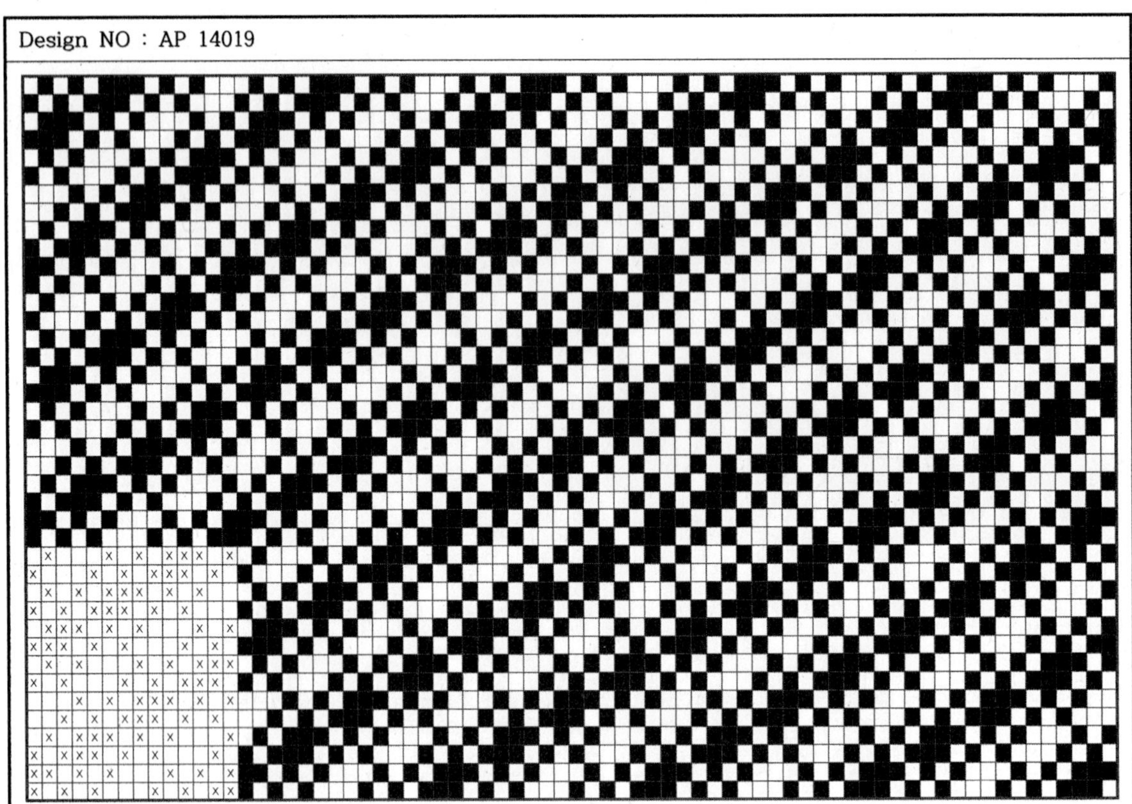

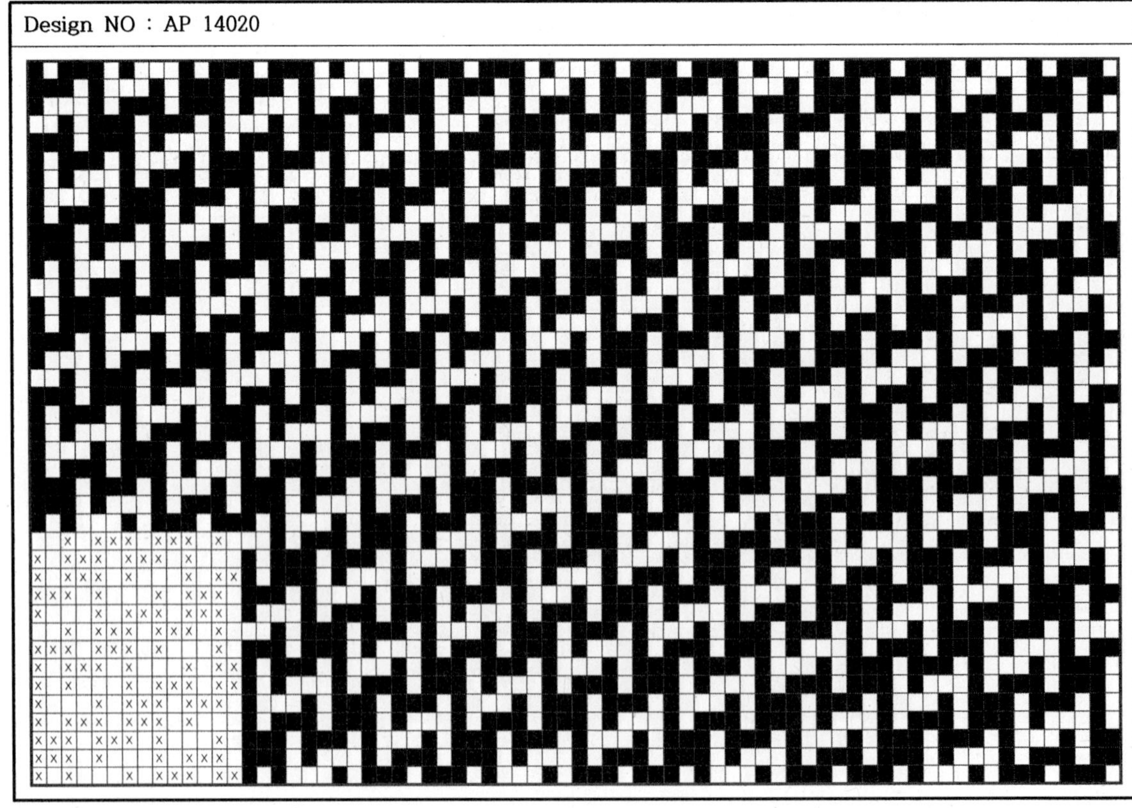

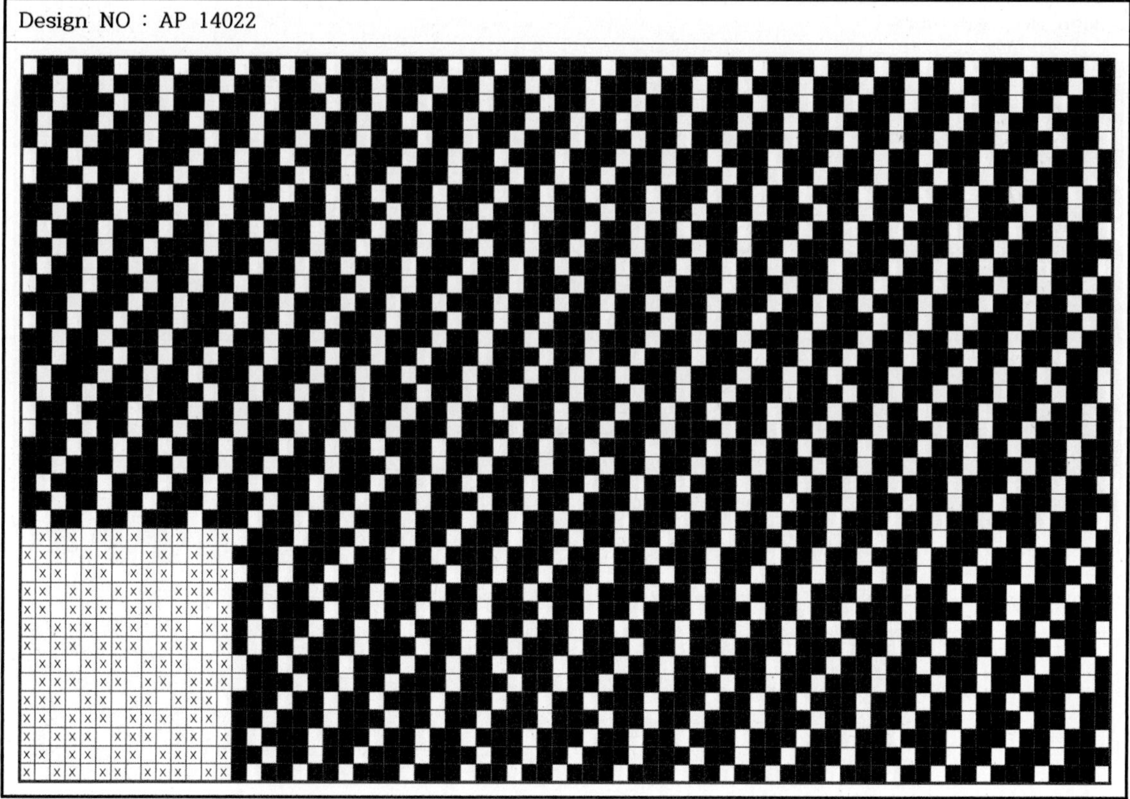

Design NO : AP 14023

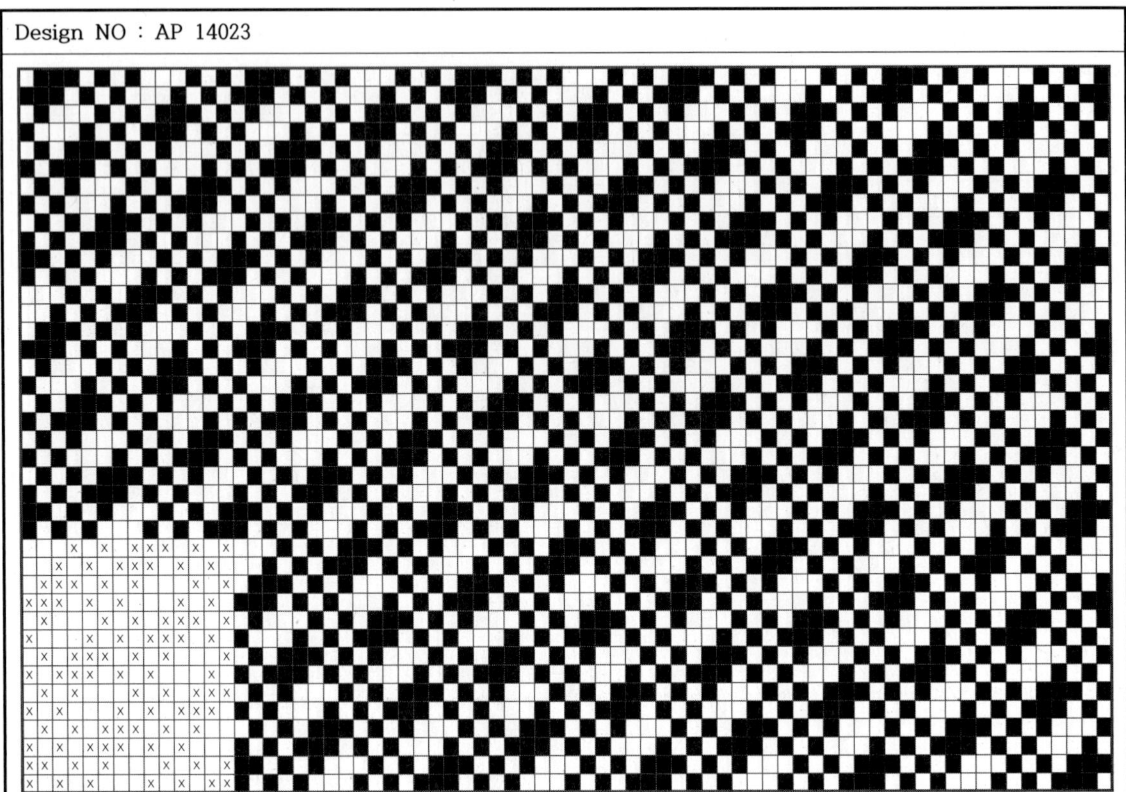

Design NO : AP 14024

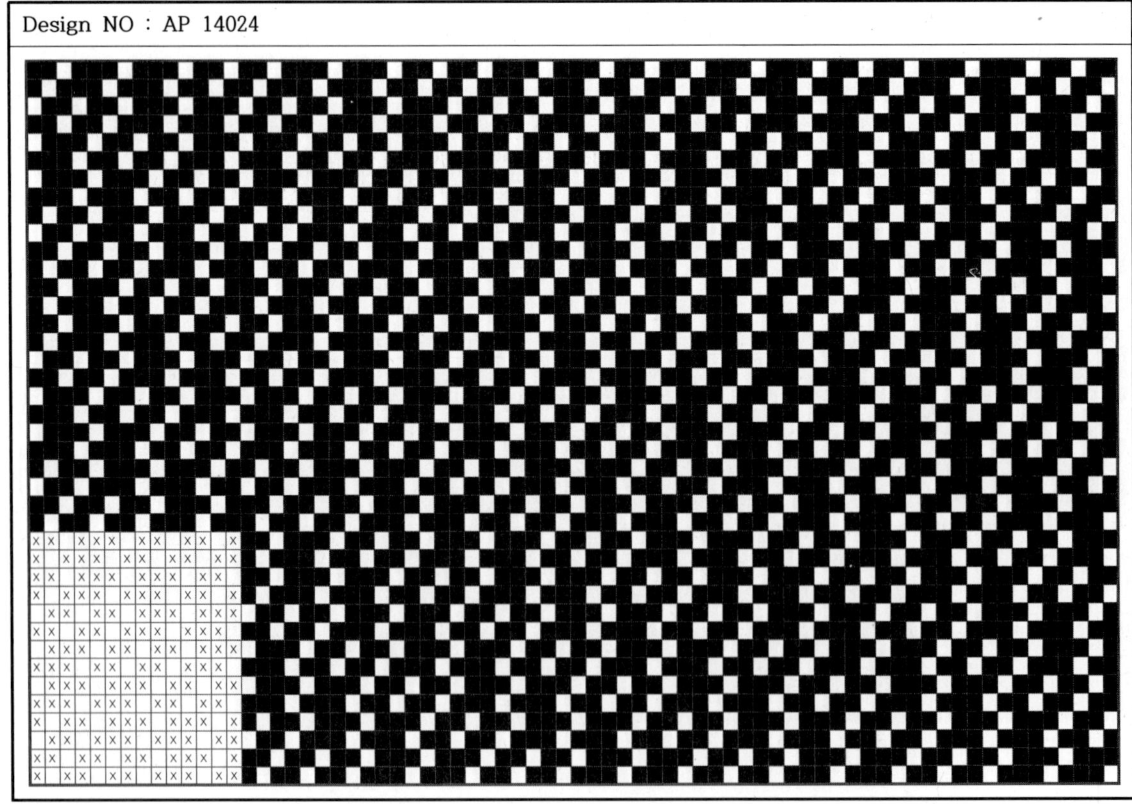

Design NO : AP 14025

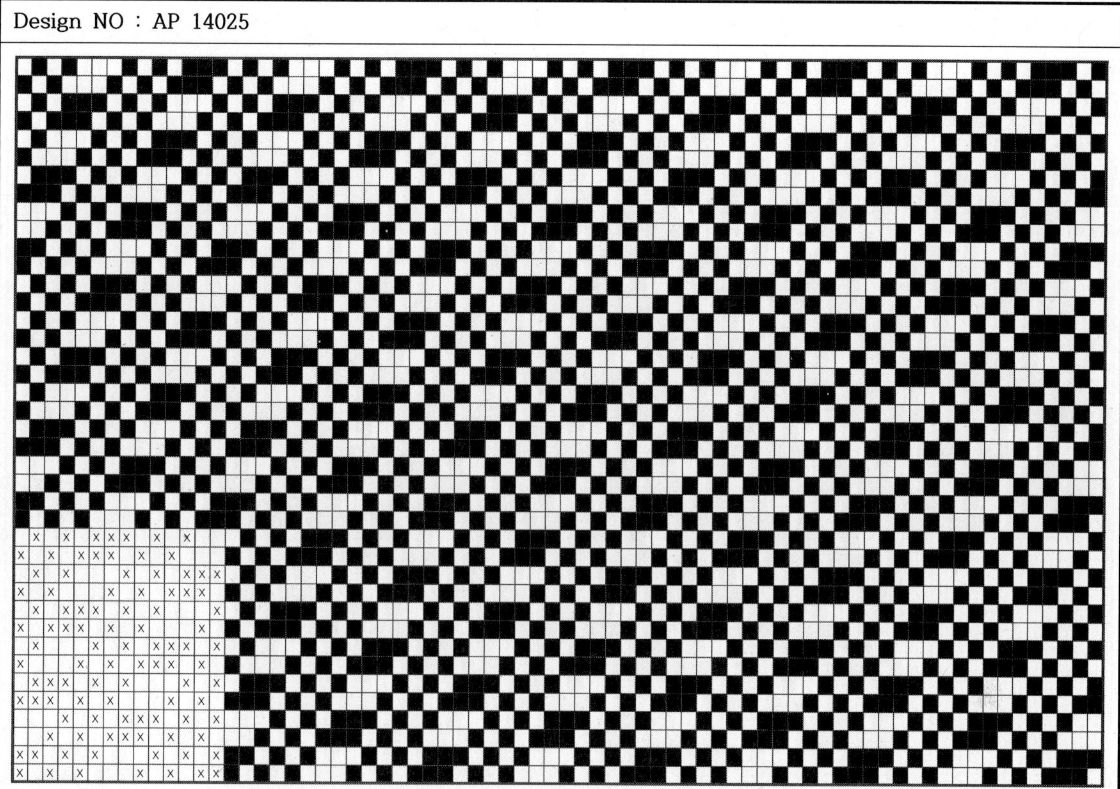

Design NO : AP 14026

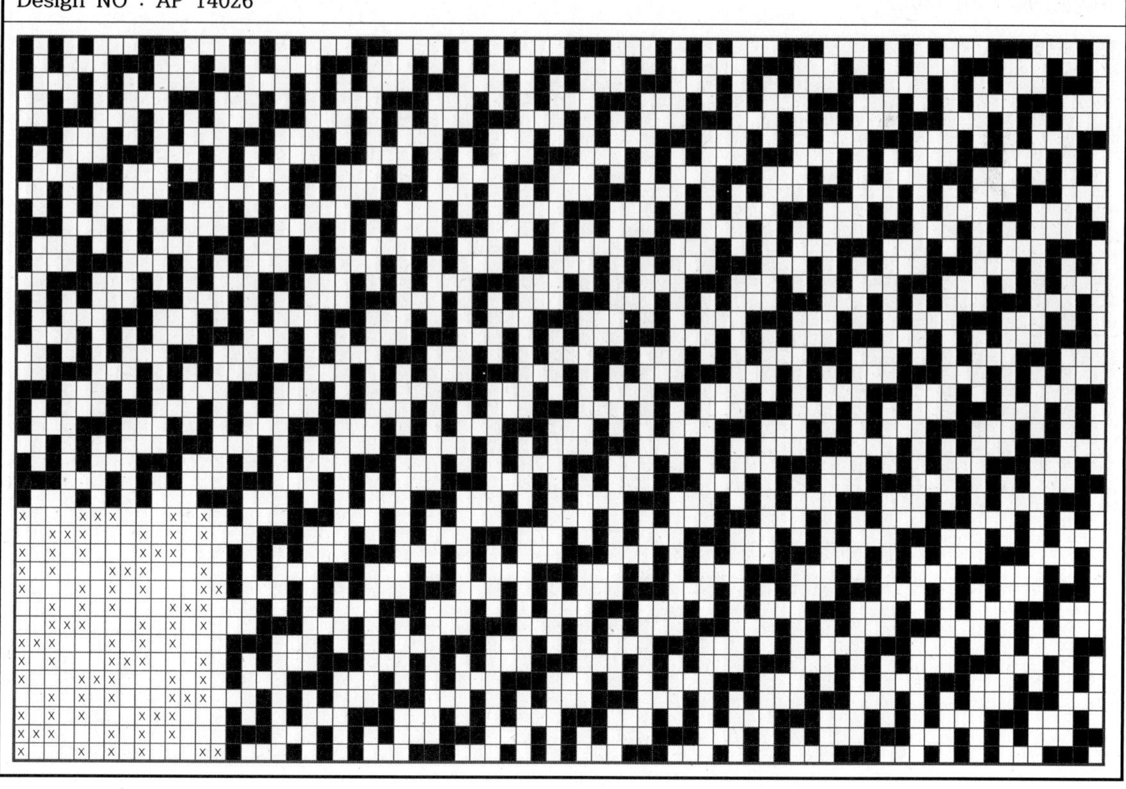

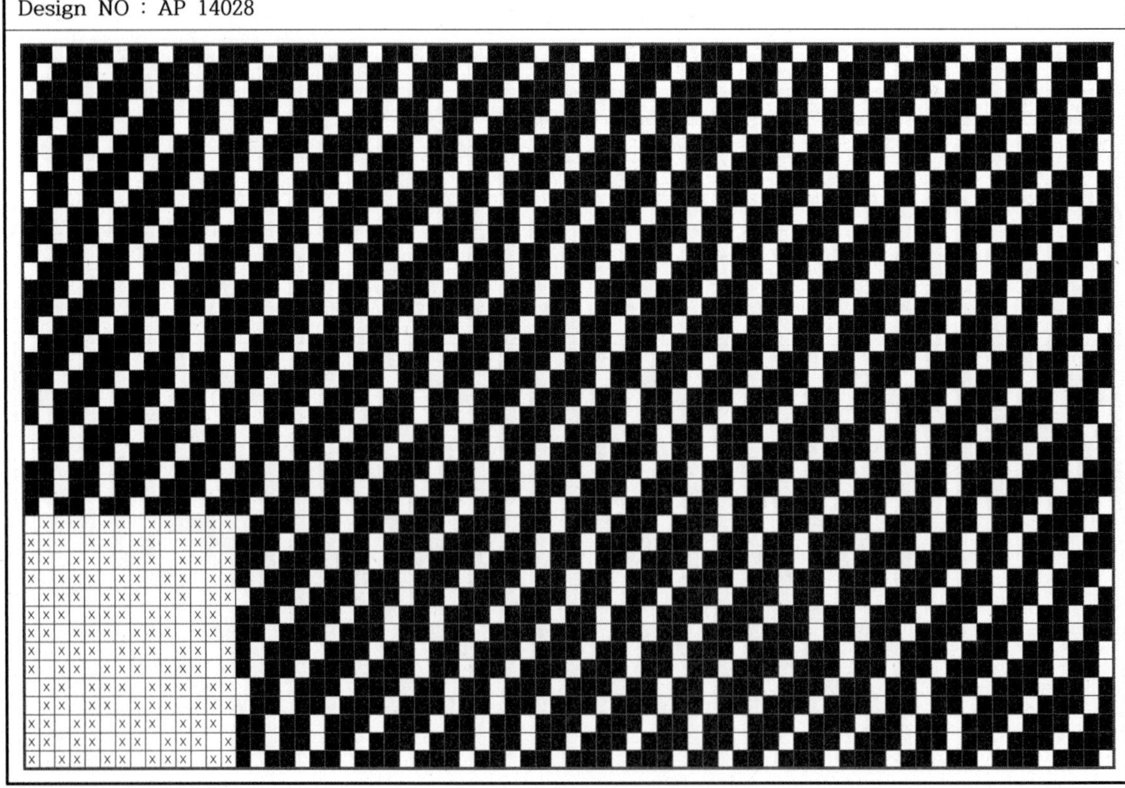

Design NO : AP 14028

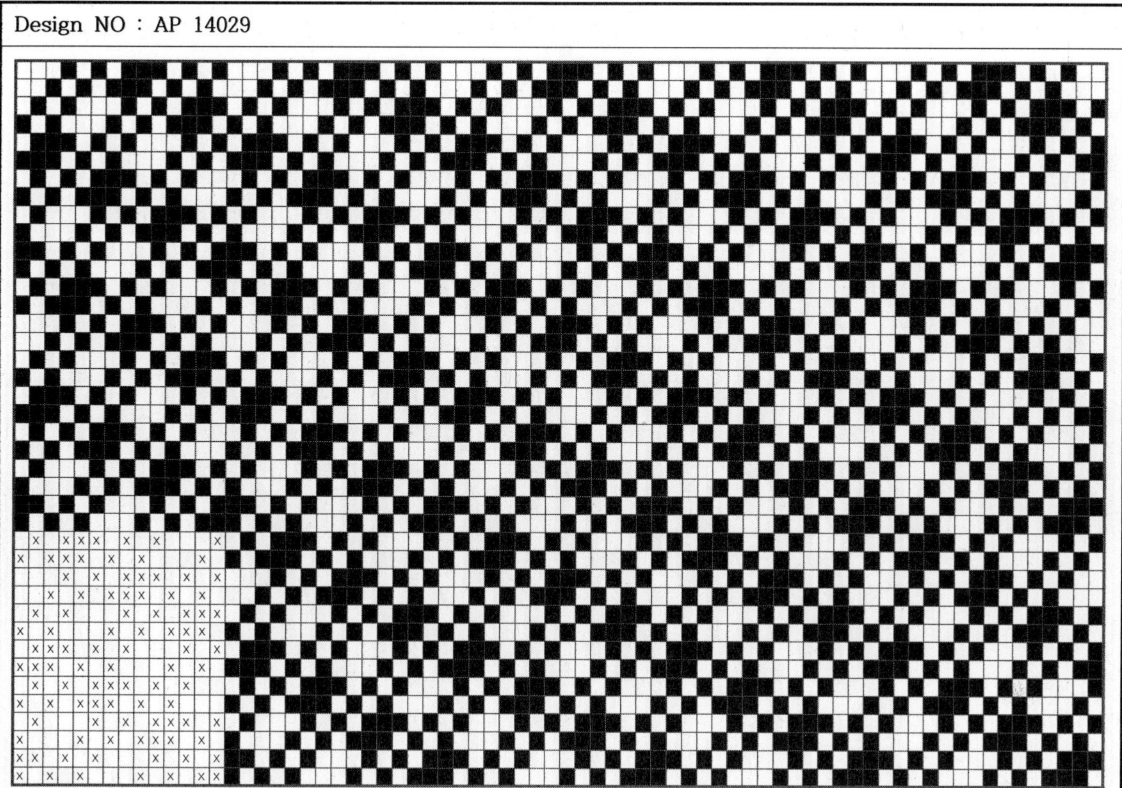

Design NO : AP 14031

Design NO : AP 14032

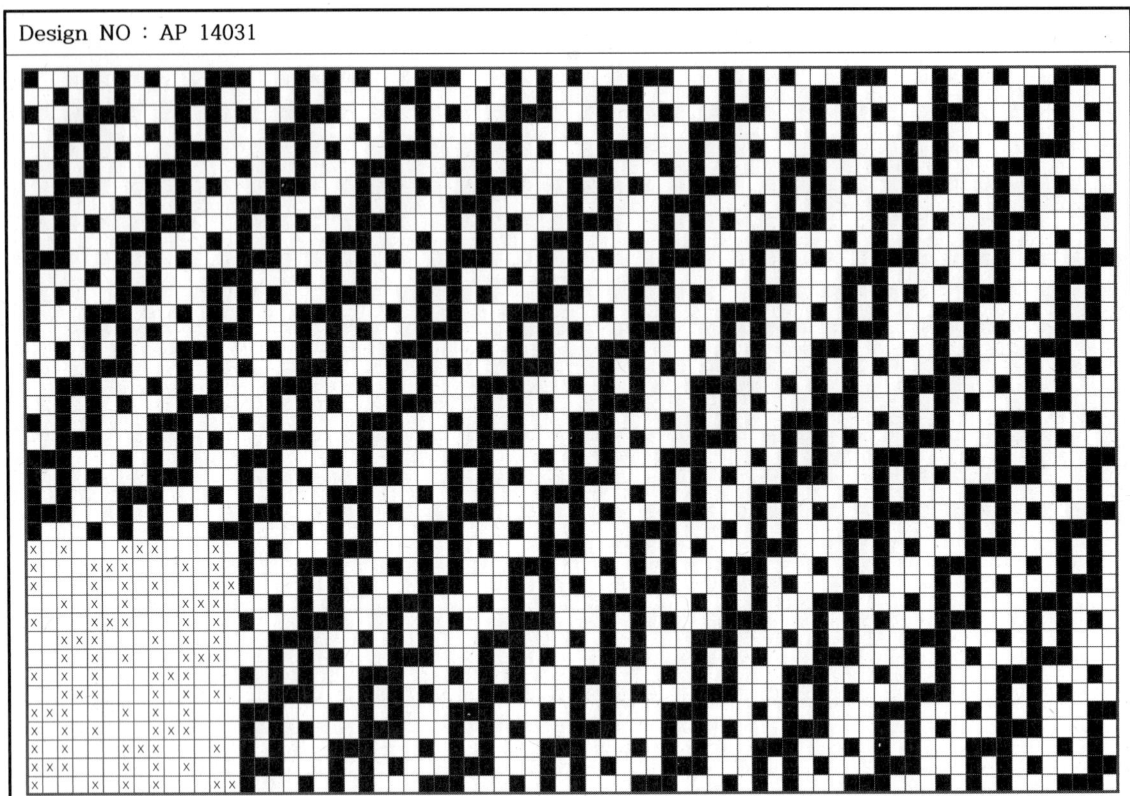

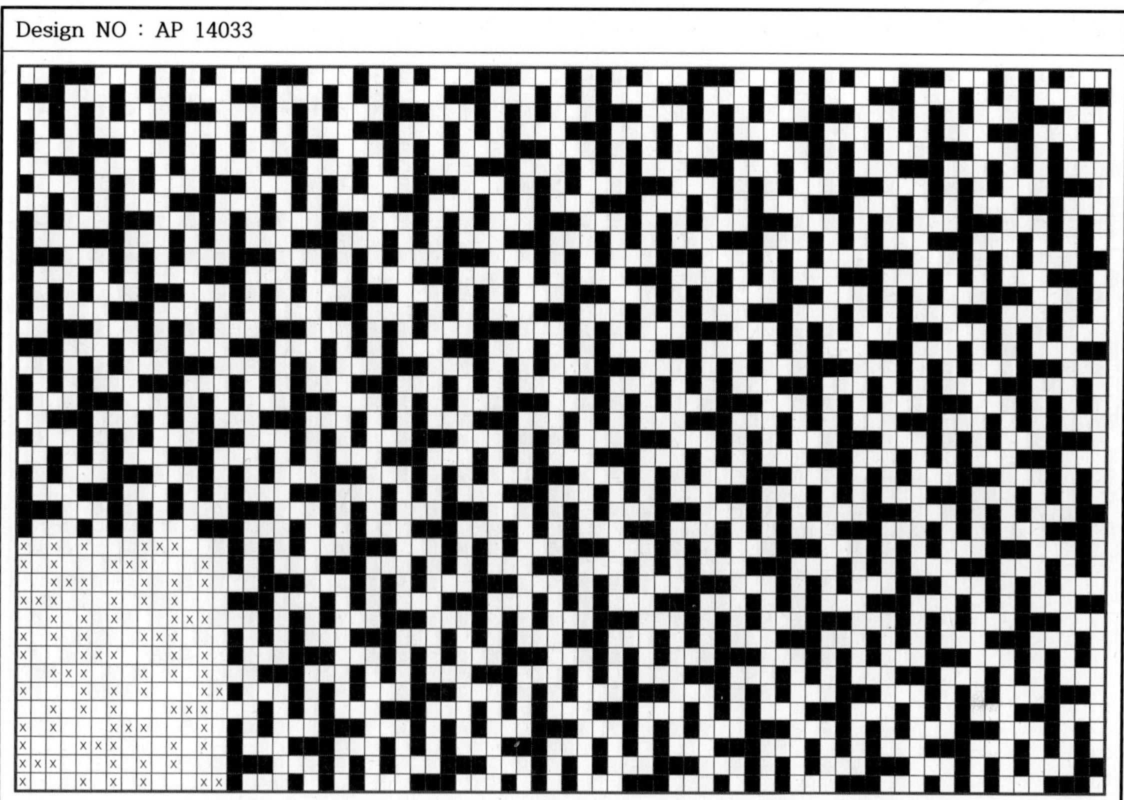

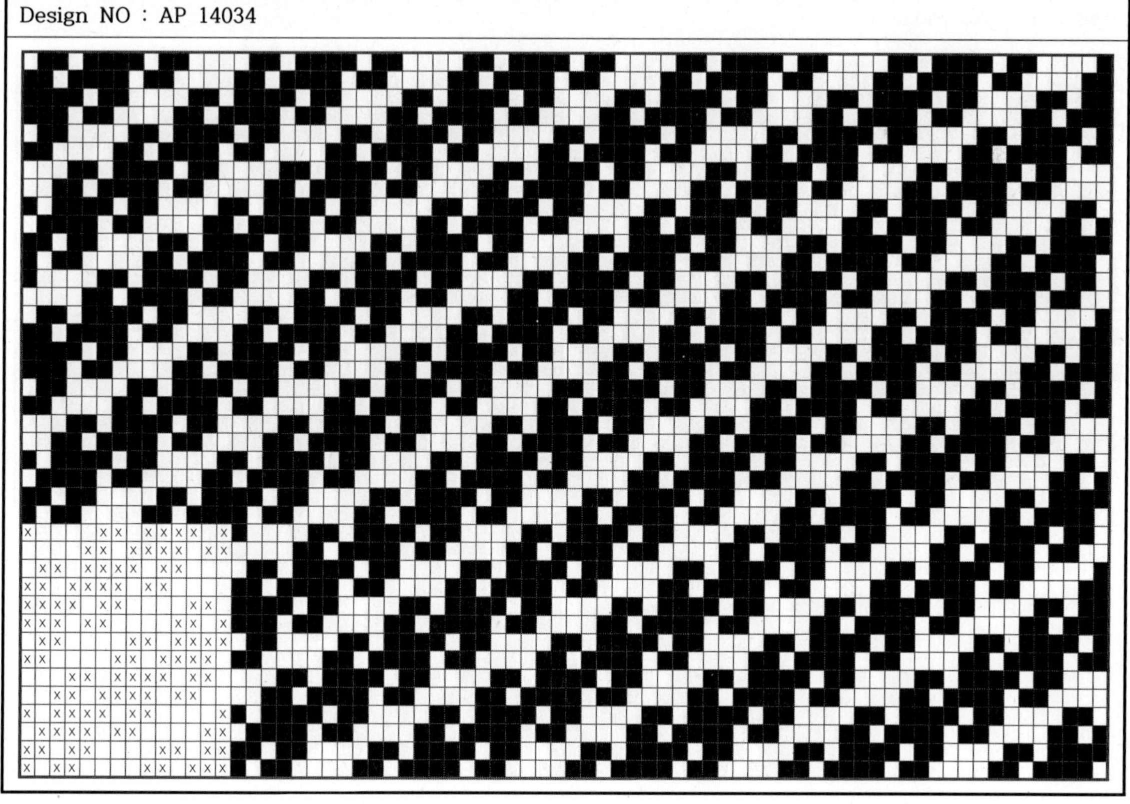

Design NO : AP 14035

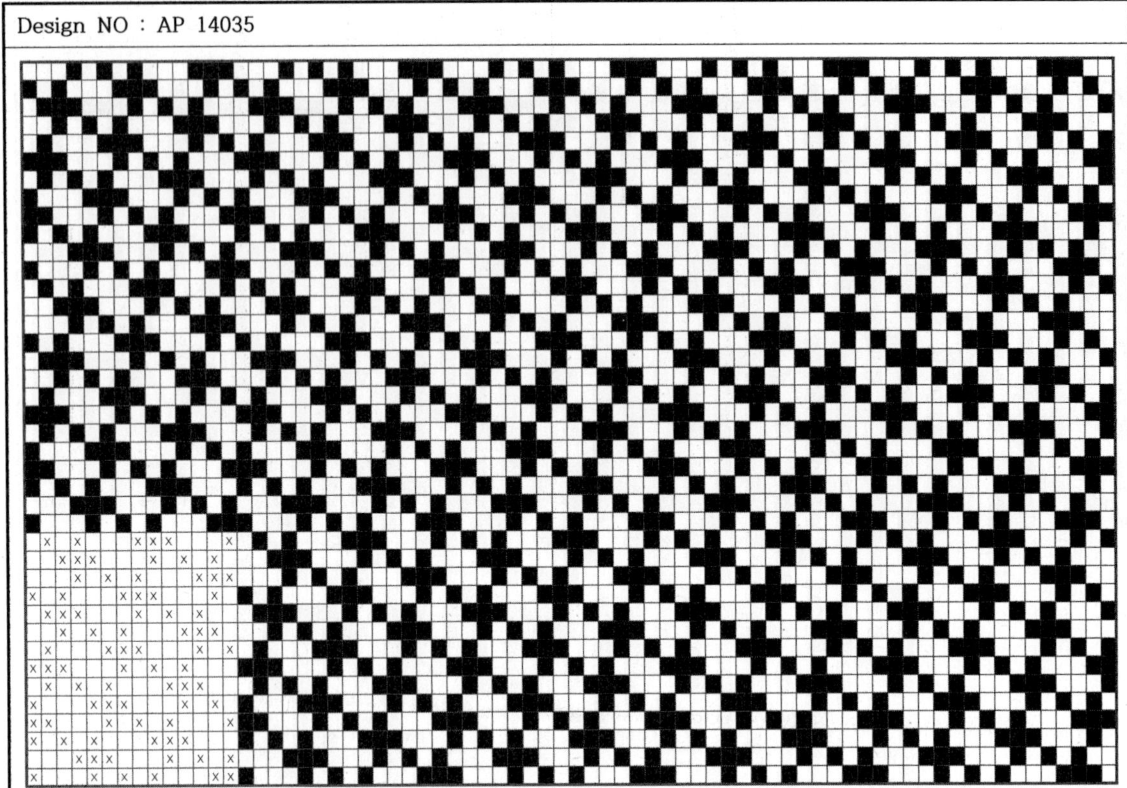

Design NO : AP 14036

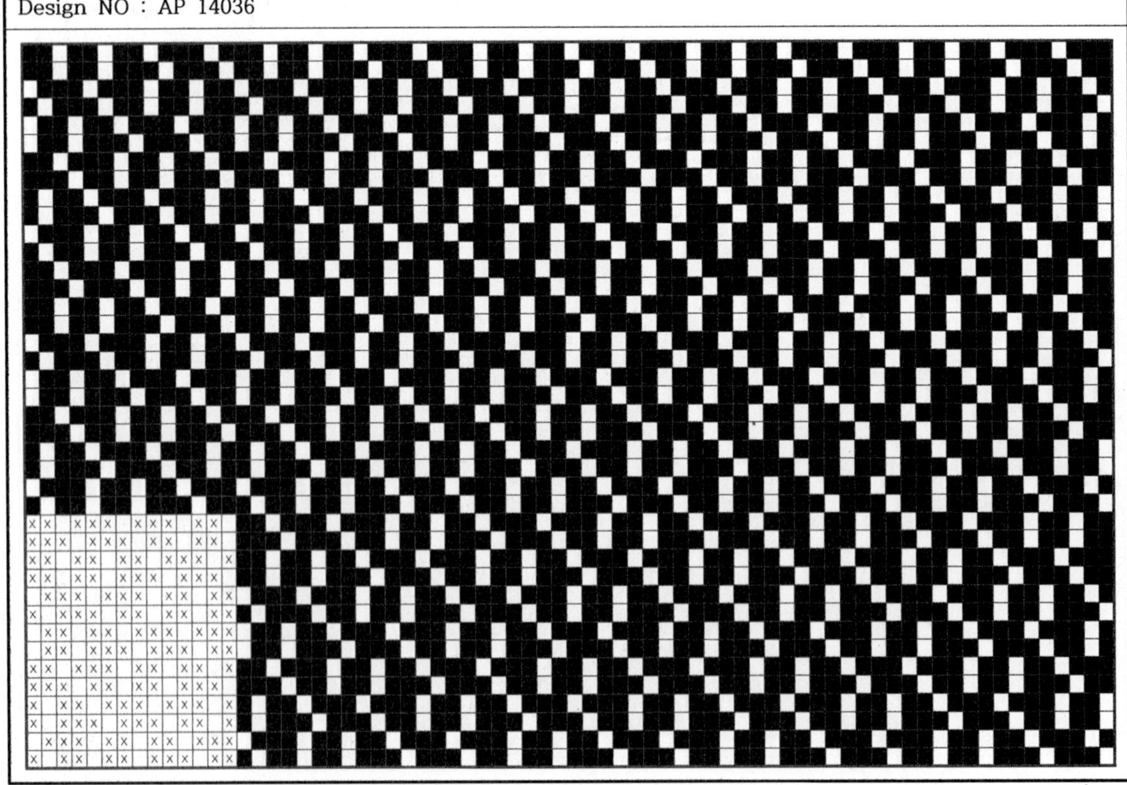

Design NO : AP 14037

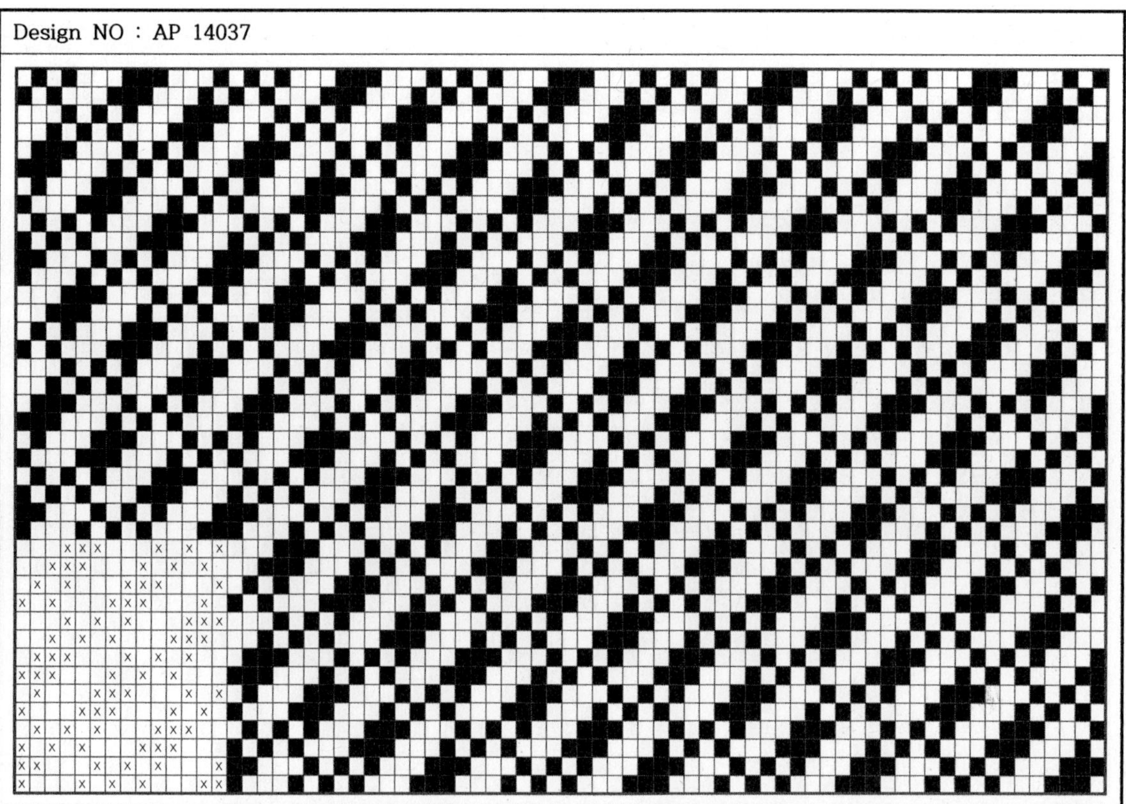

Design NO : AP 14038

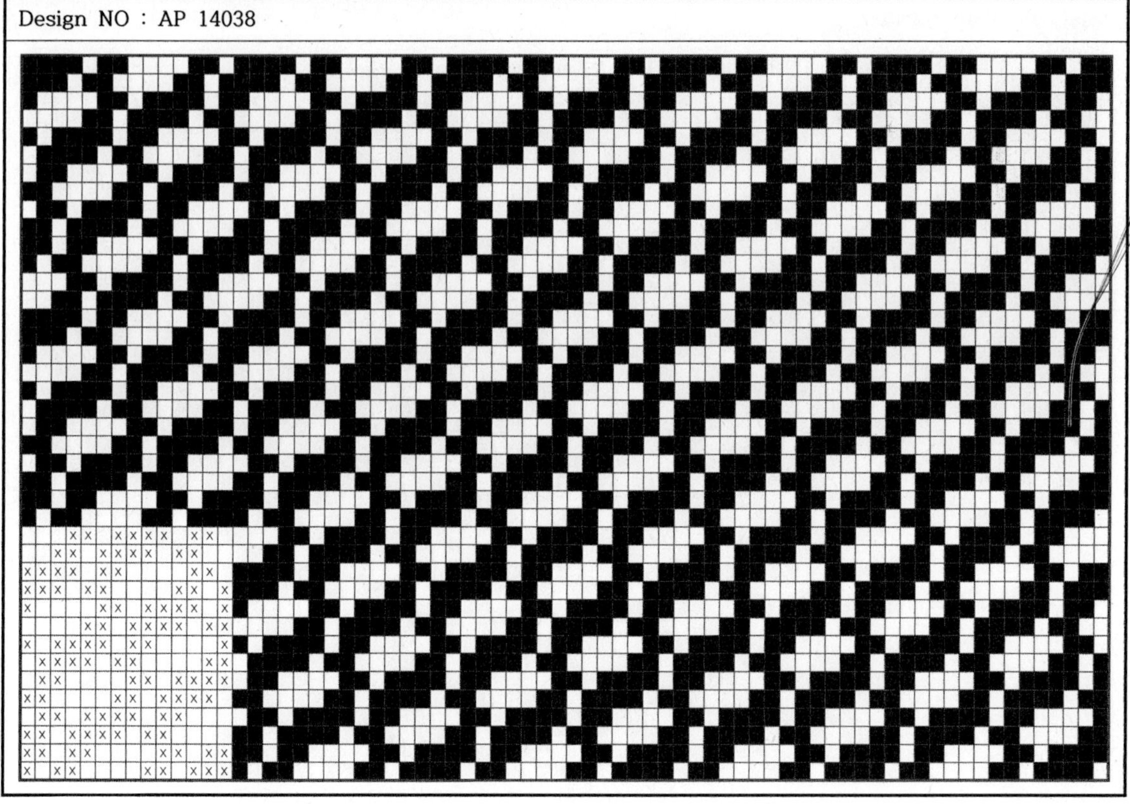

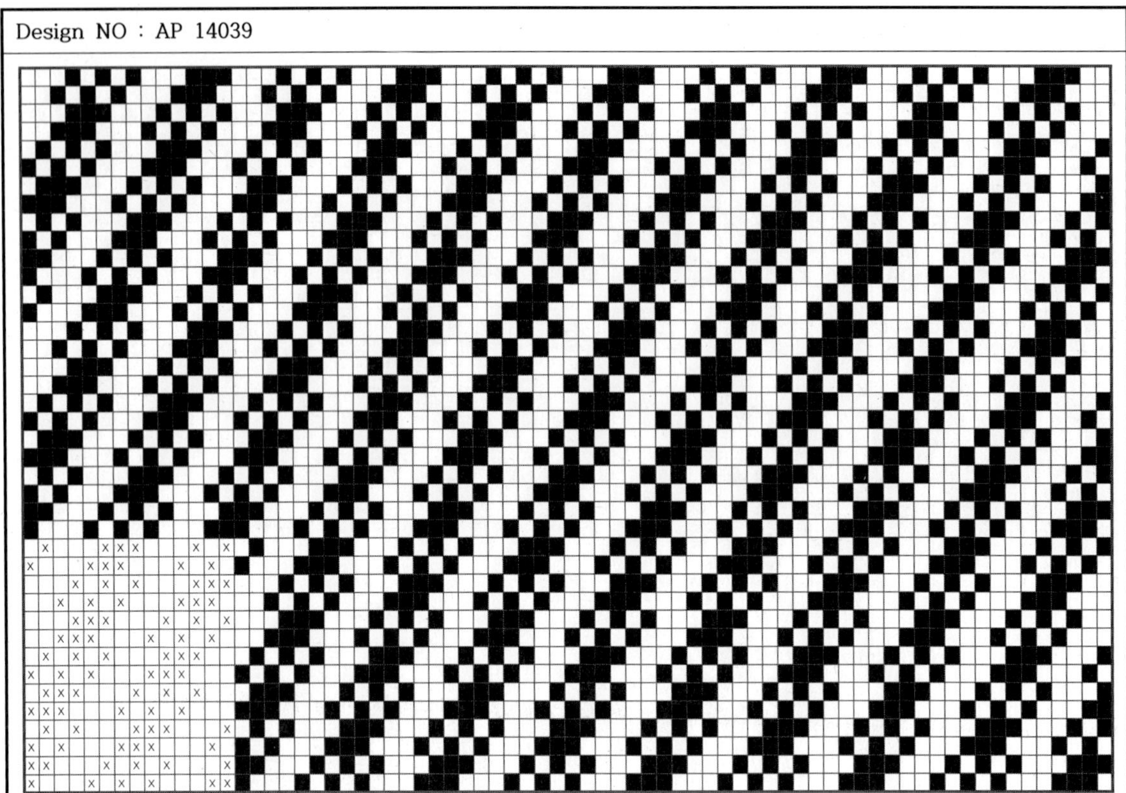

Design NO : AP 14039

Design NO : AP 14040

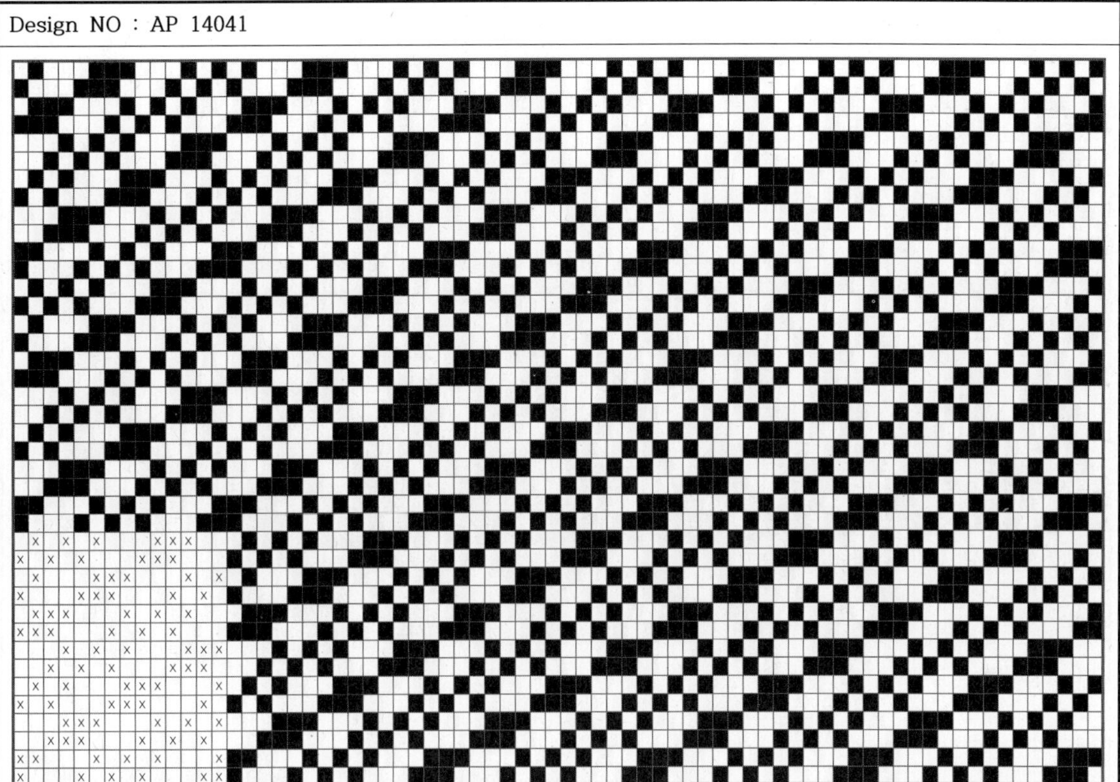

Design NO : AP 14043

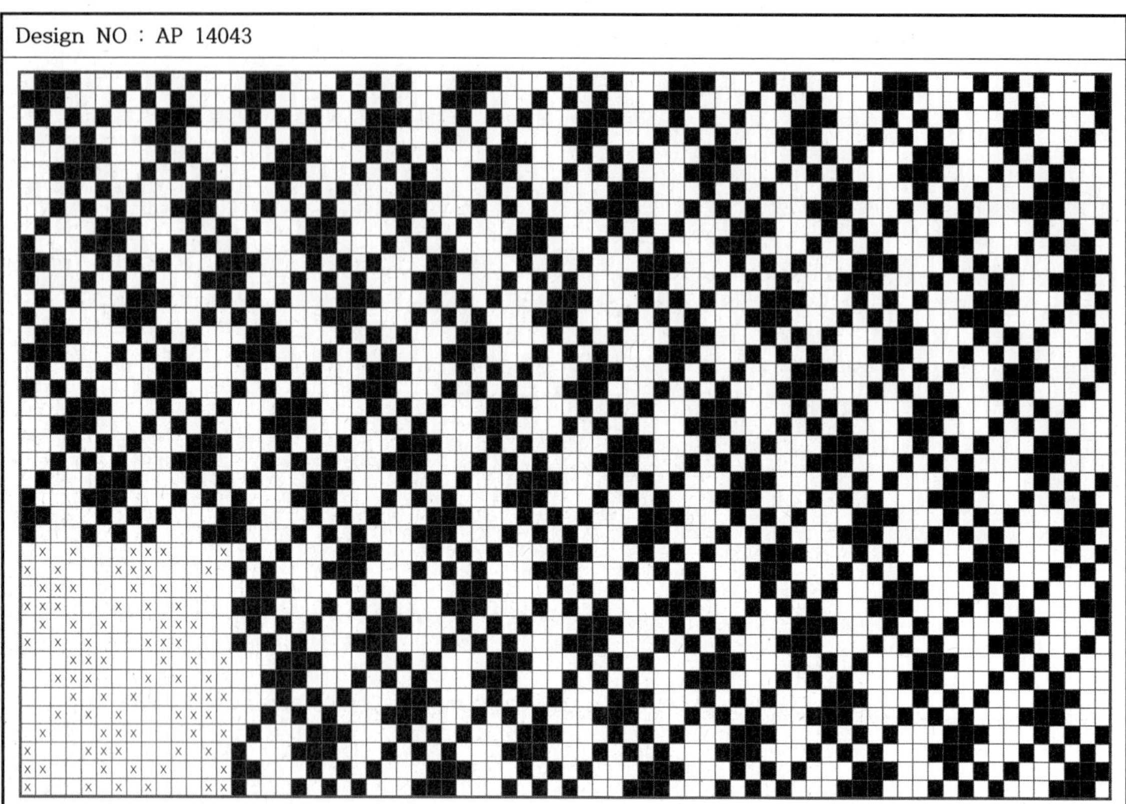

Design NO : AP 14044

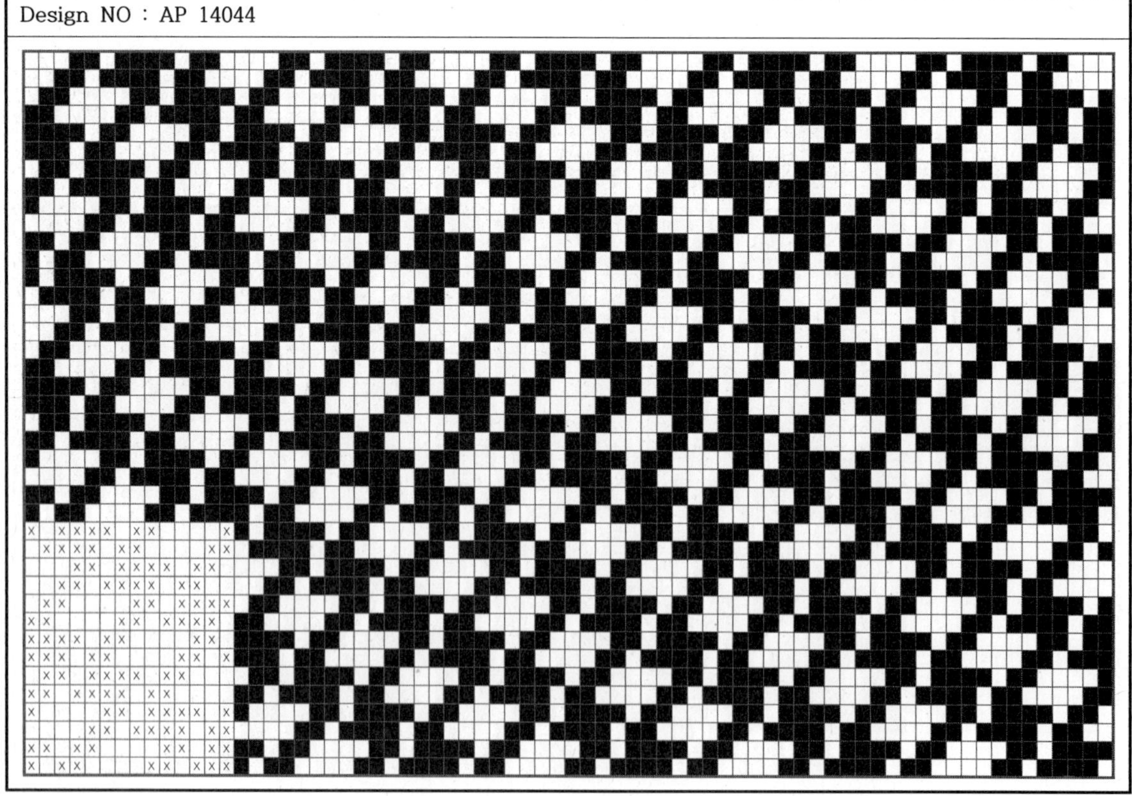

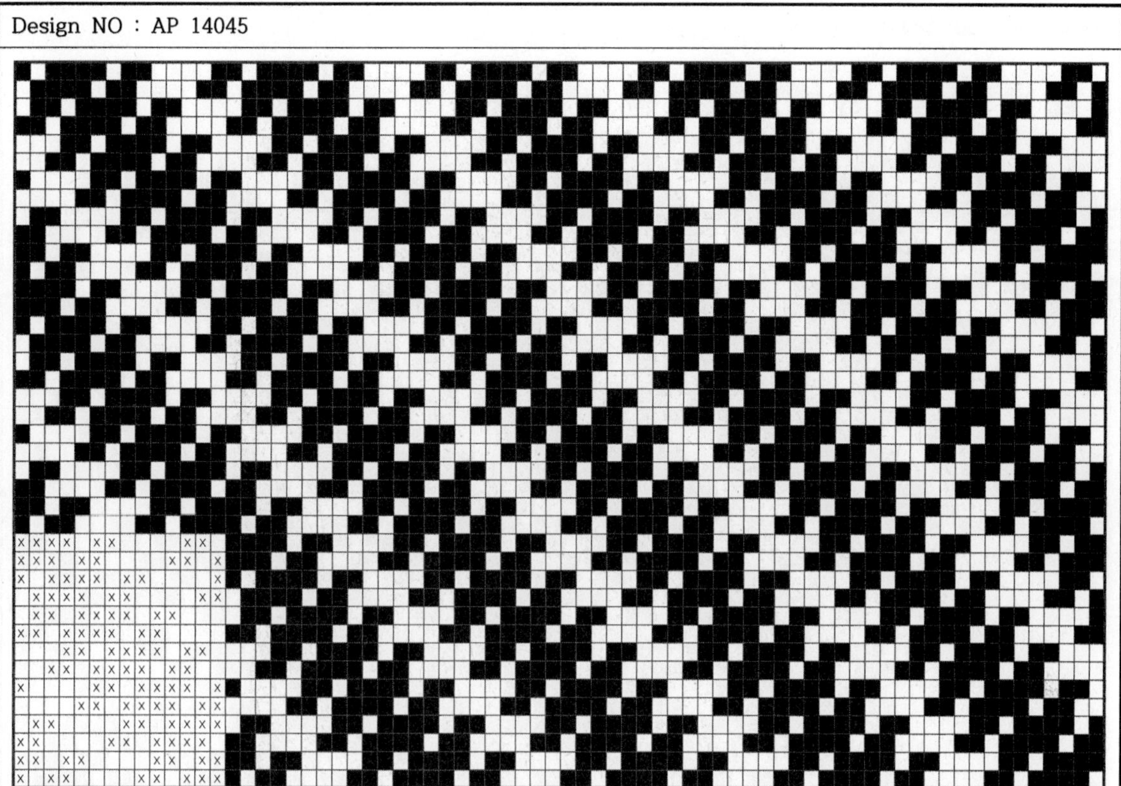

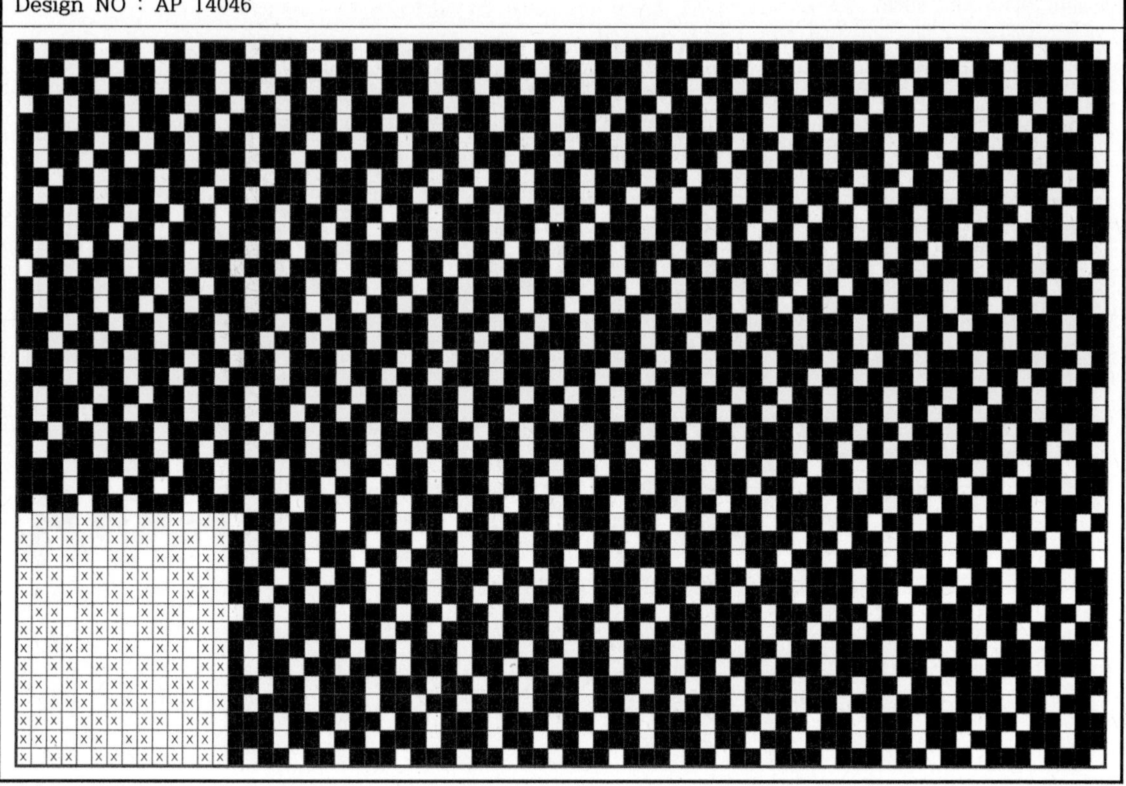

Design NO : AP 14047

Design NO : AP 14048

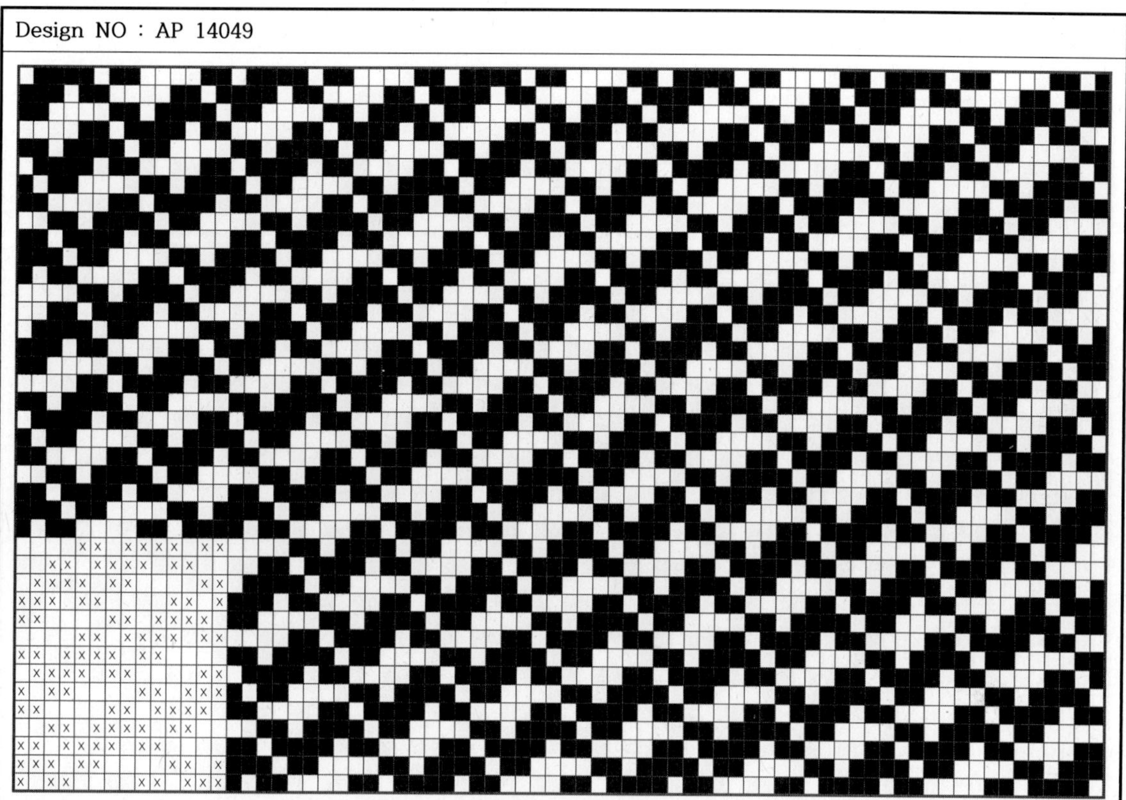

Design NO : AP 14050

Design NO : AP 14051

Design NO : AP 14052

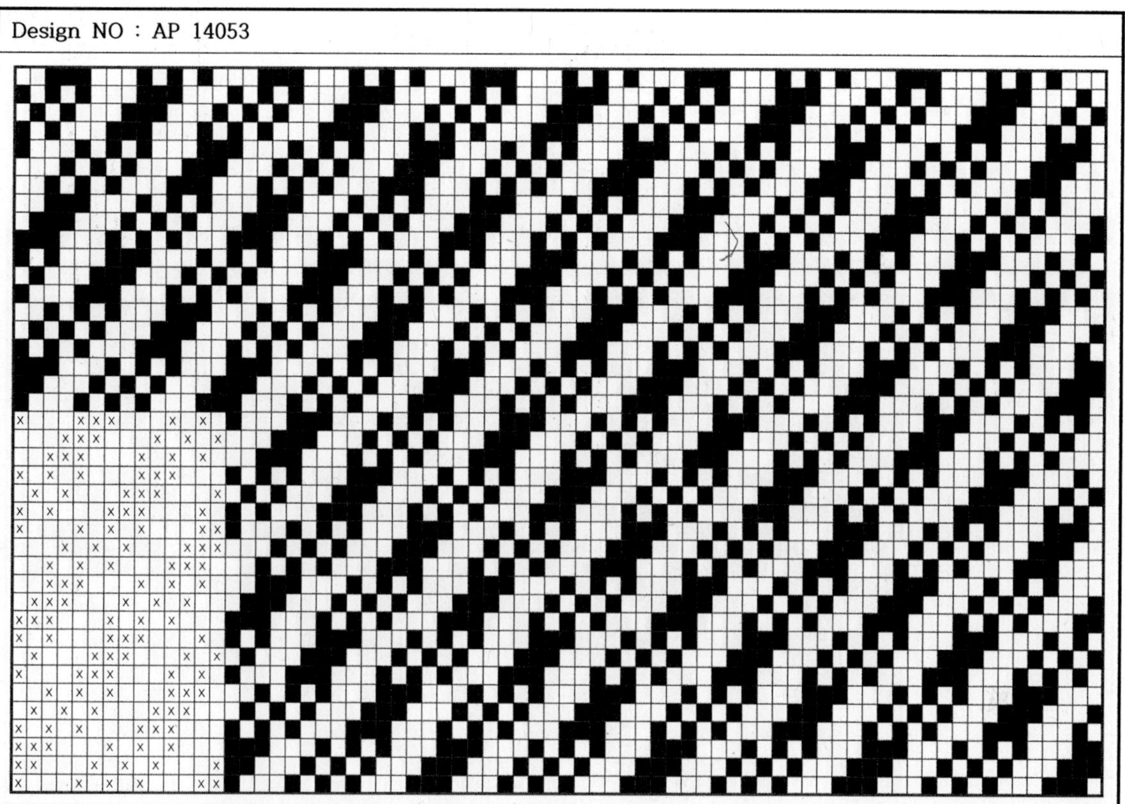

Design NO : AP 14053

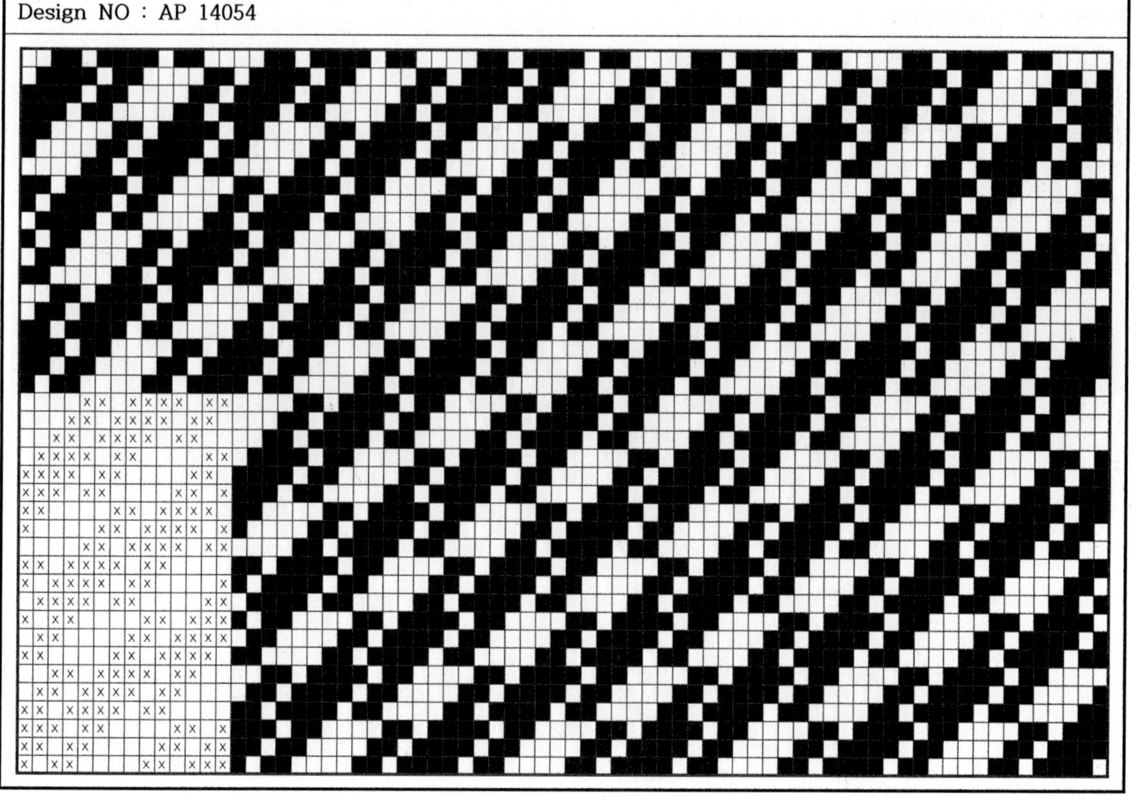

Design NO : AP 14054

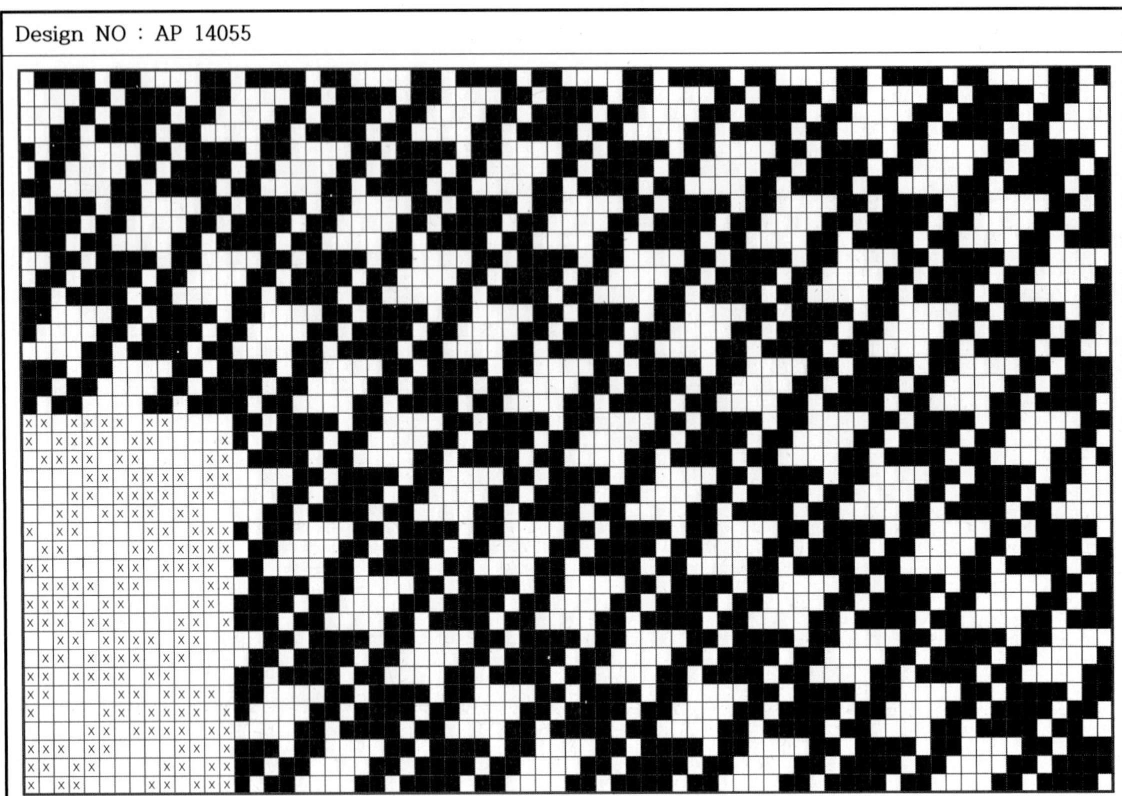

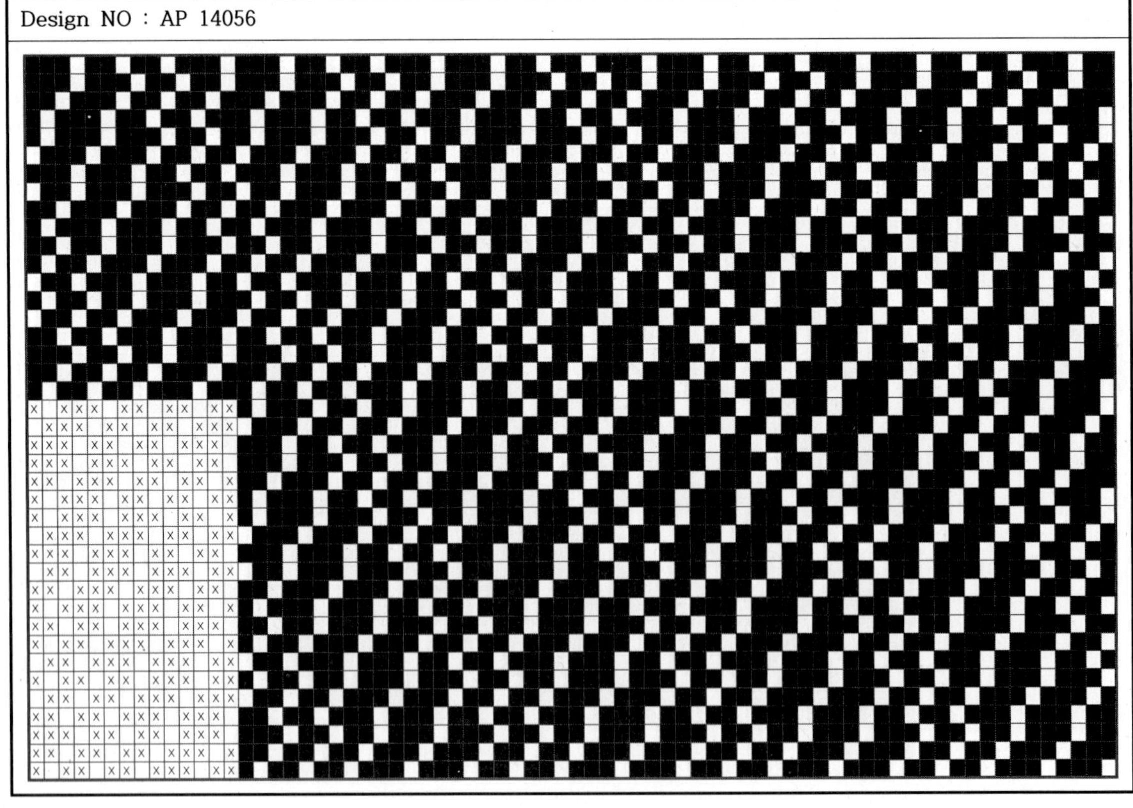

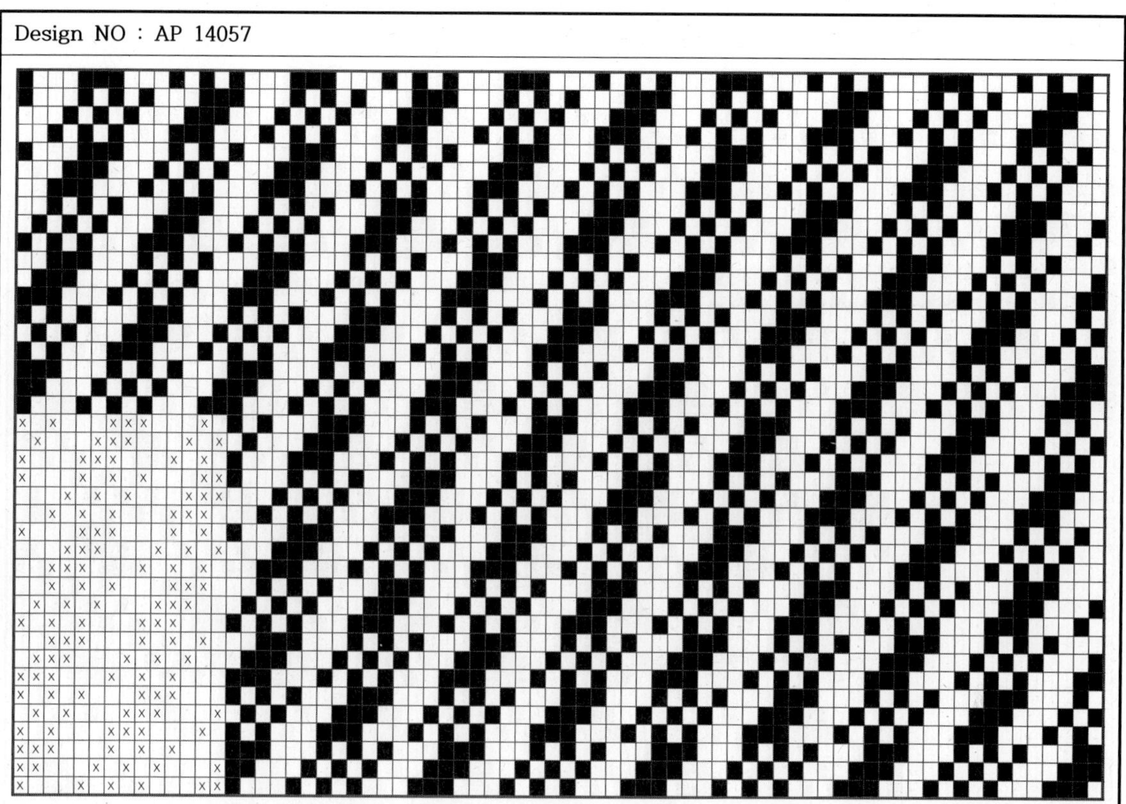

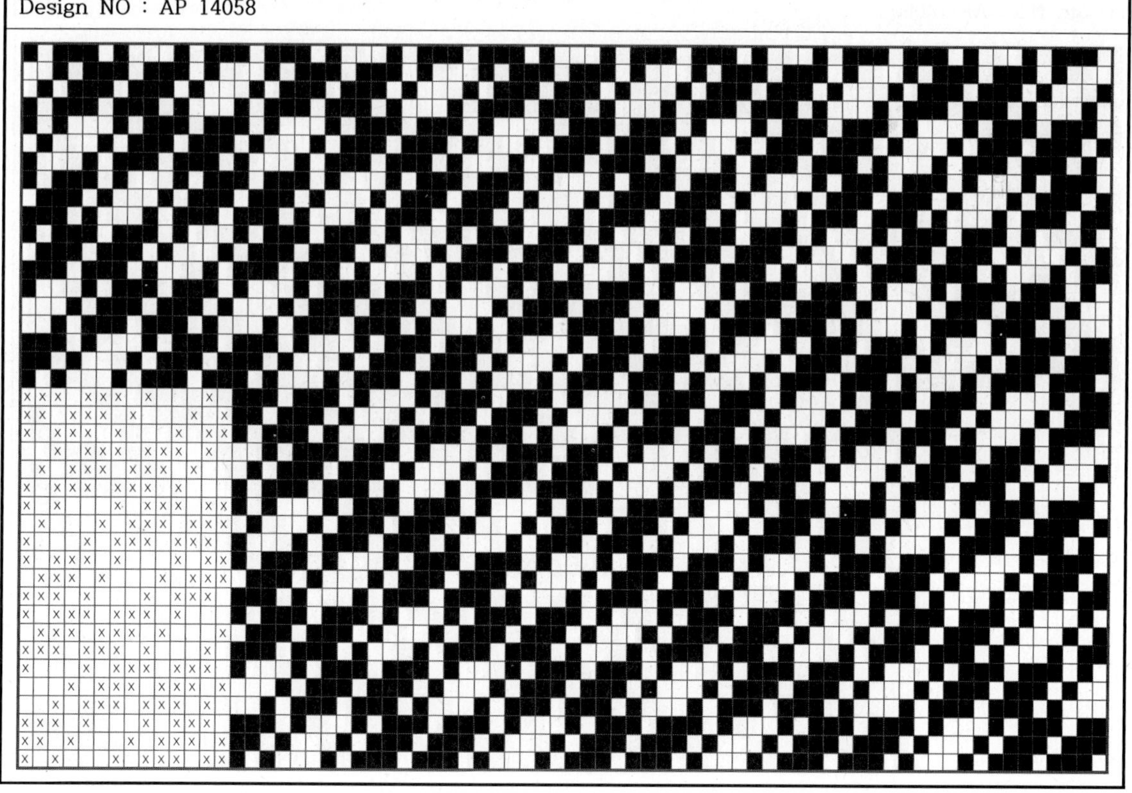

Design NO : AP 14059

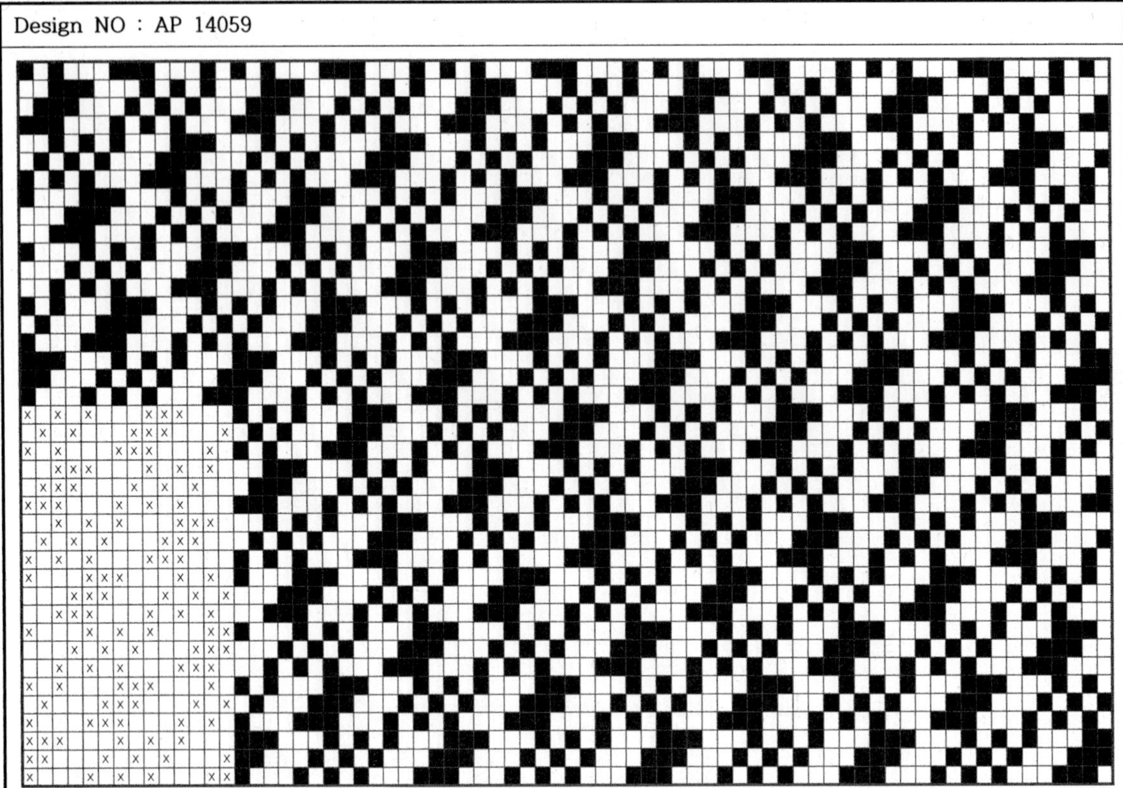

Design NO : AP 14060

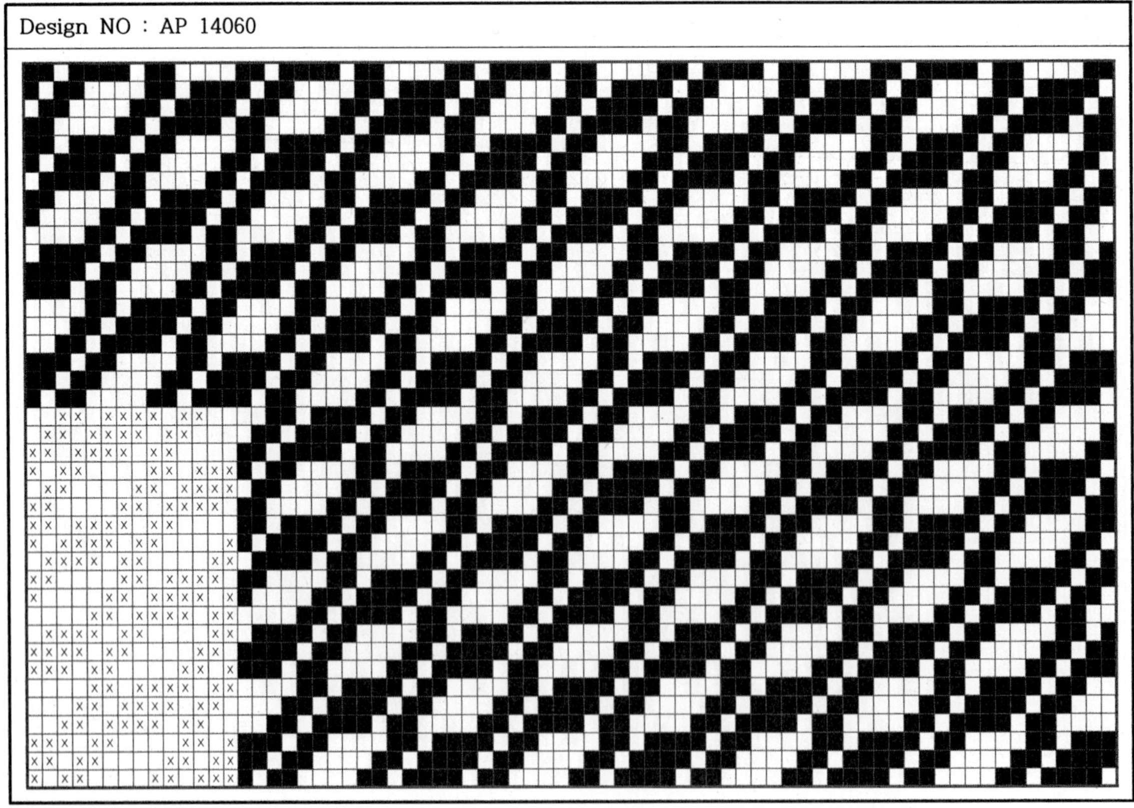

Design NO : AP 14061

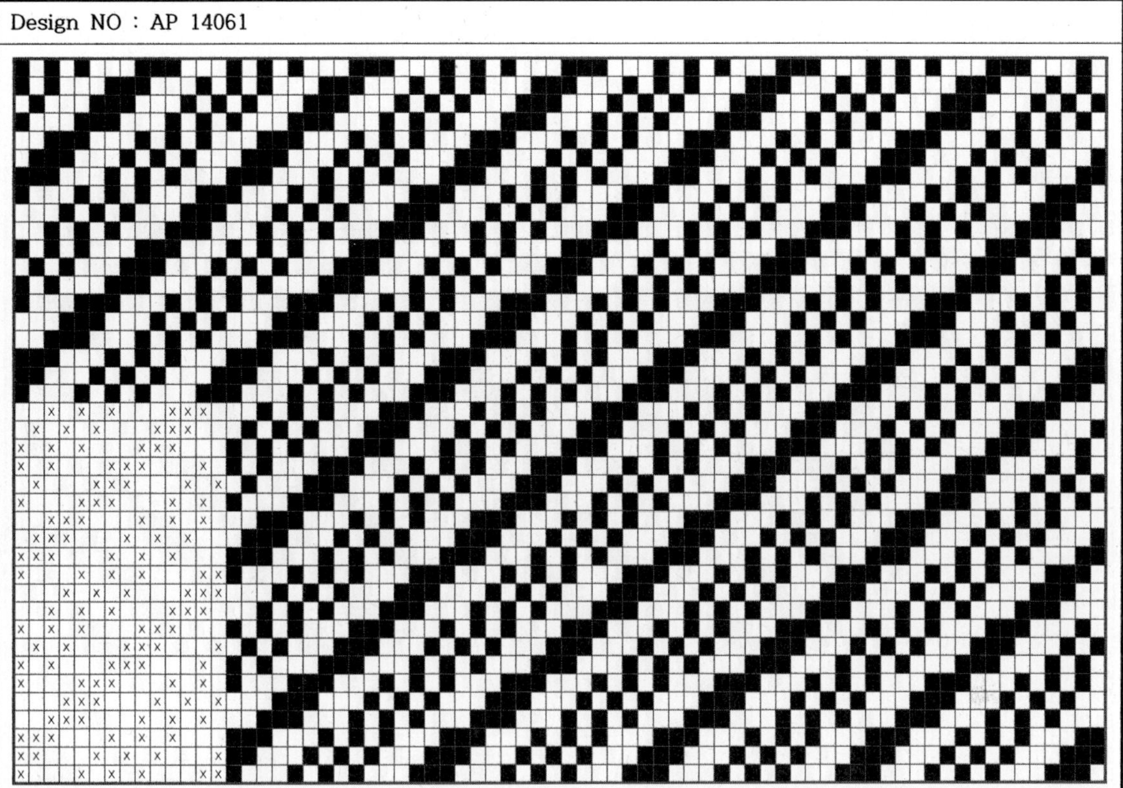

Design NO : AP 14062

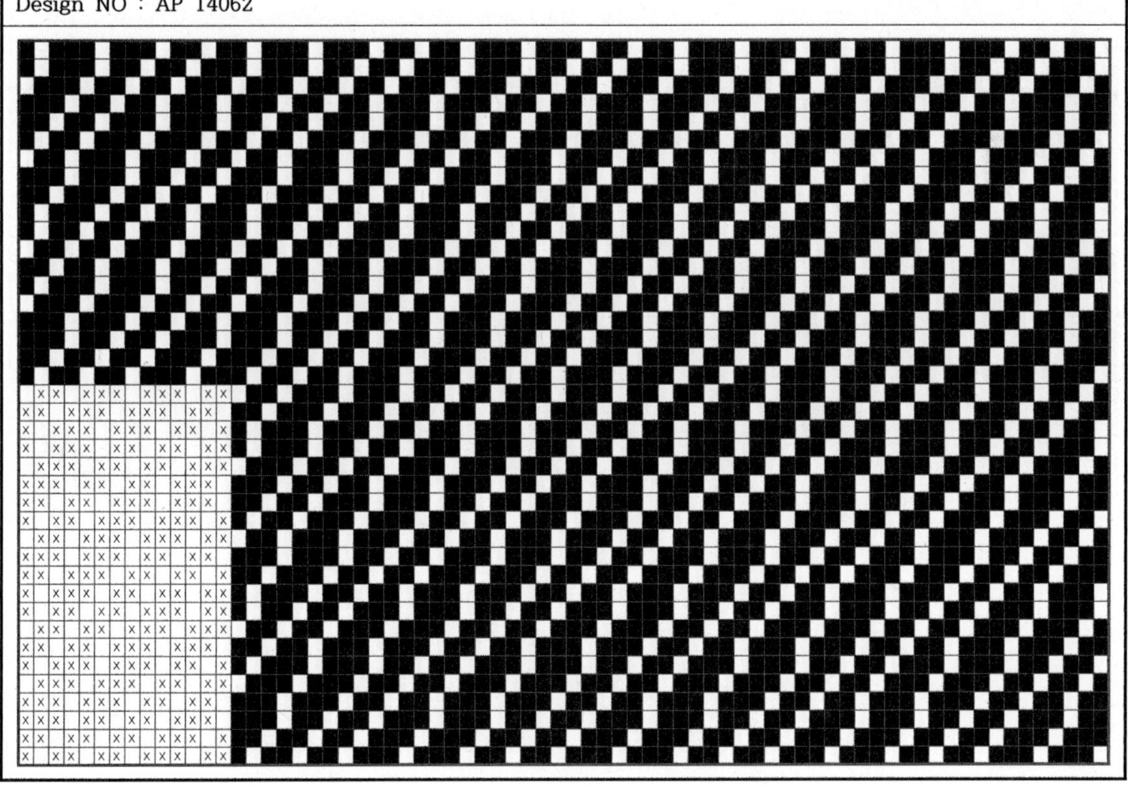

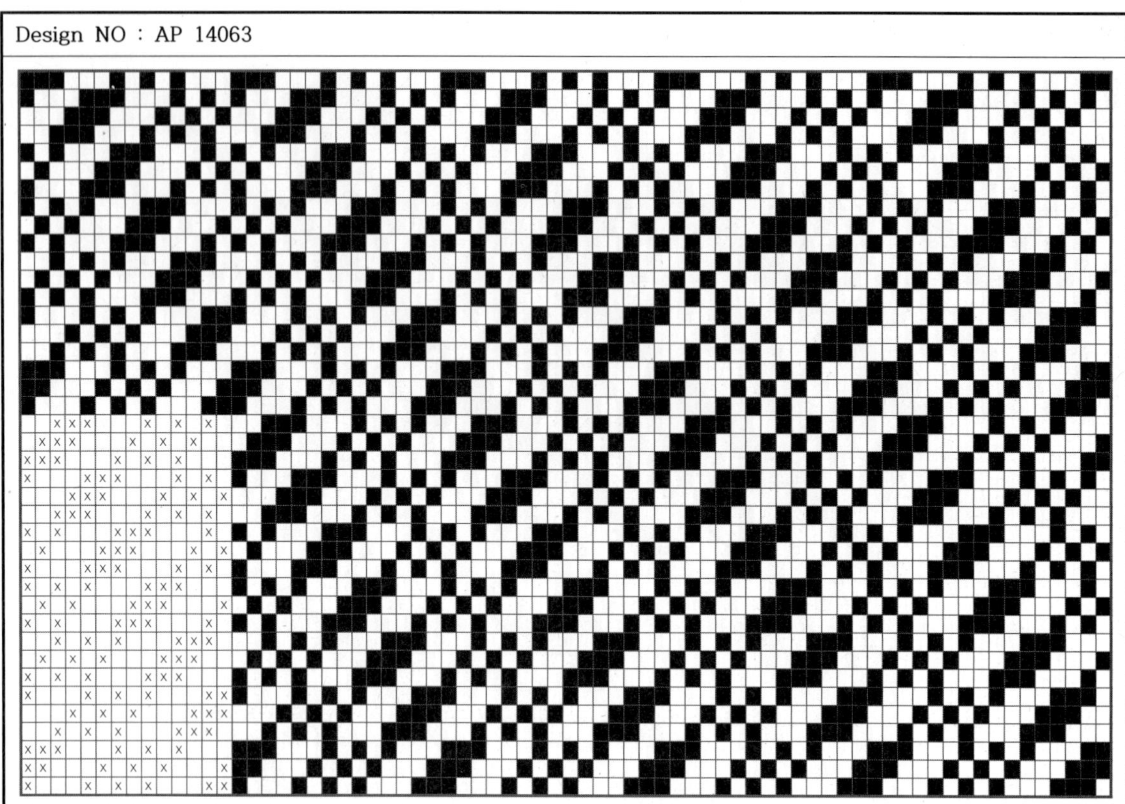

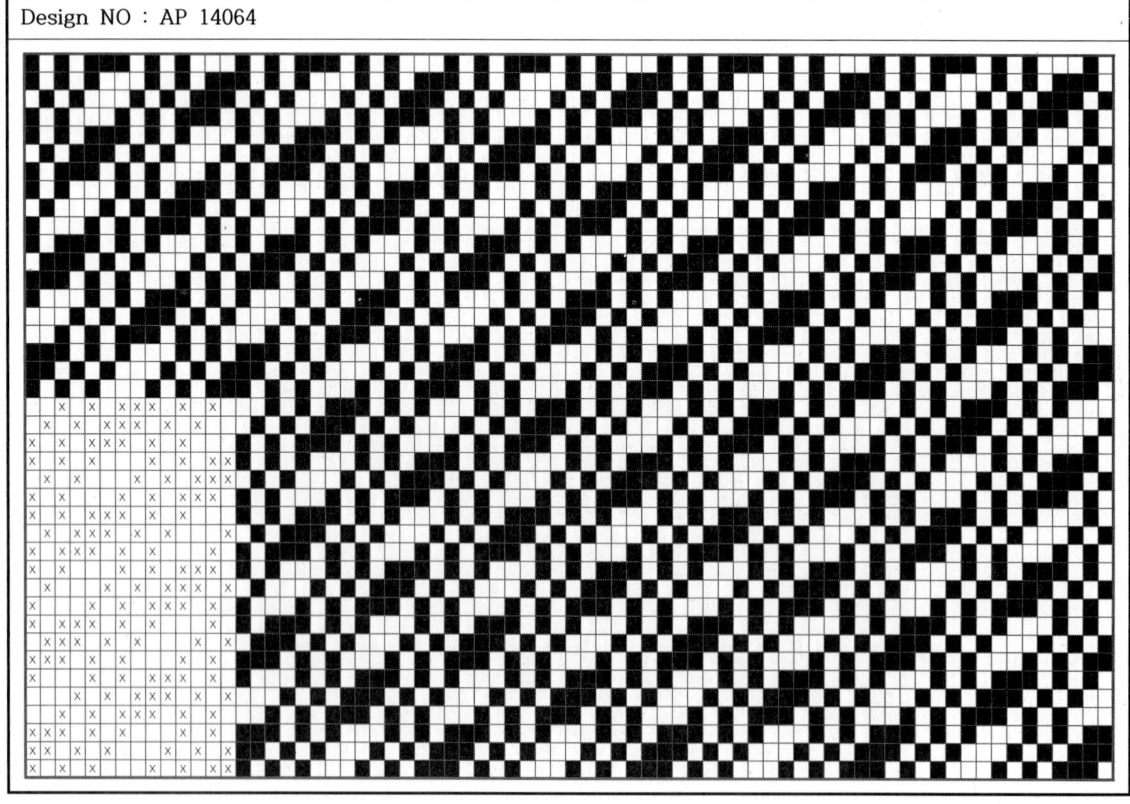

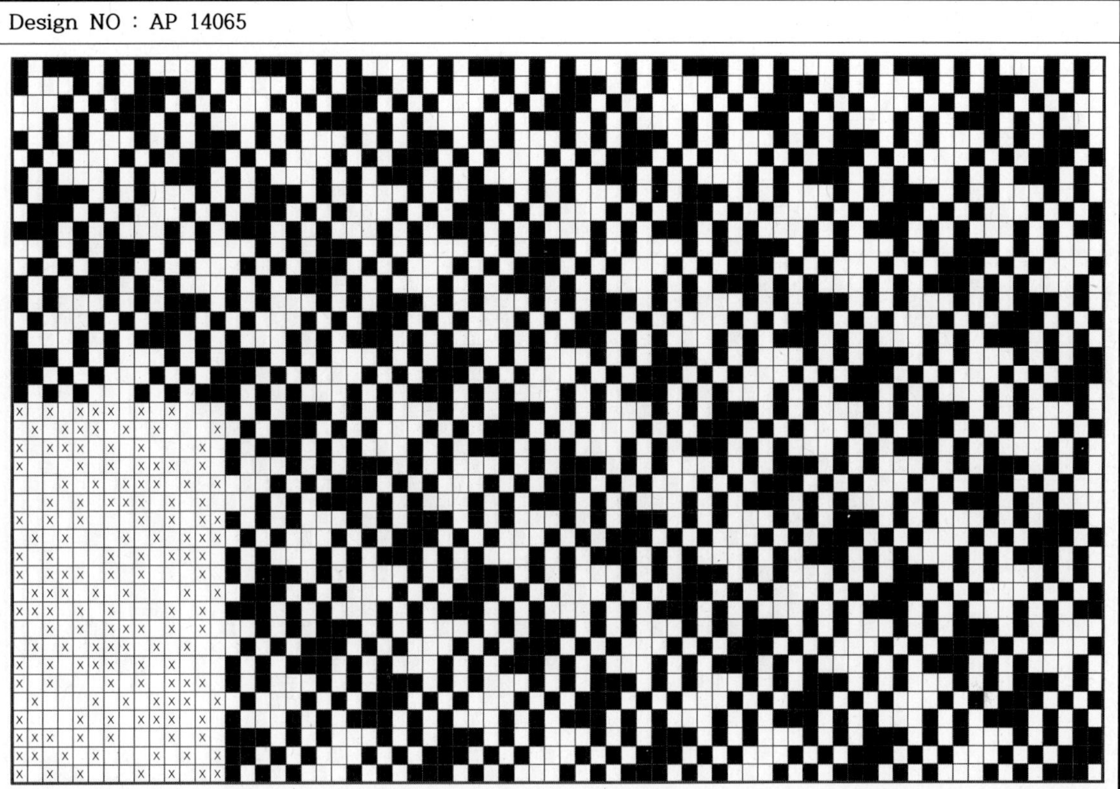

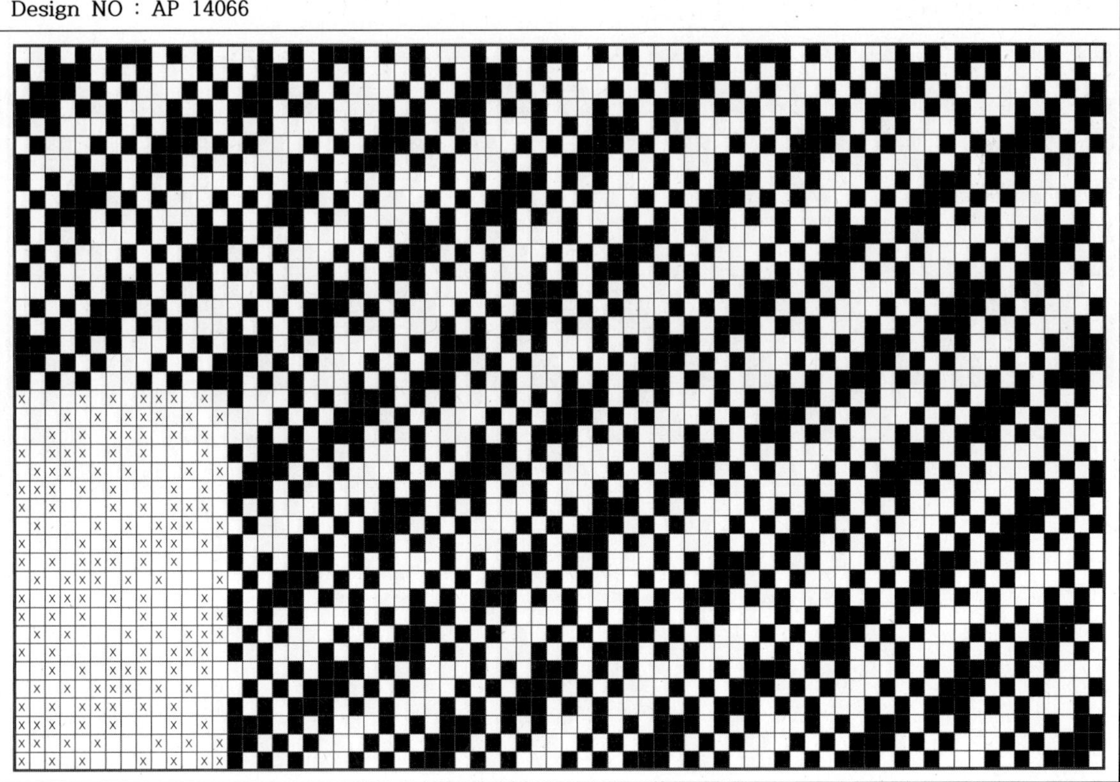

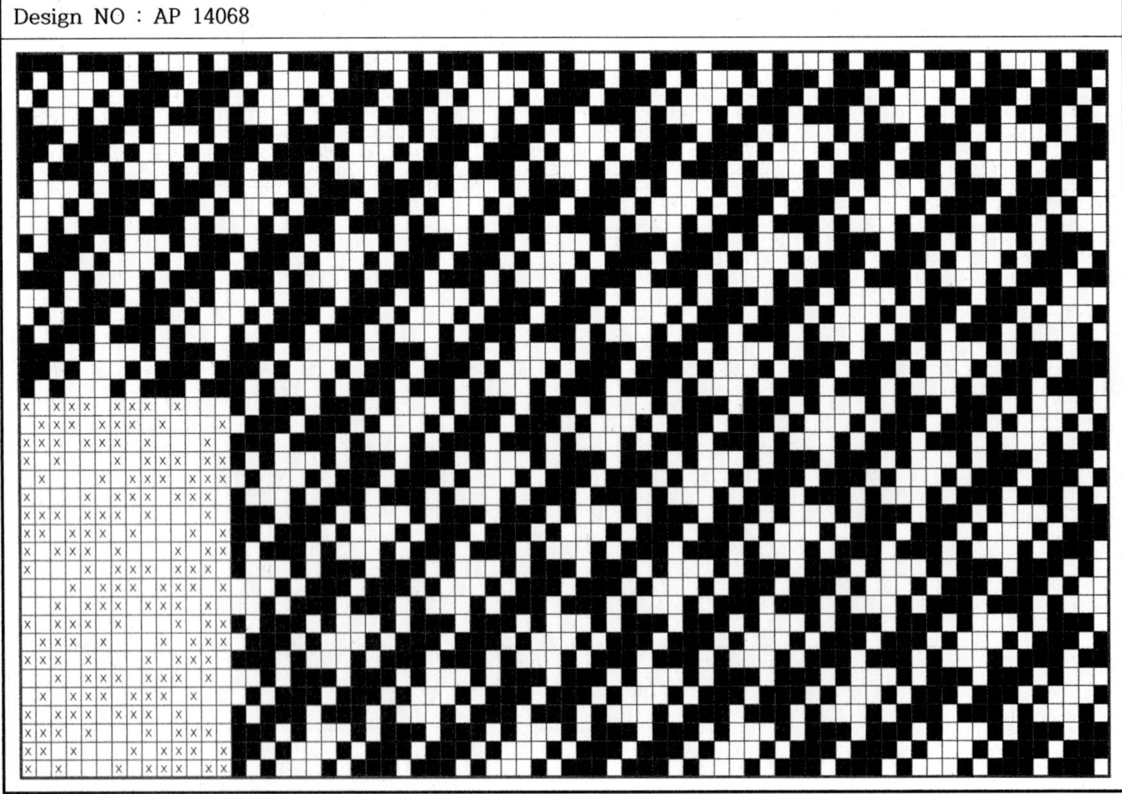

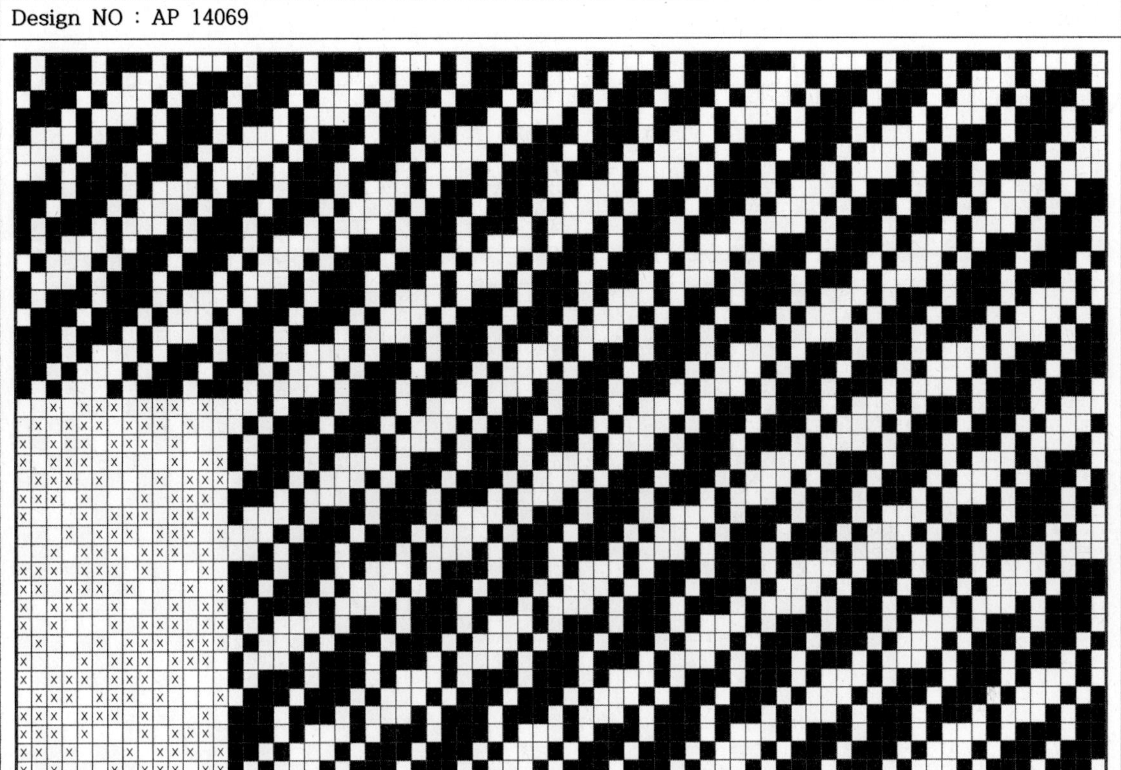

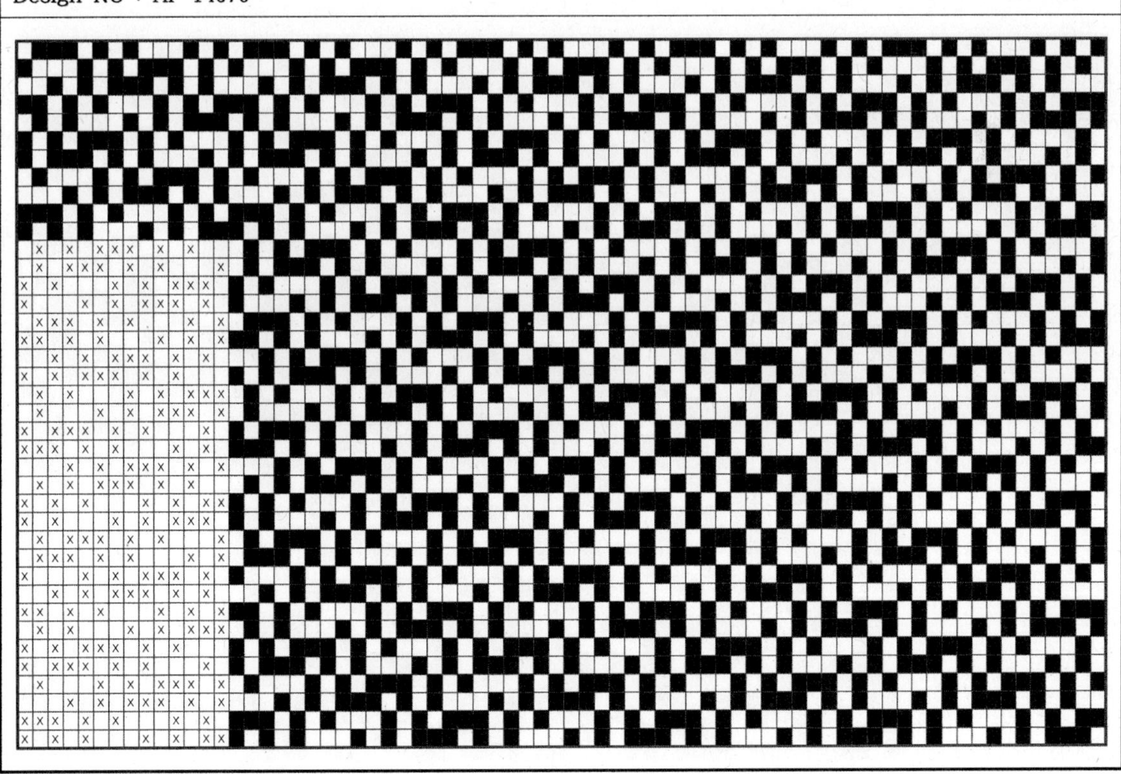

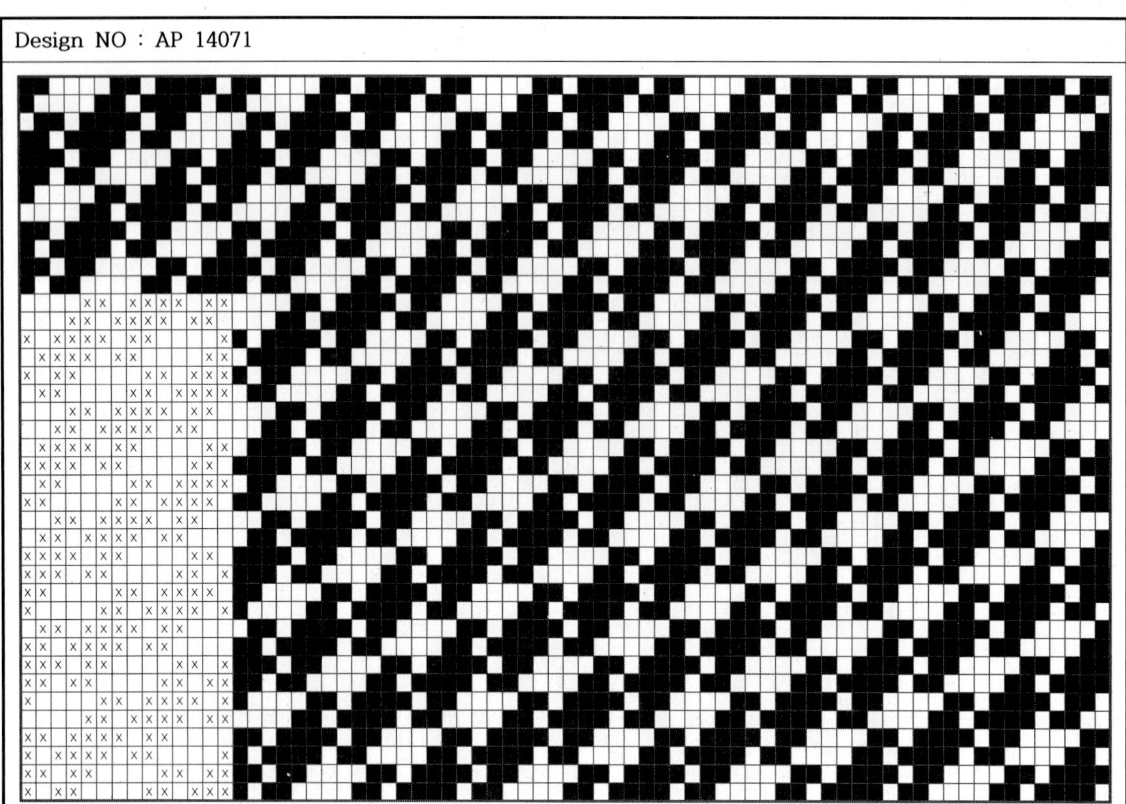

Design NO : AP 14071

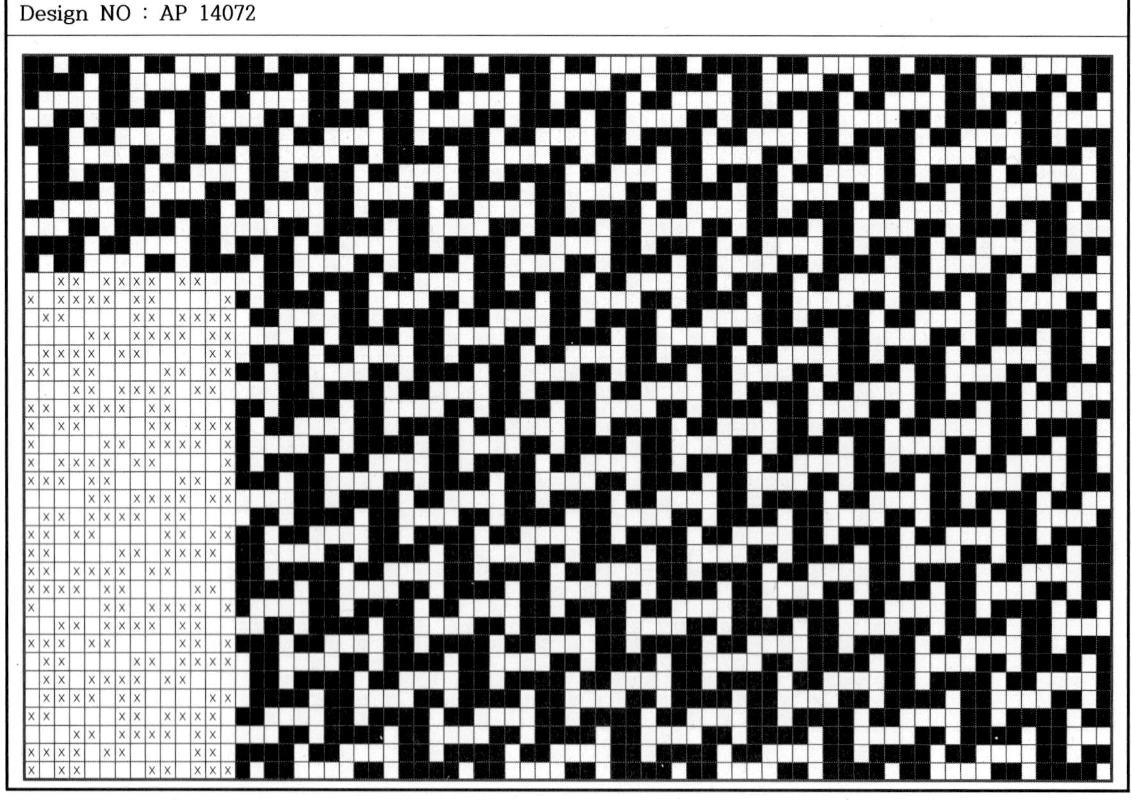

Design NO : AP 14072

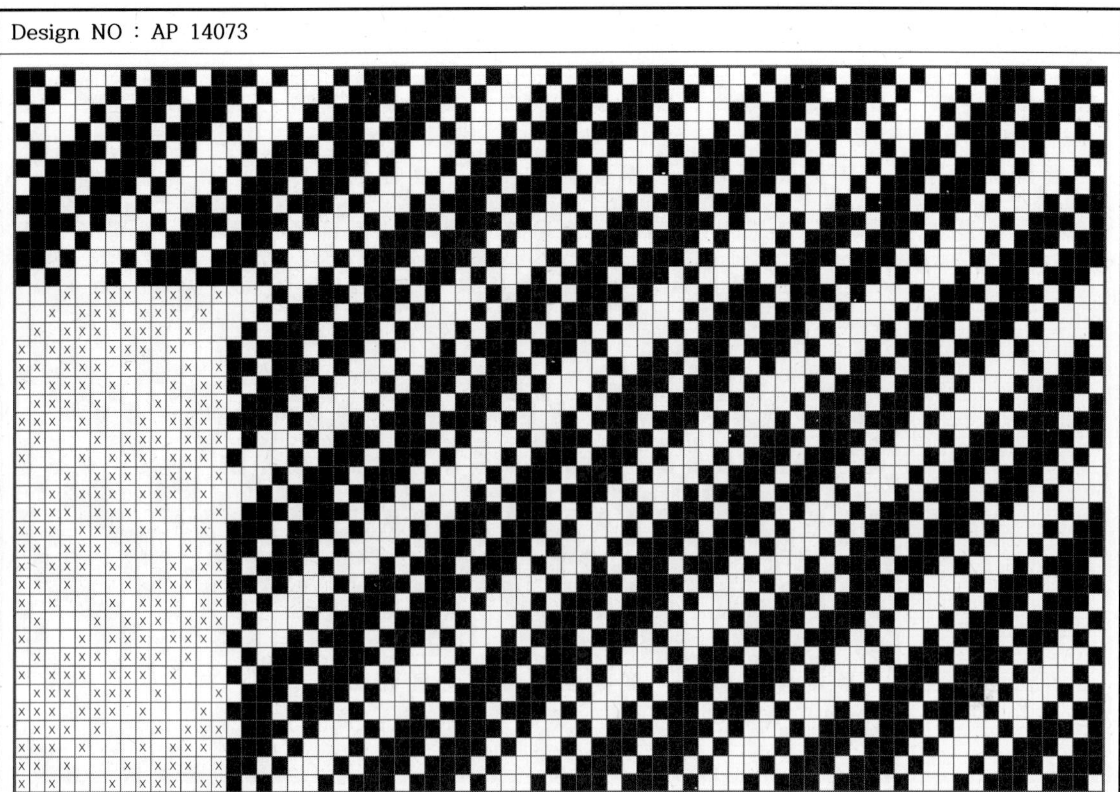

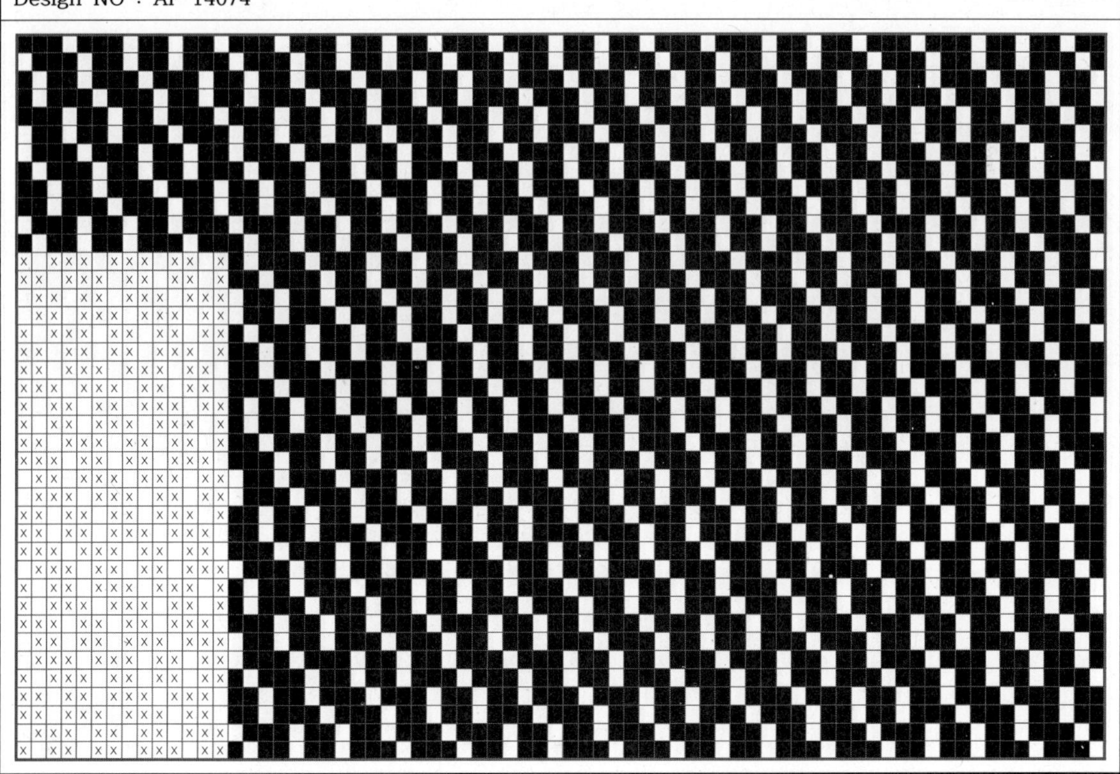

Design NO : AP 14075

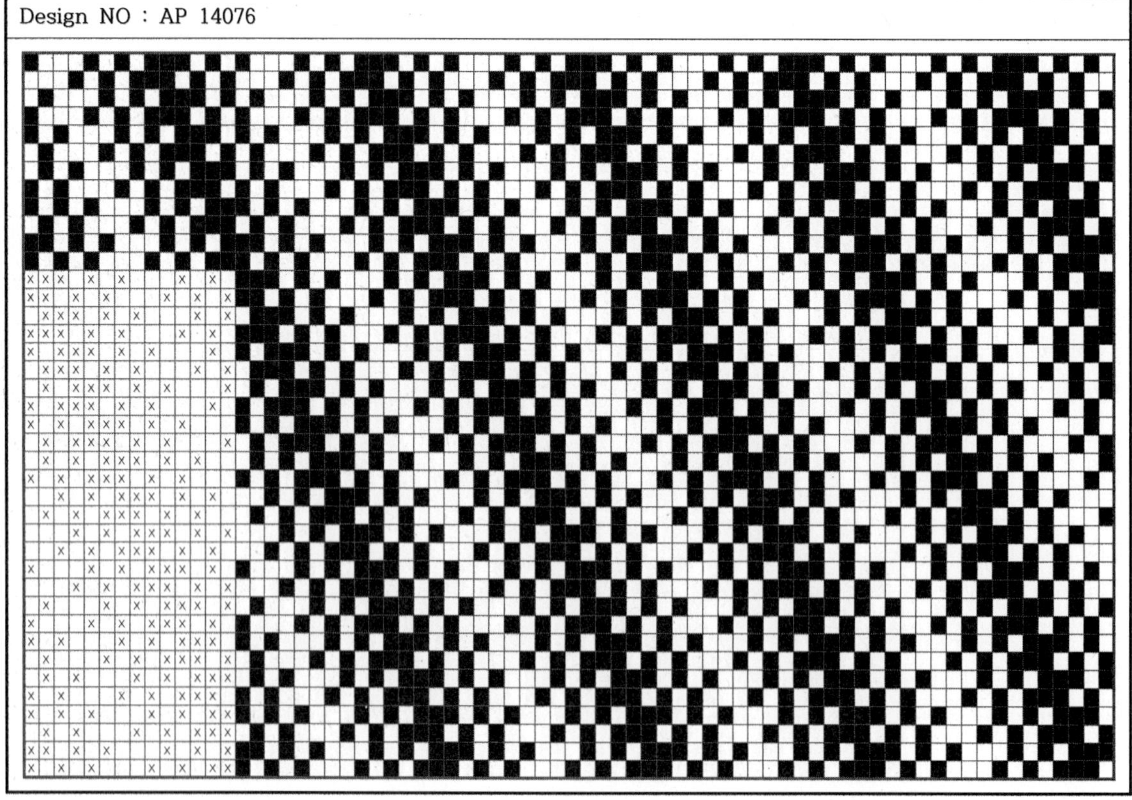

Design NO : AP 14076

Design NO : AP 14077

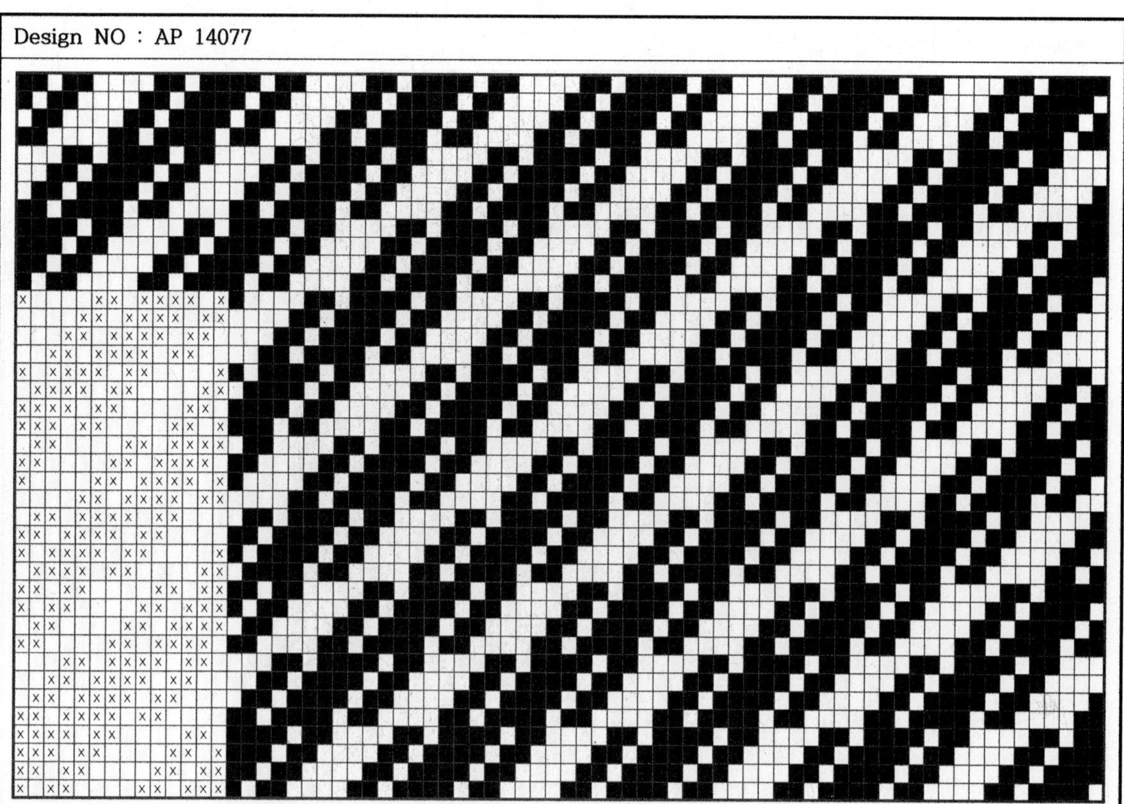

Design NO : AP 14078

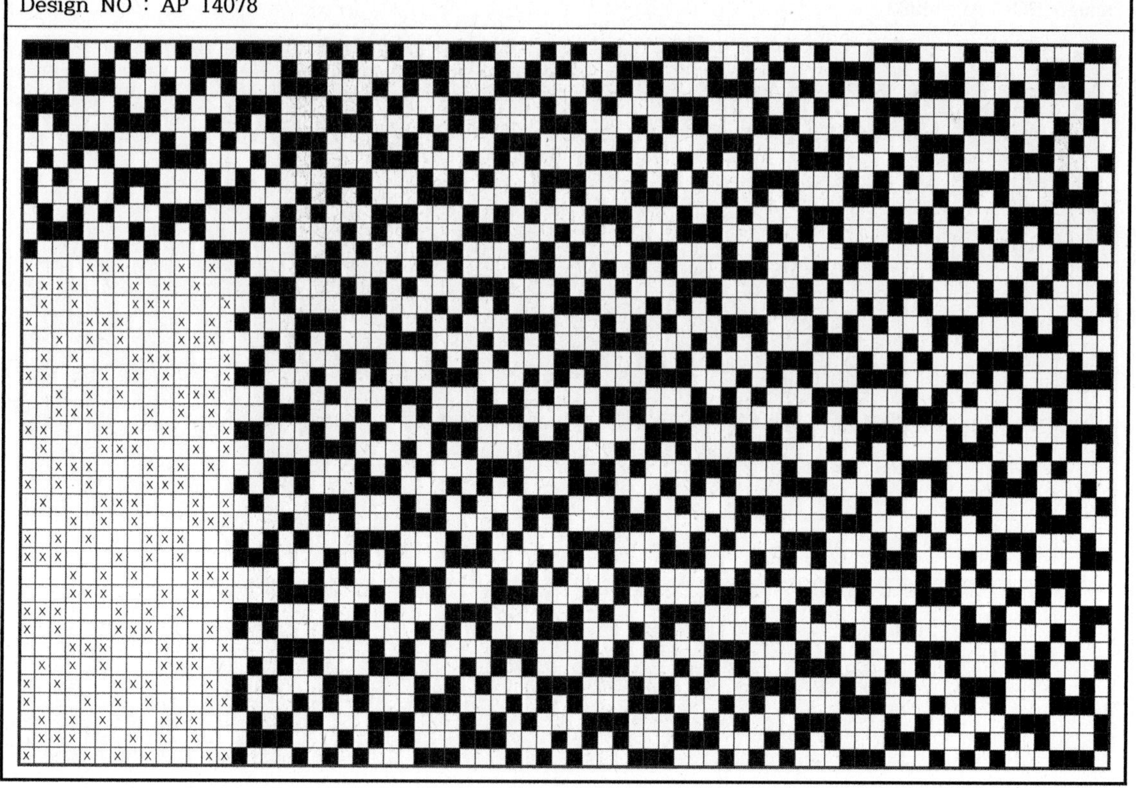

Design NO : AP 14079

Design NO : AP 14080

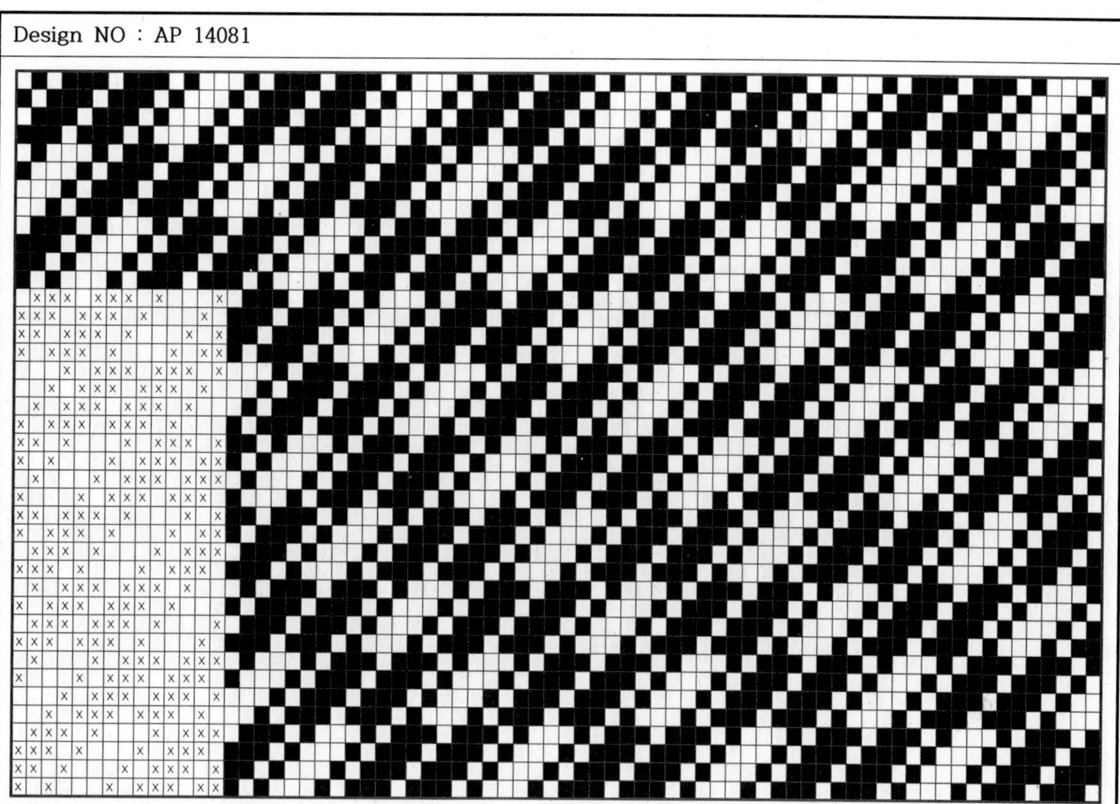

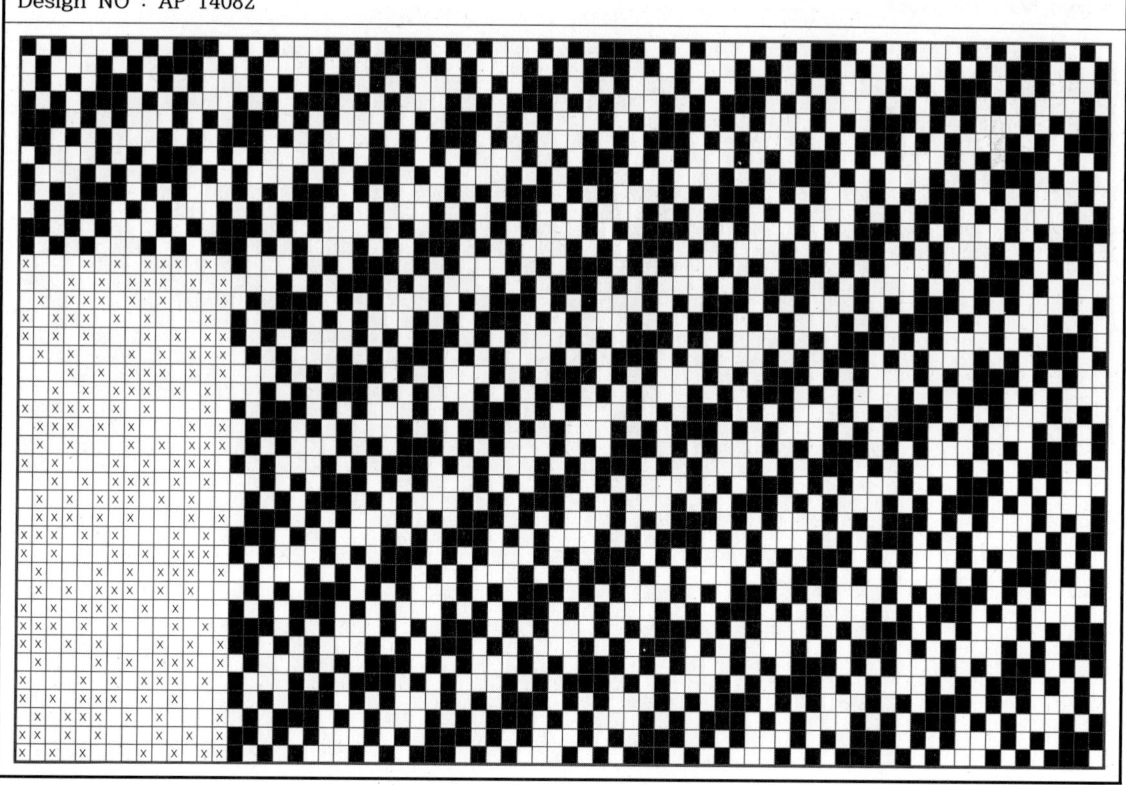

Design NO : AP 14083

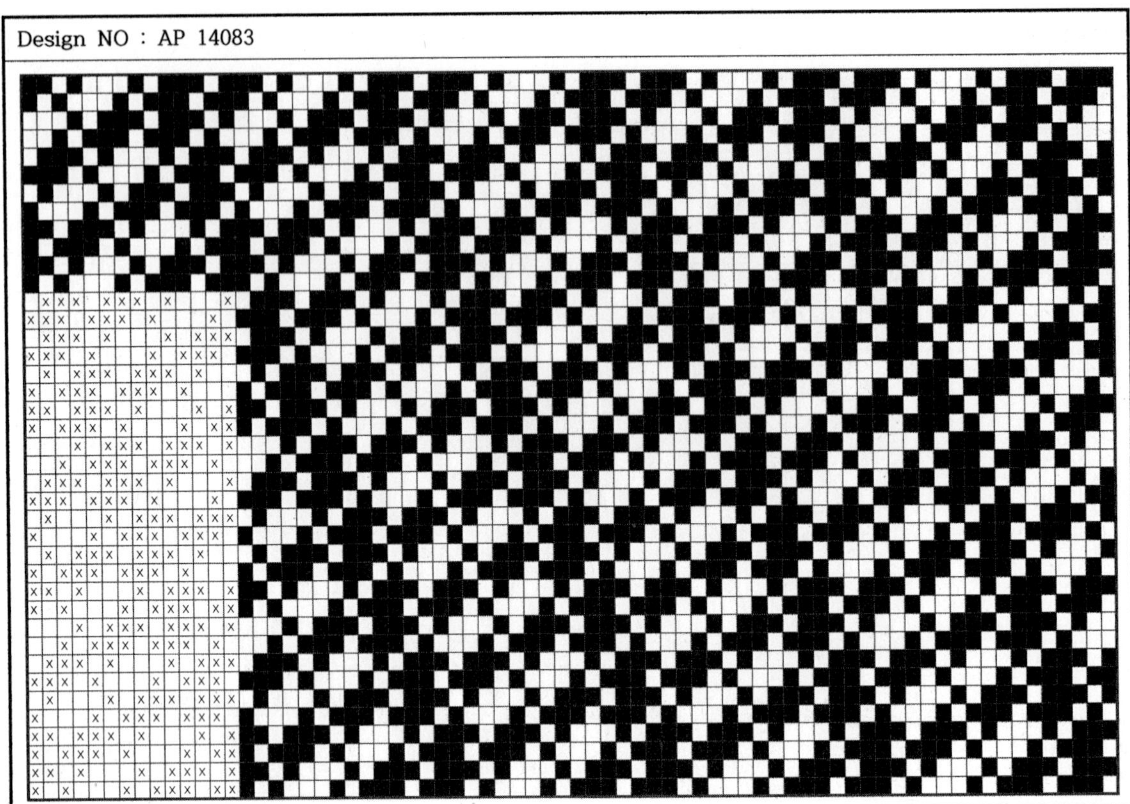

Design NO : AP 14084

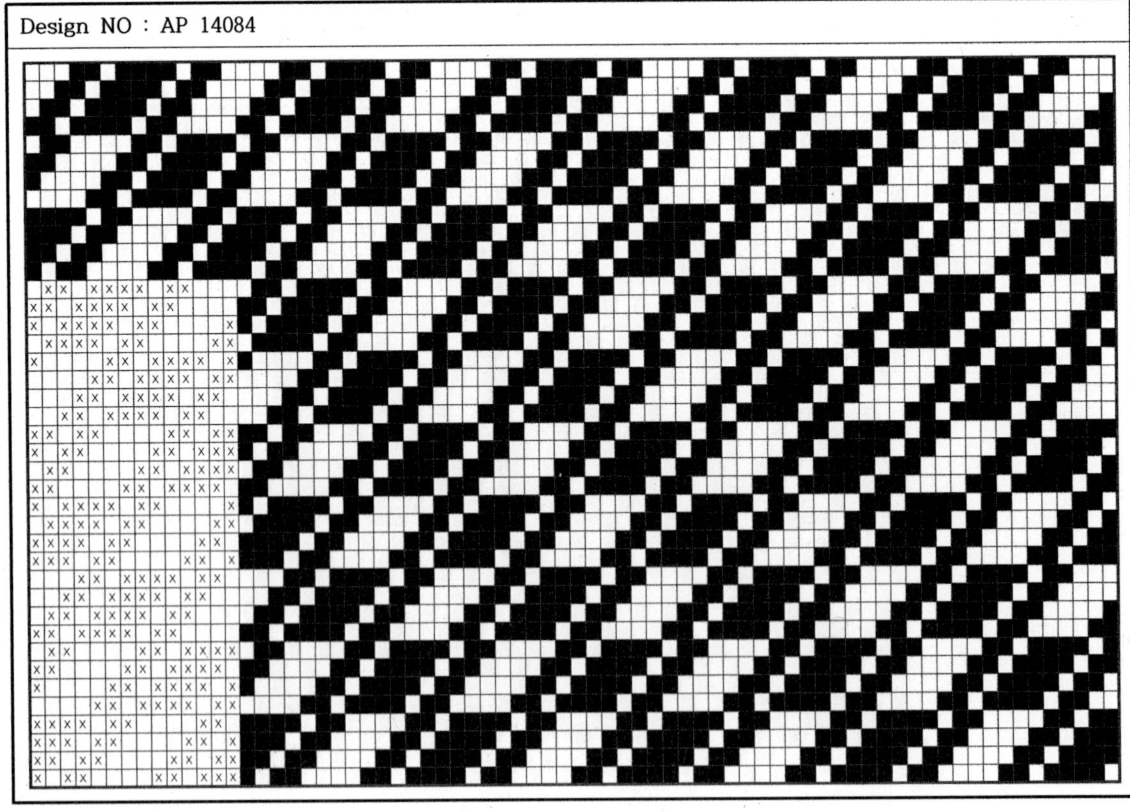

Design NO : AP 14085

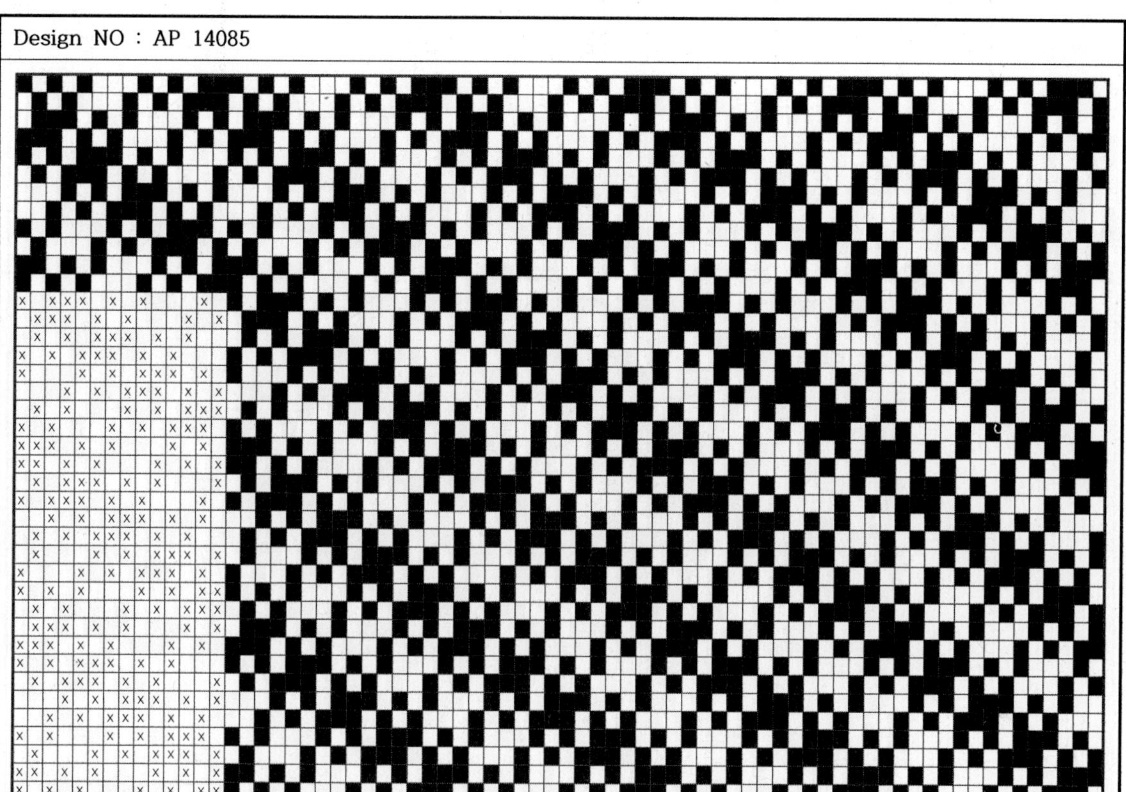

Design NO : AP 14086

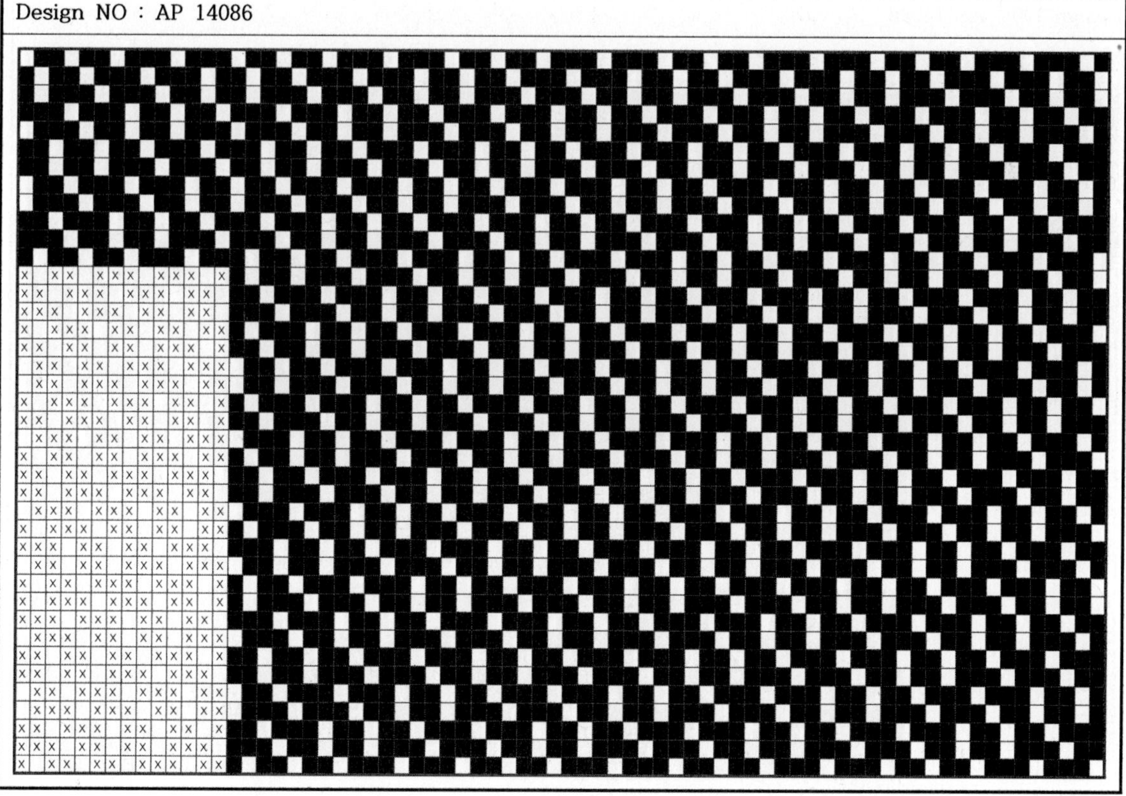

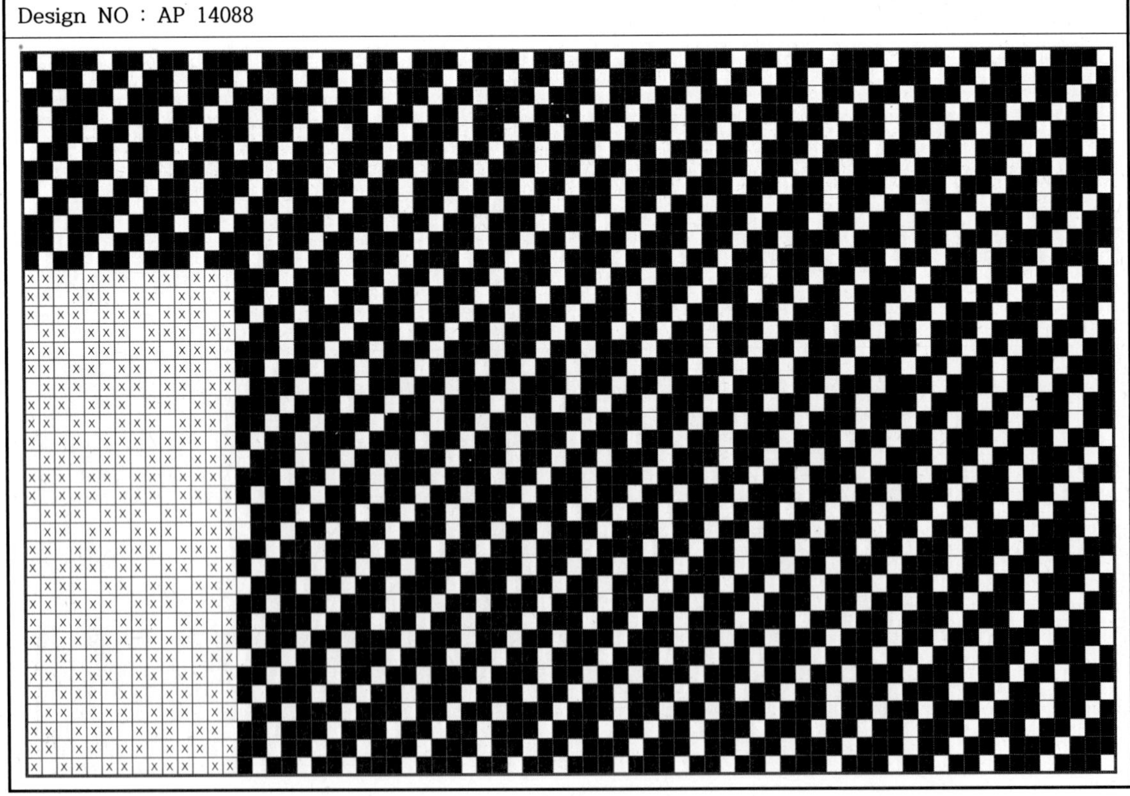

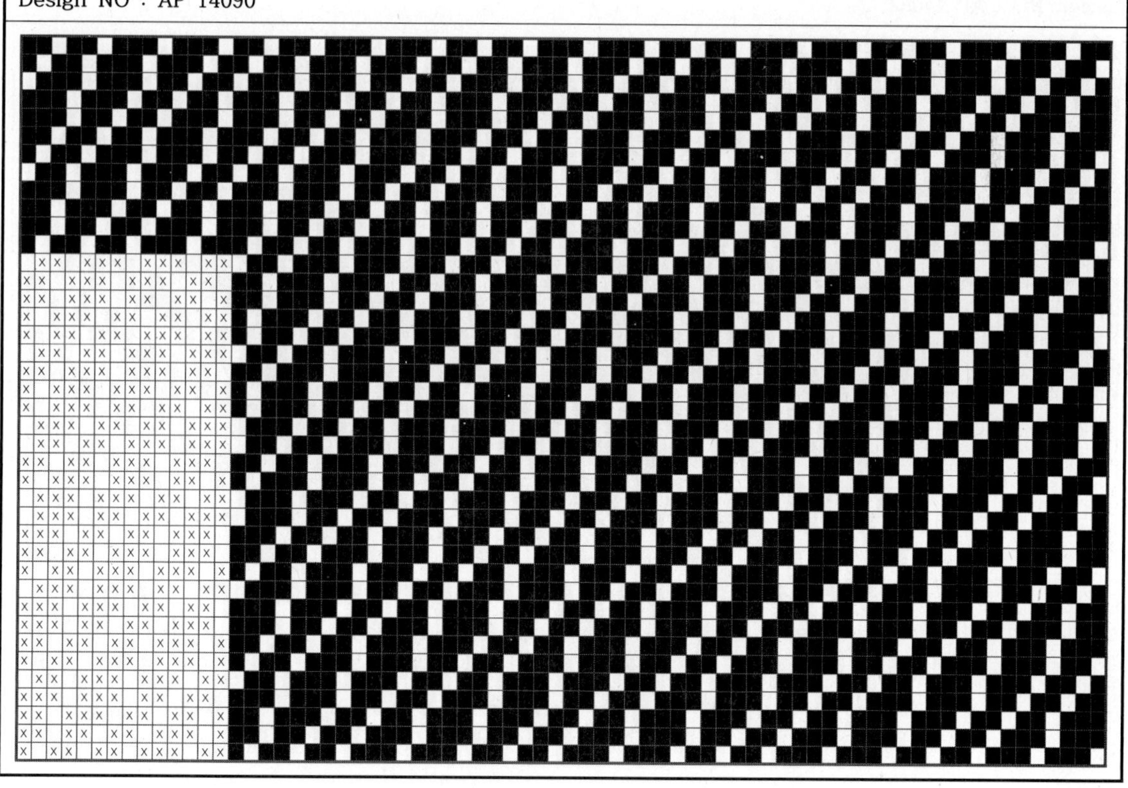

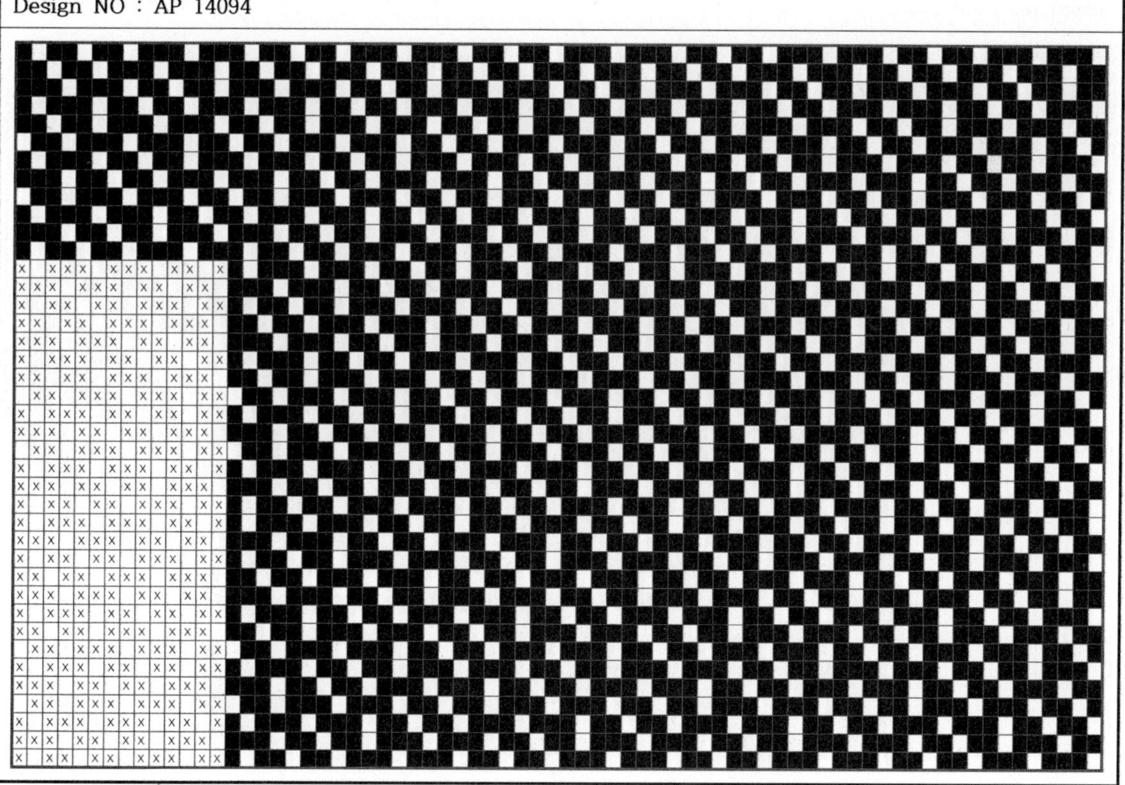

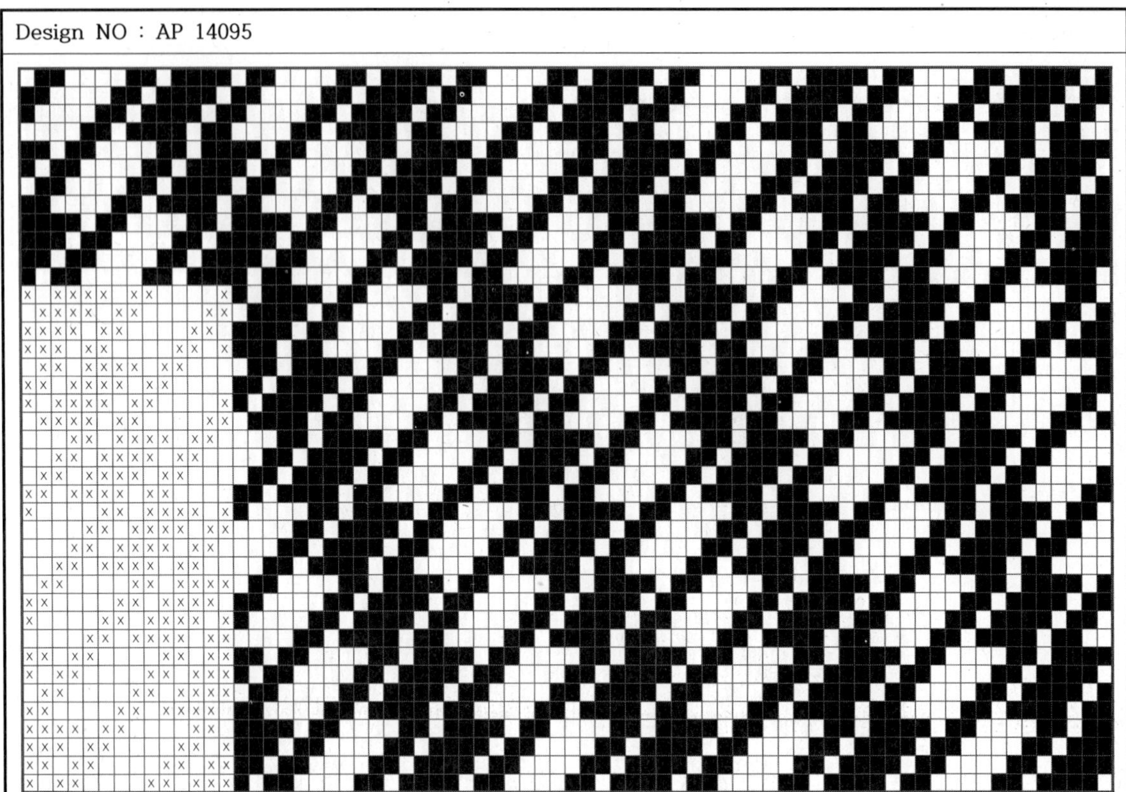

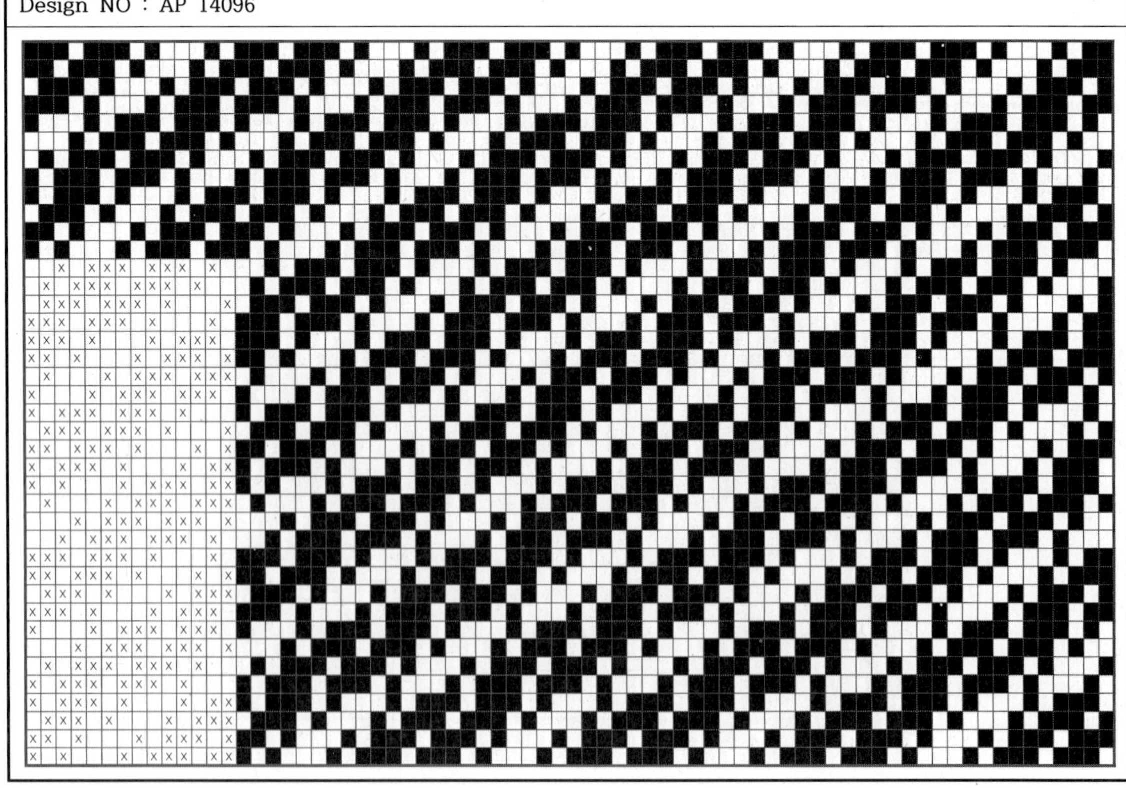

Design NO : AP 14097

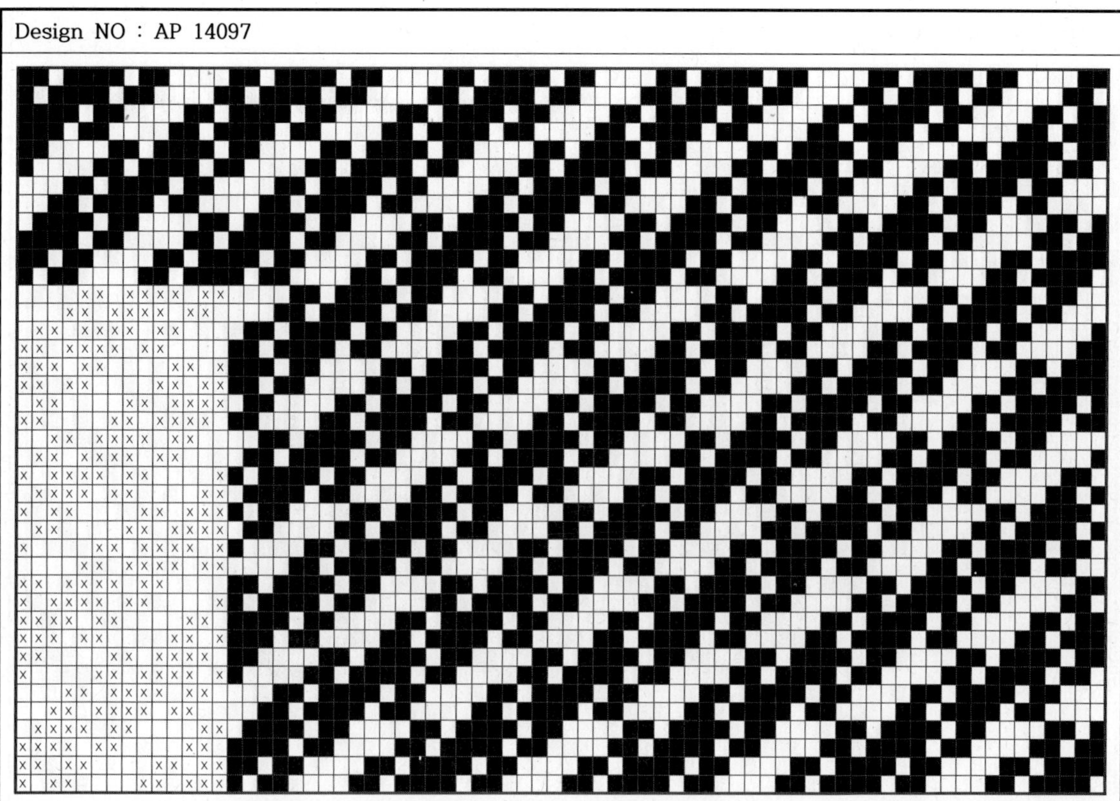

Design NO : AP 14098

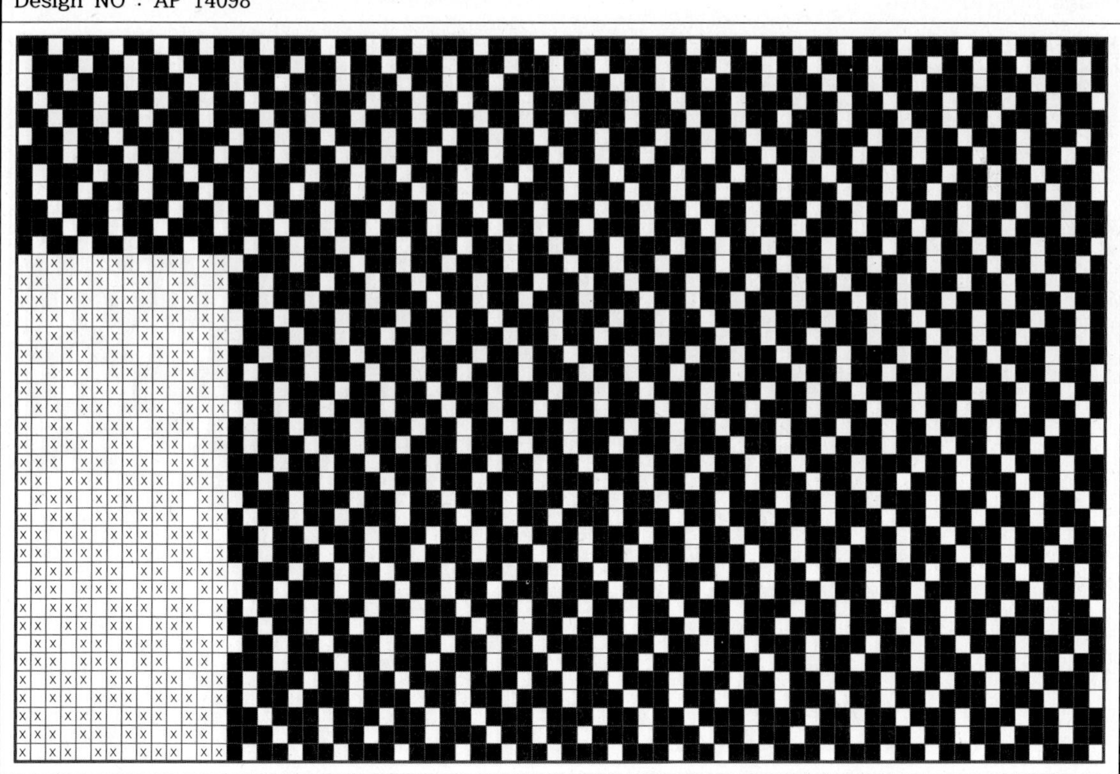

Design NO : AP 14099

Design NO : AP 14100

Design NO : AP 14101

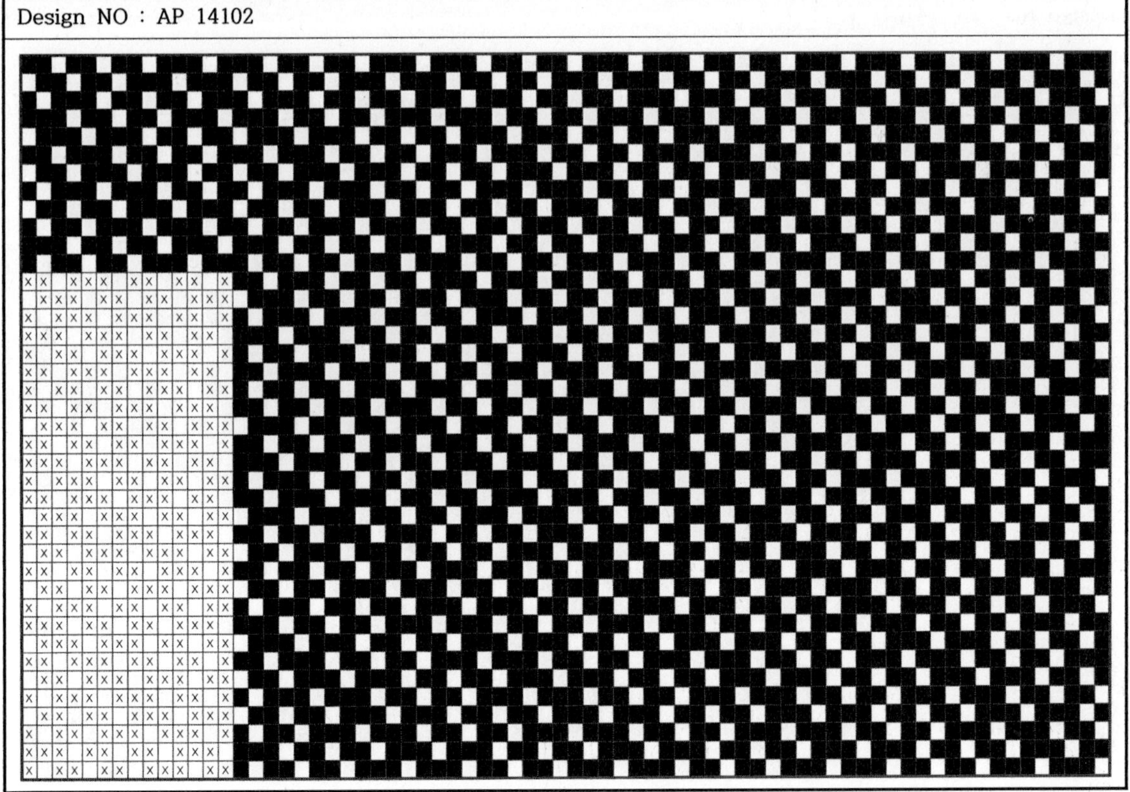

Design NO : AP 14102

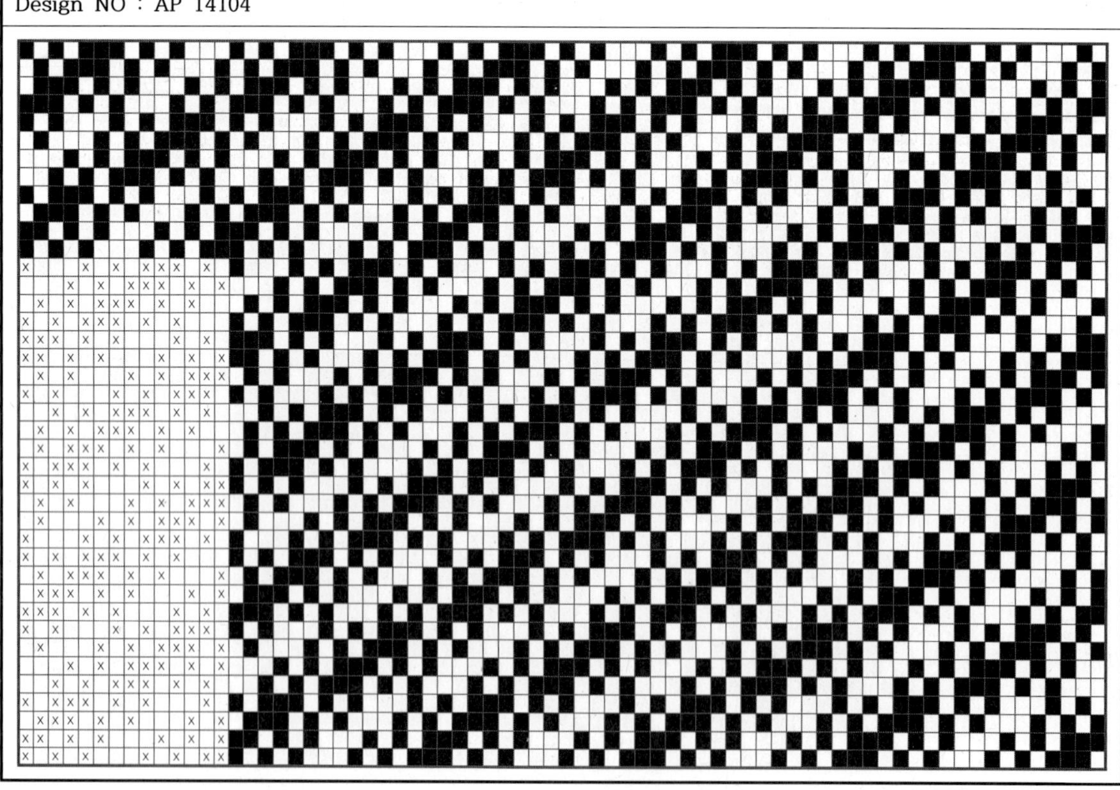

Design NO : AP 14105

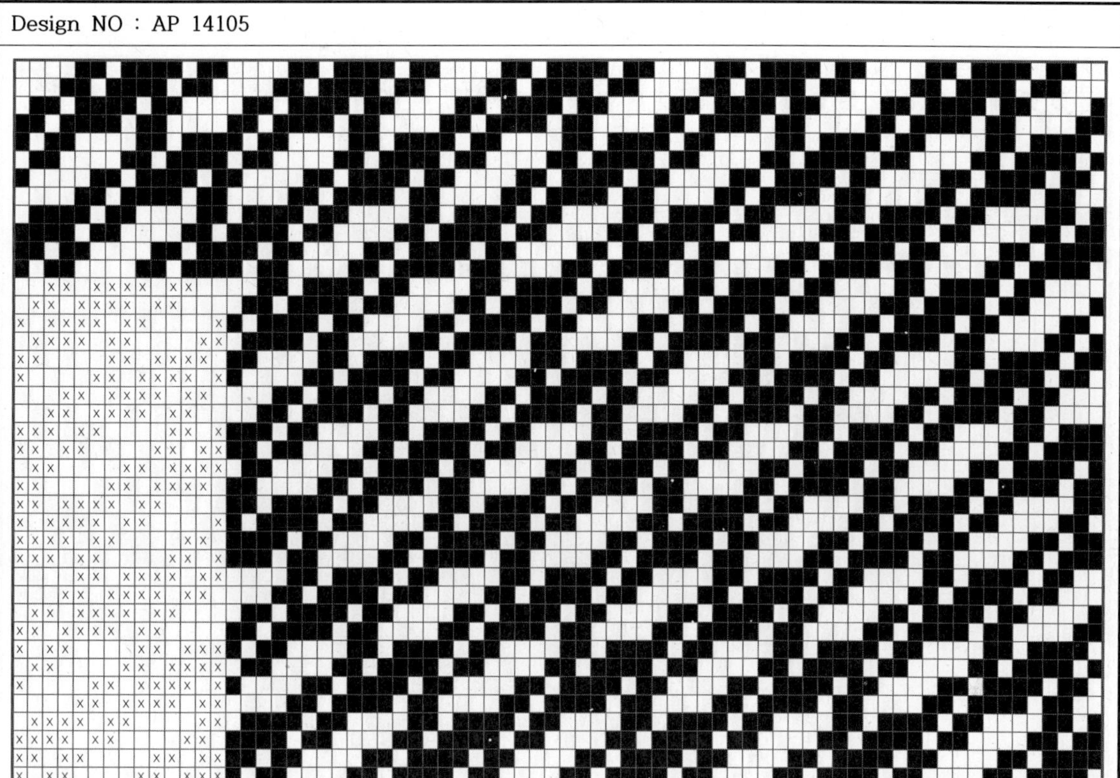

Design NO : AP 14106

Design NO : AP 14107

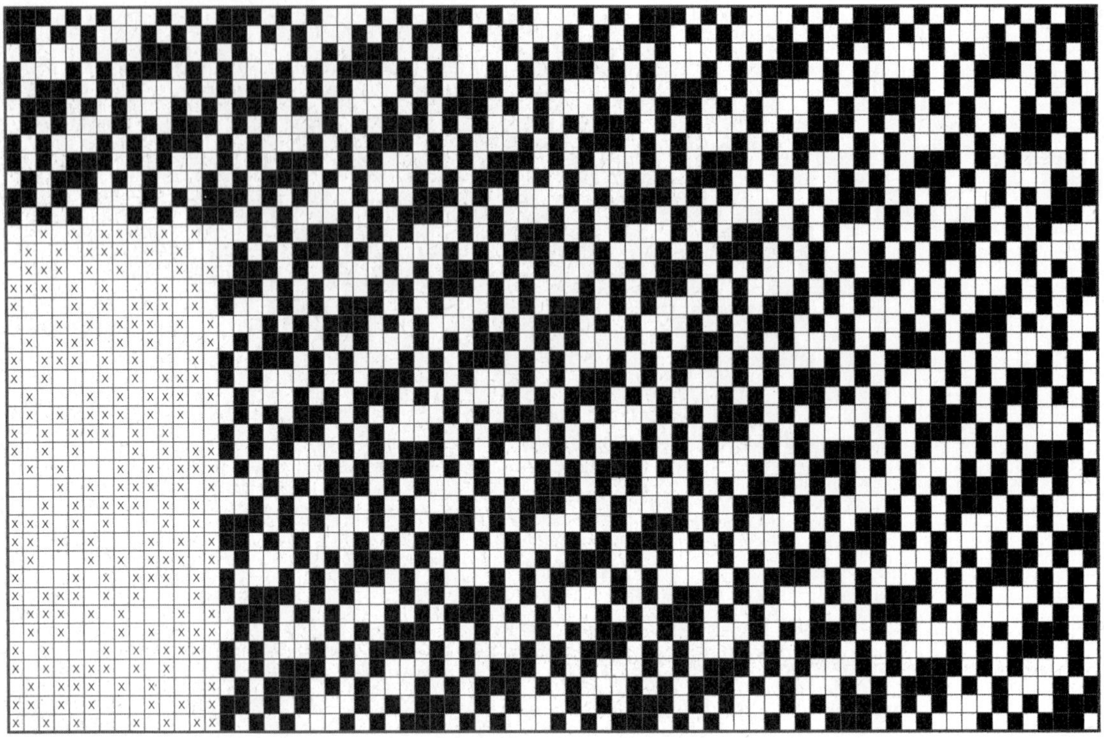

Design NO : AP 14108

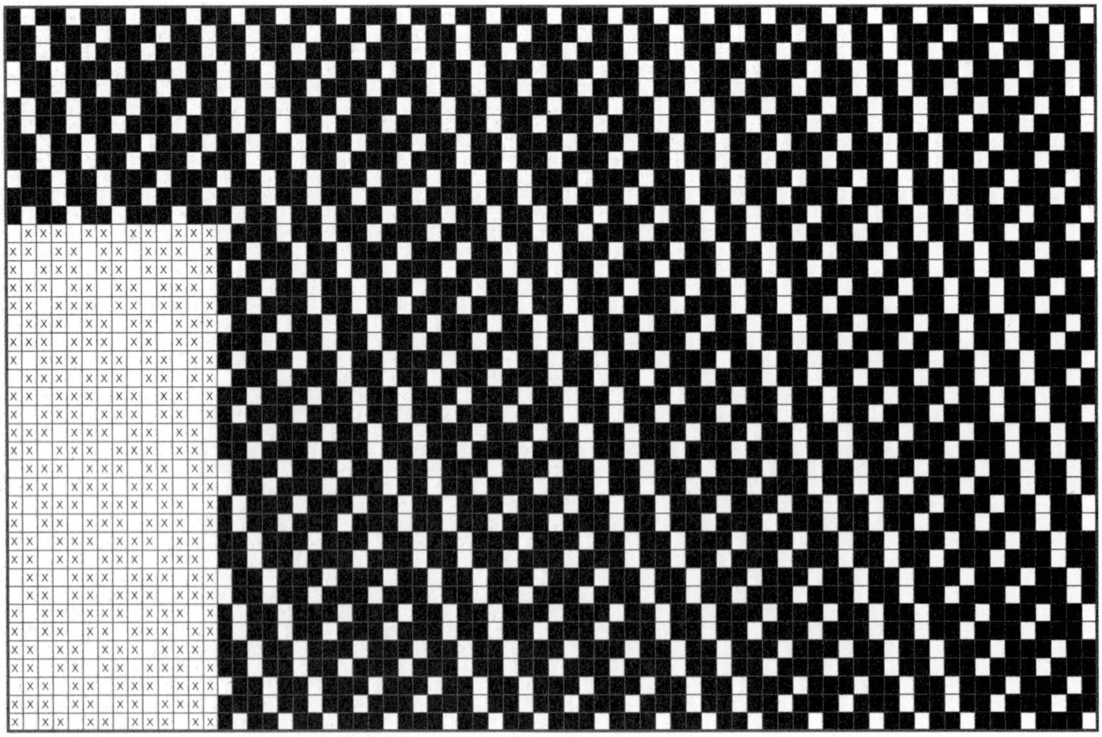

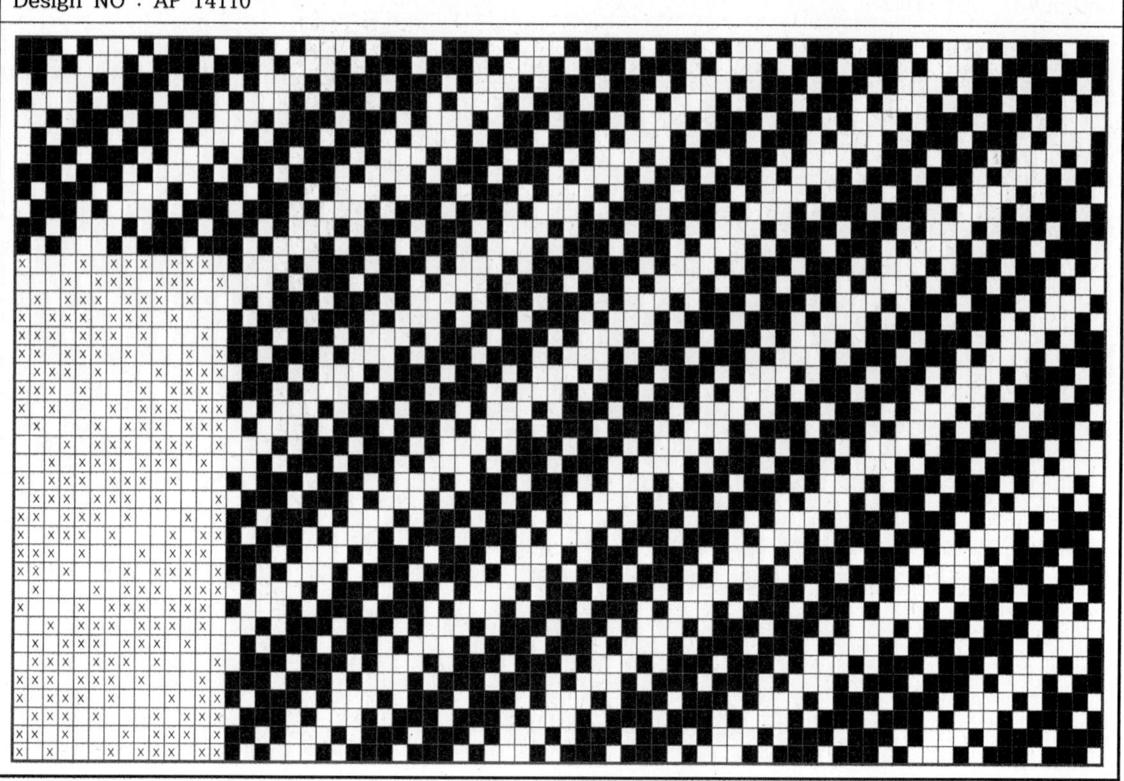

Design NO : AP 14111

Design NO : AP 14112

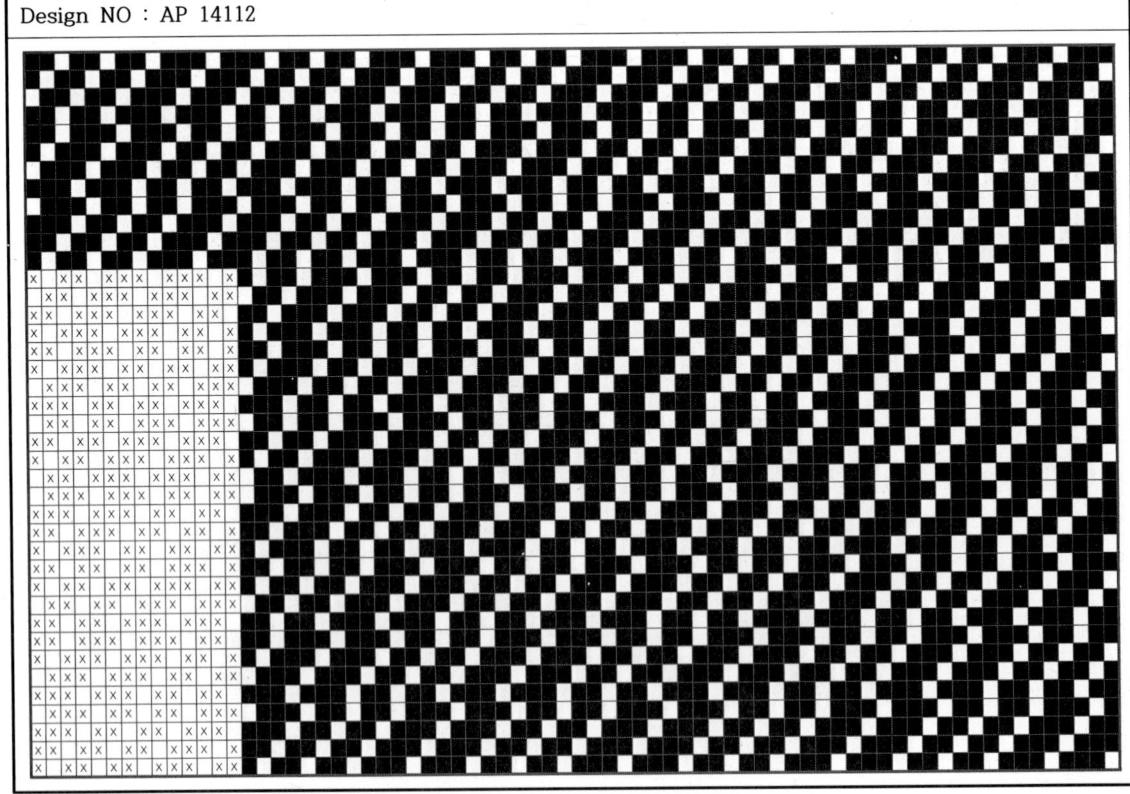

　　　제4장　　　직물 조직도　　　14매 조직

Design NO : AP 14113

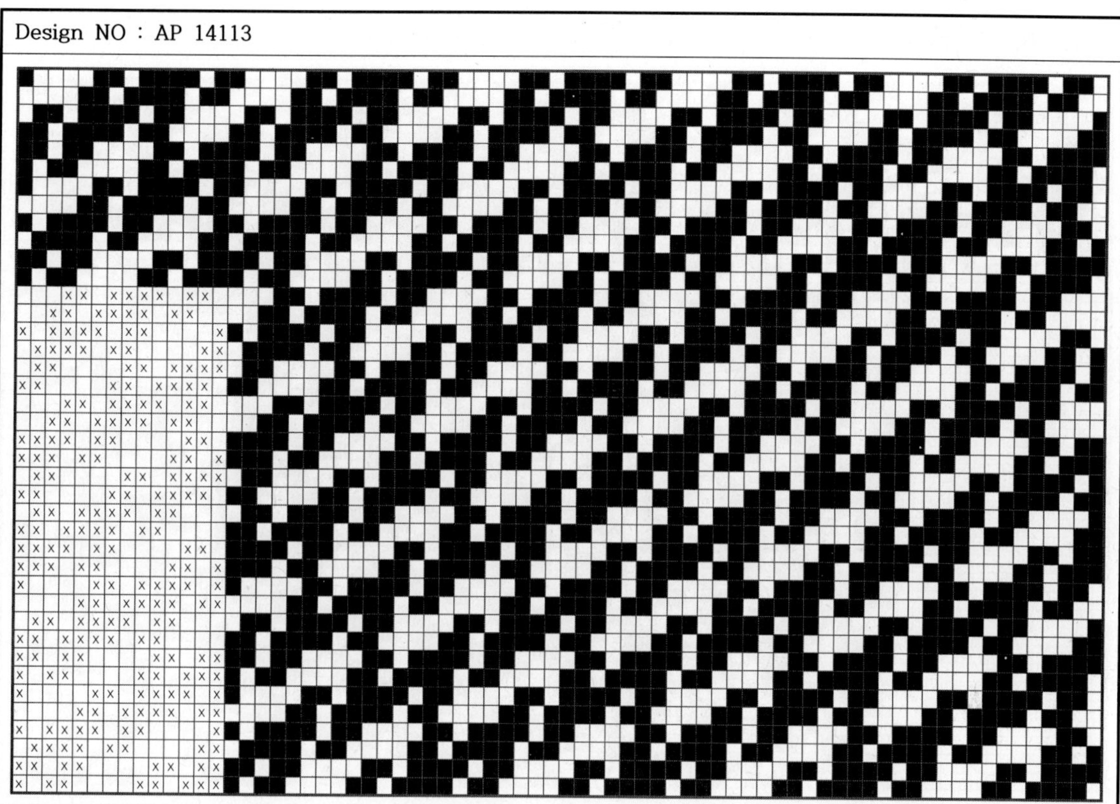

Design NO : AP 14114

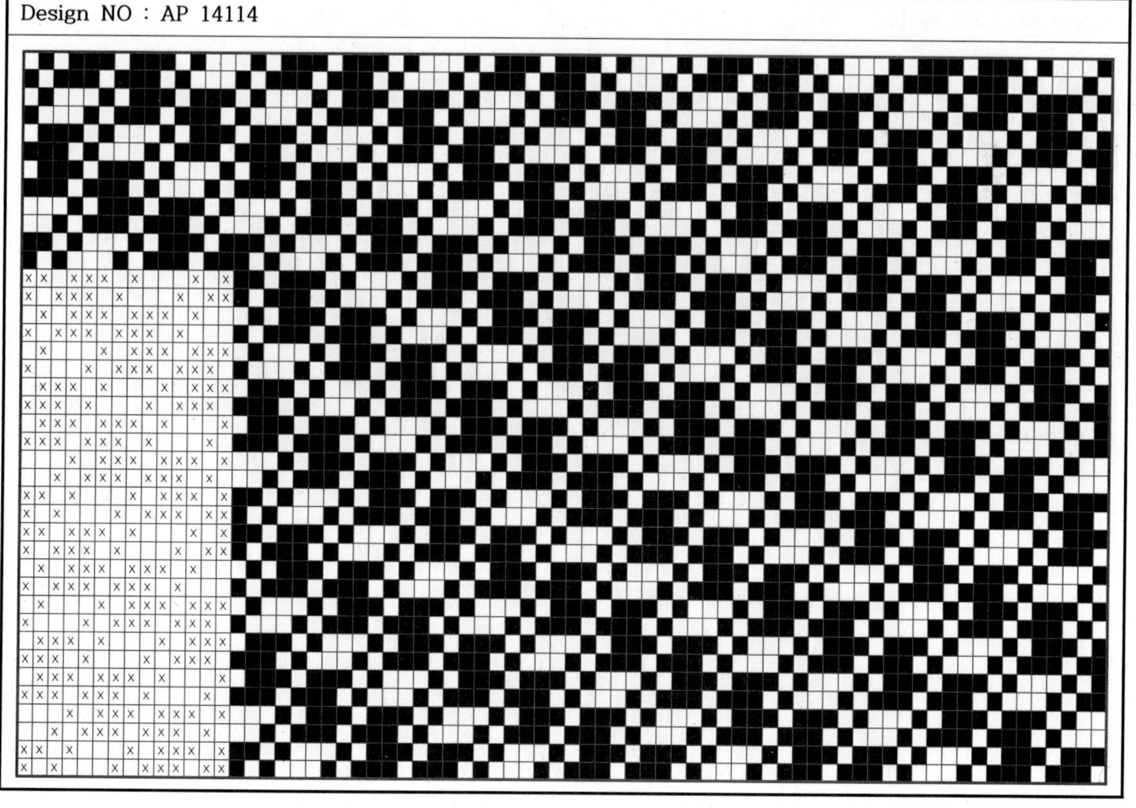

Design NO : AP 14115

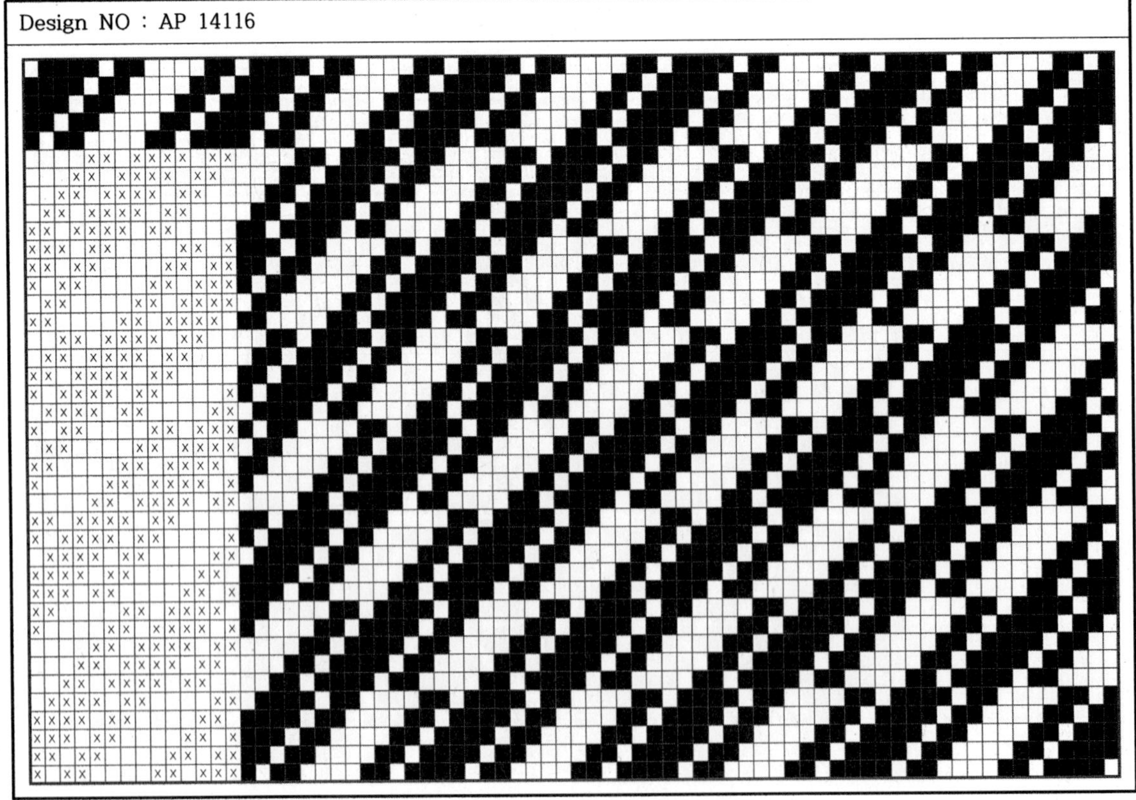

Design NO : AP 14116

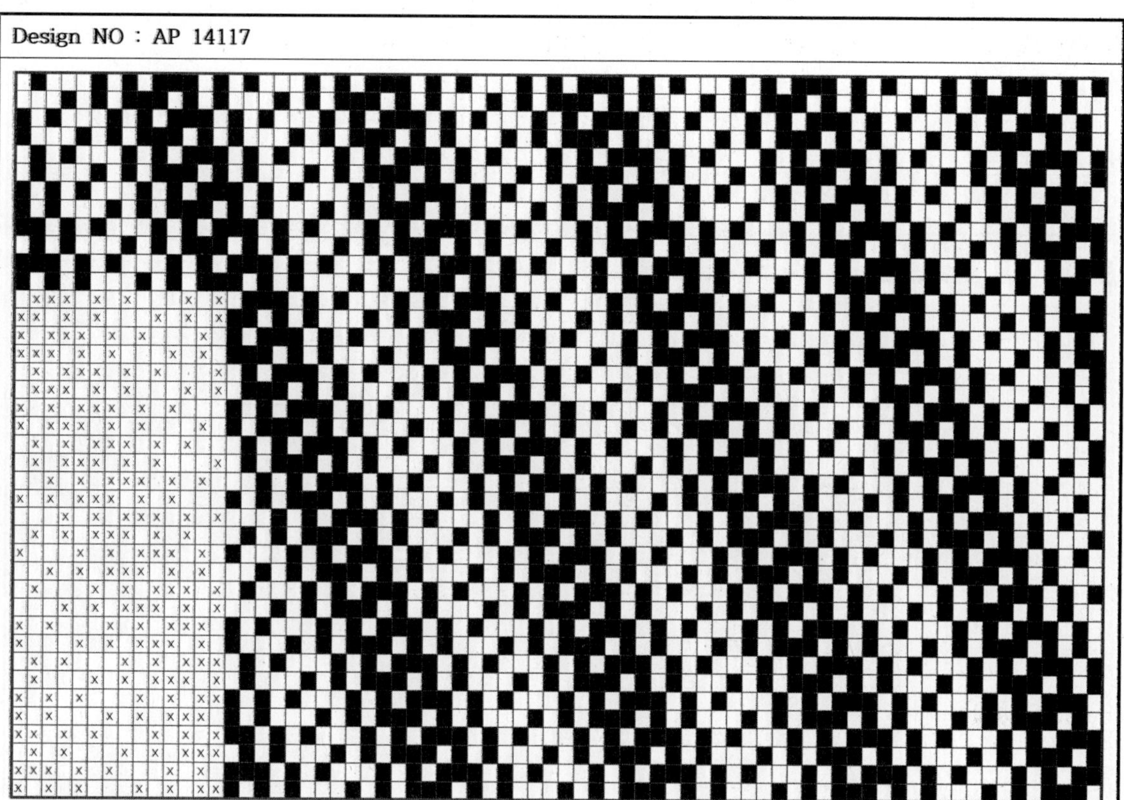

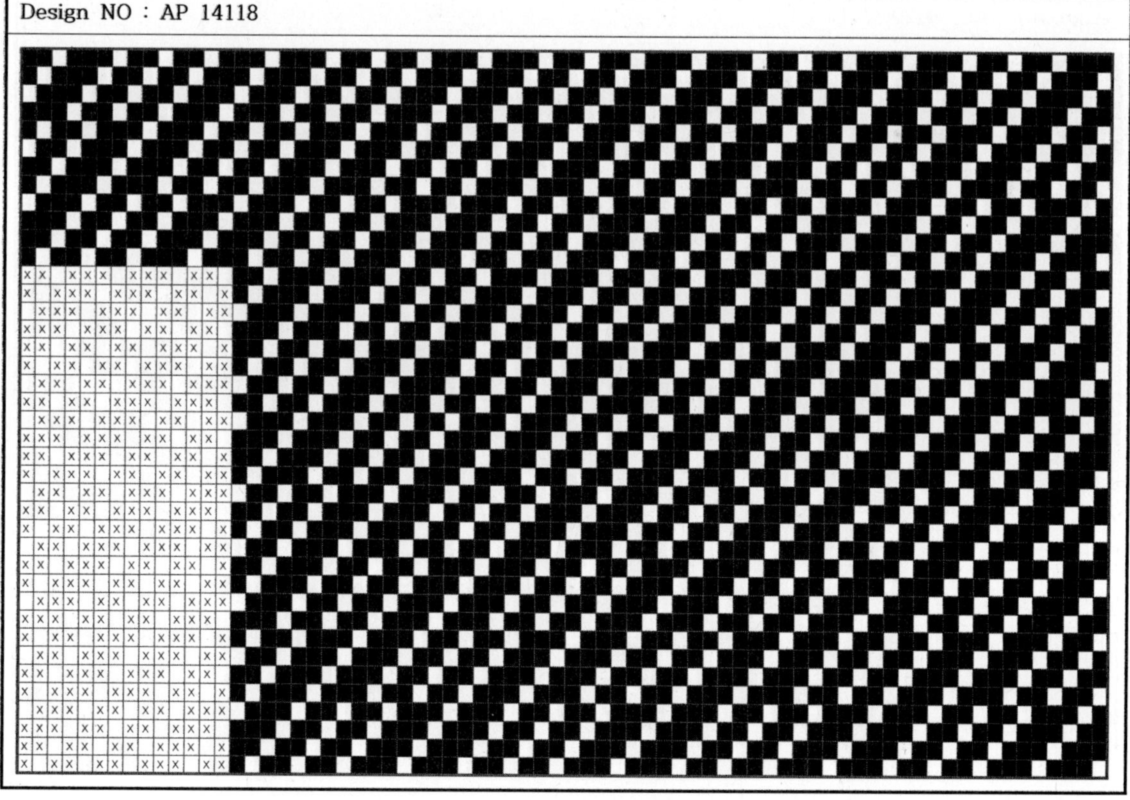

Design NO : AP 14119

Design NO : AP 14120

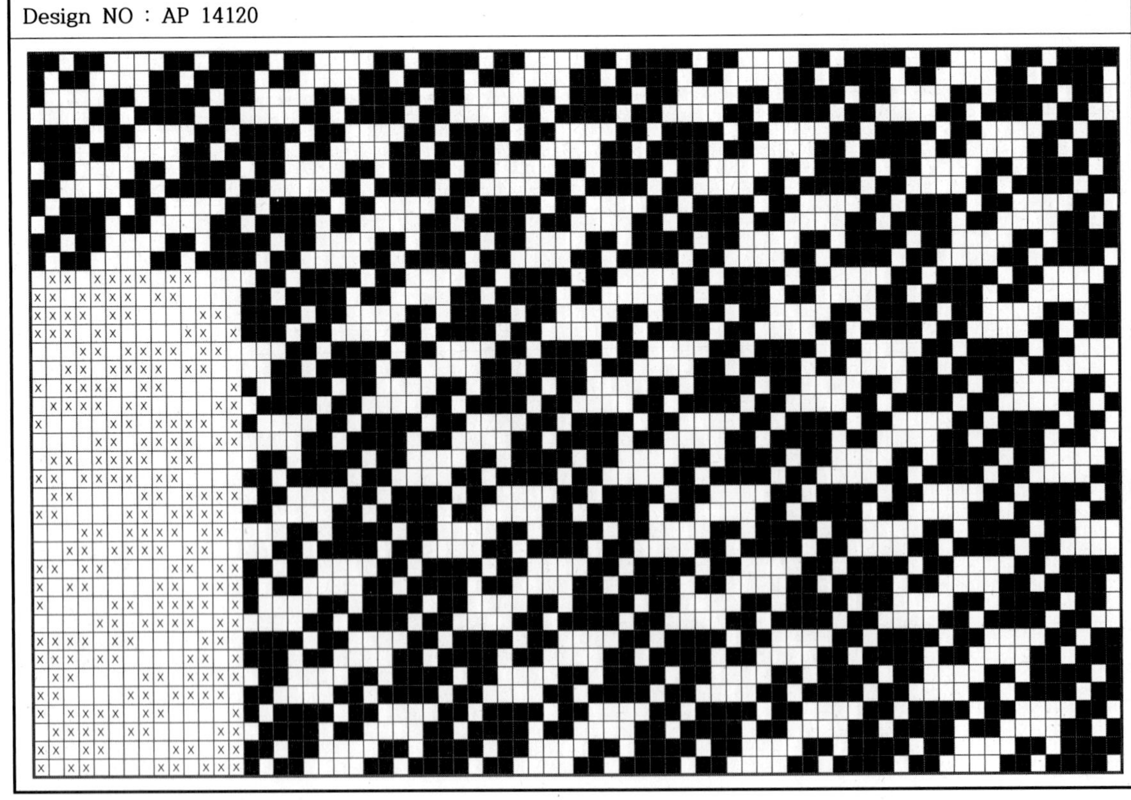

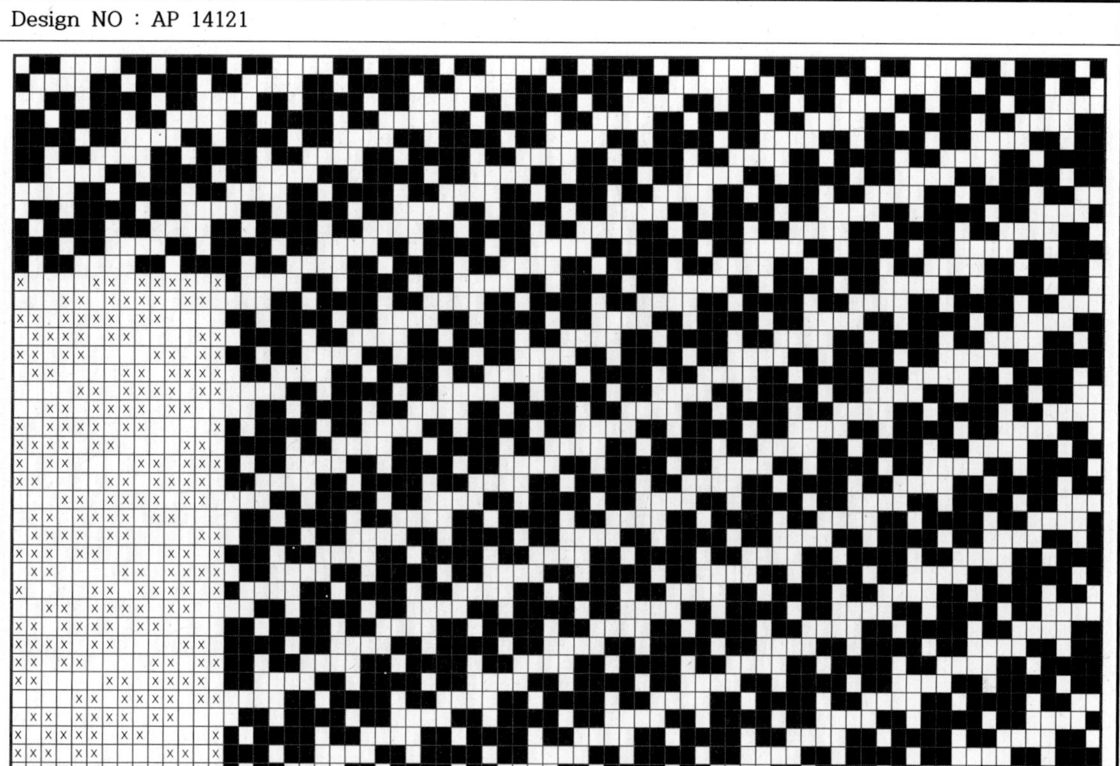

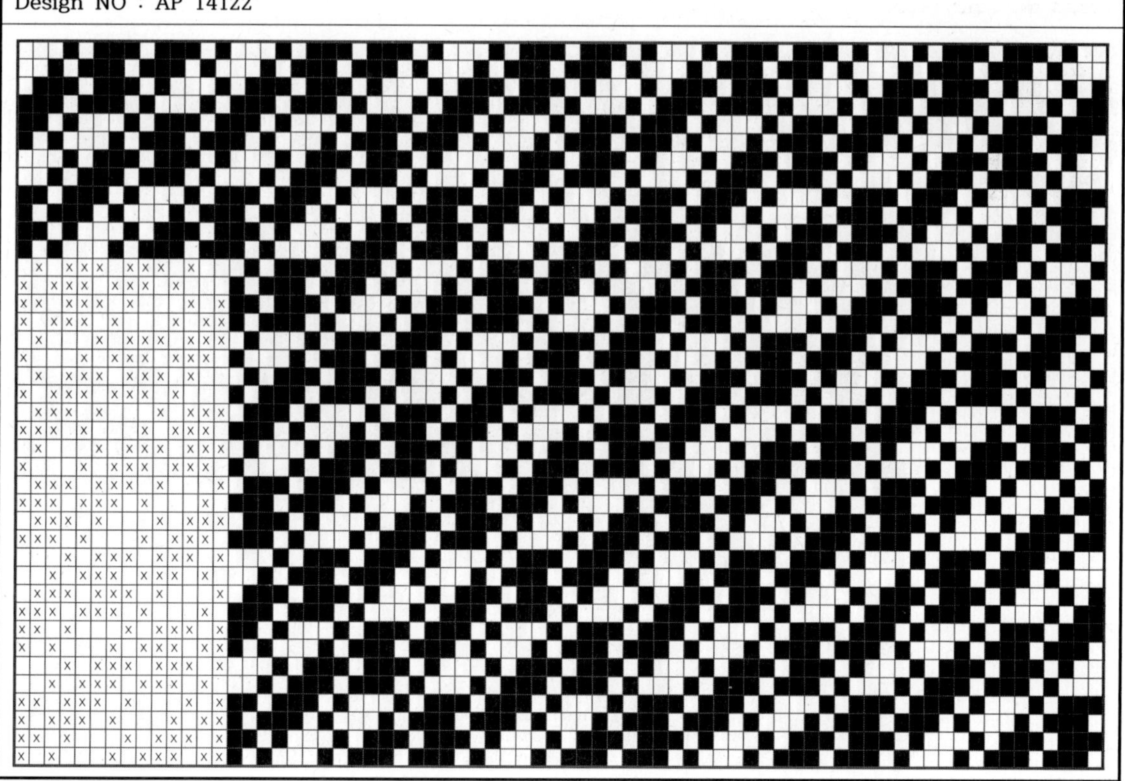

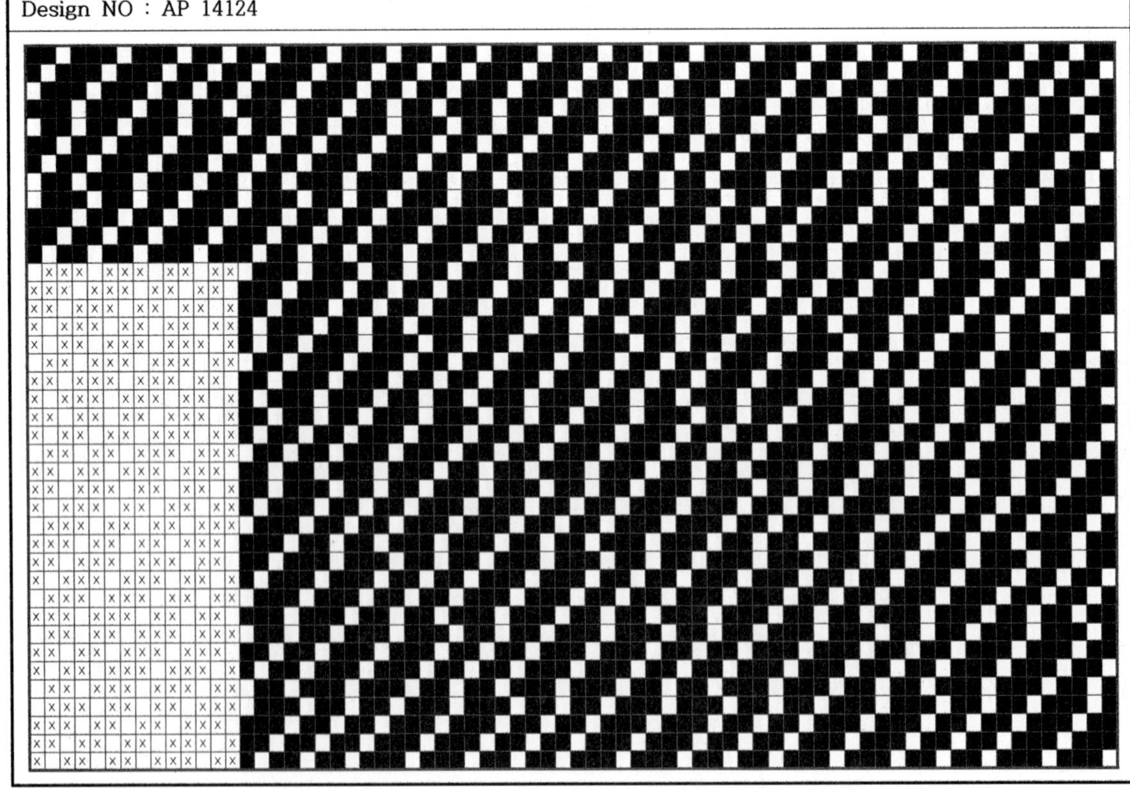

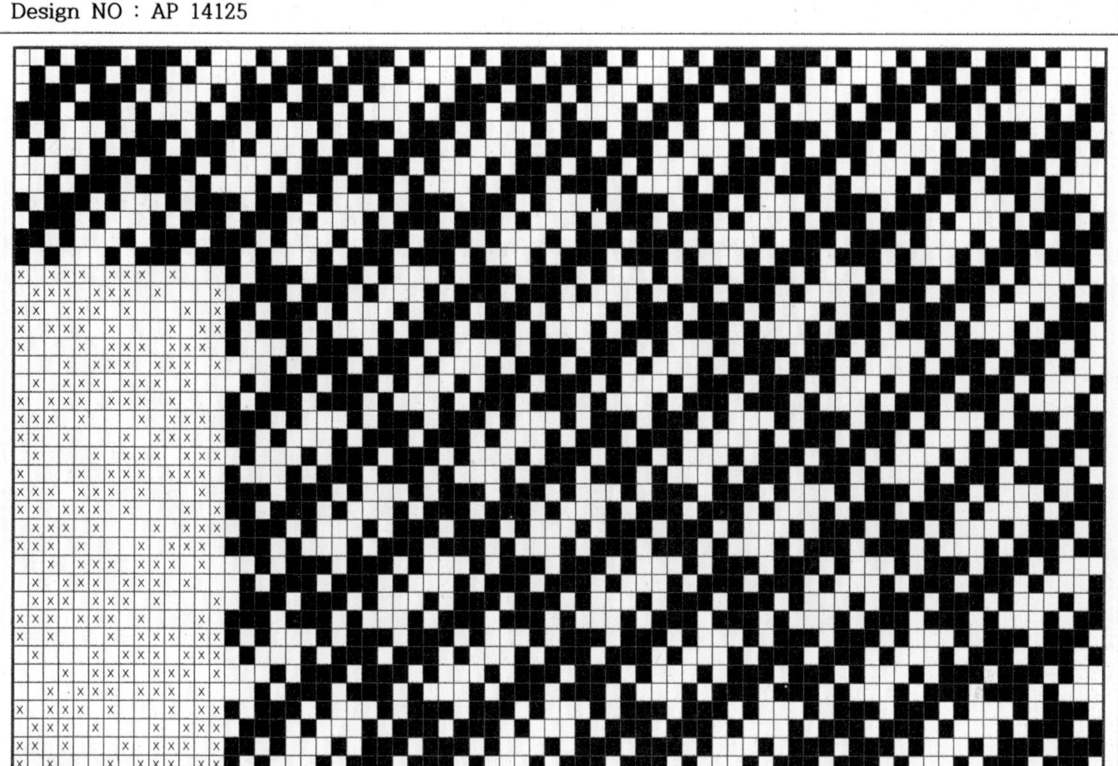

Design NO : AP 14125

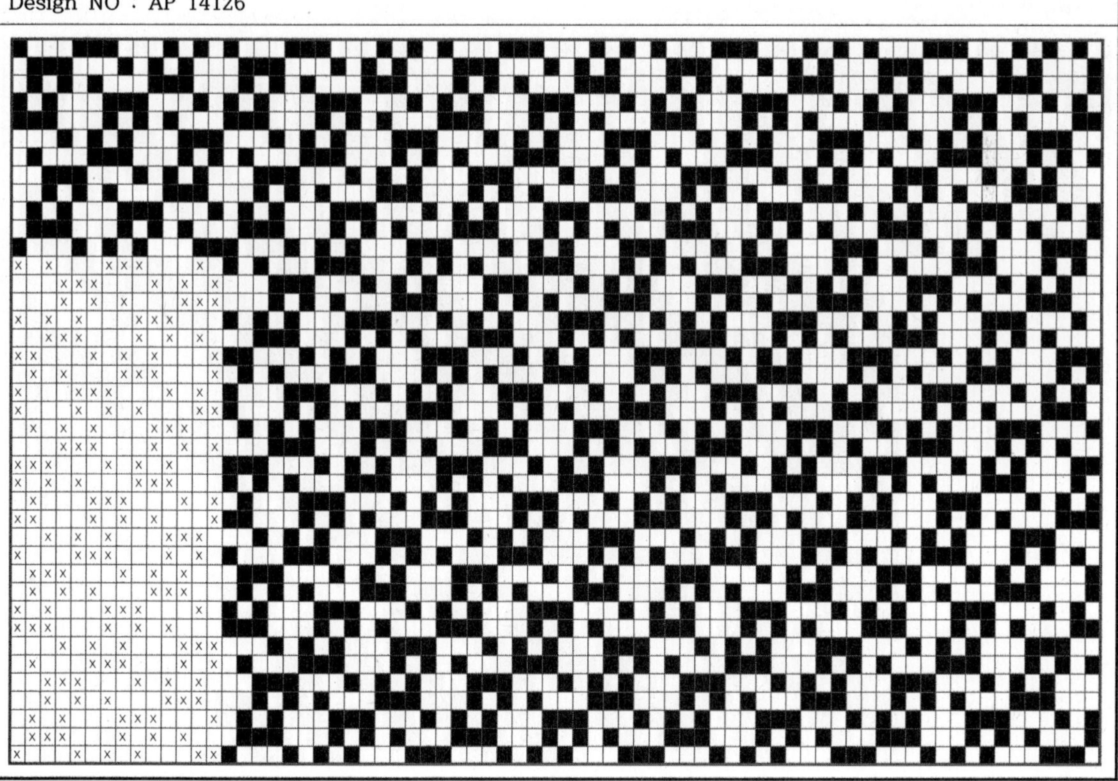

Design NO : AP 14126

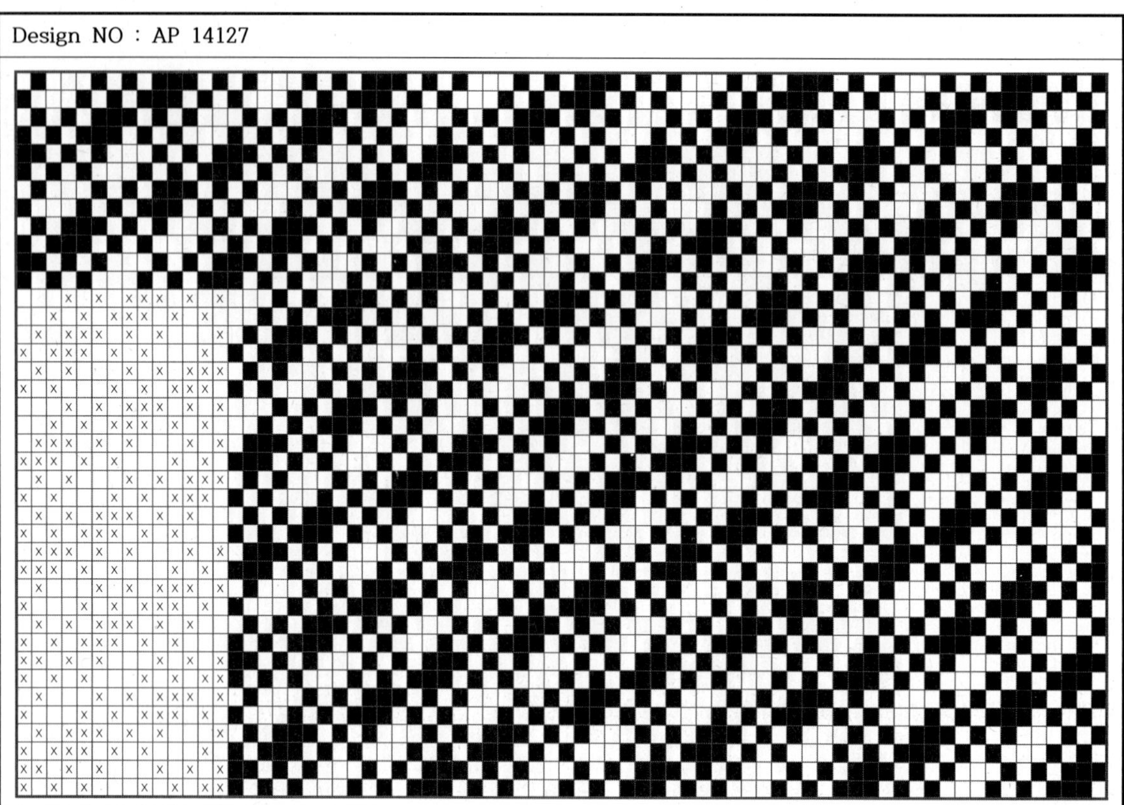

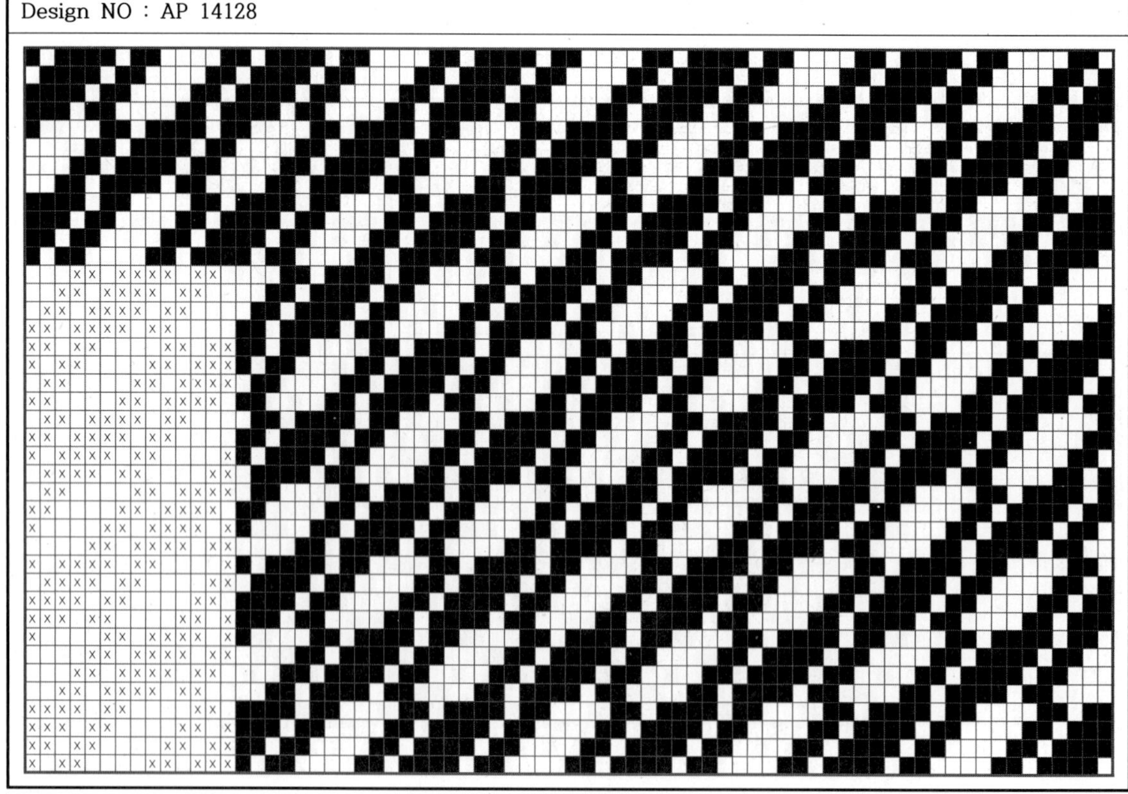

Design NO : AP 14129

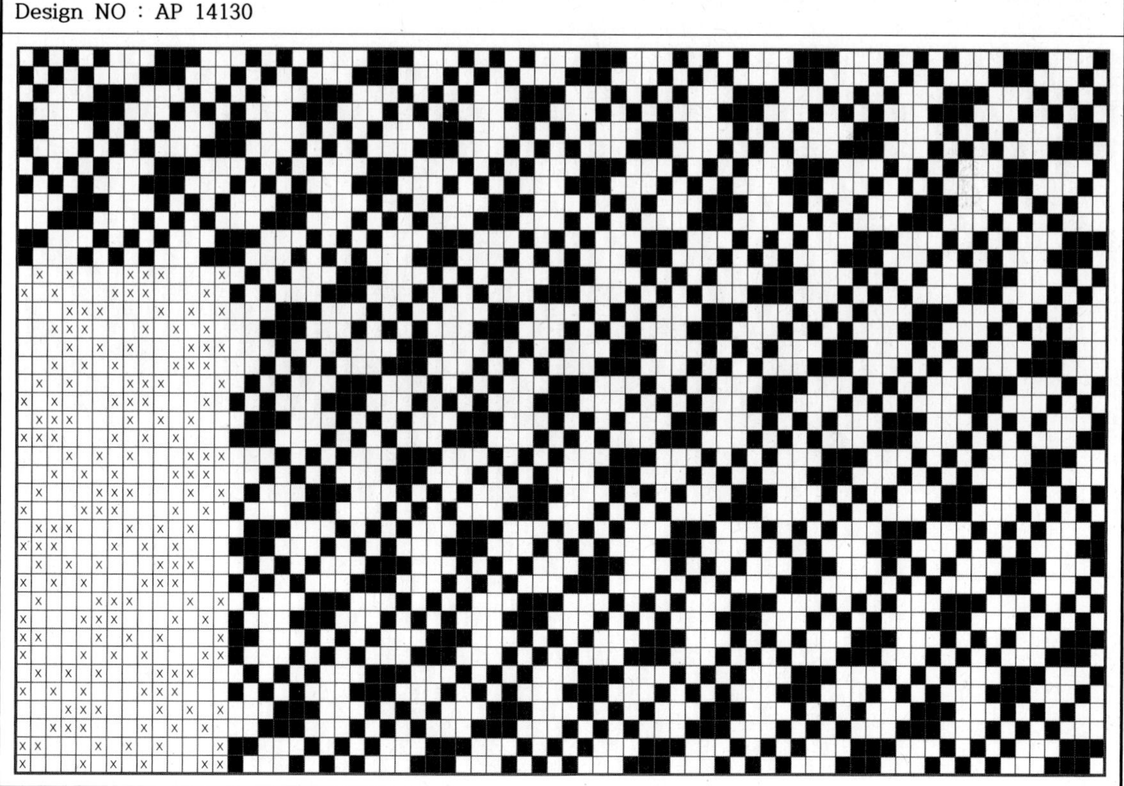

Design NO : AP 14130

Design NO : AP 14131

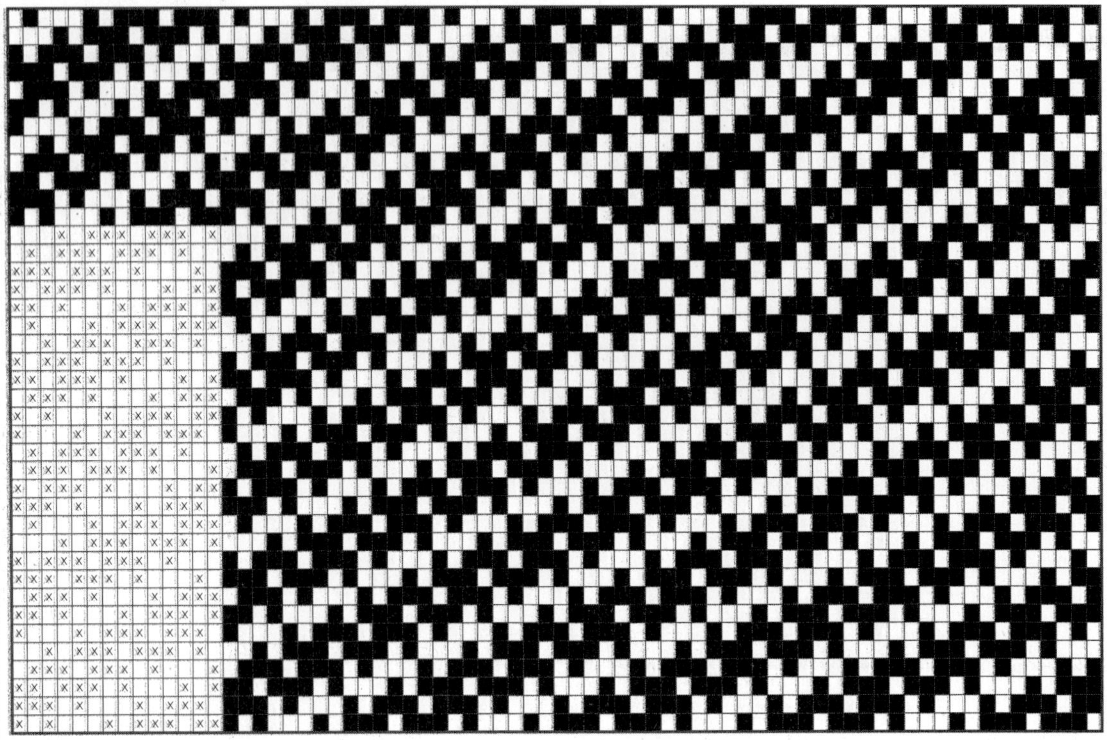

Design NO : AP 14132

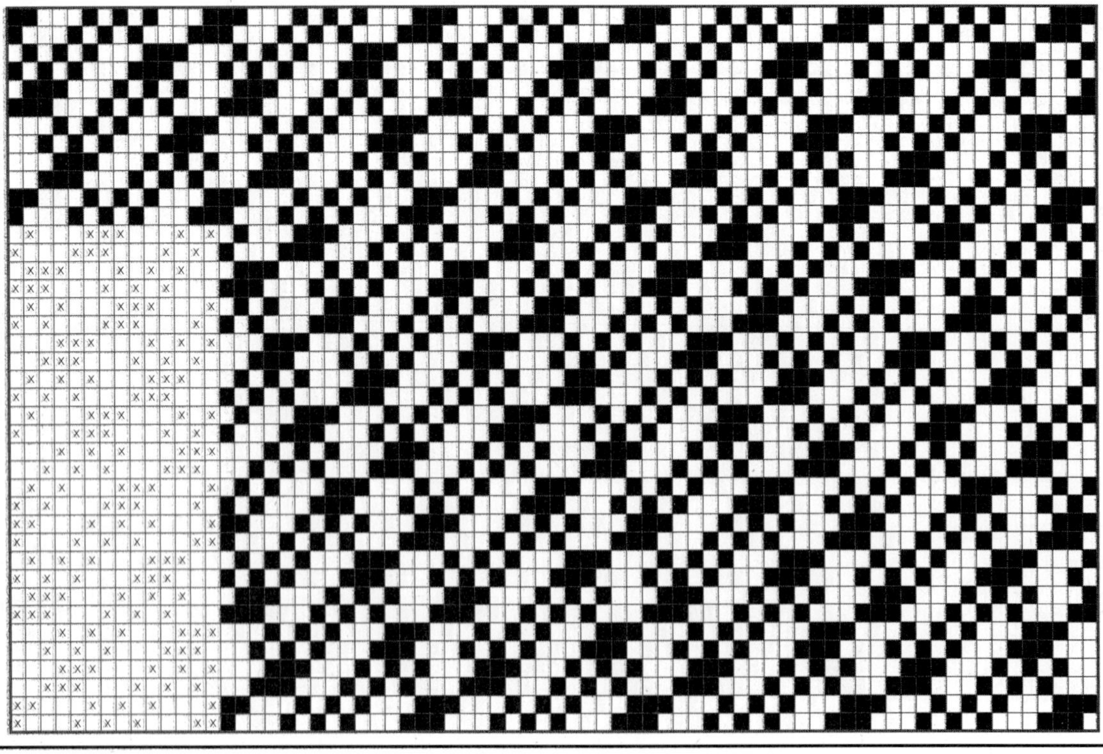

Design NO : AP 14133

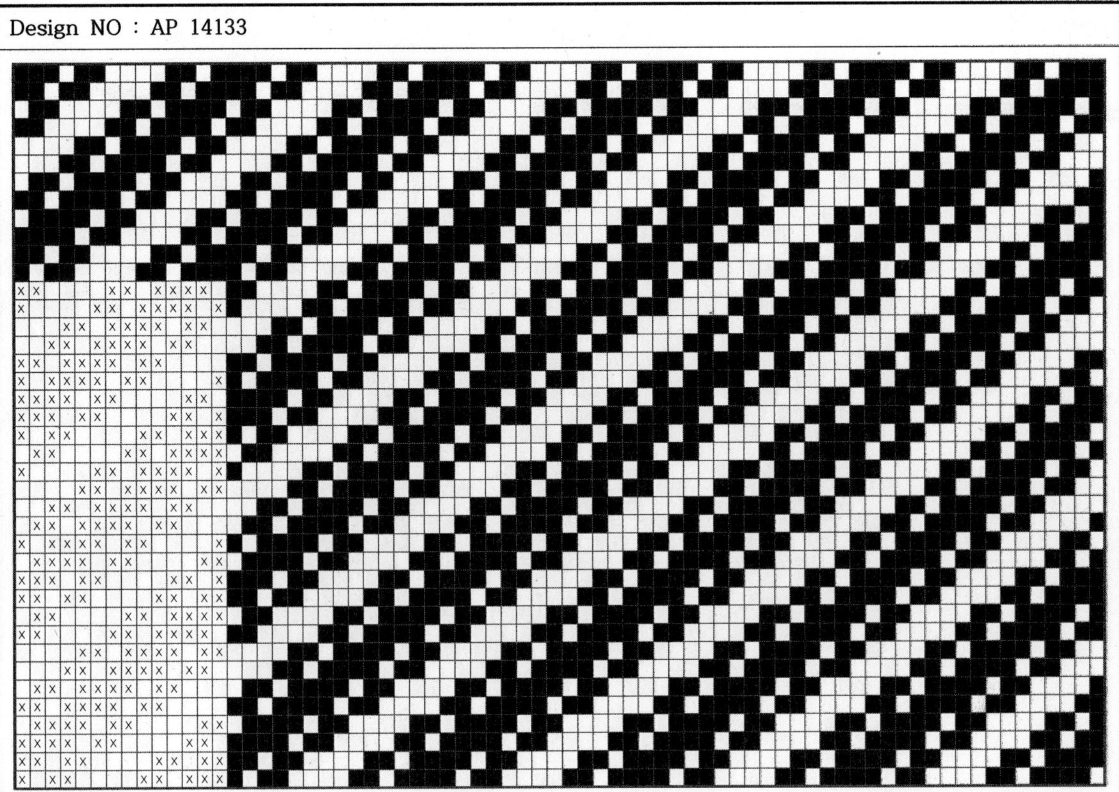

Design NO : AP 14134

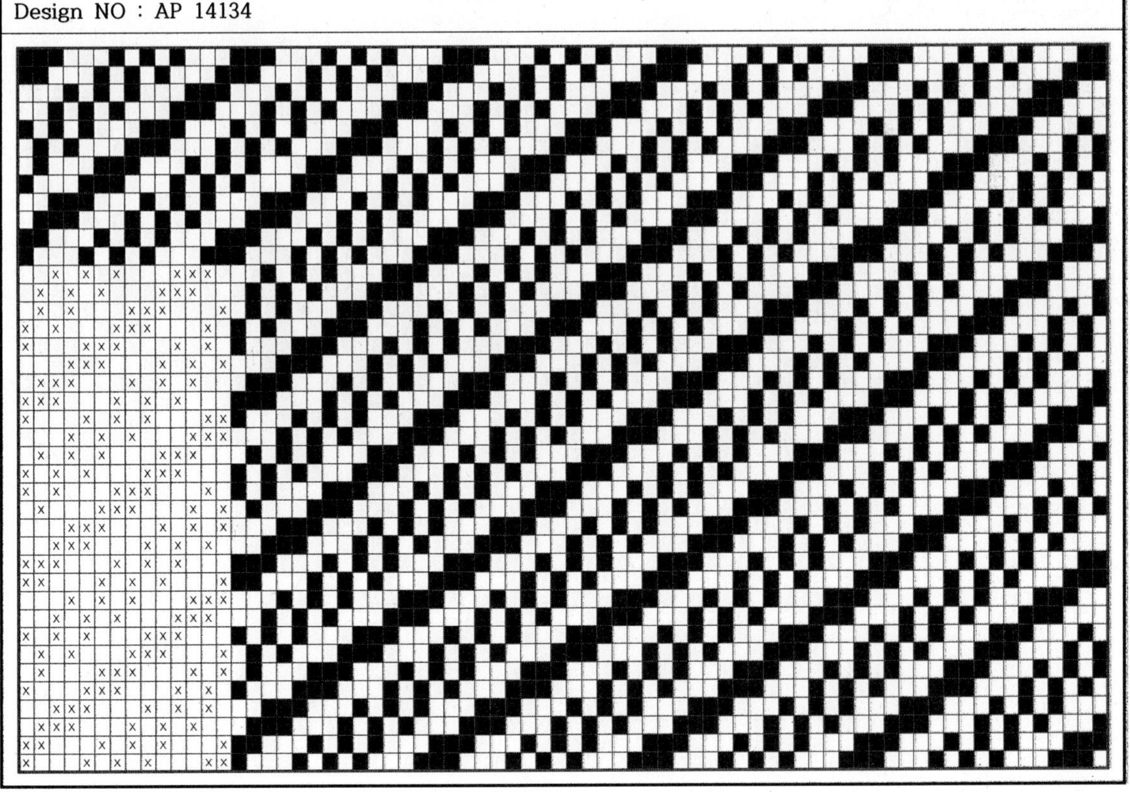

Design NO : AP 14135

Design NO : AP 14136

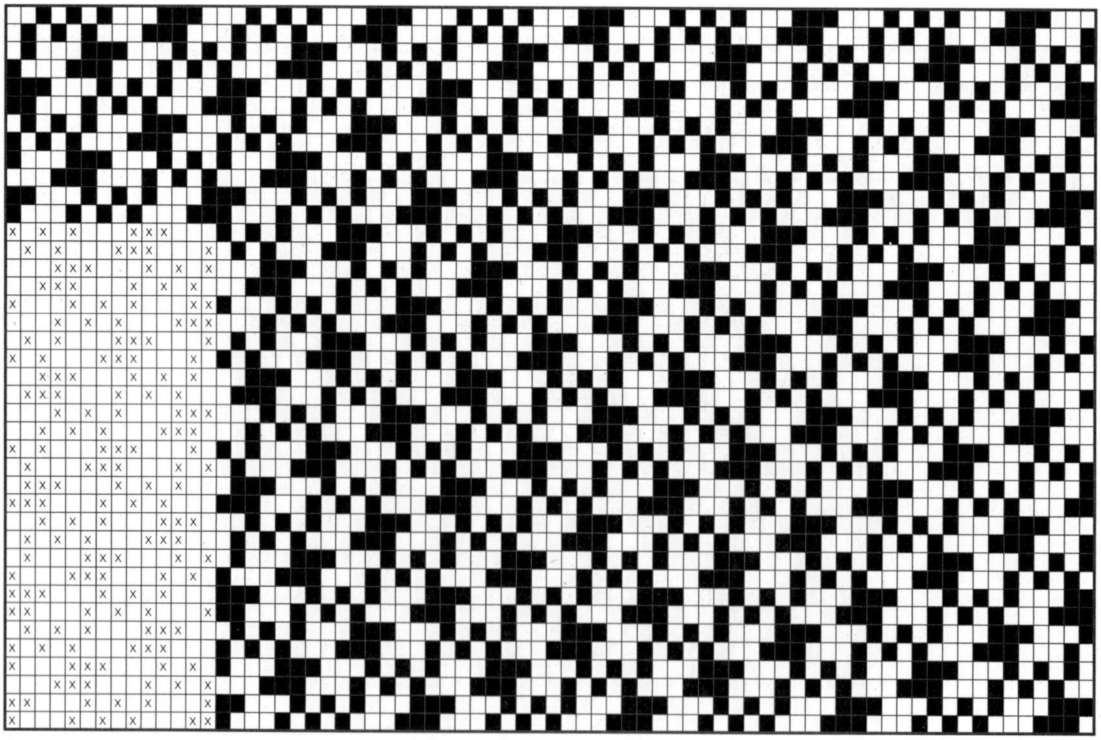

Design NO : AP 14137

Design NO : AP 14138

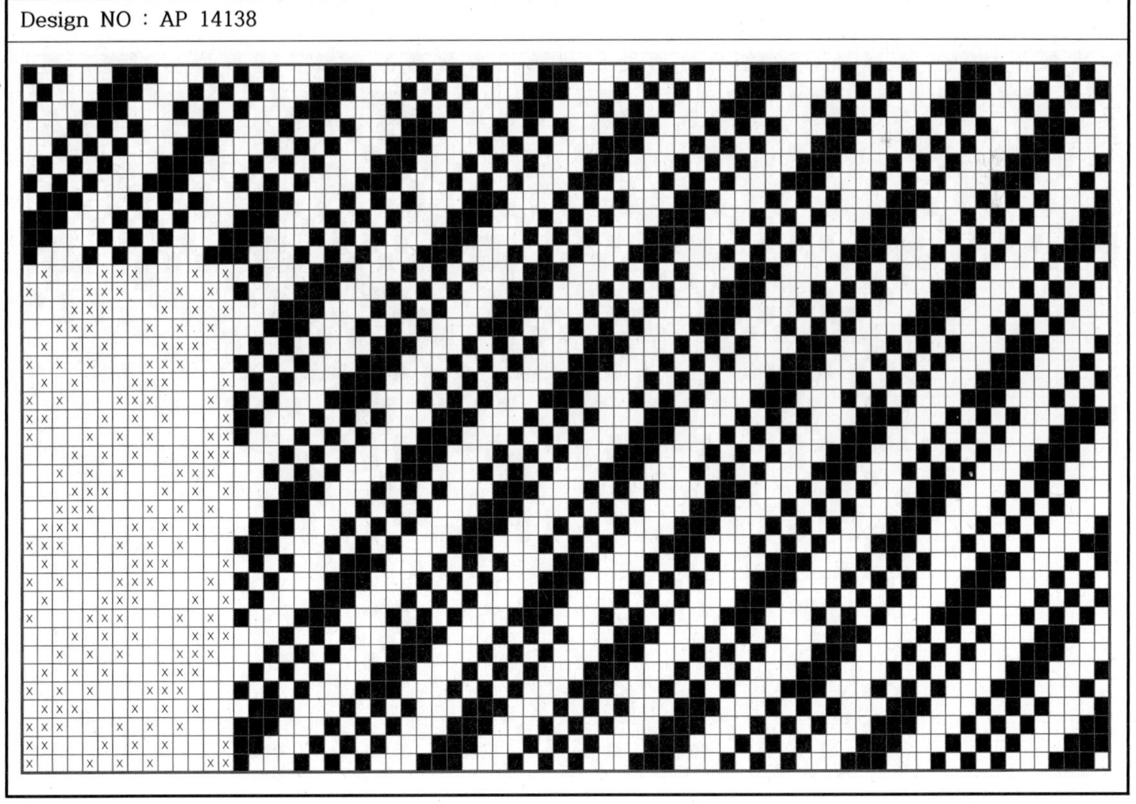

Design NO : AP 14139

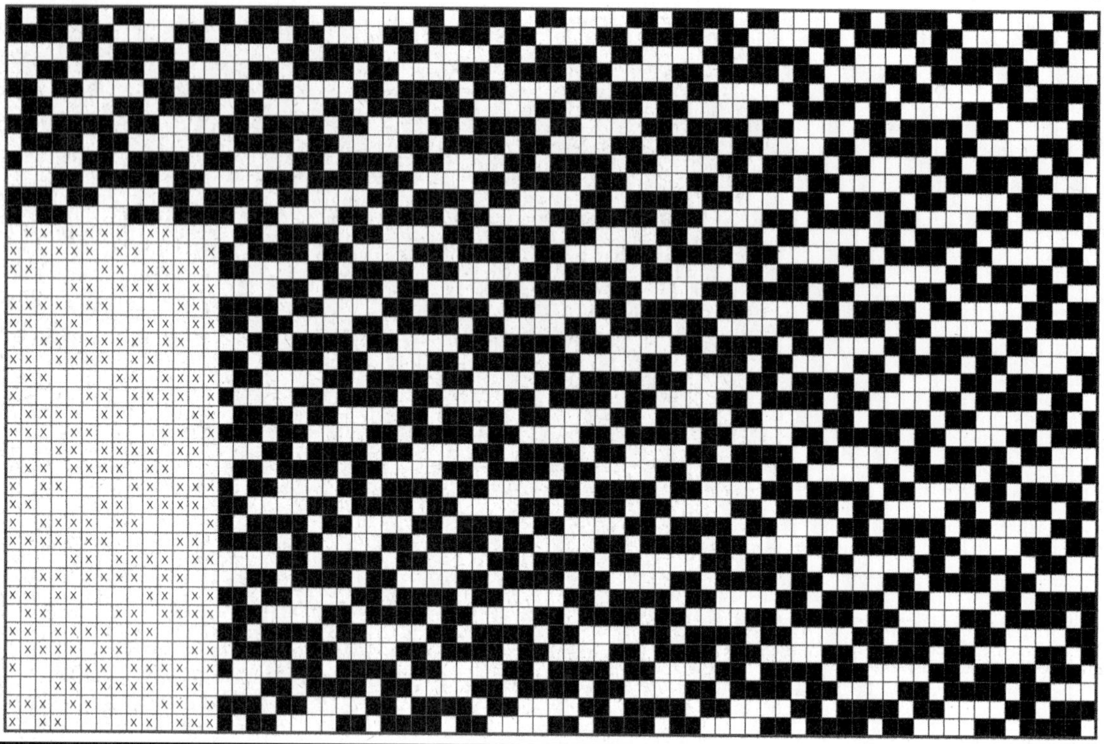

Design NO : AP 14140

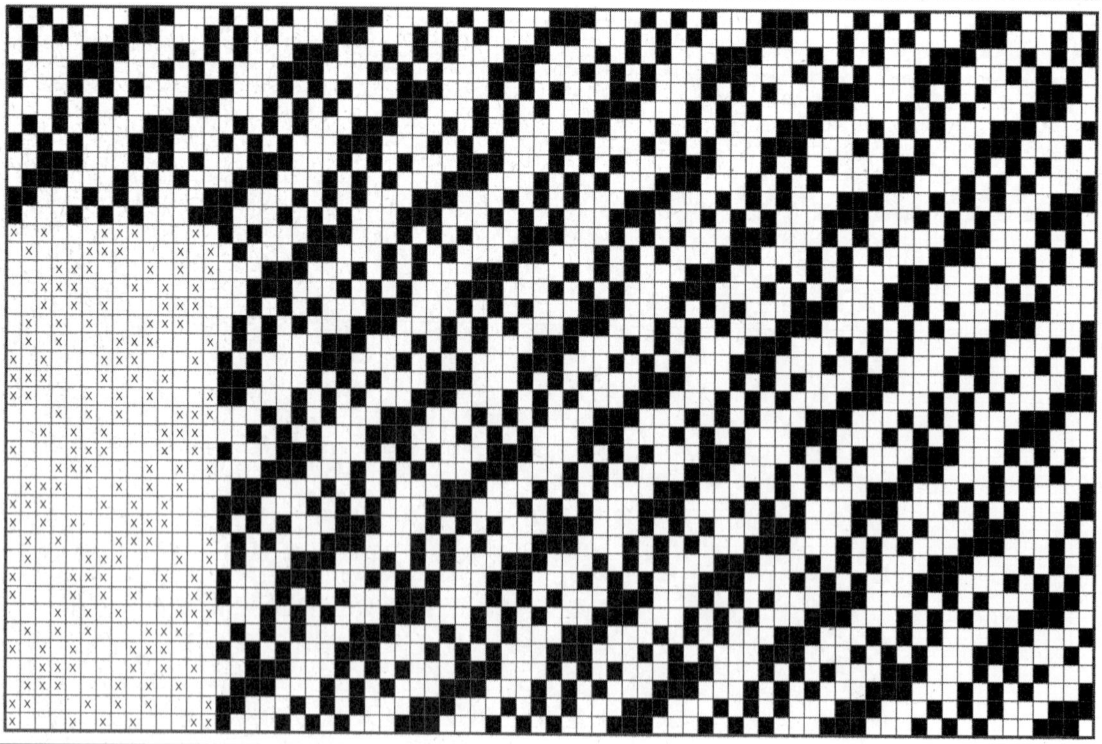

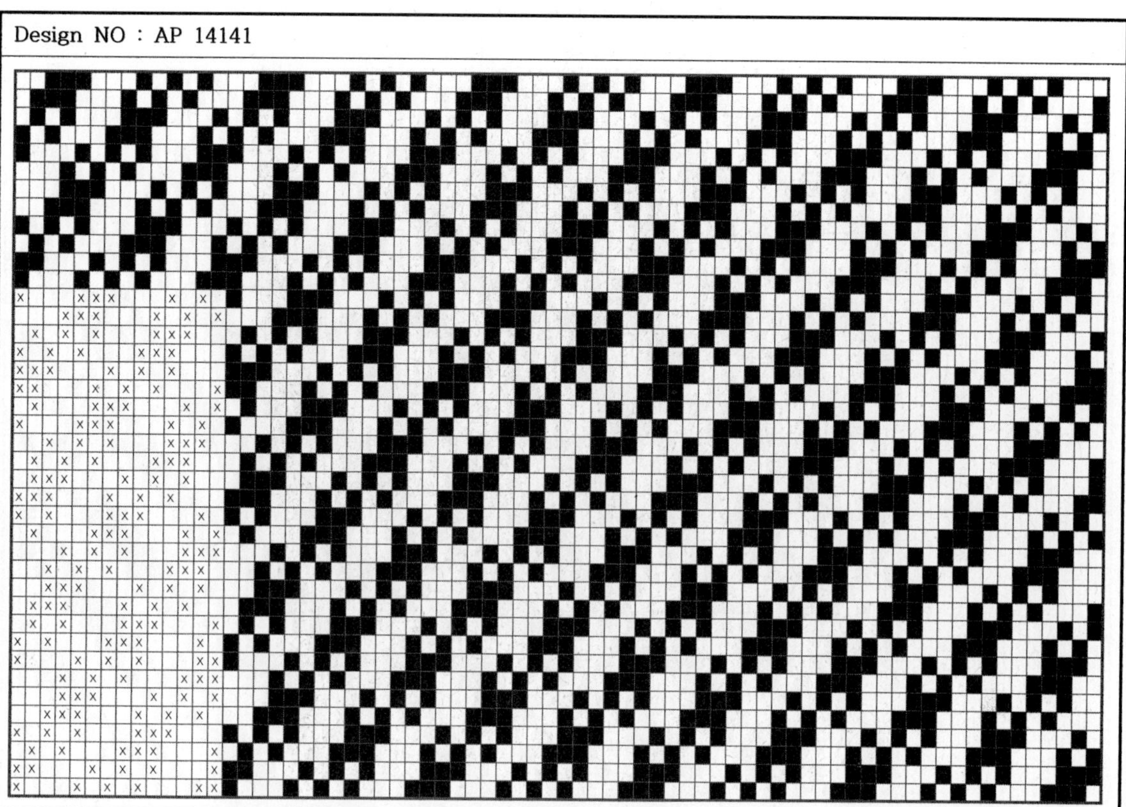

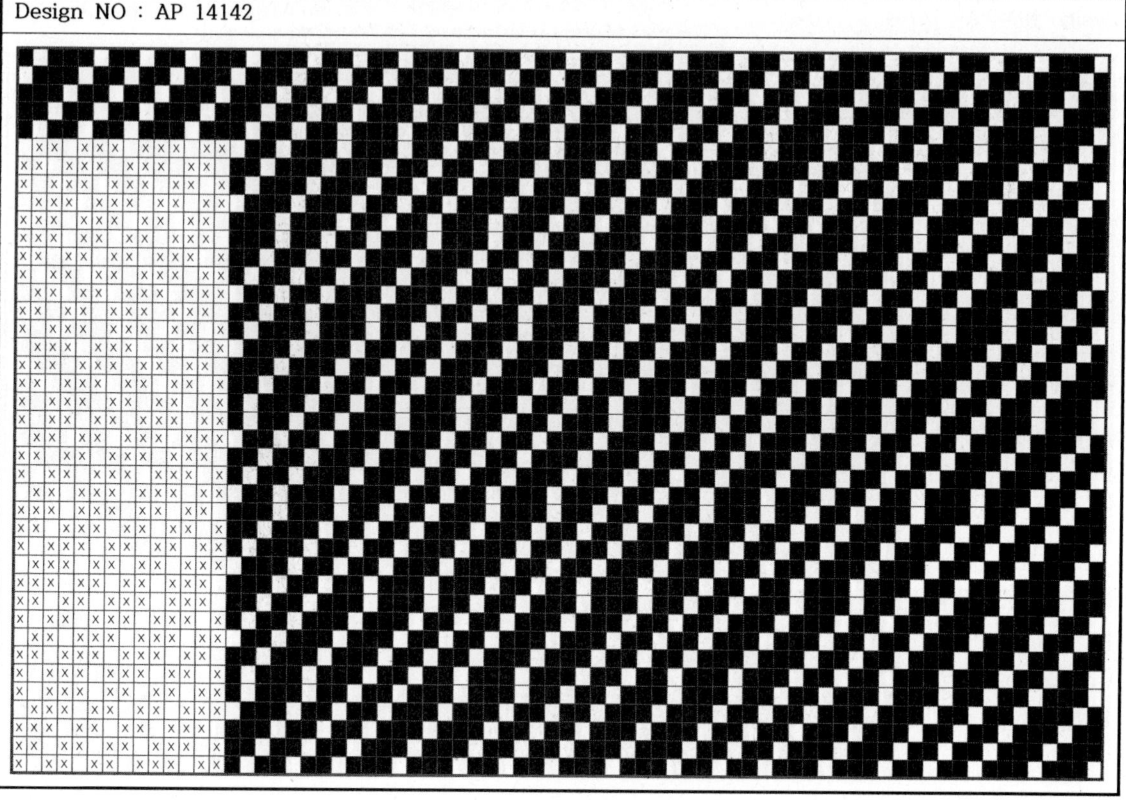

Design NO : AP 14143

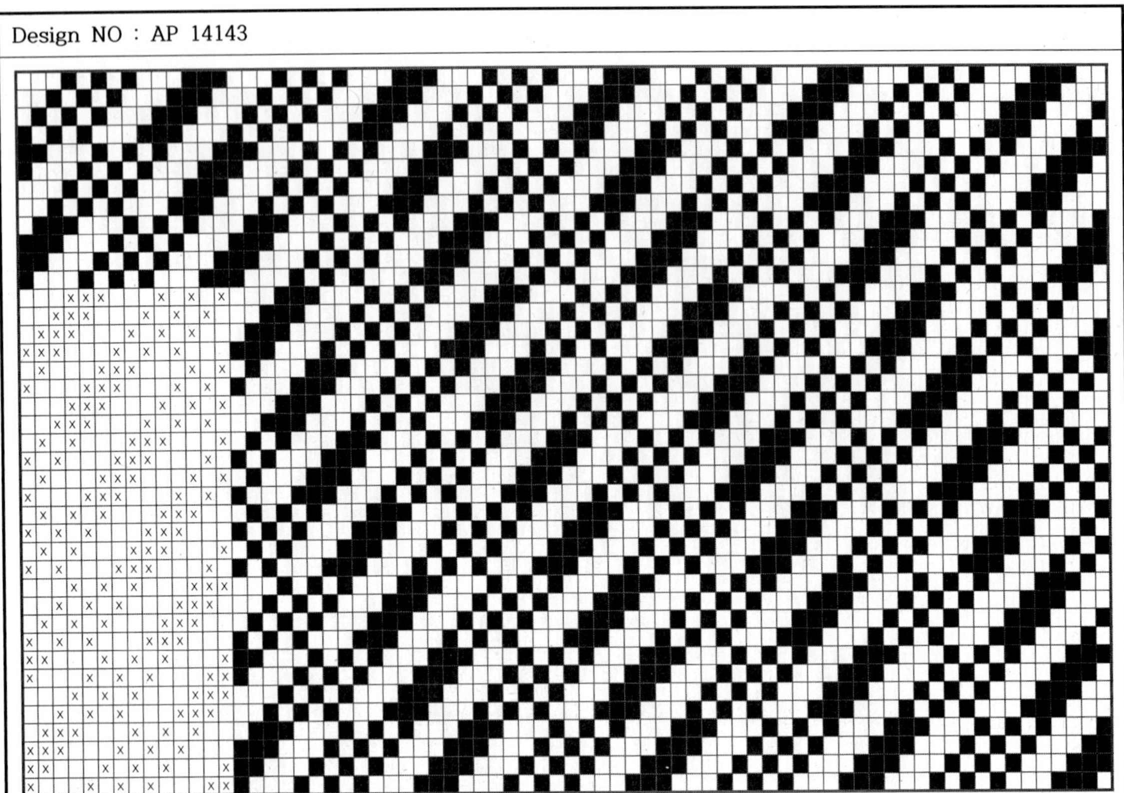

Design NO : AP 14144

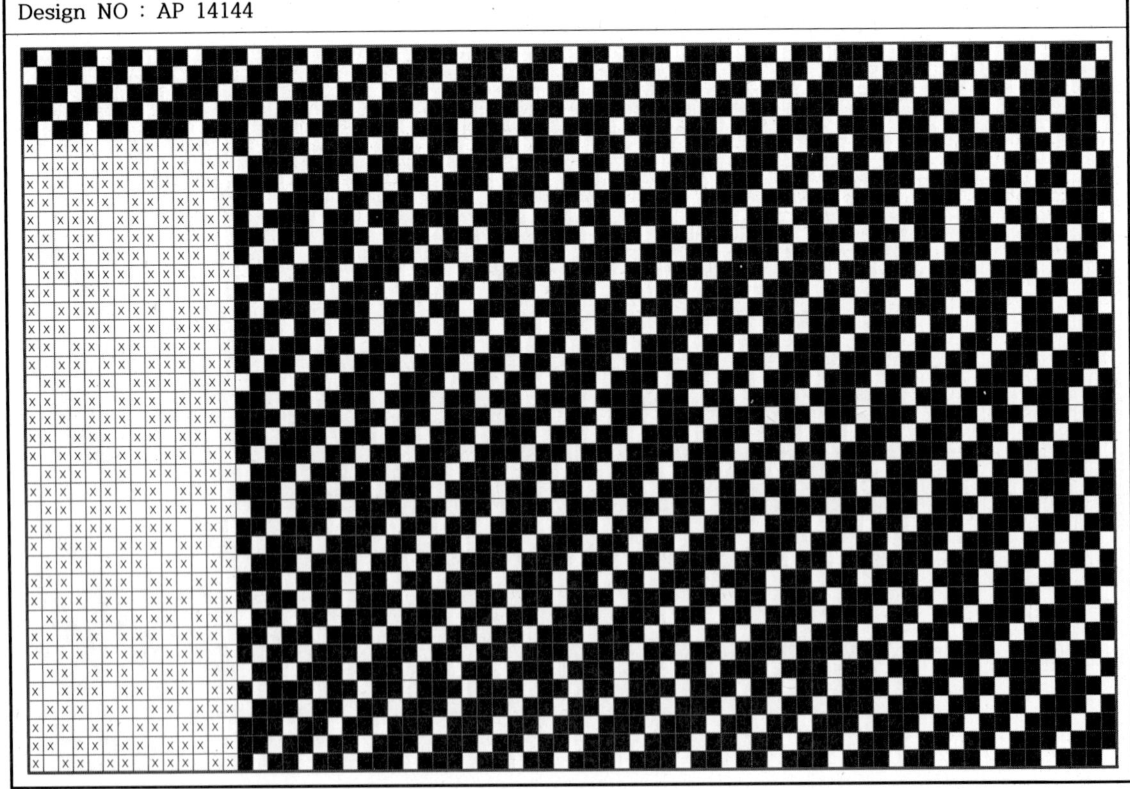

Design NO : AP 14145

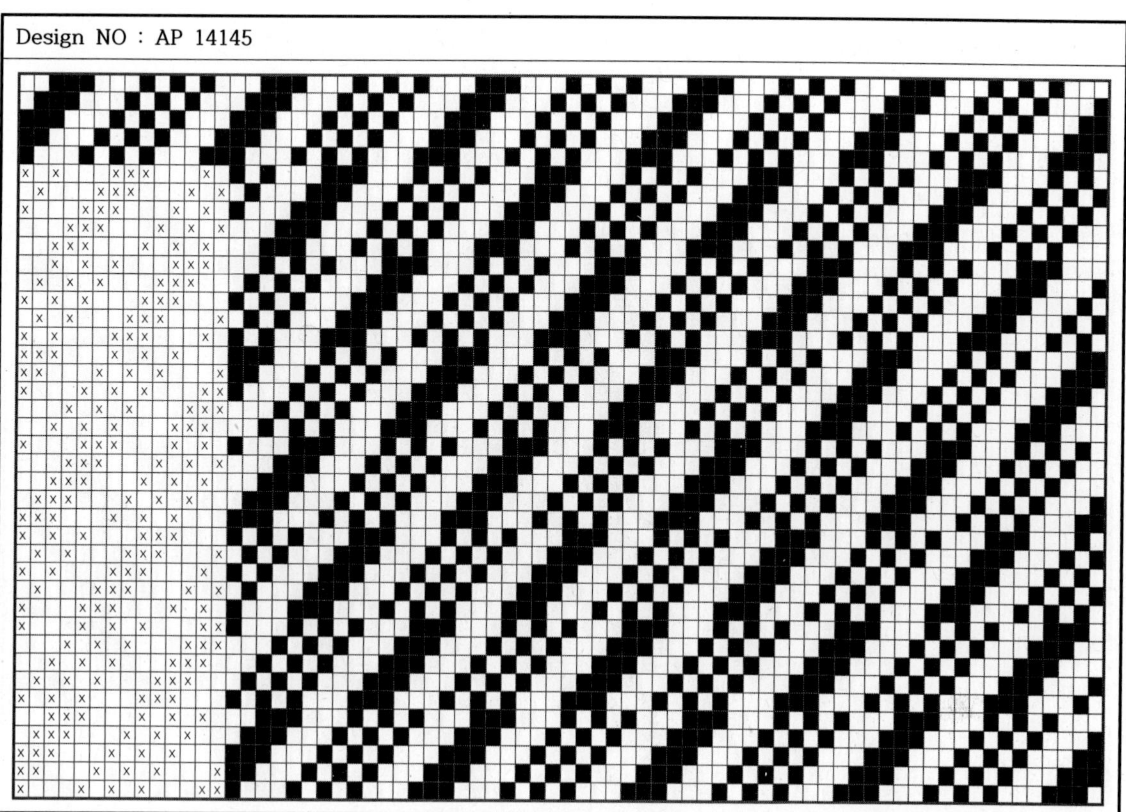

Design NO : AP 14146

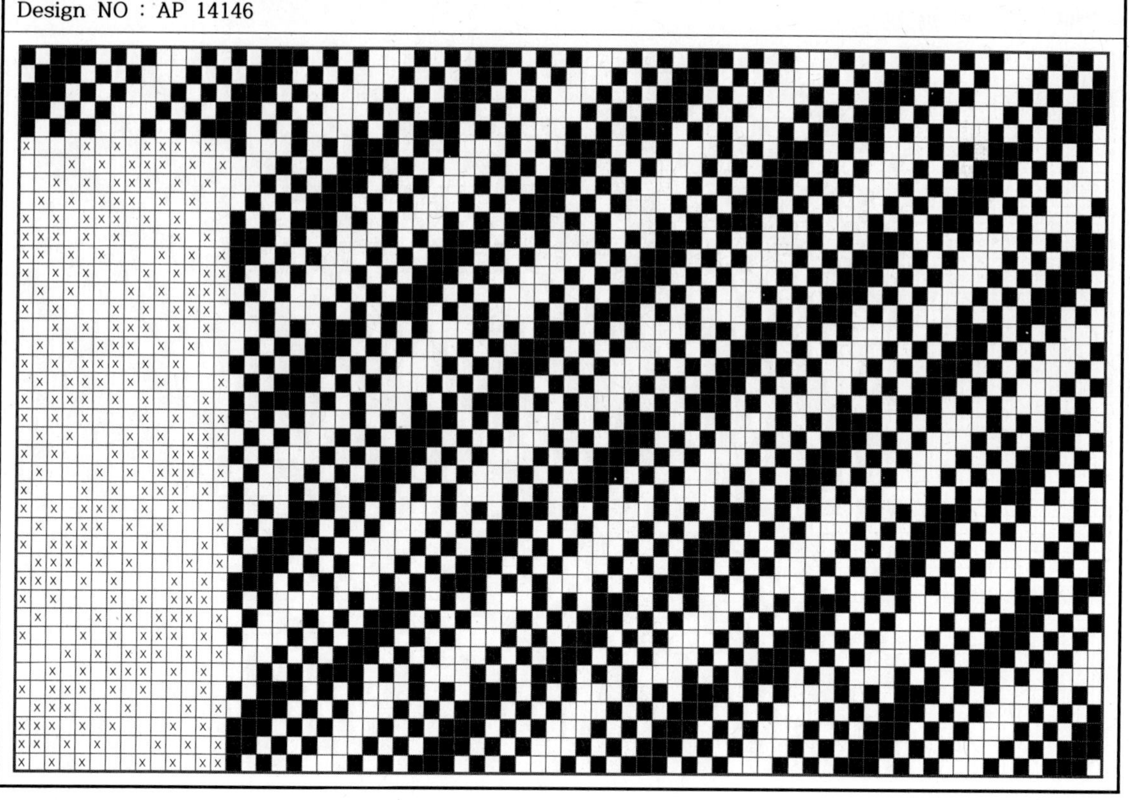

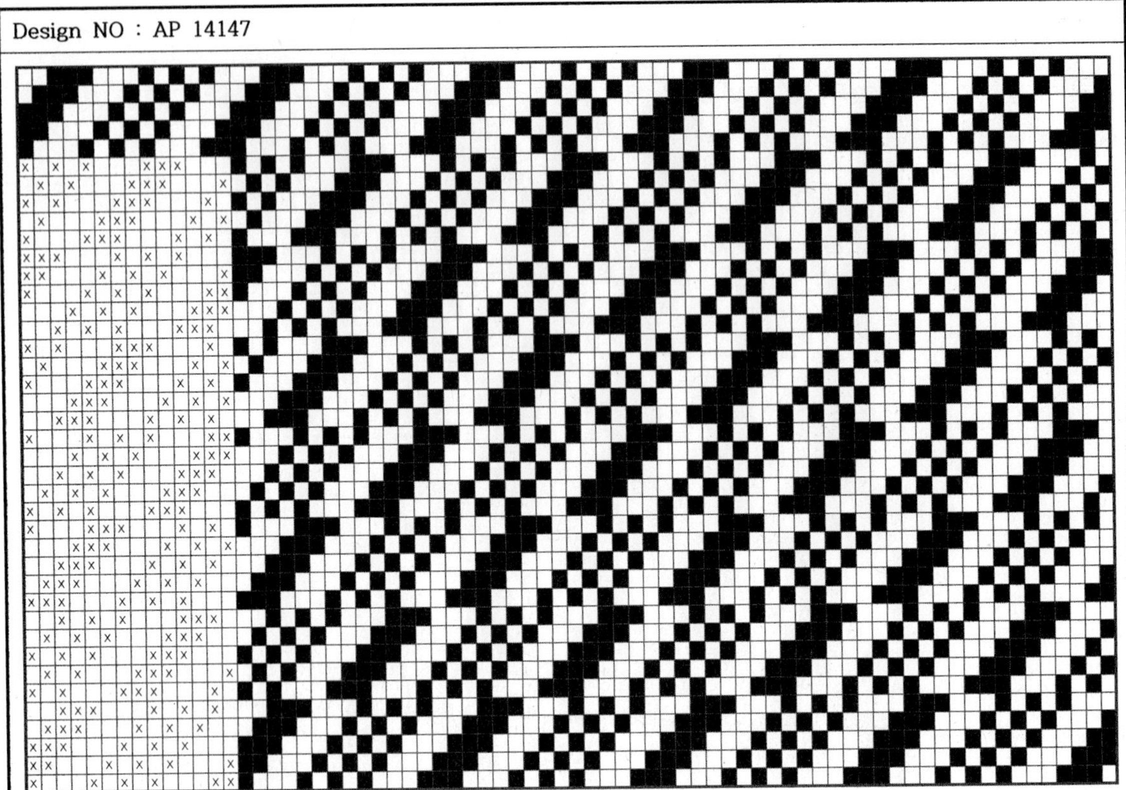

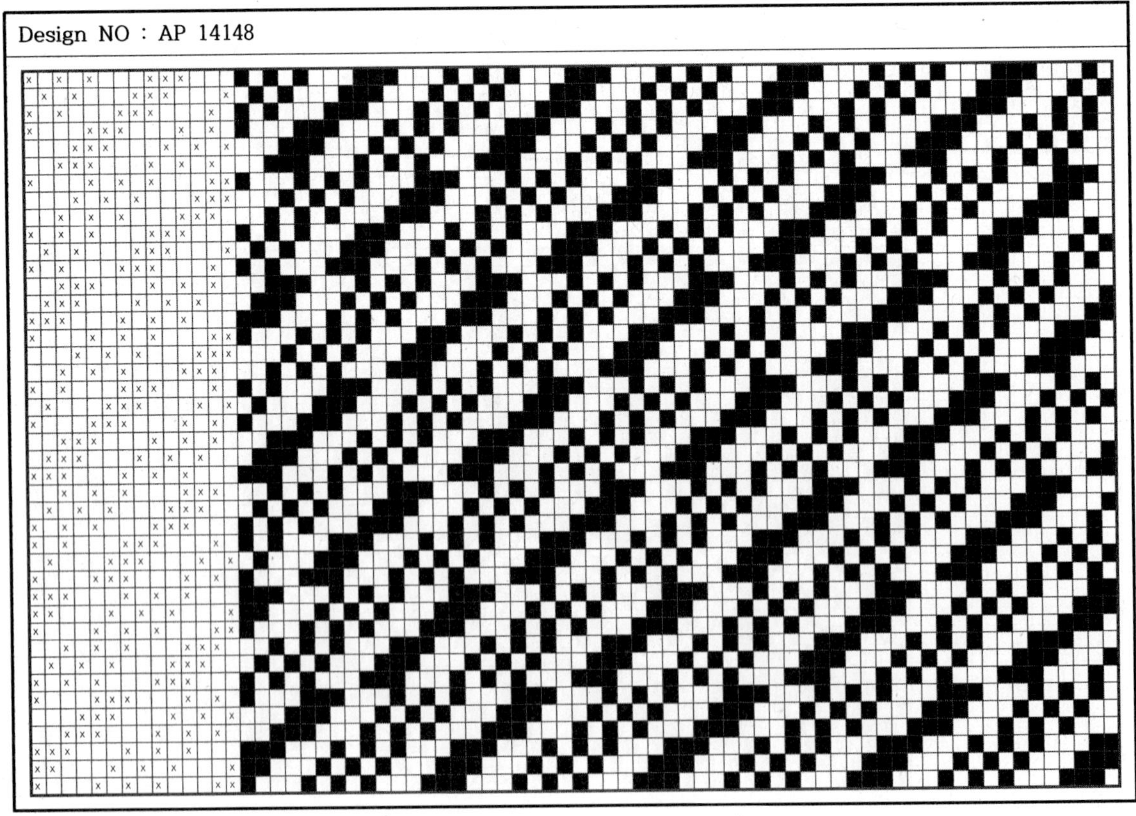

Design NO : AP 14149

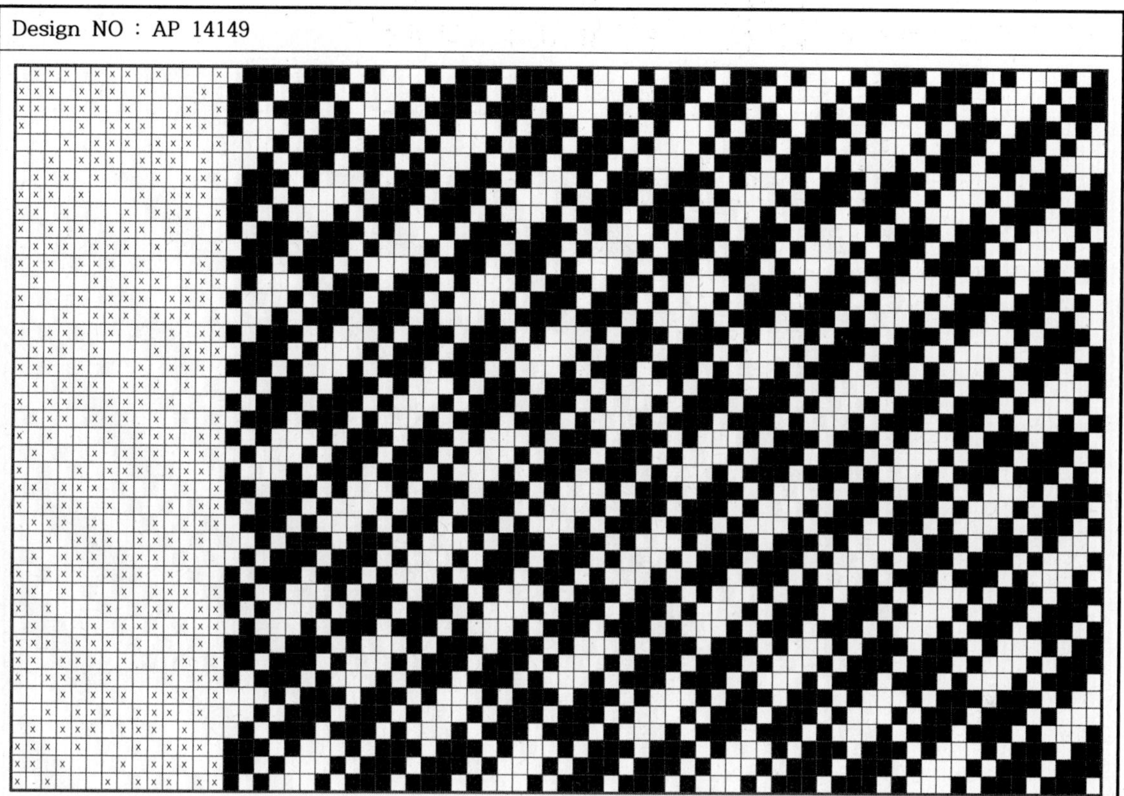

Design NO : AP 14150

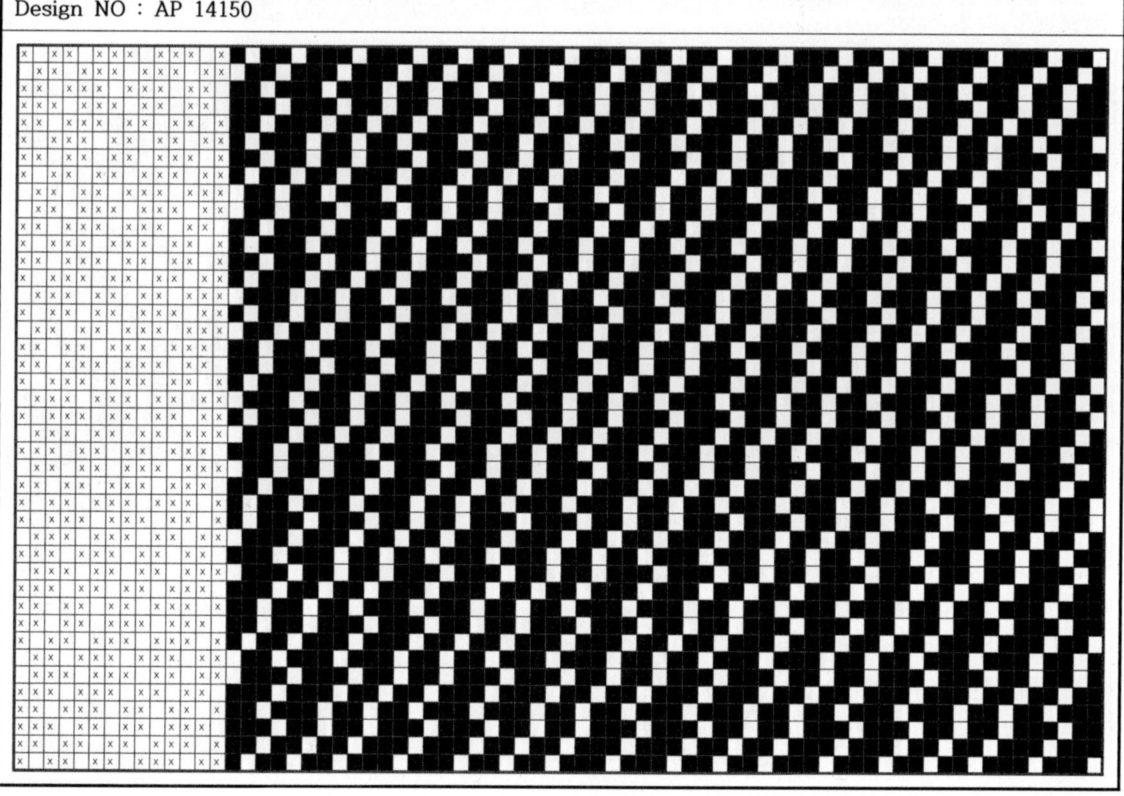

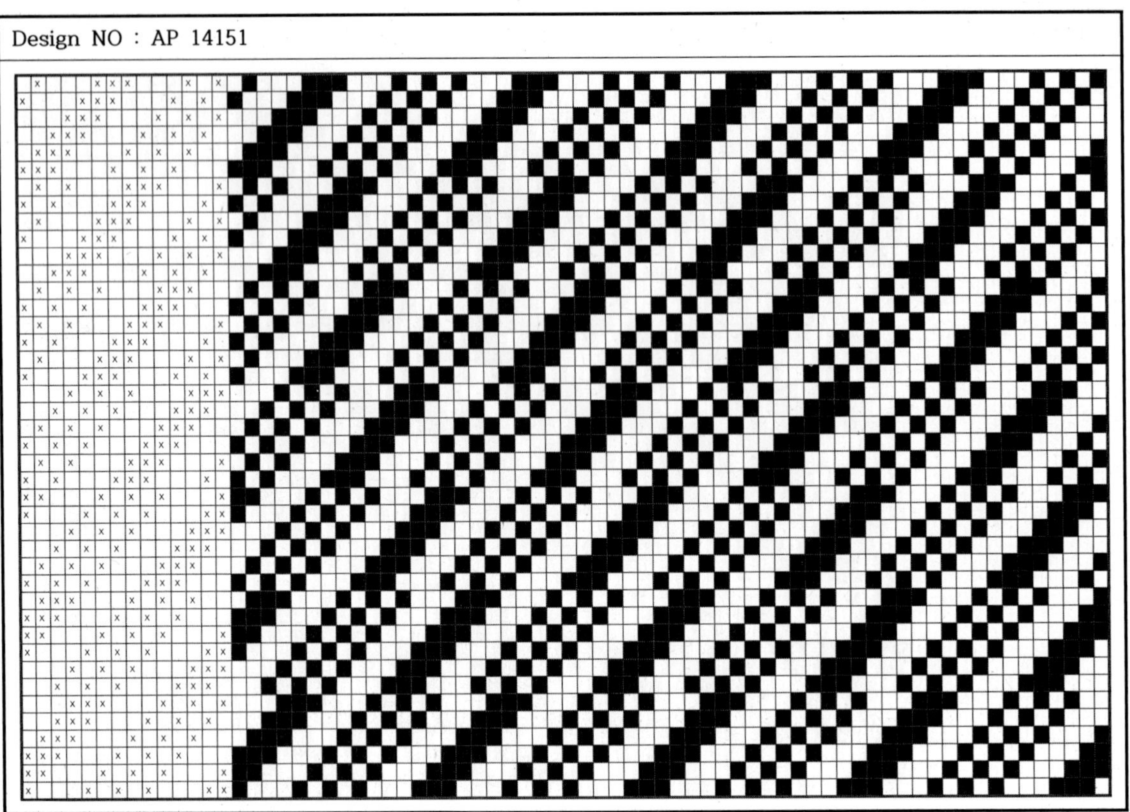

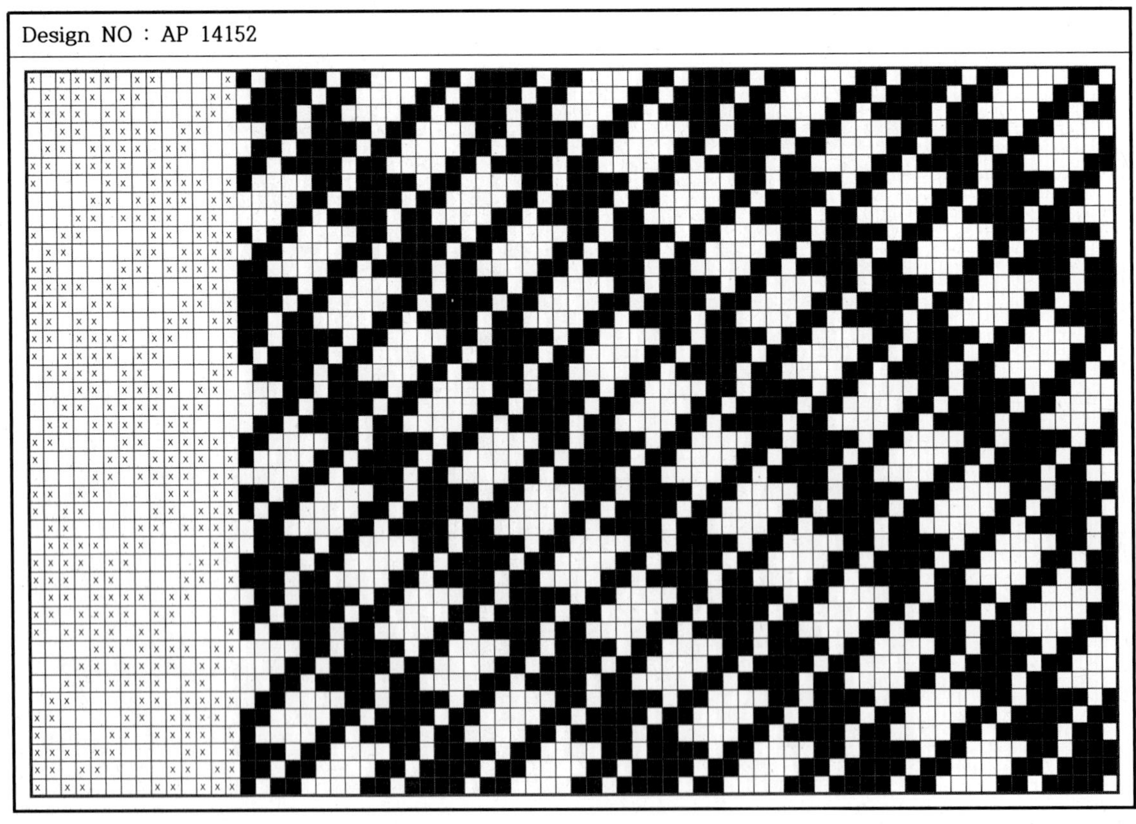

Design NO : AP 14153

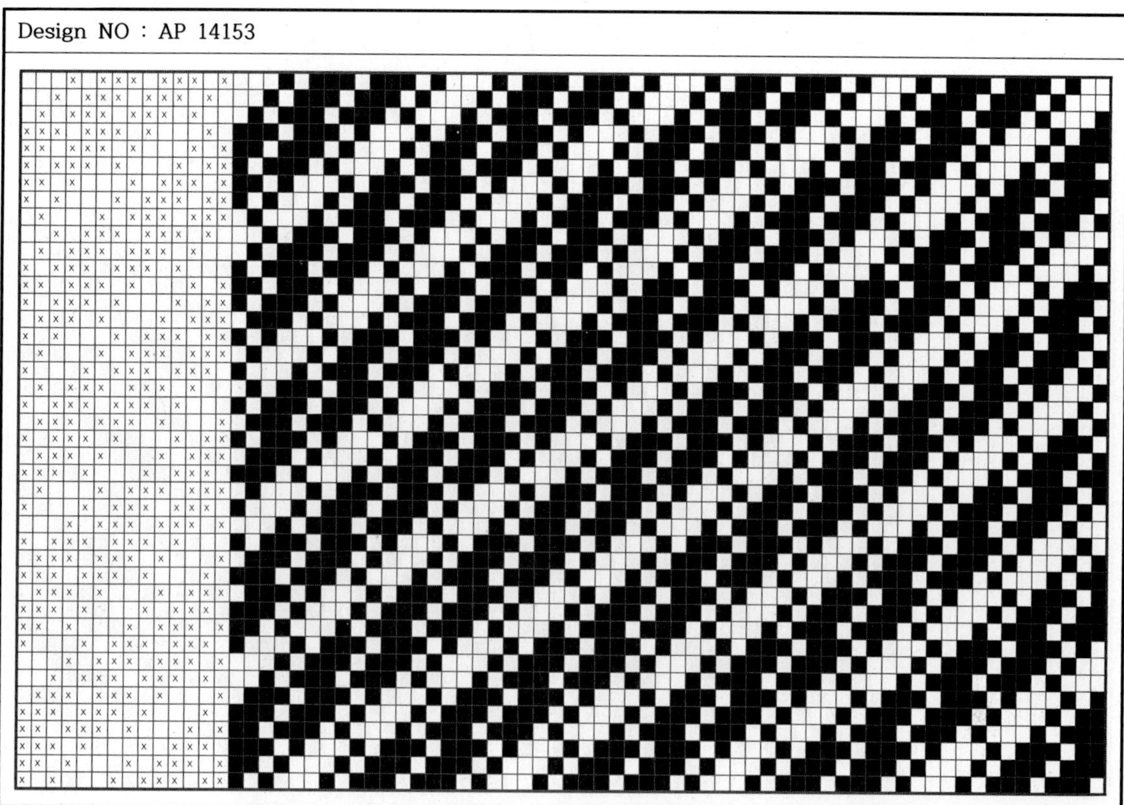

Design NO : AP 14154

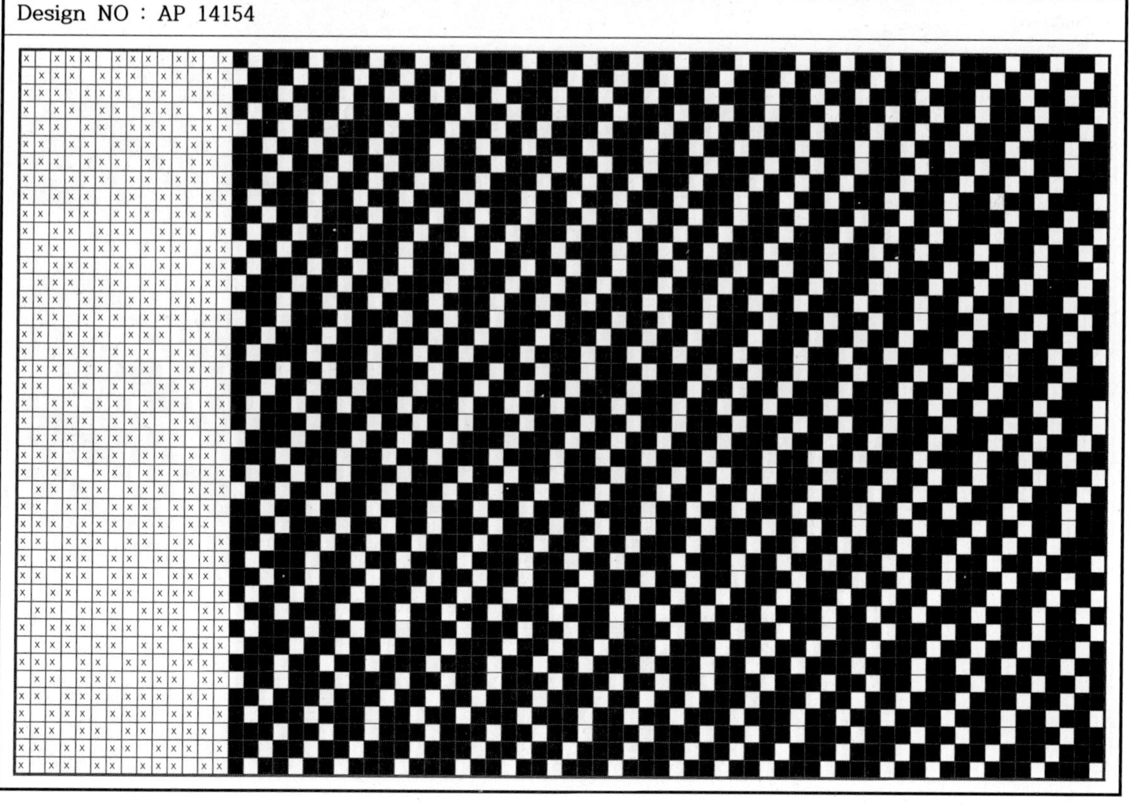

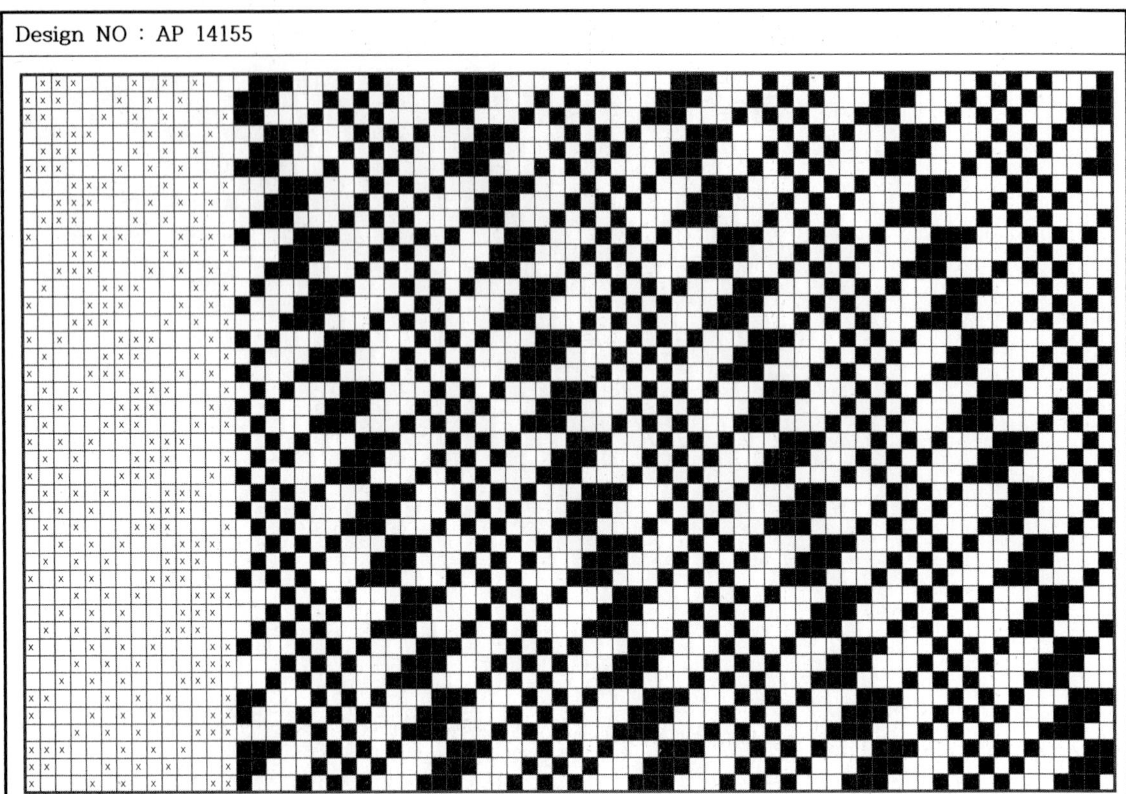

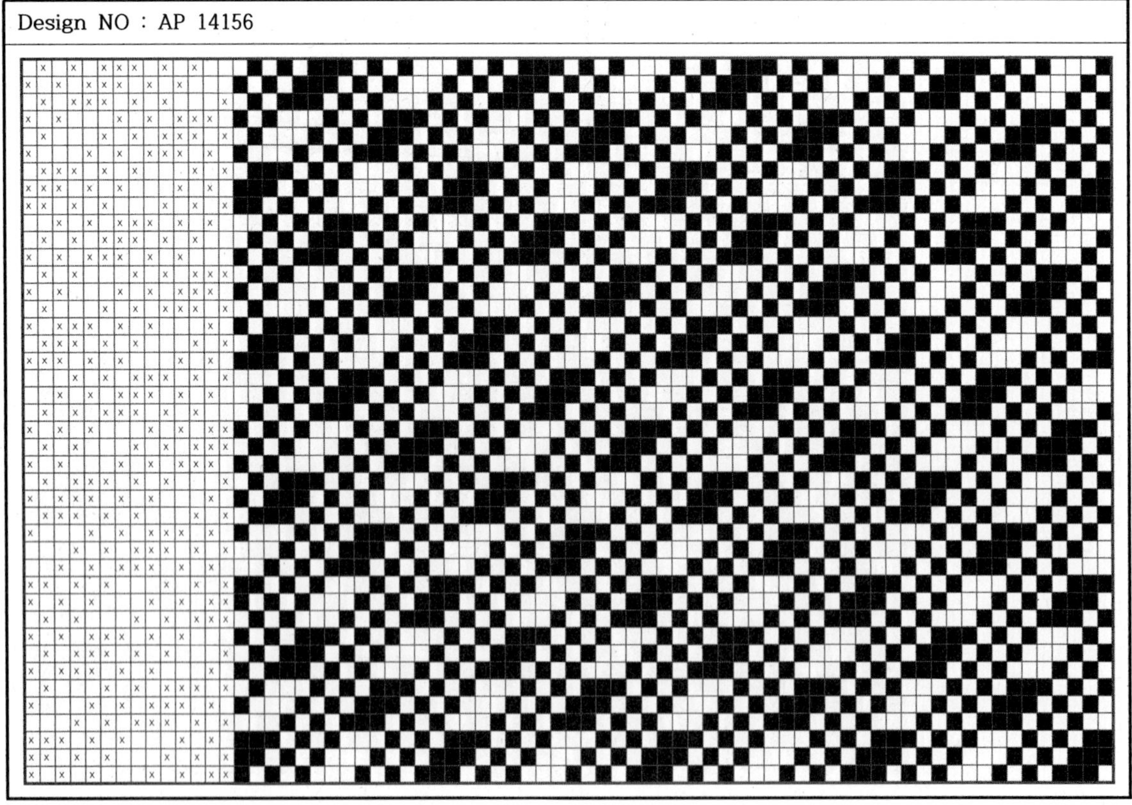

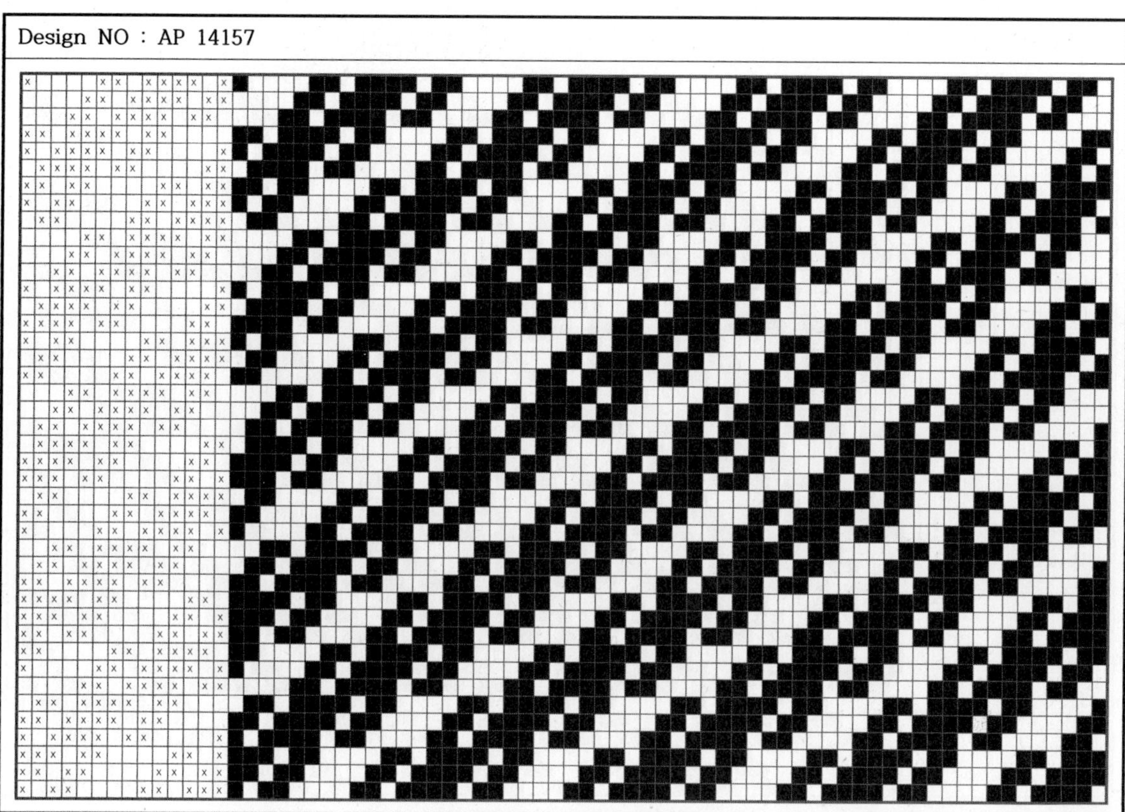

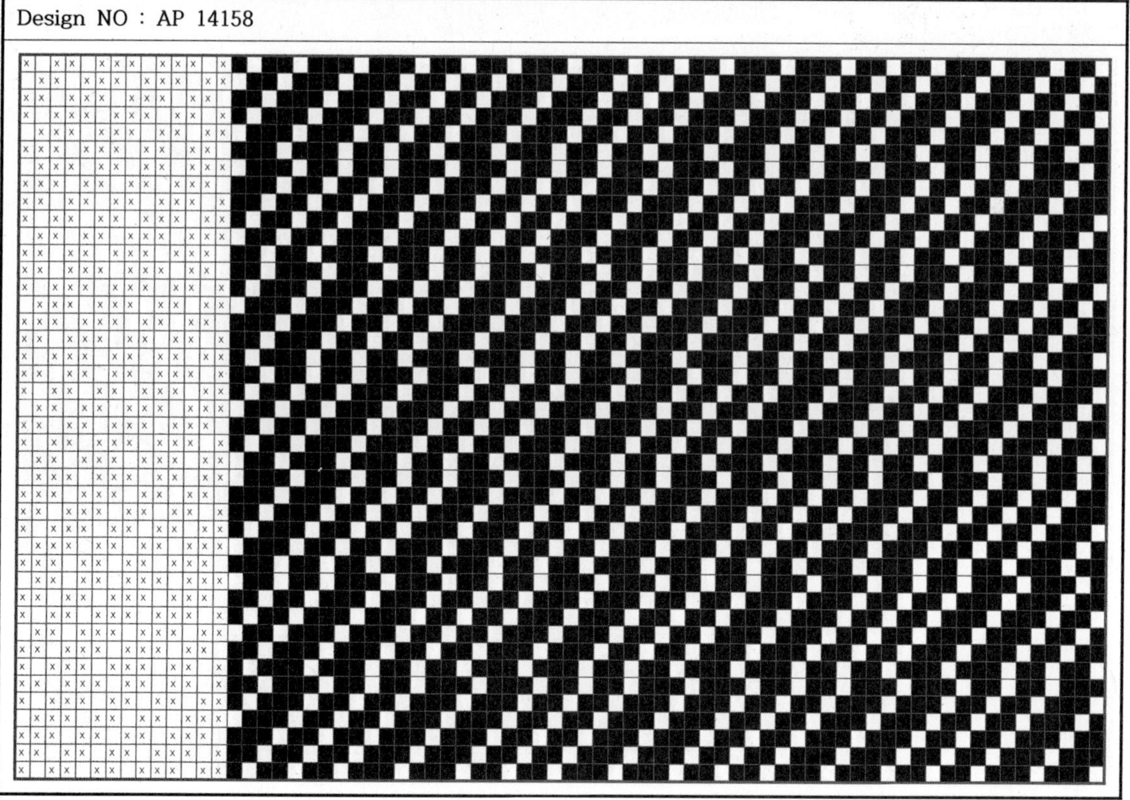

Design NO : AP 14159

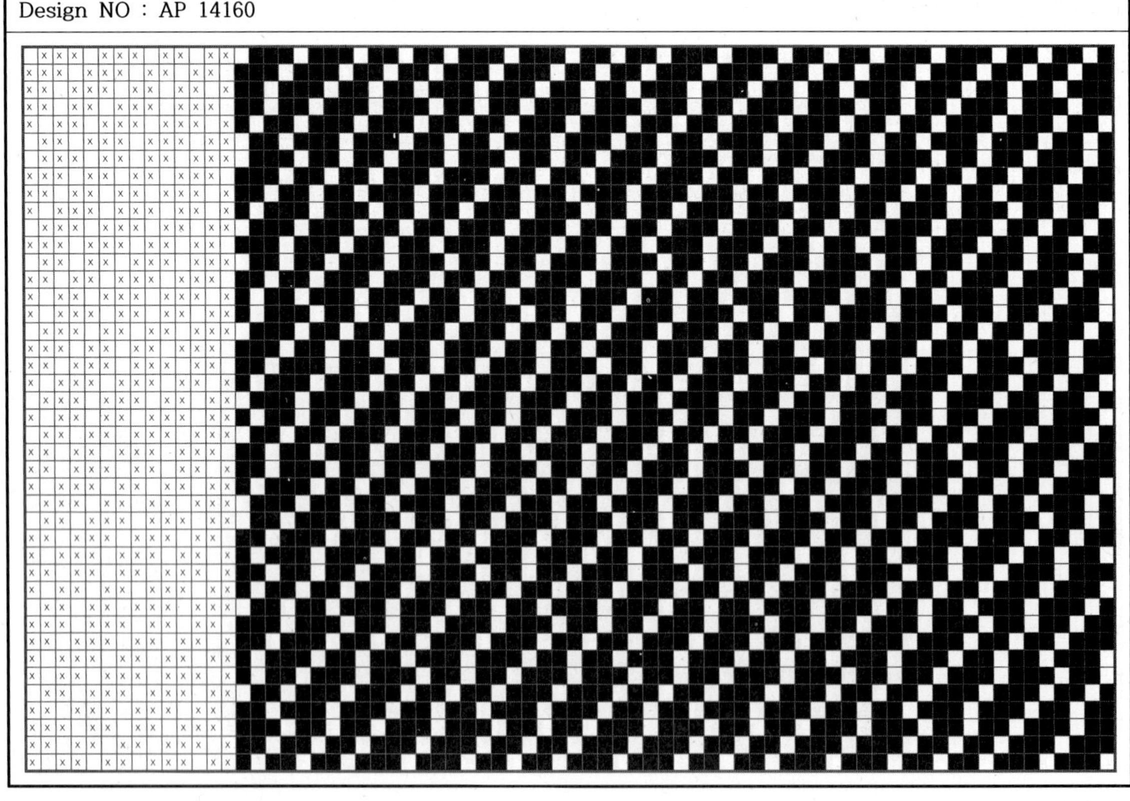

Design NO : AP 14160

Design NO : AP 14161

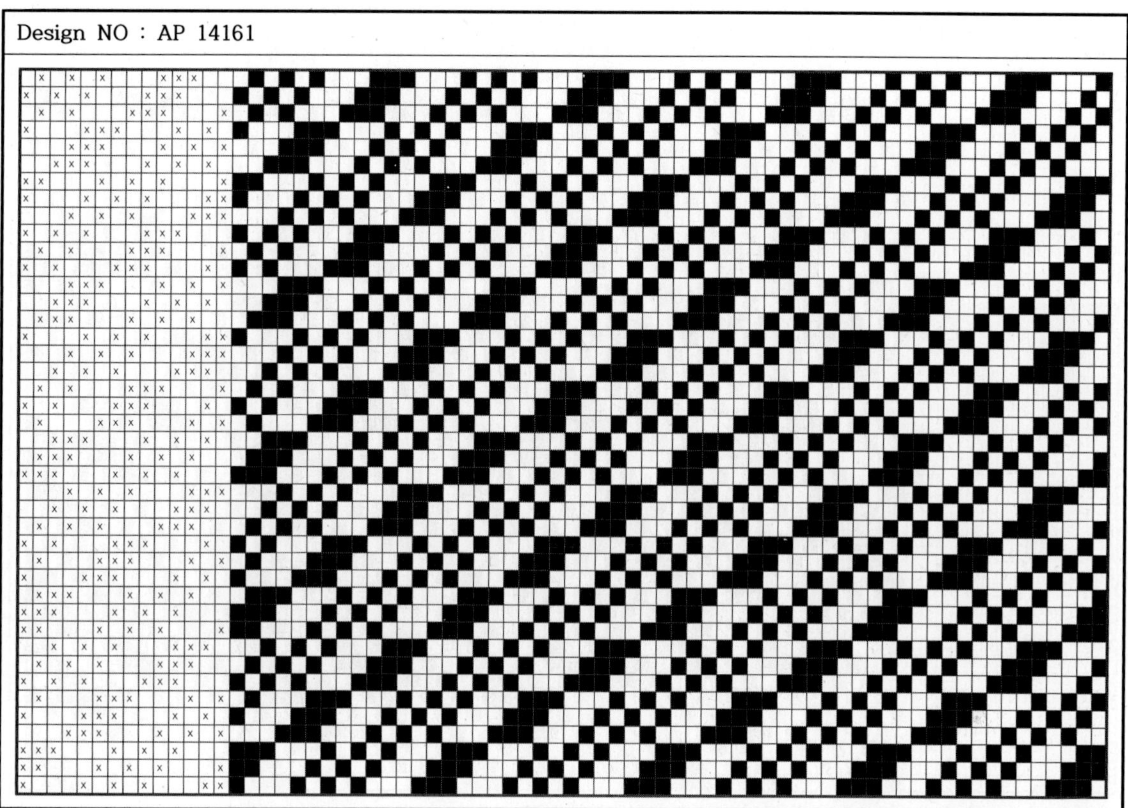

Design NO : AP 14162

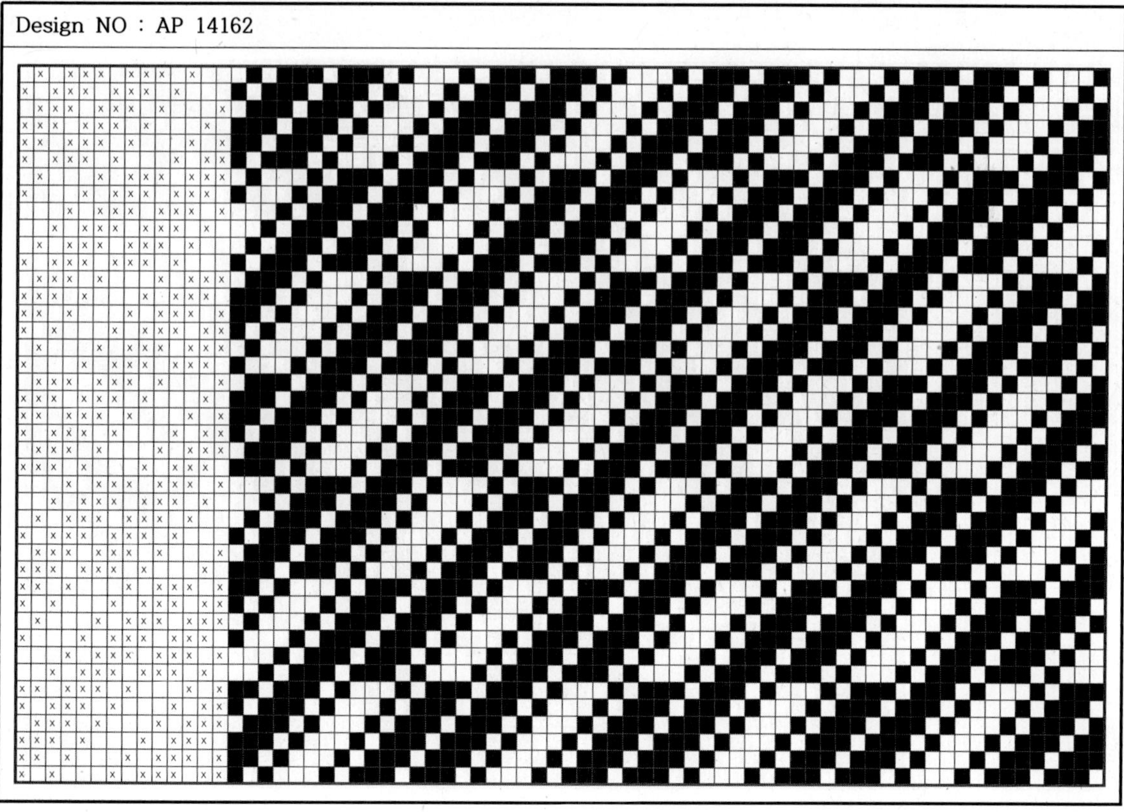

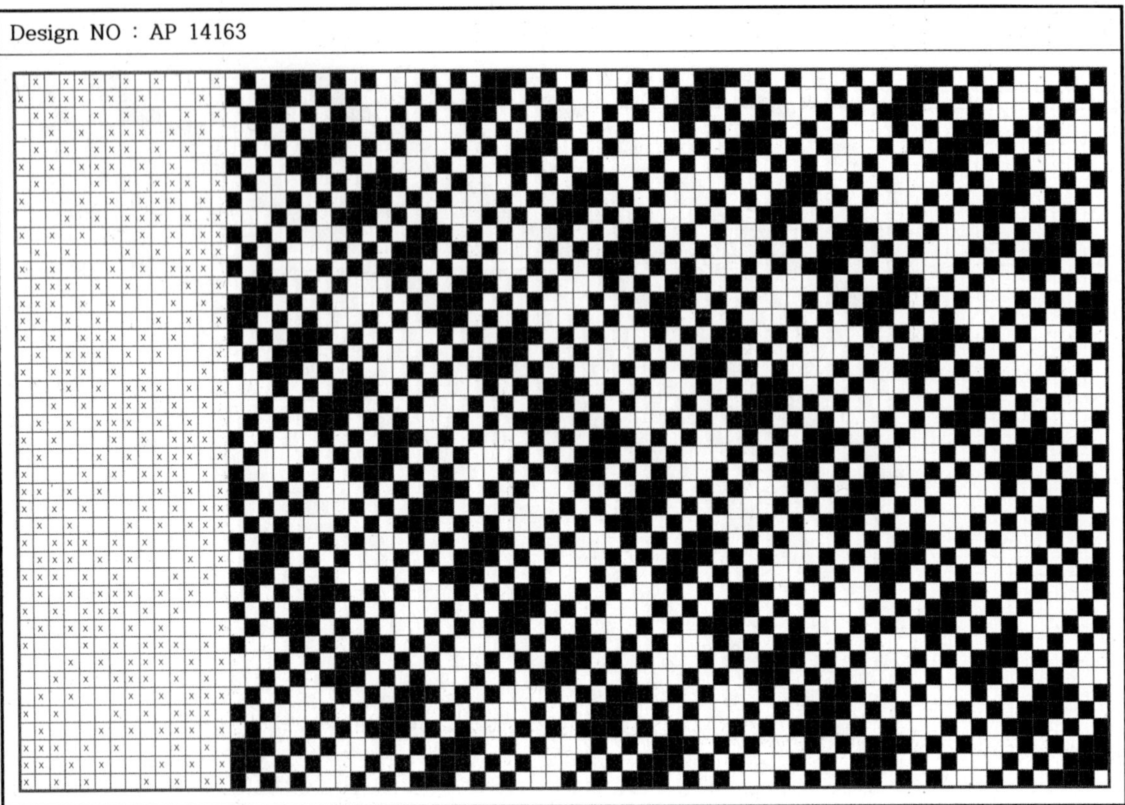

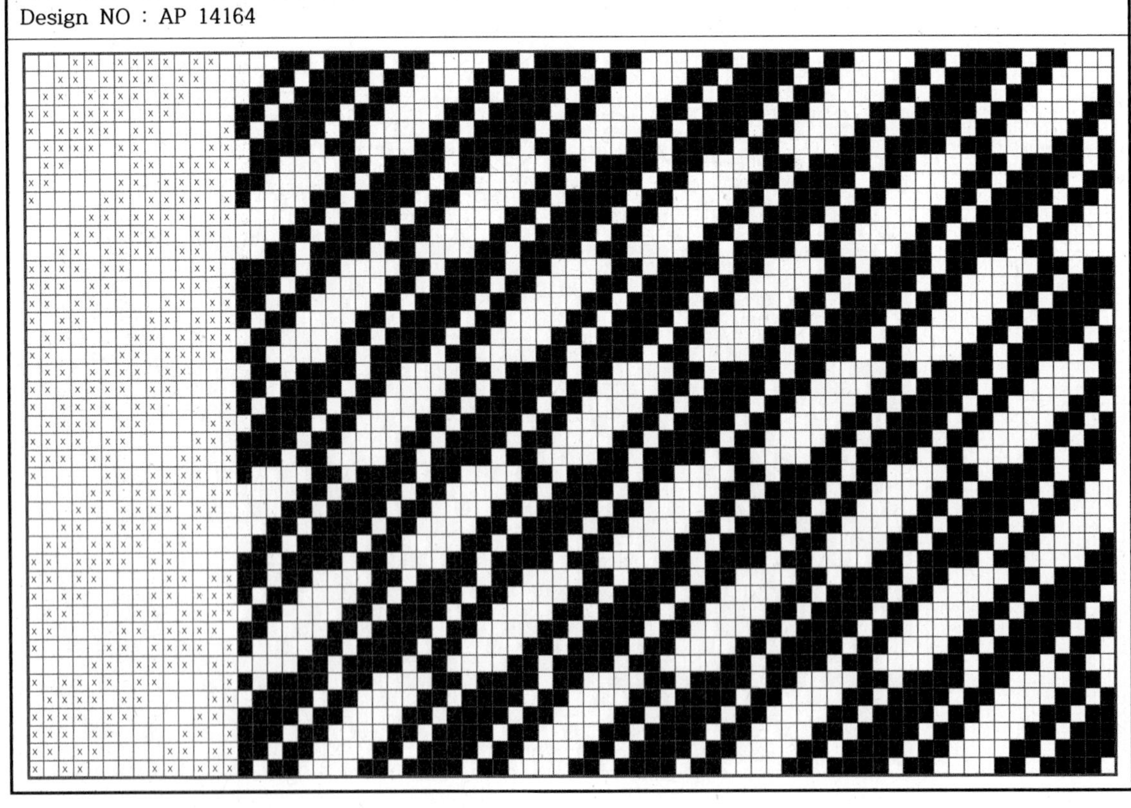

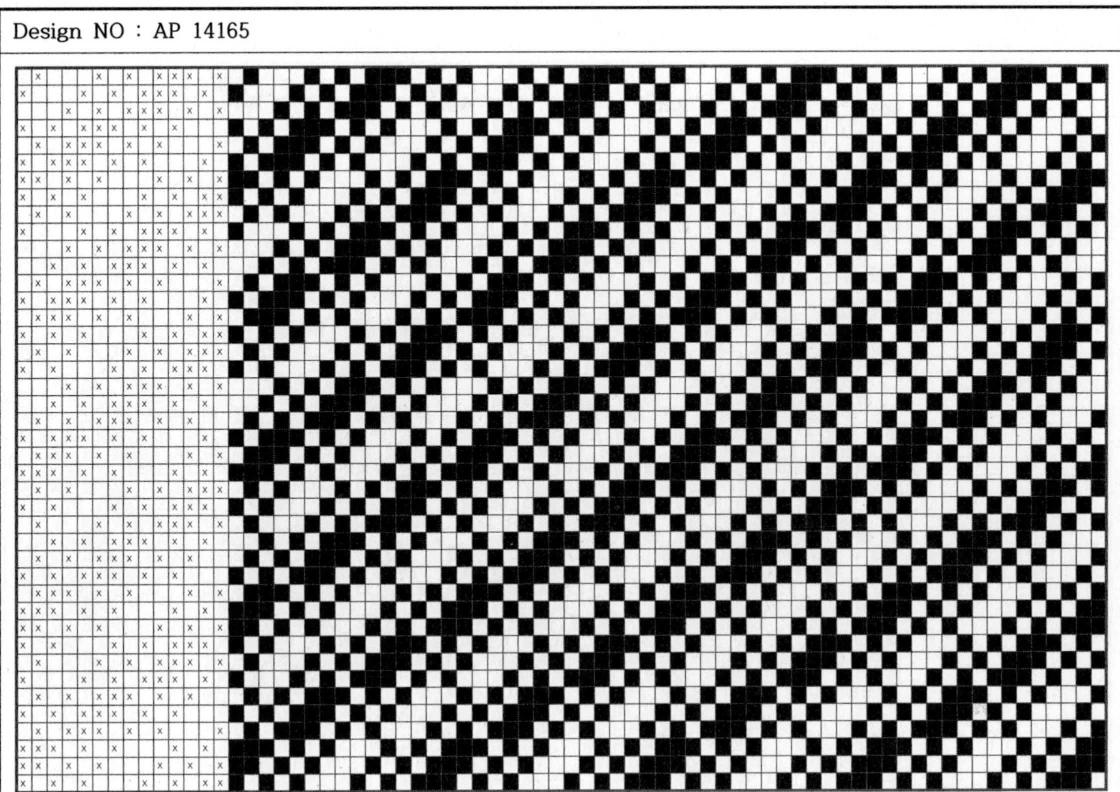

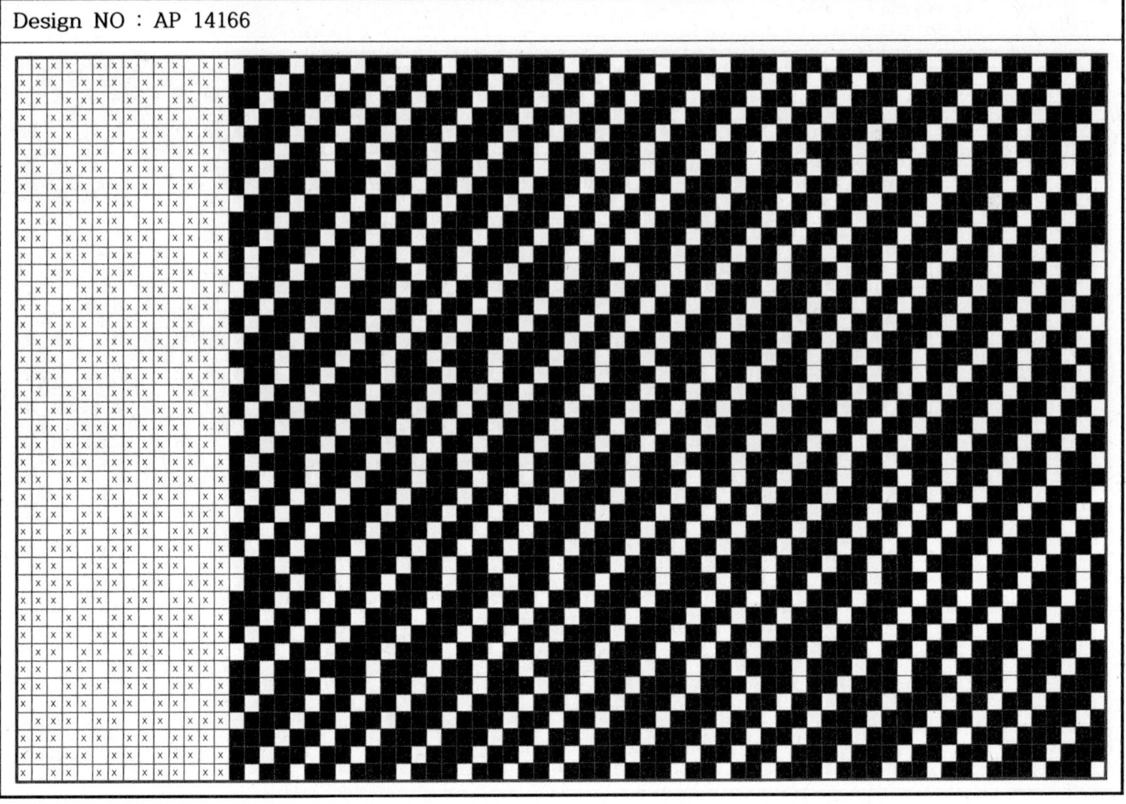

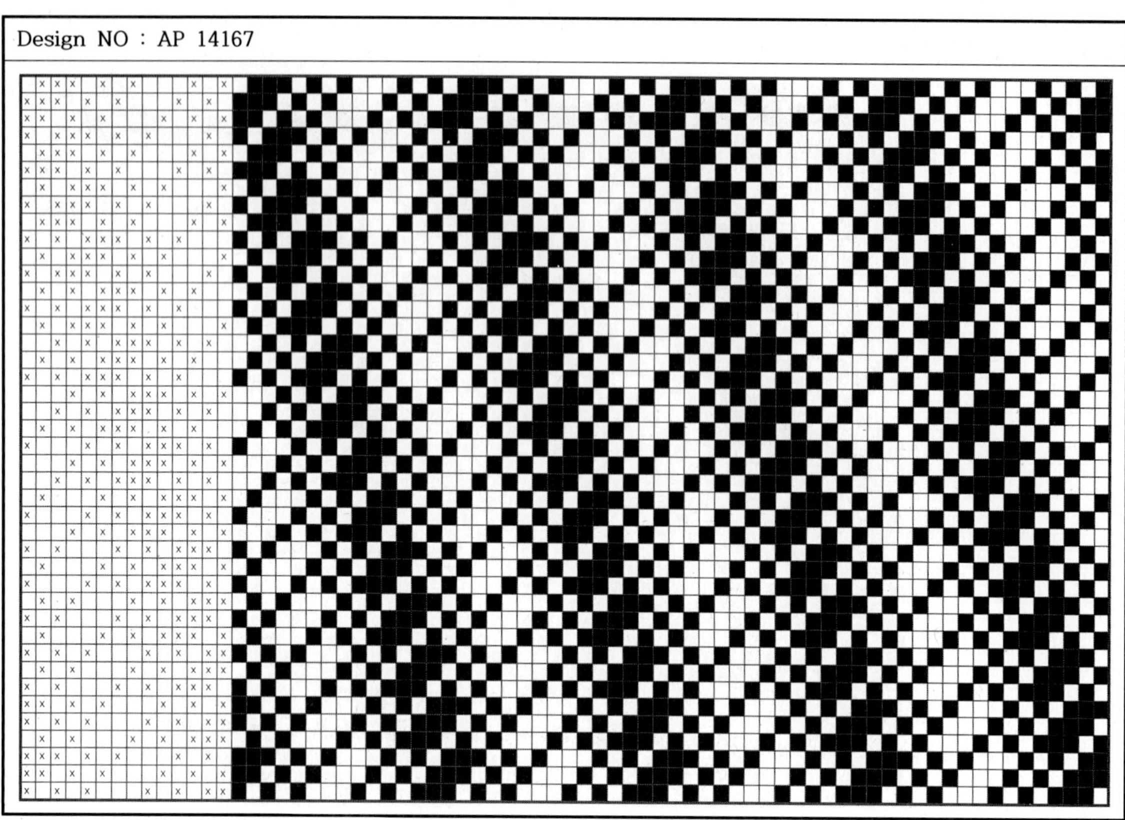

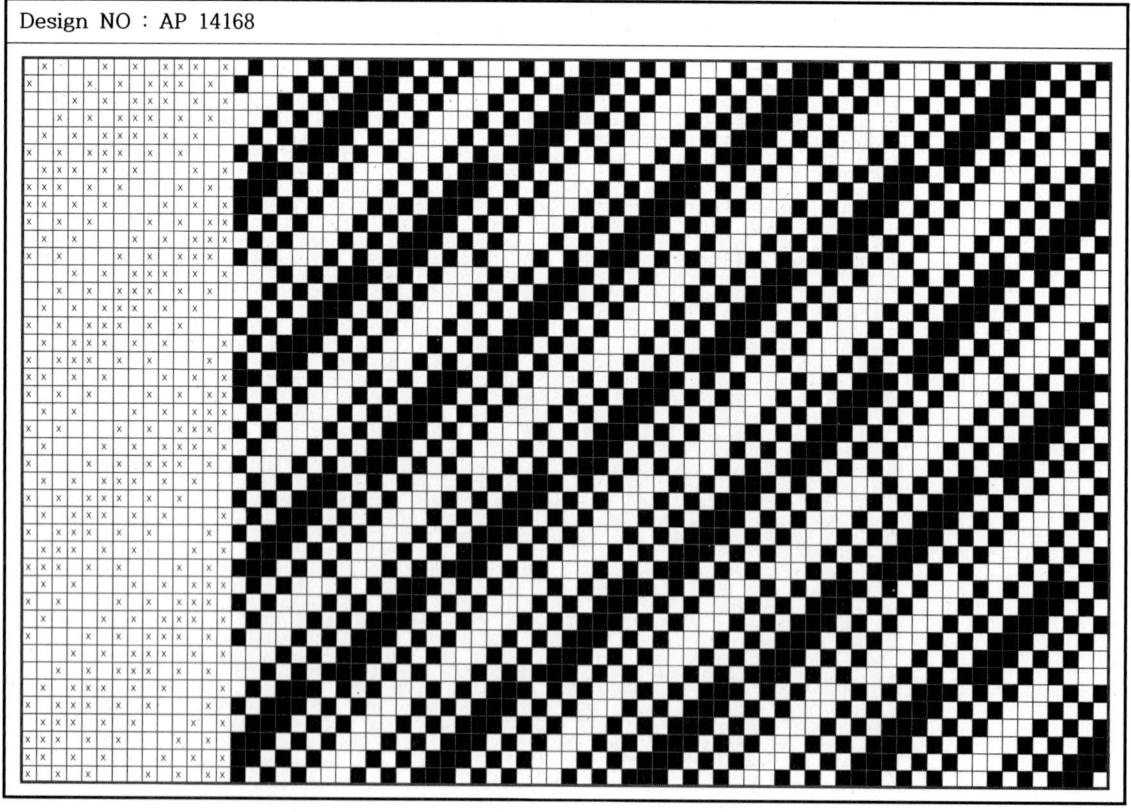

Design NO : AP 14169

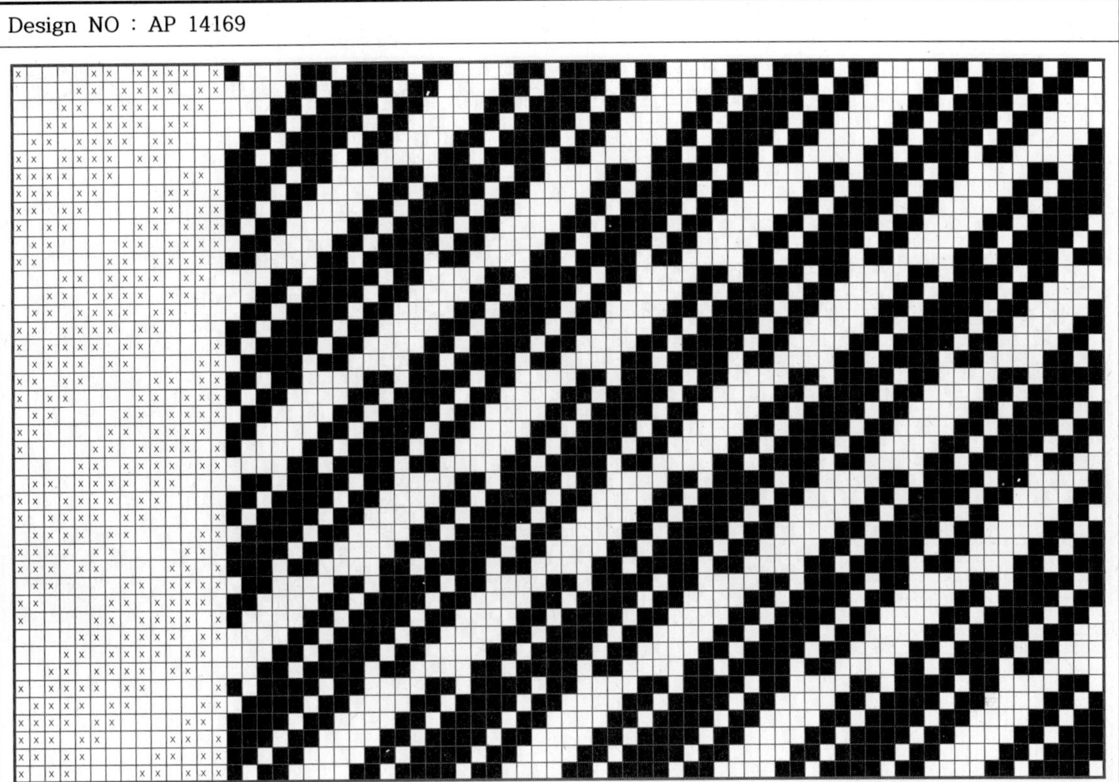

Design NO : AP 14170

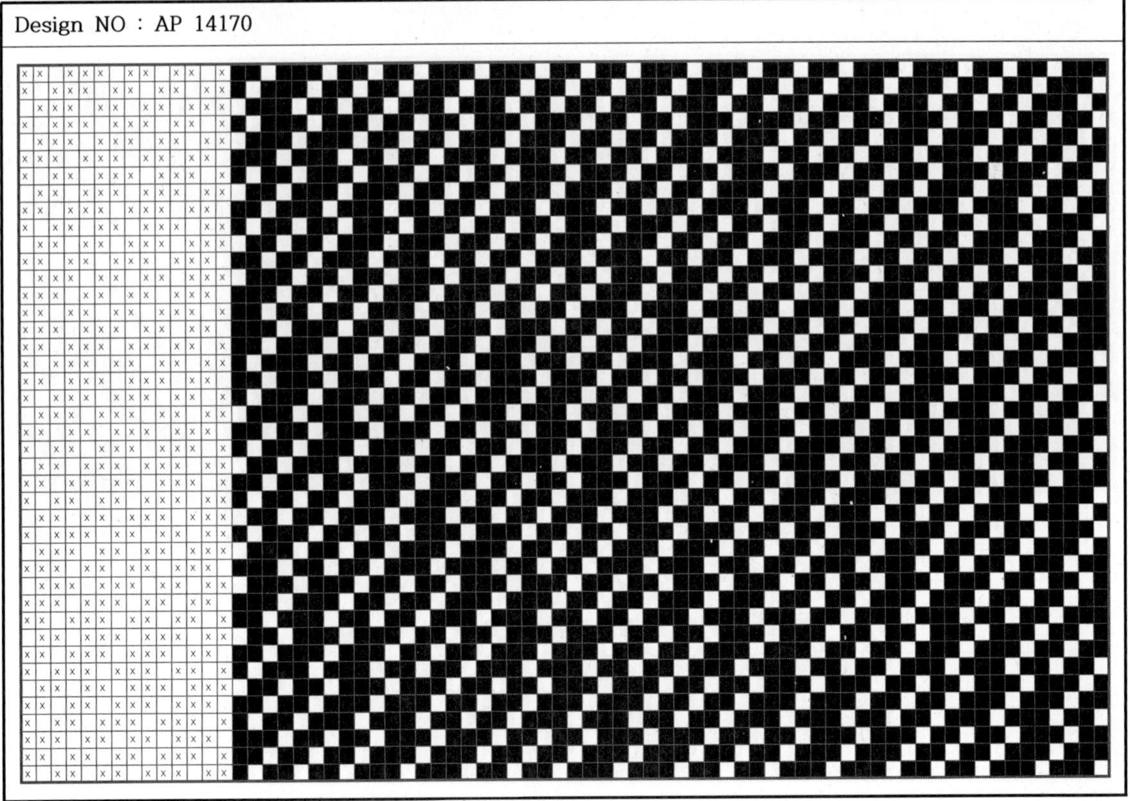

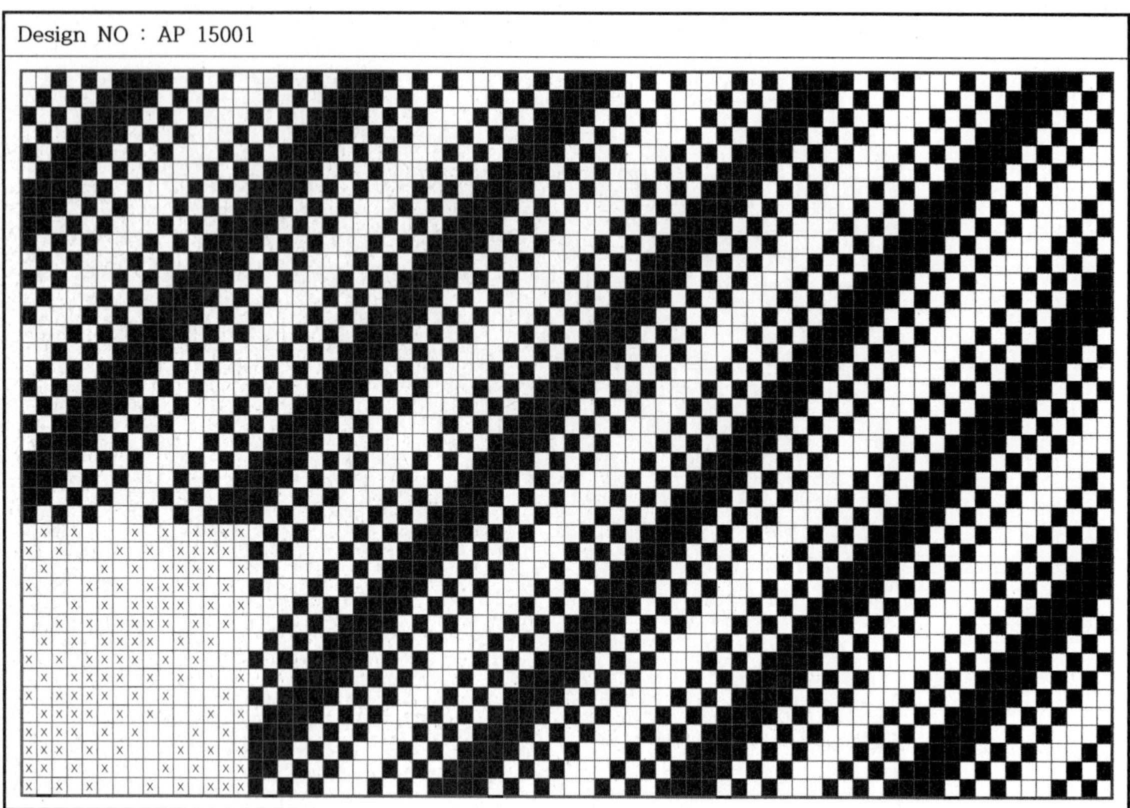

Design NO : AP 15001

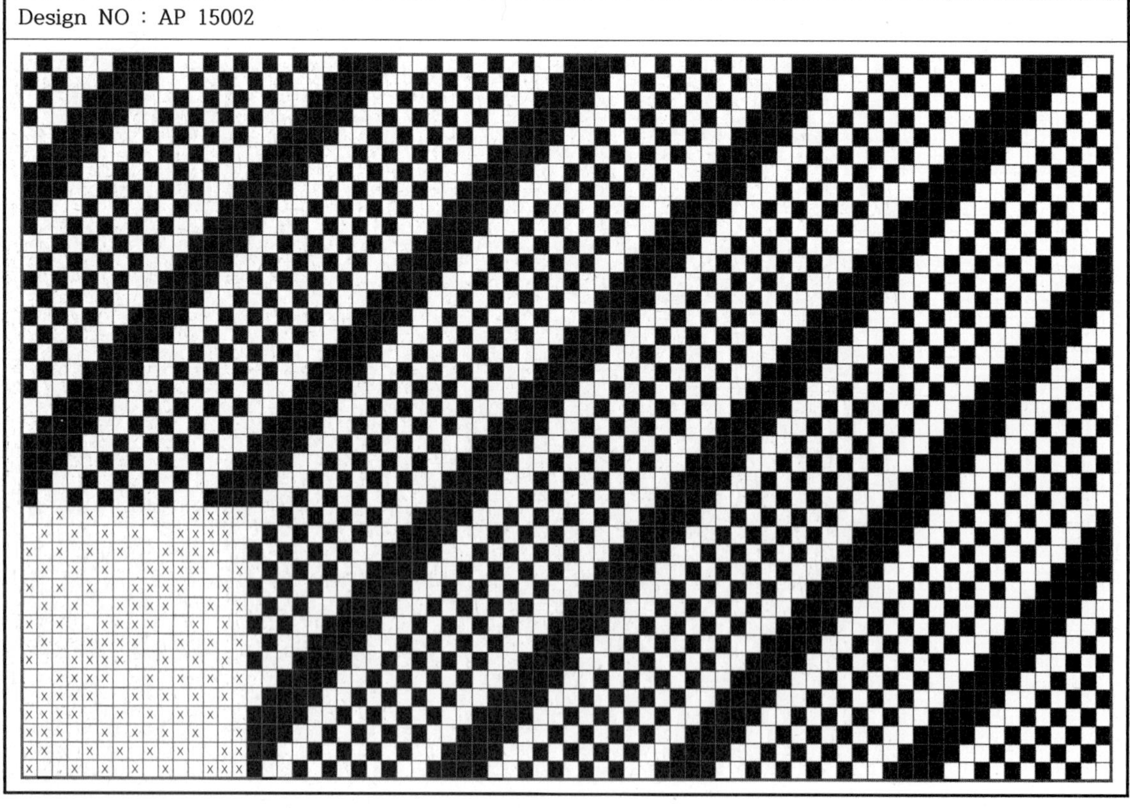

Design NO : AP 15002

Design NO : AP 15003

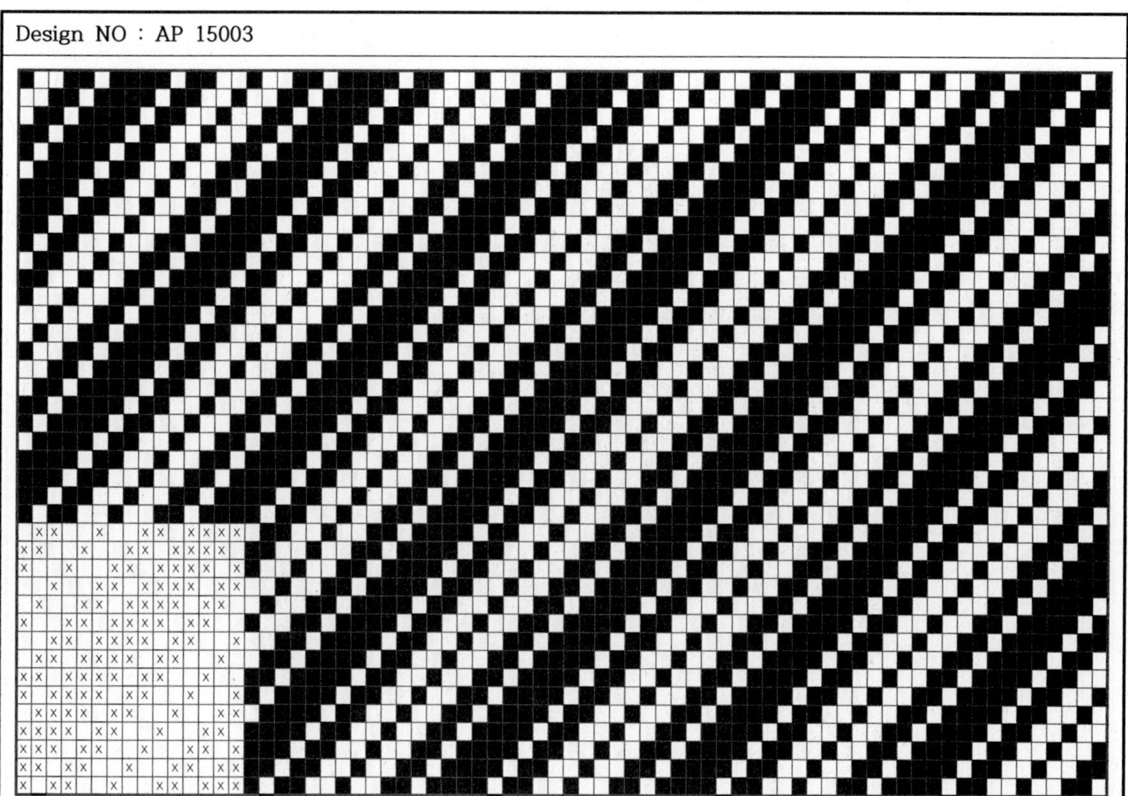

Design NO : AP 15004

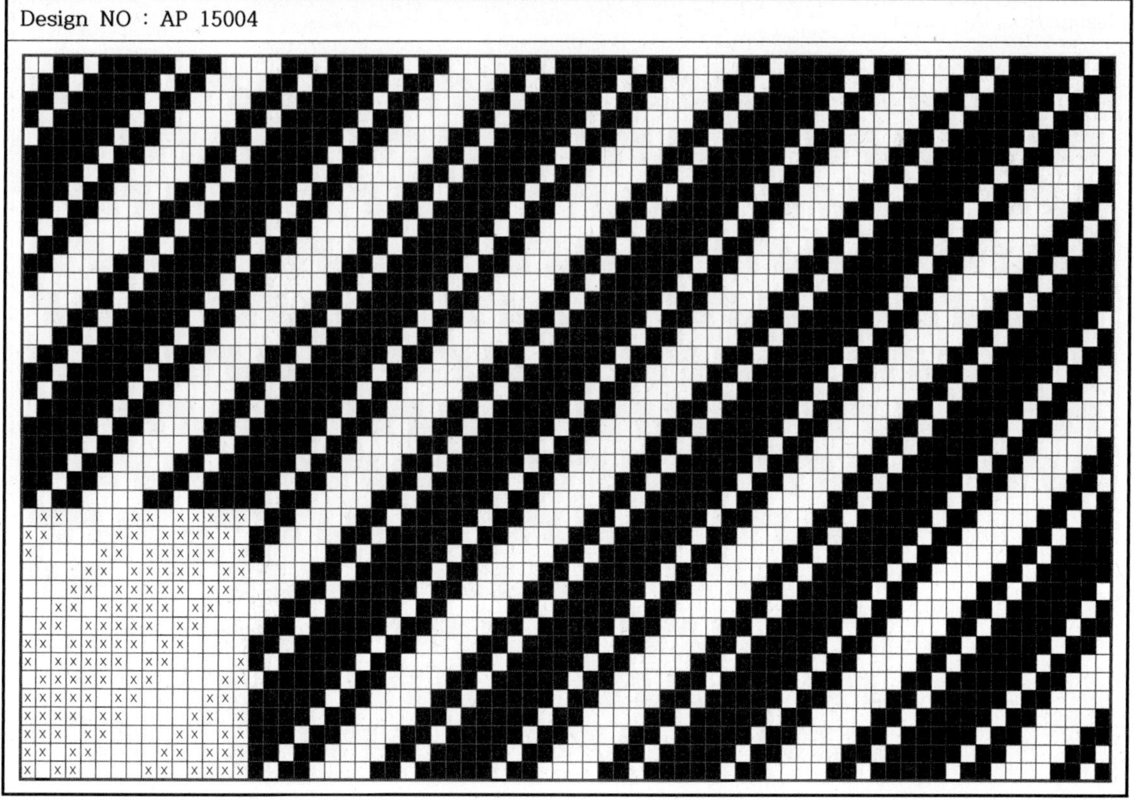

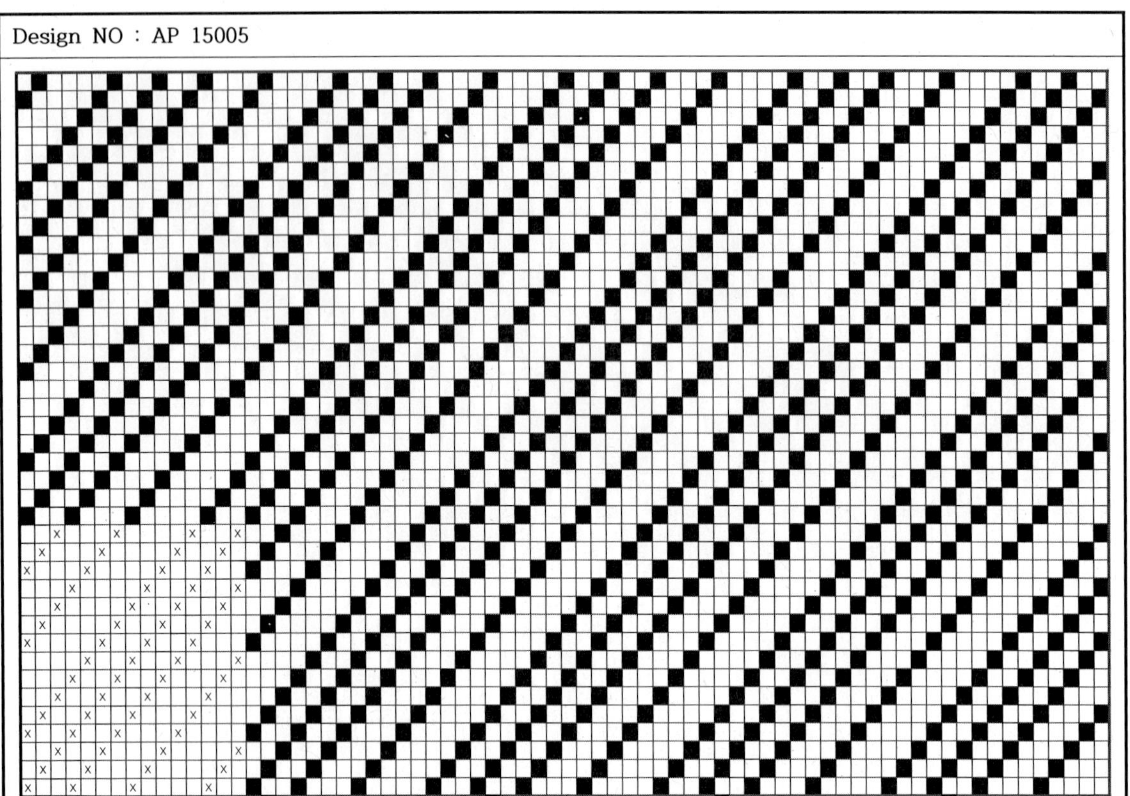

Design NO : AP 15006

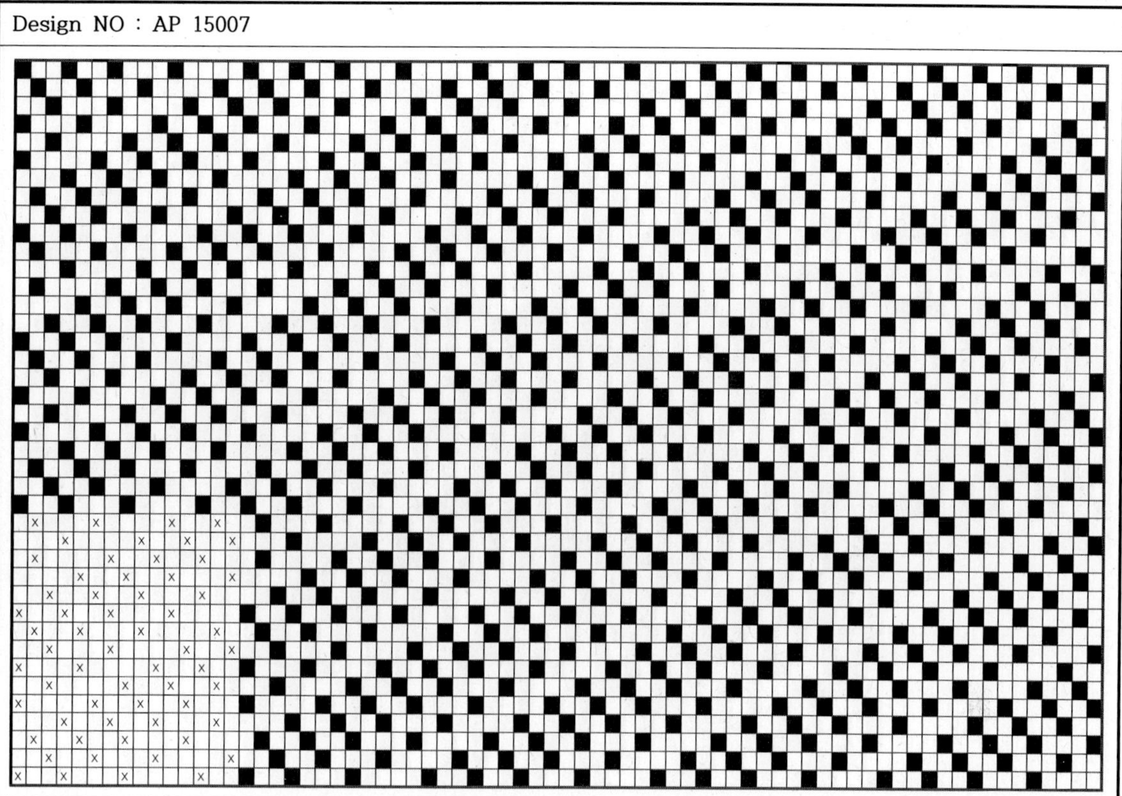

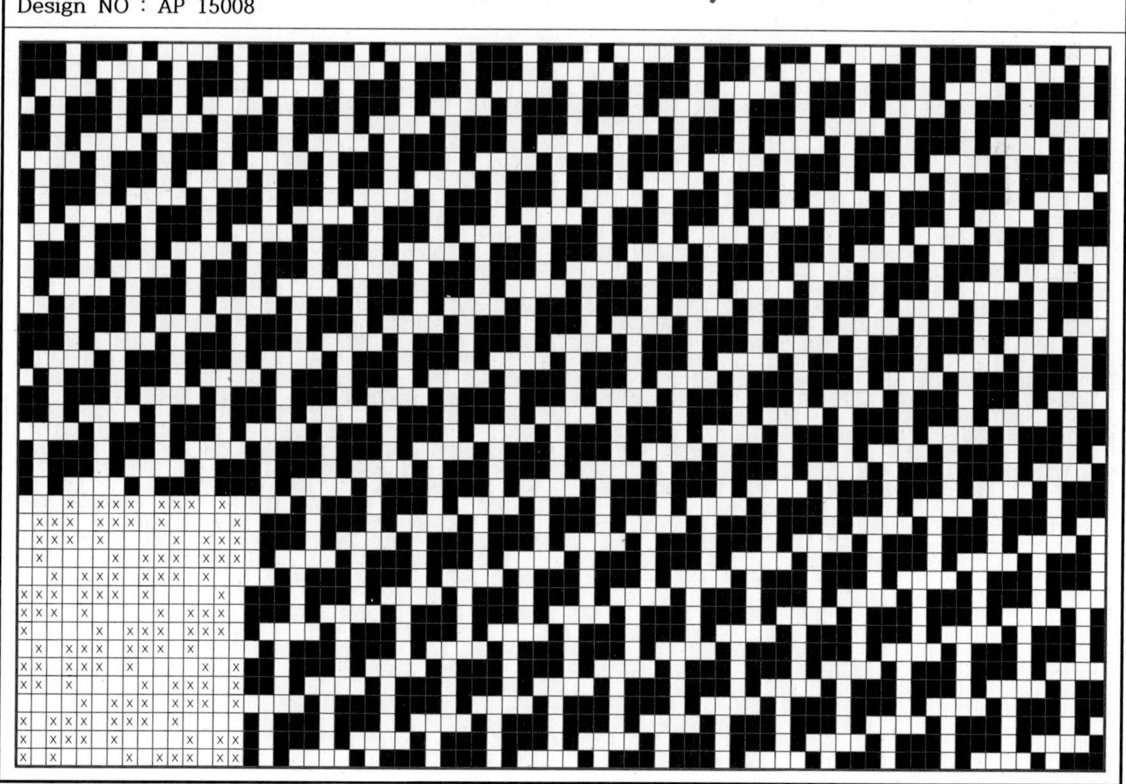

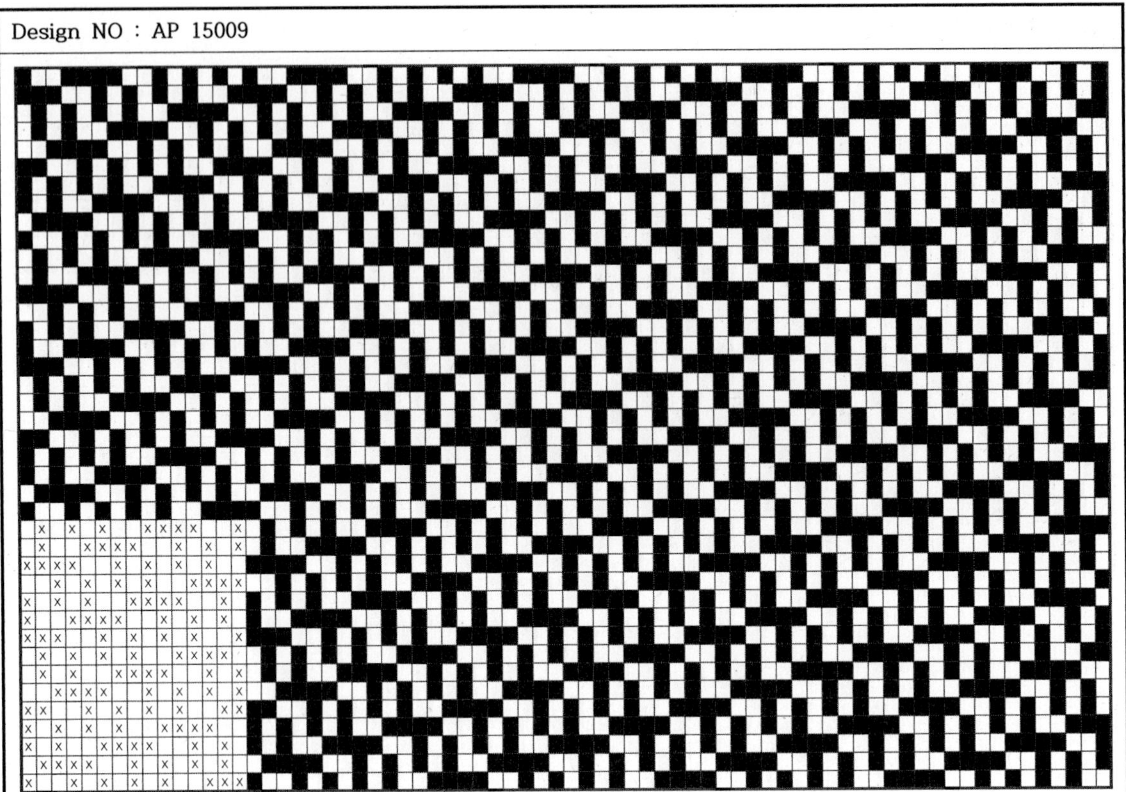

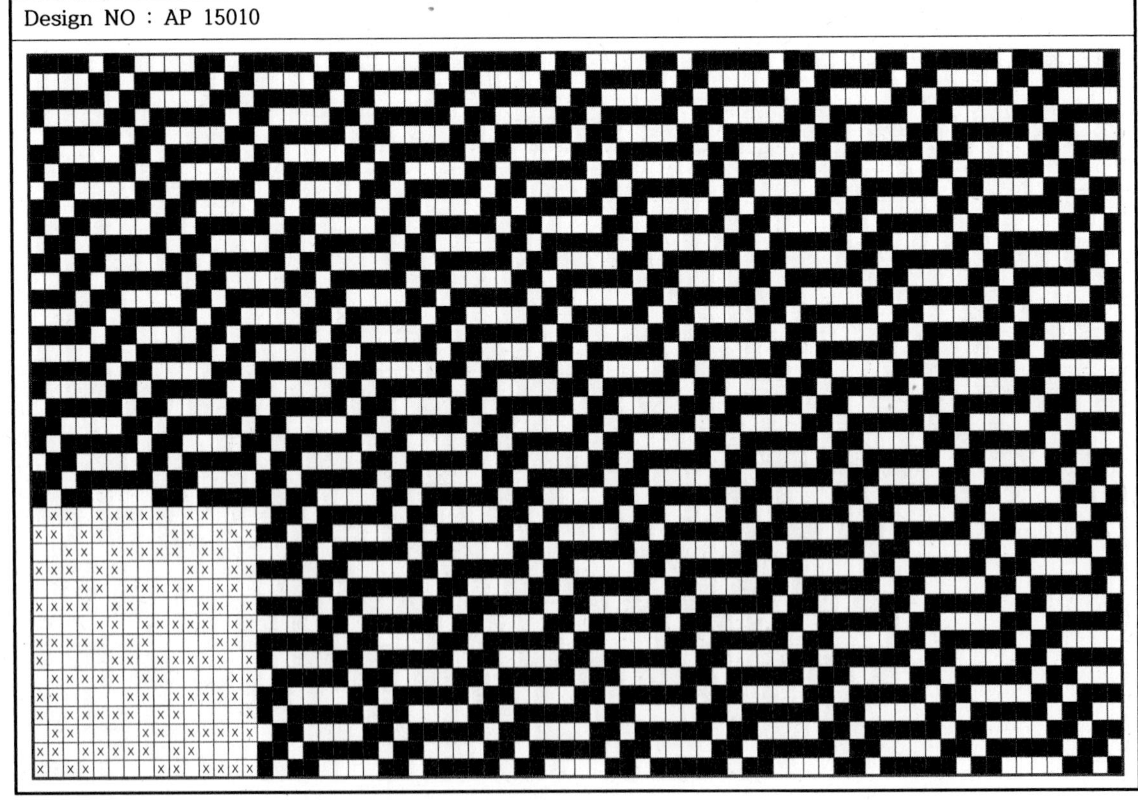

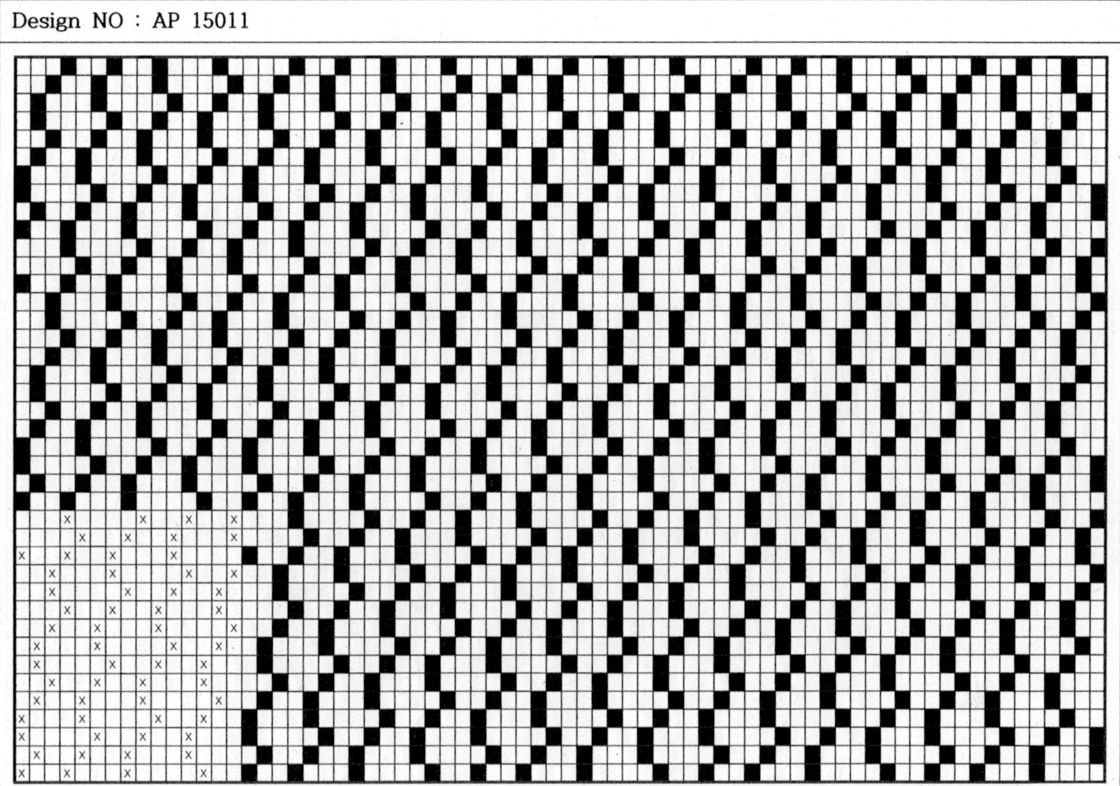

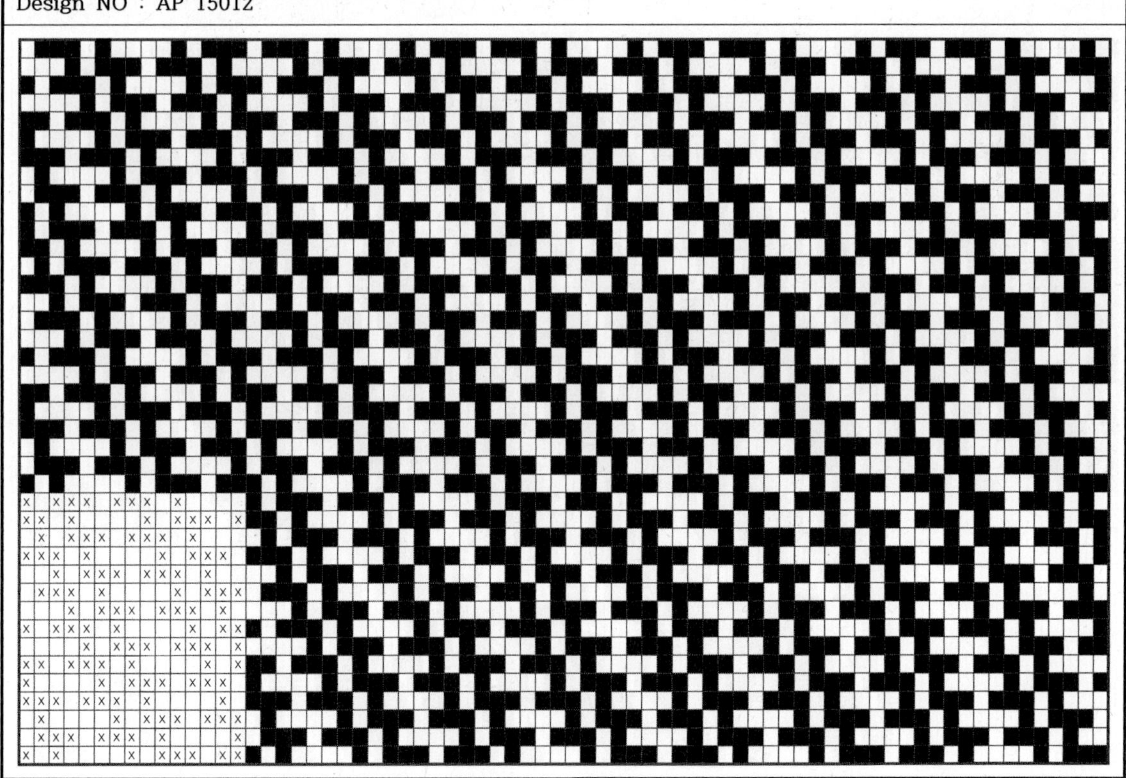

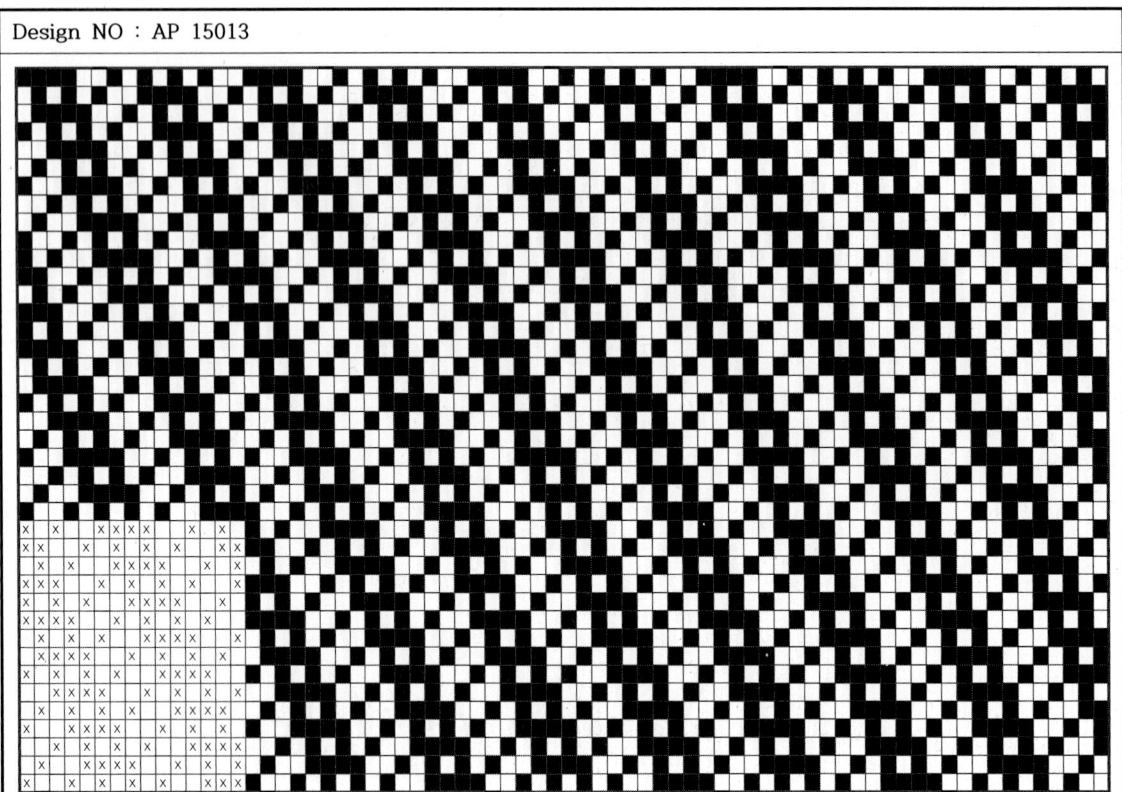

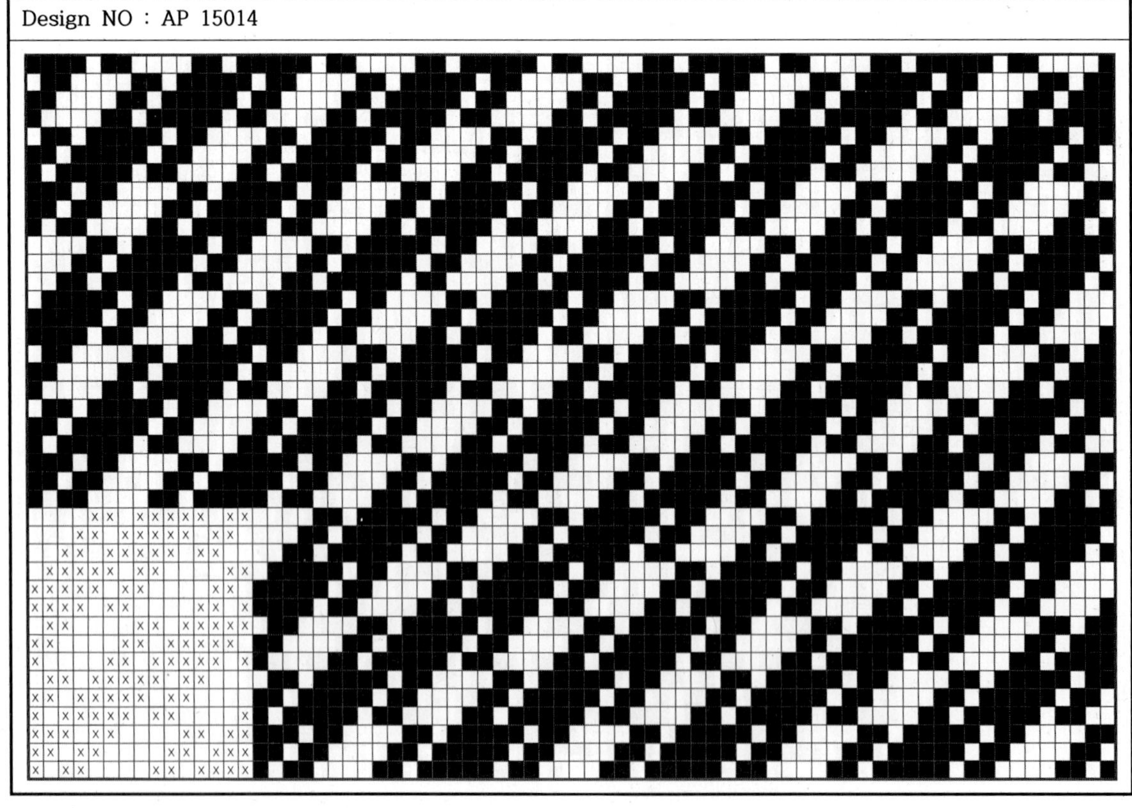

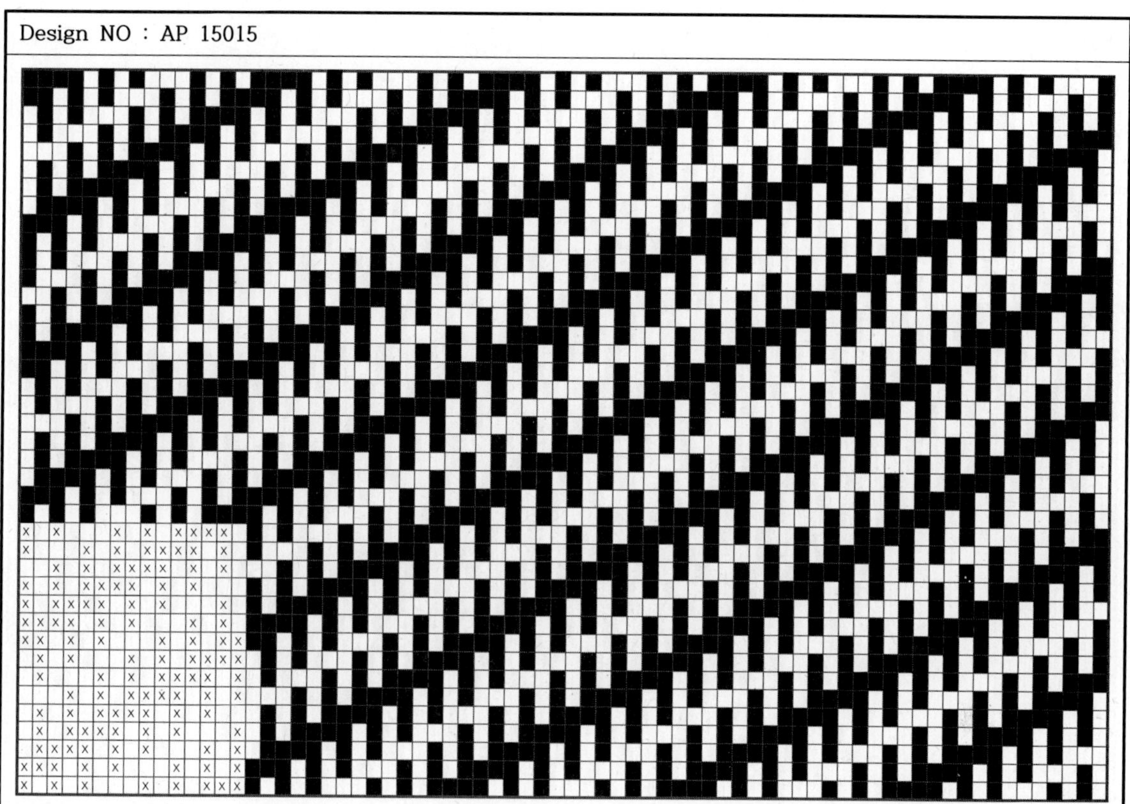

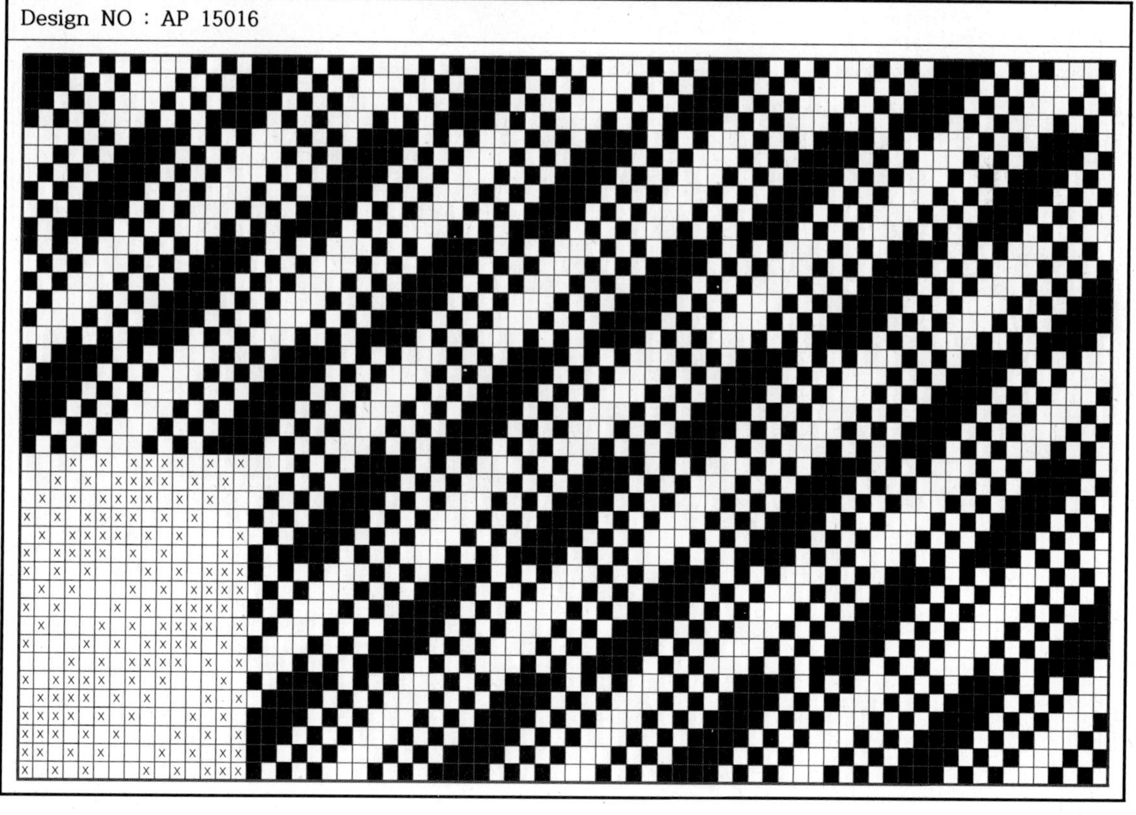

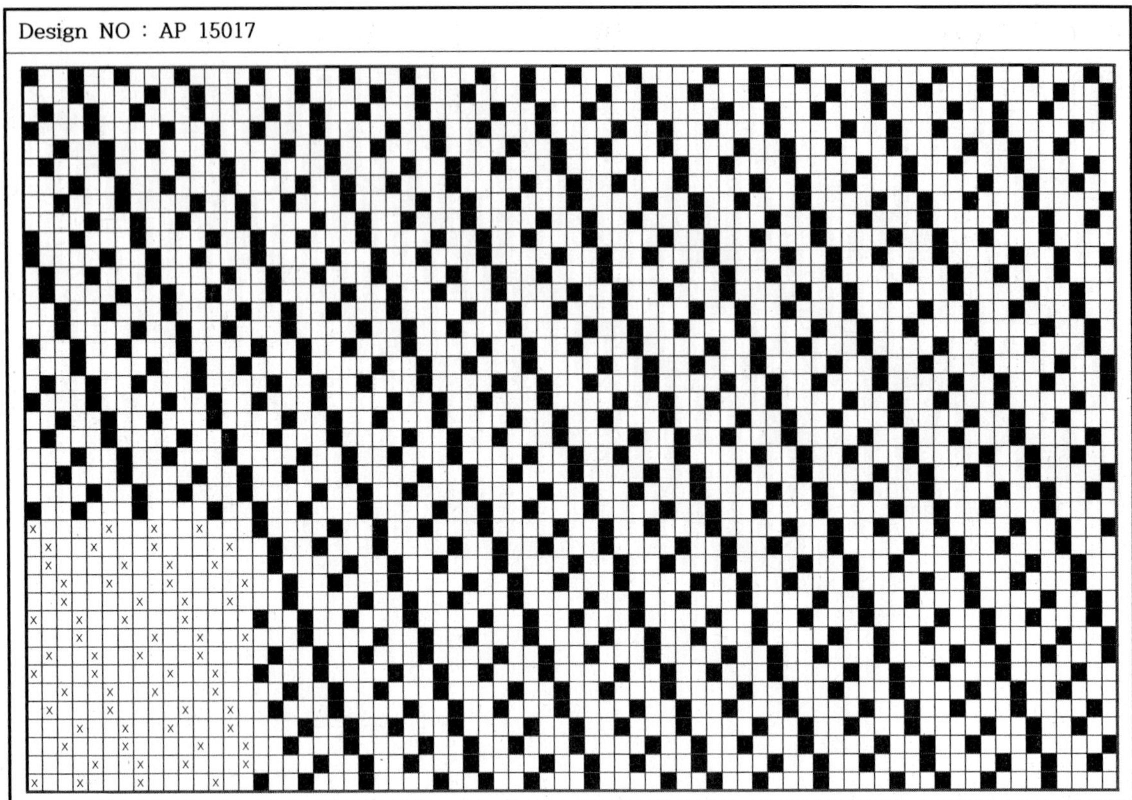

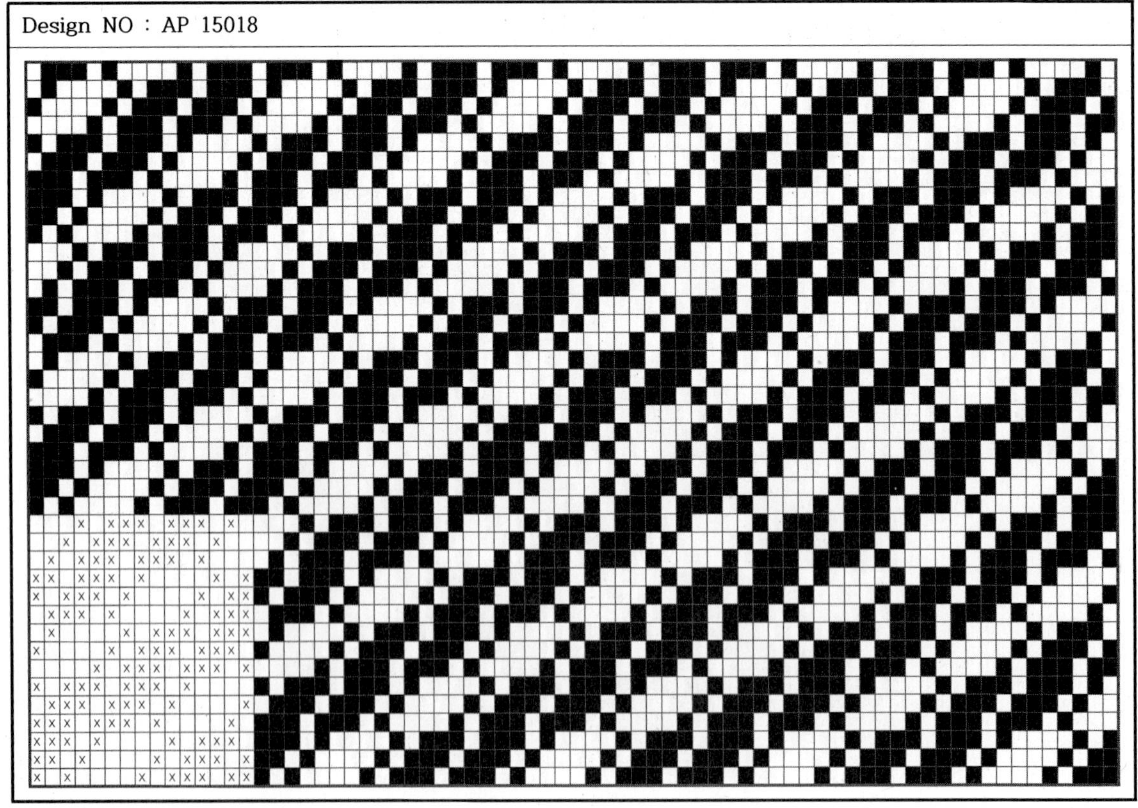

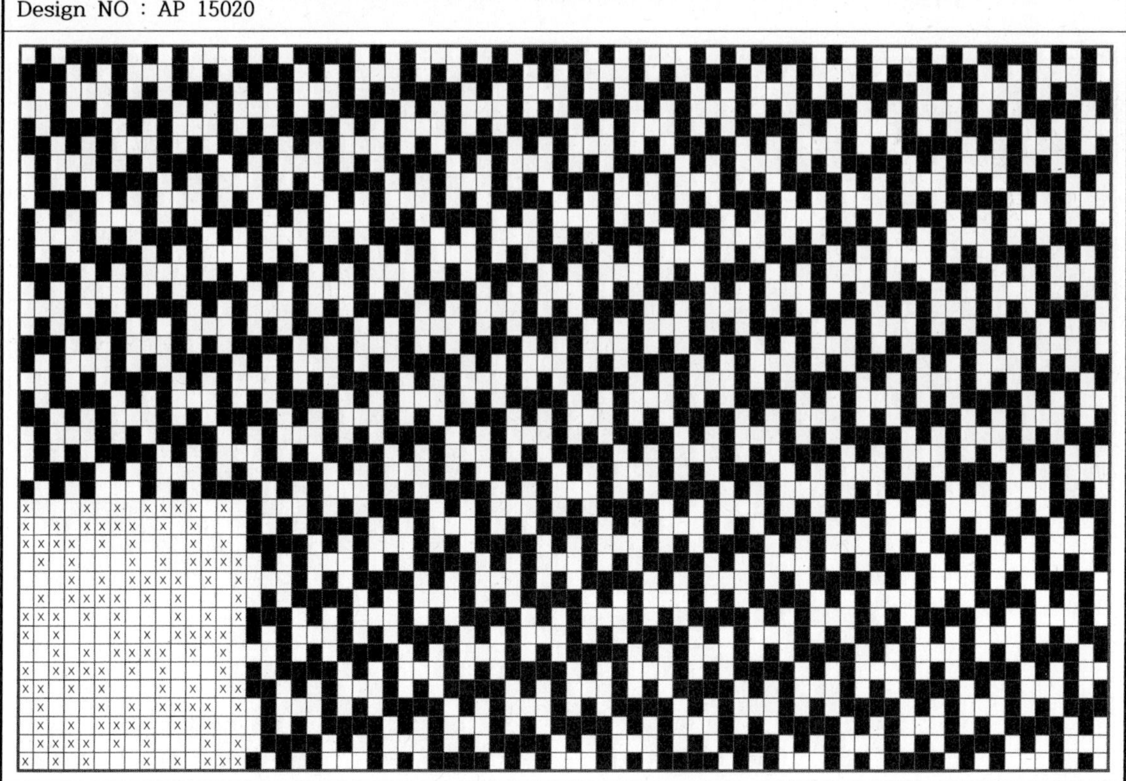

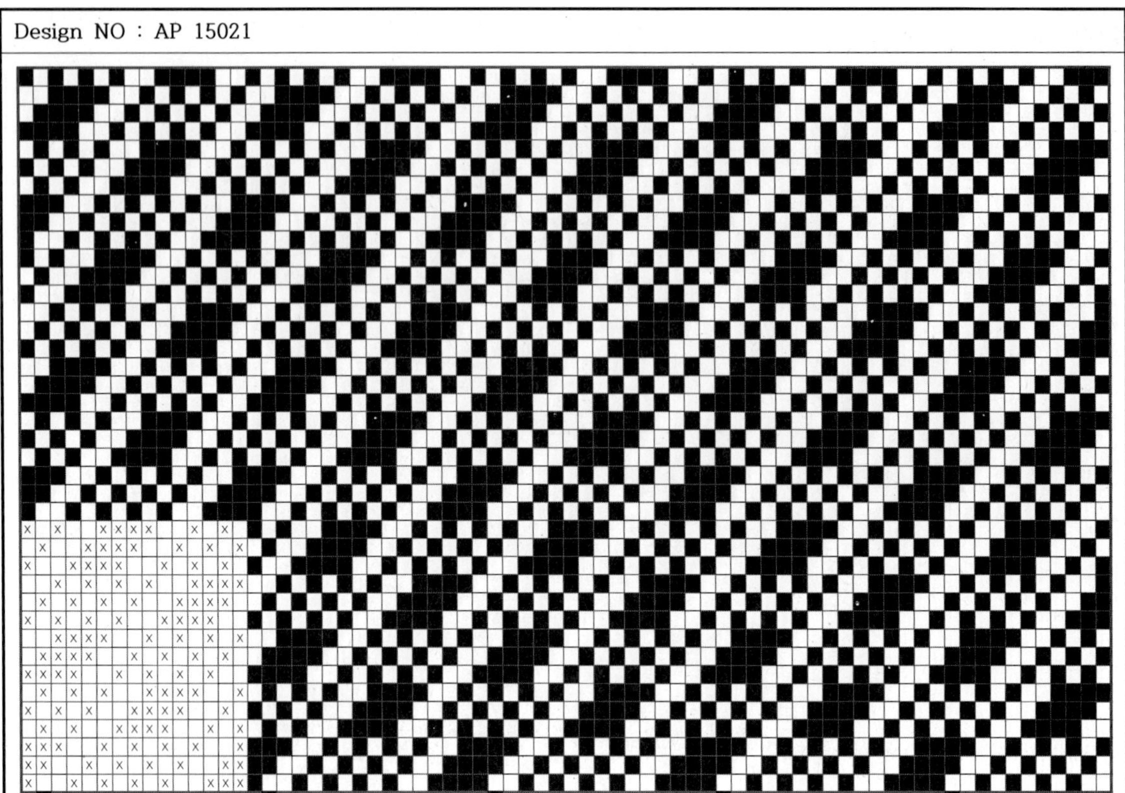

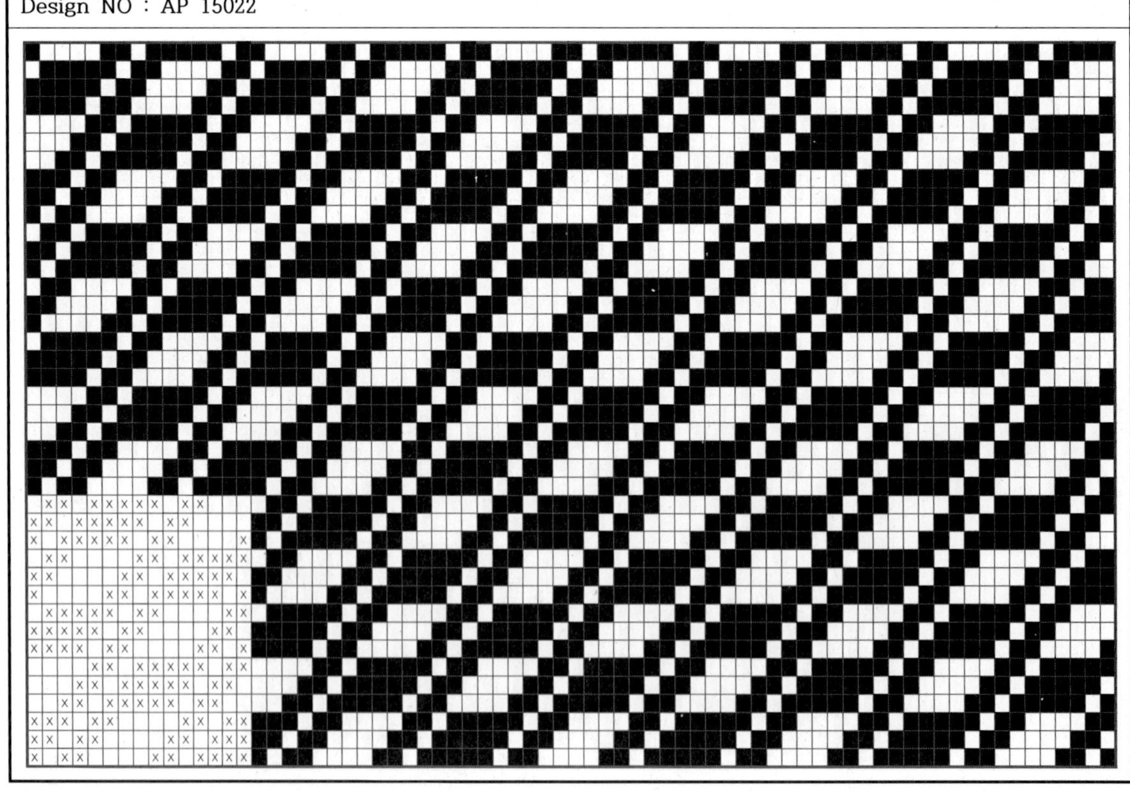

Design NO : AP 15023

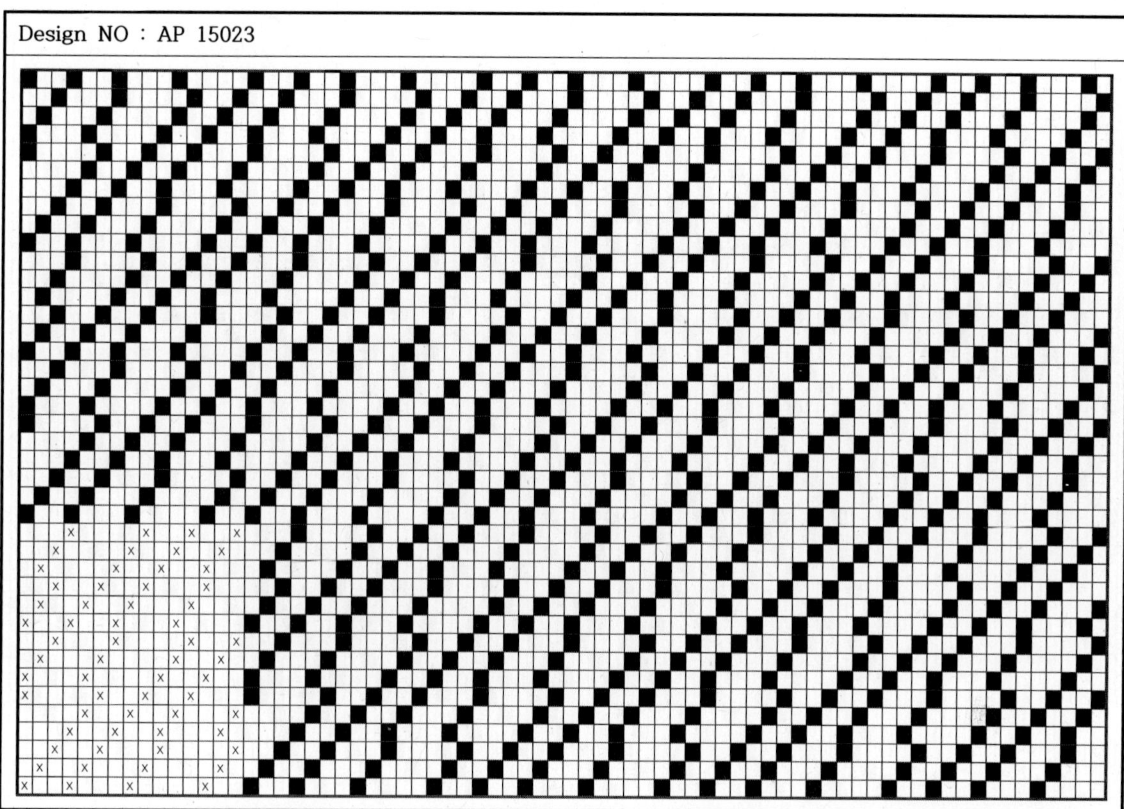

Design NO : AP 15024

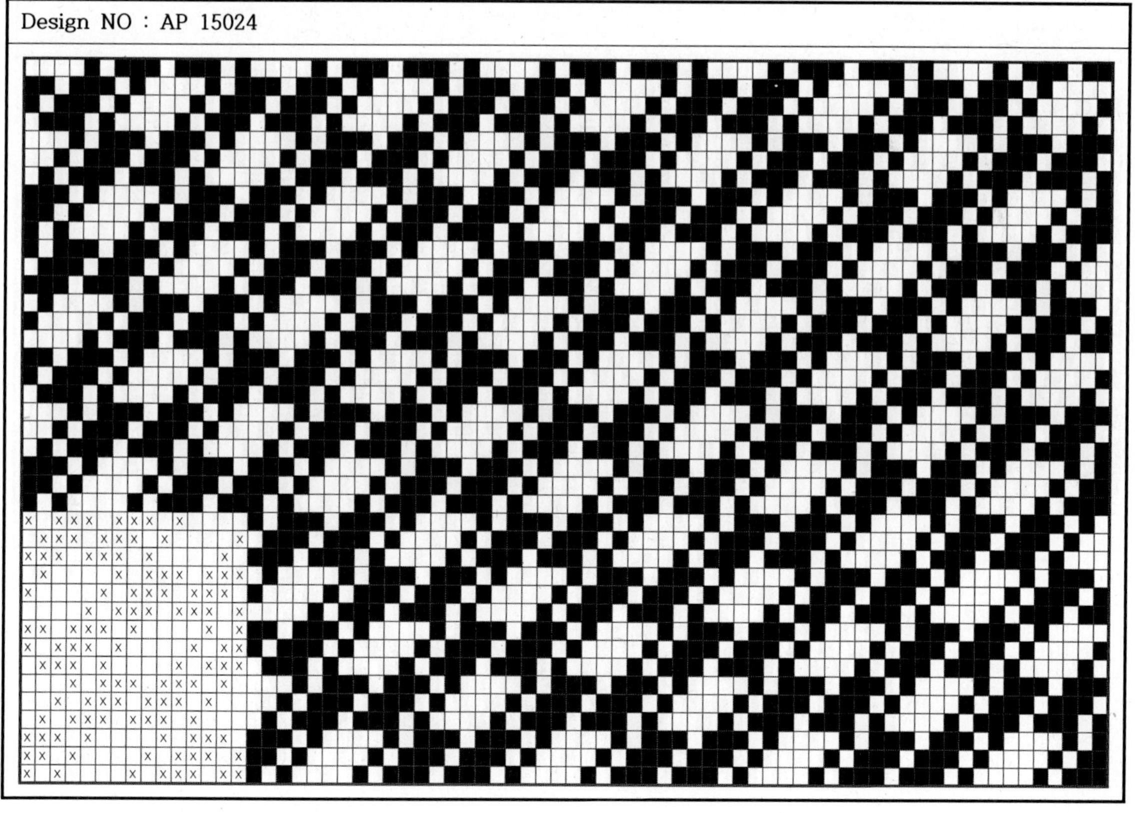

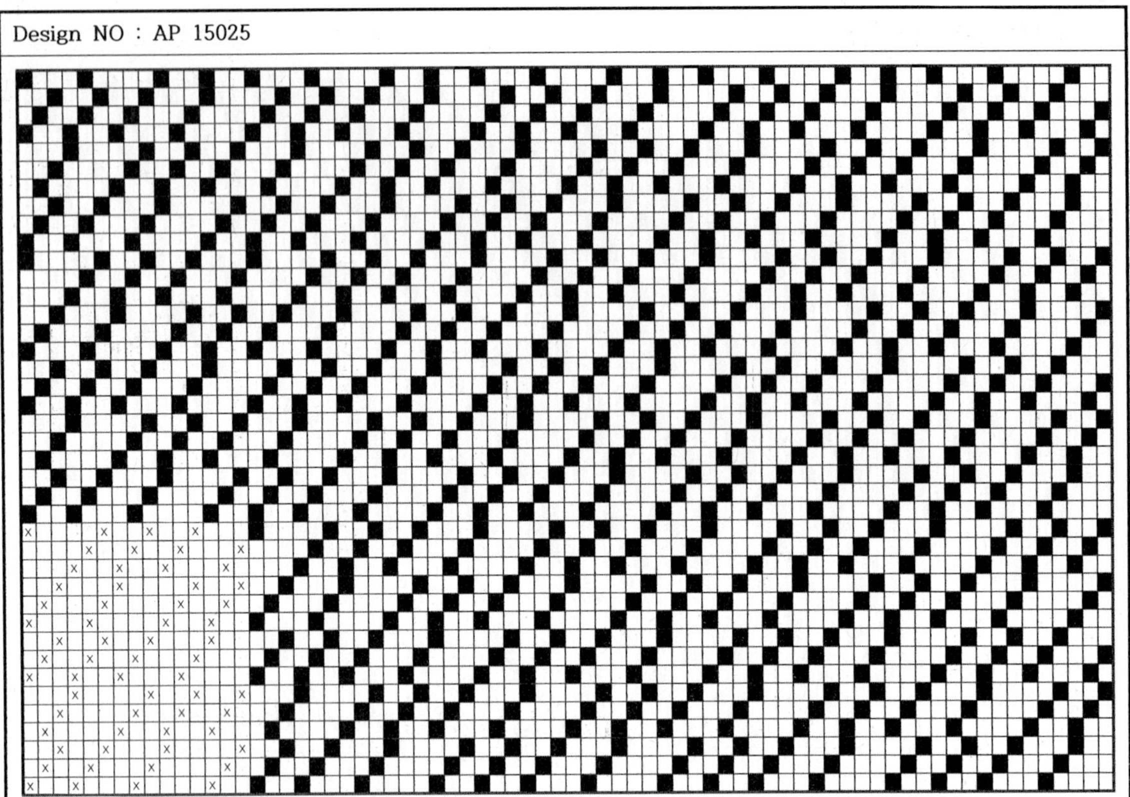

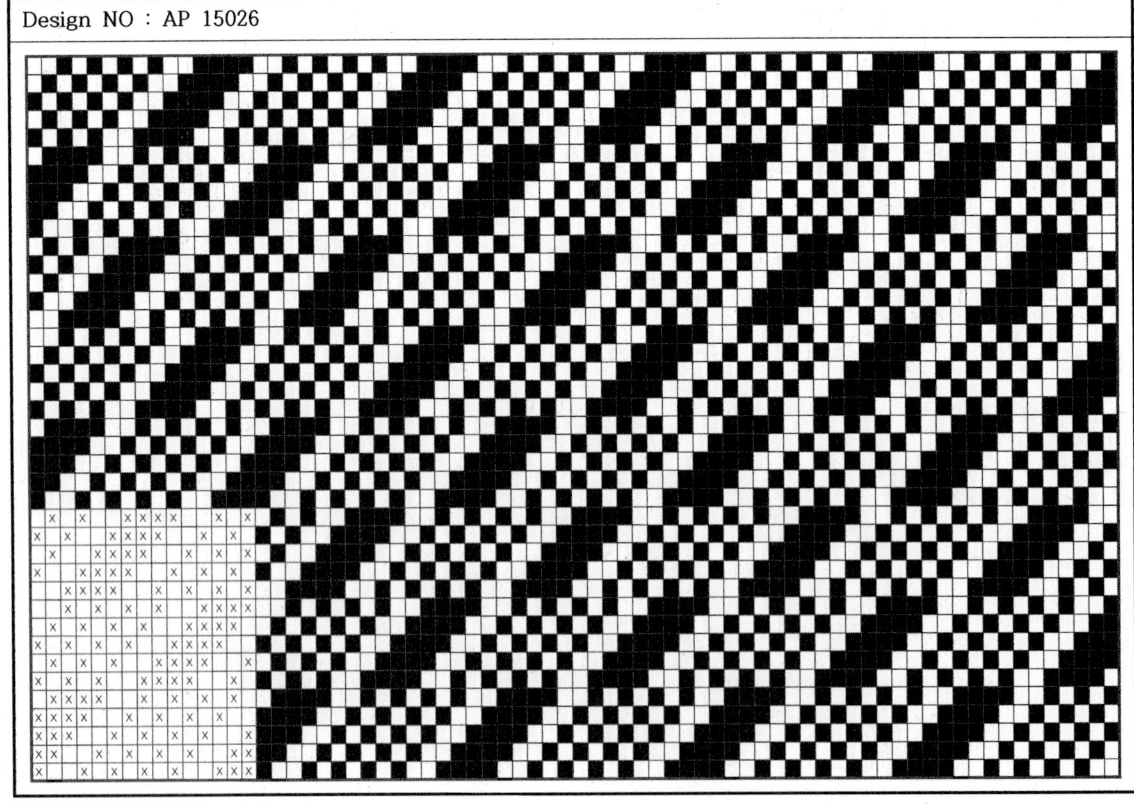

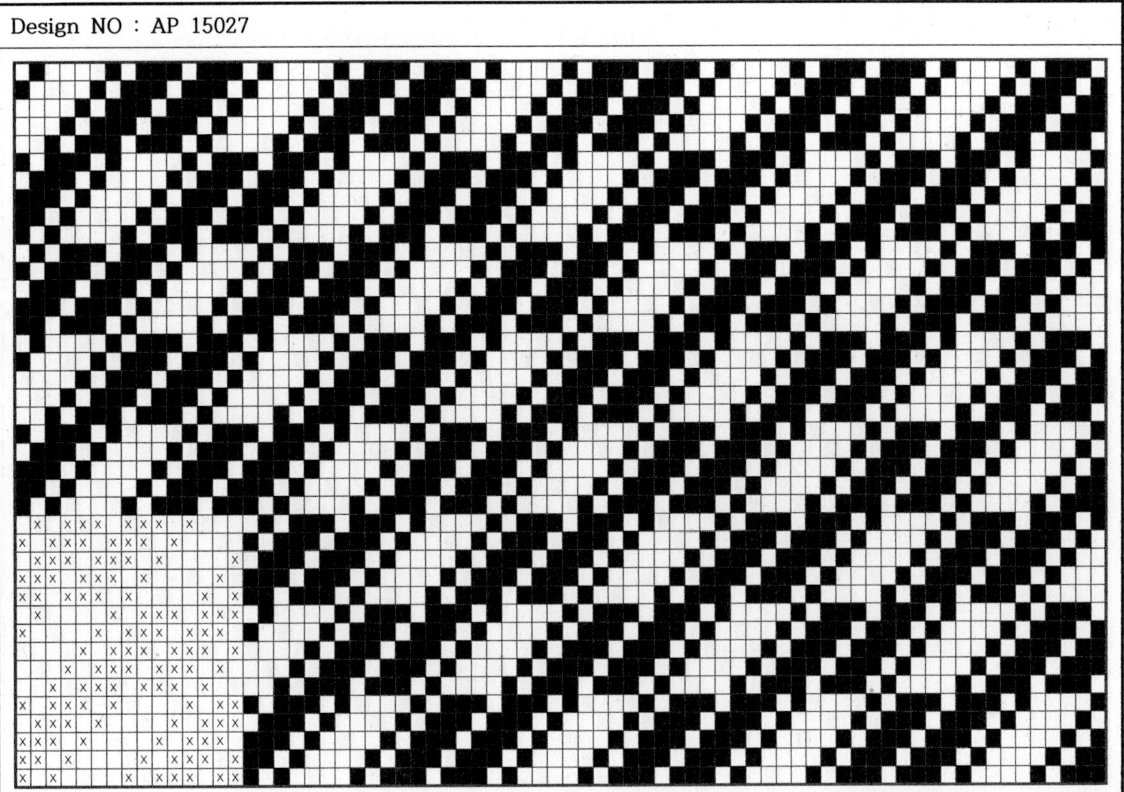

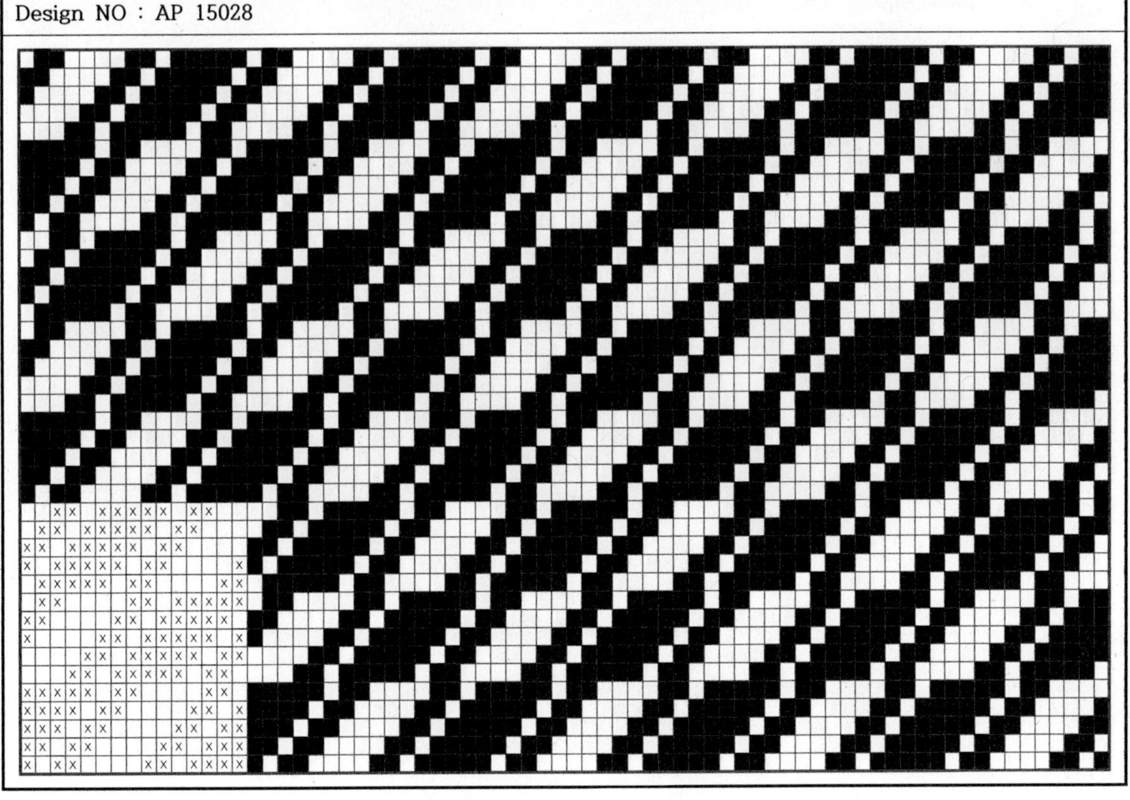

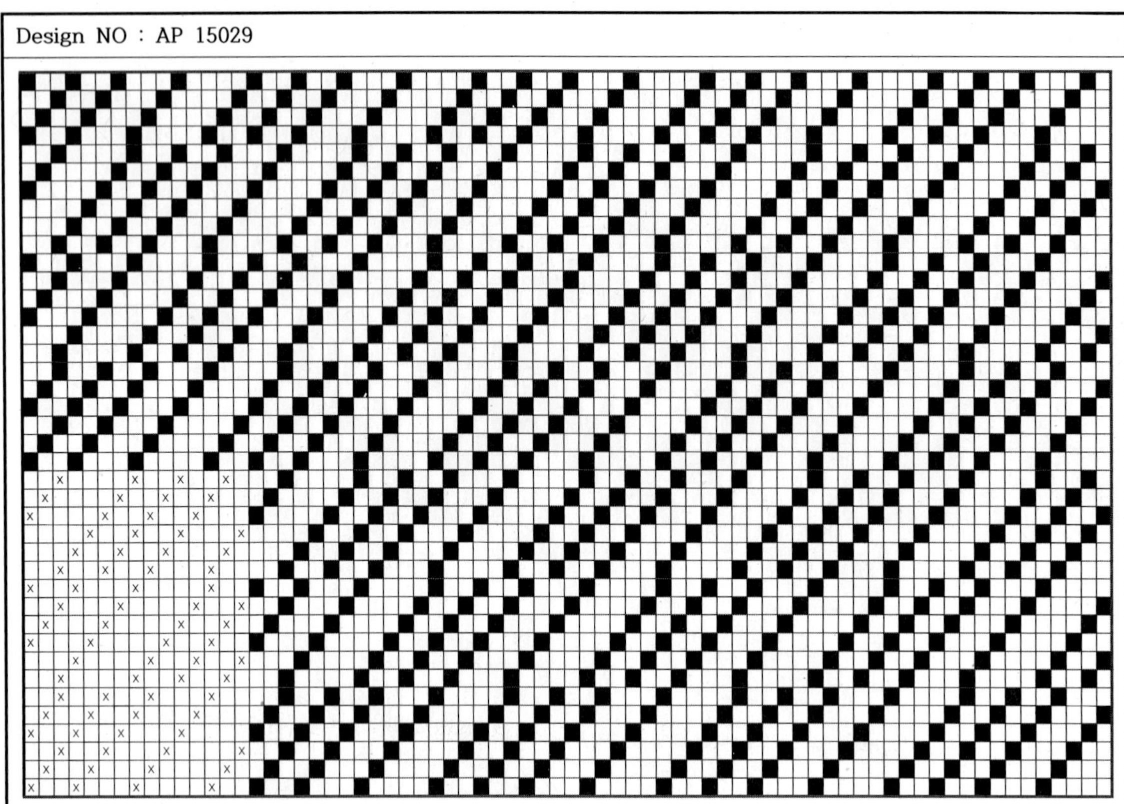

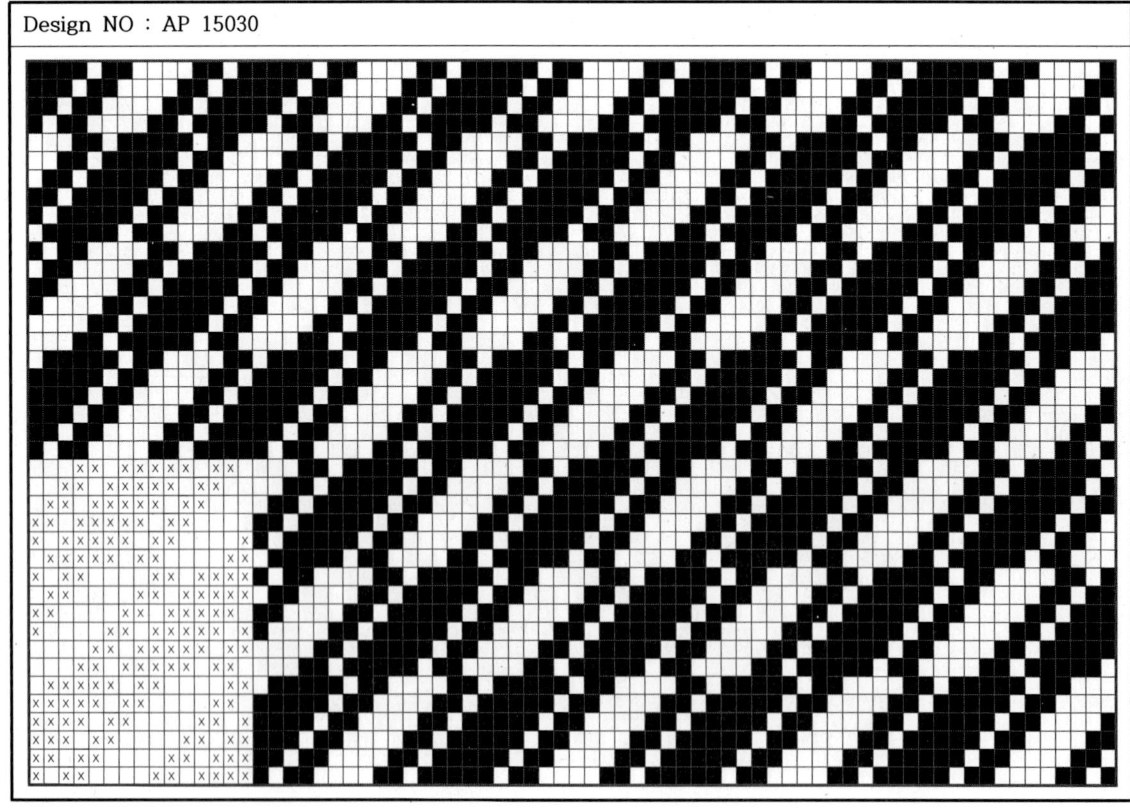

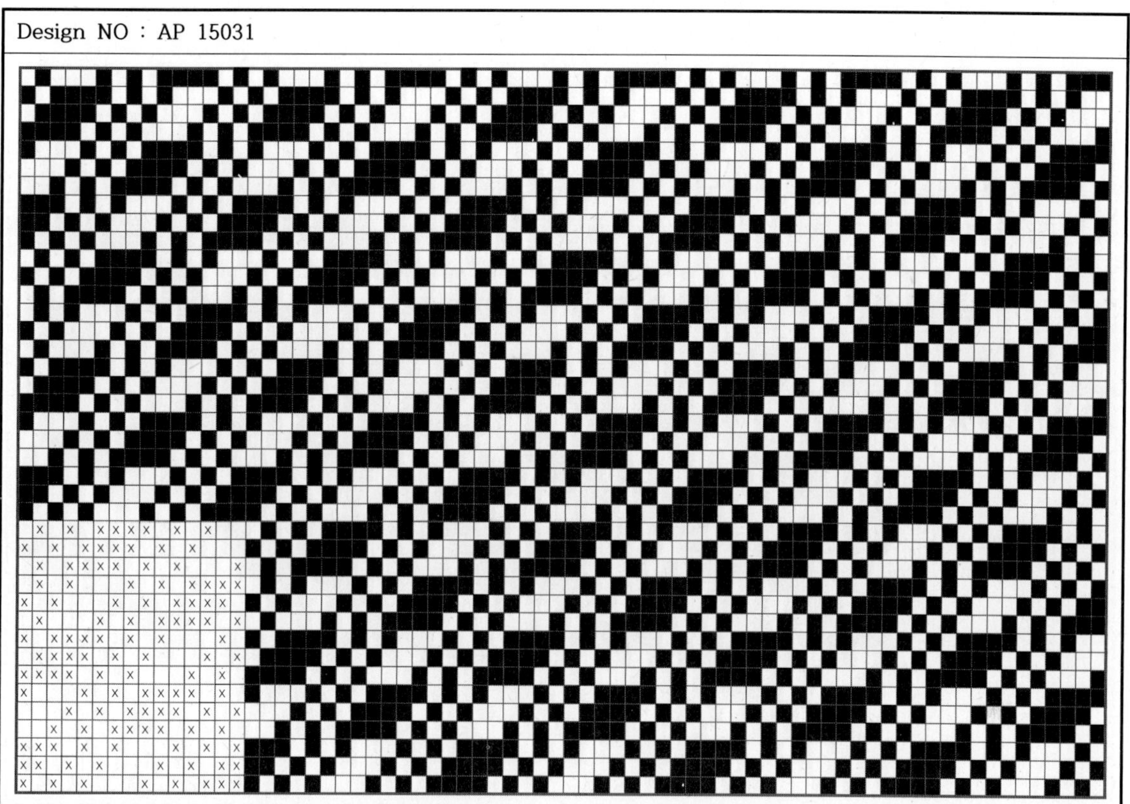

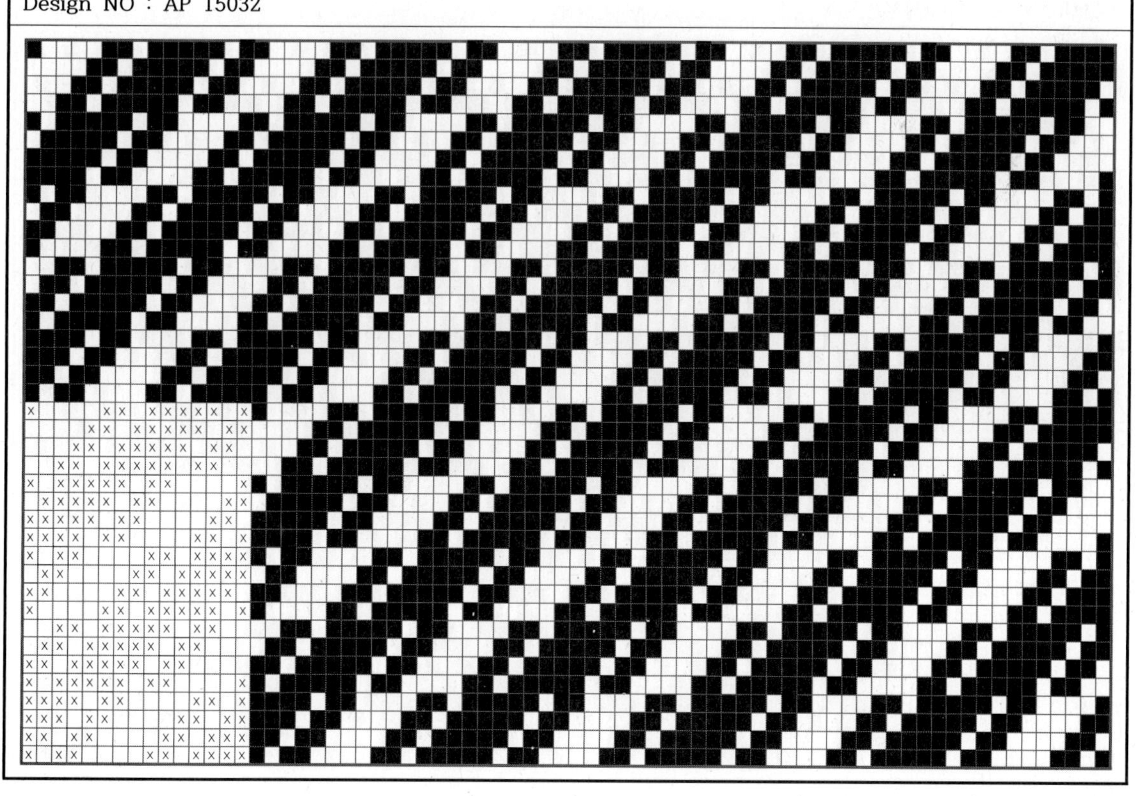

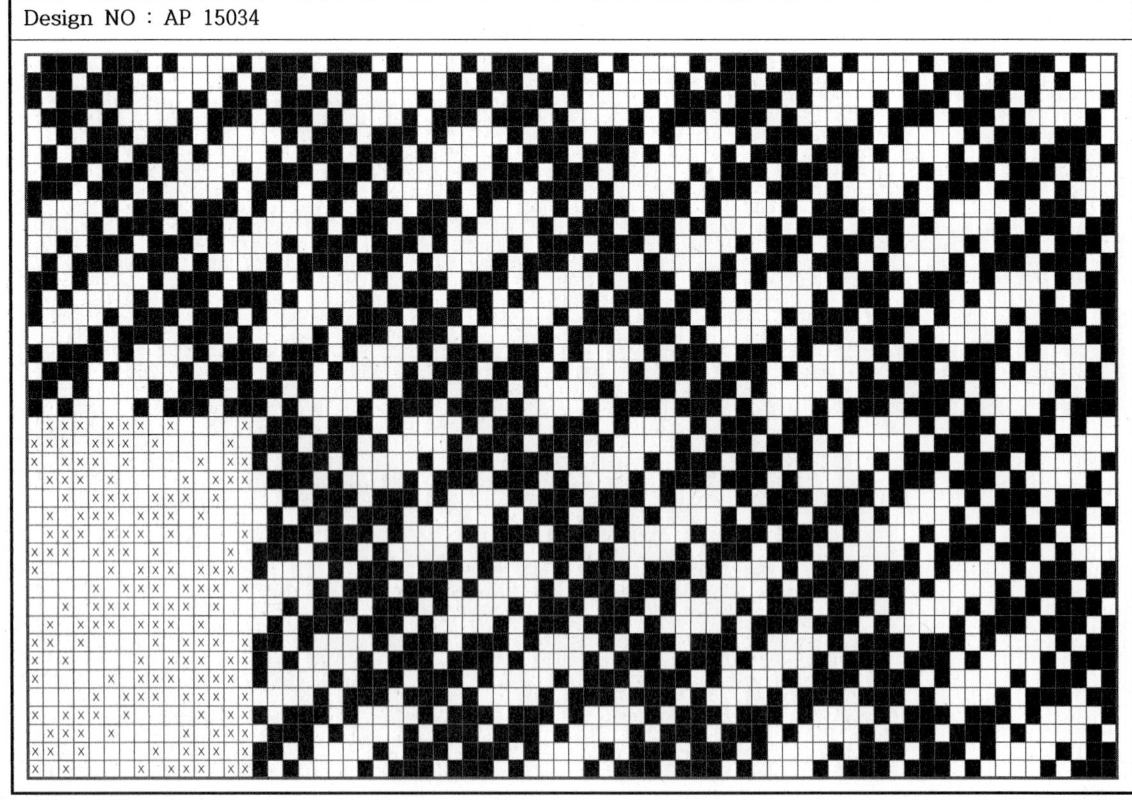

Design NO : AP 15035

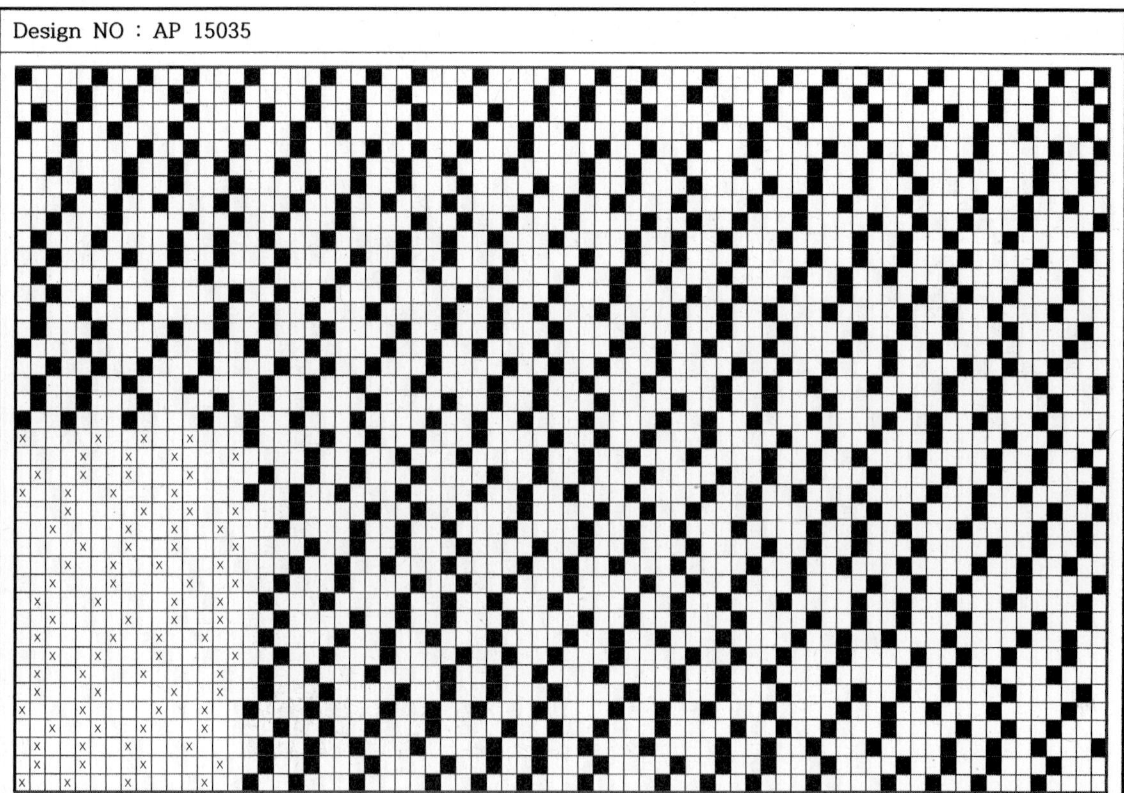

Design NO : AP 15036

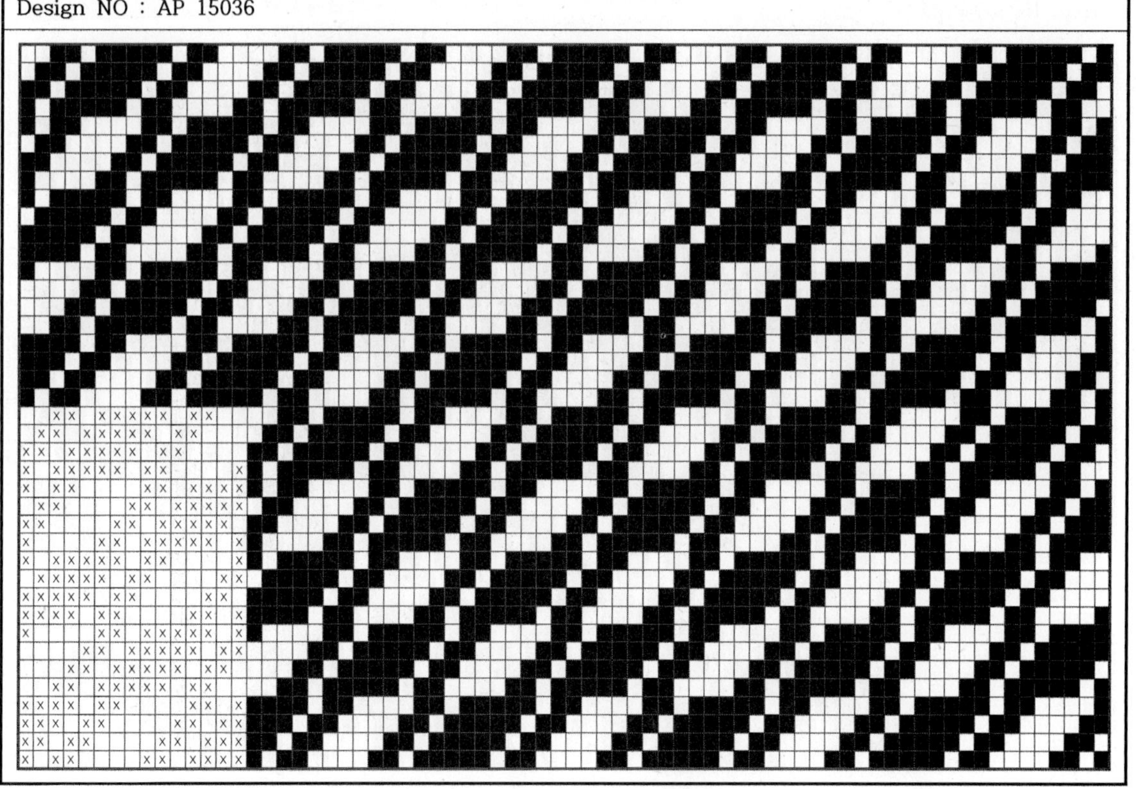

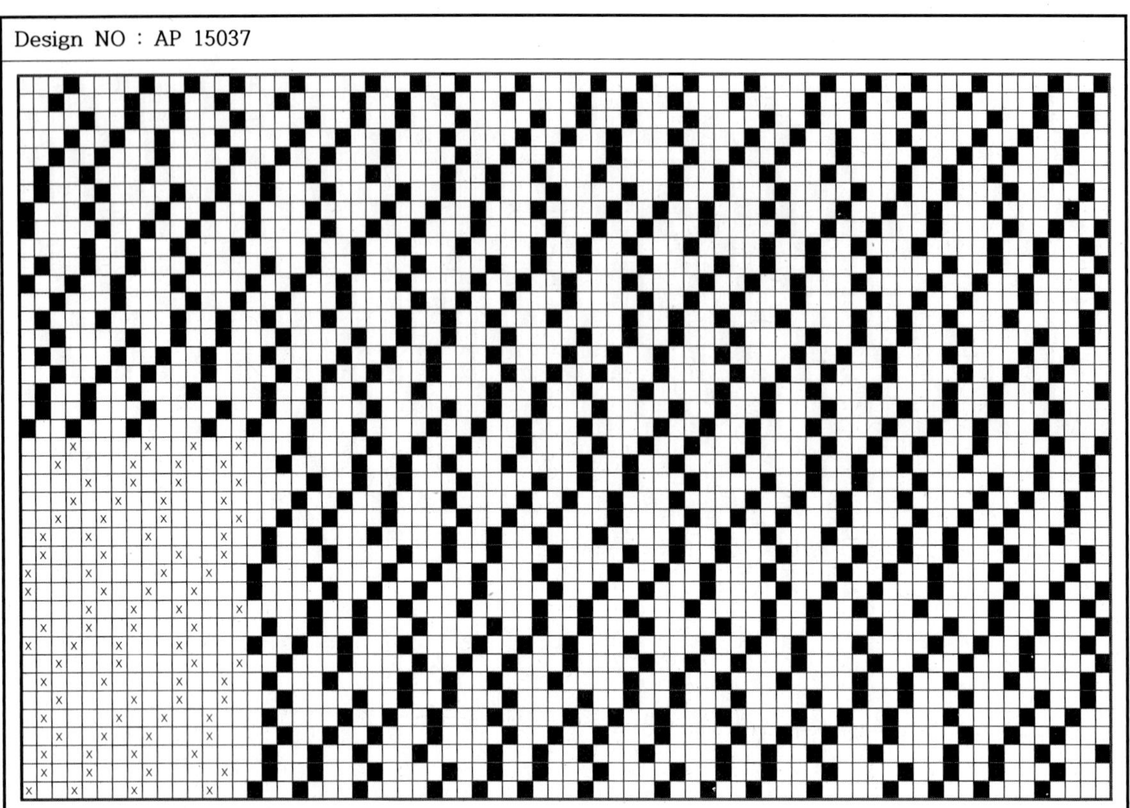

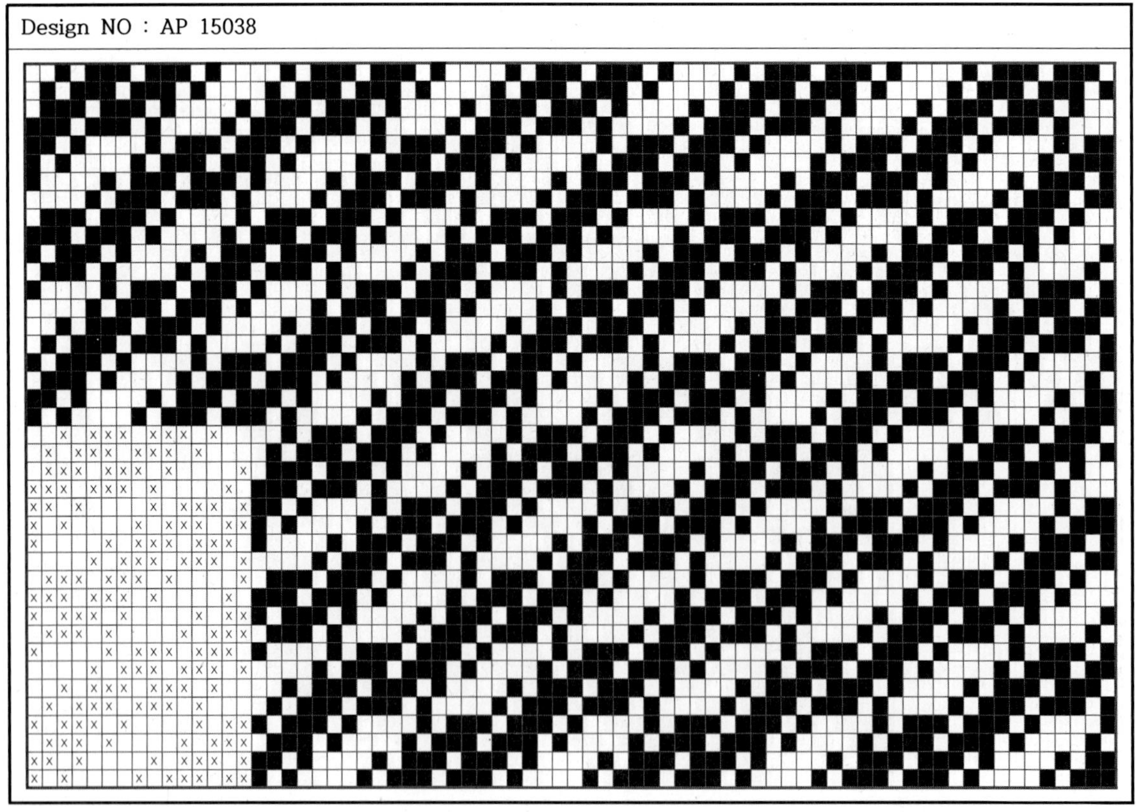

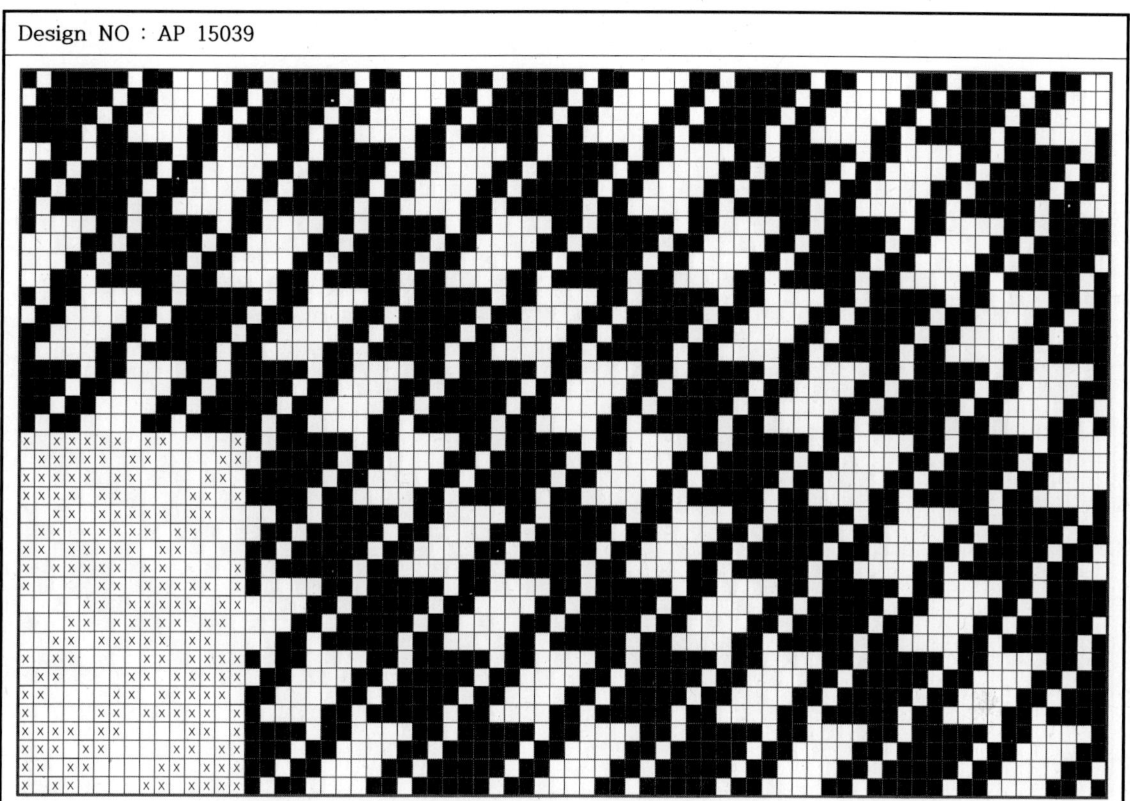

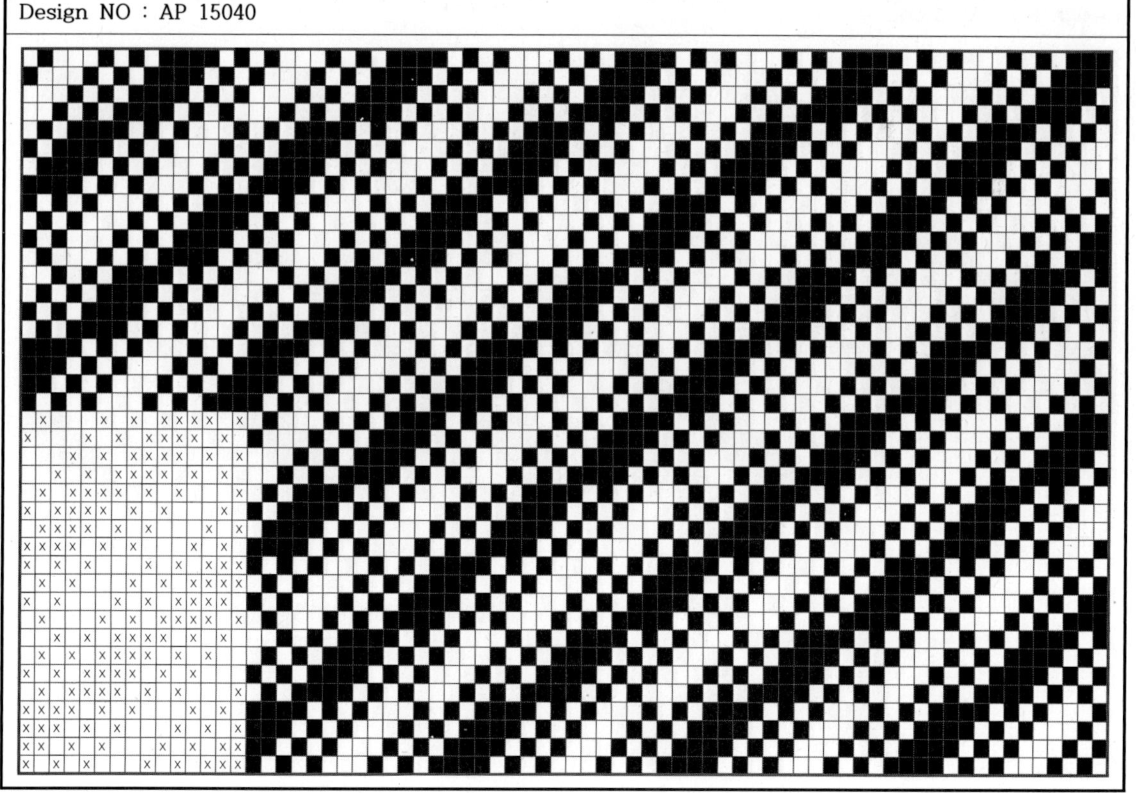

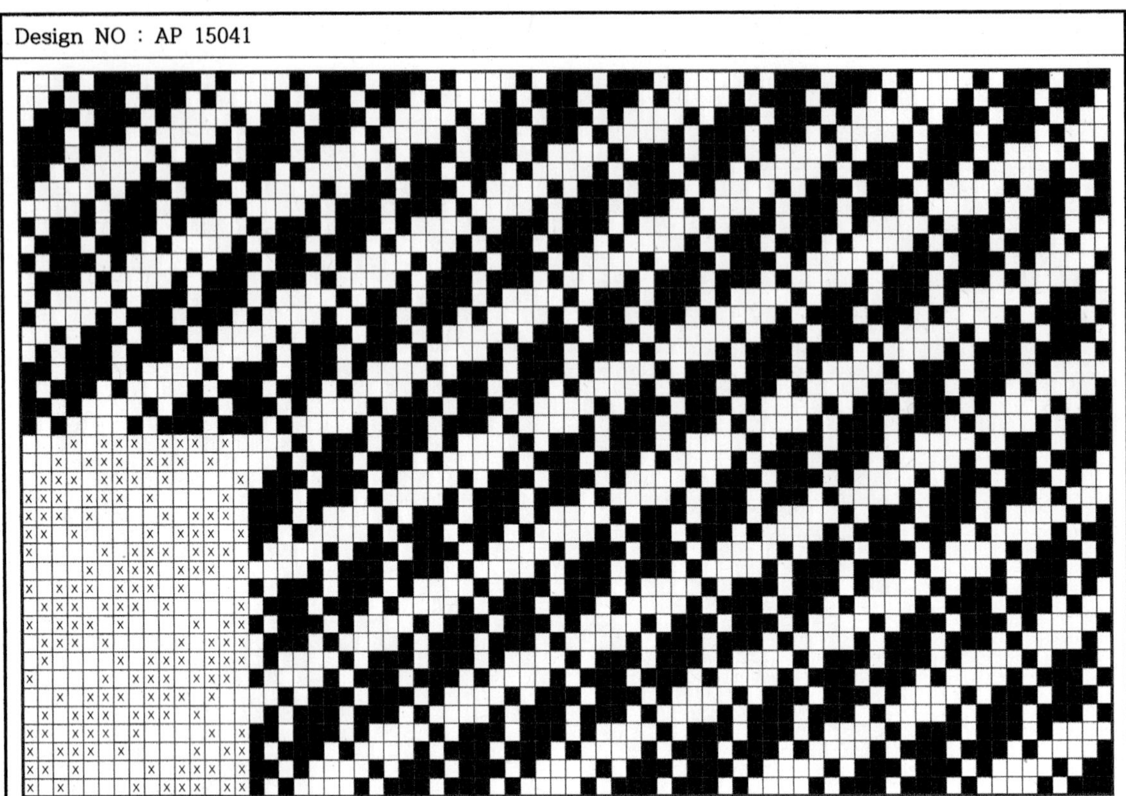

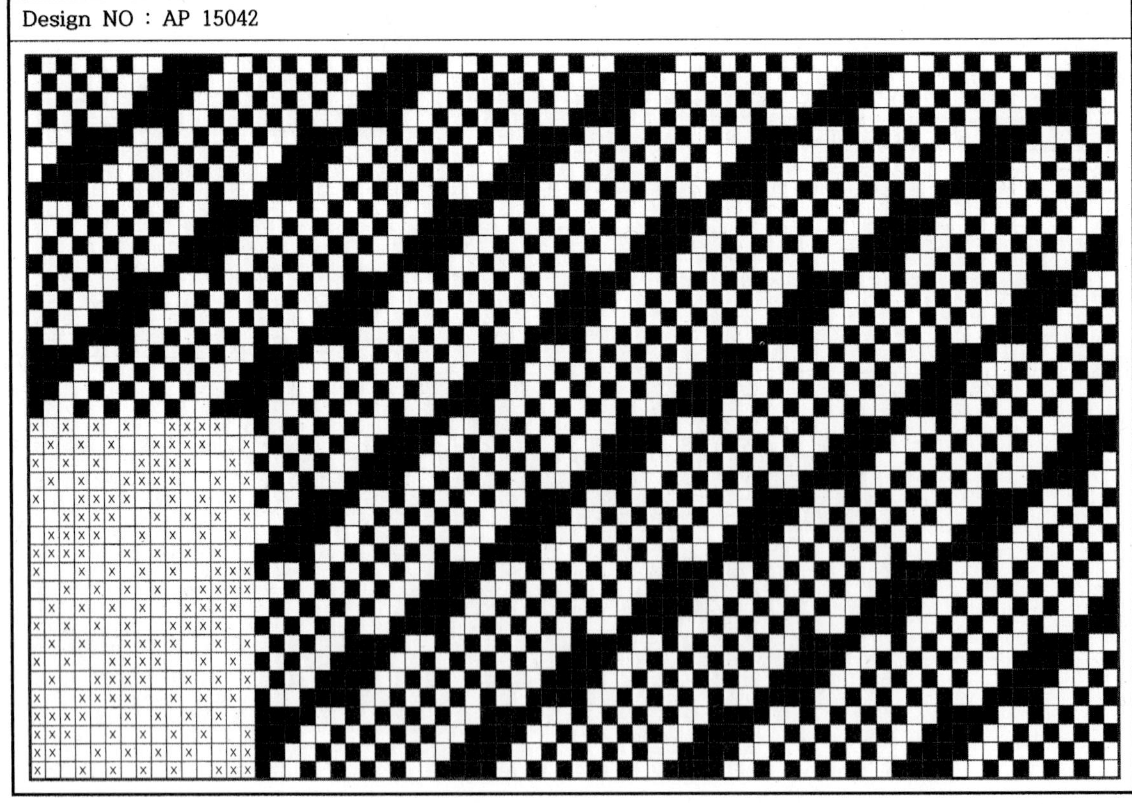

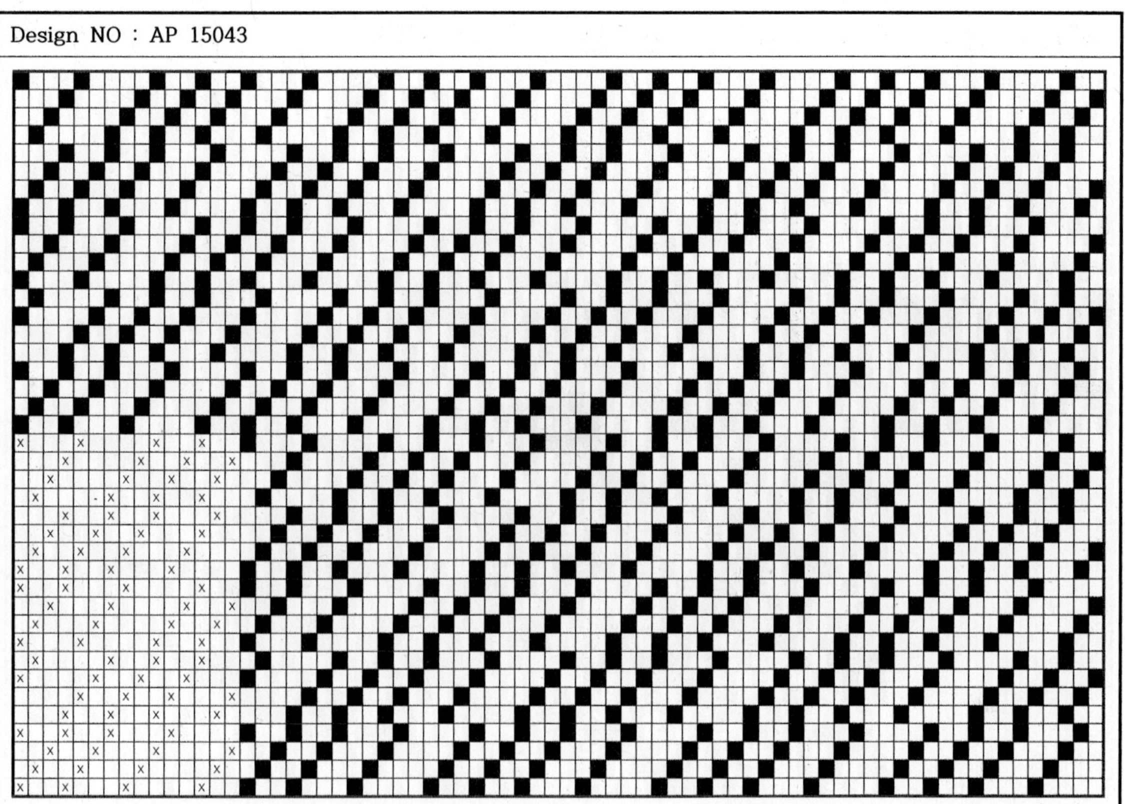

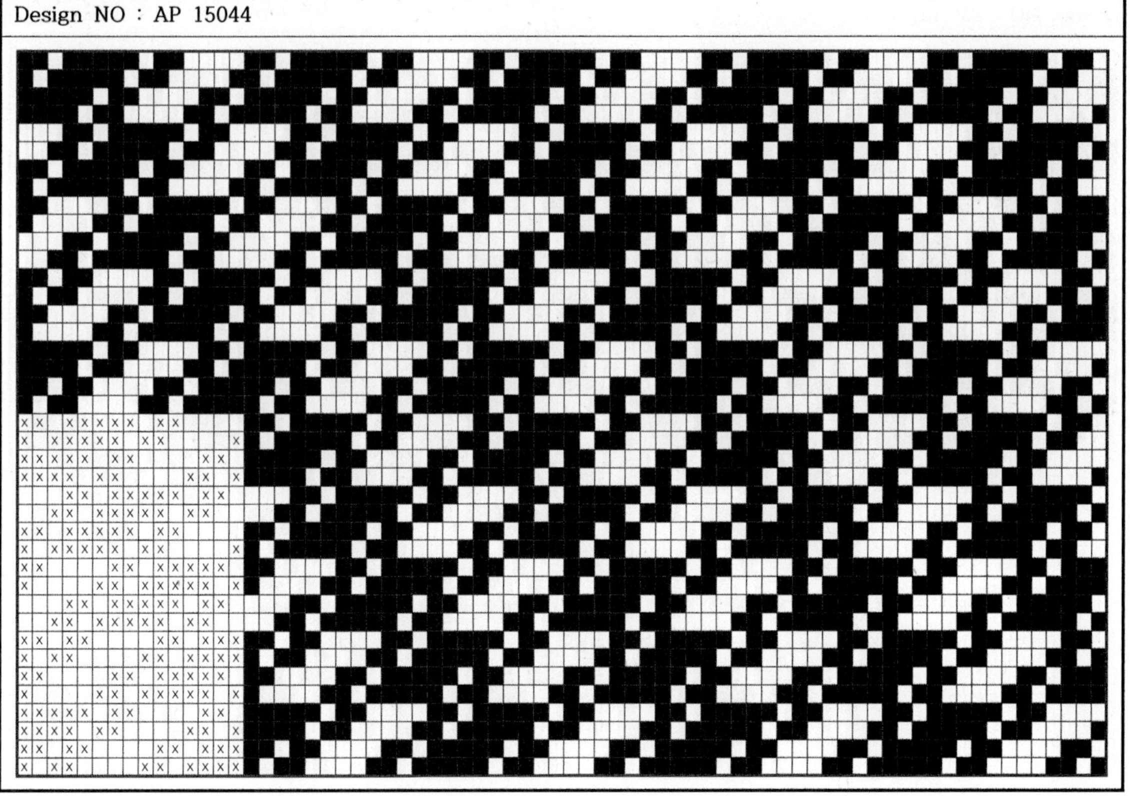

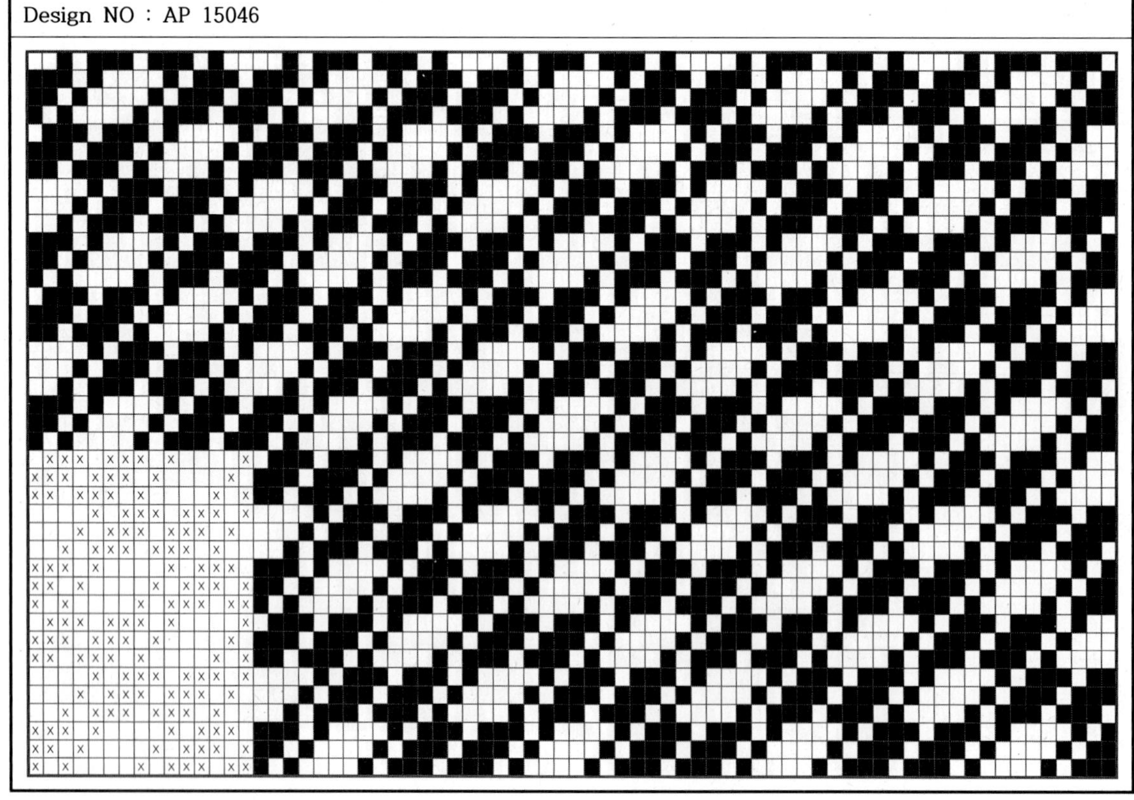

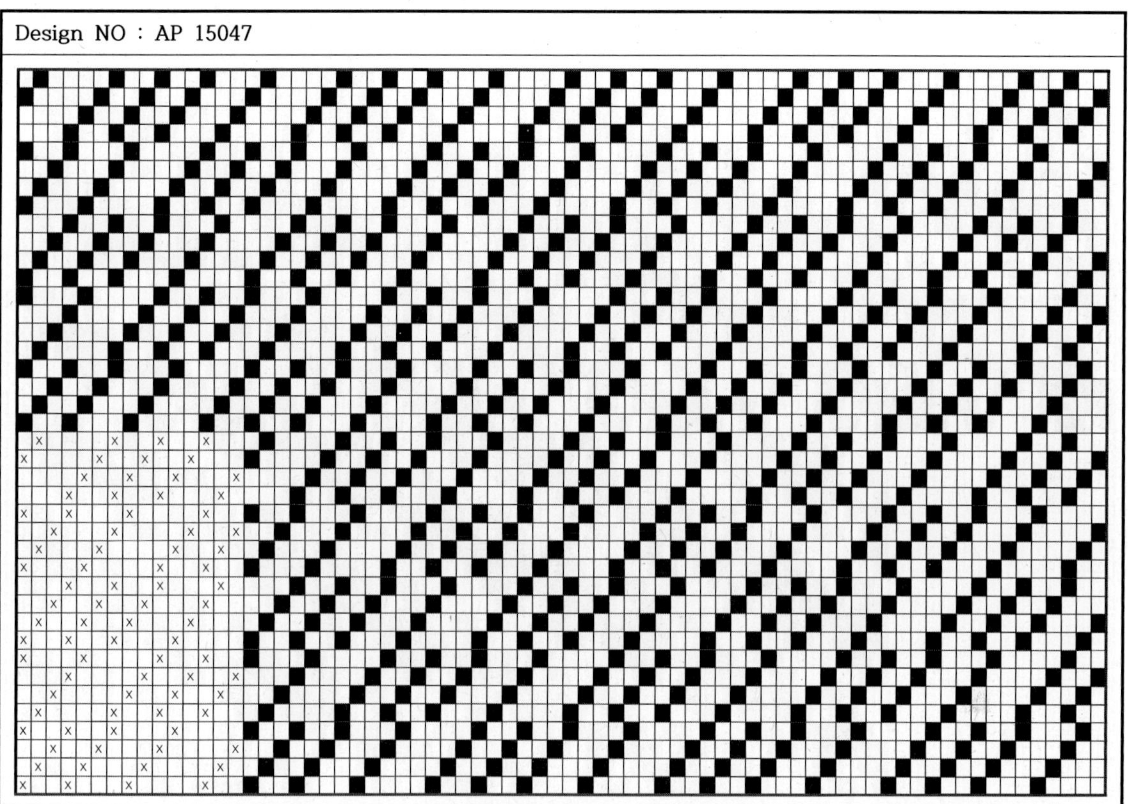

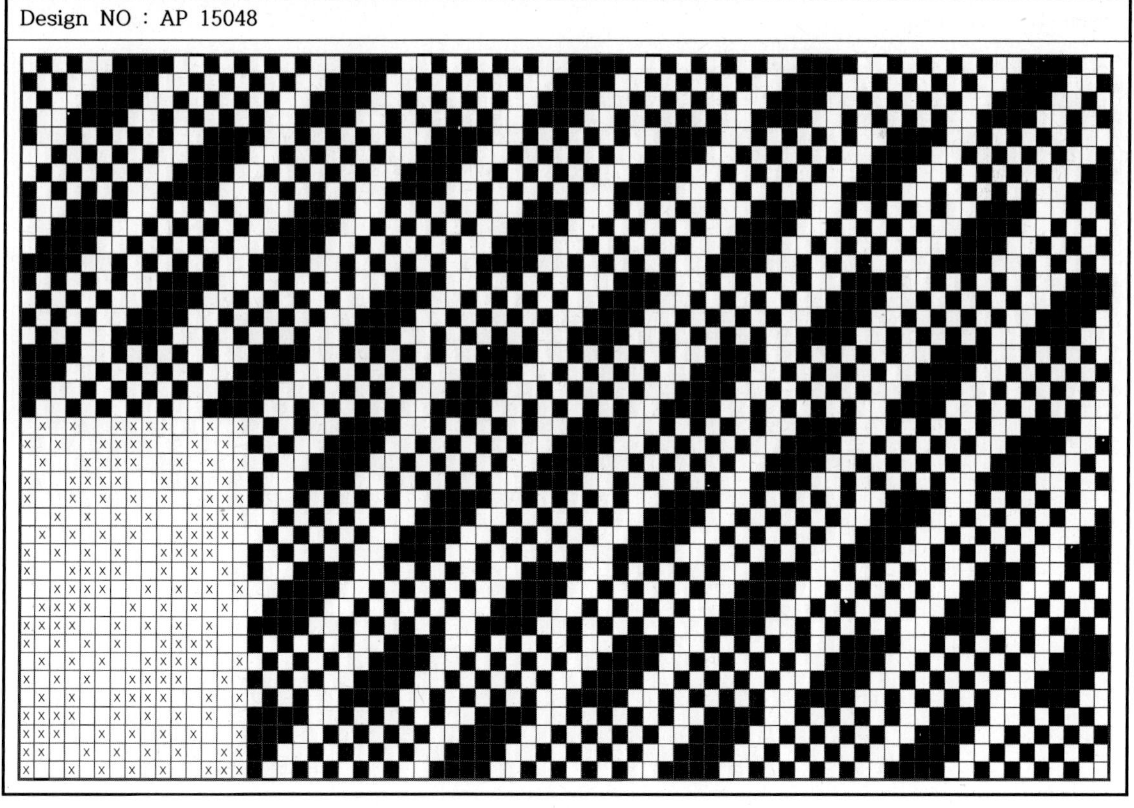

Design NO : AP 15049

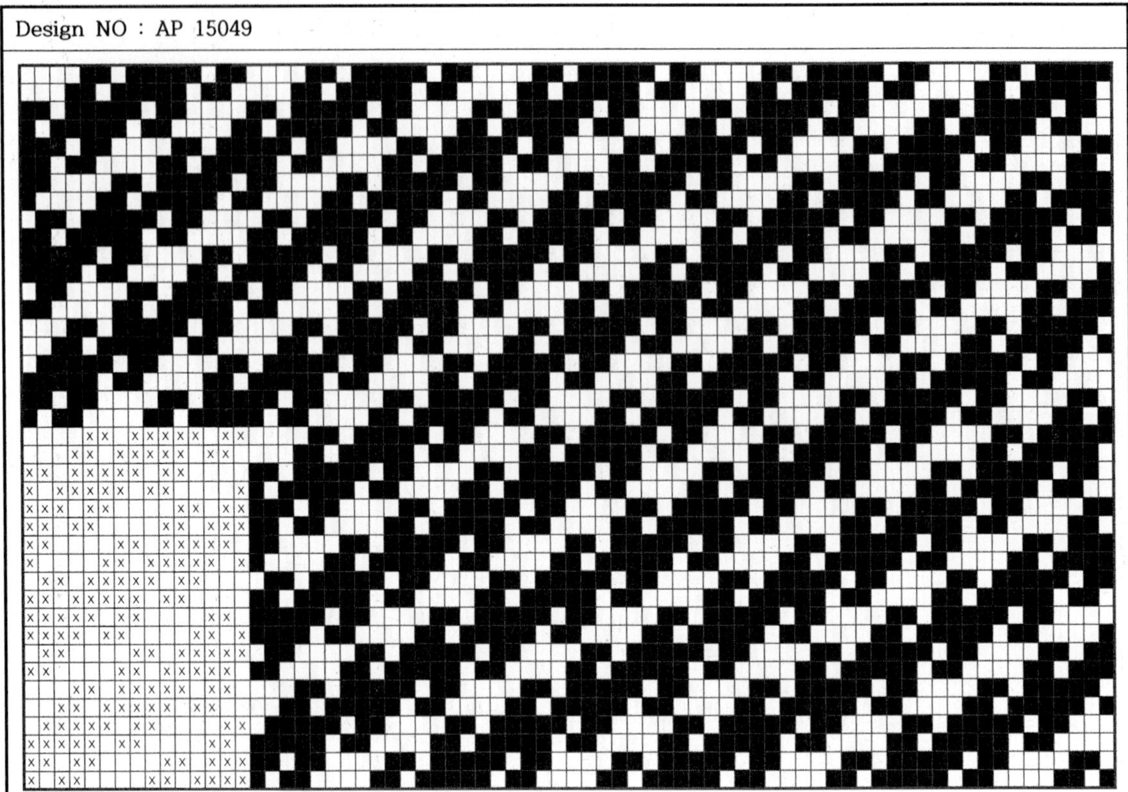

Design NO : AP 15050

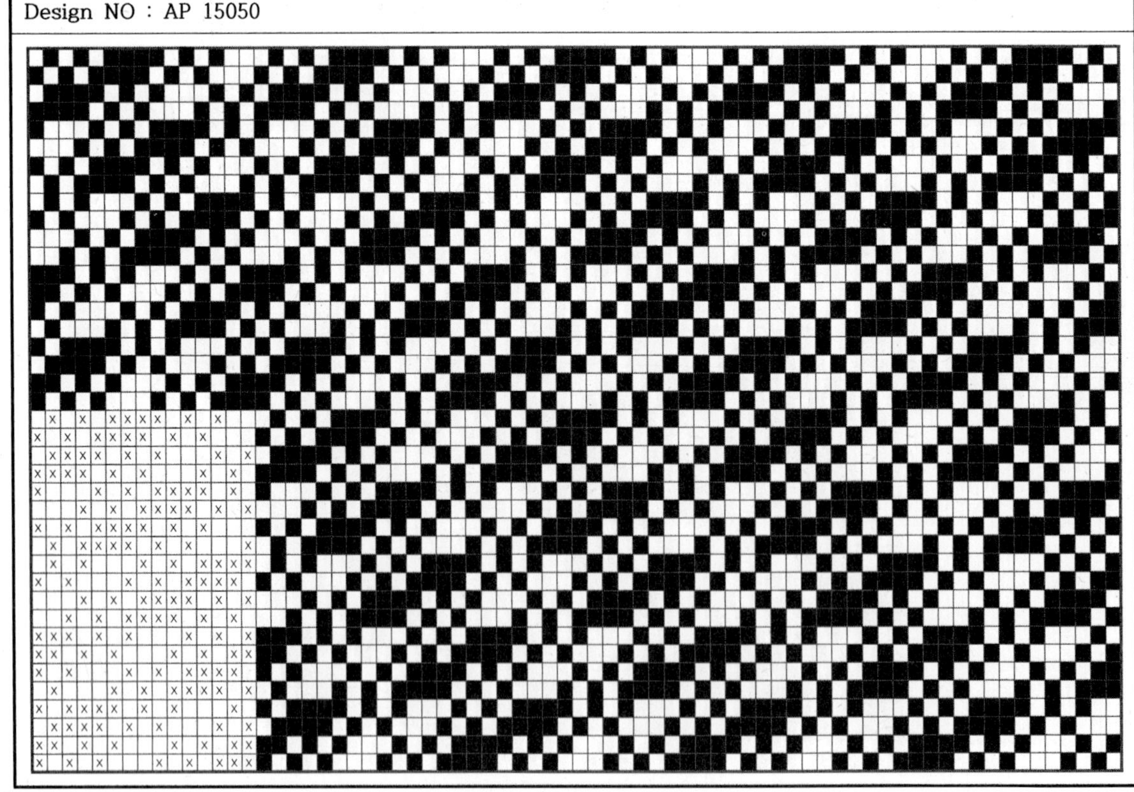

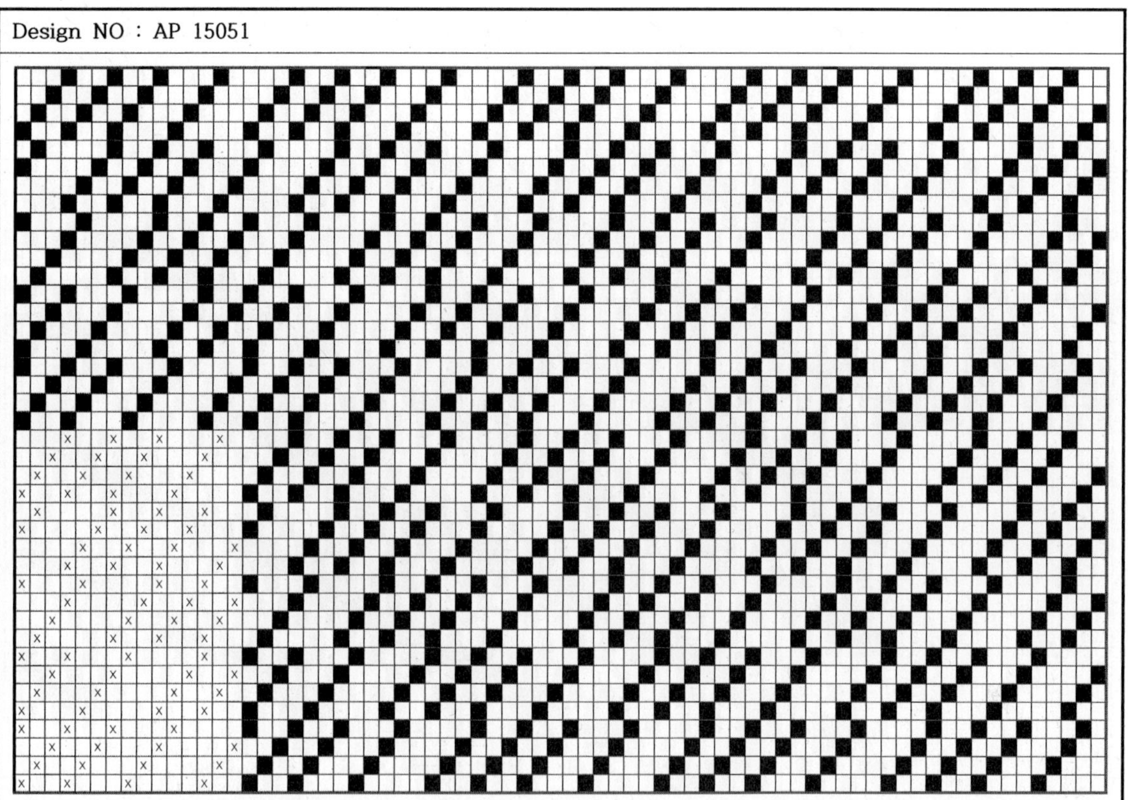

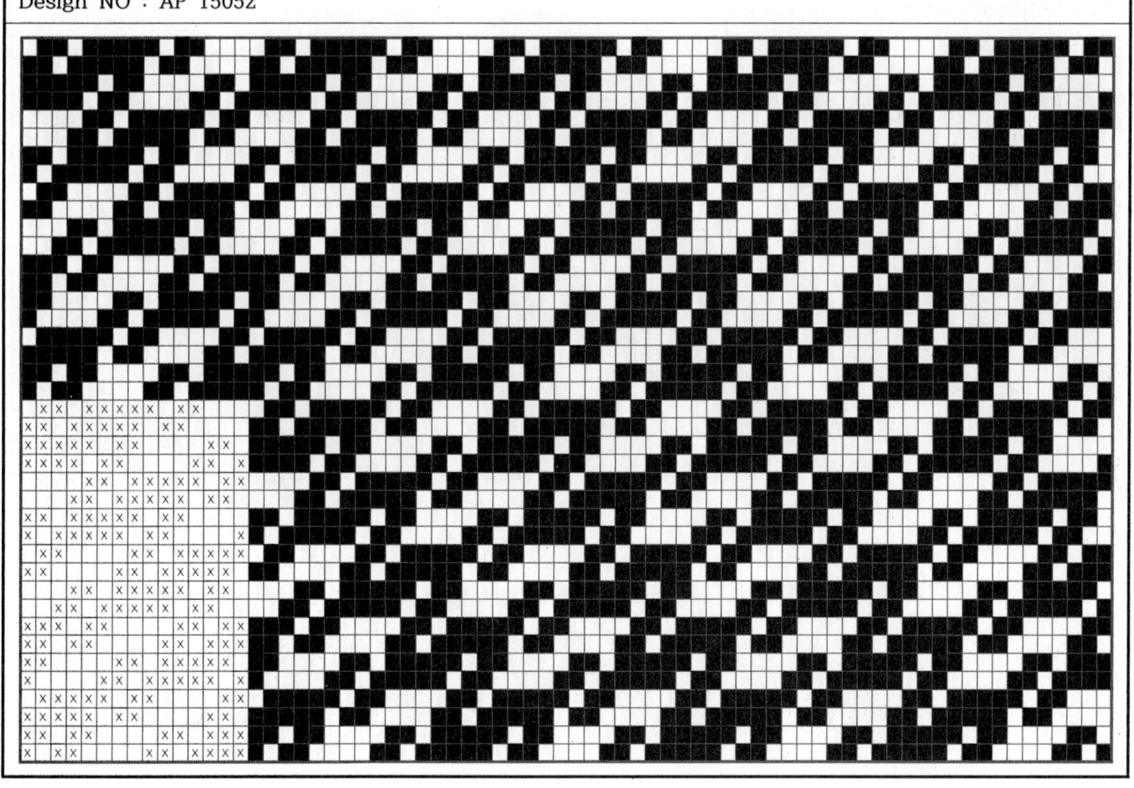

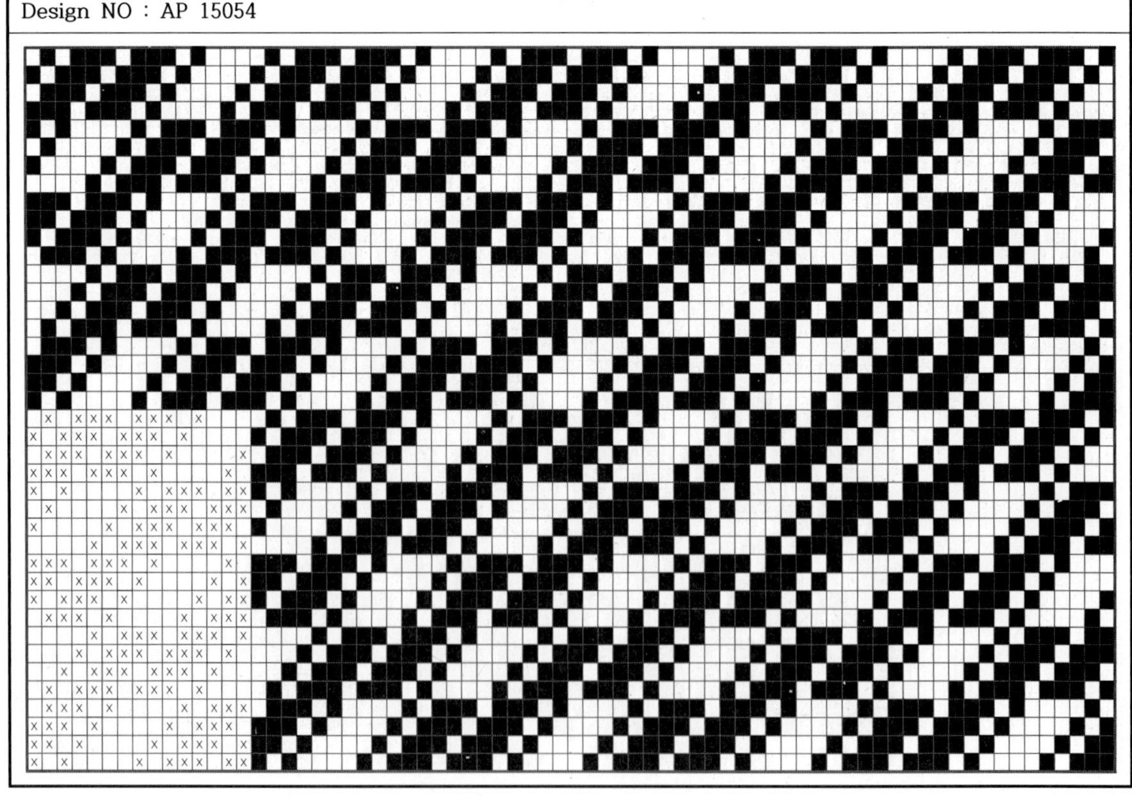

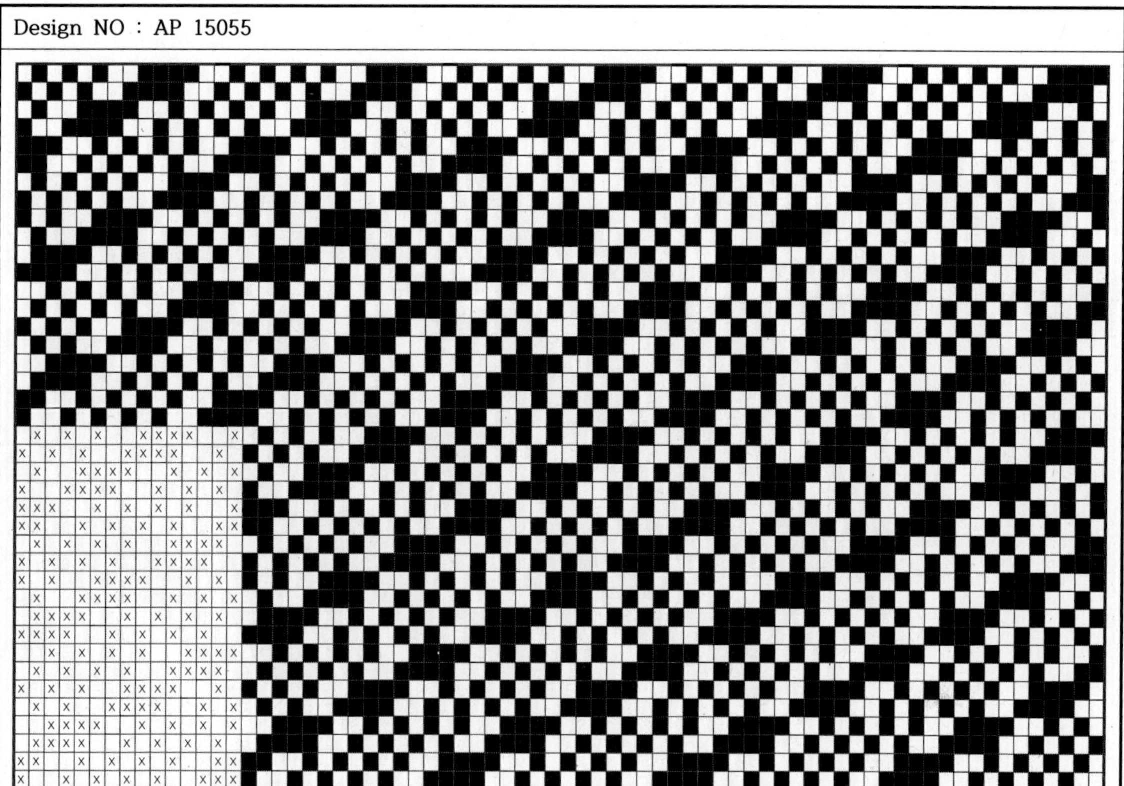

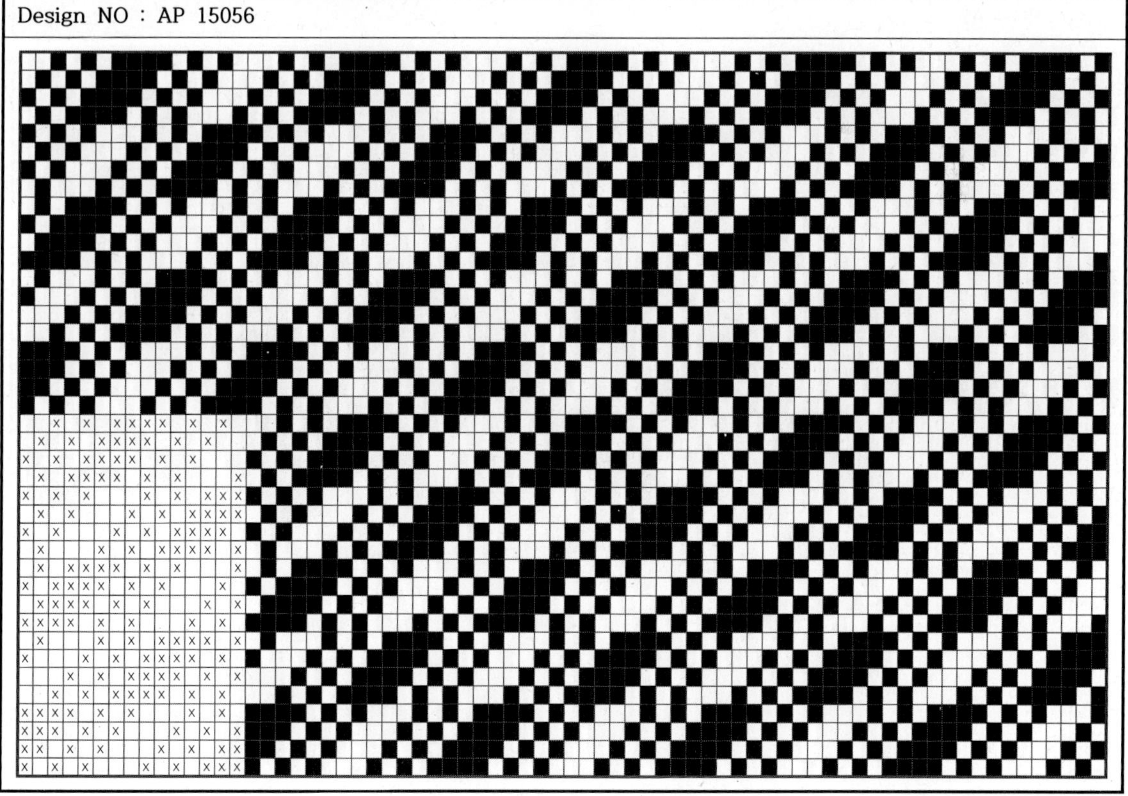

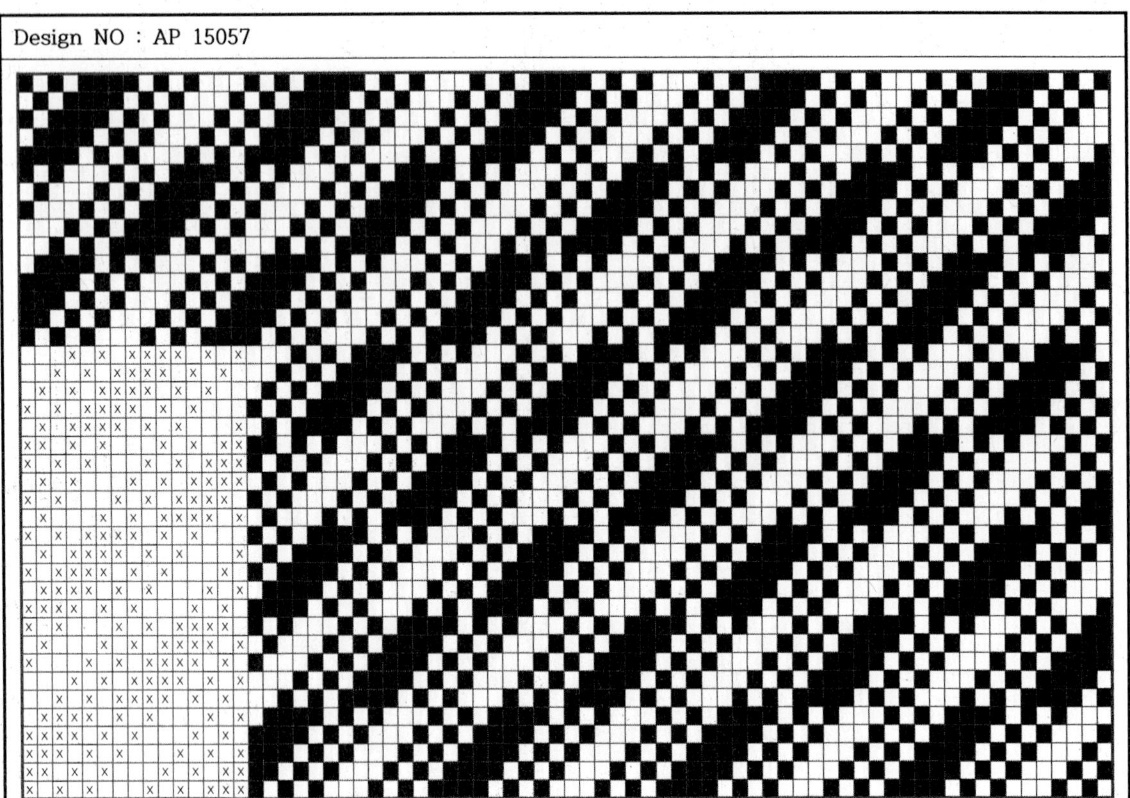

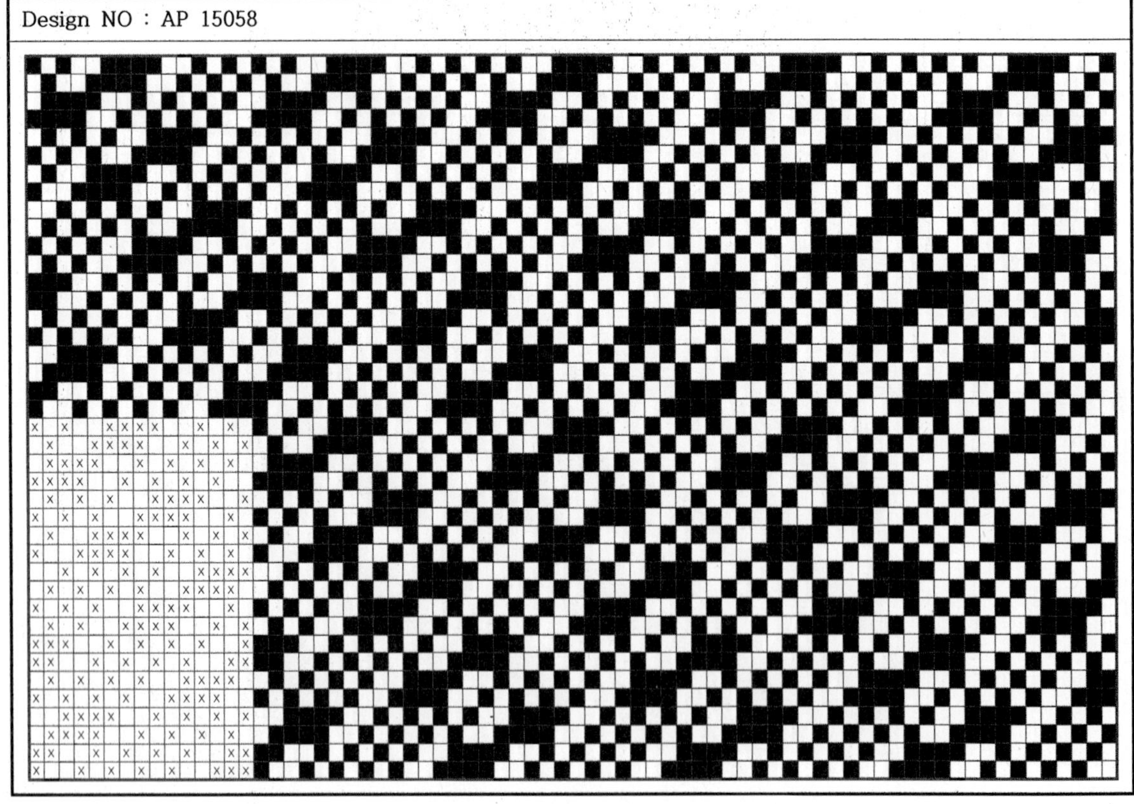

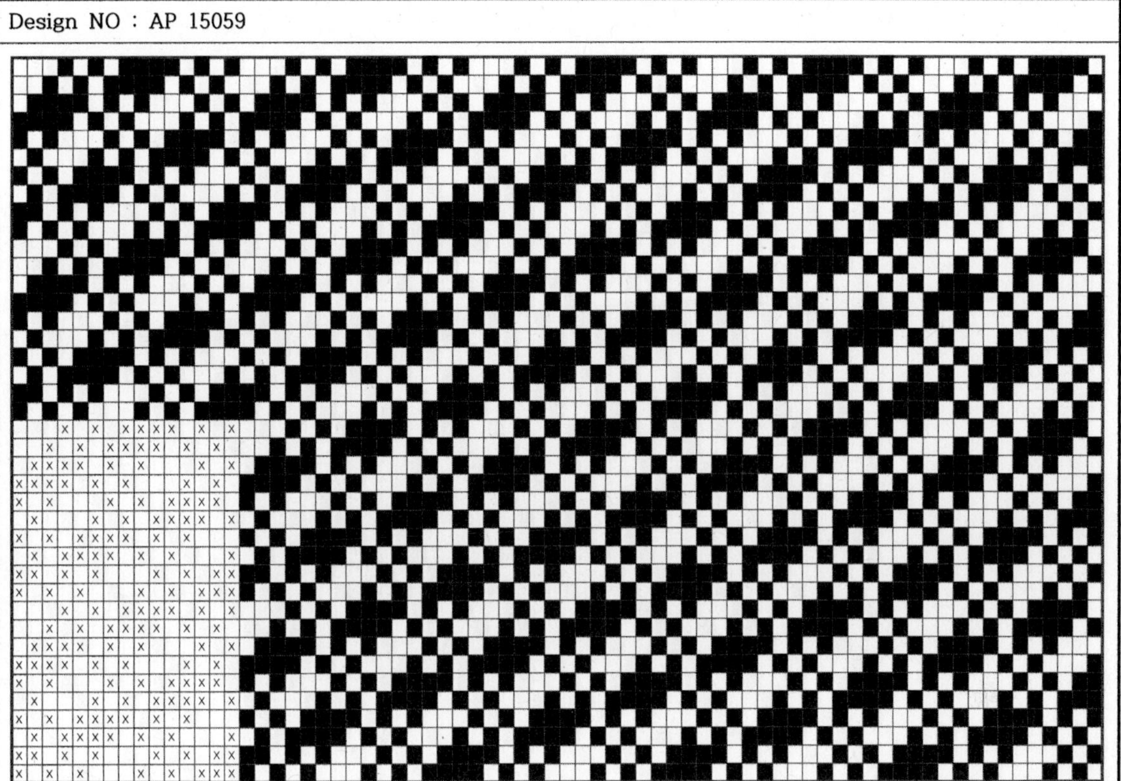

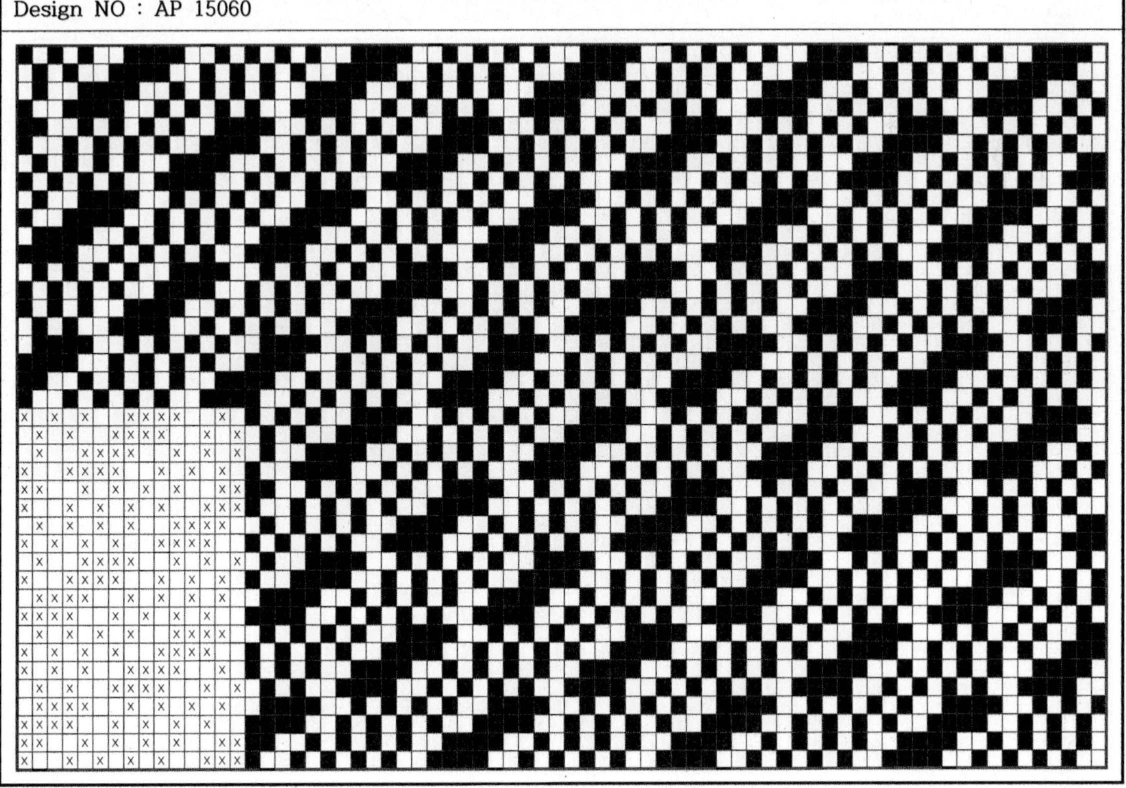

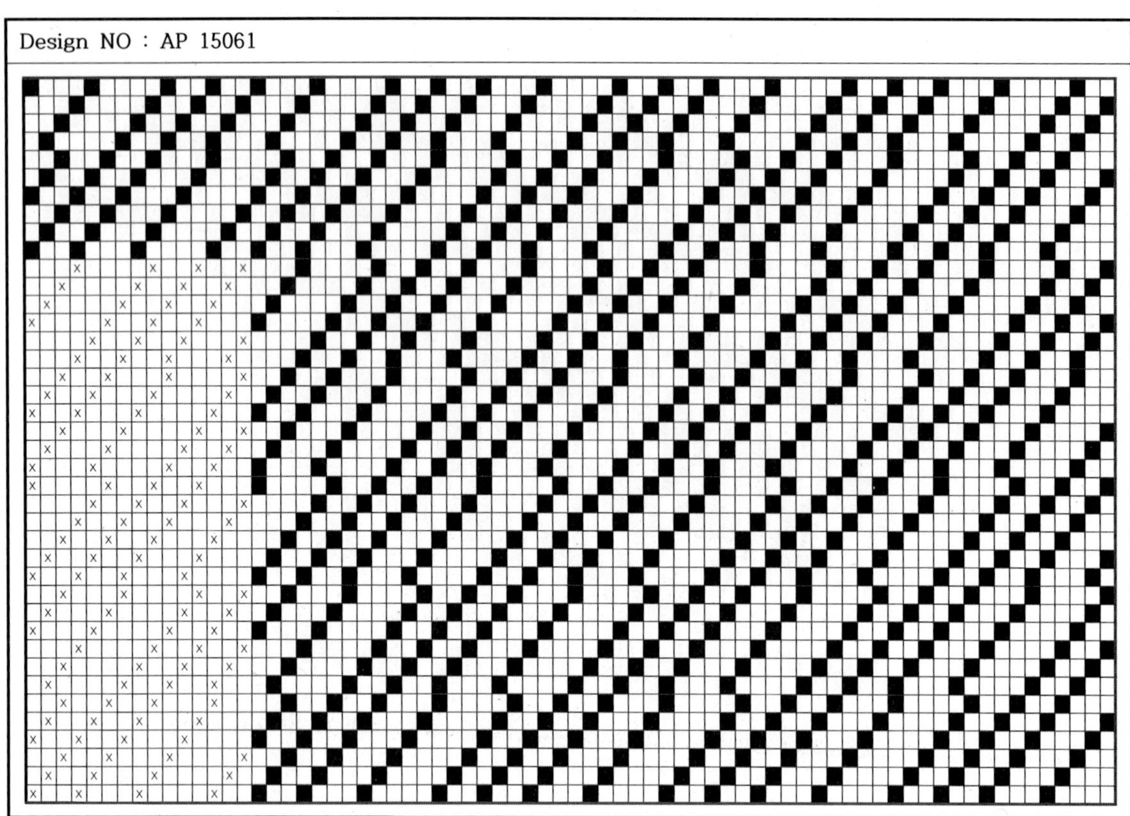

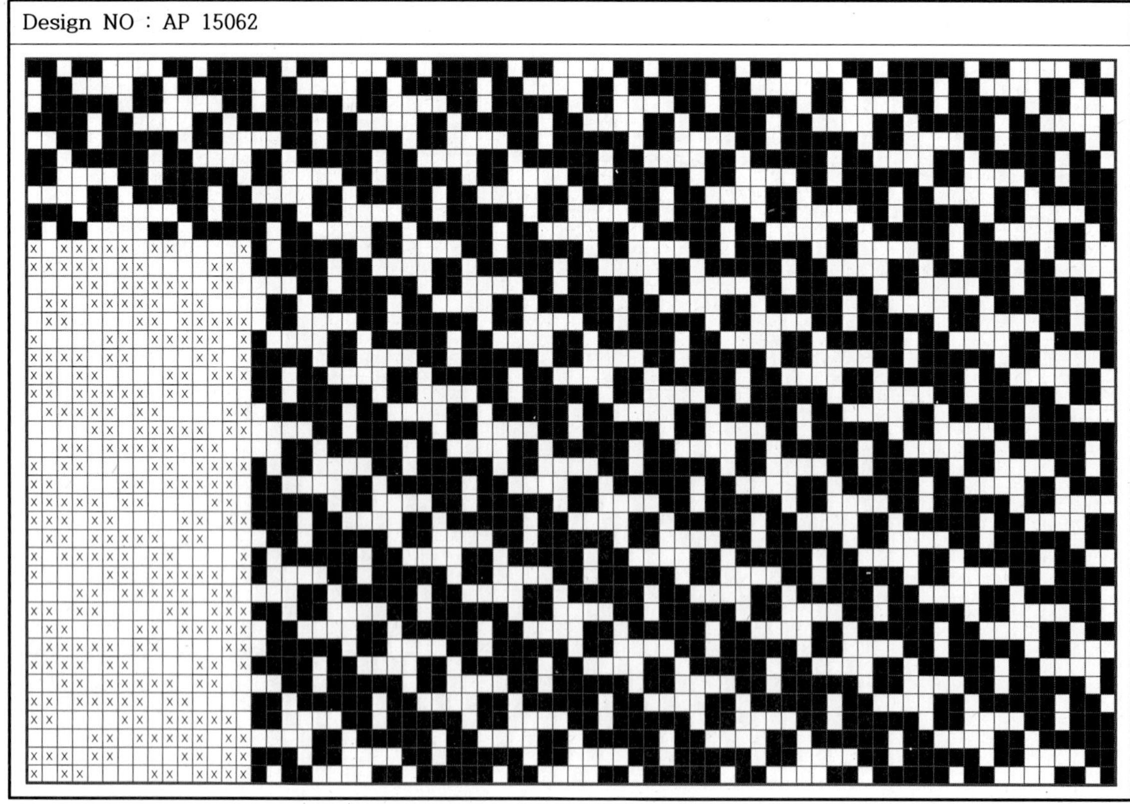

Design NO : AP 15063

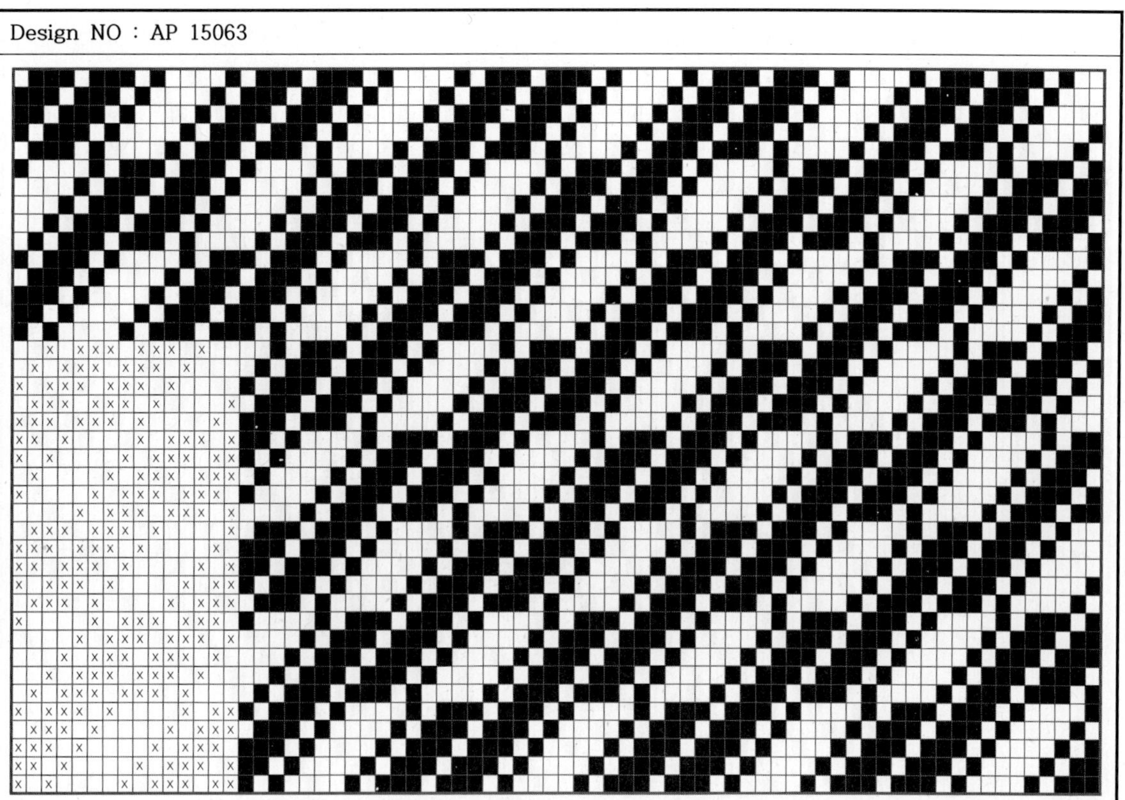

Design NO : AP 15064

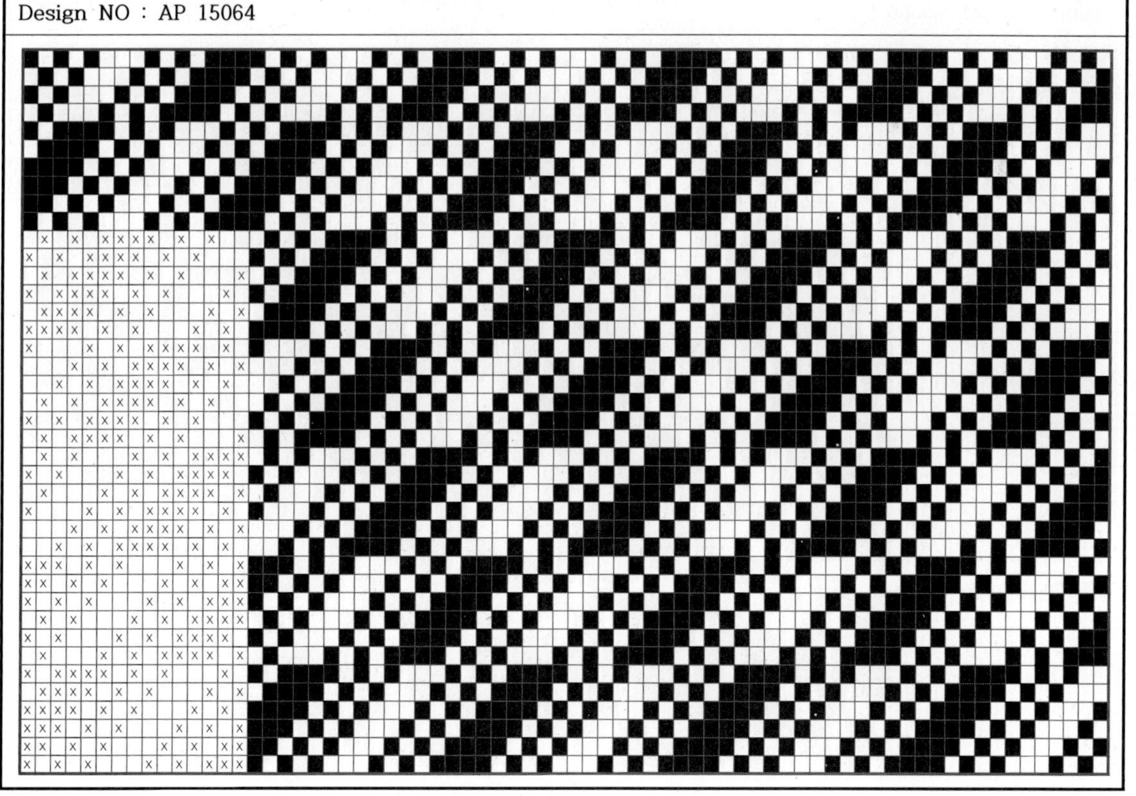

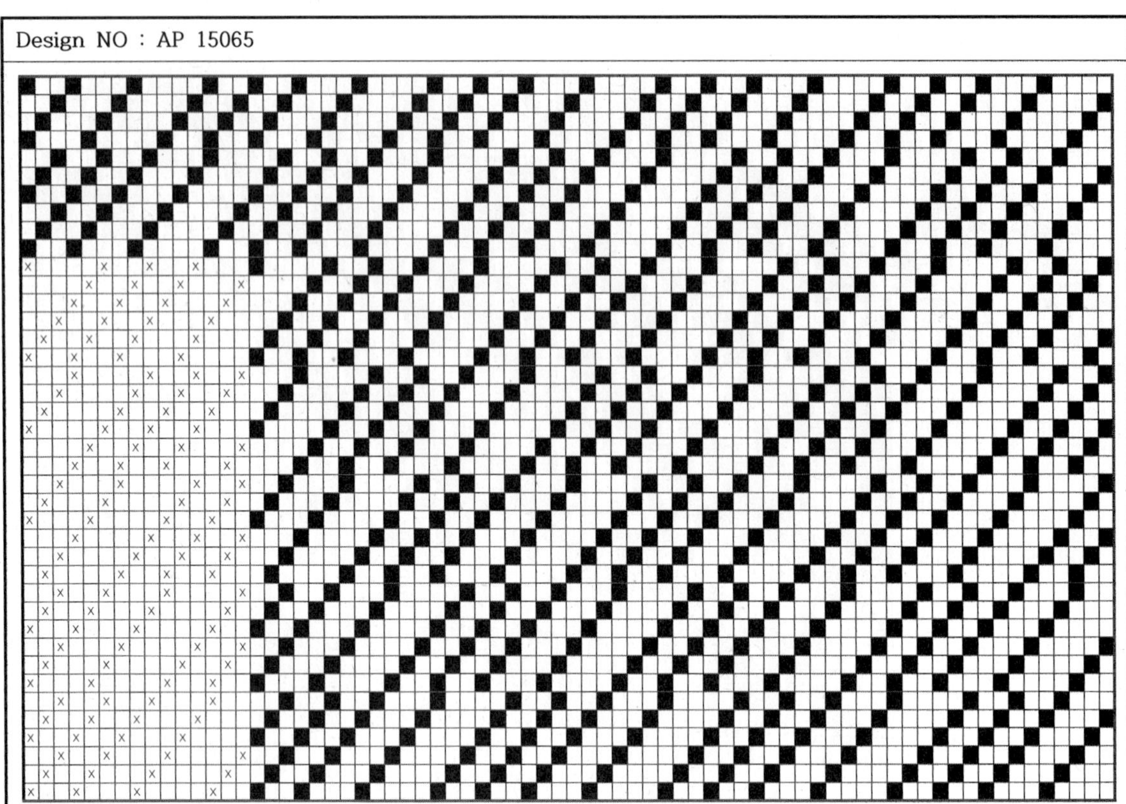

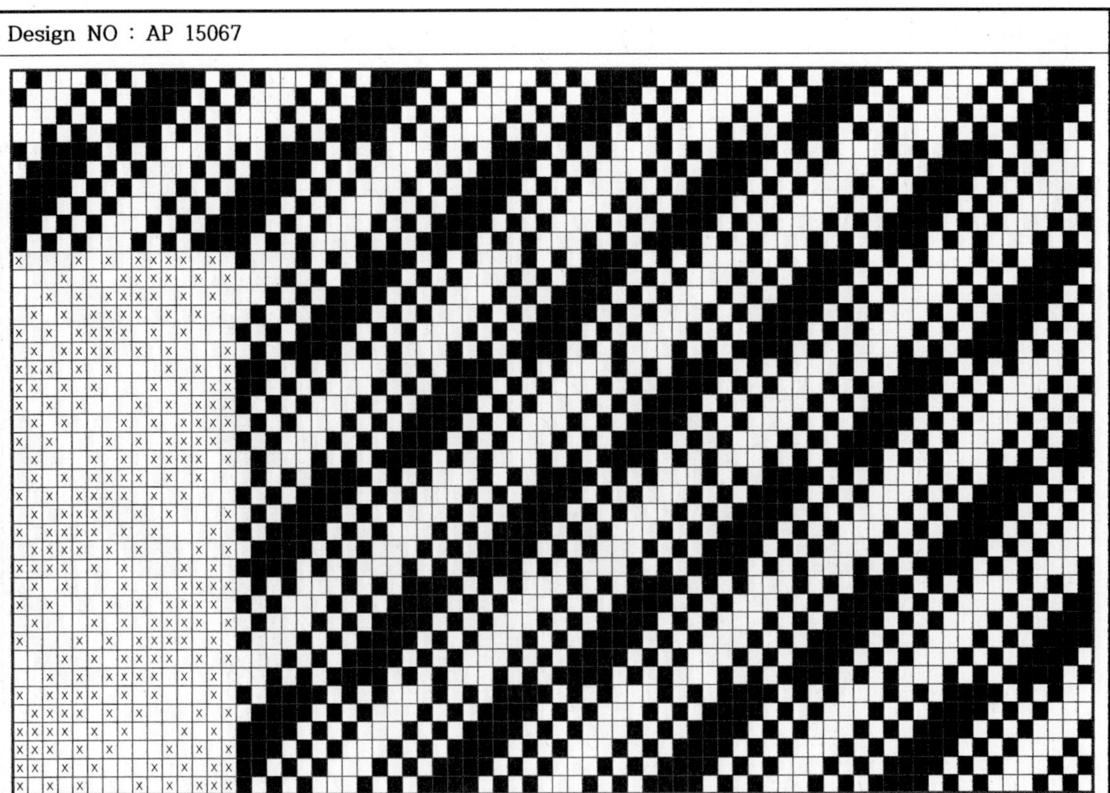

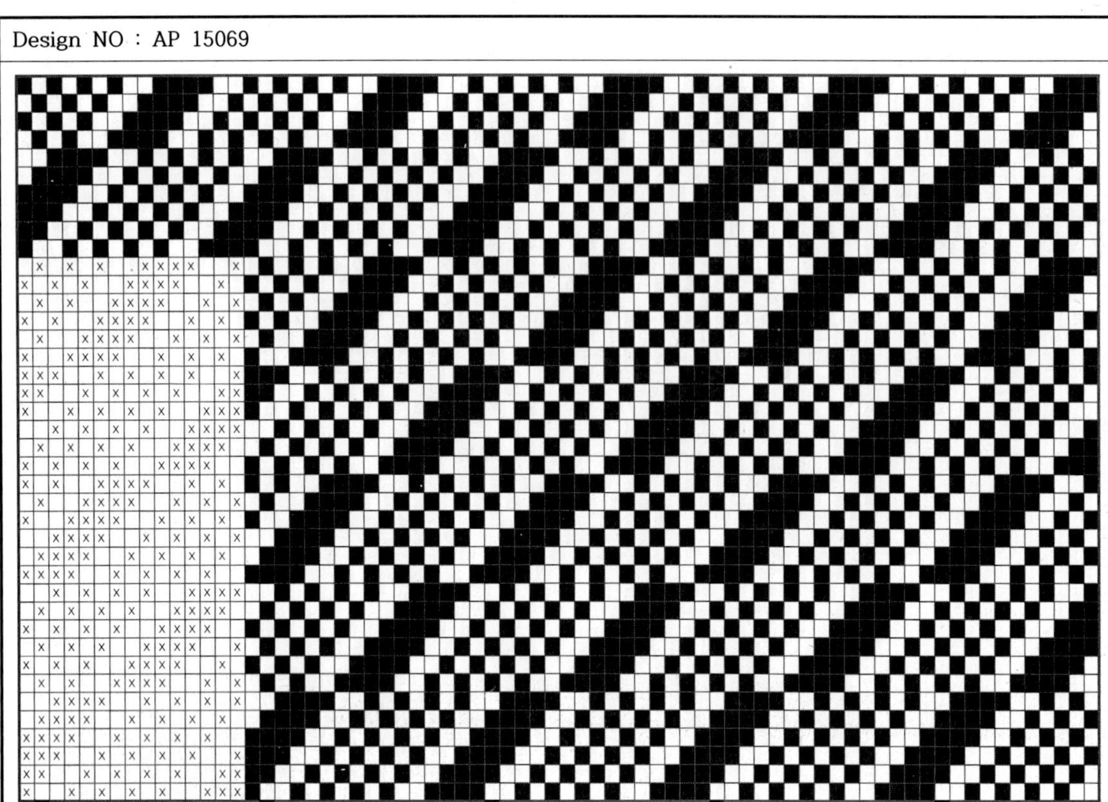

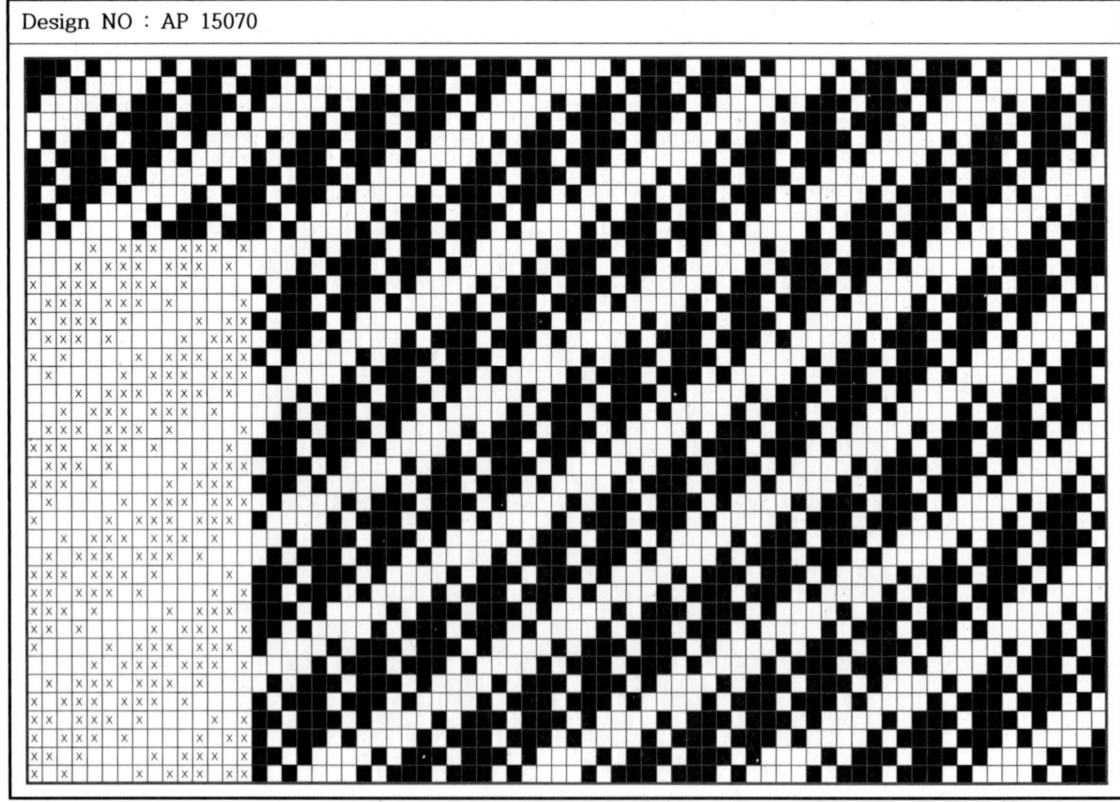

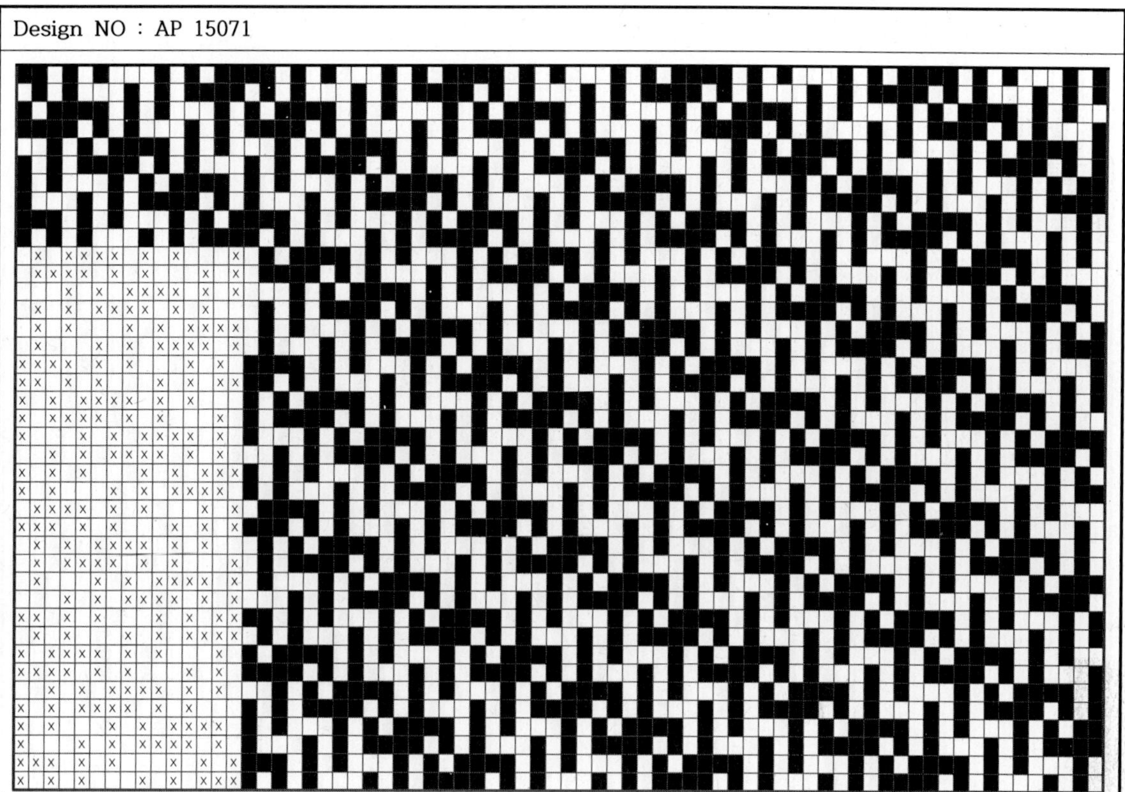

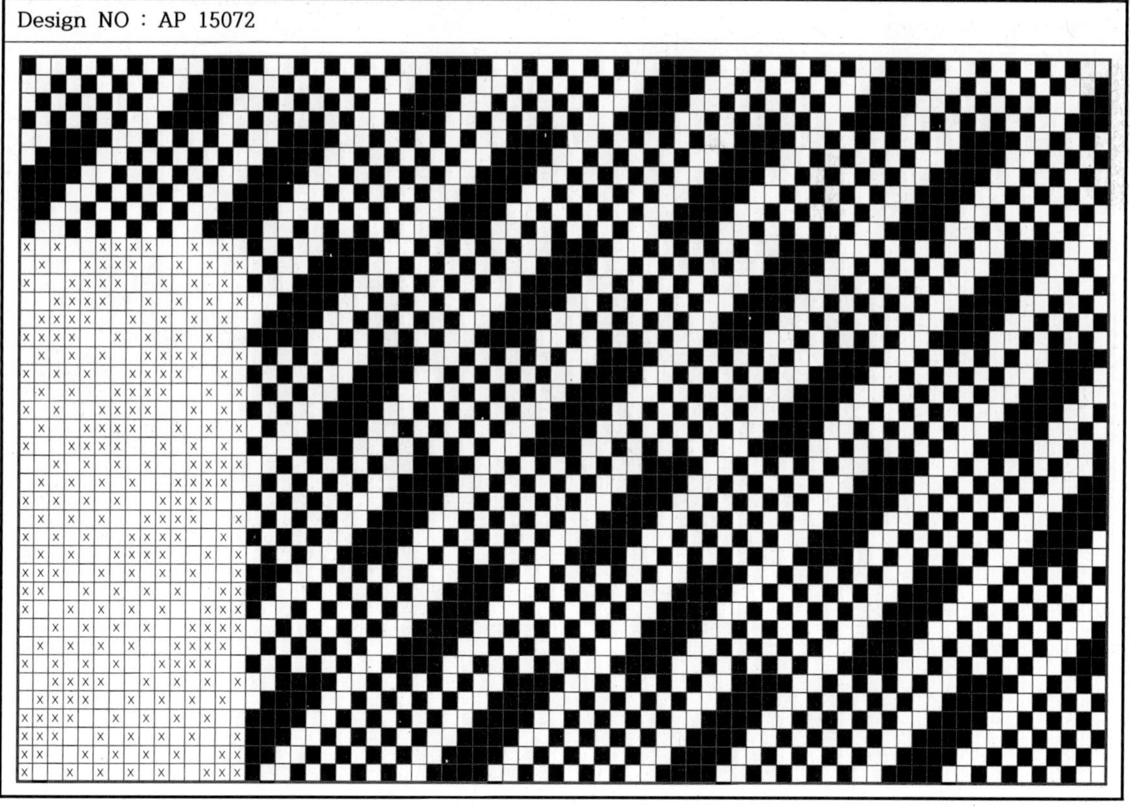

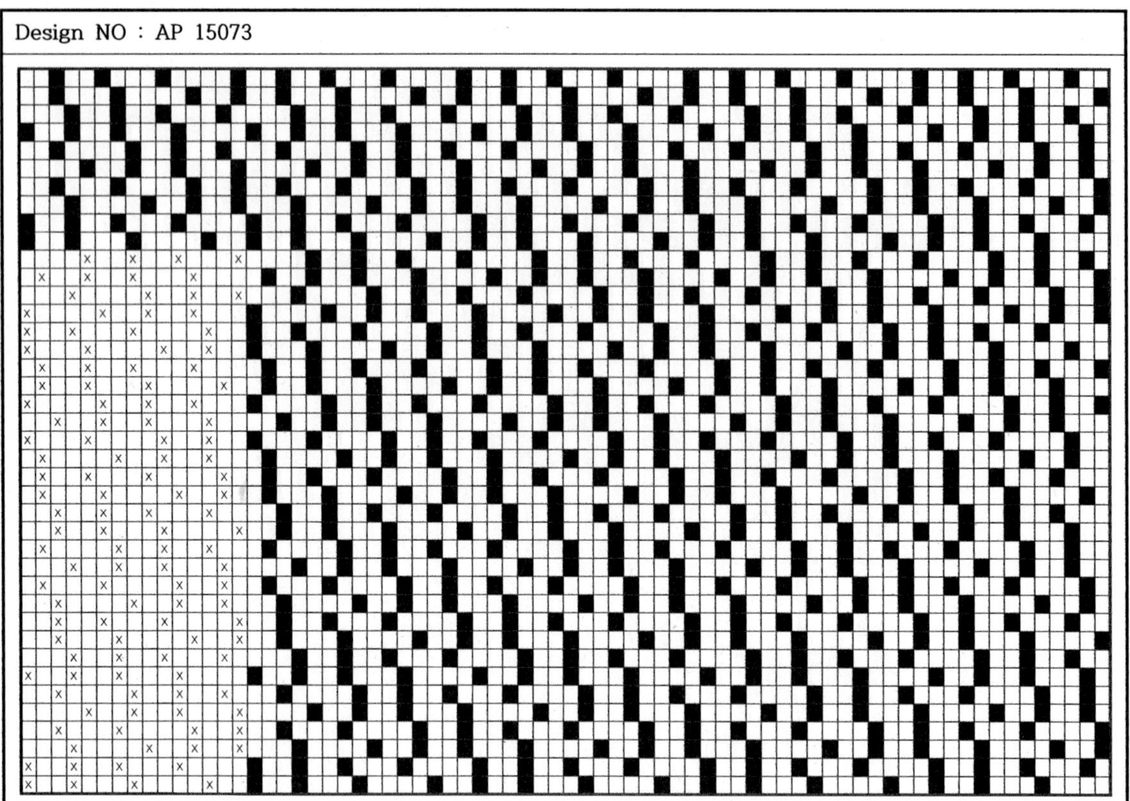

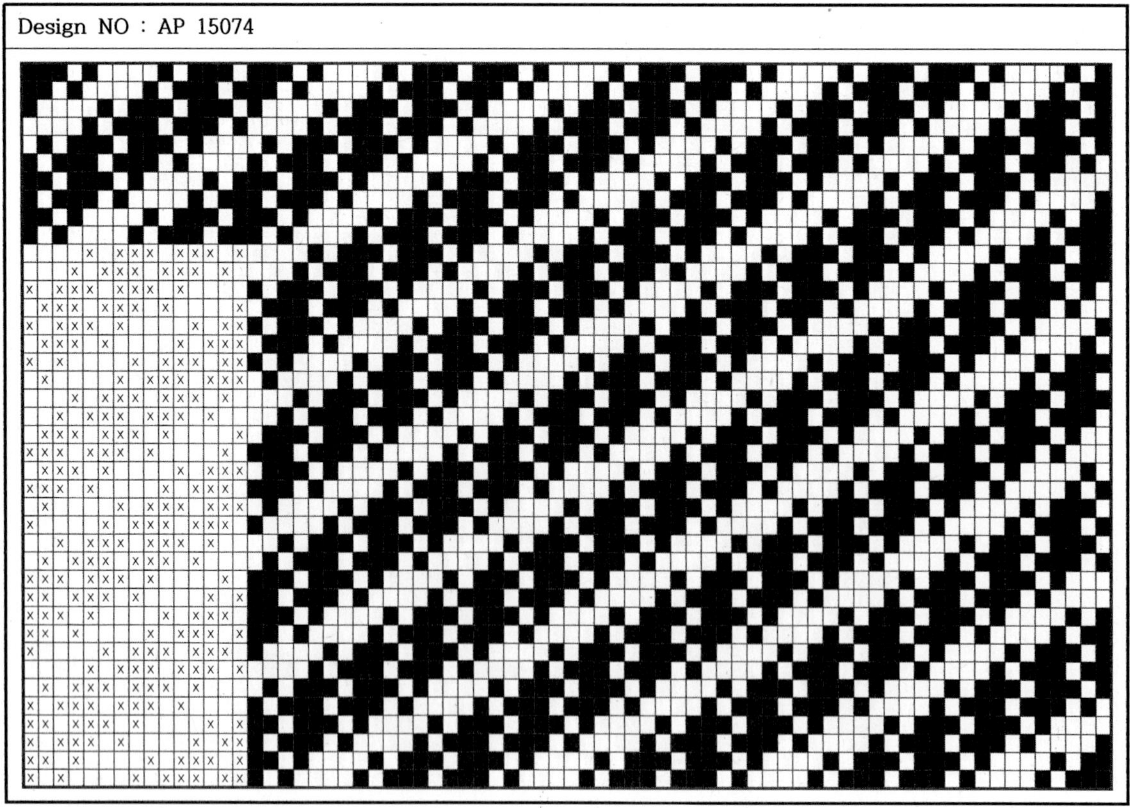

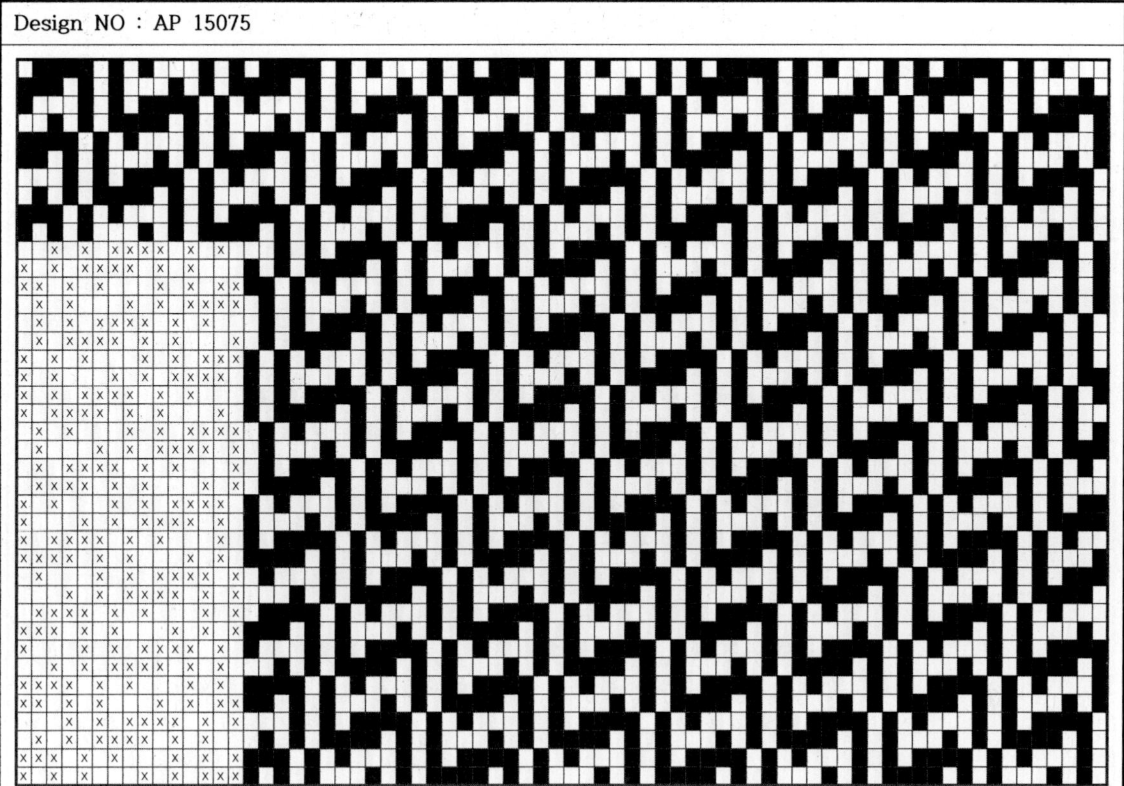

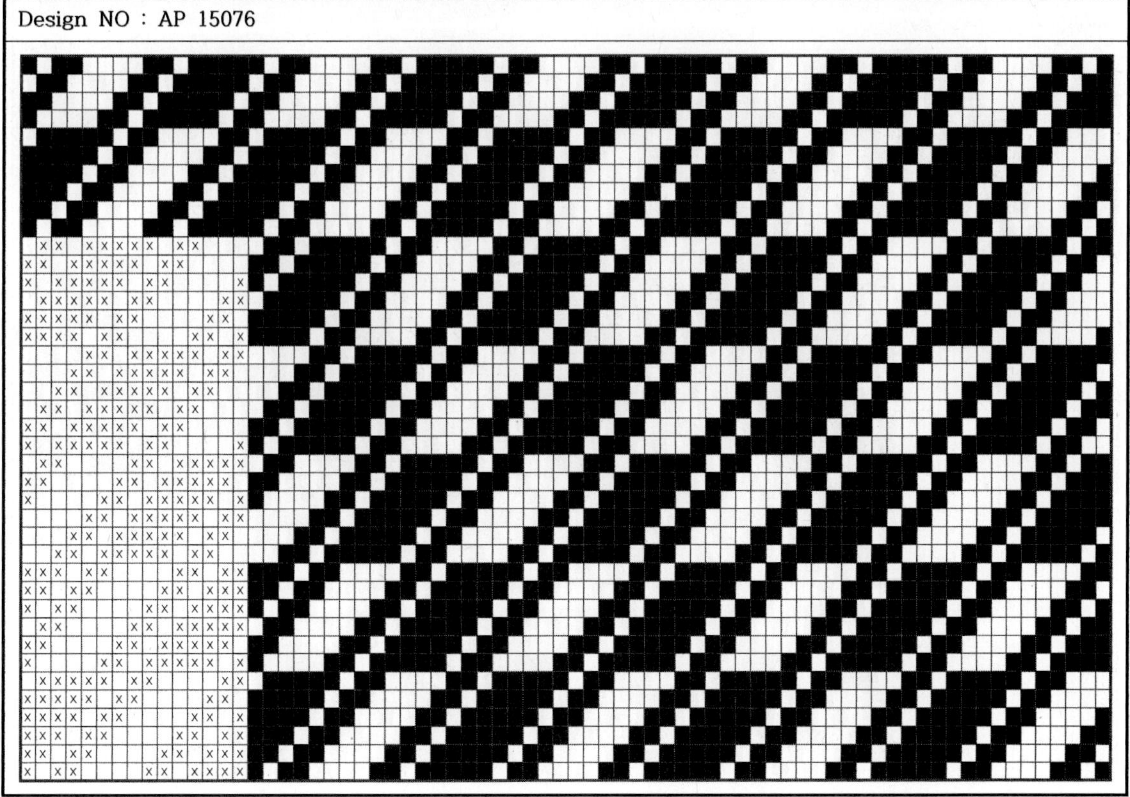

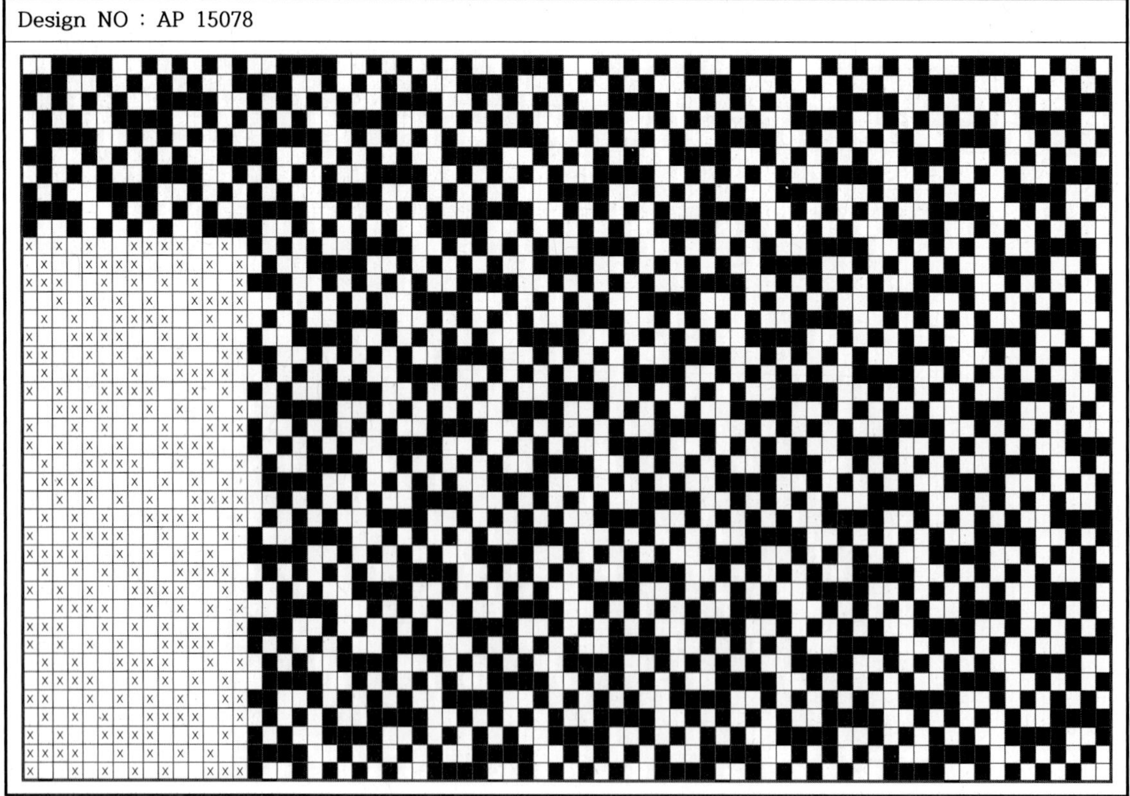

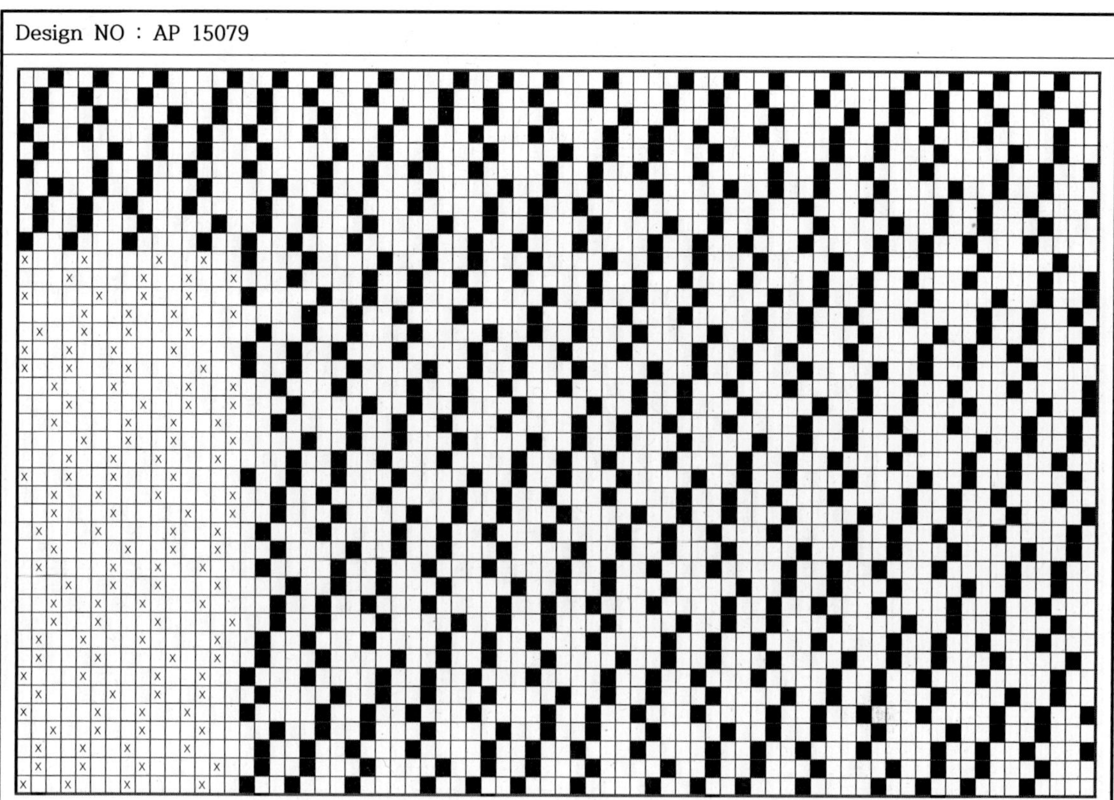

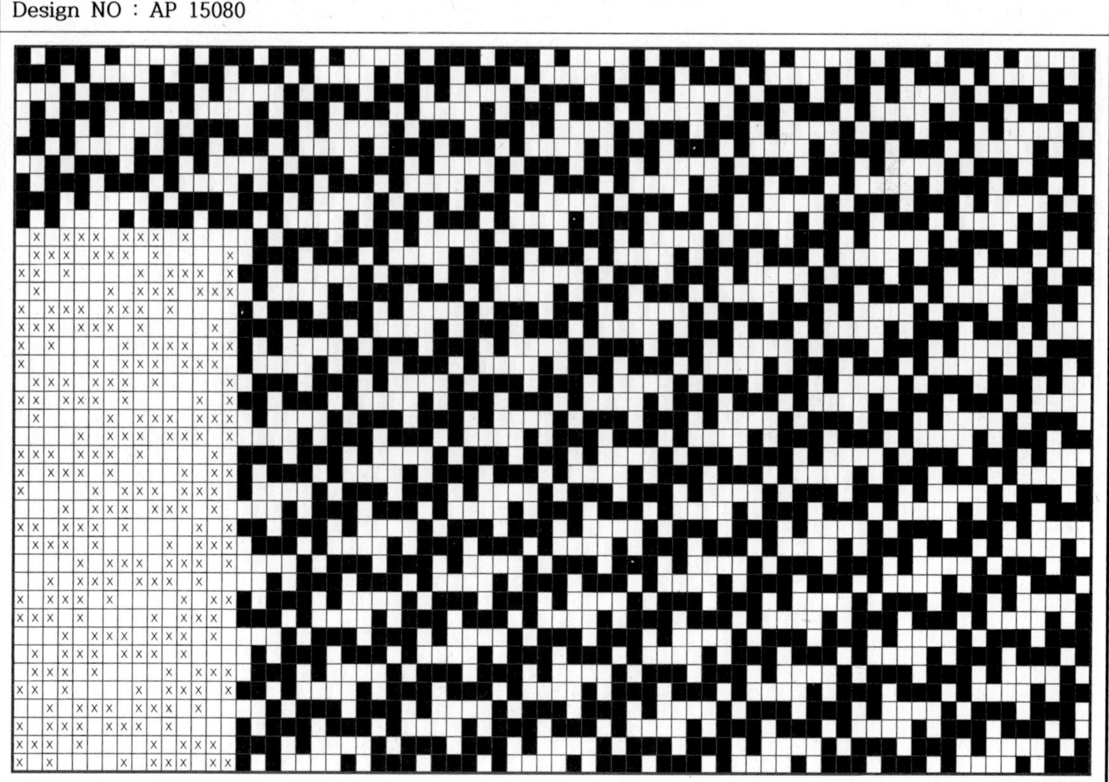

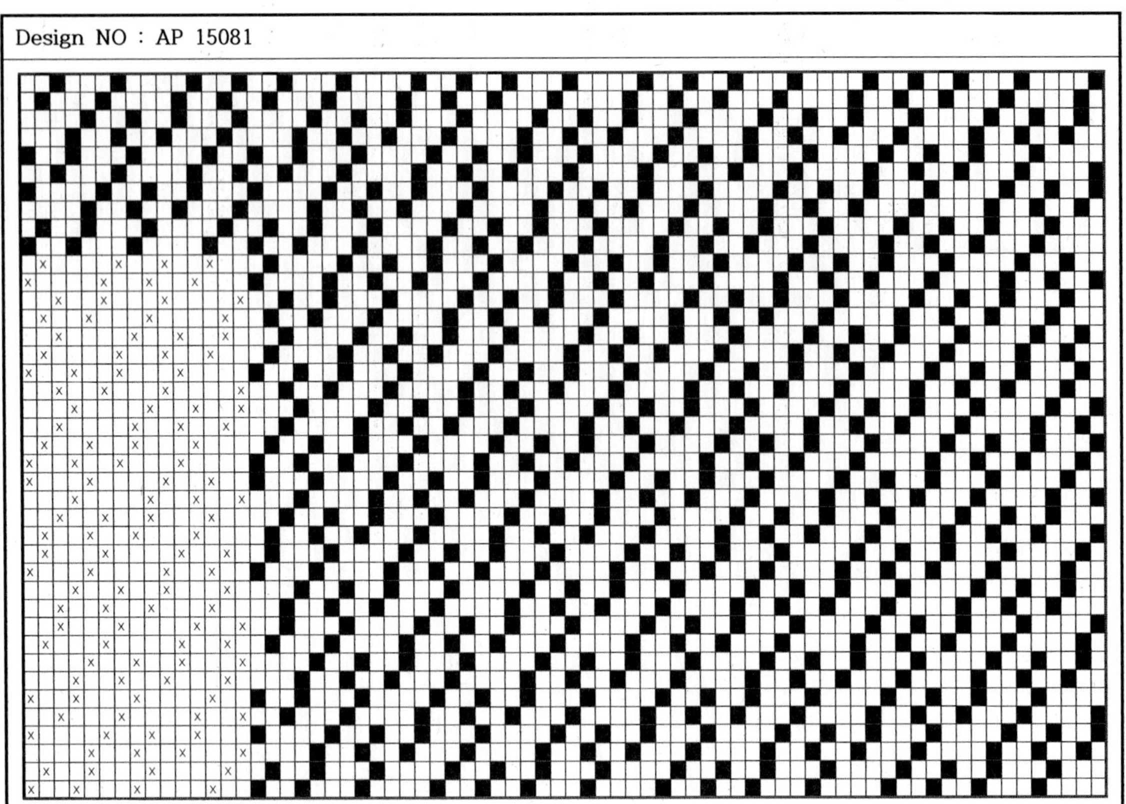

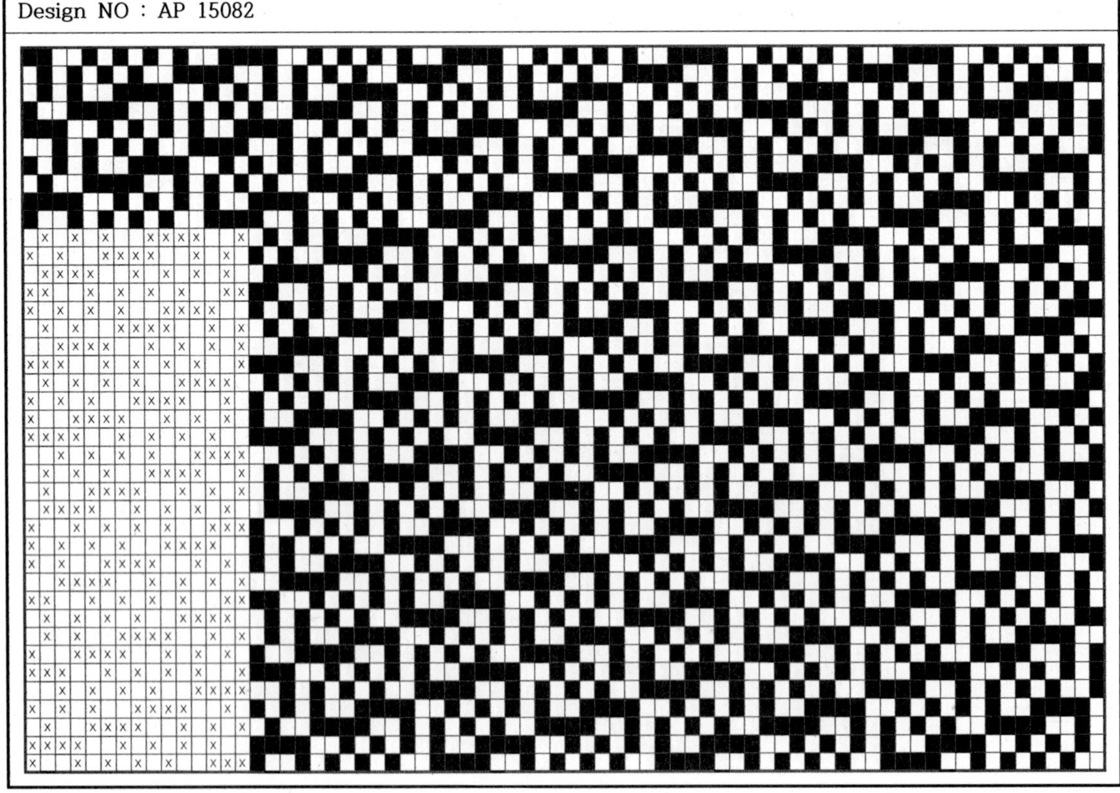

Design NO : AP 15083

Design NO : AP 15084

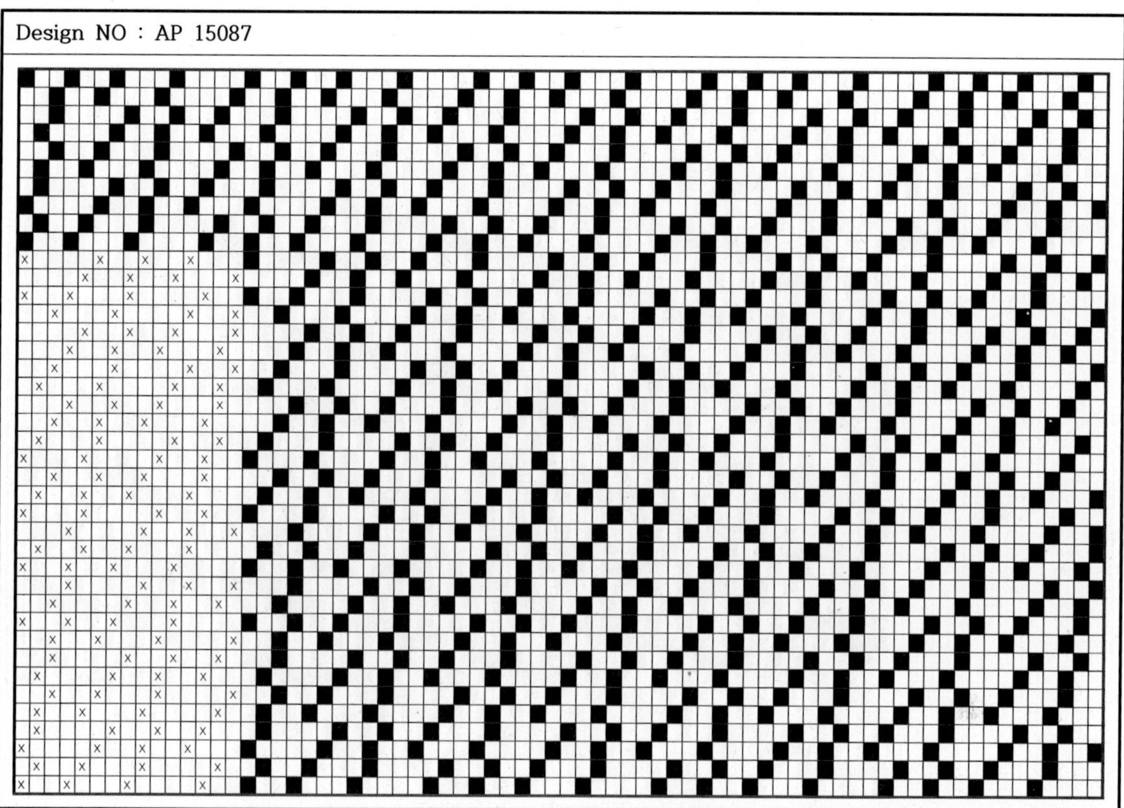

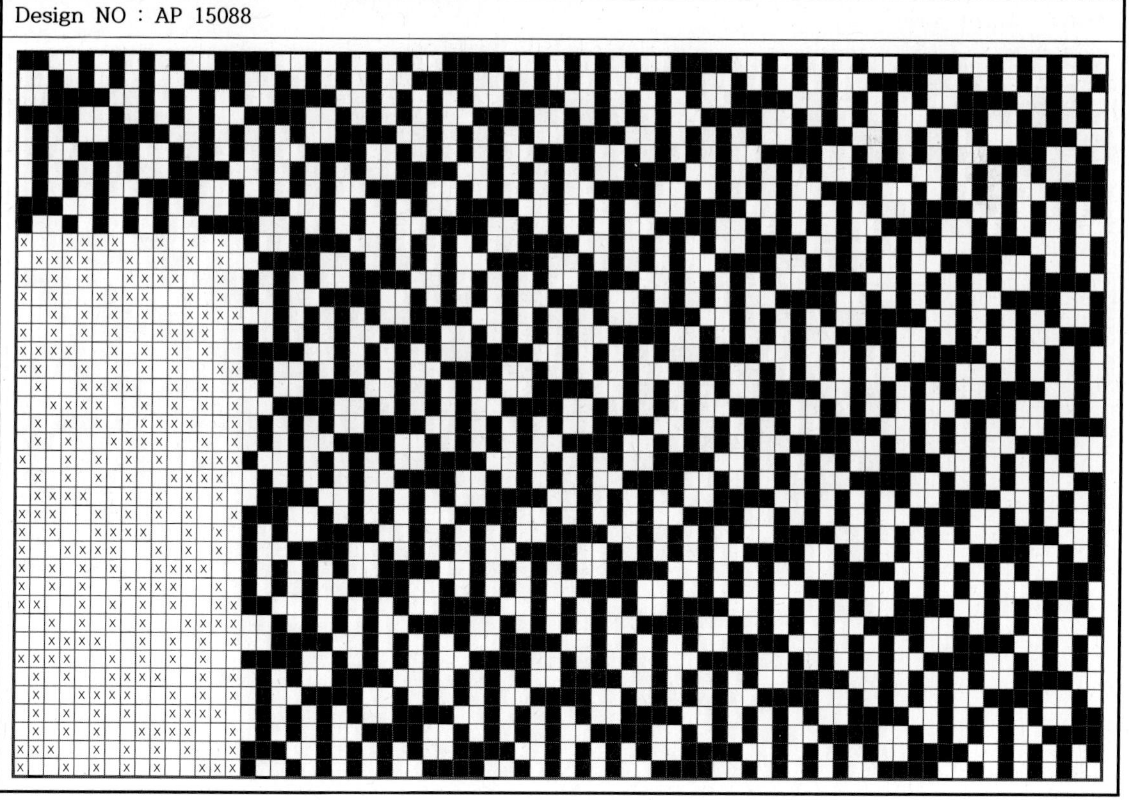

Design NO : AP 15089

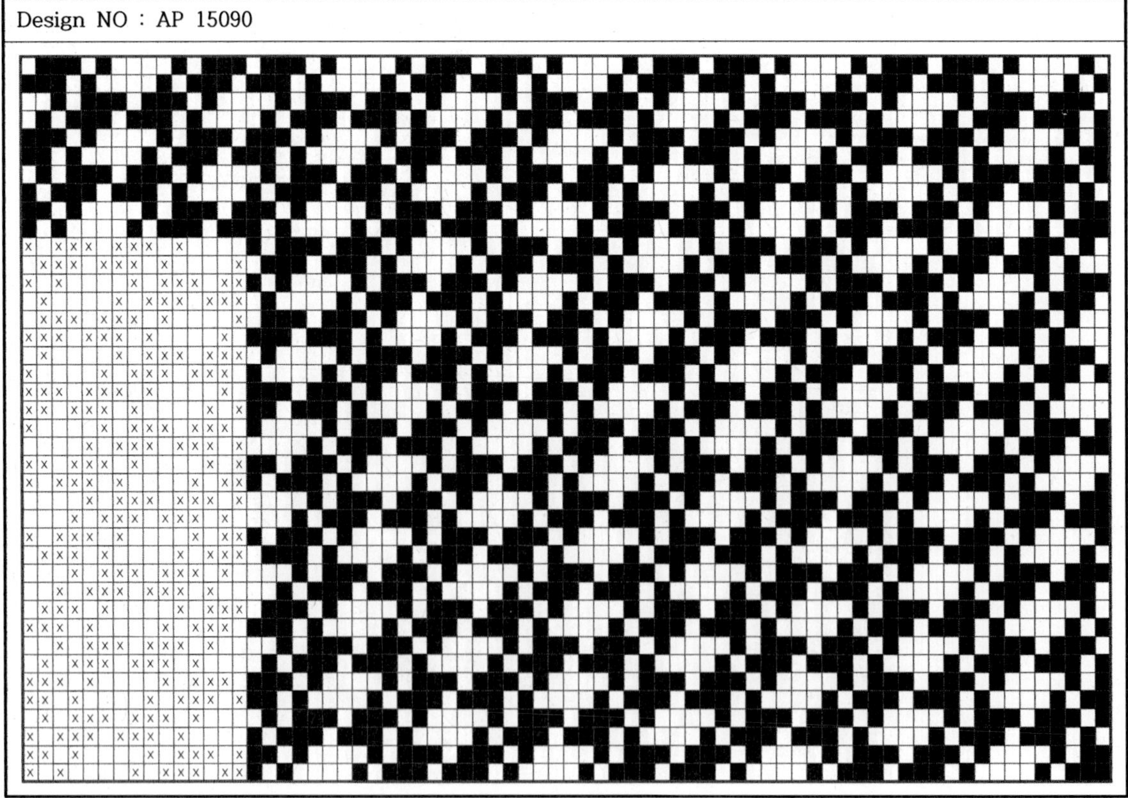

Design NO : AP 15090

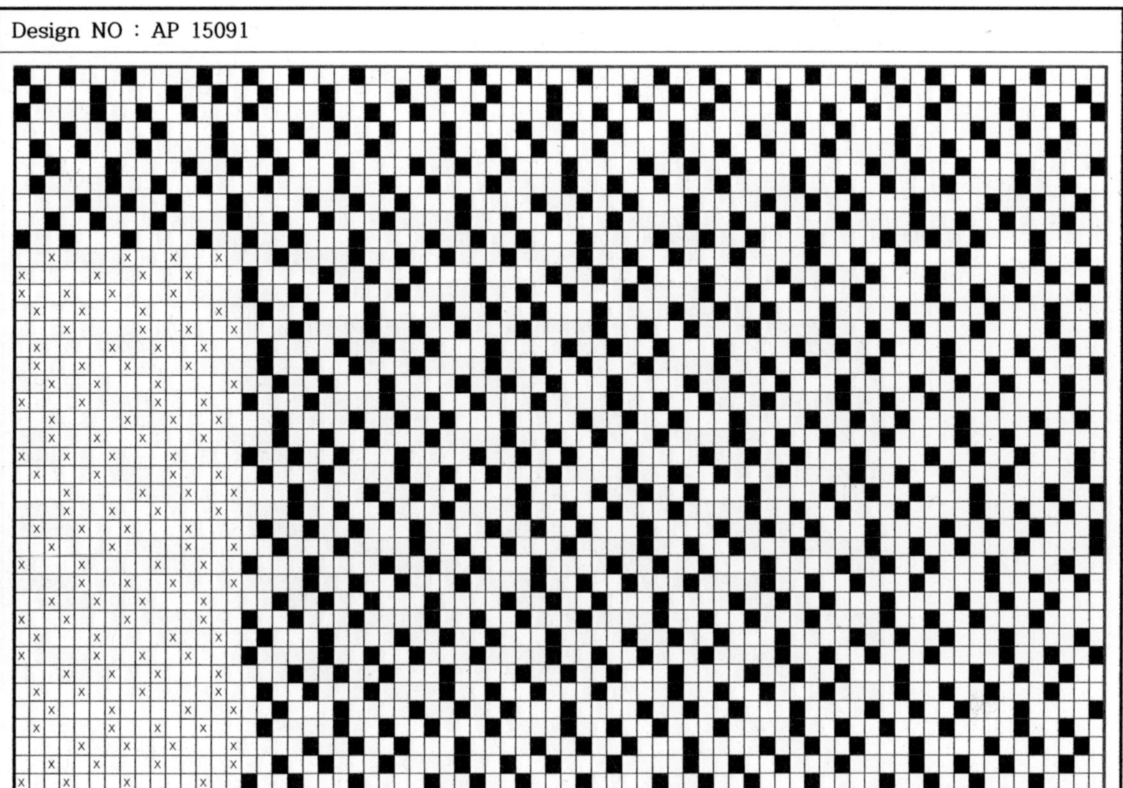

Design NO : AP 15091

Design NO : AP 15092

Design NO : AP 15093

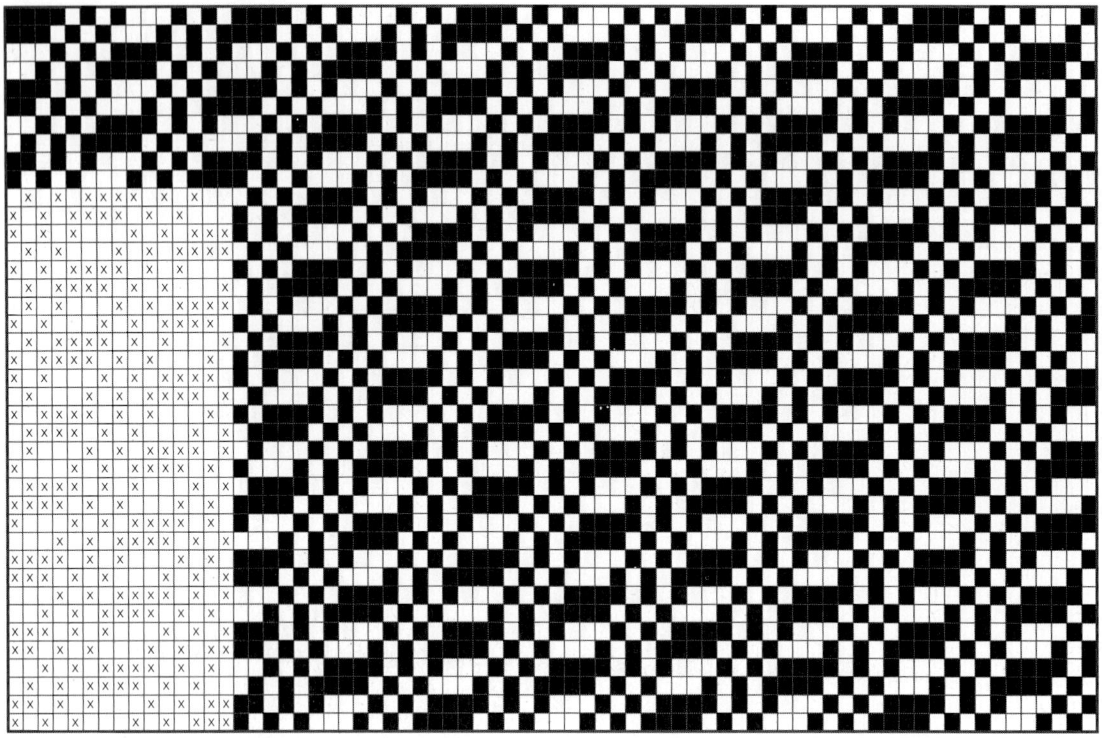

Design NO : AP 15094

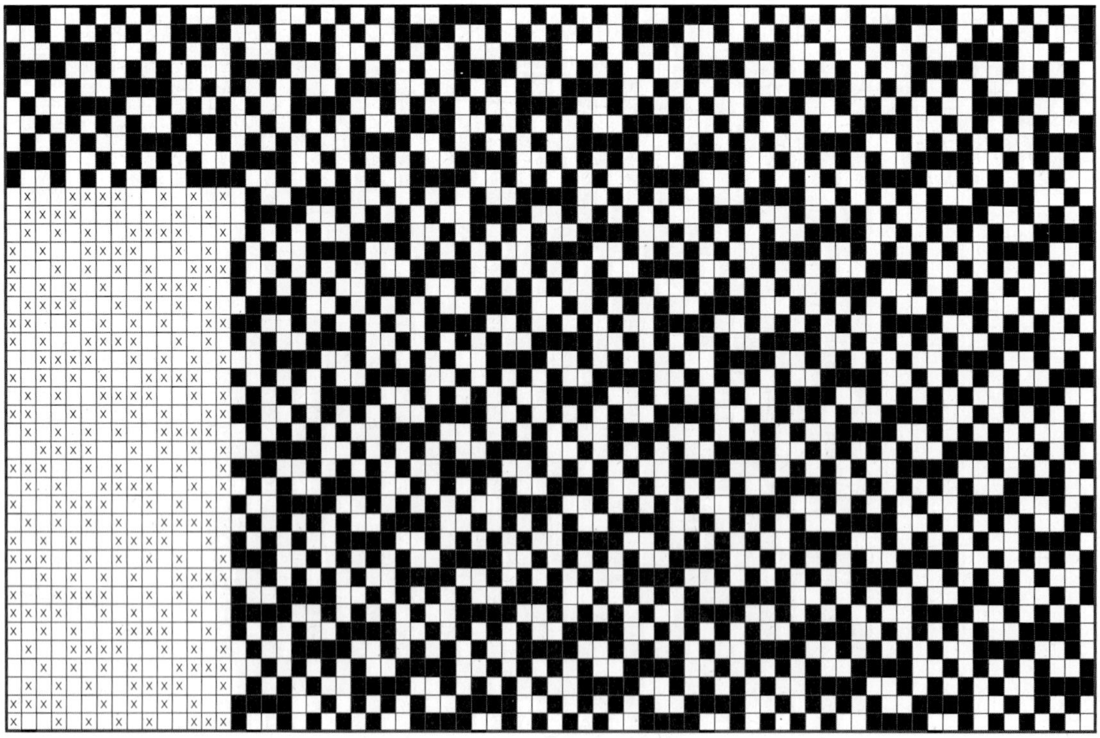

Design NO : AP 15095

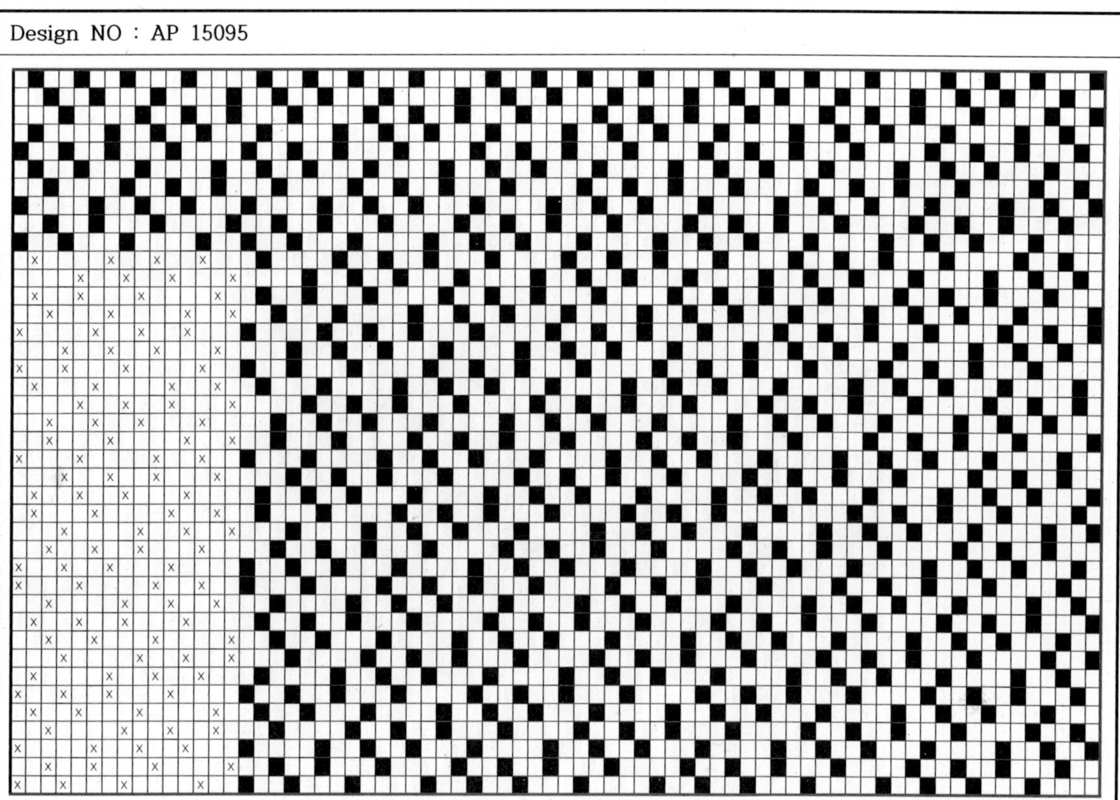

Design NO : AP 15096

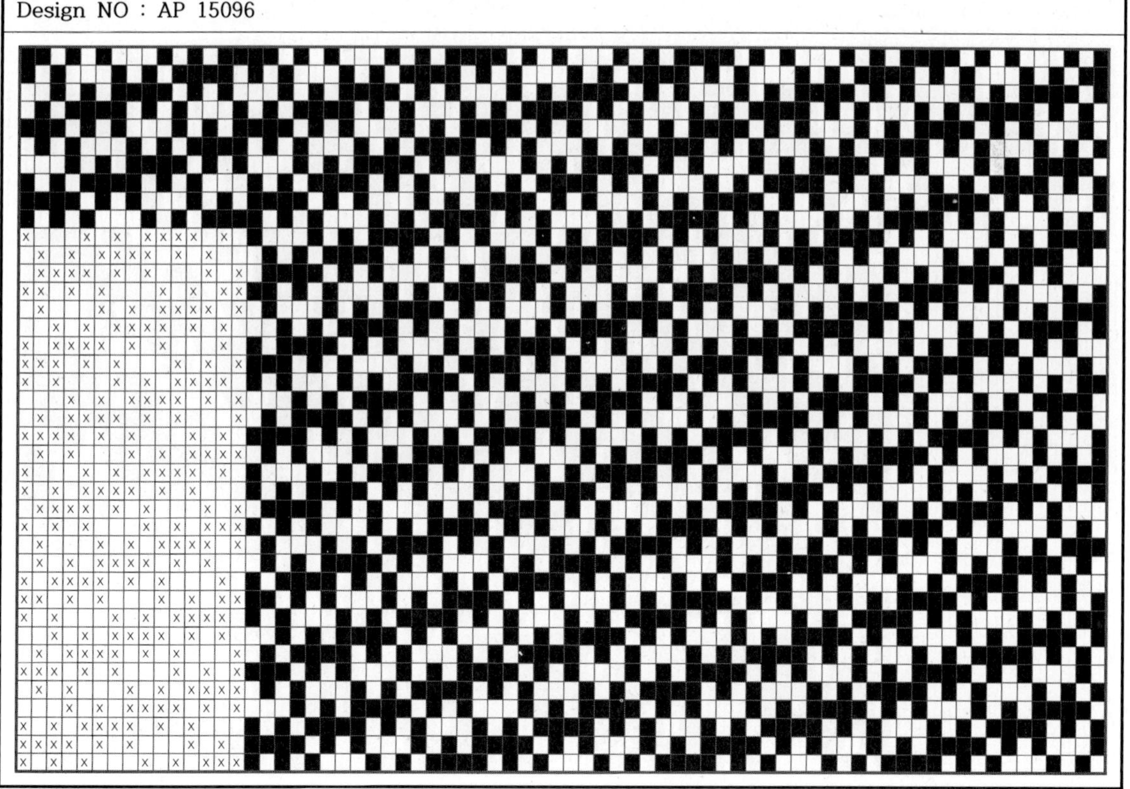

Design NO : AP 15097

Design NO : AP 15098

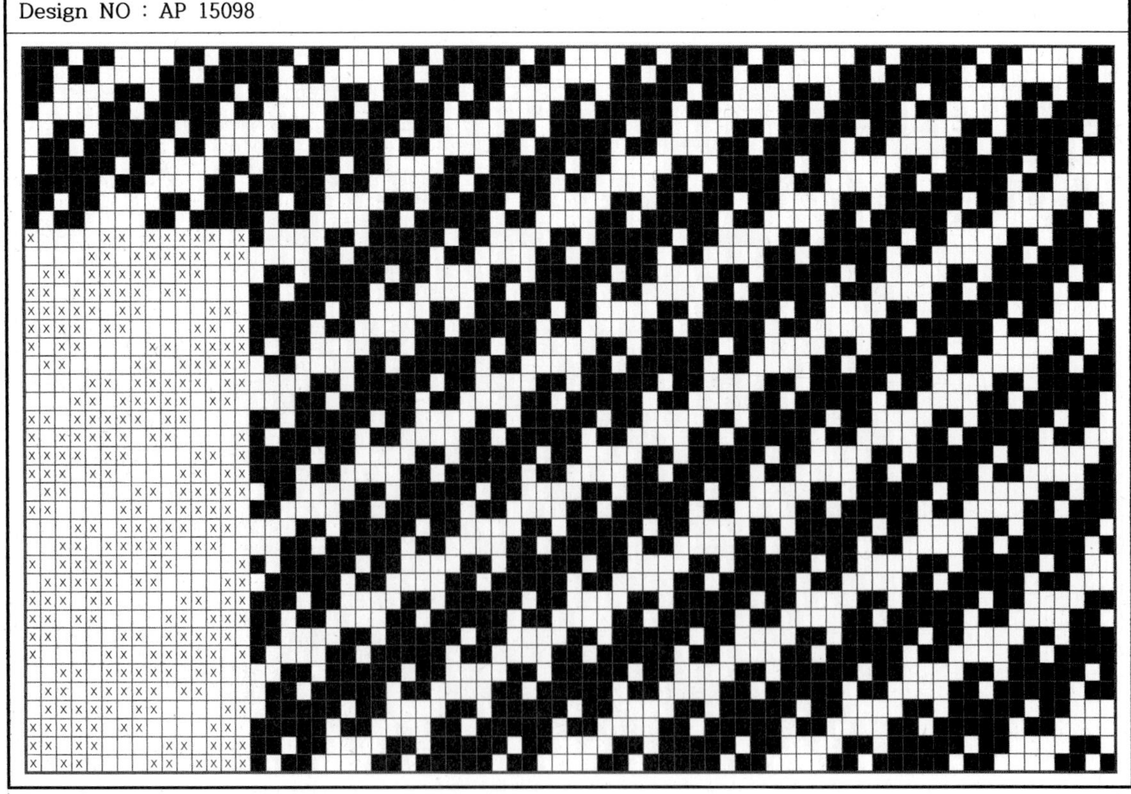

Design NO : AP 15099

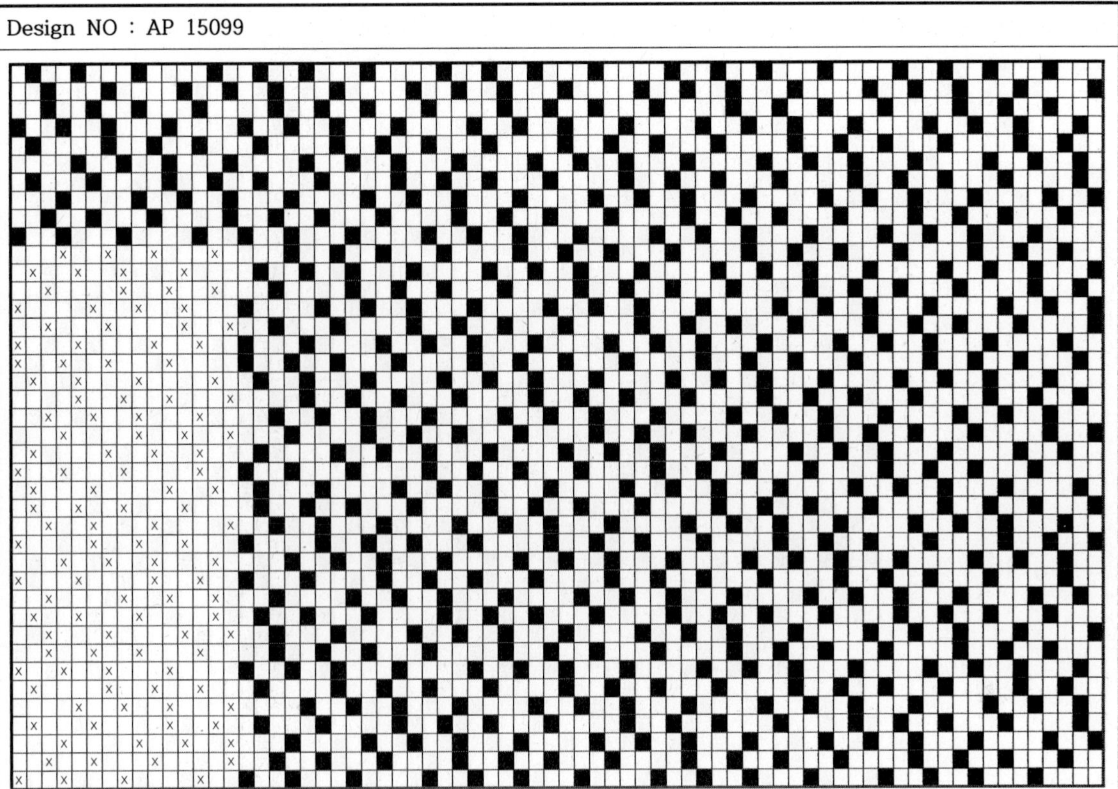

Design NO : AP 15100

Design NO : AP 15101

Design NO : AP 15102

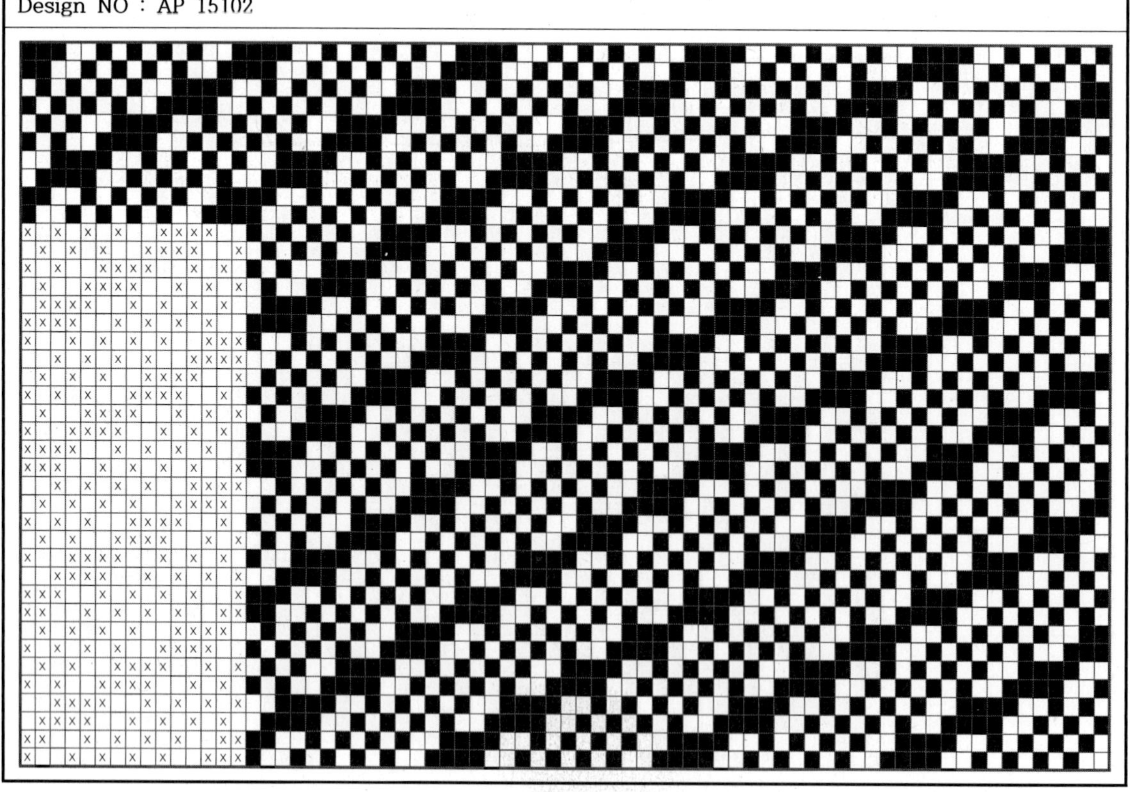

Design NO : AP 15103

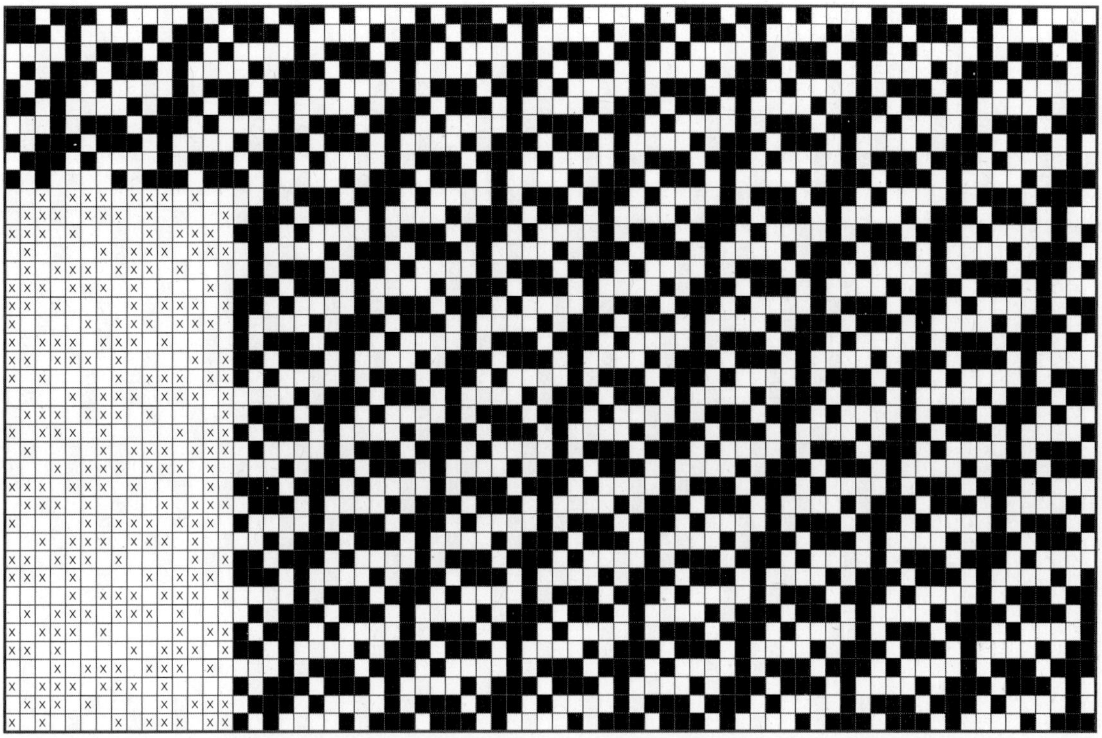

Design NO : AP 15104

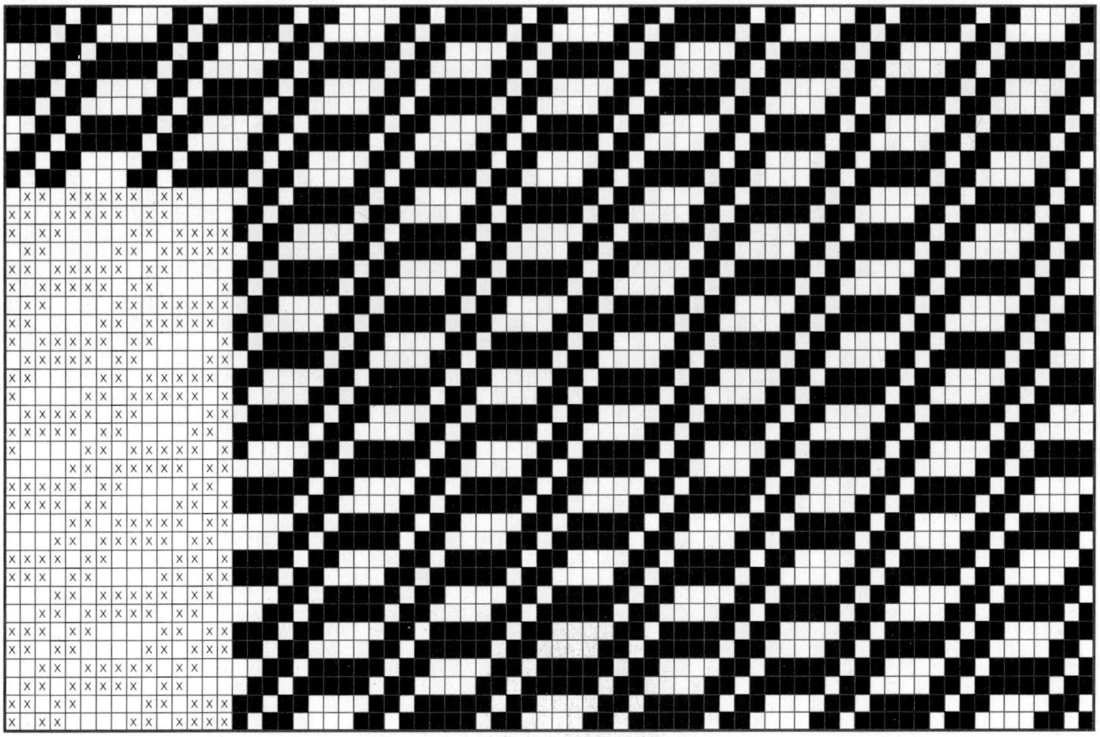

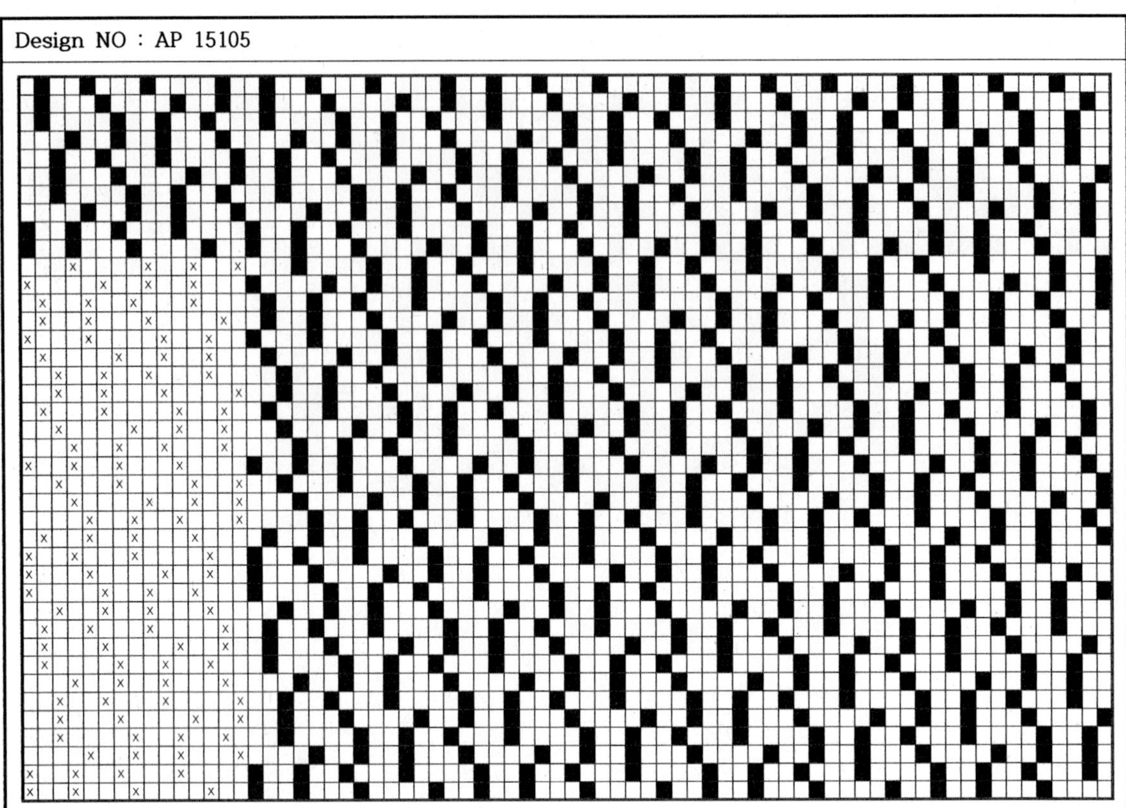

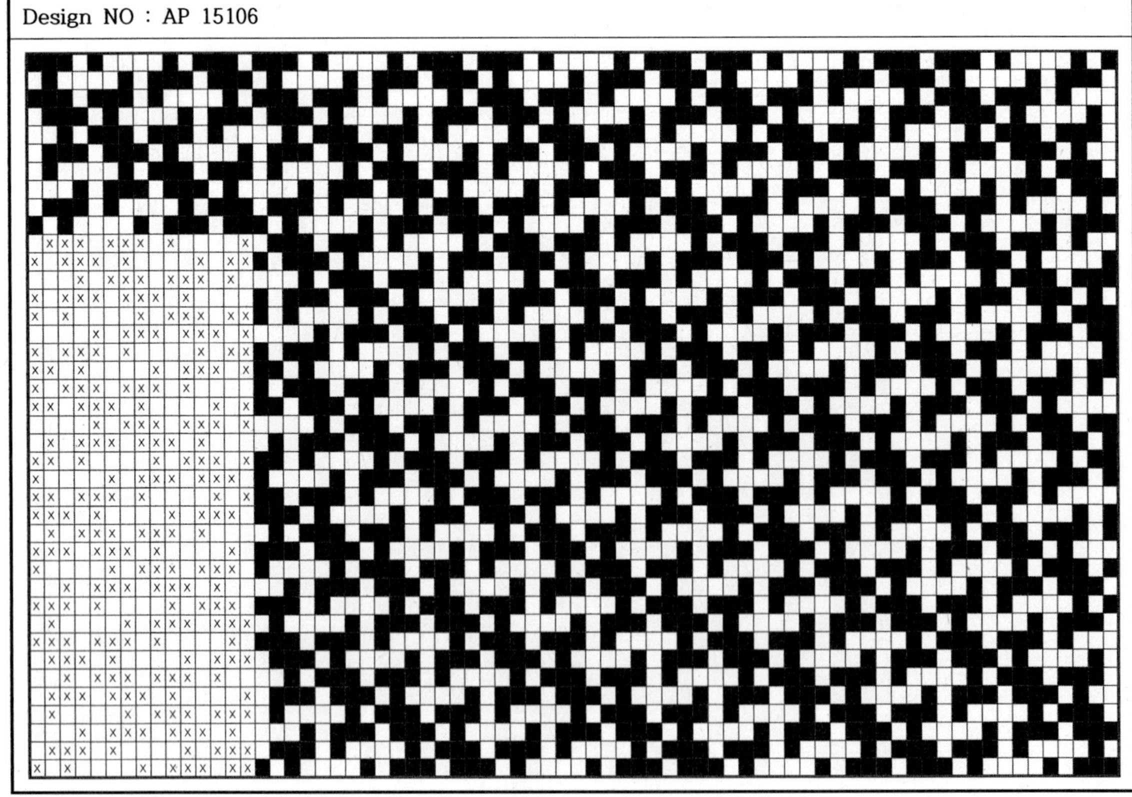

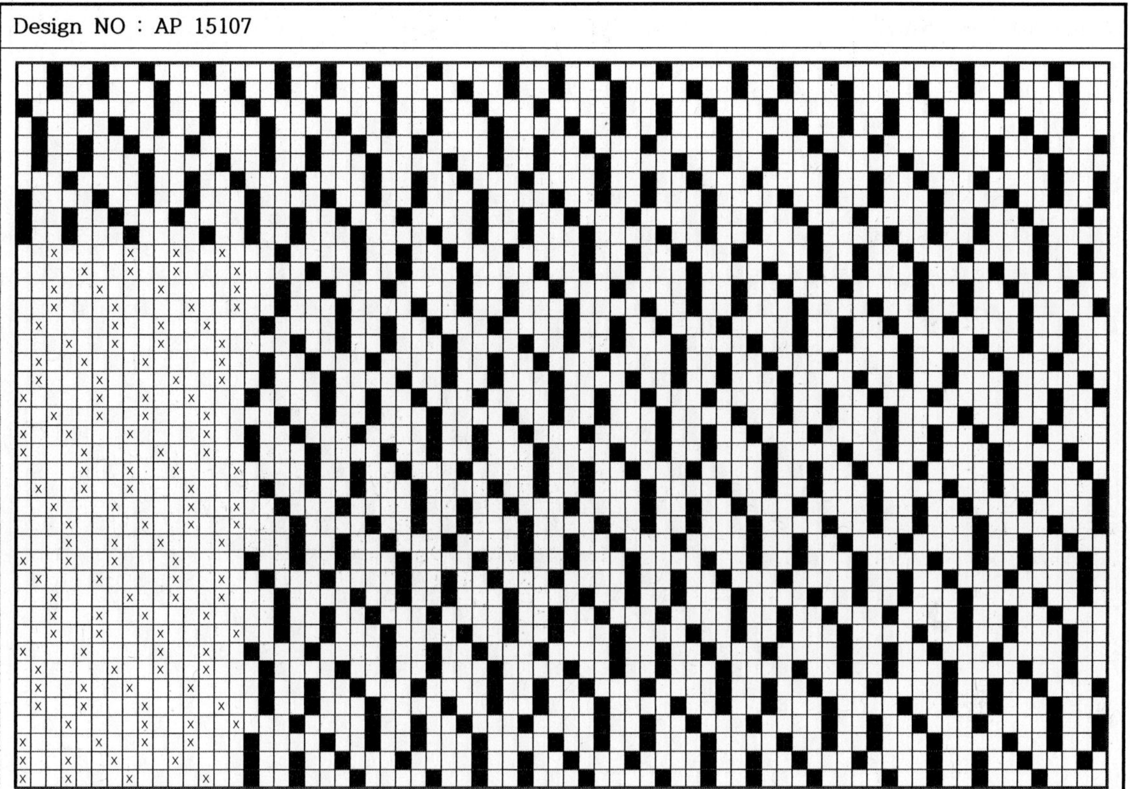

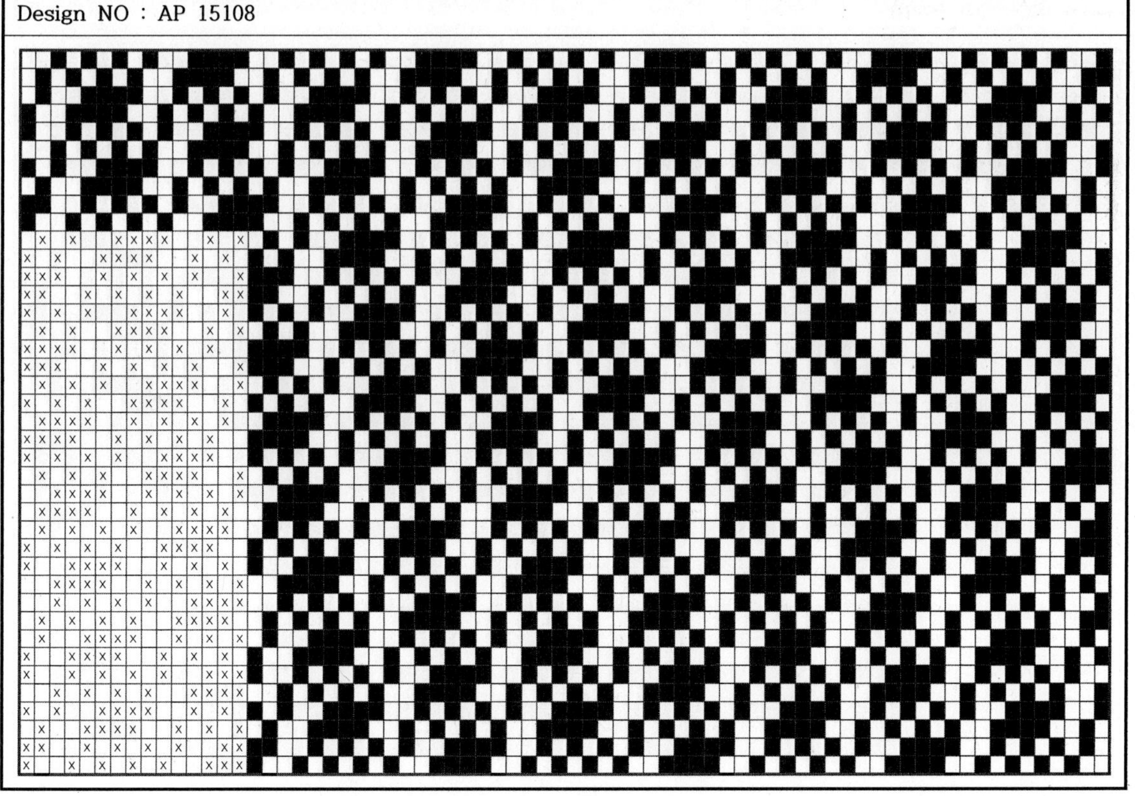

Design NO : AP 15109

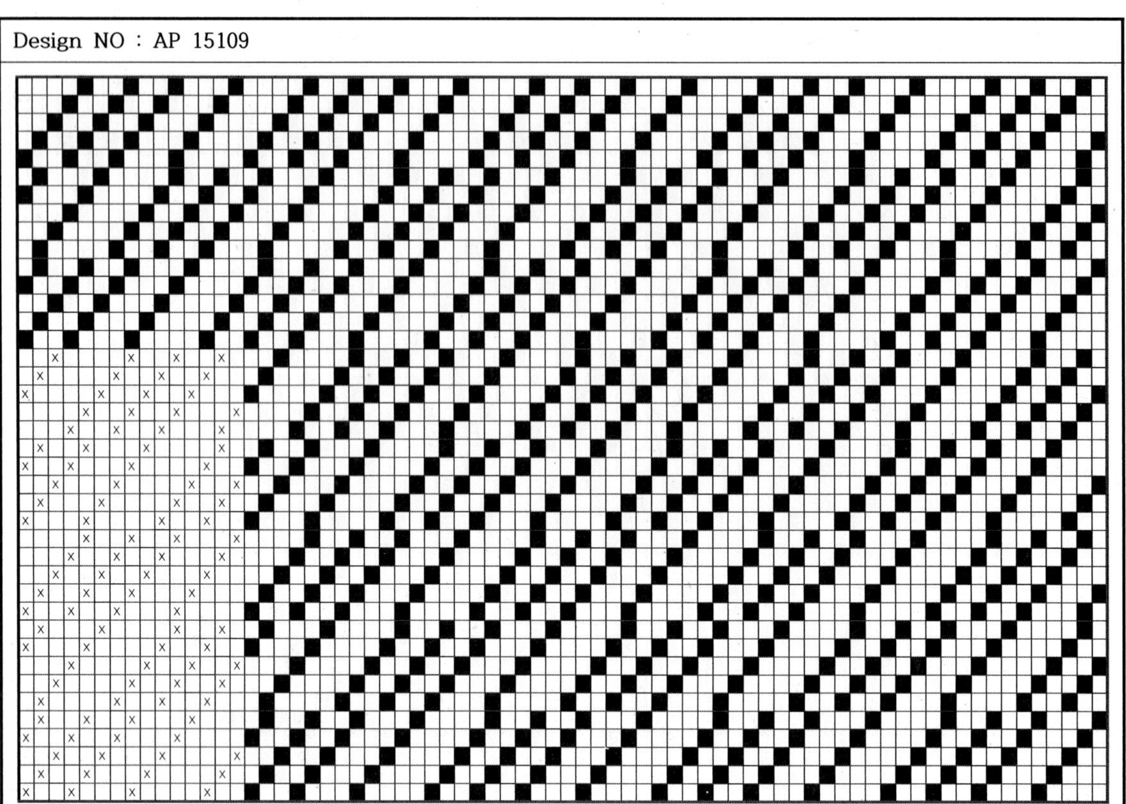

Design NO : AP 15110

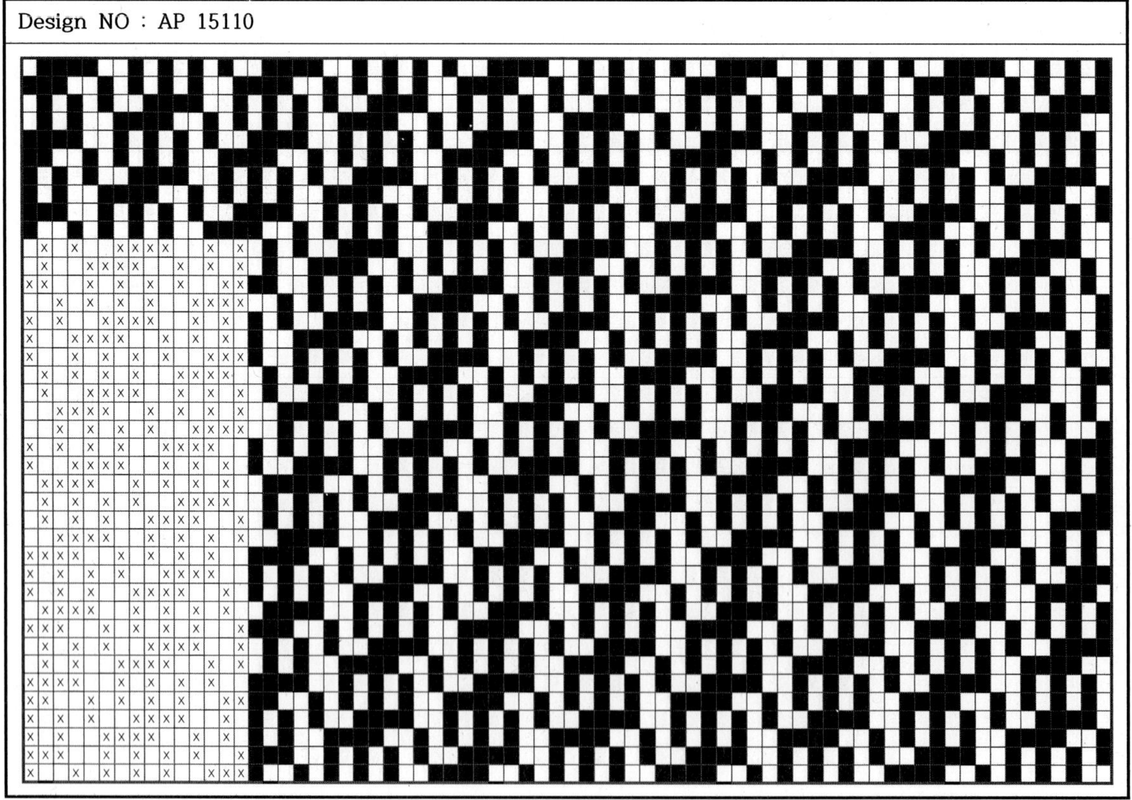

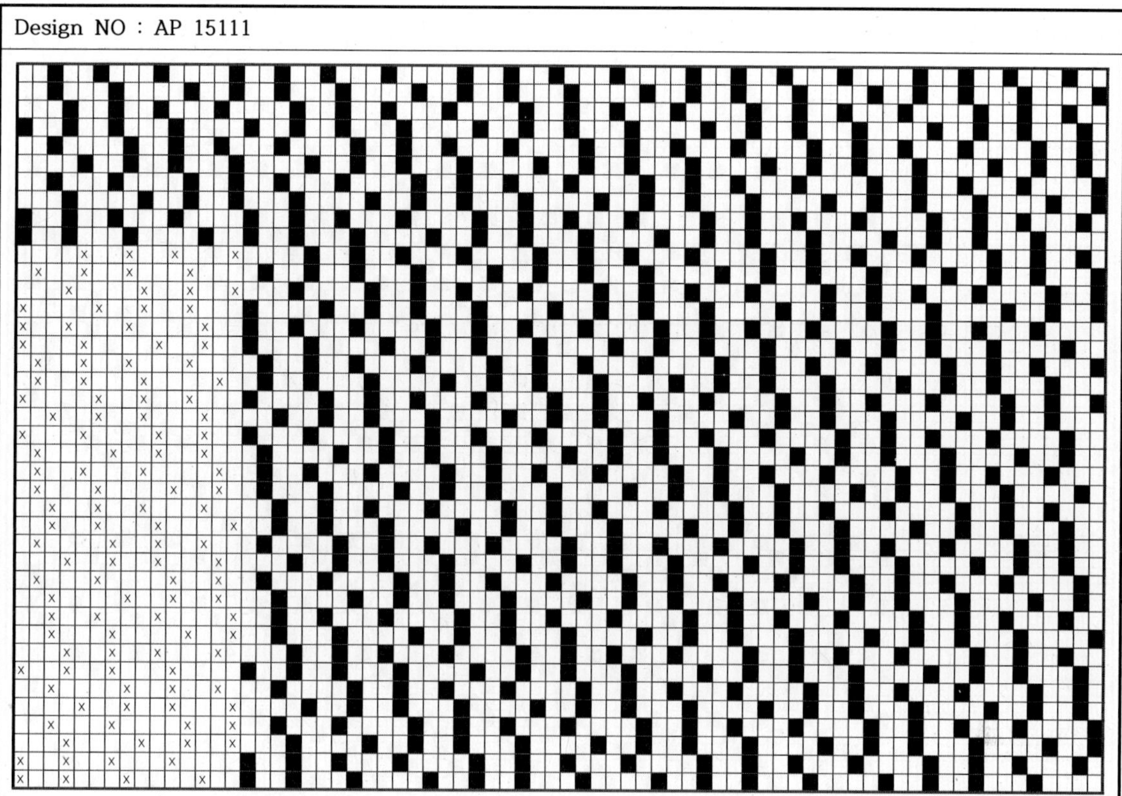

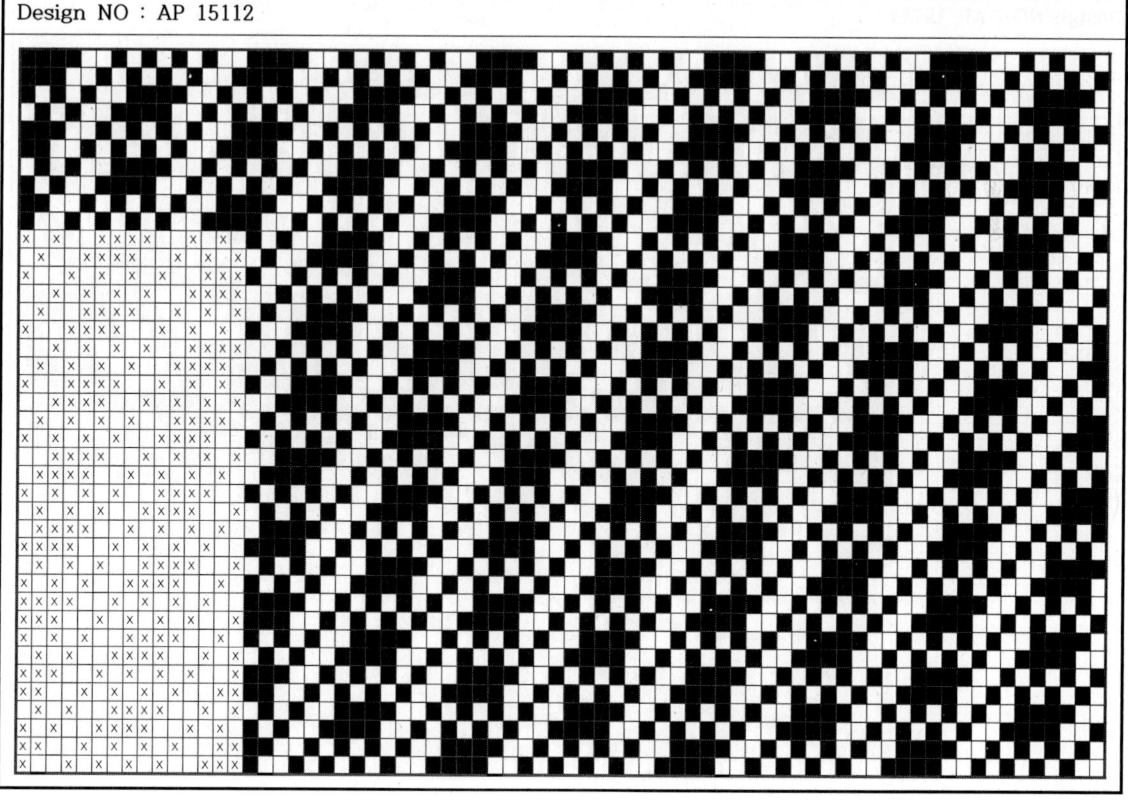

Design NO : AP 15113

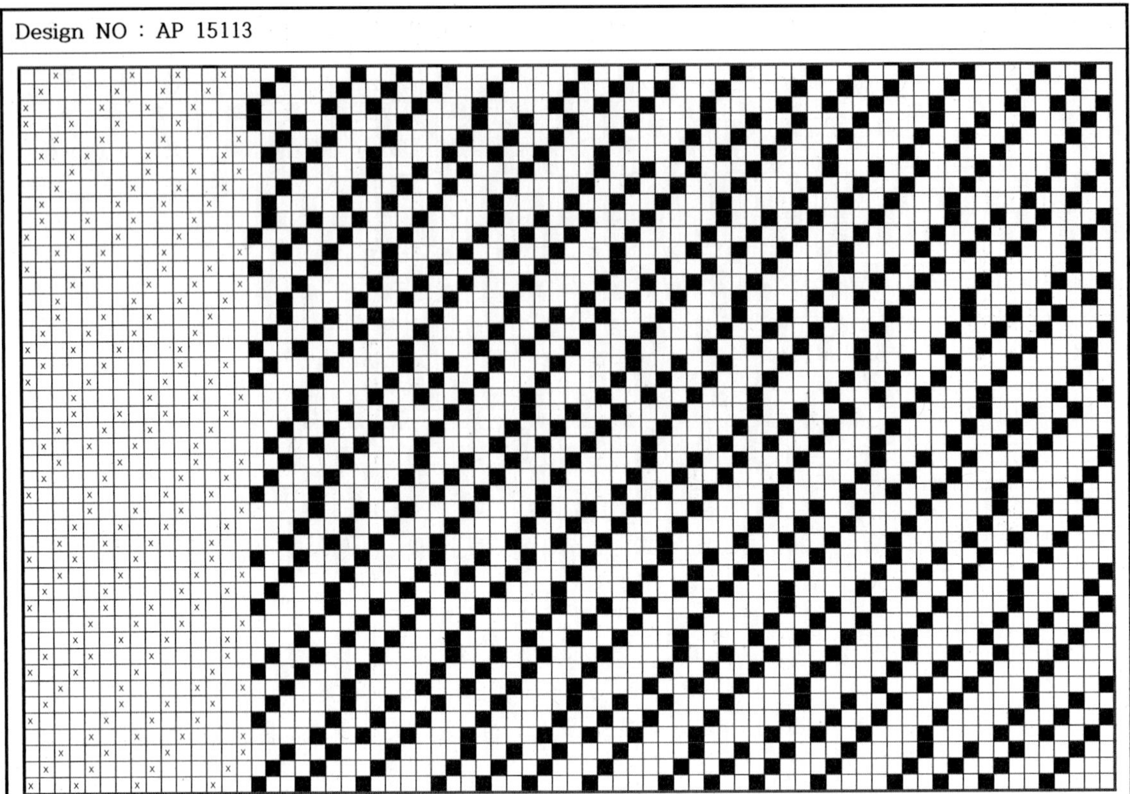

Design NO : AP 15114

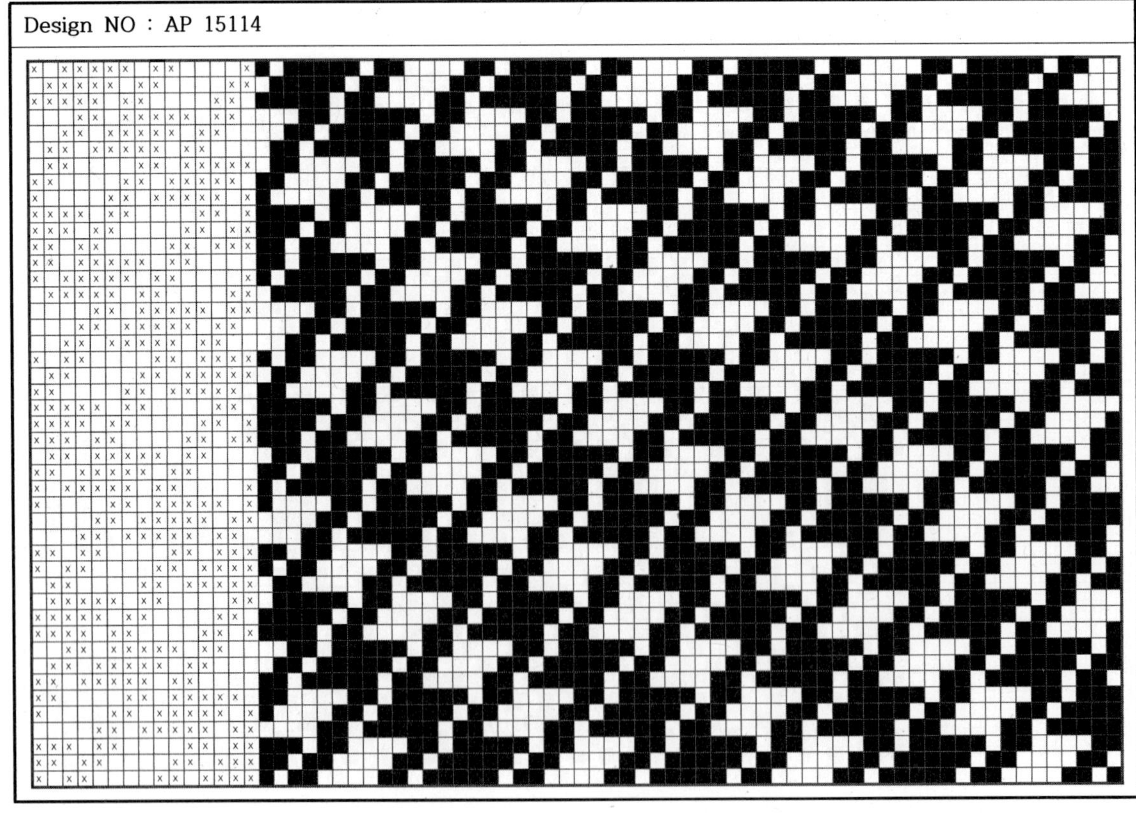

Design NO : AP 15115

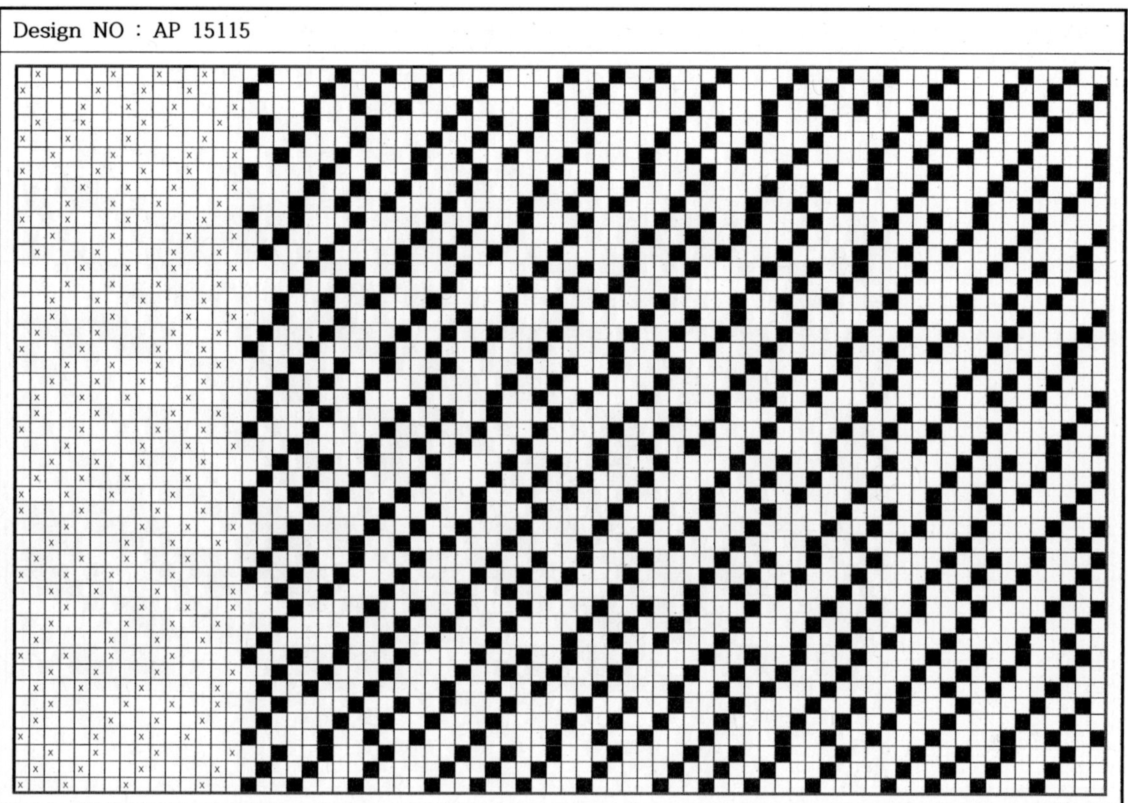

Design NO : AP 15116

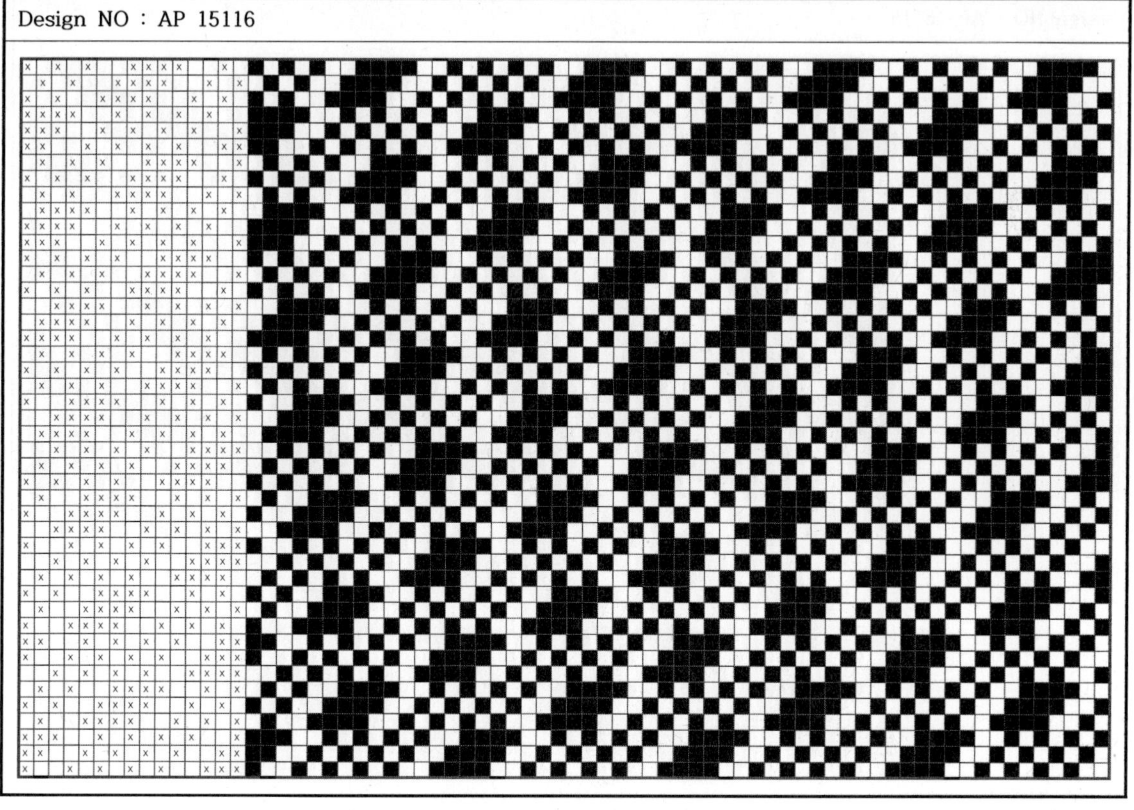

Design NO : AP 15117

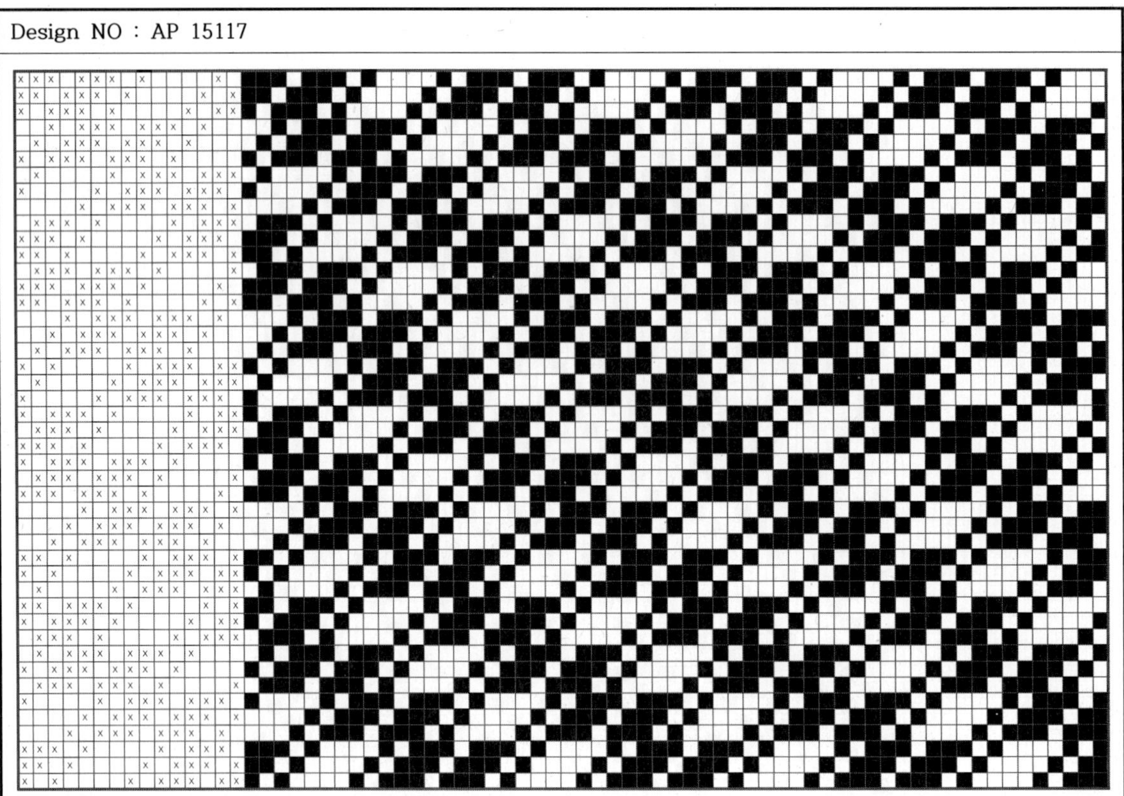

Design NO : AP 15118

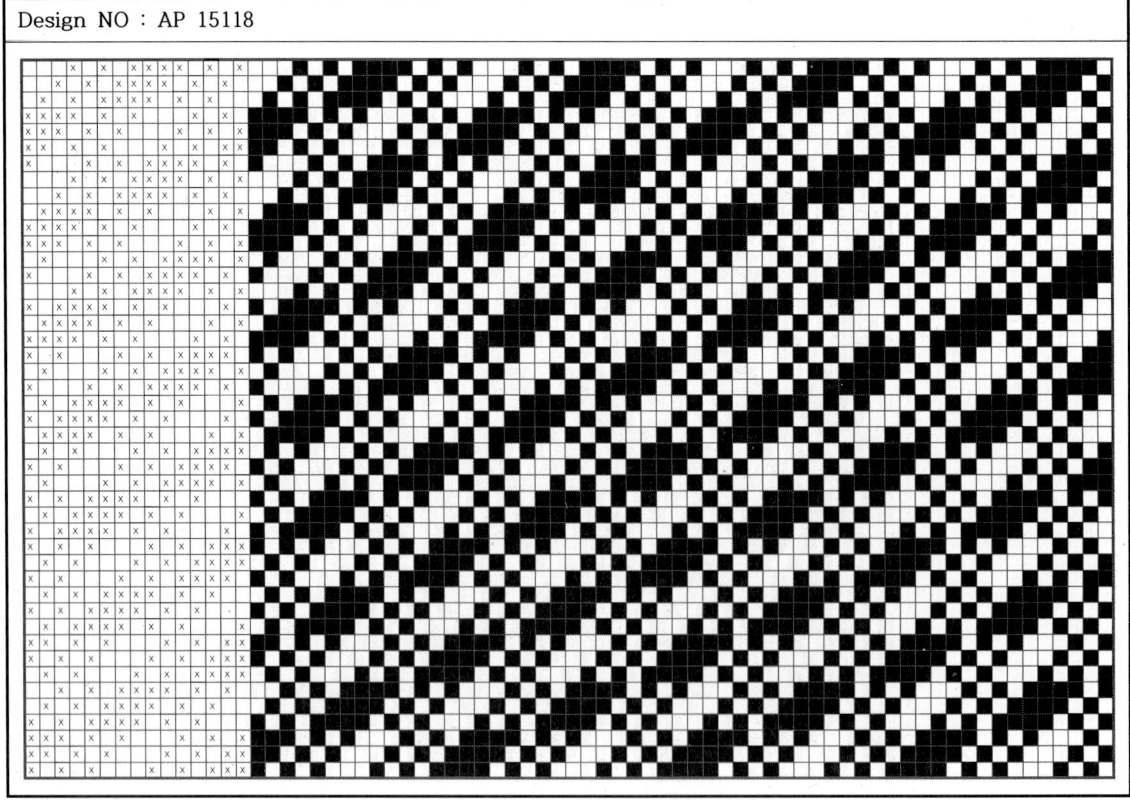

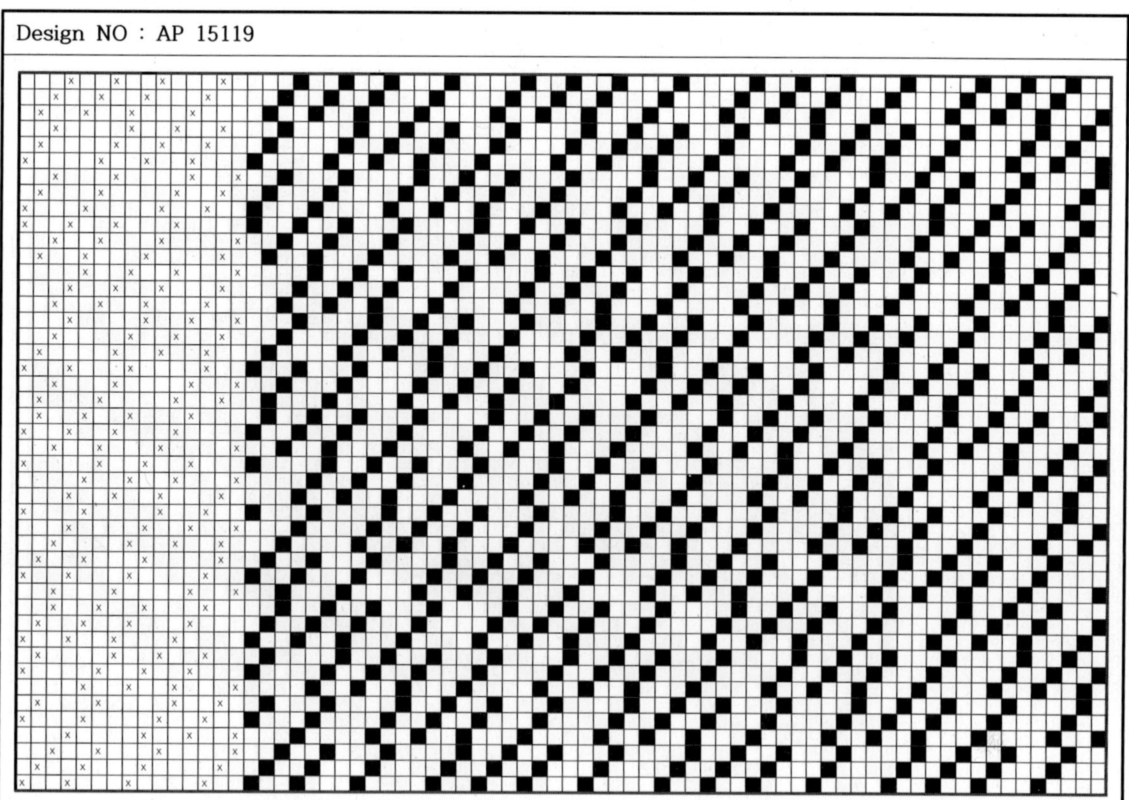

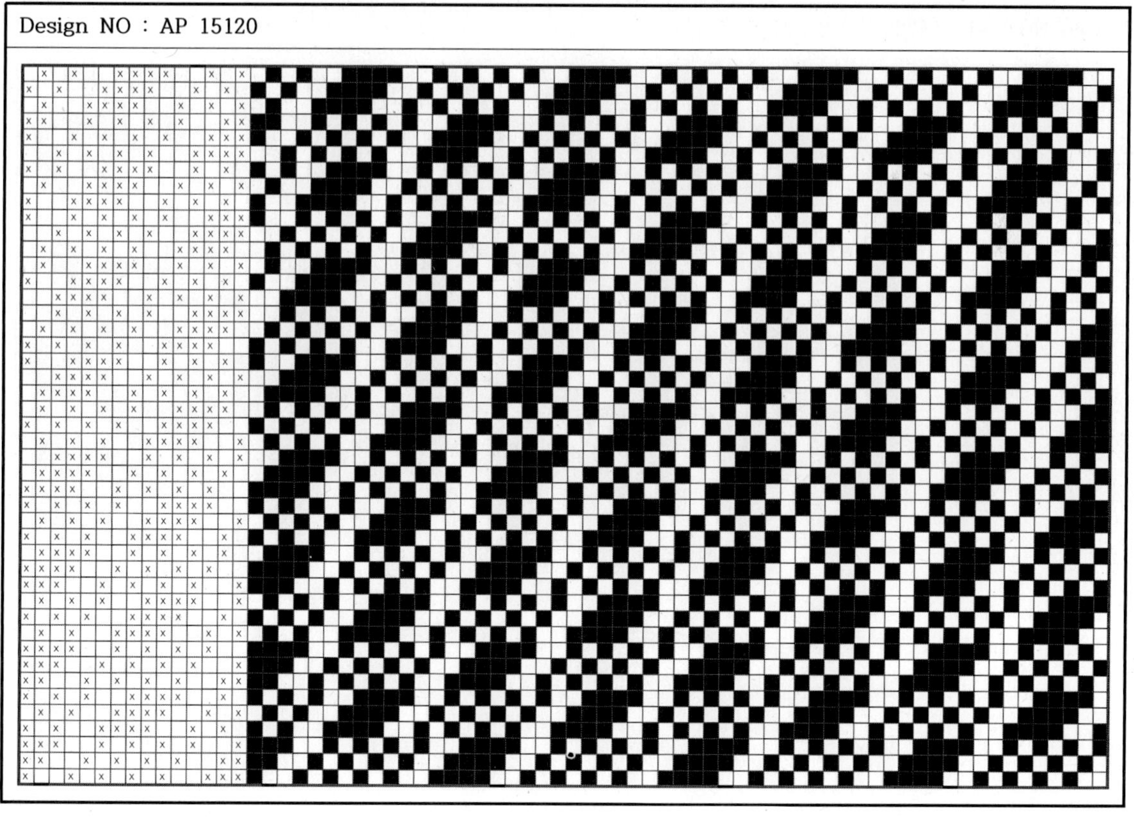

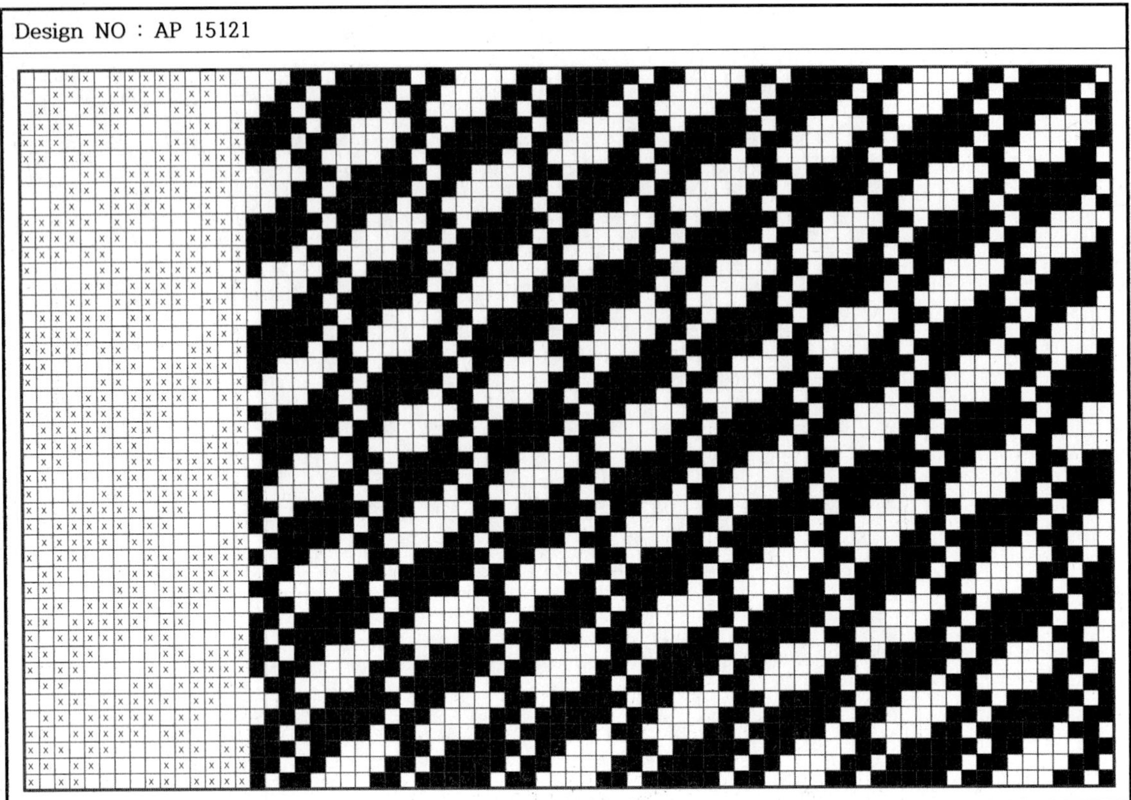

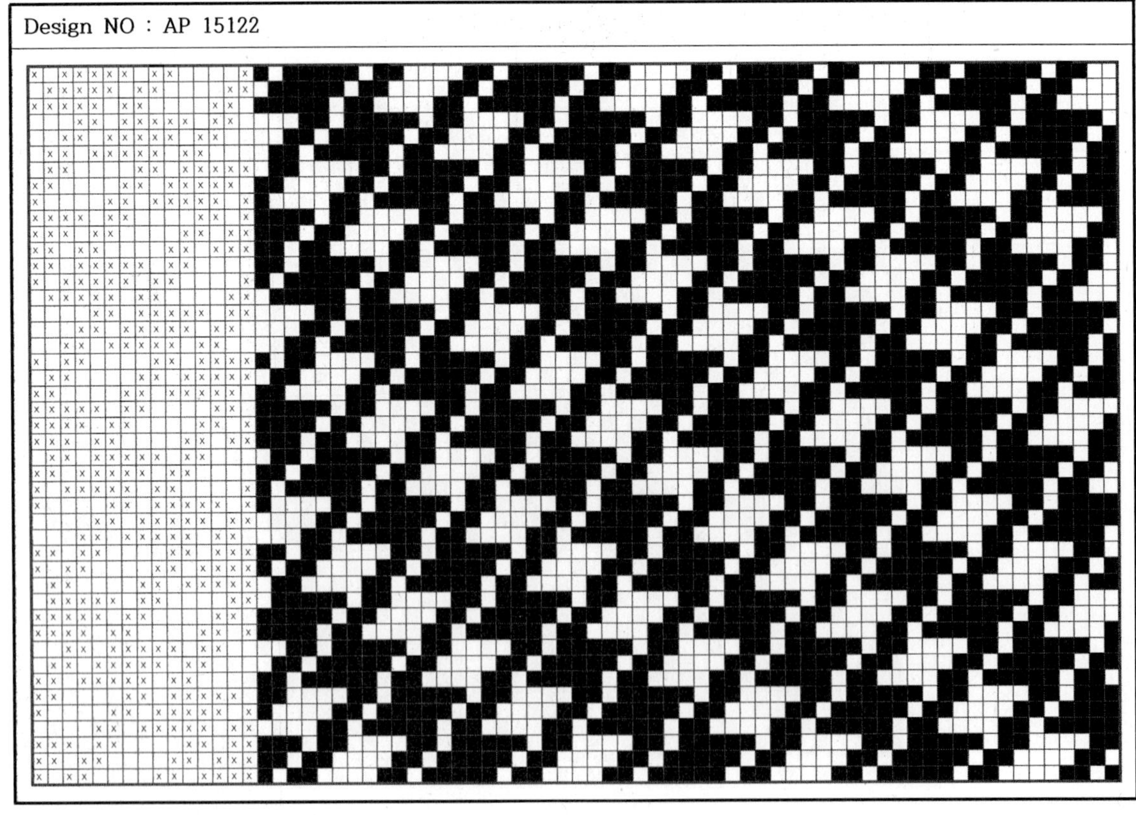

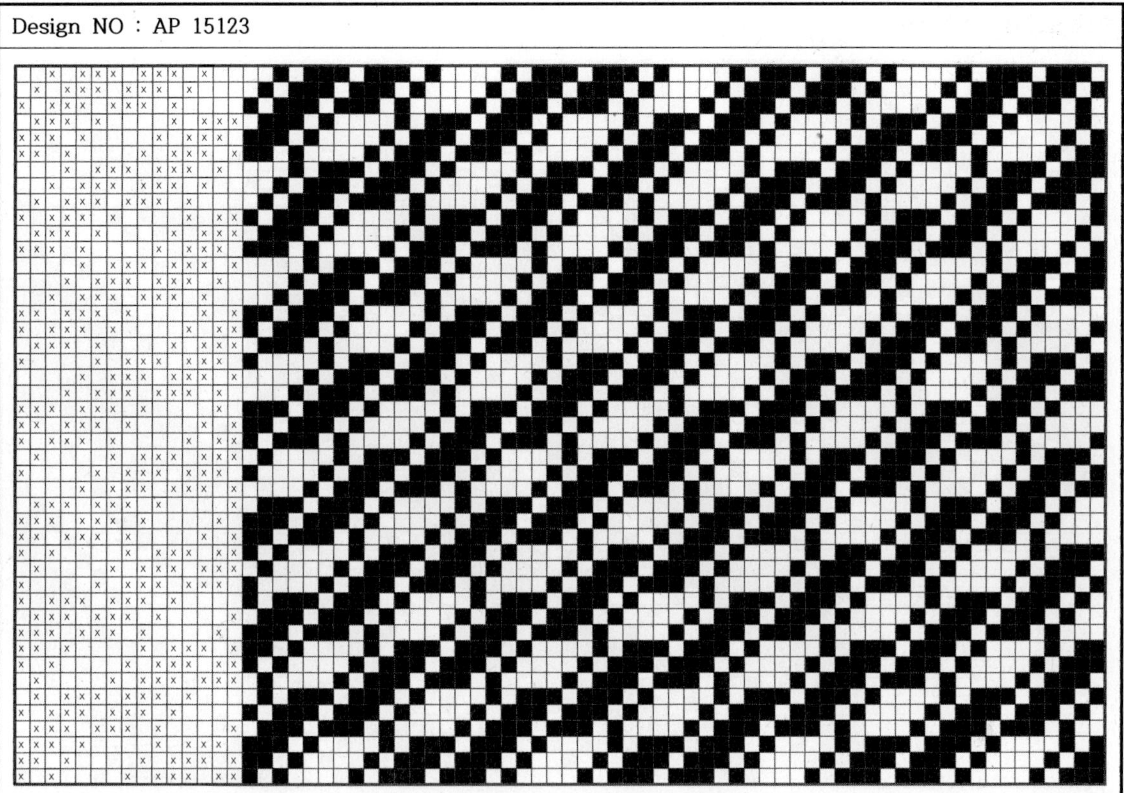

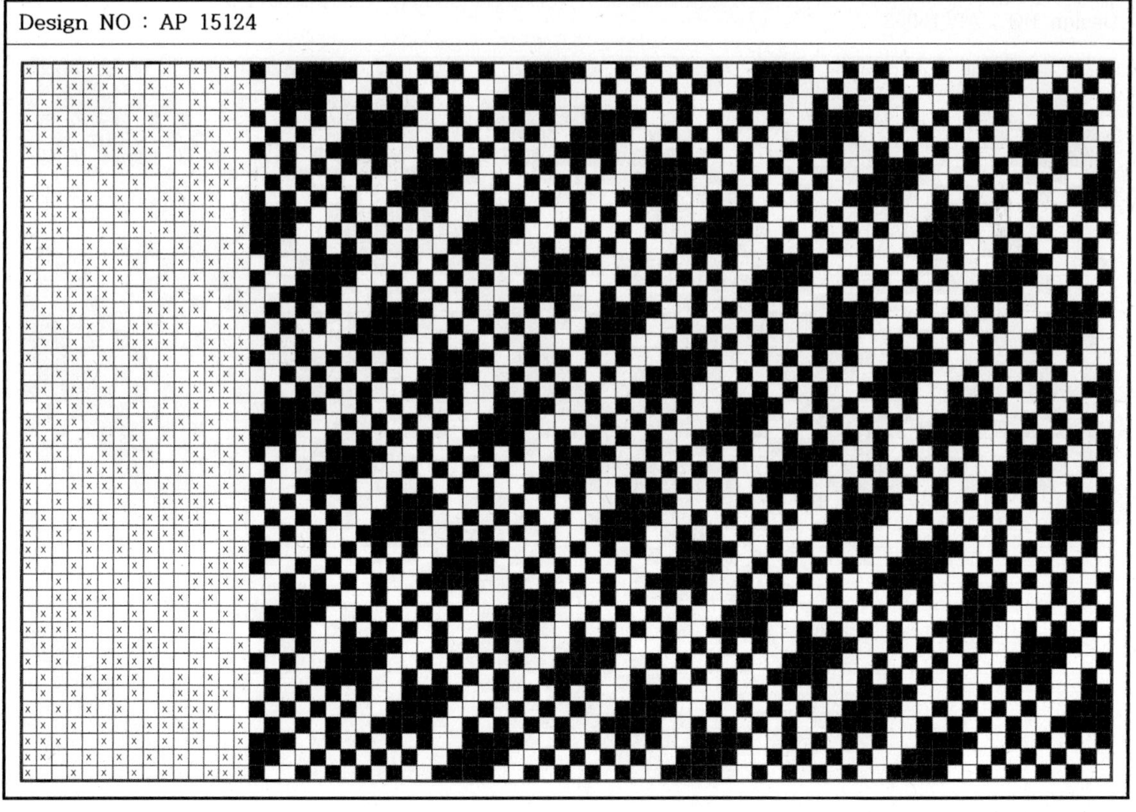

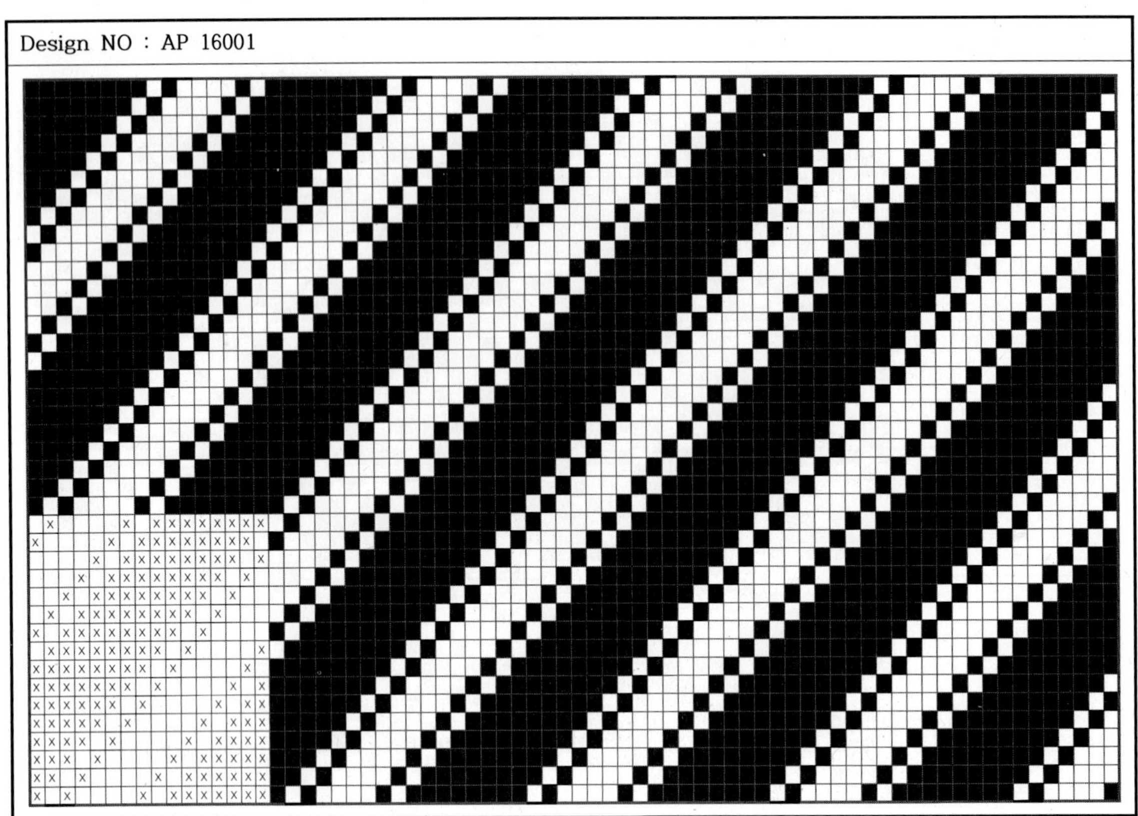

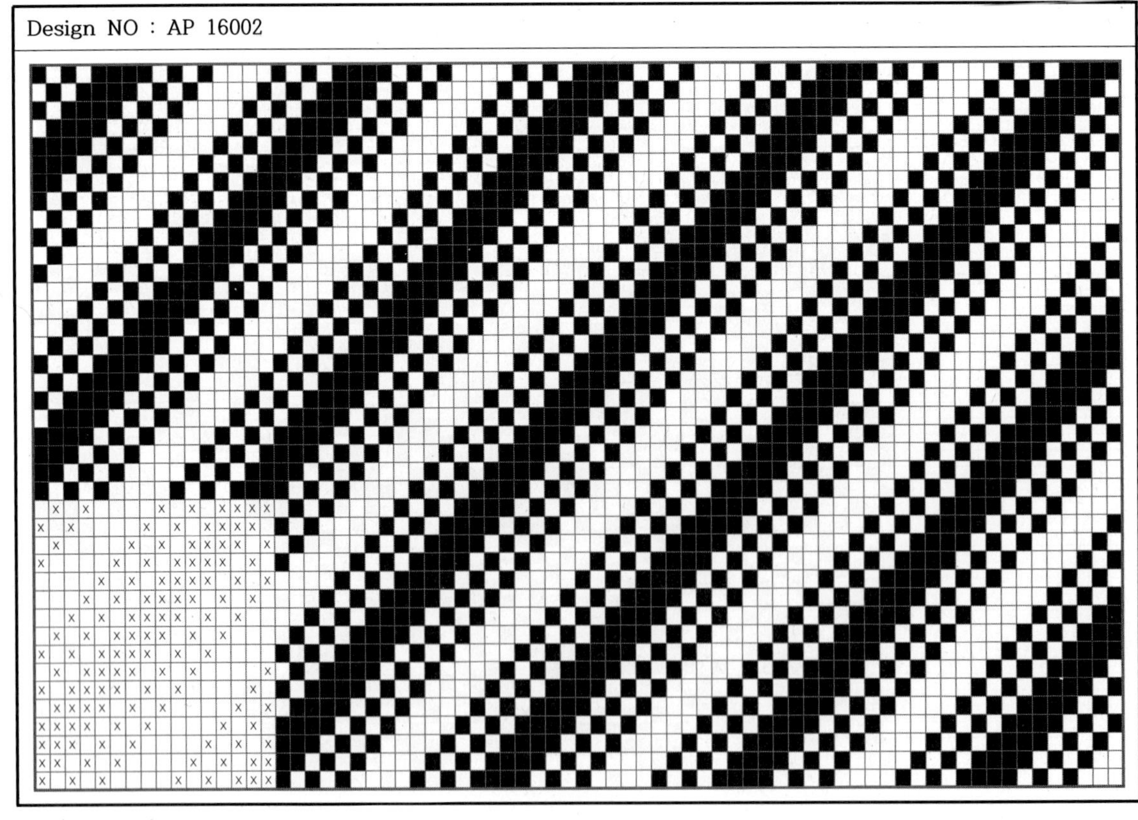

Design NO : AP 16003

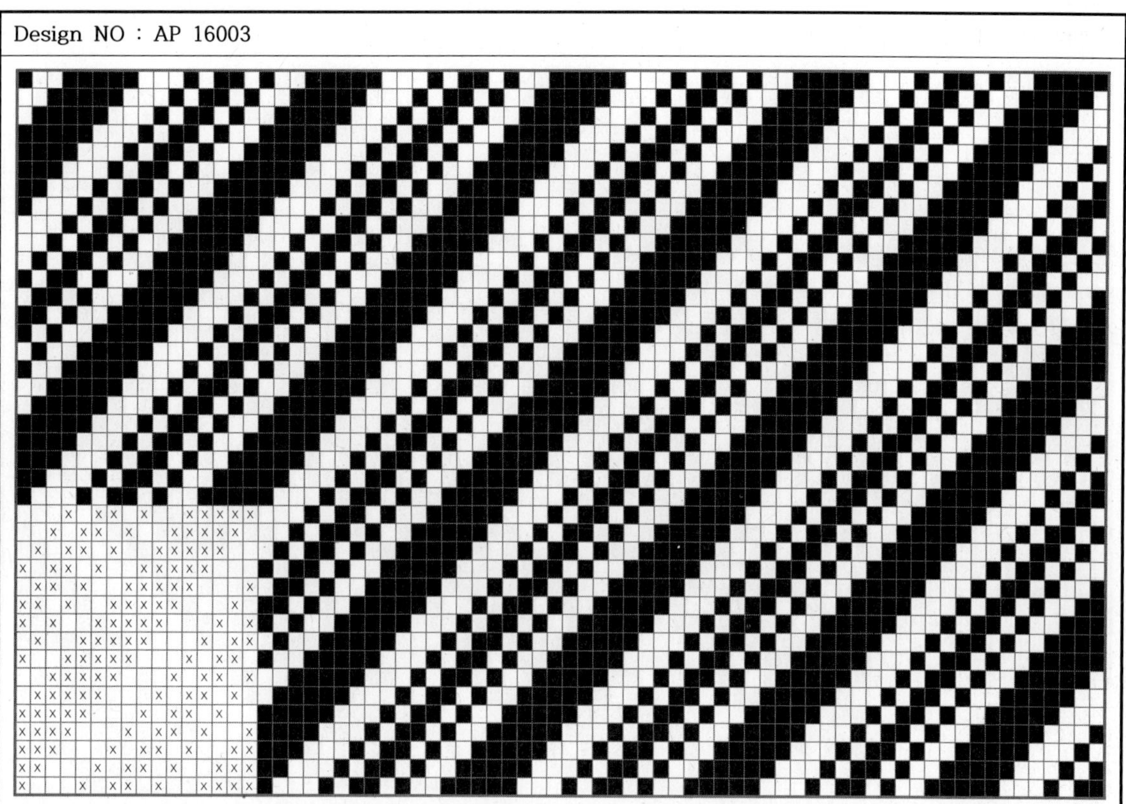

Design NO : AP 16004

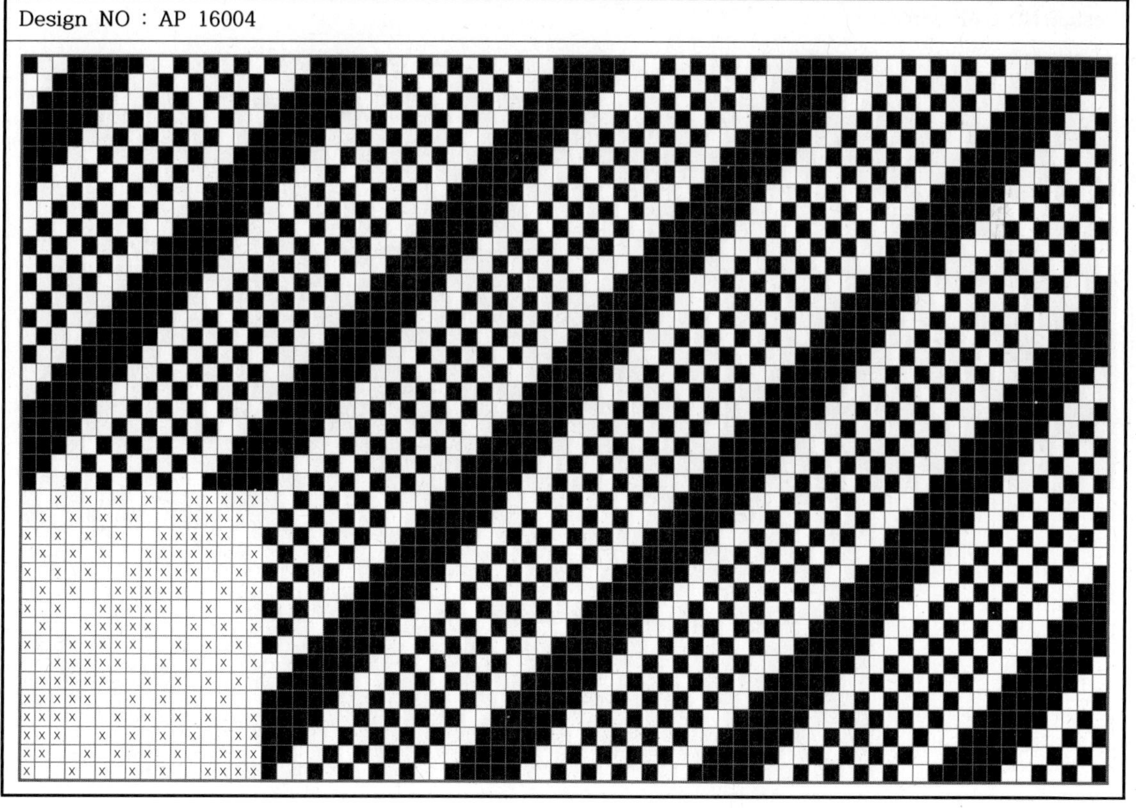

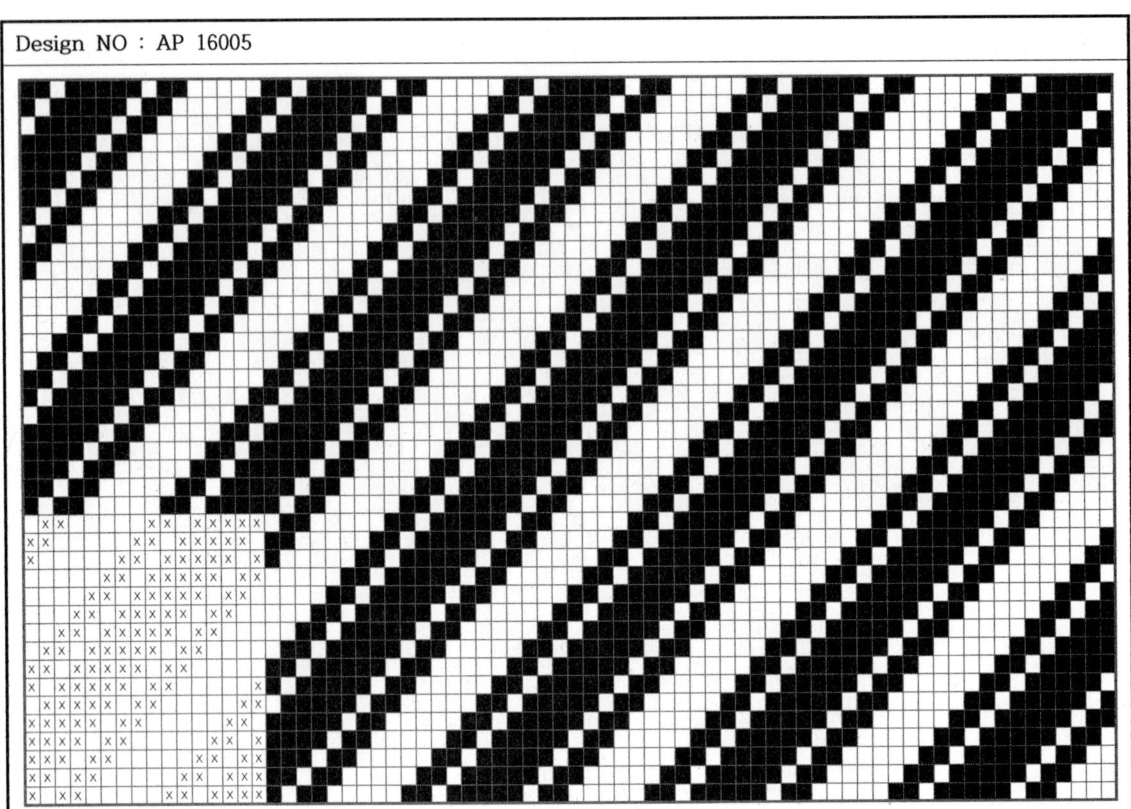

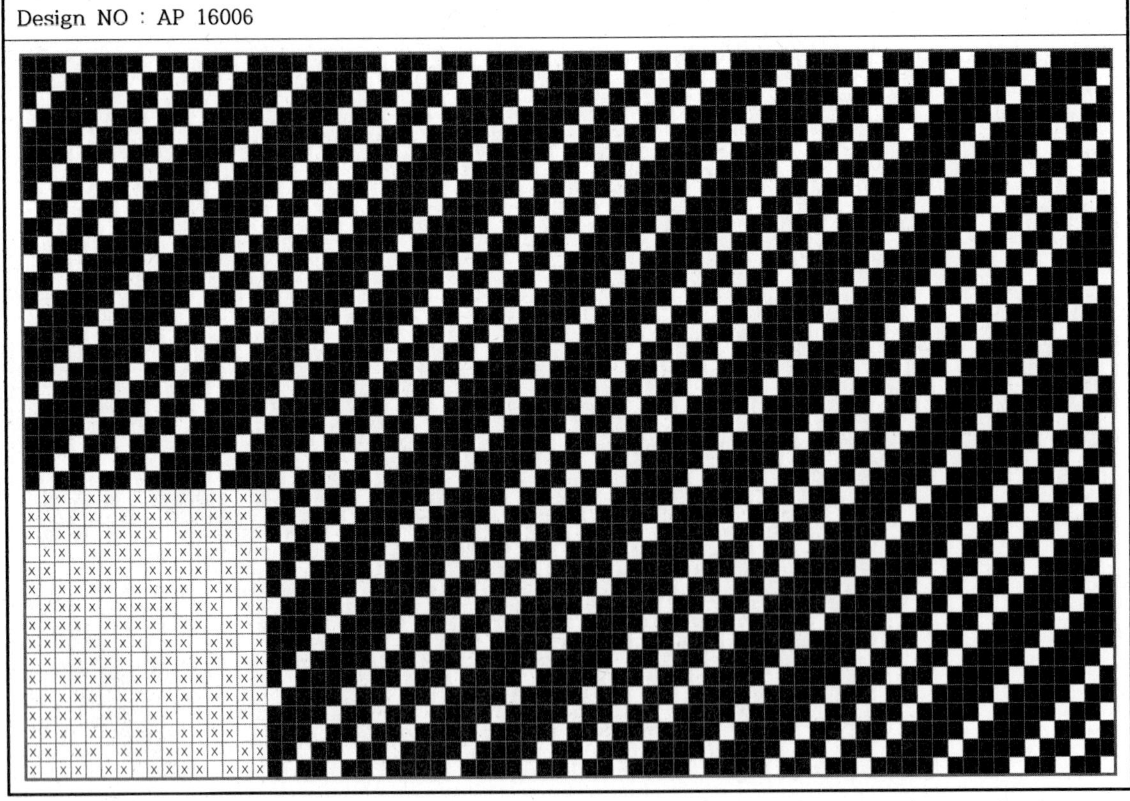

Design NO : AP 16007

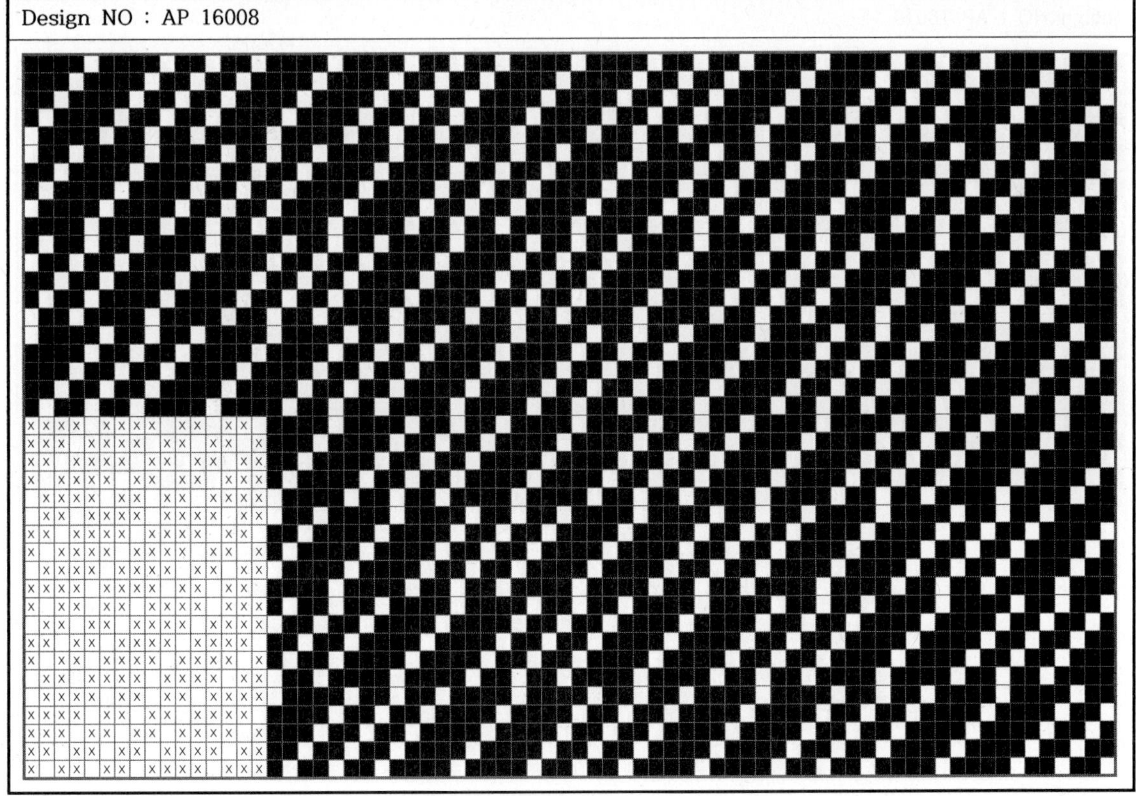
Design NO : AP 16008

Design NO : AP 16009

Design NO : AP 16010

Design NO : AP 16011

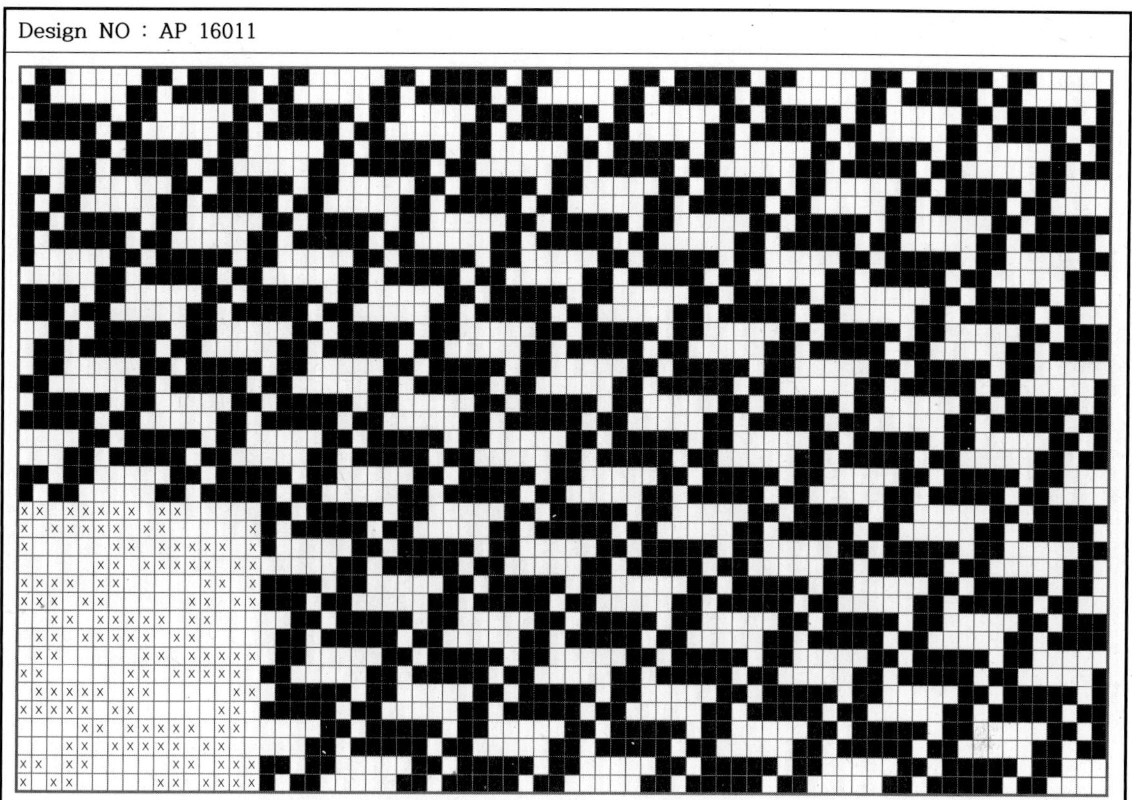

Design NO : AP 16012

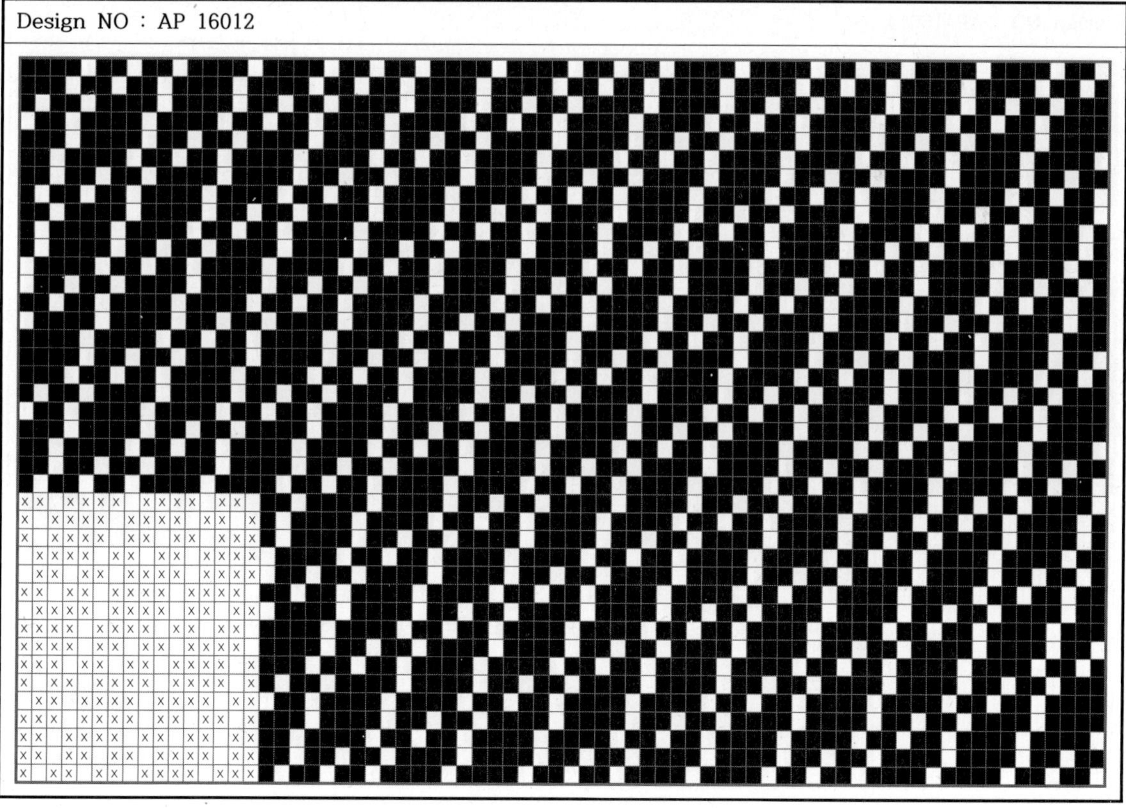

Design NO : AP 16013

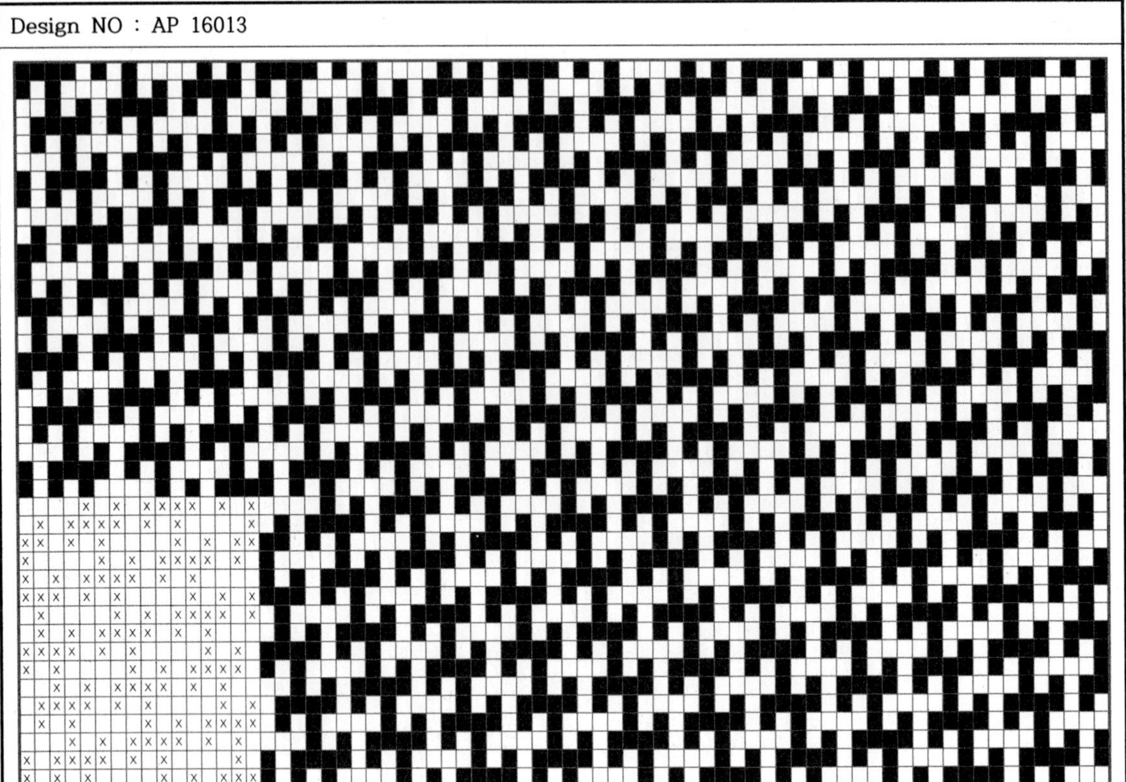

Design NO : AP 16014

Design NO : AP 16015

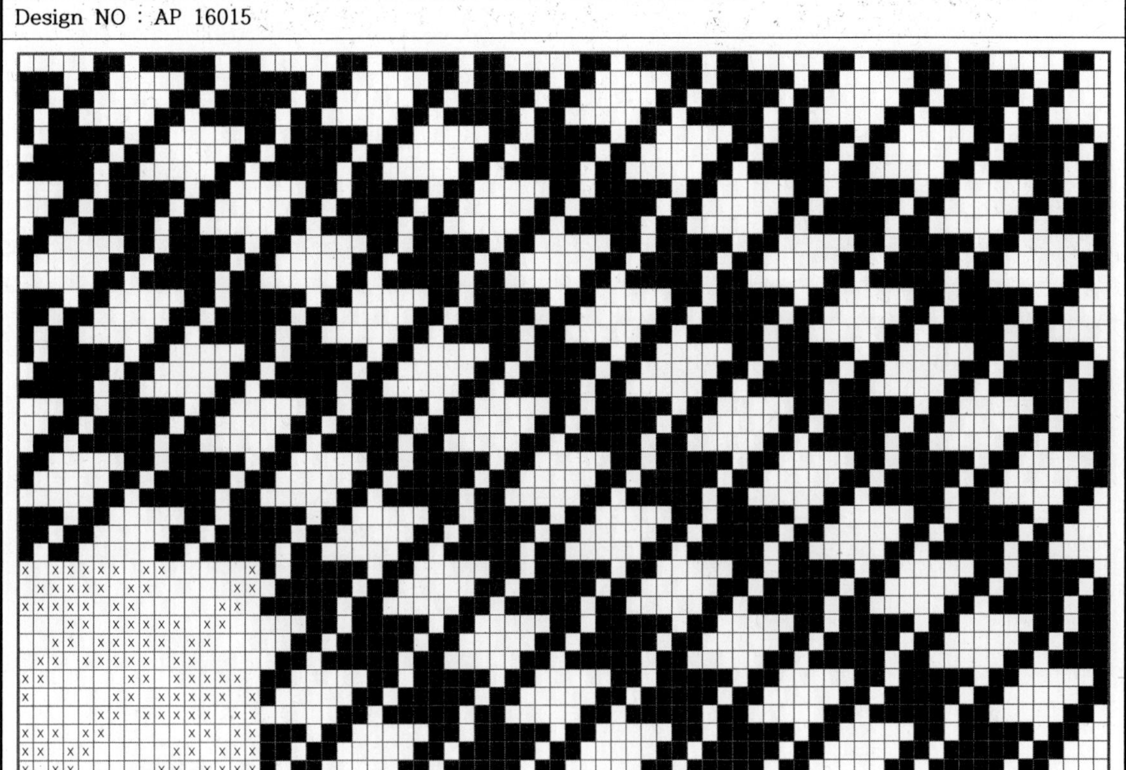

Design NO : AP 16016

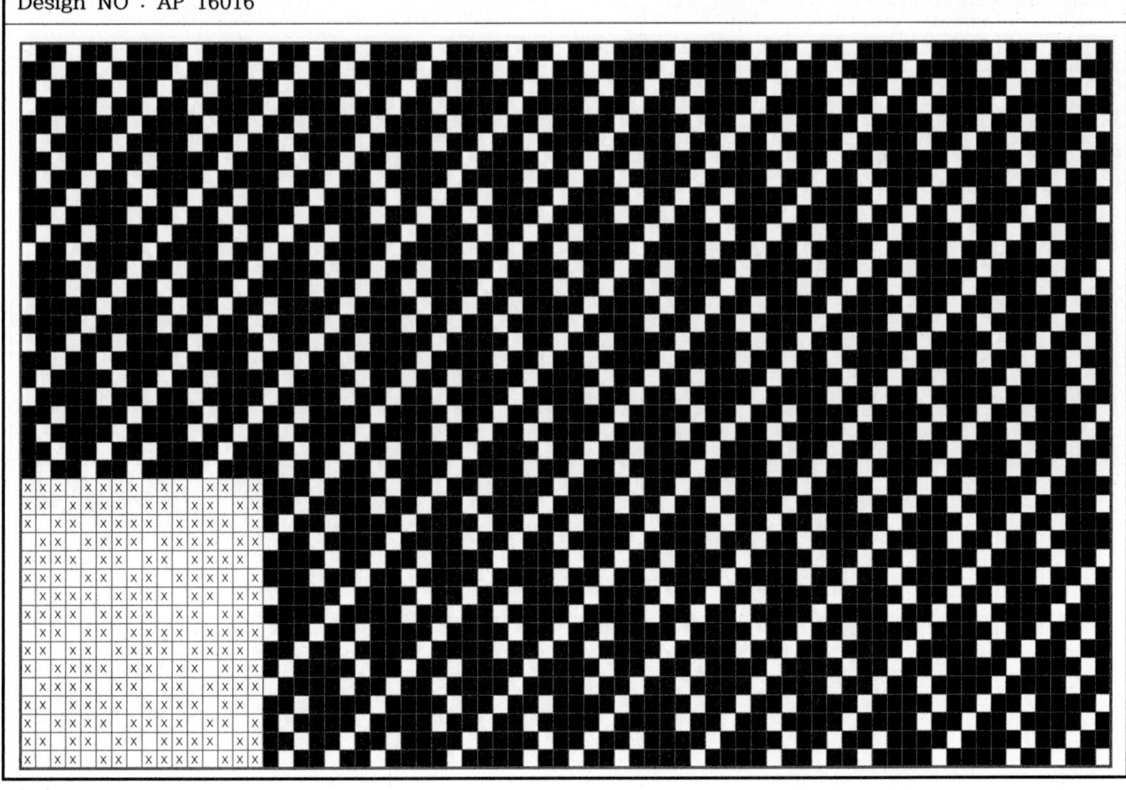

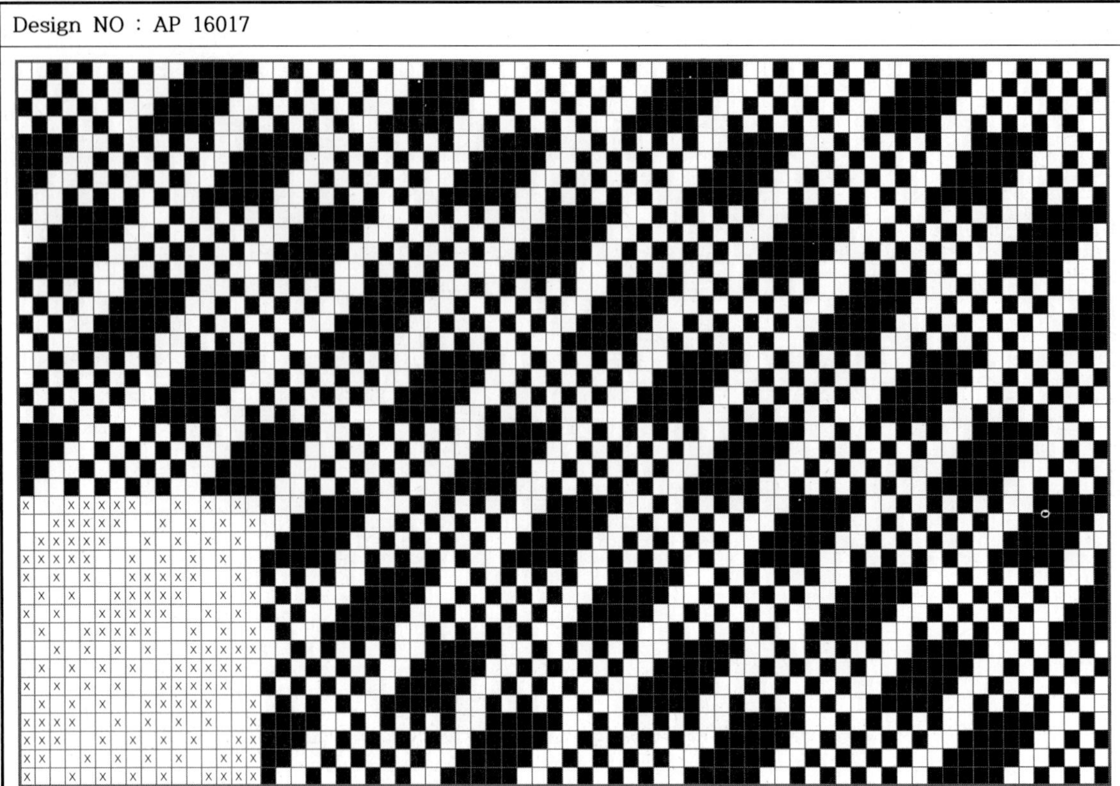

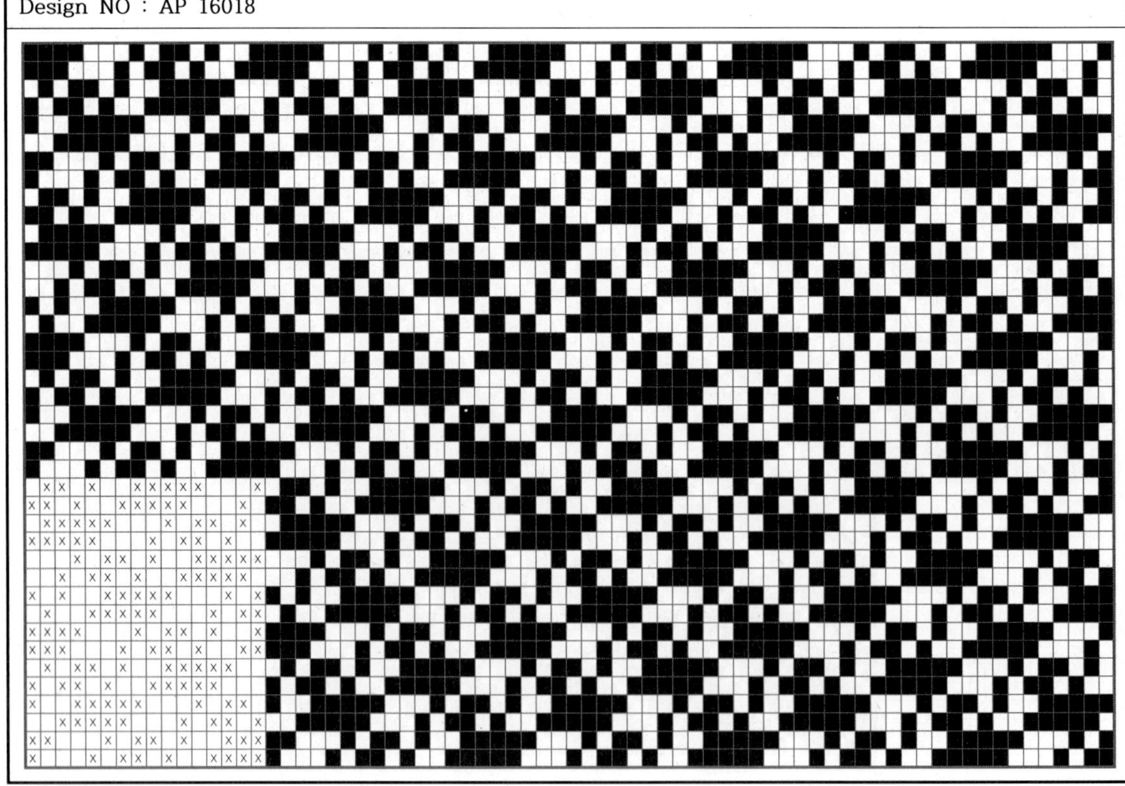

Design NO : AP 16019

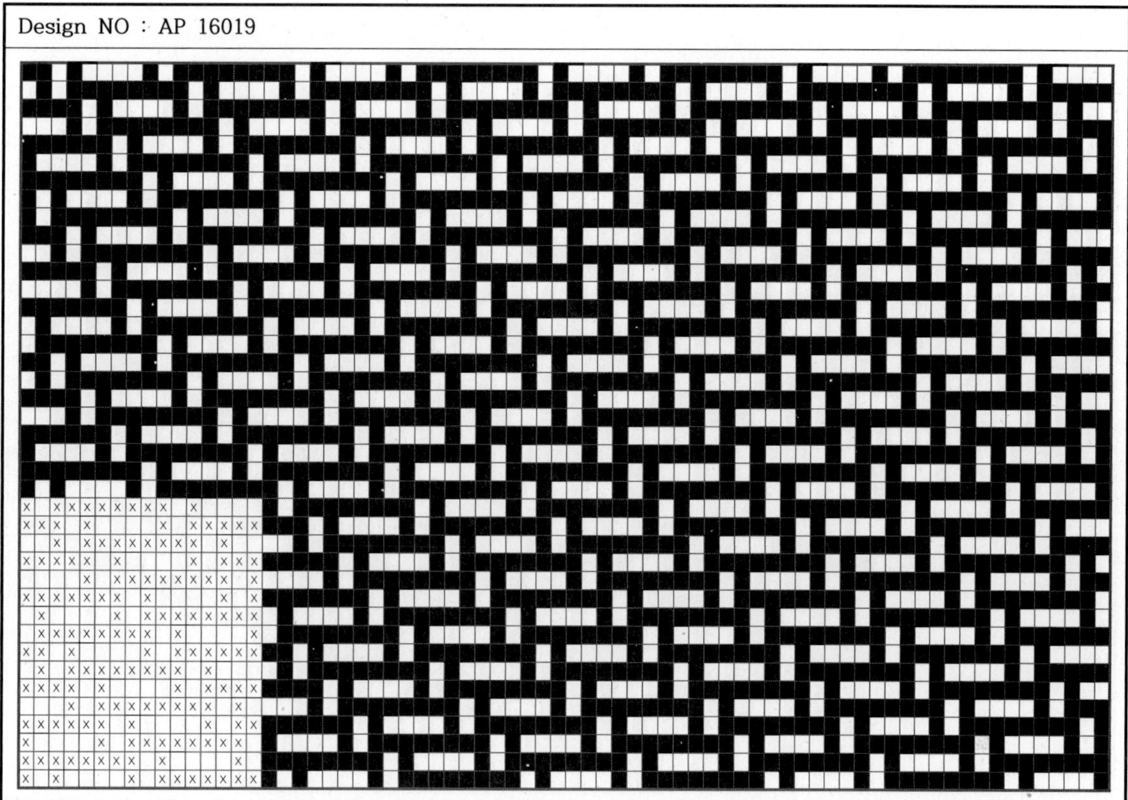

Design NO : AP 16020

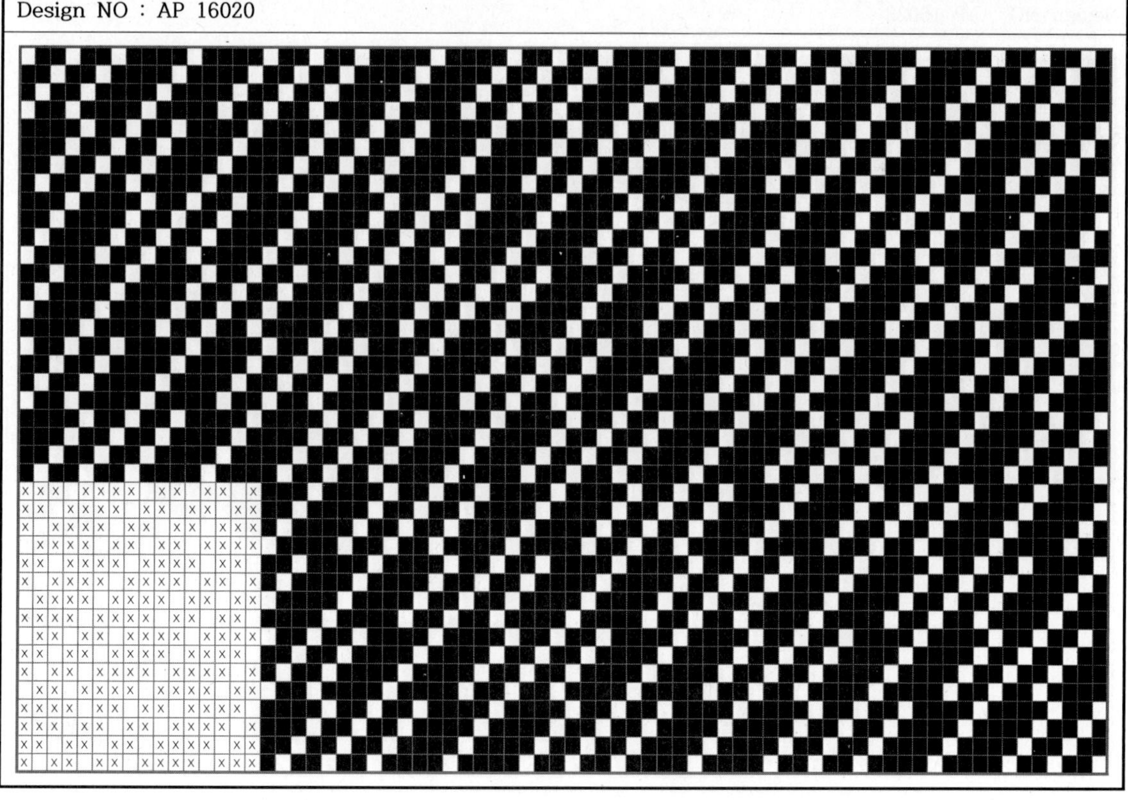

Design NO : AP 16021

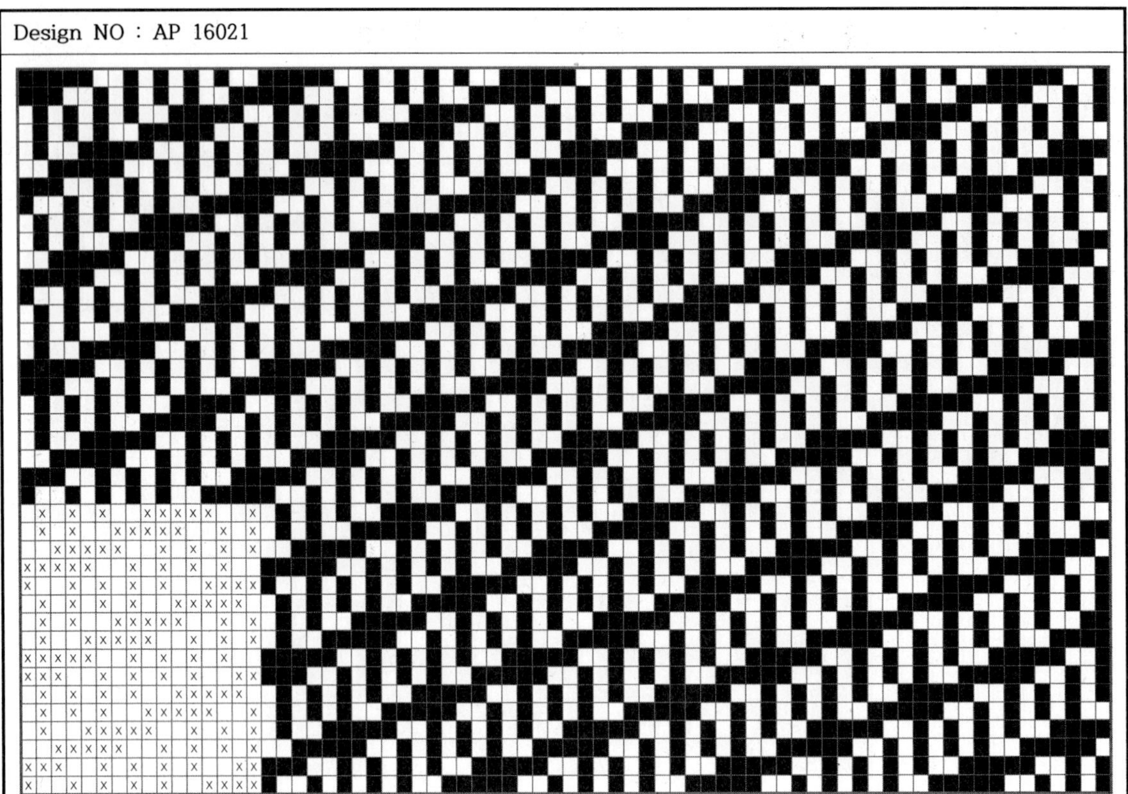

Design NO : AP 16022

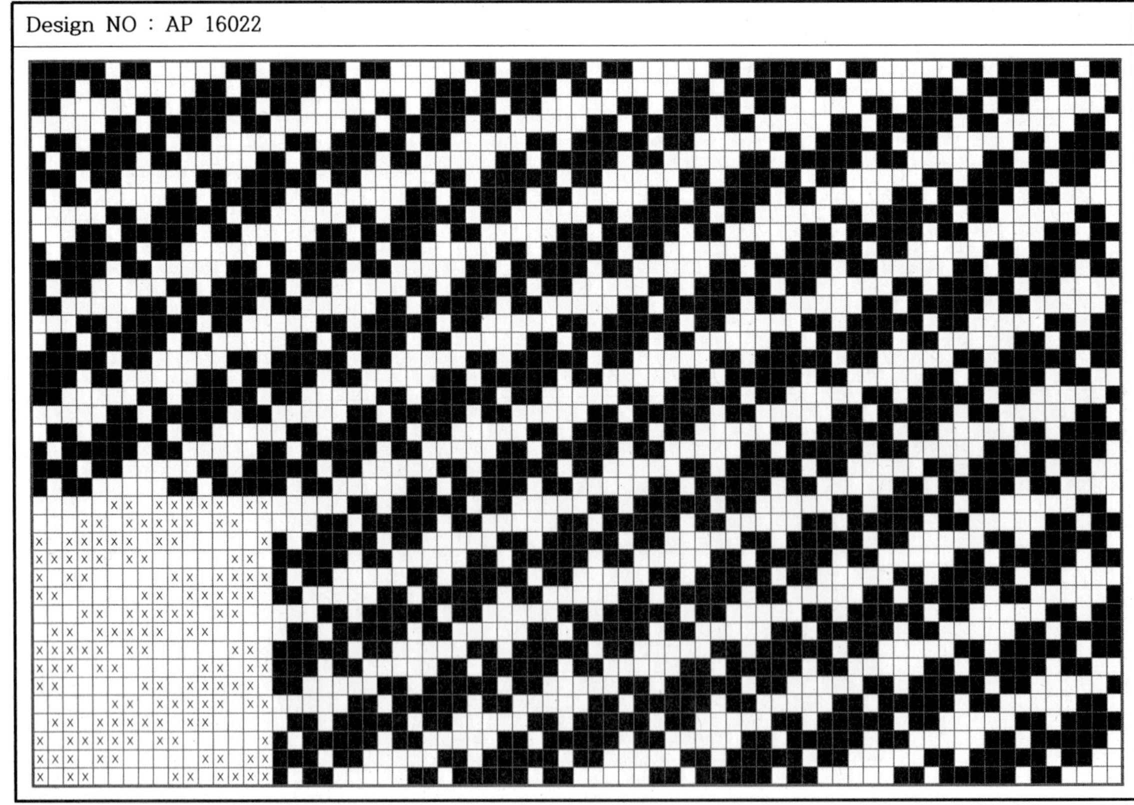

Design NO : AP 16023

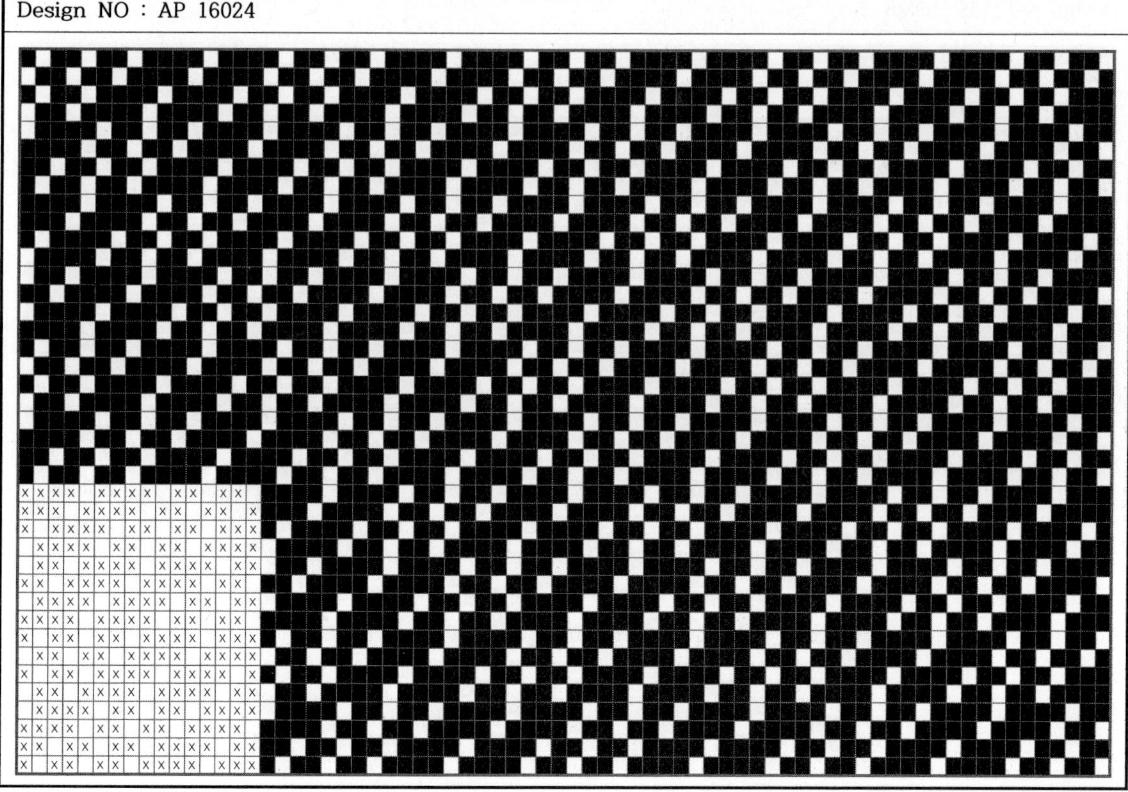

Design NO : AP 16024

Design NO : AP 16025

Design NO : AP 16026

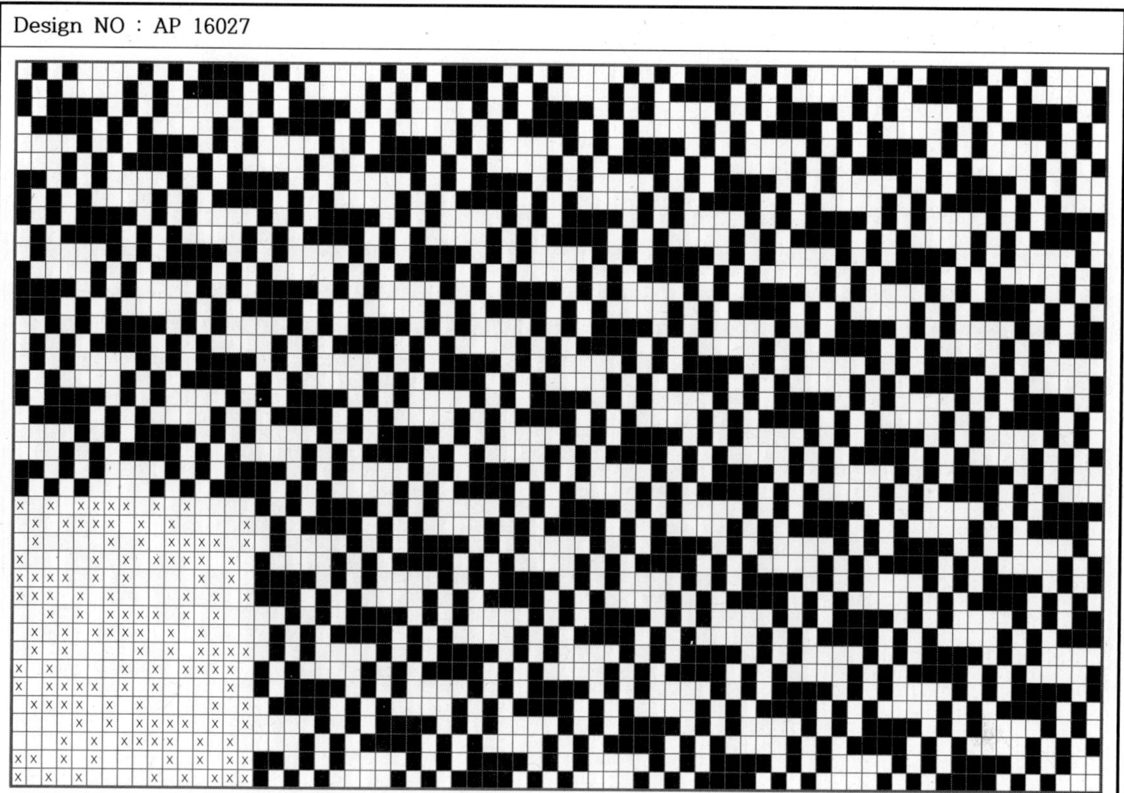

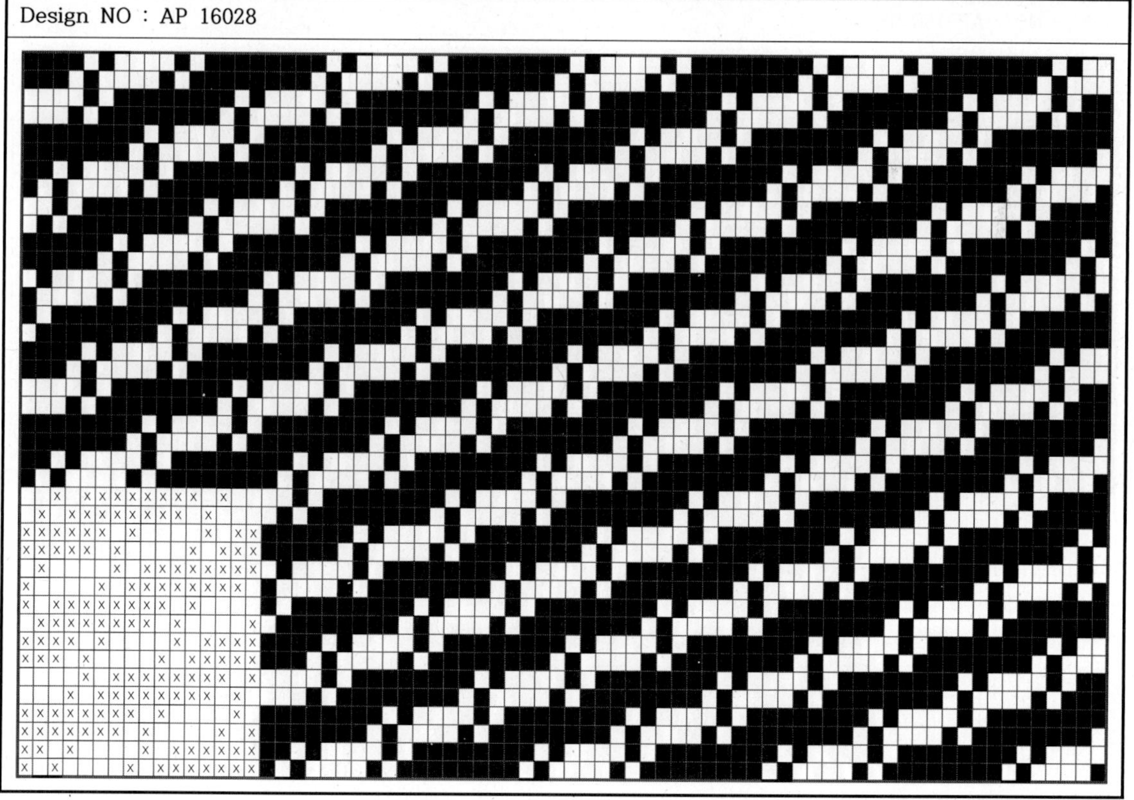

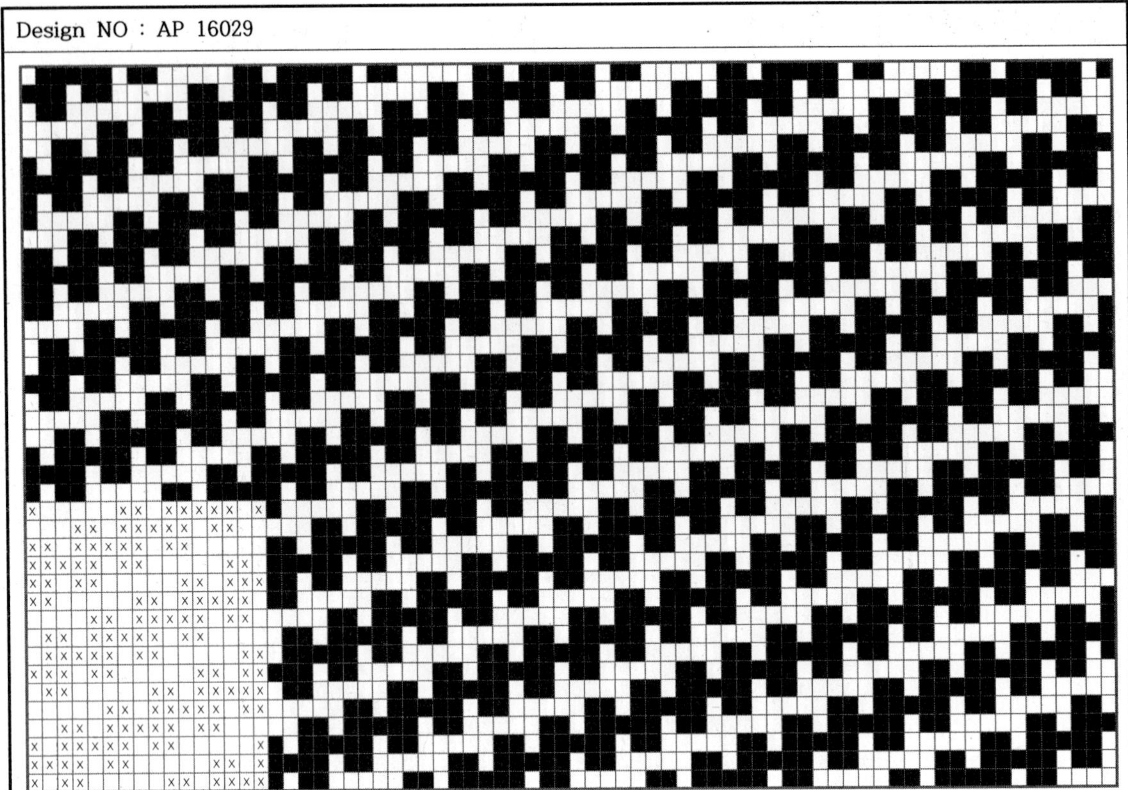

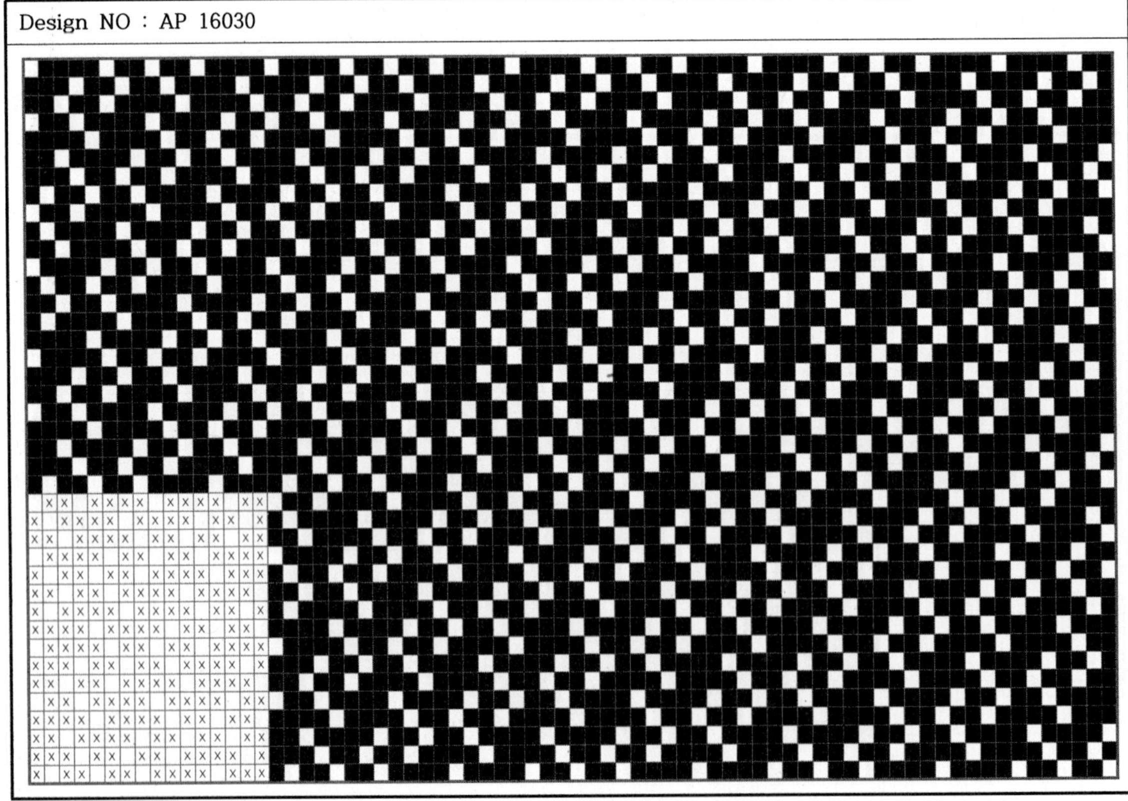

Design NO : AP 16031

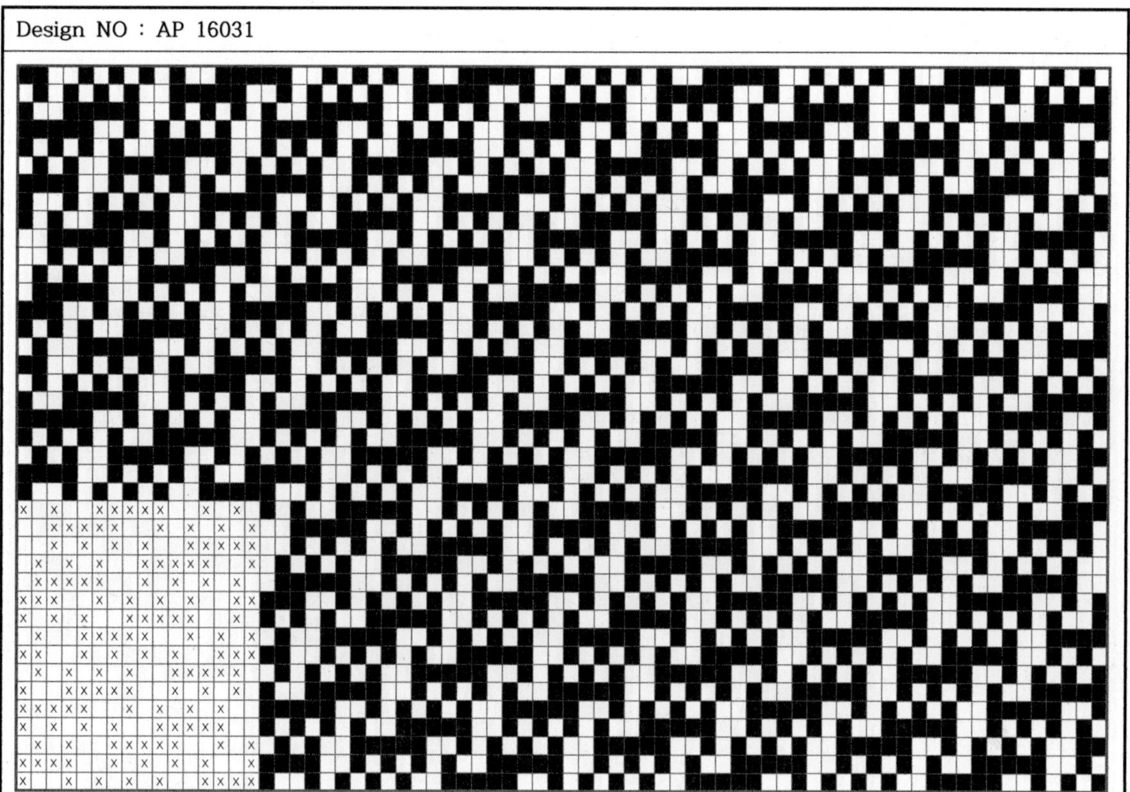

Design NO : AP 16032

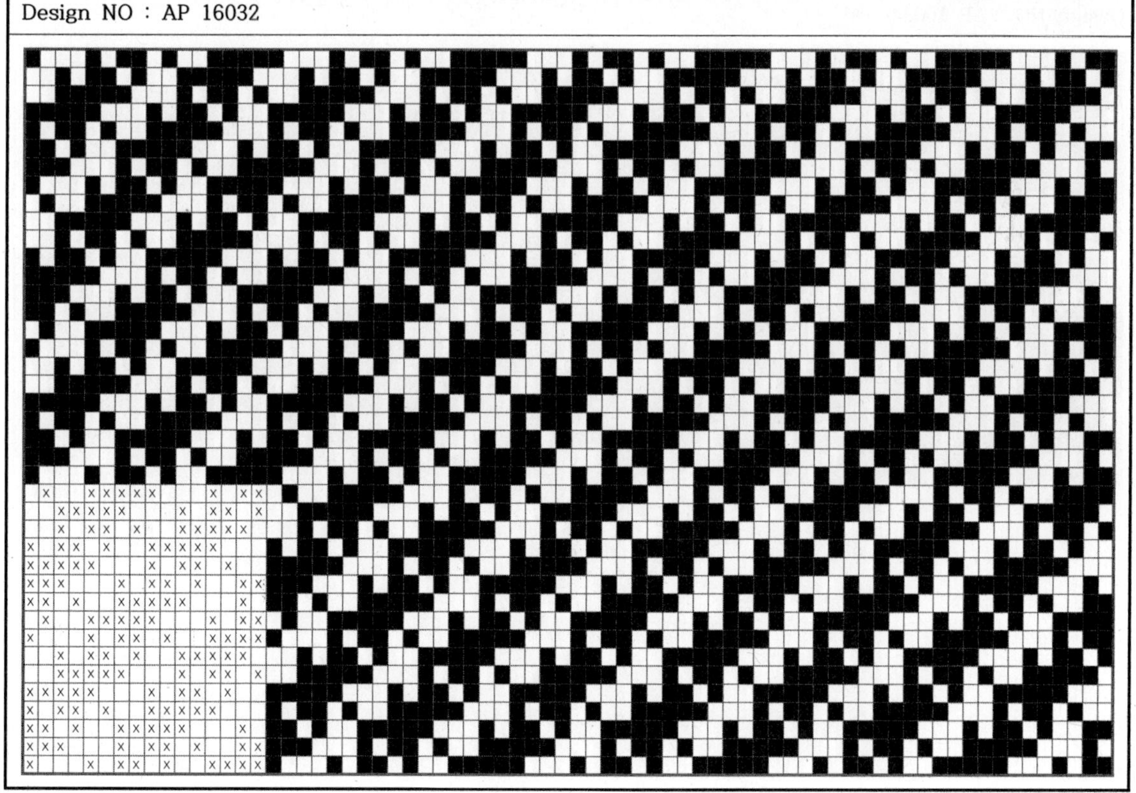

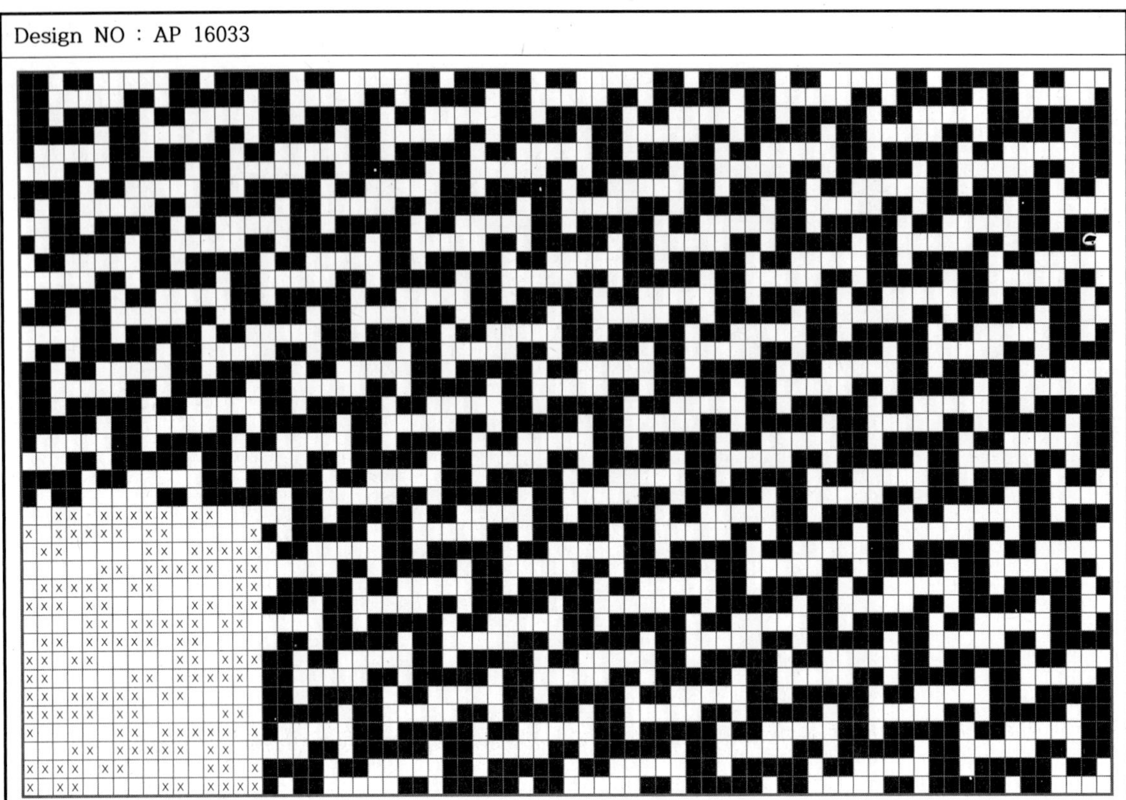

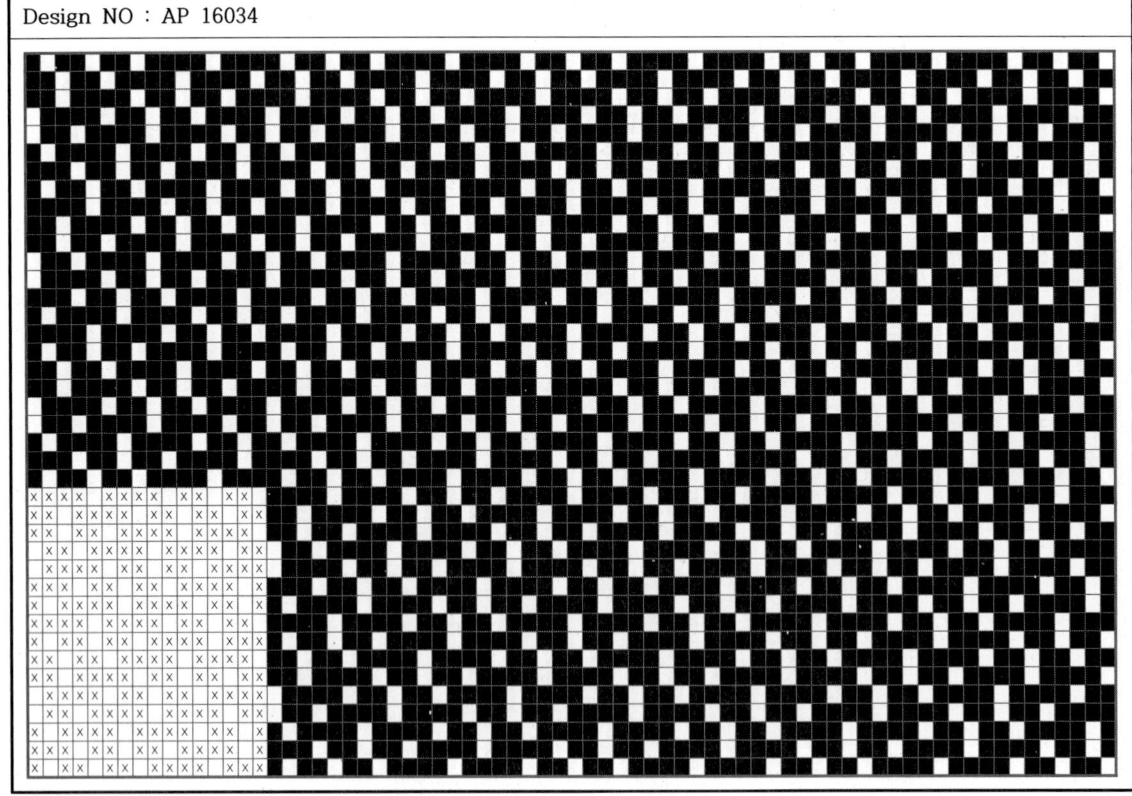

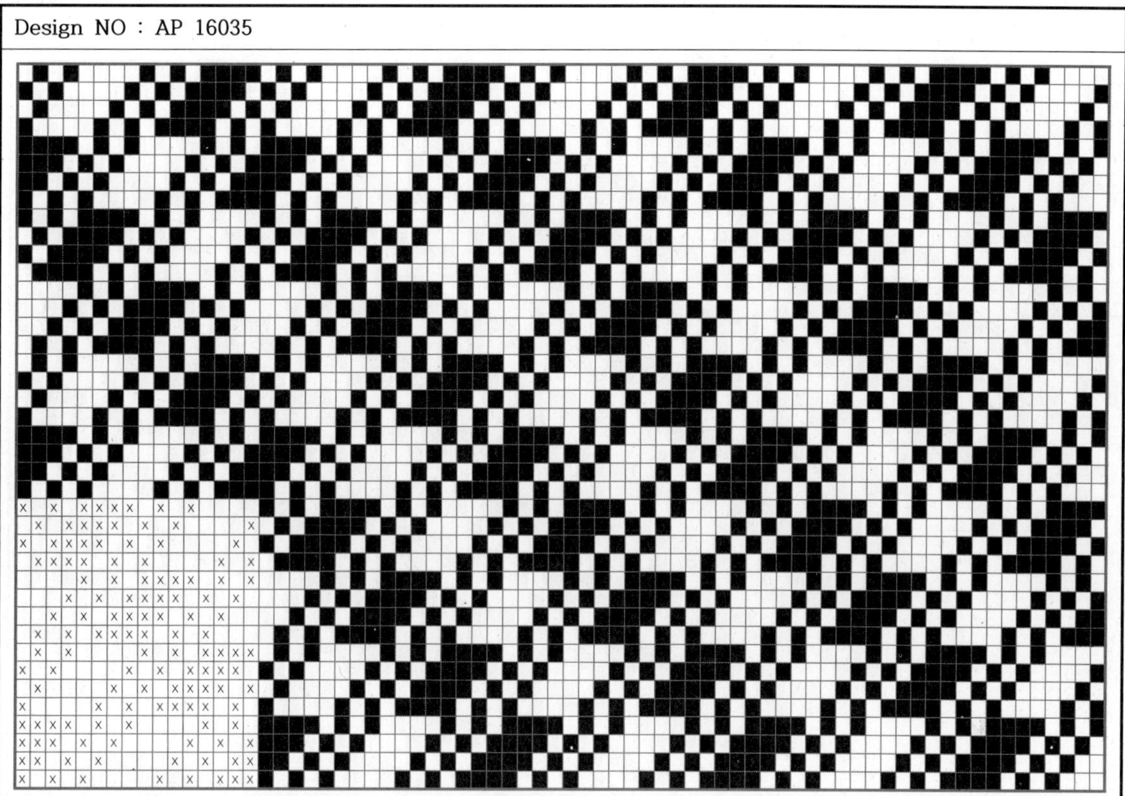

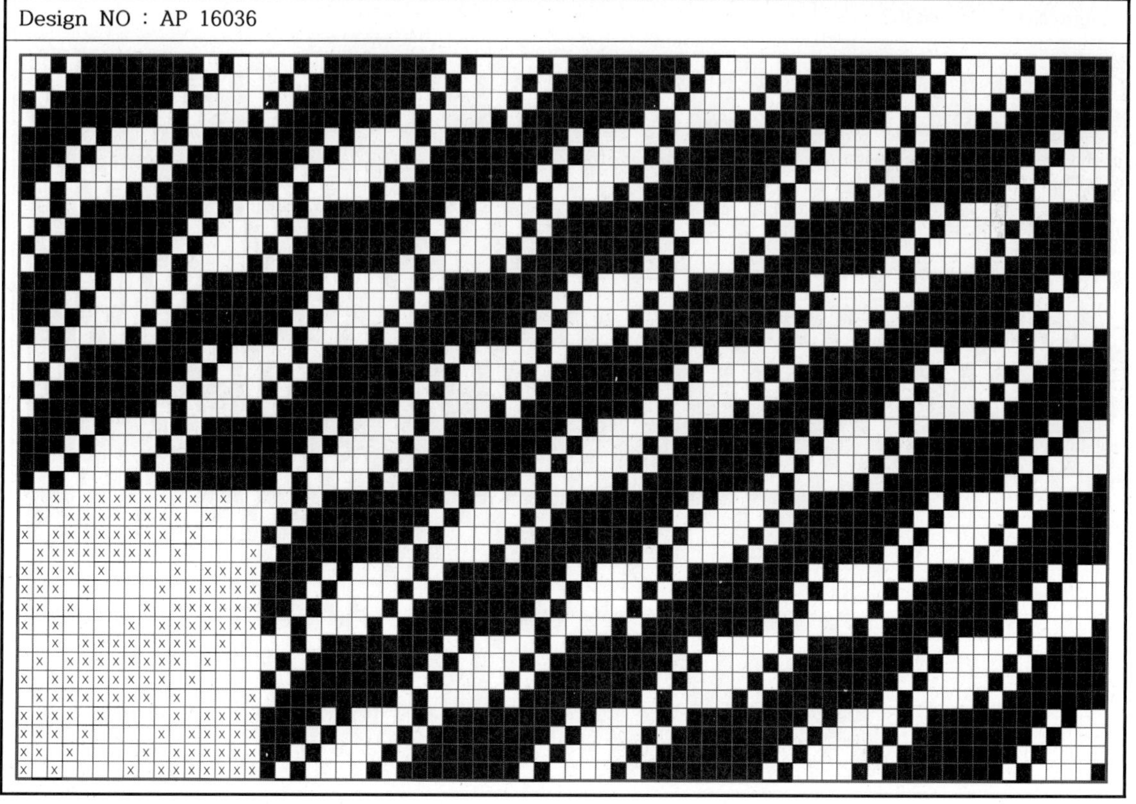

Design NO : AP 16037

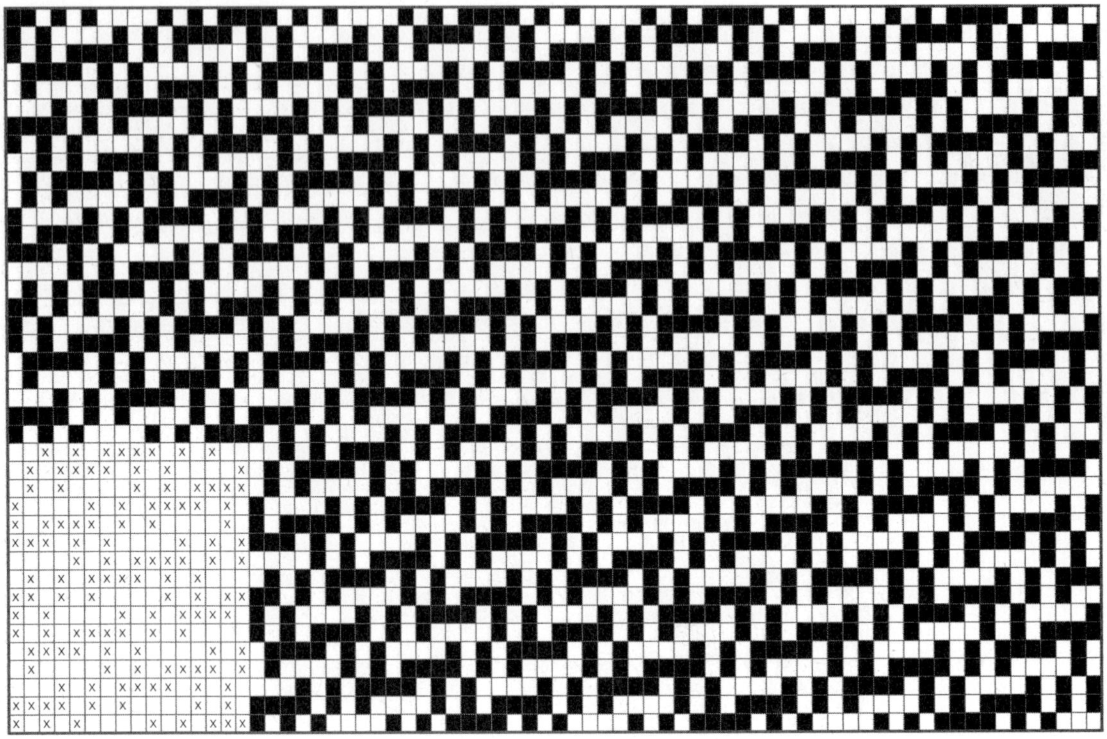

Design NO : AP 16038

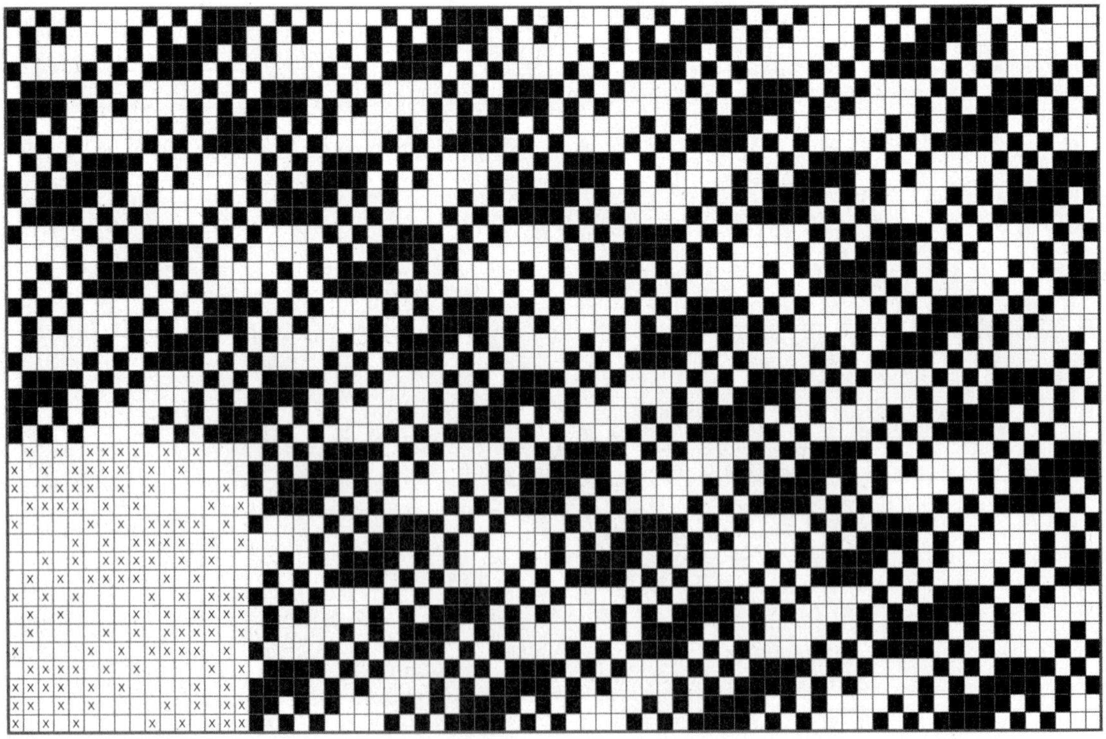

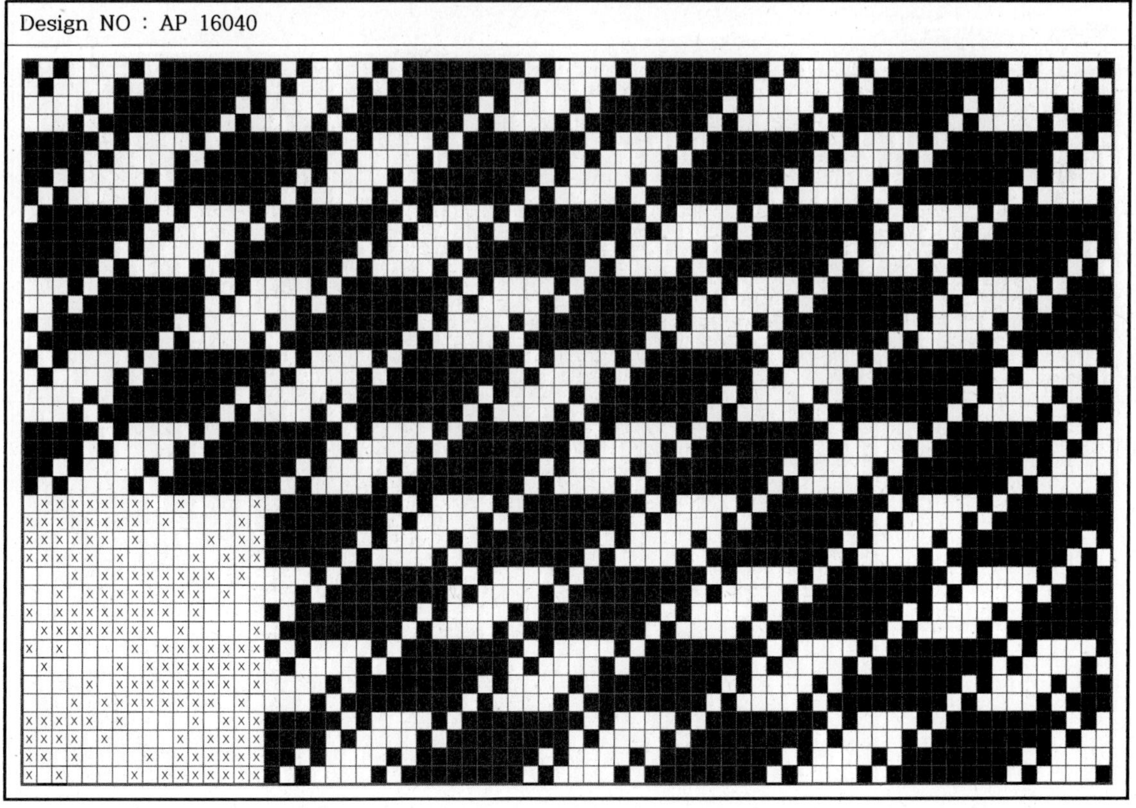

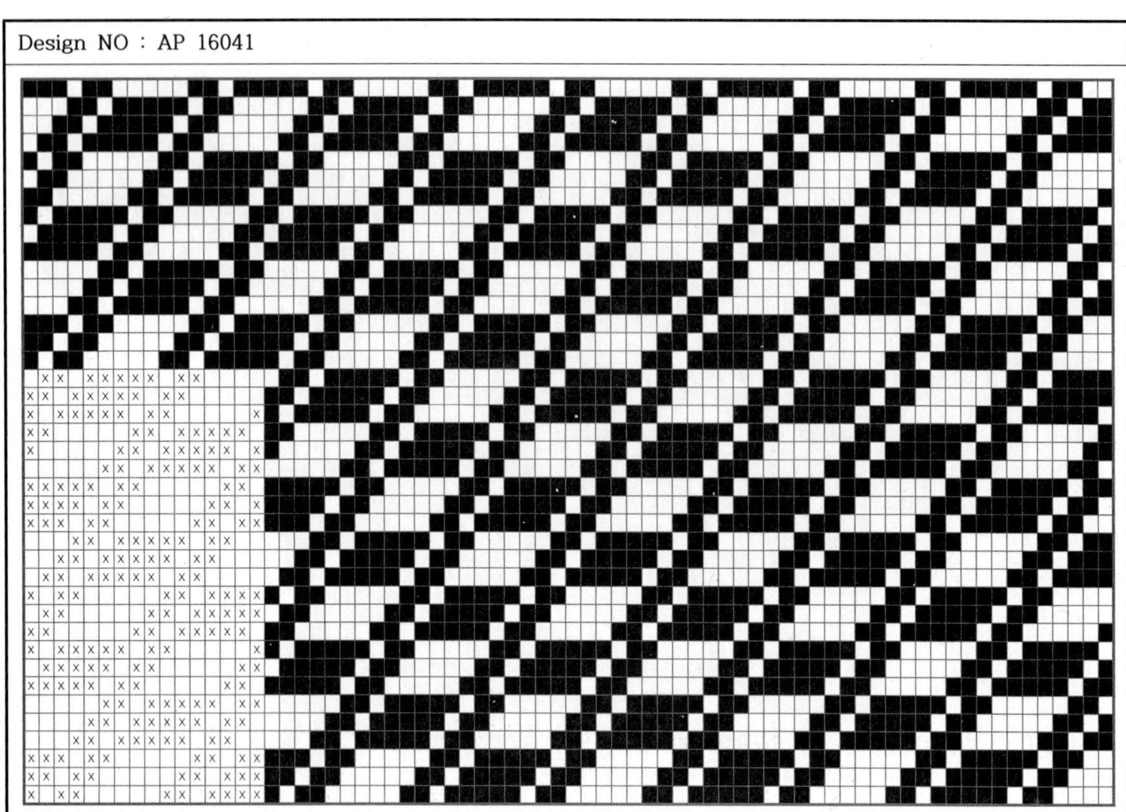

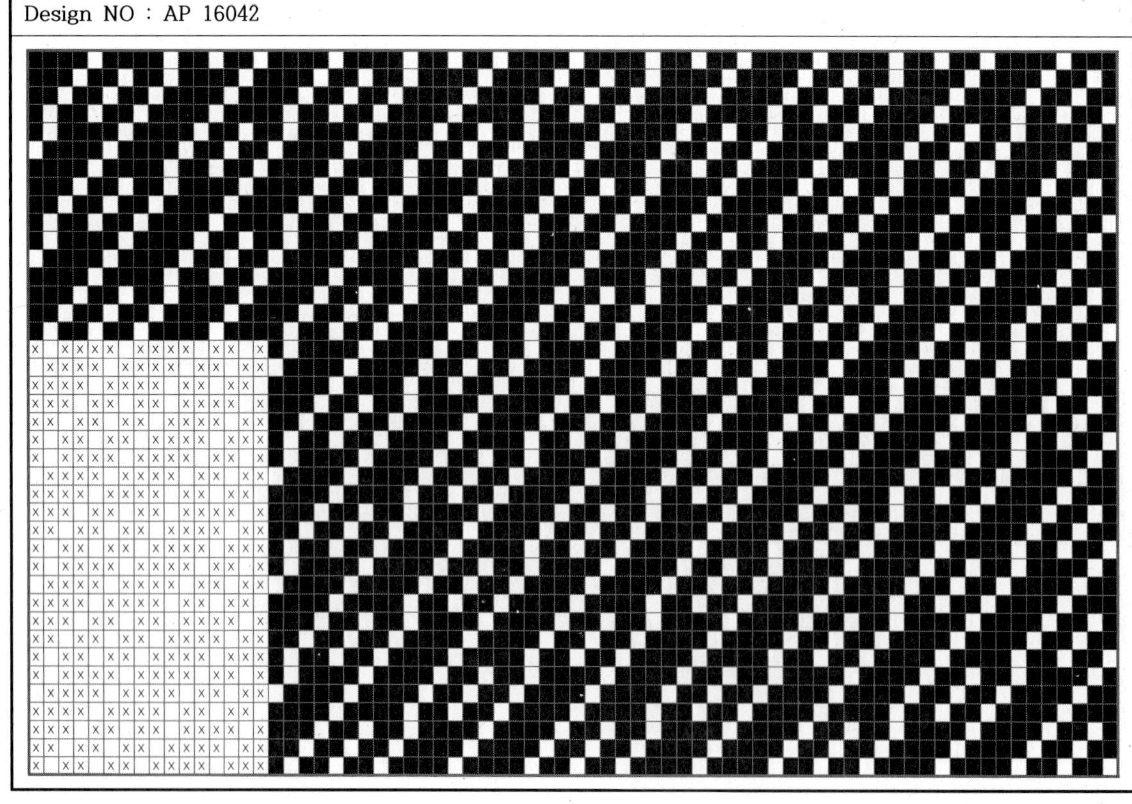

Design NO : AP 16043

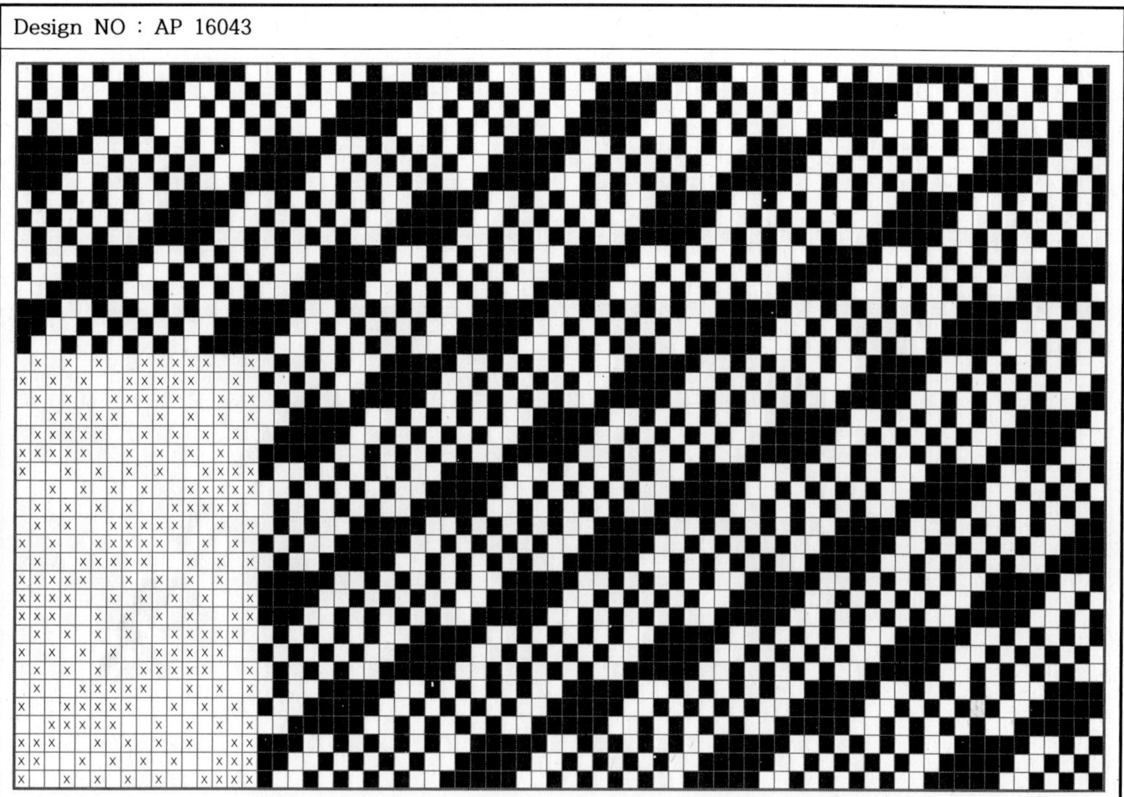

Design NO : AP 16044

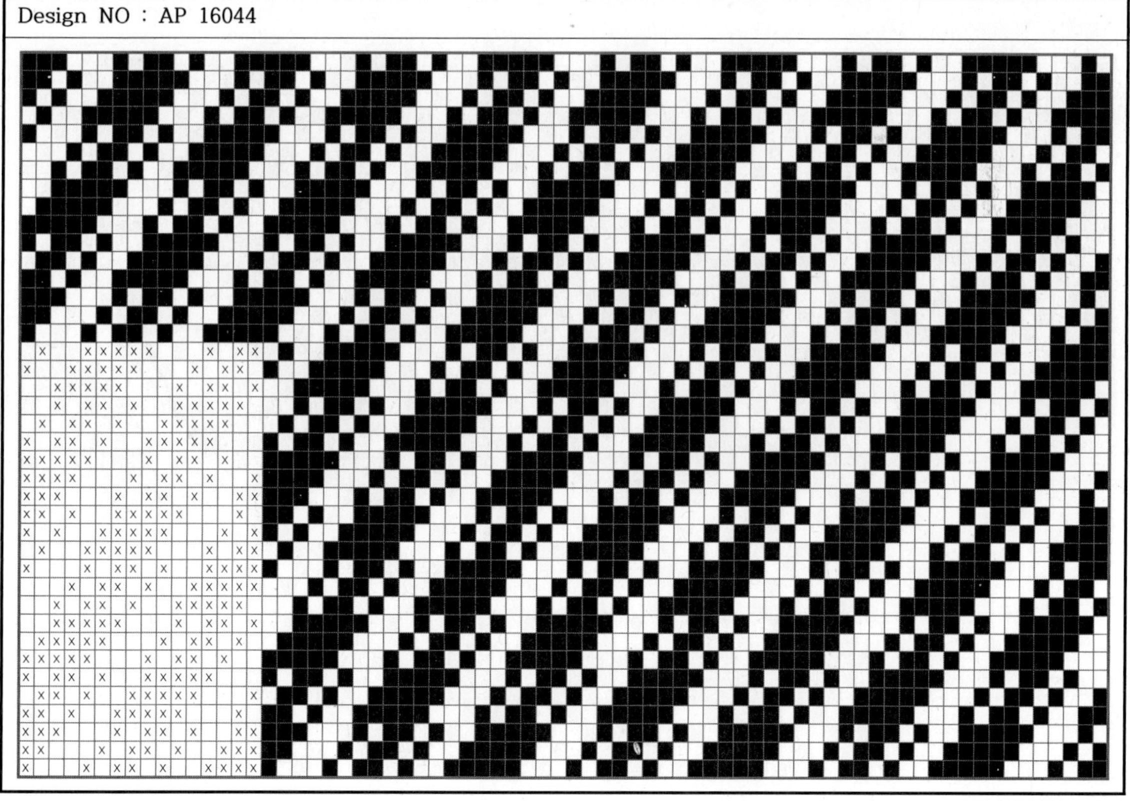

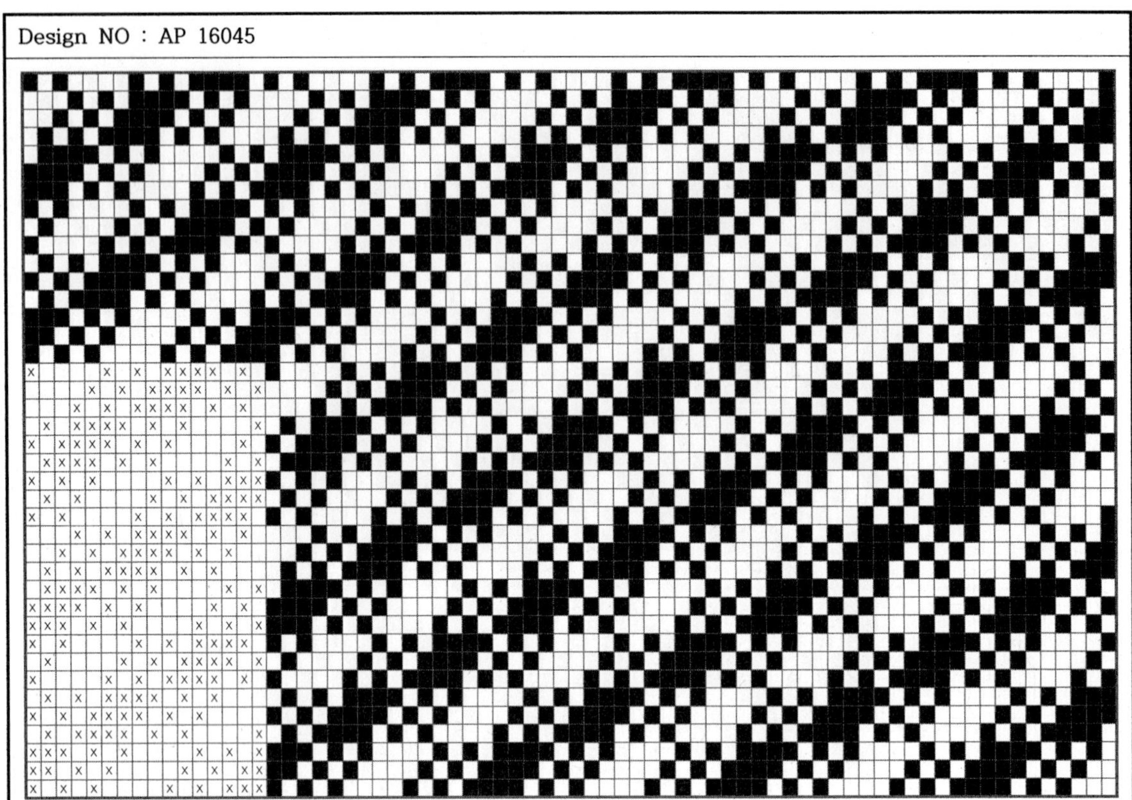

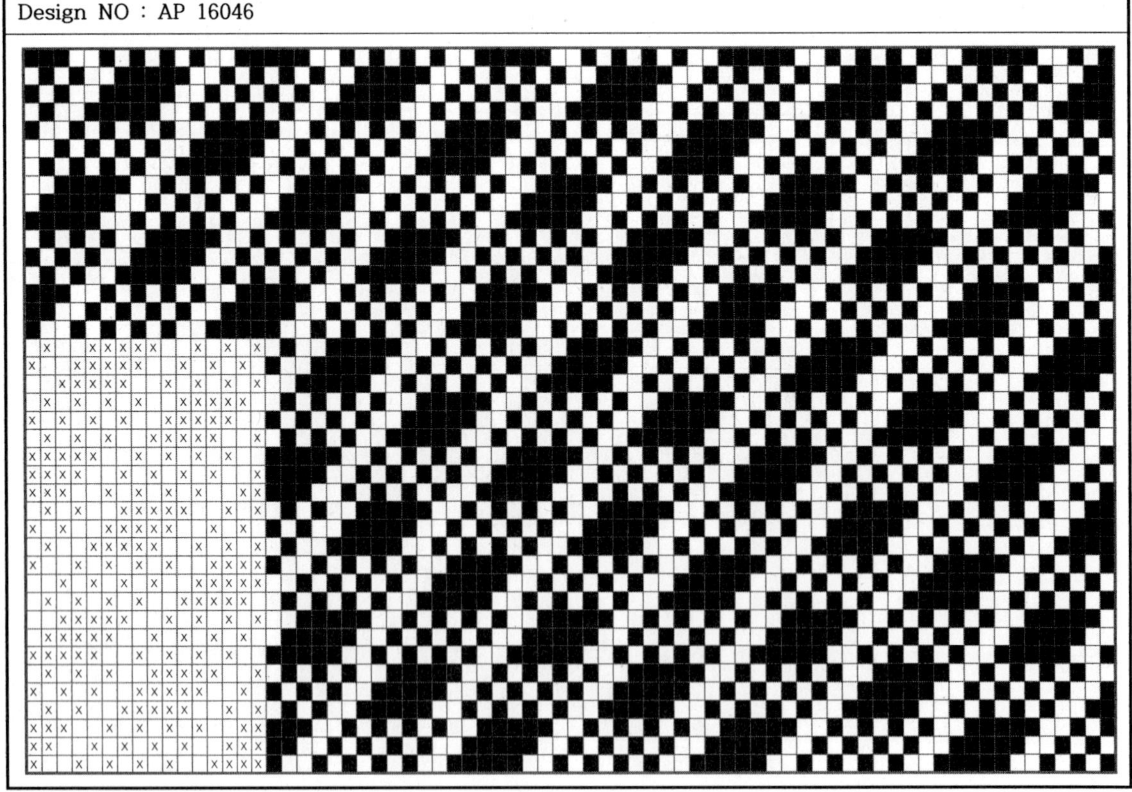

Design NO : AP 16047

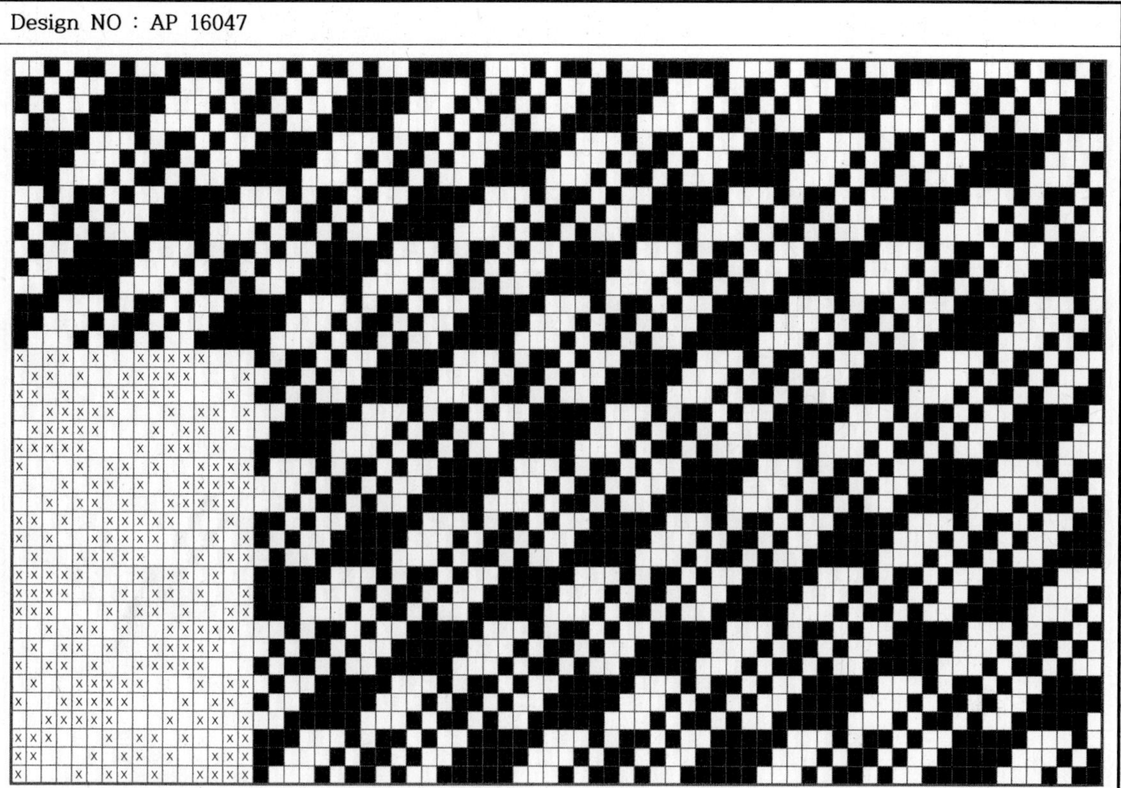

Design NO : AP 16048

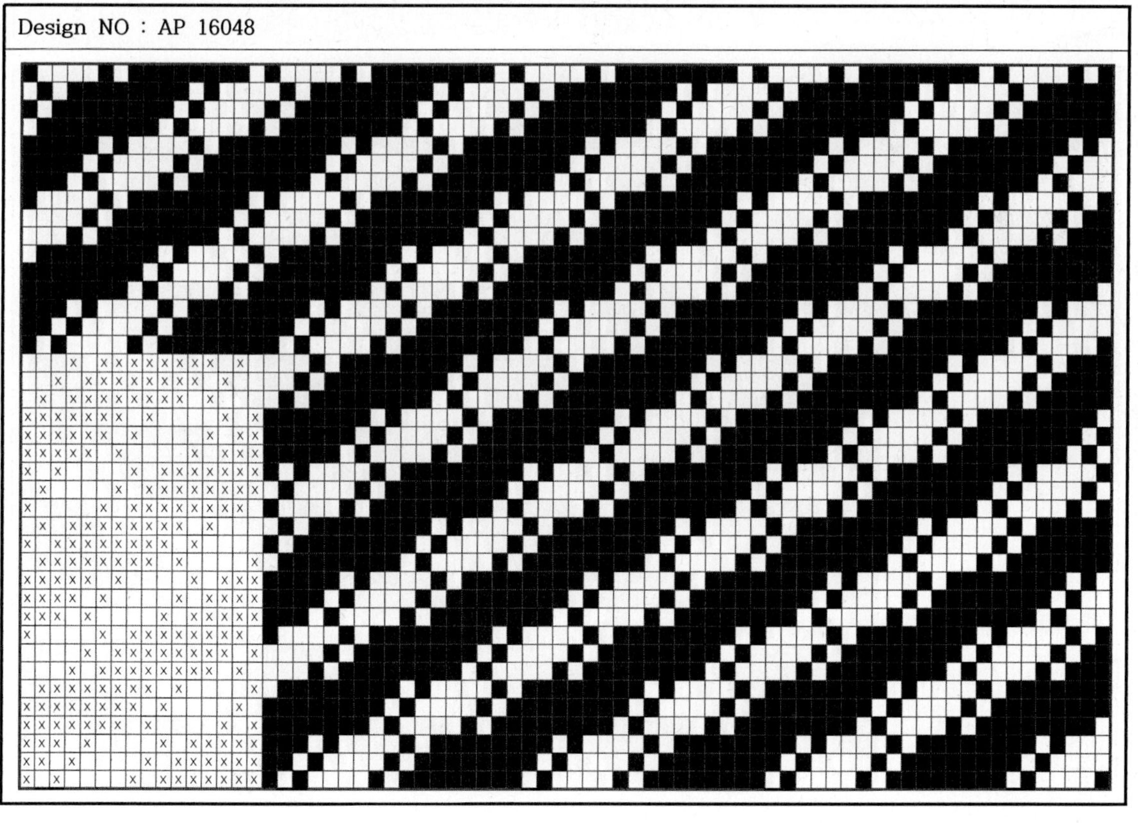

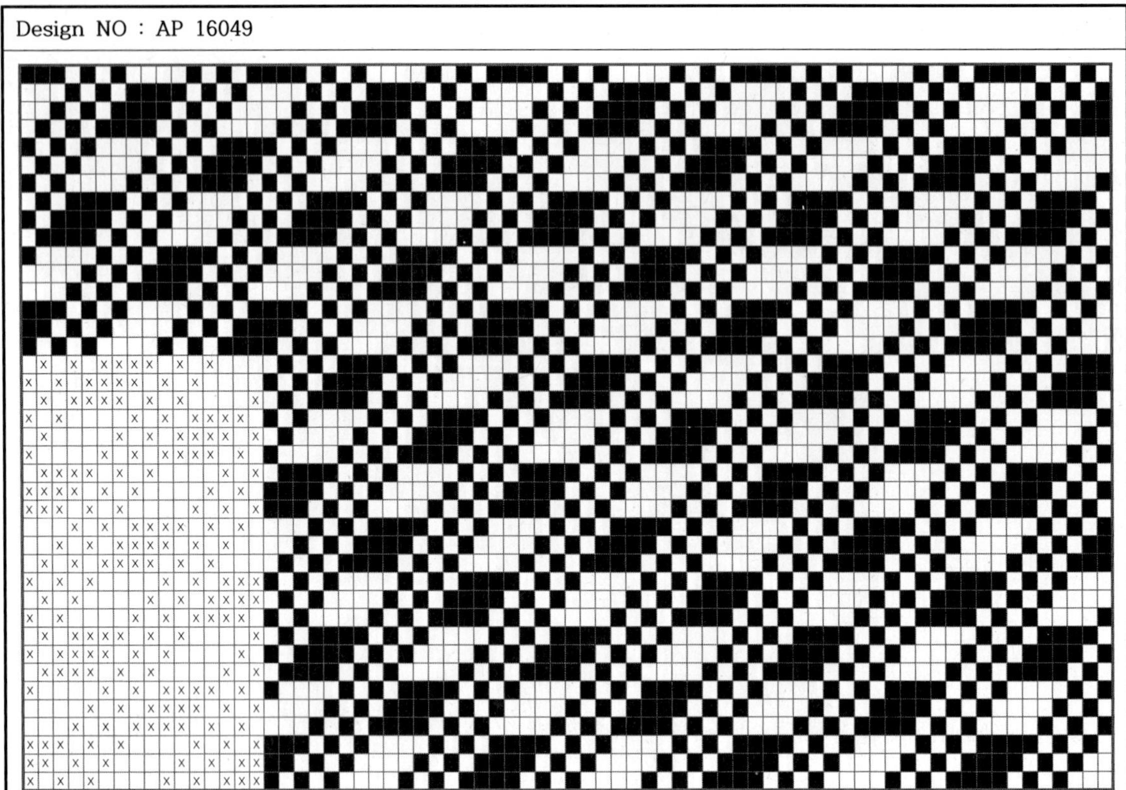

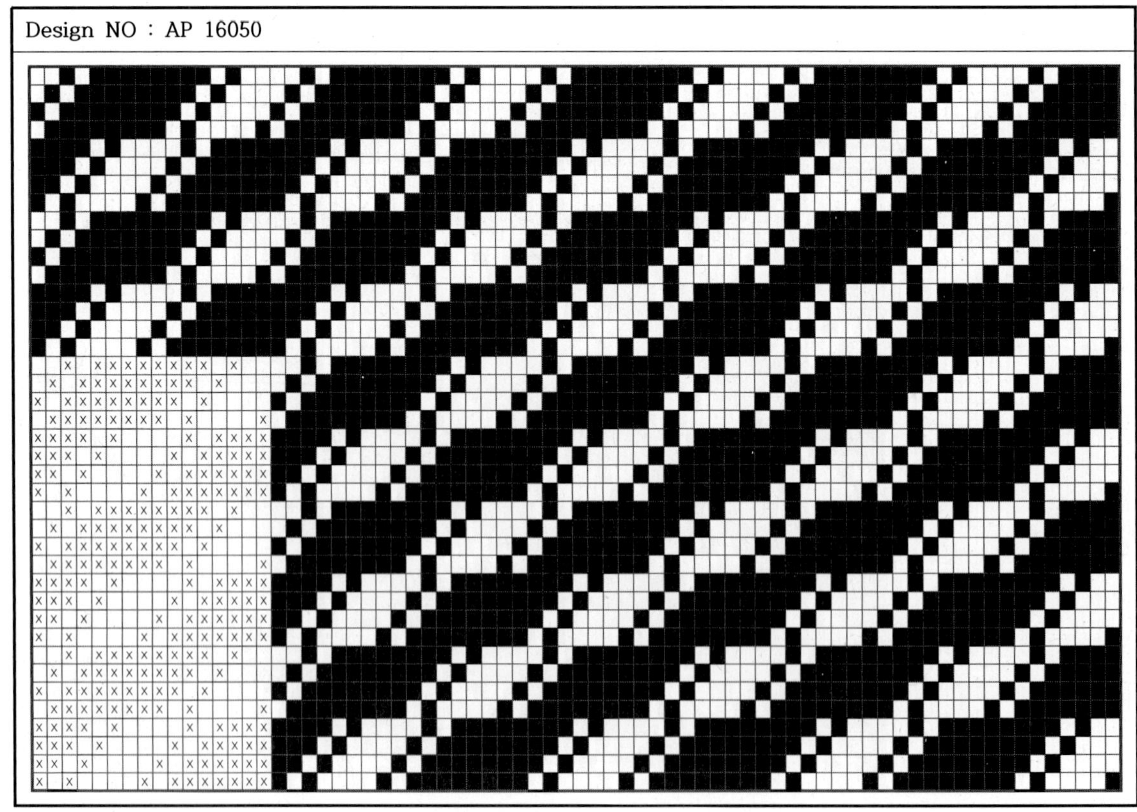

Design NO : AP 16051

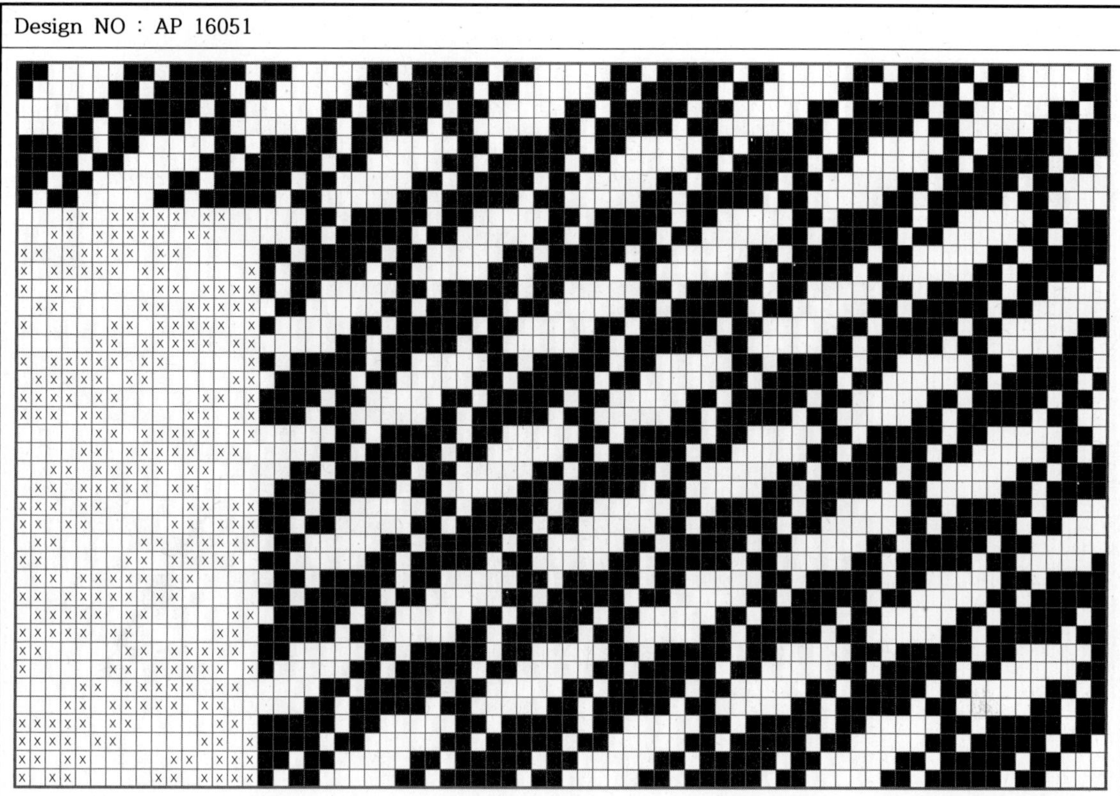

Design NO : AP 16052

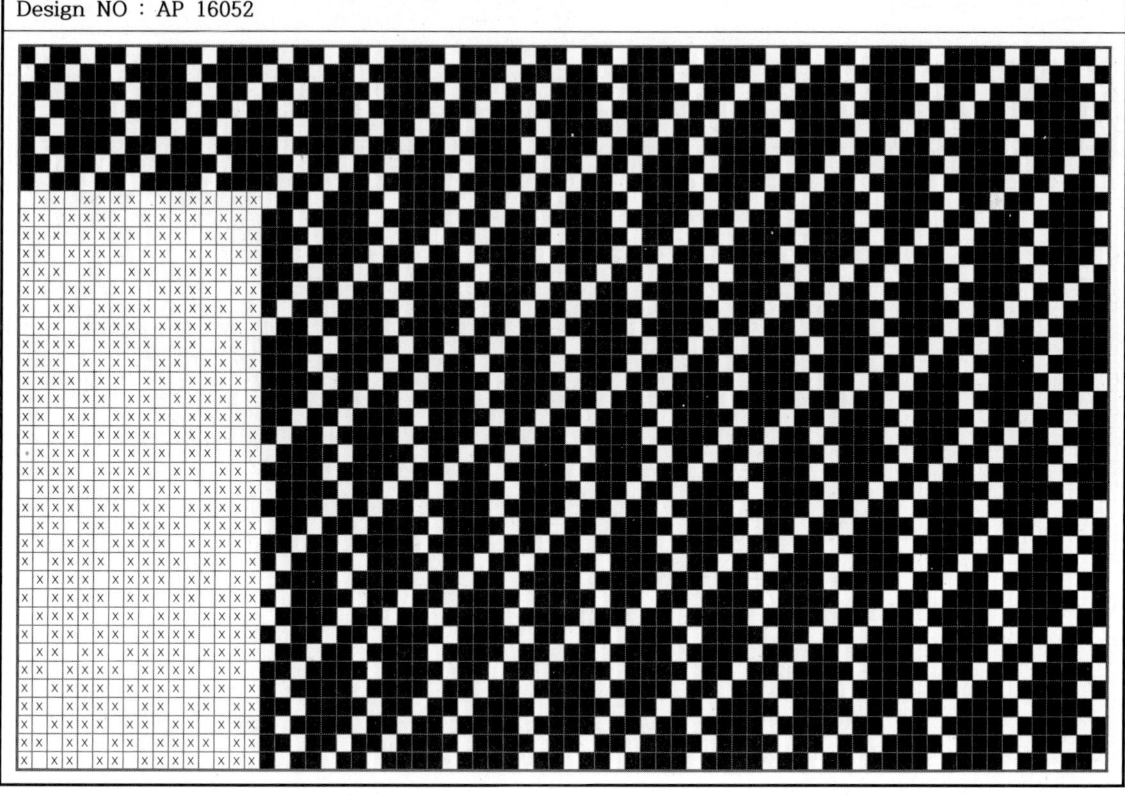

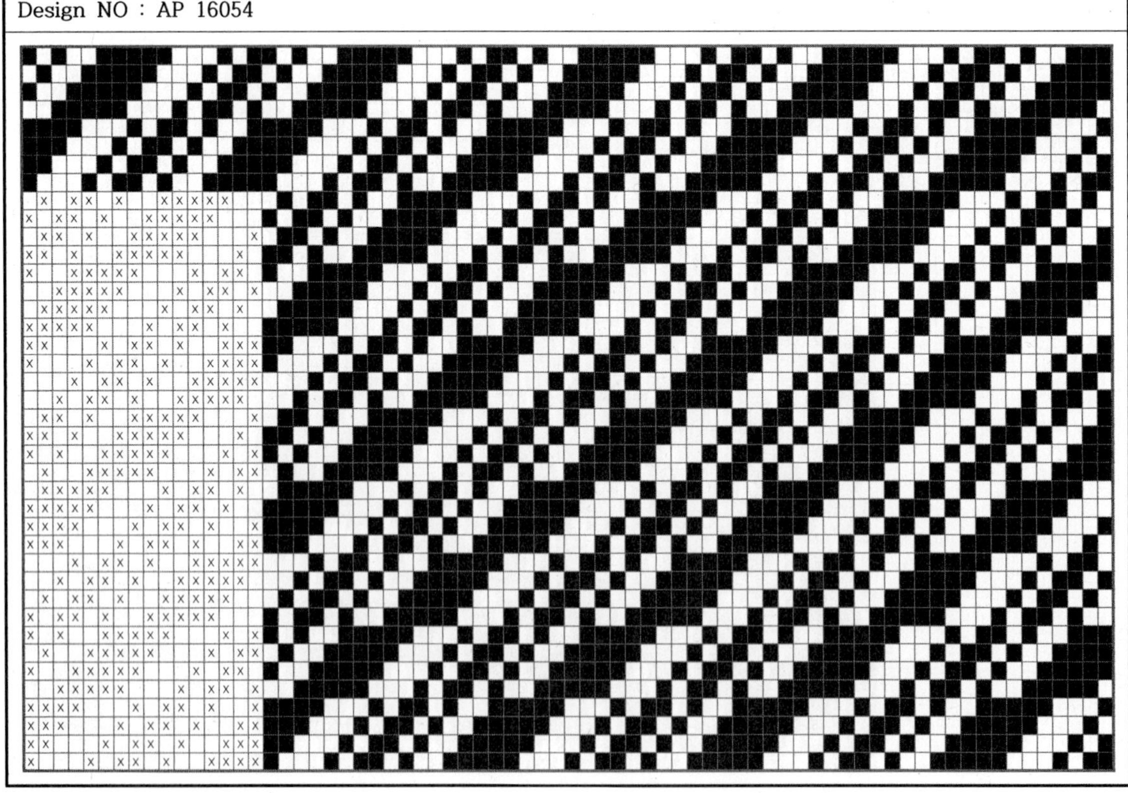

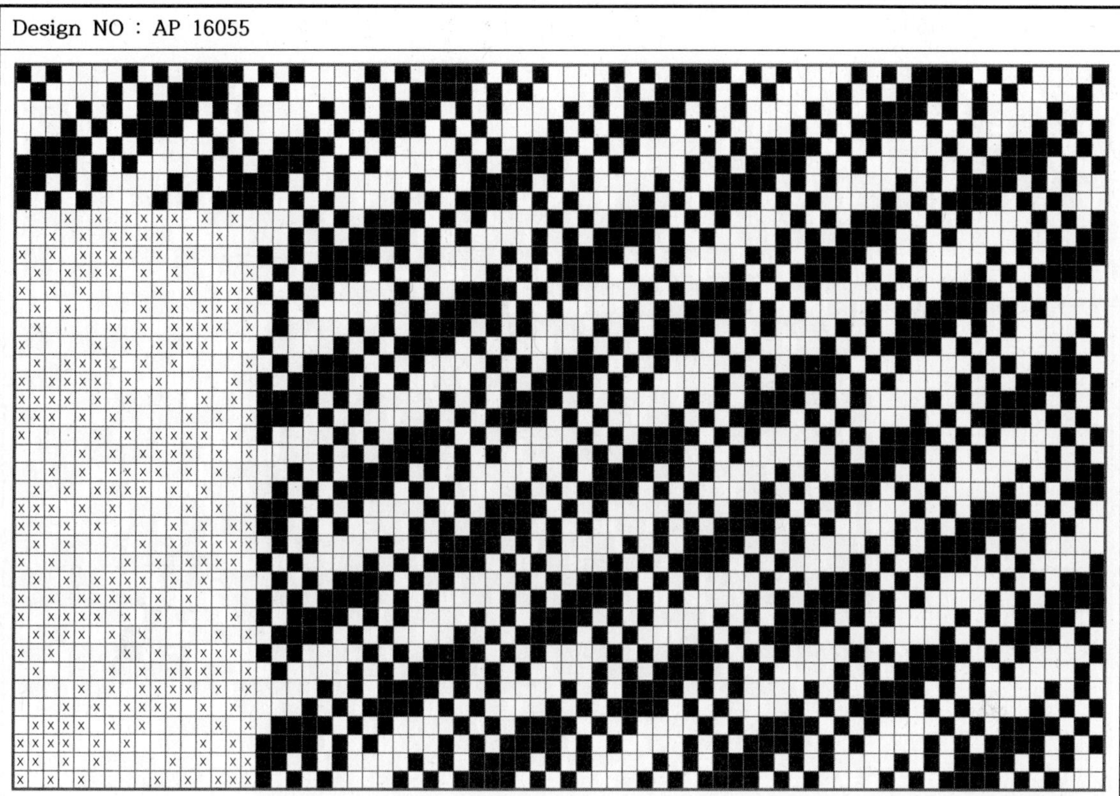

Design NO : AP 16055

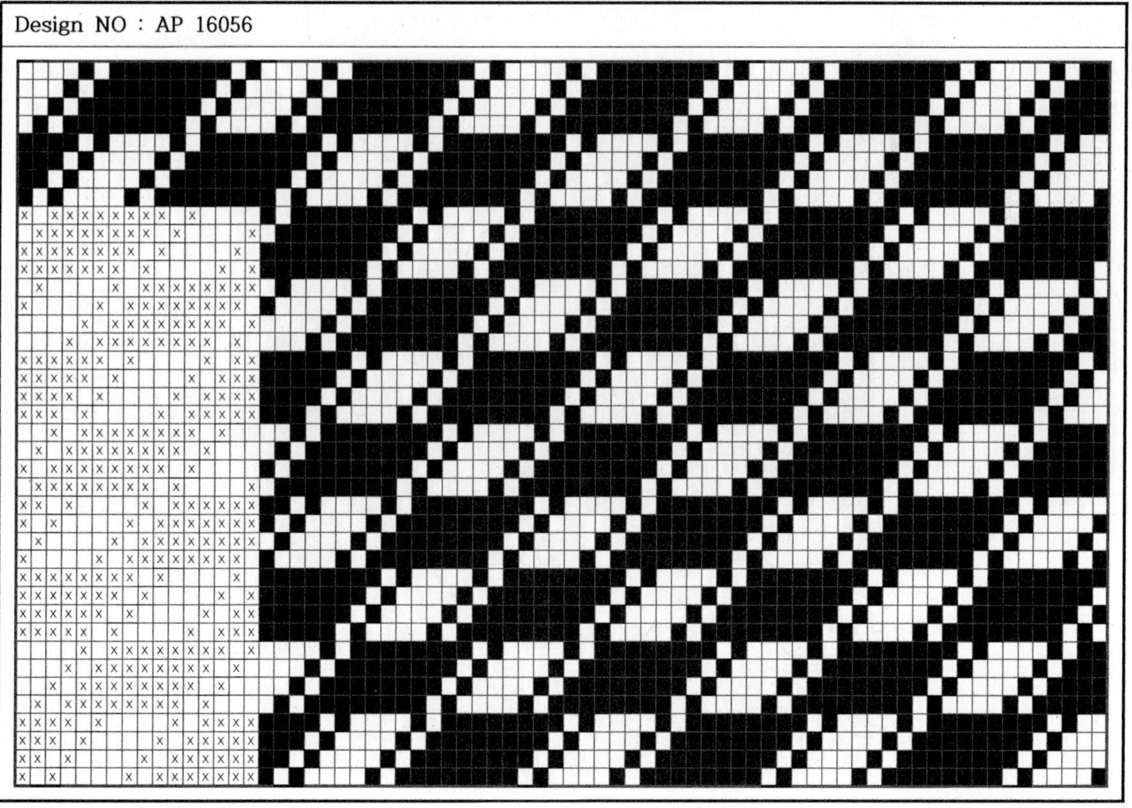

Design NO : AP 16056

Design NO : AP 16057

Design NO : AP 16058

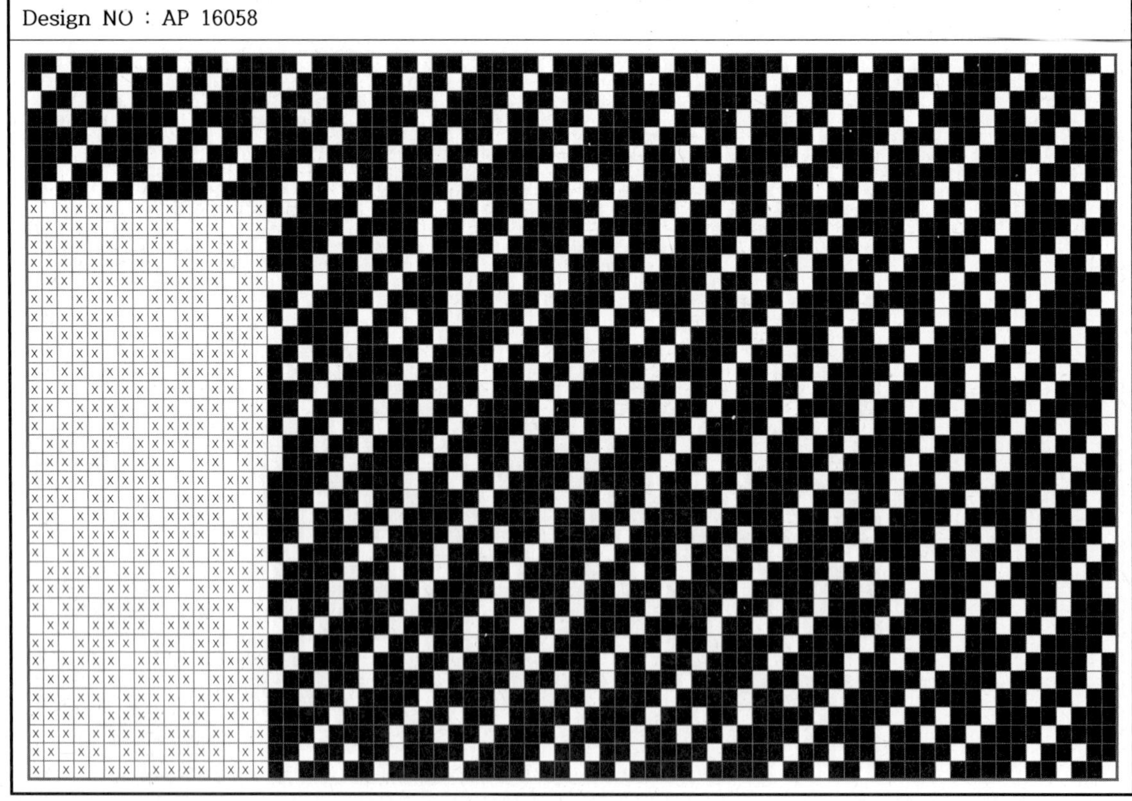

Design NO : AP 16059

Design NO : AP 16060

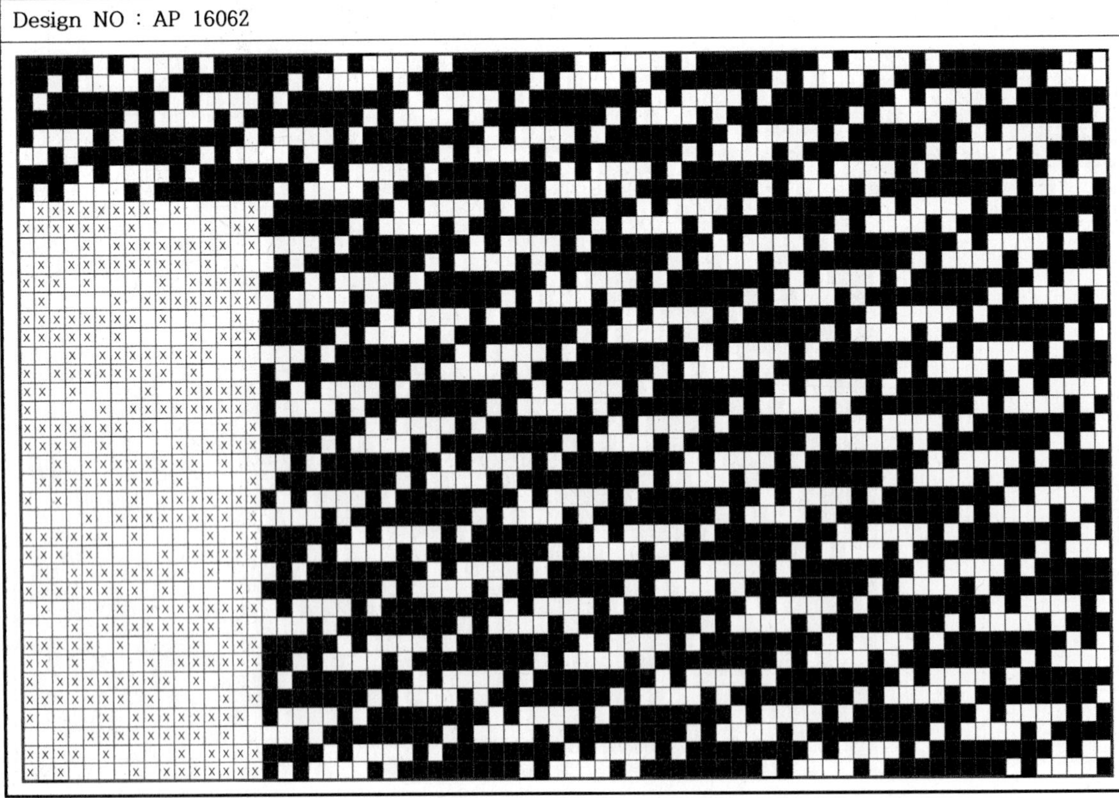

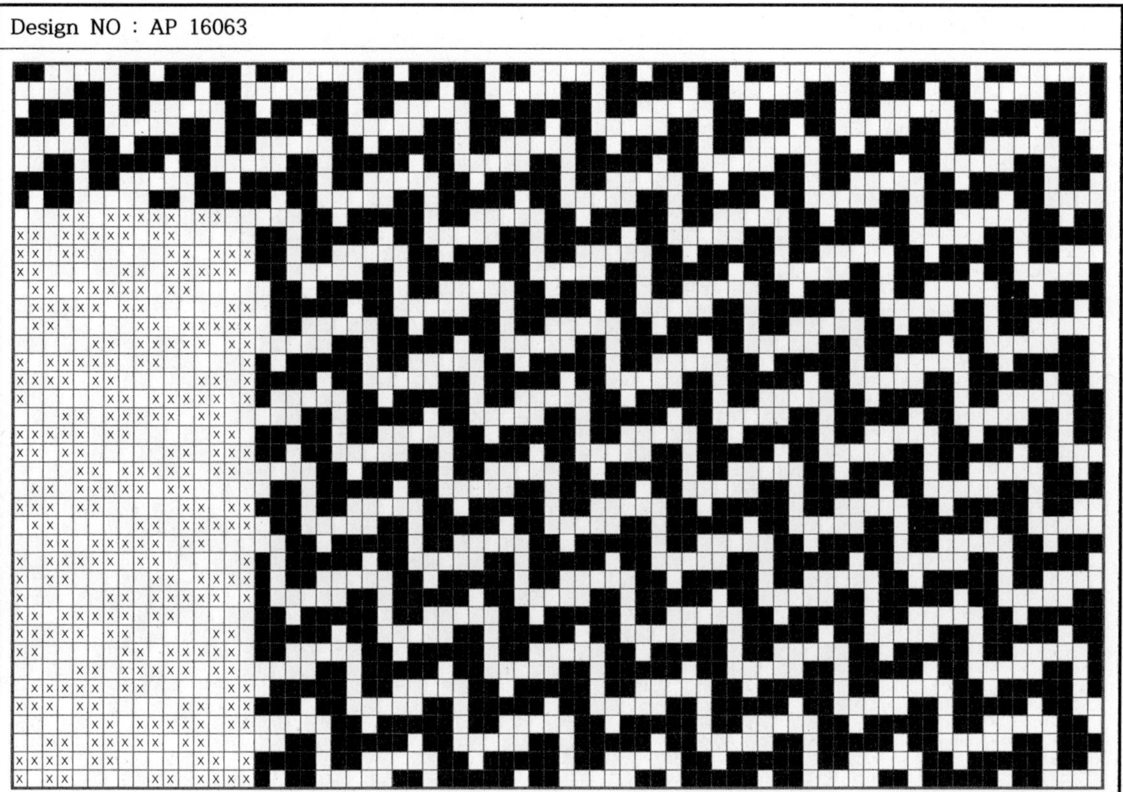

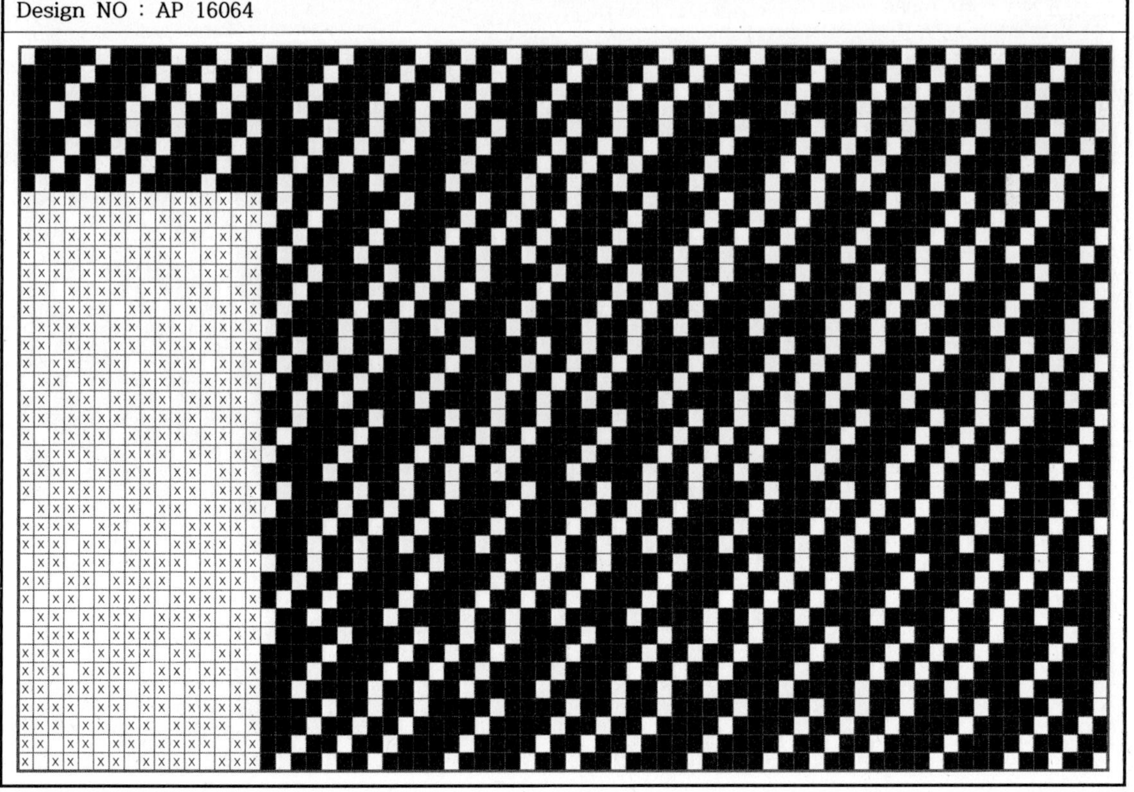

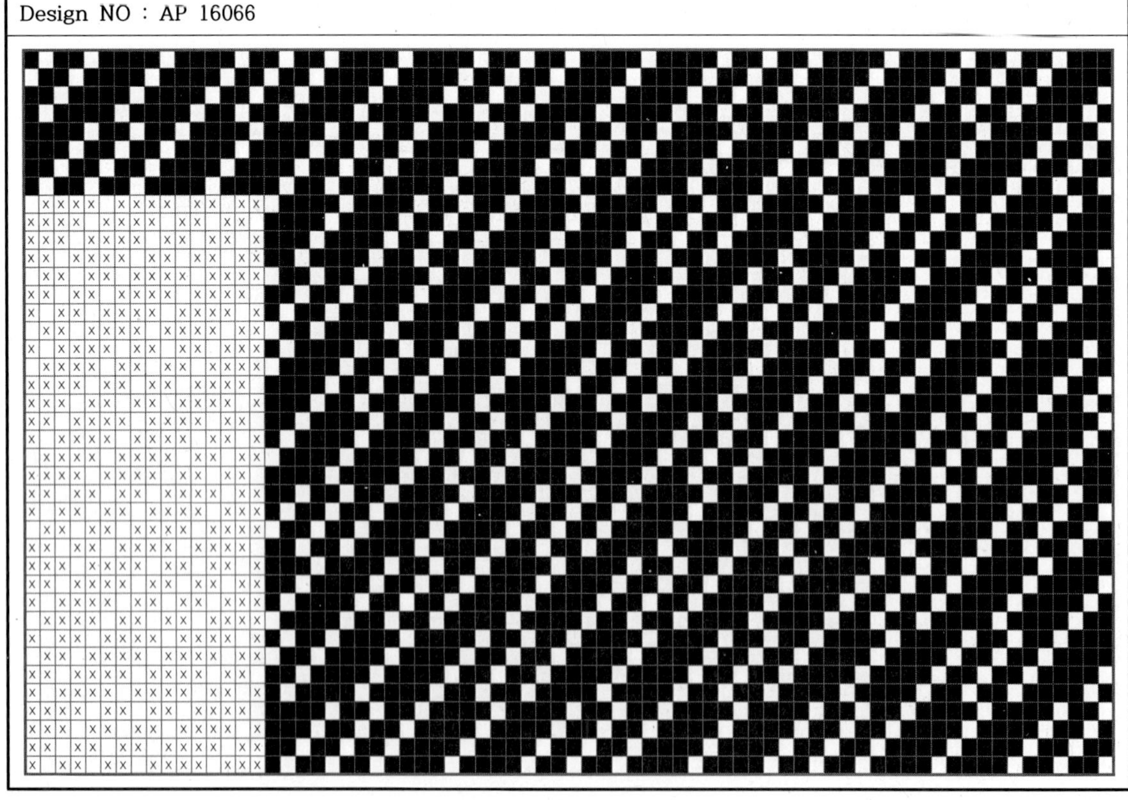

Design NO : AP 16067

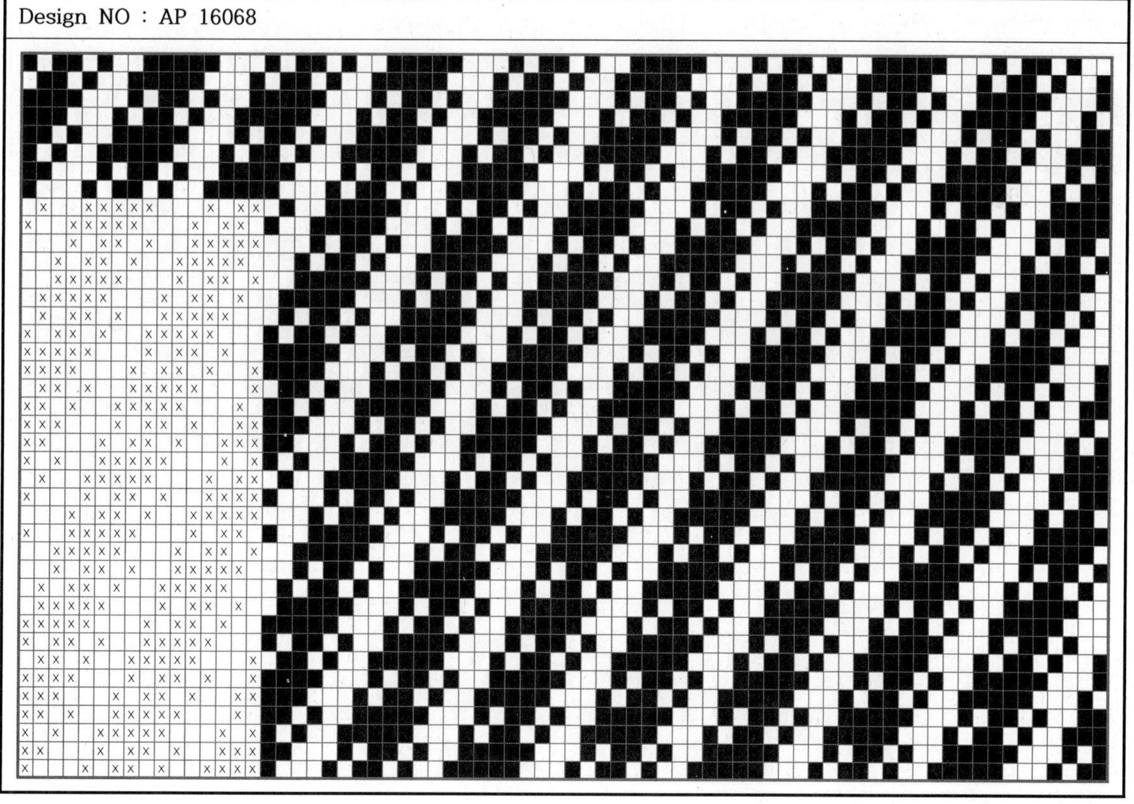

Design NO : AP 16068

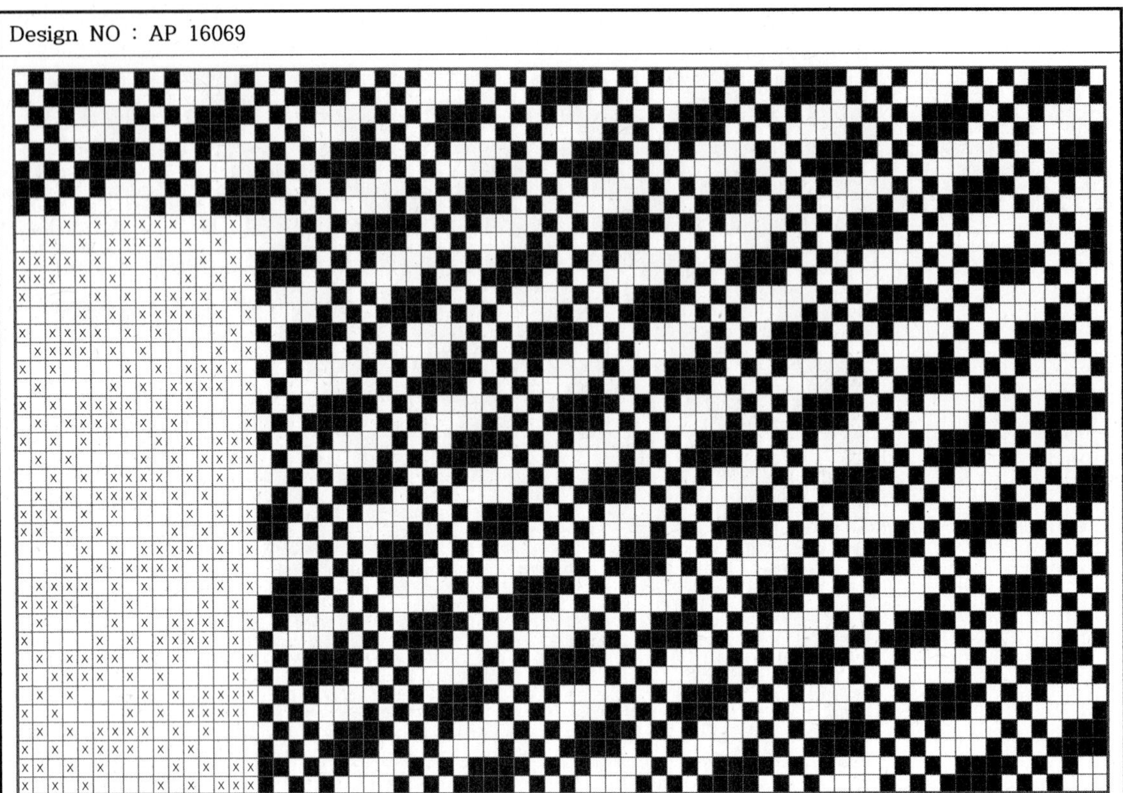

Design NO : AP 16069

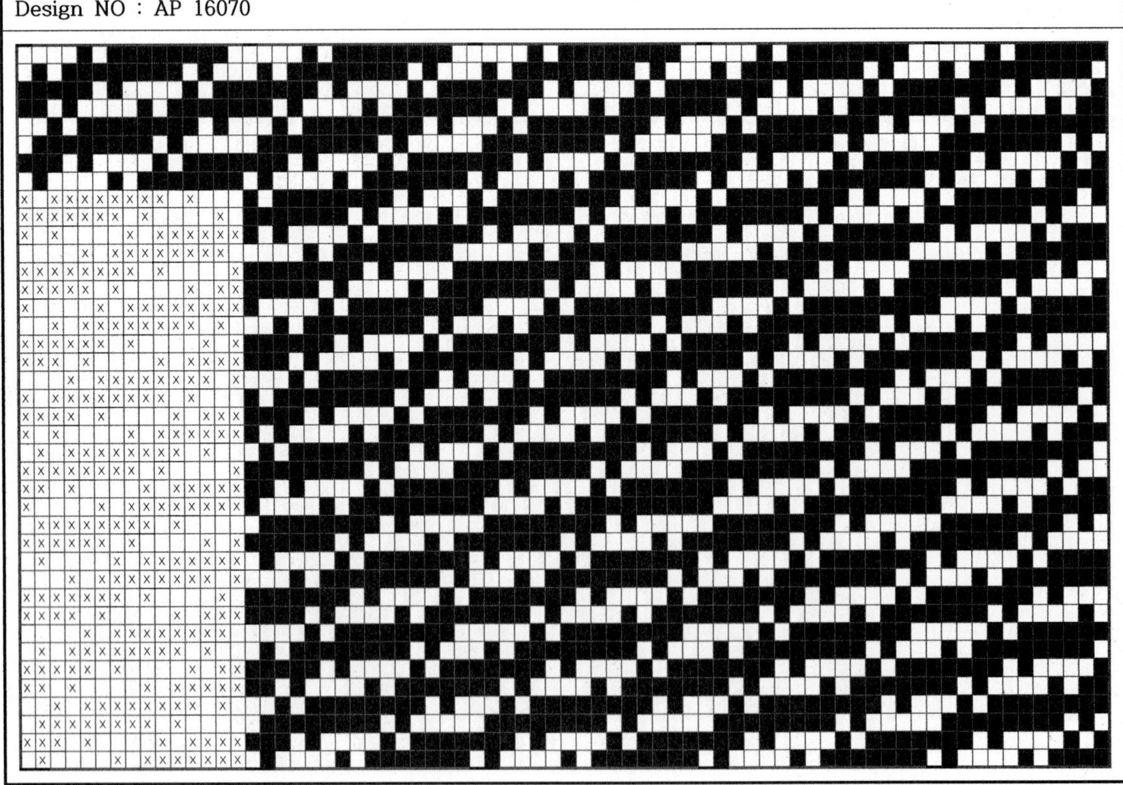

Design NO : AP 16070

Design NO : AP 16071

Design NO : AP 16072

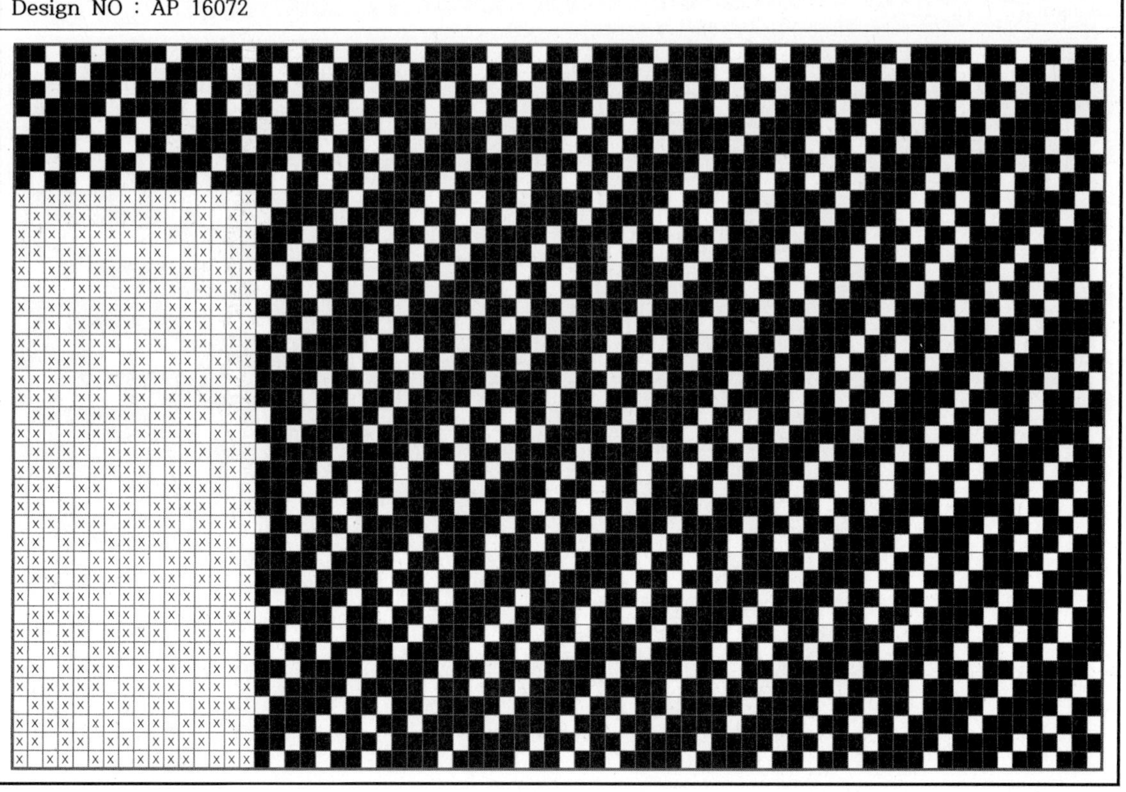

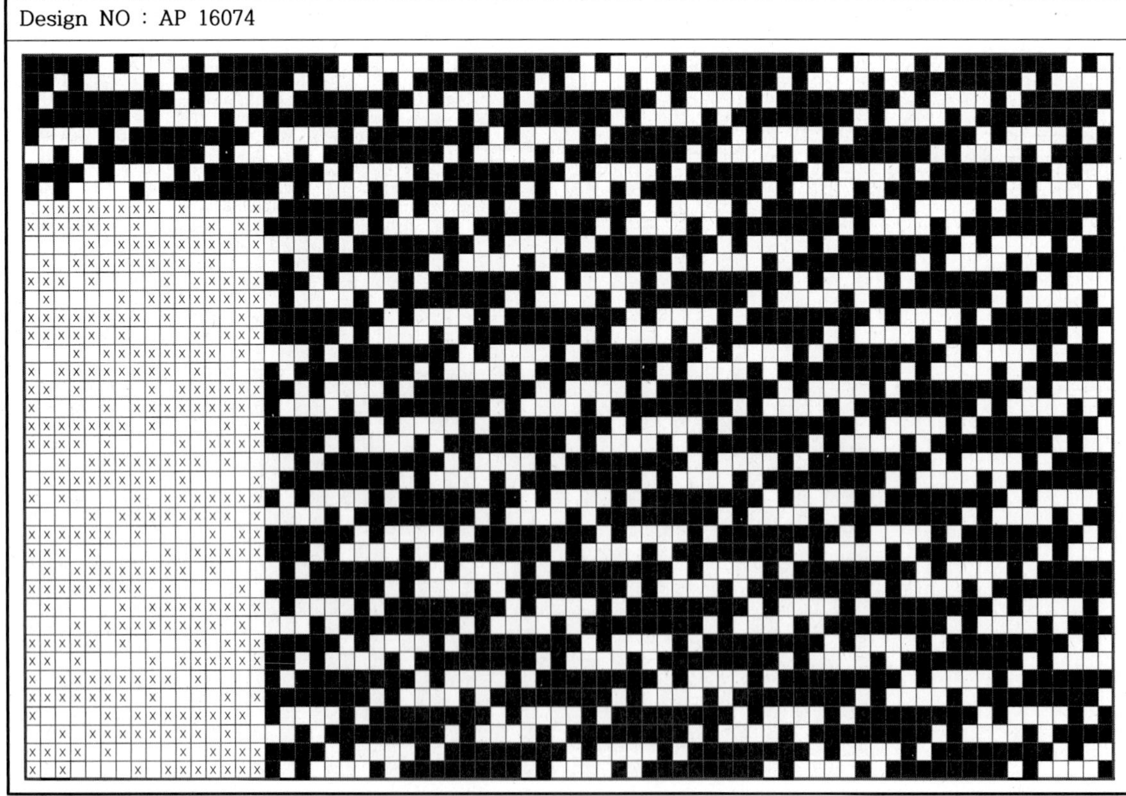

Design NO : AP 16075

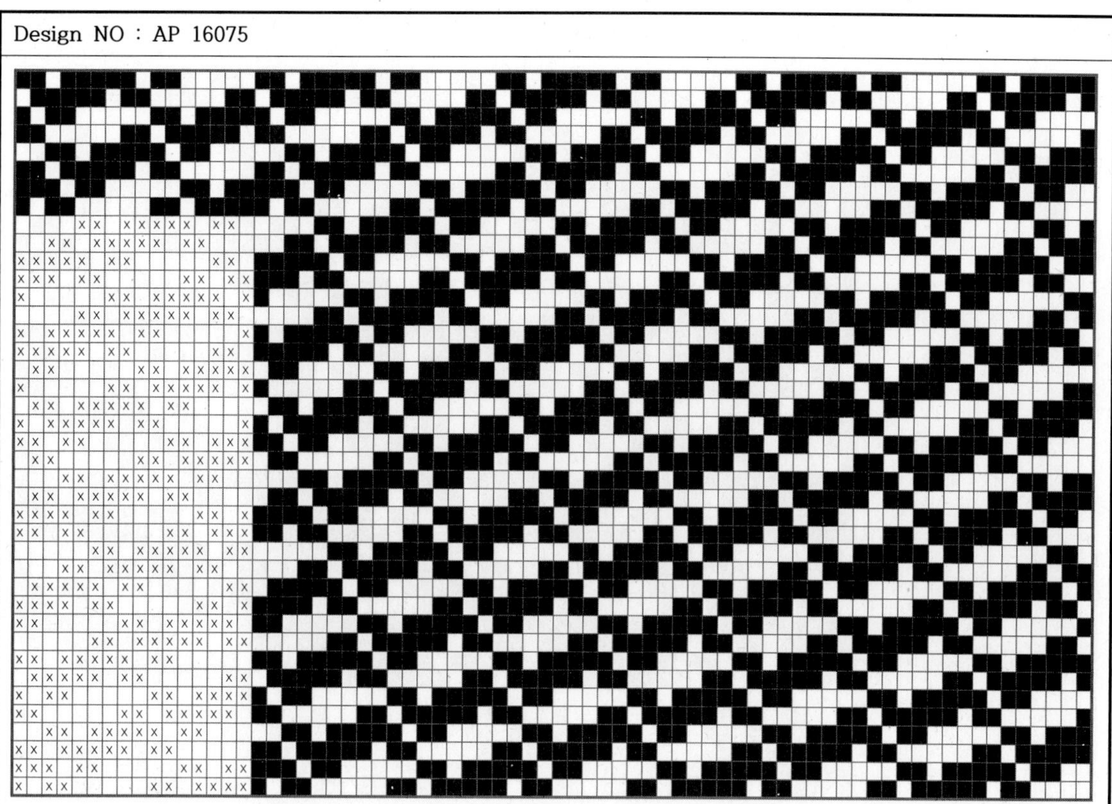

Design NO : AP 16076

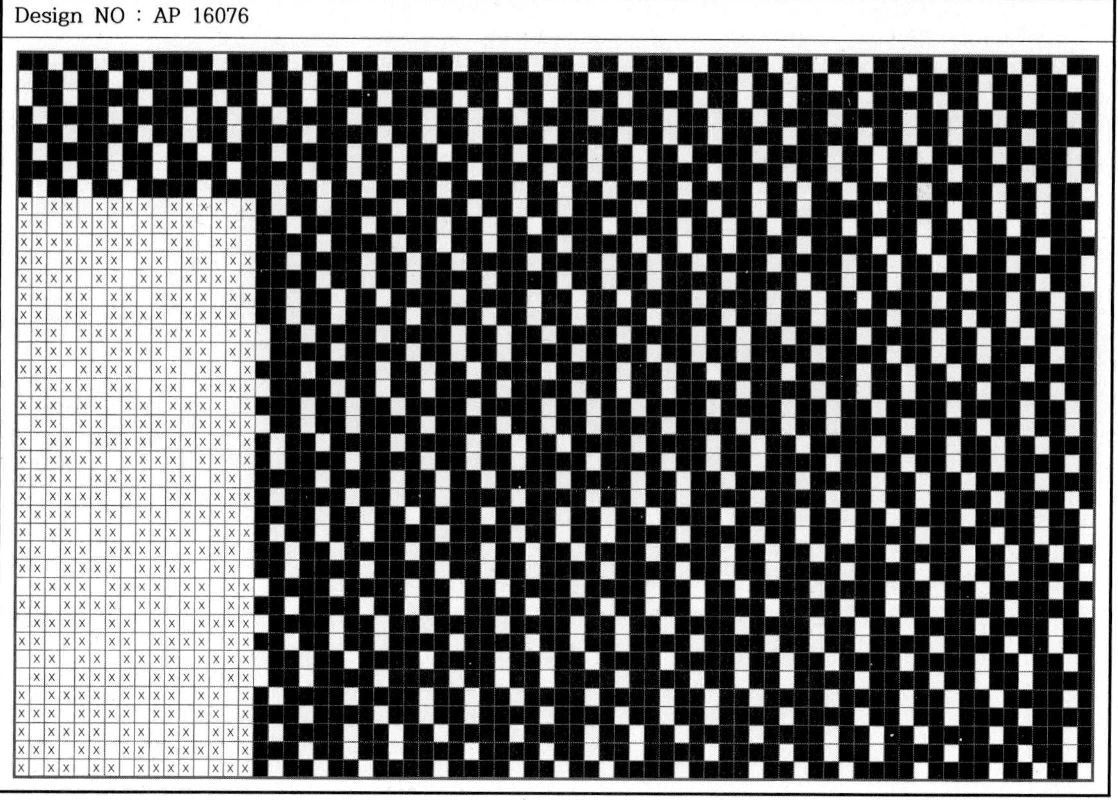

Design NO : AP 16077

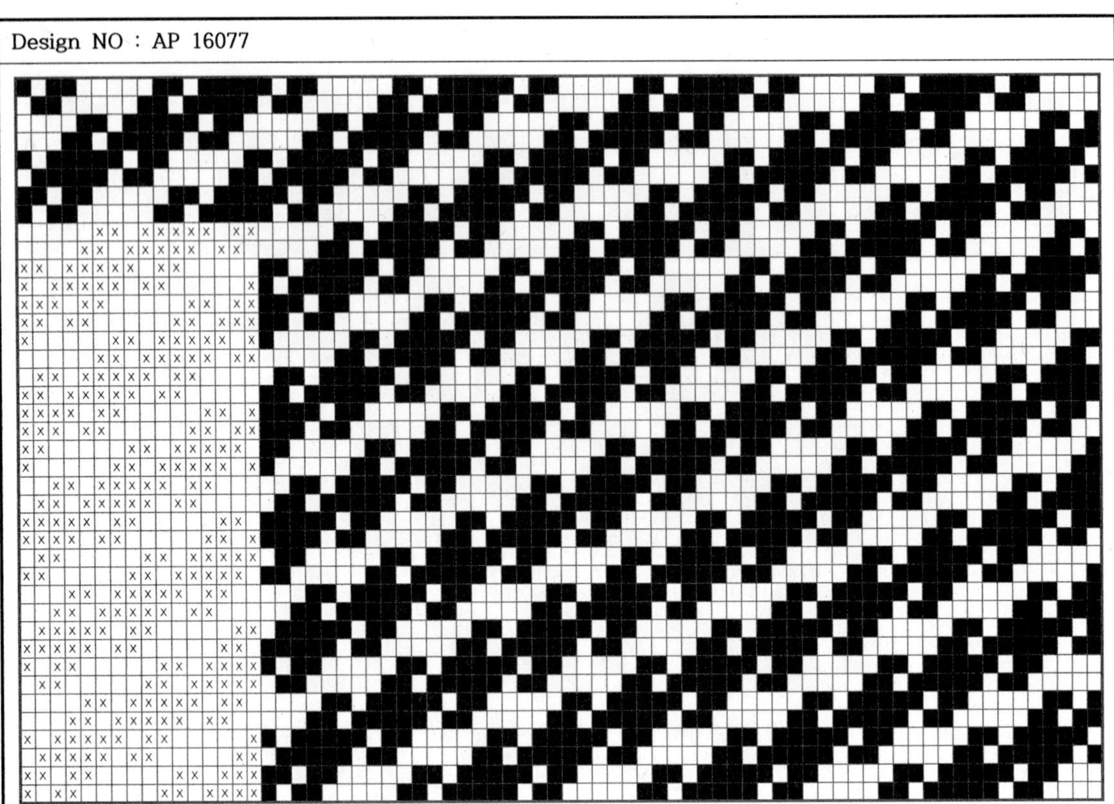

Design NO : AP 16078

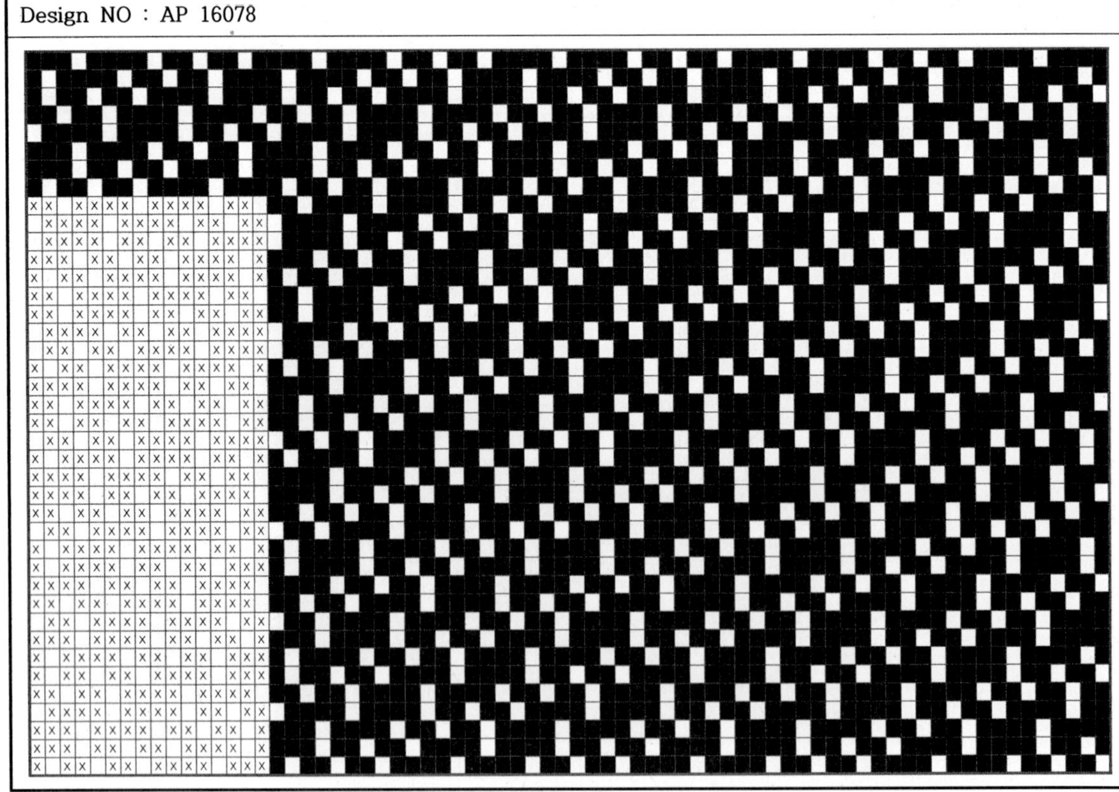

Design NO : AP 16079

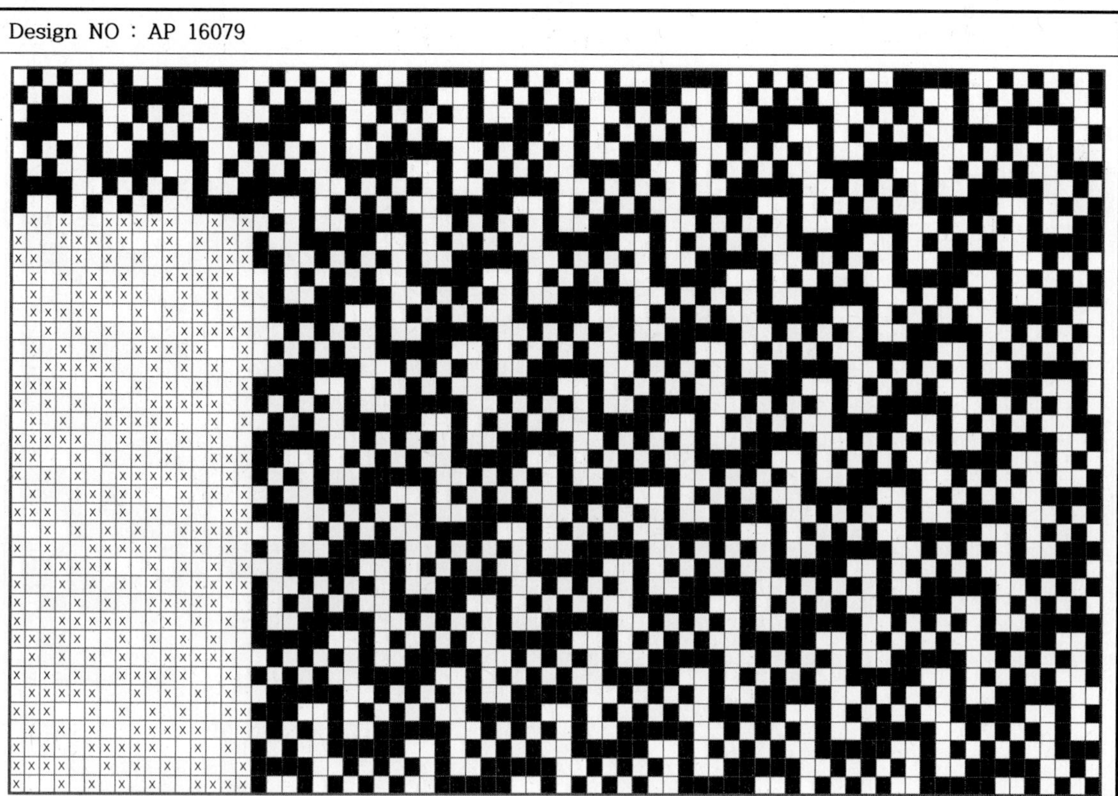

Design NO : AP 16080

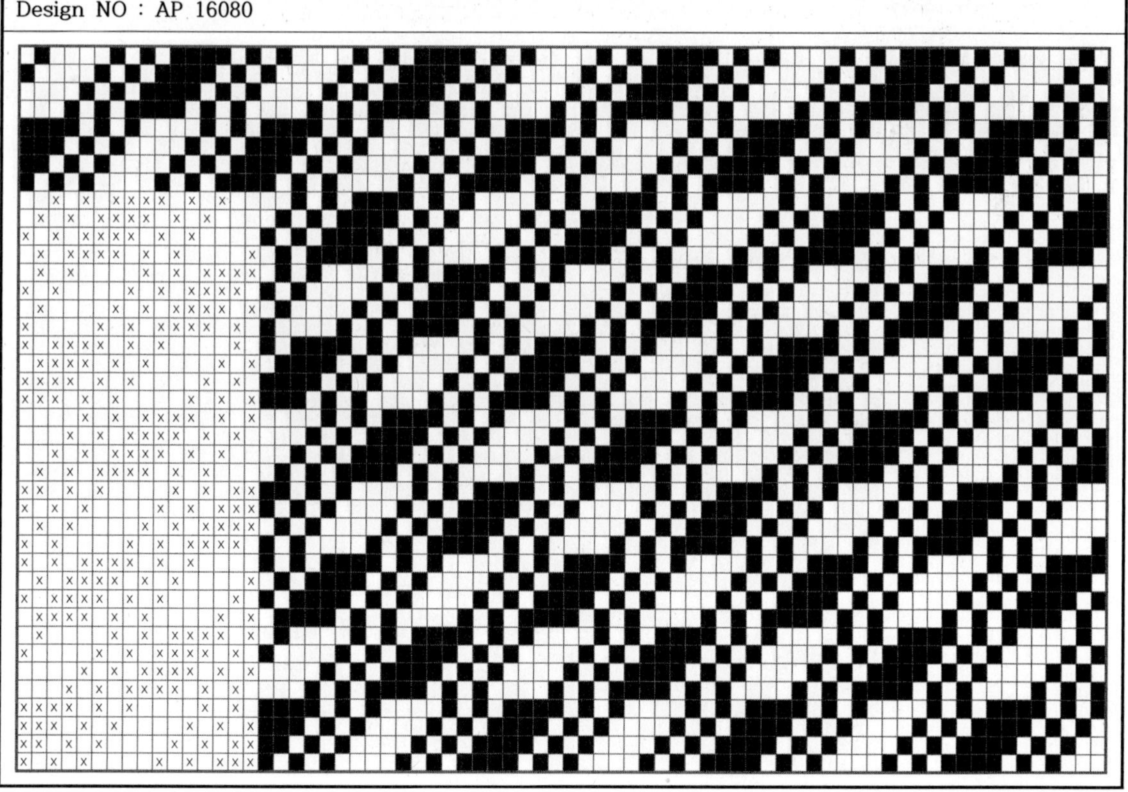

Design NO : AP 16081

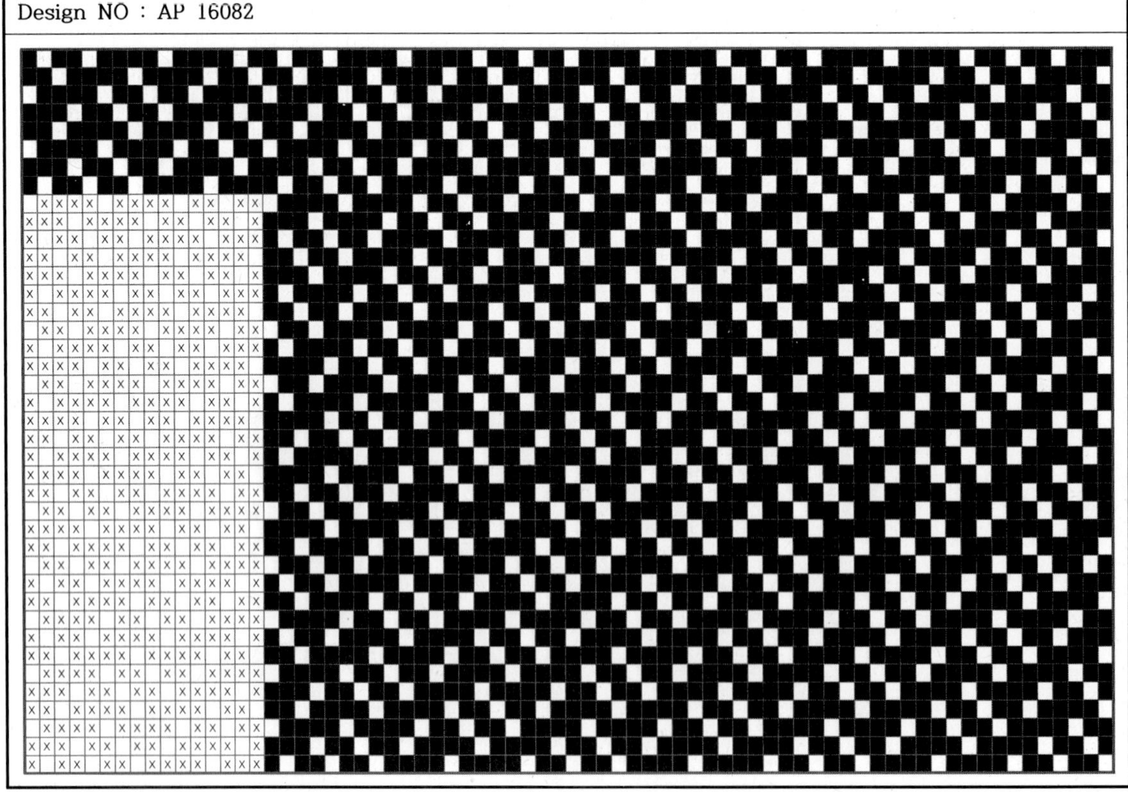

Design NO : AP 16082

Design NO : AP 16083

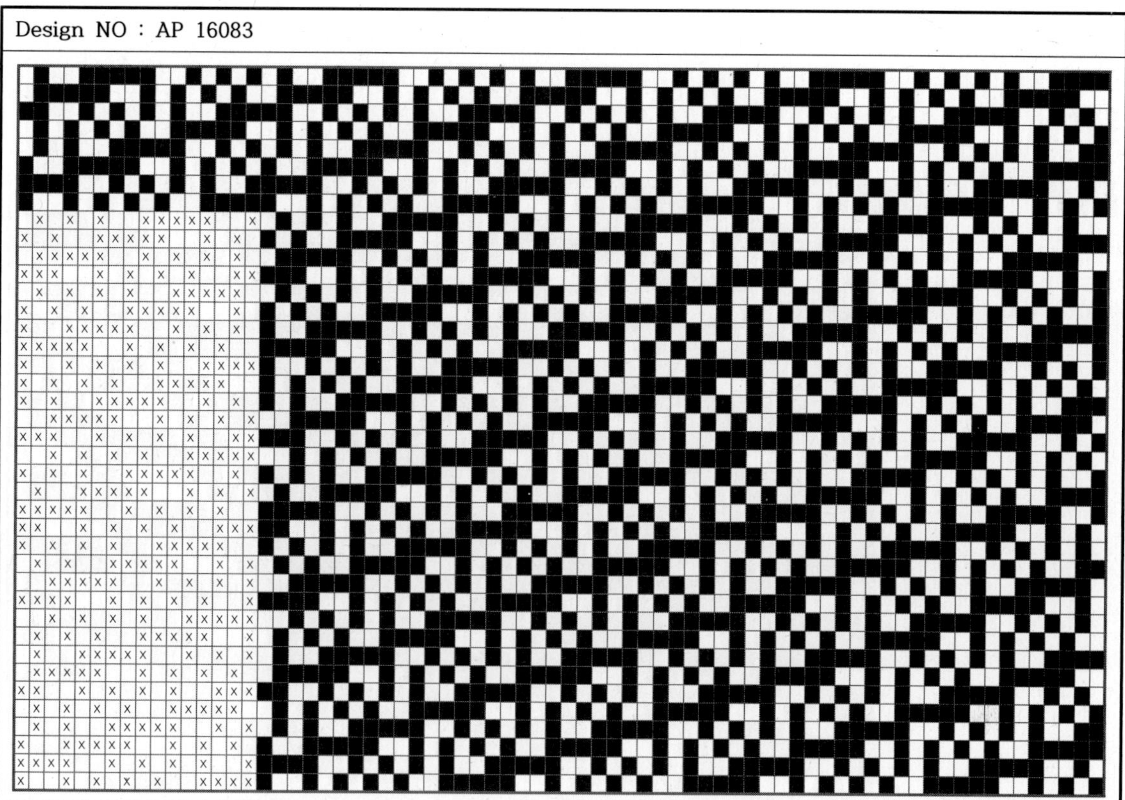

Design NO : AP 16084

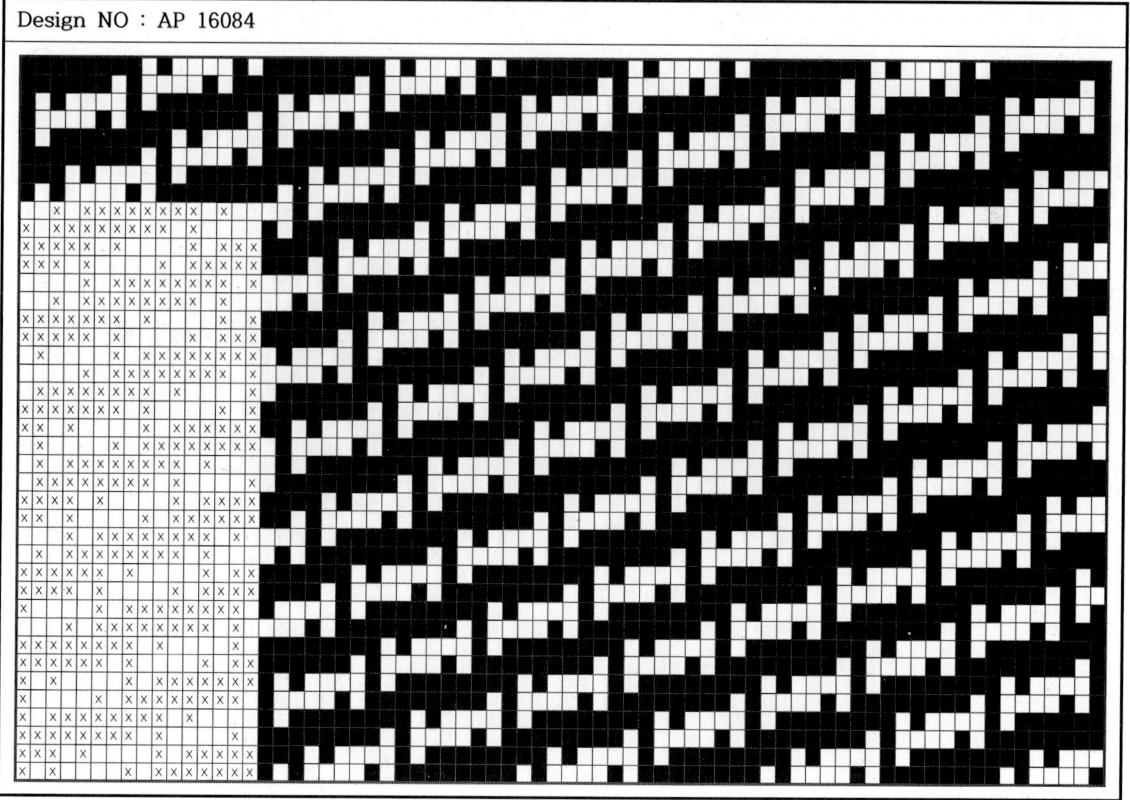

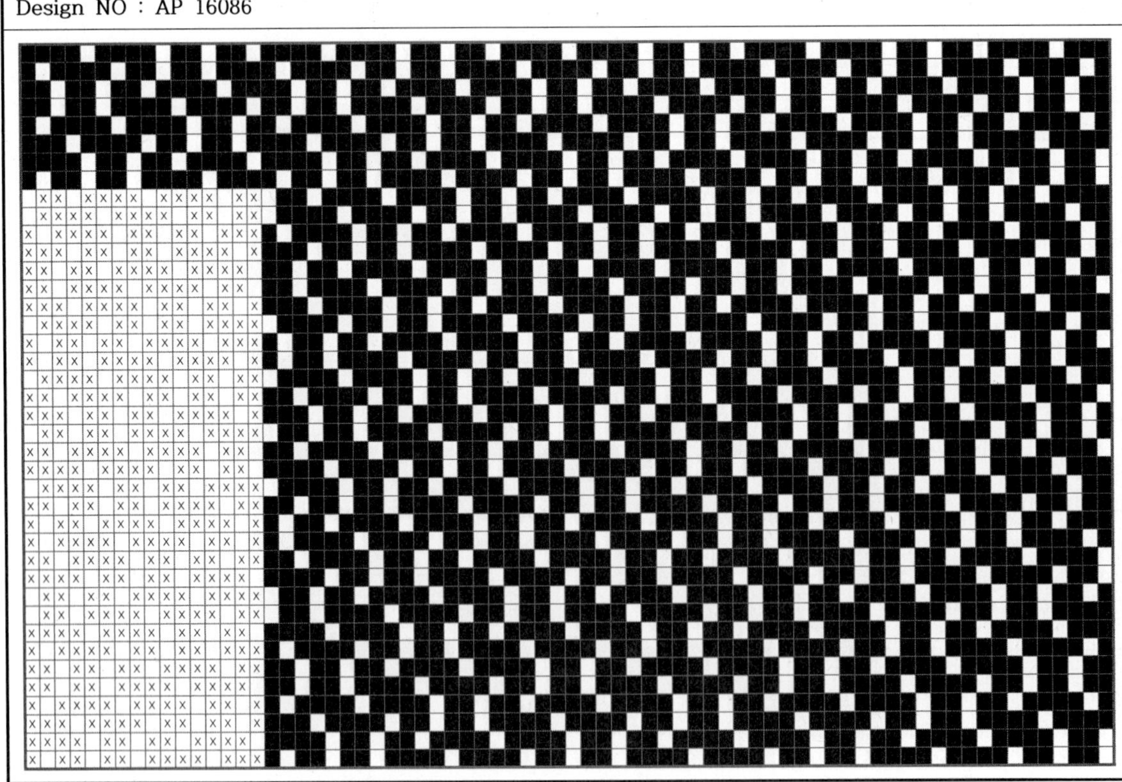

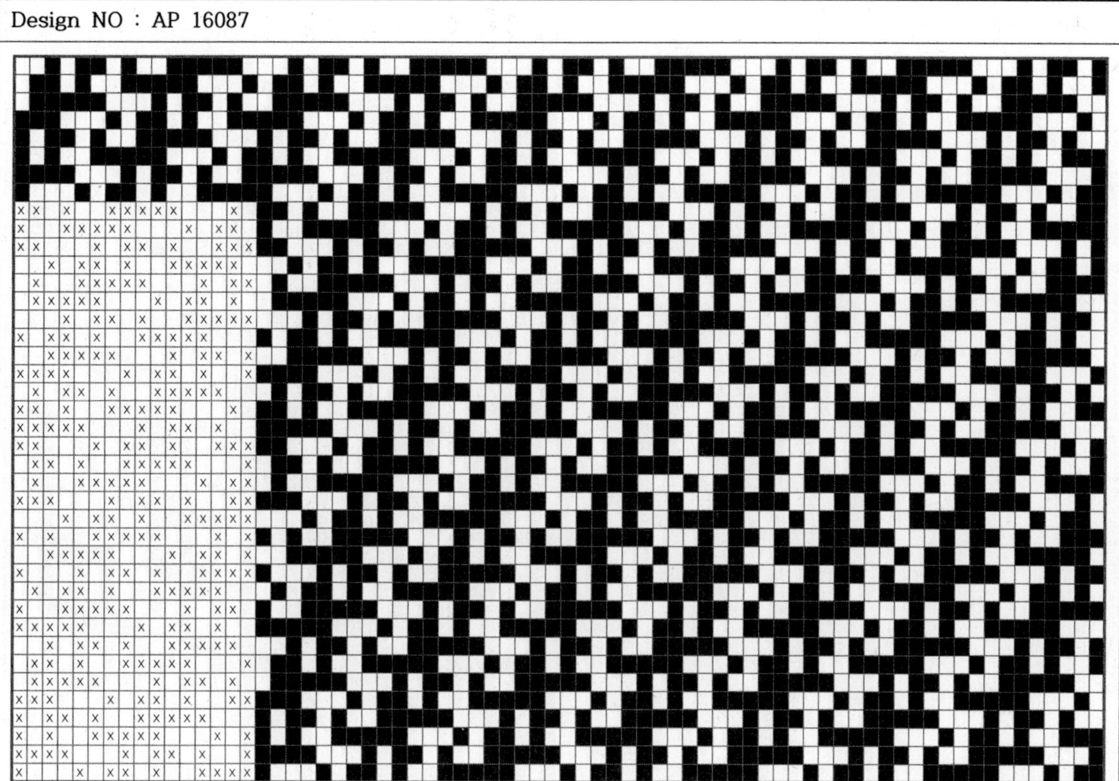

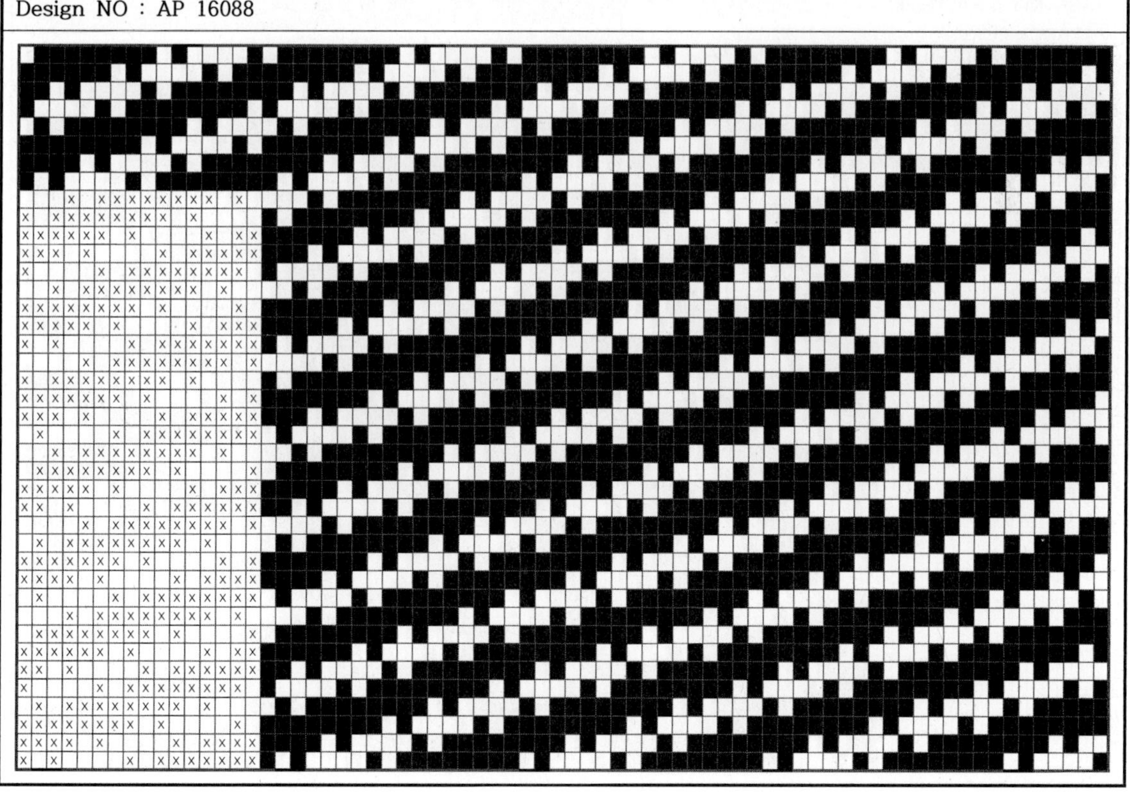

Design NO : AP 16089

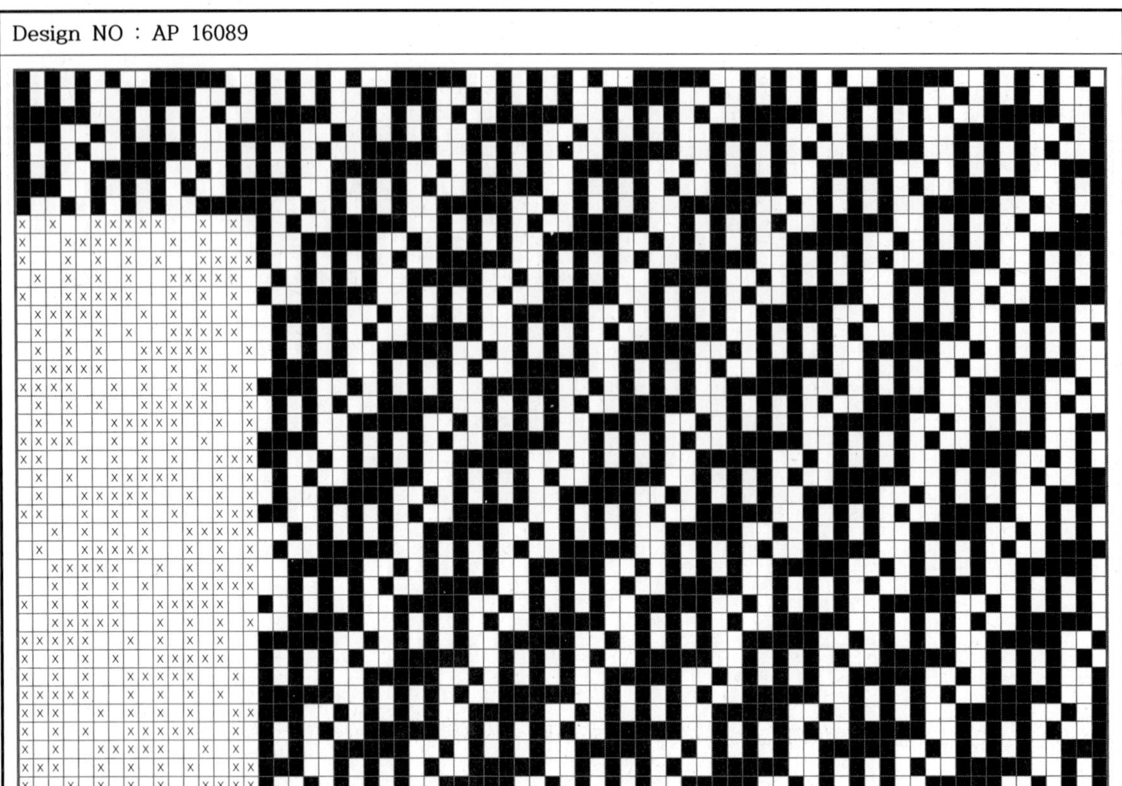

Design NO : AP 16090

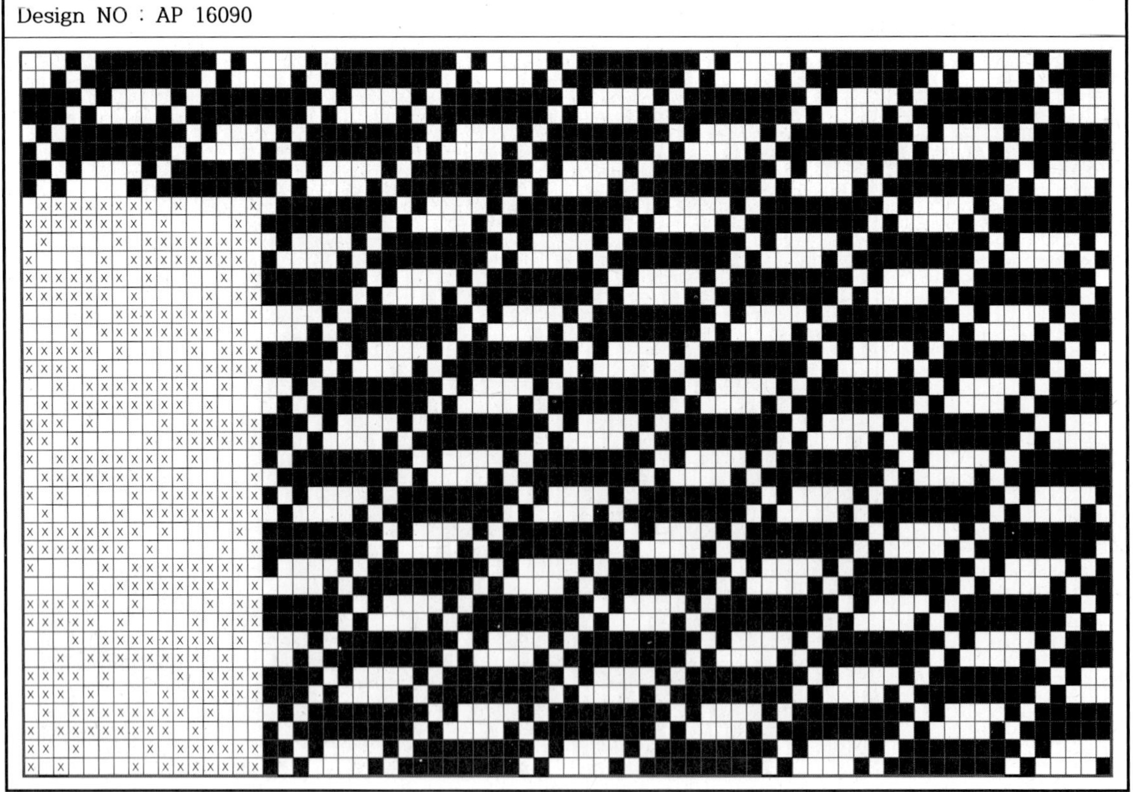

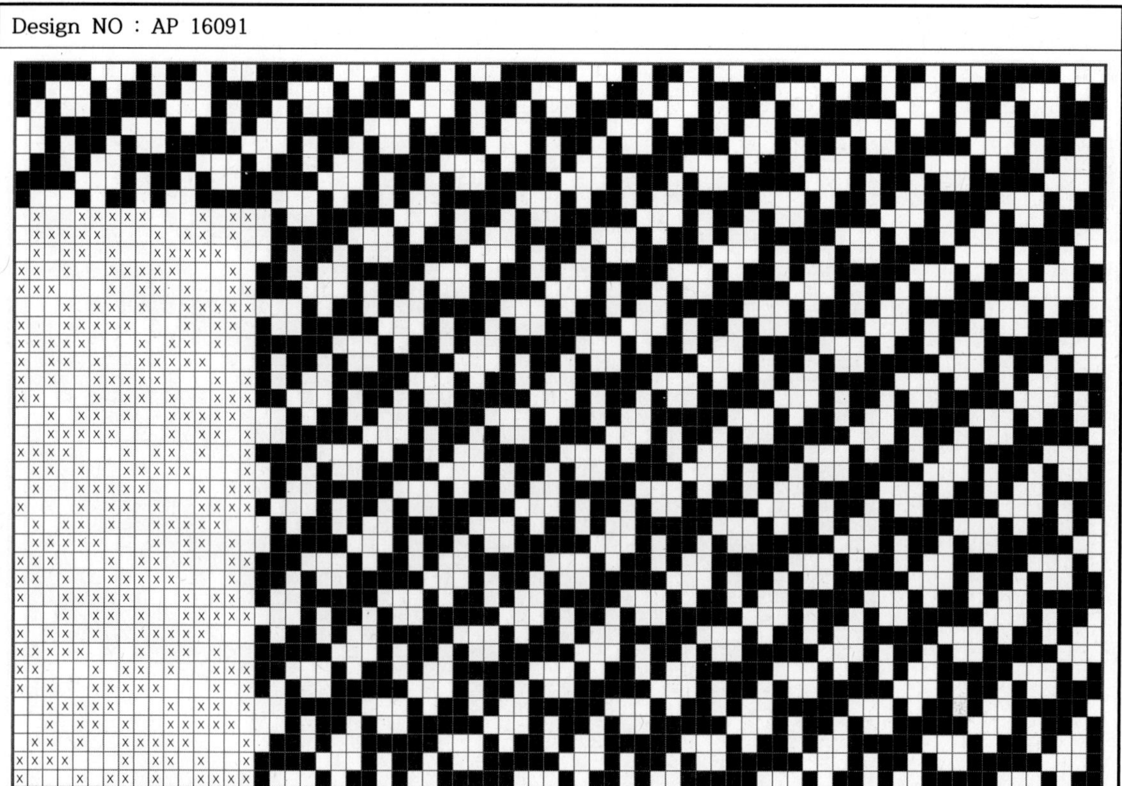

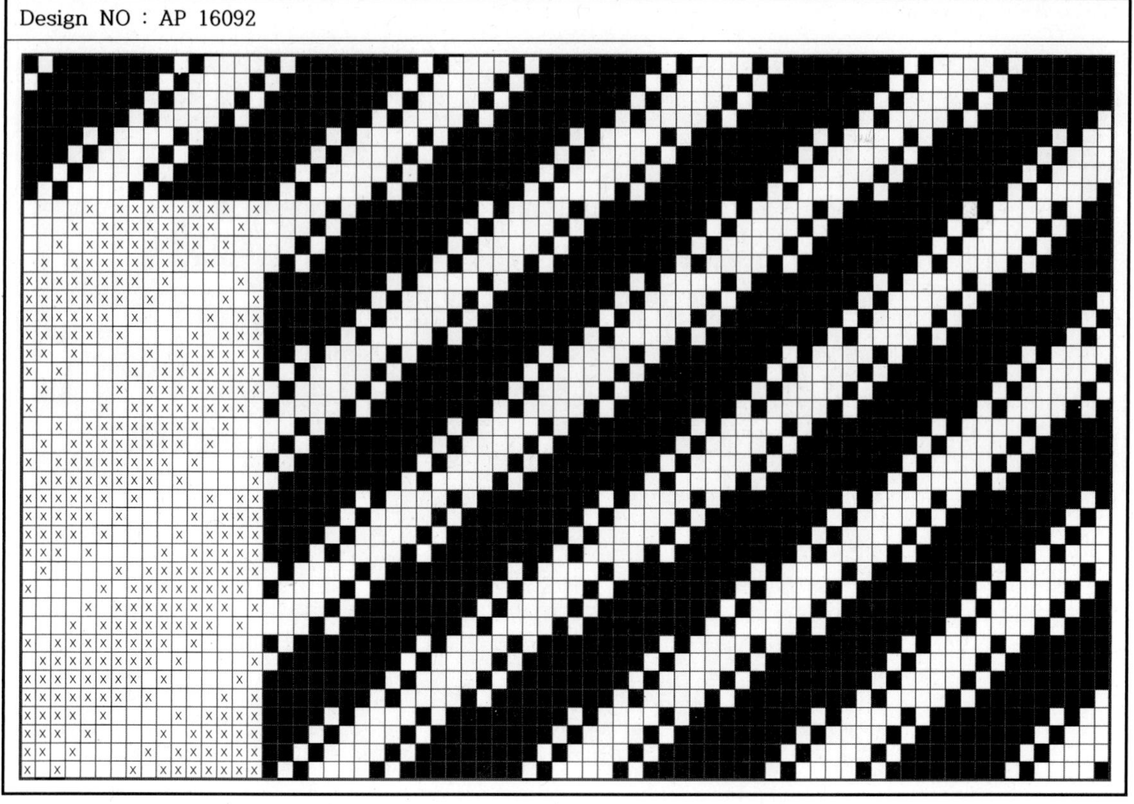

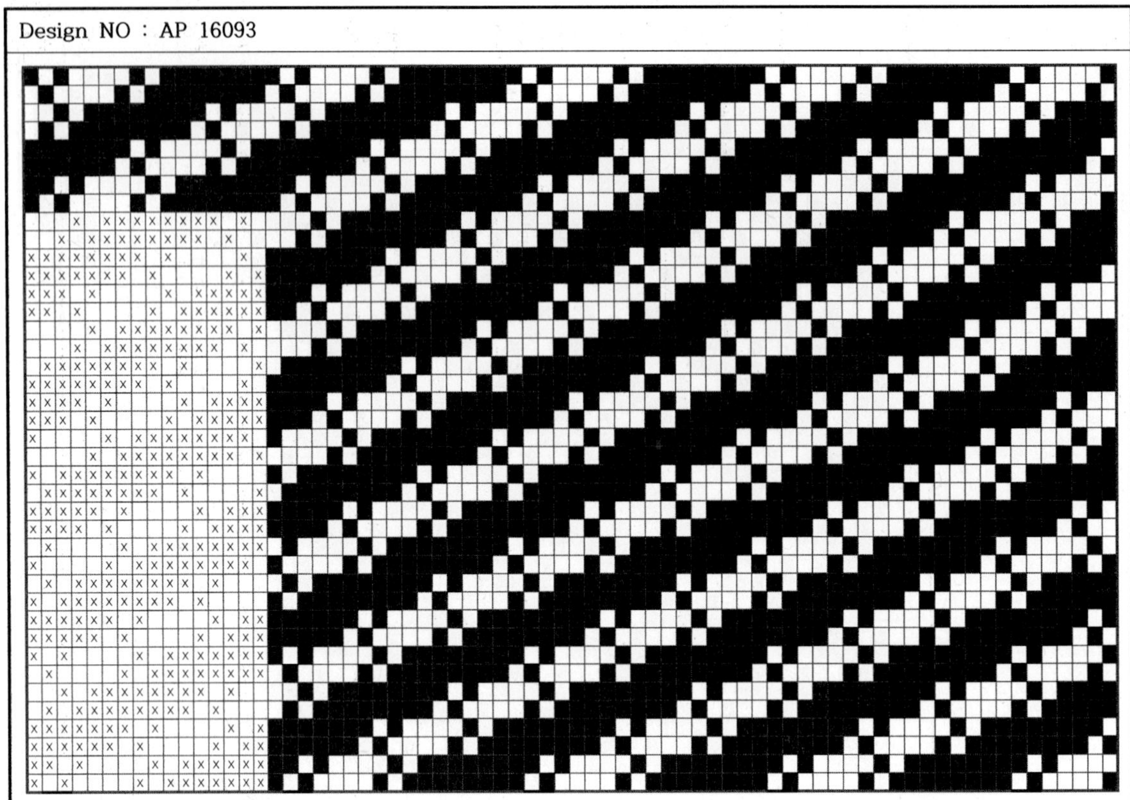

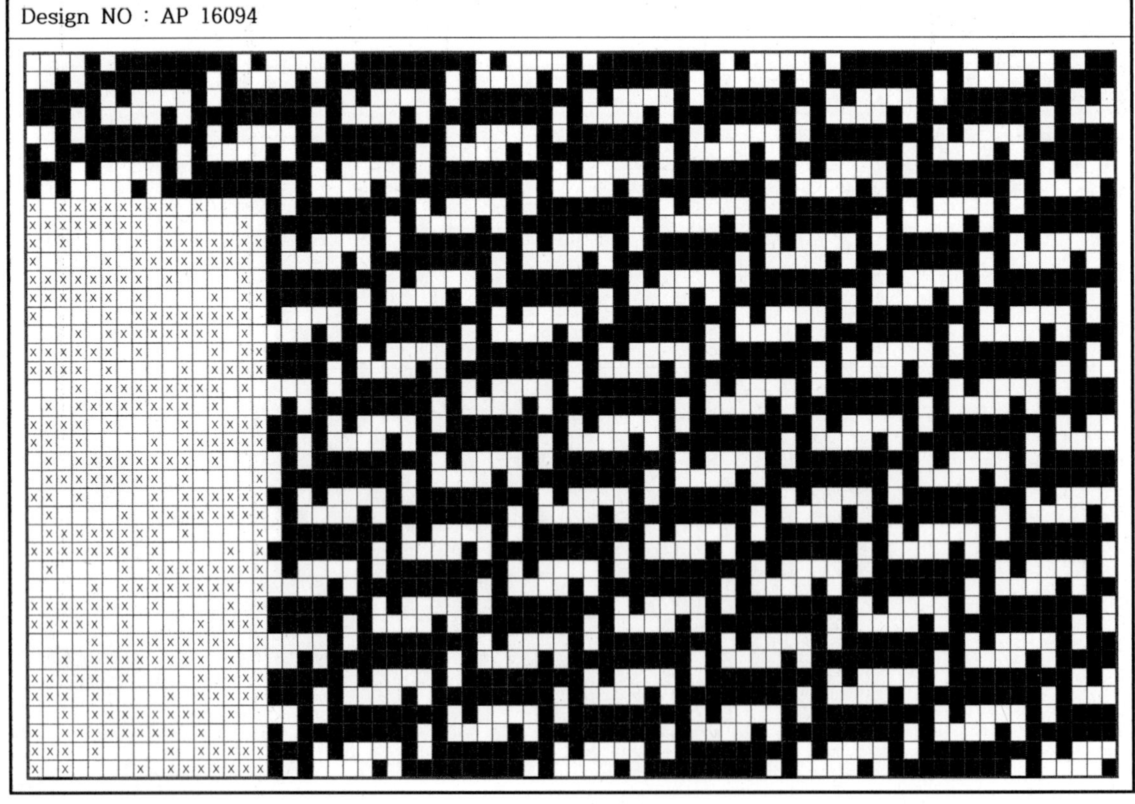

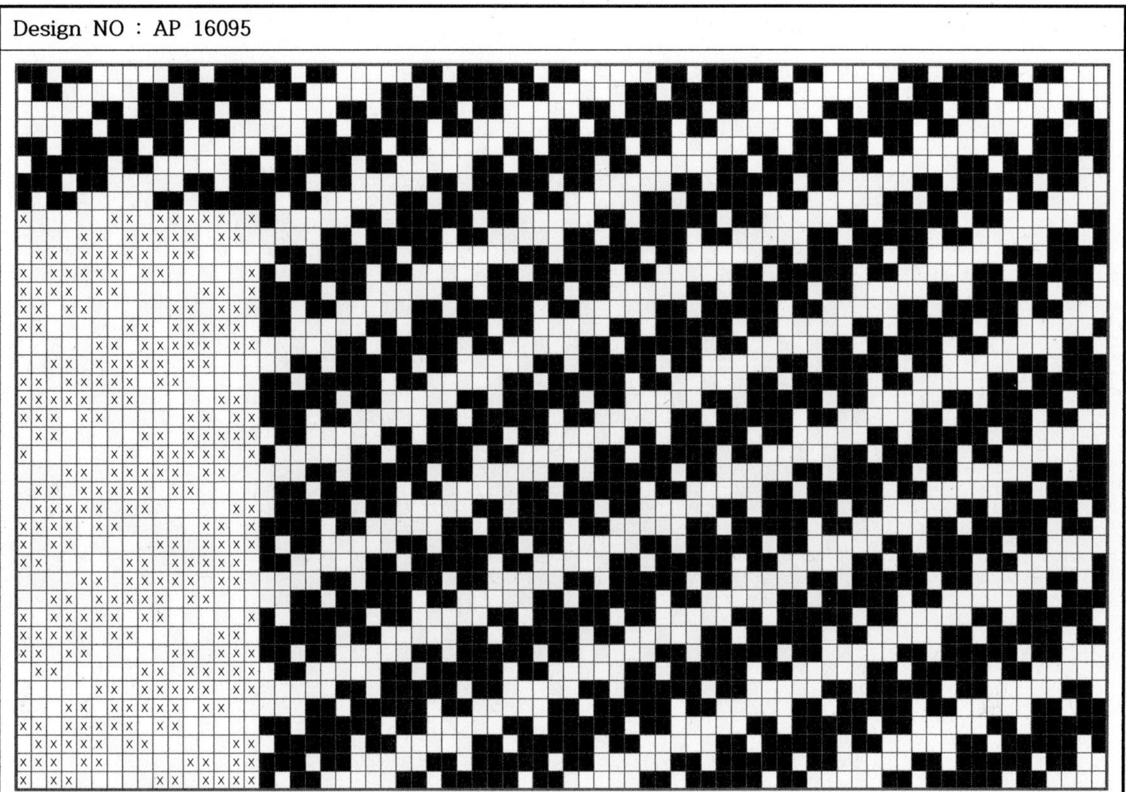

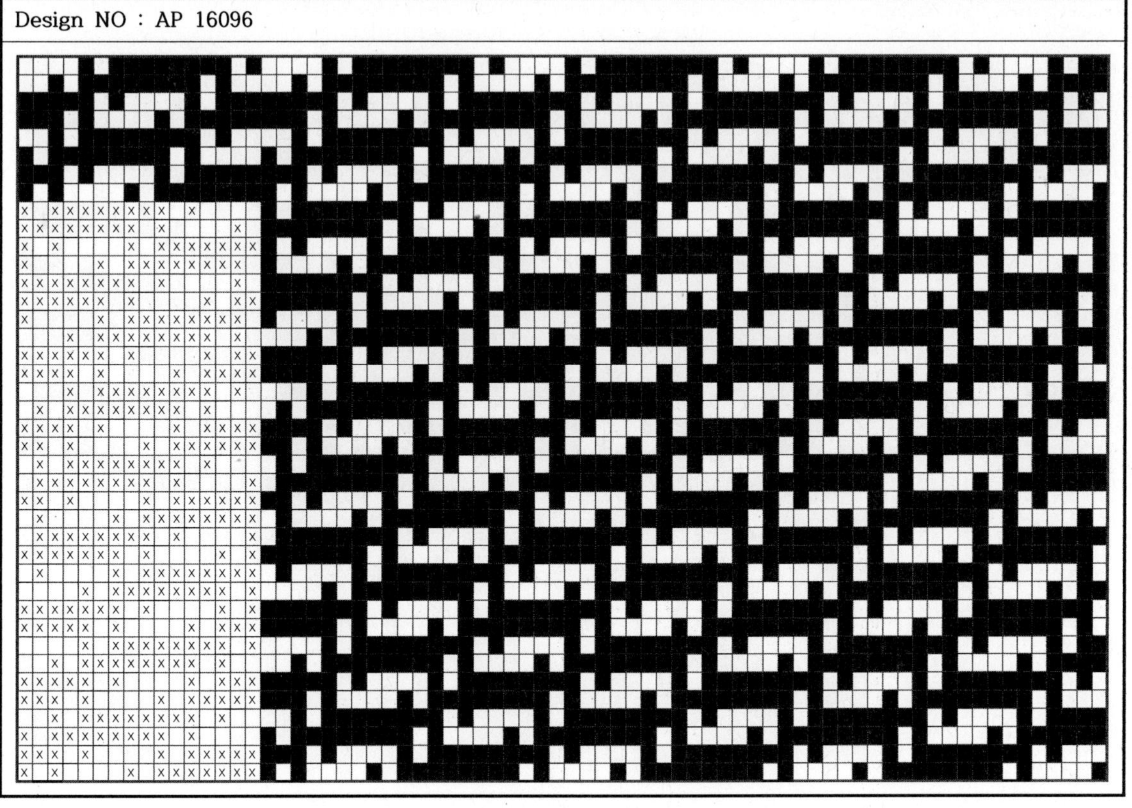

Design NO : AP 16097

Design NO : AP 16098

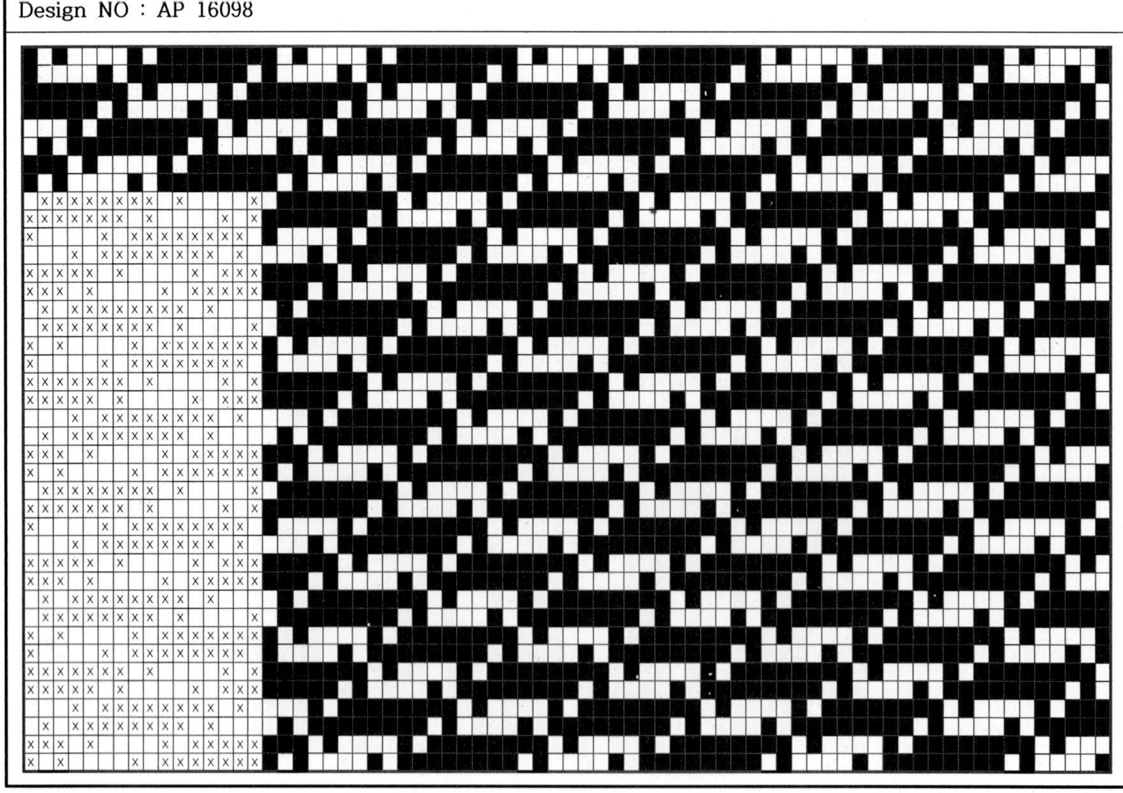

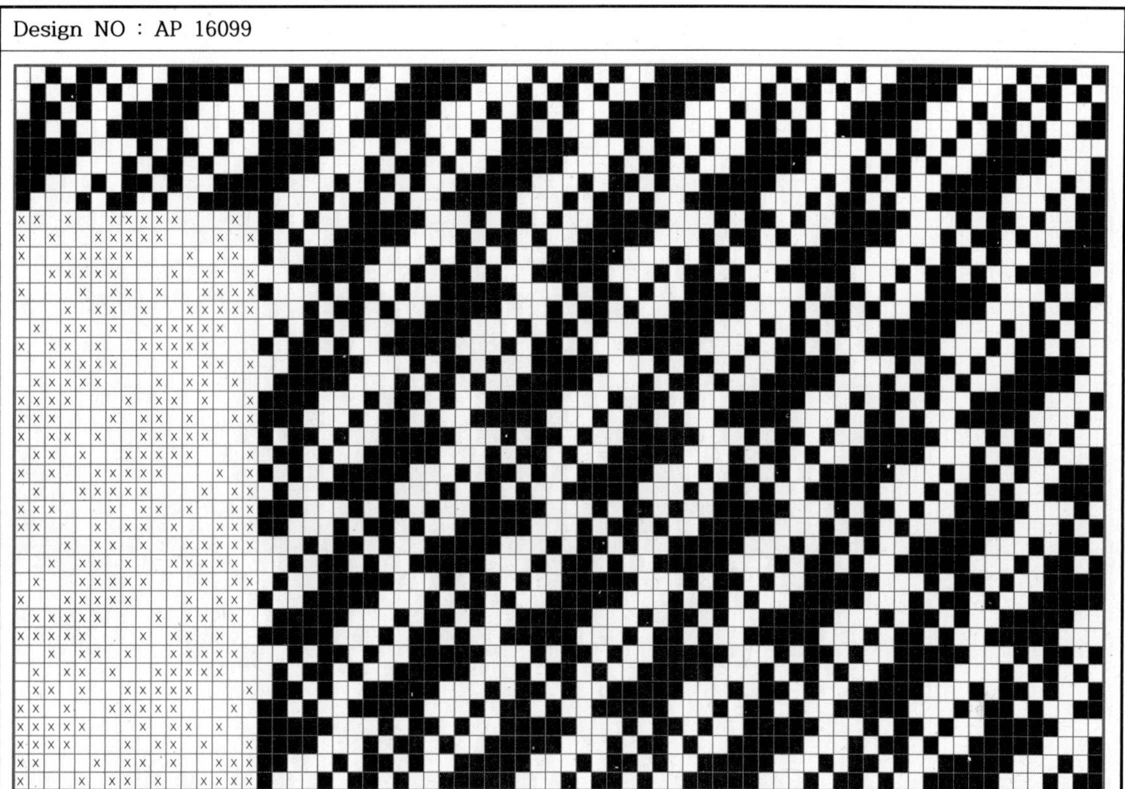

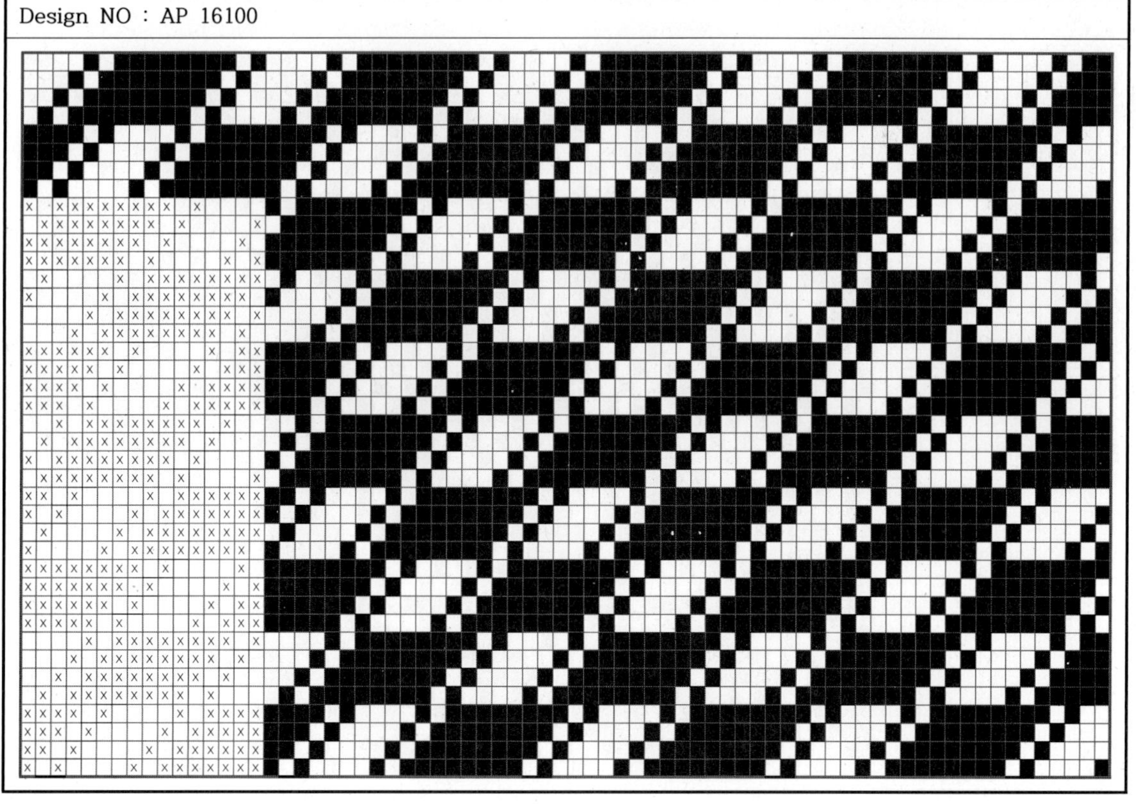

Design NO : AP 16101

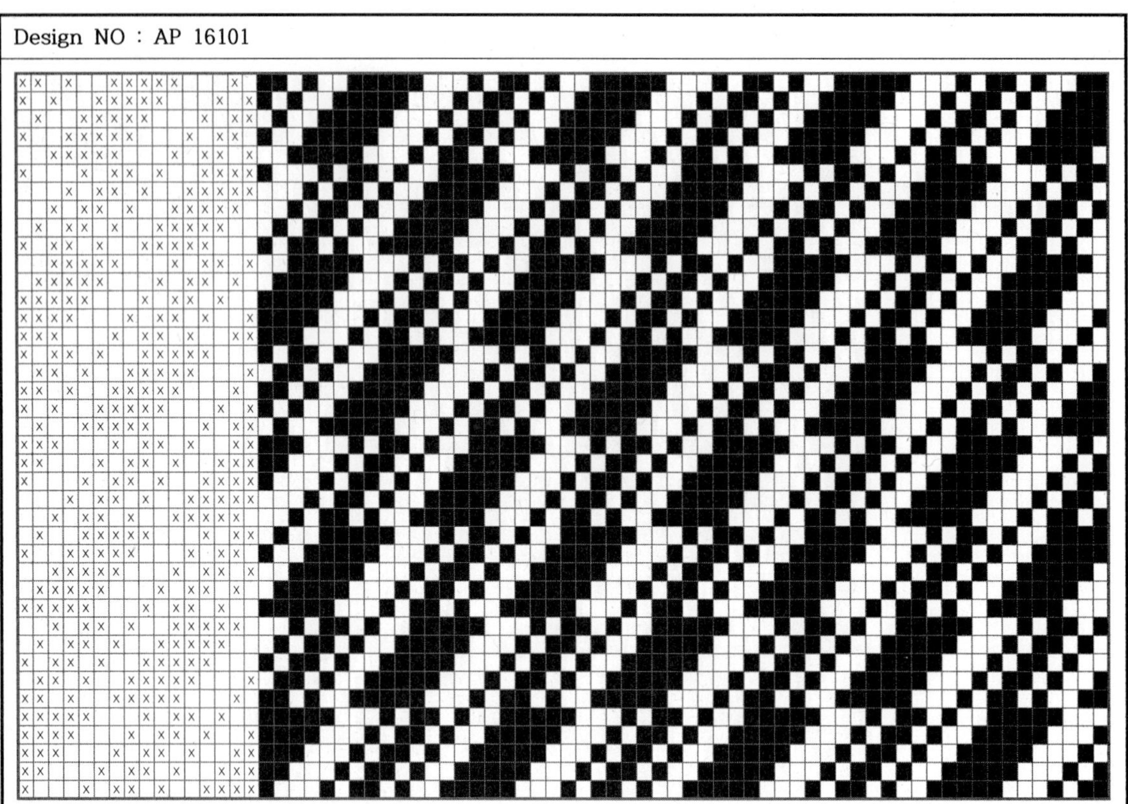

Design NO : AP 16102

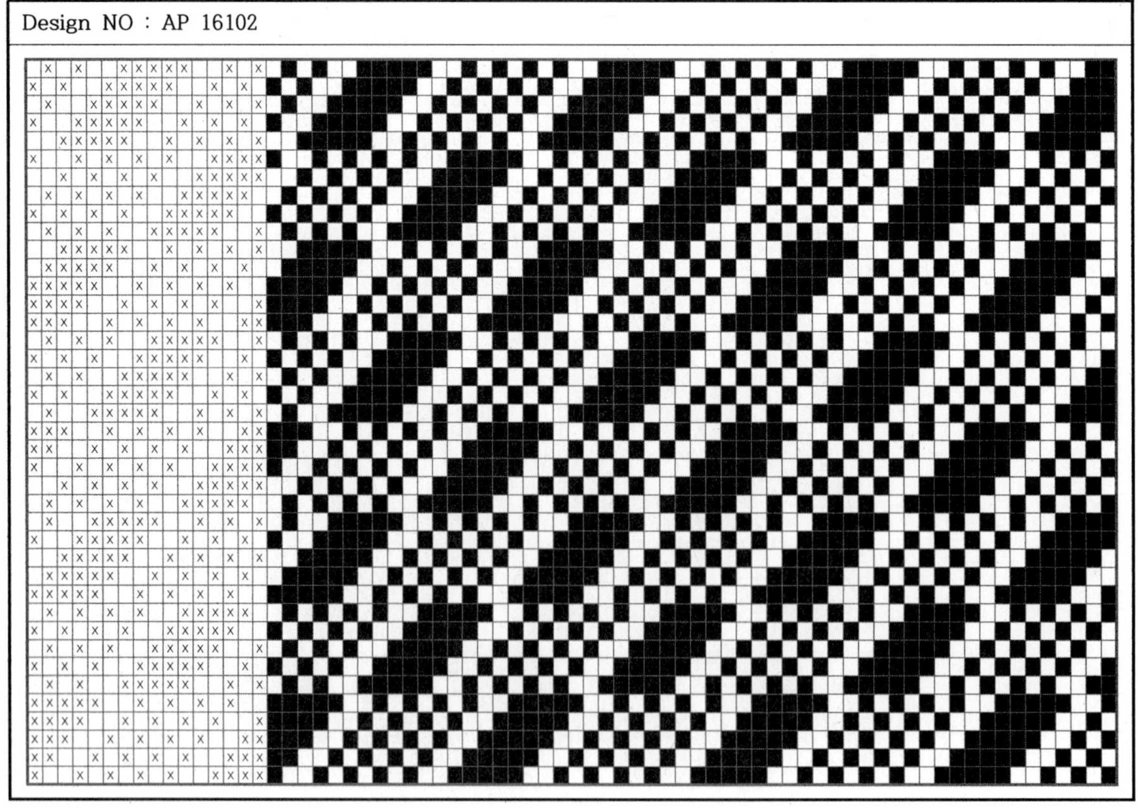

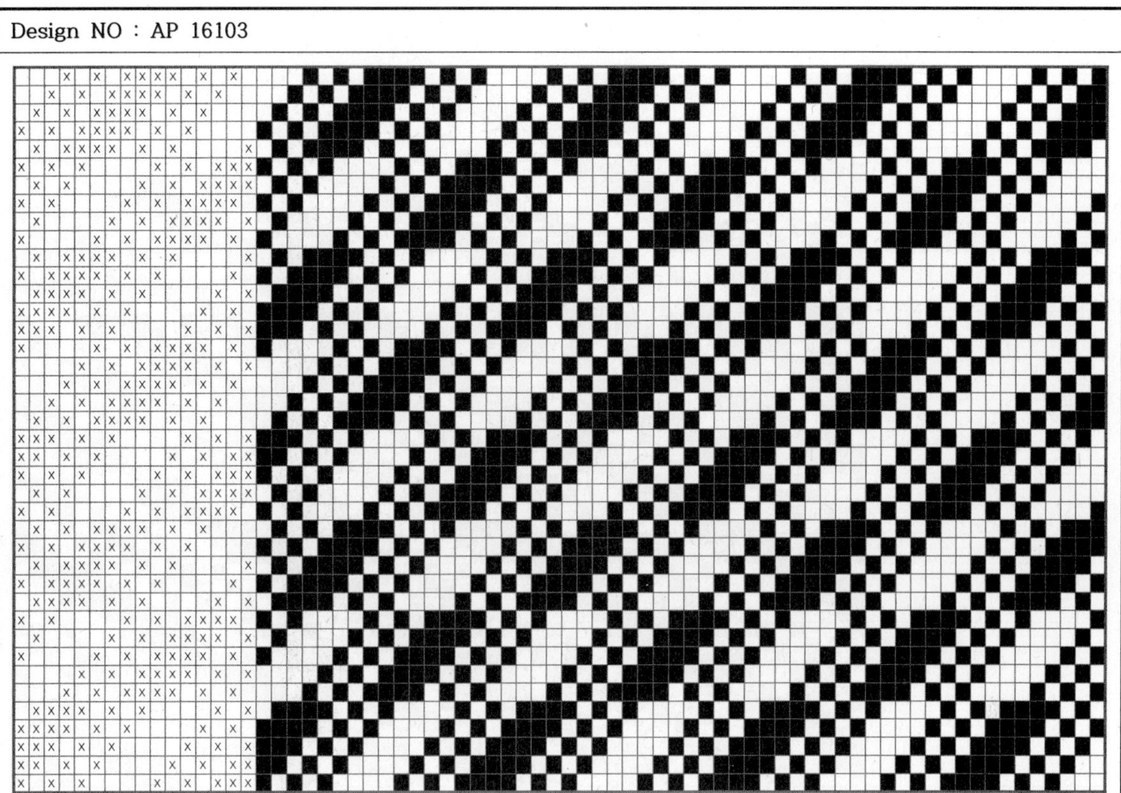

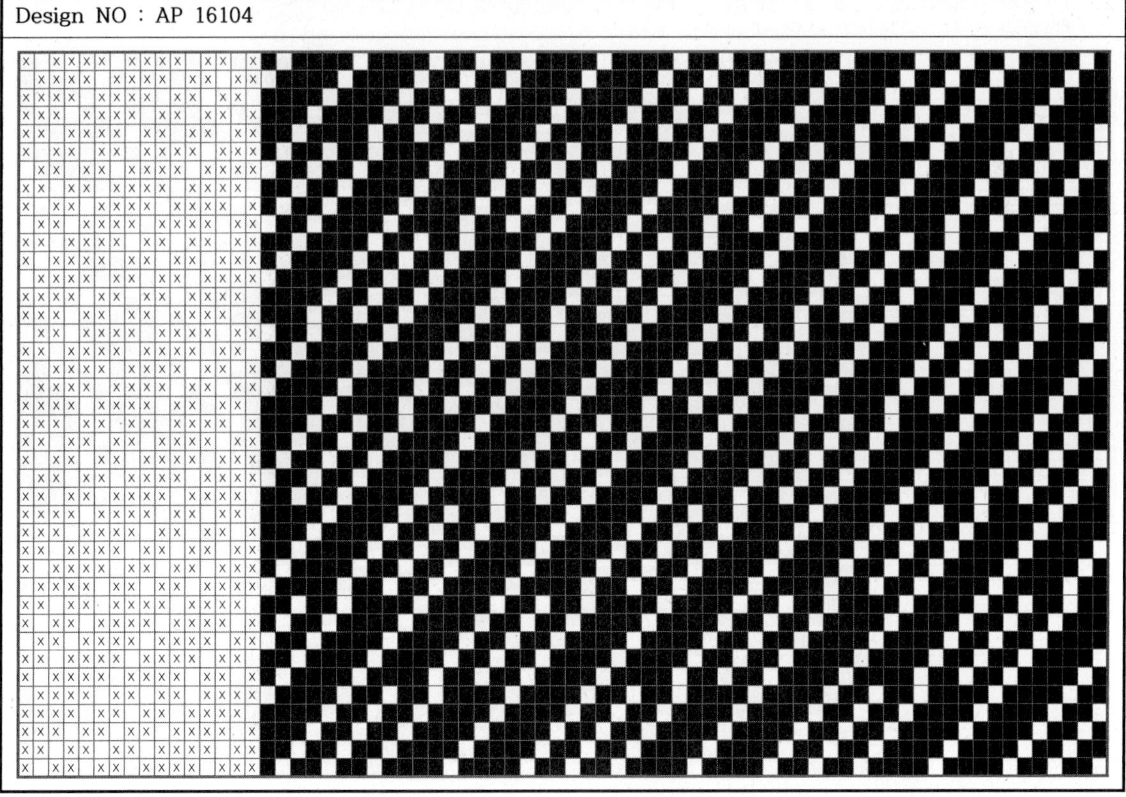

Design NO : AP 16105

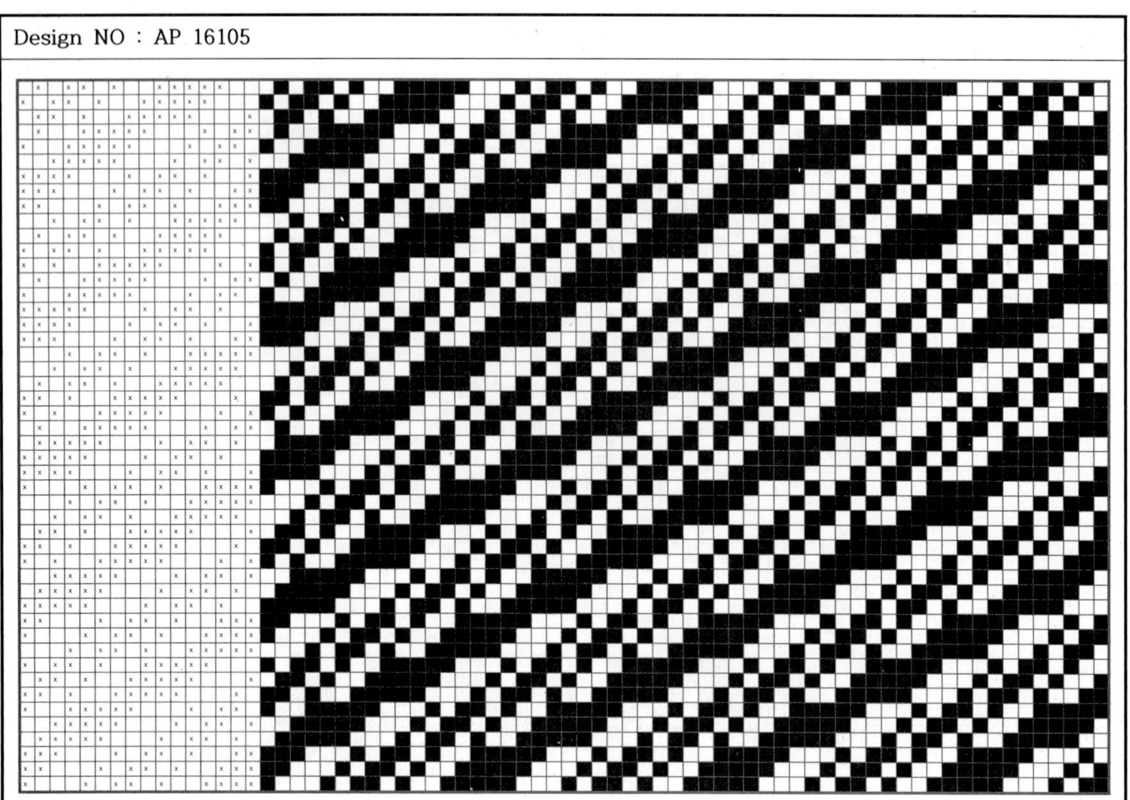

Design NO : AP 16106

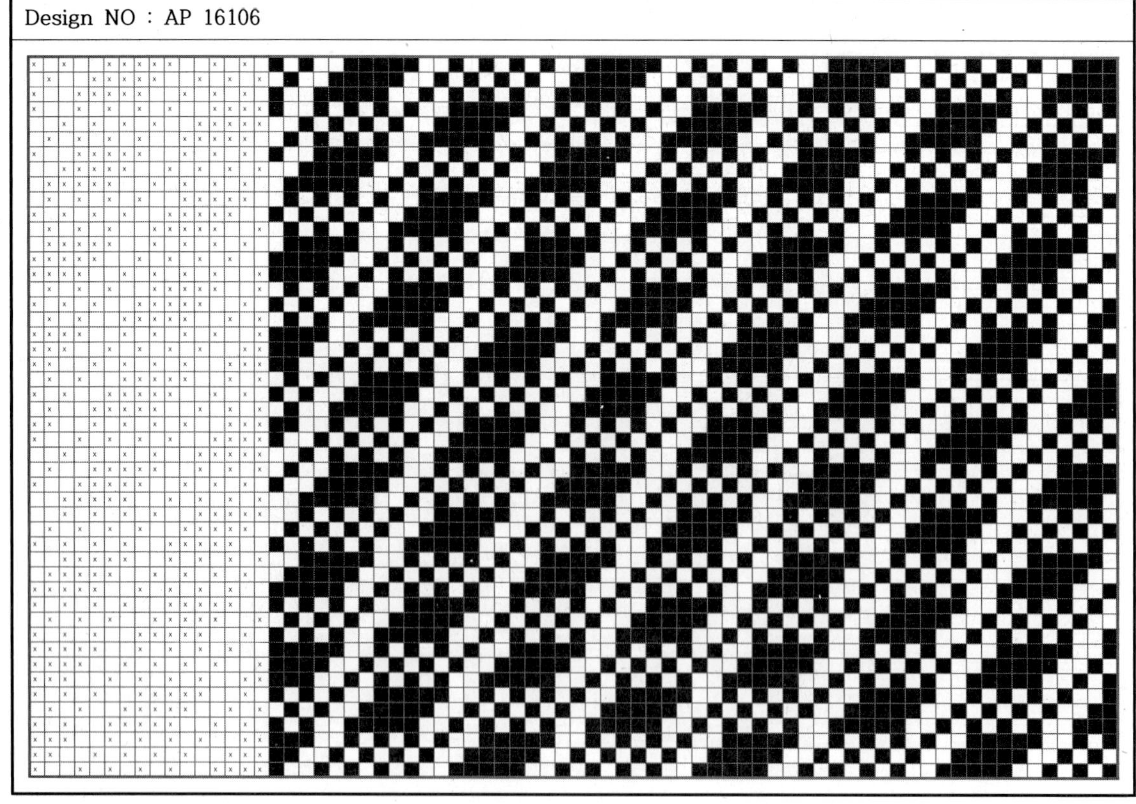

Design NO : AP 16107

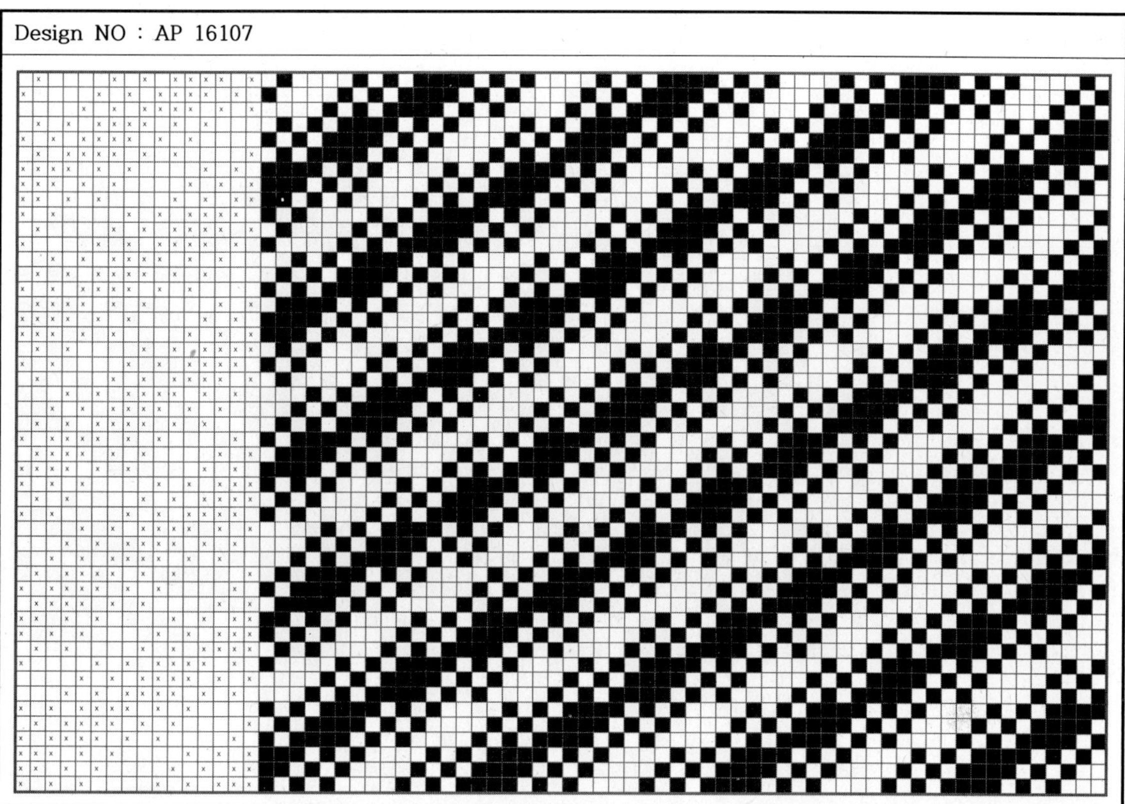

Design NO : AP 16108

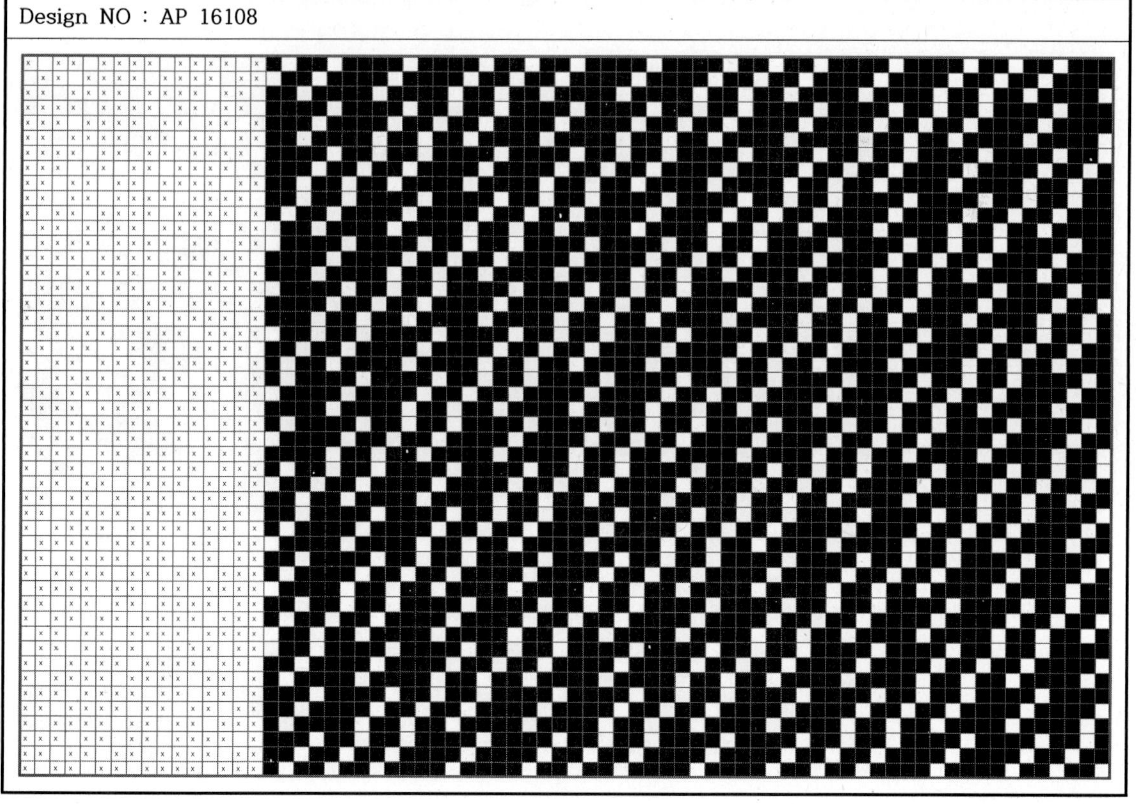

Design NO : AP 16109

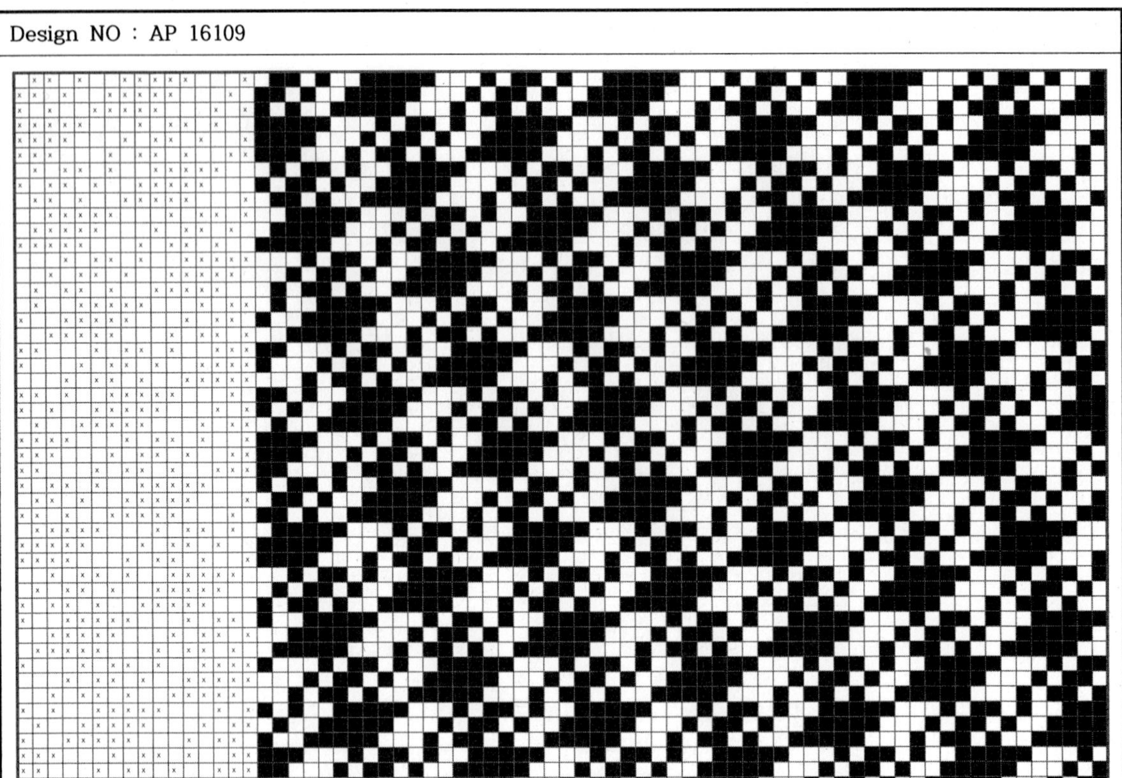

Design NO : AP 16110

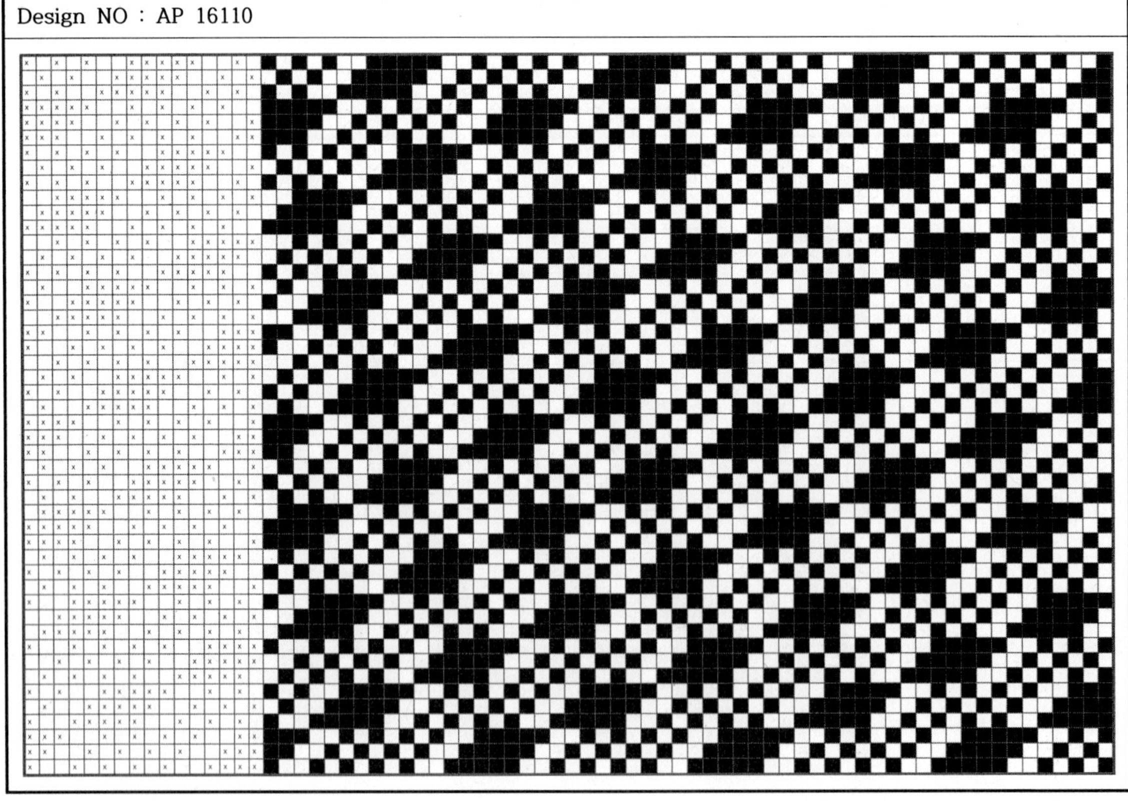

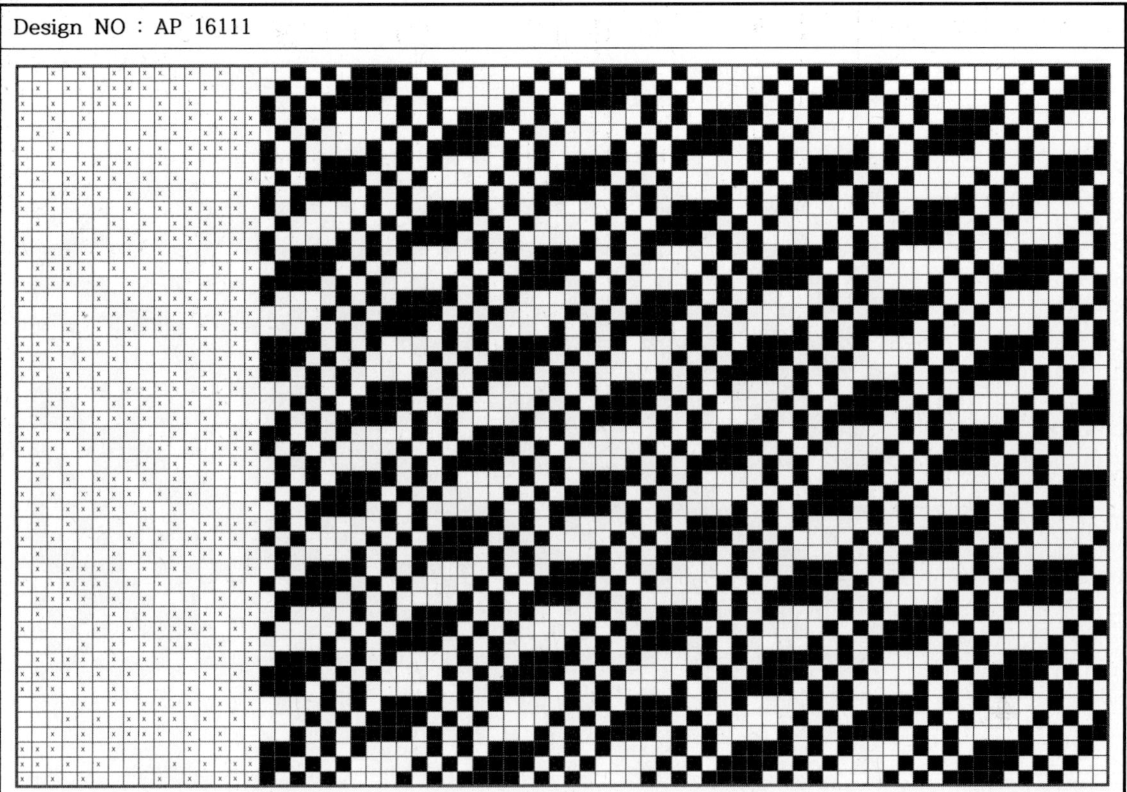

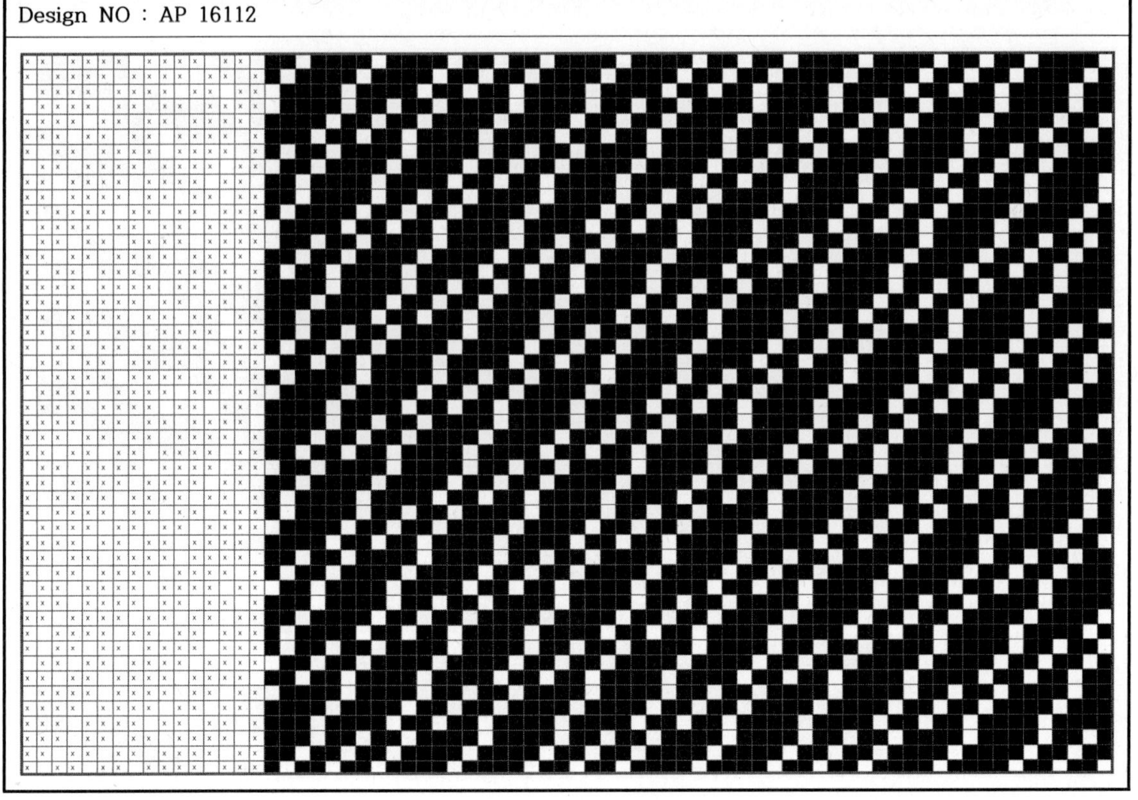

Design NO : AP 16113

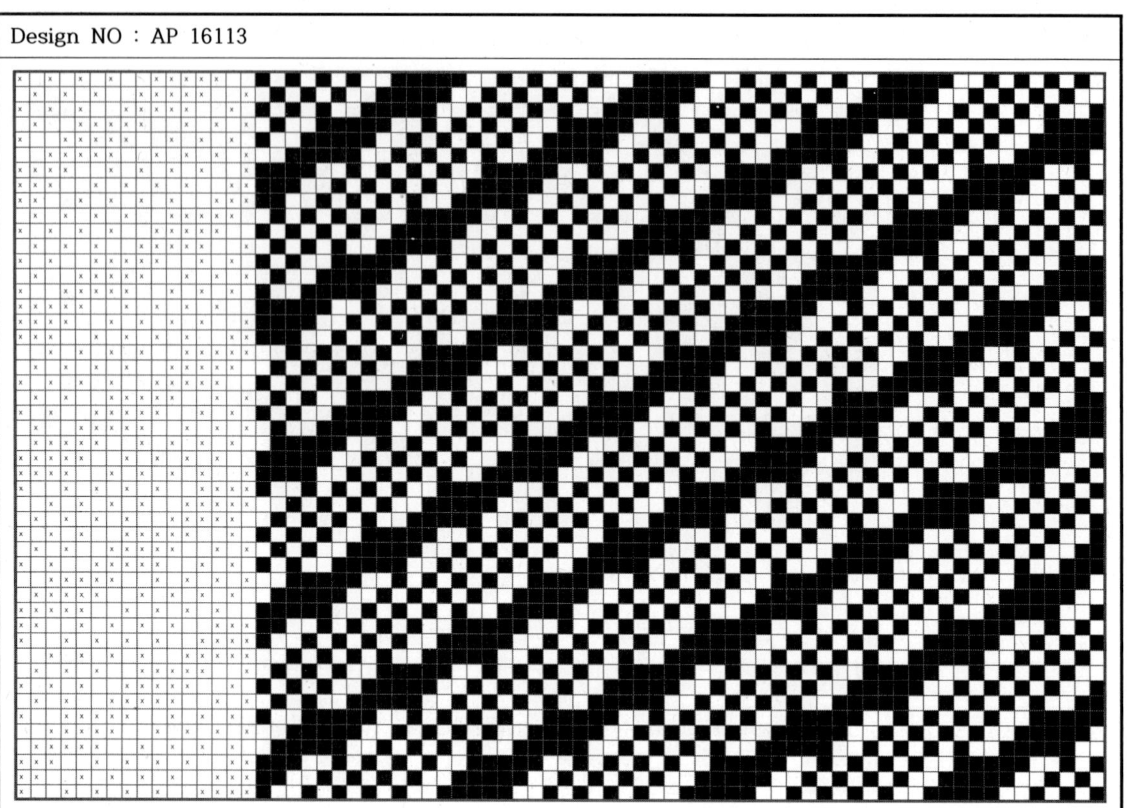

Design NO : AP 16114

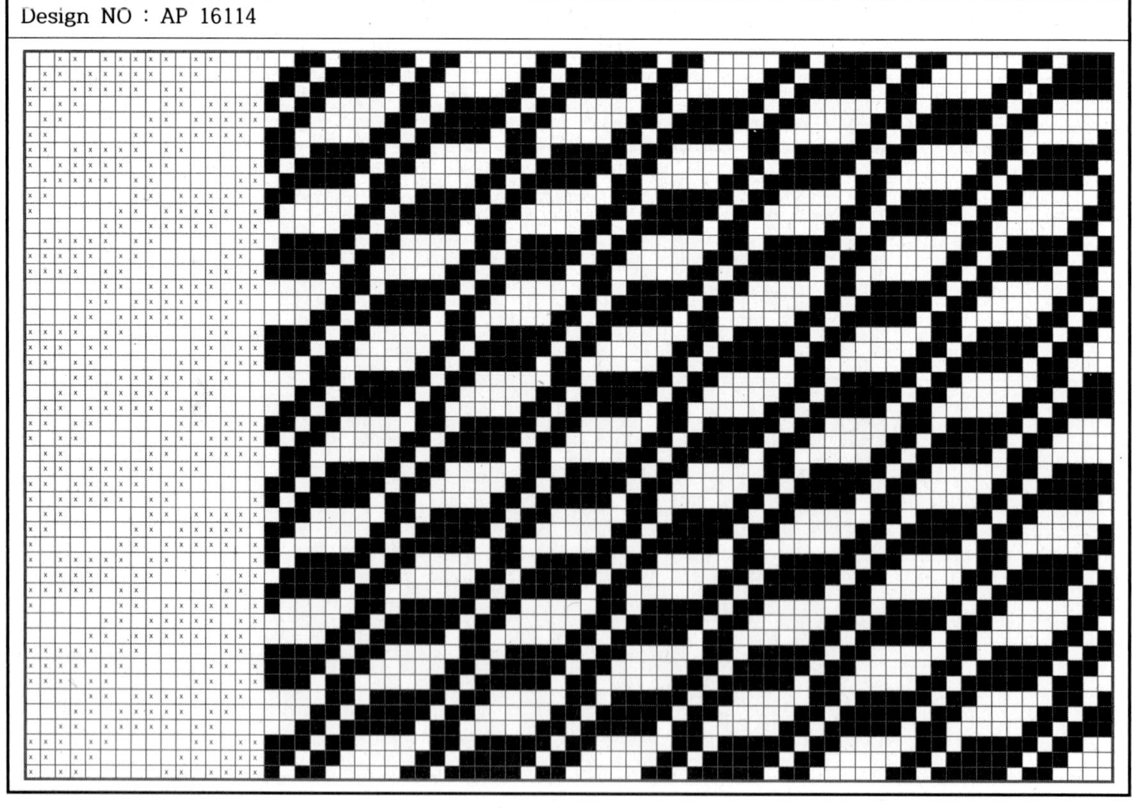

Design NO : AP 17001

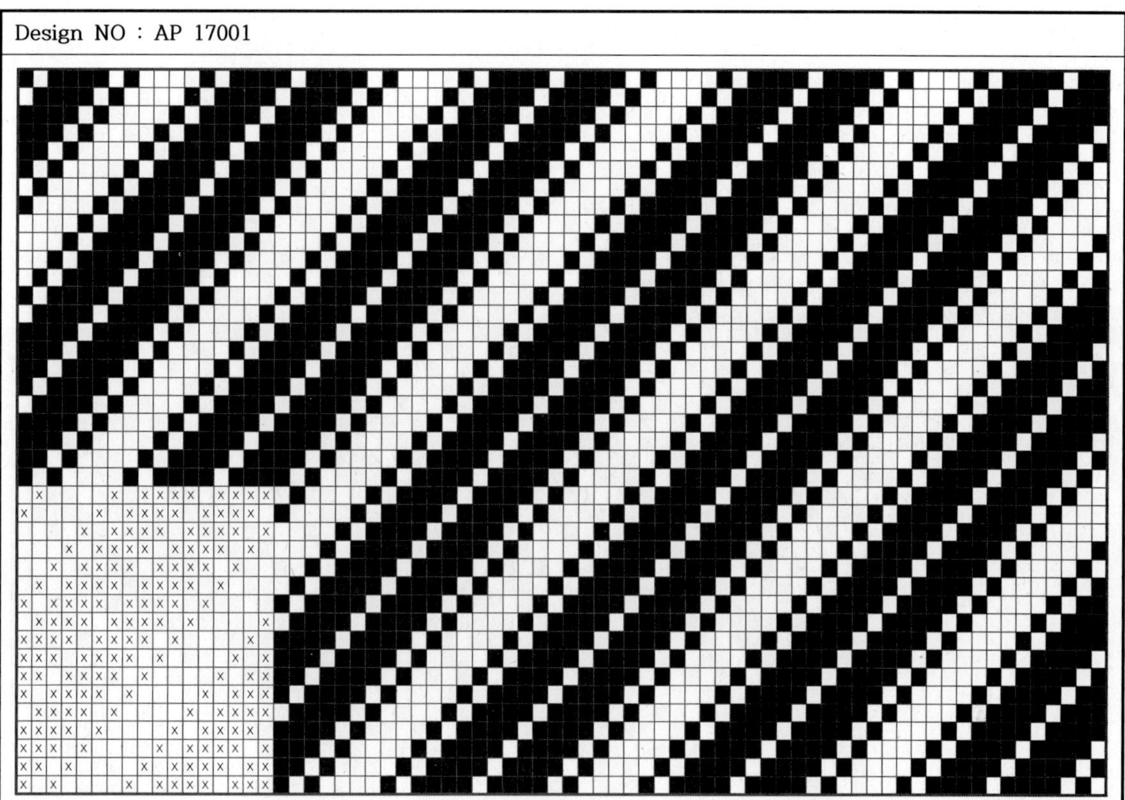

Design NO : AP 17002

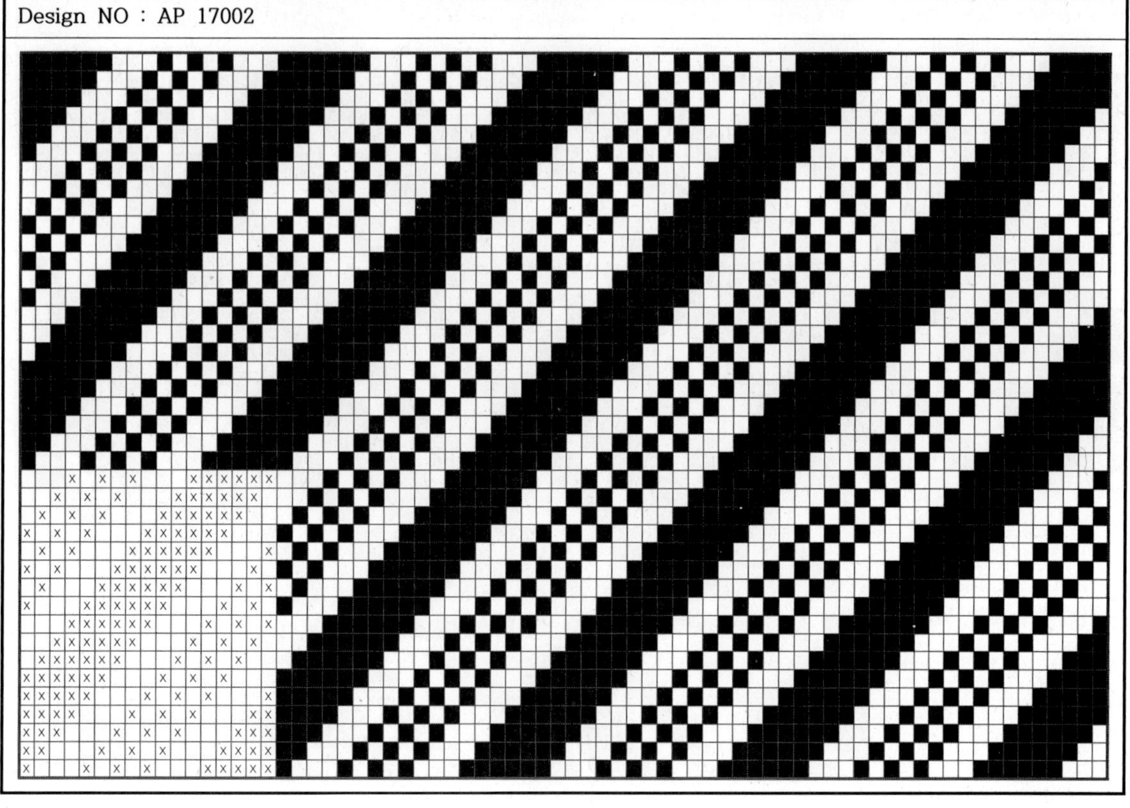

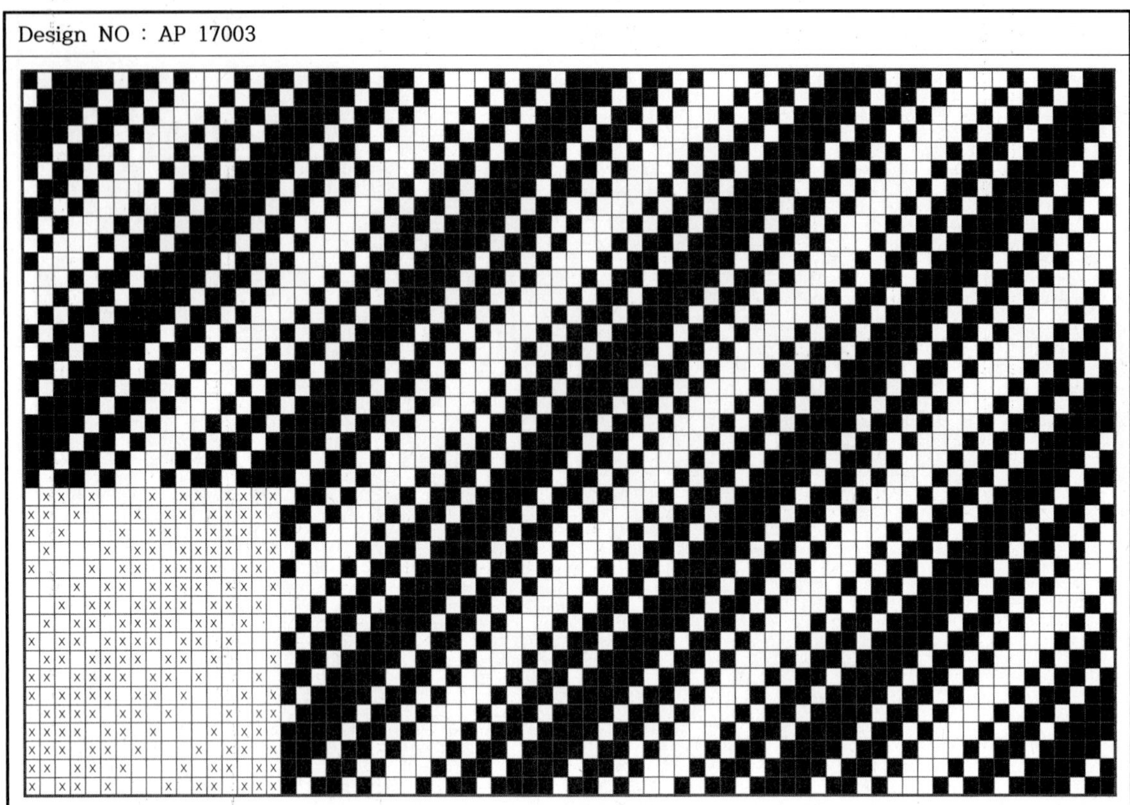

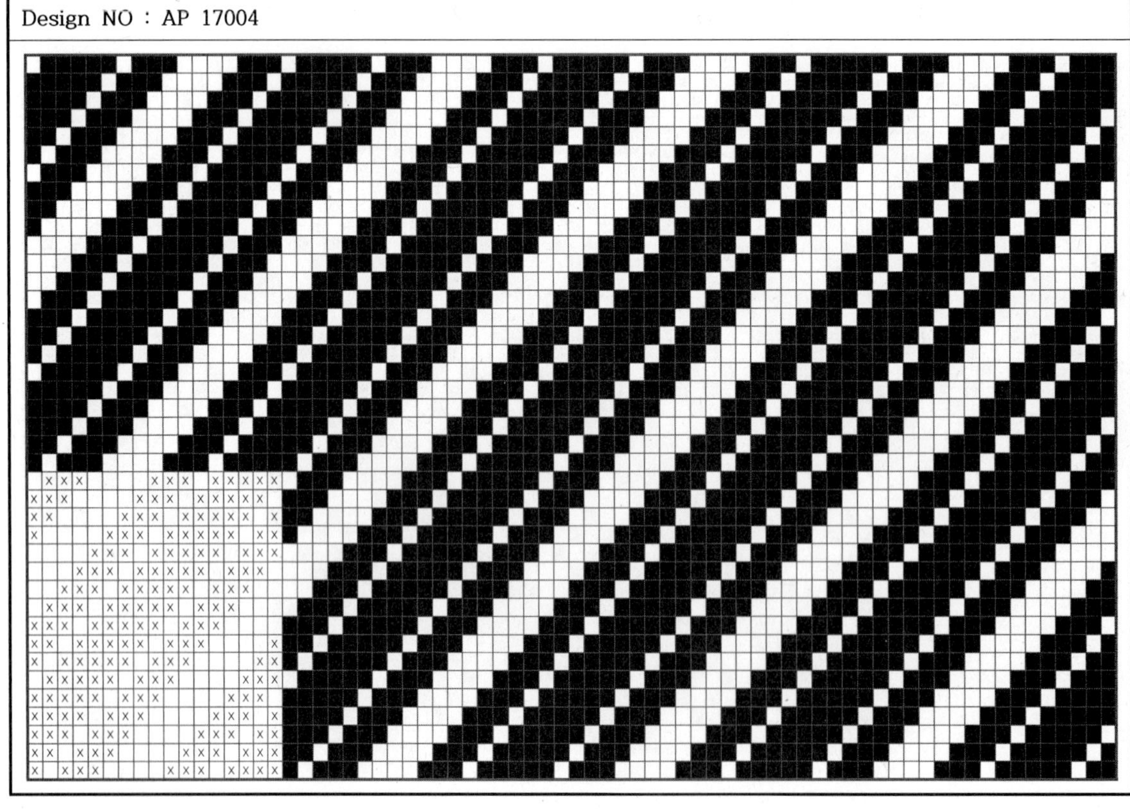

Design NO : AP 17005

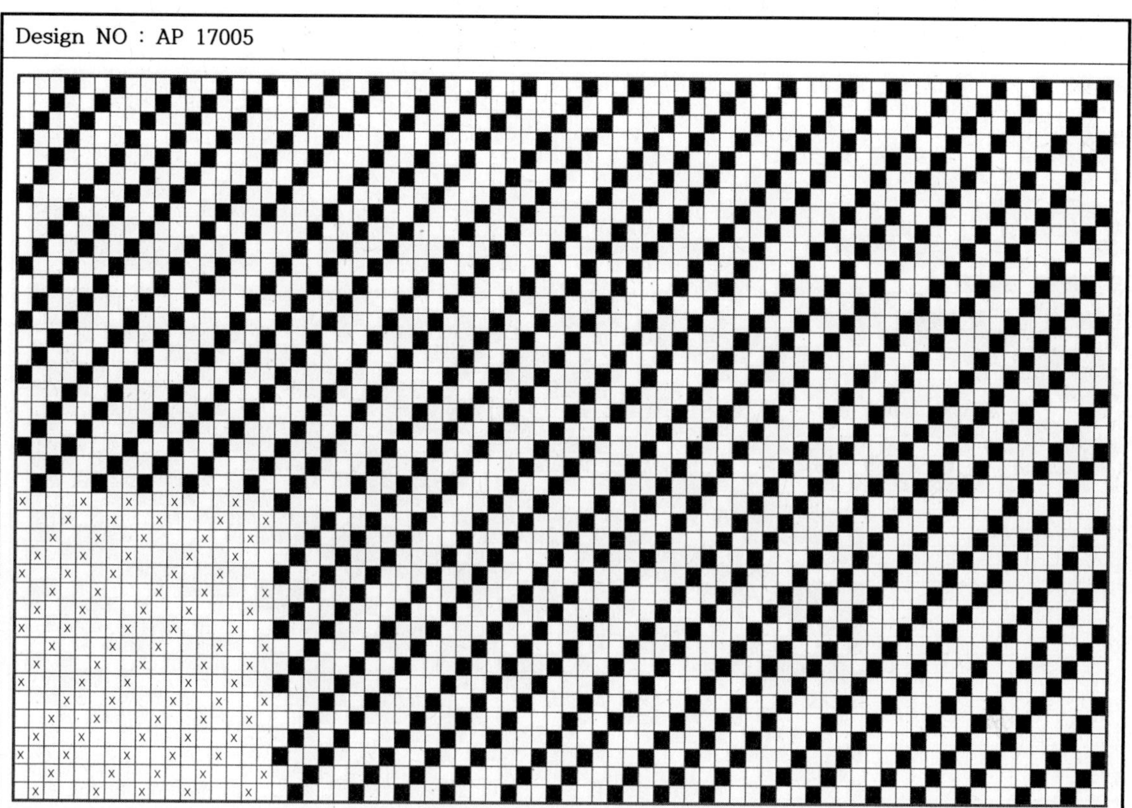

Design NO : AP 17006

Design NO : AP 17007

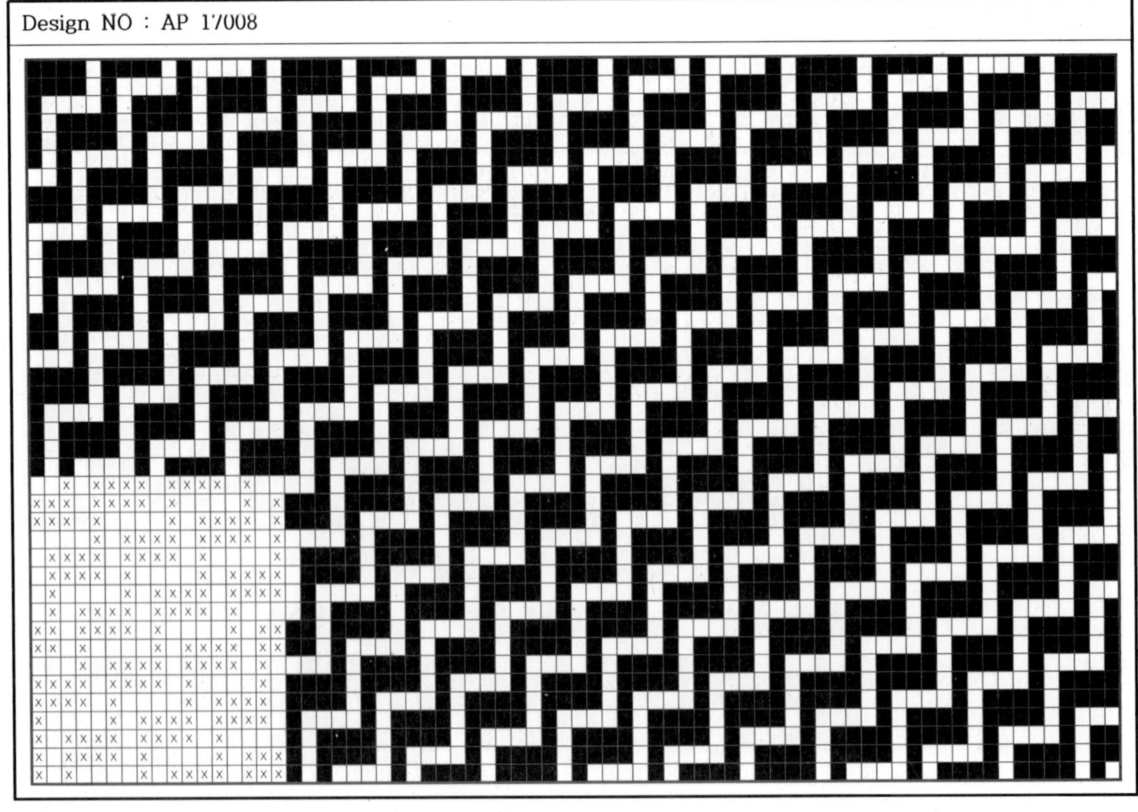

Design NO : AP 17008

Design NO : AP 17009

Design NO : AP 17010

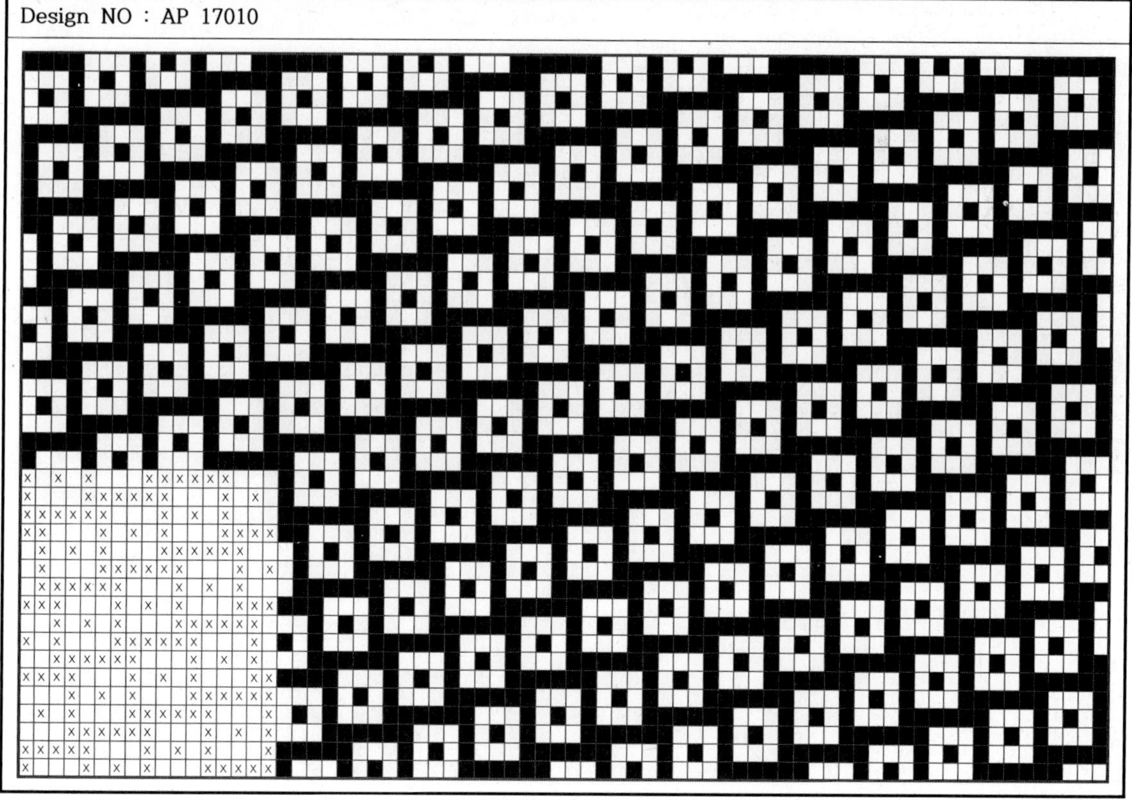

Design NO : AP 17011

Design NO : AP 17012

Design NO : AP 17013

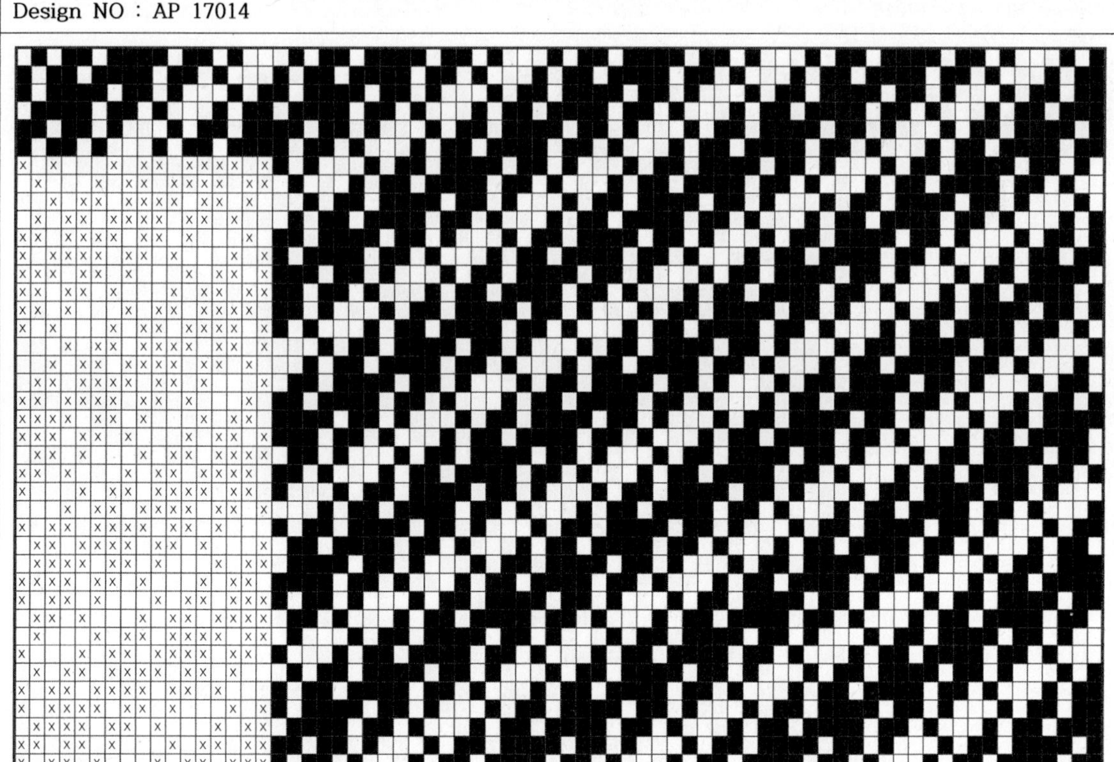

Design NO : AP 17014

Design NO : AP 17015

Design NO : AP 17016

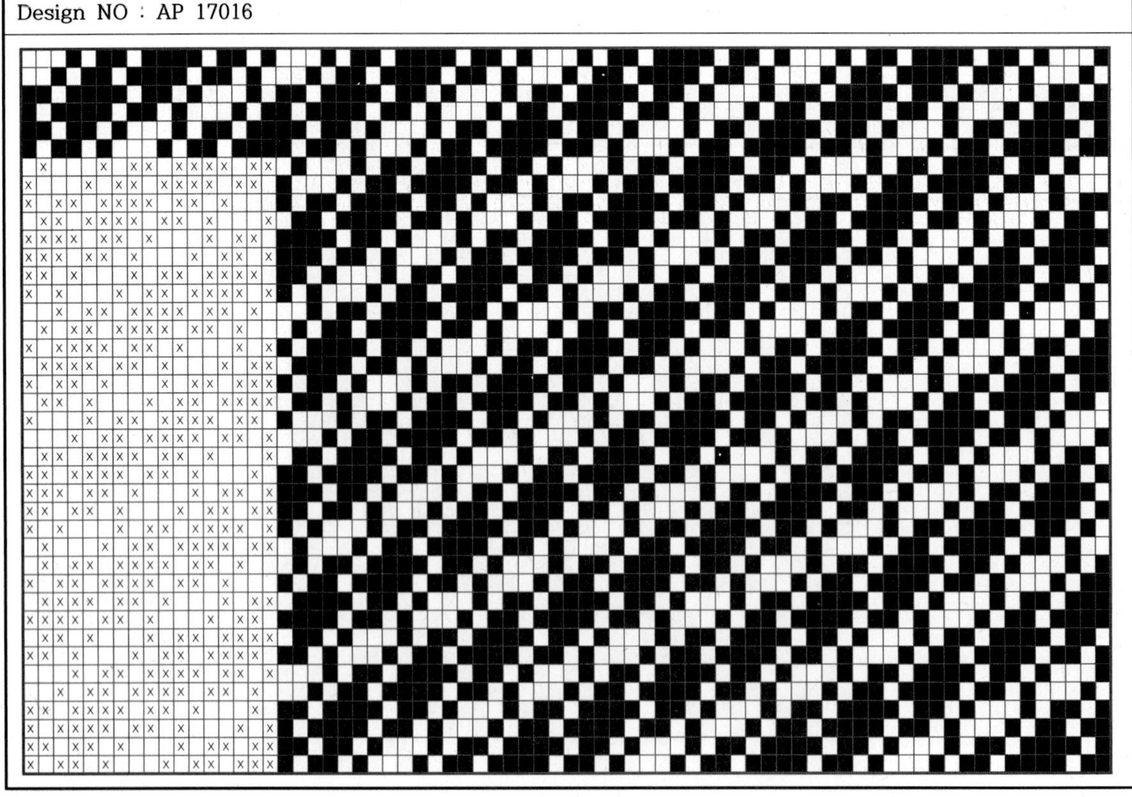

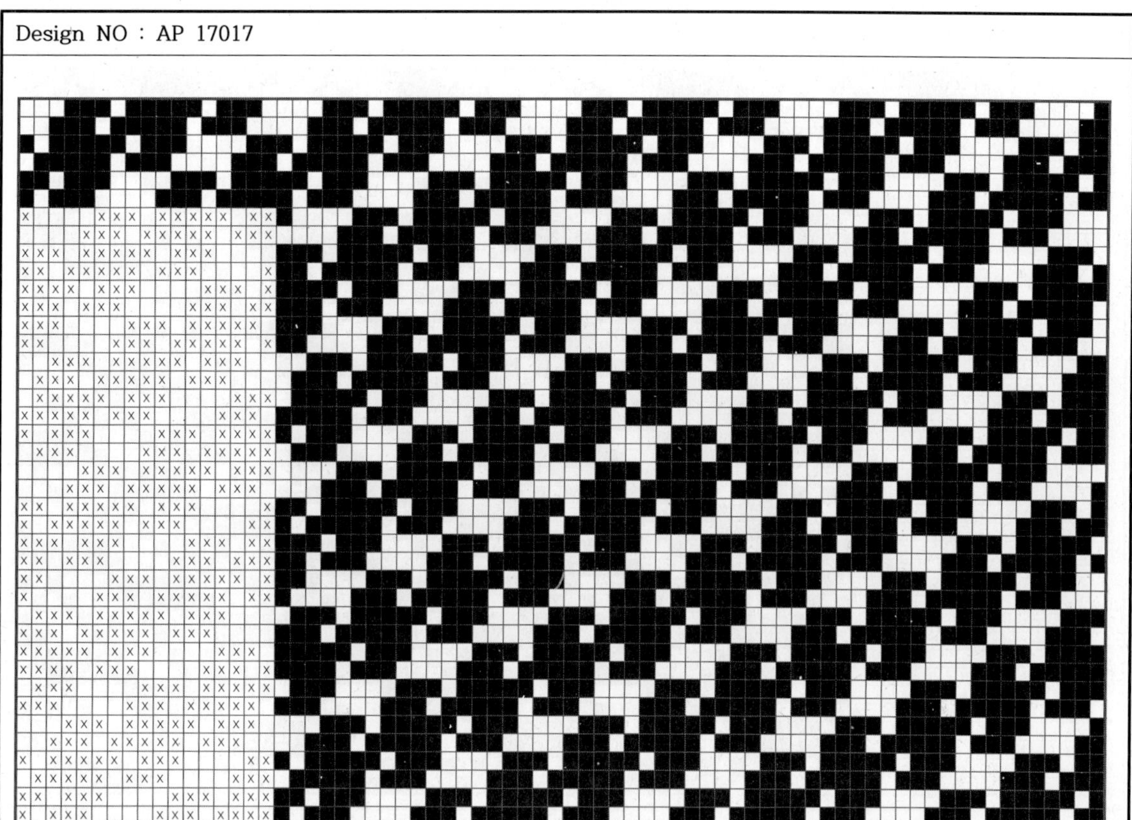

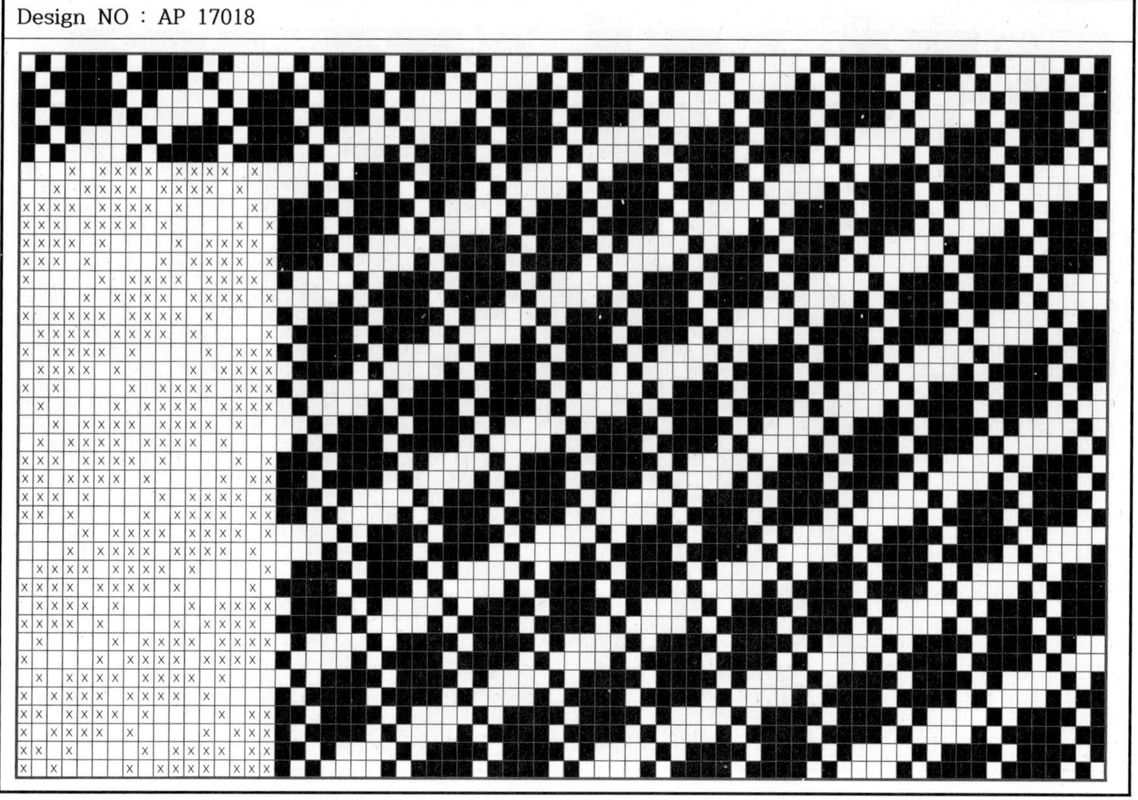

Design NO : AP 17019

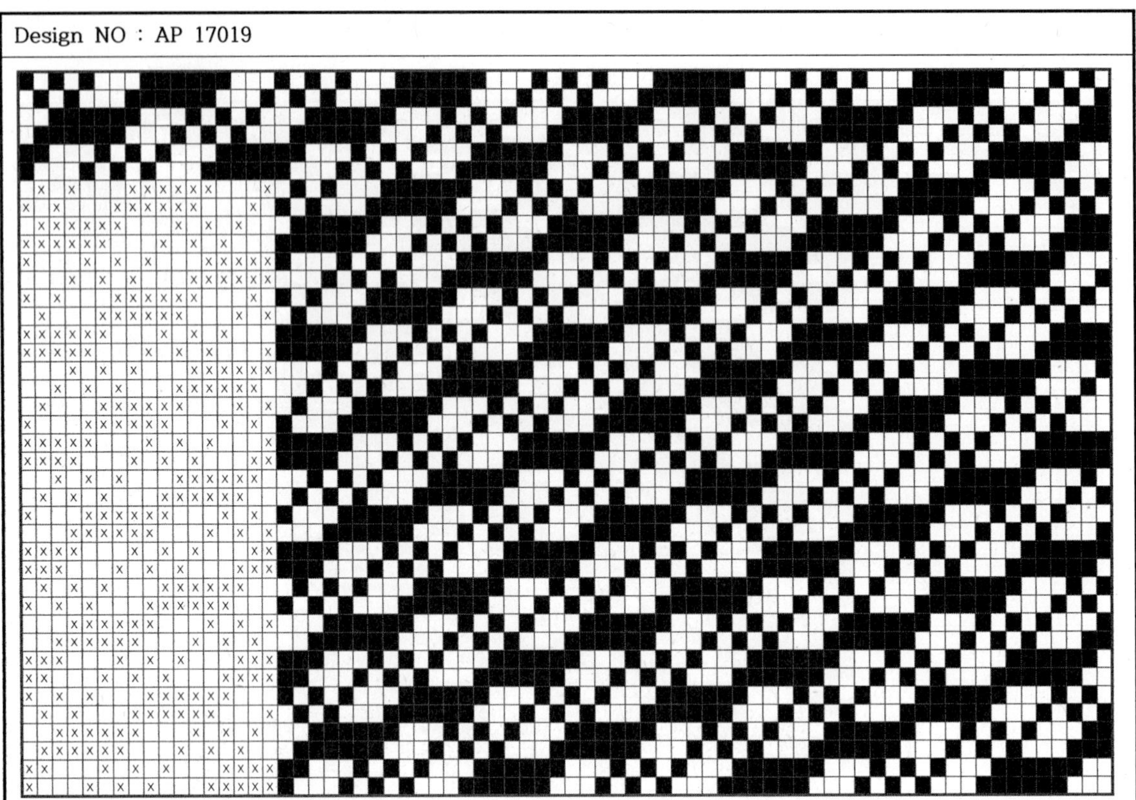

Design NO : AP 17020

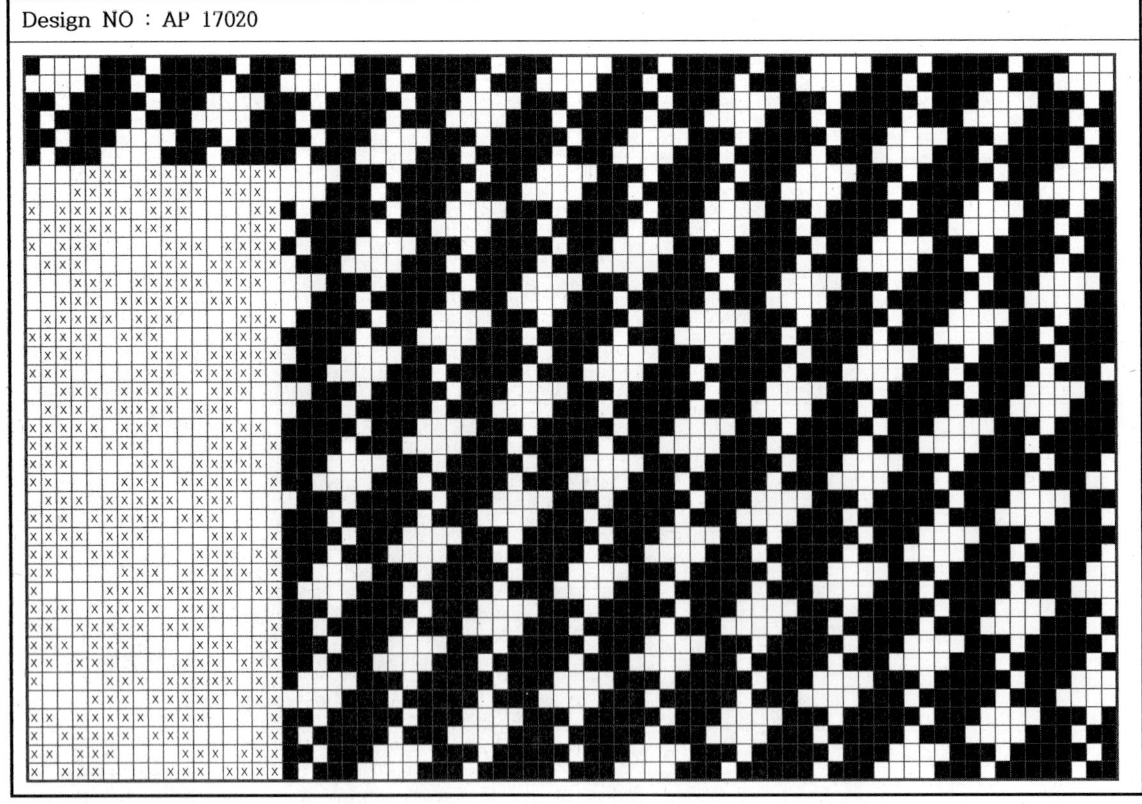

Design NO : AP 17021

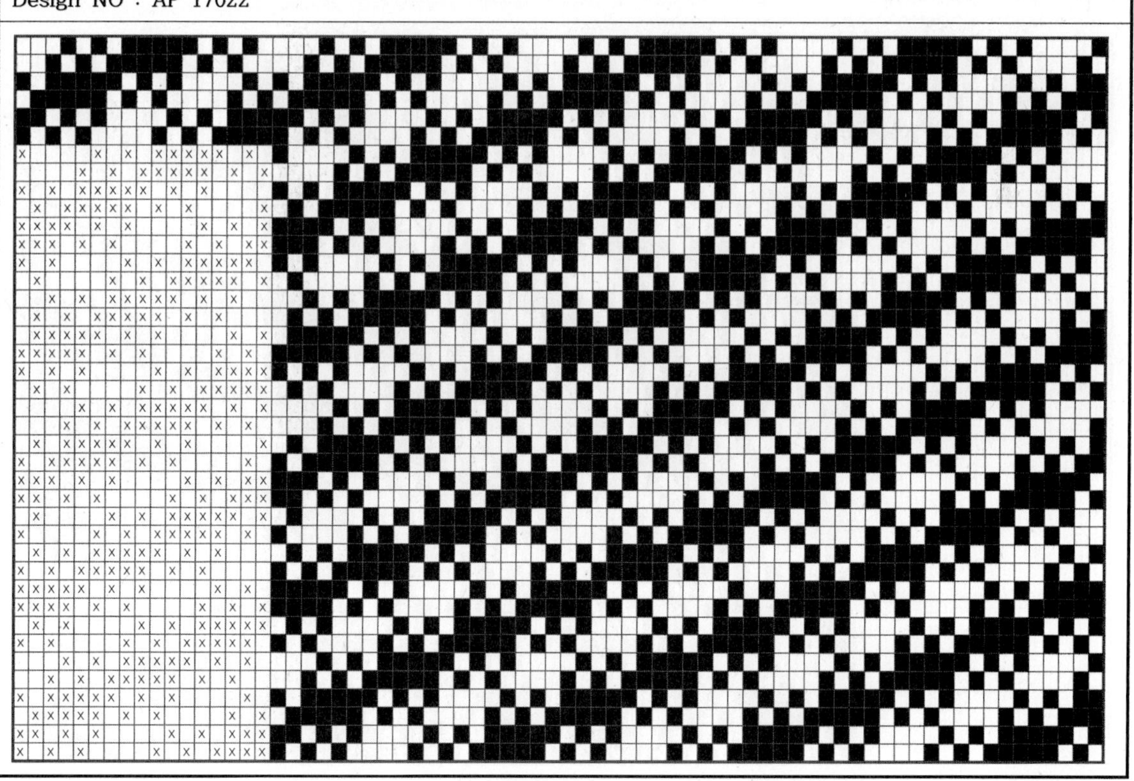

Design NO : AP 17022

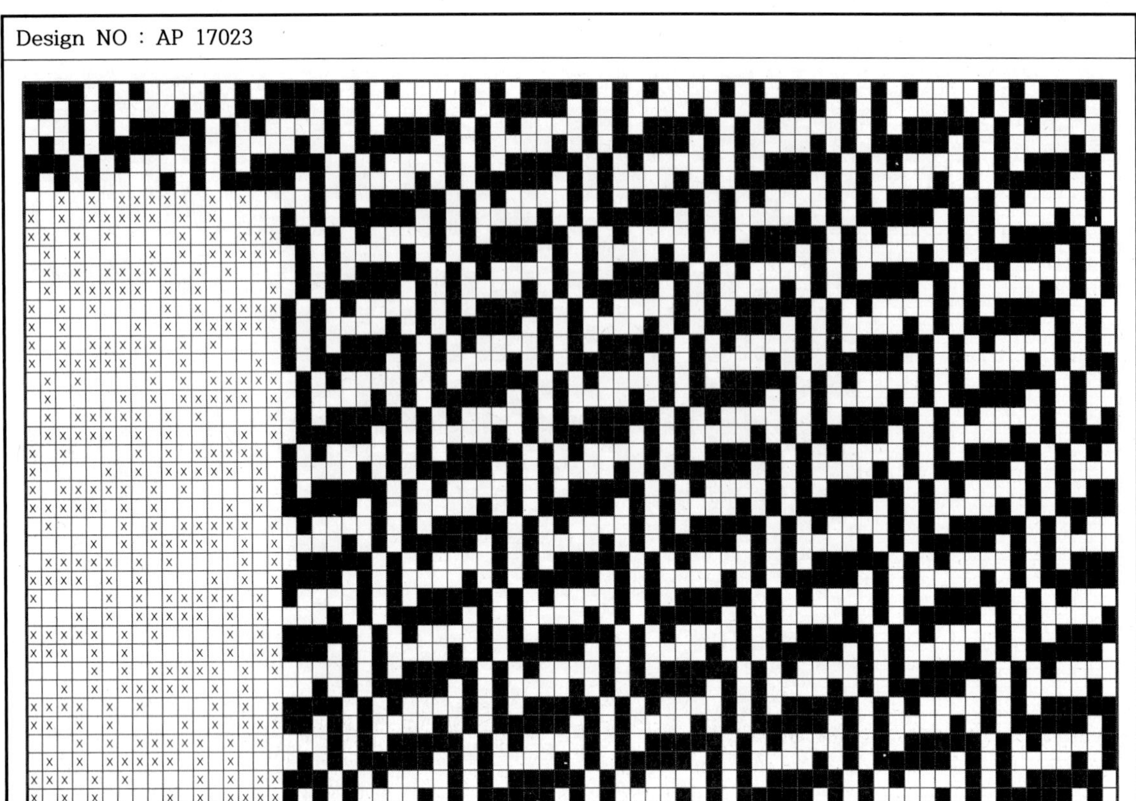

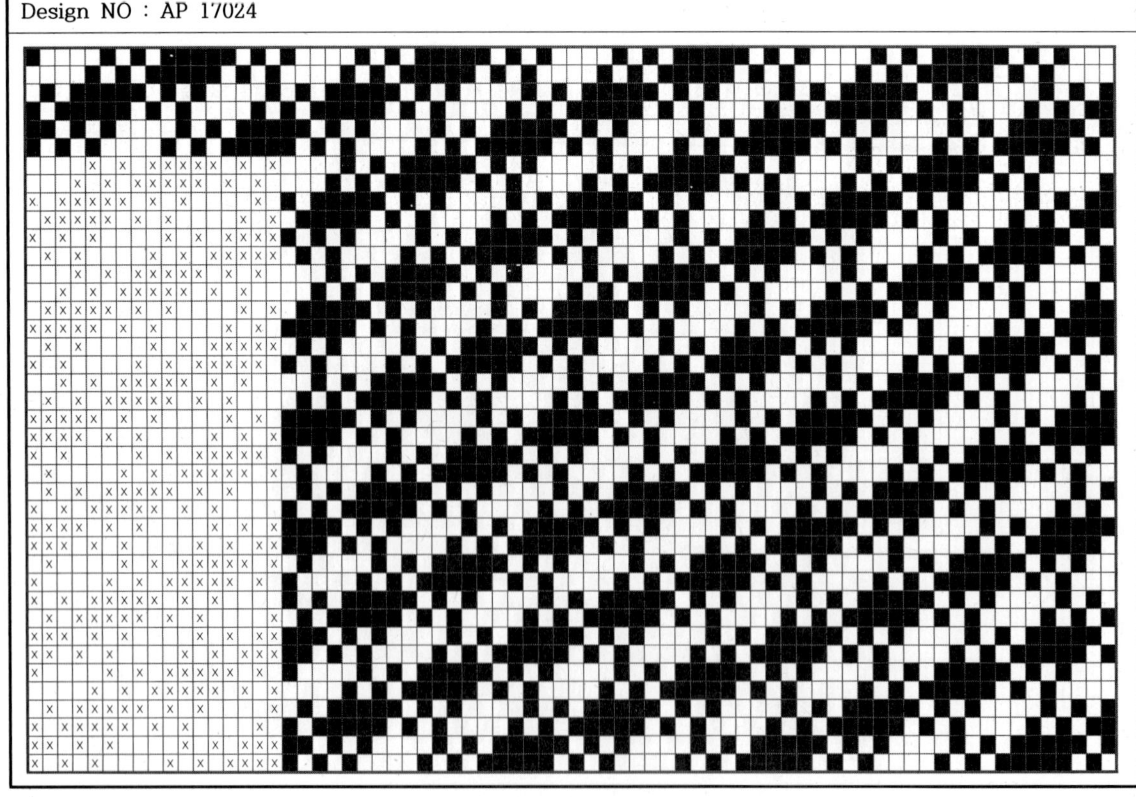

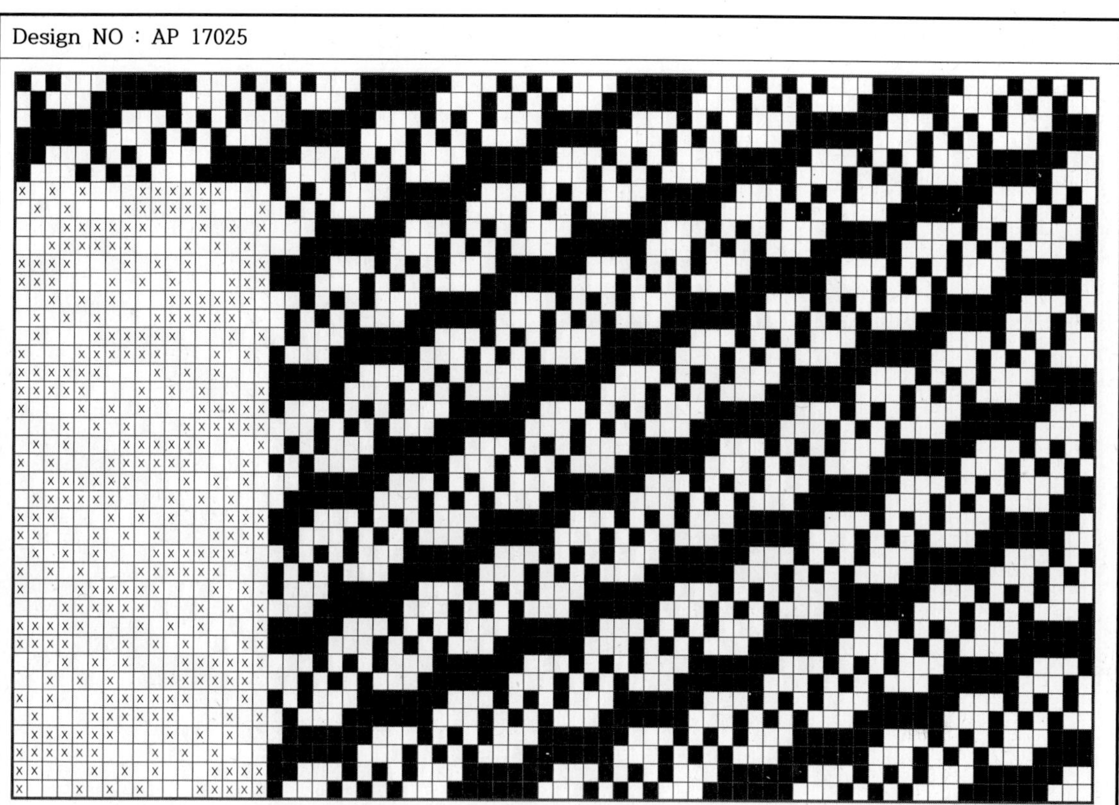

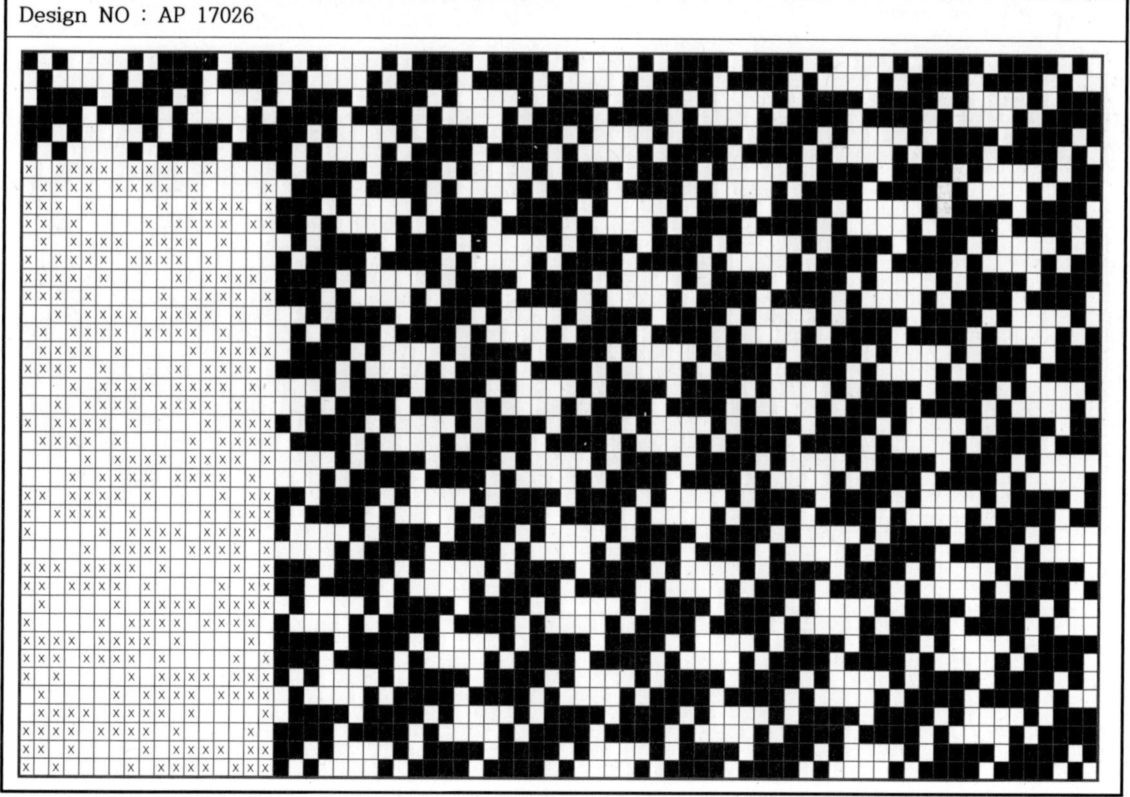

Design NO : AP 17027

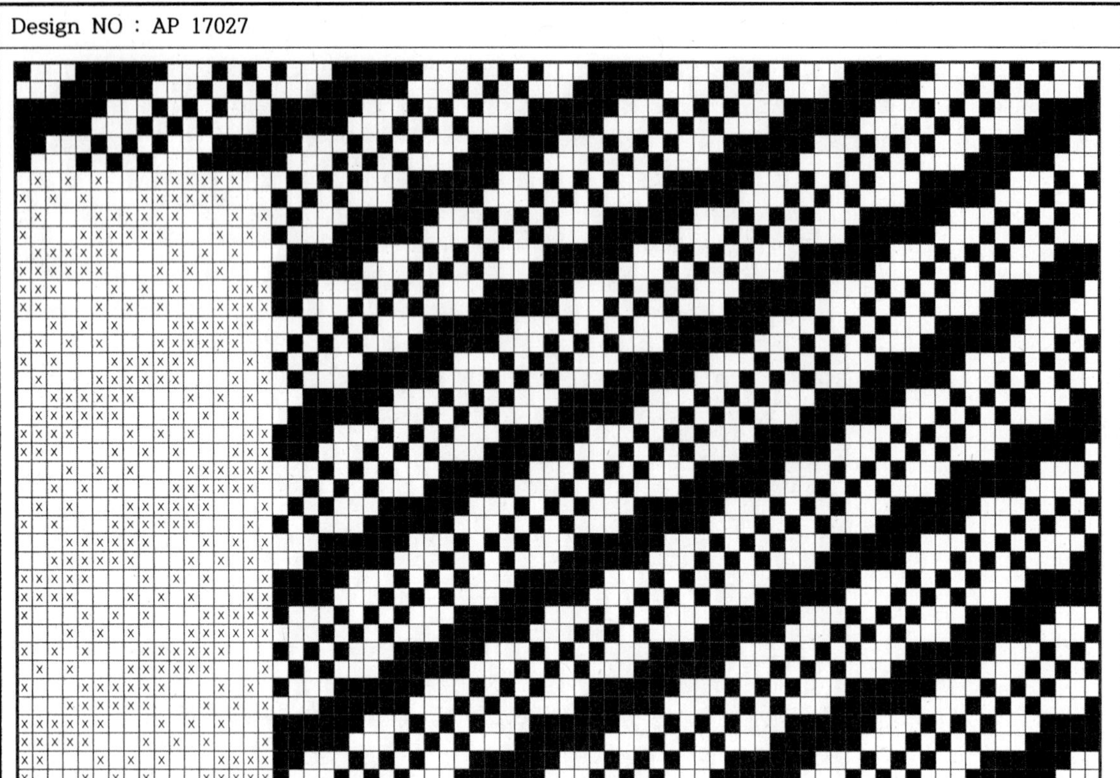

Design NO : AP 17028

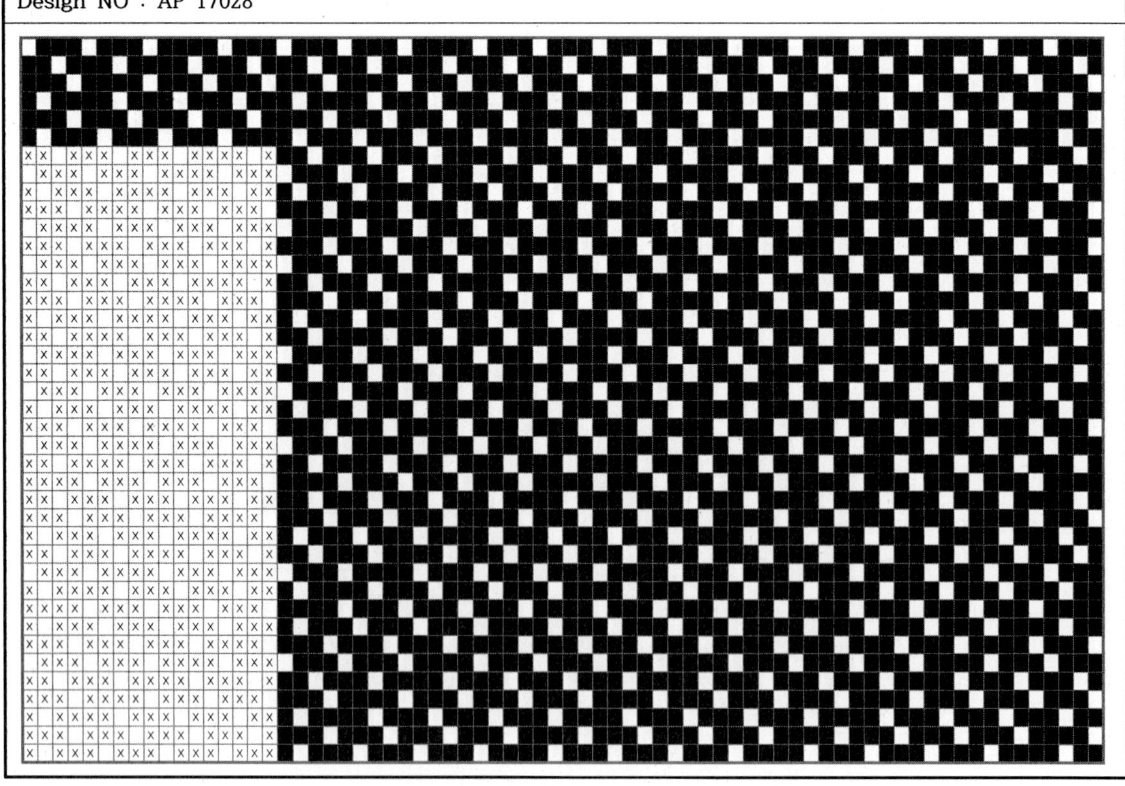

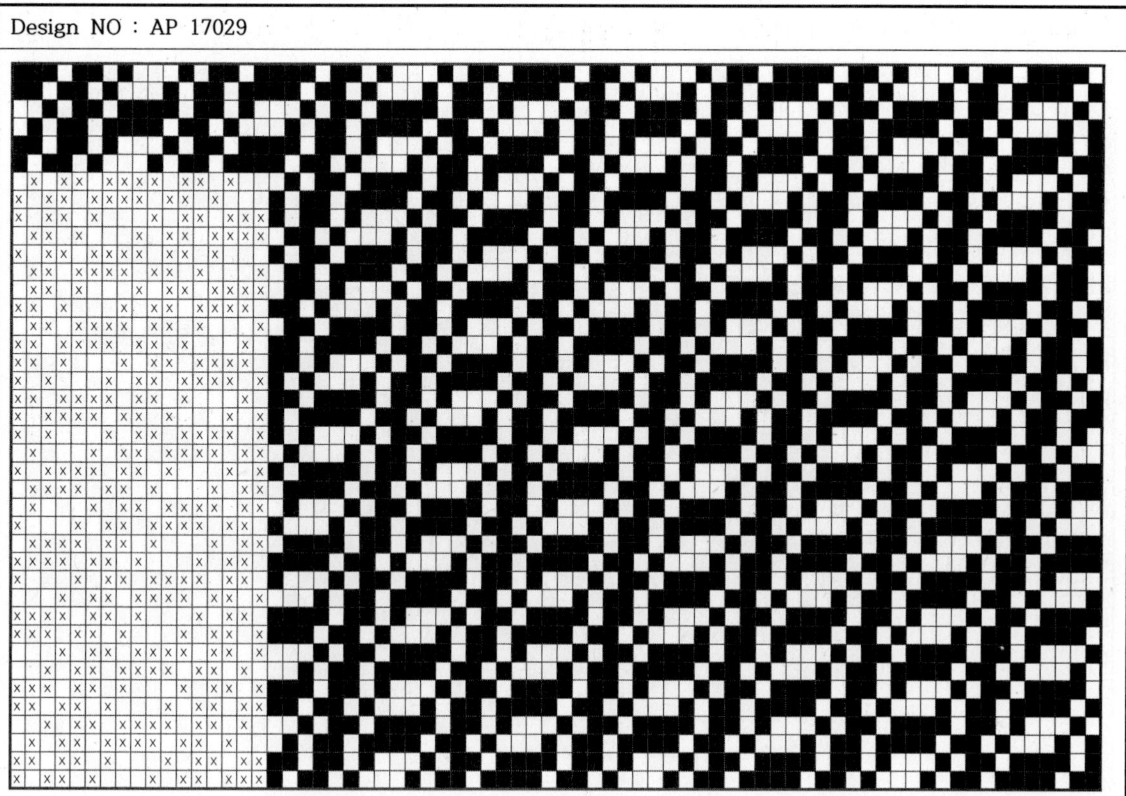

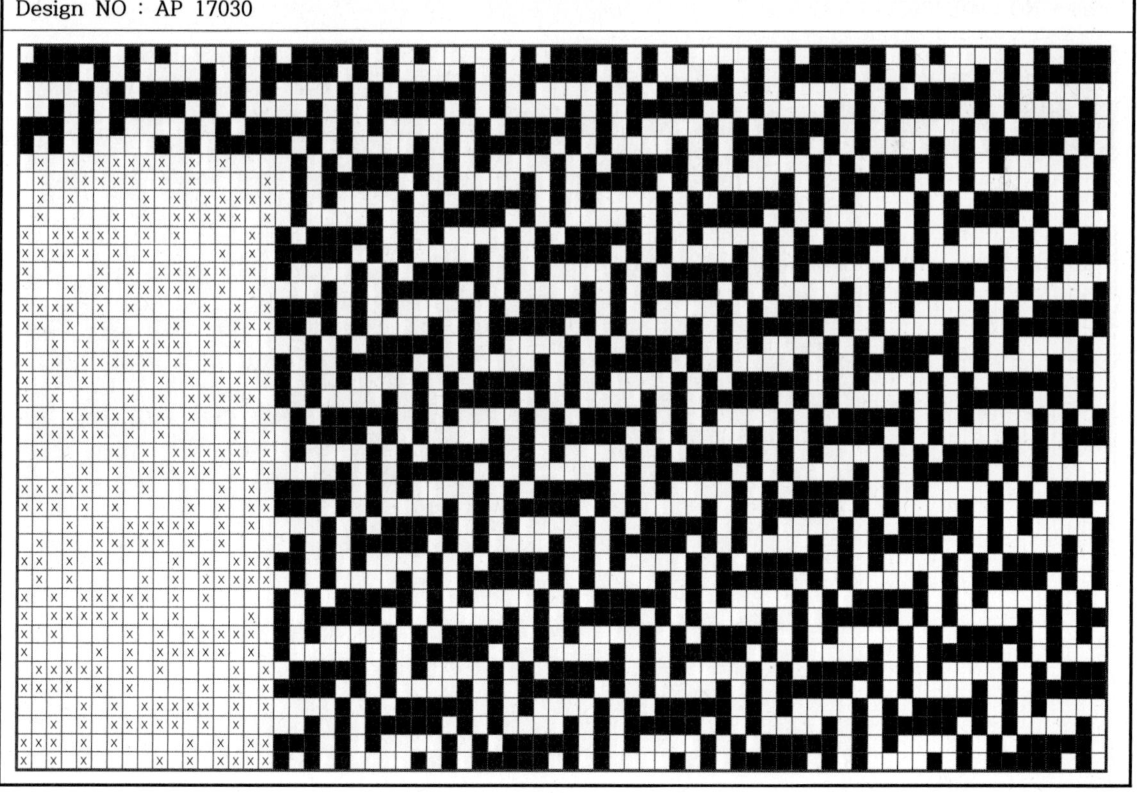

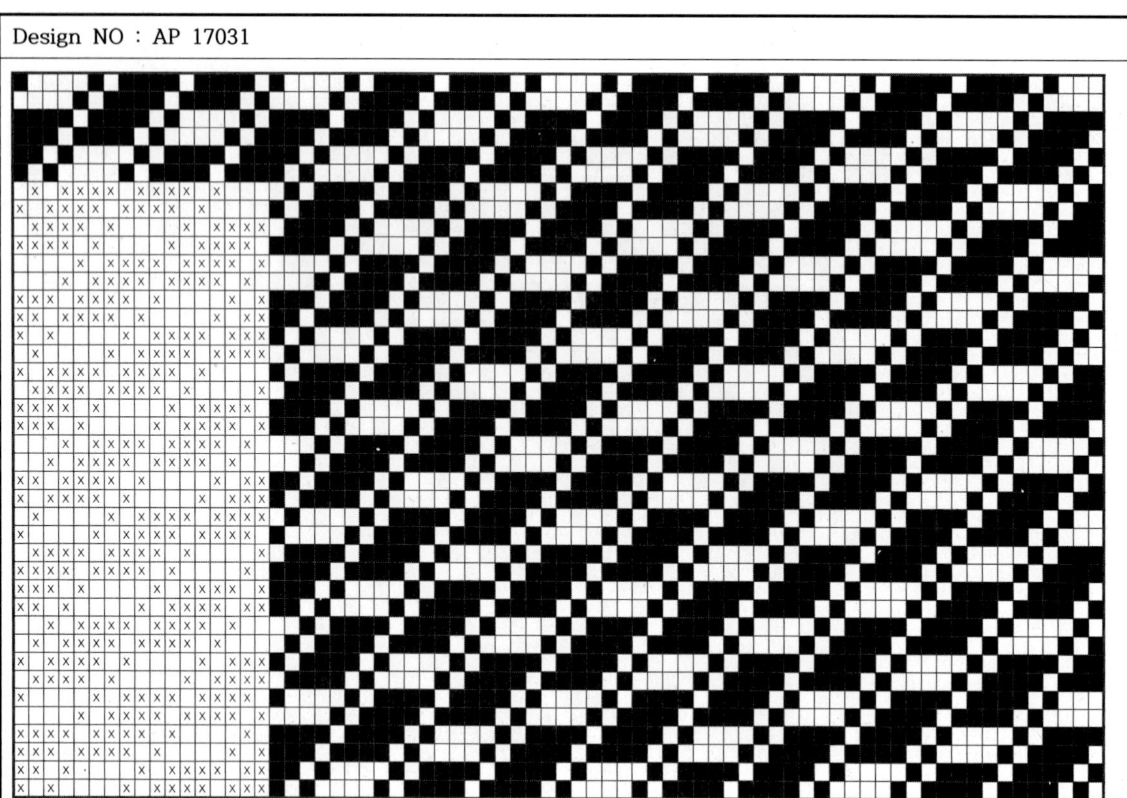

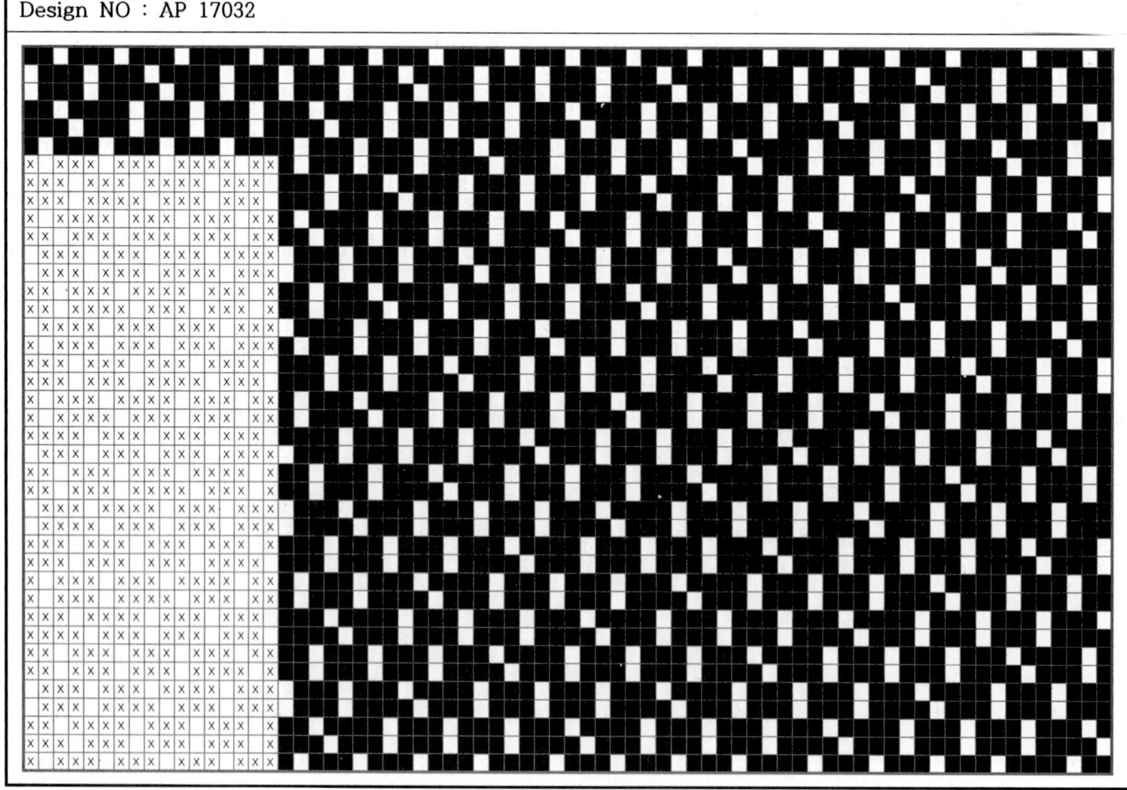

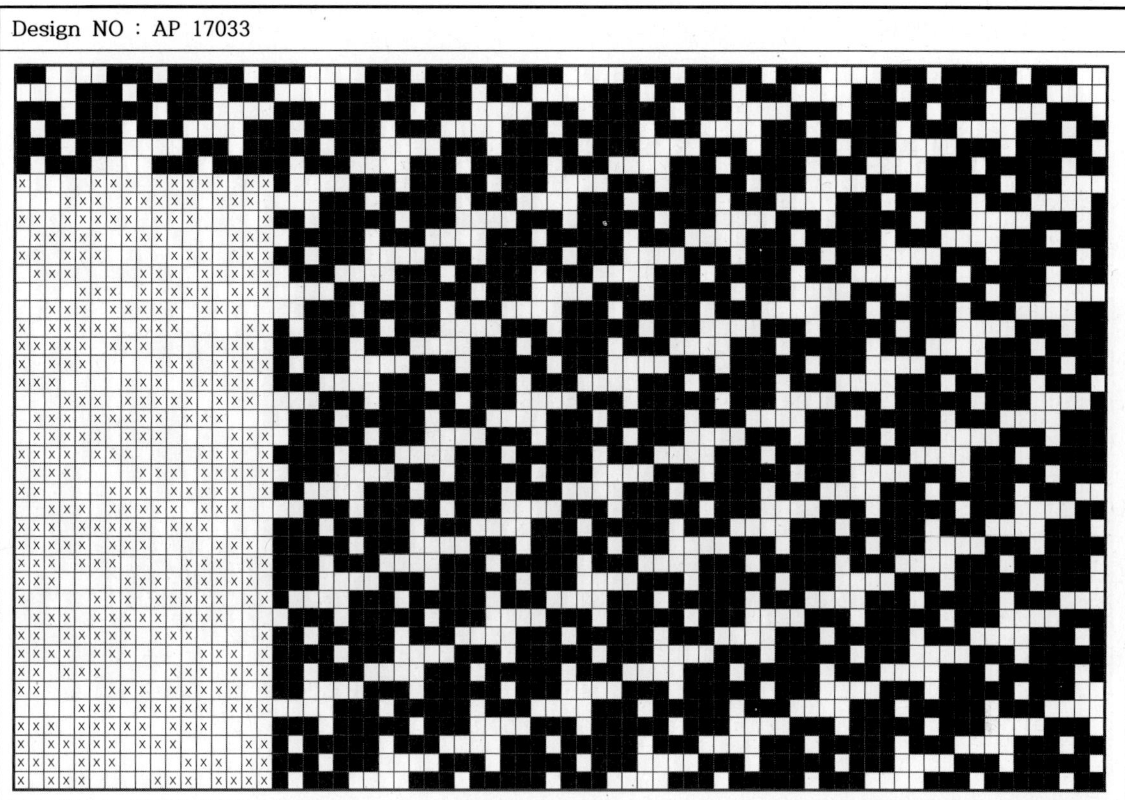

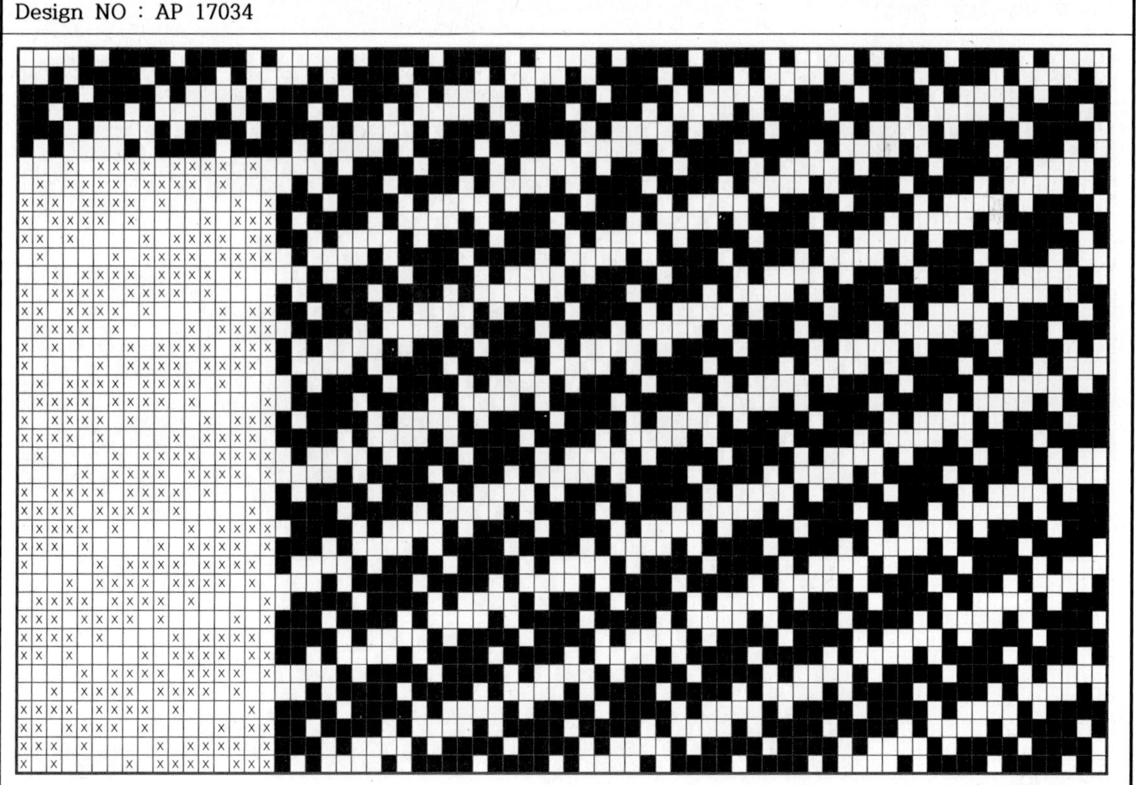

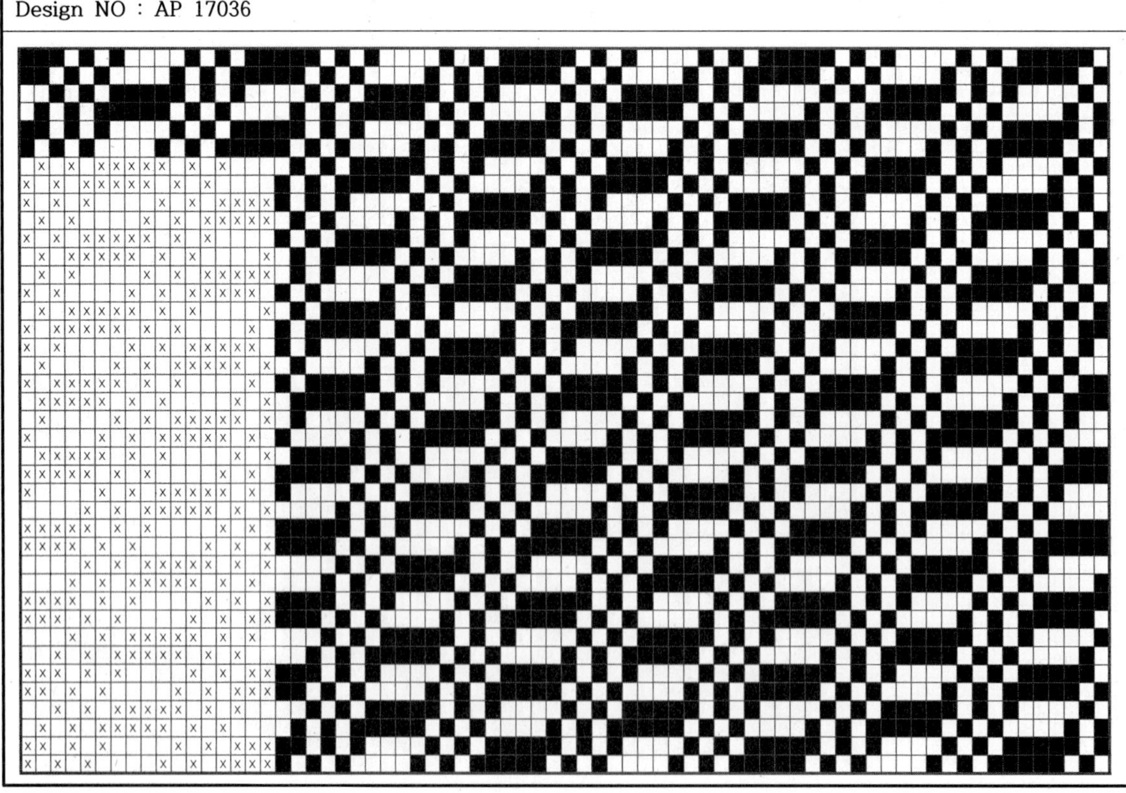

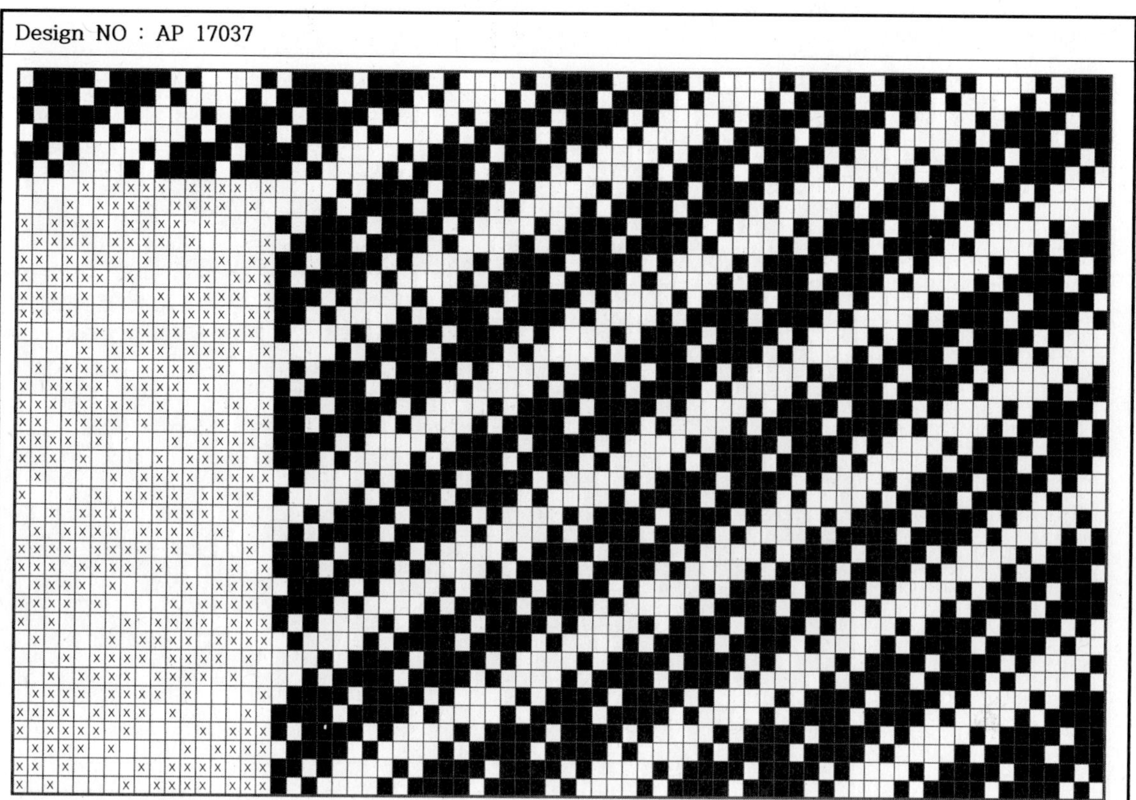

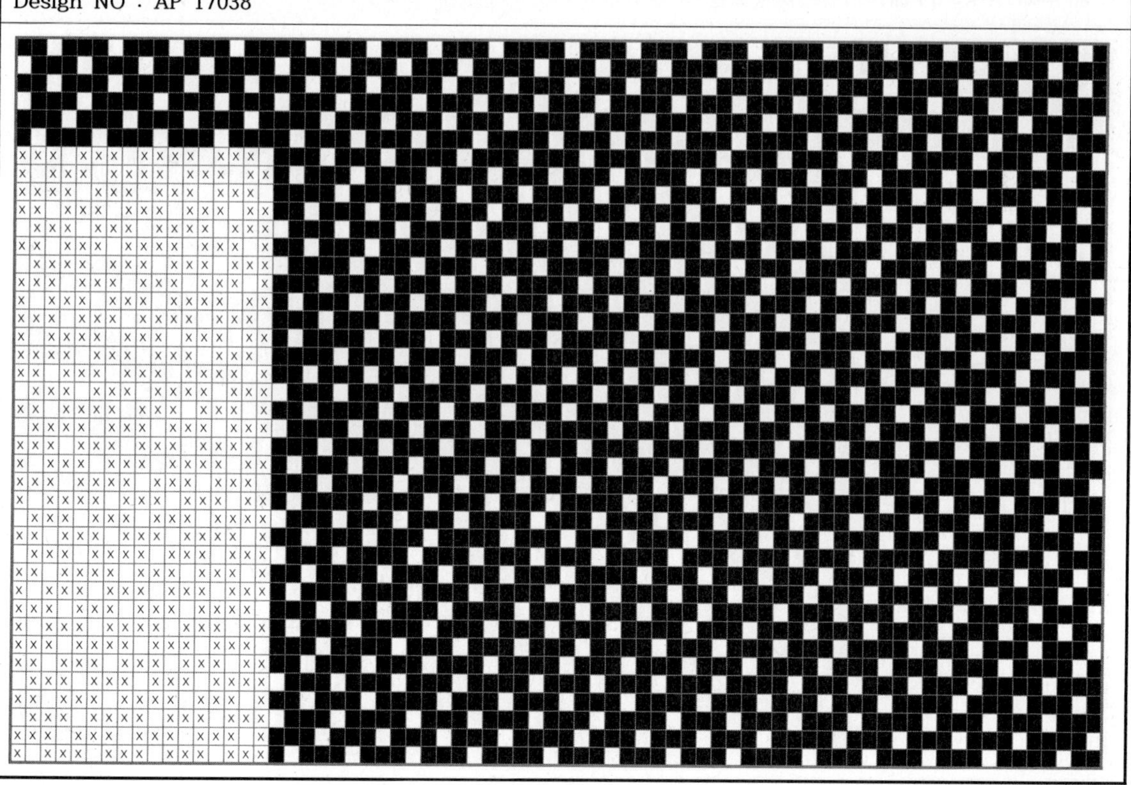

Design NO : AP 17039

Design NO : AP 17040

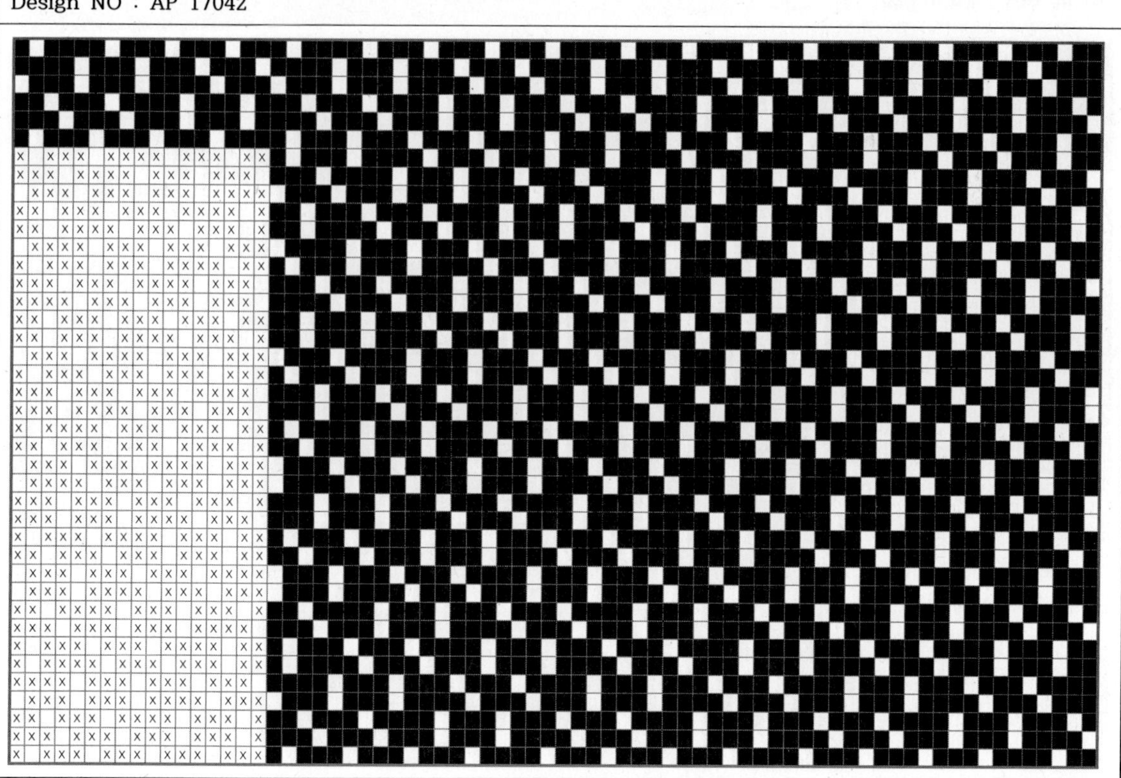

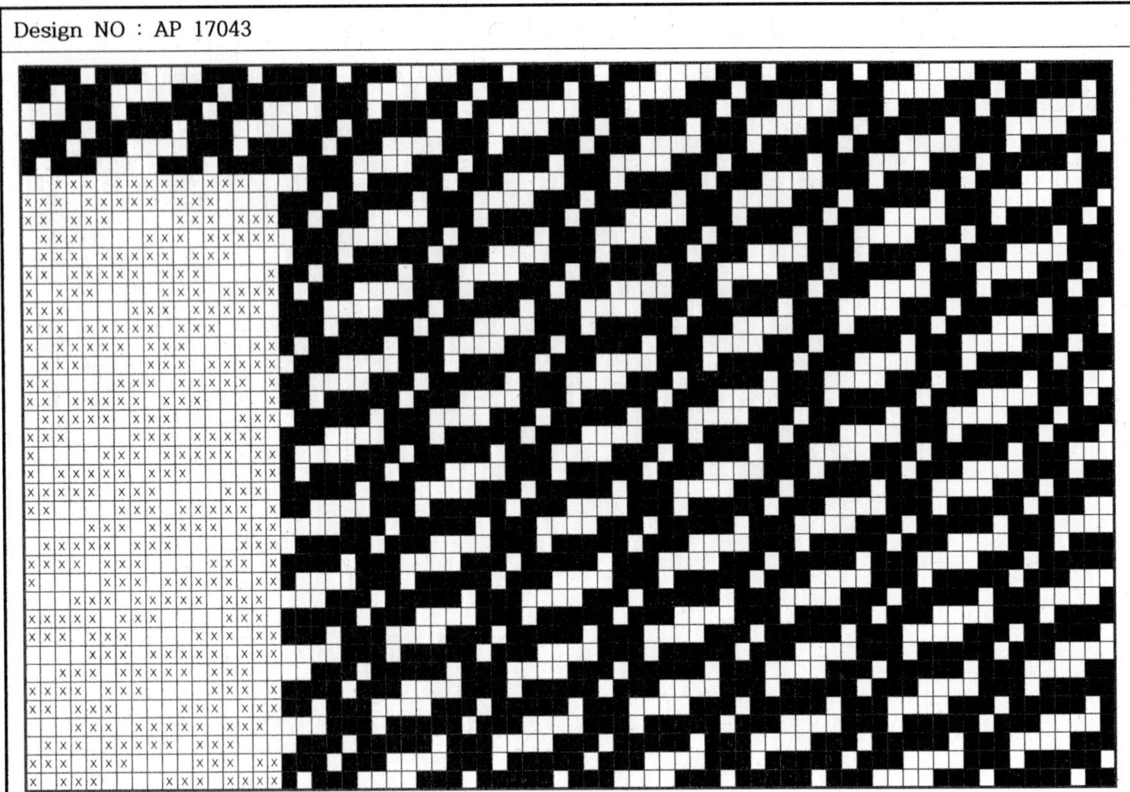

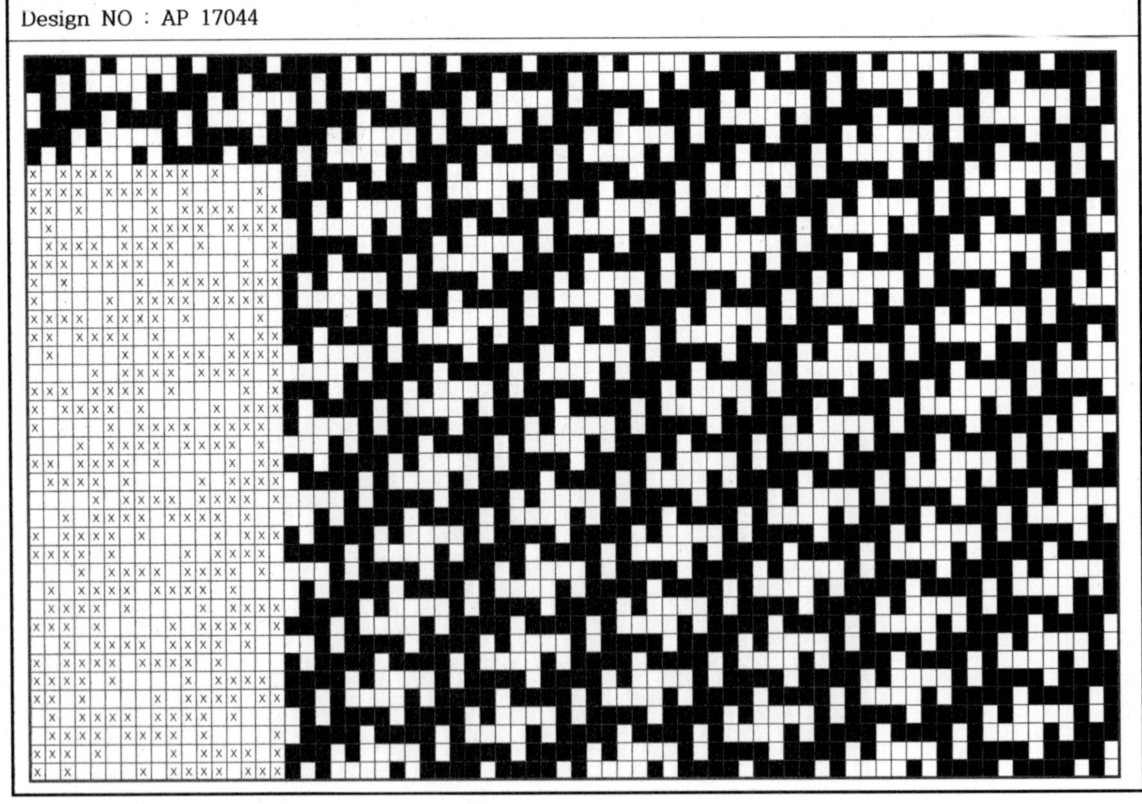

Design NO : AP 17045

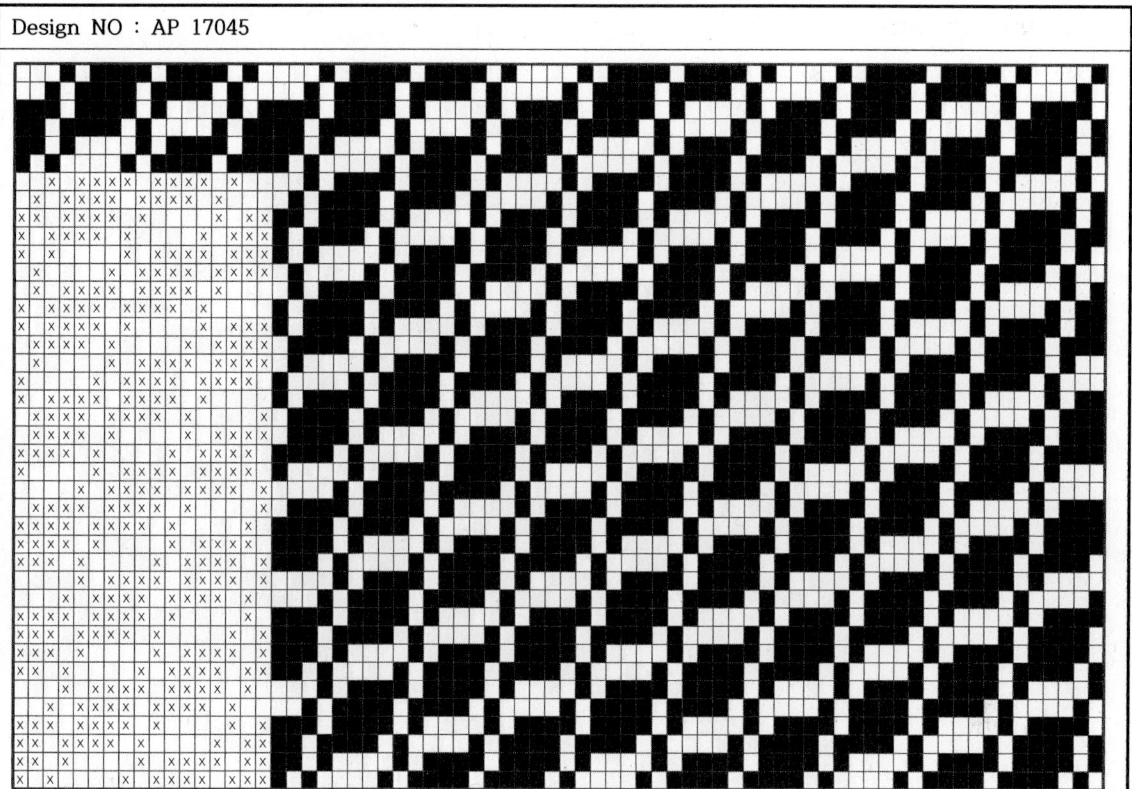

Design NO : AP 17046

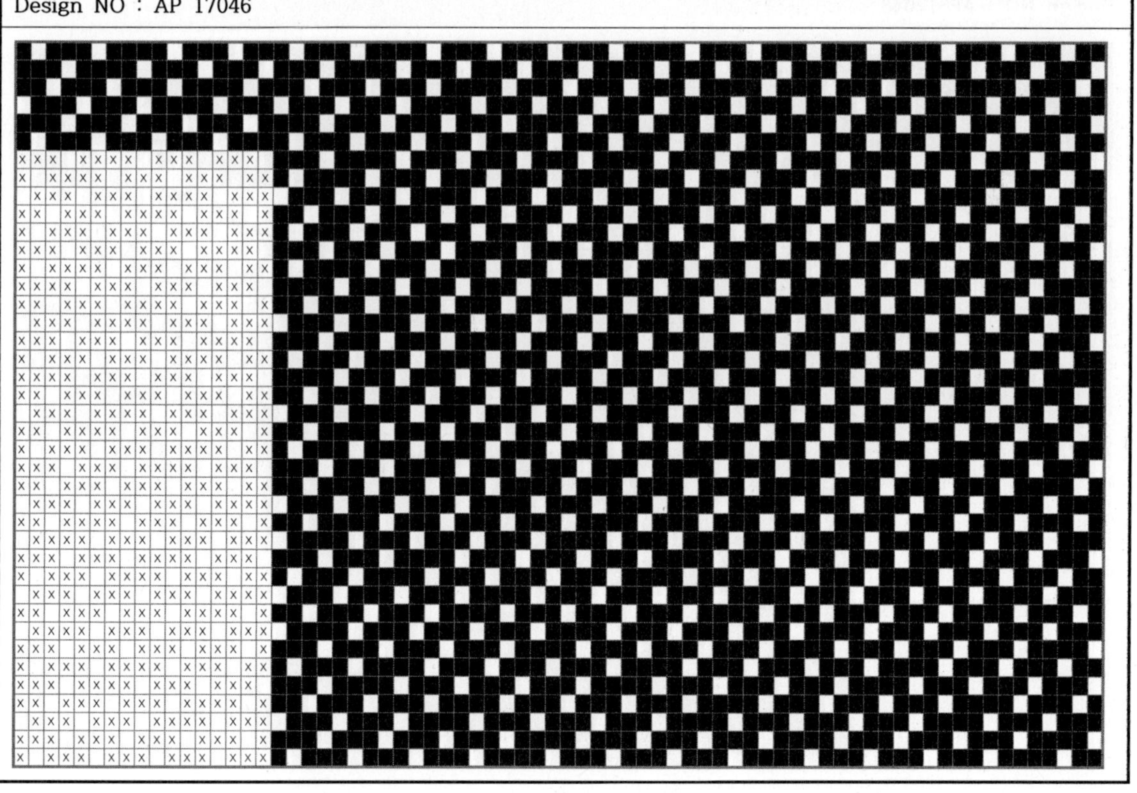

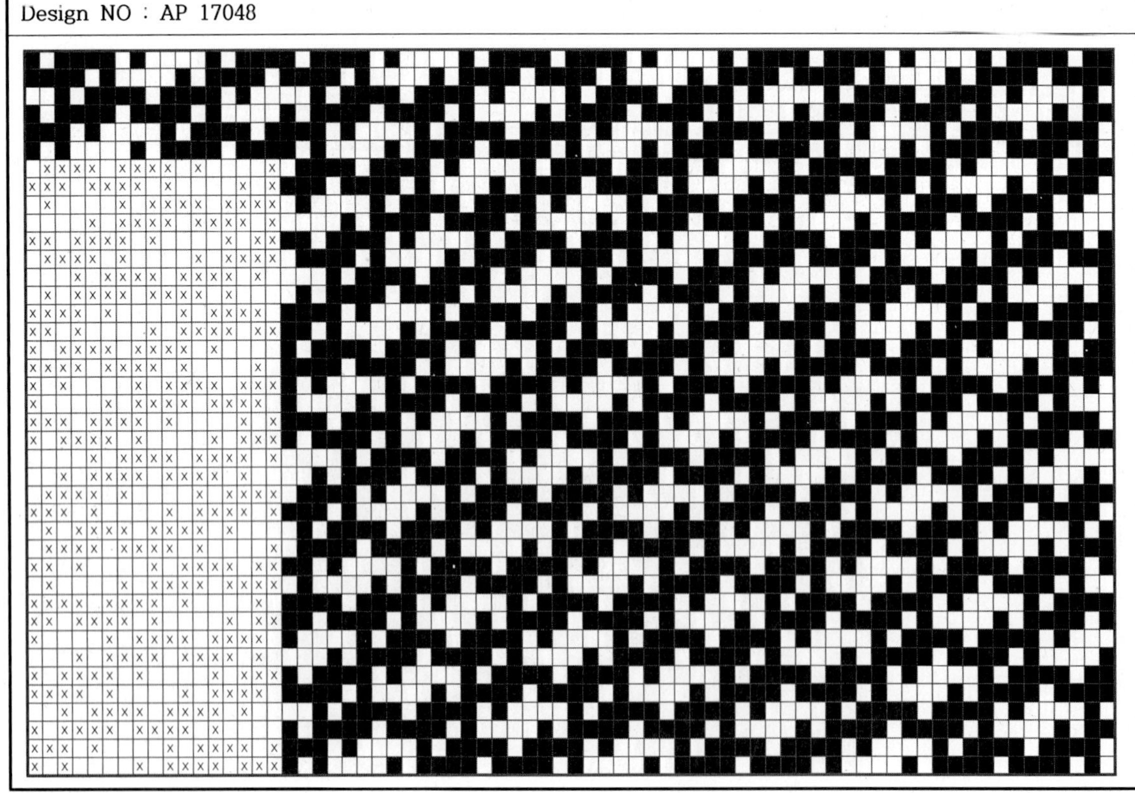

Design NO : AP 17051

Design NO : AP 17052

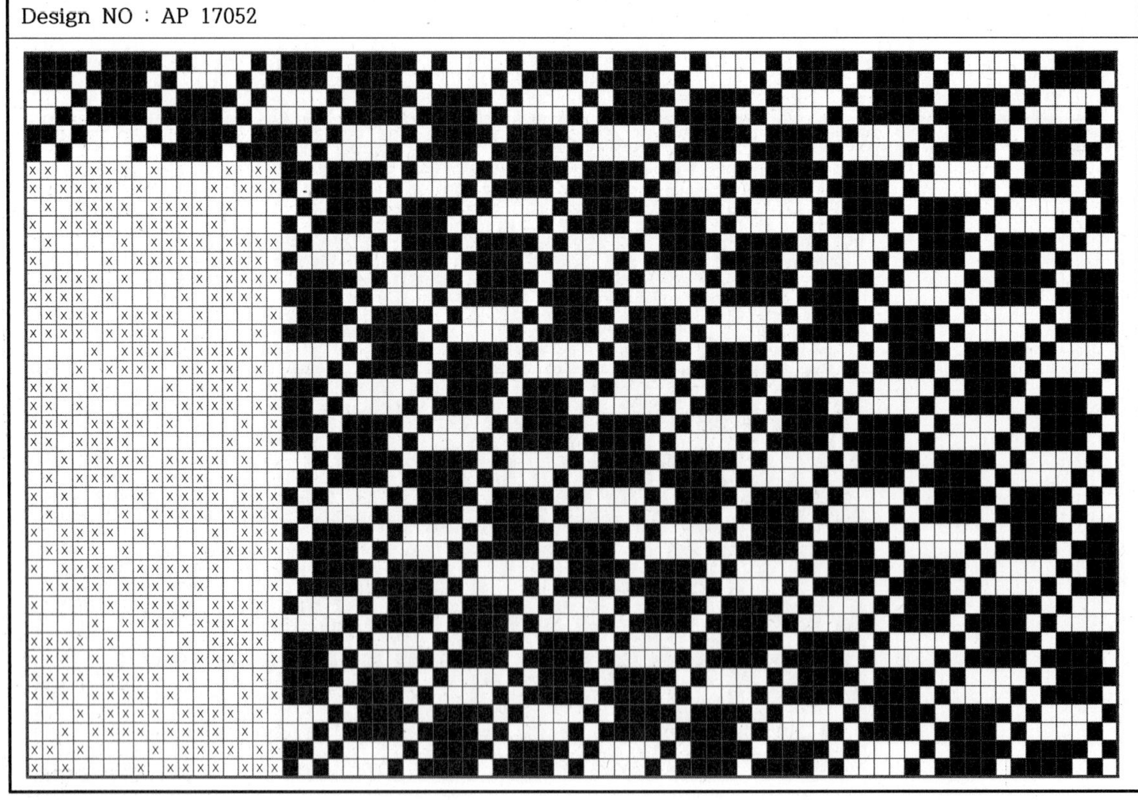

Design NO : AP 17053

Design NO : AP 17054

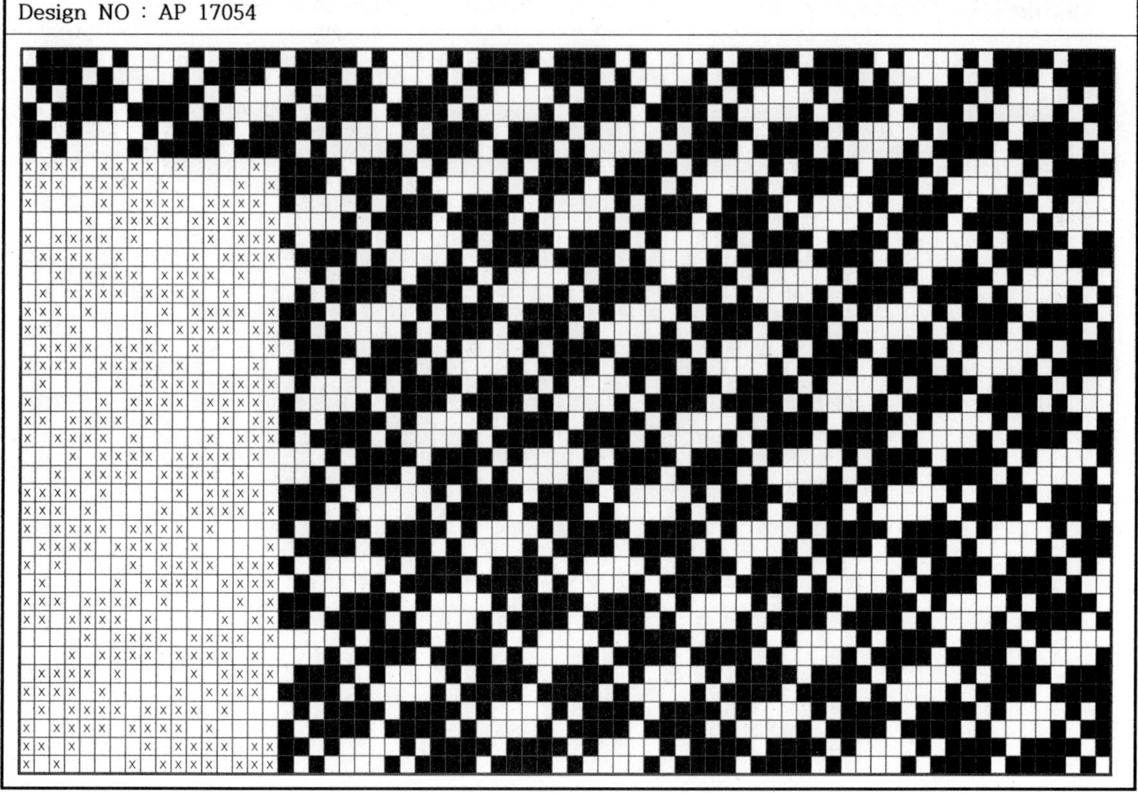

Design NO : AP 17055

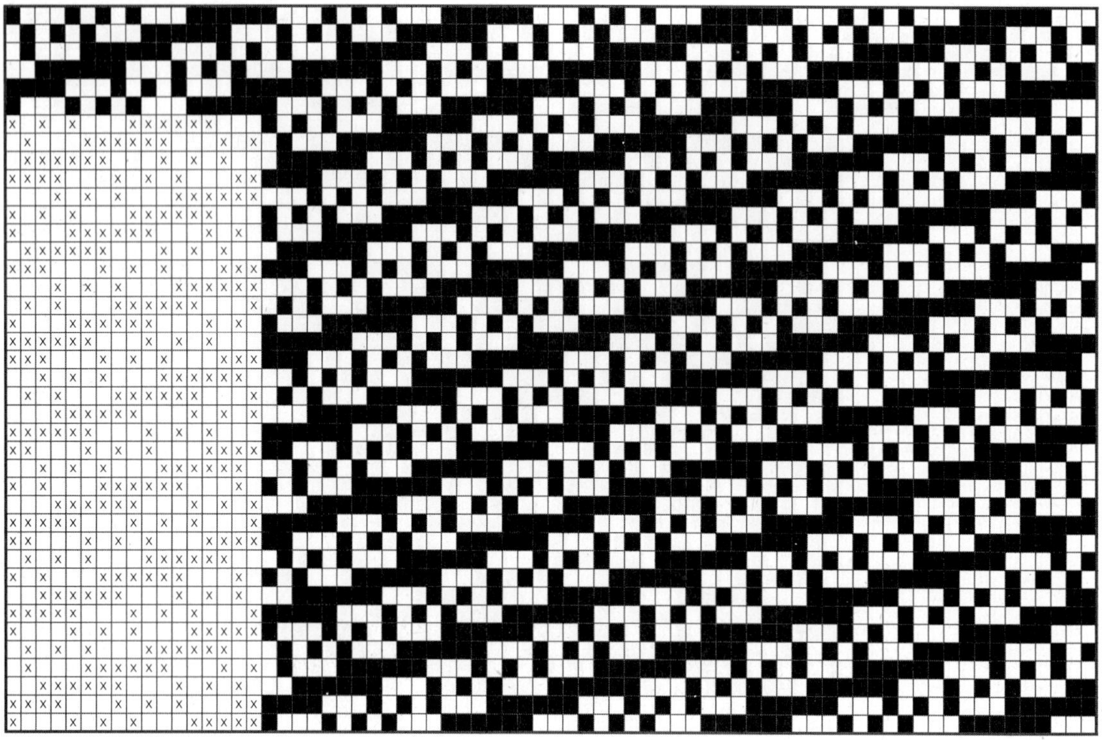

Design NO : AP 17056

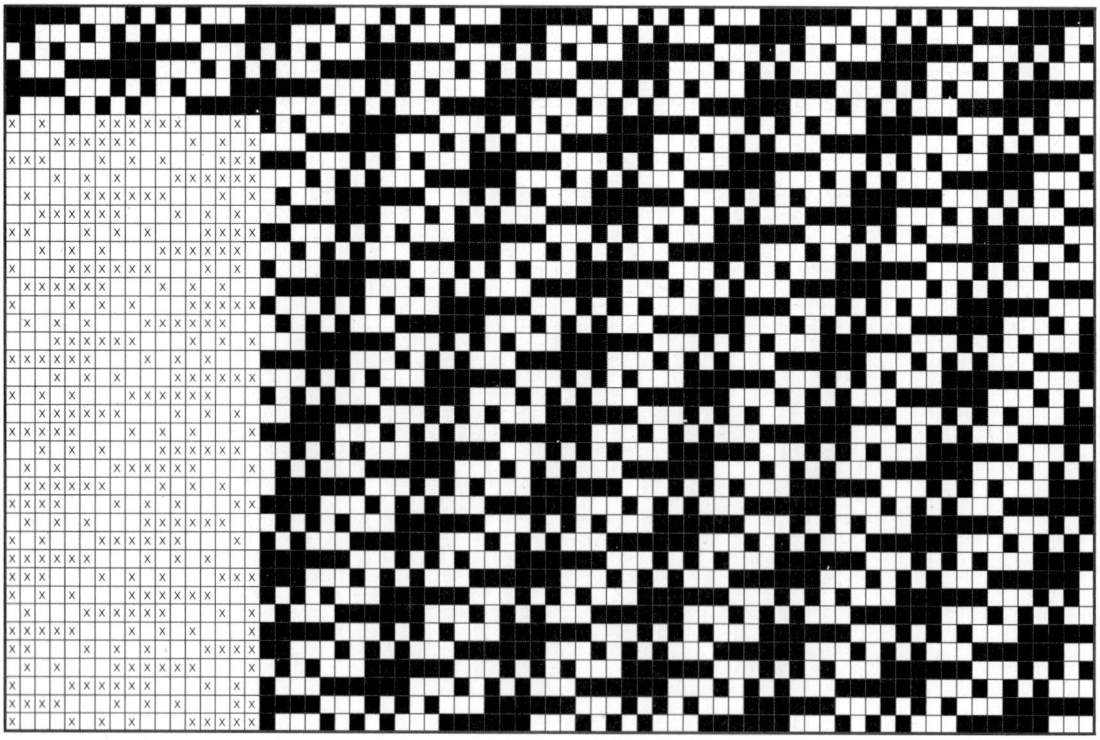

Design NO : AP 17057

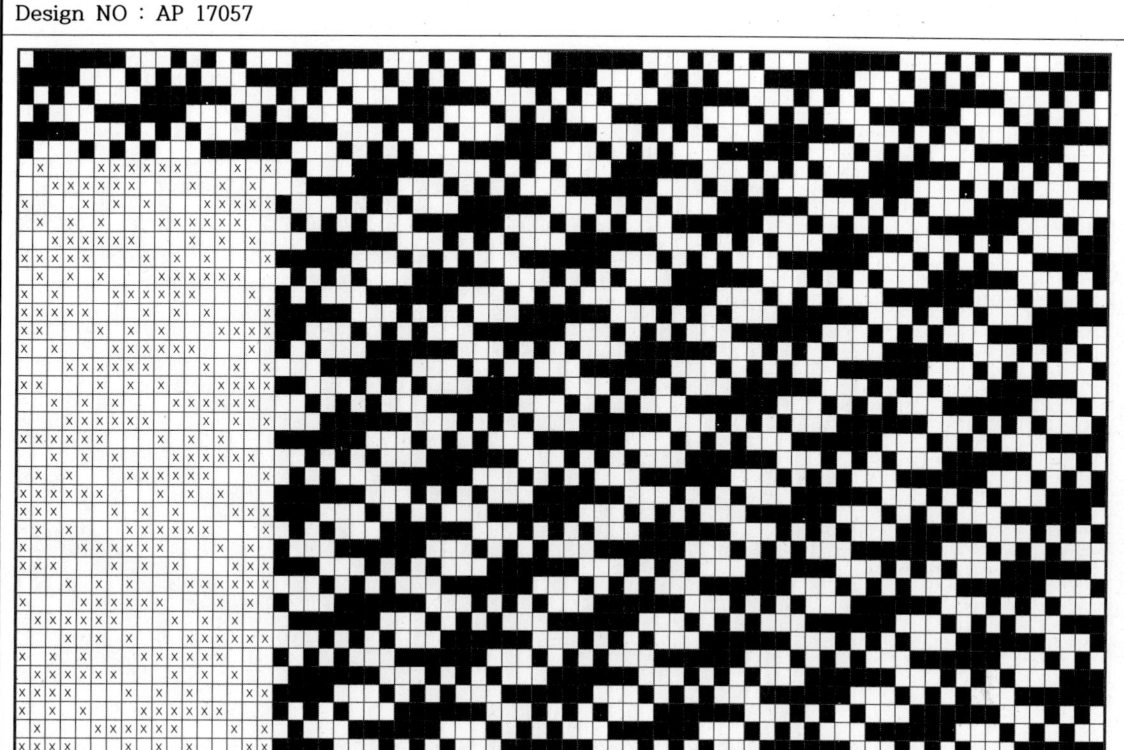

Design NO : AP 17058

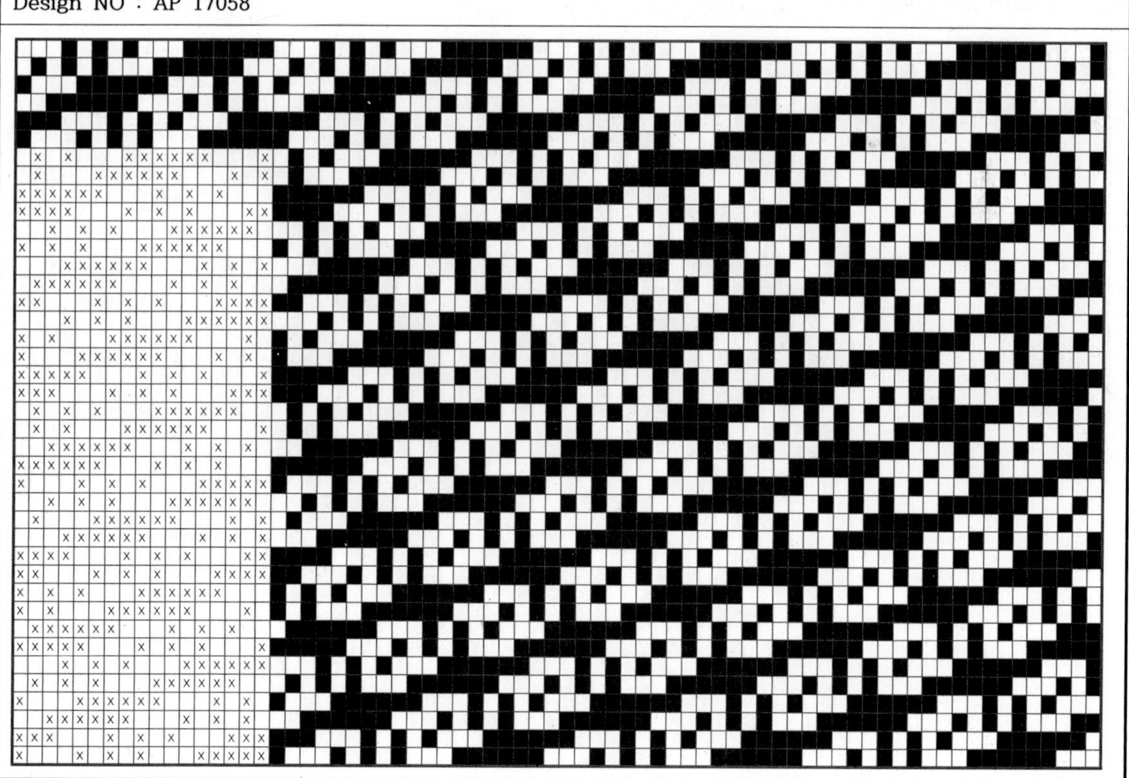

Design NO : AP 17059

Design NO : AP 17060

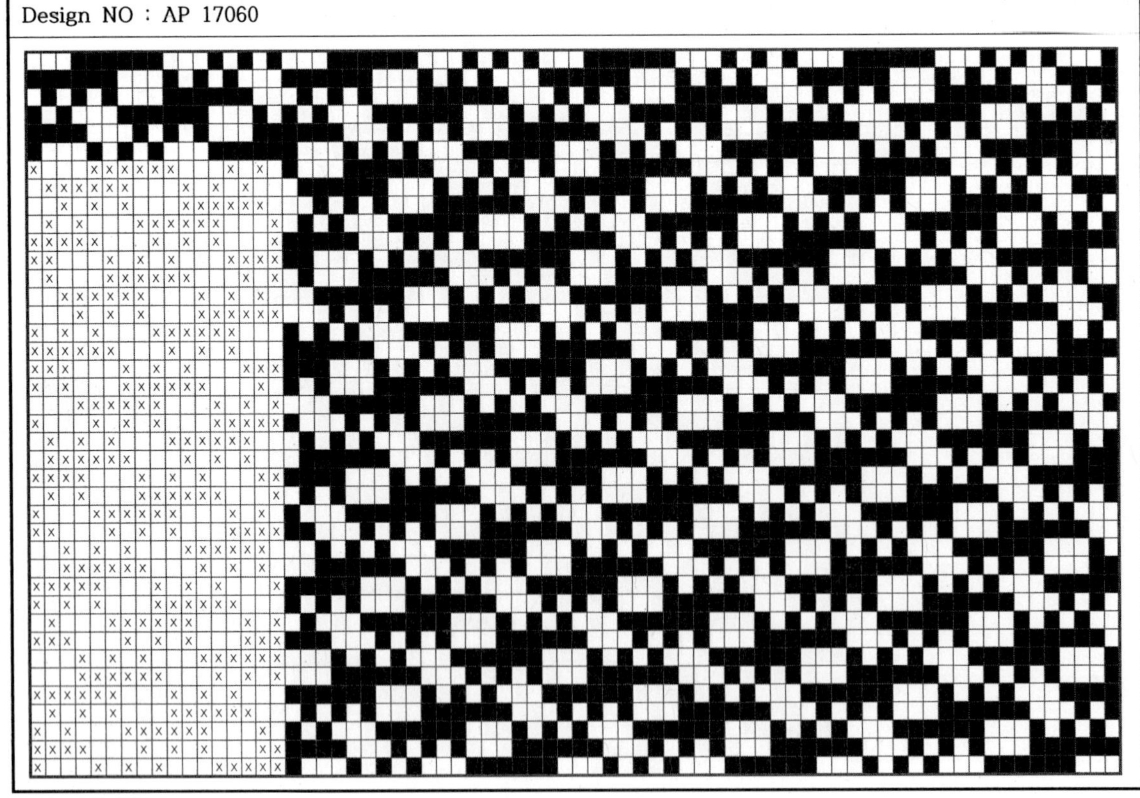

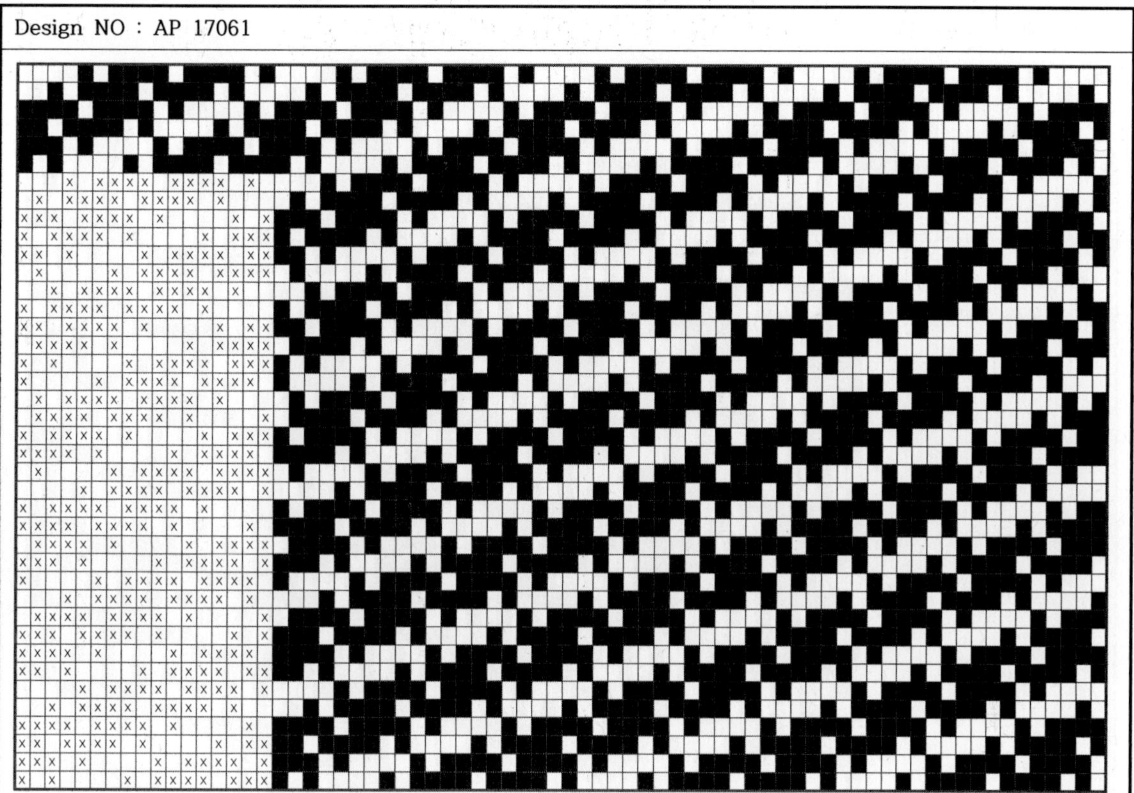

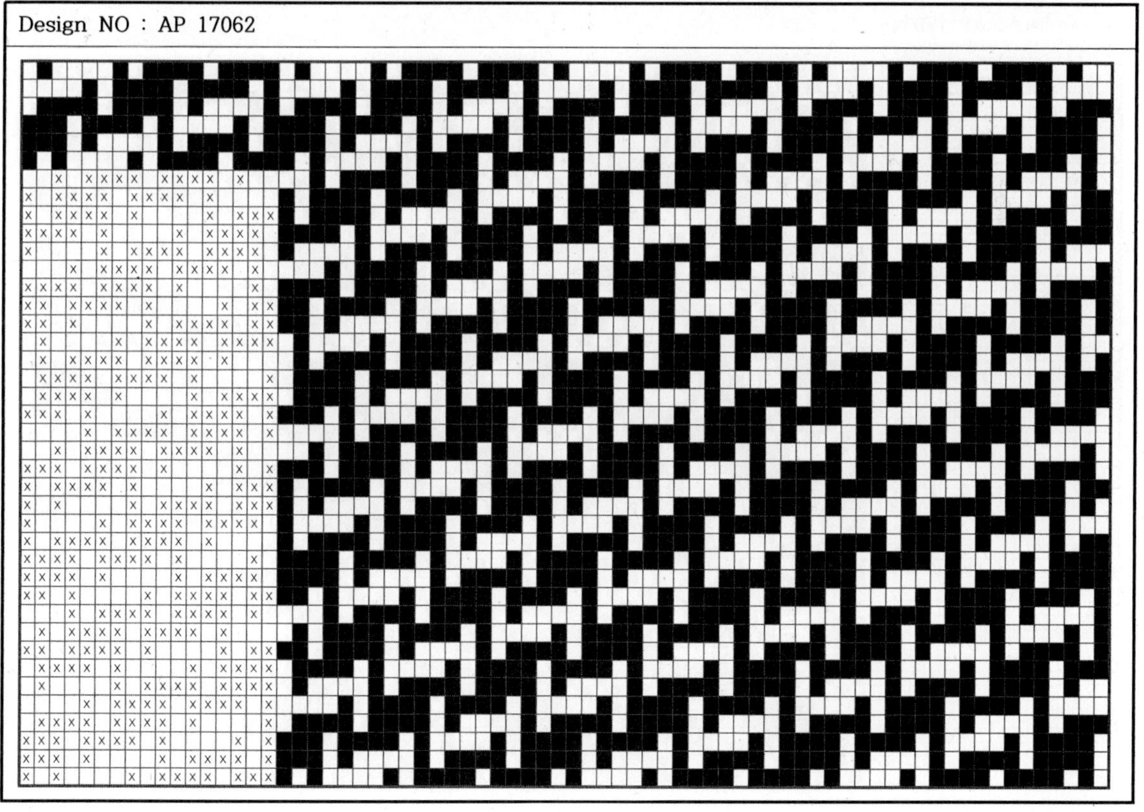

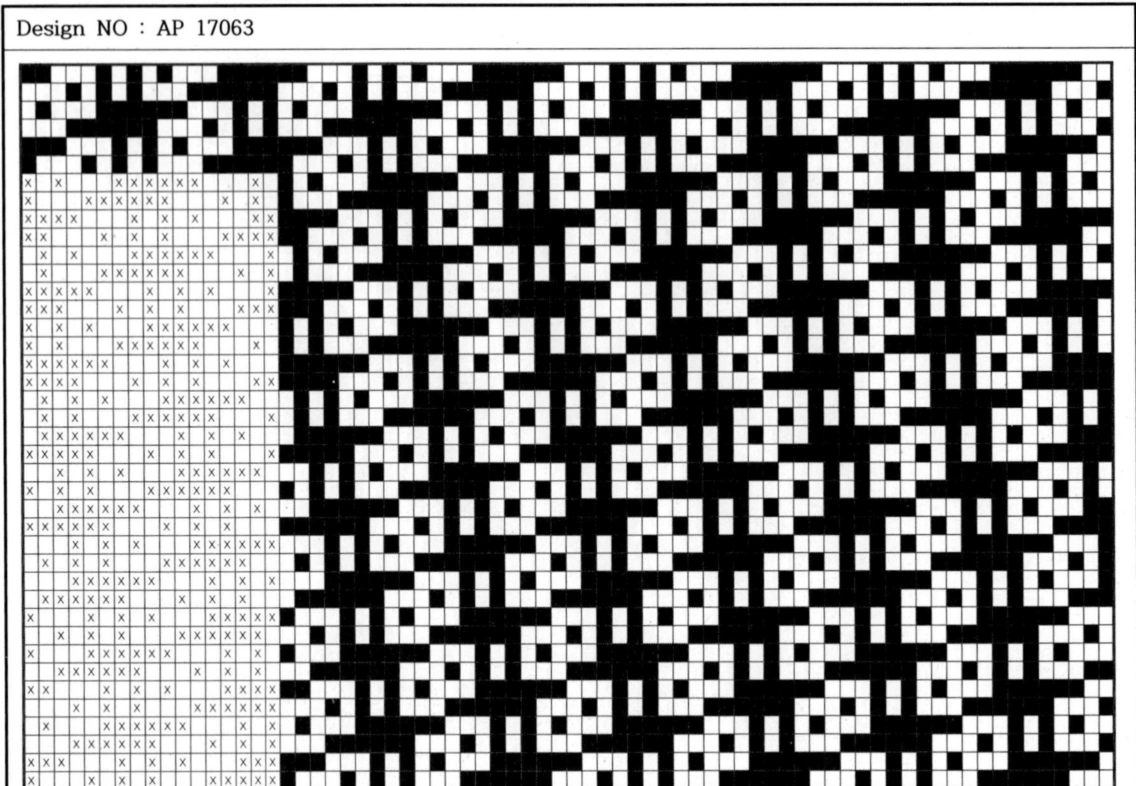

Design NO : AP 17063

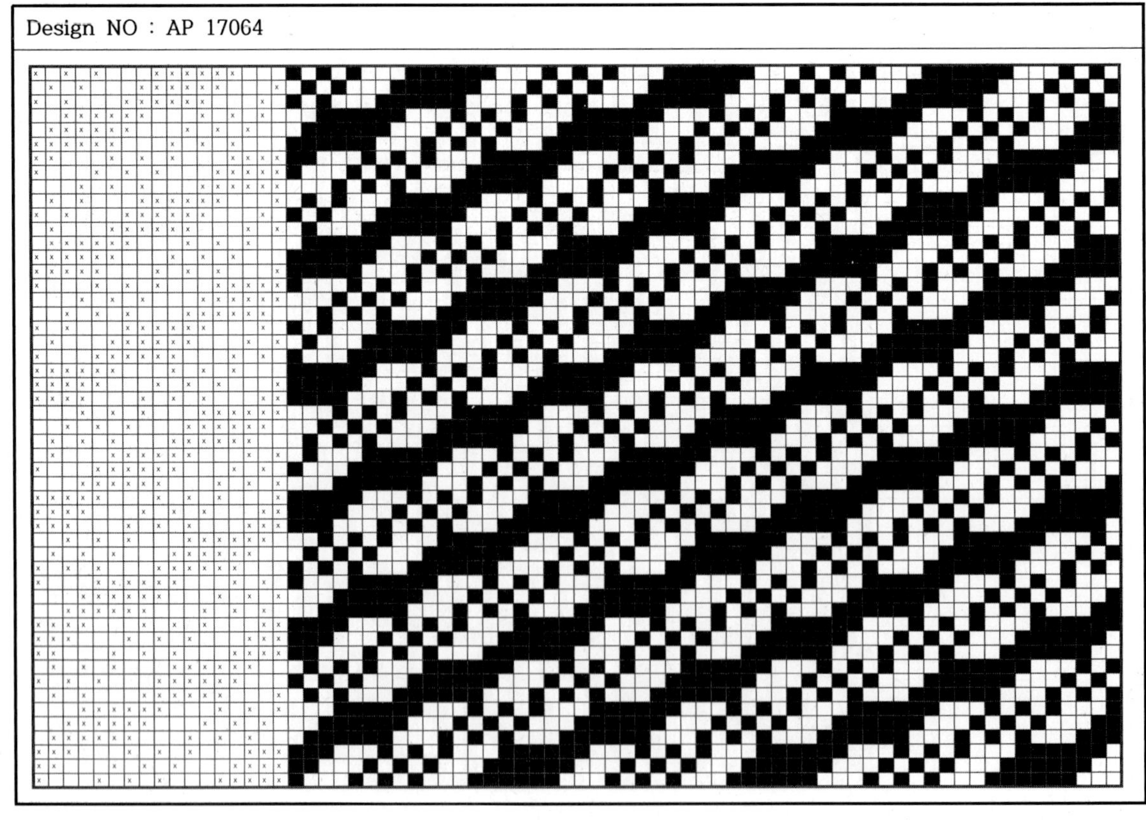

Design NO : AP 17064

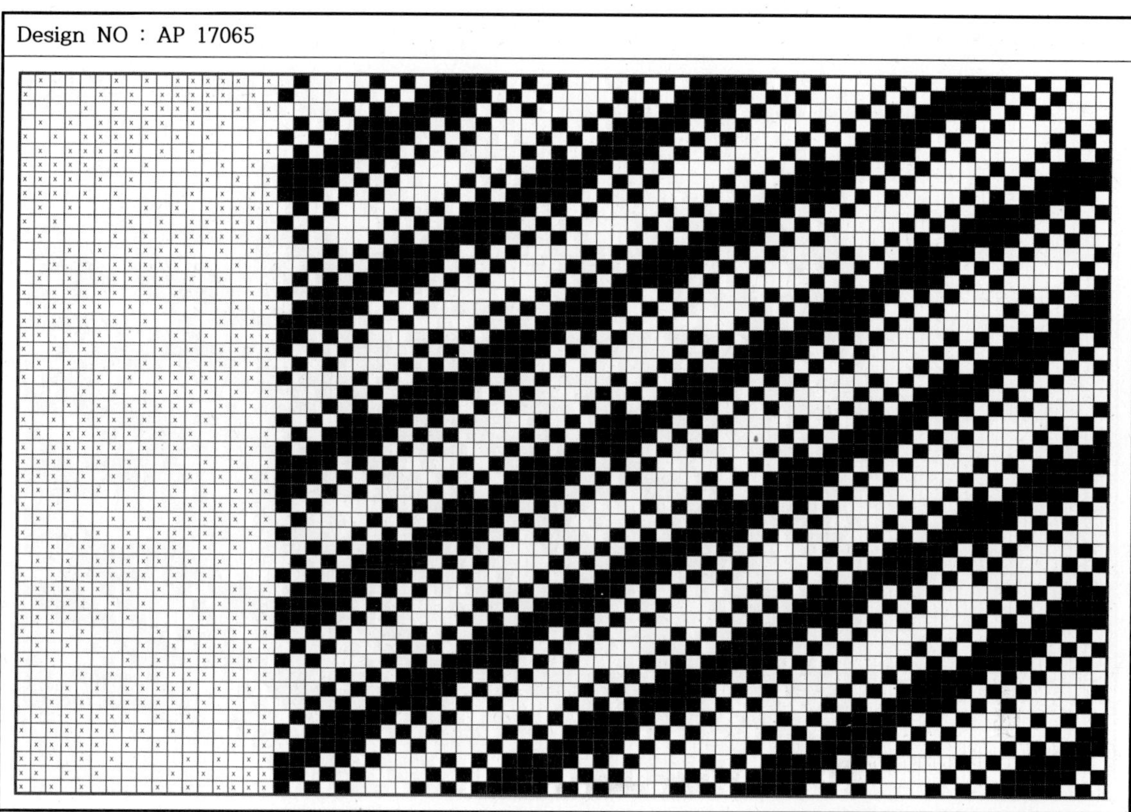

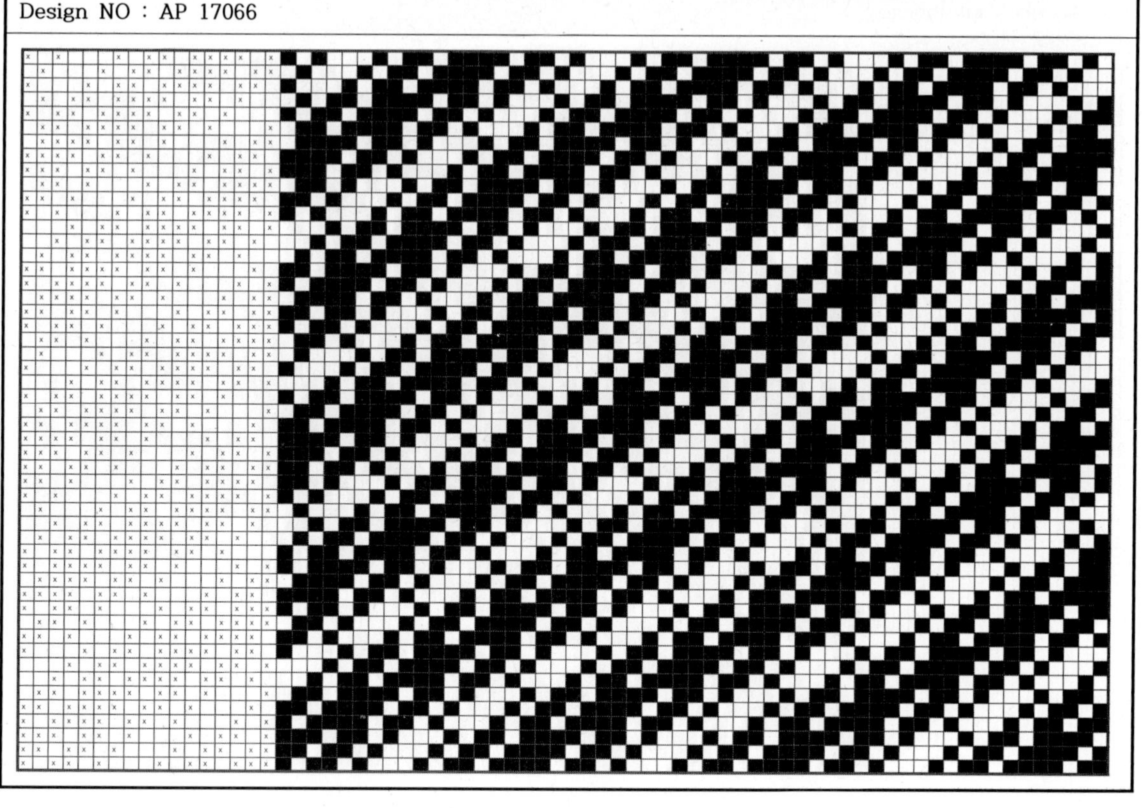

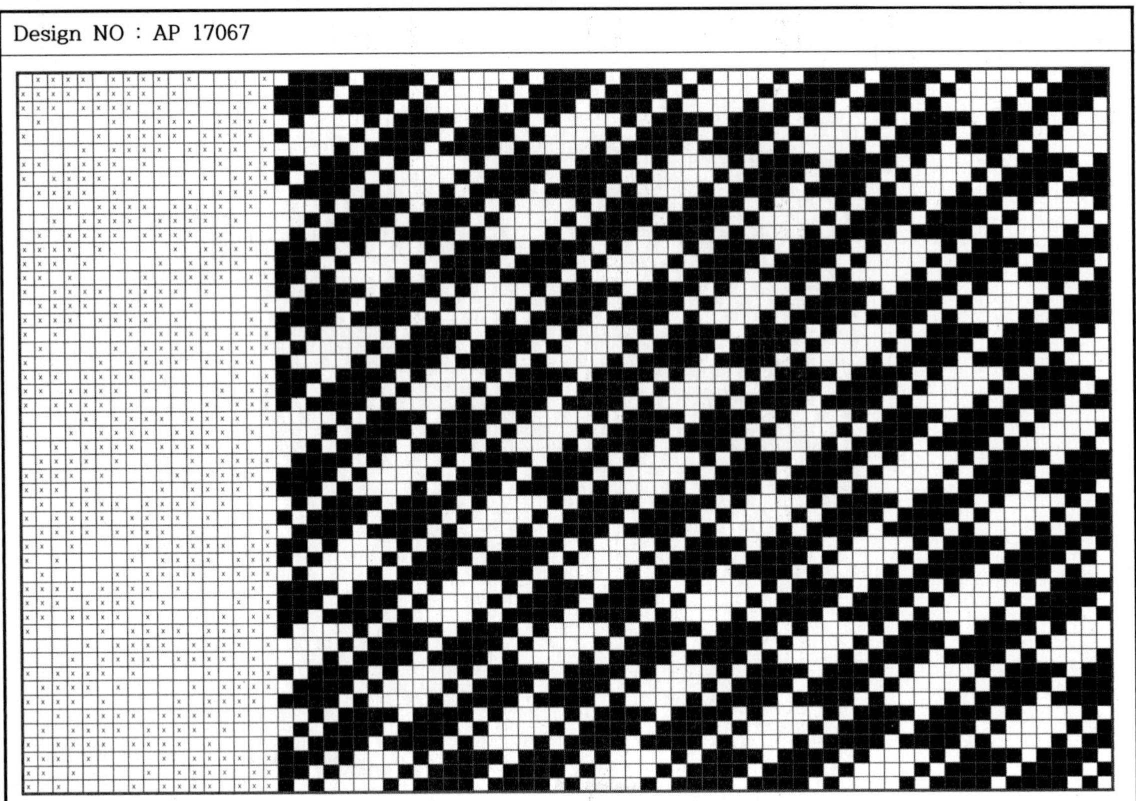

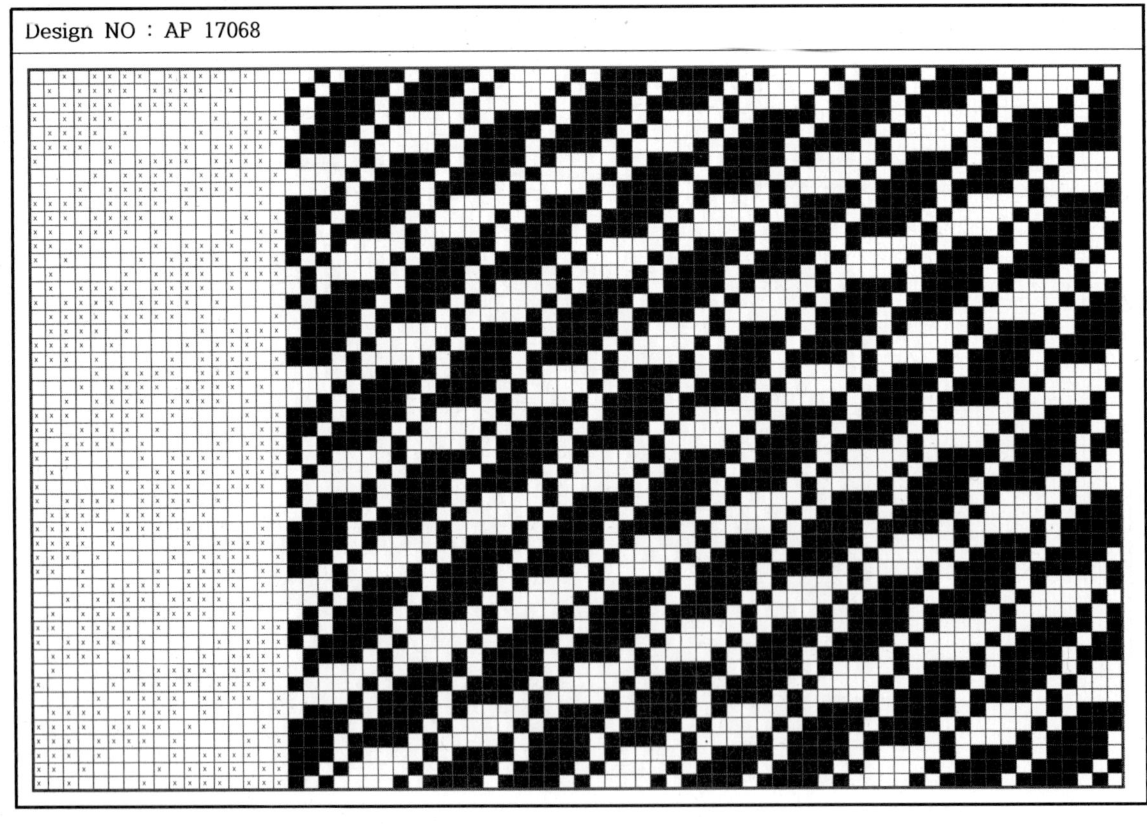

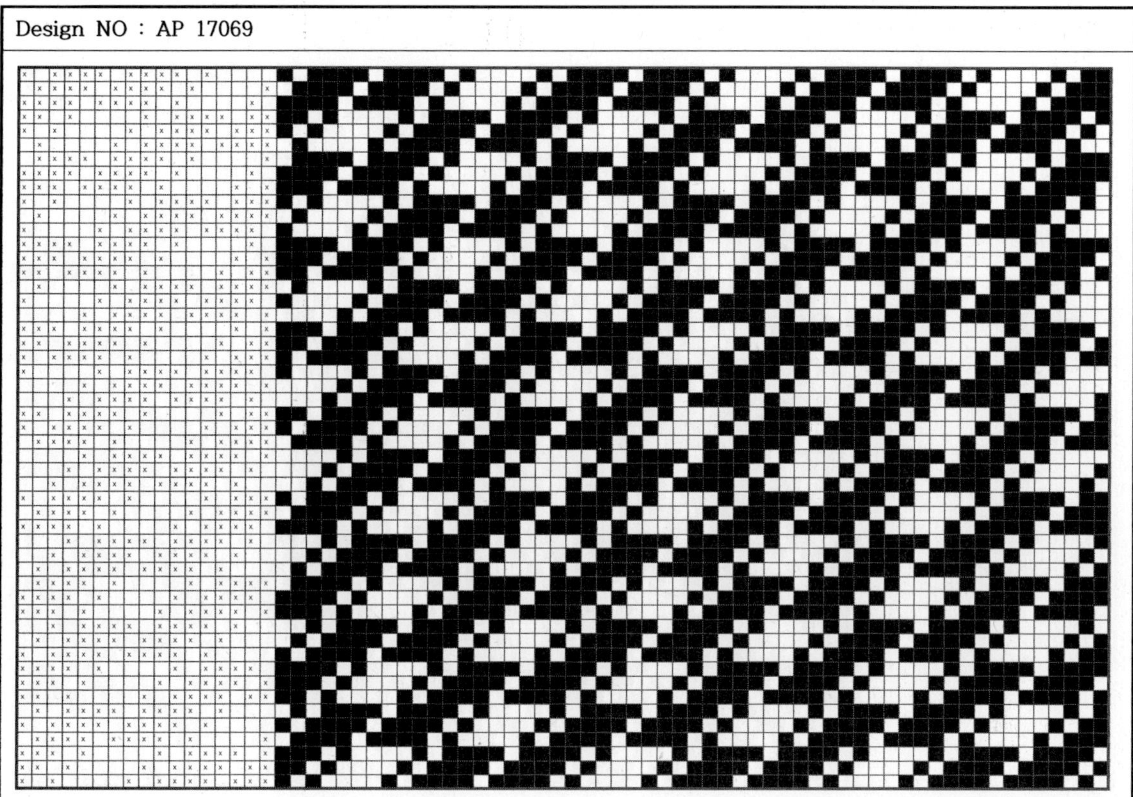

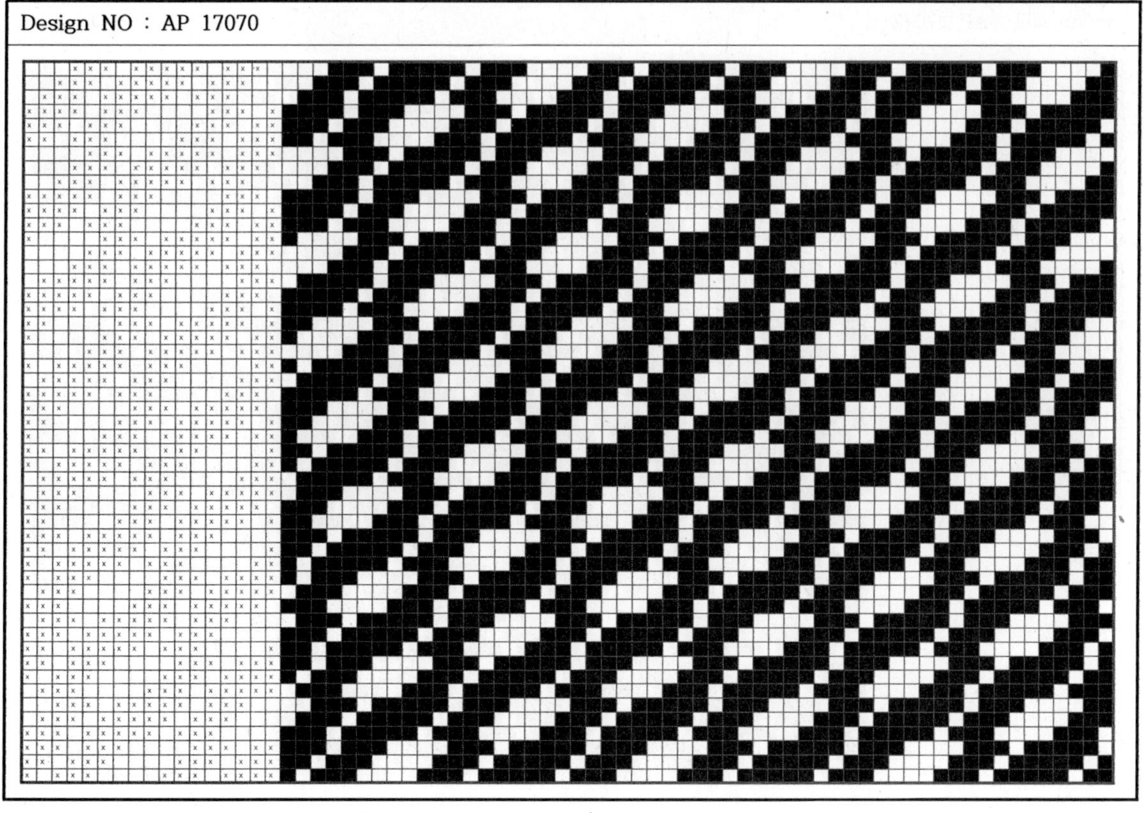

Design NO : AP 17071

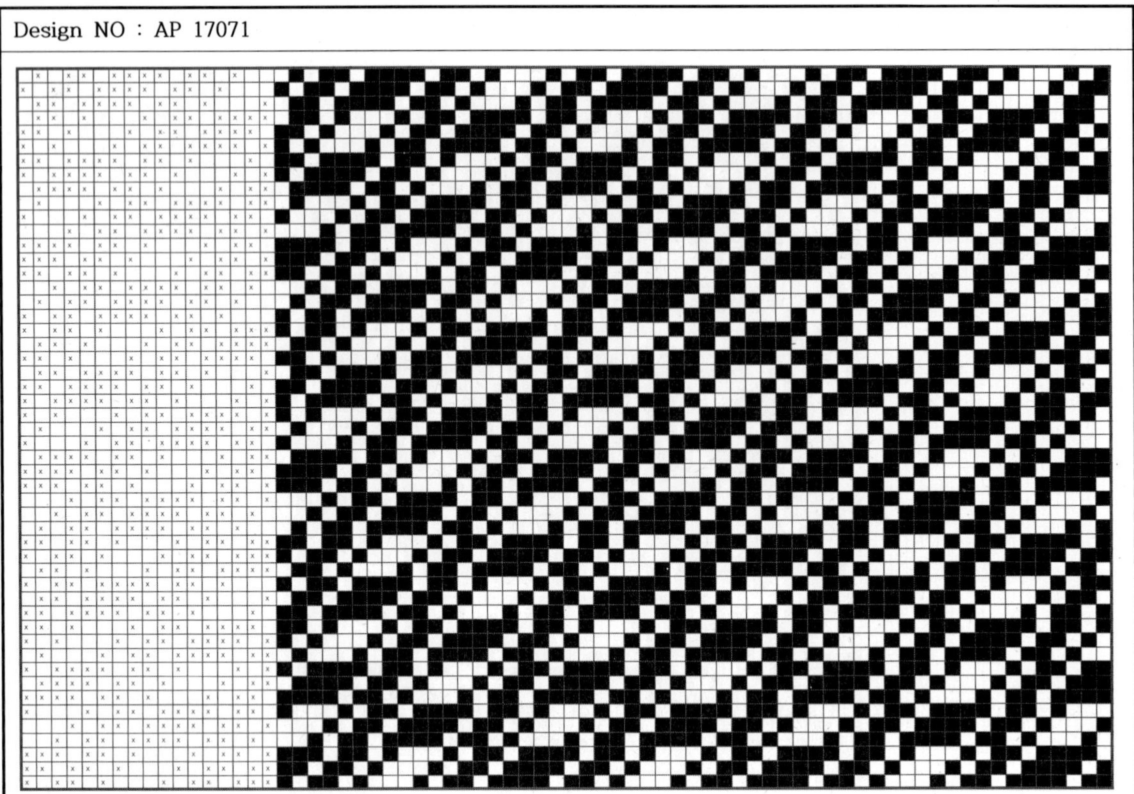

Design NO : AP 17072

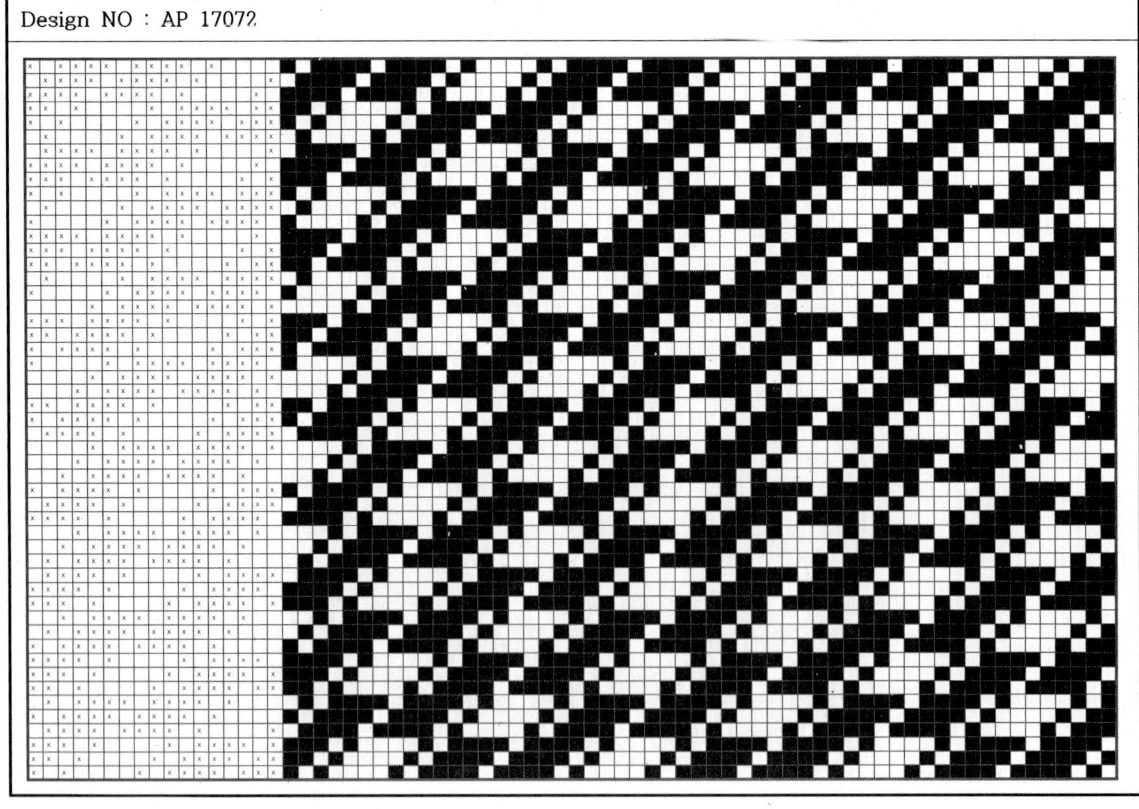

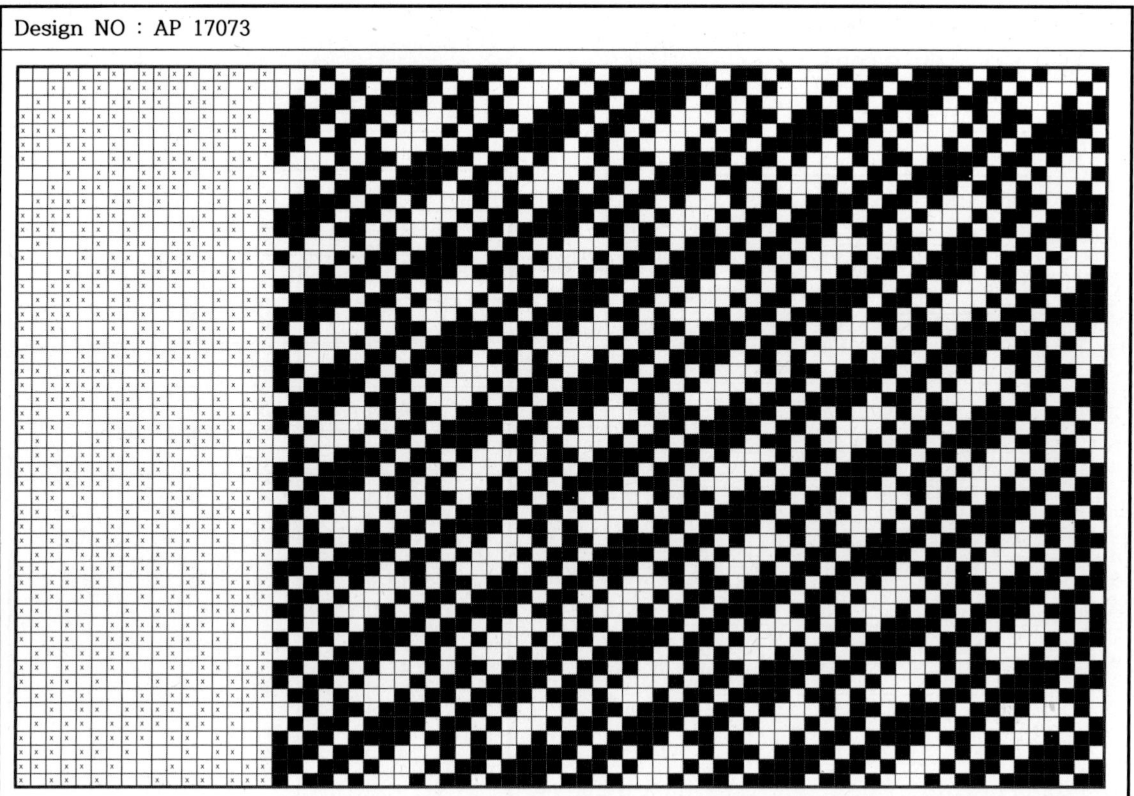

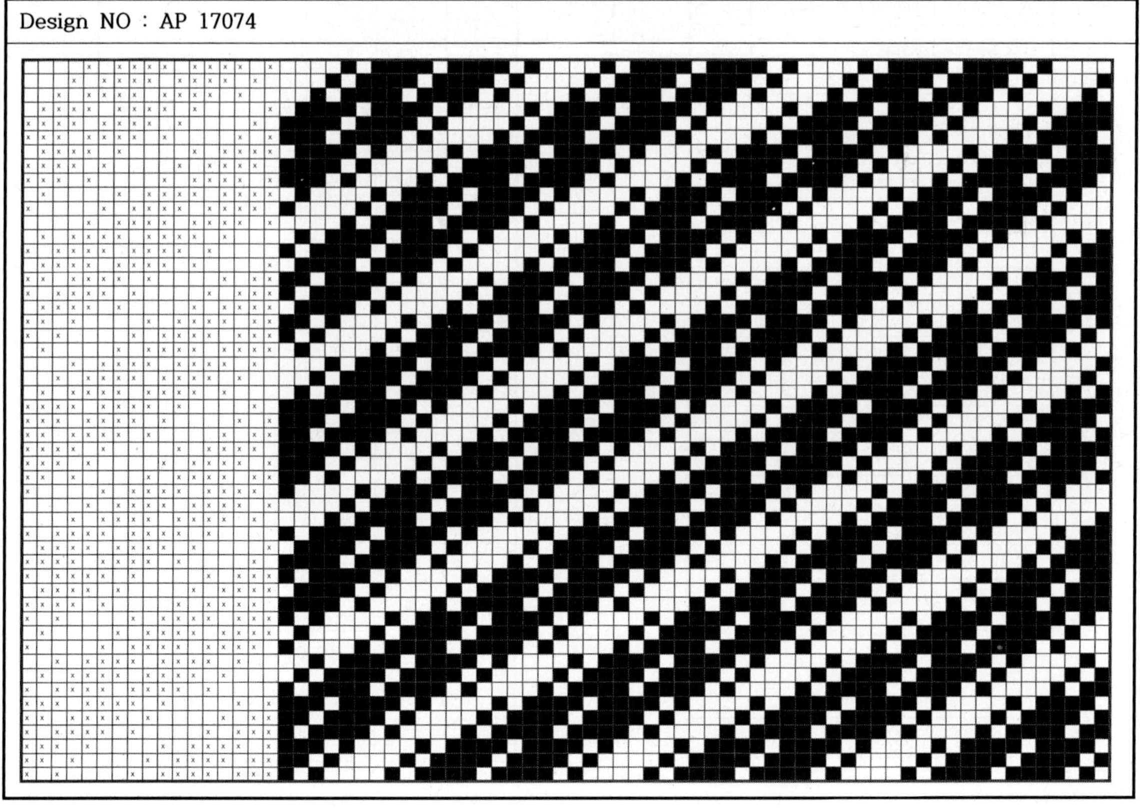

Weaving structure sample
Design NO : AP GT001

식전도 (40 본)

1	2	3	4	5	6
	X	X		X	
X	X				X
X		X	X		
		X		X	X
	X		X		X
X	X			X	
		X	X	X	
X			X		X
X	X	X			
	X		X	X	
X				X	X
	X	X			X
X	X		X		
X		X		X	
	X			X	X
		X	X		X
X			X	X	
X	X				X
		X		X	X
X		X	X		
	X		X		X
	X	X		X	
X		X			X
			X	X	X
	X	X	X		
X	X			X	
X			X		X
		X	X	X	
X	X	X			
X				X	X
	X		X	X	
	X	X			X
X		X		X	
X	X		X		
		X	X		X
	X			X	X
X			X	X	
	X	X	X		
X		X			X
			X	X	X

경통순서 (64 본)

4	3	1	6
2	5	3	6
4	2	3	5
1	4	6	5
1	2	3	6
4	1	5	3
4	1	6	3
2	5	4	6
1	3	5	2
1	4	5	6
2	3	1	5
2	4	3	6
1	2	5	6
3	4	5	1
3	2	6	4
1	2	6	5

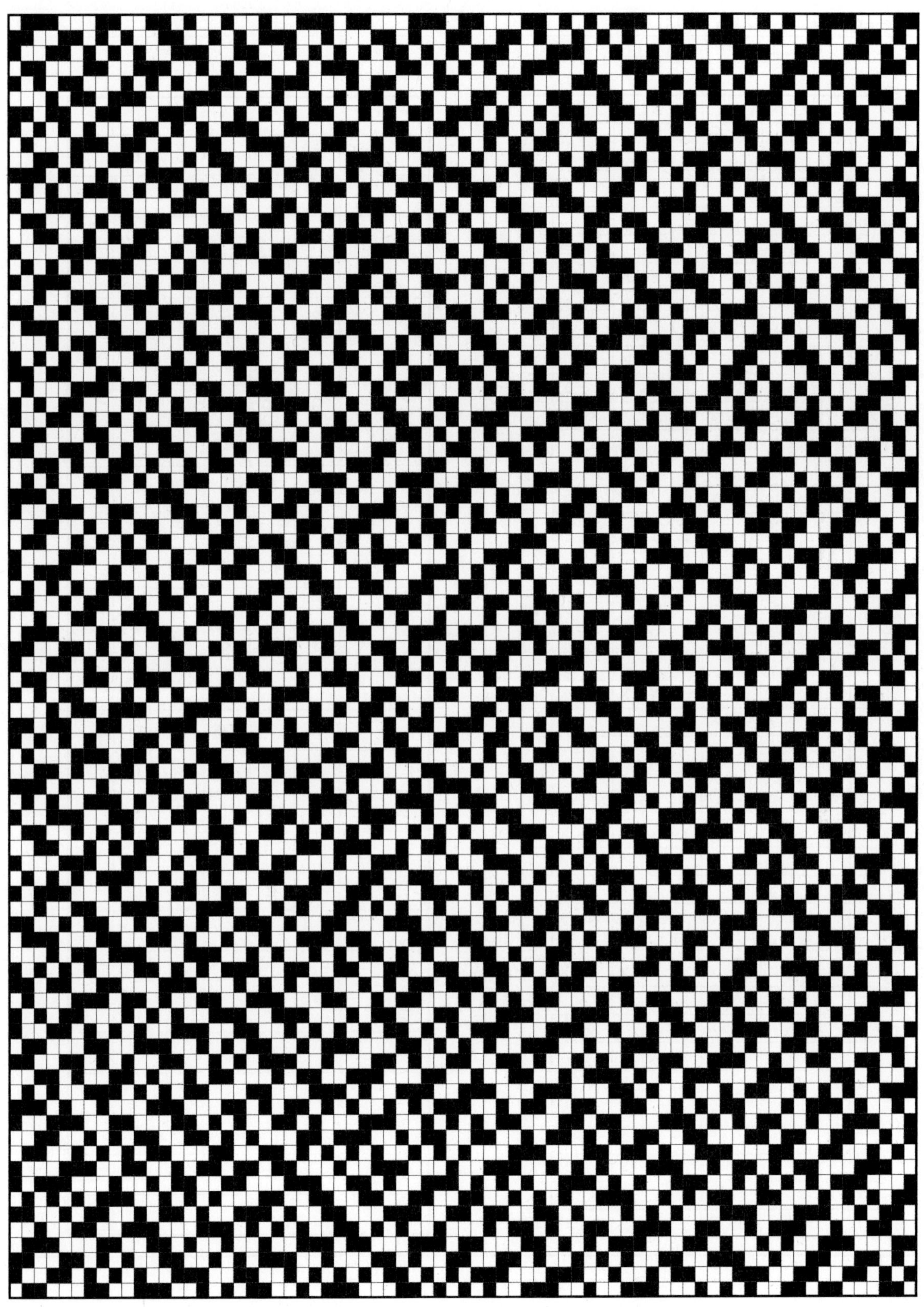

Weaving structure sample
Design NO : AP GT002

식전도　　(40 본)

1	2	3	4	5	6	7	8	9	10	11	12
		X	X	X			X		X		X
	X		X		X	X				X	X
X				X	X		X	X		X	
	X	X		X		X	X		X		
X	X		X			X		X			X
			X	X	X		X			X	X
X		X		X			X	X	X		
X	X				X	X		X		X	
		X	X		X				X	X	X
			X	X		X		X		X	X
X		X		X				X	X	X	
X	X				X	X			X		X
		X	X		X				X	X	X
X			X	X			X	X			X
	X			X	X	X	X			X	
X		X			X			X	X	X	
	X	X	X			X			X		X
X	X			X			X	X	X		
		X			X	X		X		X	X
X		X	X					X	X		X
	X			X	X		X	X			X
	X	X				X	X		X	X	
X			X			X			X	X	X
		X	X	X				X		X	X
	X	X			X			X	X		X
X	X	X				X		X	X		
X					X	X		X	X		X
	X		X			X	X			X	X
	X	X			X		X	X		X	
X		X			X			X		X	X
X			X	X			X	X			X
	X				X	X	X	X		X	
		X	X		X				X	X	X
X	X		X			X		X			X
X		X		X			X	X	X		
			X	X	X		X			X	X
X	X				X	X		X		X	
	X	X	X			X			X		X
	X		X	X			X		X	X	
X	X			X		X	X	X			

경통순서　　(45 본)

	1	2	3	4	5	6	
	9	12	7	11	8	10	
	1	2	4	6	3	5	
	12	9	10	7	8	11	
	4	3	5	1	6	2	
	12	8	10	7	11	9	
	3	4	6	5	2	1	
	4	8	7	10	9	11	
	12	2	5	1	3	6	
	7	9	8	11	10	12	

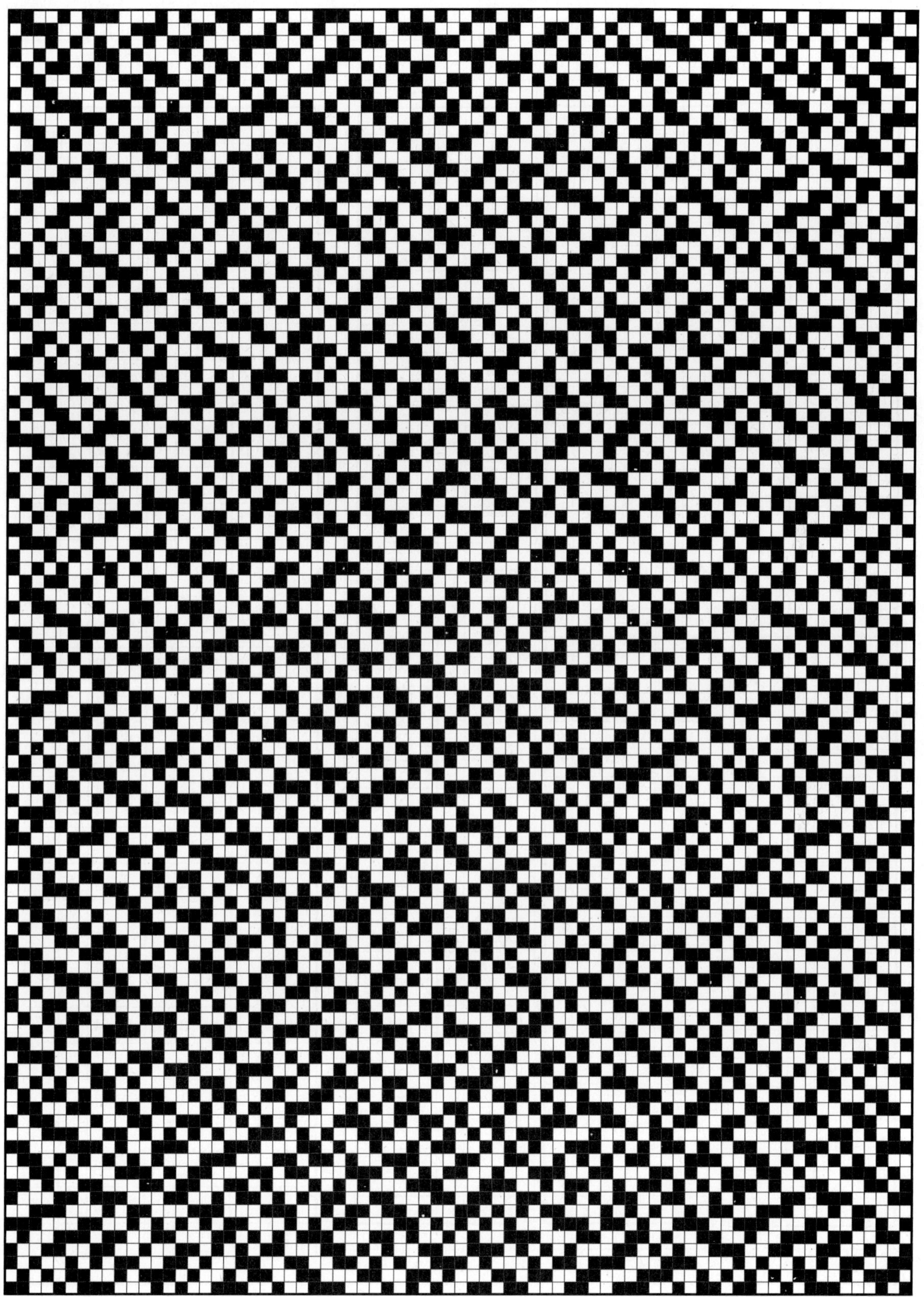

Weaving structure sample

Design NO : AP GT003

식전도 (120 본)

우 상단 연결

X		X		X	
	X		X	X	
		X	X		X
X	X				X
	X	X		X	
			X	X	X
X		X	X		
	X	X			X
X				X	X
X	X		X		
		X	X	X	
X		X			X
	X		X		X
X	X			X	
		X		X	X
X			X		X
X	X	X			
	X		X	X	
		X	X		X
X		X		X	
	X			X	X
	X	X	X		
X			X	X	
X	X				X
		X	X		X
X		X		X	
	X		X	X	
X			X		X
X	X	X			
	X			X	X
		X	X	X	
X	X		X		
X				X	X
	X	X			X
X		X	X		
X	X			X	
	X		X		X
		X		X	X
X			X	X	
	X	X	X		

우 상단 연결

X		X			X
			X	X	X
	X	X		X	
X	X				X
X			X	X	
	X	X	X		
		X		X	X
X	X			X	
	X		X		X
X		X			X
		X	X	X	
	X			X	X
X	X	X			
X			X		X
	X		X	X	
	X	X			X
X				X	X
X		X	X		
	X	X		X	
			X	X	X
X	X		X		
X		X		X	
		X	X		X
X	X				X
	X	X		X	
X		X	X		
X				X	X
	X		X	X	
		X	X		X
X		X		X	
X	X		X		
	X	X			X
			X	X	X
X	X			X	
X		X			X
	X		X		X
		X	X	X	
X	X	X			
	X			X	X
X			X		X

조직 Start

	X	X	X		
		X		X	X
X			X	X	
X	X				X
		X	X		X
	X		X	X	
X	X	X			
		X		X	X
X			X	X	
	X	X	X		
	X			X	X
X			X		X
X		X		X	
	X	X			X
X	X		X		
X				X	X
		X	X	X	
	X		X		X
X		X			X
X	X			X	
			X	X	X
X		X	X		
	X	X		X	
X	X				X
X			X	X	
		X		X	X
	X		X		X
X		X	X		
	X	X		X	
			X	X	X
X		X			X
X	X			X	
	X	X	X		
X			X		X
	X			X	X
X	X	X			
		X	X	X	
X				X	X
X	X		X		
	X	X			X
1	2	3	4	5	6

경통순서 (120 본)

1	2	3	4	5	2	6	3
5	4	6	2	1	5	3	6
4	5	1	3	4	6	1	3
2	6	5	1	4	6	5	2
4	3	1	5	6	4	2	3
6	1	4	5	6	3	1	2
6	4	1	5	2	3	1	6
4	3	5	6	2	3	5	1
2	4	6	3	2	4	1	3
6	2	5	1	6	2	4	5
3	1	4	2	5	3	4	2
6	1	5	4	2	1	3	5
2	1	4	3	6	5	4	3
2	5	6	1	2	5	4	1
6	5	3	2	1	6	3	4

Design NO : AP GT003

Weaving structure sample

Design NO : AP GT004

식전도 (40 본)	경통순서 (48 본)

		X	X		X
X			X	X	
	X			X	X
X	X	X			
X			X		X
	X		X	X	
	X	X			X
X		X	X		
X	X			X	
		X		X	X
	X	X	X		
X	X				X
			X	X	X
X		X		X	
X	X		X		
	X			X	X
		X	X		X
X			X	X	
	X	X		X	
X		X			X
	X		X		X
		X	X	X	
X				X	X
X	X	X			
	X		X	X	
X			X		X
	X	X			X
X	X			X	
X		X	X		
		X		X	X
X	X				X
	X	X	X		
X		X		X	
			X	X	X
X	X		X		
X		X			X
		X	X	X	
	X		X		X
X				X	X
	X	X		X	
1	2	3	4	5	6

	1	2	6	4	
	5	6	3	1	
	5	4	2	6	
	1	3	5	2	
	4	3	6	2	
	1	4	5	3	
	2	4	6	5	
	1	3	4	2	
	1	5	6	2	
	3	4	5	1	
	6	3	4	1	
	2	6	5	3	

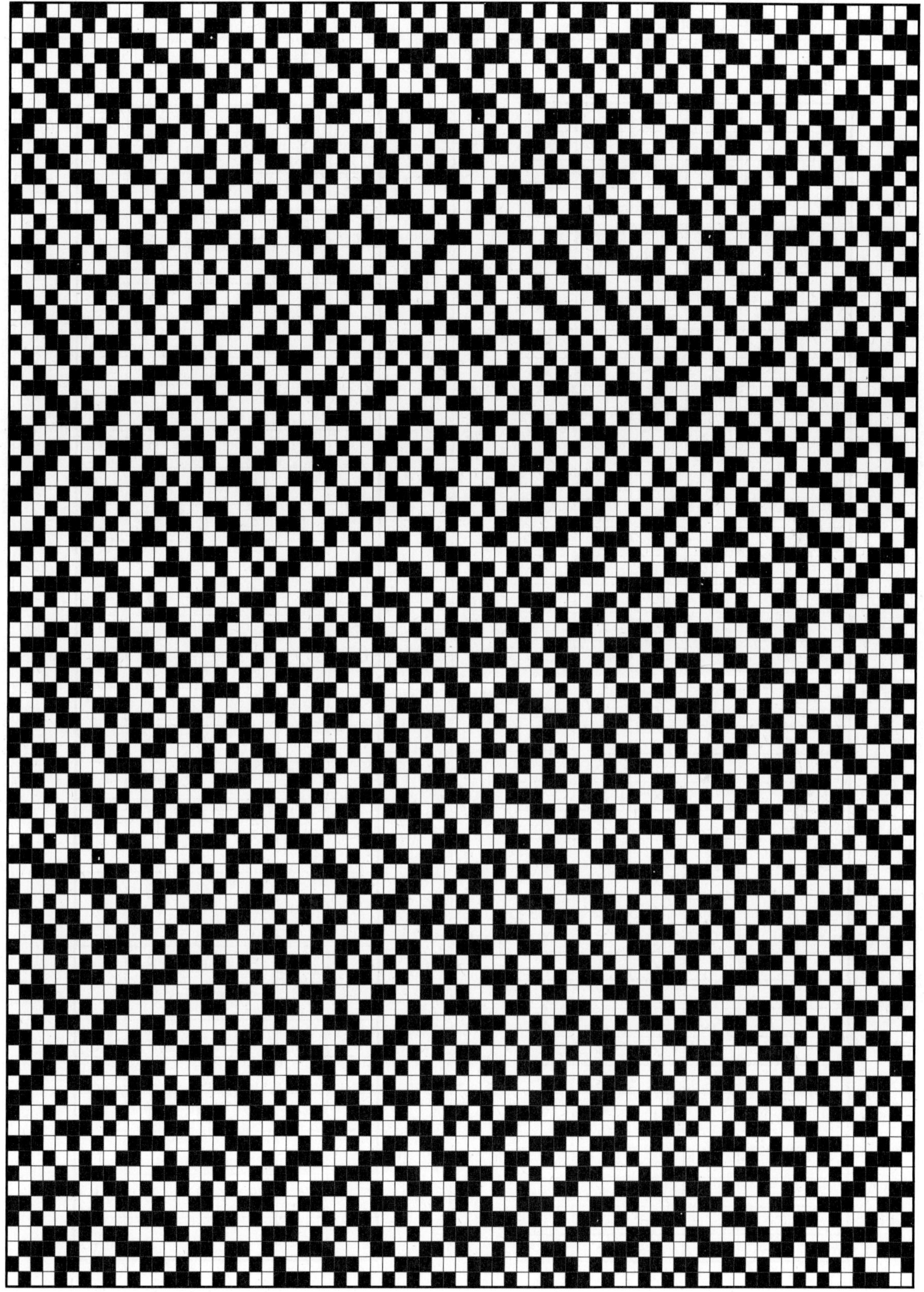

Weaving structure sample
Design NO : AP GT005

식전도　　(40 본)

1	2	3	4	5	6
X		X	X		
	X		X		X
	X	X		X	
X			X	X	
X	X				X
		X		X	X
	X		X	X	
X	X	X			
X				X	X
		X	X		X
X	X		X		
	X			X	X
X		X			X
	X	X	X		
			X	X	X
X		X		X	
	X	X			X
X			X		X
		X	X	X	
X	X			X	
	X		X		X
X		X	X		
	X	X		X	
X	X				X
X			X	X	
		X		X	X
X	X	X			
	X		X	X	
		X	X		X
X				X	X
X	X		X		
		X	X	X	
	X	X			X
X			X		X
X		X		X	

경통순서　　(60 본)

1	2	3	4
5	1	6	2
3	1	5	2
6	4	1	3
6	4	5	2
1	4	3	2
5	6	1	3
4	2	6	5
4	1	6	3
5	2	4	6
5	1	2	3
4	5	6	3
2	1	6	4
2	5	3	1
4	5	3	6

식전도　(240 본)　　　경통순서　(216 본)

1	2	3	4	5	6	7	8
9	10	3	4	1	2	7	8
9	10	11	12	1	2	5	6
7	8	3	4	1	2	5	6
11	12	3	4	9	10	7	8
5	6	1	2	3	4	11	12
7	10	1	2	7	8	3	4
5	6	1	2	9	10	7	8
11	12	3	4	9	10	5	6
1	2	7	8	3	4	5	6
1	2	9	10	7	8	5	6
11	12	1	2	9	10	3	4
7	8	1	2	9	10	5	6
3	4	7	8	9	10	1	2
11	12	5	6	7	8	1	2
11	12	3	4	5	6	9	10
1	2	3	4	11	12	9	10
1	2	5	6	7	8	3	4
1	2	11	12	7	8	3	4
9	10	11	12	5	6	1	2
7	8	11	12	5	6	3	4
7	8	1	2	5	6	9	10
11	12	7	8	1	2	9	10
3	4	7	8	11	12	9	10
3	4	5	6	11	12	1	2
9	10	5	6	3	4	1	2
11	12	7	8	5	6	9	10
						216	본

우 상단 연결　우 상단 연결　우 상단 연결　조직 Start

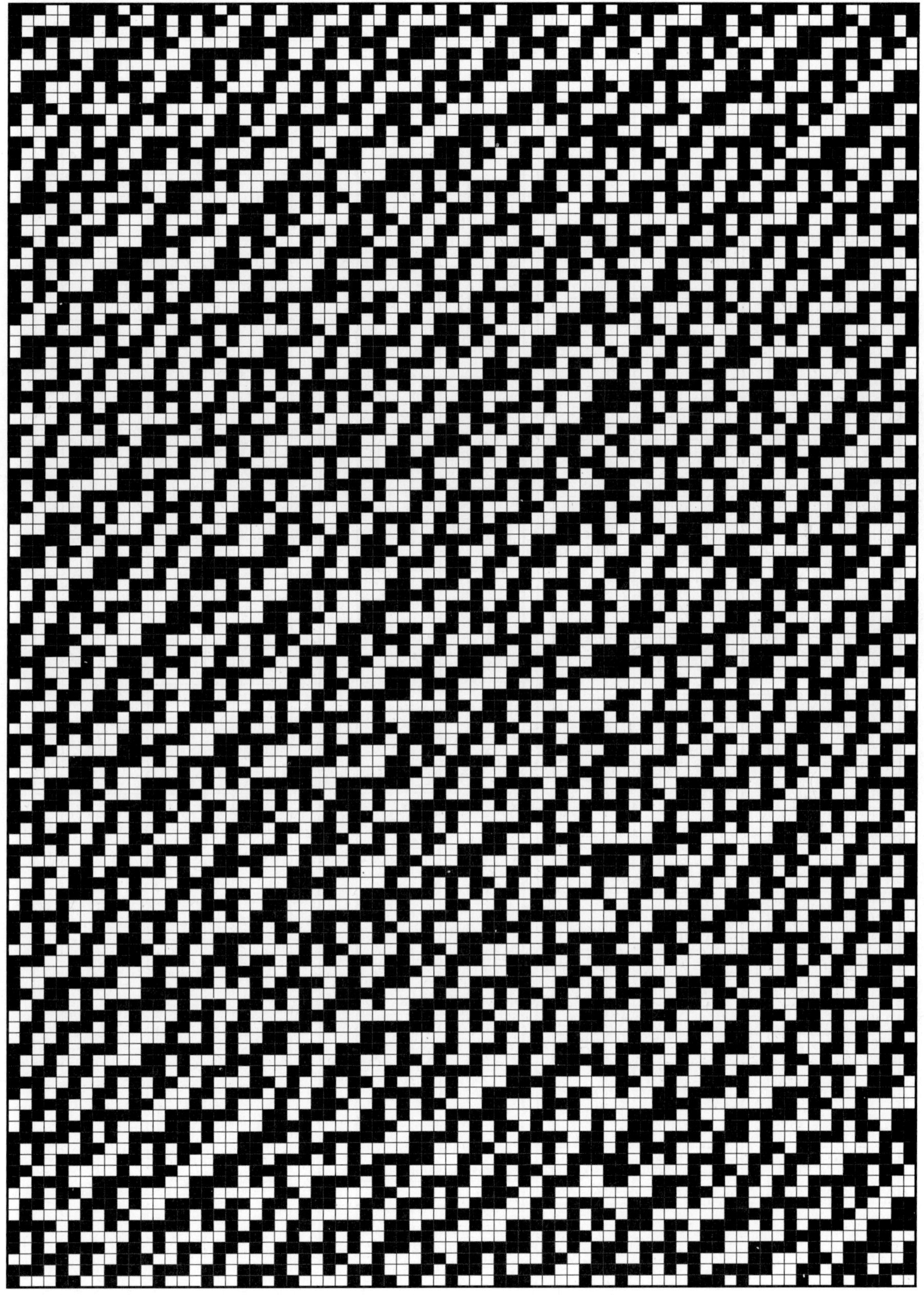

식전도　　(120 본)		경통순서　　(120 본)

식전도 및 조직 Start 도표 (경사 배열 X 표시)

경통순서 (120 본)

1	2	3	4	5	6	2	4
5	1	6	3	2	1	5	6
3	1	5	4	2	6	1	5
2	3	6	5	2	1	3	4
6	1	3	5	6	4	2	5
6	1	2	4	6	3	5	2
4	3	1	2	5	3	1	6
5	4	3	6	1	4	5	2
6	3	4	1	6	2	3	1
4	2	3	5	4	6	2	1
4	6	5	1	3	2	6	4
1	5	3	4	1	2	6	4
3	2	5	4	1	2	6	5
3	2	4	1	3	6	4	5
3	6	2	5	1	4	3	5

조직 Start

| 1 | 2 | 3 | 4 | 5 | 6 |

우 상단 연결	우 상단 연결	조직 Start	

Design NO : AP GT007

Weaving structure sample
Design NO : AP GT008

식전도　(40 본)	경통순서　(66 본)

식전도　(40 본)

1	2	3	4	5	6
	X			X	X
X		X		X	
		X	X		X
	X		X	X	
X				X	X
	X	X			X
		X	X	X	
X			X		X
X	X	X			
		X		X	X
X			X	X	
	X	X	X		
X	X				X
			X	X	X
X		X	X		
X	X			X	
	X		X		X
X		X			X
	X	X		X	
X	X		X		
X				X	X
		X	X	X	
	X	X			X
X			X		X
	X		X	X	
X		X		X	
		X	X		X
	X			X	X
X	X	X			
X			X	X	
		X		X	X
X	X				X
	X	X	X		
			X	X	X
X	X				X
	X		X		X
	X	X		X	
X		X	X		
X		X			X
X	X		X		

경통순서　(66 본)

1	2	3	4
5	6	2	4
1	5	3	6
4	5	2	6
1	3	5	4
2	1	6	3
2	5	6	4
3	1	2	4
6	5	1	3
6	5	2	4
3	1	2	5
3	4	1	6
2	3	5	1
4	6	3	1
4	2	6	5
3	2	1	5
4	6		

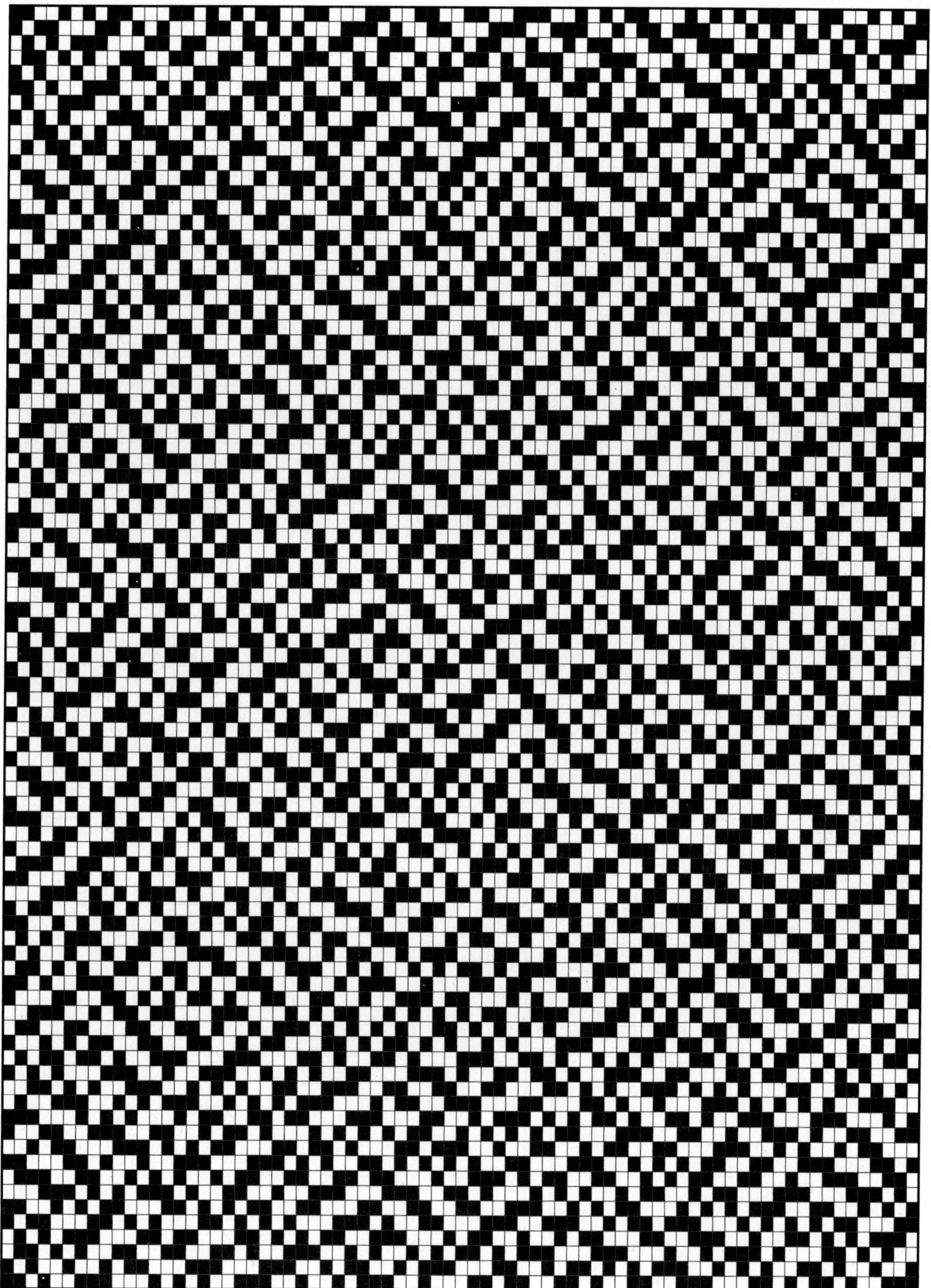

식전도　(120 본)	경통순서　(120 본)

식전도 우 상단 연결 · 우 상단 연결 · 조직 Start (1 2 3 4 5 6)

경통순서 (120 본)

1	2	3	4	5	2
6	3	5	4	6	2
1	5	3	6	4	5
1	3	4	6	1	3
2	6	5	1	4	6
5	2	4	3	1	5
6	4	2	3	6	1
4	5	6	3	1	2
6	4	1	5	2	3
1	6	4	3	5	6
2	3	5	1	2	4
6	3	2	4	1	3
6	2	5	1	6	2
4	5	3	1	4	2
5	3	4	2	6	1
5	4	2	1	3	5
2	1	4	3	6	5
4	3	2	5	6	1
2	5	4	1	6	5
3	2	1	6	4	3

Design NO : AP GT009

식전도 (120 본)		경통순서 (120 본)

경통순서 (120 본)

1	2	3	4	5	6
1	3	2	5	4	3
6	5	4	2	1	6
4	3	1	6	5	3
4	1	5	6	2	4
3	5	1	4	2	5
3	1	2	6	3	1
4	6	2	1	5	4
6	3	5	2	6	4
5	2	1	3	5	4
1	3	6	2	5	1
6	2	3	5	6	4
2	3	1	5	2	3
6	1	5	3	2	4
6	5	2	4	1	6
3	2	1	4	3	2
6	5	1	2	6	5
1	3	4	6	1	2
5	6	3	4	2	6
1	4	5	3	6	4

우 상단 연결	우 상단 연결	조직 Start

Design NO : AP GT010

Weaving structure sample
Design NO : AP GT011

식전도 (40 본)						경통순서 (66 본)			

1	2	3	4	5	6				
X			X		X	6	5	4	3
	X		X	X		2	1	5	6
X	X	X				2	4	5	3
			X	X	X	6	1	2	5
X			X	X		6	4	1	3
X	X				X	2	6	5	3
			X	X	X	1	4	5	2
X			X	X		1	6	3	4
	X		X		X	2	6	3	5
	X	X		X		4	1	2	3
X				X	X	6	4	5	1
X	X		X			3	4	6	1
		X	X	X		5	2	4	3
	X	X			X	5	2	6	1
X	X			X		3	4	6	2
			X	X	X	5	1	4	2
X		X			X	3	1		
	X	X	X						
	X			X	X				
X			X		X				
X		X		X					
	X		X	X					
			X	X	X				
X	X	X							
X			X	X					
			X	X	X				
X	X				X				
X	X			X					
		X	X	X					
	X			X	X				
X				X	X				
	X	X		X					
X	X		X						
X		X			X				
	X			X	X				
	X	X	X						
X		X		X					

Design NO : AP GT011

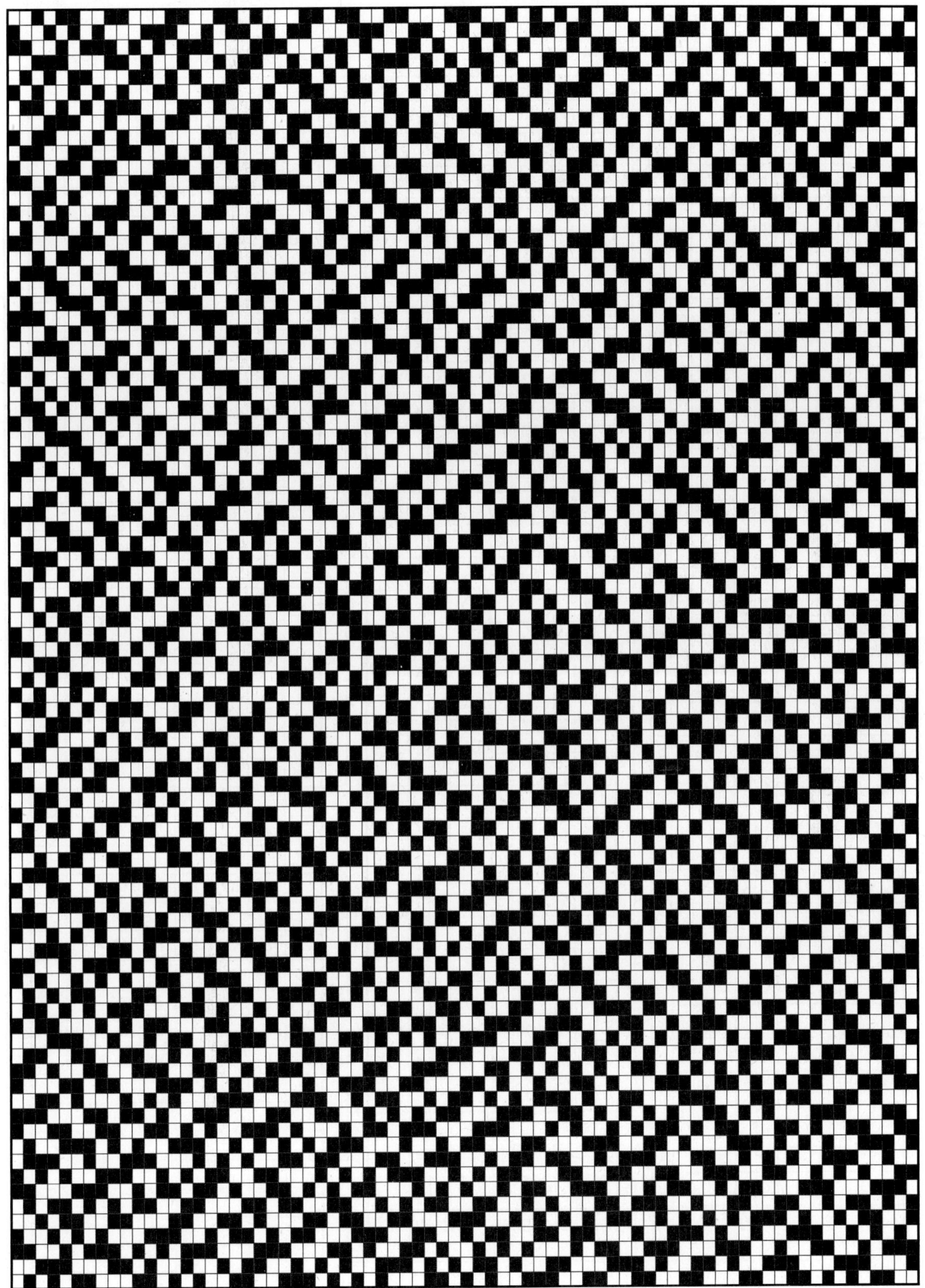

Weaving structure sample

Design NO : AP GT012

식전도 (68 본)

X		X						X		X	
			X		X		X				X
		X		X				X		X	
	X		X				X				X
		X		X		X				X	
	X		X				X		X		
X		X				X				X	
	X				X		X		X		
X		X				X		X			
					X		X		X		X
X				X		X		X			
			X		X				X		X
				X		X		X		X	
	X		X		X						X
		X		X				X		X	
	X		X		X		X				
X		X		X						X	
			X		X		X		X		
X		X		X		X					
					X		X		X		X
		X		X		X		X			
	X						X		X		X
				X		X		X		X	
	X		X				X		X		
X						X		X		X	
	X		X		X				X		
X		X				X		X			
	X				X				X		X
X		X		X				X			
					X		X		X		X
X				X				X		X	
			X				X		X		X
				X		X		X		X	
	X		X				X				X

우 상단 연결

조직 Start

		X				X		X		X	
	X		X		X		X				
X		X				X				X	
	X				X		X		X		
X		X		X		X					
	X				X				X		X
X				X		X		X			
	X		X						X		X
X				X				X		X	
			X				X		X		X
X		X						X		X	
			X		X		X				X
		X				X		X		X	
	X				X		X				X
		X		X		X				X	
	X						X		X		X
X				X		X				X	
			X				X		X		X
X						X		X		X	
			X		X		X		X		
		X				X		X		X	
	X		X		X		X				
		X		X		X		X			
	X		X		X						X
X		X		X		X					
	X				X				X		X
X		X		X						X	
	X				X		X		X		
X				X				X		X	
	X		X				X		X		
X				X		X		X			
	X		X						X		X
X		X				X		X			
			X		X				X		X
1	2	3	4	5	6	7	8	9	10	11	12

경통순서 (102 본)

	8	3	4	11	12	9	
	10	1	2	5	6	7	
	8	11	12	1	2	9	
	10	3	4	11	12	9	
	10	1	2	5	6	3	
	4	7	8	1	2	11	
	12	3	4	5	6	9	
	10	5	6	7	8	1	
	2	3	4	11	12	7	
	8	5	6	9	10	3	
	4	7	8	1	2	11	
	12	9	10	5	6	3	
	4	1	2	7	8	11	
	12	3	4	9	10	7	
	8	5	6	11	12	1	
	2	3	4	5	6	7	
	8	9	10	1	2	7	

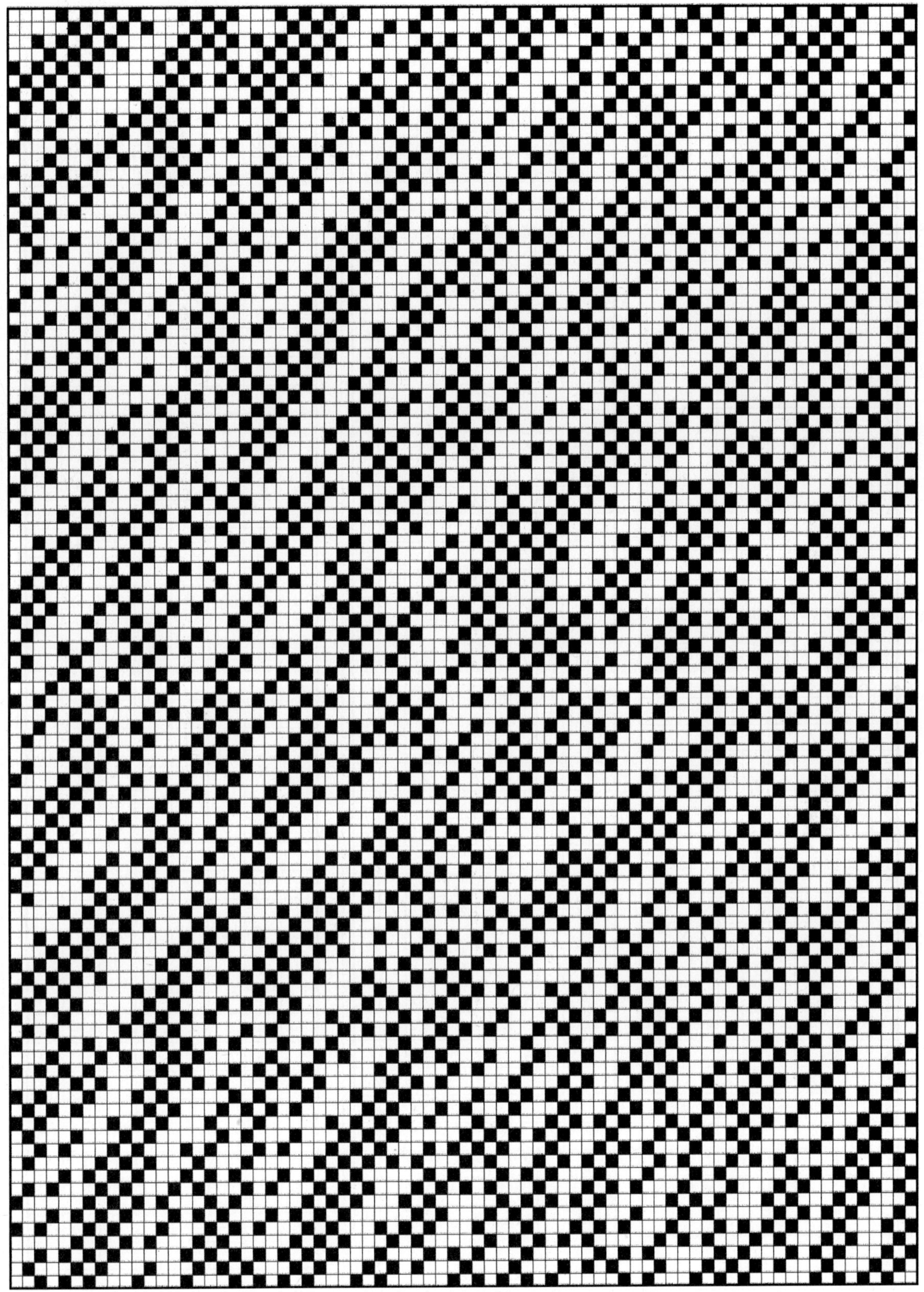

식전도	(80 본)		경통순서	(90 본)

경통순서 (90 본)

10	3	4	3	4	5
2	7	2	7	6	5
6	5	4	1	8	1
8	9	10	9	10	3
6	5	6	5	4	3
4	3	10	7	2	7
2	1	8	1	8	9
4	3	4	3	10	9
10	9	8	5	6	5
6	7	2	7	2	1
10	9	10	9	8	1
8	1	2	3	4	3
4	5	6	5	6	7
8	1	8	1	2	7
2	7	6	9	10	9

식전도 하단: 우 상단 연결

조직도 하단 열 번호: | 1 | 2 | 3 | 4 | 5 | 6 | 7 | 8 | 9 | 10 |

조직 Start

Design NO : AP GT013

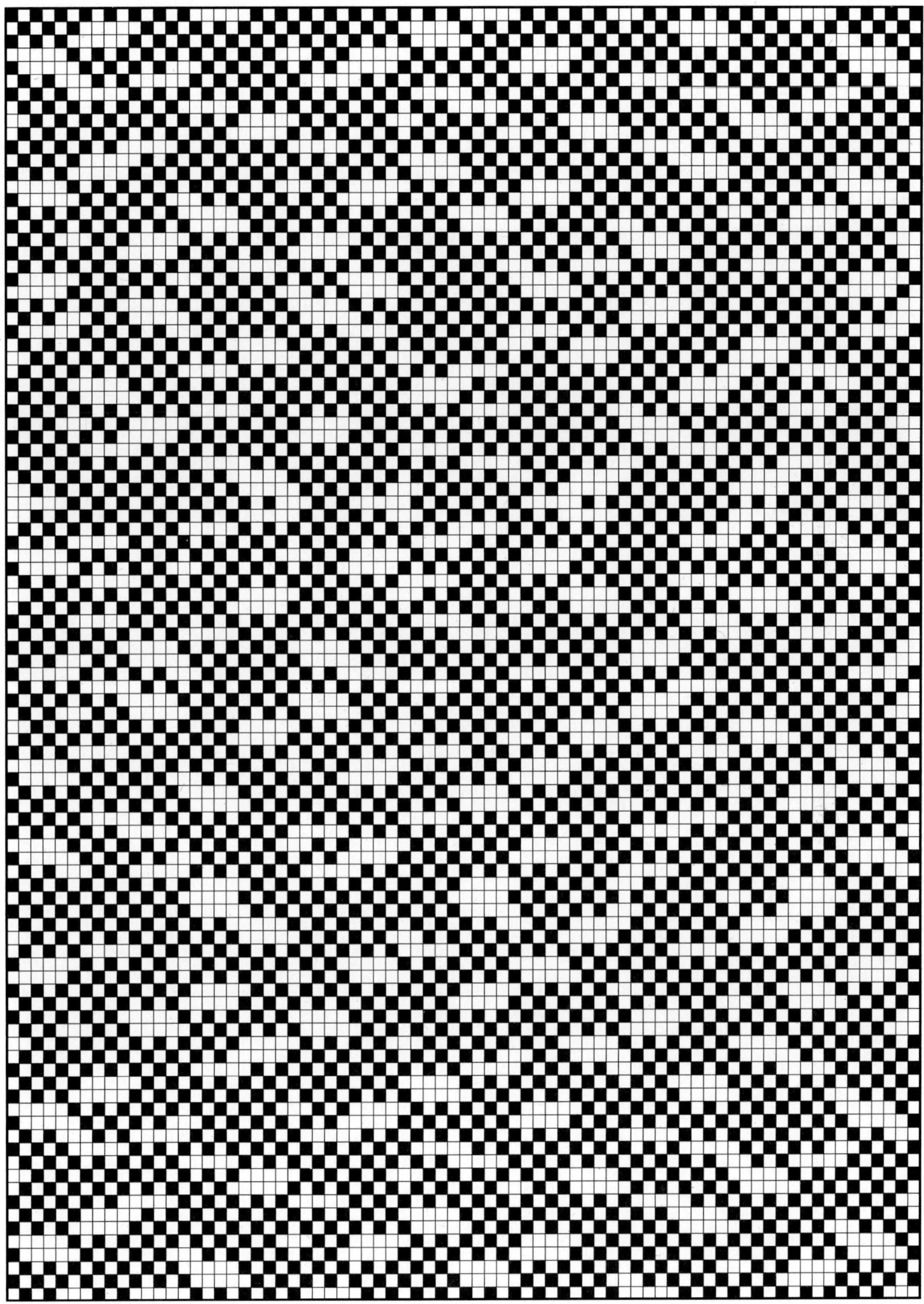

협찬사 현황

회 사 명	주 소	대표자 성명
(주) 기명물산	대구시 달서구 성서로67 안길8-11	김 두 환
백우텍스타일	대구시 동구 팔공로 227 (대구텍스타일콤프렉스710호)	조 성 래
성 보 (晟寶)	대구시 서구 국채보상로136 (섬유비지니스센타304호)	이 부 희
(주) 자 인	대구시 달서구 달서구 호산동로 6-13	서 효 석
(주) 정 호	경북 구미시 1공단로 6길 13-17	장 현 찬
안 성 섬 유	대구시 서구 국채보상로44 안성빌딩 1층	안 중 훈
영우T&F READ	경기도 안양시 동안구 학의로282 금강펜터리움 IT타워	이 영 숙

이 책[직물조직이론, 직물조직실무]은 위 협찬사의 협조와 도움으로 출판하게 되었습니다.

이에 저자는 새로운 직물조직 이론이 정립되고 널리 이용되어 섬유산업 발전에 많은 기여가 될 것이라 믿습니다. 뜻 깊은 협찬에 감사를 드리며 귀사의 무한한 발전을 기원합니다. 저자 (류문호) 올림

직 물 조 직 실 무

인　　쇄	2017년 08월 21일
발　　행	2017년 08월 25일
지 은 이	류 문 호
발 행 인	임 정 희
펴 낸 곳	노바출판사 (제25100-2017-14호) 대구광역시 달서구 용산로 88 (102/606) www.novapublisher.net
인 쇄 처	(주) 신흥인쇄 Tel. 053-425-2120　Fax. 053-427-2820
등　　록	ISBN : 9791196152918 13500
정　　가	140,000 원

이 도서의 국립중앙도서관 출판예정도서목록(CIP)은 서지정보유통지원시스템 홈페이지 (http://seoji.nl.go.kr)와 국가자료공동목록시스템(http://www.nl.go.kr/kolisnet)에서 이용하실 수 있습니다.(CIP제어번호: CIP2017020362)